コンクリート技術用語辞典

Encyclopedia for Concrete Technical Terminology by Akihiko Yoda

依田彰彦 著

彰国社

装丁：吉田昌央

序

　コンクリートは，建築および土木の構造物にとって不可欠な材料です。それは，常温下では線膨張係数が同程度の鉄鋼材料と組み合わせれば，耐震性，耐風性，耐火性，耐久性，遮音性，省エネルギー性が確保される構造物になり得るうえに，誰もが望む造形性に富み，かつ，経済的だからです。しかし，コンクリートは，神経質な生き物ですから，設計・施工に十分気をつけることが重要です。設計・施工次第では，高品質で長命な構造物ができる反面，極めて短命なものになってしまうことが，残念ながら見受けられます。

　そのために，コンクリートに関する基礎的な知識を豊富に有する技術者が，構造物の設計・施工に真摯（しんし）に取り組む必要があります。

　本書は，著者が恩師 故 森徹博士をはじめ，多くの方々のご指導をいただきながら，建築分野でコンクリート研究に携わった1956年（昭和31年）から今日に至るまでに得た実験結果や，かかわった問題点など，約3,300項目について検討した事柄をベースとしてとりまとめたものです。そのため内容が，建築分野に偏っている点をご容赦ください。

　執筆に当たって多くの著書，文献を参考にさせていただきました。著者，執筆者，編者の方々に心より感謝いたします。

　本書が，使われる方々に少しでもお役に立てれば，著者の望外の喜びです。

2007年1月

依 田 彰 彦

凡　例

本辞典では，記述の順序を下記に従った。
1．日本語
　　見出し語（ひらがな）／漢字／外国語／[略号・記号・参照事項・反対語等]／解説
2．外国語・外来語
　　見出し語（カタカナ）／外国語／[略号・記号・参照事項・反対語等]／解説
3．人名
　　日本人：（ひらがな）／漢字（生年～没年）
　　外国人：（カタカナ）／外国語（生年～没年）

Ⅰ．見出し語
1．現代かなづかいで表記した。
2．漢字は常用漢字に限らずに用いたものもある。

Ⅱ．語の配列
1．50音順
2．長音は除外して考え，直音の後に置いた。

Ⅲ．外国語
1．見出し語に参考として英語（原則）を付した。
　　（巻末に欧文索引を付した）

Ⅳ．記号
1．見出しの語の後の [　] 内の記号
　　⇒：先行語彙の解説を見よ
　　→：略号・記号　　➡：参照語彙　　⇔：反対語

コンクリート技術用語辞典

［語　彙］

[あ]

アイ エス オー　ISO
International Organization for Standardization
国際標準化機構（国際的な標準化のための協力機関）のことで本部はスイスにある。品質保証の国際規格である ISO 9000 シリーズについて，企業などが取得した。例えば，旧 秩父小野田社は，1998 年 4 月 15 日全工場で環境マネジメントシステムの国際規格「ISO 14001」の認証を取得した。これは日本のセメント業界では初めてである。
認証機関は次の通り。
日本規格協会品質システム審査登録センター＝JSA-Q，日本検査キューエイ＝JICQA，日本化学キューエイ＝JCQA，建材試験センター ISO 審査本部品質システム審査室＝JTCCM-QSCA，ロイド・レジスター・クオリティ・アシューランス・リミテッド＝LRQA，デットノリスケベリタスエーエス日本地区＝DNV RJ，マネジメントシステム評価センター＝MSA，日本科学技術連盟 ISO 審査登録センター＝JUSE-ISO Center，日本品質保証機構 ISO 審査本部＝JQA-ISO CENTER，ビューロベリタスクオリティーインターナショナルリミテッド＝BVQI，日本能率協会審査登録センター＝JMA QA，

ISO 9000 s の普及状況

	1993 年 1 月	1995 年 12 月	1997 年 12 月	2003 年 12 月	2004 年 12 月
世界	27,816	127,353	223,403	567,985	670,399
日本		165	3,762	6,487	38,751	48,989

ベターリビングシステム審査登録センター＝BL-QE。この他 INTERTEK はアメリカの認定機関。

アイがたこう　I 形鋼　I section steel

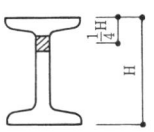
I 形鋼

圧延形鋼の一種。I の形をした鋼で主として鉄骨造に用いる。

アウトレットけんざい　アウトレット建材
outlet
傷が付いたような製品を安価で利用すること。

あえんめっきてっきん　亜鉛めっき鉄筋
galvanized steel rod
耐食性に優れているが，それだけで鉄筋が完全に腐食防止されるわけではなく，亜鉛めっき鉄筋を用いた鉄筋コンクリート造としての特性を考慮して設計，施工を十分に検討することによって防食効果が出る。
亜鉛めっき鉄筋は，溶融亜鉛めっき鉄筋ともいい，従来の鉄筋と違ってそのままでは，ガス圧接には適さない。

あおいし　青石　green tuff
青色系の石材の総称。組織は緻密なものが多い。

あかさび　赤錆　red rust
酸素と水分により鉄筋等の鋼材に発生する茶褐色の酸化鉄。コンクリートの表面を汚す。

あかざわつねお　赤澤常雄
JIS のコンクリートの引張強度試験方法を考察した。円柱供試体を横にして圧縮割裂するもので，旧満州において研究し，1943 年に発表した。1951 年に JIS に制定された。その後，赤澤の論文は，Rilem Bulletin, No.16, Nov, 1953, pp.11～23 に報告された。

あかれんが　赤煉瓦　red brick
普通煉瓦の一種。寸法は210×100×60 mm が標準である。

あき　空き　clearance
鉄筋コンクリート造構造物の配筋における鉄筋と鉄筋との内法間隔。JASS 5 では，使用する粗骨材の5/4 以上としている。

あき（JASS 5・同解説より）

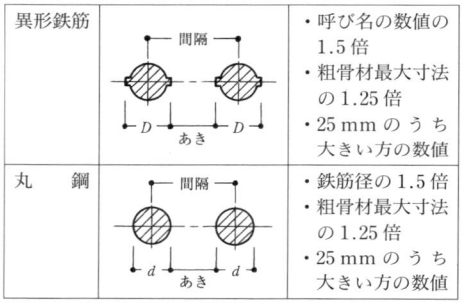

異形鉄筋		・呼び名の数値の1.5倍 ・粗骨材最大寸法の1.25倍 ・25 mm のうち大きい方の数値
丸　鋼		・鉄筋径の1.5倍 ・粗骨材最大寸法の1.25倍 ・25 mm のうち大きい方の数値

［注］D：鉄筋の最外径，d：鉄筋径

アークようせつ　アーク溶接　arc welding
溶接棒と母材（鉄筋等）を電極として，その間に放電によりアークを発生させ，その熱を利用して溶接棒を溶かして鉄筋等を継ぐ方法。

あげおとし　上げ落し　bolt, flush bolt, barrel bolt
扉や開き戸の片方を，一時的に固定させるため，上下に取り付ける金具。

アコースティクエミッションほう　アコースティクエミッション法　acoustic emission method
コンクリート内部の微細な破壊に伴ってエネルギーが解放される際に生じる弾性波を検出し，コンクリートの破壊進行状況を判定する方法。「AE 法」ともいう。

あさがおようじょう　朝顔養生　embrasure curing
飛来落下および飛散防止を目的として設け，上部から落下してくるものを受け止める水平養生と，上部からの落下物が隣家等へ飛散することを防止する垂直養生の機能を兼ねる。図に取付け位置と方法を示す。用途は道路，隣家に面する場所に用いる。

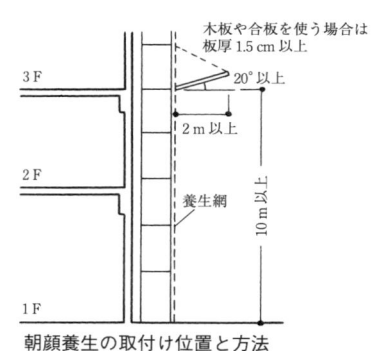

朝顔養生の取付け位置と方法

あさのそういちろう　浅野総一郎（1848～1930）
旧 浅野セメント㈱の創業者。富山県氷見市生まれ。官営深川セメント工場を 1984 年に払い受けて，事業を拡大。

アジテーター　agitator
トラックミキサー，フレッシュコンクリートが打ち込まれる前に分離・凝結しないように混ぜる撹拌機。

アジテータートラック　agitator truck
〔→トラックミキサー〕
レディーミクストコンクリートの運搬車。容量は通常5～6 m³ だが 0.5～10 m³ の範囲のものがある。1951 年 12 月にトラックミキサーの試験車が完成した。「生コン車」ともいう。

あしば　足場　scaffold
建築の各工事の作業を行うために使用する足掛りで，p.5 図，p.6 表のようなものがある。
労働安全衛生規則に，足場板は，幅 20 cm

あすとりる

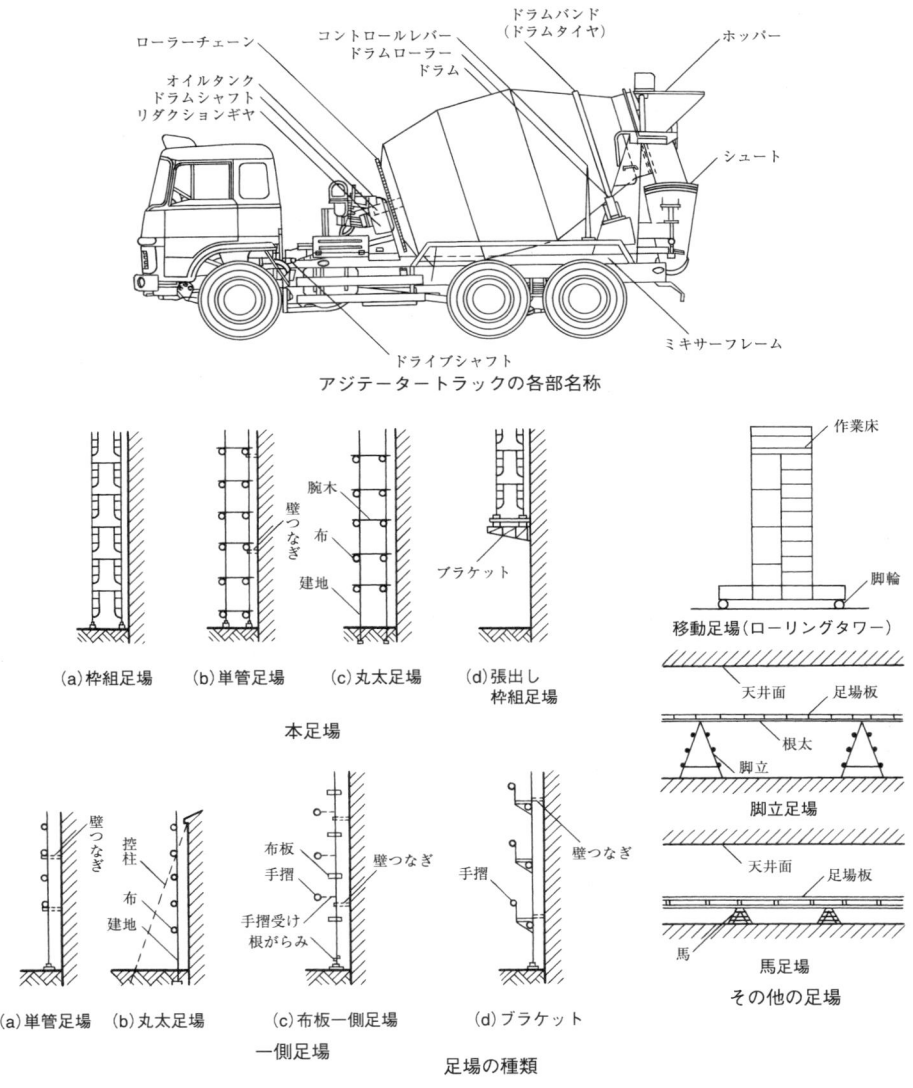

アジテータートラックの各部名称

本足場
(a)枠組足場　(b)単管足場　(c)丸太足場　(d)張出し枠組足場

一側足場
(a)単管足場　(b)丸太足場　(c)布板一側足場　(d)ブラケット

その他の足場
移動足場(ローリングタワー)
脚立足場
馬足場

足場の種類

以上, 厚さ3.5 cm以上, 長さが3.6 m以上と規定されている。それを隙間なく継ぎ, 幅を40 cm以上としたものを使用する。

あしょうさんソーダ　亜硝酸ソーダ
sodium nitrite 〔→ $NaNO_3$〕
インヒビター(防錆制御剤)として, 特にNaCl量が0.04％以下の海砂を用いる鉄筋コンクリートに併用するとよい。

アースドリル　earth drill

あすふある

足場の種類

構造別	用途別	外壁工事用	躯体工事用	補修する場合用
支柱足場	本足場	枠組足場 単管足場 丸太足場 張出し枠組足場 張出し単管足場	枠組足場 単管足場 丸太足場	枠組足場
	一側足場	単管足場 丸太足場 布板一側足場 ブラケット一側足場	単管足場 丸太足場	単管足場 丸太足場 布板一側足場
吊足場			吊枠足場 吊棚足場	

1960年にアメリカから導入された現場打ちコンクリート杭。自重および油圧により加圧した状態で，回転バケットを回転させて掘削する工法で，掘削能力は50 m程度。「地盤ドリル」ともいう。

アスファルト asphalt
天然と石油精製時の残渣によるものとがあり，色は黒色ないし暗褐色。通常は後者の石油アスファルトをいう。アスファルト塗布量は$1.0 kg/m^2$が中間層で，$2.0 kg/m^2$が最上層である。

アスファルトコーティング asphalt coating
防水層の端部などを保護するために使用される防水材料で，へら塗に支障がないことが大切。

アスファルトコンクリート asphalt concrete
アスファルトと砂，砂利などを加熱して練り混ぜたもの。屋根スラブなどに敷き，焼き鏝やローラーなどで転圧して仕上げる。

アスファルトせいひん アスファルト製品 asphalt products
アスファルトフェルト，アスファルトルーフィング，砂付きルーフィング等がある。

アスファルトセメント asphalt cement
アスファルトに樹脂やゴムなど添加して，溶剤を用いて溶かした接着材。床用プラスチックタイルやシートなどに張り付ける。

アスファルトのしんにゅうど アスファルトの針入度 penetration of asphalt
常温におけるアスファルトの硬さを表す。アスファルトを25℃の状態で100 gの重さの針が進入する長さで示す。規定の針は・針の質量$2.5±0.02 g$・針保持具の質量$47.5±0.02 g$・おもりの質量$50±0.05 g$。5秒間に進入する長さを測定。進入距離，1/10 mm単位。

アスファルトのなんかてん アスファルトの軟化点 softening point of asphalt
アスファルトの軟化する温度。1種が85℃以上，2種が90℃以上，3種（温暖地用）が100℃以上，4種（寒冷地用）が95℃以上。アスファルトの溶融温度の上限は防水材製造業者の指定する温度とする。

アスファルトのようゆうおんど アスファルトの溶融温度 melting temperature of asphalt
軟化点（「アスファルトの軟化点」の項参照）に170℃を加えた温度を上限とする。

アスファルトプライマー asphalt primer
防水層と下地を密着させるために下地面に最初に塗布する液状の材料。$0.2 kg/m^2$が一般的な塗布量（「アスファルト」の項参照）。ただしALC下地の場合は$0.4 kg/m^2$とする。

アスファルトモルタル asphalt mortar
アスファルトに砂および石灰石等の粉末を加熱混合したもので，床仕上げ等に用いられる。

アスファルトモルタルぬり アスファルトモルタル塗り asphalt mortar finish

アスファルトモルタルを塗る仕上げのこと。耐酸性が大きい。

アスファルトルーフィング
asphalt saturated roofing felt
天然の有機質繊維を原料としたフェルト状の原紙にアスファルトを含浸塗りしたシート状のもの。アスファルト防水層に用いる（下図）。

アスプディン Aspdin, Joseph (1779～1855)
1924年に現在のポルトランドセメントを発明したといわれているイギリス人。煉瓦工。ポルトランドセメントは，その後 I.C.ジョンソン（イギリス）によって改良され，世界的に普及されるに至った。

アスベスト asbestos 〔→石綿（いしわた，せきめん）〕
蛇紋岩質の石に含まれている。耐火被覆材，保温材として利用されていたが，1975年より，公害病を引き起こす等の理由で，生のものは利用されなくなった。径は$0.01～30\mu m$。真密度は$2.6～3.5 g/cm^3$。最近の調査によると風向，風速によっては4km程度まで飛散することが分かった。
アスベスト吸引で発症する癌の一種の悪性中皮腫のうち，肺を包む膜にできる「肺中皮腫」が原因で死亡に至ることもある。アスベストによる死亡者は，日本でも300人を超すといわれており，2008年より使用禁止となる。アスベストの代替えとして「発泡塗料」や「黒鉛」が考えられる。
2005年7月28日，日本政府がまとめた「アスベスト（石綿）問題への当面の対応」の原案の要旨は次の通り。
①対応策
・被害を拡大しないための対応
・国民不安への対応
・過去の被害への対応
・政府の過去の対応の検証
②実態把握
なお，アスベストは1,500°C以上の高温で処理すると，繊維が溶けて無害化する。また，アスベストの代替材としてセメント補強材向けビニロン繊維がある。

アセトン acetone

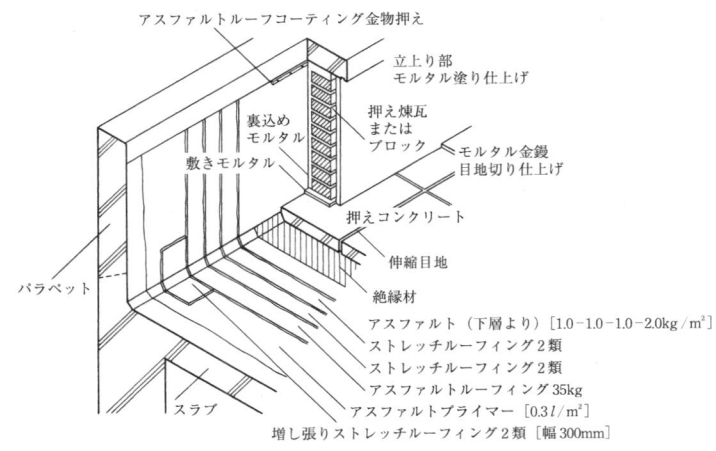

アスファルト防水層の種別（A-PF）一般の場合

あつかたす

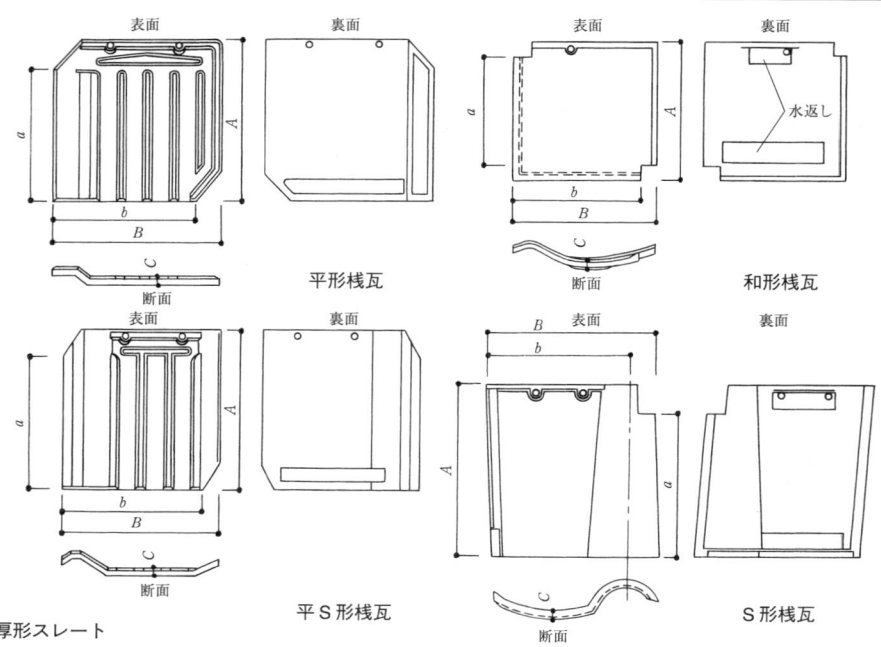

厚形スレート　　　　　　　　平S形桟瓦　　　　　　　　　　　　　S形桟瓦

最も大きな用途は，セメントの水和反応を止めるもので，CH_3COCH_3，密度 $0.79 g/cm^3$，沸点 $56.3℃$，融点 $-94.8℃$ の無色の可燃性の液体。

あつがたスレート　厚形スレート
pressed cement slate
セメント瓦（1994年より厚形スレートに統合された）。セメント 34％，細骨材 66％を練り混ぜ，適量の水を加えてこねたモルタルを型詰めした後，水圧機，または油圧機で表面に均等に $4.9 N/mm^2$ 以上の圧力を加えて脱水成形する（上図参照）。

あっしゅくきょうど　圧縮強度
compressive strength
コンクリートまたはモルタル供試体が耐えられる最大圧縮荷重を供試体の圧縮荷重に垂直な断面積で除した値。単位は kgf/cm^2，kgf/mm^2 であったが1995年7月から SI 単位の N/mm^2，MPa 等が導入された（p.9 の表参照）。

あっしゅくきょうどとうちこみほうほう　圧縮強度と打込み方法　compressive strength and placing method
締固めの程度により圧縮強度が異なる。すなわち入念に締め固めれば圧縮強度は大きい。また高さによっても異なり，打込み高さが低い位置のコンクリートは一般に緻密となり，圧縮強度は大きくなる。

あっしゅくきょうどとくうきりょう　圧縮強度と空気量　compressive strength and air-content
空気量が増加するとコンクリートの圧縮強度は低下する。W/C が一定の場合，空気量1％当たり圧縮強度は4〜6％低下する。しかし，AE コンクリートにすれば，所要のワーカビリティを得るのに必要な単位水

あつしゅく

圧縮強度の単位の換算表

	Pa または N/m²	MPa または N/mm²	kgf/mm²	kgf/cm²
応力	1	1×10^{-6}	1.01972×10^{-7}	1.01972×10^{-5}
	1×10^{6}	1	1.01972×10^{-1}	1.01972×10
	9.80665×10^{6}	9.80665	1	1×10^{2}
	9.80665×10^{4}	9.80665×10^{-2}	1×10^{-2}	1

[注] 1 Pa＝1 N/m²，1 MPa＝1 N/mm²

量を減少することができるので，スランプと単位セメント量を一定にした場合には，AE剤を用いないコンクリートとほぼ同等の圧縮強度が得られる。

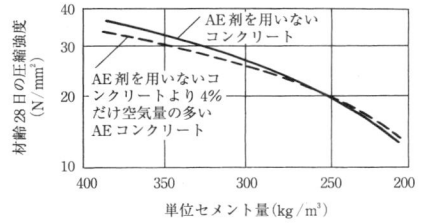

単位セメント量およびスランプを同じくしたコンクリート
(Bureau of reclamation: Report No.C-310, March 1946)

あっしゅくきょうどとこつざいのひんしつ　圧縮強度と骨材の品質　compressive strength and quality of aggregate

骨材の品質によってコンクリートの圧縮強度は異なる。例えば，密度の大きい骨材の方がコンクリートの圧縮強度は大きい（下図参照）。

あっしゅくきょうどとこんわざいりょう　圧縮強度と混和材料　compressive strength and admixture

混和材料の種類（化学混和剤，防錆剤，フライアッシュ，高炉スラグ微粉末，シリカフューム）によってコンクリートの圧縮強度の性状は異なるので，使用する前に十分検討する。

あっしゅくきょうどとさいかそくど　圧縮強度と載荷速度

載荷速度によってコンクリートの圧縮強度

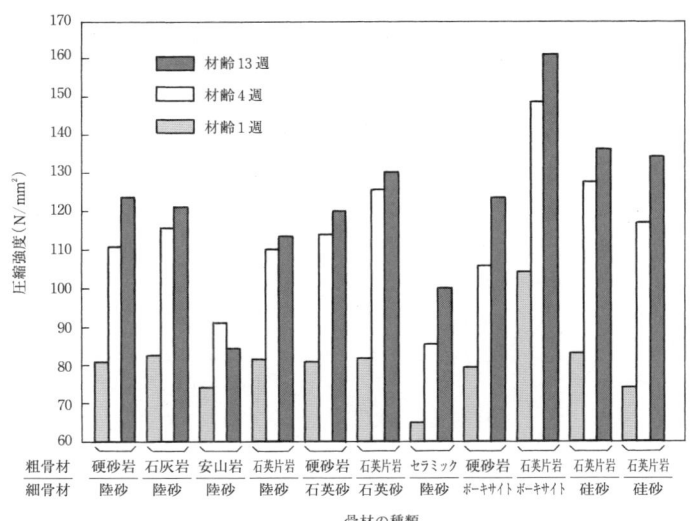

骨材の石質と圧縮強度の関係（久保田，中根，一瀬，小川，林による）

は異なる。すなわち，載荷速度が遅いほど，圧縮強度は小さい。JIS ではコンクリートの圧縮強度試験時の載荷速度を毎秒 $0.6\pm0.4\,\text{N/mm}^2$ と定めている。

あっしゅくきょうどとざいれい　圧縮強度と材齢　compressive strength and age

コンクリートの圧縮強度は材齢により変わる。水中養生の場合は材齢に伴って大きくなるが，空中に放置した場合は材齢7～10日程度で横ばい状態となる（図参照）。水中養生の場合，早強系と遅硬系のセメントにより強度発現が異なる。

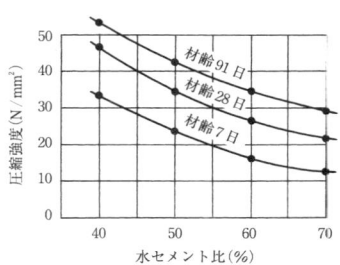

図-1　圧縮強度と水セメント比との関係

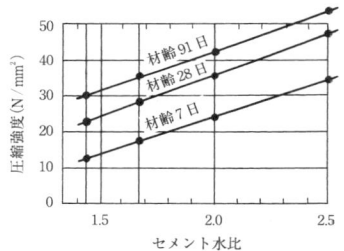

図-2　圧縮強度とセメント水比との関係

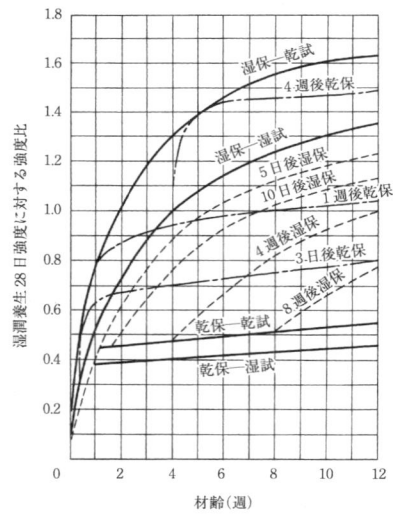

湿潤養生 28 日強度に対する各種養生方法の場合の強度比（H. J. Gilkey）

あっしゅくきょうどとセメントきょうど　圧縮強度とセメント強度

コンクリートとセメントとの圧縮強度には相関関係がある。一般に従来のJIS（セメント：標準砂：水＝1：2：0.65）によるとセメント圧縮強度の60％程度がコンクリート圧縮強度であったが，1997年改正された新JIS（セメント：標準砂：水＝1：3：0.50）によると85％程度と考えられている（上図-1, 2参照）。

あっしゅくきょうどとセメントみずひ　圧縮強度とセメント水比　compressive strength and cement-water ratio

コンクリートの圧縮強度とセメント水比（C/W）では，いずれも直線式で表示できる（「圧縮強度と調（配）合」の項参照）。

あっしゅくきょうどとだんせいけいすう　圧縮強度と弾性係数　compressive strength and elastic modulus

コンクリートの圧縮強度と弾性係数との関係が成り立つ。すなわち圧縮強度が大きくなるほど，弾性係数は大きくなる。なお，弾性係数には静弾性係数と動弾性係数の二つがあって，後者が $3\sim5\,\text{kN/mm}^2$ 程度大きい。

川砂・川砂利コンクリートの静弾性係数と動弾性係数の一例

セメントの種類	W/C (%)	屋内屋外の別	圧縮強度 (N/mm²)					静弾性係数 (kN/mm²)			動弾性係数 (kN/mm²)		
			28日	2.7年	10年	20年	30年	28日	2.7年	10年	28日	2.7年	10年
普通ポルトランドセメント	70	屋内	25.4	26.6	28.1	28.2	28.0	25	26	26	27	28	29
		屋外	25.4	26.2	32.6	32.7	32.7	25	26	27	27	31	32
高炉セメントA種	70	屋内	23.0	31.0	31.5	33.6	33.8	23	24	25	28	29	30
		屋外	23.0	31.2	34.5	36.8	37.0	23	24	27	28	32	33
高炉セメントB種	65	屋内	25.2	31.5	33.9	34.1	34.3	24	25	26	29	31	31
		屋外	25.2	33.7	37.4	38.7	39.1	24	26	29	29	33	33
高炉セメントC種	65	屋内	22.7	33.9	37.3	37.4	37.5	22	25	26	29	30	30
		屋外	22.7	37.0	39.0	39.2	39.4	22	28	29	29	32	32

[注] 本表のコンクリートのスランプは 19〜19.5 cm，空気量は 0.1〜1.4％である。また供試体の大きさはいずれも直径 15 cm×30 cm である。

あっしゅくきょうどとちょう（はい）ごう　圧縮強度と調（配）合　compressive strength and mix proportion

コンクリートの圧縮強度に最も関係するのは水セメント比（W/C）である（p.10 図-1 参照）。1919 年 D. A. Abrams（アメリカ）が唱えた Water cement ratio theory が有名。しかし，それ以前の 1917 年に土居松市（元 東京高等工業学校教授）が「コンクリートの強さ試験報告」と題して発表している。直線式は 1932 年 Inge Lyse（アメリカ）によって提唱され，セメント水比と圧縮強度との関係で求められる（p.10 図-2 参照。なお，図-1, 2 は著者のデータによる）。

あっしゅくきょうどとねりおきじかん　圧縮強度と練置き時間

練置き時間が長いほど，フレッシュコンクリートの凝結は進行するが，圧縮強度は同じ水セメント比であれば変わらない。しかしバイブレーターなどで締め固めれば，圧縮強度は大きくなる。

あっしゅくきょうどとねりまぜ　圧縮強度と練混ぜ　compressive strength and mixing

練混ぜの方法が変わればコンクリートの圧縮強度は多少変わる。土木学会コンクリート標準示方書では，最小時間を可傾式ミキサーで 1 分 30 秒，強制練りミキサーで 1 分を標準としている。

あっしゅくきょうどとみず　圧縮強度と水　compressive strength and water quality

コンクリートの練混ぜ水は，一般に地下水，工事用水，上水道水，河川水，湖沼水などが用いられる。うち，上水道水（飲料水）が適している。地下水には特別の成分が溶融していたり，河川水には工場排水，家庭排水，あるいは河口付近では海水が混入していることもあるので，十分な注意が必要である。回収水も表に示す規定を満たす上澄水ならよい。また，練混ぜ水質が強度等に及ぼす影響を p.12 上表に示す。

回収水の品質

項　目	品　質
塩化物イオン（Cl⁻）量	200 ppm 以下
セメントの凝結時間の差	始発は 30 分以内，終結は 60 分以内
モルタルの圧縮強さの比	材齢 7 日および 28 日で 90 ％以上

あっしゅくきょうどとようじょう　圧縮強度

練混ぜ水の各種塩類が凝結・強度・収縮に及ぼす影響（濃度 10,000 ppm）（仕入豊和による）

塩の種類	影響 凝結	強度	収縮
塩化ナトリウム	やや促進性	長期強度を低下	増大
塩化カルシウム	促進性	初期強度を増大	増大
塩化アンモニウム	促進性	短期強度を増大	増大
炭酸ナトリウム	促進性が著しい異常凝結性	長期強度を低下	増大
硫酸カリウム	少ない	少ない	少ない
硝酸カルシウム	促進性	長期強度を低下	増大
硝酸鉛	遅延性が著しい	初期強度を低下	少ない
硝酸亜鉛	遅延性が著しい異常凝結性	初期強度を著しく低下	—
硼砂	異常凝結の傾向	全体的に低下	やや増大
フミン酸ナトリウム	遅延性が著しい	全体的に低下	やや増大

と養生

compressive strength and curing

コンクリートの圧縮強度発現には, 締固めと養生の方法や程度が大きく影響する。春, 夏, 秋は散水を中心とした湿潤養生, 冬は保温養生で徐々に圧縮強度を発現させていく方法がよいため, 長期間にわたって圧縮強度を増進させる。一度に高い強度を発現させると, その後の増進割合は小さく, 場合によっては若干であるが低減する。

あっしゅくきょうどはつげん　圧縮強度発現

コンクリートの圧縮強度発現は, セメントの水和反応速度に関係し, 材齢7〜14日までの間で最も急激な強度増加を示し, 水分の補給があれば一般に材齢6か月ないし1年まで強度増進が認められる。コンクリートの早期強度は, セメントの種類と粉末度, およびコンクリートの養生条件と調合が大きく影響する。通常, セメントの化学組成のうち C_3S の含有量が多いもの, 粉末度の高いものは水和反応が早く, 早期強度が大きくなる。また, 養生温度, 練上がり温度が高く水分の供給が十分であれば強度発現が早く, 長期材齢時の伸びが小さくなる。コンクリートの調合では, セメントや養生条件が同一であれば単位セメント量が多いほど, 水セメント比が小さいほど強度発現が早く, 長期材齢の伸びは小さくなる。

あっしゅくきょうどひょうじゅんしけんほうほう　圧縮強度標準試験方法

standard test method of compressive strength

通常の場合はJISにより, 生コン業者の呼び強度は20±2℃水中または飽和湿気中に養生した場合の圧縮強度試験をいい, 工

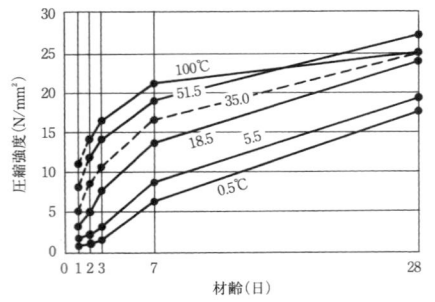

養生温度の異なるコンクリートの材齢と圧縮強度の関係

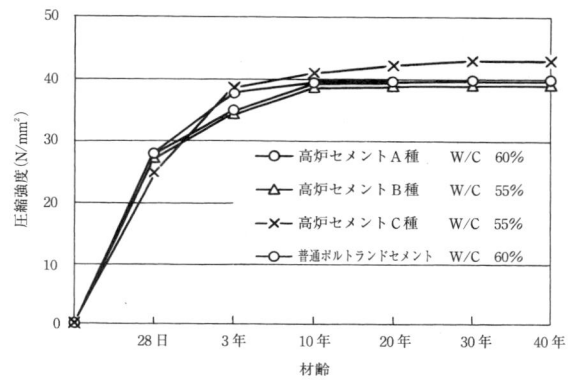

屋外に自然暴露したコンクリート供試体（直径15cm）の圧縮強度の発現状況

事現場では現場水中養生または現場封緘養生した場合の圧縮強度試験をいう。

あっしゅくてっきん　圧縮鉄筋　compression bar of reinforced concrete
曲げを受ける鉄筋コンクリート部材の圧縮側に配置される鉄筋。長期荷重時のクリープによるたわみの抑制および地震時に梁の靭性を確保する鉄筋。

アッシュコンクリート　ash concrete
〔→シンダーコンクリート，炭殻コンクリート〕
アスファルト屋根防水工法の押えコンクリートとして用いられるもので，建築物に使用されていたが，最近では普通コンクリートが使用されている。

あっそうコンクリート　圧送コンクリート　concrete pumping
工事現場においてポンプ等で管送したコンクリート（「コンクリート圧送」の

コンクリートポンプ車

項参照）。スランプが小さいほど長距離を圧送できる。水平は500mまで，垂直は200mまで，それぞれ圧送できる。省人化のためなどに採用される。

あとづけこうほう　後付け工法　〔⇔先付け工法〕
躯体コンクリートなどに後日，タイルなどを張り付ける工法。先付け工法に比較して工期は短い。

あとてんか　後添加
流動化コンクリートのように，あらかじめ練り混ぜられたコンクリートに極少量の流動化剤を添加し，これを撹拌して流動性を増すような方法。このようなコンクリートは，従来の硬練り，中練りコンクリート並の単位水量で，スランプの大きい，いわゆる軟練りコンクリートが得られる。あるいは軟練りコンクリートの大きいスランプを，少ない単位水量で得ることができるのが特徴である。

あとようじょう　後養生　curing after accelerated hardening
コンクリートは打込み後，できるだけ早くから養生（春，夏，秋は湿潤養生，冬は保

温養生）を行う方が効果的だが，後養生でも行わないより実施した方が品質の高いコンクリートが得られる。

アノードよくせいがたぼうせいざい　アノード抑制型防錆剤　rust-inhibitor of class anode
コンクリート中の鉄筋の防錆に役立つが，使用量を誤らないように注意する。正しい使用量でないと，たとえ防錆できてもコンクリートの性質に悪影響を及ぼすことがある。

あばた　rock pocket, honeycomb
打ち込んだコンクリート表面に生じる欠陥の一つ。セメントペーストが充填されずに骨材が露出した状態。バイブレーターを十分にかけることにより防止できる。ジャンカ，鬆す，豆板，ボイドともいう。

あばらきん　肋筋　stirrup
梁の剪断補強筋として剪断力に抵抗する鉄筋。スターラップともいう。

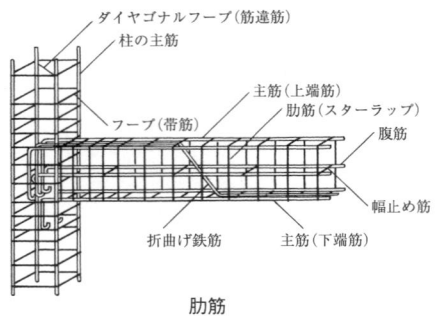

肋筋

あぶらワニス　油ワニス　oil varnish
被塗物が木質や鋼材には適用するが，アルカリ性のコンクリート，モルタル，ドロマイトプラスター等には不適。塗布する場合は3か月間程度，空気中にさらして，コンクリート等の被塗物の表面を中性化させた後とする。

あまじまい　雨仕舞　weathering, flashing
建物内に雨水が浸入したり漏ったりしないようにする方法。完成した建築物の50％程度は雨仕舞の不備が原因で漏水している。一般的に，単純な形状の方が雨仕舞はよい。

あまみずますふた　雨水桝蓋　gully grating
雨水桝に使用する蓋。大型，中型，小型の3種類がある。品質等はJISを参照。

あまようじょう　雨養生　covering from weather, weather protection
建築物またはコンクリート構造部材や部品の材料が雨にぬれないようにシートなどで覆って保護すること。

アミノじゅし　アミノ樹脂　amino resin
アミノ基を持つ化合物とホルムアルデヒドの縮合により得られる樹脂の総称。尿素樹脂，メラミン樹脂など。

あみふるい　網ふるい　test sieves of metal wire cloth
JISに規定されているふるい。ふるいに用いる網は下図による。

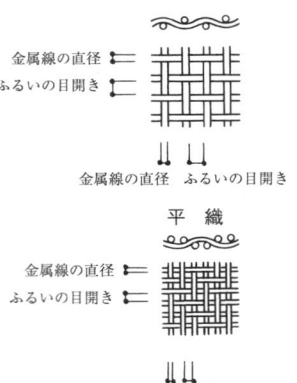

アムスラーがたしけんき　アムスラー型試験機　Amsler type testing machine

油圧によってラムを上方へ引き上げ，これによって供試体に力を加え，引張り，圧縮，曲げ強度などを測定する強度試験機の一種。

アメリカざいりょうしけんきょうかい　アメリカ材料試験協会　American Society for Testing and Materials
アメリカのフィラデルフィアに本部がある協会。建設材料およびその試験方法の規格（ASTM規格）は，全世界的に使用されている。

アモルファス　amorphous
非結晶質。アモルファス金属は耐腐食性が大きく，ステンレスの約100倍。

アモルファスの応用例

性能	用途
強靱性	ワイヤー，バネ，歪みセンサー，刃物
耐食性	油浄化フィルター，化学装置部品，医療機器，電極材料
軟磁性	磁気シールド材，磁気ヘッド，変圧器鉄心
光磁気効果	記録材料
磁歪性	センサー素子
超電導性	磁場センサー，ヘリウム液面計，温度検出器

あらいじゃり　洗い砂利　washed gravel
ごみ等を除くため，使用する前に砂利を洗うこと。また，その処理をされた砂利。

あらいだししあげ　洗出し仕上げ
exposed-aggregate finish by washing
フレッシュなコンクリートまたはモルタルの表面のペーストを洗い出し，骨材を露出させる仕上げ。骨材露出仕上げの中で最も簡単で安価。

あらいぶんせきしけん　洗い分析試験
test for washing analysis
フレッシュコンクリートをふるいを通して水洗いすることによって，各材料の配合比を求める試験（JIS）。

あらきだつち　荒木田土
壁土の一種。荒川沿いの荒木田原から採取したのがきっかけで命名された。

アラゴナイト　aragonite　〔→ $CaCO_3$〕
霰（あら）石ともいう。方解石と同質異像の斜方晶系。硬度3.5〜4，密度2.94 g/cm³。針状，柱状，塊状で無色。堆積岩，鉱床の酸化帯，火山岩の空洞中の変質物，貝殻などに見られる。

アラミドせんい　アラミド繊維
aramid fiber
アラミド繊維は高強度・高弾性の優れた特性を生かして，宇宙・航空機部材，PC緊張材，グラウンドアンカーなど幅広く用いられる。このアラミド繊維を一方向に配列したシートを，コンクリート構造物に巻き付けて樹脂で含浸し，硬化させる補強工法（アラミド繊維シートによる補強工法）がある。
アラミド繊維による耐震補強工法の特徴は次の通り。
・高強度：鋼材の7〜10倍の引張強度を持ち，補強後の躯体の形状が変化しない。
・軽量：密度が鋼材の1/5と軽く，補強後の質量増がなく基礎に影響を与えない。
・電気絶縁性：工事中および完成後に電気的なトラブルがない。
・施工性：軽量であることから作業性に優れ，しなやかで隅角部処理の簡素化ができる。

あらめずな　粗目砂　coarse sand
〔⇌細砂〕
粗粒率3.0程度以上の大粒な細骨材。荒目砂，粗砂（そさ）ともいう。

アリット　alite
$3CaO \cdot SiO_2$（C_3S）。共珪酸カルシウム化合物の一つ。普通ポルトランドセメント

中には50％程度含まれている。強さおよび水和熱が大きい。エーライトともいう。

ありゅうさんガスのさよう　亜硫酸ガス〔→SO₂〕の作用　action of sulfur dioxide

空気中の亜硫酸ガス量は極少（0.015ppm）なのでモルタル，コンクリートの劣化は小さい。しかし，降雨など水や湿気を含むと劣化は大きくなる。無色，刺激臭のある気体。大気中の亜硫酸ガスの9割は重油の燃焼による。労働衛生上の許容濃度は5ppm。測定方法には化学分析法と物理的分析法がある。

〔依田，横室；SO₂の作用を受けたモルタルについて，第13回セメント・コンクリート研究討論会論文報告集（北見工業大学），1986.8〕

アールアイエルイーエム　RILEM

Reunion Internationale des Laboratoires d'Essais et de Recherches sur les Matriaux et les Constructions の略。国際材料構造試験研究機関連合のこと。RILEM は研究機関および企業の専門家を結集して，建築材料の設計，試験，製造および利用の各分野における進歩を図る。80ヵ国にまたがる国際コミュニケーション・ネットワーク。

アールエムこうぞう　RM構造　reinforced masonry

鉄筋コンクリート組積造。RM 構造建築物は，RM ユニット（コンクリート RM ユニットとセラミック RM ユニットの2種類がある）と呼ばれる組積用単体を組積し，その空洞部には縦横に補強を配して，さらにコンクリートまたはモルタルを全充填することにより一体化された，鉄筋コンクリート組積造（RM 造）の耐力壁，壁梁と鉄筋コンクリート造のスラブ，基礎，基礎梁により構成される構造で，「組積造」と「鉄筋コンクリート造」のハイブリッドシステムである。RM 構造は，現在では地上5階までの建築物を対象としている。

アルカリこつざいはんのう　アルカリ骨材反応　alkali-aggregate reaction

〔→骨材アルカリ反応〕

オパール，玉髄，クリストバライト，トリジマイト，微結晶質石英およびガラスなどの骨材がセメント，鉱物質混和材，化学混和剤のアルカリ分と長期的にわたって反応し，コンクリートが膨張してひび割れを生じたり，崩壊したりする現象。AAR と略すことがある。1940年，T. E. Stanton（アメリカ）が世界で最初にこの現象を報告した。コンクリートに使用する骨材をあらかじめ試験して確かめなければならない。試験法は化学法とモルタルバー法などがある。前者は結果は早いが，試験の操作が難しい。後者は結果が出るまでに6か月間要するが，試験の操作は容易である。アルカリシリカ反応，アルカリシリケート反応ともいう。最近の報告によると，アルカリ骨材反応によってコンクリートが異常な膨張をして鉄筋が切れた事例もある。国土交通省は，アルカリ骨材反応抑制政策を改正し，平成14年9月1日から適用することとし，平成14年8月1日付で各地方整備局等（都道府県，政令指定都市，関係公団等に参考配布）に通知した。その内容は次の通り。

①アルカリ骨材反応抑制対策（土木・建築共通）

1．適用範囲

国土交通省が建設する構造物に使用されるコンクリートおよびコンクリート工場製品に適用する。ただし，仮設構造物のように長期の耐久性を期待しなくともよいものは除く。

2．抑制対策

構造物に使用するコンクリートは，アルカリ骨材反応を抑制するため，次の三つの対策の中のいずれか一つについて確認を取らなければならない。なお，土木構造物については，2.1，2.2を優先する。

2.1 コンクリート中のアルカリ総量の抑制

アルカリ量が表示されたポルトランドセメント等を使用し，コンクリート1 m³に含まれるアルカリ総量をNa_2O換算で3.0 kg以下にする。

2.2 抑制効果のある混合セメント等の使用

JIS高炉セメントに適合する高炉セメント［B種またはC種］あるいはJISフライアッシュセメント［B種またはC種］，もしくは混和材をポルトランドセメントに混入した結合材でアルカリ骨材反応抑制効果の確認されたものを使用する。

2.3 安全と認められる骨材の使用

骨材のアルカリシリカ反応性試験（化学法またはモルタルバー法）(注)の結果で無害と確認された骨材を使用する。なお，海水または潮風の影響を受ける地域において，アルカリ骨材反応による損傷が構造物の安全性に重大な影響を及ぼすと考えられる場合（2.3の対策をとったものは除く）には，塩分の浸透を防止するための塗装等を講ずることが望ましい。

(注) 試験方法は，JIS骨材のアルカリシリカ反応性試験方法（化学法），JIS骨材のアルカリシリカ反応性試験方法（モルタルバー法）による。

②アルカリ骨材反応抑制対策（土木構造物）実施要項

アルカリ骨材反応抑制対策について，一般的な材料の組合せのコンクリートを用いる際の実施要項を示す。特殊な材料を用いたコンクリートや特殊な配合のコンクリートについては別途検討を行う。

1．現場における対処の方法

a．現場でコンクリートを製造して使用する場合

現地における骨材事情，セメントの選択の余地等を考慮し，2.1～2.3のうちどの対策を用いるかを決めてからコンクリートを製造する。

b．レディーミクストコンクリートを購入して使用する場合

レディーミクストコンクリート生産者と協議して，2.1～2.3のうちのどの対策によるものを納入するかを決め，それを指定する。なお，2.1，2.2を優先する。

c．**コンクリート工場製品を使用する場合**

プレキャスト製品を使用する場合，製造業者に2.1～2.3のうちのどの対策によるかを報告させ，適しているものを使用する。

2．検査・確認の方法

2.1 コンクリート中のアルカリ総量の抑制

試験成績表に示されたセメントの全アルカリ量の最大値のうち直近6か月の最大の値（Na_2O換算値％）/100×単位セメント量（配合表に示された値 kg/m³）＋0.53×（骨材中の NaCl％）/100×（該当単位骨材量 kg/m³）＋混和剤中のアルカリ量 kg/m³が3.0 kg/m³以下であることを計算で確かめるものとする。防錆剤等使用量の多い混和剤を用いる場合には，上式を用いて計算すればよい。なお AE 剤，AE 減水剤等のように，使用量の少ない混和剤を用いる場合には，簡易的にセメントのアルカリ量だけを考えて，セメントのアルカリ量×単位セメント量が2.5 kg/m³以下であることを確かめればよいものとする。

2.2 抑制効果のある混合セメント等の使用

高炉セメントB種（スラグ混合比40％以上）またはC種，もしくはフライアッシュセメントB種（フライアッシュ混合比15％以上）またはC種であることを試験成績表で確認する。また，混和剤をポルトランドセメントに混入して対策をする場合には，試験等によって抑制効果を確認する。

2.3 安全と認められる骨材の使用

JISによる骨材試験は，工事開始前，工事中1回/6か月かつ産地が変わった場合には信頼できる試験機関[注]で行い，試験に用いる骨材の採取には請負者が立ち会うことを原則とする。また，JISによる骨材試験の結果を用いる場合には，試験成績表[注]において，JISで骨材が無害であることを確認するものとする。この場合，試験に用いる骨材の採取には請負い者が立ち会うことを原則とする。なお，2次製品で既に製造されたものについては，請負い者が立ち会い，製品に使用された骨材を採取し，試験を行って確認するものとする。フェロニッケルスラグ骨材，銅スラグ骨材等の人工骨材および石灰石については，試験成績表による確認を行えばよい。

(注) 公的機関またはこれに準ずる機関（大学，都道府県の試験機関，公益法人である民間試験機関，その他信頼に値する民間試験機関，人工骨材については製造工場の試験成績表でよい）。

3. 外部からのアルカリの影響について

2.1および2.2の対策を用いる場合には，コンクリートのアルカリ量をそれ以上に増やさないことが望ましい。そこで，下記のすべてに該当する構造物に限定して，塩害防止を兼ねて塗装等の塩分浸透を防ぐための措置を行うことが望ましい。

1) 既に塩害による被害を受けている地域で，アルカリ骨材反応を生じるおそれのある骨材を用いる場合。
2) 2.1，2.2の対策を用いたとしても，外部からのアルカリの影響を受け，被害が生じると考えられる場合。
3) 橋桁等，被害を受けると重大な影響を受ける場合。

③アルカリ骨材反応抑制対策（建築物）実施要項

アルカリ骨材反応抑制対策について，一般的な材料の組合せのコンクリートを用いる際の実施要領を示す。特殊な材料を用いたコンクリートや特殊な配合のコンクリートについては別途検討を行う。

1. 現場における対処の方法

a. 現場でコンクリートを製造する場合

現地における骨材事情，セメントの選択の余地等を考慮し，2.1～2.3のうちのどの対策を用いるかを決めてからコンクリートを製造する。

b. レディーミクストコンクリートを購入して使用する場合

2.1～2.3による。なお，必要と判断する場合は2.3を優先する。

c. コンクリート工場製品を使用する場合

プレキャスト製品を使用する場合，製造業者に2.1～2.3のうちの対策によるものを報告させ，適した方法による。ただし，構造上重要な部分以外または少量の場合は試験成績による確認に替えることができる。

2. 検査・確認の方法

2.1 コンクリート中のアルカリ総量の抑制

建築工事共通仕様書（平成13年版）6.5.4 塩化物量およびアルカリ総量 (b) (6.5.1式) または下式を用いてアルカリ総量を計

算し，その値が3.0 kg/m³以下であることを確認する。なお，算定式中のセメントのアルカリ量は，試験成績表に示されたセメントのアルカリ量の最大値のうち直近6か月の最大値とする。

セメントのアルカリ量（Na₂O換算値%）/100×（配合表に示された値 kg/m³）+0.53×（骨材中のNaCl%）/100×（該当単位骨材量 kg/m³）+混和剤中のアルカリ量 kg/m³……（式）

2.2 抑制効果のある混和セメント等の使用

高炉セメントB種またはC種，もしくはフライアッシュセメントB種（フライアッシュ混合比15％以上）またはC種であることを試験成績表で確認する。なお，高炉セメントB種を使用する場合は，建築工事共通仕様書（平成13年版）6章16節による。また，混和剤をポルトランドセメントに混入して対策をする場合には，試験等によって抑制効果を確認する。

2.3 安全と認められる骨材を使用する場合

「骨材のアルカリシリカ反応性試験方法（化学法）」[注1]による骨材試験は，施工着手前，工事中1回/6か月かつ産地が変わった場合に信頼できる試験機関[注2]で行い，試験に用いる骨材の採取には請負者が立ち会うことを原則とする。また，「骨材のアルカリシリカ反応性試験方法（モルタルバー法）」[注1]による骨材試験の結果を用いる場合には，「コンクリート生産工程管理試験方法—骨材アルカリシリカ反応性試験方法（迅速法）」[注1]で骨材が無害であることを確認する。この場合も，施工着手前，工事中1回/6か月かつ産地が変わった場合に信頼できる試験機関[注2]で行い，試験に用いる骨材の採取には請負者が立ち会うこ

とを原則とする。なお，2次製品で既に製造されたものについては，請負者が立ち会い，製品に使用された骨材を採取し，試験を行って確認するものとする。フェロニッケルスラグ骨材，銅スラグ骨材等の人工骨材および石灰石については，試験成績表による確認を行えばよい。

(注1) 試験方法は，JISによる。
(注2) 公的機関またはこれに準ずる機関（大学，都道府県の試験機関，公益法人である民間試験機関，その他信頼に値する民間機関，人工骨材については製造工場の試験成績表でよい）。

アルカリこつざいはんのうのよくせいたいさく　アルカリ骨材反応の抑制対策

アルカリ骨材反応の被害は，アルカリ骨材反応に関する三要因，限度以上の反応性鉱物を含む骨材に，限度以上の水酸化アルカリが存在し，十分な水分の供給が共存する場合に生ずることから見て，その被害の防止は下記のいずれかによるとよい。

①試験によって非反応性の骨材であることを確かめ，反応性のおそれのある骨材の使用を避ける。
②セメント（例えば高炉セメントB種，C種），混和材（例えば高炉スラグ微粉末，フライアッシュ），骨材の付着物，混練り水に含有するアルカリ総量をできるかぎり低く抑える。
③コンクリートへの雨水などによる水分の供給を遮断するために，コンクリートの表面をタイル張り，合成樹脂塗装，アスファルトやシート状材料による防水のための仕上げをする。

アルカリシリカはんのう　アルカリシリカ反応　alkali silica reaction

セメント中のアルカリ（Na₂O，K₂O）と骨材中のシリカとが反応する現象。1940年，アメリカ人のT. E. Stantonによって

発見された現象。1982年頃よりわが国において，この現象が多発した。

アルカリそうりょう　アルカリ総量　total alkali content
普通ポルトランドセメントのアルカリ量は0.8％以上であったが，最近では0.7〜0.8％程度で，混合セメントは混合されている材料の分量が多いほど，アルカリ量は少ない。ちなみに高炉セメントB種は0.4〜0.5％程度である。なお，JISでは，全アルカリ量（R_2O。アルカリ総量という。）は化学分析の結果から次の式に従って算出し，小数点以下は1桁に丸める。
$R_2O = Na_2O + 0.658\,K_2O$ （％）
ここに，
R_2O：セメント中の全アルカリ（％）
Na_2O：セメント中の全酸化ナトリウム（％）
K_2O：セメント中の酸化カリウム（％）

アルカリど　アルカリ土　alkali soil
アルカリ性で，pHが7以下を示す土。

アルカリるいのしよう　アルカリ類の使用
コンクリート中の鉄筋の防錆に役立つ。

アルキルアリルスルホンさんえん　アルキルアリルスルホン酸塩
界面作用がある化学混和剤の主成分。

アールシー　RC　reinforced concrete
鉄筋コンクリートの略称。常温下における鉄筋とコンクリート両方の線膨張係数が$1\times10^{-5}/℃$前後とコンクリートと大略同じなので鉄筋コンクリートとして成り立つ。造形性に富み，耐震性・耐風性・耐火性・耐久性・遮音性を有する（下表）。

アールシーカーテンウォール　RCカーテン

RC（鉄筋コンクリート）の歴史

年	事　項
1824年	Aspdin（イギリス），ポルトランドセメントの発明
1848年	Lambot（フランス）RC製ボートの特許
1867年	Monier（フランス）RC製植木鉢の特許
	パリ万博にRC 3階建て集合住宅展示
1903年	琵琶湖疎水に日本で最初のRC橋竣工
1905年	佐世保港にRCポンプ庫竣工（日本で最初のRC造建物）
1906年	サンフランシスコ大地震（1989年にも）
1923年	関東大地震（M=7.9），全壊家屋13万戸，焼失家屋44.7万戸，死者9.9万人
1924年	市街地建築物法の改正（世界で最初の耐震法規）
1928年	Freyssinet（フランス），プレストレストコンクリートの原理完成
1929年	日本建築学会「コンクリートおよび鉄筋コンクリート標準仕様書」公表
1931年	土木学会「鉄筋コンクリート標準示方書」公表
1933年	日本建築学会「鉄筋コンクリート構造計算規準」公表
1948年	福井地震（M=7.3），全壊家屋約3.5万戸，半壊1万戸，焼失家屋0.45万戸，死者0.377万人
1950年	建築基準法公布
1964年	新潟地震（M=7.5），全壊家屋約0.2万戸，半壊0.7万戸，流砂現象による建築物被害，堤防決壊，津波，石油タンク火災が特徴
1968年	十勝沖地震（M=7.8），全壊家屋0.07万戸，半壊家屋約0.3万戸，死者36人
1978年	宮城県沖地震（M=7.4），RC建造物に被害
1981年	建築基準法の大幅改正（新耐震設計法）
1982年	日本建築学会「鉄筋コンクリート構造計算規準」の改定
1995年	阪神・淡路大地震（M=7.2），全壊家屋約11万戸，半壊家屋14.7万戸，死者0.7万人　RC造建物の耐震診断始まる
2004年	新潟県中越地震（M=6.8），全壊家屋0.29万戸，半壊家屋1.3万戸

ウォール
RC (reinforced concrete) curtain wall
鉄筋コンクリート製のカーテンウォール（非構造部材）。多くは事務所建築物の外装材として使用されているが，軽量のアルミニウム製ほどではない。

アールシーくい　RC杭
reinforced concrete pile
既製鉄筋コンクリート杭の略称。基礎杭の一種。最長15 m，最近は7.85 kN/cm²以上のプレテンション方式による高強度プレストレストコンクリート杭（PHC杭）が一般的である。

アールシーぞうけんちくぶつのたいきゅうせっけい　RC造建築物の耐久設計
designing service life of RC buildings
〔⇒耐久設計〕

アールシーディーこうほう　RCD工法
construction method of roller compacted concrete dam
超硬練りコンクリートをダンプトラックによって運搬し，ブルドーザーで薄層に敷均し，振動ローラーで締固めを行うコンクリートダムの施工方法の一種。一般に25 cm，4層で巻き出し，層厚75 cmを一度にローラーで締め固める。

アールディーエフはつでん　RDF発電
refuse derived fuel
ダイオキシンなどの発生を低減し，廃棄物を有効利用する廃棄物発電。「ごみから得られる燃料（ごみ固形燃料）」のことで，廃棄物の中の可燃物を粉砕，乾燥し，消石灰などを加えてペレット状にしたもの。RDFは石灰に準ずる特性があり，従来の廃棄物発電の発電効率が10％台前半だったのに比べると，30％台という高効率性を示す。高温で燃焼できるため，ダイオキシンの発生も低減できる。

アルファがたはんすいせっこう　α型半水石膏
$CaSO_4 \cdot 1/2 H_2O$，密度$2.76 g/cm^3$。結晶石膏を水中または飽和水蒸気中で97°C程度以上に加熱し，半水石膏にしたものをいう。

アルファこようたい　アルファ固溶体
α solid solution
α鉄に微量の炭素が溶融したもので，展延性に富み磁性が強い。

アルミナ　alumina
セメント原料の一つ。正式名酸化アルミニウム。化学式はAl_2O_3。粘土に含まれている成分で粘土中10〜26％程度である。

アルミナセメント〔→溶融セメント〕　high alumina cement, calcium-aluminate cement
水硬性のカルシウムアルミネートを主成分とするクリンカーを微粉砕して製造されるセメント。耐火物用アルミナセメントの規格には，酸化アルミニウム含有量によって1種（77％以上），2種（70％以上），3種（50％以上），4種（40％以上），5種（35％以上）がある。極低温や極高温のコンクリート構造物などの他，ガラスの原料として使用されている。他のセメントと練り混ぜると急結する。酸化アルミニウム含有量が42.0％と54.7％の二つのアルミナセメントと，1997年に改正された新しい標準砂を用いたモルタルの性質を知るために普通ポルトランドセメントと比較すると，
①アルミナセメントモルタルは，流動性が大きい。
②5°C，20°C水中養生した場合の圧縮強度は，酸化アルミニウム含有量の多いセメントモルタルほど大きい。しかし，35°C水中養生した場合のセメントには大きな差は認

められない。乾燥による長さ変化率は酸化アルミニウム含有量の多いセメントほど小さく有利である。このことは質量変化率からも裏付けられる。
③耐熱性は，酸化アルミニウム含有量の多いセメントほど有利である。
④5％硫酸溶液に浸漬した耐薬品性は酸化アルミニウム含有量の多いセメントほど有利であるが，2％塩酸では小さく，10％芒硝ではやや小さい。
⑤アルミナセメントモルタルの中性化深さは，大きい。
⑥凍結融解に対する抵抗性は，セメント別による差が認められない。
(依田彰彦，横室隆，浜田博文：最近のアルミナセメントを用いたモルタルの性質，コンクリート工学年次論文集，vol.24, No.1, 2002
依田彰彦ほか：アルミナセメントを用いたコンクリートの30年までの性質について，コンクリート工学年次論文集，vol.22, No.2, 2002)

アルミニウム　aluminium　〔→ Al〕
密度・ヤング係数は鋼の1/3，引張り強さは鋼の1/2，熱伝導率および膨張係数は鋼の3倍および2倍であるが，構造材としては不適。清水には侵されないが，海水・酸・アルカリに弱く，コンクリートに直接接することは避ける。イオン化傾向が大きいので他の金属と接すると腐食する。

アルミニウムふんまつ　アルミニウム粉末　aluminium powder
プレパックドコンクリート工事やALC（軽量気泡コンクリート）の製造に用いる。セメントペーストと反応すると膨らむ性質を有している。

アルミニウムペイント　aluminium paint
アルミニウム粉とスパーワニスを混ぜ合わせたもので，銀色に仕上がるエナメルペイントの一種。輻射熱を反射し耐候性があるので主として屋外塗に使用される。

アルミネートそう　アルミネート相　aluminates　〔→ C_3A，→フェリット〕
化学式は $3CaO・Al_2O_3$（C_3A）で，フェライト相（C_4AF）と共に間隙相物質。普通ポルトランドセメント中には9％程度含まれている。反応速度が比較的速い。100℃程度から生成し，1,300℃以下で溶ける。アルミン酸三石灰（カルシウム）ともいい鉱物名称はフェリット。

アルミンさんさんせっかい　アルミン酸三石灰　tricalcium aluminate
$3CaO・Al_2O_3$　〔→ C_3A〕
水和反応は非常に速いので材齢1日以内の早期強度に寄与する。収縮は大きいが化学抵抗性は小さい。含有量は普通・早強・超早強ポルトランドセメントでは8～9％程度，中庸熱ポルトランドセメントでは5％程度，耐硫酸塩ポルトランドセメントでは2％程度である。

あわコンクリート　泡コンクリート　bubble concrete
現場発泡コンクリートと軽量気泡コンクリート（ALC）とがある。最近は後者の使用量が多い。気泡コンクリートともいう。

アンカーボルト　anchor bolt
基礎のコンクリートと土台とを緊結するもの。径は住宅用が13φ，学校など，大規模の場合が16φである。埋設位置は筋違端部付近，構造用合板を張った耐力壁の両端柱の下部付近，継手・仕口の近くとして，柱心より15cm内外の位置に2.7m間隔以下とするとよい。なお，穴径はd＋5.0mmである。

あんざんがん　安山岩　andesite
火山岩の一種で日本に多く産出する。鉄平石や小松石で，加工が容易，光沢なし，強度・密度・耐火性・耐久性・耐摩耗性は，いずれも大。

安山岩の品質

表乾密度 (g/cm^3)	強度 (N/mm^2)			吸水率 (%)	耐熱度 (°C)	熱伝導率 ($kcal/mh°C$)	熱膨張率 ($10^{-6}/°C$)
	圧縮	曲げ	引張り				
2.50	100	8.5	4.5	1.3〜3.6	1000	1.5	8.0

あんせいおおじしん　安政大地震
1855年（安政2年）10月2日夜10時頃発生。死者は1万人強。雷が鳴り響くような音がして、家や蔵は波が打ち寄せるように倒れた。死者の多くは圧死で、地震後の火災によって命を落とした人が多い1923年に発生した関東大地震と違う。

あんていせいしけん　安定性試験
soundness test
①セメントが異常な容積変化などを起こさずに、安定した水和作用を行うかどうかを調べる試験（JIS）。浸水法または煮沸などによって膨張性ひび割れまたは反りの発生の有無を調べる。
②骨材の試験で硫酸ナトリウムの飽和溶液に骨材を浸した後、乾燥炉で乾燥させる操作を規定された回数だけ繰り返し、骨材の破損状態から骨材の耐久性を判定する試験（JIS）。

アンボンドピーアールシーこうほう　アンボンド PRC 工法
アンボンドPC鋼線（図）を利用した工法。床スラブをはじめとして建築分野でも多用されている。この工法の利点は、従来のPC（prestressed concrete）工法に比べてほんのわずかのプレストレスにより、たわみやひび割れが効果的に制御できることである。

アンモニア　ammonia 〔→ NH_3〕
密度 0.7708 g/cm^3。常温では無色で、特有の強い刺激性の臭気がある気体。水によく溶け、水酸アンモニウムを生じ、アルカリ性を表す。

アンモニアレスコンクリート
ammonialess concrete
絵画を変色させたり、半導体の製造に悪影響を及ぼすアンモニアの発生量を削減できるコンクリート。セメントは窒素含有分の少ない早強セメントと窒素分を熱分解で除去した骨材を使用する。

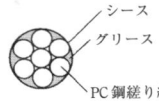

アンボンド PC 鋼線

[い]

イアブセ　IABSE　International Association for Bridge and Structural Engineering

土木構造と建築構造の両分野より構成されている国際構造工学会で1929年に設立された。本部はスイスのチューリヒにある。

いおう　硫黄　sulfur（米），sulphur（英）

非金属元素の一種。元素記号S，原子番号16，原子量32.066。硫黄の蒸気を急冷してつくった黄色の粉で，JISのコンクリート供試体およびコア供試体のキャッピング用材料の一種。密度 $2.07\,g/cm^3$。

いおうコンクリート　硫黄コンクリート　sulfur concrete

セメントと水の代わりに硫黄を結合材として用いることにより，速硬性，耐酸性，耐薬品性に優れ，欠点である脆さ，耐久性を一時的に改善させたコンクリート。

いおうさんかぶつ　硫黄酸化物　〔→SO_x〕

JISのコンクリート供試体およびコア供試体のキャッピング用材料の一種。SO_2，SO_3など。

いおうセメント　硫黄セメント　sulfur cement

硫黄が120℃以上の温度で溶融して液状となり，冷却すると再び固化する性質を利用したセメント。通常のポルトランドセメントとは異なり，硬化に水は使用しない。初期材齢強度が高く，3～6時間の短時間で所定の強度に達する。耐酸性に優れるが，強アルカリには侵食される。通常のセメントコンクリートを侵食するような酸などを取り扱う工場の床，壁の被覆材として用いられる。

いおうによるキャッピング　硫黄によるキャッピング　sulfur capping

JISのコンクリート供試体を対象とするもので，特に実構造物から採取したコア供試体に対して行うことが多い。JISに示されている通り，硫黄を用いてキャッピングをするには硫黄と鉱物質（耐火粘土，フライアッシュ，岩石）の粉末との混合物（質量で3:1～6:1）を用いる。この混合物を130～145℃に加熱し，磨き鋼板の上に広げ，供試体を一様に押し付ける。なお，この場合，強度試験までに2時間以上おかなければならない。

イオン　ion

電荷を帯びた原子または原子団。電気分解の際に溶液中に生ずる分子の分解生成物に対して，プラスの電荷を持つものを陽イオン，マイナスの電荷を持つものを陰イオンという。

イオンかけいこう　イオン化傾向　〔→異種金属接触腐食〕

建築材料として用いられる金属は湿り気がある場合，異種金属が接するとイオン化傾向の大きい金属の方が腐食する（p.25表参照）。

いかだうち　筏打ち

床スラブや屋根スラブに大量のコンクリートを打つときに，型枠および支保工に影響

イオン化傾向

イオン化傾向	金属		イオン化傾向	金属	
大	カリウム	K	↑	錫	Sn
↑	ナトリウム	Na	↑	鉛	Pb
↑	マグネシウム	Mg	↑	水素	H
↑	アルミニウム	Al	↑	アンチモン	Sb
↑	マンガン	Mn	↑	銅	Cu
↑	亜鉛	Zn	↑	銀	Ag
↑	クロム	Cr	↑	水銀	Hg
↑	鉄	Fe	↑	白金	Pt
↑	ニッケル	Ni	小	金	Au

する荷重の偏りを防ぐために方形に区切って千鳥形にして交互にコンクリートを打ち込むこと。枡打ちともいう。

イグロス　ig.loss
強熱減量のことでJISで規定されているセメントは3.0％を限度値としている。しかし，実際は1.5％以下である。

いけいピーシーこうせん　異形PC鋼線
deformed steel wire for prestressed concrete
プレストレストコンクリートに用いる鋼線。記号はSBPDで品質はJISに規定されている。種類はSBPD 930/1080, SBPD 1080/1230, SBPD 1275/1420がある。

いけいブロック　異形ブロック
基本ブロック（長さ390 mm，高さ190 mm）に対して，長さ・高さは同

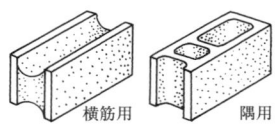

じだが，横筋用・隅用等の役物をいう。

いけいぼうこう　異形棒鋼
deformed reinforcing bar
コンクリートとの付着をよくするために表面にリブまたは節の突起，その他が施してある鉄筋（JIS）。記号は「D」。種類には新品（SD）と再生品（SDR）があってSD 295 A, SD 295 B, SD 345, SD 390, SD 490をはじめ，SDR 235, SDR 295, SDR 345などがある。現在，最も多用されているのはSD 345である（下左図参照）。

いけいぼうこうのすんぽう　異形棒鋼の寸法
size of deformed reinforcing bar
径はD 6, D 10, D 13, D 16, D 19, D 22, D 25, D 29, D 32, D 35, D 38, D 41, D 51など。D記号の後の数値は直径（mm）を表す。標準長さは3.5, 4.0, 4.5, 5.0, 5.5, 6.0, 6.5, 7.0, 8.0, 9.0, 10.0, 11.0, 12.0 m。

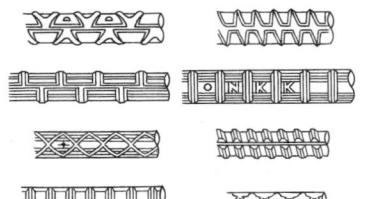

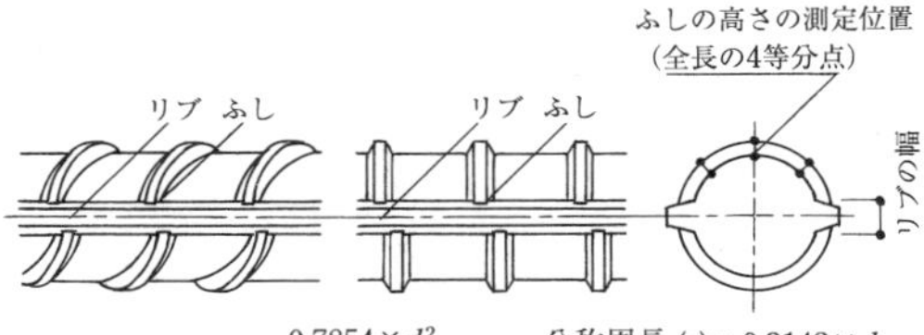

異形棒鋼の表面形状の一例

公称断面積 $(S) = \dfrac{0.7854 \times d^2}{100}$

公称周長 $(e) = 0.3142 \times d$
単位質量 $= 0.78 \times S$

いこまいし　生駒石
筑波石によく似ており，奈良県生駒市付近に産する黒雲母花崗岩。庭石や礎石として使われる。

**いじかんり　維持管理　maintenance and

management 〔→維持保全〕
建築，設備および諸施設，外構，植栽などの機能または性能を，常時適切な状態に維持する目的で行う維持保全の諸活動，ならびにその関連業務を効果的に実施するために行う管理活動。

いしのはりかた　石の張り方
石は躯体コンクリートと必ず金物で緊結する。目地は化粧を施す。外壁には，湿式工法と乾式工法とがあり，後者が多用されている。内壁は4m以下の場合空積み工法。

いじほぜん　維持保全　maintenance 〔→維持管理〕
対象物の初期の性能および機能を維持するために行う保全。近年わが国でも重要視され，今後活発化する。

いしゅきんぞくせっしょくふしょく　異種金属接触腐食　galvanic corrosion 〔→イオン化傾向〕
異種金属が接触し，両者間に電池が構成されたときに生ずる腐食で，イオン化傾向が大きい金属の方が必ず腐食する。

いじょうぎょうけつ　異常凝結　abnormal setting
偽凝結ともいう。焼成されたセメントの温度が常温に下がる前に水を加えて練り混ぜると生ずる現象。

いしわた　石綿〔→アスベスト，せきめん〕
asbestos
カナダや中国産の蛇紋岩や角閃岩中にある綿状の不燃材料。石綿スレートとして使用した。石綿は柔軟な灰白ないし帯緑・帯褐色の繊維状結晶性の鉱物。繊維質であるので紡績することができ，引張強さは大。溶融点が1,300℃内外と高く，耐火性が大きく，熱の絶縁性が大。各種の保温・断熱材の他，モルタルに混合して耐火性の大きい薄板などをつくる。現在は，「肺中皮腫」などの原因とされて使用できない。

いずいし　伊豆石
伊豆半島東海岸から産する安山岩，輝石安山岩，灰白色角閃安山岩など。小松石が有名。

いたガラス　板ガラス　sheet glass
近代建築には鉄鋼，セメントコンクリートと共に不可欠な材料。1900年初頭に国産化に成功。最初は30～50cm四方の大きさが限界だった。現在は，かなり大きなものがつくられる。ソーダ石灰ガラスともいう。種類にはフロート板ガラスをはじめ，摺りガラス，網入板ガラス，線入ガラス，熱線吸収ガラス，熱線反射ガラス，高遮音性能熱線板ガラス，強化ガラス，倍強化ガラス，複層ガラス，合せガラスがある。板ガラスの性質は，密度：$2.5\,g/cm^3$前後，モース硬さ：6前後，ヤング係数：$72\,kN/mm^2$前後，軟化度：730℃前後，耐久年限：破壊しない限り半永久的。

いちじくあっしゅくしけん　一軸圧縮試験
unconfined compression test
軸方向に圧縮する試験でコンクリートの場合は，圧縮強度を求めている。

いちりんしゃ　一輪車　wheel barrow
〔→コンクリートカート，二輪手押車〕
コンクリート材料などを運ぶ，簡易な運搬車。俗称「猫（車）」。

いちるいごうはん　一類合板
ベニア（単板）を奇数枚重ね合せた板のことで，接着剤はメラミン・ユリア共縮樹脂接着剤である。用途としては，屋外に面する壁もしくは常時湿潤状態の箇所に用いる場合とコンクリート用型枠に用いることがある。

いっかつしたうけおい　一括下請負
元請業者より一括して工事を下請負として受けること。ただし建設工事に関し，注文

者の書面による承諾なしにこれを行うことは，建設業法により禁止されている。俗に「トンネル」，「丸投げ」ともいう。

いっきゅうけんちくし　一級建築士
国土交通大臣の免許を受け，設計，工事監理等の業務を行う者。一定規模以上の建築物の設計・監理は一級建築士でなければ行うことができない。（建築士法第2条）

いっしゅうあっしゅくきょうど　1週圧縮度　one week age compressive strength
コンクリート打込み1週後の圧縮強度。通常の建築用コンクリート工事は材齢4週（28日）を指標とすることが多いので，1週強度から養生方法等を調整することがある。1週強度（F_7）から材齢28日の圧縮強度（F_{28}）を推定する場合は次による。
$$F_{28} = A \times F_7 + B \text{ (N/mm}^2\text{)}$$

係数 A および B の値

早強ポルトランドセメント		普通ポルトランドセメント 高炉セメントA種 フライアッシュセメントA種 シリカセメントA種	
普通コンクリート 軽量コンクリート1種・2種		普通コンクリート 軽量コンクリート1種・2種	
A	B	A	B
1.0	8.0	1.35	3.0

いっすんくぎ　1寸釘
通常，長さが1寸（3.2 mm），径6厘（1.8 mm）の金属製丸釘の呼称。

いったいしきこうぞう　一体式構造　monolithic construction
鉄筋コンクリート構造・壁式鉄筋コンクリート構造のように，建物の躯体を連続的かつ一体となるように建築した構造。コンクリートを連続的に打ち込むので「一体打ち構造」ともいう。

いったいしきへきたい　一体式壁体　monolithic bearing wall
例えば，鉄筋コンクリートの壁体のように，軸組と同種類の材料で建築された壁体。

いっぱんきょうそうにゅうさつ　一般競争入札　general bid
普通「公入札」ともいい，入札参加者（施工者）を広く求め，その競争によって競り下げを行う方式なので各施工者に均等な入札機会を与え，自由競争する意味で公平な方式といえる。

いっぱんこうぞうようあつえんこうざい　一般構造用圧延鋼材　rolled steel for general structure
JISに規定されているボルト締め用の鋼材（記号はSS）で，鉄骨造に使用する。種類にはSS 330，SS 400，SS 490，SS 540がある。

いっぱんこうぞうようコンクリート　一般構造用コンクリート
所要の構造耐力を有したコンクリート。

いっぱんにんていたいかこうぞう　一般認定耐火構造
建築基準法施行令第107条に規定された通常の火災に対して耐火性能を有する構造（p.28上表参照）。

いっぱんにんていぼうかこうぞう　一般認定防火構造
建築基準法施行令第108条　法第2条第8号の政令で定める技術的基準は，次に掲げるものとする。

1．耐力壁である外壁にあつては，これに建築物の周囲において発生する通常の火災による火熱が加えられた場合に，加熱開始後30分間構造耐力上支障のある変形，溶融，破壊その他の損傷を生じないものであること。
2．外壁及び軒裏にあつては，これらに建築物の周囲において発生する通常の

いとうしき

一般認定耐火構造

建築物の部分	建築物の階	最上階及び最上階から数えた階数が2以上で4以内の階	最上階から数えた階数が5以上で14以内の階	最上階から数えた階数が15以上の階
壁	間仕切壁（耐力壁に限る。）	1時間	2時間	2時間
	外壁（耐力壁に限る。）	1時間	2時間	2時間
柱		1時間	2時間	3時間
床		1時間	2時間	2時間
はり		1時間	2時間	3時間
屋根		30分間		
階段		30分間		

火災による火熱が加えられた場合に，加熱開始後30分間当該加熱面以外の面（屋内に面するものに限る。）の温度が可燃物燃焼温度以上に上昇しないものであること．

いどうしきあしば　移動式足場
rolling tower

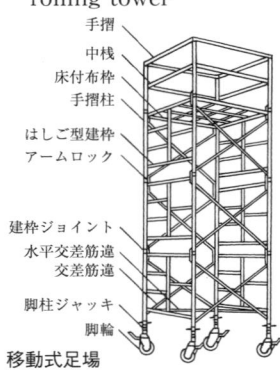

作業床，枠組構造部，脚輪，梯子などの昇降設備，および手摺などの防護設備により構成されている（図参照）．主として内部足場として用いられる．

いとうちゅうた　伊東忠太（1867〜1954）
建築家．芸術院および学士院会員．文化勲章受章者．山形県米沢市生まれ．1892年（明治25）帝国大学工科大学造家学科卒業．大学院で『法隆寺建築論』をまとめ（1893年），日本および東洋建築史学者．建築の芸術性の主張およびその確立に活躍した最初期の建築家の一人で，「造家学会改名論」（1897年，建築学会と改名，帝国大学造家学科も翌1898年改名）に説明されている．1905年東京帝国大学教授，1928年早稲田大学教授．主要作品は，平安神宮（1895年），台湾神宮（1901年），明治神宮（1920年）など神社建築があり，また鉄筋コンクリート造として，築地本願寺（1934年），湯島聖堂（1934年）などがある．

いとじょうふしょく　糸状腐食
filiform corrosion
塗料または油脂などで被覆した金属表面に細かく糸状に進行する腐食．

いどみず　井戸水　well water
コンクリート用水として一般的には使用できる．検査を要する場合はJISの規定に適合するものを使用するか，または下表の品質のものを使う．

イトン　ytong
軽量気泡コンクリートパネルの一種．現在は，この名のものはない．

いなだみかげいし　稲田御影石
花崗岩の一種で茨城県稲田産．東日本の名

上水道水以外の水の品質

項　目	品　質
懸濁物質の量	2 g/l 以下
溶解性蒸発残留物の量	1 g/l 以下
塩化イオン（Cl⁻）量	200 ppm 以下
セメントの凝結時間の差	始発は30分以内，終結は60分以内
モルタルの圧縮強さの比	材齢7日および28日で90％以上

稲田御影石の品質

石種	見掛密度 (g/cm³)	吸水率 (%)	圧縮強度 (N/mm²)	ヤング係数 (kN/mm²)	ポアソン比	トータルポロシチー (mm³/g)[1]
稲田	2.65	0.24	127.5	53	0.34	4.50
稲田	2.74	0.35	107.0	49	0.22	4.29
稲田	2.74	0.23	152.0	58	0.44	4.36

[注] (1) 37.5〜750000Åの空隙量

建築物に多く使用されている。

イナンデーター　inundator
コンクリート材料の計量装置の一つ。セメント量に対する水量を正確にして、強度が一定なコンクリートをつくるための計量装置。

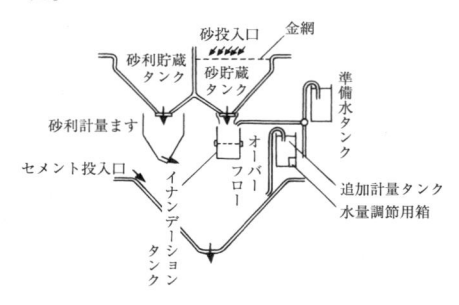

イナンデーター

イニシアルタンジェントモデュラス　initial tangent modulus　〔→割線弾性係数〕
応力度―歪み度曲線の原点における接線勾配。

いぬばしり　犬走り　scarcement
建物の周囲や軒下の石・煉瓦・コンクリート・砂利などで敷設した部分。建築物が地表に接する部分を保護するもの。

いほうせい　異方性　anisotropy
物質の物理的性質が方向によって異なること。木材ほど著しく大きい異方性ではないが、コンクリートにも打込みの方法などによってブリーディング量が異なるので異方性がある。

いもめじ　芋目地　straight joint
目地が縦横とも一直線のものをいう。補強コンクリートブロック造のように空胴部分に鉄筋を挿入する必要がある場合に用いられる。目地が一直線に通らないものを「破れ積み」という。

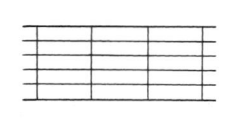

いろむら　色むら　blurs
打放しコンクリート表面の欠陥の一つ。塗材の色の不均等な状態。発生原因は、次の通り。
①不透水材料の表面を水が流れるときにノロが一緒に流れ、細骨材の色が表面に出るためにセメントペースト量の違いなどで黒っぽくなり生じる。
②剥離剤の塗布むらや型枠の材質に合わないものを使用した場合や剥離材成分などによって生じる。
対策として次のことが考えられる。
a．あらかじめ試験的な打込みを行い、仕上りや色合いを調べる。
b．バイブレーターのかけすぎに注意し、鉄筋や型枠面に接触させないようにする。

いんきょくぼうしょくほう　陰極防食法　cathodic protection method　〔⇔陽極防食法〕
電気防食方法の一つ。金属に外部から適当な大きさの電流を与え、金属表面をすべて同一の電位とし、局部電池による電流が流れないようにする。

インゴット　ingot　〔→鋳塊〕
方形、多角形、円形等に鋳込まれ、圧延に使用される。アルミニウム等では地金のブロックをインゴットと呼ぶこともある。鋼

いんさと

塊では，板用のものをスラブ（slab），棒線用のものをビレット（billet）と形状で区別している。

インサート　insert
躯体コンクリート表面に，いろいろなものを取り付けるため，コンクリート打込みの際にあらかじめ埋め込む鉄製の部品。屋内側に雄ねじなどが切ってあり，天井吊手ボルト，吸音ボードなどを嵌め込むときに用いる。

インスタントモルタル　instant mortar
セメントと比較的吸水率が小さい乾燥した砂をあらかじめ混合したもので，水を加えるだけでモルタルとなるプレミックス材料。ドライモルタルともいう。

インソール　insol.　〔→不溶残分〕
不溶残分のことでセメントを塩酸に溶解させたとき，溶けずに残る物質のこと。ポルトランドセメントと高炉セメントは0.2％以下であるが，シリカセメントは6％程度，フライアッシュセメントは12～13％程度もある。

インターロッキングブロック　interrocking block
コンクリート舗装ブロックの一種（写真参照）。用途は，歩自動車道（45％），広場（38％），駐停車場（9％），車道（4％）など。

インターロッキングブロック

インテリジェントコンクリート　intelligent concrete
セメント硬化体は，一般に500℃で強度を失い，耐熱性に乏しい材料といわれている。そこで，セメントの一部としてあらかじめフリット釉などに混入することにより，800℃以上の加熱でも強度低下が小さく，耐熱性に優れているコンクリート。

インペラーブレーカー　impeller breaker
岩石を砕く機械の一種。シュートを滑って落下した岩石が，高速度で回転するローターの打撃板に当たり砕かれ，さらに反発板に衝突させるなど衝撃力を極度に利用するクラッシャー。産物の粒形がよいという利点があって，主として中砕に利用される。

[う]

ウィングサポート wing support
　ウィングサポートを使用すれば，支柱を残してせき板だけを取り外すことができる。

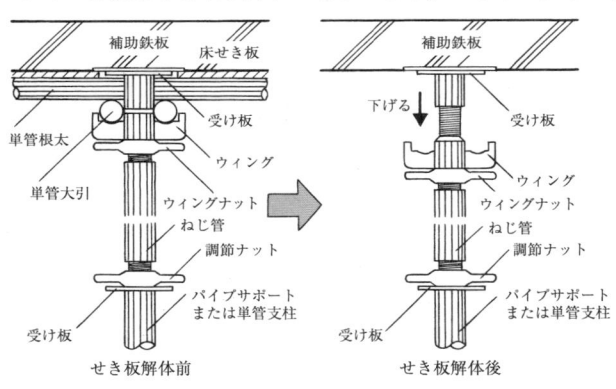

ウィングサポート

ヴィンソール Vinsol
　化学混和剤でAE剤の一種。アメリカで（1932年頃）発明された。

ウェザーメーター weather meter
　モルタル・コンクリートの様々な気象環境下における耐久性を，強制劣化試験するために使用する装置。装置内に置いた供試体に，水の噴射，温湿度の変化，各種ガスとの接触などの作用を単独に，または組み合わせて周期的に供試体の劣化程度を測定する。

ウェザリング weathering
　物をある気象環境に曝すこと。またはそれによって生じる物の性能，性質，品質の変化。風化と同じ意味に使うこともある。

ウェットジョイントこうほう　ウェットジョイント工法 wet-joint method 〔⇔ドライジョイント工法〕
　プレキャスト鉄筋コンクリート部材や石材の接合部に，コンクリートまたはモルタルを充填して接合する工法（下図参照）。重要な箇所であるので入念に施工する。

ウェットスクリーニング wet screening
　水洗いしながらふるい分けること。

ウォセクリーター wa-ce-cretor
　コンクリート材料の計量装置の一つ。セメントと水をあらかじめ所定の水セメント比で混合・撹拌しながら貯蔵しておき，別に貯蔵してある砂，砂利と共に，それぞれ別々に計量し，ミキサーで練り混ぜてコンクリートをつくる。水セメント比を一定に保ったままワーカビリティを調整できるが，最近は使用されない。

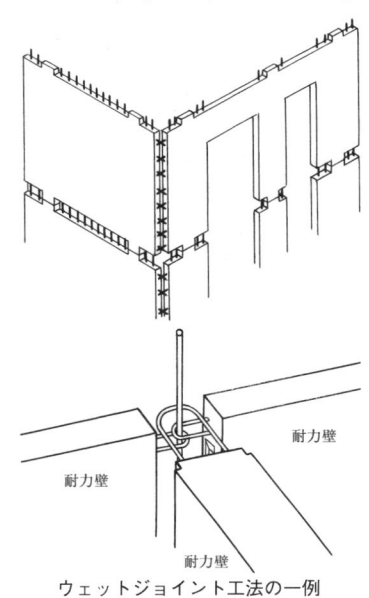

ウェットジョイント工法の一例

うおつしや

ウォッシャー　washer
　採石場や採砂場などにおいて，骨材の洗浄を行う機械。構造としては，スクリュー形式のものとドラム形式のものがある。

薄板打込み型枠工法（うすいたうちこみかたわくこうほう）
　外部足場が不要で，工期短縮が可能。

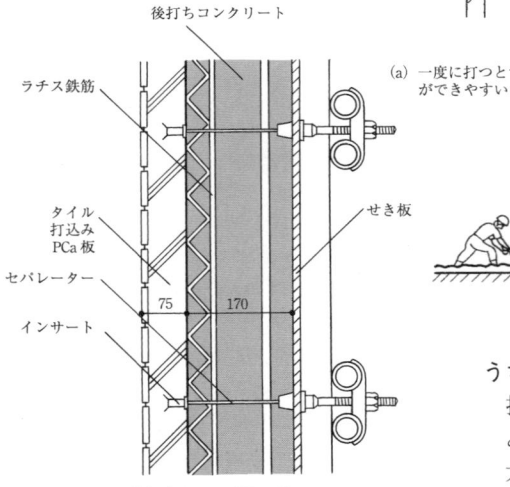

薄板打込み型枠工法

打重ね　うちかさね　placing on consolidated fresh concrete
　フレッシュコンクリートの打込み・締固め工事において，先に打込み締固められたコンクリートの上にさらにコンクリートを打込み，締固めなどの作業によってこの2層を一体とすることをいう。

うちこみ　打込み　placing
　フレッシュコンクリートを所定の位置に投入し，詰め込むこと（図-1～3参照）。

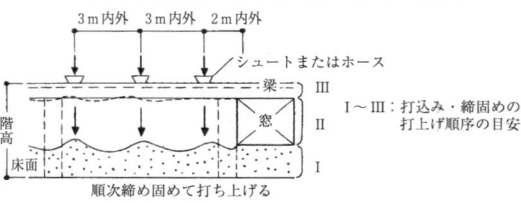

図-1　垂直部材の打込方法（JASS 5・同解説より）

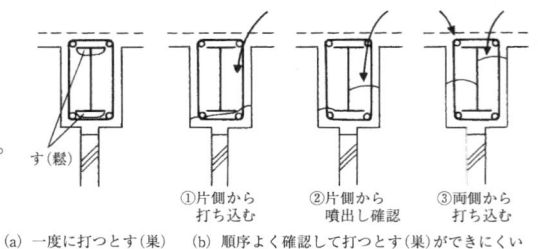

図-2　鉄骨梁の打込方法（JASS 5・同解説より）

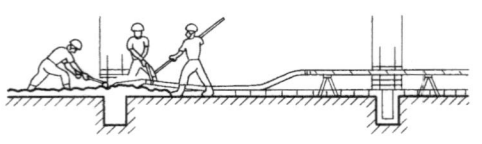

図-3　配管による打込方法（JASS 5）

うちこみおんど　打込み温度
　打ち込むときのコンクリートの温度。打込み温度が高いほど，初期材齢の圧縮強度が大きく，低いほど小さい。日本建築学会，土木学会とも打込み温度2℃を最低打込み温度としている。

うちこみくい　打込み杭　driven pile
　打ち込んで使われる既製杭。

うちこみけっかんぶのほしゅう　打込み欠陥

部の補修
コンクリートの施工時に細心の注意を払っても，ジャンカ，空洞，コールドジョイントなどの欠陥部が生じることがある。打込み欠陥部が生じた場合は，その種類・程度に応じて適切な補修を行う。補修の方法は，表面仕上げの種類により異なる。表面欠陥に応じた補修方法の例を表に示す。

打込み欠陥部とその補修方法の例

打込み欠陥部	補修方法
ジャンカ・空洞，表層の剝離	モルタルまたはペーストを鏝で塗り押さえる。欠陥が著しい場合は，斫った後モルタルで充填する。
コールドジョイント	ペーストを刷毛引きまたは布引きする。欠陥が著しい場合は，樹脂注入，またはVカットのうえ，ポリマーセメントモルタルの充填等を行う。
表面の凹凸	凹部はモルタルまたはペーストで埋める。凸部は斫り取るか，または研磨する。
気泡	ペーストをすり込む。

うちこみじゅんじょ　打込み順序
コンクリートはその占める位置にできるだけ近づけて打ち込む。柱に区切られた壁においては，柱を通過し，コンクリートを横流ししない。順序は垂直部材の1/2～2/3程度までコンクリートをほぼ水平に打ち込み，順次他の打込み口に移動する。

うちこみそくど　打込み速度
placing speed
1時間当たりのコンクリートの打込み速さ(m/h)。フレッシュコンクリートのワーカビリティおよび施工条件などに応じ，良好な締固めができる範囲とする。打込み速度が早いほど型枠に及ぼす側圧が大きくなる（下表）。

うちこみてま　打込み手間
コンクリート1 m³当りの打込み手間は0.4～0.5人/m³。

うちこみまえのじゅんび　打込み前の準備
コンクリート打込み前にしておくべき作業。各種配管，ボックス，埋込み金物などの検査を受けたり，打込み場所を清掃して異物を除去し，せき板やコンクリートの打継ぎ部分を散水する。

うちこみめんのしあがり　打込み面の仕上がり
平滑な表面状態とする。そのためには型枠セパレーターの孔，砂じま，凹所などを補修したり，突起部を取り除く。JASS 5のコンクリートの仕上がりの平坦さの標準値をp.34の表に示す。

うちこみりょう　打込み量
径4 in（100φ）のポンプ打ちの場合，150～200 m³/日が標準。

うちだよしかず　内田祥三（1885～1972）
建築家。元 東京大学総長，元 日本建築学会会長。東京大学安田講堂をはじめ，多く

型枠設計用コンクリートの側圧　(JASS 5)

打込み速度 (m/h) 部位	10 以下の場合		10 を超え 20 以下の場合		20を超える場合
H(m)	1.5 以下	1.5 を超え 4.0 以下	2.0 以下	2.0 を超え 4.0 以下	4.0 以下
柱	$W_0 H$	$1.5W_0+0.6W_0\times(H-1.5)$	$W_0 H$	$2.0W_0+0.8W_0\times(H-2.0)$	$W_0 H$
壁　長さ 3 m 以下の場合		$1.5W_0+0.2W_0\times(H-1.5)$		$2.0W_0+0.4W_0\times(H-2.0)$	
壁　長さ 3 m を超える場合		$1.5W_0$		$2.0W_0$	

[注]　H：フレッシュコンクリートのヘッド（m）（側圧を求める位置から上のコンクリートの打込み高さ）
　　W_0：フレッシュコンクリートの単位容積質量（t/m³）に重力加速度を乗じたもの（kN/m³）

うちたよし

コンクリートの仕上がりの平坦さの標準値 (JASS 5)

コンクリートの内外装仕上げ	平坦さ (凹凸の差) (mm)	参　考	
		柱・壁の場合	床の場合
仕上げ厚さが7mm以上の場合、または地下の影響をあまり受けない場合	1mにつき 10以下	塗壁 胴縁下地	塗床 二重床
仕上げ厚さが7mm未満の場合、その他かなり良好な平坦さが必要な場合	3mにつき 10以下	直吹付け タイル圧着	タイル直張り じゅうたん張り 直防水
コンクリートが見えがかりとなる場合、または仕上げ厚さがきわめて薄い場合、その他良好な表面状態が必要な場合	3mにつき 7以下	打放しコンクリート 直塗装 布直張り	樹脂塗床 耐摩擦床 金鏝仕上げ床

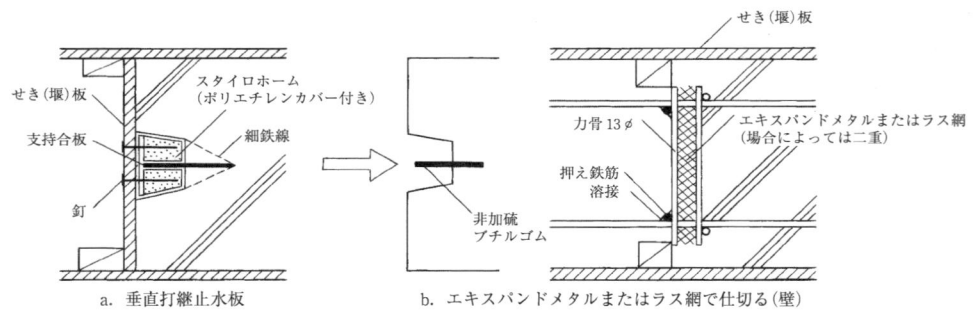

外壁の垂直打継例（JASS 5・同解説より）

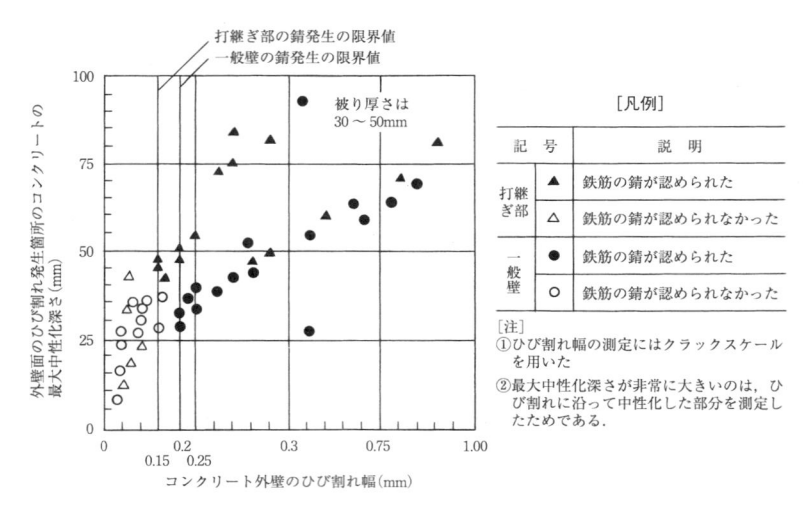

a. 垂直打継止水板
b. エキスパンドメタルまたはラス網で仕切る（壁）

ひび割れ幅が及ぼすコンクリートの中性化深さと鉄筋の錆の発生状況

[凡例]

記号		説明
打継ぎ部	▲	鉄筋の錆が認められた
	△	鉄筋の錆が認められなかった
一般壁	●	鉄筋の錆が認められた
	○	鉄筋の錆が認められなかった

[注]
①ひび割れ幅の測定にはクラックスケールを用いた
②最大中性化深さが非常に大きいのは、ひび割れに沿って中性化した部分を測定したためである。

の著名な建築物を設計した。佐野利器博士と共にコンクリートの中性化と鉄筋の発錆に関する研究を世界に先がけて実施した。文化勲章（1972年）受賞者。

うちつぎ　打継ぎ　placing joint
コンクリートの打込みを分けて行うこと，またその部分。打継ぎ箇所は部材の剪断の小さい部分とする。打継ぎ目は梁・床スラブ，屋根スラブでは，そのスパンの中央付近で垂直に設け，柱および壁は基礎や床スラブ上端で水平に設ける。片持ち梁では打継ぎを設けない。打継ぎ面はレイタンスなどを取り除いて清掃する（p.34上図参照）。

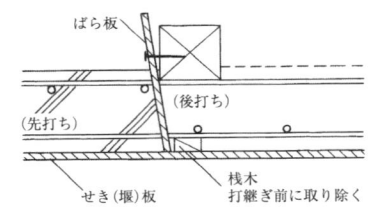

スラブの仕切り例（JASS 5・同解説より）

うちつぎめ　打継目　construction joint
硬化したコンクリートまたは硬化し始めたコンクリートに接して，新たにコンクリートを打つときにできる新旧コンクリートの接合部。継目が，0.04 mm以上で漏水し，0.15 mm以上で鉄筋が発錆するので入念に施工する（p.34下図参照）。

うちどめ　打止め
コンクリートの打込み作業をある部分でいったん打ち切ること。

うちはなしコンクリート　打放しコンクリート　architectural concrete finish, fair-faced concrete
意匠上のコンクリートの造形と素材としての美しさを表現するため，コンクリート表面を仕上げ材料で覆わず，型枠を外した面をそのまま仕上げ面とする工法。打ち込んだ直後の素肌は，せき板の木目の跡がくっきりとついているので，見た感じがよい。しかし屋外部分は長年月間経過すると降雨・降雪などの影響を受け劣化するので美観上ばかりでなく，耐久性が損なわれる。打放し仕上げには，平滑仕上げの他，木目・リブ状・タイル状などの様々な模様仕上げや，さらに立体的なレリーフ・彫刻のような造形表現のコンクリート装飾仕上げがある。日本における最初のコンクリート打放しによる建物はアントニン・レーモンドによる「霊南坂の家」（1924年）で高い評価を得た。その後，コンクリート打放しが本格的に普及するきっかけとなったのは，同じくレーモンドが設計した「リーダーズ・ダイジェスト東京支社ビル」（1952年）で，カンティレバーという構造形式と，コンクリート打放しで，多くの人々の注目を集めた。1960年代に入るあたりから，打放し仕上げは意匠設計者が好んで採用するところとなり，「東京文化会館」「国立国会図書館」などの設計を通じて，空間構成の一手法として1970年代後半から盛んに建築されるようになった。今まで施工された多くの打放しコンクリートは，建築数年で汚れが付着し，年数が経つに従って汚れがひどくなり，ひび割れの進行，エフロレッセンス，錆汁，浮きなど，コンクリートの劣化現象が生じ，耐久性・美観上から改修され，その魅力が半減した例が多い。耐久性の観点から見ると，骨材資源の不足による品質低下，専門技術者や職人の不足による技術レベルの低下，立地環境使用条件の低下などがある。また，美観性の観点から見ると，交通量の増大による排気ガスによる汚れや酸性雨による影響，汚れ，こけ，コンクリート表面の劣化などに

うちほうす

より古びて見える。

うちぼうすい　内防水　inside waterproof
防水層を躯体の屋内側に設けること。一般にモルタル防水が行われるが，屋根と異なり，長期間水圧を受けるために水が浸透するので，二重壁構造にするとよい。

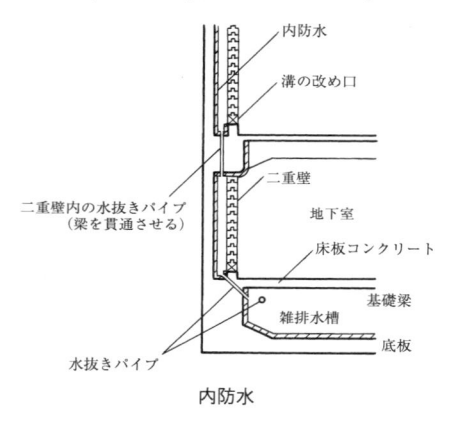

内防水

うつのみやさぶろう　宇都宮三郎（1834～1903）
工部省技術官（化学者）で，日本の国産セメントの製造に貢献。造家学会（現 日本建築学会）の機関誌「建築雑誌」第6巻（1888年6月号）にセメント製造について解説している。

うま　馬　horse, trestle horse
台のこと。例えば配筋した場合，配筋上は歩行できないので，鉄筋と鉄筋の間に台馬を置きその上を歩行する（「脚立足場」の項参照）。

うみじゃり　海砂利　coastal gravel
NaClが付着していることや，粒径が小さかったり大きかったりするので，コンクリート用砂利として使用する前にそれらの点を検討する。

うみずな　海砂　sea sand, beach sand
河川の細骨材が枯渇化しているので日本ではコンクリート用細骨材として使用することがある。ただしNaCl含有量を0.04％以下に水洗いして用いる。

うみずなのがんえんりょう　海砂の含塩量
図のように深さが浅く，波打ち際ほど，塩分量は多い。NaCl 0.04％までなら使用できる。

海砂の含塩量

うめむらはじめ　梅村魁（1918～1995）
耐震工学の推進と発展に貢献した。元 東京大学教授。元 芝浦工業大学理事長。元 日本建築学会会長。

うわばきん　上端筋　top reinforcement〔⇔下端筋〕
梁・床スラブは隅の場合，圧縮応力を受ける鉄筋のこと（p.37 図参照）。

うんてん　運転　operation
設備機器を稼働させ，その状況を監視し制御すること。

うんぱん　運搬　transportation
フレッシュコンクリートをレディーミクストコンクリート工場から工事現場まで運ぶこと。または，工事現場内の荷卸し地点から打込み地点までコンクリートポンプなどの装置で移送すること。

うんぱんようきかいきぐ　運搬用機械器具
コンクリートの品質に悪影響のないものを

うんはんよ

選ぶ。コンクリート用機械の例としては，ポンプ，バケット，手押し車（カート），ベルトコンベヤー，シュートがある（下表）。

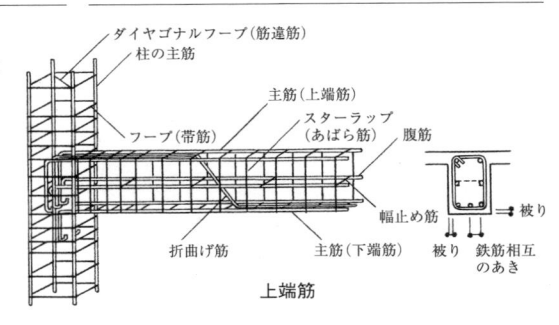

図中ラベル：ダイヤゴナルフープ（筋違筋），柱の主筋，主筋（上端筋），フープ（帯筋），スターラップ（あばら筋），腹筋，幅止め筋，被り，折曲げ筋，主筋（下端筋），被り，鉄筋相互のあき，上端筋

コンクリートの運搬機器の概要

（JASS 5・同解説より）

運搬機器	運搬方法	可能な運搬距離(m)	標準運搬量	動力	主な用途	スランプの範囲(cm)	備考
コンクリートポンプ	水平 鉛直	～500 ～200	20～70 (m³/h)	内燃機関 電動機	一般・長距離・高所	8～21	圧送負荷による機種選定，ディストリビューターあり
コンクリートバケット	鉛直 水平	～100 ～30	15～20 (m³/h)	クレーン使用	一般・高層RC・スリップフォーム工法	8～21	揚重時間計画が重要
カート	水平	10～60	0.05～0.1 (m³/台)	人力	少量運搬 水平専用	12～21	桟橋必要
ベルトコンベヤー	水平 やや勾配	5～100	5～20 (m³/h)	電動	水平専用	5～15	分離傾向あり，ディストリビューターあり
シュート	鉛直 斜め	～20 ～5	10～50 (m³/h)	重力	高落差 場所打ち杭	12～21	分離傾向あり，ディストリビューターあり

[え]

エアクエンチングクーラー
air quenchingcooler
窯で焼成したものを急激に冷却する装置。

エアコンプレッサー air compressor
空気を圧縮し，圧力を高める機械。空気圧縮機。

エアセパレーター air separator
セメント製造における仕上工程で，粉砕機から出てきた粉を，粗・細に分け，粗い粒子を再び粉砕機に戻す装置。

エアメーター air meter
フレッシュコンクリート中の空気量を測定する容器。JISに空気量の圧力による試験方法が規定されている。他に質量方法，容積方法がある（下図・写真）。

エーイーげんすいざい AE減水剤 〔→コンクリート用化学混和剤〕
AE（air-entraining）dispersing agent
コンクリート用化学混和剤の一種。現在化学混和剤の中で多用されている。品質はJISに規定されており，標準形（春季・秋季），遅延形（夏用），促進形（冬用）がある。

エーイーコンクリート AEコンクリート
AE (air-entrained) concrete
AE剤を用いて計画的に微小な空気泡を含ませたコンクリート。最近はあまり用いられていない。

エーイーざい AE剤 AE (air-entraining) dispersing agent 〔→コンクリート用化学混和剤〕
コンクリート・モルタルの中に，多数の微小な空気泡を一様に分布させ，ワーカビリティおよび耐凍害性などの耐久性を向上させるために用いる化学混和剤。ちなみにコンクリートの空気量は4〜5％がよい。「空気連行剤」ともいう。

エーイーざいのしようりょう AE剤の使用量 dosage of AE (air-entraining) admixture
単位セメント量に対するAE減水剤の割合をいう。同じコンクリートの空気量を得る場合，気温によって使用量が異なる。一

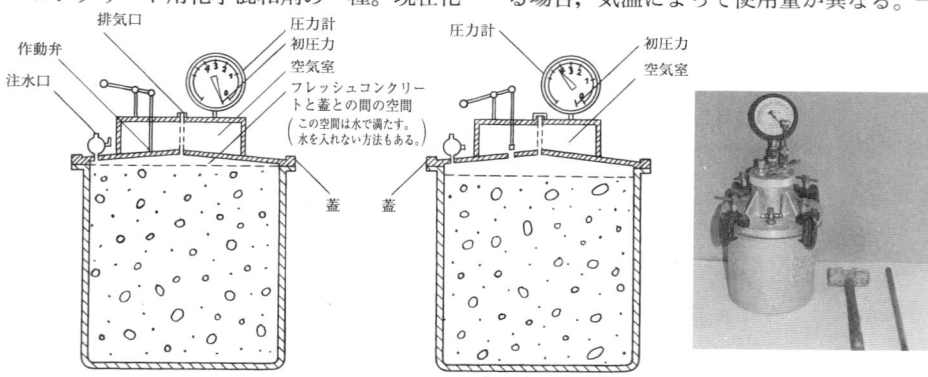

空気室の圧力を所定の圧力に高めた場合を示す。（指針は，初圧力を示している。）

作動弁を開いてフレッシュコンクリートに圧力を加えた場合を示す。（指針は，フレッシュコンクリートの見掛けの空気量を示している。）

エアメーター（空気量測定器）

般に気温が高いほど，空気が入りにくいので空気量は小さい。

エーイーじょざい　AE助剤
所要の空気量を得るために使用する混和剤。AE補助剤ともいう。

エイチがたこう　H形鋼
wide-flange shape
アメリカでは古くから製造し，建築物に用いていたが，日本では1967年に完成したわが国初の本格的超高層建築物霞が関ビルの柱に用いたのが最初だといわれている。現在では超高層建築物の他にプレキャストコンクリート構造物の梁や杭（腐食代は1mm程度）にも使用されている。

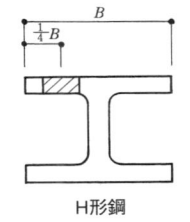

H形鋼

エーエーエスエスしけん　AASS試験
錆の発生状態を調べる試験。5％塩化ナトリウムに酢酸を加えた溶液を，35°Cに保って噴霧させた装置内へ試験片を静置する。

エーエスシー　ASC
Architectural Society of China
中国建築学会。本部は中華人民共和国北京市にある。

エーエスシーイー　ASCE
American Society of Civil Engineers
アメリカ土木学会。1852年設立。土木・建設に関する規格等を制定している。

エーエスティーエム　ASTM
American Society for Testing Materials
アメリカ試験材料学会。セメント・モルタル・コンクリートなどに関する試験方法等を制定している。

エーエヌエスアイ　ANSI
Ameican National Standards Institute
アメリカ規格協会。

エーエフアールシー　AFRC
アラミド繊維強化プラスチックコンクリート。

エーエフヌオーアール　AFNOR
Association française de normalisation
フランス規格協会。〔→NF〕

エーエルエー　ALA
artificial lightweight aggregate
人工軽量骨材。JASS 5では軽量コンクリート1種（1.7～2t/m³），2種（1.4～1.7t/m³）として使用されている。

エーエルシー　ALC
autoclaved light-weight concrete
軽量気泡コンクリート。180°Cの高温高圧釜の中で10数時間蒸気養生されたセメント，石灰，珪砂を主原料とする。密度0.5g/cm³前後で乾燥収縮が小さく，断熱性・耐火性が大きい。年間生産量は300万m³程度。

エーエルシーパネル　ALCパネル
密度0.5g/cm³と軽く，断熱性・耐火性が大きいが，防水性・透水性が不利なうえに圧縮強度が小さいので必ず仕上げ材を施す。壁・床・屋根に用いる部材（p.40表・図参照）。

エキスカベーター　excavator
骨材採掘機やショベルなどの掘削用機械。

エキスパンシブセメント
expansive cement
硬化のときに膨張を起こすセメント，膨張セメント。日本では膨張剤を混和剤として使用できるようになっている。収縮低減の働きもする。

エキスパンションジョイント
expansion joint 〔→伸縮目地〕
コンクリートの硬化収縮によるひび割れを防ぐために入れる目地。また，温度変化による収縮の違いなどによる影響を避けるために，建物をいくつかのブロックに分割し

えきたいち

ALC パネルの種類および呼び寸法（常備品） (mm)

種　類	単位荷重 (N/m²)	呼び寸法							
		厚さ	長さ						幅
			1,800	2,000	2,500	2,700	3,000	3,200	3,500	
外壁用パネル	1,176.8	100	—	○	○	○	○	○	○	600
	1,961.3	100	—	○	○	○	○	○	○	
間仕切用パネル	637.4	100	—	○	○	○	○	○	○	
屋根用パネル	98.7	100	—	○	○	○	○	—	—	
床用パネル	2,353.6	100	○	○	—	—	—	—	—	
		150	○	○	○	—	○	—	—	
	3,530.4	100	○	○	—	—	—	—	—	
		150	○	○	○	—	○	—	—	

保管は，枕木を用いて平積みとする。1段の積み上げ高さは1m以下，総高を2m以下とする。（JASS 21.5.7 C）

ALC パネルの積上げ高さ（mm）

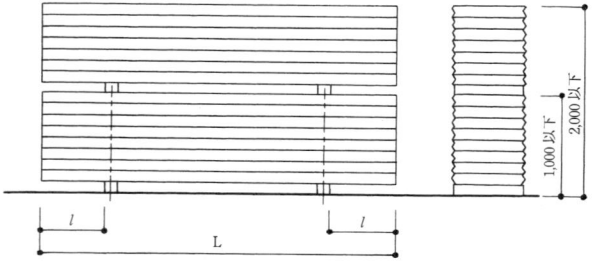

積み方		平積み
最大積上げ高さ	一段	1.0 m 以下
	総高	2.0 m 以下
台　木	位置	$l = L/5 \sim 6$
	断面寸法	9 cm×9 cm 以上（地上部）
		0.9 cm×4 cm 以上（中間部）

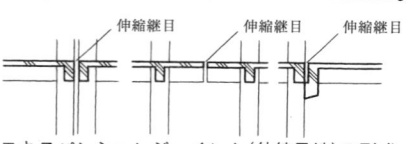

エキスパンションジョイント（伸縮目地）の形式
（松下，鉄田）

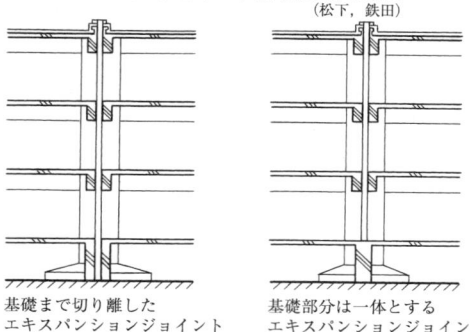

基礎まで切り離したエキスパンションジョイント　　基礎部分は一体とするエキスパンションジョイント

エキスパンションジョイントの種類（松下，鉄田）

て設ける相対変位に追随可能な目地。目地材としてはアスファルト系，ゴム発泡体系，樹脂発泡体系等の目地板，シール材および充填材が用いられる（下図）。

えきたいちっそによるコンクリートクーリングこうほう　液体窒素によるコンクリートクーリング工法

コンクリートと液体窒素（−195.8℃）とを直接的に熱交換させるもので，その特長を以下に示す。

①冷却速度が飛躍的に速くなり，5 m³のコンクリートを10℃降下させる時間は3分ですむ。

②専用の簡易な投入装置を用意するだけで十分な効果があるため，工事の大小にかかわりなく一定の装置で施工できる。

③コンクリートの品質向上が期待できるうえに，施工管理および品質管理が容易であるなどがある。

この工法は，大型橋梁基礎や原子力発電所などの重要なコンクリート構造物の品質や，耐久性の向上に大きな効果が見込まれており，経済的にもコンクリートのクーリングが可能となるため，中小規模のコンクリート工事でも夏期に施工する工事などでは，コンクリートの品質および耐久性の向上に大きく寄与するものと考えられている。

エコセメント eco-cement

太平洋セメントと三井物産が共同で千葉県市原市に設立した新会社のエコセメント工場が本格生産を始めた（平成11年1月25日承認）。都市ごみ焼却灰などを主原料とするエコセメントのJIS暫定案に相当する標準情報（テクニカルレポート）が2002年にまとめられた。JISでは普通エコセメントの用途を「無筋コンクリート及び高強度・高流動コンクリートを除く鉄筋コンクリート」などに限定し，2002年7月20日に公表された（下図）。

エーシーアイ ACI American Concrete Institute

アメリカコンクリート協会（1905年設立）。

旧称は National Association of Cement Users（1913年まで）。約150規格を制定。多くのACI規格はANSIに採用されている。規格以外には，三つのメトリック版，130のCommittee reportsも発行。DOD（国防総省）でもいくつかのACI規格を採用している。ACIでは，次の認証プログラムを実施。Concrete Field Testing Technician, Grade Ⅰ；Concrete Laboratory Testing Technician, Grade Ⅰ, Ⅱ；Concrete Construction Inspector-in-Training；Concrete Inspector, Lebel Ⅱ；ACIの扱う技術範囲は，コンクリートおよび補強コンクリート構造物の設計，製作および保守であり，約110の専門委員会によって codes, specifications, standards practices および committee reports が作成され広く活用されている。ACI規格は3桁の数字および年号で表される。

（例）ACI 318-89/318 R-89：Building Code Requirements for Reinforced Concrete and Commentary. ACIの規格以外の各種文献には次のような分類略号が使用されている。MCP＝Manual of Concrete Practice, M＝Monograph, SP＝Special Publication, B＝Bibliography, CP＝Certified Publication, R＝Report, COM＝Computer program series.

エーシーくい AC杭

エコセメントの品質

品質/種類		普通エコセメント	速硬エコセメント
密度（g/cm³）		—	—
比表面積（cm²/g）		2,500以上	3,300以上
凝結	始発（h-m）	1-00以上	—
	終結（h-m）	10-00以下	1-00以下
安定性	パット法		
	ルシャテリエ法(mm)	10以下	10以下
圧縮強さ (N/mm²)	1 d	—	15.0以上
	3 d	12.5以上	22.5以上
	7 d	22.5以上	25.0以上
	28 d	42.5以上	32.5以上
酸化マグネシウム（％）		5.0以下	5.0以下
三酸化硫黄（％）		4.5以下	10.0以下
強熱減量（％）		3.0以下	3.0以下
全アルカリ（％）		0.75以下	0.75以下
塩化物（％）		0.1以下	0.5以下 1.5以下

AC pile
オートクレーブ（高圧蒸気釜）養生されたコンクリート杭。杭の最長15 m。

エーしゅブロック　A種ブロック〔→B種ブロック，C種ブロック〕
配筋のための空洞を持つ建築用コンクリートブロック。圧縮強度による区分の記号は「08」，気乾かさ密度1.7未満，全断面積に対する圧縮強さ4N/mm²以上（JIS）。

エージング　aging
骨材を長期間にわたって空気中にさらすこと。例えば，転炉スラグに含有されている遊離石灰を水（湿気）と反応させると膨張量が低減し，安定した性質になる。

エスアイたんい　SI単位〔→国際単位系〕
Systeme Internationale d'unités（仏）
SI単位は，メートル系のMKS単位系を拡張したもので，わが国においては，長さはメートル（m），質量はキログラム（kg）というように，使用している計算単位の大部分はSI単位だが，SI単位ではない力の単位の重量キログラム（kgf），圧力の単位の質量キログラム毎平方センチメートル（kgf/cm²），応力の単位の重量キログラム毎平方ミリメートル（kgf/mm²），熱量の単位のカロリー（cal）などの計量単位も若干使用されている。これらの単位は世界の大勢に遅れないように，SI単位に改めていく必要があると共に，この国際的な統一によって，各国間の技術・情報・交流，流通，取引の面で計り知れない利益をもたらす。このような背景のもと，JISでは，1974年からSIの導入を図り，さらに国際化に対応できるようにとの方針を進めて，1990年には「日本工業規格における国際単位系（SI）の導入の方針について」を日本工業標準調査会（JISC）で議決し，JISにおける各種計算単位のSI化を促進している。

エスアール　SR　Steel Round bar
鉄筋コンクリート用丸鋼。品質はJISに規定されており，種類にはSR 235，SR 295がある。SRの後の数値は上降伏点強度で，単位はN/mm²である。

呼び名	鉄筋径
細径	9 φ, 13 φ, 16 φ
中径	19 φ, 22 φ, 25 φ
太径	28 φ, 32 φ

鉄筋の標準長さは3.5，4.0，4.5，5.0，5.5，6.0，6.5，7.0，8.0，9.0，10.0 m

エスアールアール　SRR
Steel Round Recycle bar
鉄筋コンクリート用再生丸鋼。
JISに規定されており，種類はSRR 235，SRR 295，径は6，9，13 mm，長さは3.5，4.0，4.5，5.0，5.5，6.0，7.0，7.5，8.0 m。

エスアールシーこうぞう　SRC構造
Steel Reinforced Concrete structures
鉄骨鉄筋コンクリート構造。SRC造とも

SN材の機械的性質と化学成分

記号		機械的性質			化学成分（％）				
		降伏点または耐力（N/mm²）	引張強さ（N/mm²）	伸び（試験片）（％）	C	Si	Mn	P	S
SN	400 A	215～235以上	400～510	17～23	0.24以下	—	—	0.050以下	0.050以下
SN	400 B	215～335以下	400～510	18～24以上	0.20～0.22以下	0.35以下	0.60～1.40	0.030以下	0.015以下
SN	400 C	215～335以下	400～510	18～24以上	0.20～0.22以下	0.35以下	0.60～1.40	0.020以下	0.008以下
SN	490 B	295～445以下	490～610	17～23以上	0.18～0.20以下	0.55以下	0.55～1.60	0.030以下	0.015以下
SN	490 C	295～445以下	490～610	17～23以上	0.18～0.20以下	0.55以下	0.55～1.60	0.020以下	0.008以下

いう。鉄骨を組み，そのまわりに鉄筋を配筋してコンクリートを充填し，鉄骨と鉄筋コンクリートが一体となって働く複合構造の一つである。

エスイーシーコンクリート　SEC コンクリート
　表面水分を調整（セメント量の 20～25 %程度）した砂と砂利とセメントを練り混ぜ，キャピラリー状態のペーストが骨材を包むようにした後，残りの水を加え，強度を増大させた（SEC 法）コンクリート。

エスエスざい　SS 材
　一般構造用圧延鋼材。引張強度によって，SS 400，SS 490，SS 540 などという。

エスエフアールシー　SFRC
　鋼繊維補強コンクリート。靱性や耐衝撃抵抗性に優れ，部材の薄層化が可能。

エスエヌざい　SN 材
　建築構造用圧延鋼材。SN 400 A，400 B，400 C，SN 490 B，490 C など（p.42 表）。

エスエムエム　SMM　standard method of measurement of building works
　イギリスの建築工事数量積算基準。1922 年に RICS によってつくられ，1968 年メートル法採用により 5 回目の改訂を行っている。イギリスは，原則として数量公開入札の方式を採用しているが，この SMM は，積算士が建築数量を算出するための詳細なルールを定めたもので，数量公開入札の基盤となっている。

エスエムざい　SM 材
　溶接構造用圧延鋼材。SS 材同様，各種鋼材のうち，引張強度によって，それぞれ SM 400 A，400 B，400 C，SM 490 A，490 B，490 C，SM 520 B，520 C などという（JIS）。

エスオースリー　SO_3　sulphur
　三酸化硫黄。セメントの JIS 規格では SO_3 の限度値（3.0，3.5，4.0，4.5％）を定めている。わが国に市販されているセメントは 1.8～3.0 ％程度である。

エスがたあつがたスレート　S 形厚形スレート
　JIS に品質が規定されたものでセメントと硬質細骨材とで $5.0 N/mm^2$ 以上の圧力で形成したもの。屋根葺材として用いられている。

エスディー　SD　steel deformed bar
　異形棒鋼のこと。コンクリートとの付着強度を高めるために多用されている。JIS には，SD 295 A，SD 295 B，SD 345，SD 390，SD 490 がある。

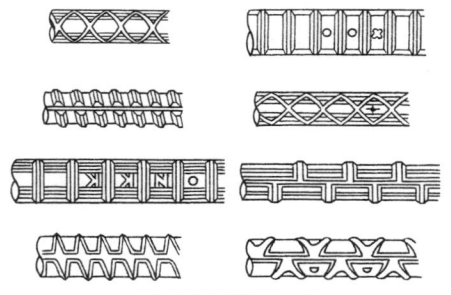

SD の表面形状の一例

エスディーアール　SDR
steel recycle deformed bar
　再生異形鉄筋。コンクリートとの付着強度を高めるために使用する。JIS には，SDR 235，SDR 295，SDR 345 がある。

エックスがたはいきんほう　X 型配筋法
　主筋を軸方向に配筋（平行配筋）するのではなく，対角線方向斜めに筋違い状に配筋する配筋方法で 1978 年頃に誕生した。
（参考文献：南宏一，若林實：X 型配筋柱の設計法　建築技術，1987.11）

エックスせん　X 線　X-ray
　レントゲン Wilhelm K. Röntgen（1845～1923）により発見された $10^{-8}～10^{-9}$ cm 程

えつくすせ

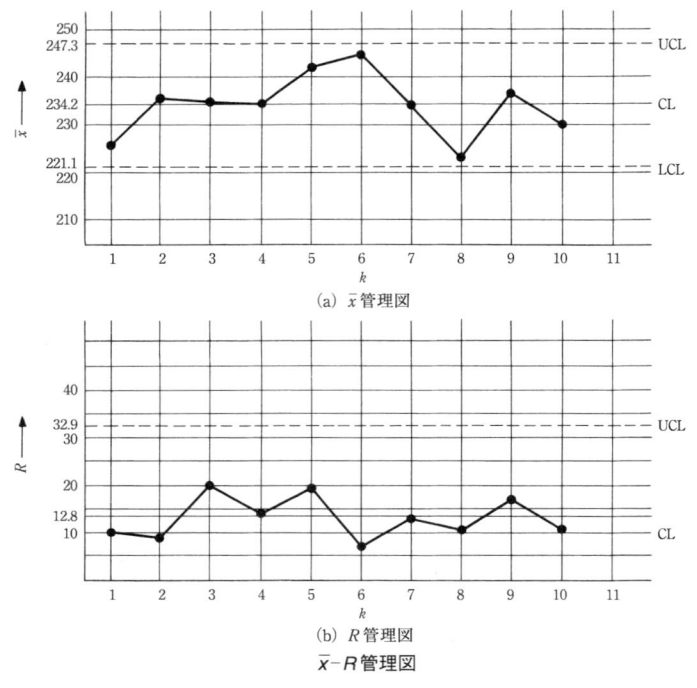

(a) $\bar{x}$ 管理図

(b) R 管理図

$\bar{x}$-R 管理図

度の波長を持つ電磁波。X線には物質を透過する性質と，結晶により回折される性質とがあり，前者は医学方面に広く応用され，後者は電子線，中性子線などと共に結晶の微細構造を知ることができる。

エックスせんかいせつけい　X線回折計
X-ray diffractometer

ブラックの分光計のイオン室の代りに，より鋭敏なガイガー・ミュラー計数管または比例計算管を置き換えたX線分光計。極めて鋭感であるので，粉末法の場合におけるような非常に弱い回折スペクトルの強度をも直接検知することが可能であり，また，測定強度の信頼性は写真法に比してはるかに高いので，種々の定量的測定に便利である。なお，写真法に比して操作時間（労力）を極めて短縮（節減）できるので近年大いに普及した。

エックスバーアールかんりず　$\bar{x}$-R管理図
$\bar{x}$-R control chart

コンクリートの圧縮強度をはじめ，スランプ，空気量，打込温度，鉄筋の径，鋼材の強さなどについて毎回測定した値を記録し，大所高所から判断する。一般にいずれの項目も差が少ないことが望ましい。$\bar{x}$-R管理図が用いられる。

エックスワイレコーダー　X-Yレコーダー　X-Y recorder

試験対象の挙動を一変数とその関数，すなわち直行X-Y座標で表したいとき，これを自動記録する装置で，用途は多い。例えば静加力実験で荷重を試験機油圧やロードセルから，歪みを線歪みゲージから検出し，X-Yレコーダーを通せば荷重—歪み曲線が描かれる。

エトリンガイト　ettringite〔→セメントバチルス〕

石膏（$CaSO_4$）は水に溶けている$3CaO, Al_2O_3$（アルミネート相）と反応しエトリンガイト（$3CaO, Al_2O_3, 3CaSO_4, 31\sim33 H_2O$）を生成する。エトリンガイトは針のように細長い結晶で膨張性がある。エトリンガイトはドイツのEttringen地方において産出されたので命名されたといわれている。曲げ強度が小さいコンクリートはこの発生で膨張によって

エナメルペイントの性能と素材

塗料の一般名称			主体樹脂	塗膜の性能				適応素材				
				耐候性	耐水性	耐酸性	耐アルカリ性	木部	金属			モルタル・コンクリート
									鋼材	亜鉛メッキ	アルミ	
ペイント	エナメル		油性エナメル	油性ワニス	○	○	×	×	●	●			
			ラッカーエナメル	クリアラッカー	○	○	○	△	●	●			
		合成樹脂系	フタル酸樹脂エナメル	中性フタル酸樹脂ワニス	○	○	○	×	●	●	▲	▲	
			アクリル樹脂エナメル	アクリル酸樹脂ワニス	○	○	○	○	●	●	●	●	●
			塩化ビニル樹脂エナメル（ビニルペイント）	塩化ビニル樹脂ワニス	○	○	○	○	●	●	●	▲	▲
			ポリウレタン樹脂エナメル	ポリウレタン樹脂ワニス	○	○	○	○	●	●	●	●	
			エポキシ樹脂エナメル	エポキシ樹脂ワニス	○	○	○	○	●	●	●	●	
			フッ素酸樹脂エナメル	フッ素（テフロン）樹脂ワニス	○	○	○	○	●	●	●	●	
			塩化ゴム系エナメル	塩化ゴム樹脂＋フタル酸樹脂ワニス	○	○	○	△	●	●			▲

[注] 塗膜性能：優←○　△　×→劣　（評価は絶対的なものではない）　　適応素材：●＝適用可，▲＝下塗りを選択するもの。

崩壊することもある。セメントバチルスともいう。

エナメルペイント　enamel paint
　油性ペイントに樹脂類を混入したもので，塗膜は光沢がある。性能と適応素材を上表に示す。

エヌエスエー　NSA
　National Stone Association
　アメリカスラグ協会。所在地：1415 Eliot Place NW. Washington, D.C. 20007-2599, U.S.A

エヌエフ　NF　Normes Française
　〔→ AFNOR〕
　フランス規格協会（AFNOR）より発行される規格名。

エヌビーエス　NBS　National Bureau of Standards
　アメリカ連邦標準局。本部はワシントンD.C.にある。1988年NISTに改組。

エフアールシー　FRC
　Fiber Reinforced Concrete
　繊維補強コンクリート。コンクリートの靭性を高めることができる。

エフアールピー　FRP
　Fiber Reinforced Plastic
　剛性の最も大きなプラスチック。炭素繊維系，リードライン，NACCストランド，アラミド繊維系のアラプリ，テクノーラ，FIBRA，異種繊維混合のネフマックをいい，次のような特徴がある。
　錆びない。耐アルカリ性・耐酸性・耐薬品性に優れる。連続繊維および多種類繊維の使用，軽量（密度≒2 g/cm³），複雑な形状の一体成形可能，非磁性。逆に欠点として後始末がむずかしい。

エフエスコンクリート　FSコンクリート

砂利や砂をまったく使用しない特殊コンクリート。このコンクリートは，水と反応し膨張崩壊を起こす性質があるため，コンクリートの骨材に使用を禁止されている製鋼スラグと余剰量の多い石炭灰を製鋼スラグに混合し，化学反応を利用し製鋼スラグの膨張を止め，コンクリートの骨材に利用できるようにしたことが特徴。

エフエム　F.M.または f.m.
fineness modulus
粗粒率。わが国のコンクリート用細骨材のf.m.の範囲は2.3～3.5で2.8が中央値（標準値）となっている。

エブラムス　Abrams, Duff. A
1919年にコンクリートの圧縮強度は，水セメント比によって表示できると唱えたアメリカ人。また，スランプ試験方法など考案した。

エブラムスのみずセメントひせつ　エブラムスの水セメント比説　Water‐Cement Ratio Theory of Duff. A. Abrams
同一の材料，試験条件で骨材とセメントペーストとが分離しないで空隙が多くできないようなコンクリートであれば，その場合の圧縮強度は調合の良否にかかわらず，水セメント比だけで定まるという説。

エフロレッセンス　efflorescence 〔→レイタンス〕
硬化したコンクリートの表面に出た白色の物質。レイタンスとともにセメントコンクリートの欠陥。擬花，白華，鼻垂れともいう。防止法は，水セメント比，単位水量をできるだけ小さくし，表面保護塗装をする。除去するには次のような方法がある。
①サンドブラストを利用する。（この場合はコンクリート表面を荒く削り取る。）
②弱酸（例えば1：10の塩酸）で洗った直後水洗いすれば，炭酸カルシウムの被膜を除去することができる。多孔質な面の場合は，あらかじめ水湿しをする。

エポキシじゅしがたたいしょくモルタル　エポキシ樹脂形耐食モルタル
耐薬品性（化学抵抗性）が大きいモルタル。

エポキシじゅしけいせっちゃくざい　エポキシ樹脂系接着剤
epoxide resin adhesives
耐水性，耐久性，耐薬品性，耐老化性が大きいので，地下部分の最下階・玄関ホール・湯沸室・便所・洗面所などの他，防湿層のない土間などの湿気の生じやすい床・貯水槽・浴室の床および脱衣室に用いられる。ただし，低温時（5℃以下）では硬化しにくいため，施工できない。

エポキシじゅしとそうてっきん　エポキシ樹脂塗装鉄筋
鉄筋にエポキシ樹脂をコーティングしたもので防食用鉄筋の一種。鉄筋によっては，塗装することで表面が平滑になる場合があるので，コンクリートとの付着性状を検討するとよい。

エポキシじゅしとりょう　エポキシ樹脂塗料
epoxide resin paint
密着性，耐薬品性に優れている塗料。温泉地帯の建築物や潮風にさらされるタンクなどに使用される。

エマルションペイント　emulsion paint
液体中で溶解せずに分散し，乳状をなしているもの。酢酸ビニル樹脂エマルション，アクリル樹脂エマルションのペイントがある。モルタル・コンクリート面に塗布するとよい。

エムオーセメント　MOセメント
MO (magnesium oxichloride) cement
体育館，市場などの乾いた土間コンクリートに用いるとよい。吸湿性が大きく，にが

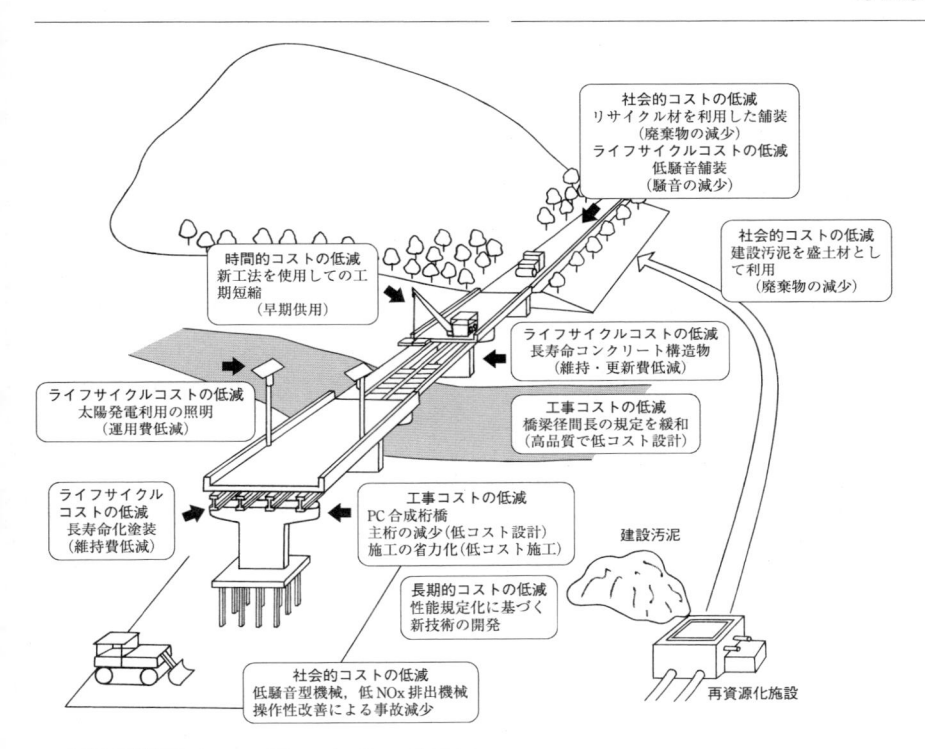

LCCの概念図 (セメント新聞2000年9月11日付より)

りにより鉄類が腐食する。硬化が早く、弾力性が大きい。「リグノイド床」「マグネシアセメント」ともいう。

エムディーエフセメント　MDFセメント
MDF (Macro-Defect-Free) cement
イギリスのICI社で開発した製法による超高強度セメント硬化体。一般のセメント硬化体は、内部に多くの毛細管空隙、ゲル空隙があり、特に毛細管空隙は強度を低下させる。この空隙を除くことにより180 N/mm²にも達する高い曲げ強さを得る方法であり、水溶性高分子を用い、少量の水で練り混ぜる。練り混ぜには強力な剪断力が作用するようなロールを用い、内部空隙を除いて極めて充填性の大きい硬化体。

エムベコ　Embeco
商品名。無収縮セメントの一種。鉄粉が原料。

エーライト　alite〔→アリット、珪酸三石灰〕
$3CaO \cdot SiO_2$ (C_3S)。アリットともいう。珪酸化合物の一つ。普通ポルトランドセメントには50％程度含まれており、強さおよび水和熱が大きい。反応速度はアルミネート相C_3Aに次いで速く、短期・長期にわたって強度発現をする。

エルエヌジー　LNG　liquefied natural gas
液化天然ガス。火力発電所や製鉄所の燃料として使用。貿易量は2005年で1億4,000万t程度。日本は、そのうちの40

%強。輸入先は，インドネシアが最も多い。

エルシーシー　LCC　life cycle cost
ライフサイクルコスト。当初の購入費用に加えて，維持管理・補修に関連する必要経費をあらかじめ考慮し，算出する総合的なコスト。これまでの直接的な工事コストの低減に加え，コンクリート構造物，舗装の長寿命化などライフサイクルコストの低減の観点でも取り組み，総合的なコスト縮減を目指す。2008年度までに策定される（p.47図参照）。

エルティーピーディー　LTPD
Lot Tolerance Percent Defective
ロット許容不良率。

エルニーニョげんしょう　エルニーニョ現象〔⇔ラニーニャ現象〕
南米ペルー沖の海水温度が2〜7年周期で平年に比べ0.5〜3度高くなる現象。スペイン語で「男の子」の意味。逆に太平洋東部の海水温が下がる現象は，「ラニーニャ（女の子の意）」という。

えんかあえん　塩化亜鉛　zinc chloride〔→ $ZnCl_2$〕
コンクリートから石灰分をとり除き，可溶性の塩化カルシウムとなってコンクリートを劣化させる。

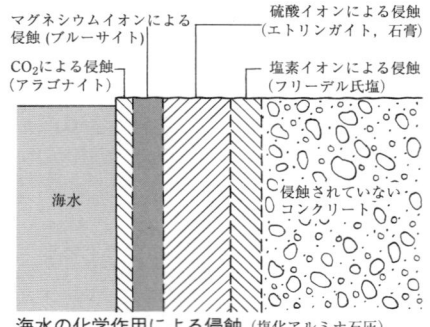

海水の化学作用による侵蝕（塩化アルミナ石灰）
（セメント協会：C&Cエンサイクロペディアより）

えんかアルミナせっかい　塩化アルミナ石灰
G. Friedelは複塩の成分を $3\,CaO$, Al_2O_3, $2\,CaCl_2$, $10\,H_2O$ としている（図）。

えんかアルミニウム　塩化アルミニウム　aluminium chloride
無水の六方晶系の結晶で，著しく潮解性で湿った空気中に発煙する。水溶液は加水分解により酸性。

えんかアンモニウム　塩化アンモニウム　ammonium chloride
コンクリート中の水酸化石灰と化合し，可溶性の塩化カルシウムとなり，揮発性のアンモニアを遊離するので，モルタル・コンクリートに有害。

えんがい　塩害　salt pollution　〔→塩分浸透量〕
海塩粒子または海水によって鉄筋の腐食が促進されることにより生じる被害。高炉スラグ分量の多いセメントコンクリートほど有利であることが確認されている。

えんかカルシウム　塩化カルシウム　calcium chloride　〔→ $CaCl_2$〕
コンクリートに早強性を与えるが，乾燥による収縮率が大きく，ひび割れ発生の原因にもなる。さらに鉄筋を腐食させるおそれがある。

えんかカルシウムのさよう　塩化カルシウムの作用
セメントの水和発熱を促し，凝結時間を短縮させる。コンクリートの初期強度を上昇させるが，長期強度を低下させることがあるので，恒久的なコンクリート建物には用いない方がよい。

えんかゴムとりょう　塩化ゴム塗料　hydrogen chloride
ゴムをベンゾールなどで溶解し，塩素ガスを作用させてつくった塩化ゴムを主成分とした塗料。耐薬品性に対して有利。

えんかすいそ　塩化水素〔→ HCl〕
密度 $1.63 kg/m^3$。長い間には，コンクリートを劣化させる。

えんかだいにてつ　塩化第二鉄
ferric chloride 〔→ Fe_2Cl_3〕
コンクリート中の石灰を溶出するので，最終的にはコンクリートが崩壊する。

えんかビニルじゅしとりょう　塩化ビニル樹脂塗料　vinyl chloride resin coating
耐アルカリ性に優れているのでモルタル・コンクリートの塗料として最適。耐熱性は小さい。

えんかビニルパイプ　塩化ビニルパイプ
vinyl chloride pipe
塩化ビニルでつくったパイプ。耐薬品性に優れているので配水管や樋への使用には向いているが，耐熱性が小さいので温水導管は不向き。また燃焼の際，ダイオキシンが発生しやすい材質なので注意を要する。

えんかぶつイオン　塩化物イオン〔→ Cl^-〕
塩素イオンともいう。コンクリート中の鋼材を腐食させる。JASS 5によるとコンクリートに含まれる限界値として $0.30 kg/m^3$ 以下を推奨している。2003年4月より普通ポルトランドセメントの塩化物イオン量の規格値が 350 ppm 以下となった（従来は 200 ppm 以下）。

えんかぶつイオンりょうのそくていほうほう　塩化物イオン（Cl^-）量の測定方法
p.50図に示す通り「モール法の定量法」「電位差滴定法」「吸光光度法」の3方法がある。これらの原理・特徴は，それぞれの項目を参照のこと。

えんかマグネシウム　塩化マグネシウム
magnesium chloride 〔→ $MgCl_2$〕
無色・固体，密度 $7.44 g/cm^3$，水に溶ける。アルコールにも溶ける。

えんがんけんちくぶつ　沿岸建築物
海岸に近いコンクリート系建物は，海塩粒子の飛散によってコンクリート中の鉄筋を腐食させるので，セメントは耐海水性の大きな高炉セメントB種，C種を，水セメント比はなるべく小さくして打ち込み，締固め，養生するとよい。外装材としては，水密性が大きい表面仕上げ材を施す。

えんきど　塩基度　basicity
わが国では，$CaO+MgO+Al_2O_3$ の含有量を SiO_2 のそれで除した値で示しており，高炉スラグの塩基度はJISでは1.4以上と，1.60以上としている基準がある。一般に塩基度が大きいものほど，良質な高炉スラグとされている。
電炉スラグや溶融スラグの塩基度はCaO含有量を SiO_2 のそれで除している。

えんさん　塩酸〔→ HCl〕
コンクリートは塩酸の溶液に対して非常に不利。pHが小さいほど劣化の程度が著しい。酸性土壌に対しては，高炉セメントを用い，水セメント比を小さくしたコンクリートを用いるとよい。

えんしんりょくしめかため　遠心力締固め
主としてコンクリート製の管を打ち込むときに遠心力を利用して締め固める方法。コンクリート製電柱のように表面が超密実になる。

えんしんりょくてっきんコンクリートかん　遠心力鉄筋コンクリート管
centrifugal reinforced concrete pipe
遠心力またはロール転圧を応用して製造した鉄筋コンクリート管。種類・品質等はJISを参照。

えんしんりょくてっきんコンクリートかんよういけいかん　遠心力鉄筋コンクリート管用異形管
主として外圧管に用いる異形管で，遠心力，振動成型などで製造する鉄筋コンクリ

えんしんり

深さ	表面部	3 ± 0.5cm	6 ± 0.5cm
厚さ	1cm	1cm	1cm

コア 供試体 → 表面部 / 割裂面

切り出し深さ: 1cm, 3 ± 0.5cm, 6 ± 0.5cm

表面部（1cm厚）／深さ 3 ± 0.5cm／深さ 6 ± 0.5cm

↓

試料 ［金属製乳鉢を用いて 0.15mm 以下に粉砕したものを試料］

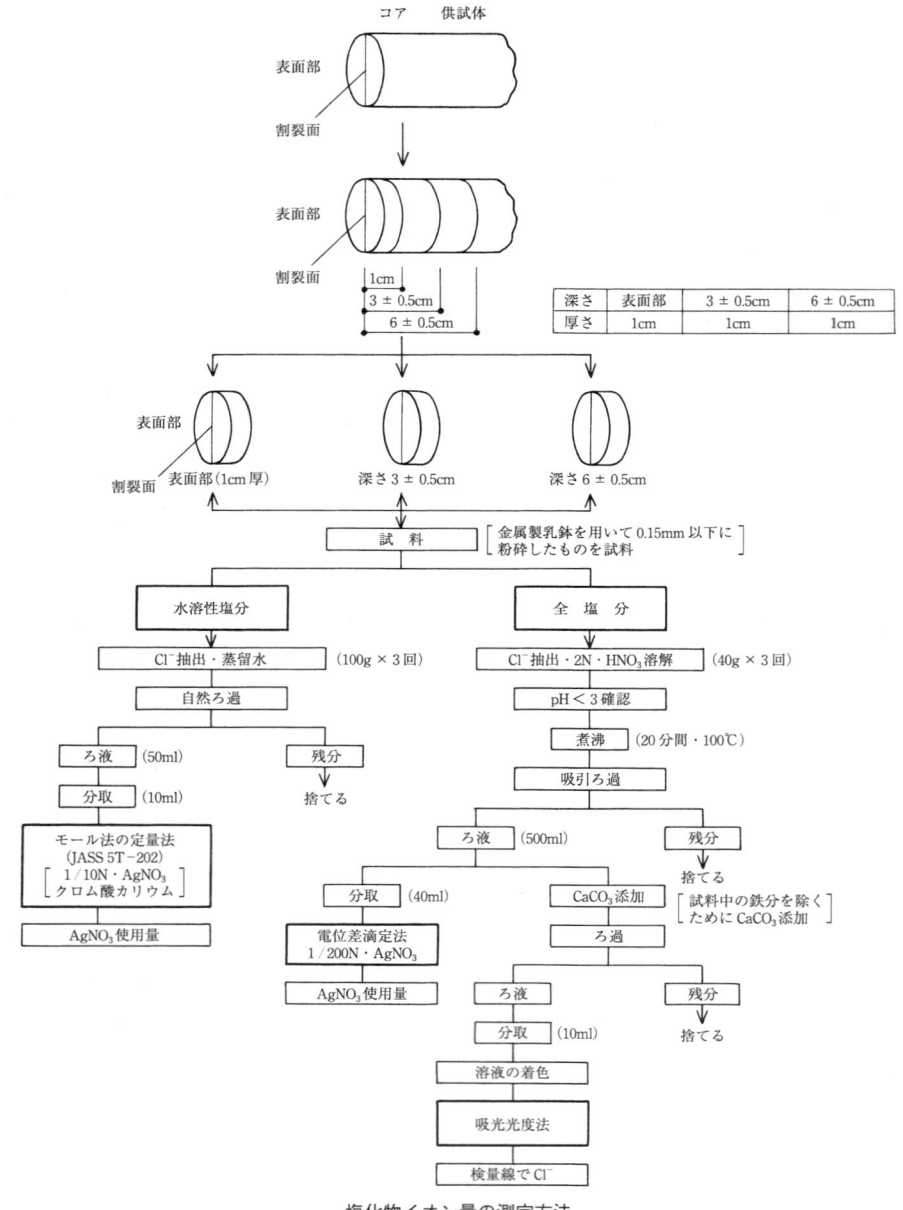

水溶性塩分
- Cl⁻ 抽出・蒸留水（100g × 3回）
- 自然ろ過
  - ろ液（50ml） → 分取（10ml）
  - 残分 → 捨てる
- モール法の定量法（JASS 5T-202）
  1/10N・AgNO₃
  クロム酸カリウム
- AgNO₃ 使用量

全塩分
- Cl⁻ 抽出・2N・HNO₃ 溶解（40g × 3回）
- pH < 3 確認
- 煮沸（20分間・100℃）
- 吸引ろ過
  - ろ液（500ml）
  - 残分 → 捨てる
- 分取（40ml） → 電位差滴定法 1/200N・AgNO₃ → AgNO₃ 使用量
- CaCO₃ 添加 ［試料中の鉄分を除くために CaCO₃ 添加］
- ろ過
  - ろ液 → 分取（10ml） → 溶液の着色 → 吸光光度法 → 検量線で Cl⁻
  - 残分 → 捨てる

塩化物イオン量の測定方法

ート異形管。品質等はJISを参照。

えんしんりょくてっきんコンクリートくい　遠心力鉄筋コンクリート杭
reinforced spun concrete piles
杭の外径は200〜600 mm，杭の長さは輸送上から3〜15 m以内。15 mを超える場合は杭を継ぎ足す。杭の鉛直精度は1/100，水平方向のずれは100 mm。RC杭の他にPC杭（プレストレストコンクリート杭），HPC杭（高強度プレストレストコンクリート杭）があってHPC杭が最も用いられている。品質等はJISを参照。

えんしんりょくプレストレストコンクリートポール　遠心力プレストレストコンクリートポール
遠心力を応用してつくったプレテンション方式によるプレストレストコンクリートポール。種類としては送電，配電，通信および信号（1種）と鉄道および軌道（無軌条電車を含む）における電線路（2種）とがある。品質等はJISを参照。

えんすいふんむしけん　塩水噴霧試験
salt spray test
一定温度の槽の中においたコンクリートまたはモルタルに所定の温度および濃度の塩水を噴霧して行う促進劣化試験。

えんせい　延性　ducitility
弾性限度以上の力を加えても破壊せず引き延ばせる性質。鉄筋コンクリートの場合，フープやスターラップを多く入れれば一般に延性は増す。

えんそ　塩素　chlorine　〔→Cl_2〕
密度0.0032 g/cm³，黄緑色の気体。融点−101℃，沸点−34.1℃

えんそイオン　塩素イオン　chlorine ion
一般に塩化物イオンと呼んでいる。「Cl^-」。

えんそしんとうりょう　塩素浸透量　Cl^-
「塩分浸透量」の項を参照。$Cl^- ≒ NaCl$の

0.61倍。

えんちゅうきょうしたい　円柱供試体
cylindrical test piece, cylindrical specimen
コンクリートなどの強度試験に用いられる円柱形の供試体。直径：高さは1：2とし，一般に直径10 cmのものか12.5 cmまたは15 cmのものを用いている。国によっては立方体を用いる。JISでは供試体の直径を使用する粗骨材の最大寸法の3倍以上，かつ10 cm以上とすると定めている。

えんちょくうちつぎめ　鉛直打継目
vertical work joint
打継目地の一種。梁，床スラブ，屋根スラブにおいては，剪断力が小さい中央付近では鉛直（垂直）とする。

えんちょくジョイント　鉛直ジョイント
プレキャストコンクリート構造の壁と壁とのジョイントで，構造体としての一体性を確保するための主要な部位。

えんどうおと　遠藤於菟　（1865〜1943）
わが国におけるアール・ヌーボー建築様式の先駆者。様式・構造の両面で伝統的西洋建築を脱し，モダニズムの領域にまで踏み込む。一方では1911年に完成した三井物産横浜支店の設計で，鉄筋コンクリート構造

三井物産横浜支店

をわが国で最初に試みるなど，革新的な業績が多い。95年経過しているが健全。

えんとうがたひょうじゅんしけんたい　円筒形標準試験体　standard cylindrical specimen
コンクリートの圧縮強度や引張強度を測定する円筒形状の試験体。JISでは直径15 cm高さ30 cmまたは直径12.5 cm高さ25 cmのものか，あるいは直径10 cm高さ20 cmのものから選ぶようになっている。最近は，直径10 cm高さ20 cmのものが多用されている。

えんとつ　煙突　chimney
鉄筋コンクリート煙突の耐震設計は市街地建築物法にはじまり，多くの煙突が建設されてきたが，最近はコンクリート製のものは少なくなっているが，恒久的な煙突をつくる秘訣は，水セメント比を小さくし，また内側には必ず耐熱的なライニング材を施すことである。

エントラップドエア　entrapped air
人為的にコンクリート中に連行されたのではなく，もともとコンクリート中に含まれる空気泡（潜在空気）。一般に１％前後。この空気泡をなくすためには入念な締固めを施すか，高性能減水剤を併用する。

エントレインドエア　entrained air
AE剤または空気連行作用がある混和剤を用いて，計画的にコンクリート中につくる独立した微細な空気泡(連行空気)。レディーミクストコンクリートではエントラップドエアを含めて4.5％を標準としている。空気の混入量は次のような要因で増減する。
・空気量はAE剤の使用量が増すと増える。
・単位セメント量およびセメントの粉末度が大きくなると空気量は減少する。
・細骨材中の0.15〜0.6 mmの粒径分が増すと空気量は増える。
・練混ぜ時間が長くなると空気量は減少する。
・コンクリートの練上がり温度が低いほど空気量は多い。
・スランプは大きいほど空気量は増える。

えんぶん　塩分　〔→NaCl〕
無筋コンクリートでは，大きな問題点は少ないが，鉄筋コンクリートでは鉄筋を錆させるので注意を要する。

えんぶんがんゆうりょう　塩分含有量
細骨材の塩分(NaCl)含有量は0.04％以下としている。したがって海砂などを使用する場合は，必ず除塩する。

えんぶんしゃへいせい　塩分遮蔽性
塩分遮蔽性が大きいコンクリートをつくる秘訣は，高炉スラグ分量の多い高炉セメントか，高炉スラグ微粉末を混和剤(置換率・t)として水セメント比（水結合材比）を小さくするとよい。

えんぶんしんとうりょう　塩分浸透量　〔→塩害〕
35年間にわたって海水中へ浸漬した実験の結果，セメントは，高炉スラグ分量がより多く，コンクリートは，水セメント比が小さく，さらにコンクリート表面から遠い内部ほど，塩分浸透量が少ないことが明確となっている（p.53 表-1, 2参照）。

えんるいほうわようえき　塩類飽和溶液
コンクリートの溶解が早く，劣化するので塩類飽和溶液と遮断する必要がある。

表-1 コンクリート塩分浸透量（NaCl %，35年）

粗骨材	化学混和剤	セメント	W/C (%)	コンクリート表面から	
				0〜2.5m	2.5〜0m
川砂・川砂利	なし	N	59	1.0	0.9
		BB	55	0.8	0.5
		BC	51	0.5	0.1
	Poz5L	N	67	1.3	0.9
		BB	52	1.9	0.3
		BC	49	0.5	0.2
	なし	N	49	0.9	0.8
		BB	45	0.8	0.5
		BC	42	0.5	0.3
	Poz5L	N	67	1.2	0.9
		BB	43	1.7	0.4
		BC	39	1.7	0.1
川砂・人工軽量粗骨材	VL	N	58	1.5	1.3
		BB	55	1.2	0.9
		BC	51	0.9	0.4

表-2 天然海水中（干潮時には露出）浸漬したコンクリート供試体に含まれた塩分量

骨材の種類	化学混和剤の種類	セメントの種類	水セメント比	スランプ (cm)	空気量 (%)	単位セメント量 (kg/m³)	コンクリート中の塩分量（NaCl %）								
							コンクリート表面からの深さ（cm）								
							0〜3			3〜6			6〜10		
							5年	10年	20年	5年	10年	20年	5年	10年	20年
川砂・川砂利	なし	普通ポセ (N)	59	15.0	1.0	305	0.60	0.94	1.09	0.19	0.59	0.64	0.03	0.33	0.36
		高炉セメB種(BB)	55	15.5	0.6	318	0.42	0.69	0.82	0.07	0.15	0.18	0.07	0.15	0.14
		高炉セメC種(BC)	51	14.0	0.8	335	0.23	0.53	0.58	0.08	0.08	0.10	0.07	0.07	0.08
	AE減水剤	普通ポセ (N)	57	16.0	3.9	274	0.30	0.94	1.02	0.10	0.54	0.54	0.03	0.29	0.30
		高炉セメB種(BB)	52	15.5	3.3	286	0.45	0.70	0.73	0.06	0.11	0.12	0.05	0.06	0.06
		高炉セメC種(BC)	49	16.0	3.6	301	0.29	0.44	—	0.07	0.08	—	0.02	0.05	—
	なし	普通ポセ (N)	49	15.5	1.1	373	0.52	0.85	0.94	0.10	0.37	0.57	0.10	0.10	0.26
		高炉セメB種(BB)	45	15.0	0.8	396	0.50	0.62	0.90	0.07	0.14	0.13	0.04	0.06	0.04
		高炉セメC種(BC)	42	14.5	1.1	434	0.39	0.48	0.53	0.08	0.20	0.24	0.07	0.10	0.15
	AE減水剤	普通ポセ (N)	47	15.0	4.0	336	0.67	1.19	1.18	0.26	0.71	0.74	0.05	0.29	0.34
		高炉セメB種(BB)	43	15.0	3.6	356	0.57	0.61	—	0.07	0.08	—	0.05	0.05	—
		高炉セメC種(BC)	39	15.5	3.7	391	0.42	0.59	0.70	0.09	0.05	0.12	0.08	0.05	0.06
川砂・軽量粗骨材・人工	AE剤	普通ポセ (N)	58	16.5	5.8	325	0.57	0.86	1.20	0.23	0.56	0.58	0.08	0.36	0.36
		高炉セメB種(BB)	55	17.0	4.9	333	0.62	0.78	0.96	0.08	0.21	0.28	0.04	0.11	0.12
		高炉セメC種(BC)	51	15.5	5.0	353	0.45	0.69	0.71	0.12	0.14	0.16	0.06	0.18	0.11

[お]

オイルウェルセメント oil well cement
「油井セメント」の項参照。

おうべいのなまコンせいさんりょう 欧米の生コン生産量
1997年の欧米の生コン生産量は，次の通り。因みにわが国においては生コン工場数が約6,000，生コン生産量は16,762.2万m³である。

欧米の生コンの生産量 (2005)

	生コン生産量 (万 m³)	工場数	セメントの生コン転化率 (%)	セメントの単位消費量 (kg/m³)
ドイツ	4,050	1,934	45.1	300
イタリア	7,740	2,555	48.8	265
スペイン	8,760	2,351	47.0	280
フランス	3,950	1,689	51.1	291
ロシア	4,000	800	35.0	350
トルコ	4,630	568	38.2	290
イギリス	2,520	1,250	60.0	305
オーストリア	1,100	240	53.0	270
アメリカ	34,500	7,000	75.0	270

(European Ready Mixed Concrete Organization 資料より)

おうりょくひずみきょくせん 応力歪曲線
stress-strain curve
鋼材には降伏点が下位・上位の二つあり，加力試験結果を縦軸に応力度，横軸に歪度を取り表したグラフ曲線。剛性，延性，破壊時の強さが分かる。応力度歪曲線，シグマ・イプシロン曲線ともいう（図）。

おうりょくふしょく 応力腐食
stress corrosion
応力により促進される腐食。

鋼材の歪み―応力（例示）

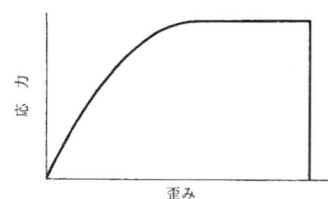

コンクリートの応力―歪み曲線

おうりょくふしょくわれ 応力腐食割れ
stress corrosion cracking
応力腐食によって生ずる割れ。

おおうちかずお 大内二男 (1899〜1981)
日活国際会館の地下構築施工に貢献した。元 竹中工務店技師長，元 明治大学教授。

おおぎしさきち 大岸佐吉 (1929〜1994)
コンクリートのレオロジー挙動の研究者。元 名古屋工業大学教授。

おおじしん　大地震　earthquake

地殻変動などにより地面（地盤）が震動すること。濃尾大地震（1891年・明治24）

主な国内大地震例

1923	関東大地震（M=7.9），全壊13万戸，半壊13万戸
1924	市街地建築物法の改正（世界で最初の耐震法規）
1948	福井地震（M=7.1），全壊3万6千戸，半壊1万戸
1950	建築基準法公布
1964	新潟地震（M=7.5），全壊2千戸，半壊7千戸
1968	十勝沖地震（M=7.9），全壊700戸，半壊3千戸
1978	宮城県沖地震（M=7.4），RC建築物に被害
1981	建築基準法の大幅改正（新耐震設計法）
1995	阪神・淡路大震災（M=7.3），全壊10万4千戸，半壊29万4千戸
2000	鳥取地震（M=7.3），全壊441戸，半壊2,909戸
2003	十勝沖地震（M=8.0），全壊116戸，半壊368戸
2004	新潟県中越震災（M=6.8），全壊2,827戸，半壊12,746戸
2005	福岡西方沖地震（M=7.0），全壊34戸，半壊58戸

[注] M：マグニチュード

世界の20年間における主な大地震

アルジェリア	80年10月10日	死者数 2,590
イタリア	80年11月23日	〃 2,735
イエメン	82年12月13日	〃 3,000
メキシコ	85年9月19日	〃 9,500
旧ソ連・アルメニア	88年12月7日	〃 25,000以上
イラン	90年6月21日	〃 35,000
インドネシア	92年12月12日	〃 2,200以上
インド	93年9月30日	〃 約10,000
ロシア	95年5月28日	〃 1,989
アフガニスタン	98年2月4日	〃 4,500以上
アフガニスタン	98年5月30日	〃 4,000弱
パプアニューギニア	98年7月17日	〃 2,100以上
トルコ	99年8月17日	〃 約15,600
台湾中部	99年9月21日	〃 2,000以上
エルサルバドル	01年1月13日	〃 700以上
インド西部	01年1月26日	〃 16,200以上
インドネシアスマトラ島沖	04年12月26日	〃 23,000以上

によってコンクリート系構造物の耐震性が証明され，1906年（明治39），サンフランシスコ大地震の教訓から，わが国に本格的に剛構造物が誕生した。しかし，1995年（平成7），阪神・淡路大震災（直下型地震）によって剛構造物でも倒壊するものもあった。これによって構造計画の一部が改

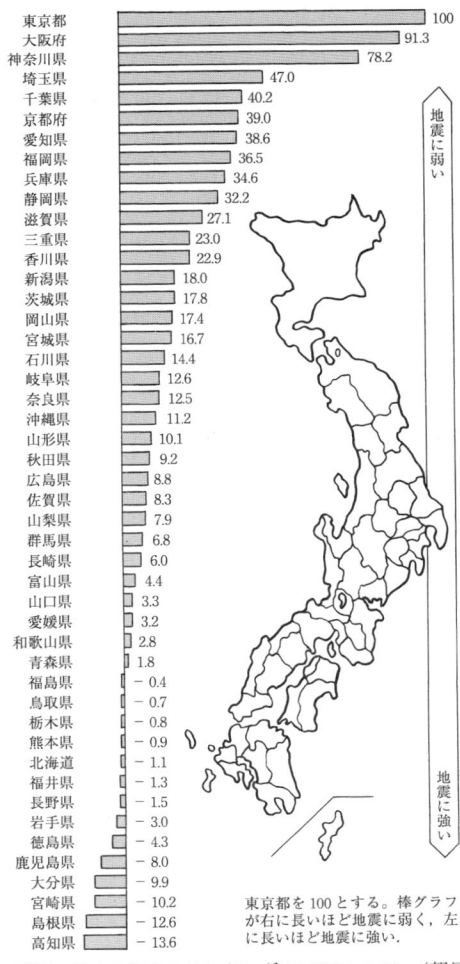

都道府県	値
東京都	100
大阪府	91.3
神奈川県	78.2
埼玉県	47.0
千葉県	40.2
京都府	39.0
愛知県	38.6
福岡県	36.5
兵庫県	34.6
静岡県	32.2
滋賀県	27.1
三重県	23.0
香川県	22.9
新潟県	18.0
茨城県	17.8
岡山県	17.4
宮城県	16.7
石川県	14.4
岐阜県	12.6
奈良県	12.5
沖縄県	11.2
山形県	10.1
秋田県	9.2
広島県	8.8
佐賀県	8.3
山梨県	7.9
群馬県	6.8
長崎県	6.0
富山県	4.4
山口県	3.3
愛媛県	3.2
和歌山県	2.8
青森県	1.8
福島県	-0.4
鳥取県	-0.7
栃木県	-0.9
熊本県	-0.9
北海道	-1.1
福井県	-1.3
長野県	-1.5
岩手県	-3.0
徳島県	-4.3
鹿児島県	-8.0
大分県	-9.9
宮崎県	-10.2
島根県	-12.6
高知県	-13.6

東京都を100とする。棒グラフが右に長いほど地震に弱く，左に長いほど地震に強い。

地震に対する弱さのランキング（荏本孝久による），（朝日新聞2002年1月13日より）

おおしまひさつぐ　大島久次（1915～1999）
鉄筋コンクリートの錆の発生に影響する塩分の挙動の研究者。元 千葉工業大学教授。

おおつかべ　大津壁
日本壁の一種で，色土，石灰土，麻ずさに糊を加え，和風建築の屋内仕上げの上塗りに用いる。西京壁，土大津等がある。

おおのかずお　大野和男（1909～1983）
モルタル・コンクリートの乾燥によるひび割れの研究者。クライン・ローゲルの名著「Einflusse auf Beton（コンクリート総覧）」の翻訳者の一人。元 北海道大学教授。

おおひらいた　大平板
plane asbestos cement sheet
石綿スレートの一種で平板状のもの。防火，防湿，絶縁性があり，外壁や軒裏などに用いる。

おおやいし　大谷石　Oya tuff stone
栃木県大谷町から産する凝灰岩。軟石で加工が容易で，耐火性に優れる点から，石塀，組積などに用いる。フランク・ロイド・ライト設計の旧 帝国ホテルにも用いられた。

おがくずモルタル　大鋸屑モルタル
sawdust concrete
鋸屑を骨材にしたモルタル。強度は小さいが，軽量で断熱性にすぐれ，加工性がよく，釘打ちが容易である。床や壁の下地モルタル等として使われる。

おがくずようじょう　大鋸屑養生
sawdust curing
コンクリート供試体を養生する方法の一つで，湿潤させた鋸屑の中で養生する。

オーガーパイル
auger pile
図に示すようなオーガーを用いて掘削した穴に打ち込む場所打ちコンクリート杭。

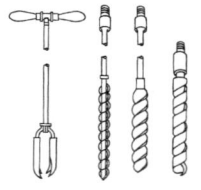

オーガーボーリング用工具

おがわさわいし　小川沢石
静岡県伊東市小川沢に産する淡灰色で緻密で上質な安山岩。「相州白石」ともいう。国会議事堂，旧 日本銀行などにも使われた。

オキシカルボンさん　オキシカルボン酸
コンクリート用化学混和剤のAE減水剤の原料の一種。

オキシダント　oxidant
ガソリンを使用する際に発生する排気ガスに紫外線が作用して生ずるガスで，中性沃化カリウムから沃素を遊離させる物質の総称。オゾン（O_3），二酸化窒素（NO_2），過酸化水素（H_2O_2）など。

おくがいばくろしけん　屋外暴露試験
outdoor exposure test
コンクリートやモルタルなどを屋外にさら

同一期間の中性化深さに及ぼす環境条件の倍率

自然暴露の場合	一般の屋外（CO_2濃度0.03％）を1とした場合	一般の屋内（CO_2濃度0.1％）は1.5～3		
CO_2促進の場合	温度・湿度およびCO_2濃度	温度　20℃ 湿度　80％ CO_2濃度　10％	温度　40℃ 湿度　40％ CO_2濃度　10％	温度　40℃ 湿度　80％ CO_2濃度　10％
	屋内自然暴露（CO_2濃度0.1％）を1とした場合	25	90	50
	屋外自然暴露（CO_2濃度0.03％）を1とした場合	40	145	80

して劣化の状態を調べる試験。屋外でも気象条件によって結果は異なる（p.56 表参照）。

おくじょうていえんづくりのこうか　屋上庭園造りの効果
東京の真ん中，赤坂にある大手機械メーカー，コマツの屋上にある庭園。約360 m² の土地にハゼやシラカバ，シャクナゲ，ハーブ類など500種以上の草木が繁茂する。昼時には息抜きのビジネスマンの姿も目立つ。東京，大阪，名古屋など大都市のビルでは，こうした屋上庭園造りは，植物が二酸化炭素（CO_2）を吸収してヒートアイランド現象を抑えるうえに，雨水が河川に一気に流れ込むのを防ぐ効果もあり，さらにビルの冷暖房費がかなり軽減できるとして試みられている。

おくじょうぼうすい　屋上防水
roof waterproof
メンブレン防水，ステンレスシート防水，シーリング，その他の防水に大別できる。メンブレン防水は不透水性の被膜をつくるもので，アスファルト防水，シート防水，塗膜防水の3種類がある。ステンレスシート防水は，今後より多く使用されていくものと予想される。シーリングはカーテンウォールのパネルや異種材料の相互間および躯体・仕上げ材の動きの大きい部分との取扱い箇所などの水密性・気密性・変形の際の緩衝効果を得るために弾性シールなどのシーリング材を填充すること。その他の防水としてはモルタルやコンクリートがあるがひび割れなどが発生しやすいので防水効果は小さい。

おくじょうぼうすいのたちあがりぶ　屋上防水の立上り部
高いほど，防水効果は大きい。立上り部は，保護コンクリートの上にセメントモル

タルで基礎をつくり，点場を平坦に仕上げ，煉瓦ブロックを立上り部防水槽から20 mm 以上離して半枚積みとし，各段ごとに，その間隙にセメントモルタルを充填する。

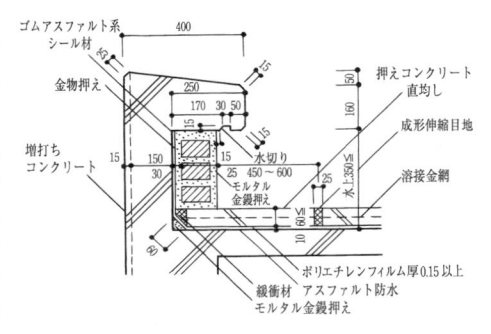

立上がり部保護・仕上げ例

おくないばくろしけん　屋内暴露試験
indoor exposure test
コンクリートやモルタルなどを屋内にさらして劣化を調べる試験。なお，屋内・外にかかわらず気象条件により結果は異なる。

おさえコンクリート　押えコンクリート
protective concrete layer
防水層保護のために，防水層の上に打つコンクリート。一般には軽量コンクリート打ちとするが，寒冷地のように耐凍害性が必要な地域では粒径が10 mm 程度以下の豆砂利を用いたコンクリートとする。

おさえモルタル　押えモルタル
protective mortar layer
アスファルト防水層の保護のために，防水層の上に充填したモルタル。保護またはその上に仕上げを施すための前処理として塗る。

おすい　汚水　sanitary sewage
生活廃水，作業用廃水の総称。排水一般。コンクリート工事においては練り混ぜ水や初期養生用水として用いてはならない。

オゾン ozone

空気中に含まれる酸素の同素体で，酸性が強い。

大気中のフロンから分離して出来た物質が化学反応を起こして大量の塩素ガスを放出する。酸素が紫外線を吸収して出来るため太陽光が差し込む春先になると，こうした塩素ガスが壊れて塩素原子に変わり，上空のオゾン層を破壊し，地球温暖化につながる。

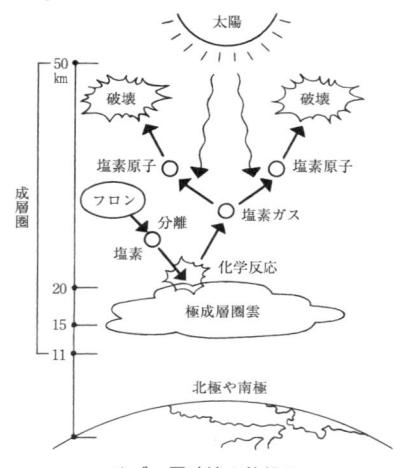

オゾン層破壊の仕組み

オタワひょうじゅんすな　オタワ標準砂 Ottawa standard sand

カナダにおいてセメントの強度試験を行うときに使用される砂。日本の標準砂（オーストラリア産，天然珪砂）に相当する。

オートクレーブ autoclave

高温高圧加湿釜。円筒形で竪型（小規模な場合，セメント用）と横型（大規模な場合）とがある。

オートクレーブコンクリート autoclave concrete

高温（180℃），高圧（1.0 N/mm²）で蒸気養生したコンクリートで，杭などを製作する。

オートクレーブぼうちょうしけん　オートクレープ膨張試験

セメントやタイルの安定性（膨張性）を検査するもの。

オートクレーブようじょう　オートクレープ養生 autoclave curing 〔→高圧蒸気養生〕

コンクリートを高温高圧（加湿）釜の中で養生すること。一般に初期強度が顕著に増進し，乾燥による長さ変化率は小さい。

オーバーラップ overlap

重ね合った部分。

オーバーレイ overlay 〔→型枠のライニング〕

合板の表面にメラミン樹脂板などのプラスチック，レジンペーパー，紙，布，金属薄板，極めて薄い単板などを張ったもの。型枠として使われる。

おびきん　帯筋 hoop, tie-hoop 〔→フープ〕

オートクレーブ（上：竪型，下：横型）

柱に用いられる鉄筋で，次のような役割を行う。
①コンクリートと共に，剪断力に抵抗する。
②コンクリートを拘束することによって強度・靱性を増す。
③縦筋の座屈を防止する。

オープンケーソン
地盤を掘削しながら中空大型の筒を支持層まで沈めてつくる地業。構造物の地下部分をあらかじめ地上で構築し，これを支持層まで沈めた場合は，その地下部分をいう。

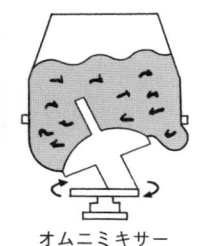

オムニミキサー　omni mixer
撹拌羽根がなく，ゴム製容器を偏心軸で揺動させることで，混合物をランダムに拡散し練り混ぜるミキサー。

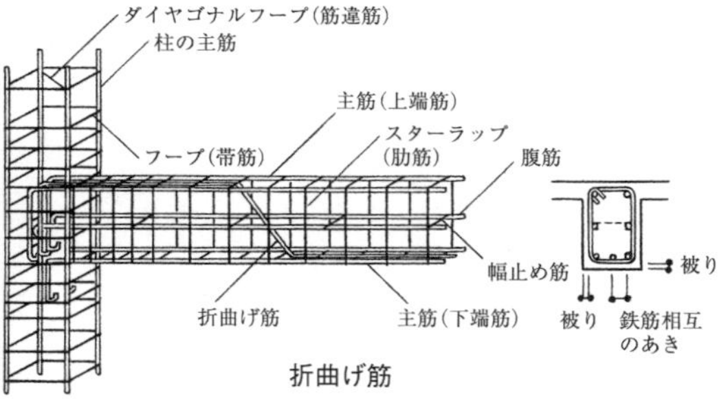

おりまげきん　折曲げ筋　bend-up bar
横筋の都合で折り曲げた鉄筋で，長期荷重の剪断力に有効に働く（図）。

オールケーシングこうほう　オールケーシング工法
ベノト工法とも呼び，フランス・ベノト社で開発されたもので，1954年，日本に導入された現場打ちコンクリート杭。特殊なケーシングチューブを揺動圧入しながらハンマークラブバケットをケーシング内に落下させて，内部の土砂を掘削・排出したあと，ケーシング内に鉄筋かごを入れてコンクリートを打ち込みながらケーシングを引き抜く。現場打ちコンクリート杭を低振動・低騒音で施工する工法で，1954年掘削能力は40m程度（下図）。

おんしつこうかがす　温室効果ガス
地球温暖化の原因となる二酸化炭素，メタン，亜酸化窒素，代替フロンのガス。現在の割合で温室効果ガスが増えれば，100年後には気温が約2度上昇すると考えられている。

おんすいようじょう　温水養生

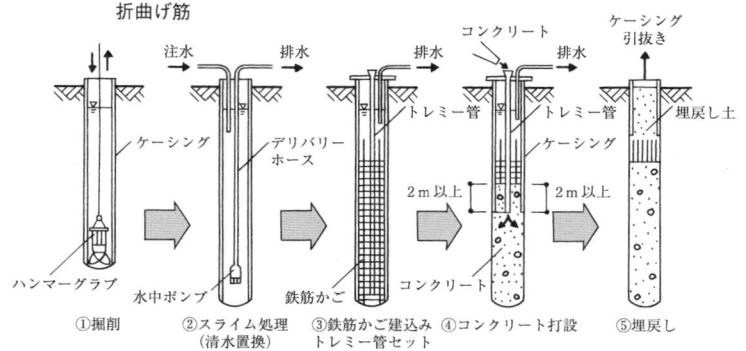

おんせん

hot water curing
温めた水で養生すること。コンクリートの材齢28日圧縮強度を推定するための養生方法の一種。

おんせん　温泉　spa, hot spring
地中から湧き出る湯。25℃以上で一定の物質を含む水。「環境庁によると，全国の泉源総数は27,041。最も多いのは大分県で4,878。以下，鹿児島県で2,803，北海道2,270と続く」（1997年3月末統計）。

おんせんちけんちくぶつ　温泉地建築物
土壌は酸性，塩基性，アルカリ性とそれぞれ異なるので，その土壌に適したコンクリートを用いる。

おんだんかガス　温暖化ガス
京都議定書で削減が求められる温暖化ガスは二酸化炭素やフロン，メタンなど6種類。大気中の濃度が高まると熱を留め込む性質を持つ。産業革命を契機に石炭や石油を消費する産業活動が活発になると共に排出が急増。地球の平均気温は上昇する。このまま増え続けると2100年ころには平均気温が1.4〜5.8℃上昇するとの試算がある。排出量は図参照。世界全体の総排出量は約229億t（CO_2換算）である。

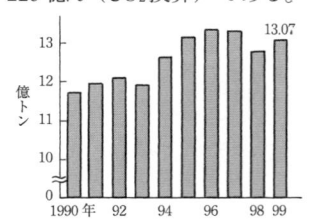

[注]CO_2換算．94年度までは温暖化ガスのうちフロンの量が算入されていない．

日本の温暖化ガスの排出量

おんだんかガスのさくげんりつ　温暖化ガスの削減率
地球温暖化防止京都会議は，1997年12月11日に実務レベルの全体委員会で，先進国の温暖化ガス削減目標などを盛り込んだ「京都議定書」の最終案をまとめた（下表参照）。2010年をめどにした1990年比の削減目標は下表の通りである。

全体委員会がまとめた京都議定書案

削減対象は二酸化炭素，メタン，亜酸化窒素の他代替フロン類なども加え6種類。
目標期限は2008〜2012年，1990年水準が基準（代替フロン3種は95年基準）
国別削減目標
・先進国全体で5.2％（日本6％，アメリカ7％，EU8％）
・旧ソ連，東欧諸国の削減率は実質的に優遇
削減率を決める際，森林による二酸化炭素吸収を一部算入
他国との排出権取引や共同実施を認め，目標達成の柔軟性を高める。排出権取引の実施規定は98年に検討

各国・地域の温暖化ガス削減率

8％削減	EU（ドイツ，イギリス，フランス，イタリア，オランダ，ベルギー，オーストリア，デンマーク，フィンランド，スペイン，ギリシャ，アイルランド，ルクセンブルク，ポルトガル，スウェーデン），ブルガリア，チェコ，エストニア，ラトビア，リヒテンシュタイン，リトアニア，モナコ，ルーマニア，スロバキア，スロベニア，スイス
7％削減	アメリカ
6％削減	日本，カナダ，ハンガリー，ポーランド
5％削減	クロアチア
0％	ニュージーランド，ロシア，ウクライナ
1％増	ノルウェー
2％増	オーストラリア
10％増	アイスランド

おんどじょうしょうのよくせい　温度上昇の抑制
　大気中におけるコンクリートは温度の上昇勾配と密接な関係がある。15℃/hr 程度以下がよい。なるべく低いほどよい。

おんどせいぎょようじょう　温度制御養生
　温度をコントロールした場合のコンクリートの養生。

おんどでんどうりつ　温度伝導率
　diffusivity of heat
　普通コンクリートが1.3 kcal/h°C程度，軽量コンクリートが0.9 kcal/h°C程度。

おんどひびわれ　温度ひび割れ
　temperature cracking
　マスコンクリートの施工において，既往の実績から考え，有害な温度ひび割れが発生しないと判断できる以外の構造物では，温度ひび割れ指数を用いてひび割れ発生を評価する。温度ひび割れ指数は，コンクリートの引張強度 f_t と温度応力 σ_t との比（f_t/σ_t）で表される。温度ひび割れ発生と温度ひび割れ指数の関係については，いくつかの実験および施工時の観測結果から，ひび割れ発生確率とひび割れ指数との関係が整理されており，コンクリート標準示方書に図が示されている。このような事例や構造物の重要度，機能を勘案して必要な温度ひび割れ指数を選定するが，一般的な値とし

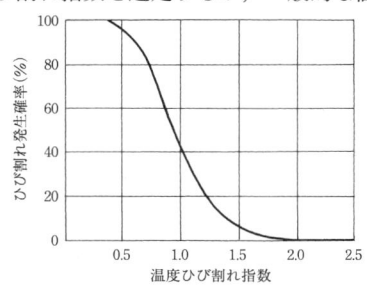

ひび割れ発生確率と温度ひび割れ指数
（日本コンクリート工学協会：コンクリート技術の要点'94 より）

てコンクリート標準示方書では次のような値を示している。
①ひび割れを防止したい場合1.5 以上
②ひび割れ発生を制限したい場合1.2〜1.5
③有害なひび割れの発生を制限したい場合0.7〜1.2

おんどひびわれせいぎょたいさく　温度ひび割れ制御対策
　温度ひび割れの発生を制御もしくは防止する対策は，一般に設計上ならびに施工上の対策に分けられる。コンクリート示方書，JASS 5 では，温度ひび割れ対策として，配（調）合，コンクリートの打込み温度，継目，打込み，養生，温度管理などを規定している。温度ひび割れの制御ならびに防止対策を p.62 図に示す。対策の基本的な考え方は，次の三つに要約できる。
①コンクリート打込み温度上昇を小さくする。
②発生する温度応力を小さくする。
③発生する温度応力に抵抗できるように抵抗力を付ける。
　コンクリートの内部温度上昇を小さくするには，温度上昇に関係する諸要因について検討する。
　すなわち，水和熱の少ないセメントの使用，単位セメント量を減らすために，減水剤（特に遅延形）や高炉スラグ微粉末，フライアッシュ等の有効利用，粗骨材の最大寸法を大きくとれるような配筋とする，スランプを小さくできる施工法をとる，コンクリートの練上がり温度を低くする（プレクーリング），強度発現の遅いコンクリートの場合，設計基準強度の材齢を長くとる，1 回の打上がり高さを低くする，パイプクーリングを行う，等の方法が考えられる。パイプクーリングは，コンクリート打

おんとひひ

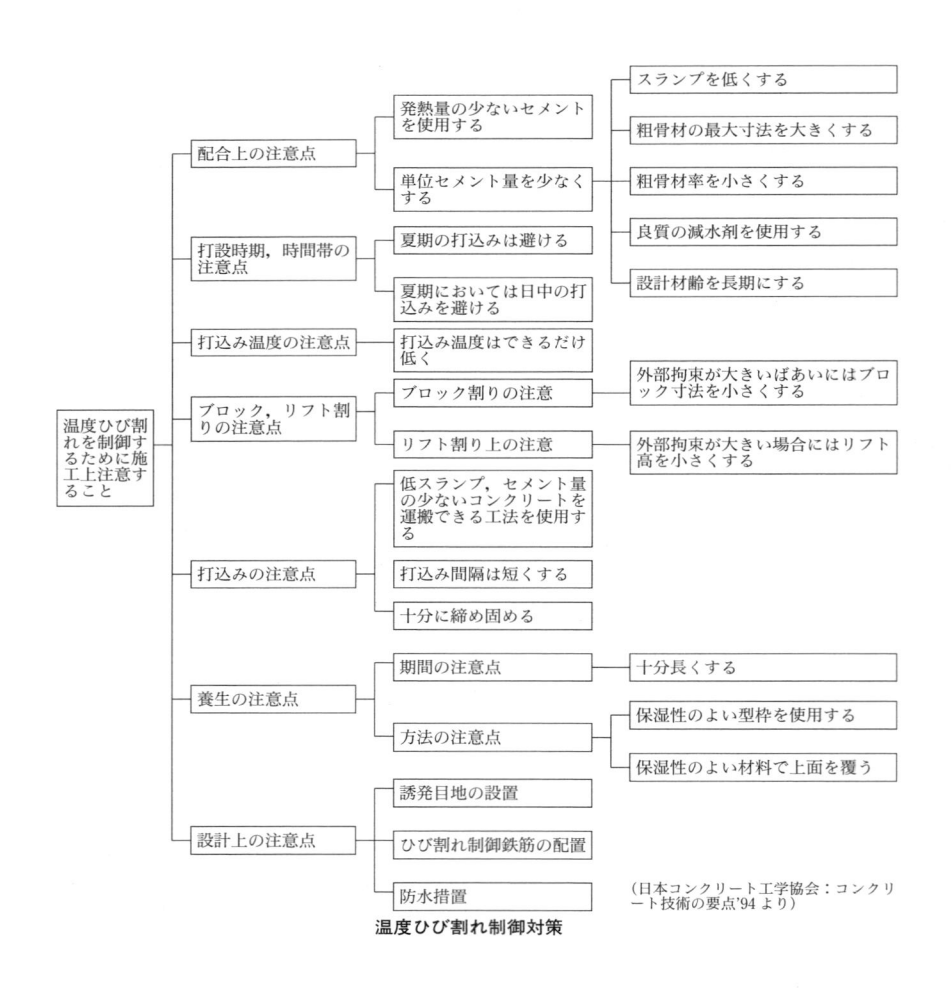

```
温度ひび割れを制御するために施工上注意すること
├─ 配合上の注意点
│   ├─ 発熱量の少ないセメントを使用する
│   │   ├─ スランプを低くする
│   │   ├─ 粗骨材の最大寸法を大きくする
│   │   └─ 粗骨材率を小さくする
│   └─ 単位セメント量を少なくする
│       ├─ 良質の減水剤を使用する
│       └─ 設計材齢を長期にする
├─ 打設時期，時間帯の注意点
│   ├─ 夏期の打込みは避ける
│   └─ 夏期においては日中の打込みを避ける
├─ 打込み温度の注意点
│   └─ 打込み温度はできるだけ低く
├─ ブロック，リフト割りの注意点
│   ├─ ブロック割りの注意 ─ 外部拘束が大きいばあいにはブロック寸法を小さくする
│   └─ リフト割り上の注意 ─ 外部拘束が大きい場合にはリフト高を小さくする
├─ 打込みの注意点
│   ├─ 低スランプ，セメント量の少ないコンクリートを運搬できる工法を使用する
│   ├─ 打込み間隔は短くする
│   └─ 十分に締め固める
├─ 養生の注意点
│   ├─ 期間の注意点 ─ 十分長くする
│   └─ 方法の注意点
│       ├─ 保湿性のよい型枠を使用する
│       └─ 保湿性のよい材料で上面を覆う
└─ 設計上の注意点
    ├─ 誘発目地の設置
    ├─ ひび割れ制御鉄筋の配置
    └─ 防水措置
```

（日本コンクリート工学協会：コンクリート技術の要点'94 より）

温度ひび割れ制御対策

込み開始後，コンクリート中にあらかじめ埋設したパイプ中に冷水を通水してコンクリート温度を下げる方法である。プレクーリングの方法としては，練混ぜ水に冷水を用いたり，水の一部を氷に置き換えたり，また，最近では－196℃の液体窒素を用いて冷却した骨材を用いる方法などがある。マスコンクリートにおいては，表面の温度

降下が急激であるほど，また表面が乾燥するほどひび割れが生じやすい。したがって，内部温度が最大に達した後もしばらく型枠を残しておく必要がある。また，必要に応じて型枠の保温措置をとる。そして，せき板の取り外し直後に急激な温度変化と乾燥を生じさせないように，散水などの方法により所定の期間湿潤状態を保つようにする。ただし，表面部を急冷するような散水は注意する必要がある。

おんどムーブメント　温度ムーブメント
コンクリート部材の熱膨張，収縮によるひび割れ発生部や接合部の目地が拡大，縮小する動きまたは量。

おんねつせんマットようじょう　温熱線マット養生
気温が低いときにコンクリート打ちを行う場合に，強度の増進を図るために用いる養生方法の一つ。マットで覆う。

おんねつでんせんようじょう　温熱電線養生
気温が低いときにコンクリート打ちを行う場合に，強度の増進を図るために用いる養生方法の一つ。電線は，コンクリート部材の温度が一様になるように配置する。

おんぷうようじょう　温風養生
hotair curing
気温が低いときにコンクリート打ちを行う場合に強度の増進を図るために温風を送る養生方法。

[か]

かあつコンクリートやいた　加圧コンクリート矢板　pressed concrete sheet piles
護岸，土留め壁などに使用する鉄筋コンクリート矢板で，加圧成形によって製造したもの（写真）。

かいえんりゅうしりょう　海塩粒子量　amount of seawater salt spray
空気中に含まれる海水に由来する塩分の量。表-1，2は海岸より50m離れ，14年経過した鉄筋コンクリート構造物の一例。

表-1　14年経過した実鉄筋コンクリート構造物から採取した試料の調査結果（依田）

試料	採取箇所	塩化物イオン（Cl⁻）量$^{(1)}$（kg/m³）			中性化深さ（mm）			備考
		水溶性塩分 モール法	全塩分 電位差滴定法	全塩分 吸光光度法	最大	平均	最小	
No.1 北側 高さ11.8m	表面	0.66	0.62	0.55	23.4	16.6	5.5	被り100mm 径D16 （発錆なし）
	3cm	0.34	0.35	0.31				
	6cm	<0.13	0.09	0.09				
No.2 東側(海沿) 高さ24.4m	表面	0.48	0.47	0.44	8.6	4.4	1.1	—
	3cm	<0.13	0.19	0.16				
	6cm	<0.13	0.09	0.09				
No.3 東側(海沿) 高さ14.3m	表面	0.42	0.32	0.30	20.6	16.7	12.0	
	3cm	0.34	0.28	0.26				
	6cm	<0.13	0.13	0.13				
No.4 東側(海沿) 高さ22.8m	表面	0.51	0.50	0.46	7.0	4.3	2.0	
	3cm	<0.13	0.24	0.24				
	6cm	<0.13	0.13	0.15				
No.5 北側 高さ11.8m	表面	0.34	0.30	0.31	5.8	2.7	0	被り120mm 径D35 （発錆なし）
	3cm	<0.13	0.16	0.16				
	6cm	<0.13	0.09	0.09				
No.6 西側(山沿) 高さ11.7m	表面	0.38	0.30	0.35	15.6	6.4	0	—
	3cm	<0.13	0.18	0.18				
	6cm	<0.13	0.09	0.11				

[注] $^{(1)}$：Cl⁻それぞれの値は3回測定したものを平均した。

表-2 塩化物イオン(Cl^-)量の結果から鉄筋防錆措置の必要性の区分

試 料	採取個所	Cl^- (kg/m³)	判 定
No.1 北側 高さ11.8 m	表面	0.59	B
	3 cm	0.33	B
	6 cm	0.09	A
No.2 東側(海沿) 高さ24.3 m	表面	0.46	B
	3 cm	0.18	A
	6 cm	0.09	A
No.3 東側(海沿) 高さ14.3 m	表面	0.31	B
	3 cm	0.24	A
	6 cm	0.13	A
No.4 東側(海沿) 高さ22.8 m	表面	0.48	B
	3 cm	0.24	A
	6 cm	0.14	A
No.5 北側 高さ11.8 m	表面	0.31	B
	3 cm	0.16	A
	6 cm	0.08	A
No.6 西側(山沿) 高さ11.7 m	表面	0.33	B
	3 cm	0.18	A
	6 cm	0.10	A

[注] 本表は表-1の電位差測定法および吸光光度法の値を平均して区分した。判定に用いたA, Bの意味は次の通り。
A: Cl^-が0.30 kg/m³以下（異常なし）。
B: Cl^-が0.30を超えて0.60 kg/m³以下（鉄筋防錆措置をする）

がいかんちょうさ　外観調査

コンクリートやモルタルの表面を目視で調査することで，p.66表のような劣化現象がある。

現場で確認できる欠陥の例

> ジャンカ，コールドジョイント，型枠目違い，型枠はらみ，のろ流出，錆汁，木汁汚れ，砂肌，ひび割れ，型枠割付けミス，合板色違い，あばた，ピンホール，エフロレッセンス，欠け，色むら，脱色，締付け金物跡，表層剥れ，木屑等

工事進行中に発生するおそれのある欠陥

> 養生によるむれ，養生テープ（ガムテープ）跡，建築中の塗料，シーリング汚れ，墨打ち跡，モルタルによる補修跡，溶接焼け，貫通穴による欠損，開口回りの必要以上の斫り

かいきぶんせき　回帰分析
regression analysis

変数 $x_1, x_2, \cdots, x_P$ を固定したとき，確率変数 y の期待値が $x_1, x_2, \cdots, x_P$ の多項式で表される場合，その中の係数またはその多項式自身について推定・検定を行う多項式を回帰式という。変数がただ一つで一次のときは単回帰，二次以上のときは曲線回帰，変数が二つ以上のときは重回帰という。手法としては最小二乗法を用いる(JIS)。

かいしゃぶんかつ　会社分割

企業が機動的に組織を再編し，効率的な経営ができるよう事業部門を分離・独立する手法。この会社分割制度を有効に活用できるようになれば，ゼネコンの経営の効率化に新たな道が開かれる。

かいしゅう　改修　improvement

劣化した建築物などの性能，機能を初期の水準以上に改善すること。

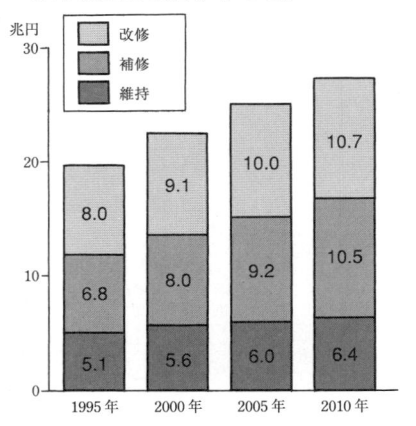

改修・補修・維持の実績と予想

かいしゅうすい　回収水　sludge water 〔→上澄水，スラッジ水〕

アジテータートラックを清掃したときの洗水。生コン工場から排水を回収してコンクリートの練り混ぜ水として再利用する。ただし，水中に骨材中の微粒分や水和したセ

かいしゅう

劣化現象と原因

劣化現象の種類		原因と特徴	概念図
ひび割れ	鉄筋の発錆によるひび割れ	鉄筋の被り厚が少ない部分や鉄筋の位置にふくれ等の欠陥がある部分において、雨水等の浸入で鉄筋が錆び、その膨張圧で鉄筋に沿ってひび割れが入る。それが進むとコンクリート片が剥落する。	
	開口周辺のひび割れ 躯体構造のひび割れ	コンクリート硬化に伴う乾燥収縮によって、開口部隅角部やコンクリート躯体に発生するひび割れ。外部より内部に貫通している場合は漏水のおそれがある。	
	その他のひび割れ	鉄筋の位置と思われる位置に規則性をもって入るひび割れもある。その他、規則性、不規則性を問わず、上記以外のひび割れ。	
浮き, 剥離		鉄筋の錆、ポップアウト(コンクリート内部の反応性骨材等によって生じる部分的な圧力で表面がはじけるもの)等によって、コンクリート表層が浮きを生じ、さらに剥離を生じる。	
表面脆弱化		長期間の風雨によって表面のセメントが、徐々に洗い流され、砂が表面に現れたり、冷害、擦り減りなどにより、コンクリート表面が砂粉状化、摩耗する。	
中性化		劣化の状況が他の現象のように、外観ではわからないが、コンクリート劣化の一つである。空気中の CO_2 等によってコンクリート表面からアルカリ性が失われていく。鉄筋の位置のコンクリートが中性化すると、鉄筋に対する防錆性がなくなる。	
汚れ	エフロレッセンス	硬化したコンクリートの表面に付着した白色の物質で、セメント中の遊離石灰等が水に溶けて表面に滲み出し、空気中の炭酸ガスと化合してできたものが主成分。	
	錆汁	上部の腐食した鋼材の錆や、溶接火花のカスがコンクリート面に付着し、雨水等で錆び、黄褐色の汚れとなる。	
	黴, 苔類	空気中の黴の胞子や、地面付近では苔や地衣類等の胞子が湿潤したコンクリート表面に付着し成育する。	
	その他の汚れ	工場や車からの、煤煙や排気ガスが有機性塗料となじみ、膜内に入り込み、雨水によって雨だれ状の汚れとなる。その他、上記以外の著しい汚れ。	

(内田忠男による)

メント粒子などが含まれているので，その混入量が問題となる。沈殿槽の上澄水はそのまま上水と同様に使用できるが，スラッジ分を含んだ水（スラッジ水）についてはコンクリートの調合や物性への影響があるため，以下の使用条件が示された（下図参照）。
① スラッジ固形分のセメント質量に対する添加率は3％以下とする。
② スラッジ固形分率1％につき，単位水量および単位セメント量を1～1.5％増し，細骨材率を約0.5％減らす。
③ 必要に応じて化学混和剤の添加量を増やす。

かいじょう・かいちゅうけんちくぶつ　海上・海中建築物
海上とか海中につくられる建築物。将来，多くなる。

がいしんがたしんどうき　外振型振動機
〔→外部振動機〕
せき板の外側に取り付けた振動機でコンクリートを密実に締め固める。

かいすい　海水　sea water
密度 $1.03\,g/cm^3$，pH $6.7 \sim 7.6$，Cl^- 1.6％，化学成分は次の通り。NaCl 77％，$MgCl_2$ 10.9％，CaO_3 3.6％，K_2SO_4 2.5％，$CaCO_3$ 0.37％，$MgBr_2$ 0.22％。

かいすいさようのくぶん　海水作用の区分
JASS 5 ではA，B，Cの三つに区分している。
A：潮の干潮および常時波しぶきを受ける部分で，海水の化学的な作用のほかに，干満に応じた乾湿，波浪や浮遊物の衝突による衝撃力や摩耗などの物理的な作用も受け，最も厳しい条件下にある部分。
B：常時海水中にある部分で，干潮時においても，空気中に晒されない部分。なお，海岸地域で土に接する部材は，海水作用の区分Bとする。
C：Aが1日に数回という頻度で海水の乾湿を受けるのに対し，台風時・強風時など，年に数回の頻度で波しぶきを受ける部分。

かいすいにたいするていこうせい　海水に対する抵抗性
海水に対する抵抗性を大きくする策の一例は次の通り。
セメント：高炉スラグ分量の多い高炉セメントほど大きい。
骨材：人工軽量骨材より普通骨材の方がよい。
水セメント比：小さいほどよい。
打継ぎ箇所：絶対に設けない。
被り厚さ：大きいほどよい。
初期養生：十分に行う（p.68 表・図）。

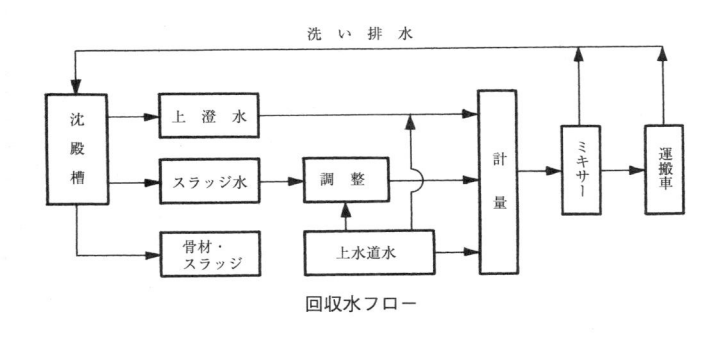

回収水フロー

かいすいに

海水中に浸漬したコンクリートの圧縮強度

コンクリートの種類	混和剤の種類	供試体の種類 セメントの種類	W/C(%)	28日圧縮強度 (N/mm²)	材齢28日強度を基準とした比率 (%) 材齢					
					91日	6か月	1年	5年	10年	20年
普通	無添加	高炉B種(BB)	55	29.4	125	128	133	150	157	167
		高炉C種(BC)	51	21.6	134	136	159	183	187	190
		普通ポルト(N)	59	32.1	117	119	121	139	130	130
	リグニン系AE減水剤	高炉B種(BB)	52	31.5	123	130	133	145	149	154
		高炉C種(BC)	49	27.5	124	131	141	156	173	176
		普通ポルト(N)	57	32.5	112	120	126	128	121	121
	無添加	高炉B種(BB)	45	34.5	124	128	138	151	157	160
		高炉C種(BC)	42	23.5	41	153	160	160	164	167
		普通ポルト(N)	49	38.5	107	114	116	138	128	122
	リグニン系AE減水剤	高炉B種(BB)	43	38.0	120	126	128	140	142	145
		高炉C種(BC)	39	33.6	131	136	142	159	161	163
		普通ポルト(N)	47	40.0	110	112	116	131	116	111
軽量1種	レジン系AE剤	高炉B種(BB)	55	24.4	121	128	137	150	163	168
		高炉C種(BC)	51	21.2	137	137	153	173	181	189
		普通ポルト(N)	58	24.4	114	114	123	127	121	107

[注] 各種セメント中のSO₃含有率は、BB：2.2％、BC：2.6％、N：2.1％。供試体は直径15cm、高さ30cm。

塩分の浸透量

骨材の種類	化学混和剤の種類	セメントの種類	水セメント比 (%)	コンクリート中の塩分の浸透量 (NaCl %) コンクリート表面から (cm)								
				0〜3			3〜6			6〜10		
				5年	10年	20年	5年	10年	20年	5年	10年	20年
川砂・川砂利	non	BB	55	0.42	0.69	0.82	0.07	0.15	0.18	0.07	0.15	0.14
		BC	51	0.23	0.53	0.58	0.08	0.08	0.10	0.07	0.07	0.08
		N	59	0.60	0.94	1.09	0.19	0.59	0.64	0.03	0.33	0.36
	AE減水剤	BB	52	0.45	0.07	0.73	0.06	0.11	0.12	0.05	0.06	0.06
		BC	49	0.29	0.44	—	0.07	0.08	—	0.02	0.05	—
		N	57	0.30	0.94	1.02	0.10	0.54	0.54	0.03	0.29	0.30
	non	BB	45	0.50	0.61	0.90	0.07	0.14	0.13	0.04	0.06	0.04
		BC	42	0.39	0.59	0.53	0.08	0.20	0.24	0.07	0.10	0.15
		N	49	0.52	1.19	0.94	0.10	0.37	0.57	0.10	0.10	0.26
	AE減水剤	BB	43	0.57	0.61	—	0.07	0.07	—	0.05	0.05	—
		BC	39	0.42	0.59	0.07	0.09	0.05	0.12	0.08	0.05	0.06
		N	47	0.67	1.19	1.18	0.26	0.71	0.74	0.05	0.29	0.34
川砂・人工軽量粗骨材	AE剤	BB	55	0.62	0.78	0.96	0.08	0.21	0.28	0.04	0.11	0.12
		BC	51	0.45	0.69	0.71	0.12	0.14	0.16	0.06	0.18	0.11
		N	58	0.57	0.86	1.29	0.23	0.56	0.58	0.08	0.32	0.36

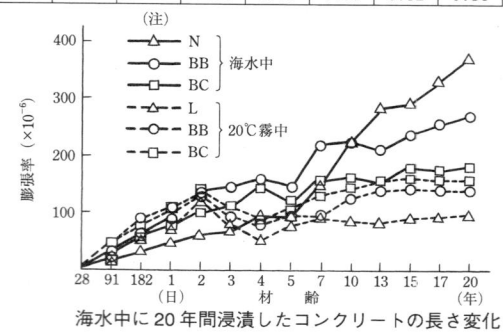

海水中に20年間浸漬したコンクリートの長さ変化

かいたいこ

かいすいのさようをうけるコンクリート　海水の作用を受けるコンクリート
concrete exposed to seawater
海水や波しぶきなどにより，塩分を含んだ水分を直接受けるコンクリートで，海水作用の強さに応じて，鉄筋防食のためコンクリートの水セメント比・被り厚さなどを規定している。特に厳しい作用を受けると予想される場合には，水セメント比，被り厚さ，防錆処理を施した鉄筋の使用も考慮する。JASS 5 の主な規定事項は，次の通り。
a．海水作用の区分は JASS 5 による。
b．水セメント比の最大値は JASS 5 による。
c．鉄筋に対するコンクリートの被り厚さは JASS 5 による。
d．海水に直接接する箇所のコンクリートには打継ぎ箇所をつくらない。
セメントでは高炉スラグ微粉末や石膏が多いコンクリートの方が耐海水性は大である。

かいすいのしんしょくさよう　海水の浸食作用
コンクリートは海水によって浸食される。長年月間耐えるには耐海水性の大きいコーティング材などを用いて表面を被覆する。なお，軽コンクリートに付着する微生物は下表の通り。

かいそう　改装　refinishing
建物の外装，内装などの仕上げ部分を模様替えすること。

かいぞう　改造　renovation
既存の建築物などの一部を変更，または造り替えること。

がいそうこうじ　外装工事　exterior finish
〔⇔内装工事〕
屋外の床，柱，壁，屋根等の各仕上げ工事。

がいそうタイル　外装タイル
吸水率が1.0％未満の磁器質タイル，吸水率1.0％以上3.0％未満の炻器質タイルをいう。

かいたいこうじ　解体工事
demolition work
既存の鉄筋コンクリート構造物は解体する時機に至っている建築物が多い。解体したコンクリート塊は道路用骨材などに使用されているが，原コンクリートの圧縮強度が40 N/mm²程度以上のものであれば，川砂利と同じようにコンクリート用骨材として使用できる。

軽量コンクリート円柱供試体表面の付着微生物の一例 ［材齢10年（夏季）］

付着物および付着生物の種類	セメントの種類	高炉B種	高炉C種	普通ポルト
	付着物の湿質量(g)	230	140	140
海藻類	アオサ	γ		
海綿動物	ダイダイイソカイメン	γ	γ	
環形動物	イワムシ		γ	
	エゾカサネカンザシゴカイ	+	+	+
	ヤツオカンザシゴカイ	+	+	+
触手動物	フサコケムシ	γ		
軟体動物	アワブネガイ			γ
	エガイ	γ		
	カキ			γ
節足動物	タテジマフジツボ	γ		
	サンカクフジツボ	+	+	+
原索動物	シロボヤ	γ		
	群体ボヤ	γ		

+：質量で 20〜60％　γ：質量で 20％以下を示す。

かいちく　改築
reconstruction, rebuilding
建築物の全部または一部を取り壊して構造，規模，用途を著しく変えない範囲で元の場所に建て直すこと。

がいちゅう　害虫　noxious insect
人体に直接または間接に害を与える昆虫の総称。ゴキブリ，ダニ，チカイエカ，チョウバエ，アリなどをいう。

かいていバケット　開底バケット
bottom dump bucket
コンクリート運搬用の鋼製のバケット。底部を開いて所定の位置にコンクリートを打ち込む。

ガイデリック　guy derrick
動力を用いて荷物を吊り上げ，吊り下げる機械（デリック）の一つ。虎綱（ガイロープ）でマストを自立させ，これにブームを取り付け，滑車とウインチで揚重する。

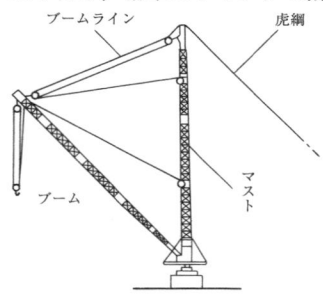

ガイデリック

かいてんがま　回転窯　rotary kiln
〔→ロータリーキルン〕
予熱装置を経たセメント原料を焼成するために用いる窯（直径5m前後，長さ80m前後）。なお，予熱装置の方式としては，サスペンションプレヒーター（SP），ニューサスペンションプレヒーター（NSP）がある。

かいてんどうがたアジテーター　回転胴型アジテーター　agitator track
現在の生コン自動車に取り付けられている機械。輸送中，フレッシュコンクリートが凝結しない撹拌の状態にしておくために回転させる。

回転胴型トラックミキサー

かいてんトロウエル　回転トロウエル
rotary trowel 〔→トロウエル〕
床モルタル鏝仕上げ機。

かいばい　貝灰　shell lime
左官工事において保水性を得るために用いる，ハマグリ，アサリ，ホタテ貝，カキなどの貝殻を原料とした消石灰。化学成分は石灰石と同じで，漆喰に使用する。ひび割れが少ない。一例として，ホタテ貝の化学成分を例示する。

ig.loss	SiO_2	Al_2O_3	Fe_2O_3	
44.40	0.14	0.10	0.13	
CaO	MgO	SO_3	Cl^-	Total
54.40	0.05	0.06	0.03	98.91

がいぶコンクリート　外部コンクリート
out-side body concrete
建築物の外側の躯体コンクリート。長年月間経過した実構造物の場合，方位によってコンクリートの品質が異なってくる。すなわち，日射時間が最も長い南面が最もばらつき，次が東西面で，日射時間が短い北面が最も安定している。

がいぶしんどうき　外部振動機
external vibrator

「外振型振動機」の項参照。

かいめんかっせいざい　界面活性剤　surface active agent
「化学混和剤」の項参照。

かいようコンクリート　海洋コンクリート
海水に対する土木分野で用いられる用語。海水に対する抵抗性を高め、さらに海水中での打込みに適したコンクリート（「海水に対する抵抗性」の項参照）。

かいようコンクリートのかぶり　海洋コンクリートの被り
塩害等による影響を受けないようにするための、鉄筋に対するコンクリートの被り。厚いほどよい。

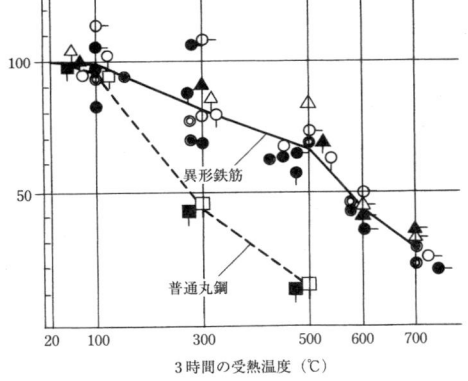

かいりょうほぜん　改良保全　improvement, modernization
対象物の初期の性能または機能を上回って改良するために行う保全。

カオリン　kaoline
タイルや日本瓦の原料。長石が風化したものでカオリナイトを主成分とした粘土。

かがいをうけたてっきんコンクリートぞう　火害を受けた鉄筋コンクリート造
火害を受けるとひび割れの発生が多い上に、鉄筋とコンクリートとの熱膨張係数が変化するので付着強度が低下する。「火害と鉄筋の付着強度」の項参照。

かがいとてっきんのふちゃくきょうど　火害と鉄筋の付着強度
鉄筋コンクリートが火災を受けると、鉄筋とコンクリートとの付着強度が左図のように低下する。これは鉄筋とコンクリートの熱膨張係数が常温ではほぼ同じであるが、高温になるほど、両者の熱膨張係数が異なるために起こる。

かがくこうじょうのコンクリートのふしょく　化学工場のコンクリートの腐食
化学工場では種々のガスなどが発生するので、恒久的なコンクリート構造物をつくるには、前もって有害物の種類と量を調べ、それに対応できるような躯体コンクリートをつくる。原則的には高炉セメントB種またはC種を用い、水セメント比をできるだけ小さくするとよい。

かがくこんわざい　化学混和剤
chemical admixture
JISに品質について規定されている。種類はAE剤、減水剤、AE減水剤の3種類がある。中者・後者には標準形、遅延形、促進形に分類されている（p.72表参照）。以前

20℃の付着強度を100%とした場合の付着強度比と受熱温度との関係（依田）

セメント	W/C (%)	使用鉄筋	受熱材齢			
			7日		28日	6か月
			直後	水中		
普通ポルトランド	50	D19			△	△
	60	D19	○	◎	○	
		φ19			□	
高炉B種	50	D19			▲	▲
	60	D19	●	◉		
		φ19				■

かかくさよ

各種混和剤の構成成分および特性と主な用途（JASS 5・同解説より）

種類	構成成分	使用量[1]	特性と用途
AE剤	・天然樹脂酸塩 ・変性ロジン酸塩 ・陰イオン系界面活性剤 ・非イオン系界面活性剤 ・陰イオン系と非イオン系面活性剤の併用	0.03 ～0.06 0.001～0.01 0.003～0.05 0.25 ～0.35 0.005～0.02	・セメント質量の 0.001～0.35 %使用する。 ・独立した空気泡を連行して，コンクリートのワーカビリティと凝結・溶解に対する抵抗性を改善する。 ・フライアッシュコンクリートに使用した場合，未燃焼カーボンに吸着されて，AE剤使用量が著しく増大することがある。
減水剤	・オキシカルボン酸塩 ・ポリオール複合体	0.2 ～0.4 0.2 ～1.5	・セメント質量の 0.2～1.5 %使用する。 ・コンクリートのフィニッシャビリティ，ポンパビリティ，肌面の改善に使用される。 ・遅延型は凝結を遅延させる目的で使用される。
	・ナフタレンスルホン酸高縮合物 ・メラミンスルホン酸高縮合物 ・変形リグニンスルホン酸塩 ・ポリカルボン酸塩	0.2 ～3.0 1.5 ～4.0 0.6 ～2.0 0.3 ～3.0	・セメント質量の 0.2～4 %使用する。 ・一般に高性能減水剤として，コンクリート製品や高強度コンクリートに使用される。 ・凝結遅延性，空気連行性が小さいので，流動化剤としても使用される。
AE減水剤	・リグニンスルホン剤 ・オキシカルボン酸 ・ポリオール複合体 ・有機酸系誘導体 ・ポリカルボン酸 ・リグニンスルホン酸塩とロダン化合物 ・高級多価アルコールのスルホン化物	0.3 ～2.0 0.2 ～0.2 0.2 ～0.7 0.1 ～0.5 0.2 ～0.6 1.0 ～1.5 0.8 ～1.5	・セメント質量の 0.1～2 %使用する。 ・15 %程度までの減水性能と空気連行性能をもち，標準型，遅延型，促進型を使い分けることにより，広範な用途に使用される。
高性能AE減水剤	・ナフタレンスルホン酸高縮合物 ・メラミンスルホン酸高縮合物 ・ポリカルボン酸塩 ・アミノスルホン酸塩	1.0 ～3.0 0.5 ～3.5 0.25～5.0 1.0 ～2.5	・セメント質量の 0.25～5 %使用する。 ・18 %以上の高減水性能と，優れたスランプ保持性能，空気連行性能を有する。 ・高耐久，高強度，高流動コンクリートならびにコンクリート製品に使用される。
流動化剤	・ナフタレンスルホン酸高縮合物 ・メラミンスルホン酸高縮合物 ・ポリカルボン酸塩 ・ポリエーテルカルボン酸塩 ・ナフタレンスルホン酸変性リグニン縮合物	0.05 ～0.12[2] 0.08 ～0.12 0.045～0.15 0.06 ～0.15 0.06 ～0.12	・スランプ1cm増大するための使用量は，セメント質量の 0.045～0.15 %である。 ・空気連行性や凝結遅延性が少なく，高減水性能を有している。 ・高流動コンクリート用に，主に工事現場で添加して，流動性を増大する目的で使用される。

[注] [1]：セメント質量に対する質量%
[2]：スランプを1cm増大するための使用量（単位セメント量×ωt %）

は表面活性剤と呼ばれた。

かがくさようにたいするたいきゅうせい　化学作用に対する耐久性
chemical resistance 化学作用に対し耐えられるコンクリート。化学成分によってコンクリートの耐久性は異なる。

かがくてきさんそようきゅうりょう　化学的酸素要求量　chemical oxygen demand
〔→ BOD：生物化学的酸素要求量〕
水の汚染の指標の一つ。水中の汚物を酸化して無害なものにするために必要な酸素の量。COD と略することもある。

湖沼の環境基準達成度

	ベスト	
順位	地点名・都道府県	COD 年平均値（mg/l）
1	具多楽湖（北海道）	0.8
2	風屋ダム（奈良）	0.9
3	然別湖（北海道）	1.4

	ワースト	
順位	地点名・都道府県	COD 年平均値（mg/l）
1	手賀沼（千葉）	23
2	印旛沼（千葉）	11
3	佐鳴湖（静岡）	11

かがくてきせっちゃく　化学的接着　chemical adhesion
接着面と接着剤との間の化学的結合力による接着。

かがくてきれっかよういん　化学的劣化要因　chemical deterioration factor
酸化，熱分解などの化学的に起因する劣化の要素。

かがくぶんせきしけん　化学分析試験
一例としてセメント（JIS）がある。分析項目は，次の通り。強熱減量（ignition loss），不溶残分（insoluble residue），二酸化珪素（SiO_2），酸化アルミニウム（Al_2O_3），酸化第二鉄（Fe_2O_3），酸化カルシウム（CaO），酸化マグネシウム（MgO），三酸化硫黄（SO_3），酸化ナトリウム（Na_2O_3），酸化カリウム（K_2O），二酸化チタン（TiO_2），五酸化リン（P_2O_5），一酸化マンガン（MnO），硫化物硫黄（S），塩素（Cl_2）

かきしぶ　柿渋
防水・防腐効果がある。特にシックハウス対策の塗装材料として評価される。

かくいし　角石　square stone
切石の一つ。横断面の幅が厚さの 3 倍未満の直方体に仕上げられた石材。建築物の内外装壁・基礎などに用いる。

角石の寸法（JIS）

種類	厚さ[(1)] cm	幅[(2)] cm	長さ cm
12 の 15	12	15	
15 の 18	15	18	
15 の 21	15	21	91, 100, 150
15 の 24	15	24	
15 の 30	15	30	
18 の 30	18	30	

［注］[(1)(2)]：厚さと幅では，長い方を幅とする。

かくこう　角鋼　square bar, square steel
断面が角形の圧延棒鋼。明治，大正時代の RC 造建物には用いられていたが，最近は，この形式のものはわが国では製造されていない。

かくしゅコンクリートにたいするみずセメントひ　各種コンクリートに対する水セメント比
普通コンクリート，高炉スラグ微粉末コンクリートの算定式を下表・p.74 上表に示す。

普通コンクリートの水セメント比算定式

普通ポルトランドセメント	$F_{28}=30.62\,C/W-23.51\,\text{N/mm}^2$
高炉セメント A 種	$F_{28}=33.78\,C/W-29.98\,\text{N/mm}^2$
高炉セメント B 種	$F_{28}=25.35\,C/W-17.67\,\text{N/mm}^2$
高炉セメント C 種	$F_{28}=13.24\,C/W+\ 0.27\,\text{N/mm}^2$

ここに F_{28}：コンクリートの材齢 28 日調合強度
C/W：セメント水比

かくしゅコンクリートにたいするようと　各種コンクリートに対する用途
JASS 5 の場合を p.74 下表に示す。

かくそくりょう　角測量

かくしゆこ

高炉スラグ微粉末コンクリートの算定式

$F_{28}=30.00\,B/W-21.80\,\text{N/mm}^2$	（比表面積　6,000 cm²/g，置換率 30 %）
$F_{28}=19.20\,B/W-7.90\,\text{N/mm}^2$	（比表面積　6,000 cm²/g，置換率 50 %）
$F_{28}=9.47\,B/W+8.87\,\text{N/mm}^2$	（比表面積　6,000 cm²/g，置換率 70 %）
$F_{28}=30.40\,B/W-18.70\,\text{N/mm}^2$	（比表面積　8,000 cm²/g，置換率 30 %）
$F_{28}=19.76\,B/W-8.19\,\text{N/mm}^2$	（比表面積　8,000 cm²/g，置換率 50 %）
$F_{28}=10.30\,B/W+12.86\,\text{N/mm}^2$	（比表面積　8,000 cm²/g，置換率 70 %）
$F_{28}=31.60\,B/W-18.80\,\text{N/mm}^2$	（比表面積 11,000 cm²/g，置換率 30 %）
$F_{28}=20.04\,B/W-9.00\,\text{N/mm}^2$	（比表面積 11,000 cm²/g，置換率 50 %）

ここに F_{28}：コンクリートの材齢 28 日の調合強度，B/W：結合材水比

コンクリートの種類と用途（JASS 5）

	コンクリートの種類	説　明
使用骨材	普通コンクリート	普通骨材（気乾単位質量がほぼ2.3～2.4の範囲）を用いるコンクリート。
	軽量コンクリート	人工軽量骨材を一部または全部に用いるコンクリートで，単位容積質量を小さくしたコンクリート。1種および2種がある。
要求性能	流動化コンクリート	あらかじめ練り混ぜられたコンクリートに流動化剤を添加し，これを撹拌して流動性を増大させたコンクリート。
	高流動コンクリート	フレッシュ時の材料分離抵抗性を損なうことなく流動性を著しく高めたコンクリート。
	高強度コンクリート	設計基準強度が 36 N/mm² を超える場合のコンクリート。
	水密コンクリート	特に水密性の高いコンクリート。
	遮蔽用コンクリート	主として生体防護のために γ 線・X 線および中性子線を遮蔽する目的で用いられるコンクリート。
	簡易コンクリート	木造建築物の基礎および軽微な構造物に使用するコンクリート。
施工条件	寒中コンクリート	コンクリート打込み後の養生期間に，コンクリートが凍結するおそれのある時期に施工されるコンクリート（積算温度が370℃・D以下の時期に適用）。
	暑中コンクリート	気温が高く，コンクリートのスランプ低下や水分の急激な蒸発などのおそれがある時期に施工されるコンクリート（15℃を超える時期を標準）。
	マスコンクリート	部材断面の最小寸法が大きく，かつ水和熱による温度上昇で有害なひび割れが入るおそれがある部分のコンクリート。
	水中コンクリート	場所打ち杭および連続地中壁など，トレミー管などを用いて安定液または水中に打ち込むコンクリート。
環境条件	海水の影響を受けるコンクリート	海水または海水滴による劣化作用を受けるおそれがある部分のコンクリート
	凍結・融解作用を受けるコンクリート	凍結融解作用により凍害を受けるおそれがある部分のコンクリート。
部材条件	無筋コンクリート	土間・捨てコンクリートなどで，鉄筋で補強されていないコンクリート。
	プレストレストコンクリート	あらかじめ部材の引張り側に緊張材によって圧縮力を生じさせ，曲げ耐力を著しく向上させる構造に用いるコンクリート。
	プレキャスト複合コンクリート	構造体の一部にプレキャスト部材を用い，これと現場打ちコンクリートと一体化して構造体を形成するコンクリート。

angle measurement
トランシットやセオドライトなどを用いて水平・垂直角を測定すること。

かくせんがん　角閃岩　amphibolite
角閃石に多く含む変成岩。粒状組織で堅靱。コンクリート用骨材（砕石）として用いられる。

かけ　欠け
型枠を取り外すときの衝撃等により発生するコンクリート部材の欠損。防止法は適切な剥離材の選定，型枠の作製方法・時期の検討，コーナー部の養生を入念に行う。

かけいしきミキサー　可傾式ミキサー
tilting mixer 〔→傾胴（式）ミキサー〕
可傾式ミキサー（以下，ミキサーという）とは，とっくり形の混合胴の中に1練り分ずつの材料を入れて，回転によってコンクリートを練り混ぜ，混合胴を傾けて排出する方式のミキサーの一種（JIS）。ミキサーは，その公称容量を冠して呼ぶものとする。ミキサーの公称容量は，1回に練り上げることのできるコンクリート量をm^3で示したものとする。ミキサーの公称容量は，次の6種類とする。$0.2\,m^3$，$0.3\,m^3$，$0.4\,m^3$，$0.5\,m^3$，$0.6\,m^3$，$0.8\,m^3$。ミキサーは，すべての材料を混合胴の中に入れ終わってから，スランプ約3cm程度のコンシステンシーのコンクリートを1.5分間以内に均等質に練り混ぜることができるものでなければならない（写真）。

可傾式ミキサー

かこうがん　花崗岩　granite
火成岩の一種。建築用材料として代表的な石材で「御影石」と呼ばれ，外装材や階段石に用いられる他にコンクリート用骨材としても使用されている。膨張係数$0.79\times 10^{-5}/℃$，表乾密度$2.69\sim 2.57\,g/cm^3$（平均$2.62\,g/cm^3$），吸水率$0.28\sim 1.7\,\%$（平均$0.58\,\%$），原石の圧縮強度$200.7\sim 36\,N/mm^2$（平均$140\,N/mm^2$）。

かごうすい　化合水　water of hydration
水和作用に費やされる水。セメント・コンクリートではセメントの約23％が水和反応する。

かさい　火災　fire
建築物や車両，林野などが燃えることで，ここでは建築物のみを対象とする。1年間の出火件数は33,325件（2004年），損害額は1,353億円で，3DKの住戸24,224戸に相当する。構造別では木造が45.5％で最も多く，以下，防火，耐火造である。延焼率は木造が28.5％，防火造15.2％である（消防白書）。
わが国における建築物火災の傾向は次の通り。
①建物火災は1日に91件，16分毎に1件。
②居住建物の火災が半数。
③木造建物の火災が半数。
④建物火災の過半数は小火災。
⑤建物火災はコンロによるものが多い。
⑥3DKの住戸24,224戸相当分が焼損。
⑦1件当たりの焼損床面積は$47.2\,m^2$。
⑧建物火災の25.5％は覚知後5分以内に放水。
⑨建物火災の半数は，放水開始後30分以内に鎮火。

かさいし　笠石
coping stone
パラペットの壁頂として用いたもの。

かさいしゆ

鉄筋の重ね継手の定着の長さ

種　類	コンクリートの設計基準強度 (N/mm²)	定着の長さ		
		一般（L_2）	下端筋（L_3）	
			小　梁	床・屋根スラブ
SR 235 SRR 235	18	45dフック付き	25dフック付き	150mmフック付き
	21	35dフック付き		
	24			
SD 295 A SD 295 B SDR 295 SD 345 SDR 345	18	40dまたは 30dフック付き	25dまたは 15dフック付き	10dかつ 150mm以上
	21	35dまたは 25dフック付き		
	24			
	27	30dまたは 20dフック付き		
	30			
	33			
	36			
SD 390	21	40dまたは 30dフック付き		
	24			
	27			
	30			
	33			
	36			

［注］(1)末端のフックは，定着長さに含まない。
　　　(2)dは，丸鋼では径，異形棒鋼では呼び名に用いた数値とする。
　　　(3)耐圧スラブの下端筋の定着長さは，一般定着（L_2）とする。

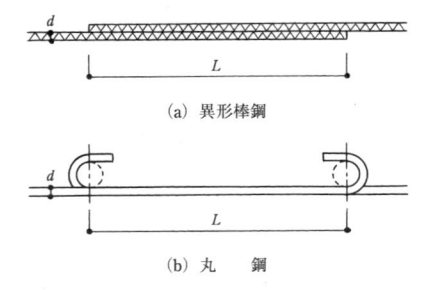

(a) 異形棒鋼

(b) 丸鋼

継手の重ね長さ L の取り方

かさいじゅんぱち　笠井順八（1835～1919）
旧 小野田セメント㈱の創業者の一人。

かさねつぎて　重ね継手
細径の鉄筋などに用いられる継手方法の一つ。鉄筋の継手は1か所に集中することなく，相互にずらして設ける（上表・上図，施行令73条参照）。

かさみつど　嵩密度　bulk density

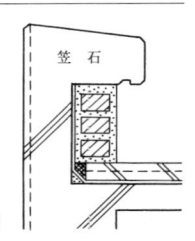

空隙部分を含めた骨材の密度をいう。単位は〔g/cm³〕。

かざんがん　火山岩　volcanic rock
図に示すように火山作用によって地中の溶けた岩が地上に吹き出し，冷えて固まったもの。わが国の岩石は火山岩がほとんどである。

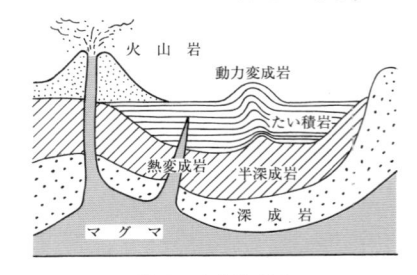

岩石の生成模式図

かざんじゃり　火山砂利　volcanic gravel 〔→火山礫〕
火山の噴出によりできたもので一般的に多孔質で，火山礫ともいう。密度が小さく，軽量コンクリートの骨材として使われる。一例として大島産，榛名産，浅間産などがある。1956年に建築された旧 通商産業省A棟（旧 防衛庁庁舎）はSRC造地下2階，地上8階建てで，躯体コンクリートの

種類は地下と地上2階までは普通コンクリート，地上3階以上は大島産火山礫を用いた軽量3種コンクリートである。1984年末に解体されるのを機に材質的な見地から本建物の耐久性能を調査試験した。その結果，ひび割れの発生量は他の建物に比して少ないようであるが，深くまで生じていた。ひび割れ部分はもちろんのこと，ひび割れが発生していない部分でも，外壁側は打放しであったために中性化深さは大きい。そのために中性化している部分の鉄筋は表面のみであるが，すべて錆びていた。圧縮強度，ヤング係数，引張強度は低い値であった。(足利工業大学研究集録，第12号，1986.3，209頁より)

かざんばい　火山灰　volcanic ash
火山の噴出によって生じた灰。珪酸質のものはセメントと反応して硬化する性質を利用して，コンクリートの混和材料として用いられることもある。

かざんれき　火山礫　lapilli 〔→火山砂利〕
火山の噴出によって生じた種々の形状をなす溶岩の破片。一般に多孔質で軽砂利，軽砂としてコンクリートブロック等に利用される。

かし　瑕疵　defect
施工上，やむなく生じたきず・欠陥。不完全（不具合）な箇所。

かじゅうそくど　荷重速度　rate of loading
載荷試験において単位時間（秒）あたりに荷重を加えていく量。破壊試験において荷重速度の早い，遅いで破壊荷重は異なる。一般に早いと大きな値が，遅いと小さな値が得られる。JISによるとコンクリートの圧縮荷重速度は毎秒$0.6\pm0.4\,N/mm^2$になるように定められている。

ガスあっせつ　ガス圧接
gas pressure welding

鉄筋の接合方法の一種。ガス圧接は，鉄筋を溶かして接合するのではなく，再結晶温度（525〜750℃）で，鉄筋の原子を再結晶させて固める継手のこと。圧接面はグラインダーで研削し，付着物は完全に除去する。2本の鉄筋を突き合せたときの隙間は3 mm以下とし，鉄筋の加圧器を取り付け，バーナーで加熱する。加熱器は4口以上の多口式の火口を有するものを用いる。加熱温度は1,200〜1,300℃程度とし，鉄筋断面積に対して$30\,N/mm^2$以上で加圧し圧接部をつくる。1939年Adams（アメリカ）が，ガス圧接機を試作したのが世界

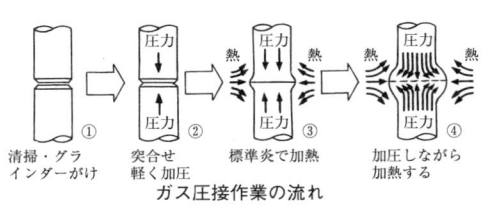

ガス圧接作業の流れ

ガス圧接技量資格者の技量資格と作業可能範囲

技量資格種別	作業可能範囲	
	鉄筋の材質	鉄筋径
1種	SR 235, SR 295 SD 295 A, SD 295 B, SD 345, SD 390	径　25以下 呼び名 D 25以下
2種	同上	径　32以下 呼び名 D 32以下
3種	同上	径　38以下 呼び名 D 38以下
4種	同上	径　50以下 呼び名 D 50以下

ガス圧接可能な鉄筋の種類の組合せ

鉄筋の種類	左覧の鉄筋と圧接可能な鉄筋の種類
SR 235	SR 235, SR 295
SR 295	SR 235, SR 295
SD 295 A	SD 295 A, SD 295 B, SD 345
SD 295 B	SD 295 A, SD 295 B, SD 345
SD 345	SD 295 A, SD 295 B, SD 345, SD 390
SD 390	SD 345, SD 390

かすあつせ

で最初。圧接工は，JIS に基づいて，社団法人日本圧接協会（NAK）が行う「ガス圧接作業員技量資格検定試験」に合格した有資格者でなければならない。また，圧接工の技量資格には，1種，2種，3種，4種の4種類があり，その種別により作業可能範囲が決められている（p.77上表参照）。種類の異なる鉄筋相互の圧接継手はp.77下表による。同一種類の鉄筋でその径または呼び名の差が7mmを超える場合には，圧接継手を設けない。

ガスあっせつつぎて　ガス圧接継手

鉄筋の継手方法の一種で，重ね継手（専ら鉄筋径が9，13，16mm）とともに双璧。一般に鉄筋径が19，22，25mmのように太径になるとガス圧接の方が経済的。鉄筋中心軸の偏心量は鉄筋径（径が異なる場合は細い方の鉄筋径）の1/5以下とする。圧接部の膨らみの直径の1.4倍以上とする。鉄筋径の差が7mmを超えるときは圧接しない。継手の位置は同一箇所に集中させない（下表・p.79上図参照）。

ガスあっせつつぎてのしけん・けんさ　ガス圧接継手の試験・検査

工事現場では原則として打音法で行い，判定が難しい場合は超音波探傷法で調べる。

ガス圧接継手の継手部の品質管理・検査（JASS 5）

	項目	判定基準	試験・検査方法	時期・回数
全数検査	外観検査	a．圧接部の膨らみの直径は，鉄筋径の1.4倍以上。 b．圧接部の膨らみの長さは，鉄筋径の1.1倍以上。かつ，その形状はなだらかであること。 c．圧接面のずれは，鉄筋径の1/4以下。 d．圧接部における鉄筋中心軸の偏心量は，鉄筋径の1/5以下。 e．圧接部に折曲がりがないこと。	目視またはノギス，スケール，専用検査治具による測定。	原則として圧接作業終了時全数。
	熱間押抜法による外観検査	a．押抜後の鉄筋表面の圧接部に対応する位置に，倒れ，割れ，綿状傷，へこみがないこと。 b．押抜後の鉄筋表面に，オーバーヒートなどによる表面不整がないこと。 c．圧接部のふくらみの長さは，鉄筋径の1.1倍以上，かつ，その形状はなだらかなこと。 d．圧接面のずれは，鉄筋径1/4以下。 e．圧接部における鉄筋径の中心軸の偏心量は，鉄筋径の1/5以下。 f．圧接部の折曲がりがないこと。	目視またはノギス，スケール，鏡による測定。	原則として圧接作業完了時全数
抜取検査	超音波探傷法	30か所以上の検査結果で a．不合格箇所数が1か所以下のとき，そのロットを合格とする。 b．不合格箇所数が2か所以上のときは，そのロットを不合格とする。	JIS による	a．1検査ロットからランダムに30か所。 b．検査率は特記による
	引張試験法（超音波探傷法の代替）	判定基準は特記による 特記に記載されていない場合には，JISの引張強さの規定値を満足した場合を合格とする。	JIS による	検査率は特記による。

［注］検査ロットは，1組の作業班が1日に施工した圧接箇所の数量。

かせいそた

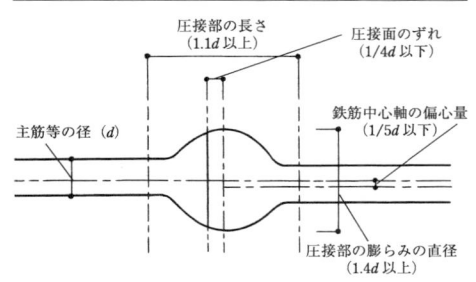

ガス圧接継手の形状

検査箇所は，1組の作業班が1日に施工した圧接箇所を1検査ロットとし，1検査ロットに30か所とする。判定基準は，不合格箇所が1か所以下のとき，そのロットを合格とし，不合格箇所が2か所以上の場合は，ロット不合格とすると規定されている。

ガスかようゆうろ　ガス化溶融炉
ダイオキシン対策や溶解スラグの有効利用などで次世代型ごみ焼却技術として注目されている。ガス化溶融炉は1,200℃以上の高温でゴミを焼却し，焼却灰まで溶融させるシステム。このシステムは，灰を溶融する方法の違いで，直接型溶融炉と直結型溶融炉に大別される。直接型溶融炉は，補助燃料としてコークスを使用して熱分解炉で灰の溶融まで行う方式。直結型溶融炉は，灰の溶融を旋回溶融炉で燃焼させた分解ガスを利用して灰溶融炉で行う方式。

ガスケット　gasket
雨仕舞や気密保持のシールを行うために合成ゴムまたは合成樹脂を特殊な断面形状に押し出して成形加工したもの。ガスケットにガラスを嵌め込んでからサッシュに取り付ける。

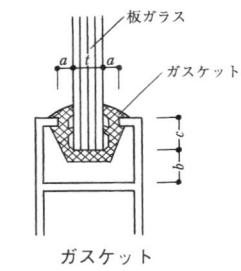

ガスケット

ガスコンクリート
アルミ金属粉末を主成分とする発泡剤を混入してつくられた気泡コンクリート。

ガスしけん　ガス試験
ガスによるコンクリートの劣化を調べる試験。コンクリートは，種々のガス，例えばCO_2（二酸化炭素密度$1.977\,kg/m^3$），SO_2（二酸化硫黄密度$2.927\,kg/m^3$），H_2S（硫化水素密度$1.539\,kg/m^3$），Cl_2（塩素密度$3.214\,kg/m^3$），NH_3（アンモニア密度$0.7708\,kg/m^3$），HCl（塩化水素密度$1.639\,kg/m^3$），NO_2（二酸化窒素密度$3.3\,kg/m^3$）によって劣化する。性能仕様による場合は，写真に示すような装置と劣化倍率（一例として中性化深さは「屋外暴露試験」の項の表を参照）が必要になる。

ガス腐食試験機

ガスせつだん　ガス切断　gas cutting
鋼材を切断するために酸素アセチレン炎で母材を加熱し，1,350℃に達したところに高圧酸素を吹き付け，鉄と酸素の急激な化学反応により母材を溶かして酸素噴流の力でこれを吹き飛ばして溶断する方法。

かせいがん　火成岩　igneous rock　〔→水成岩，変成岩〕
地球内部の溶融したマグマが凝固したもの（p.80の表参照）。

かせいソーダのさよう　苛性ソーダの作用
苛性ソーダ（水酸化ナトリウム，NaOH）はアルカリ性で，アルカリシリカ反応の疑いがある骨材を用いるとコンクリートは膨

かせき

火成岩の種類

花崗岩	強度大，耐久性大，外観美しい，耐火性小	御影，万成石
閃緑岩	硬，加工困難，外観美しい	黒御影
流紋岩	硬，加工困難，多孔質	抗火岩（耐火性大），黒曜石，軽石
安山岩	加工容易，光沢なし，強度大，耐久性あり，耐火性大	鉄平石，小松石
玄武岩	砕石用	

火成岩の用途と特徴

岩石名	用途			被害		特徴
	外装	内装	舗装	構造	凍害	火害	
花崗岩	○	○	○			●	・御影石と通称される。結晶の細胞によって大御影・中御影・小御影とある。色調は，桜，桃，錆，灰，薄茶等がある。 ・圧縮強度は大きいが，550℃以上で火害を受ける。 ・板石，角石，間知石，割石として使用される。
安山岩	○	○	○	○	▲		・暗灰色から灰白石が主で，各種の色調のものがある。 ・耐火性に優れているが，美しいものが少ないので石垣等に使用される。 ・板石，角石として使用される。

[注] ○：適，△：やや適，●：被害大，▲：被害をうける

張して，ひび割れが発生する。

かせき　化石　fossil
地球の水成岩などの中に残った地質時代の動植物（例えばアンモナイト，ウミユリ，四射サンゴ，コレニア，ベレムナイト，厚歯二枚貝，二枚貝，ハチノスサンゴなど）の遺体や遺跡で，大理石として建築物の壁や床などに用いられている。

かせつざいりょう　仮設材料
temporary material
建設業一般では仮囲い，型枠，足場，支保工，桟橋，山留めなどの仮設工事や，その構築物に用いられる材料。仮設に関する適用法規としては，建築基準法の他，労働安全衛生法や労働安全衛生規則などがあり，その内容を確認しておく必要がある。

かせつどうろ　仮設道路
temporary access road
工事期間中のみに仮に設ける道路（p.81 表参照）。

かせつばり　仮設梁
waling strip, horizontal angle brace
一例として山留め工事の腹起し，切張り，火打梁をいう。

かぜふるい　風ふるい　air analysis
セメントや高炉スラグ微粉末などの細かさを比表面積で表す場合の測定方法の一種。

かせんすい　河川水
河川の水。コンクリート練混ぜ水はJASS 5の水の品質規定値を満足するものを用いる。

水の品質規定

項　目	品　質
懸濁物質の量	2 g/l 以下
溶解性蒸発残留物の量	1 g/l 以下
塩化物イオン(Cl⁻)量	200 ppm 以下
セメントの凝結時間の差	始発は30分以内，終結は60分以内
モルタルの圧縮強度の比率	材齢7日および材齢28日で90％以上

かたいし　堅石　hard stone　〔⇔軟石〕
圧縮強度（直方体）が $50 N/mm^2$ 以上の石材を指す。JISでは硬石と呼んでいる。

かたいたガラス　型板ガラス　figured glass
板ガラスの表面（片面もしくは両面）に模様を付けたもの。装飾・採光・不透視用。

かたこう　形鋼　shape steel
鉄骨造に用いる鋼材で主なものにp.82の

仮設道路の計画例（JASS 3）

形　式	備　考	
転　圧	・整地後，タイヤローラーなどで転圧する。 ・素掘りの側溝を設け，水はけをよくする。	3%以上　転圧／素掘り側溝
砂利敷き	〔通常の地盤〕 ・整地，転圧後，砂利（厚さ t_1 = 20〜50 cm）を敷く。 ・砂利の飛散，損耗防止には5％程度のセメントを混ぜる。 〔軟弱の地盤〕 ・さらに，軟弱な地盤と敷砂利の隔離のために砂（厚さ t_2 = 10〜20 cm）を挟む。排水にも効果がある。	3%以上／集中砂利／断続的に配置
コンクリート打ち	・整地，転圧後，砂利（厚さ 20〜50 cm）を敷き，さらにコンクリート（厚さ 10〜20 cm）を打つ。 ・軟弱地盤では砂の隔離層を設ける。	2%程度　2cm程度
アスファルト	・整地，転圧後，砂利（厚さ 20〜50 cm）を敷き，さらにアスファルト層（厚さ 3〜5 cm）を設ける。 ・軟弱地盤では砂の隔離層を設ける。	2%程度　アスファルト
ロードマット敷き	・整地，転圧後，砂利（厚さ 10〜30 cm）を敷き，さらにロードマットを敷く。	2%程度　ロードマット
スロープ	・転圧後，砂利，（厚さ 10〜30 cm）を敷き，さらにトラマットなど鋼材で表面を補強することが望ましい。 ・勾配（H/L）は 1/10〜1/6 程度とする。	トラマットなど鋼材／砂利敷 10〜30cm／H／L

図のようなものがある。寸法は JIS を参照されたい。

かたさ　硬さ　hardness　〔→モース硬さ〕
一般にモースの硬度係数（1〜10に区分けして，1が滑石で最も軟らかく，10がダイヤモンドで最も硬い）が有名。コンクリートは非破壊試験や摩耗擦り減り試験によって表面の硬さを測定している。しかし値はあくまでも参考値である。「硬度」ともいう。

かたさしけん　硬さ試験　hardness test
シュミットテストハンマーによる実構造物コンクリート表面の圧縮強度推定試験や，摩耗試験機による擦減り量の測定試験をいう。

かたねりコンクリート　硬練りコンクリート　concrete of dry (stiff) consistency　〔⇔軟練りコンクリート〕
一般に施工はしにくいが，出来上がれば，ひび割れの発生量は少なく，耐久性の大き

かたまつた

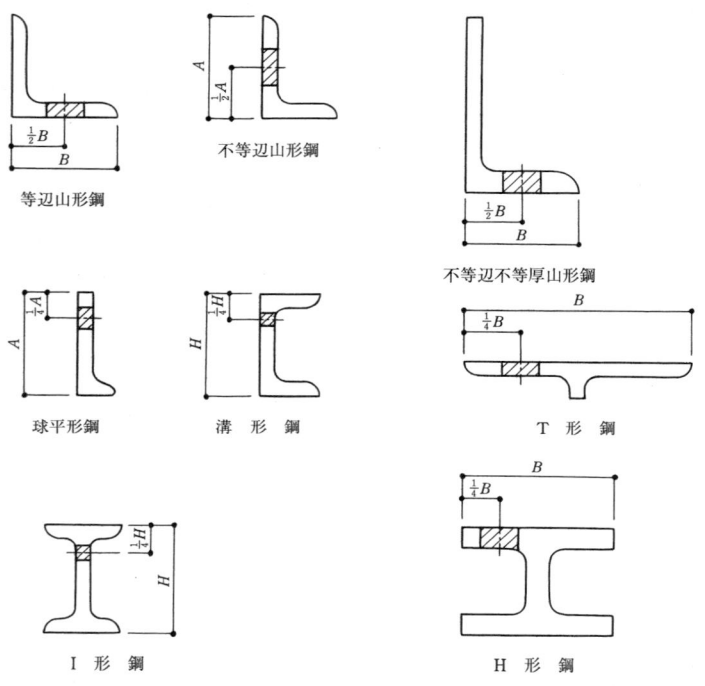

主な形鋼の種類と引張試験片および曲げ試験片の採取位置（ハッチ部分）

いコンクリート構造物になる。スランプでいえば15 cm以下。主に土木分野で使用される。しかし、レーモンド事務所が1955年設計したSRC造体育館のコンクリートスランプは10 cmで施工された。そのためにひび割れの発生が極めて少なかった。

かたまったコンクリート　固まったコンクリート　hardend concrete

硬化したコンクリートまたは硬化コンクリートともいう。

かたわく　型枠　form, shuttering

打ち込まれたコンクリートを所定の形状、寸法に保ち、コンクリートが必要な強度に達するまで存置する仮設構造物の総称。

せき板の材料：合板、製材の板類、金属製

があるが、建築の工事現場では合板が圧倒的に多く使用されている。新品の合板（糖分を含有）や間違って紫外線を長期間にわたって受けた合板は、コンクリート表面（0～3 mm程度）が硬化不良を起こすので注意する。合板の重さは300 m²/tである。なお、日本において本格的に使用されはじめたのは、製材が1903年、合板が1952年、金属製が1953年である。

支保工の材料：パイプサポート、単管足場、枠組足場、鋼製仮設梁、組立て鋼柱は同品質のものを用い、品質が違う材料を混用しない。

その他の材料：締付け金物（セパレーター、フォームタイ、なまし鉄線）、剝離剤。

型枠の設計：コンクリート施工時の荷重、コンクリートの側圧、打込み時の振動・衝撃などに耐え、そのうえ、所要のたわみや誤差が生じないようにする。

型枠の構造計算：型枠の強度および剛性の計算はコンクリート施工時の鉛直荷重、水平荷重およびコンクリートの側圧について行う。

型枠の加工および組立て：配筋、型枠の組立て、これらに伴う資材の運搬・集積などは、これらの荷重を受けるコンクリートが有害な影響を受けない材齢に達してから行

型枠の材料組立・取り外しの品質管理・検査 (JASS 5)

項目	判定基準	試験・検査方法	時期・回数
せき板・支保工・締付け金物などの材料	JASS 5 (型枠) の規定に適合していること	目視・寸法測定, 品質表示の確認	搬入時 組立中随時
支保工の配置	型枠計画図および工作図に合致すること。緩みなどのないこと	目視およびスケールなどによる測定	組立中随時, および組立後
締付け金物の位置・数量	型枠計画図および工作図に合致すること	目視およびスケールなどによる測定	組立中随時, および組立後
建込み位置・精度	型枠計画図および工作図に合致すること	スケール, トランシットおよびレベルなどによる測定	
せき板と最外側鉄筋とのあき	所定の被厚さが得られる状態になっていること。測定ができない部分については所定のスペースが配置されていること。	スケール・定規などによる測定および目視	組立中随時, および組立後
せき板および支柱取り外しの時期	JASS 5 の規定に適合していること	JASS 5 (型枠) に示すせき板の存置期間を経過していること	せき板・支保工取り外し前に

う。なお，型枠組立ての歩掛りは8～10 m²/日・人である。また，コンクリートの側圧によるはらみや型枠取外し後のたわみなどがあることも考える。さらに長大スパンでは中央に1/300程度のむくりを付けるなどの配慮をする。

型枠の検査：型枠はコンクリートの打込みに先立ち，型枠目違い，はらみ，割付ミスがないよう，JASS 5に示す品質管理項目を確認した後，検査を受ける。

型枠の存置期間：JASS 5の（型枠の存置期間参照）による。

支柱の盛替え：支柱の盛替えは原則として行わない。

型枠の取外し：型枠は静かに取り外す。

かたわくしんどうき
型枠振動機
form vibrator
型枠外面から振動を与えてコンクリートを締め固める形式の振動機。

型枠振動機

(JIS)

かたわくせっけいようコンクリートのそくあつ　型枠設計用コンクリートの側圧　lateral pressure of concrete for formwork design
(p.84 上表参照)

かたわくのくみたて　型枠の組立て
型枠の組立ての順序はp.85の図の通り。

かたわくのそんちきかん　型枠の存置期間
stripping time of concrete form
コンクリート打設後，型枠を外すまでの期間。JASS 5では次のように規定している。

a．基礎・梁側・柱および壁のせき板の存置期間は，原則としてコンクリートの圧縮強度*が$5\,N/mm^2$以上に達したことが確認されるまで，または，せき板存置期間中の平均気温が10℃以上の場合は，コンクリートの材齢がp.84下表に示す日数以上とする。

b．床スラブ下・屋根スラブ下および梁下のせき板は，原則として支保工を取り外し

かたわくの

型枠設計用コンクリートの側圧（JASS 5）

打込み速さ (m/h) 部位	10以下の場合		10を超え20以下の場合		20を超える場合
H (m)	1.5以下	1.5を超え4.0以下	2.0以下	2.0を超え4.0以下	4.0超
柱	$W_0 H$	$1.5W_0 + 0.6W_0 \times (H-1.5)$	$W_0 H$	$2.0W_0 + 0.8W_0 \times (H-2.0)$	$W_0 H$
壁 長さ3m以下の場合	$W_0 H$	$1.5W_0 + 0.2W_0 \times (H-1.5)$	$W_0 H$	$2.0W_0 + 0.4W_0 \times (H-2.0)$	$W_0 H$
壁 長さ3mを超える場合		$1.5 W_0$		$2.0 W_0$	

［注］H：フレッシュコンクリートのヘッド（m）（側圧を求める位置から上のコンクリート打込み高さ）
W_0：フレッシュコンクリートの単位容積質量（t/m³）に重力加速度を乗じたもの（kN/m³）

た後に取り外す。

c．支保工の存置期間は，スラブ下・梁下とも設計基準強度の100%以上のコンクリートの圧縮強度*が得られたことが確認されるまでとする。

d．支保工除去後，その部材に加わる荷重が構造計算書におけるその部材の設計荷重を上回る場合には，上述の存置期間にかかわらず，計算によって十分安全であることを確かめた後に取り外す。

e．上記cより早く支保工を取り外す場合は，対象とする部材が取り外し直後，その部材に加わる荷重を安全に支持できるだけの強度を適切な計算方法から求め，その圧縮強度を実際のコンクリートの圧縮強度*が上回ることを確認しなければならない。ただし，取り外し可能な圧縮強度はこの計算結果にかかわらず最低12 N/mm²以上としなければならない。

f．片持梁または庇の支保工の存置期間は，前記c，dに準じる。
［注］＊JASS 5 T-603（構造体コンクリートの強度推進のための圧縮強度試験方法）による。

かたわくのらいにんぐ
型枠のライニング

打放しコンクリート構造物をつくる場合や型枠の転用回数を増すために，せき板面に塗料やエポキシ樹脂およびゴム製布などでコーティングすることをいう。オーバーレイともいう。

かっせいどしすう　活性度指数
slag-activity index　〔→SAI〕

高炉スラグ微粉末およびフライアッシュの強度発現の程度をモルタルの強度試験によって評価するものである。活性度指数を求めるには，高炉スラグ微粉末，フライアッシュは共にJIS活性度試験方法（案）によるとよい（p.86表参照）。

かっせき　滑石　talc　〔➡モース硬さ〕

モース硬度計によると滑石の硬さは1で最も小さい。ちなみにダイヤモンドが最も大で10としている。

かっせんだんせいけいすう　割線弾性係数
secant modulus

応力歪み曲線上の任意点と原点とを結び，この線と歪み軸とのなす角度の正接 $E_s =$

基礎・梁側・柱および壁のせき板の存置期間を定めるためのコンクリートの材齢（JASS 5）

平均気温 \ セメントの種類	早強ポルトランドセメント	普通ポルトランドセメント 高炉セメントA種 シリカセメントA種 フライアッシュセメントA種	高炉セメントB種 シリカセメントB種 フライアッシュセメントB種
20℃以上	2	4	5
10℃以上20℃未満	3	6	8

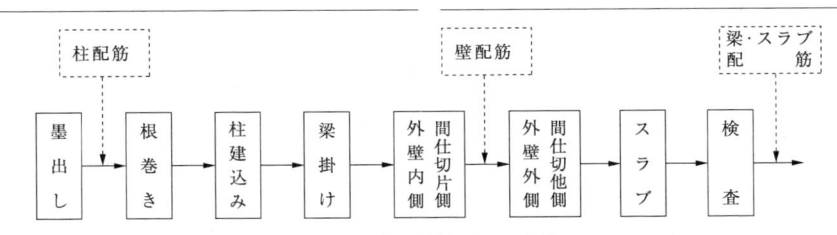

かつせんた

```
[柱配筋]                    [壁配筋]              [梁・スラブ
                                                   配 筋]
  ↓                          ↓                        ↓
墨出し → 根巻き → 柱建込み → 梁掛け → 外壁内側 → 間仕切片側 → 外壁外側 → 間仕切他側 → スラブ → 検査 →
```

RC造の一般的な型枠組立ての順序

```
       [柱配筋]                                    [壁配筋]              [梁・スラブ
                                                                          配 筋]
          ↓                                          ↓                        ↓
墨出し → 根巻き → 外壁外側 → 柱建込み → 梁掛け → 間仕切片側 → 外壁内側 → 間仕切他側 → スラブ → 検査 →
```

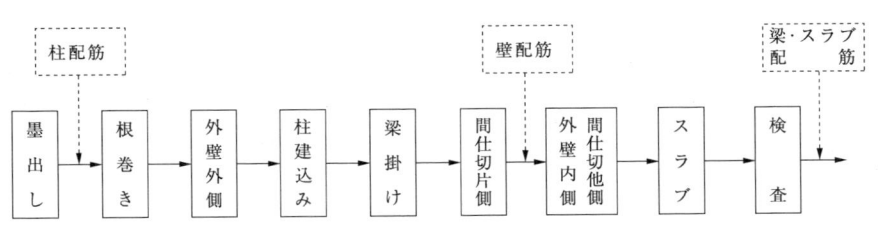

外壁大型パネル使用の型枠組立ての順序（RC造）

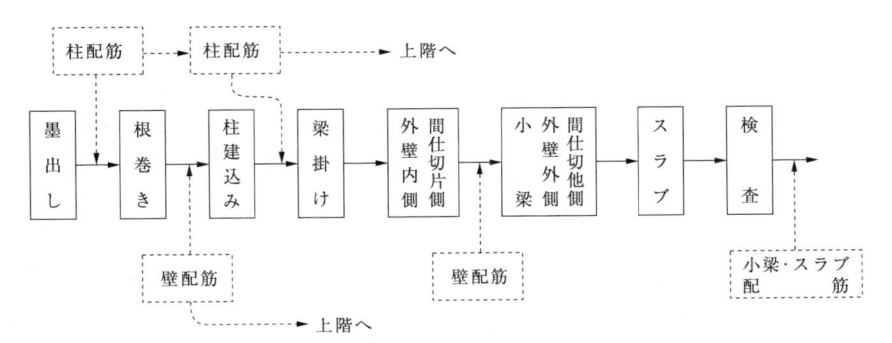

```
     [柱配筋]      [柱配筋] ----→ 上階へ
        ↓             ↓
墨出し → 根巻き → 柱建込み → 梁掛け → 外壁内側 → 間仕切片側 → 小梁 → 外壁外側 → 間仕切他側 → スラブ → 検査 →
                    ↑                              ↑                                              ↓
                [壁配筋]                        [壁配筋]                                   [小梁・スラブ
                    ↓                                                                         配 筋]
                 上階へ
```

SRC造の一般的な型枠組立ての順序

85

かつてつこ

高炉スラグ微粉末の活性度指数

高炉スラグ微粉末	項目	フロー値比	活性度指数 (SAI) (%)		
			7日	28日	91日
BF 4000	結果	100	67	67	105
	規格	95以上	55以上	75以上	95以上
BF 8000	結果	99	98	112	120
	規格	90以上	95以上	105以上	105以上
BF 11000	結果	98	100	128	122
	規格	—	—	—	—
BF 18000	結果	93	154	138	118
	規格	—	—	—	—
BF 30000	結果	86	164	138	111
	規格	—	—	—	—

$\tan\alpha$ をいう。コンクリートのヤング係数は一般にこの係数をいっている。

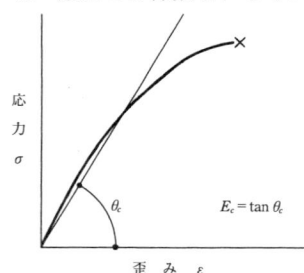

応力 σ — 歪み ε グラフ：$E_c = \tan\theta_c$
割線弾性係数

かってっこう　褐鉄鉱　limonite
遮蔽用コンクリートに用いる重量骨材で，主成分は $FeO(OH)\cdot nH_2O$, $HFeO_2\cdot nH_2O$, $Fe_2O_2\cdot nH_2O$ で密度は $3\sim4$ g/cm³ 程度。

かつどうかたわく　滑動型枠　sliding form, slip form
あらかじめ所定の形に組み立てて，ジャッキ等を用いて $15\sim30$ cm/h の速度で連続的に移動させてコンクリートを打ち込むための型枠。煙突，サイロなどの建設に用いる。スライディングフォームともいう。

かつどうけいすう　活動係数　activity index　〔→ I.M., →珪酸率〕
ポルトランドセメント中のシリカ (SiO_2) 含有量とアルミナ (Al_2O_3) 含有量との比。$3.0\sim5.5$ 程度。活動係数を用いて製造管理を行っているセメント工場もある。その場合，珪酸率の代わりに「活動係数」を用い，水硬率と鉄率の代わりに「Fe_2O_3 量」を用いている。

カップラー　coupler
鉄筋や PC 鋼材の継手をする場合に用いる器具。

かつれつひっぱりきょうど　割裂引張強度　split tensile strength
JIS に定められていて（図参照），圧縮強度の 1/10 程度。高強度コンクリートほど，割裂引張強度の比は小さくなる。

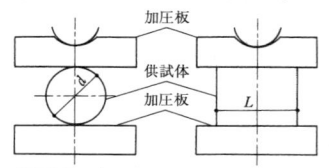

割裂引張強度試験の供試体の据え方

かていごみ　家庭ごみ
生ごみや紙くず，プラスチック，ガラス，陶磁器などの家庭から出るごみ。それらをセメント工場で 3 日間程度かけて熱風を送りながら発酵させ，石灰などを混ぜながら 1,450°C の高温で焼いてセメントにするとダイオキシンも抑制される。

カーテンウォール　curtain wall
非耐力壁の総称。従来は，帳壁と呼んでいた。近代建築において構造体としての薄い壁，コンクリート製プレキャストなどである。コンクリート製プレキャストが日本で最初に用いられたのは，1952 年の旧日本相互銀行，本格的に用いられたのは 1971 年の京王プラザホテルである。

かでんリサイクルほう　家電リサイクル法
廃棄物の減量と資源の再利用を目的として定められた法。ただしリサイクルには収集，運搬，処理に費用がかかるためメーカ

ーがリサイクルに責任を持ち，主に販売店が廃家電の収集とリサイクル工場までの運搬義務を負う。費用は消費者が「後払い方式」で負担する法律で2001年4月より施行。メーカーが発表した当時のリサイクル料金は横並びでテレビ2,700円，冷蔵庫4,600円，洗濯機2,400円，エアコン3,500円。これに収集，運搬料金がかかる。

カート　cart　〔→コンクリートカート，手押し車，ねこ，ねこ車〕
コンクリートをはじめ，建築材料などを運ぶ二輪車（容量100〜200 l）または一輪車（容量50 l）。

カート

カートあしば　カート足場
cart way
フレッシュコンクリートをカート（手押し車）によって運搬することができる足場。

カドウェルドジョイント
鉄筋の継手方法の一種。

かどかけ　角欠け
コンクリート製品などの角や稜の一部が，破壊または剝離などによって損失した状態。乱暴な運搬をすると起きやすい。

カートみちいた　カート道板
cart way panel
カート（手押し車）が通るために設けた道で，通常は足場板を用いる。

ガードレール　guard rail, guard fence
工事現場に設けたもので境となる。小運搬道路と工事現場とを区別したもの。

かなあみせきいた　金網せき板　wire netting sheathing board　〔→せき板〕
コンクリート用せき板の一種。

かなあみようじょう　金網養生
wire netting curing
作業者の万一の墜落を受け止めたり，上部からの落下物が隣家へ飛散するのを防止するなどの機能を有する。用途は，荷受け，リフト類の踊り場からの墜落防止であるが，開口部が小さい場合は，養生金網を使用して両開きフェンスとする。鉄骨建方およびボルト締付け作業中の水平養生として，3階おき程度に吊り足場上に養生金網を水平に張る。隣家への飛散防止のための垂直養生として養生金網を用いる。使用金網は亀甲金網のうち，亜鉛めっき鉄線で線径0.9 mm以上，呼称網目13〜16，または同等以上の効力を持つものとする。最近は型枠足場として山形鋼や鉄板製などの枠に，エキスパンドメタルを取り付けた枠付金網養生となり，これらは耐久性が高く，取扱いも便利なので一般に使用されている。

ガナイト　gunite
セメントガンなどを用い，乾式でモルタルを吹き付けること。現在は吹き付け工法そのものをいう。ガニット，グナイトともいう。

かなごて　金鏝　trowel
仕上げの際の左官工事に使う金属製の鏝。金鏝をかける適切な時期はコンクリートの調合，天候，気温などによって相違する。目安としては，指で押してもへこみにくい程度に固まったとき。

かねつおんどしょうこうこうばい　加熱温度昇降勾配
heating temperature inclination pitch

熱に晒したコンクリートは，昇降温勾配によって劣化の程度が異なる。すなわち，勾配が緩やかなほど劣化の程度は小さい。一般には0.5℃/hr程度である。

かねつげんりょう　加熱減量　heating loss
セメントの強熱減量のこと。塗料やセメントを一定温度・一定時間加熱した場合に減ル質量の割合（塗料の場合105〜110℃/3時間）。

かねつようじょう　加熱養生　heat curing
現在一般に行われているのは蒸気養生（プレキャストコンクリート部材）とオートクレーブ養生（軽量気泡コンクリート）である。他に電気養生，赤外線養生，温風養生などがある。

かねつをうけたコンクリートのきょうどのしぜんかいふく　加熱を受けたコンクリートの強度の自然回復
日数が経過するほど，湿分が多いほど，コンクリートの圧縮強度は回復する。

かねんざいりょう　可燃材料　combustible material　〔⇔防火材料〕
木材，紙，アスファルト，コールタール，セルロイド等で，防火材料（不燃・準不燃・難燃）の反対語。

かのうはるかず　狩野春一（1896〜1985）
JIS面から今日のセメント・コンクリート材料規格の礎を築いた。元 東京工業大学，元 明治大学，元 工学院大学教授。ALCの命名者。

かのこずり　鹿の子摺り
左官工事において，中塗りする前にむら直しした後の凹凸を修正するために，細かい砂を用いて特に薄く塗ること。

かび　黴　mould
湿気があるとコンクリートにも黴が生じる。なお，コンクリート表面に付着，繁殖する黴としては，クラドスポリウム菌，トリコデルマ菌，オーレオバシディウム菌等。これらの色は一般に黒色や濃緑色のものがほとんど。新しいコンクリートはpHが12程度あるので黴は繁殖しない。

かぶりあつさ　被り厚さ　cover　〔→軽量コンクリートの被り厚さ〕
鉄筋表面とその外側のコンクリート表面との最短距離。所要の構造耐力の確保をはじめ，耐火性・耐久性を維持する働きをする鉄筋に対するコンクリートの厚さ。

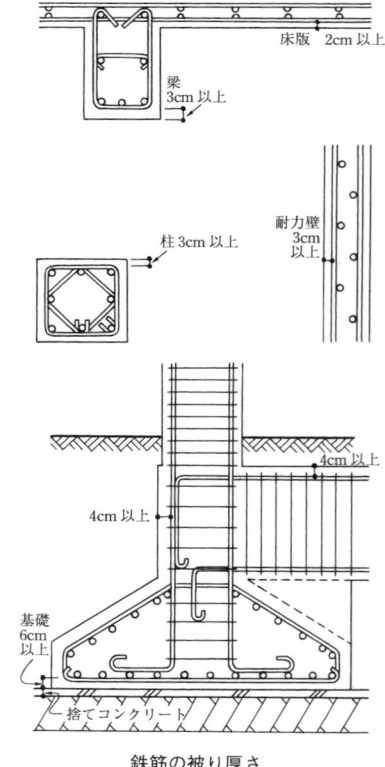

床版　2cm以上
梁　3cm以上
柱3cm以上
耐力壁　3cm以上
4cm以上
4cm以上
基礎　6cm以上
捨てコンクリート

鉄筋の被り厚さ

かべうちがたしんどうき　壁打型振動機
壁コンクリートの打込みに用いる振動機。

かべこうか　壁効果　wall effect

壁は厚さによって耐震性を高める効果がある。

かべしきてっきんコンクリートこうぞう　壁式鉄筋コンクリート構造
reinforced concrete wall construction
板状の壁と厚い屋根スラブや床スラブを一体的に組み合せた構造。間仕切壁の多い集合住宅などに採用されることが多い。一般には現場打ちコンクリートが多いが，壁式プレキャスト鉄筋コンクリート構造もある。

かべしきプレキャストてっきんコンクリートぞう　壁式プレキャスト鉄筋コンクリート造　precast concrete wall construction
基礎は現場打ちコンクリートとし，床スラブ，壁，屋根スラブは蒸気養生されたコンクリート板を一体的に組み合せた構造。接合方式としては「ウェットジョイント」「ドライジョイント」「機械的継手」がある。なお，蒸気養生後のプレキャスト板に0.3 mm以上のひび割れが部材全体に入った場合には廃棄する。

かべりょう　壁量　wall quantity
建築物の梁間方向の壁の総長さ，または桁行方向の壁の総長さをその階の床面積で割った値（cm/m²）。補強コンクリートブロック造建築物の計算に用いる。

かまだえいじ　鎌田英治（1943〜1999）
コンクリート凍害の研究者。元 北海道大学教授。

かみせいせきいた　紙製せき板
paper sheathing board
厚紙をせき板としたもの。特に円柱状のものが多い。

かようせいアルミナ　可溶性アルミナ
soluble alumina
セメント中のアルミナ（Al_2O_3）のうち液体に溶けるアルミナ分をいう。

かようせいシリカ　可溶性シリカ
soluble silica
セメント中のシリカ（SiO_2）のうち液体に溶けるシリカ分をいう。

がら
コンクリートなどを壊した屑のことで，骨材としても使われる。それを再生骨材という。コンクリート塊ともいう。

カラーあっちゃく　カラー圧着
鉄筋の継手方法の一種。鋼製カラーを接合部に嵌め，油圧ジャッキなどを用い，これを鉄筋に圧着するか，またはダイスにより絞り，異形鉄筋の筋・リブに食い込ませ，塑性加工されたカラーの剪断強度と引張強度により力を伝達する。

からこうぞう（シェル）　殻構造
shell structure
曲面板構造ともいい，薄い曲面板を用いた構造。外力を主として曲面板の面内応力で伝達できるから，板を薄く，スパンを大きくすることができる。体育館や市場などに採用される。

カラージョイント　collar joint
コンクリート管の接合に用いる管継手。

ガラス　硝子　glass
建築物に用いられる板状のソーダ石灰ガラス。1900年初頭に国産化されて以来，品質や厚さ，大きさは発展しつつある。

ガラスウール　glass wool
ガラス製造の際に発生する副産物で断熱材の一種。グラスウールともいう。熱伝導率は0.03〜0.04 kcal/m.h.℃，吸音率は0.78，真密度は2.3〜2.8 g/cm³。

ガラスかりつ　ガラス化率　glass content
ガラス分量のこと。ガラス質はセメントと徐々に反応する性質を有する。例えば，高炉スラグ微粉末は99.9〜95.0％（平均99.0％），シラスは98.7〜85.7％。

からすせい

ガラスせいぞう　ガラス製造
建築物の開口部などに用いるソーダ石灰ガラスの製造工程を図に示す。

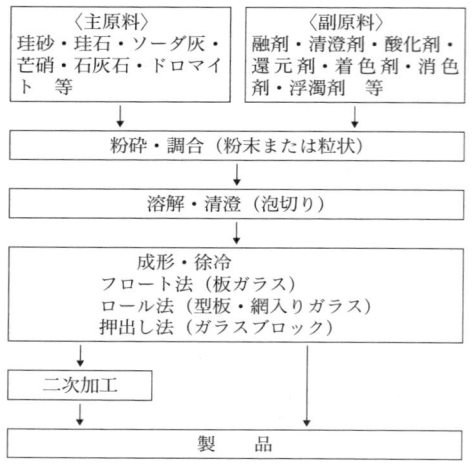

```
〈主原料〉              〈副原料〉
珪砂・珪石・ソーダ灰・   融剤・清澄剤・酸化剤・
芒硝・石灰石・ドロマイ   還元剤・着色剤・消色
ト　等                  剤・浮濁剤　等
        ↓                    ↓
    粉砕・調合（粉末または粒状）
              ↓
       溶解・清澄（泡切り）
              ↓
         成形・徐冷
     フロート法（板ガラス）
     ロール法（型板・網入りガラス）
     押出し法（ガラスブロック）
              ↓
          二次加工
              ↓
           製　品
```
建築用板ガラスの製造

ガラスせんいほきょうコンクリート　ガラス繊維補強コンクリート　glass fiber reinforced concrete　〔→ GFRC〕
耐アルカリガラス繊維を補強材として用いたコンクリートで，セメント系の新しい複合材料の一種。わが国では，イギリスで開発された GRC 用耐アルカリガラス繊維（Cem・FIL）が 1973 年に技術導入されて以来，国内で開発された耐アルカリガラス繊維も含めて，その利用開発が進められている。建築内外装用材料や土木用各種資材として，使用量・利用範囲が拡大している。

ガラスせんいをげんりょうとしたほきょうざい　ガラス繊維を原料とした補強材
靭性を高めるために用いる補強材。

がらすめん　硝子綿　glass wool
断熱材として，特に木造住宅の壁・小屋裏・床に用いられており，省エネルギーが可能である。

ガラスりょう　ガラス量
ガラス分量のこと。結晶質の逆で非結晶質。

からづみ　空積み　dry masonry　〔⇔練積み〕
石垣などにおいて石垣と目地との間に何も填充しないもの。ブロック・煉瓦などをモルタルを用いずに積むこと。

からねり　空練り　dry mixing
水以外のセメント・砂などをあらかじめ練り混ぜることをいう。

かりがこい　仮囲い　temporary enclosure
工事現場などを囲む仮設構造物で，外部との隔離，盗難・災害防止，美観などの目的で設ける。高さは 1.8 m 以上とする。有刺鉄線のような軽微なものや鋼板製（万能鋼板・安全鋼板）やシートを用いたものなどから安全性を考慮して選定する（p.91 上図参照）。仕様は次の通り。
①強風などによる倒壊，飛散などの事故が生じないように十分安全な構造とする。
②出入口・通用口などは，引戸・シャッター・折畳み戸などとし，扉は内開きとする。
③周辺の美観を損ないようにする。

かりじめ　仮締め　temporary tightening
建方作業における部材の組立で，本締めするまで，予想される外力に対して架構の変形および倒壊を防ぐ目的で締める。

かりじめボルト　仮締めボルト　fiting-up bolt
仮接合のために用いるボルトは中ボルトを用いる。本数はボルト 1 群に対して高力ボルト継手では 1/3 程度かつ 2 本以上。混用継手・併用継手では 1/2 程度かつ 2 本以上でバランスよく締め付ける。

かりょくそくど　加力速度　loading speed　〔➔荷重速度〕

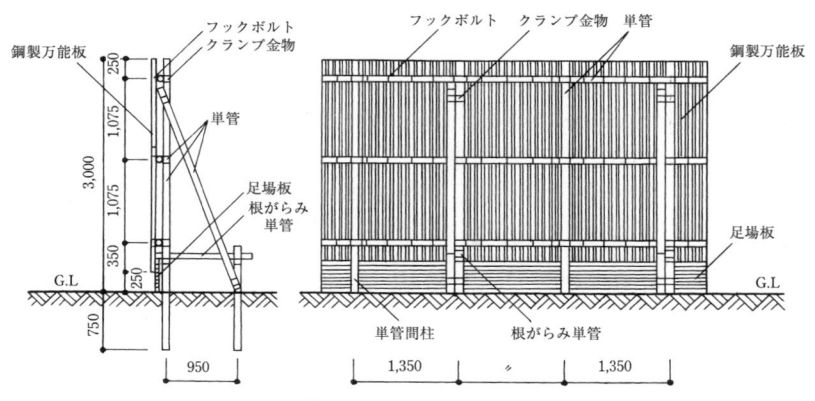

仮囲い例（鋼製万能板）

材料試験や構造実験において，荷重を加える速度によりコンクリート強度は異なる。すなわち早ければ大きい値に，遅ければ小さい値となる。したがって JIS A 1108 では，供試体に衝撃を与えないように一様な速度で荷重を加える。荷重を加える速度は，圧縮応力度の増加が毎秒 0.6 ± 0.4 N/mm^2 になるようにする。

かりょくはつでんしょのコンクリートのたいようねんすう　火力発電所のコンクリートの耐用年数　service life of thermoelectric steam-power plant
硫酸塩などの作用を受けると火力発電所の躯体コンクリートは劣化が速い。耐用年数は維持管理を厳しく実施すれば 10 万時間，15 年間である。

かりわく　仮枠　shuttering
せき板をいう。型枠の一部で，コンクリートに直に接する木または金属などの板類。

かるいし　軽石　pumice
密度 2.0 g/cm^3 以下（密度 $0.7 \sim 0.8$ g/cm^3）の軽量コンクリート用骨材。

かるいしコンクリート　軽石コンクリート　pumice concrete
軽石を骨材としたコンクリート。断熱性を必要とする部分に用いる。

カルサイト　calcite　〔→ 方解石，→ CaCO$_3$〕
密度 2.71 g/cm^3 の方解石。

カルシウムシリケートすいわぶつ　カルシウムシリケート水和物　calcium silicate hydrates
C-S-H で表すことが多い。C は CaO，S は SiO$_2$，H は H$_2$O で構成されたポルトランドセメントの水和物。

カルシウムスルホアルミネート　calcium sulphoaluminate
水と反応し，膨張性を有する水酸化カルシウムを生成する。

カルシクリート　calcicrete
軽量気泡コンクリートの一種。わが国で 1960 年初頭に使用された ALC。しかし現在は生産されていない。

かるじゃり・かるすな　軽砂利・軽砂　pumice gravel, pumice sand
大島・駒ヶ岳・樽前・浅間・榛名・桜島の火山礫の砂利と砂。現在ではコンクリートブロックに使用されている。

カールソンゲージ　Carlson type strain gauge

カールソン（アメリカ）が考案した電気抵抗歪計の一種。コンクリートに埋め込んで使用され，長期間の安定性，耐久性がある。

カロリーメーター　calorimeter
JIS に規定されているセメントの水和熱を測定する計器。

がわあしば　側足場　side scafford
ひとかわ（一側）足場ともいわれている（図参照）。

かわごえくにお　川越邦雄（1920～1994）
コンクリート火災研究の第一人者。元 建設省建築研究所 5 代目所長，元 東京理科大学教授。

かわすな・かわじゃり　川砂・川砂利　river sand, river gravel
河川産の砂と砂利をいう。コンクリート用骨材として最初から使用されていたもの。最近は枯渇化してきたので量的に少ない（下表）。

かんいコンクリート　簡易コンクリート
木造建築物の基礎および小規模な門，塀，簡易な機械台などに用いるコンクリート。1997 年 1 月に大改訂された JASS 5 の「簡易コンクリート」の主な規定事項は，次の通り。
① コンクリートの種類は普通コンクリート，呼び強度は 10°C 以上 24，10°C 未満 27 とする。
② スランプは 18 cm 以下とする。

がんかきせき　頑火輝石　enstatite
$MgO・SiO_2$ 斜方晶系，淡緑色。エンスタタイトともいい，耐火性に優れている。マグネシウムのみのものを指し，鉄分が 10～30 ％含まれるとブロンザイト，それ以上は，ハイパースシーンとい

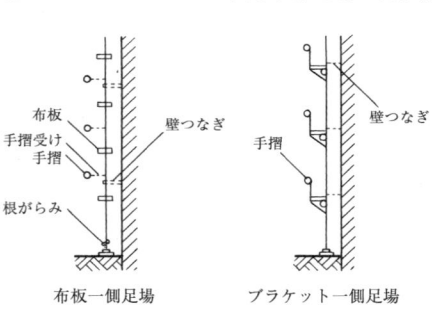

単管足場　丸太足場　布板一側足場　ブラケット一側足場

側足場

骨材消費状況（2003 年）　　　　　　　　　　　　　　　（1 月～12 月　単位：千 t）

都道府県別	骨材合計	粗骨材				細骨材					人工軽量骨材	高炉スラグ	その他
		小計	川砂利	山陸砂利	砕石	小計	川砂	山陸砂	海砂	その他			
全国計	180,468.4	96,595.2	14,847.3	13,429.3	68,255.3	83,017.9	16,240.4	34,276.3	13,274.6	19,226.6	285.2	491.1	78.9
北海道	10,114.1	5,646.7	913.3	2,010.3	2,723.1	4,466.2	643.5	3,417.8	26.6	378.3	0.1	—	1.1
東 北	14,891.4	8,167.8	906.4	1,421.0	5,840.4	6,701.6	1,226.8	4,054.4	20.3	1,400.1	6.1	6.0	9.9
関 東	66,727.4	35,278.8	7,038.5	3,954.6	24,285.7	31,171.1	7,663.2	15,927.3	35.4	7,545.2	182.5	86.4	8.4
中 部	20,276.4	10,825.5	3,705.1	3,929.0	3,191.4	9,304.6	3,502.7	4,796.2	53.1	952.6	11.1	120.1	6.1
近 畿	20,803.1	11,060.8	1,333.8	1,400.2	8,326.8	9,623.6	2,047.3	2,607.0	3,076.3	1,893.0	33.5	71.8	13.4
中 国	12,362.1	6,552.2	83.6	127.1	6,341.4	5,613.3	126.1	1,582.3	1,351.6	2,563.1	22.7	159.3	4.6
四 国	10,383.1	5,622.9	706.7	220.5	4,695.7	4,733.1	460.1	455.1	2,019.2	1,798.7	1.8	13.5	11.7
九 州	21,054.1	11,422.8	145.9	396.5	10,880.3	9,558.3	450.1	1,349.3	5,777.5	1,980.9	24.2	25.0	23.7
沖 縄	3,856.8	2,017.6	14.3	32.9	1,970.4	1,836.0	120.1	86.9	914.7	714.5	3.2	—	—

（経済産業省製造産業局住宅産業窯業建材課資料より）

う。

かんきょう　環境
environment
ものが置かれている周辺の状態。コンクリートは種々の環境によって変化する。

かんきょういんし　環境因子
environment factor 〔→環境条件〕
コンクリートやモルタルには気温・湿度・降雨量・風速・日射量などの気象因子および CO_2, SO_x, NO_x などの環境汚染因子の総称。

かんきょうきょうせいたてもの　環境共生建物
地球環境に優しい建物。具体的にはエネルギーの無駄遣いをしない省エネ建物で，周辺の環境とも調和し，健康で快適に生活できるように配慮された建物。

かんきょうじょうけん　環境条件
environment condition 〔→環境因子〕
コンクリートやモルタルが劣化する要因の総称。具体的には，温度，湿度，CO_2 濃度，降水量，風向，日射量など。

ヨーロッパの主な環境税

イギリス	ガソリン税，石炭・天然ガスなどに温暖化防止税。政府と CO_2 削減協定を結ぶと防止税は 80 ％減免
スウェーデン	CO_2 排出量に応じ課税。税率は石炭に重く，天然ガスが軽い。
ドイツ	石炭・灯油は非課税，電力会社に電気税。

かんきょうぜい　環境税
environment tax
地球温暖化を誘発する二酸化炭素（CO_2）の発生源となる石油や石炭などの燃焼に課す税。CO_2 の排出を抑制すると共に，温暖化対策の財源を確保するのが目的。欧州の一部（表参照）では，すでに導入が進んでいる。わが国では 2002 年 6 月，中央環境審議会（環境相の諮問機関）の専門委員会が 2005 年以降の早い時期に環境税を導入すべきだとする中間報告をまとめた。

かんきょうホルモン　環境ホルモン
endocrine disrupters
外因性内分泌撹乱化学物質のこと。外から人や動物の体内に入り，ホルモンのような働きをする化学物質の通称。環境中に存在する物質が，人や生物のホルモン作用と同じような作用をするために，人や生物の生命活動に異変が起こる内分泌撹乱作用をする化学物質。コンクリート混和剤分野に使用される物質では，ノニフェノールエトキシレートである（p.94 表参照）。

かんげきりつ　間隙率　porosity
塊全体積（V）と間隙の体積（V_u）を％で示したもの。

$$間隙率\ n=\frac{V_u}{V}\times 100\ （\%）$$

コンクリートは間隙率が小さいほど，緻密な組織になる。

緩結性セメントの一例

セメントの種類	凝結 (h-m)		圧縮強度（N/mm²）		
	始発	終結	3日	7日	28日
普通ポルトランドセメント	2-21	3-11	16.5	27.1	43.5
中庸熱ポルトランドセメント	3-02	4-07	11.4	16.4	34.6
低熱ポルトランドセメント	3-30	4-45	12.2	18.2	42.5
高炉セメント B 種	2-54	3-51	12.8	21.0	44.3
高炉セメント C 種	4-00	5-09	8.5	17.6	37.2
フライアッシュセメント	3-09	4-04	14.2	21.9	36.4

かんけつせ

環境ホルモン

物質名	代表的な用途・概要
ダイオキシン	塩素，水素，炭素，酸素からなる。これらの元素が入ったごみを燃やすことなどにより発生する。このため，塩素を含んでいる塩化ビニルの使用を制限すべきだ，との意見がある。また，ごみ焼却設備の改善が求められている。催奇形性，発ガン性などがある。ベトナム戦争で米軍が使った枯れ葉剤に含まれていた。
PCB	電気の絶縁体やノーカーボン紙の材料として工業生産されていた。ダイオキシンと似た働きをする。1972年に生産中止。74年に生産・輸入禁止。
ヘキサクロロベンゼン	殺虫剤。79年に生産・輸入禁止。
ペンタクロロフェノール	防腐剤，除草剤。90年に生産中止。
クロルデン	殺虫剤。シロアリ駆除に使われた。86年に生産・輸入禁止
DDT	殺虫剤。81年に生産・輸入禁止。
トリブチルスズ	船底塗料。船や魚網に魚介類や汚れが付くのを防ぐ。生殖障害を起こす。90年から生産予定量を通産省に届け出ることになり，97年3月までに国内メーカーは全て生産を打ち切った。
ノニルフェノール	非イオン活性剤の原料。主に工業用の潤滑剤，洗剤になる。女性ホルモンの働きをする。
ビスフェノールA	ポリカーボネート樹脂の原料。女性ホルモンの働きをする。ポリカーボネート製の食器や，ほ乳瓶から溶け出すことがある。
フタル酸エステル	塩化ビニルの可塑剤（柔らかさや弾力性を出す添加物）。生殖障害を起こすといわれる。
スチレンダイマー・トリマー	ポリスチレン樹脂に含まれる。女性ホルモンの働きをする。発泡ポリスチレン製のカップ麺容器から溶け出すことがある。

（環境省資料より）

かんけつせいセメント　緩結性セメント
slow setting cement, slow hardening cement 〔⇔急結性セメント〕
凝結時間や材齢28日までの圧縮強度が普通ポルトランドセメントより小さいセメント（p.93参照）。

かんしきキルン　乾式キルン
dry kiln
〔⇔湿式キルン〕
セメントの原料を乾燥した状態で調合して焼成する方法で，1954年頃より出現した。特に1957年には「エアーブレンディング装置」が開発され，以後，中心的な焼成方式となった。

かんしきこうほう　乾式工法
dry construction　〔⇔湿式工法〕
例えば防火被覆のためにALC, GRC等の製品を用いて施工するもの。

かんしきほうほう　乾式方法〔⇔湿式方法〕
セメント原料を乾燥した状態で調合してから焼成する方法。焼成の余熱を利用して原料を乾燥する方法が現在多用されている。

かんしょく　乾食　dry corrosion
液体状の水の作用を受けることなく腐食性の気体と反応して生ずる金属の腐食。

がんすいじょうたい　含水状態（骨材の）
moisture condition (aggregate)
絶乾，気乾，表乾，湿潤の4状態がある（p.95図参照）。表面乾燥飽水状態の骨材中に含まれる水量を吸水量，吸水量と気乾状態の骨材中に含まれる水量との差を有効吸水量，湿潤状態の骨材に含まれる全水量

を含水量といい，含水量と吸水量との差が表面水量である。これらの関係を模式的に表すと図のようになる。コンクリートを練り混ぜる際に骨材に表面水が含まれるとコンクリートの水量は増し，骨材が気乾の状態であればセメントペースト中の水を吸水するためにコンクリート中の水分は減少するので，コンクリートの計量，練り混ぜに際しては骨材の含水状態を十分把握することが必要である。練り混ぜるときの砂の含水状態を絶乾，気乾，表乾，湿潤，4種類の砂の含水状態について，これらがコンクリートの基本的性質にどのように影響するかを定量的に知るために1年間にわたって試験実施した。その結果，練り混ぜ時の砂の含水量が大きいほど，コンクリートのブリーディング，圧縮強度，ヤング係数，中性化深さ等によい影響を与え，長さ・質量の変化率には大きな差異がない。

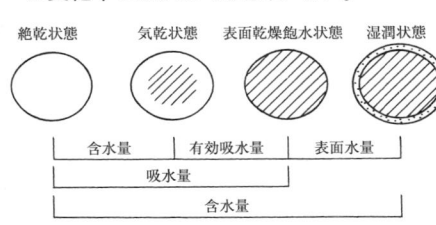

骨材が絶乾状態の場合………含水率
　　　　　　　　　　吸水量≒有効吸水量
骨材が気乾状態の場合………吸水量＝含水量＋有効吸水量
骨材が表面乾燥飽水状態の場合………含水量＝含水率
　　　　　　　　　　有効吸水量＝0
　　　　　　　　　　表面水量＝0
骨材が湿潤状態の場合………含水量＝吸水量＋表面水量

骨材の含水状態（JASS 5）

かんすいせき　寒水石　white marble
茨城県久慈郡に産する大理石。砕石にしたものは人造石の種石として使用される。絶乾密度は $2.58\,g/cm^3$，吸水率 $1.8\,\%$ 程度。

がんすいりつ　含水率　percentage of total moisture content, total moisture content (aggregate)
絶対乾燥状態の骨材質量に対し，骨材の内部の空隙に含まれている水と表面水の全量の百分率。

がんせきがくてきけんさ　岩石学的検査
種々の岩石がコンクリート用骨材として用いられるので，岩石の検査をする必要があるが簡易な方法はまだない。いまのところX線回折，化学分析，目視観察などを併行し，総合判断する。
目視観察の一例を示す。
①試料はそれぞれの石をすべて半分に割って新鮮面を出す。
②割った岩石の新鮮面から太平田鉱山の標本（火成岩，変成岩，堆積岩あわせて100種）と見比べて岩石名を判定する。
③判定した試料をそれぞれの岩石別に分け質量を測定する。
④河川流域別に秤量した質量から岩石の構成比を求める。

がんせきのぶんるい　岩石の分類
岩石は大別すると火成岩，水成岩，変成岩よりなる（p.96 表参照）。
①集塊岩（Agglomerate）：ふるい分けされていない火山砕屑物で，その破片は角張っている。
②チャート（Chert）：一般に緻密，微結晶質でカルセドニー，石英またはオパールなどからなる硬い岩石。
③オパール（Opal）：無色，青灰色あるいは青褐色で，非結晶質，含水珪酸塩（時には，不純物のため雑色を示す）。
④玉髄（Chalcedony）：微結晶質の珪酸鉱物で，普通結合水を含んでいる。
⑤礫岩：粒径 4 mm 以上の砂利または玉石で堆積岩。
⑥角礫岩（Breccia）：角礫の団結したもので，その角礫は粒径 4 mm より大きな

かんせきの

岩石の分類

火成岩（溶融状態より固化したもの）		
粗粒結晶質	細粒結晶質(あるいは結晶とガラス)	破片（結晶質またはガラス質）
徐冷深成	急冷（火山または半深成）	噴出火山片・堆積および沈殿
花崗岩　　　　　石英および 閃緑岩　　　　　淡色鉱物を 斑糲岩　　　　　増す	暗色鉱物を増す　　流紋岩 　　　　　　　　　安山岩 　　　　　　　　　玄武岩 主成分はガラス（急冷，結晶少なし，または無し） 黒曜石，瀝青岩，その他	灰および軽石（火山塵） 凝灰岩（固化した灰） 集塊岩（火山岩屑，粗砕岩）
水成岩（水，空気などにより運ばれ沈殿したもの）		
1．固結していないもの 　粘土 　シルト 　砂 　砂利 　玉石 2．固結したもの 　頁　岩（固結した粘土） 　沈泥岩（固化したシルト） 　砂　岩（固化した砂） 　礫　岩（固化した砂利または玉石） 　角礫岩（鋭角岩片）	1．石灰質 　石　灰　岩（$CaCO_3$） 　白　雲　岩（$CaCO_3 \cdot MgCO_3$） 　泥　灰　岩（石灰質頁岩） 　チリ硝石（石灰質土壌） 　貝　殻　岩（貝殻石灰石） 2．シリカ質 　チャート 　めのう 　オパール　┐鉱泉沈殿，岩脈 　玉髄　　　┘または空隙填充 3．その他 　石灰，燐酸塩，塩類鉱床など	
変成岩（火成岩または水成岩が熱，圧力により変化したもの）		
1．層状 　スレート岩：密実，暗色，薄片に剥離する（変性頁岩） 　結晶片岩：主成分は雲母質 　片麻岩：粒状，縞状 2．密実，はなはだ硬質，石英質（変性砂岩）		

ものであり，風化，浸食によってできたもの，断層帯での機械的破砕によるもの，火山爆発によって出来たもの。

⑦片麻岩（Gneiss）：粒状鉱物の縞と板状またはプリズム状の鉱物の縞の互層よりなる変成岩の一種。

⑧軽石（Pumice）：天然に産する有孔質の軽石状溶岩で，ガラス状の組成を持つ。

⑨粘土（Clay）：自然に産する細粒物質で，主要成分として，一般にカオリナイト，モンモリロナイト（ベントナイト），イライト（加水雲母）または同族の板状結晶鉱物を含むもの。

⑩カオリナイト（Kaolinite）：一種の粘土鉱物（含水アルミニウム珪酸塩），一般には長石または長石質火成岩の分解によって形成される。

⑪モンモリロナイト（Montmorillonite）：モンモリロナイトグループという。他にはビーデライト，スポナイト，ノントロナイトなどがある。これらの粘土は極端に水分で膨張して軟らかく，滑らかになる。

⑫長石（Feldspar）：類似の物理的性質と組成を持つ火成起源の鉱物類に対する名称。その種類としては正長石，微斜長石な

がんせきふんまつ　岩石粉末
モルタルやコンクリートの組織を密にする目的などから使用することがある。ただし，どんな岩石でもよいというわけにはいかないので必ず強度，耐久性などについて長期的に確認試験をしてから使用する。

かんそうざい　乾燥剤　desiccating agent
臭化ナトリウムの飽和溶液。旧 JIS A 1129 の場合，湿度60±5％に保つために使用していた。

かんそうしゅうしゅく　乾燥収縮　drying shrinkage
硬化したコンクリートやモルタルの長さが乾燥によって縮まる現象で，一般に長さ変化率で示している。これが大きいとひび割れが発生するおそれがある。無筋のコンクリートは $7～8×10^{-4}$ 程度で，モルタルはコンクリートの約2倍である。鉄筋コンクリートは約 $2～4×10^{-4}$ である。

かんちゅうコンクリート　寒中コンクリート　winter concreting
コンクリート打込み後の養生期間にコンクリートが凍結するおそれのある場合に施工されるコンクリート。JASS 5 の「寒中コンクリートの品質」は，次の通り。
①ワーカビリティ，強度，耐久性などの品質は，寒中コンクリートの施工状況を考慮して定める。
②所定の材齢で所要の強度が得られるように，材料，調合および養生方法を定める。
③標準養生したコンクリートの材齢28日における圧縮強度は $24 N/mm^2$ 以上とする。
④使用するコンクリートは AE コンクリートととし，空気量は4～6％の範囲とし，特記により定める。
⑤荷卸し時のコンクリート温度は，原則として10～20℃とする。ただし，マスコンクリートなどで打込み後に十分な水和熱が見込まれる場合には，工事監理者の承認を得て，打込み温度の下限を5℃とすることができる。

かんちゅうコンクリートのざいりょうのちょぞう　寒中コンクリートの材料の貯蔵
使用材料を冷さないこと，骨材は氷雪の混入，凍結を防ぐこと。

かんちゅうコンクリートのちょうごうようじょう　寒中コンクリートの調合・養生
水セメント比は60％以下，空気量は3～5％，初期凍害を防ぐための圧縮強度は $5.0 N/mm^2$ 以上を目標とする。

かんちゅうコンクリートのようじょうほうほう　寒中コンクリートの養生方法
シート，マット，断熱型枠などによる断熱養生か，ヒーターなどによって打込み場所の周辺，打ち込んだコンクリートの加熱養生を行う。

かんとうだいしんさい　関東大震災　Kanto Earthquake
1923年（大正12年）9月1日発生した，相模湾の北西沖を震源とするマグニチュード7.9の巨大な地震。10万人を超える死者・行方不明者が出た。

かんにゅうしけんほうほう　貫入試験方法　penetration test
コンクリートの凝結状況を知るために行う試験方法で ASTM C 403 に規定されている。始発は 400 PSI（$2.8 N/mm^2$），終結は 4000 PSI（$28.0 N/mm^2$）に達したとき，また JIS に規定されている方法は，始発は $3.5 N/mm^2$，終結は $28.0 N/mm^2$ に達したときを指す。

ガンマせん　γ線　gamma rays
遮蔽性能はコンクリートの密度に比例する。したがって，単位容積質量の大きいコ

ンクリートを用いると遮蔽効果が大きいので，壁厚を小さくできる。

がんめん　岩綿　rock wool
本来は玄武岩・安山岩などの天然岩石を高温で溶解し，その融体を遠心法またはブローイング法により繊維化したものと，高炉徐冷スラグを主原料とするスラグウールやグラスウールを総称してロックウールということが多い。建築用耐火被覆材，保温・断熱あるいは吸音材料として多用される。

かんらんせき　橄欖石　olivine
化学組成 $(Mg, Fe)_2SiO_4$ を持ち，斜方晶系，硬度 $6.5〜7$，密度 $3.2〜4.4 g/cm^3$ の鉱物。構成分がフォルステライト (Mg_2SiO_4) とファヤライト (Fe_2SiO_4) の固溶体である。塩基性火成岩の造岩鉱物の一つとして算出する。耐火物原料として使用される。

かんりぎじゅつしゃ　監理技術者
「建設業法」の項参照。

かんりしゃ　監理者　supervisor
建築工事請負契約書に監理者として記名捺印した者またはその代理人をいう（JASS 1）。2000年4月に改定された民間（旧四会）連合協定の工事請負契約約款によると次の通りである。
第9条　監理者
(1)丙は甲の委任をうけ，この契約に別段の定めのあるほか，次のことを行う。
　a．設計意図を正確に伝えるため，乙と打ち合わせ，必要に応じて説明図などを作成し，乙に交付すること。
　b．設計図書に基づいて作成した詳細図などを，工程表に基づき乙が工事を円滑に遂行するため必要な時期に，乙に交付すること。
　c．乙の提出する施工計画を検討し，必要に応じて，乙に対して助言すること。
　d．設計図書の定めにより乙が作成する施工図（原寸図・工作図などをいう。以下同じ。），模型などが設計図書の内容に適合しているか否かを検討し，承認すること。
　e．設計図書に定めるところにより，施工について指示し，施工に立ち会い，工事材料・建築設備の機器および仕上見本などを検査または検討し，承認すること。
　f．工事の内容が設計図・説明図・詳細図・施工図（以下これらを「図面」という。）仕様書などこの契約に合致していることを確認すること。
　g．乙の提出する出来高払または完成払の請求書を技術的に審査すること。
　h．工事の内容・工期または請負代金額の変更に関する書類を技術的に審査すること。
　i．工事の完成を確認し，契約の目的物の引渡に立ち会うこと。
(2)甲は，本条(1)と異なることを丙に委任したときは，書面をもって乙に通知する。
(3)乙がこの契約に基づく指示・検査・試験・立会・確認・審査・承認・意見・協議などを求めたときは，丙は，すみやかにこれに応ずる。
(4)当事者は，この契約に定める事項を除き，工事について当事者間で通知・協議を行う場合は，原則として，通知は丙を通じて，協議は丙を参加させて行う。
(5)丙は，甲の承諾を得て全部または一部の監理業務を代理して行う監理者または現場常駐監理者をおくときは，書面をもってその氏名と担当業務を乙に通知する。
(6)丙の乙に対する指示・確認・承認などは原則として書面による。
[注]　ここでいう甲とは発注者，乙とは請負者，丙とは監理者を示す。

がんりょう　顔料　pigment　〔→着色セ

メント〕
コンクリートに色を着けたり，コンクリート練り混ぜ時に入れ，特別の性質を付与するために用いる。鉱物質の固体粉末で着色剤の総称（表参照）。

無機顔料の種類

色の系統	名　称	発色成分
赤	合成酸化鉄	FeO_3
	ベンガラ	FeO_3
橙	合成酸化鉄	FeO_3
黄	合成酸化鉄	$FeO_3 \cdot H_2O$
緑	酸化クロム	Cr_2O_3
	セメントグリーン	フタロシアンブルーを黄土に染め着けたもの
青	群青（ウルトラマリーン）	$2(Al_2Na_2O_{10})Na_2S_4$
	フタロシアンブルー	有機顔料
紫	紫酸化鉄（マリーンベンガラ）	FeO_3の高温焼成物
黒	カーボンブラック	C（炭素）
	合成酸化鉄	$FeO_3 \cdot FeO$

かんりよう

[き]

きおん 気温 air temperature

大気の温度。地表面上1.2～2.0mの高さで測った大気の温度を°C（摂氏）で表す。気温を測るには，通風乾湿計，二重管最高および最低温度計等を用い，これを連続的に測るには，金属製自己温度計を用いる。今までは，百葉箱内に取り付けたこれらの計測器で，定時の気温やその日の最高・最低気温を観測していたが，1971年から順次隔測温湿度計による観測に切り替えられた。隔測温湿度計は，白金抵抗温度計と塩化リチウム露点温度計からなっており，気温や露点温度を連続的に記録することができる。日本の気温は，1月が最寒月，8月が最暖月にあたる。1月の日中の最高温度は，特に高い山地を除けば，南九州・四国・本州の太平洋沿岸などでは10°C以上に達するが，北海道では0°C以下に留まる。また夜間の最低気温の平均では本州中部以北は大体0°C以下に下がる。一方，8月では沿岸地方の一部を除いて30°Cを超える。しかし，東北地方以北では30°C以下に留まる。この冬と夏との気温の幅は，北に向かうにつれてしだいに大きくなる傾向があるほか，内陸では付近に比べて，その値が大きい。しかしこれまでの記録では，高極については大部分の地点が36～38°C程度，低極については南西諸島を除いて，いずれも0°C以下である。1933年（昭和8）7月25日，山形で観測された40.8°C，1902年（明治35）1月25日，旭川で観測された−41.0°Cという極端な値もあり，気温の現実の推移は天候と密接な関連がある。晩春や初秋で移動性高気圧が日本を覆うような夜には，季節外れの低温が起こり，遅霜や早霜の被害が生じやすい。日本海に発達した低気圧があって，全国的に南風が吹き渡るときには，日本海側方面にはフェーン現象が生じ，記録的な高温が現れることも少なくない。また梅雨が長く続き，陰うつな天候が持続する年には，高冷地や北日本では真夏に入っても気温が上がらず，日照も不足する。各国の科学者でつくる「気候変動に関する政府間パネル」（IPCC）の報告によると地球全体の平均気温が2100年までに1.4～5.8°C上昇するとのこと。

人の快適温度は，夏が26～27°C，冬が20～22°Cといわれている。

きおんによるコンクリートきょうどのほせいち 気温によるコンクリート強度の補正値 temperature compensated specified strength

気温補正強度ともいう。一例としてJASS 5の補正値を下表・p.101上表に示す。

ぎか 擬花 efflorescence
〔⇒エフロレッセンス〕

気温によるコンクリート強度の補正値 T_{28} の標準値（JASS 5）

セメントの種類	コンクリートの打込みから28日までの期間の予想平均気温の範囲（°C）		
早強ポルトランドセメント	15以上	5以上15未満	2以上 5未満
普通ポルトランドセメント	16以上	8以上16未満	3以上 8未満
フライアッシュセメントB種	16以上	10以上16未満	5以上10未満
高炉セメントB種	17以上	13以上17未満	10以上13未満
コンクリート強度の気温による補正値 T（N/mm²）	0	3	6

気温によるコンクリート強度の補正値 T_n の標準値（JASS 5）

セメントの種類	材齢 n（日）	コンクリートの打込から n 日までの期間の予想平均気温の範囲（℃）		
普通ポルトランドセメント	42	12以上	4以上12未満	2以上 4未満
	56	7以上	2以上 7未満	—
	91	2以上	—	—
フライアッシュセメント	42	13以上	5以上13未満	3以上 5未満
	56	8以上	2以上 8未満	—
	91	2以上	—	—
高炉セメント	42	14以上	10以上14未満	6以上10未満
	56	10以上	5以上10未満	2以上 5未満
	91	2以上	—	—
コンクリート強度の補正値 T_n（N/mm²）		0	3	6

きかいねりコンクリート　機械練りコンクリート　machine mixing concrete
〔⇔手練りコンクリート〕

モルタルやコンクリートをミキサーを用いて練り混ぜること。練混ぜ時間は，1～5分ぐらいまではコンクリートの強度の向上に著しく関連し，長いほどよいが，その後5分ぐらいまで少しの増進に役立ち，あまり長く練っても無駄であり，かえって練り過ぎるとスランプの変動を起こしたり，扱いにくいコンクリートとなる。反対に練り時間の不足は，不良コンクリートをつくる大きな原因となるから，練り時間を慎重に決める。

きかく（ジス）ふるい　規格（JIS）ふるい
JISに規定されている標準ふるいをいう。網ふるいが対象。

きかんじょうたい　気乾状態　air dried condition
大気中における平衡状態の含水率をいう。通常のコンクリートは6％前後。

きかんたんいようせきしつりょう　気乾単位容積質量
コンクリートの大気中における平衡含水状態の質量をいう。日本建築学会では，普通コンクリート 2.2～2.4 t/m³，軽量コンクリート1種 1.7～2.0 t/m³，軽量コンクリート2種 1.4～1.7 t/m³ と定めている。下表に鉄筋コンクリートの単位体積質量を示す。

ぎぎょうけつ　偽凝結　false set
セメントに水を加えているとき，またはその直後に正常な水和作用によらないで，一時的に凝結したような状態を示す現象。再び練り直すと柔らかさを取り戻し，普通に取り扱うことができる。セメントの製造工程においてセメントの焼成温度が常温にならない前に使用すると起こりやすい。

鉄筋コンクリートの単位体積質量（日本建築学会）

コンクリートの種類	気乾状態のコンクリートの単位容積質量（t/m³）	鉄筋コンクリート構造計算規準値		
		F_c の範囲（N/mm²）	採用した無筋コンクリートの単位体積質量（kN/mm³）	鉄筋コンクリートの単位体積質量（kN/mm³）
普通コンクリート	2.2～2.4	$F_c \leq 36$	23	24
		$36 < F_c \leq 48$	23.5	24.5
		$48 < F_c \leq 60$	24	25
軽量コンクリート1種	1.7～2.1	$F_c \leq 27$	19	20
		$27 < F_c \leq 36$	21	22
軽量コンクリート2種	1.4～1.7	$F_c \leq 27$	17	18

F_c：コンクリートの設計基準強度

きぎょうりんり　企業倫理
国際標準化機構（ISO，本部ジュネーブ）による，企業の社会的責任や企業倫理に関する国際規格は次の通り。

ISO が手がける工業規格以外の主な規格

	内容	規格外の状況
品質保証	工業製品の設計・開発段階から最終点検までの品質規格	9000 シリーズ（1987 年発効。2000年に改訂）
環境管理・監査	有害物質の排出削減や省エネルギーなど企業の環境対策	14000 シリーズ（1996 年発効）
消費者保護	苦情処理や個人情報保護，電子商取引での消費者保護，高齢者・障害者保護等	2000年8月に作業開始

きこう　気孔　pore
コンクリートをはじめ，モルタルやセメントペースト中の空隙。一般に強度・耐久性は空隙量の割合に反比例する。

きこう　気候　climate
ある地域，または地点における長期間を平均して見た大気の状態。すなわち，その土地の気温・晴雨・湿度など。わが国の気候は，地理的位置の影響が大きく，中緯度に位置するので，気温の年変化が大きく，生物や季節の伝搬も明らかである。また東アジアでは，冬には大陸東部から北太平洋に，夏には北太平洋から大陸内部に向かう季節風が発達する。したがって，わが国では一般に，冬と夏とでは主風の方向が大きく変わるだけではなく，東シベリアからの低温の季節風によって，気温は一段と下がる。また，北太平洋から来る夏の季節風のために，夏は非常に蒸し暑い。一方，シベリア・北太平洋・オホーツク海・揚子江流域など，いろいろな地域に生まれた気団が入れ替わり，立ち替わり作用する。それらの気団の性質には互いに大きな差があるので，どの気団が作用しているのかによって，わが国の天候には大差が生ずる。どの気団が主として，いつ作用するかはそれぞれ大体は定まっている。

きこういんし　気候因子　climate factor
気候に影響を及ぼす緯度・海陸分布・地形などの地理的条件。

きこうくぶん　気候区分　climate division
気候を気候型に分類すること，または分類されたもの。

きこうコンクリート　気孔コンクリート　aerated concrete　〔→気泡コンクリート，発泡コンクリート〕
軽量気泡コンクリート（ALC）や現場打ち発泡コンクリートのこと。軽いので断熱性をはじめ，吸音性，耐火性などに優れる。

きこうしき　起工式　ground-breaking ceremony　〔⇔竣工式〕
建築工事を開始する記念的な式。「地鎮祭」または「着工式」ともいう。

きこうせい　気硬性　anhydraulicity
空気中で硬化する性質。

きこうせいセメント　気硬性セメント　air hardening cement, non-hydraulic cement　〔⇔水硬性セメント〕
空気中の CO_2（約 300 ppm）や酸素によって硬まるセメントで，漆喰，ドロマイトプラスターなどをいう。

きこうようそ　気候要素　climate element
気候を構成する諸要素。

きごて　木鏝　wood float　〔→鏝摺〕
木質製の鏝。コンクリート工事や左官工事の粗摺りの際に用いる。

きしたにこういち　岸谷孝一（1926～1996）
元 東京大学教授，元 日本大学教授，元 日本建築学会会長。鉄筋コンクリートの耐久性・耐火性の研究者。

きしゃく　希釈　dilution
薄めること。例えば，化学混和剤を原液でなく水を入れ10倍などに薄めて使うこと。

きじゅん　基準　standard
建築物の有すべき性能に応じて，その評価法，設計法に関する基本的な仕組を示し，その原則を明らかにしたもの。目安。

きじゅん　規準　code of practice
基準に示された性能を達成するための設計，加工や維持管理を実施するにあたっての技術体系を具体的に記したもの。従うべき決まり。

きしょう　気象　meteorology
大気の状態および大気の中に起こる現象，例えば気圧，気温，降水量，日照時間，相対温度，風向，風速，積雪などの総称。

きしょういんし　気象因子　meteorological factor
気温，相対湿度，降雨量，日射量，風向，風速，積雪などの因子。

きしょうじょうけん　気象条件　meteorological conditions
気圧，気温，相対湿度，降水量，風速，日照などの物理的な状態。

きしょうようそ　気象要素　meteorological element
天気の状態を構成する諸要素。

きせいぐい　既製杭　prefablicated pile
建築用基礎杭として用いられている既製杭は，コンクリート杭と鋼杭とに大別される。主な既製杭を材質・構造などから分類すると，次のようになる。

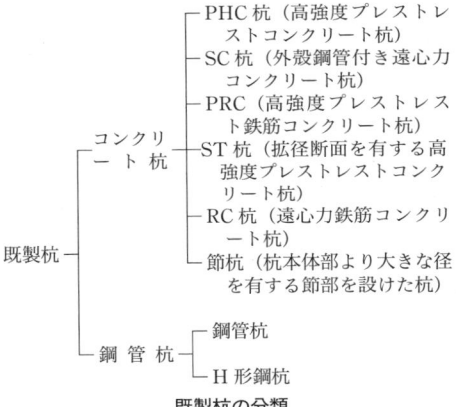

```
          ┌ コンクリ  ┬ PHC杭（高強度プレストレストコンクリート杭）
          │ ート杭    ├ SC杭（外殻鋼管付き遠心力コンクリート杭）
          │           ├ PRC杭（高強度プレストレスト鉄筋コンクリート杭）
既製杭 ─┤           ├ ST杭（拡径断面を有する高強度プレストレストコンクリート杭）
          │           ├ RC杭（遠心力鉄筋コンクリート杭）
          │           └ 節杭（杭本体部より大きな径を有する節部を設けた杭）
          └ 鋼管杭    ┬ 鋼管杭
                       └ H形鋼杭
```

既製杭の分類

きせいコンクリートぐい　既製コンクリート杭　prefablicated concrete pile, precast concrete pile
高強度プレストレストコンクリート杭（PHC杭），外殻鋼管付き遠心力コンクリート杭（SC杭），高強度プレストレスト鉄筋コンクリート杭（PRC杭），拡径断面を有する高強度プレストレストコンクリート杭（ST杭），遠心力鉄筋コンクリート杭（RC杭），節杭があるが，PHC杭が最も一般的である。打込み工法は，打撃による振動・騒音が発生するため市街地や住居地域で用いられることがなくなり，工業地

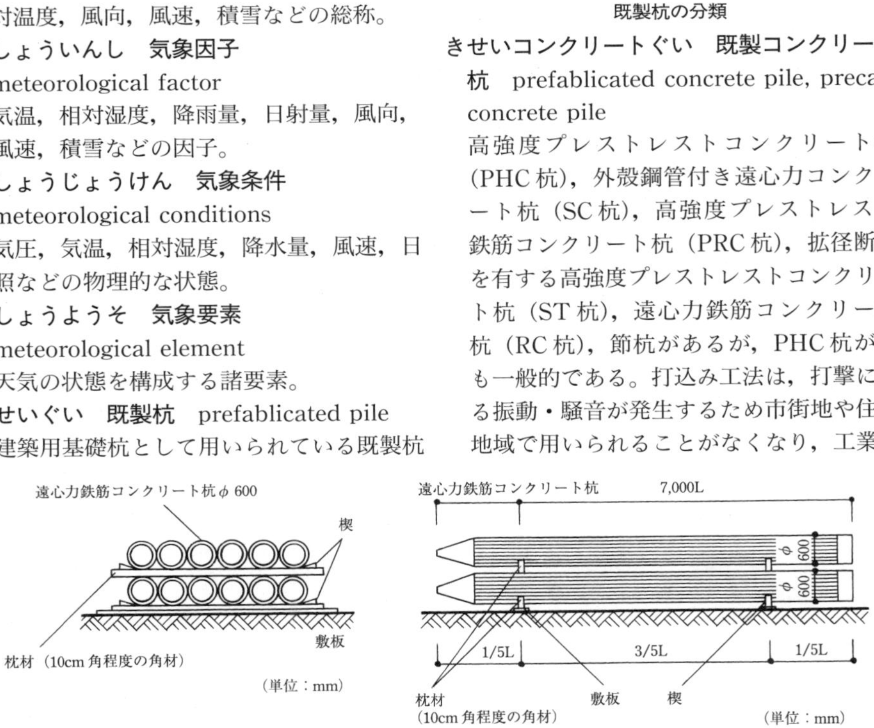

既製コンクリート杭の保管

域でもコンピューターや精密機械・機器を使用している施設が多いところでは採用されなくなってきている。しかし，建設公害問題の発生しない地域や埋立地などの臨海地域においては，経済性・施工性の面から打撃工法が用いられている。一般に用いられている杭径は 600 mm までであるが，油圧ハンマーの大型化に伴い，その打撃能力も向上していることから，杭径 700 mm 以上，長さ 40 m 以上の大径・長尺の杭も施工されている。保管は次の通り（p.103 図参照）。
①地盤を水平にして，杭の支持点に枕材を置き，1段に並べる。
②2段積みとする場合は，必ず同径のものを並べ，枕材は同一鉛直面上にあるようにして，移動止めの楔を施す。

きせき　輝石　pyroxene
輝石花崗岩質，輝石粗面岩，輝石ひん岩がある。硬度5～6。密度$3.3～3.6 g/cm^3$。

ぎせき　擬石　imitation stone
天然の岩石に模倣してつくったコンクリートやモルタル。最近は，公園をはじめ，いろいろな場所にかなり使用されるようになった。

きせきあんざんがん　輝石安山岩　pyroxene andesite
斑晶として輝石を有する安山岩。耐火性に優れ加工が容易。アルカリ骨材反応を起こしやすいものといわれているので，コンクリート用骨材として使用する場合は，あらかじめモルタルバーによる試験をするとよい。なお，モルタルバー法による試験は，JIS に規定されている。

きせっかい　生石灰　quicklime　〔→ CaO〕
石灰石（炭酸カルシウム）を 900～1,200℃に熱して得られた白色粉末。主成分は CaO で，MgO，SiO_2 が少量含まれる。これに水を注ぐと消石灰（$Ca(OH)_2$）になる。この際，大量の反応熱が出るため，最近はこれを利用して目玉焼きをつくったり，飲食物を加熱するなど，利用範囲が広がっている。「せいせっかい」ともいう。

きそ　基礎　footing
建築物には必ず基礎があって主要な部位である。コンクリートは剛性が大きい上に，確実にアンカーができるので用いられる。基礎スラブの下部（地盤内部に設けた部分）が地業である。

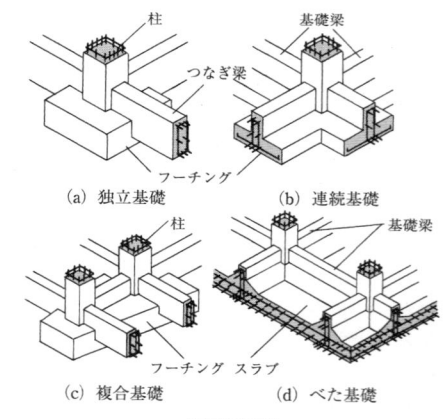

図　基礎の種類
(a) 独立基礎　(b) 連続基礎
(c) 複合基礎　(d) べた基礎

きそきん　基礎筋　foundation bar
基礎に使用されている鉄筋で所要の構造耐力を有する。

きそぐい　基礎杭　foundation pile
構造物の荷重を地盤に支持させるもので，既製コンクリート杭・鋼杭・現場打ちコンクリート杭などがある。

きそコンクリートのふしょく　基礎コンクリートの腐食
土壌によっては酸性土壌や土壌中に硫酸ナトリウム（Na_2SO_4）が多く含まれていて，基礎コンクリート中に水分と共に浸透

し，その結晶圧などによって，コンクリートが著しく劣化する。劣化を小さくする手段は次の通り。
- 水酸化カルシウム生成量の少ないセメントを用いる。(例えば高炉セメントB種やC種，高硫酸塩スラグセメント)
- 玄武岩質系，硬質砂岩系の骨材を用いる。
- 水セメント比をできるだけ小さくする。
- 単位セメント量を多めとする。
- 初期養生期間をなるべく長くとる。

きちゅうとうけつ・すいちゅうゆうかいほう　気中凍結・水中融解法
コンクリートの凍害の程度を推測するための試験方法の一種。

きちょう　基長　reference length
長さの変化を知るためにあらかじめ設定した標線または標点間の距離をいう。例えば，JISで定めているモルタル供試体の基長は140 mm，コンクリート供試体は340 mmを示す。

きちょうごうセメントモルタルざい　既調合セメントモルタル材
住宅外壁のラスモルタルに用いられる発泡樹脂破砕粒などを骨材として使用する軽量セメントモルタルのうち，日本建築学会標準仕様書規格 JASS 15 M 102（既調合セメントモルタルの品質基準）に適合するものである。この材料は，1994年に準耐火構造通則指定材料，防火構造通則認定材料（NSK）に認定・指定されている。年間の生産量15万 t。

ぎどしあげ　擬土仕上げ
土床あるいは土壁をイメージしたモルタル仕上げ。使用するモルタルは，普通セメント・白セメントに様々な色の顔料・赤土・石灰等を混入し，骨材は淡路産の砂利を使用する。化粧砂利を撒いたりぶつけることで骨材を表面に露出させ，最終工程は，洗い出し・ブラシ掛け・掻き落としなどで自然の風合いを表現する。

きねんび　記念日　memorial day
コンクリート関係の記念日は次の通り。
5月19日：セメントの日（1875年初めてポルトランドセメントの生産を開始した）。6月5日：環境の日。7月1日：建築士の日。8月10日：道路の日（1920年第1次進路改良計画の実施日を記念して）。9月1日：防災の日。11月1日：生コンクリートの日（1949年に日本最初の生コンクリートの生産を開始した）。11月14日：いい石の日。11月18日：土木の日。

きのう　機能　function
目的または要求に応じて，ものが果たす役割。

きほう　気泡　rock pocket
化粧型枠を使用する場合，意匠デザイン上の凹凸や勾配などにより，型枠表面に発生する。または，高所よりコンクリートを落下させると空気の巻き込み量が多くなり発生する。
防止法は次の通り。
①棒状のバイブレーターで締固めを十分に行う。
②意匠部分の型枠を木槌で叩く。コンクリートの打設落下高さを極力小さくする。
日本建築仕上学会では，打放しコンクリート表面1 m²当たりの気泡数をp.106表を目安としている。

きほうかんかくけいすう　気泡間隔係数
コンクリートの耐久性に大きく影響する要因。一般に気泡間隔係数が小さいほど耐久性は大，逆に大きくなると小さくなる。

きほうコンクリート　気泡コンクリート　foamed concrete　〔→発泡コンクリート，気孔コンクリート〕

きほうさい

コンクリート表面1m²当たりの気泡数　　　　　（日本建築仕上学会打放しコンクリートガイドライン案）

躯体の視界からの距離	気泡のサイズ	最　適	適	不　適	測定方法	測定時期
5m以内	1～3mm	50個未満	50個以上100個未満	100個以上	mm単位のスケールで測定する	せき板取り外し直後
	3～5mm	10個未満	10個以上20個未満	20個以上		
	5～10mm	2個未満	2個以上5個未満	5個以上		
5mを超える場合	1～3mm	100個未満	100個以上150個未満	150個以上	同上	同上
	3～5mm	20個未満	20個以上30個未満	30個以上		
	5～10mm	2個未満	2個以上5個未満	5個以上		

軽量気泡コンクリート（ALC）や現場打ち発泡コンクリートのこと。密度は0.5 g/cm³程度なので密度2.3 g/cm³の普通コンクリートと比較すると吸音性や断熱性などは有利だが，凍害をはじめ耐久性に不利なので，必ず適切な仕上材を施す必要がある。用途は戸建て住宅，共同住宅など。

きほうざい　起泡剤　foaming agent
モルタル・コンクリート中の空隙をつくる材料。多種類の界面活性剤が主剤として用いられている。アニオン系の合成界面活性剤，ロジン石鹸系など一般のAE剤に用いられるものと同系統の界面活性剤に加え，気泡安定性の良い蛋白質部分加水分解物系などがある。

ぎぼく　擬木
木に似せたコンクリート製品。公園の柵などに用いられる。

きほんがたブロック　基本形ブロック
JISに定められている建築用ブロックで，長さ390 mm，高さ190 mm，厚さは190，150，120，100 mm。前二者は耐力壁用。後二者は非耐力壁用（図）。

きほんしようのコンクリート　基本仕様のコンクリート

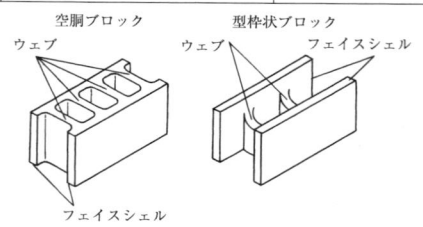

耐用年数65年を想定した一般的なコンクリートで，JASS 5で定められている。

きみつせい　気密性　tightness
気体の流通を防ぎ，気圧の影響を受けない性質のこと。

キャスしけん　キャス試験　CASS test
塩水噴霧試験に用いる塩水に，少量の酢酸および塩化第二銅を添加し，腐食速度を高めた促進劣化試験。

キャスタブルたいかぶつ　キャスタブル耐火物　castable refractories
耐火性骨材と水硬性セメントを混合した耐火性能に富んだ不定形材料。炉壁などに用いる。

きゃたつあしば　脚立足場　trestle scaffolding
脚立の上に根太と足場板を置いたもので，

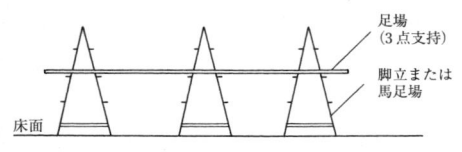

脚立足場の例（馬足場）

内部足場として用いられる（上図参照）。

キャッピング　capping

コンクリートの圧縮強度試験をするために供試体の上面を仕上げることでJISに次のように定められている。

① 供試体の上面は，次の方法で供試体の軸にできるだけ垂直に仕上げなければならない。仕上げた面の平面度は 0.05 mm 以内とする。キャッピングによる場合は，その厚さをできるだけ薄くする。

② 型枠を取り外す前にキャッピングを行う場合は，コンクリートを詰め終ってから適当な時期[*1]に上面を水で洗ってレイタンスを取り去り，キャッピングを行うまで十分に吸水させて水をふき取った後，セメントペースト[*2]を置き，押板で型枠の頂面まで一様に押し付ける。キャッピングの厚さはできるだけ薄くし，押板とセメントペーストとが固着するのを防ぐため押板（厚さ6 mm 以上の磨板ガラスで，大きさは型枠の直径より 25 mm 以上大きいもの）の下に丈夫な薄紙などを挟む。なお，アルミ粉末を混入したセメントペースト[*3]を使用してキャッピングを行う場合には，圧縮強度に悪影響がないことを確認するとともに，押板が浮き上がらないように重しを載せなければならない。

注[*1]：硬練りコンクリートでは，2〜6時間以後とする。
注[*2]：水セメント比を 27〜30 % とし，使用する約2時間前に練り混ぜ，水を加えずに練り返して用いる。
注[*3]：ペーストは，水セメント比を 27〜30 % と

し，アルミ粉末・混和材料を添加し，自由膨張量が 10〜20 % 程度となるように定めるのがよい。なお，この場合，練置きしないで使用することができる。

③ 型枠を取り外した状態でキャッピングを行う場合は，硫黄と鉱物質粉末との混合物[*4]または硬質石膏もしくは硬質石膏ポルトランドセメントとの混合物を用いる。この場合，供試体の軸とキャッピング面ができるだけ垂直になるような適当な装置を用いなければならない。なお，キャッピングに使用した材料が硬化するまでの間，供試体を湿布で覆って乾燥を防がなければならない。

注[*4]：鉱物質の粉末としては，耐火粘土の粉末，フライアッシュ，岩石粉末など，硫黄とともに熱して化学的に変化しないものを用いる。硫黄と鉱物質の粉末との混合割合は，質量で 3:1〜6:1 が適当である。
備考1：硫黄を用いてキャッピングを行う場合は，硫黄と鉱物質の粉末との混合物を用いる。この混合物を 130〜145℃[*5]に加熱し，磨き鋼板の上に広げ，供試体を一様に押し付ける。硫黄を用いてキャッピングをした場合は，強度試験までに2時間以上おかなければならない。
注[*5]：これ以上の温度になるとゴム状になり，強度も弱くなる。
備考2：コンクリートの圧縮強度が 30.0 N/mm² 以下の見込みの場合には，硬質石膏または硬質石膏とポルトランドセメントとの混合物を用いてキャッピングしてもよい。この場合には，キャッピングに用いる硬質石膏または硬質石膏とポルトランドセメントとの混合物のペーストと同じ配合でつくった 4×4×16 cm の梁の折片の圧縮強度が 30.0 N/mm²以上であることを確かめておかなければならない。キャッピングをするには，硬質石膏または硬質石膏とポルトランドセメントとの混合物に所要の水を加え，均一となるまで練り混ぜ，押板の上に広げ，供試体を一様に押し付ける。

④ キャッピングを行わないときには，上面を研磨によって仕上げる。

きやひてし

備考3：高強度コンクリートの場合は，研磨が望ましい。

キャビテーションそんしょう　キャビテーション損傷　cavitation damage
キャビテーションによる気泡の発生・崩壊によって材料が損傷を受けること。

きゅうけつざい　急結剤
set accelerating agent, accelerator
セメントの水和反応を速め，凝結時間を著しく短くするために用いる混和剤。吹付けコンクリート用の急結剤にはカルシウムアルミネート系の結晶質 $12\,CaO\cdot 7\,Al_2O_3$ やそのガラス質などがあり，無水石膏と組み合わせて使用される。その他の急結剤として珪酸ソーダ，アルミン酸ソーダなどがある。

きゅうけつせいセメント　急結性セメント　quick setting cement　〔⇔**緩結性セメント**〕

急結セメントは，セメントの水和を速め，凝結硬化時間を著しく短くしたセメントで，凝結時間は1分程度から1時間程度のものまで用途により幾つかの種類がある。主な用途として，トンネル，下水道などの地下構造物の漏水箇所等の止水や各種の補修などの緊急工事に使用されている超速硬性結合材と，道路や鉄道トンネル工事，地下発電所や燃料貯蔵施設の地下空間掘削工事などに用いられる NATM 工法に用いられる吹付けコンクリート用急結剤がある。

きゅうこうこうどほう　吸光光度法
コンクリートに浸透した塩分量を測定する試験方法の一種（下図，表参照）。

きゅうこうせいコンクリート　急硬性コンクリート
地山の早期保護および施工サイクルの短縮のために，型枠内に充填するまでは十分な充填性を保持し，打込み完了後は早期に脱

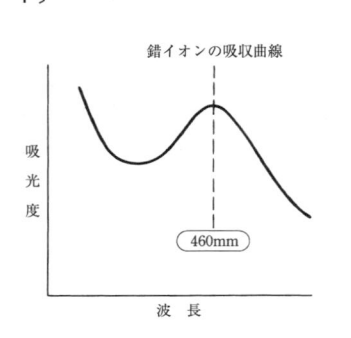

錯イオンの吸収曲線　460mm

〔ランバードベアの法則〕
$$A = \log \frac{1}{T}$$
T：透過率
A：吸光度

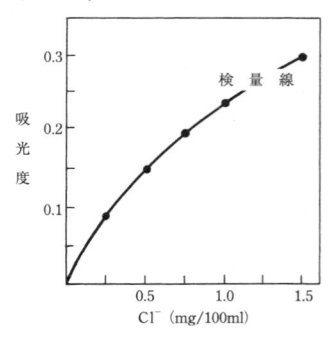

検量線　Cl^- (mg/100ml)

吸光光度法

原理	試料溶液にチオシアン酸水銀（II）を加え，溶剤する塩化物イオンを塩化水銀（II）とする。このとき遊離するチオシアン酸イオン SCN^- と，あらかじめ加えてある硫酸鉄（III），アンモニウム（$(NH_4)\cdot Fe(SO_4)$）の鉄（III）イオン Fe^{3+} が反応して生成する錯イオン（橙色）を波長 460 nm でその吸光度とする。 $2\,Cl^- + Hg(SCN)_2 \rightarrow HgCl_2 + 2\,SCN^-$ $SCN^- + Fe^{3+} \rightarrow FeSCN^{2+}$ なお，試料中の鉄分を除くために $CaCO_3$ を添加した。
特徴	・反応が鋭敏のため，微量分析ができる。 ・個人誤差が小さくなる。 ・高純度の水を必要とする。 ・妨害イオン Br^-，I^-，Cl^-，還元性物質

型可能なコンクリート。

きゅうこうセメント　急硬セメント　quick hardening cement〔→超速硬セメント〕
練り混ぜ後きわめて初期，例えば，数時間から1日，3日以内に大きい圧縮強度を発揮するようなセメント。アルミナセメント，超速硬セメントや超早強セメントなど。

きゅうしかいれんごうきょうていこうじうけおいけいやくやっかん　旧四会連合協定工事請負契約約款　old general conditions of construction contract〔→民間連合協定工事請負契約約款〕
1923年，日本建築学会，日本建築協会，日本建築家協会，全国建設業協会が連合して約款を制定し，その後1981年にさらに建築業協会，日本建築士会連合会，日本建築士事務所協会連合会も参加した。民間建築請負に広く活用されている。1997年5月，民間（旧四会）連合協定工事請負契約約款と呼ぶようになった。35条より成立。

きゅうしつざい　吸湿剤　absorbent
湿分を吸収する材料。シリカゲル・活性アルミナなどが一般的で，その他に生石灰などがある。

きゅうじょうかセメント　球状化セメント
セメント粒子表面の凹凸や角張りを少なくし，粒子形状を球形に近づけたセメント。球状化の手段としては，高速気流中衝撃法やセメント粒子を溶融させることによって丸みを持たせる方法などがある。球状化セメントを用いたペースト，モルタル，コンクリートの流動性は，通常のセメントを用いた場合よりも高くなる。これはボールベアリング効果によるものと考えられている。コンクリートの高品質化に役立つ。

きゅうすいりつ　吸水率　percentage of absorption
骨材や硬化コンクリートの乾燥質量に対する空気孔に浸入する水の質量（吸水量）の百分率をいう。吸水率の測定には，常温の水中に24時間浸漬する方法，沸騰水中で2時間吸水させる方法，減圧して吸水させる真空法などがある。

きゅうそくせこう　急速施工
プレファブ化，現場でのコンクリートの加熱養生の使用など，主としてコンクリート工事における工期短縮を可能とする工法。

きゅうちゃくすい　吸着水　adsorbed water
水分を伴うセメント系粉末には，粉末粒子の間に取り込まれている，100°Cの加熱で蒸発し除去される自由水と，多少とも粒子と結合している結合水とがある。結合水のうち結晶構造中で一定の位置を占めているものは結晶水と呼ばれる。

きゅうねつようじょう　給熱養生
養生期間中，何らかの熱源を用いてコンクリートを加熱する養生方法（土木学会）。

きゅうはい　朽廃
建築物が劣化によって，物理的または経済的耐用年数に達した状態になること。

きゅうれいこうろスラグ　急冷高炉スラグ〔→高炉スラグ微粉末，⇔徐冷高炉スラグ〕
急冷したガラス質の高炉水砕スラグをボールミルやローラーミルによって微粉砕したもので，わが国では年間1,500万t生産されている。高炉スラグの主成分はSiO_2 33％程度，Al_2O_3 14％程度，CaO 42％程度，MgO 6％程度で全体の95％程度を占める。密度2.88～2.92 g/cm³，塩基度1.73～1.99，アルカリ含有量（R_2O）0.29～0.61％，ガラス化率95.0～99.9％。比表面積4000，6000，8000のJIS規格の他に依田らが改良開発しているものに11000，15000，18000，30000がある。比

表面積が大きいものほど，初期の活性度指数は大きい。また，最近は，比表面積3000未満のものが工事によっては使用されている。1910年，研究開発時に戻ったともいえる。

キューポラ　cupola
溶銑炉とも呼ばれ，銑鉄を溶解するのに用いる竪形炉。構造は垂直な円筒形で，炉頂部から原料および燃料のコークスを装入し，炉下部にある羽口から燃焼用空気を吹き込み，炉下部の湯口から湯（溶解した銑鉄）を流出させる。

キュールセメント　Kühl cement
アルミノフェライト相を多くした高酸化鉄型の特殊なポルトランドセメント。ドイツの化学者 H. Kühl が発明した（1924年）。化学成分は SiO_2 15～19％，Al_2O_3 8～10％，Fe_2O_3 5～10％，CaO 59～65％ で，水硬率1.80～1.90，珪酸率，鉄率および鉄ばん土比をそれぞれ1.8以下。短期強度は比較的大きいが長期強度の伸びは小さい。

ぎょうかいがん　凝灰岩　tuff
火成岩の一種。大谷石，伊豆青石，鹿沼岩などで，多孔質なため耐久性・強度は小さいが，耐火性に優れ加工が容易であるのが特長。表乾密度 2.83～1.27 g/cm^3，吸水率 0.7～25.1％，原石の圧縮強度 1,690～4 N/mm^2，弾性係数 61.1～2.8 kN/mm^2。

きょうかガラス　強化ガラス
tempered glass
普通の板ガラスを熱処理することにより圧力・衝撃・温度変化に対する強度を数倍に高めた板ガラスで，万一割れても普通板ガラスのように鋭い破片になる危険が少ない。この優れた強度と安全性で，自動車，建築，船舶，航空機など破損の危険性の大きいところに広範囲に利用される。

きょうかようせんい　強化用繊維
reinforcing fiber
樹脂，コンクリート，金属などと複合化し，機械的・熱的性質を改善する繊維。石膏や樹脂にはガラス長繊維，アラミド，炭素繊維が使われ，コンクリートには鋼，ガラス，樹脂繊維などが使われる。

きょうぎ　協議　conference, consultation, discussion, deliberation
施工者が立案した内容を監理者に示し，同意を求めることをいう（JASS 1）。

ぎょうけつ　凝結　setting
セメントに水を加えて練り混ぜてから，ある時間を経た後，水和作用によって次第に流動性を失い硬くなること。セメントの場合は，アルミネートおよびフェライトがエトリンガイトを生成すると共に，エーライトの水和により珪酸カルシウム水和物がある程度の量に達したときを指す。凝結時間の試験方法は JIS に規定されている。流動性がなくなりはじめる時点を始発，完全

凝結時間

セメントの種類 （P. C.＝ポルトランドセメント）	凝結 (h-m)	
	始発	終結
普通 P.C.	2-30	3-35
低アルカリ形普通 P.C.	2-40	3-20
早強 P.C.	2-25	3-35
中庸熱 P.C.	3-30	5-25
白色 P.C.	2-30	3-45
耐硫酸塩 P.C.	3-30	4-35
高炉セメント A 種	2-30	3-40
〃　　　　B 種	3-00	4-20
〃　　　　C 種	4-30	5-45
フライアッシュセメント A 種	3-15	4-30
〃　　　　　　　　B 種	3-30	4-50
シリカセメント A 種	2-35	3-45

に流動性がなくなる時点を終結という。JISによる凝結時間をp.110表に示す。凝結は，石膏，温度，水量，粉末度，風化が影響する。

（依田他；日本建築学会大会学術講演梗概集材料施工系No 1062（九州）1989年10月より）

ぎょうけつそくしんざい　凝結促進剤
accelerating admixture, setting accelerator
セメントの水和反応を促進させ，凝結を速めるために用いる混和剤。

ぎょうけつちえんせいコンクリート　凝結遅延性コンクリート
コンクリート構造物の大型化に伴い，施工時のコンクリートの水和熱による温度ひび割れの防止，コールドジョイントの発生防止などを目的として凝結遅延剤を添加したコンクリート。

きょうしたい　供試体
test piece, specimen
種々の試験を行うために作製したコンクリートおよびモルタルの試料（JIS）。型枠の材質は剛性が大きいものがよい。

きょうしたいえんちゅうたい　供試体円柱体
test cylinder
コンクリート強度試験に用いるもので，直径は使用粗骨材の3倍以上，かつ10 cm以上のものを使用する。高さは直径の2倍のものを用いる。

きょうしたいのうんぱん　供試体の運搬
コンクリート供試体が壊れないように運搬する。

きょうしたいのかんそうのえいきょう　供試体の乾燥の影響
試験に使用する供試体は，寸法が小さく，極めて早く乾燥しやすいので，なるべく乾燥しにくいように注意する必要がある。

きょうしたいのけいじょう・すんぽうのえいきょう　供試体の形状・寸法の影響
コンクリートの性質に大きく影響する。

きょうしたいのすんぽう　供試体の寸法
供試体の寸法が異なった場合の材齢2年における基本的な性質についての実験結果を踏まえて説明する。なお，供試体の高さは，すべて直径の2倍である。

1．圧縮強度
①材齢2年におけるコンクリートの圧縮強度を環境条件別に見ると，20℃水中が最も大きく，以下，20℃・80％R.H.室，屋外，屋内で20℃・60％R.H.室が最も小さい（p.112図a参照）。これは，水和の程度が違ったためである。
②供試体の大きさ別に見ると，環境条件にかかわらず，若干ではあるが供試体直径7.5 cmの圧縮強度が最も大きく，以下直径10 cm，直径15 cmで直径20 cmが最も小さい（p.112図a参照）。
③上記①，②を総じていえば，コンクリート供試体は湿分が多いほど圧縮強度は大きく，供試体直径が大きいほど安全側の圧縮強度が得られる。

2．ヤング係数
材齢2年におけるコンクリートのヤング係数は上記1．項の圧縮強度の傾向に近似している（p.112図b参照）。

3．中性化深さ
①材齢2年におけるコンクリートの中性化深さを環境条件別に見ると，20℃水中および20℃・80％R.H.室は湿分が多いためか中性化していない。他の三つの環境条件別では最も乾燥している20℃・60％R.H.室の中性化深さが最も大きく，以下，屋内，屋外の順である（p.112図c, d参照）。
②供試体の大きさ別に見ると，環境条件にかかわらず供試体直径が大きいほど中性化

きょうした

深さは小さい（図c参照）。

③上記①～②を総じていえば、コンクリートの中性化深さは環境が湿っているほど、また供試体直径が大きいほど、小さい。

4．含水率

①材齢2年におけるコンクリート含水率を環境条件別に見ると、当然の結果と思うが、湿分の多い場合ほど含水率は大きい（図d参照）。この結果は前記3.中性化の傾向を裏付けている。

②供試体の大きさ別に見ると、環境条件にかかわらず供試体直径が大きいほど含水率は小さい（図d参照）。

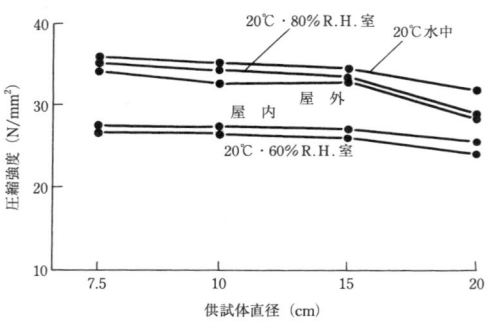

a 供試体の直径とコンクリートの材齢2年における圧縮強度

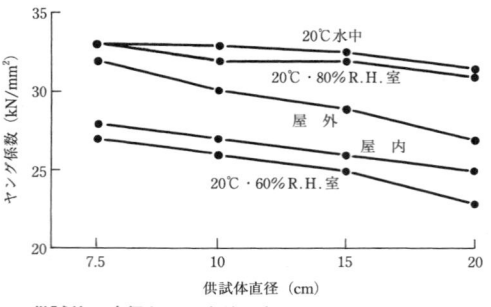

b 供試体の直径とコンクリートの材齢2年におけるヤング係数

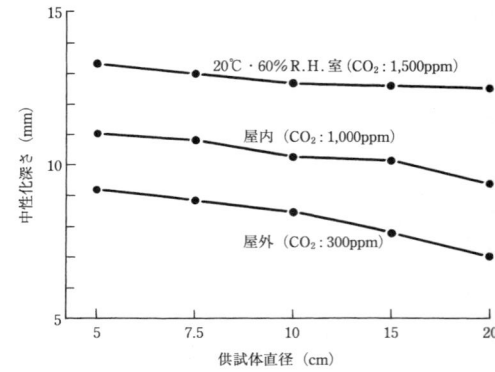

c 供試体の直径とコンクリートの材齢2年における中性化深さ

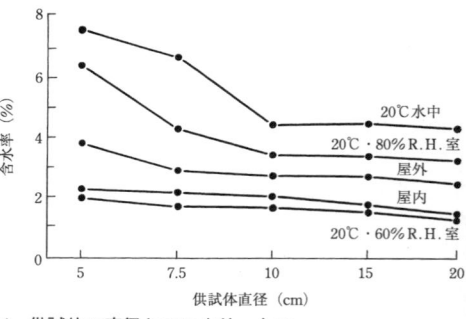

d 供試体の直径とコンクリートの材齢2年における含水率

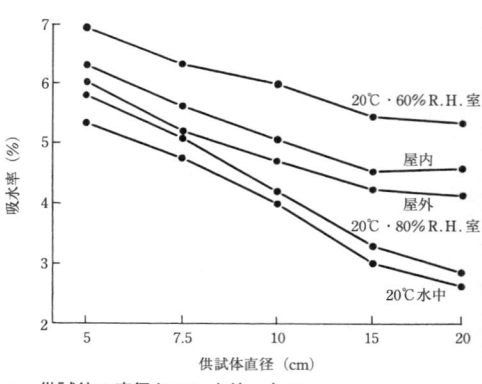

e 供試体の直径とコンクリートの材齢2年における吸水率

5．吸水率

①材齢2年におけるコンクリートの吸水率を環境条件別に見ると，湿っているほど小さい（p.112図e参照）。

②供試体の大きさ別に見ると，環境条件にかかわらず供試体直径が大きいほど吸水率は小さい（p.112図e参照）。

ぎょうしゅうざい　凝集剤

湿式生産方式をとる多くの骨材生産工場では，骨材に付着している泥分等を洗い流すため，地下水等を使用することがある。この使用済みの濁った洗浄水を工場外部に流出しないよう，また洗浄水を循環し再利用を円滑に進めるため，泥分の沈降を促す作用をする薬剤。その種類には表のものがある。

凝集剤の種類

種　類		主要成分
無機系凝集剤		硫酸アルミニウム
有機系凝集剤（高分子凝集剤）	アニオン系	ポリアクリルアミドとアクリル酸の共重合体
	アニオンノニオン系	ポリアクリルアミド系重合体
	カチオン系	ポリアクリルアミドとジアルキルアミノエチルアクリエートの共重合体

きょうしんほうほう　共振方法
sonic test, resonance method

非破壊試験方法の一種。コンクリートに振動を与え，周波数を知ることで強度や弾性係数を推定する。

きょうせいかんそう　強制乾燥
forced drying

天日乾燥や乾燥棚による自然通気乾燥に対して，種々の乾燥装置を用いて材料を加熱し強制的に乾燥を行う方法。加熱により材料の品質に，甚だしい損傷を与える場合，または乾燥速度が速すぎて，供試体の湾曲やひび割れが避けられない場合を除けば，強制乾燥が一般的な乾燥方法であり，目的に応じて様々な選択が可能である。

きょうせいねりミキサー　強制練りミキサー
forced mixing type mixer

動力で羽根を回転させ，コンクリートを強制的に練り混ぜる方式のミキサー（JIS）。

- ミキサーは，その公称容量を付けて呼ぶものとする。
- ミキサーの公称容量は，1回に練り混ぜることのできるコンクリート量を m^3 で示したものとする。
- ミキサーの公称容量は次の7種類とする。
  $0.5\,m^3$，$0.75\,m^3$，$1.0\,m^3$，$1.5\,m^3$，$2.0\,m^3$，$2.5\,m^3$，$3.0\,m^3$，
- ミキサーは材料を混合層の中に入れはじめてから所定のコンシステンシーの公称容量のコンクリートを60秒以内に均等質に練り混ぜることができるものでなければならない。
- ここにいう均等質とは，JISに規定する方法により練り混ぜたコンクリートを試験して，次の結果が得られた場合をいう。
  コンクリート中のモルタルの単位容積質量差：0.8％以下
  コンクリート中の単位粗骨材量の差：5％以下

きょうど　強度　strength

コンクリートの場合，圧縮強度が要求される。他に曲げ強度，剪断強度，引張強度などがある（表参照）。

コンクリートの圧縮強度（24 N/mm²）を100とした場合の他の強度との比

引張強度	曲げ強度	剪断強度	鉄筋との付着	
			丸鋼	異形鉄筋
10	20	15	10	20

きょうどいがいのコンクリートのしょようせいのう　強度以外のコンクリートの所要性能
ブリーディング量（0.5 cm³/cm²以下），長さ変化率（6か月間で$8×10^{-4}$以下），凍結融解作用に対する抵抗性（300サイクルで70％以上）などの性能をいう。他にフレッシュコンクリートの塩化物イオン量（0.30 kg/m³以下），温度（2℃以上35℃以下），気乾単位容積質量（軽量コンクリート1種1.7～2.0 t/m³，2種1.4～1.7 t/m³）など。

きょうどううけおい　共同請負
joint venture 〔→ JV〕
二つ以上の請負者の共同責任による請負方式で1947年頃，アメリカより導入された。主な目的は次の通り。最近は，この方式が多くなりつつある。
①資金負担の軽減
②危険の分散
③技術の向上と拡充
④特許工事の導入
⑤独占の防止，その他

きょうどうこう　共同溝
道路の地下に一つの箱（管）をつくり，その中に，電気，電話，上下水等の公益施設を収容するもので，限られた土地を有効に利用するために，都会では，以前から共同溝の重要性が認識されていた。また，1995年1月の阪神・淡路大震災では，大きな被害が出ながら，共同溝内の施設はほとんど被害がなかったため，これを機に，災害に強いライフラインの整備を目的として，公益施設などの地中化が急速に進められるようになった。これにより，地震などの際の被害を小さくできるとともに，都市景観の向上や工事による道路混雑の緩和など，大きなメリットが得られる。

共同溝

きょうどかんりのざいれい　強度管理の材齢
JASS 5では材齢28日～91日までの材齢と定めている。

きょうどかんりのためのきょうしたいのようじょうほうほう　強度管理のための供試体の養生方法
JASS 5では標準養生，現場水中養生または現場封緘養生のいずれかとしている。

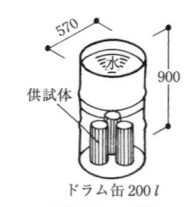

現場水中養生

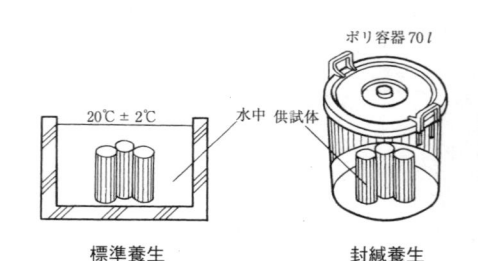

標準養生　　　封緘養生

きょうとぎていしょ　京都議定書
地球温暖化の原因になる温室効果ガス（二酸化炭素，一酸化窒素，メタン，HFC，PFC，SF_6の6種）の濃度を安定させるため1994年に発効された「気候変動枠組み条約」。この条約の目的達成のために1997年，京都での第3回締約国会議（COP

3) において京都議定書が選択され，2005年2月，地球温暖化防止の京都議定書が発効した。先進国などに温室効果ガスの削減義務を課し，2008年からの5年間に1990年の排出量と比べてわが国は6％，米国は7％，EUは8％減らすなどの削減目標を定めている。

主な国の二酸化炭素排出量

国名	総排出量(億t)	1人当たりの排出量(t)
アメリカ	56.1	19.8
中国	27.9	2.2
ロシア	14.4	9.9
日本	11.9	9.4
インド	10.7	1.1
ドイツ	7.9	9.6
イギリス	5.7	9.5
カナダ	4.4	14.2

＊世界各国の排出量合計(230億t)

きょうどしけんきのしゅるい　強度試験機の種類

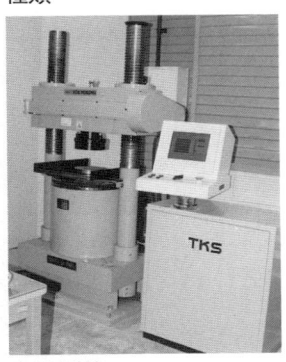

アムスラー式試験機などが古くから使用されてきていたが，最近では電子管式による方法の機械が中心となっている。

強度試験機

きょうどしけんようかたわく　強度試験用型枠

圧縮強度試験のための供試体は，コンクリートの場合，直径の2倍の高さを持つ円柱形とする。その直径は，粗骨材の最大寸法の3倍以上，かつ10cm以上とする。セメントモルタルの場合4×4×16cmの角柱形または直径5cm高さ10cmの円柱形とする。

強度試験用型枠

きょうどのきおんによるほせいほうほう　強度の気温による補正方法

JASS 5に示されているもので，設計基準強度にコンクリートの打込みから構造体コンクリートの強度管理材齢までの期間の予想平均気温によるコンクリート強度の補正値を加える方法で，標準値は「気温によるコンクリート強度の補正値」の項参照。

きょうどのさいしょうち　強度の最小値

JASS 5ではコンクリートの気温補正強度(F_q+T, F_q+T_n)の85％としている。F_qはコンクリートの品質基準強度(N/mm^2)。

きょうどのしけんごさ　強度の試験誤差

コンクリート強度の試験誤差は，材料の品質，計量誤差をはじめミキサーの性能，輸送方法，打込み，締固め，養生の方法などの要因から生じる。

きょうどのにちないにちかんへんどう　強度の日内・日間変動

日本のJIS表示許可の生コン工場からつくられる圧縮強度のバラツキは，日内が日間より多少小さい。

きょうどのひょうじゅんへんさ・へんどうけいすう　強度の標準偏差・変動係数

標準偏差はN/mm^{2}で表示し，変動係数は％で表示する。いずれもバラツキを意味す

きょうねつ

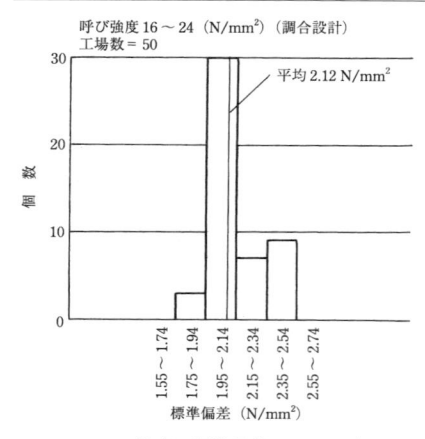

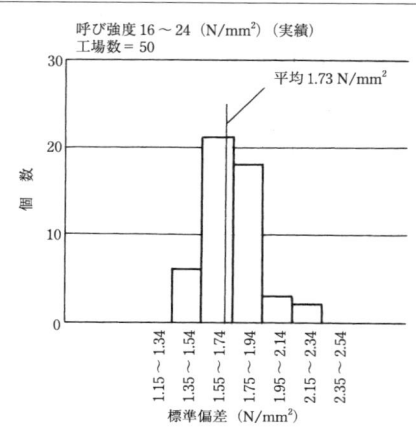

強度の標準偏差のヒストグラム （栃木県生コンクリート工業組合のデータより依田が作成）

る（上図）。

きょうねつげんりょう　強熱減量　ignition loss〔→ ig.loss, →イグロス〕

セメントの化学分析項目の一つ　JIS参照。一般に1,000℃前後の規定温度で試料を加熱し、結晶水や揮発成分の離脱による質量の減少分を百分率で示した値。材料の品質基準の分析項目に加えられる（表）。

きょうねつげんりょうしけん　強熱減量試験　ignition loss test

セメントの強熱減量（ig.loss（％））

セメントの種類		JIS既定値	実測値
		強熱減量	
ポルトランドセメント (JIS R 5210)	普通	3.0以下	1.1
	早強	3.0以下	1.1
	超早強	3.0以下	—
	中庸熱	3.0以下	0.6
	低熱	3.0以下	0.7
	耐硫酸塩	3.0以下	—
高炉セメント (JIS R 5211)	A種	3.0以下	0.9
	B種	3.0以下	1.2
	C種	3.0以下	0.9
シリカセメント (JIS R 5212)	A種	3.0以下	0.6
	B種	—	—
	C種	—	—
フライアッシュセメント (JIS R 5213)	A種	3.0以下	0.9
	B種	—	1.0
	C種	—	—

セメントの場合は風化の程度を、また人工軽量骨材の場合は、焼成の完全さを確かめるなどのために、試料をある一定の温度で強熱し、質量の減少量を求める試験（セメントの場合、JIS）。

きょうねんせきたん　強粘石炭〔→原料炭, 石炭〕

強度が高いコークスがつくれる粘結性のある石炭で、良質といわれている。

きょうぶんさんぶんせき　共分散分析　analysis of covariance

コンクリートの強度の変動を知る一つの分析法。

きょか　許可　permission

法などにより、禁止・制限されている事項を特定の場合に解除して、これを適法とすることができるようにする行為。

ぎょくずい　玉髄　chalcedony

アルカリシリカ反応を起こしやすい鉱物の一種（p.117上表）。

きょだいけんちくぶつ　巨大建築物

明確な定義はないが、大きな規模の建築物を示す。

玉髄

成分	結晶	硬度	密度	色および透明度
SiO_2	隠微晶	7	2.6 (g/cm^3)	白，灰，赤 半透明～透明

条痕	摘　要
白	縞斑紋のあるものは瑠璃という。脈石としてあるものは白または灰

きよはらいしき（せいばつしき）　清祓式
建築物が完成し，使い始める前に，建築物全体を清め払う儀式。ごく内輪の儀式ということができる。この清祓式を終え，外構を整えると，竣工式を行うことになる。また，工事中に不祥事が発生した場合にも，祓い清める意味で，この清祓式を執り行う。ただし，不祥事が発生した場合の清祓式は，工事が錯綜していることでもあり，現場の状況を考えて，設営するとよい。

きょうえんぶんがんゆうりょう　許容塩分含有量
JASS 5 では鉄筋コンクリート造など建築物の構造耐力上，主要な部分に用いられるコンクリートに含まれる塩化物量（塩化物イオン（Cl^-）換算）は，原則として 0.30 kg/m³以下としている。

きょうおうりょくど　許容応力度
allowable unit stress
外力に抵抗する部材が，破壊されることなく，歪み（変形）も使用上差し支えない範囲の量であって，部材を十分安全に使用できるようにした応力度の限界値。コンクリートの許容応力度は，次の表の数値によらなければならない。ただし，異形鉄筋を用いた付着について，国土交通大臣が異形鉄筋の種類および品質に応じて別に数値を定めた場合は当該数値によることができる。特定行政庁が，その地方の気候，骨材の性状等に応じて，規則で設計基準強度の上限の数値を定めた場合において，設計基準強度が，その数値を超える時は，前項の表の適用に関しては，その数値を設計基準強度とする。（建築基準法施行令第91条）

きょうさ　許容差
基準値とそれに対して許される限界値との差。例えば p 118 表-1～3 参照。

きょうひびわれはば　許容ひび割れ幅
漏水は 0.04 mm 以下（仕入豊和による），鉄筋の錆の発生は 0.2 mm 以下（旧 農林水産省庁舎より）で生ずる。

きりこみじゃり　切込み砂利
unscreened gravel
採取したままの状態で，砂や土粒の混入の多い砂利。

きりしつようじょう　霧室養生
fog room curing
霧状の養生室（槽）での養生のことで，温度は変化。この養生は，コンクリートにとって水中養生と同じ効果がある。

きりばり　切張り（切梁）　shore strut
腹起しから伝わる力を圧縮力で支える水平部材（p.118 図）。

許容応力度

長期に生ずる力に対する許容応力度（単位 N/mm²）				短期に生ずる力に対する許容応力度（単位 N/mm²）			
圧縮	引張り	剪断	付着	圧縮	引張り	剪断	付着
F/3	F/30（F が 21 を超えるコンクリートについて，国土交通大臣がこれと異なる数値を定めた場合は，その定めた数値）		0.7（軽量骨材を使用するものにあっては 0.6）	長期に生ずる力に対する圧縮，引張り，剪断または付着の許容応力度のそれぞれの数値の 2 倍（F が 21 を超えるコンクリートの引張りおよび剪断について，国土交通大臣がこれと異なる数値を定めた場合は，その定めた数値）			
この表において，F は，設計基準強度（単位 N/mm²）を表すものとする。							

きりよくか

表-1 JIS におけるスランプの許容差 (単位 cm)

スランプ	スランプの許容差
2.5	±1
5 および 6.5	±1.5
8 以上 18 以下	±2.5
21	±1.5

表-2 JIS における空気量の許容差 (単位%)

コンクリートの種類	空気量	空気量の許容差
普通コンクリート	4.5	
軽量コンクリート	5.0	±1.5
舗装コンクリート	4.5	

表-3 JASS 5 におけるコンクリート部材の位置および断面寸法の許容差の標準値

項目		許容差(mm) 計画供用期間の級	
		一般・標準	長期
位置	設計図に示された位置に対する各部材の位置	±20	±20
断面寸法	柱・梁・壁の断面寸法	−5 +10	−5 +10
	床スラブ・屋根スラブの厚さ	−5 +20	0 +20
	基礎の断面寸法	−10 +50	−5 +10

きりょくがん　輝緑岩　diabase
暗緑色・灰緑色の火成岩。表乾密度 2.95〜2.82 g/cm³，吸水率 0.1〜0.4%，原石の圧縮強度 282〜94 N/mm²。弾性係数 97.7〜70.7 kN/mm²。

ギルモアほう　ギルモア法
Gillmore's method
セメントの凝結試験の一つ。ビカー針装置による方法に比べ，測定の判定で不明確といわれる。ASTM C-256 で規定している。

キルンすいさいずな　キルン水砕砂
フェロニッケルスラグ細骨材のうち，半溶融スラグを水で冷却し，粒度調整して製造した細骨材。

きれつ　亀裂　crack 〔→ひび割れ，クラック〕
ひび割れのこと。コンクリートにひび割れが生じると美観が損なわれることをはじめ，構造耐力，耐久性が損なわれる。

きれつのほしゅうほうほう　亀裂の補修方法
コンクリート部材を V 形または U 形にカットして補修材を注入する。

きれつぼうしほうほう　亀裂防止方法
次に示す防止法に基づいたコンクリートを打込み・締固め・養生する。
①単位水量や単位セメント量を少なくする。
②砂・砂利は，可能な限り大きめのものを使用する。
③砂・砂利は，可能な限り粒形の丸いものを使用する。
④実積率の大きい骨材を使用する。
⑤細骨材率を小さくする。

一般的な井形切張り架構の一例

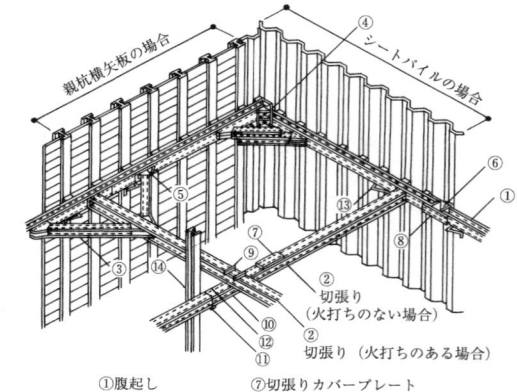

①腹起し
②切張り
③火打ち
④コーナーピース
⑤火打ち受けピース
⑥補助ピース
⑦切張りカバープレート
⑧腹起しカバープレート
⑨，⑩交差部締付け金物
⑪支柱ブラケット
⑫支柱～切張り締付け金物
⑬腹起しブラケット
⑭支柱

⑥減水効果の大きい混和剤を使用する。
⑦混和材料の不均一な分散は避ける。
⑧骨材の泥分を少なくする。

キロカロリー　kilo calorie　〔→ kcal〕
　熱量の単位の一つ。カロリーの1,000倍をいう。SI単位では$1\,\text{kcal}=4.18605\times 105\,\text{J}$。

きろく　記録　record
　測定した値を後からも読めるように書き残すこと。

キーンスセメント　Keene's cement　〔→パリアンセメント〕
　気硬性セメントの一種。II型無水石膏を主成分としたセメント。

きんぞくせいかたわくパネル　金属製型枠パネル　metal mould panel
　メタルフォームやアルミニウムをいう。しかし後者は，アルカリのコンクリートとは化学反応を起こすので使用することは少ない。

[く]

くい　杭　pile
軟弱地盤などにおいて構造物を支持するために使用されるもの。木杭，既製コンクリート杭，鋼杭，場所打ちコンクリート杭がある。代表的なものは既製コンクリート杭および場所打ちコンクリート杭である。

くいうちじぎょう　杭打地業　pile driving foundation
杭の種類には既製コンクリート，鋼，木，場所打ちコンクリート杭がある。前の二つは大規模な工事に用いられるが，打ち込みに振動や騒音が伴う。木は，地下水位が下がると木杭頭から腐食するため最近では用いられない。都心の工事現場では振動，騒音の点から場所打ちコンクリート杭が多い。

くうき　空気　air
地球を包む大気の下層部分を構成する気体。水蒸気を除いた空気の組成は表の通り。

空気の組成

	質量百分比	体積百分比
酸素	23.01　%	20.93　%
窒素	75.51	78.10
アルゴン	1.286	0.9325
二酸化炭素	0.04	0.03
ネオン	0.0012	0.0018
ヘリウム	0.00007	0.0005
クリプトン	0.003	0.0001
キセノン	0.00004	0.000009

くうきおせん　空気汚染　air contamination
室内空気の主な汚染原因は，給湯室の燃焼器具や暖房器具などから発生する二酸化炭素（CO_2）や一酸化炭素（CO），その他，有害ガスによるもの，人の呼吸による二酸化炭素やたばこの煙などがあり，建材などからのホルムアルデヒド，土壌からの放射性物質（ラドンなど）も有害物質となる。また，便所，人の呼吸，暖房器具・燃焼器具などからは，水蒸気や臭気もしくは，余分な熱が発生し，これらも換気によって排出しなければならない。コンクリート造建物の自然換気回数は，一時間当たり0.3～1.0回。

くうきのじょうかレベル　空気の浄化レベル
建築基準法では空気の浄化レベルを次表のように定めている。

空気の浄化レベル（建築基準法施行令129条の3，3項）

浮遊粉塵の量	0.15 mg/m³
CO含有量	10 ppm 以下
CO_2含有量	1,000 ppm 以下
湿度	17～28℃（外気温より低くする場合はその差を7℃以下とすること）
相対温度	40 %～70 %
気流	気流 0.5 m/秒以下

くうきりょう　空気量　air content
コンクリート中のセメントペースト，またはモルタル部分に含まれる空気泡の容積のコンクリート全容積に対する百分率。潜在性の空気量（エントラップドエア）は1％前後で連行する空気量（エントレインドエア）との合計値で示す。一般には4～5％。なお，骨材自体の空気量（骨材修正係数）

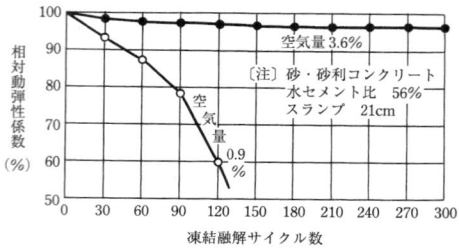

コンクリートの空気量と相対動弾性係数

は取り除く。

くうきりょうちょうせいざい　空気量調整剤
空気量を増やす場合の起泡剤と，逆に空気量を減らす消泡剤とがある。

くうきりょうのけいじへんか　空気量の経時変化
フレッシュコンクリートの空気量は運搬に伴って必ず減る。特に外気温が高いほど，その減少量は大きい。ちなみに夏は1.0～2.5％，春・秋は0.5～1.5％，冬は0～1.0％程度である。

くうきりょうのそくていほうほう　空気量の測定方法　method of determination of air content　〔→エアメーター〕
JISには容積法，圧力法，質量法が定められているが，工事現場では圧力法（JIS）が簡便なので多用されている。実験室でも圧力法が多いが，正確を期すときは質量法を併用することもある。容積法は滅多に用いられない。

くうきれんこうざい　空気連行剤　〔→AE剤〕　air entraining agent
1932年頃アメリカで発明され，コンクリート道路に用いたのが最初だといわれている。わが国には1950年頃にコンクリートの技術が導入されたが，本格的には東京オリンピック関係の施設工事以降だといえる。空気連行剤と命名したのはセメント化学の藤井光蔵博士といわれている。現在では，「AE剤」というのが，一般的。

くうげきのそくていほうほう　空隙の測定方法　method of determination of percentage of voids
コンクリートの空隙を気泡間隔係数や，水銀圧入法によって空隙半径を測定する方法などがある。

くうげきりつ　空隙率　percentage of void　〔⇔実積率〕
ある容器の容積に対する隙間の割合。骨材の品質を示す場合に多用されている。実積率の反対語で，空隙率が小さい骨材ほど良質なものと判断されている。実積率と空隙率を合計すると100％になる。ちなみに砕石の空隙率は50～37％，砂利は40～32％である。

$$空隙率 = \frac{1-見掛密度}{真密度} \times 100 \; (\%)$$

くうちゅうようじょう　空中養生
natural curing
空気中でコンクリートを養生することで屋内と屋外にも養生する。屋内と屋外とではコンクリートの圧縮強度の発現が異なる。後者だと降雨を受けるため一般的に大きい値となる。「気中養生」，「空気中養生」ともいう。

W/C 60％の普通ポルトランドセメントコンクリートの圧縮強度　(N/mm²)

	28日	10年	20年	33年
屋内	27.7	37.1	37.1	37.3
屋外	27.7	39.6	39.3	39.6

［注］供試体は，直径15cm・高さ30cm。

くうどうコンクリートブロック　空胴コンクリートブロック　hollow concrete block
耐震性を保持するために鉄筋を挿入するブロック。鉄筋を挿入しない空胴にもコンクリートを打ち込む。2000年における生産量は1.4億個である。

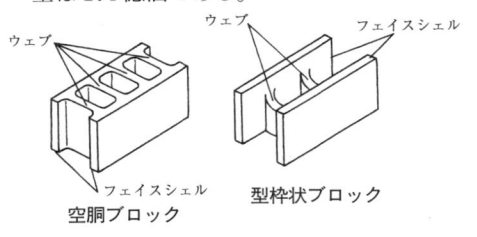

くうどうコンクリートブロックのすんぽう　空胴コンクリートブロックの寸法

くうとうこ

基本ブロック（並型）は長さ390 mm，高さ190 mm，厚さ190・150 mm（耐力壁用），120・100 mm（非耐力壁用）で，他に横筋用ブロックがある。

くうどうコンクリートブロックのそせき　空胴コンクリートブロックの組積

①縦遣方を基準とし，これに水糸を張り，この水糸にならって隅角部より，各段ごとに順次，水平に積み回す。
②上下のフェイスシェル厚さに差のあるブロックは，原則としてフェイスシェル厚さの大きい方を上にして積む。
③目地幅は，縦・横共に10 mm を標準とする。
④目地モルタルは，横目地および縦目地ともに接合全面に隙間が生じないように塗布する。
⑤壁縦筋の通る空胴部には，標準として，ブロック積み2～3段ごとに，コンクリートまたはモルタルを充填する。
⑥ブロックの接合によって生ずる縦目地空胴部に鉄筋が挿入されない場合も，コンクリートまたはモルタルを隙間なく充填する。
⑦1日の作業終了時の縦目地空胴部へのコンクリートまたはモルタルの打込み高さは，ブロックの上端から約5 cm 下がりとする。
⑧ブロックの1日の積上げ高さは，1.6 m（8段）以下とする。
⑨上下水道・ガス管などの比較的太い設備配管は，配管用ブロック以外の場合は，原則として埋め込まない。
⑩開口部両側20 cm のブロック空胴部には，下部の鉄筋コンクリートの横架材から上部の楣までモルタルまたはコンクリートを充填する。
⑪縦筋はブロックの中で継手を設けない。

くうどうプレストレストコンクリートパネル　空胴プレストレストコンクリートパネル　prestressed concrete hollow cored panels

プレストレストコンクリート製の板状製品で，その内部に空胴を持つもの。品質はJISを参照。

くかいせき　苦灰石　dolomite　〔→ドロマイト，白雲石〕

ドロマイトプラスター原料の一種。CaMg$(CO_3)_2$。密度2.8～2.9 g/cm³。硬度3.5～4.5。

くぎ　釘　nail

釘には鉄釘以外にステンレス釘，亜鉛釘，銅釘などがあり，その形状寸法は用途によって種類が非常に多い。JIS 規格で釘の形状，材質，用途に応じて次のような記号が付けられている。
N釘：鉄丸釘
CN釘：太め鉄丸釘（枠組壁工法用釘）
GN釘：ボード類（石膏ボード等）の木部接合用釘
SN釘：シージングボード用釘
SFN釘：ステンレス鋼釘
ZN釘：亜鉛メッキ釘
ちなみに釘の長さは，打ち付ける板厚の2.5～3倍のものを，板厚10 mm 以下の場合は4倍を標準とする。

くぎうちコンクリート　釘打ちコンクリート　nailing concrete

釘が打てるやわらかいコンクリート。鋸屑コンクリートやALC（軽量気泡コンクリート）などをいう。

くしめしあげ　櫛目仕上　scratching finish

従来は，外壁用タイルの化粧用として櫛目を入れていた。最近では，プレキャストコンクリート部材表面の化粧用として櫛目を入れている。箒仕上げともいう。

くすりがけタイル　薬掛けタイル
　素焼後，表面に釉薬を施し，再び焼成していろいろな色調としたタイル。コンクリート造建築物の壁に用いる。

くたいこうじ　躯体工事　skeleton work
〔⇔**仕上工事**〕
　主体工事ともいい，構造部材（構造体）をつくる工事。

くっさくき　掘削機　excavator, shovel
　地盤などを掘り削る機械でパワーショベル，バックホウ（ドラグショベル），ドラグライン，クラムシェル，トラクタショベルなどがある。掘削のほか，簡単な整地や運搬，積み込みもできる（写真参照）。
①パワーショベルは，ディッパーを前方へすくいあげるようにして掘削するため，機械と同じか，それよりも高い所の掘削に適する。掘削土は，そのままダンプトラックに積み込むことが多い。掘削しながら前進する。
②バックホウは，機械より低い所の掘削に適する。バケットを前方に落し，手前に移動させて掘削し，直接トラックに積み込むことが多い。掘削しながら機械を後退させる。
③ドラグラインは，地上に機械を置き，掘削しながら後退させる。バケットは，ブームよりロープで落下させ，手前に引き寄せ

パワーショベル

バックホウ

クラムシェル

ドラグライン

トレンチャー

掘削機の例

て掘削する。掘削土は，ブームの作業範囲において遠くに移動させることもできるし，直接トラックに積み込むこともできる。
④クラムシェルは，地上に機械を置き，ブームからロープでバケットを掘削位置に落し，土をつかみ取り，そのまま引き上げてトラックに積み込むのが一般的である。
⑤トレンチャーは，溝掘り専用の機械である。
これらの掘削機を使用すると CO_2 が発生するので注意する。

くどかんらんせき　苦土橄欖石　forsterite〔→ Mg_2SiO_4〕
フェロニッケルスラグ骨材の鉱物の一種。

くみあわせあんきょブロック　組合せ暗渠ブロック　reinforced concrete built-up culvert blocks
主として道路の暗渠排水に上，下を組み合わせて用いる鉄筋コンクリート製のブロック。品質等は JIS を参照。

くみたててっきんコンクリートぞう　組立鉄筋コンクリート造　precast reinforced concrete structure
工場等で製作した鉄筋コンクリートの既製構造部材を，現場で組立る構造形式で集合住宅（共同住宅）等に用いられている。北欧で誕生した。

クライアント　client
建築設計を依頼した人。

クラインローゲル　A. Kleinlogel
ドイツのセメント化学研究者。世界的な名著『Einflusse auf Beton』がある。

グラウティング　grouting
ひび割れや空隙にグラウトを注入または充填する作業。

グラウト　grout〔→コロイドセメント，止水用セメント〕
細かい隙間に充填するため，混和材料を加えて充填性をよくしたセメントペーストまたはモルタル。

グラウトのざいりょう　グラウトの材料
セメントは，ポルトランドセメントか混合セメント A 種または B 種。骨材は一般的なものでよいが，塩化物量だけは 0.02 % 以下のものを用いる。混和材料は PC 鋼材を腐食させないものとする。

グラウトのちゅうにゅう　グラウトの注入
PC 鋼材の緊張作業終了後なるべく早期に行い，PC 鋼材を完全に包み，かつ PC 鋼材配置孔に空隙が生じないように充填する。

グラウトのちょうごう　グラウトの調合
所要の流動性・膨張性および圧縮強度が得られるように定める。単位水量は充填に必要な流動性が得られる範囲内で，できるだけ小さくし，水セメント比は 40 % 以下とする。

グラスウール　glass wool
溶けた液状のガラス屑を細孔を通して吹き飛ばして綿状の繊維としたもので断熱材・吸音材として使用する。木造住宅に使われることが多い。

クラック　crack〔→亀裂，ひび割れ〕
雨漏りは 0.04 mm 以上，鉄筋の発錆は 0.2 mm 以上のクラック幅だと生じる。

クラッシャー　crusher〔→コーンクラッシャー，ジョークラッシャー〕
岩石を破壊する機械。ジョークラッシャーをはじめコーンクラッシャーなど優れた性能を有するものがある。

グラニュレーター　granulater
微粉砕する機械。例えば高炉水砕スラグを微粉砕する機械はボールミルであったが，最近では熱風発生機を装備したローラーミルが多用されるようになり，乾燥と粉砕が

同時に行われるようになった。

グラノリシックしあげ　グラノリシック仕上　granolithic flooring
花崗岩質砕石を用いた耐摩耗性コンクリート。床仕上げに用いる。

クラフトし　クラフト紙　kraft paper
硫酸パルプを原料としたもので，セメントの包装などに用いられる耐湿性の紙。性能についてはJISによる。セメント袋の中身の質量は25，40，50 kgの3種類であるが，現在は25 kg入りが最も多く用いられている。リサイクル法に対応して，セメント用紙袋からポリフィルムを取り除く検討を行っている。

クラムシェル　clam shell bucket
掘削機の一種。低い所の土をつかみ上げる〔→掘削機〕。

クランプ　clamp
単管足場の緊結金物（図参照）。

直交型　　自在型　　特殊型
クランプ

クリアラッカー　clear lacquer　〔→CL〕
ニトロセルロースなどを溶剤に溶かした速乾性塗料。屋内の造作材，建具，家具などに塗布される（JIS）。

くりいし　栗石　cobble
割栗地業に用いる割栗石のことで，安山岩や石灰岩などの硬石。

グリース　grease
鉱物油の一種で型枠の内側や継目に塗り，剝離やブリーディングの漏水防止などの目的のために使用する。

クリストバライト　cristobalite　〔→鱗珪石〕
結晶性シリカの同質多形鉱物の一つで，コンクリート中にあるとアルカリシリカ反応を起こす。

クリープ　creep
一定の持続荷重を加えたとき，時間の経過とともに歪みが進行する現象。このクリープ歪みと材齢との関係を下図に示す。
コンクリートは常温下で乾燥することによってクリープ歪みが大きくなる。以下の要因によってクリープ歪みは大きくなる。
・載荷期間中の大気湿度が小さい。
・載荷時の材齢が短かい。
・載荷応力が大きい。
・部材寸法が小さい。
・貧調合あるいは水セメント比が大きい。
・セメントペースト量が多い。

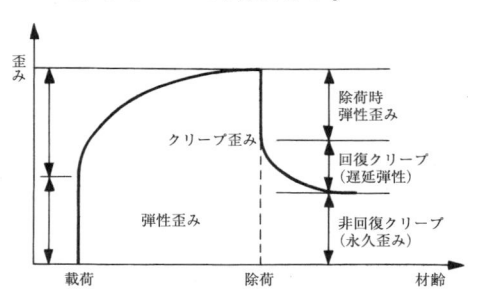

クリープ歪みと材齢の関係

くりやまゆたか　栗山寛（1907〜1993）
コンクリート製品の研究者。元 東北大学教授。竹筋コンクリートについても研究した。

クリンカー　clinker
石灰石や粘土，珪石，鉄鋼スラグなどを1,450〜1,500℃で焼成した黒い焼塊。セメントクリンカーともいう。

グリーンこうにゅうほう「かんきょうぶっぴんとうのちょうたつにかんするきほんほうしん」　グリーン購入法「環境物品等の調達に関する基本方針」

くりんこん

2001年4月施行。省庁など国の機関に環境配慮型商品優先的購入の義務づけ。対象物品は，表の通り。高炉スラグ骨材，フェロニッケルスラグ骨材，銅スラグ骨材，鉄鋼スラグ混入アスファルト混合物，鉄鋼スラグ混入路盤材，建設汚泥から再生した処理土，透水性コンクリートなど。

キャタピラーで走行する移動式クレーン。

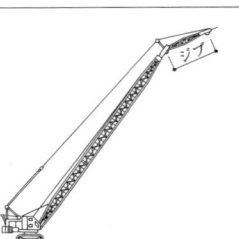

クローラークレーン

環境配慮型商品優先購入対象物

品　目　名	
再生木質ボード	パーティクルボード
	繊維板
	木質系セメント板
タイル	陶磁器質タイル
混合セメント	高炉セメント
	フライアッシュセメント
コンクリート塊 アスファルト・コンクリート塊 リサイクル資材	再生加熱アスファルト混合物
	再生骨材等
小径丸太材	間伐材

グリーンコンクリート　green concrete
　初期材齢（4，5日程度）のコンクリート。

クーリングようじょう　クーリング養生
　内部発熱を制御し，コンクリート内部と表面部とに温度差を生じさせないために，コンクリート打込み後，埋設したパイプに冷却水などを通し強制的にコンクリートを冷却する養生。

クレー　clay
　カオリン，ベントナイトなど粘土質鉱物類の総称。

クレオソート　creosote
　木材用の代表的な防腐剤。防腐性は大。使用にあたっては希釈する。

クレオソートのさよう　クレオソートの作用
　木造の土台および地盤面（建築基準法では1mまで）に近い部分の木材の防腐を図る。

クローラークレーン　crawler crane

[け]

けいかくきょうようきかん　計画供用期間
　JASS 5 に定められている用語。建築主または設計者が，その建物の鉄筋コンクリート構造体および部材について計画する供用予定期間である。この計画供用期間は，構造体や部材の大規模な補修を必要とすることなく供用できる期間，または継続して使用するためには，大規模な補修の必要性が生じると予想される期間を考慮して定めることになるが，計画供用期間をどのように設定するかは，その構造物の用途や立地条件の中での建築主や設計者の意図によるものであり，様々であると思われる。計画供用期間は，あくまでも予定の期間であり，建築主や設計者が任意に定めればよいが，JASS 5 では，設計時の便宜を図るために，一つの目安としてこれを一般，標準，長期の三つの級に区分している。「一般」とは，局部的な補修を超える大規模な補修を必要とすることなく，鉄筋腐食やコンクリートの重大な劣化が生じないことが予定できる期間がおよそ 30 年程度で，継続使用のためには大規模な補修が必要になると考えられる期間がおよそ 65 年間である。「標準」とは，上記の期間が，それぞれおよそ 65 年程度およびおよそ 100 年程度である。「長期」とは，およそ 100 年程度は，局部的なものは別として，全体としての鉄筋の腐食が生じないと考えられる耐久性の高い鉄筋コンクリート造建築物を対象としている。

けいかくちょうごう　計画調合
　所要の品質のコンクリートが得られるように計画された調合。

けいかくちょうごうのあらわしかた　計画調合の表し方　method of expressing designed mix proportion
　JASS 5-2003 の表し方を示す（下表）。

けいかじゅうスラブはしようプレストレストコンクリートはしげた　軽荷重スラブ橋用プレストレストコンクリート橋桁　Prestressed Concrete Beams for Light Load Slab Bridges
　1 車線の軽荷重スラブ橋に使用するプレテンション方式によって製造するプレストレストコンクリート橋桁。品質等は JIS を参照。

けいがん　珪岩　quartzite
　水成岩の一種。表乾密度 2.79～2.59 g/cm³（平均 2.45 g/cm³），吸水率 0.1～4.6 %（平均 0.8 %），原石の圧縮強度 190～61 N/mm²（平均 111 N/mm²）。コンクリート用骨材（砕石・砕砂として使用する）。

計画調合の表し方（JASS 5）

調合強度	スランプ	空気量	水セメント比	粗骨材の最大寸法	細骨材率	単位水量	絶対容積 (l/m³)				質量 (kg/m³)				化学混和剤の使用量
							セメント	細骨材	粗骨材	混和剤	セメント	細骨材[1)]	粗骨材[1)]	混和剤	
(N/mm²)	(cm)	(%)	(%)	(mm)	(mm)	(%)	(kg/m³)								(ml/m³) または (C×%)

［注］　[1)]　絶乾状態か，表面乾燥飽水状態かを明記する。
　　　　　ただし，軽量骨材は絶乾状態で示す。
　　　　　混和剤を用いる場合，必要に応じ混合前の各々の種類および混合割合を記す。

けいさ　珪砂　silica sand
珪砂・硅砂でJISに用いられる標準砂（オーストラリア産，天然珪砂）で2.0～0.08 mmと粒度範囲を広げ，粗くしたものを使用している。

けいざいてきたいようねんすう（めいすう）　経済的耐用年数（命数）
経済的要因により定まる耐用年数。言い換えると建物経営上効用低下の許容限界までの年限。

けいさんカルシウム　珪酸カルシウム　calcium silicate
CaO-SiO$_2$の二成分系の化合物。C$_3$S（エーライト），C$_2$S（ビーライト），C$_3$S$_2$，CSがある。C$_3$Sも天然鉱物として熱変成を受けた泥質石灰岩中に見出された。C$_3$S，C$_2$Sはポルトランドセメントや転炉スラグ中に産し，C$_3$S$_2$，CSは高炉スラグ中にしばしば見られる。オートクレーブ（高温高圧釜）に入れると反応が早い。補強繊維を入れた板材を珪酸カルシウム板といい，内装材として使用されている。

けいさんカルシウムすいわぶつ　珪酸カルシウム水和物　silicic calcium hydration
3CaO・SiO$_2$と2CaO・SiO$_2$の珪酸カルシウムが水和して出来たもの。これを通常は「C-S-H」という記号で表している。

けいさんさんせっかい　珪酸三石灰　tricalcium silicate　〔→ C$_3$S，➡エーライト〕
珪酸三カルシウムともいい，鉱物呼称はエーライト（アリット）。短期・長期強さ：大，水和熱：大，化学抵抗性・乾燥収縮：中。含有率は早強ポルトランドセメント：65％，耐硫酸塩ポルトランドセメント：63％，普通ポルトランドセメント：50％，中庸熱ポルトランドセメント：42％。

けいさんしつびふんまつ　珪酸質微粉末
シリコンやフェロシリコンなどを製造する際に副産される，超微粒子のシリカフュームや白土などをいう。SiO$_2$の含有量は前者が90％程度以上，白土は60％程度以上。シリカフュームは，コンクリートの流動性を良好にする他に高強度化が図れる。

けいさんせめんと　珪酸セメント　silicic acid cement　〔➡シリカセメント〕
フッ化カルシウムなどを溶剤として溶解させたアルミノシリケートガラス粉末とリン酸溶液からなる。常温硬化体の透明度は高く，歯科用などの充填剤・接合剤として用いられる。

けいさんソーダ　珪酸ソーダ　sodium silicate　〔➡水ガラス〕
NaO$_4$-SiO$_2$系化合物。Na$_2$SiO$_3$，Na$_4$SiO$_4$，Na$_2$Si$_2$O$_5$などがある。SiO$_2$とNaOHを融解して得られる。水ガラスはこれらの化合物の濃厚水溶液。珪酸ナトリウムともいう。

けいさんにせっかい　珪酸二石灰　di-calcium silicate　〔→ C$_2$S，➡ベリット〕
短期強さ：小，長期強さ：大，水和熱：小，化学抵抗性：大，乾燥収縮：小。含有率は，中庸熱ポルトランドセメント：36％，普通ポルトランドセメント：25％，耐硫酸塩ポルトランドセメント：15％，早強ポルトランドセメント：11％でマスコンクリートに用いるとよい。珪酸二カルシウムともいい，鉱物名称はビーライト（ベリット）。

けいさんはくど　珪酸白土　clay silicate, silica modulus
主に凝灰岩，玄武岩，花崗岩の風化物で，主成分はSiO$_2$（66～93％）とAl$_2$O$_3$（2～17％）。可溶性珪酸が高く，わが国のポゾラン質珪酸白土ではα-クリストバライトやモンモリナイト，カオリナイトなどの粘

土鉱物，あるいはフッ石などを含むものが多い。オートクレーブ養生に適する。

けいさんりつ　珪酸率　silica modulus
〔→ S.M.，→活動係数〕
ポルトランドセメントの化学組成を示す比率の一つ。$SiO_2/(Al_2O_3+Fe_2O_3)$。水硬率や鉄率と共によく用いられる。珪酸率が大きくなると，セメントは強度発現の遅い長期強度形となる。普通ポルトランドセメントの珪酸率は 2.5～3.0 程度である。

けいしつシリカリチート　軽質シリカリチート
軽量気泡コンクリートの一種。1958 年前後にわが国に導入されたことがある。現在はわが国においては使用されていない。

けいしゃ　珪砂　silica sand
主に石英からなる砂の総称。天然珪砂には水成層，風成層，あるいは，海浜砂として濃集したものと，カオリン鉱物と共生する石英粒を分離したものがあり，人造珪砂は熱変質を受けて粒状化したチャートなどを破砕・分級したもの。ALC，セメントなどの原料として使用範囲は広く，国内の主な産地は愛知県，岐阜県であり，輸入珪砂としてはオーストラリアのフラッタリーが有名である。フラッタリー珪砂の化学組成および粒度分布の一例を次に示す。
化学組成例：SiO_2：99.72 %，Al_2O_3：0.15 %，Fe_2O_3：0.012 %，TiO_2　n.d.，CaO　tr，MgO：0.01 %，ig.loss：0.08 %。粒度分布例：420 μm 以上：4.4 %，420～250 μm：42.8 %，250～149 μm：48.4 %，149～105 μm：4.5 %。

けいじゃり　軽砂利
軽量粗骨材をいう。例えば，硬質では大島産火山礫，軟質では駒岳，樽前，浅間，榛名，桜島産火山礫。

けいせき　珪石　siliceous stone
珪石・硅石でセメント用・ALC 用原料，コンクリート用骨材として用いられる。

けいそうど　珪藻土　diatomaceous earth, diatom-earth
浅海または湖沼に，珪藻の遺骸が集積した層状の堆積物。一般にはこれに粘土，火山灰，有機物などが混在する。防火材，保温材および断熱材として使用する。

けいどう（しき）ミキサー　傾胴（式）ミキサー　tilting mixer〔→可傾（式）ミキサー〕
傾斜形をした胴型のコンクリート練混ぜ機械。最近は 1,500 l というような大容量のものもある（写真参照）。

けいばいレンガ　珪灰　瓦煉
sand-lime brick, calcium-silicate brick
石灰岩質骨材などでつくった煉瓦。

けいもうしょ　啓蒙書　state of the arts
指針より幅広い概念での序論全般の書。

けいりょう　計量
コンクリート用材料それぞれを計量をすること。正確に計量できる器を用いるとバラツキは少ない。

けいりょうかたこう　軽量形鋼
light gauge steel for general structure
肉厚が 1.6 mm～6.0 mm 以下と定められている（JIS）。形状は p.130 上表の通り。記号は SSC 400。標準長さは 6.0～12.0 m。

けいりょうきのけいりょうごさ　計量器の計量誤差

けいりょう

軽量形鋼の形状と名称

断面形状による名称	断面形状寸法
軽溝形鋼	$A \times B \times t = 19 \times 12 \times 1.6$ 〜 $450 \times 75 \times 6.0$
軽Z形鋼	$A \times B \times t = 40 \times 20 \times 2.3$ 〜 $100 \times 50 \times 3.2$
軽山形鋼	$A \times B \times t = 30 \times 30 \times 3.2$ 〜 $75 \times 30 \times 3.2$
リップ溝形鋼	$A \times B \times C \times t = 60 \times 30 \times 10 \times 1.6$ 〜 $250 \times 75 \times 25 \times 4.5$
リップZ形鋼	$A \times B \times C \times t = 100 \times 50 \times 20 \times 2.3 〜 3.2$
ハット形鋼	$A \times B \times C \times t = 40 \times 20 \times 20 \times 1.6$ 〜 $60 \times 30 \times 25 \times 2.3$

JISにはコンクリート用材料の計量誤差が定められている。すなわち，セメント・水は1％以内，骨材・混和剤は3％以内，混和材は2％以内（ただし，高炉スラグ微粉末は，1回計量分量に対し，1％以内とする）。

けいりょうきほうコンクリートパネル　軽量気泡コンクリートパネル　autoclaved lightweight aerated concrete panels〔→ALCパネル〕

石灰質原料および珪酸質原料を主原料とし，約180℃，10気圧で，オートクレーブ養生したコンクリートからつくられたパネル。ALCと略称されている。主として建築物に用いる鉄筋で補強したパネルで，用途によって外壁用，間仕切用，屋根用および床用に区分される。圧縮強度は 3 N/mm^2，絶乾かさ密度は $0.45 〜 0.55 \text{ g/cm}^3$ で，軽量性，断熱性，不燃性，耐火性など，優れた特長を持つ建材として広く建築物に用いられているが，その使用にあたっては，建築基準法上の取扱いとして"ALC構造設計基準"によることが定められている。常備品の呼び寸法は下表の通り。品質等についてはJISを参照。

けいりょうこつざい　軽量骨材　lightweight aggregate

コンクリートの質量を軽減する目的で用い

軽量気泡コンクリートパネルの常備品の呼び寸法

種類	単位荷重 (N/m²)	呼び寸法 (mm) 厚さ	長さ 1,800	2,000	2,500	2,700	3,000	3,200	3,500	幅
外壁用パネル	1,177	100	—	—	○	○	○	○	○	600
	1,961	100	—	—	○	○	○	○	○	
間仕切用パネル	637	100	—	—	○	○	○	○	○	
屋根用パネル	981	100	—	○	○	○	○	○	○	
床用パネル	2,354	100	○	○	—	—	—	—	—	
		150	—	○	○	—	—	—	—	
	3,530	100	○	○	—	—	—	—	—	
		150	—	○	—	—	—	—	—	

軽量骨材の区分（JIS）

(a)種類による区分

種類		適用
人工軽量骨材	粗骨材	膨張頁岩，膨張粘土，膨張スレート，焼成フライアッシュ等
	細骨材	
天然軽量骨材	粗骨材	火山礫およびその加工品
	細骨材	
副産軽量骨材	粗骨材	膨張スラグなどの副産軽量骨材およびそれらの加工品
	細骨材	

(b)骨材の絶乾密度による区分

種類	絶乾密度 (g/cm³)	
	細骨材	粗骨材
L	1.3 未満	1.0 未満
M	1.3 以上 1.8 未満	1.0 以上 1.5 未満
H	1.8 以上 2.3 未満	1.5 以上 2.0 未満

(c)骨材の実積率による区分（単位：％）

種類	モルタル中の細骨材の実積率	粗骨材の実積率
A	50.0 以上	60.0 以上
B	45.0 以上 50.0 未満	50.0 以上 60.0 未満

(d)コンクリートの圧縮強度による区分

区分	圧縮強度 (N/mm²)
4	40 以上
3	30 以上 40 未満
2	20 以上 30 未満
1	10 以上 20 未満

(e)コンクリートの単位容積質量による区分

区分	単位容積質量 (kg/m³)
15	1,600 未満
17	1,600 以上 1,800 未満
19	1,800 以上 2,000 未満
21	2,000 以上

軽量骨材コンクリート

種類	骨材の組合せ		気乾単位容積質量の範囲 (t/m³)	設計基準強度の最大値 (N/mm²)
	粗骨材	細骨材		
1種	人工軽量骨材	砂	1.7〜2.1	36
2種	人工軽量骨材	人工軽量骨材	1.4〜1.7	27

る，普通の岩石よりも密度の小さい骨材である。JISでは，種類，絶乾密度，実積率，コンクリートとしての圧縮強度，フレッシュコンクリートの単位容積質量による区分を定めている（上表参照）。

けいりょうこつざいコンクリート　軽量骨材コンクリート
    lightweight aggregate concrete
軽量骨材を用いて，質量を小さくしたコンクリート（左下表参照）。

けいりょうこつざいのきてい　軽量骨材の規定
JISに構造用軽量コンクリート骨材に関して種類，区分，呼び方，品質，試験方法，検査方法，表示報告について定めている（左上表・p.132表参照）。

けいりょうコンクリート　軽量コンクリート
    lightweight concrete
〔→軽量コンクリートの圧縮強度〕
軽量骨材や多量の気泡を含ませて，質量を小さくしたコンクリート。構造計算上，自重を小さくし，断熱化を図る。JASS 5の軽量コンクリートの主な規定事項は，次の通り。

① 1種は設計基準強度36 N/mm²以下，気乾単位容積質量1.7〜2.1 t/m³範囲，2種は27 N/mm²以下，1.4〜1.7 t/m³範囲。

②スランプは21 cm以下とする。

③単位セメント量は320 kg/m³以上，水セメント比は55％以下とする。ただし，設計基準強度が27 N/mm²を超える場合340 kg/m³以上，50％以下とする。

④単位水量は185 kg/m³以下とする。

なお，軽量コンクリートの性質を普通コン

けいりょう

軽量骨材の化学成分および物理・化学的性質

項	目		人工軽量骨材	天然軽量骨材 副産軽量骨材
化学成分	強熱減量	%	1以下	5以下
	酸化カルシウム（CaOとして）[1]	%	—	50以下
	三酸化硫黄（SO_3として）	%	0.5以下	0.5以下
	塩化物（NaClとして）	%	0.01以下	0.01以下
有機不純物				試験溶液の色が標準色液または色見本より淡い
安定性（骨材の損失質量分率）		%	—	20以下
粘土塊量		%	1以下	2以下
細骨材の微粒分量		%	1以下	2以下

[注][1]：膨張スラグおよびその加工品だけに適用する。

クリートと比較するとおよそ次の通り。
・単位容積質量は，骨材の組合せによって異なるが，普通コンクリートに比較して$0.2\,t/m^3$から$0.7\,t/m^3$程度軽い。
・圧縮強度は，実験的研究によると，適当な軽量骨材の選定と高性能減水剤を使用することにより$70\,N/mm^2$程度のものは得られているが，実用上は普通コンクリート同様に$60\,N/mm^2$（RC，PCを含む）程度以下となるのが一般的である。
・ヤング係数は，$15 \sim 23\,kN/mm^2$程度で，普通コンクリートの約60～80％である。
・引張強度は圧縮強度の1/9～1/15程度，曲げ強度は同じく1/5～1/10である。圧縮強度の高い範囲では圧縮強度の増加に対し，引張強度，曲げ強度の伸びる割合は普通コンクリートに比して多少低い。
・剪断強度は，普通コンクリートの約60～80％である。
・付着強度は，普通コンクリートの70％程度である。
・支圧強度は，普通コンクリートの60～80％である。
・クリープ歪みは普通コンクリートの1.0～1.5倍程度であるが弾性歪みが大きいので，一般にクリープ係数は1.0～2.0程度で普通コンクリートのそれより小さい。
・乾燥収縮率は，平均的にみると普通コンクリートと同じ8×10^{-4}
・耐疲労性，水密性は普通コンクリートと同程度である。
・吸水性は高いので地下には使用しない。
・耐久性のうち，凍結融解の繰返しに対する抵抗性は一般に劣るが，骨材の使用時吸水量により相当の差異がある。しかし，実際の厳しい環境条件下における耐久性は普通コンクリートとほとんど差異がない。
・線膨張係数は普通コンクリートとほぼ同様である。
・耐薬品性（化学抵抗性）は普通コンクリートと同様である。

けいりょうコンクリートのあっしゅくきょうど　軽量コンクリートの圧縮強度〔→軽量コンクリート〕

軽量骨材の圧縮強度が多少低いので，軽量コンクリートの圧縮強度を算定する場合，普通コンクリートの水セメント比（x）を$0.95\,x$（軽量コンクリート1種），$0.9\,x$（軽量コンクリート2種）とするとよい。

けいりょうコンクリートのいっしゅからごしゅ　軽量コンクリートの1種～5種

使用する骨材の組合せによって種類分けしたもの。1965年版JASS 5において規定されたが，現在のJASS 5では1種と2種のみが規定されている（p.133表参照）。

けいりょうコンクリートのかぶりあつさ　軽量コンクリートの被り厚さ

土に接しない部分は，普通コンクリートと同じ被り厚さ，土に接する部分はプラス

けいりよう

使用する骨材の組合せによる種別(JASS 5-1969)

軽量コンクリートの種別		使用する骨材		気乾単位容積質量の範囲 (t/m³)	設計基準強度の最大値 (N/mm²)
		細骨材	粗骨材		
構造用コンクリート	1種	砂	膨張頁岩・膨張粘土・焼成フライアッシュ・硬質軽量骨材の改良骨材	1.7〜2.0	22.5
	2種	膨張頁岩・膨張粘土・焼成フライアッシュ・またはこれらに砂を加えたもの	同上	1.4〜1.7	21.0[1]
	3種	砂	硬質火山礫[2]・膨張スラグ・溶融石灰殻	1.8〜2.0	18.0
	4種	同上	軟質火山礫[3]	1.6〜1.8	13.5[4]
	5種	軟質火山礫	同上	1.2〜1.6	9.0
構造用以外のコンクリート		砂・軽量細骨材	軽量粗骨材	—	—

[注] [1] 材料の選定,調合の決定,施工一般に関し,特別の注意を払う場合は,22.5 N/mm²とすることができる。
[2] 硬質で,粒形が不良なもの。大島の火山礫等。
[3] やや硬質で,比較的粒形のよいもの。駒岳・樽前・浅間・榛名・桜島の火山礫等。
[4] 上記3)に示す火山礫よりもさらに軟質なものは,実状に応じこの値を小さくとる。

10 mm とする。

けいりょうコンクリートのかんそうしゅうしゅく 軽量コンクリートの乾燥収縮
軽量コンクリート1種と2種の乾燥収縮率は,普通コンクリートと同程度である。その理由は,人工軽量骨材の吸水率が普通骨材のそれより多少大きいので,長期間にわたってセメントと水和反応が行われるため乾燥速度が遅くなるからである。

けいりょうコンクリートのきかんたんいしつりょう 軽量コンクリートの気乾単位質量
軽量コンクリート1種で F_c が 20 N/mm² 以上のとき 2.0 t/m³,20 N/mm² 以下のとき 1.9 t/m³,2種で F_c が 20 N/mm² 以上のとき 1.7 t/m³,20 N/mm² 以下のとき 1.6 t/m³ 程度である。

けいりょうコンクリートのきょうどのへんどう 軽量コンクリートの強度の変動
供試体の場合,普通コンクリートと同じと考えてよい。コンクリート構造物で長期間経過した場合,普通コンクリートより含水しているので小さい。

けいりょうコンクリートのきょようおうりょくど 軽量コンクリートの許容応力度
軽量コンクリート1種が 4 N/mm²,同2種が 3 N/mm² である。建築基準法施行令第74条では,4週圧縮強度は,1 mm² につき 9 N 以上なので許容応力度は 3 N/mm² 以上となる。

けいりょうコンクリートのくうきりょう 軽量コンクリートの空気量
普通コンクリートと同じ 4.5 % とする。なお,骨材中の空泡である骨材修正係数(0.5〜0.7 %)を差引くとよい。

けいりょうコンクリートのクリープ 軽量コンクリートのクリープ
creep of lightweight concrete
持続荷重が作用すると,時間の経過と共に歪みが増大する。この現象をクリープといい,普通コンクリートより若干大きい(不

利)。

けいりょうコンクリートのさいこつざいりつ 軽量コンクリートの細骨材率
軽量コンクリート1種と2種とを比較すると2種は1%程度大きくする。例えばW/C 55%,スランプ18 cmの場合,1種が47.5%程度に対し,2種は48.7%程度である。

けいりょうコンクリートのスランプ 軽量コンクリートのスランプ
普通コンクリートと同程度のスランプでよい。

けいりょうコンクリートのそこつざいようせきりょう 軽量コンクリートの粗骨材容積量
軽量コンクリート1種と2種は同程度の粗骨材容積量である。例えばW/C 55%,スランプ18 cmの場合350 l/m³である。

けいりょうコンクリートのたいかいすいせい 軽量コンクリートの耐海水性 sea water resistance of light-weight concrete
普通コンクリートより耐海水性は小さい。とくに軽量コンクリートの膨張率は大きい。依田が35年間にわたって,海水に浸漬した普通コンクリートの膨張率は,4.0×10^{-4}程度に対して軽量コンクリートは,4.5×10^{-4}程度である。

けいりょうコンクリートのたいきゅうせい 軽量コンクリートの耐久性
耐久性は普通コンクリートより若干小さい。

けいりょうコンクリートのたんいセメントりょう 軽量コンクリートの単位セメント量
軽量コンクリート1種と2種とを比較すると2種は10〜20 kg/m³程度少ない。例えばW/C 55%,スランプ18 cmの場合333 kg/m³程度に対し,2種は318 kg/m³程度である。

けいりょうコンクリートのたんいすいりょう 軽量コンクリートの単位水量
軽量コンクリート1種と2種とを比較すると2種は10〜20 kg/m³程度少ない。例えばW/C 55%,普通ポルトランドセメント18 cmの場合183 kg/m³程度に対し,2種は175 kg/m³程度である。

けいりょうコンクリートのだんせいけいすう 軽量コンクリートの弾性係数
普通コンクリートより気乾単位容積の質量分(γ)だけ小さい(次式参照)。

$$3.35 \times 10^4 \times \left(\frac{\gamma}{24}\right)^2 \times \left(\frac{F_c}{60}\right)^{1/3}$$

F_c:コンクリートの設計基準強度(N/mm²)

(日本建築学会鉄筋コンクリート構造計算規準・同解説より)

けいりょうコンクリートのちゅうせいか 軽量コンクリートの中性化
普通コンクリートと同一強度で比較すれば中性化深さは同じ。

けいりょうコンクリートのとうけつゆうかいさようにたいするていこうせい 軽量コンクリートの凍結融解作用に対する抵抗性
普通コンクリートより小さい(不利)ので水セメント比を小さくする必要がある。

けいりょうコンクリートプレキャストせいひん 軽量コンクリートプレキャスト製品
事務所,ホテルなどの建築物のカーテンウォール等に用いられる(例:新宿の京王プラザホテル外壁)。

けしょうコンクリート 化粧コンクリート
PET樹脂を原料とした特殊発泡シートに,バーナー仕上げ風の表面加工を施し,その加工面に天然花崗岩砕石を固着させ,これを型枠に張り込み,コンクリートを打ち込むことで固着層を一体にしたコンクリート。

けしょうコンクリートブロック 化粧コンク

リートブロック　finished concrete block
あらかじめ表面に仕上げを施したコンクリートブロック。研削仕上げ、スプリット仕上げなどがある。

けしょうめじ　化粧目地
tooled joint, pointed joint
表面をデザイン的に仕上げた目地。表面の形状により多くの種類がある（右図）。また、モルタルやコンクリートを全厚さに切り欠いた目地とせず、表面だけに筋を付けた目地のこともいう。

げすいおでい　下水汚泥　〔→溶融スラグ〕
国内の下水汚泥発生量は、乾燥質量で約198万 t（2000年度）。自治体による埋立て地の確保は難しく、汚泥をセメント原料や溶融化してコンクリートまたは道路の細骨材（溶融スラグ）として使う需要がある。

げすいどうようマンホールそくかい　下水道用マンホール側塊　reinforced concrete manhole blocks for sewerage work
主として下水道に用いられる鉄筋コンクリート製のマンホール側塊。品質等はJISを参照（右図）。

げすいどうようマンホールふた　下水道用マンホール蓋
manhole covers for sewerage
下水道に使用するマンホール蓋（枠を含む）。種類はねずみ鋳鉄蓋、球状黒鉛鋳鉄蓋、鉄筋コンクリート蓋である。品質等はJISを参照。

けつがん　頁岩　shale
粘土、シルトなどの泥分（粒径1/16 mm以下）が堆積して固化した岩石で、固結度が大きく、層状組織を持っているもの。頁岩のうち焼成により膨張するものを膨張（性）頁岩といい、人工軽量骨材の原料。

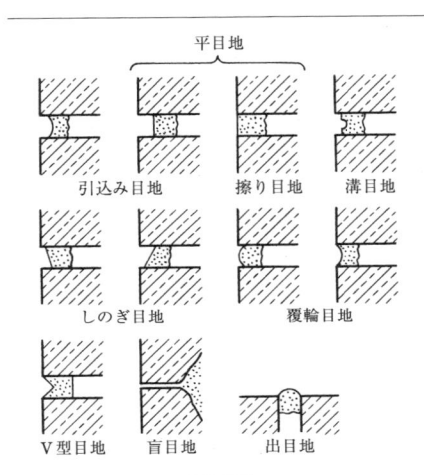

化粧目地

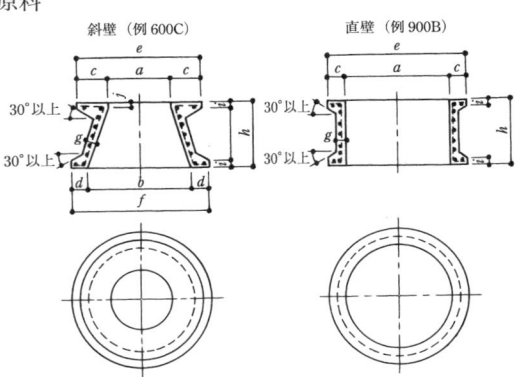

下水道用マンホール側塊の形状・寸法・配筋

けつごうざい（りょう）　結合材（料）
binder
セメント、高炉スラグ微粉末、フライアッシュおよびシリカフューム、膨張材（JIS）などのポゾラン反応性や潜在水硬性を有する材料の総称。バインダーともいう。

けつごうすい　結合水　combined water
〔→自由水〕
セメント、高炉スラグ微粉末、フライアッ

シュ，シリカフュームなどの結合材と化学反応（付着）した水。吸着水と毛細管水を除いた水。結晶水，化合水，水和水，吸着水などが相当する。

けっしょうすい　結晶水
water of crystalization
化学反応して結晶中に含まれる水。セメント水和物や二水石膏（$CaSO_4 \cdot 2H_2O$）などがある。

けっしょうへんがん　結晶片岩
crystalline schist
片理が発達している変成岩。

けっそく　結束　binding
鉄筋の組立ての際，移動を起こさないように鉄筋相互を緊結すること。結束線を二つ折にして2本一緒に鉄筋にかけ，手ハッカーでひねり止めする。

ハッカー（hooker）

けっそくせん　結束線　binding wire
鉄筋相互交点の結束に用いる。0.8～0.85 mm程度のなまし鉄線。

けつろ　結露　condensation
冬期暖房中，窓ガラスなどに水滴が付く現象。これにより黴やダニの発生，構造材の腐朽などが起こる可能性がある。壁や窓などの表面だけでなく，大壁構造の場合，壁体内部の柱や筋違が内部結露によって腐朽する。結露の発生しやすい場所は図の通り。

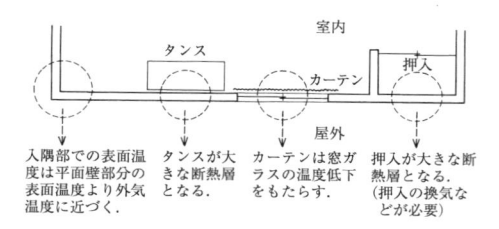

結露しやすい場所

ケミカルプレストレス　chemical prestress
一般に膨張コンクリートの膨張を鉄筋で拘束することにより，コンクリートに導入される圧縮応力をいう。これを用いた工法をケミカルプレストレッシングという。

ゲル　gel　〔→ゾル〕
セメント粒子が水和してその周囲に生成するニカワ状の物質をいう。成分的には珪酸カルシウム水和物あるいはアルミン酸カルシウム水和物であって，一般式としてC_mSH_n，C_mAH_nが与えられる。ゲルの量は強度の大きさに比例するといわれ，短期間では非晶質であるが，1年以上経てば徐々に結晶化する。シリカ質混合材粒子の表面にもセメントの水和から生じた$Ca(OH)_2$が作用して，きわめて薄いゲル質ができる。

げんあつコンクリート　減圧コンクリート
low pressure concrete
練り混ぜたコンクリートを密閉容器中に入れ，ポンプで減圧して，コンクリート内部に残っている気泡を膨張させてつくった多孔質のコンクリート。

けんきゅうてんぼうほうこくしょ　研究展望報告書　state of the art report
ある特定の主題について研究成果を掲載した報告書。例えば，日本建築学会刊行の『高強度コンクリートの技術の現状（1991年）』『高炉スラグ微粉末を用いたコンクリートの技術の現状（1992年）』などがある。

けんさ　検査　inspection
コンクリートをJISの方法等で試験した結果を，品質判定基準と比較して，個々の品物の良品・不良品の判定を下し，または

ロット判定基準と比較して，ロットの合格・不合格の判定を下すこと（JIS）。

けんざいぎょうしゃ　建材業者
building material trader
建築材料を専門に仕入販売を行う業者。

けんさずみしょう　検査済証
検査の結果，法令の規定に適合しているときに交付される証明書。建築工事については建築主事またはその委任を受けた市町村が，宅地造成工事については都道府県知事が，それぞれ検査済証を交付する。建築基準法では，一定規模以上の建築物については原則として，その公布がないと当該建築物や宅地を使用できず，または使用禁止等を命ぜられることがある（建築基準法第7条）。

げんしりょくはつでんしせつにもちいるコンクリート　原子力発電施設に用いるコンクリート
放射線の漏洩防止のため，組織が密なコンクリートを用いること。なお漏洩の危険性のある打継ぎは絶対にあってはならない。

げんしろ　原子炉　atomic pile
ウランなどの原子核を分裂させ，熱エネルギーとして取り出す炉。普通の水を炉心に通して蒸気を発生させ，タービンを回す軽水炉が一般的で，蒸気の発生方式により加圧水型軽水炉（PWR）と沸騰水型軽水炉（BWR）の2種類がある。原発を建設する能力はアメリカ，ヨーロッパ，日本，ロシアなどが持ち，全世界で約440基が稼働（2004年）している。しかし，ドイツやスウェーデンが原発全廃を決めるなど需要は世界的に低迷している。ウエスチングハウス（現CBS）が1999年に原発部門を英核燃料会社（BNFL）に売却するなど再編が進んでいる。原発メーカーは米国のエネルギー政策転換をチャンスと見ており米電力

大手エクセロンは燃料棒の代わりに小石のような球状燃料を使う小型炉を開発中。日米欧など9カ国は2030年の実用化を目指

上位10位までの世界の原子力発電開発の動向
(2002年度)

順位	国　名	運転中原子力施設
1	アメリカ	103
2	フランス	59
3	日本	53
4	イギリス	31
5	ロシア	30
6	ドイツ	19
7	韓国	18
8	カナダ	14
8	インド	14
10	ウクライナ	13

（日本原子力産業会議より）

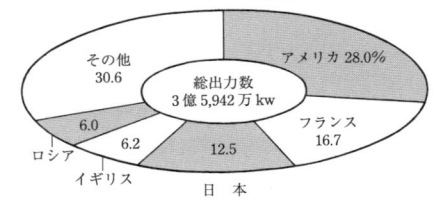

世界原子力発電の運転状況

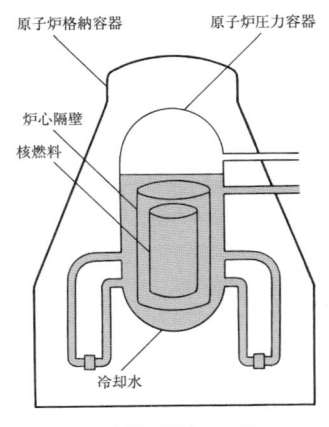

原子炉の構造の一例

し，核燃料廃棄物が少なく運転中の安全性が高い次世代炉の共同開発に着手する。

げんず　原図　traced drawing
鉛筆や墨で書かれたもので，複写の原始になる図または図面。

げんすいざい　減水剤
water reducing agent
コンクリートなどの単位水量を増すことなく，ワーカビリティをよくするか，ワーカビリティを変えることなく単位水量を減らすために用いる混和剤。標準形，遅延形，促進形の3タイプがある。

げんすいりつ　減水率
percent of water reducing
同一スランプを得る場合に，化学混和剤を用いないコンクリートの単位水量に対して，化学混和剤を用いたコンクリートの単位水量の減水できる割合をいう。

混和剤別の減水できる割合

AE 剤	減水剤	AE 減水剤	高性能 AE 減水剤
6〜9％減	4〜7％減	8〜13％減	20〜25％減

げんせき　原石　raw stone
一切の加工をされていない石。コンクリート用骨材の原石の性質の一例を示す（下表参照）。

けんせつかいたいはいきぶつリサイクルほう　建設解体廃棄物リサイクル法
建設工事に係る資源の再資源化に関する法律で 2000 年 5 月 24 日に成立した。特定資材（コンクリート，アスファルト，木材）を用いる一定床面積以上の建築物を解体する際に，廃棄物を現場で分別し，資材ごとに再利用することを解体業者に義務付ける。対象となる規模は政省令で定めることにしているが，延べ面積 70〜100 m² 以上となる見込み。一戸建て住宅を建て替える個人も大半が対象となる。

けんせつきかい　建設機械
わが国の建設工事は機械化によるところが大きく，性能の高い機械を用いている。グラフは国内需要を対象としたもの。

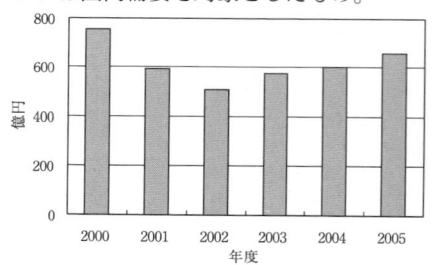

建設機械の国内出荷額　（日本建設機械工業会調べ）

けんせつぎょうしゃ　建設業者
builder, contractor
一般的には，建築または土木一式工事を請け負う業者。建設白書によると 1996 年 3 月末日で 557,175 社。ピークは 2000 年 3 月末日で 600,980 社で，ちなみに 2003 年 3 月末日で 552,210 社，2005 年 3 月末日で 562,661 社である。

けんせつぎょうほう　建設業法
この法律は，建設業を営む者の資質の向上，建設工事の請負契約の適正化等を図ることによって，建設工事の適正な施工を確保し，発注者を保護すると共に，建設業の健全な発達を促進し，もって公共の福祉の増進に寄与することを目

コンクリート用骨材の原石の性質

種類	圧縮強度 (N/mm²)	ヤング係数 (kN/mm²)	吸水率 (％)	見掛け密度 (g/cm³)	膨張係数 ($\times 10^{-5}$/℃)
石灰岩	83.4	43	0.04	2.78	—
玄武岩	163.8〜175.2	—	0.3〜1.0	2.89〜2.92	0.54
花崗岩	109.2〜155.1	47〜57	0.05〜0.38	2.54〜2.74	—
砂岩	81.1〜87.8	—	3.5〜4.4	2.28〜2.34	—
凝灰岩	7.1	—	22.3	1.44	—
安山岩	55.5〜111.5	—	1.5〜9.5	2.54〜2.71	—

建設投資額（国土交通省）

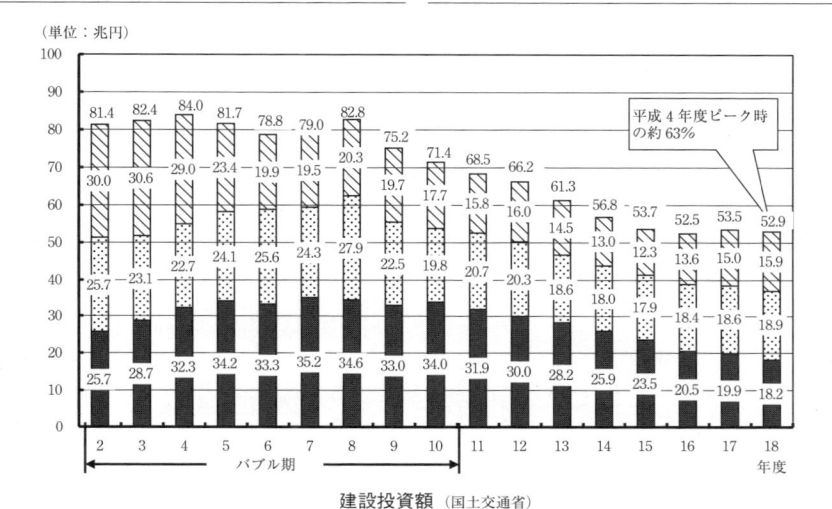

(単位：兆円)

年度	2	3	4	5	6	7	8	9	10	11	12	13	14	15	16	17	18
合計	81.4	82.4	84.0	81.7	78.8	79.0	82.8	75.2	71.4	68.5	66.2	61.3	56.8	53.7	52.5	53.5	52.9
上段	30.0	30.6	29.0	23.4	19.9	19.5	20.3	19.7	17.7	15.8	16.0	14.5	13.0	12.3	13.6	15.0	15.9
中段	25.7	23.1	22.7	24.1	25.6	24.3	27.9	22.5	19.8	20.7	20.3	18.6	18.0	17.9	18.4	18.6	18.9
下段	25.7	28.7	32.3	34.2	33.3	35.2	34.6	33.0	34.0	31.9	30.0	28.2	25.9	23.5	20.5	19.9	18.2

平成4年度ピーク時の約63%

バブル期（2〜8年度）

的として1949年より施行された。

2004年3月から施行された改正建設業法により，新しい管理技術制度が創設され，建設工事の中でもより適切な施工の確保が求められる公共工事において，監理技術者が所定の資格を有しているか，本人が専任で従事しているか，所属建設業者と直接的かつ恒常的な雇用関係にあるか，所定の講習（5年以内ごと）を受講しているか等につき，発注者が容易に確認できるようになった。「監理技術者」は，建設工事の施工監理に必要な知識および技術の向上を図り，もって建設工事の適切な施工の確保に寄与するため，特に建設工事の施工の技術上の管理をつかさどる監理技術者として従事するもので，
①建設工事に関する法律制度
②建設工事の施工計画の作成，工程管理，品質管理，その他の技術上の管理
③建設工事に関する最新の材料，資機材および施工方法　等についての知識が必要であるとしている。

けんせつこうじしざいさいしげんかほう　建設工事資材再資源化法〔→建設リサイクル法〕

コンクリート塊，アスファルト塊，木屑の廃材リサイクルを推進する。3品目のリサイクル率を2010年度までに95％に高めることが目標。2002年6月1日に完全施行。

けんせつしじょうとこようしゃすう　建設市場と雇用者数

わが国は特異。有数の地震国，火山国なので建設投資は諸外国に比べて多く，労働者も多い。

けんせつとうしがく　建設投資額〔→建築投資額〕

construction investment

わが国の建設投資額は，上図・p.140上表の通りで，最近は減少しつつある。しかし，世界ではわが国が断然多い。建築と土木では後者が若干多い。なお，2005年度は534,600億円であった。

海外への受注額（1999年）は，日本が747億80万ドルに対してイギリスが138億

けんせつは

建設投資とセメント原単位の推移

年度	建設投資 億円	セメント 千t
1992	839,708	82,142
1993	816,933	78,616
1994	787,523	79,743
1995	790,169	80,377
1996	828,077	82,417
1997	751,906	76,573
1998	714,269	70,719
1999	685,039	71,515
2000	661,948	71,435
2001	912,875	67,811
2002	568,401	63,514
2003	539,400	59,687
2004	527,700	56,000

[注] 建設投資は名目。2003, 04年度は建設経済研究所の見通し。
セメントはセメント新聞社見通し。

6,220万ドル,フランスが409億5,190万ドル,アメリカが251億7,620万ドルである。

けんせつはいきぶつ　建設廃棄物

建設廃棄物は表に示す通りで2000年度における建設廃棄物の再資源化率は,85%(排出量8,500万t)で,1995年度より15%減少している。建設工事に伴い副次的に発生する建設発生土(いわゆる建設残土),コンクリート塊,アスファルト・コンクリート塊などの建設廃棄物の現状としては,1995年度に実施した建設廃棄物実態調査によると,建設発生土の年間発生量は約4億4,600万m^3(東京ドーム約360杯分)であり,発生土以外の建設廃棄物の年間発生量は約9,900万t(東京ドーム約60杯分)である。日本は,アメリカやドイツなどに比べ建設廃棄物などの排出量が多い(p.141表参照)。

けんせつリサイクルすいしんけいかく2002　建設リサイクル推進計画2002

下表参照。

「建設リサイクル推進計画2002」の目標 (国土交通省)

対象品目		2005年度	2010年度
再資源化率	アスファルトコンクリート塊	98%以上(98%)	98%以上
	コンクリート塊	96%以上(96%)	96%
	建設発生木材	60%	65%
再資源化・縮減率	建設発生木材	90%以上(83%)	95%
	建設汚泥	60%以上(83%)	75%
	建設混合廃棄物	2000年度排出量に対して50%削減	2000年度排出量に対して50%削減
	建設廃棄物全体	88%(85%)	91%
有効利用率 建設発生土		75%(60%)	90%

[注]　カッコ内は2000年度の実績値。
2010年度は「基本方針」の目標。

けんせつリサイクルほう　建設リサイクル法 〔→建設工事資材再資源化法〕

建設工事に係る資材の再資源化等に関する法律。施行は2002年5月30日。特にコンクリート,アスファルト,木材の三素材を「特定建設資材廃棄物」に指定。2010年度にリサイクル率(質量ベース)を95%以上を目標。

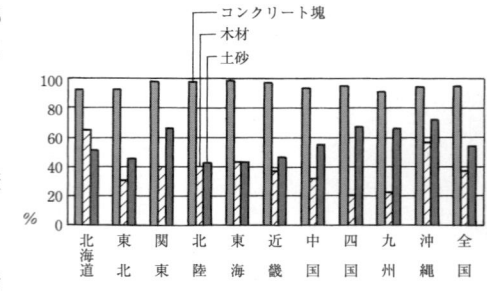

2000年度の建設副産物の再利用率
(関東は1都6県と山梨・長野。北陸は新潟を含む。東海は静岡・愛知・岐阜・三重)

けんぜんど　健全度

コンクリートが劣化していない部分の程度

建設廃棄物の一覧

	分類	建設現場から排出される一般廃棄物の具体的内容
一般廃棄物	もえがら	現場内焼却残渣物(ウェス・段ボール)
	その他	現場事務所、宿舎等の撤去に伴う各種廃材 (寝具、フロ、畳、日用雑貨品、設計図面、雑誌等)

	分類	建設現場から排出される産業廃棄物の具体的内容
建設廃棄物 / 産業廃棄物	汚泥 (管理型処分)	①廃ベントナイト汚水 ②リバース工法等に伴う廃汚水 ③含水率が高く粒子の微細な泥状の掘削土
	廃油 (管理型処分)	①重油等の廃潤滑油、軽油、灯油、ガソリン等の使用残渣 ②防水アスファルト、アスファルト乳材等の使用残渣
	廃プラスチック類	①廃合成樹脂建材 ②廃発泡スチロール等梱包材 ③廃タイヤ ④廃シート類
	建設木くず	木造家屋解体材等
	廃木材 (木くず)	型枠・足場材等 大工・建具工事等残材
	紙くず	包装紙・ダンボール・壁紙くず
	繊維くず	廃ウェス・縄・ロープ類
	金属くず	①鉄骨鉄筋くず ②金属加工くず ③足場パイプや保安べいくず ④廃缶
	ガラスくずおよび陶磁器くず	①ガラスくず ②タイルの衛生陶器くず ③耐火レンガくず
	建設廃物	構造物・工作物の除却に伴って生じたコンクリートの破片、その他これに類する不要物 ①セメントコンクリート塊 ②アスファルトコンクリート塊 ③煉瓦塊
	ゴムくず	天然ゴムくず

(割合)。

けんちくかくにん　建築確認

建築に先立ち、建築主からの申請に対して、建築主事がその建築計画が建築関係法令の規定に適合しているかどうかを判断する行為(建築基準法第6条)。従来は、行政機関が一手に担っていた建築確認を含む建築検査業務が民間に解放されたのは1999年からである。指定確認検査機関数は、2005年現在124社で、2004年度では建築確認の55％前後を担っている。

けんちくきじゅんほう　建築基準法

建築物の敷地、構造、設備および用途に関する最低の基準を定めて、国民の生命、健康および財産の保護を図り、もって公共の福祉の増進に資することを目的とするとして、誰もが快適に住むことができるための最低の基準を定めた。1950年に制定された。コンクリートは、建築基準法第37条(建築材料の品質)、建築基準法施行令第

72条（コンクリートの材料），第73条（鉄筋の継手及び定着），第74条（コンクリートの強度），第75条（コンクリートの養生），第76条（型枠および支柱の除去），第77条（柱，床版の構造），第78条（はり，耐力壁の構造），第79条（鉄筋，鉄骨の被り厚さ），第80条・第97条（コンクリート）等が関係する。関連条項を次に示す。

[建築材料の品質]
第37条　建築物の基礎，主要構造部その他安全上，防火上または衛生上重要である政令で定める部分に使用する木材，鋼材，コンクリートその他の建築材料として国土交通大臣定めるもの（以下この条において「指定建築材料」という。）は，次の各号の一に該当するものでなければならない。
一　その品質が，指定建築材料ごとに国土交通大臣の指定する日本工業規格または日本農業規格に適合するもの。
二　前号に掲げるもののほか，指定建築材料ごとに国土交通大臣が定める安全上，防火上または衛生上必要な品質に関する技術的基準に適合するものであることについて国土交通大臣の認定を受けたもの。

令・第6節　鉄筋コンクリート造
[コンクリートの材料]
第72条　鉄筋コンクリート造に使用するコンクリートの材料は，次の各号に定めるところによらなければならない。
一　骨材，水および混和材料は，鉄筋を錆させ，またはコンクリートの凝結および硬化を妨げるような酸，塩，有機物または泥土を含まないこと。
二　骨材は，鉄筋相互間および鉄筋とせき板との間を容易に通る大きさであること。
三　骨材は，適切な粒度および粒形のもので，かつ，当該コンクリートに必要な強度，耐久性および耐火性が得られるものであること。

[鉄筋の継手および定着]
第73条　鉄筋の端末は，かぎ状に折り曲げて，コンクリートから抜け出ないように定着しなければならない。ただし，次の各号に掲げる部分以外に使用する異形鉄筋にあっては，その末端を折り曲げないことができる。
一　柱およびはり（基礎ばりを除く。）の出すみ部分。
二　煙突
2　主筋または耐力壁の鉄筋（以下この項において「主筋等」という。）の継手の重ね長さは，継手を構造部における引張力の最も小さい部分に設ける場合にあっては，主筋等の径（径の異なる主筋等をつなぐ場合にあっては，細い主筋等の径。以下この条において同じ。）の25倍以上とし，継手を引張力の最も小さい部分に設ける場合にあっては，主筋等の径40倍以上としなければならない。ただし，国土交通大臣が定めた構造方法を用いる継手にあっては，この限りでない。
3　柱に取り付けるはりの引張鉄筋は，柱の主筋に溶接する場合を除き，柱に定着される部分の長さをその径の40倍以上としなければならない。
4　軽量骨材を使用する鉄筋コンクリート造にあっては前2項の規定を適用する場合には，これらの項中「25倍」とあるのは「30倍」と，「40倍」とあるのは「50倍」とする。
5　前各項の規定は，国土交通大臣が定める基準に従った構造計算によって安全であることが確かめられた場合においては，適用しない。

[コンクリートの強度]

第74条　鉄筋コンクリート造に使用するコンクリートの強度は，次に定めるものでなければならない。
一　4週圧縮強度は，1 mm²につき12 N（軽量骨材を使用する場合においては，9 N）以上であること。
二　設計基準強度（設計に際し採用する圧縮強度をいう。以下同じ。）との関係において国土交通大臣が安全上必要であると認めて定める基準に適合するものであること。
2　前項に規定するコンクリートの強度を求める場合においては，国土交通大臣が指定する強度試験によらなければならない。
3　コンクリートは，打上りが均質で密実になり，かつ，必要な強度が得られるようにその調合を定めなければならない。
[コンクリートの養生]
第75条　コンクリート打込み中および打込み後5日間は，コンクリートの温度が2度を下がらないようにし，かつ，乾燥，振動等によってコンクリートの凝結および効果が妨げられないように養生しなければならない。ただし，コンクリートの凝結および硬化を促進するための特別の措置を講ずる場合においては，この限りでない。
[型枠および支柱の除去]
第76条　構造耐力上主要な部分に係る型枠および支柱は，コンクリートが自重および工事の施工中の荷重によって著しい変形またはひび割れその他の損傷を受けない強度になるまでは，取りはずしてはならない。
2　前項の型枠および支柱の取りはずしに関し必要な技術的基準は，国土交通大臣が定める。
[柱の構造]
第77条　構造耐力上主要な部分である柱は，次に定める構造としなければならない。ただし，第二号から第五号までの規定は，国土交通大臣が定める基準に従った構造計算によって構造耐力上安全であることが確かめられた場合においては，適用しない。
一　主筋は，4本以上とし，帯筋と緊結すること。
二　帯筋の径は，6 mm以上とし，その間隔は，15 cm（柱に接着する壁，はりその他の横架材から上方または下方に柱の2倍以内の距離にある部分においては，10 mm）以下で，かつ，最も細い主筋の径の15倍以下とすること。
三　帯筋比（柱の軸を含むコンクリートの断面に対する帯筋の断面積の和の割合として国土交通大臣が定める方法により算出した数値をいう。）は，0.2％以上とすること。
四　柱の小径は，その構造耐力上必要な支点間の距離の1/15以上とすること。
五　主筋の断面積の和は，コンクリートの断面積の0.8％以上とすること。
[床版の構造]
第77条の2　構造耐力上主要な部分である床版は，次に定める構造としなければならない。ただし，第82条第四号に掲げる構造計算によって振動または変形による使用上の支障が起こらないことが確かめられた場合においては，この限りではない。
一　厚さは，8 cm以上とし，かつ，短辺方向における有効張りの長さの1/40以上とする。最大曲げモーメントを受ける部分における引張鉄筋の間隔は，短辺方向において20 cm以下，長辺方向において30 cm以下で，かつ，床版の厚さの3倍以下とすること。
2　前項の床版のうちプレキャスト鉄筋コ

ンクリートで造られた床版は，同項の規定によるほか，次に定める構造としなければならない。ただし，国土交通大臣が定める基準に従った構造計算によって構造耐力上安全であることが確かめられた場合においては，この限りではない。
一　周囲のはり等との接合部は，その部分の存在応力を伝えることができるものとすること。
二　2以上の部材を組み合わせるものにあっては，これらの部材相互を緊結すること。
[はりの構造]
第78条　構造耐力上主要な部分であるはりは，複筋ばりとし，これにあばら筋をはりの丈の3/4（臥梁（がりょう）にあっては，30cm）以下の間隔で配置しなければならない。ただし，プレキャスト鉄筋コンクリートで造られたはりで2以上の部材を組み合わせるものの接合部については，国土交通大臣が定める基準に従った構造計算によって構造耐力上安全であることが確かめられた場合においては，この限りでない。
[耐力壁]
第78条の2　耐力壁は，次に定める構造としなければならない。
一　厚さは，12mm以上とすること。
二　開口部周囲に径12mm以上の補強筋を配置すること。
三　国土交通大臣が定める基準に従った構造計算によって構造耐力上安全であることが確かめられた場合を除き，径9mm以上の鉄筋を縦横に30cm（複配筋として配置する場合においては，50cm）以下とすることができる。
四　周囲の柱およびはりとの接合部は，その部分の存在応力を伝えることができるものとすること。

2　壁式構造の耐力壁は，前項の規定によるほか，次の各号に定める構造としなければならない。
一　長さは，45cm以上とすること。
二　その端部および隅角部に径以上の鉄筋を縦に配すること。
三　各階の耐力壁は，その頂部および脚部を当該耐力壁の厚さ以上の幅の壁ばり（最下階の耐力壁の脚部は，布基礎または基礎ばり）に緊結し，耐力壁の存在応力を相互に伝えることができるものとすること。
[鉄筋の被り厚さ]
第79条　鉄筋に対するコンクリートの被り厚さは，耐力壁以外の壁または床にあっては2cm以上，耐力壁，柱またははりにあっては3cm以上，直接土に接する壁，柱，床もしくははりまたは布基礎の立上がり部分にあっては4cm以上，基礎（布基礎の立上がり部分を除く。）にあっては捨てコンクリートの部分を除いて6cm以上としなければならない。
2　前項の規定は，プレキャスト鉄筋コンクリートで造られた部材であって，国土交通大臣が定めた構造方法を用いるものについては，適用しない。
令・第6節の2　鉄骨鉄筋コンクリート造
[適用の範囲]
第79条の2　この節の規定は，鉄骨鉄筋コンクリート造の建築物または鉄骨鉄筋コンクリート造と鉄筋コンクリート造その他の構造とを併用する建築物の鉄骨鉄筋コンクリート造の構造部分に適用する。
[鉄骨の被り厚さ]
第79条の3　鉄骨に対するコンクリートの被り厚さは，5mm以上としなければならない。
2　前項の規定は，プレキャスト鉄骨鉄筋コンクリートで造られた部材であって，国

土交通大臣が定めた構造方法を用いるものについては，適用しない。
[鉄骨鉄筋コンクリート造に対する第5節および第6節の規定の準用]
第79条の4　鉄骨鉄筋コンクリート造の建築物または建築物の構造部分については，前節（第65条，第70条および第77条第三号を除く。）の規定を準用する。この場合において，第72条第二号中「鉄筋相互間および鉄筋とせき板」とあるのは「鉄骨および鉄筋の間並びにこれらとせき板」と，第77条第五号中「主筋」とあるのは「鉄骨および主筋」と読み替えるものとする。

令・第8節　構造計算
[コンクリート]
第97条　コンクリートの材料強度は，次の表の数値によらなければならない。ただし，異形鉄筋を用いた付着について，国土交通大臣が異形鉄筋の種類および品質に応じて別に数値を定めた場合は，当該数値によることができる。

材料強度（単位：N/mm²）			
圧縮	引張り	剪断	付着
F	F/10（Fが21を超えるコンクリートについて，国土交通大臣がこれと異なる数値を定めた場合は，その定めた数値）	2.1	（計量骨材を使用する場合にあっては1.8）

Fは設計基準強度（単位：N/mm²）。

けんちくきじゅんほうしこうれい　建築基準法施行令
建築基準法を実施していくための細則。

けんちくきじゅんほうだいじゅうにじょう　建築基準法第12条
既存コンクリート建築物の維持保全は「建築ストックの超寿命化」に対応するため，建築基準法第12条の定期調査制度を活用して「コンクリート建築物の定期健康診断」の仕組みを確立するための検査・報告の方法を工夫・充実する。

けんちくきじゅんほうのもくてき　建築基準法の目的
この法律は，建築物の敷地，構造，設備および用途に関する最低の基準を定めて，国民の生命，健康および財産の保護を図り，もって公共の福祉の増進に資することを目的とする（建築基準法第1条）。

けんちくこうじ　建築工事　building work
建築物をつくる施工をいう。建設白書によると建築工事への投資状況は，表の通り。

建築工事への投資総額

		2002年	2003年	2004年
総額	（兆円）	56.30	53.85	51.90
建築工事	（兆円）	29.16	28.83	28.91
	住宅(%)	64.5	64.6	64.51
	非住宅(%)	35.5	35.4	35.48
土木工事	（兆円）	27.14	25.03	23.00
建築の発注者	政府(%)	12.0	10.9	9.2
	民間(%)	88.0	89.1	90.8

けんちくし　建築士
建築士法に基づく国家資格で，1950年制定の一級建築士と二級建築士，1985年制定の木造建築士の総称。建築物の構造，規模により，建築士でなければ設計，工事監理ができないこととなっている（p.146の表参照）。また，建築士数の推移を表に示す。

建築士数の推移（登録ベース）

年度末	1951	1980	1995	2006
一級建築士	15,819	152,017	264,398	322,248
二級建築士	16,199	407,203	566,791	692,968
木造建築士	—	—	11,936	14,950

けんちくしほう　建築士法
この法律は，建築物の設計，工事監理等を行う技術者の資格を定めて，その業務の適正を図り，もって建築物の質の向上に寄与させることを目的とする。1950年より施

けんちくせ

建築士（木造，二級，一級）でなければできない設計・工事監理

延べ面積：T m²			$T \leq 30$	$30 < T \leq 100$	$100 < T \leq 300$	$300 < T \leq 500$	$500 < T \leq 1,000$ 一般	特定*	$1,000 < T$ 一般	特定**
高さ≤13 m かつ 軒の高さ ≤9 m	木造	階数=1	無資格者可		木造 二級 一級				二級・一級	
		階数=2	無資格者可		木造 二級 一級				二級・一級	
		階数≥3			二級				二級・一級	
	その他	階数≤2	無						二級・一級	
		階数≥3					一級			
高さ>13 m，または， 軒の高さ>9 m（構造， 階数に関係なし）							一級			

特定*：学校，病院，劇場，映画館，公会堂，集会場（オーディトリアムのないものを除く），百貨店
特定**：同上は一級

行されている建築士とは1級建築士，2級建築士および木造建築士をいう。

けんちくせいさん　建築生産
building production
企画，設計，施工など，建築物のつくられる過程を生産過程とした場合の建築行為。

けんちくせこうかんりぎし　建築施工管理技士
建設業法により1982年に制定された国家資格。一級と二級とがある。一級建築施工管理技士は中高層建築物など高度な専門技術を要する工事の主任技術者，監理技術者となれる。指定建設業の営業所の専任技術者，管理技術者の資格要件であり，二級建築施工管理技士は小規模な工事の主任技術者となれる。合格数は表参照。

建築施工管理技士合格者数（人）

	建築施工管理技士（名）	
	一級	二級
1993年	8,303	6,891
1994年	6,441	27,049
1995年	7,306	15,227
合格者累計 (2006.2)	204,466	344,842

けんちくとうしがく　建築投資額
building investment　〔→建設投資額〕
建築物をつくるための工事費。一般に建設投資額より土木の投資額を減じたもの。

けんちくぬし　建築主　owner, client
建築工事の請負契約の注文者（発注者，注文者，施主ともいう）。

けんちくぶつ　建築物　building
土地に定着する工作物のうち，屋根および柱もしくは壁を有するもの（これに類する構造のものを含む），これに付属する門もしくは塀，観覧のための工作物または地下もしくは高架の工作物内に設ける事務所，店舗，興行場，倉庫，その他に類する施設（鉄道および軌道の線路敷地内の運転保全に関する施設ならびに跨線橋，プラットホームの上家，貯蔵槽，その他これらに類する施設を除く）をいい，建築設備を含むものとする（建築基準法第2条一号）。

けんちくほうろう　建築琺瑯
外装材の一種で，金属板の表面に焼き付ける釉薬で錆を止め，装飾したもの。

けんちくようこうじょうせいひん　建築用工場製品
建築工事に用いるもので，工事現場でなく工場でつくったもの。例えばプレキャストコンクリート部材。

けんちくようこつざい　建築用骨材
建築物に用いるコンクリート用骨材。例え

ば天然産の砂・砂利，人工の砕石・砕砂，再生骨材，人工軽量骨材。

けんちくようコンクリート　建築用コンクリート　concrete for buildings
建築物に使用するコンクリート。普通コンクリート，軽量コンクリート1種および2種の他に，以下に示す特別の仕様のものに区分される。
使用材料による区分：軽量コンクリート，プレストレストコンクリート，無筋コンクリート。
施工条件による区分：寒中コンクリート，暑中コンクリート，流動化コンクリート，プレキャスト複合化コンクリート，マスコンクリート，水中コンクリート。
要求性能による区分：高流動コンクリート，高強度コンクリート，水密コンクリート，海水の作用を受けるコンクリート，凍結融解作用を受けるコンクリート，遮断用コンクリート，簡易コンクリート。

けんちくようコンクリートブロック　建築用コンクリートブロック　concrete blocks for buildings〔→補強コンクリートブロック〕
主として建築用に用いられ，配筋のための空胴を持つコンクリートブロックで，基本形ブロックと異形ブロックとがある。うち，基本形ブロックの断面形状を例示すると図の通り。品質等についてはJISを参照。

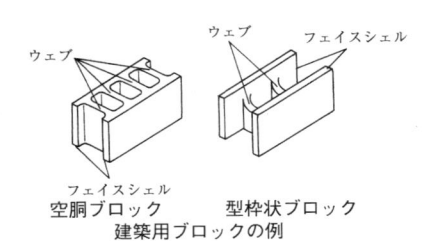

建築用ブロックの例

けんちくようブロック　建築用ブロック　concrete blocks for buildings
建築物に使用する補強用コンクリートブロックをいう（JIS）。

けんちくようぼうすいざいりょう　建築用防水材料　waterproofing material for buildings
建築物に使用する防水材料。例えばアスファルト，シート，塗膜などをいう。

げんちしけん　現地試験　field test
建築工事現場で行う試験。現場試験ともいう。例えばフレッシュコンクリートのスランプ試験，空気量試験，強度試験のための供試体作製などを指す。

けんちブロック　間知ブロック　wedge block

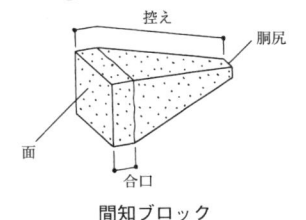

間知ブロック

ケントし　ケント紙　Kent paper
製図・絵画・印刷などに用いる厚手の洋紙。イングランドのケント州からの由来。

げんばうちきほうコンクリート　現場打ち気泡コンクリート
工事現場で発泡させてつくったコンクリート。主として住宅に用いる。

げんばうちコンクリート　現場打ちコンクリート　concrete placing of field〔⇔プレキャストコンクリート部材〕
工事現場において鉄筋および型枠を組立てた後で，フレッシュコンクリートを打ち込む施工方法。

げんばけいりょう　現場計量　field measuring

けんはけい

計画調合のコンクリートまたはモルタルが得られるよう，工事現場において材料を正しく計量すること。

げんばけいりょうようせきちょうごう　現場計量容積調合

mix proportion by loose volume

計画調合のコンクリートが得られるように工事現場における材料の状態および容積に応じて定めた調合。

げんばしつりょうちょうごう　現場質量調合

計画調合のコンクリートが得られるように工事現場における材料の状態および質量に応じて定めた調合。

げんばすいちゅうようじょう　現場水中養生

curing in water on site

工事現場において，水温が気温の変化に追随する，水中で行うコンクリート供試体の養生。

げんばせこう　現場施工

site work, site operation

工事現場において施工すること。建築工事では一般的な作業。

げんばせつめい　現場説明

on site orientation

予定されている工事現場において，建築物の概要などについて説明すること。

げんばちょうごう　現場調合

job mix, field mix

現場におけるコンクリートの練混ぜに際し，計画調合（示方配合）通りのコンクリートをつくるために，現場の粗骨材や細骨材に混入しているそれぞれ5mm以下および5mm以上の粒子の量や，骨材の表面水率と化学混和剤の希釈水量に応じて計画調合を補正したもの。「現場配合」ともいう。

げんばテラゾぬり　現場テラゾ塗り

白色ポルトランドセメント，水，顔料および種石（大理石，蛇紋石，御影石）の大きいものを（2.5〜15mm）を用い，表面を磨いた場合をいう。「現テラ」ともいう。

げんばテラゾぬりのせこう　現場テラゾ塗りの施工

上塗りは，下塗りの水引き具合を見計らい追かけて行い，研ぎ代を見込んで平坦に仕上げる。

げんばテラゾぬりのみがきかた　現場テラゾ塗りの磨き方

テラゾ上塗り後，手研ぎの場合は1日以上，機械研ぎの場合は5〜7日以上後に，硬化の具合いを見計らい研ぎ出しにかかる。

げんばテラゾぬりのめじわり　現場テラゾ塗りの目地割り

$1.2 m^2$以内とし，最大目地間隔は2m以下とする。これは，ひび割れを防止するために必要である。

げんばにっし　現場日誌　field works

工事現場において工事の進捗状況を日毎に記録した帳簿。

げんばねりコンクリート　現場練りコンクリート　fieldmixing of concrete

工事現場において練り混ぜるコンクリート。日本の場合，今日では，ほとんど実施されていない。

げんばはいごう　現場配合

field mix, job mix　〔→現場調合〕

示方配合（調合配合）のコンクリートが得られるように，現場における材料の状態および軽量計量方法に応じて定めた配合。

げんばふうかんようじょう　現場封緘養生

sealed curing on site

工事現場において，コンクリート温度が気温の変化に追随し，かつコンクリートからの水分の逸散がない状態で行うコンクリート供試体の養生。

げんばようじょう　現場養生
job-site curing
春，夏，秋は散水・噴霧などの湿潤養生を，冬はシートなどで覆いをして保温養生を行う。

げんぶがん　玄武岩　basalt
コンクリート用砕石・砕砂として用いられる。火山岩の一種。表乾密度は 2.74〜$2.93 \, g/cm^3$（平均 $2.81 \, g/cm^3$）で，多少大きい。吸水率 0.5〜1.4%（平均 0.8%），膨張係数は $0.54 \times 10^{-5}/°C$。
(セメント・コンクリート論文集，No.51, pp.778-783, 1997参照)。

けんまき　研磨機
sander, grinder, polisher
仕上げ用機械のことで表面研ぎ出し機。

けんましあげ　研磨仕上　polish finishing
コンクリート仕上げの一種で，床・壁用。ただし床用は，滑るのであまり平滑にしない。

げんもう　減耗
建築物またはその部分が老朽化し，また災害による損傷を受け，性能や機能が低下し，価値を減ずること。

げんゆゆにゅうりょう　原油輸入量
わが国の原油総輸入量は，2000年度で254,604（千 t）である。主な輸入先では，中東の 87.1% がもっとも多く，以下インドネシアの 4.8%，中国 2.2%，ブルネイ・マレーシアの 1.6%，オーストラリアの 1.5%，メキシコの 0.8% の順である。なお，OPECは石油輸出国機構の略称で11か国が加盟している。

げんりょうたん　原料炭　〔→石炭，強粘石炭〕
鉄鋼の主原料の一つ。鋼材のもとになる銑鉄をつくるのに使う。蒸し焼きにしてコークスにしたうえで高炉に入れ，鉄鉱石から鉄分を取り出すのが役目。わが国の鉄鋼用原料炭の輸入量は年間 6,300 万 t で，うち 66% をオーストラリア，15% をカナダに依存している。

[こ]

コア　core
建築物の場合のコアとは，便所・給湯室・階段・エレベーターをひとまとめにした部分。コンクリートの場合のコアとは，実構造物または実大部材から採取した供試体のことをいう。

コアさいしゅによるコンクリートきょうどのしけんほうほう　コア採取によるコンクリート強度の試験方法
method of sampling and testing for compressive strength of drilled cores of concrete

通常はJISによる。

コアしきプレストレストコンクリートかん　コア式プレストレストコンクリート管
core type prestressed concrete pipes

遠心力またはロール転圧を応用して成形したコアに，プレストレスを導入して製造するコア式コンクリート管。品質等はJISを参照。

コアしけん　コア試験　core test
JISに定められているコアについて，以下に述べる。

1．コアの切取りの時期および方法
コアまたは梁の切取りの時期および方法は，次の通りとする。

①コアの切取りは，コンクリートが十分に硬化して，粗骨材とモルタルとの付着が切取り作業によって害を受けなくなった時期*に行う。また，切り取る際，供試体が破壊したり，粗骨材が緩んだりしないように切り取ること。

参考*：一般に材齢14日以後とするのがよい。

②コアの切取りには，コンクリート用コアドリルを用いる。

③コア供試体または梁供試体をつくるためにコンクリート片を切り取る場合は，切取り作業で害を受けない部分から，所要の寸法の供試体をつくることができるように，十分に大きくこれを切り取る。

切り取ったコンクリート片から梁供試体を切り取るには，コンクリート用カッターを用いる。カッターで切り取った供試体の側面は互いに平行で，断面は正方形になるように特に注意する。

④切り取る際に破損したり，粗骨材が緩んだりした供試体を試験に用いない。

2．供試体の寸法
コアおよび梁の供試体の寸法は，次の通り。

①コア供試体の直径および梁供試体断面の一片は一般に粗骨材の最大寸法の3倍以上とし，どのような場合にも2倍以下とならない。

②コア供試体の高さは，原則として直径の2倍とする。

③梁供試体の断面は，原則として15×15 cmとし，その長さは53 cm以上とする。ただし，1個の供試体で曲げ強度試験を2回行う場合には，その長さを81 cm以上とする。

3．試験の準備
試験の準備は，次の通り行う。

①コア供試体の端面に5 mm以上の凹凸がある場合，または端面とコアの軸とのなす角が85°以下の場合には，端面をカッタ

ーなどによって平滑にし，かつ，端面とコア供試体の軸とのなす角度が90°になるように成形する。
② コア供試体の両端面は，JIS によってキャッピングするか，または磨いて所定の平面度に仕上げる。
③ コア供試体の上下端面の両端面付近および高さの中央で互いに直行する2方向の直径を0.1 mm まで測り，その平均値を供試体の平均高さとする。

参考：コア供試体は，試験のときまで40～48時間水中（20±3℃）に浸けておくと，載荷時の供試体の乾湿の条件をほぼ一定にすることができる。

4．試験方法
試験方法は，次の通り
コア供試体の圧縮強度試験方法は，JIS による。ただし，供試体の高さがその直径の2倍より小さい場合は，試験で得られた圧縮強度に表の補正係数を乗じて直径の2倍の高さを持つ供試体の強度に換算する。

コア供試体の圧縮強度の補正係数

高さと直径の比 h/d	補正係数	備考
2.00	1.00	
1.75	0.98	h/d がこの表に示す値の中間にある場合，補正係数は，補完して求める。
1.50	0.96	
1.25	0.93	
1.00	0.89	

コアボーリング　core boring
刃先を高速回転させることによりコンクリートから円柱の供試体（コア）を抜き取る機械のこと。また穿孔する刃をコアドリルという（写真参照）。

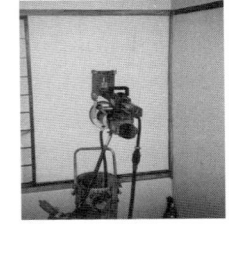

こう　鋼　steel
はがねのこと。鉄筋，鉄骨。建築・土木工事に使用される鋼の含有炭素量は0.1～0.3％程度の軟鋼。

こうあつじょうきようじょう　高圧蒸気養生　high pressure steam curing
高圧槽内で，1気圧〔1,013 hPa〕を超えた圧力で高温養生を行う蒸気養生。常圧蒸気養生と違い，前養生時間を必要としない（図参照）。「オートクレーブ養生」ともいう。

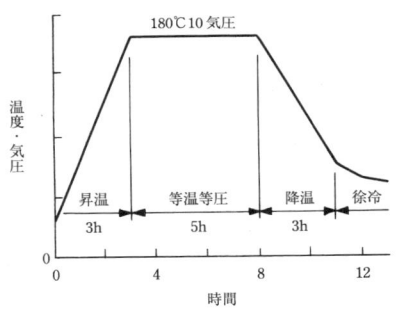

高圧蒸気養生における経時と温度・圧力の関係

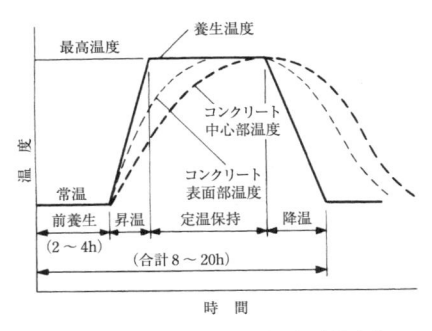

常圧蒸気養生における温度の経時的変化

こううじかん　降雨時間　rainfall duration
降雨の始めから終わりまでの時間。

こううりょう　降雨量
amount of precipitation
雨，雪，霰，雹などが地面に達した

量。雨は上昇気流の水蒸気が凝縮して雲になり，その粒が大きくなって降ってくる。ちなみに雲粒は直径100分の1 mm，雨粒は1～2 mmである。わが国で最も多い年間降雨量は尾鷲市の4,300 mm前後。東京は1,800 mm前後。世界で最も多いのはインドのメガラヤ（meghalaya）の26,000 mm前後である。

こうおん　高温　high temperature
110℃を超える温度。コンクリートは高温になると早期にひび割れが発生する。そのために圧縮強度の低下よりヤング係数の低下の方が大きい。

こうおんこうしつしつ　恒温恒湿室　steady temperature and humidity room
コンクリートは20℃・60％ R.H.室の雰囲気中において試験することが多い。なお，JISに試験場所の標準状態が定められている。

こうおんしつ　恒温室　constant temperature room
コンクリートやモルタルを練り混ぜる室。しかし，あまり湿潤状態の雰囲気中（80％ R.H.室以上）だと，例えばミキサーのモーターの力が落ちるので注意する。

こうおんじのコンクリートのねつぼうちょう　高温時のコンクリートの熱膨張
コンクリートは高温になるほど，膨張は大きくなるが，鋼材ほどではない（図）。

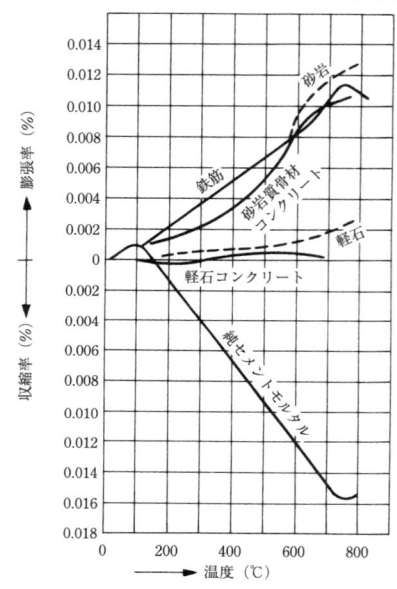

高温時における純セメントモルタルおよび鉄筋の熱膨張　　　（原田 有による）

こうおんすいそう　恒温水槽　constant temperature water tank
コンクリート供試体を養生する水槽。水の

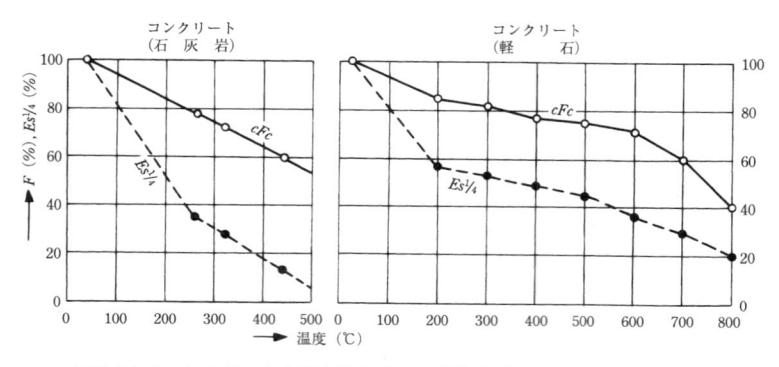

加熱されたコンクリートの残存強度（F）と弾性係数（E）　（原田 有による）

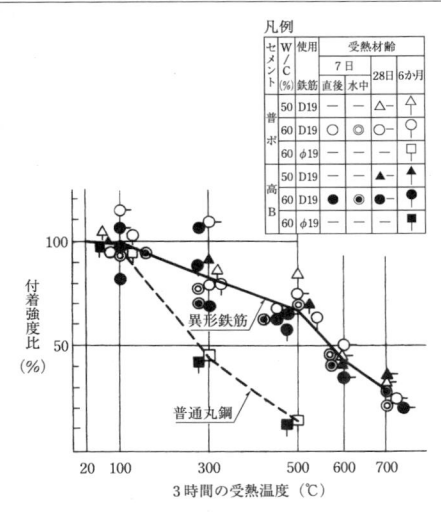

① 20℃の付着強度を100%とした場合の付着強度比と受熱温度との関係

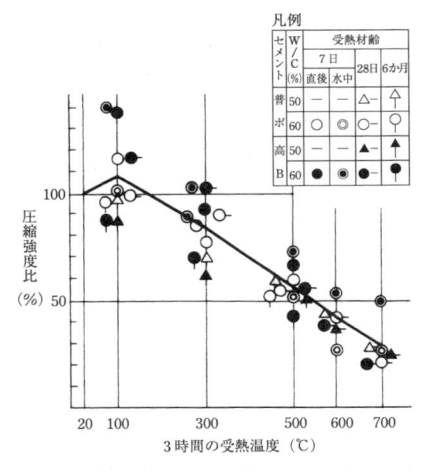

② 20℃の圧縮強度を100%とした場合の圧縮強度比と受熱温度との関係

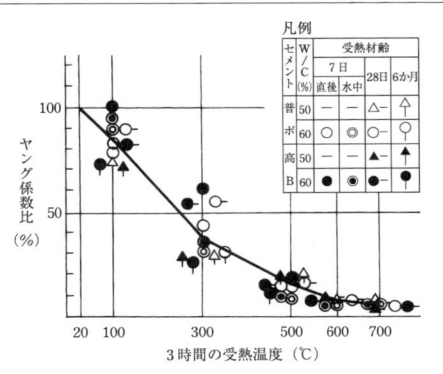

③ 20℃のヤング係数を100%とした場合のヤング係数と受熱温度との関係

高温による強度・弾性の変化
コンクリートは，高温（110℃を超える）ほど強度・弾性が変化（低下）する。特に弾性の低下は大きい。低下を防ぐ策として，水セメント比（水結合材比）をより小さくする（p.152下図参照）。

こうおんによるてっきんコンクリートのねつてきせいしつ　高温によるコンクリートの熱的性質
高温では（110℃を超えると）鉄筋とコンクリートとの膨張係数が異なっていく。先ず，鉄筋とコンクリートとの付着強度が低下し，次にひび割れが生じてヤング係数が大きく低下する。3番目に圧縮強度が低下する（図①②③参照）。

こうおんようじょう　高温養生
high temperature curing
コンクリートは大気中では65℃までならよいが，それ以上になると，逆に欠点が多くなるので，養生する場合に注意を要する。

温度は20±3℃が一般的。

こうおんすいようじょう　高温水養生
室温より高い温水中で養生すること。コンクリート供試体の場合は35℃が一般的。

こうおんによるきょうど・だんせいのへんか

こうか　硬化　hardening
セメントが凝結した後，徐々にコンクリートまたはモルタルの強さが増す現象。養生などの別によって強さは異なる。

こうがいとうちょうせいいいんかい　公害等調整委員会
都道府県ごとにある。1972年に発足。例として，瀬戸内海・豊島の大規模な産業廃棄物不法投棄問題での調停がある（2000年）。

こうかかんそうしゅうしゅく　硬化乾燥収縮
コンクリートが硬化過程や硬化後に乾燥によって縮む現象。コンクリートの収縮歪は $2.5 \times 10^{-4} \pm 1.0 \times 10^{-4}$。

ごうかく　合格　acceptance
サンプルの試験結果が，ロット判定基準を満足すると判定した状態（JIS）。

ごうかくはんていけいすう　合格判定係数　acceptability constant, acceptance coefficient
計量抜取検査で，合格判定値を定めるのに必要な係数（JIS）。

こうかコンクリート　硬化コンクリート　hardend concrete〔→フレッシュコンクリート，生コン，レディーミクストコンクリート〕
固まったコンクリートのこと。項目の一例をあげると次の通り。圧縮，引張，曲げ，剪断，鉄筋との付着の各強度。ヤング係数，ポアソン比，クリープ，熱膨張係数，中性化，凍結融解作用に対する抵抗性，長さ変化，耐薬品性，耐熱性，耐摩耗性など。

こうかコンクリートのとうがい　硬化コンクリートの凍害
凍結融解作用を受ける地域では考慮する。凍害性を防止するには空気量を大きくするとよいといわれている。しかし，極端に空気量のみを大きくすると，強度の低下やひび割れが生じるので，この点を考慮して空気量を設定する。

こうかコンクリートのはいごうすいていほう　硬化コンクリートの配合推定方法
セメント協会法が一般的に知られている。この方法は，酸化カルシウム量からセメント量，酸の不溶残分から骨材量および強熱減量を知り水分量を推定する方法。

こうかしゅうしゅく　硬化収縮
コンクリートが硬化乾燥によって収縮する現象。収縮すると引張応力が働くので，収縮の大きいコンクリートはひび割れを生じる。ひび割れが発生すると美観上をはじめ，構造耐力，耐久力，水密性，気密性などが損なわれる。乾燥による収縮を小さくするためには，コンクリート中の単位水量を小さくする。

こうかせき　抗火石　pumice
浮石質流紋岩。気泡が多く，耐火性，耐熱性，保温性に優れる。伊豆の新島が産地。

こうかセメントのたいねつせい　硬化セメントの耐熱性　resistance of hardend cement to heat
$Ca(OH)_2$ 生成量の少ないセメントの方が一般に耐熱性に優れるといわれている。

こうかそくしんコンクリート　硬化促進コンクリート
無機系硬化促進剤（主原料は塩化物を含まないアルミ系天然鉱物）は，塩化物イオンによる鉄筋の発錆の抑制，乾燥収縮の低減，長期強度の増進，ブリーディングの低減などに効果がある。その無機系硬化促進剤を混入することによって養生期間を短縮させたコンクリート。

こうかそくしんざい　硬化促進剤　hardening accelerator, accelerating agent
セメントの水和反応を速め，初期材齢の強度を大きくするために用いる化学混和剤。

こうかちえんざいをしようしたしあげ　硬化遅延剤を使用した仕上げ

硬化遅延剤を塗布した型枠にコンクリートを打ち込み，脱型した直後にコンクリート部材の表面をハイウォッシャーにより水洗いして骨材を露出する方法。

こうかばいじんりょう　降下煤塵量
amount of fallen dust
降下して地表に達した煤塵の量。

こうかふりょう　硬化不良
コンクリートは糖分が含まれると硬化不良を起こす。新品の木質系せき板を使用する場合とか，せき板のコンクリートに接する面が，長時間にわたって紫外線を受けると起きる。防止法の一例として，新品のせき板の場合はセメントペーストで原因である

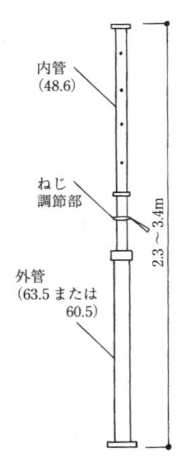

支保工（鋼管）

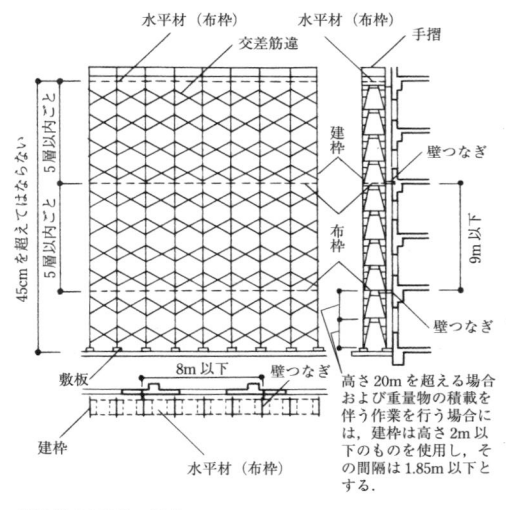

鋼管枠組足場の組立て

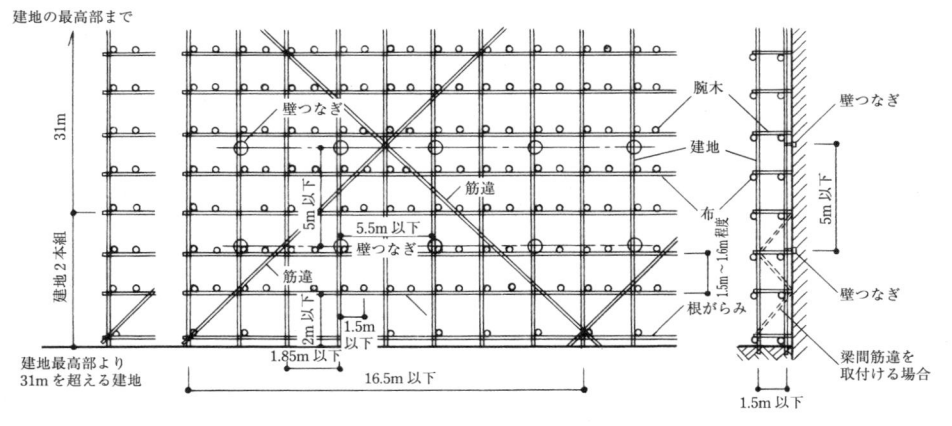

鋼管単管足場の組立て

糖分を除去するとか，紫外線の場合はシートなどを被せる等がある。

こうかん　交換　replacement
部材・部品や機器などを取り替えること。

こうかん　鋼管　steel pipe
支保工（支柱）として用いる。(p.155 左上図)

こうかんあしば　鋼管足場　tubular steel scaffolds
鋼管で構成された足場。JISに規定されている。種類には単管足場と枠組足場とがある。(p.155 右上，下図)

こうかんコンクリートこうぞう　鋼管コンクリート構造　steel pipe reinforced concrete structure
鉄骨部分を鋼管で置き換えた鉄骨鉄筋コンクリート構造。鋼管の内側にのみコンクリートを充填する充填型と内外に充填被覆する充填被覆型および外側のみ被覆する被覆型の三形式がある。特に充填型は内側のコンクリートと外側の鋼管が互いに拘束し合うため，コンクリートは破壊しにくく，鋼管は局部座屈が防止される利点を持ち，他の形式と力学的挙動は多少異なる。他に杭もある。

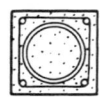

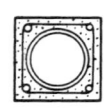

鋼管コンクリート構造の三形式

こうかんコンクリートはしら　鋼管コンクリート柱　steel pipe-concrete column
剛性を高めるために，鋼管の中に硬練りのフレッシュコンクリートを密実に充填した柱。

こうかんしちゅう　鋼管支柱　steel pipe support
鋼管を用いた支柱のことで次の点に注意する。
①高さが2m以内ごとに水平つなぎを2方向に設け，かつ水平つなぎの変位を防止する。
②梁または大引きを上端にのせるときは鋼製の端板を取り付け，これを梁または大引きに固定する。(p.155 左上図)

こうかんしちゅうのきじゅん　鋼管支柱の基準
労働安全衛生規則第242条第7号に定められている。
①パイプサポートを3本以上継いで使用しない。
②パイプサポートを継いで使用するときは，4本以上のボルトまたは専用の金具を用いて継ぐ。
③高さが3.5mを超えるときは高さ2m以内ごとに水平つなぎを2方向に設け，かつ水平つなぎの変位を防止する。

こうかんばた　鋼管端太　steel pipe butter
せき板同士の接合，締付けに使用する鋼製の道具。

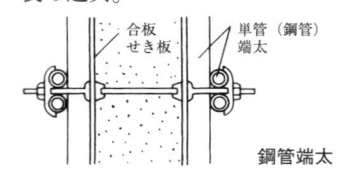

鋼管端太

こうきせい　好気性　aerobic
空気を好むこと，または空気が十分存在すること。それに対し，空気を嫌うこと，または空気がないことを「嫌気性（anaerobic）」という。

こうきゅうコンクリート　高級コンクリート
1975年版JASS 5に定められたコンクリートの品質の級（現在はない）。特に信頼性の高いコンクリートを必要とするRC造・SRC造の躯体を対象。

こうきようじょう　後期養生

初期養生ほどではないが，コンクリートは後期でも養生すると効果は多少ある。

こうきょうどコンクリート　高強度コンクリート　high strength concrete

設計基準強度が 36 N/mm^2 を超える場合のコンクリート。高強度にすると RC 柱の断面は小さくできる。また構造物のスパンを大きくできる。高強度コンクリートの要求される性能は，次の通り。

①コンクリートのワーカビリティは，荷卸し地点におけるスランプまたはスランプフローで規定し，充填性に優れ，材料分離傾向の小さいものとする。設計基準強度が 36 N/mm^2 を超え 50 N/mm^2 未満の場合は，スランプ 23 cm 以下，設計基準強度が 50 N/mm^2 以上 60 N/mm^2 以下の場合は，スランプフロー 60 cm 以下とする。ただし，実験によりコンクリートの材料分離抵抗性が確かめられた場合は，この限りではない。

②材齢 91 日における構造体コンクリートの強度は，設計基準強度以上とする。

③構造体コンクリートのヤング係数は，設計図書による値を満足するものとする。

④構造体コンクリートの単位容積質量は，設計図書による値を満足するものとする。

⑤コンクリートの被り厚さは，設計図書による値を満足するものとする。

⑥コンクリートは，アルカリ骨材反応を起こすおそれのないものとする。

⑦コンクリート中の塩化物量は，塩化物イオンとして 0.30 kg/m^3 以下とする。

⑧コンクリートの乾燥収縮は，部材に耐久性上有害なひび割れが生じるおそれのない範囲とする。

⑨コンクリートの水和熱は，部材に耐久性上有害なひび割れが生じるおそれのない範囲とする。

⑩凍害を受けるおそれのある場合，コンクリートの空気量は 4.5 % とする。

⑪コンクリートは，火災時において耐火上または構造体力上有害と認められる変形，破壊，脱落を生じてはならない。

高強度コンクリートは，火災にあうと爆裂が起きるので使用骨材に注意する。例えば石英の変化（573℃）や，石灰石の $CaCO_3$ の分解（750℃）が起きる。防止法の一例として「超高強度コンクリート」を参照。

こうきょうどコンクリートのうちこみ　高強度コンクリートの打込み

注意点は次の通り。

① 1 層の打込み厚さは 60 cm 内外とし，各層を十分に締固めできる範囲の打込み速度で打ち込む。

②コンクリートの自由高さは 1 m 以内とする。

③柱・壁のコンクリートは，梁・スラブの配筋を行う前に打ち込む。柱・壁のコンクリートと梁・スラブのコンクリートを一体として打ち込む場合は，梁下でいったん打ち止め，柱および壁に打ち込んだコンクリートの沈下が終った後で梁・スラブのコンクリートを打ち込む。

こうきょうどコンクリートのざいりょう　高強度コンクリートの材料

1．セメント

セメントは，JIS に規定するポルトランドセメント，高炉セメント A 種または B 種，フライアッシュセメント A 種または B 種とする。

2．骨材

a．骨材の種類は特記による。特記のない場合は，砂利・砕石，砂・砕砂とし，コンクリートとして所定の圧縮強度およびヤング係数が得られるものとする。

b．砕石・砕砂は JIS に適合するものと

する。ただし，砕石の粒形判定実積率は57％以上，砕砂の洗い試験で失われる量は5.0％以下とする。
c．骨材は，アルカリ骨材反応に関してJISによって無害と判定されるものを使用することを原則とする。
3．水
回収水は原則として使用しない。
4．混和剤
混和剤は，JISまたは，JASS 5 T-402（コンクリート用流動化剤品質基準）に適合するもののうちから定める。
5．混和材
高炉スラグ微粉末，フライアッシュ，シリカフュームまたは膨張材を使用する場合には，それぞれJISに適合するもののうちから定める。
6．鉄筋
a．鉄筋は，JISに適合するものを用いる。
b．降伏点がSD 490の規格を超える高強度鉄筋を用いるときは，試験または実験により所要の性能が得られることを確かめなければならない。

こうきょうどコンクリートのちょうごうきょうど　高強度コンクリートの調合強度
strength for proportioning of high-strength concrete
JASS 5では次のように定めている。
調合強度は，標準養生した供試体の材齢m日における圧縮強度で表すものとし，下記①または②による。
①構造体コンクリートの強度管理用供試体の養生方法を標準養生とし，構造体補正強度によって構造体コンクリート強度の判定を行う場合，調合強度は，下式を満足するように定める。

$$_mF \geq F_c + {_mS_n} + 1.73\delta (\text{N/mm}^2)$$

$$_mF \geq 0.85(F_c + {_mS_n}) + 3\delta (\text{N/mm}^2)$$

②構造体コンクリートの強度管理用供試体の養生方法を構造体コンクリートの温度履歴と類似の温度履歴を与える養生とする場合，調合強度は，下式を満足するように定める。

$$_mF \geq F_c + \Delta F + {_mS_n'} + 1.73\delta$$
$$(\text{N/mm}^2)$$

$$_mF \geq 0.85(F_c + \Delta F + {_mS_n'}) + 3\delta$$
$$(\text{N/mm}^2)$$

ここに，

$_mF$：構造体コンクリートの強度管理材齢をn日とし，調合を定めるための基準とする材齢をm日とした場合の調合強度（N/mm²）。ただし，材齢m，n日は，$28 \leq m \leq n \leq 91$とする。

F_c：コンクリートの設計基準強度（N/mm²）

ΔF：構造体コンクリートの強度と構造体コンクリートの温度履歴と類似の温度履歴を与えた強度管理用供試体の強度との差を考慮した割り増しで，3 N/mm²以上とし，特記による。特記のない場合は，3 N/mm²とする。

$_mS_n$：標準養生した供試体の材齢m日における圧縮強度と構造体コンクリートの材齢n日における圧縮強度との差によるコンクリート強度の補正値（N/mm²）。ただし，$_mS_n$は0以上の値とする。

$_mS_n'$：標準養生した供試体の材齢m日における圧縮強度と構造体コンクリートの温度履歴と類似の温度履歴を与える養生をした供試体の材齢n日における圧縮強度との差によるコンクリート強度

の補正値（N/mm²）。ただし，$_mS_n'$は0以上の値とする。

$F_c+{_mS_n}$および$F_c+\Delta F+{_mS_n'}$：構造体補正強度（N/mm²）。

δ：構造体コンクリート強度管理用供試体の圧縮強度の標準偏差。実績がない場合には，(1)の場合は0.1（$F_c+{_mS_n}$），(2)の場合は0.1（$F_c+\Delta F+{_mS_n'}$）とする（N/mm²）。

こうきょうどコンクリートのねりまぜからうちこみしゅうりょうまでのじかん　高強度コンクリートの練混ぜから打込み終了までの時間

外気温が25℃未満の場合は120分，25℃以上の場合は90分。

こうきょうどコンクリートのひんしつかんり・けんさ　高強度コンクリートの品質管理・検査

JASS 5 では，次のように定めている。

a．使用するコンクリートおよび構造体コンクリートの圧縮強度の検査は，打込み工区，打込み日，かつ300 m³ごとに検査ロットを構成して行う。1検査ロットにおける試験検査は3回とする。なお，1日の打込み量が30 m³以下の場合は，工事監理者と協議のうえこれと異なる検査ロットを構成することができる。

b．使用するコンクリートおよび構造体コンクリートの圧縮強度の1回の試験は，適当な間隔をあけた任意の3台の運搬車から1台につき3個ずつ採取した9個の供試体

フレッシュコンクリートの判定基準（JASS 5）

試験項目	判定基準
スランプの許容値	±2.5 cm
スランプフローの許容値	・目標とするスランプフローが50 cm以下の時±7.5 cm ・目標とするスランプフローが50 cmを超える時±10 cm
空気量の許容値	±1.5％
コンクリート温度	35℃以下
材料分離	目視により分離していないこと。
塩化物量	塩化物イオン量として0.3 kg/m³以下（ただし，1日1回以上測定する）。

使用するコンクリートおよび構造体コンクリートの圧縮強度の判定基準（JASS 5）

構造体コンクリートの強度管理用供試体の養生方法	使用するコンクリートの検査				構造体のコンクリートの検査			
	調合を定める材料齢	強度補正値	供試体の養生方法	判定基準	強度管理材齢	強度補正値	供試体の養生方法	判定基準
標準水中	m（日）	$_mS_n$	標準水中	$X \geq F_c+{_mS_m}$ $X_{min} \geq 0.85(F_c+\Delta F+{_mS_m})$	n（日）	$_nS_n$	標準水中	$X \geq F_c+{_mS_m}$
特殊養生	m（日）	$_mS_n$	標準水中	$X \geq F_c+\Delta F+{_mS_m}$ $X_{min} \geq 0.85(F_c+\Delta F+{_mS_m})$	n（日）	—	特殊養生	$X \geq F_c+\Delta F$

ここに，X ：使用するコンクリートの3回圧縮強度試験の平均値
　　　　X_{min}：使用するコンクリートの3回圧縮強度試験の最小値
　　　　X ：構造体コンクリートの3回圧縮強度試験の平均値

で行う。

c．フレッシュコンクリートの試験は，圧縮強度試験用供試体採取時に行い，判定は表「フレッシュコンクリートの判定基準」を満足すれば合格とする。（p.159 上表参照）

d．使用するコンクリートおよび構造体コンクリートの圧縮強度の判定は，表「コンクリートの圧縮強度の判定基準」を満足すれば合格とする。（p.159 下表参照）

こうきょうどたんそせんい　高強度炭素繊維
high-strength carbon fiber

炭素繊維は汎用グレードと高性能グレードに大別されるが，後者は熱処理過程で延伸操作を加えることによって得られる。炭素繊維の強度は熱処理温度に関係があり，例えば，PAN系の炭素繊維では1,300〜1,500℃処理品で，強度は最高値を示すが，このような条件で製造されたものを高強度炭素繊維という。引張強さは3,000〜7,000 PMaである。現在CFRP（炭素繊維強化プラスチック）用など強化炭素繊維として用いられているものは，大部分がこのグレードに属する。

こうきょうどてっきん　高強度鉄筋

一般には降伏点 295 N/mm^2 を超える高強度の鉄筋。

こうきょうどプレパックドコンクリート　高強度プレパックドコンクリート

高強度化したプレパックドコンクリート。一般の現場打ちコンクリートに比較して強度は60〜70％程度である。

こうきょうどモルタルスリーブじゅうてんつぎて　高強度モルタルスリーブ充塡継手

内側に凹凸の付いたスリーブを接合部に嵌め，隙間に高強度モルタルか樹脂を注入または挿入し，充塡材の剪断強度とスリーブの引張強度により力を伝達する。

こうきょうどようげんすいざい　高強度用減水剤

コンクリートの高強度化を図るために用いる減水剤。当然のことであるが，所要のワーカビリティも得られる。

こうきょうどようこんわざい　高強度用混和剤

コンクリートの高強度化を図るために用いる混和剤。

こうきょうどようこんわざいりょう　高強度用混和材料　admixture for high-strength concrete

高性能AE減水剤や比表面積が $8,000 \text{ cm}^2/\text{g}$ 以上の高炉スラグ微粉末，シリカフュームなどの混和材料をいう。高性能AE減水剤は，20％程度にもおよぶ大きな減水効果によって圧縮強度を著しく高める混和剤で，その主成分はポリカルボン酸系，ナフタリン系，メラミン系，アミノスルホン酸系である。また，高炉スラグも最近では微粉末化が可能となり，ブレーン法による比表面積で示すと8,000から $30,000 \text{ cm}^2/\text{g}$ のものや，粒子はアモルファスで SiO_2 含有量が85〜98％のシリカフュームが製造可能となり，高強度コンクリート用混和材料として使用されるようになった。

こうぎょうはいすい　工業廃水
industrial liquid water

工場から排出される汚染された水。このまま使用することはできないので水質試験する。

こうぎょうようすい　工業用水
industrial water

様々な工業の作業過程で使用される水。飲料用・生活用の上水とは区別される。工業の業種，作業の内容によって，その水質は様々である。この水は，河川水や地下水，

湖・沼などから取水する場合もあるが、最近の都市周辺においては、地盤沈下や水量の枯渇化から、地方公共団体や市町村では工場用水を供給する施設を整備するようになっている（工業用水法）。

ごうきんえんかん　合金鉛管
lead alloy pipe
鉛に銅、アンチモンを化合させてつくった鉛管。鉛本来の化学抵抗性を改善したもので耐食性に優れている。主に水道管として用いられる（JIS）。

こうきんコンクリート　抗菌コンクリート
コンクリートの練り混ぜの際にセメント質量の約1％の抗菌剤を混入したコンクリートで、下水道施設のコンクリートの腐食を促進する硫黄酸化細菌の繁殖を抑制する効果がある。

こうぐい　鋼杭　steel pile
鋼管杭（JIS）とH形鋼杭とがある。鋼管杭の腐食代として外面1mmを見込むとよい。

こうけいぶんぷ　孔径分布
コンクリート、モルタル、セメントペースト中の気孔径の分布。一般に孔径分布は材料の製造条件や材料特性と関連づけられる。空気孔径分布の測定法はガス吸着法と水銀圧入法に大別できる。前者は0.5〜100nmのミクロな孔径の測定に、後者は50nm〜100mμ程度の気孔径の測定に利用される。空気孔が無視できない場合、多結晶体の研磨面を光学顕微鏡または走査型電子顕微鏡で観察し、その写真を画像処理して求める。

こうげんコンクリート　鋼弦コンクリート
string wire concrete, piano wire concrete
PC鋼材によってプレストレスが与えられている一種の鉄筋コンクリート。一般にプレストレストコンクリートという。応力導入によって部材に有効なプレストレスを与えるには、部材を構成するコンクリートが密実かつ均一で、しかも応力導入時はもとよりのこと、長期にわたってプレストレスを保持するだけの高強度で収縮の小さいコンクリートが必要である。

こうこう　硬鋼　hard steel　〔⇔軟鋼〕
炭素含有量が0.4〜0.5％の炭素鋼、建築分野では使用しない。

こうさ　公差　tolerance
関係する法律で許容されている差。

こうさい　鉱滓　slag
製鉄のときに発生する非金属製の副産物。例えば高炉スラグ、転炉スラグ、電気炉スラグ。高炉スラグと電気炉酸化スラグの一部はコンクリート用骨材として使用される。

こうざい　鋼材　steel
建築工事に使用する鋼材の炭素量は0.1〜0.3％程度。構造用圧延鋼材（structural rolled steel）ともいう。性質・種類・形状・寸法は次の通り（p.162〜163の表・p.164図参照）。
鋼材の物理的性質
密度：7.85 g/cm^3
線膨張係数：10×10^{-6}/℃（20〜100℃）→コンクリートとほぼ同じ
比熱：0.11 kcal/kg・℃
熱伝導率：39 kcal/mh℃

こうざいのあき　鋼材の空き　clearance
互いに隣合って配置された鋼材の純間隔。

こうざいのかぶり・かぶりあつさ　鋼材の被り・被り厚さ　cover (reinforcement)
鋼材あるいはシースの表面とそれらを覆うコンクリートの外側表面までの最短距離。鋼材あるいはシースは、火（熱）に対して不利なのでコンクリートまたはモルタルの

こうさいの

被覆が重要となる。

こうざいのしけん　鋼材の試験

鋼材は引張，圧縮，曲げのいずれの強度も大きいが，通常は引張試験による強度，曲げ試験によるひび割れの発生の有無を試験する。

こうざいのふしょく　鋼材の腐食

鋼材特有な欠点として二つある。一つが腐食，一つが火に弱いことである。鋼材は空気中にあると腐食する。傷が付くと早くから腐食する。黒皮が施されていれば腐食開始は遅い。

こうさいめん　鉱滓綿　slag wool

断熱材，耐火材の一種で，大規模な建築物に使用されている。スラグウールともいう。

こうさいれんが　鉱滓煉瓦　slag brick

高炉スラグを主原料としてつくられた煉瓦。現在はつくられていない。

こうさがん　硬砂岩

水成岩の一種。コンクリート用砕石として用いられる（砕石全体の30％程度）。表乾密度 $2.89〜2.63\,g/cm^3$（平均 $2.70\,g/cm^3$），吸水率 $0.1〜1.0\,\%$（平均 $0.6\,\%$），原石の圧縮強度 $296〜84\,N/mm^2$（平均 $160\,N/mm^2$）。

こうシーさんエーコンクリート　高 C_3A コンクリート

石炭灰を焼成した高 C_3A セメントと高炉スラグとの混合セメント（高 C_3A スラグセメント）を用いることによって，初期強度の改善や乾燥収縮を低減させたコンクリート。

こうじかんり　工事監理

construction supervision

建築士法（昭和25年法律第202号）では「そのものの責任において，工事を設計図書と照合し，それが設計図書通りに実施さ

鋼材の種類

JIS 番号と名称	種類	記号	降伏点または耐力 (N/mm^2) [1]
	丸鋼	SR 235(24)	235以上
		SR 295(30)	295以上
G 3112 鉄筋コンクリート用棒鋼	異形棒鋼	SD 295(30)A	295以上
		SD 295(30)B	295〜390
		SD 345(35)	345〜440
		SD 390(40)	390〜510
		SD 490(50)	490〜625
G 3117 鉄筋コンクリート用再生棒鋼	再生丸鋼	SRR 235(24)	235以上
		SRR 295(30)	295以上
	再生異形棒鋼	SDR 235(24)	235以上
		SDR 295(30)	295以上
		SDR 345(35)	345以上
G 3136 建築構造用圧延鋼材	鋼材	SN 400 A	215〜235以上 [3]
	鋼帯	SN 400 B	215〜355以上
	形鋼	SN 400 C	215〜355以上
	平鋼	SN 490 B	290〜445以上
		SN 490 B	295〜445以上

[注] [1]：耐力は永久歪み $0.20\,\%$ で測定する。
[2]：熱間圧延異形鋼棒で，寸法が呼び名D32を超えるもの
[3]：熱間圧延異形鋼棒と再生異形鋼棒の試験片はその号数に準

れているか否かを確認すること」と定義し，建築士でなければ工事監理してはならない建築物を定めている。また建築士は，工事が設計図書通りに実施されていないと認めるときは，直ちに工事施工者に注意を与え，施工者がこれに従わないときにはその旨を建築主に報告し，さらに工事監理が終了したときには直ちにその結果を建築主

機械的性質				化学的成分					
引張強さ (N/cm²)	伸び(試験片) (%)²⁾	曲げ角度	内側半径	C	Si	Mn	P	S	C+Mn/6
380〜520	20以上(2号) 22以上(3号)	180°	公称直径の1.5倍	—	—	—	0.050 以下	0.050 以下	—
	18以上(3号) 19以上(3号)	180°	径16以下, 1.5倍 径16超える, 2倍	—	—	—	0.050 以下	0.050 以下	—
440〜600	16以上(2号)³⁾ 17以上(3号)	180°	径16以下, 1.5倍 径16超える, 2倍	—	—	—	0.050 以下	0.050 以下	—
440 以上	16以上(2号) 17以上(3号)	180°	径16以下, 1.5倍 径16超える, 2倍	0.27以下	0.55以下	1.50以下	0.040 以下	0.040 以下	—
490 以上	18以上(2号) 19以上(3号)	180°	径16以下, 1.5倍 径16〜41, 2倍	0.29以下	0.55以下	1.60以下	0.040 以下	0.040 以下	0.50 以下
560 以上	16以上(2号) 17以上(3号)	180°	公称直径の2.5倍	0.29以下	0.55以下	1.80以下	0.040 以下	0.040 以下	0.55 以下
620 以上	12以上(2号) 13以上(3号)	90°	径25以下, 2.5倍 径25超える, 3倍	0.32以下	0.55以下	1.80以下	0.040 以下	0.040 以下	0.60 以下
380〜590	20以上(2号)	180°	公称直径の1.以下5倍 公称直径の1.5倍	—	—	—	—	—	—
440〜620	18以上(2号)	180°		—	—	—	—	—	—
380〜590	16以上(2号)	180°	公称直径の1.5倍	—	—	—	—	—	—
440〜620	16以上(2号)		公称直径の1.5倍	—	—	—	—	—	—
490〜690	16以上(2号)		公称直径の1.5倍	—	—	—	—	—	—
400〜510	17〜23³⁾	—	—	0.24 以下	—	—	0.050 以下	0.050 以下	—
400〜510	18〜24 以上	—	—	0.20〜 0.22以下	0.35	0.60 〜1.40	0.030 以下	0.015 以下	—
400〜510	18〜24 以上	—	—	0.20〜 0.22以下	0.35	0.60 〜1.40	0.020 以下	0.008 以下	—
490〜615	17〜23 以上	—	—	0.18〜 0.20以下	0.55	1.60 以下	0.030 以下	0.015 以下	—
490〜610	17〜23 以上	—	—	0.18〜 0.20以下	0.55 以下	1.60 以下	0.020 以下	0.005 以下	—

ついては，呼び名3を増すごとに表中の伸び値からそれぞれ2％を減ずる。ただし，限度が4％まで。
ずる。

に文書で報告すべきことを規定している。最近，建築物のトラブルが多い。そのために徹底した工事監理が重要である。

こうじかんり　工事管理
construction management
主な工事には仮設，土，地業，型枠，鉄筋，コンクリート，鉄骨，防水，仕上げなどがあって，それらに対する管理をいう。

こうじかんりしゃ　工事監理者
inspector, supervisor
建築主に直属し，またはその委任によって，工事を設計図書と照合し，それが設計図書通りに実施されているか否かを確認する人。また，施工者の提出する施工計画を検討し，助言もする。

こうじきろく　工事記録

こうしきろ

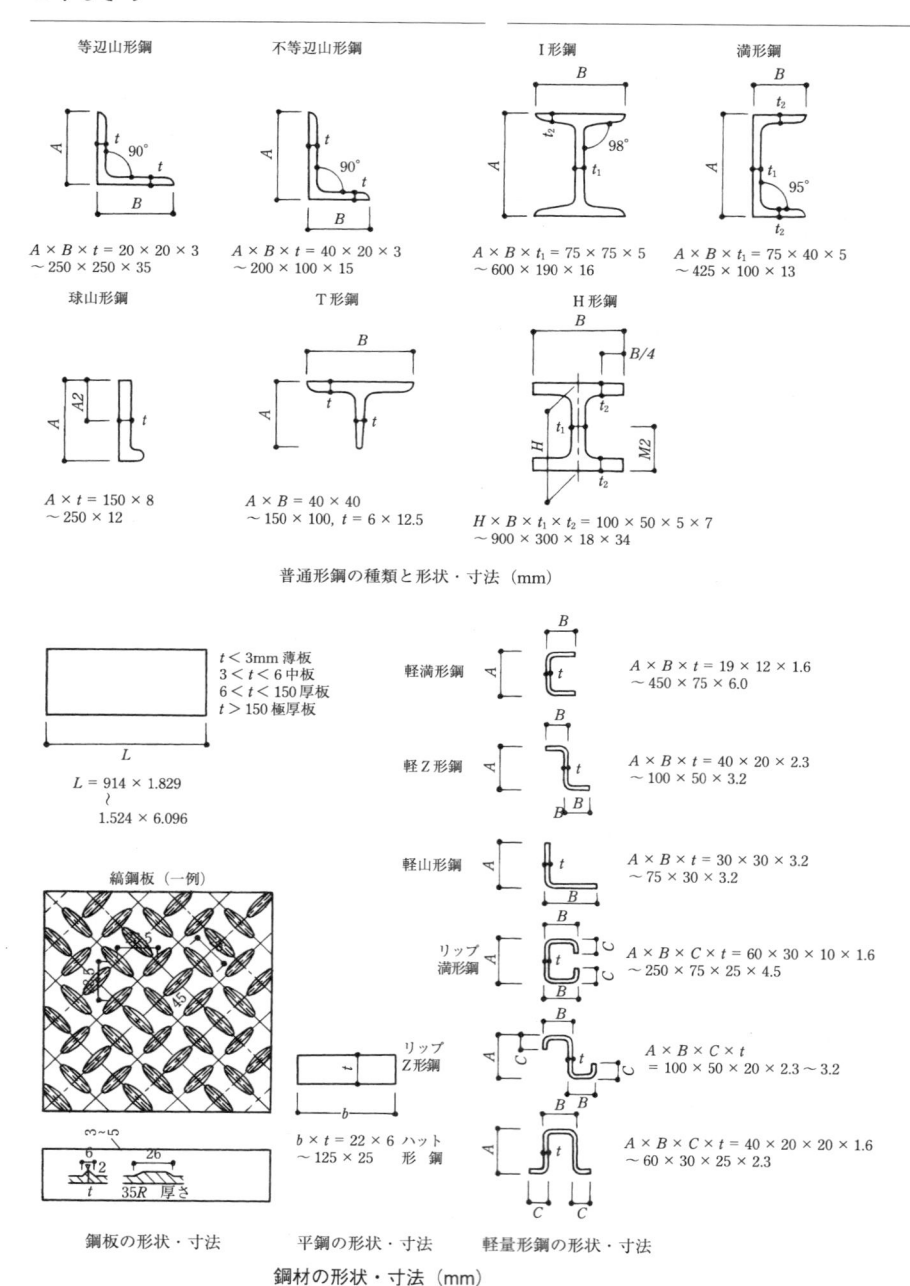

普通形鋼の種類と形状・寸法 (mm)

等辺山形鋼
$A \times B \times t = 20 \times 20 \times 3$
$\sim 250 \times 250 \times 35$

不等辺山形鋼
$A \times B \times t = 40 \times 20 \times 3$
$\sim 200 \times 100 \times 15$

I形鋼
$A \times B \times t_1 = 75 \times 75 \times 5$
$\sim 600 \times 190 \times 16$

溝形鋼
$A \times B \times t_1 = 75 \times 40 \times 5$
$\sim 425 \times 100 \times 13$

球山形鋼
$A \times t = 150 \times 8$
$\sim 250 \times 12$

T形鋼
$A \times B = 40 \times 40$
$\sim 150 \times 100, \ t = 6 \times 12.5$

H形鋼
$H \times B \times t_1 \times t_2 = 100 \times 50 \times 5 \times 7$
$\sim 900 \times 300 \times 18 \times 34$

鋼材の形状・寸法 (mm)

鋼板の形状・寸法
$t < 3\text{mm}$ 薄板
$3 < t < 6$ 中板
$6 < t < 150$ 厚板
$t > 150$ 極厚板
$L = 914 \times 1.829$
$\sim 1.524 \times 6.096$

縞鋼板（一例）

平鋼の形状・寸法
$b \times t = 22 \times 6$
$\sim 125 \times 25$

軽量形鋼の形状・寸法

軽溝形鋼
$A \times B \times t = 19 \times 12 \times 1.6$
$\sim 450 \times 75 \times 6.0$

軽Z形鋼
$A \times B \times t = 40 \times 20 \times 2.3$
$\sim 100 \times 50 \times 3.2$

軽山形鋼
$A \times B \times t = 30 \times 30 \times 3.2$
$\sim 75 \times 30 \times 3.2$

リップ溝形鋼
$A \times B \times C \times t = 60 \times 30 \times 10 \times 1.6$
$\sim 250 \times 75 \times 25 \times 4.5$

リップZ形鋼
$A \times B \times C \times t = 100 \times 50 \times 20 \times 2.3 \sim 3.2$

ハット形鋼
$A \times B \times C \times t = 40 \times 20 \times 20 \times 1.6$
$\sim 60 \times 30 \times 25 \times 2.3$

各種工事における記録。コンクリート工事記録は最低2年間保存する。

こうじげんばねりコンクリート　工事現場練りコンクリート
コンクリート用材料をはじめ，計量器，ミキサー等を工事現場に搬入して，貯蔵，計量，練り混ぜることをいう。わが国の建築工事現場では，現在のところ実施されていない。

こうしつせんいせきいた　硬質繊維せき板　hard board form
植物繊維を十分に繊維化し，成形，熱圧してつくるせき板。密度 0.8 g/cm^3 以上。強度，硬度，耐摩耗性が大きいのでせき板として使用することもある。

こうしつせんいばん　硬質繊維板　hard fiber board, hard board
食物繊維を十分繊維化し，成形，圧縮して成板する。密度 0.8 g/cm^3 以上。他に中硬質繊維板（密度 0.4 以上 0.8 g/cm^3 未満）と軟質繊維板（密度 0.4 g/cm^3 未満）がある。なお，硬質繊維板の含水率は7〜8％と小さく，環境の湿度に応じて吸湿し，膨張するので，そのまま施工するとあばれる。そのため施工する24時間前に水打ちしてあらかじめ膨張させた状態で施工する必要がある。

こうしつもくもうセメントいた　硬質木毛セメント板　hard cemented excelsior board
木毛とセメントを使用して圧縮成形した板。密度 0.8 g/cm^3 以上。

こうしゅうはようじょう　高周波養生
養生方法の一つ。工場製品のコンクリートに行うことがある。

こうじょうせいさん　工場生産　factory production
施工者との契約に基づいて，コンクリート工事の部材・部品を工場で生産することをいう（JASS 1）。

こうじょうせいひん　工場製品
工場で練り混ぜ，製品化したもの。ALCをはじめ，プレキャストコンクリート部材，既製コンクリート杭，コンクリートブロック，鉄道枕木，シールドセグメント，プレストレスト合成床版など。

こうしょく　孔食　pitting　〔→点食〕
局部腐食が孔状に進行する腐食。

こうしん　更新　renewal
劣化した部材・部品や機器などを新しい物に取り替えること。

こうすい　硬水　hard water　〔⇔軟水〕
pH 7.4 前後でカルシウム，マグネシウムなどの塩類を多く含んだ水。

こうすいりょう　降水量　precipitation
内径 20 cm の受水器に集めた，ある時間内の降水の量を，水の深さとして mm（ミリメートル）で表す。雪・霰（あられ）等の固形降水は，溶かして水にして測る。測器は1967年まで貯水型指示雨量計および雨量桝で測っていたが，1968年から順次降雨計による観測に切り替えられている。日本は降水量の多い国（年平均1,710 mm，世界では970 mm）である。年平均で1,000 mm を割る地点は，北海道東部の他にはほとんどない。一方，太平洋沿岸では，尾鷲をはじめ4,000 mm を超える地域もある。多くの降水量をもたらす原因にはいろいろある。日本海側北部では冬の季節風の発達する時期に特に降水量が多く，ほとんど連日降水する。この地域では積雪が特に多く，11月後半には初雪が降り，終雪は4月に入る。根雪期間が100日を超えるところが多い。雨や雪の多い日本海側と晴天続きの太平洋側との冬の天候の対照は著しい。日本海斜面の冬の降水は，

南下するにつれて次第に不安定化，すなわち上昇しやすくなったシベリア気団によるもので，日本海側の地形がその上昇をさらに促す。しかし，日本の大半の地形では，最も雨の多いのは6〜7月か9月〜10月である。前者は梅雨期，後者は秋霖（しゅうりん）期にあたり，どちらも日本が前線帯にあたる季節である。全般的に西日本では梅雨期，東北日本では秋霖期に最も雨が多い。これらの二つの雨期のあいだの真夏には，降水量は全般的に減少する。

こうせいかたわく　鋼製型枠　steel form
材質が鋼で出来ている型枠材。建築分野では，使用量が少ない。

こうせいかたわくおおびき　鋼製型枠大引
大引が鋼材で出来ているもの。

こうせいかたわくしほばり　鋼製型枠支保梁
支保梁が鋼材で出来ているもの。

こうせいかたわくパネルのきかく　鋼製型枠パネルの規格
JISに定められている。

こうせいしちゅう　鋼製支柱　steel timbering, steel support, pile support
鋼製支柱（支保工），支柱（支保工）が鋼で出来ているもの（図参照）。設置上の注意点は次の通り。

①十分な支持力のある地盤・敷板・構造物の上に，通りよく鉛直に設ける。
②許容支持力は，高さ2〜3mのときで2t，高さ3〜4mのときで1.0〜1.5tである。
③ほぼ90〜120cm間隔に配置し，要所は筋違・振止めなどで補強する。
階高の高い箇所に用いるときは，パイプサポートを2段に組むか，または下段を枠組足場で組み，その上段をパイプサポートで組むなどする。

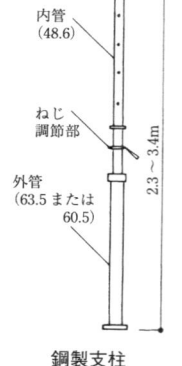

ごうせいじゅしエマルションとりょう　合成樹脂エマルション塗料
セメント系および石膏系素地面の吸込み止めに使用される。アクリル樹脂エマルションクリヤーが一般的。

ごうせいじゅしけいぼうすいこうほう　合成樹脂系防水工法
液状のプラスチックを直接下地に塗布し，その硬化により防水層とする工法。

こうせいのうエーイーげんすいざい　高性能AE減水剤　〔→コンクリート用化学混和剤〕
空気連行性能を有し，AE減水剤より大きい減水性能，および良好なスランプ保持性能を持つ化学混和剤で，1975年頃より開発市販されてきた。主成分は当初ナフタレン系が最も多く，以下ポリカルボン酸系，メラミン系，アミノスルホン酸系の順であったが，1995年ではポリカルボン酸系が45％で最も多く以下ナフタレン系29％，メラミン系（13％），アミノスルホン酸系（13％）の順で製造されている。空気量は3〜4％が得られ，しかも20％前後減水できるコンクリート用化学混和剤で，うち9％程度の出荷量である。使用する添加量が多いので長期間における耐久性はじめ種々のデータが必要である。高性能AE減水剤を使用する目的は，単位水量対策や高強度・高流動コンクリートの製造である。

こうせいのうか　高性能化　high-performance concrete
コンクリートの性能，すなわち機能性・強度・美観の三つが大きいこと。機能性とは弾塑性・耐久性・耐熱性・水密性・気密性・遮音性を意味する。

こうせいのうげんすいざい　高性能減水剤
　空気量が1〜2％, 減水率が15％前後のコンクリート用混和剤。主としてコンクリート製品の製造に用いる。

こうせき　硬石　hard stone　〔→準硬石, ⇔軟石〕
　JISに規定されているもので, 硬石とは50 N/mm²以上, 準硬石とは10以上50 N/mm²未満, 軟石とは10 N/mm²未満をいう。玄武岩, 石灰岩, 安山岩, 硬砂岩などは主なもの。堅石ということもある。

こうせっかいしつせっかい　高石灰質石灰　high-calcium lime
　マグネシウム質, ドロマイト質石灰などに対して, 酸化カルシウム含有量の多い石灰。ASTM C 51では$MgCO_3$含有率が0〜5％の石灰石から製造された生石灰から消石灰と定義。わが国では通常, 生石灰, 消石灰といえばこの高石灰質石灰をいう。

こうせっこう　硬石膏　anhydrite　〔→$CaSO_4$〕
　天然に産出する無水石膏の鉱物名。II型無水石膏と同じで, 天然無水石膏ともいう。塊状または板状, 淡灰色, 単青色, 単紅色, 密度2.92〜2.98 g/cm³, 硬度3〜3.5。多くの場合, よく発達した結晶の緻密な集合体で, 石膏および岩塩に伴って産出する。硬石膏はそのままではほとんど硬化性がないが, 微粉砕して硬化剤 (凝結促進剤) を添加すると硬化性が現れプラスターとして用いられる。

こうせん　鋼線　steel wire
　鋼製の線材。軟鋼あるいは硬鋼を線状に加工してつくる。吊ワイヤー, 溶接金網, PC鋼材, 足場などの緊結などに用いる。

こうせんい　鋼繊維　steel fiber
　鋼製の繊維。靭性を高めるためにコンクリートに混ぜて用いる。他に合成繊維などもある。

こうせんいほきょうコンクリート　鋼繊維補強コンクリート　steel fiber reinforced concrete　〔→SFRC〕
　直径0.25〜0.75 mm。長さ10〜50 mm程度の鋼繊維を混入して靭性を高めて脆弱性を改善し, ひび割れを防止するためのコンクリート。

こうそう　高層　high-rise
　建築物の高さが高いこと。一般的には7階から13階 (13〜20 m) 程度をいう。さらに高いものを超高層という。なお, 低層は3階 (13 m程度) まで。中層は4〜6階 (20〜31 m) をいう。2004年までの世界および日本高層ビルランキングは次表・p. 168表の通り。

世界の高層ビルランキング　　　　(2005年現在)

	ビル名	都市名	高さ(m)	階数
1	タイペイ101	台北	509	101
2	ペトロナスツインタワー	クアラルンプール	452	88
3	シアーズタワー	シカゴ	442	110
4	ジンマオビル	上海	421	88
5	インターナショナル・ファイナンスセンター	香港	420	88
6	シュンヒンスクエア	チェチェン	386	81
7	エンパイアステートビル	ニューヨーク	381	102
8	セントラル・プラザ	香港	374	78
9	バンク・オブ・チャイナ	香港	369	70
10	エミレイテスタワーズ1	ドバイ	355	54

こうそうあーるしーけんちくぶつ　高層RC建築物
　わが国のRC建築物の通常の階数は6, 高さは20 m以下であるが, それ以上の高層にしたもの。歴史的にみると1973年竣工の椎名町アパート18階がわが国では最初。

こうそうけ

日本の高層ビルランキング （2005年現在）

	ビル名	都市名	高さ(m)	階数
1	横浜ランドマークタワー	横浜	296	70
2	大阪ワールドトレードセンター	大阪	256	55
3	りんくうゲートタワー	大阪	256	56
4	JRセントラルタワー	名古屋	245	51
5	東京都第一本庁舎	東京	243	48
6	サンシャイン60	東京	240	60
7	NTT代々木ビル	東京	239	27
8	六本木ヒルズタワー	東京	238	54
9	新宿パークタワー	東京	235	52
10	東京オペラシティ	東京	234	54

こうぞうけいかく　構造計画
structural planning

建物に地震力が作用した場合，その地震力は，柱と耐震壁へ剪断力として直接作用する。したがって，柱と耐震壁の平面的・立面的配置計画が特に重要である。地震などによる破壊性状が，脆性破壊（脆い破壊）でなく，靱性破壊（粘りのある破壊）となるように設計する。

こうぞうせっけい　構造設計
structural design

3階以上の木造をはじめ，S造，RC造，SRC造，組積造は必ず構造設計をし，力学的な計算により柱や梁など，部材の大きさを設計すること。その書類のことを「構造計算書」という。

こうぞうたいコンクリート　構造体コンクリート　structural concrete

JASS 5に定められた用語。構造体とするために打ち込まれ，周囲の環境条件や水和熱による温度条件のもとで硬化したコンクリート。型枠の中に打ち込まれたコンクリートおよびプレキャストコンクリート部材と一体となったコンクリート全体を示す。

こうぞうたいコンクリートきょうど　構造体コンクリート強度

JASS 5に定められた用語。構造体中で発現しているコンクリートの圧縮強度。一般的には，「構造体の各部から切り取ったコア供試体の圧縮強度」が代表される。しかし，一般に構造体コンクリート強度の管理においては，工事現場で採取したコンクリートで作成した供試体の強度を用いる（表参照）。なお，高強度・高流動コンクリートを除く一般的コンクリート強度検査は下記による。

①構造体コンクリートの圧縮強度の検査は，工事現場で試料を採取して作製した円柱供試体の圧縮強度試験によって行う。
②試験は，コンクリートの打込み日ごと，打込み工区ごと，かつ150 m³またはその端数ごとに1回行う。
③試験結果の判定は，1回ごとに行う。
④試験結果が次表を満足すれば合格とする。

構造体コンクリートの圧縮強度の判定基準

強度管理材齢	供試体の養生方法	判定基準
28日	標準水中養生	$X \geq F_q + T$
	現場水中養生	$X \geq F_q$
28日を超え，91日以内の n 日	現場封緘養生	$X_n \geq F_q$

F_q：コンクリートの品質基準強度（N/mm²）
X：材齢28日の1回の試験における3個の供試体の圧縮強度の平均値（N/mm²）
X_n：材齢 n 日の1回の試験における3個の供試体の圧縮強度の平均値（N/mm²）
T：構造体コンクリートの強度管理材齢を28日とした場合の，コンクリートの打込みから28日までの予想平均気温によるコンクリート強度の補正値（N/mm²）

こうぞうたいコンクリートきょうどかんりざいれい　構造体コンクリート強度管理材齢

JASS 5に定められている用語。構造体コンクリート強度が構造体強度を保証する材齢において品質基準強度を満足するか否か管理用供試体の試験によって判定する材齢。通常28日以上91日以内。

こうぞうたいコンクリートのあっしゅくきょ

うどすいてい　構造体コンクリートの圧縮強度推定
JASS 5 T-603 によるもので，構造体コンクリートの圧縮強度の設計基準強度に対する適合性の確認，型枠取外し時期の決定，寒中コンクリートの養生打切り時期の決定に適用する。

こうぞうてきたいようねんすう　構造的耐用年数（命数）
構造的要因により定まる耐用年数。物理的耐用年数の一種である。

こうぞうぶつしたちゅうにゅう　構造物下注入
軟弱地盤に建築した構造物において堅固な地業は沈下しないが，その周辺が沈下することが多い。それを補修するためにセメントミルク（水セメント比が 70 ％を超える場合）などを注入すること。

こうぞうぶつのけんさ　構造物の検査
構造種類によって検査する項目は若干異なるが，一般に不同沈下，倒れ（S 造），強度，中性化深さと鉄筋の錆の発生・ひび割れ（RC 造），錆の発生（S 造）などをいう。

こうぞうぶつのろしゅつじょうたい　構造物の露出状態
構造物は風雨にさらされる外気面が最初に劣化する。したがって美観上も兼ねて仕上げ材を施す。

こうそうマンション　高層マンション　high-rise apartment house
都会などでは敷地の有効利用を図る目的などから高層化した集合住宅をいう。

こうぞうもけいじっけん　構造模型実験
実大または縮小模型により構造耐力を知る実験。実大が最もよいが，無理であれば，できるだけ大きくして行うとよい。

こうぞうようきほうコンクリート　構造用気泡コンクリート　aerated concrete for structural concrete
構造用気泡コンクリート現場打ち（小住宅用）と ALC（小住宅用，集合住宅用）とがあるが，現在は後者が多用されている。共に断熱性が大きい。

こうぞうようけいりょうコンクリート　構造用軽量コンクリート　structural light-weight concrete
JASS 5 では 1 種（川砂プラス人工軽量粗骨材），2 種（川砂または人工軽量細骨材あるいはその両方プラス人工軽量粗骨材）を定めている。

こうぞうようけいりょうコンクリートにもちいるこつざい　構造用軽量コンクリートに用いる骨材　lightweight aggregates for structural concrete
JIS に定められており，清浄で，耐久的か

材料による分類

種類		概要
人工軽量骨材	粗骨材	膨張頁岩，膨張粘土，膨張スレート，燃成フライアッシュなど
	細骨材	
天然軽量骨材	粗骨材	火山礫およびその加工品
	細骨材	
副産軽量骨材	粗骨材	膨張スラグなどの副産軽量骨材およびそれらの加工品
	細骨材	

骨材の絶乾密度による区分

区分	絶乾密度 (g/cm³)	
	細骨材	粗骨材
L	1.3 未満	1.0 未満
M	1.3 以上 1.8 未満	1.0 以上 1.5 未満
H	1.8 以上 2.3 未満	1.5 以上 2.0 未満

骨材の実積率による区分（単位：％）

区分	モルタル中の細骨材の実積率	粗骨材の実積率
A	50.0 以上	60.0 以上
B	45.0 以上 50.0 未満	50.0 以上 60.0 未満

こうそうよ

つ耐火的で，コンクリートおよび鋼材に悪影響を与える物質を含まない。区分はp.169表参照。

こうぞうようじんこうけいりょうこつざい　構造用人工軽量骨材 artificial lightweight aggregates for structural
日本では，頁り岩を砕いて焼成したものが多用されている。海外ではフライアッシュを焼成したものや溶融高炉スラグを半結晶質に冷却した膨張スラグがあるが，冷却方法を改善する必要がある。

こうそくきれつ　拘束亀裂 restricted crack
コンクリートが硬化・収縮する際，拘束材が障害になり生ずる亀裂。実構造物の躯体コンクリートに生じるひび割れは，まさしく拘束によるものである。

こうそくざい　拘束材〔→拘束鉄筋〕
鉄筋や鉄骨をいう。

こうそくしゅうしゅく　拘束収縮 restricted shrinkage
躯体コンクリートが収縮すると，ひび割れ（亀裂）が生じることが多い。

こうそくてっきん　拘束鉄筋〔→拘束材〕
躯体コンクリート中の鉄筋。

こうそくぼうちょう　拘束膨張
膨張使用とするコンクリートを鉄筋などで拘束すること。

こうたいきゅうせいけいりょうコンクリート　高耐久性軽量コンクリート
JASS 5では100年の耐用年数を想定している軽量コンクリートをいう。

こうたいきゅうせいコンクリート　高耐久性コンクリート
JASS 5では100年の耐用年数を想定しているコンクリートをいう。

こうだたいち　幸田太一（1912～1975）
コンクリート強度を統計的に研究した。元東京都建築材料検査所所長（初代），元日本大学教授。

こうちゃくせつごう　膠着接合 glued adhesion
膠にか質の接着剤を用いて各種材料を張り合わせること。木材とコンクリート，金属とコンクリート，コンクリートとコンクリートなど，膠着材の発達に伴い用途は広くなってきている。

こうちょうりょくいけいてっきん　高張力異形鉄筋 high strength deformed bar
SD 495以上で，今後使用量が増えていくと予想される。

こうていかんり　工程管理 management of works progress
工程管理は着工から完成までの時間的管理のことである。単に工事の進捗状況を時間的に捉えていくだけではなく，品質保証のできる合意品質を確保し，適正な価格で，なおかつ安全面の充足も満たしたうえで，与えられた契約工期内に無理なく施工できるように，施工方法の選定，労働力や施工機械の確保，資材の発注・搬入，安全面の確認など総合的に判断しながら進める。施工の流れをスムーズにするには，品質確保のための必要最小限の施工期間や養生期間などの工程を左右する要因を把握し，的確な作業予定の計画，作業状況の確認をしておくことが工程管理の重要な要素である。
工程管理の方法としては，施工計画に基づき各工事の作業手順と工期を定め，総合工程表（基本工程表）を作成し，その総合工程表に従って工事の進捗状況を確認しつつ，遅れや手持ちなどに対する調整，進度管理をするのが一般的。
工程表を作成する注意点は下記のような点である。
①鉄筋コンクリート工事は，天候，作業者

数，打込み方法，打込み機械の種類に左右され，高層，低層でも異なる。
②仕上げ工事は天候に左右される場合は少ないが，工程段階が多いので工期短縮は難しい。十分な工期を考慮する。

こうていひょう　工程表
progress schedule

プロジェクト全体を示す全体（総合）工程表と，細分化された期間での工事のあり方を示す（細分）工程表に大別される。代表的な形式を挙げると，横線工程表（バーチャートまたはガントチャート），斜線工程表（Sカーブ工程表またはグラフ式工程表），列記式手配予定表，ネットワーク工程表があり，それぞれの特徴を次に示す。

1．横線工程表
最も多くの建築現場で普及しており，工程管理の優れた方式として利用されている。通常，縦軸が工事名，横軸が年月日となっており，横線の長さが作業の所要日数に対応しており，生産過程を単純な形で表示できる。なお，縦軸に数量や出来高（％）が記載され，後述する斜線工程表の形式を採用している工程表もある。

横線工程表の利点・欠点には次のことがらが挙げられる。

①利点
・全体工事に対する各工事細目の工事時期が一目瞭然であり，かつ，工事相互間のマクロ的な進行関係が理解しやすい。
・各工事細目の着手および終了日が明示されており，該当する工事担当者によっては見やすい。

②欠点
・工事（作業）相互間の詳細な関連性が表示できない。
・工期に間に合うよう，単なる作図になり

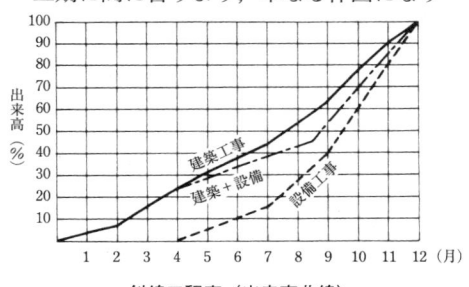

斜線工程表（出来高曲線）

横線工程表（バーチャート）

こうていひ

列記式手配予定表
現場名：(仮称)　○○ビル新築工事工事手配予定表
工事名：外装工事

工事名	施工図		手配				作業	
	着手 年　月　日	完成 年　月　日	調書 月　日	注文手続 月　日	注文決定 月　日	材料受払 月　日	着手 年　月　日	完成 年　月　日
屋根防水工事	1. 10	1. 25	1. 25	1. 30	2. 10	3. 31	4. 15	4. 30
外装・タイル工事	11. 1	11. 10	11. 10	11. 20	11. 30	4. 10	4. 20	6. 20

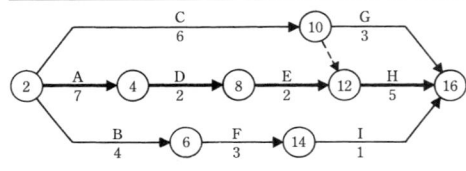

ネットワーク工程表（アロー型）

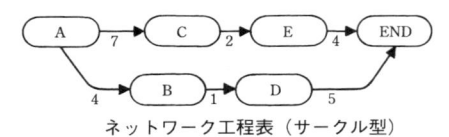

ネットワーク工程表（サークル型）

やすい。
・線の長さにより，工事の進捗度を判断しなくてはならない。

２．斜線工程表
縦軸に数量や出来高（各工事細目の全体に対する構成比率）を，横軸に工期を取り，工事量（工事の出来高）と工期が明確に表示されるように工夫されたもので，工事の遅れに対して速やかに対処できる利点があり，前述した横線工程表に組み込まれることが多い。なお，この工程表も横線工程表と同様の欠点を有する。

３．列記式手配予定表
文書などで記載する方が便利な単純作業の予定や，材料・資材の手配表などに用いられ，事務・連絡作業に適している。

４．ネットワーク工程表
作業を矢線で示すアロー型ネットワークと，その反対に丸印をもって作業を示すサークル型ネットワークの二つのタイプがある。それぞれ一長一短はあるが，今日の現場ではアロー型が多く利用されており，コンピューターの利用が可能であることから，その普及には目覚ましいものがある。
ネットワーク手法は，アメリカで開発された手法で，PERT，CPMを包含する一連のテクニックである。他にも各手法があるが，この両手法が建設業のような個別プロジェクトの管理手法にそのメリットを発揮するため，代表的に扱われている。ネットワーク工程表の利点・欠点を次に示す。

①利点
・個々の作業関連が図示され，内容が分かりやすい。
・工程表が，概念的なものから数字化されコンピューターが利用できる。そのため，計画や管理の信頼度が高い。
・クリティカルパスまたはそれに準ずるものを注意すれば，他の作業に計画落ちのない限り，行程がスムーズに進むため工程管理が楽である。
・個々の工事の緩急の度合いと相互関係が明瞭であるから，クリティカルな仕事に現場職員や作業員の重点配置が可能である。
・作成者以外の者でも理解しやすいから，施工主や関連業者との工程会議に非常に

便利である。
②欠点
・他の工程表と比較して，慣れるまで作成に時間がかかる。
・作成およびチェックに特別の技能が要求される。
・実際の仕事は，ネットワークのように見切りよく移行しないので，進捗管理にあたって特別の工夫がいる。
5．その他の工程表
部分（細分）工程表として，下記のようなものがある。
①月間・旬間・週間工程表…工事の進捗度を基本工程表と照査し，一定期間の細部工事を再計画して作成する。
②単一工事工程表…単一の工事を，与えられた期間における工事の進捗度を明確にするため斜線工程表などを作成する。
③材料工程表…材料不足による工事の遅延を防止するために作成される。材料の納入時期が的確につかめ，支払い予定表の作成も楽になる。表示法としては斜線と横線を併用すると便利である。
④機械・使用電力工程表…工事行程をもとに，使用機械と使用電力量との関係を明らかにする目的で作成される。特に，使用電力量が必要以上に増加するとき，改善対策が可能となる。
⑤図式工程表…杭打ち工事や階段工事または仕上工事などで，平面図，断面図を利用して，これに直接進捗度を記入する。
⑥労働計画工程表…マンパワー・スケジューリングとも称し，労務量の計画に使用される。

こうにゅうしゃ　購入者　purchaser
例えば生コン（レディーミクストコンクリート）を購入する者，通常は施工業者。

こうのてるお　河野輝夫
ボルトを埋め込むコンクリートの引張強度試験方法を考察した（1937年2月報告）。元 日本大学教授。

こうはん　鋼板　steel plate
鋼材でつくられた平板や縞鋼板をいう。厚さは種々ある。

ごうはん　合板　plywood
ベニヤ（単板）を奇数枚，重ね合せた板。木材の特有な性質の一つである異方性を改善したもの。

ごうはんせきいた　合板せき板
plywood sheathing
合板を用いたコンクリート用せき板。建築工事現場において多用されている。

ごうはんのしゅるい　合板の種類　〔→合板用接着剤〕
JAS（日本農林規格）にはI類（完全耐久性），II類（高度耐久性），III類（普通合板）がある。

合板の種類

種類（耐水性）	使用接着剤	耐えるべき環境条件
I類（完全耐水性）	メラミン樹脂またはこれと同等以上のもの	長期間外気および湿潤露出に耐え，かつ微生物に侵されないように接着しているもの
II類（高度耐水性）	尿素ホルムアルデヒド樹脂またはこれと同等以上のもの	通常の外気および湿潤露出に耐え，かつ微生物に侵されないように接着しているもの
III類（普通耐水性）	カゼイングルーまたはこれと同等以上のもの	主として室内用として使用し，軽微な乾湿の変化に対しおおむね当初の強度を保つもの

ごうはんパネル　合板パネル
plywood mould
合板せき板に桟木を付けたもの。

ごうはんようせっちゃくざい　合板用接着剤
adhesives for plywood　〔→合板の種類〕
合板の日本農林規格（JAS）によれば，使用する接着剤によって，I類よりIII類まで

分類されている。それぞれの使用接着剤は合板の種類参照。

こうビーライトポルトランドセメント　高ビーライトポルトランドセメント
high-belite portland cement, belite-rich portland cement 〔→低熱ポルトランドセメント〕

JISでエーライト（C_3S）50％以下，アルミネート相（C_3A）8％以下と規定されている中庸熱ポルトランドセメントよりも，さらにエーライト量を減らし，ビーライト（C_2S）量を増やして製造したポルトランドセメント。中庸熱ポルトランドセメントよりもより低発熱型のセメントである。なお，ASTM C 150の低熱セメント（タイプⅣ）は，エーライト35％以下，アルミネート相7％以下，水和熱7日250 J/g以下，28日290 J/g以下と規定されている高ビーライト系セメントである。温度上昇を抑制しているために初期強度は低いが，長期の伸びが大きく，終局強度は高い。またセメントスラグ系などの混合タイプの低発熱セメントと異なり，低温時の使用でも良好な強度発現が見られる。さらに，中性化に対する抵抗性も混合セメント系に比べ高い。セメントの水和熱を拡散するのが困難な巨大海中構造物，大型地下構造物などのマスコンクリートが主用途で，また，高強度コンクリート，高流動コンクリートにも使用される。

こうふくてん　降伏点　yield point
鉄筋の力学的性質。

①引張試験方法はJISによる。鉄筋を引張ると，応力（度）（σ）－歪み（度）（ε）曲線は図のようになる。

②鉄筋に引張力を加えると鉄筋は伸びる。しかし，引張力を減ずると，元の長さに戻る。この範囲を弾性範囲という。鉄筋の弾

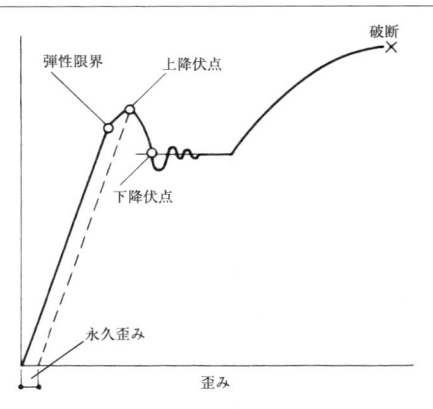

鋼材の歪みー応力　（例示）

性（ヤング）係数は引張強度とは関係ないようで，一般に210 kN/mm^{2}程度である。

③さらに引張力を加えていくと鉄筋は弾性限界を超え，引張力を減じても完全に元の長さに戻らなくなる。このときに生じた復元しない歪みを永久歪みという。さらに引張力を加えると，応力は頂点に到達し，歪み度は増えるが応力度は低下する。この現象を「降伏」といい，鉄筋の引張を受けて中央部近くは伸びきって細くなり始める。鉄筋が降伏し始める以前の最大荷重を引張試験する前の断面積で除した値を上降伏点という。

④鉄筋によっては上降伏点が明らかに現れない場合もあるので，こういう場合には永久歪みが0.2％に到達したときの最大荷重を引張試験する前の断面積で除した値を耐力といい，上降伏点とする。

⑤上降伏点を通過し，さらに引張力を加え続けると応力度はほぼ一定で，歪み度のみが増える。この引張荷重を引張試験する前の断面積で除した値を下降伏点という。

⑥下降伏点を通過すると，再び応力度，歪み度は両方とも増え，やがて破断する。破断時の引張荷重を引張試験する前の断面積

で除した値を引張強さという。

こうぶだいがっこう　工部大学校

日本最初の高等技術教育機関。1877年1月，工部省の工学寮工学校を工部大学校と改称し，外人教授陣も充実した。これより先，1871年工部省内に工学寮を設置。1873年イギリス人H.ダイエルら8名の教師が来日し，造家学科教授としてイギリスよりジョサイア・コンドルが来日した。1879年，辰野金吾・曾禰達蔵・片山東熊・妻木頼黄ら最初の卒業生23名が巣立った。後に東京大学となった。

こうぶつしげん　鉱物資源

mineral resources

鉱物資源の分類と代表的な鉱種は，右表の通り。

こうぶつしつせんいばん　鉱物質繊維板

mineral fibre board

岩綿・鉱滓綿・グラスウールなど，鉱物質の繊維と接着剤とを圧縮形成して板状に加工したもの。不燃性の断熱材・吸音材，セメント製品の補強材として用いる。

鉱物資源の分類

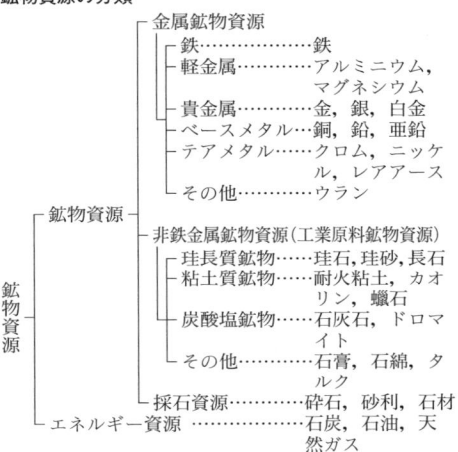

```
          ┌ 金属鉱物資源 ┬ 鉄 ……………… 鉄
          │              ├ 軽金属 ……… アルミニウム，マグネシウム
          │              ├ 貴金属 ……… 金，銀，白金
          │              ├ ベースメタル … 銅，鉛，亜鉛
          │              ├ テアメタル … クロム，ニッケル，レアアース
          │              └ その他 ……… ウラン
鉱物資源 ─┤
          ├ 非鉄金属鉱物資源（工業原料鉱物資源）
          │              ├ 珪長質鉱物 … 珪石，珪砂，長石
          │              ├ 粘土質鉱物 … 耐火粘土，カオリン，蠟石
          │              ├ 炭酸塩鉱物 … 石灰石，ドロマイト
          │              └ その他 ……… 石膏，石綿，タルク
          ├ 採石資源 …………… 砕石，砂利，石材
          └ エネルギー資源 …… 石炭，石油，天然ガス
```

こうぶつしつびふんまつ　鉱物質微粉末

高炉スラグ微粉末 $3,000 \sim 30,000$ cm^2/g，シリカフューム $200,000$ cm^2/g ブレーンなどがある。コンクリート用混和材として使用されている。

(セメント協会資料による)

ポルトランドセメント中の主要化合物量（％）の一例

ポルトランドセメントの種類	エーライト (C_3S)	ビーライト (C_2S)	アルミネート相 (C_3A)	フェライト相 (C_4AF)
普通ポルトランドセメント	50	25	9	9
早強ポルトランドセメント	65	11	8	8
超早強ポルトランドセメント	68	6	8	8
中庸熱ポルトランドセメント	42	36	3	12
耐硫酸塩ポルトランドセメント	63	15	1	15

備考：1．普通ポルトランドセメントは混和材を除外した量。
　　　2．合計が100％にならないものは，石膏（$CaSO_4 \cdot 2H_2O$），MgO，Na_2O，K_2Oその他微量成分を加算していないためである。

主要化合物の特性

(セメント協会資料による)

特性		エーライト (C_3S)	ビーライト (C_2S)	アルミネート相 (C_3A)	フェライト相 (C_4AF)
強さの発現	短期	大	小	中	小
	長期	大	大	小	小
水和熱		大	小	きわめて大	中
化学抵抗性		中	大	小	中
乾燥収縮		中	小	大	中

こうぶつそせい　鉱物組成　mineral formation
セメントの主要鉱物は4種類である。すなわち，エーライト（$3CaO \cdot SiO_2$, C_3S），ビーライト（$2CaO \cdot SiO_2$, C_2S），アルミネート相（$3CaO \cdot Al_2O_3$, C_3A），フェライト相（$4CaO \cdot Al_2O_3 \cdot Fe_2O_3$, C_4AF）である。割合と特性をp.175の表に示す。

こうぶんし　高分子　macro-molecule
分子量1万以上のような分子量の多い物質の総称。高分子には，ゴムなどの天然高分子と，プラスチック・合成ゴムなどの合成高分子とがある。

こうぶんしけいたいしょくモルタル　高分子系耐食モルタル
ポリウレタン系，エポキシ樹脂系のモルタルがある。化学抵抗性が大きい。

こうぶんしけいぼうすい　高分子系防水
高分子系物質を含んだ防水剤。所定の被膜の品質，厚さの均一性をつくるために入念な施工管理をする。溶剤を含むときは中毒と火災に注意する。

こうぶんしぶっしつ　高分子物質　high polimer, high molecular substance
同一単位体の繰返しによって出来ている，分子量が約1万以上の化合物の総称。

ごうへき　剛壁　rigid wall
変形しないと見なされる剛性が大きい壁。例えば鉄筋コンクリート造の耐震壁など。

こうほう　工法　construction method
建物の組立て方，造り方，施工の方法。広義には構法を含む。

こうほう　構法
建築部材の構成方法，材料および部材・部品により構成される建築物の総称。

こうぼがたしめいきょうそうにゅうさつ　公募型指名競争入札
発注者が入札参加資格を定め，対象工事の応募条件を満たす業者であれば参加できる入札方法。談合防止策の一つで，書類審査で指名する。

こうマグネシアけいポルトランドセメント　高マグネシア系ポルトランドセメント
MgO を多く含有しているポルトランドセメント。これを用いて鋸屑・コルク粒などを充填材として混ぜ，塩化マグネシウム溶液（苦汁）で練ってつくる。吸湿性が大きくひび割れが生じやすい。

こうやいたこうほう　鋼矢板工法
止水性に優れており，透水性の大きい硬質地盤に適する。強度や剛性が不足して層の厚い軟弱地盤にあたっては地盤の回込みの防止が困難。打込み時の振動・騒音，かみ合せ部の強度が問題。矢板の打込みには定規を設置して，通りよく打ち込み，鉛直に設ける。シートパイル工法ともいう。

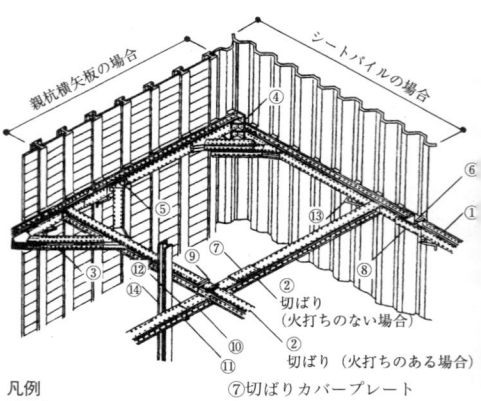

凡例
①腹起し
②切ばり
③火打ち
④コーナーピース
⑤火打ち受けピース
⑥補助ピース
⑦切ばりカバープレート
⑧腹起しカバープレート
⑨交差部締付け金物
⑩支柱ブラケット
⑪支柱
⑫支柱ー切りばり締付け金物
⑬腹起しブラケット
⑭支柱

鋼矢板工法

こうりゅうさんえんスラグセメント　高硫酸塩スラグセメント　highly sulfated slag cement, super sulfated slag cement
高炉スラグ微粉末が80〜85％，不溶性無水石膏が5〜15％，ポルトランドセメント5％以下の3成分から成る混合セメント。高硫酸塩スラグセメントを用いたコンクリートは低発熱型であり，凝結硬化時の体積収縮が少なく，化学抵抗性が大きい。ただし，コンクリートの養生条件によっては強度発現に影響を受け，水中養生すると28日以降の長期，材齢は普通ポルトランドセメントコンクリートと同程度の圧縮強度を示すが，空気中では長期材齢の強度の伸びが小さく，また炭酸ガスの影響により表面劣化や中性化を受けやすい。したがって，硫酸塩の作用を受けるような所（例えば基礎工事，海水工事，マスコンクリートなど）の用途に適している。依田らが試作した高硫酸塩スラグセメントを用いたモルタルおよびコンクリートの基本的性質等は，セメント・コンクリート論文集の No. 57（pp. 85-90），No. 58（pp. 319-324）を参照するとよい。

こうりゅうどうコンクリート　高流動コンクリート　〔→自己充塡コンクリート〕
フレッシュ時の材料分離に対する抵抗性を損なうことなく流動性を著しく高めたコンクリートで，製造・運搬・打込み時に有害な材料分離を起こさず，振動・締固めをしなくてもほぼ型枠内に充塡することができる。非常に高い流動性と優れた施工性を持つため，工事現場における省力化が図れると共に，プレキャストコンクリート造の接合部のような振動・締固め作業が不可能な箇所への充塡に用いることができる。その他，大量のコンクリートを短時間に施工できることから，マスコンクリートへの適用例も増えている。シリカフューム，高炉スラグ微粉末，高性能AE減水剤等を組み合わせる方法が一般的である。以前は超流動コンクリートと呼んでいた。JASS 5 の「高流動コンクリートの品質」は，次の通り。

a．フレッシュコンクリートの流動性はスランプフローで表し，その値は50 cm以上70 cm以下とする。
b．フレッシュコンクリートのブリーディング量は $0.3\,cm^3/cm^2$ 以下とする。
c．標準養生したコンクリートの材齢28日における強度は $25\,N/mm^2$ 以上とする。
d．標準養生したコンクリートの材齢28日におけるヤング係数は $20\,kN/mm^2$ 以上とする。
e．コンクリートの乾燥収縮による長さ変化率は 8×10^{-4} 以下とする。
f．コンクリートの中性化深さは25 mm以下とする。

高流動コンクリートの建設工事現場での特徴は次の通り。
①粉体系
・粉体量が多い（500〜550 kg/m^3 程度）。
・一般に耐久性に優れている。
・流動性のばらつきが大きい。
②増粘剤系
・粉体量が普通コンクリート程度。
・水中不分離コンクリートを改良。
・耐久性で他と比較して劣る。
・生コン工場で製造が容易。

高流動コンクリートの種類別打設量推移　　（単位：m^3）

年度	粉体系	増粘剤系	併用系	その他	合計
1998年度	43,231	16,412	73,181	3,678	136,502
1999年度	58,448	19,813	30,833	364	109,458
2000年度	127,287	9,369	56,737	6,005	199,398
2001年度	110,246	19,500	36,214	100	166,060
2002年度	44,677	10,700	18,000	—	73,377

③併用系
- 粉体系に増粘剤を添加。
- 粉体系の流動性能を改善したコンクリート。
- 流動性のばらつきが小さく，充填性向上。
- コストが比較的高い。

こうりゅうどうコンクリートのちょうごうかんり　高流動コンクリートの調合管理

高流動コンクリートの調合管理は，調合管理強度を定めて行う。調合管理強度は，次式による。

$$_mF = F - \frac{K_a}{\sqrt{N}} \sigma \quad \text{(JASS 5)}$$

ここで
- $_mF$ ：調合管理強度（N/mm²）
- F ：高流動コンクリートの調合強度（N/mm²）
- K_a ：生産者危険率に応じた正規偏差
- N ：試験回数
- σ ：コンクリート強度の標準偏差（N/mm²）

こうりゅうどうコンクリートのはっちゅう　高流動コンクリートの発注　〔→高流動コンクリートの品質管理・検査〕

JASS 5では施工者は，高流動コンクリートの発注にあたって生産者と協議し，次の事項を定めるとしている。
① セメントの種類および品質
② 骨材の種類および品質
③ 混和材料の種類および品質
④ コンクリートの調合
- スランプフロー
- 空気量
- 所要のワーカビリティが得られる水結合材比に対応する強度
- 調合強度
- 水結合材比（または水セメント比）
- 単位水量
- 単位結合材料（または単位セメント量）
- 混和材の使用量
- 単位粗骨材かさ容積
- 混和剤（コンクリート用化学混和剤，分離低減剤）の使用量

こうりゅうどうコンクリートのひんしつかんり・けんさ　高流動コンクリートの品質管理・検査　〔→高流動コンクリートの発注〕

JASS 5では次のように定められている。荷卸し時におけるフレッシュコンクリートの検査は，生産者と協議して指定したレディーミクストコンクリートの受入検査方法によるほか，p.179 上表に示すものがある。

こうろ　高炉　blast-furnace（Hochofen（独））　〔→溶鉱炉〕

溶鉱炉ともいう。銑鉄をつくる炉。わが国の場合，銑鉄を1.0tつくるのに鉄分70％程度の鉄鉱石1.5～1.6t，コークス0.4～0.5t，石灰石0.2～0.3tを用いる。炉内の容積は5,775 m³（新日鐵・大分）が最大である。わが国は4,000 m³級が多い。なお，最近は，高炉内を酸素濃度の高い環境にするためにコークスの代わりに石炭を細かく砕いた微粉炭を燃料として使用する動きがある。容量4,000 m³程度の高炉1基の建設費は500億円程度といわれている。

日本初の本格的な高炉建設は，1901年といわれている（東田）。しかし，遡ること1854年に，日本の洋式高炉は，薩摩藩主・島津斉彬がオランダの図面を参考に，大砲をつくる反射炉とセットで完成。やや後に釜石鉱山を擁する南部藩（岩手県）が一連の高炉を稼働しはじめた。高炉で製造した品は不純物が少ないので高級品といえる（p.179 図・p.180 右表参照）。

こうろすい

荷卸し時におけるフレッシュ高流動コンクリートの検査 (JASS 5)

項　目	試験方法	時期・回数	判定基準
試料採取	JIS JIS	—	—
ワーカビリティ	目視	打込み当初および 打込み中随時	ワーカビリティがよいこと
スランプフロー	JASS 5 T-503	(1)圧縮強度試験用 　供試体採取時 (2)構造体コンクリート強 　度検査用供試体採取時 (3)打込み中，品質変化が 　認められた場合 (4)品質が安定するまでは 　全車	目標スランプフローに対して7.5 cm[*1]
均一性（分離していない状況）	目視		目視で分離していないことが判断できること
空気量	JIS 突き数は，3層・10回		目標空気量に対して，±1.5％
コンクリート温度	棒状温度計		35℃以下
単位水量	調合表，コンクリート製造管理記録により確認	(1)打込み当初 (2)打込み中，品質変化が 　認められた場合	指定した値以下であること
塩化物量	JIS JASS 5 T-502	(1)海砂などの塩化物を含 　むおそれのある場合， 　打込み当初，および 　150 m³に1回以上 (2)その他の場合，1日に 　1回以上	塩化物イオンとして 0.30 kg/m³以下

凡例
1．新日本製鐵・室蘭製鉄所（室蘭市）
2．新日本製鐵・釜石製鉄所（釜石市）
3．住友金属工業・鹿島製鉄所（鹿島町）
4．新日本製鐵・君津製鉄所（君津市）
5．JFE・千葉製鉄所（千葉市）
6．JFE・京浜製鉄所（川崎市）
7．矢作製鉄（名古屋市）
8．新日本製鐵・名古屋製鉄所（東海市）
9．住友金属工業・和歌山製鉄所（和歌山市）
10．新日本製鐵・堺製鉄所（堺市）
11．中山製鉄所（大阪市）
12．合同製鐵・大阪製造所（大阪市）
13．神戸製鋼所・神戸製鉄所（神戸市）
14．神戸製鋼所・加古川製鉄所（加古川市）
15．新日本製鐵・広畑製鉄所（姫路市）
16．JFE・水島製鉄所（倉敷市）
17．JFE・福山製鉄所（福山市）
18．日新製鋼・呉製鉄所（呉市）
19．新日本製鐵・大分製鉄所（大分市）
20．住友金属工業・小倉製鉄所（北九州市）
21．新日本製鐵・八幡製鉄所（北九州市）

わが国の高炉（溶鉱炉）を有する製鉄所位置

こうろすいさいスラグ　高炉水砕スラグ
〔→水砕スラグ〕
p.180図に示したような過程でつくられる急冷スラグをいう。世界の趨勢として高炉スラグは急冷（水砕）化になりつつある（p.180表）。その理由は高炉スラグが貴重な資源である，徐冷方式だとH_2Sガスが大気中に流れ，環境を悪くする，などであ

こうろすい

年度	粗鋼(千t)	高炉スラグ生成量(千t)	水砕スラグ量(千t)	水砕化率(%)
1985	103,758	24,654	11,687	46.0
1990	111,710	25,160	15,234	59.2
1995	100,023	23,112	14,746	62.8
2000	106,901	23,073	16,874	71.8
2003	107,114	24,395	18,318	75.2

[注] 鉄鋼スラグ協会の報告による

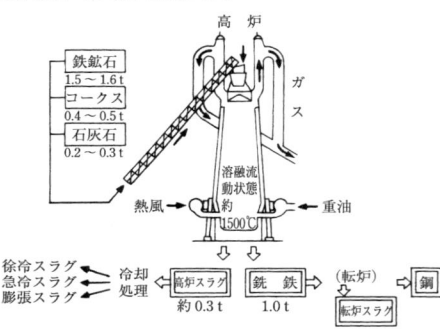

銑鉄および高炉スラグの生成過程

世界の大型溶鉱炉(高炉)ランキング

順位	日本 会社	製鉄所	高炉番号	内容量(m³)
1	新日本製鐵	大分	2号	5,775
2	新日本製鐵	君津	4号	5,555
3	住友金属工業	鹿島	1号	5,370
4	JFE	東日本・千葉	6号	5,153
5	JFE	西日本・倉敷	4号	5,005
6	新日本製鐵	大分	1号	4,884
7	新日本製鐵	君津	3号	4,822
8	住友金属工業	鹿島	2号	4,800
9	JFE	西日本・福山	5号	4,664
10	新日本製鐵	名古屋	1号	4,650

(鉄鋼新聞 2005年1月現在)

[注] 新日本製鐵は八幡製鉄と冨士製鉄が1970年に,JFEは日本鋼管と川崎製鉄が2002年に合併したもの.

順位	世界 国名	製鉄所	高炉番号	内容量(m³)
1	ロシア	Sevestal	No.5	5,500
2	ウクライナ	Krivoi Rog	No.9	5,000
3	ドイツ	Thyssen Krupp Stahl, Schwelgern	No.2	4,769
4	中国	宝山鋼鉄公司,上海	No.3	4,350
5	イタリア	Ilva SpA, Taranto	No.5	4,335
6	オランダ	Corus Strip Products Ijmuiden	No.7	4,200
7	中国	宝山鋼鉄公司,上海	No.1	4,063
8	中国	宝山鋼鉄公司,上海	No.2	4,063
9	ドイツ	Thyssen Krupp Stahl, Schwelgern	No.1	3,844
10	ブラジル	CSN, Volta Redonda	No.3	3,815

(鉄鋼連盟 2003年7月現在)

る.

こうろすいさいスラグのかたまるわけ 高炉水砕スラグの硬まるわけ

高炉スラグ微粉末は,化学的にみてポルトランドセメントと似ている点と似ていない点がある.似ている点は化学成分である.化学成分が似ているために,水和反応の途中経過が異なっていても,最終水和生成物がほぼ同じになるので,硬化後の性質も似ている.高炉スラグ微粉末がガラス質であることが,潜在水硬性を持つ重要な要因である.一方,セメントは結晶質であり,この点が高炉スラグ微粉末と異なっている.

こうろすいさいスラグのはんのうせい 高炉水砕スラグの反応性

水砕スラグはガラス質だから潜在水硬性を有している.したがってセメントのような刺激物(アルカリ性)によってCaイオンを流出し,高炉水砕スラグ自ら硬化する.

こうろスラグ 高炉スラグ

blast-furnace slag 〔→製鋼スラグ〕
高炉(溶鉱炉)中で溶解された鉄鉱石とコークスと石灰石から生じるシリカ(31～35%),アルミナ(14～20%),石灰(38～42%),マグネシア(3～8%)などの化合

こうろすら

高炉セメント，高炉スラグ微粉末，高炉スラグ骨材の発達過程

高炉セメント		高炉スラグ微粉末		高炉スラグ骨材	
1862年	E. Langen（独）高炉スラグの潜在水硬性	1923年	旧・西独　生産着手	1892年	独　コンクリート用高炉スラグ粗骨材使用開始
1910年	日本　製造開始	1933年	Trief（ベルギー）高炉スラグ微粉末スラリーの特許	1897年	米　コンクリート用高炉スラグ粗骨材使用開始
1925年	日本　高炉スラグ分量70％商工省分布	1958年	南アフリカ連邦　本格生産	1927年	日本　コンクリート用高炉スラグ粗骨材使用開始
1953年	日本　分離粉砕方式（品質安定）	1969年	英国　販売開始	1974年	日本　コンクリート用高炉スラグ細骨材使用開始（JIS）
1960年	日本　JIS 高炉セメントA種，B種，C種	1975年	カナダ　本格生産		
1979年	日本　省資源，省エネルギー化（5％まで）	1981年	米国　本格生産	1977年	高炉スラグ粗骨材の JIS 新制定
1983年	日本　アルカリ骨材反応抑制対策実施	1988年	日本　本格生産		
1990年	日本　地球温暖化防止面より利用促進	1955年	日本　JIS 新制定（1997 年一部改正）	1981年	高炉スラグ細骨材の JIS 新制定
	日本　エコマーク商品類登録				
2000年	日本　17,118（千 t），全セメントの25％				
2001年	日本　グリーン購入法の指定品目				

物からなる非金属の鉱物質材料。セメント混和材やコンクリート用骨材（粗骨材は徐冷したもの（結晶質）で，圧縮強度は 105～21 N/mm²（平均 64 N/mm²），細骨材は急冷したもの（ガラス質））などとして使用されている。わが国の高炉スラグの生産量，高炉スラグの利用状況を p.183，高炉スラグの発達過程を上表に示す。いずれも鐵鋼スラグ協会報告による。

こうろスラグさいこつざい　高炉スラグ細骨材　blast furnace slag fine aggregate〔→ BFS，→スラグ砕砂〕

JIS に規定されているコンクリート用細骨材で，BFS と略される。溶鉱炉で銑鉄と同時に生成する溶融スラグを水，空気などによって急冷し，粒度調整したもので硬質である。単独で使用するより他の細骨材と混合して使うことが多い。わが国が世界で最初に使用した。使い方の詳細は，日本建築学会刊の『高炉スラグ細骨材を用いるコンクリート施工指針・同解説』等を参照するとよい。

こうろスラグさいせき　高炉スラグ砕石　blast furnace slag crushed stone〔→高炉スラグ粗骨材〕

高炉スラグ粗骨材といって JIS に規定されているもので，高炉スラグ砕石ともいう。詳細は，JIS の解説を参照されるとよい。

主な物性は，絶乾密度：2.4～2.6 g/cm³ 程度，吸水率：4％以下，単位容積質量：1.35 kg/l，実積率：58～60％程度である。

こうろスラグそこつざい　高炉スラグ粗骨材　blast furnace slag coarse aggregate〔→ BFG，→高炉スラグ砕石〕

JIS に規定されているコンクリート用粗骨材で，溶鉱炉で銑鉄と同時に生成する熔融スラグを徐冷し，粒度調整したもの。高炉スラグ砕石ともいう。ドイツが 1892 年から，アメリカが 1897 年から，日本が 1927 年より使用しはじめた。使い方は，日本建築学会刊の『高炉スラグ砕石コンクリート

施行指針案・同解説』等を参照するとよい。

こうろスラグのひんしつ　高炉スラグの品質
p.183 下表に示す通り。

こうろスラグのぶんりょう　高炉スラグの分量　replacement of blast-furnace slag
セメント質量に対する高炉水砕スラグ微粉末の置換質量％をいう。JIS R 5211 で表現している。

こうろスラグのようと　高炉スラグの用途
p.184 表に示す。

こうろスラグびふんまつ　高炉スラグ微粉末　granulated blast-furnace slag〔→急冷高炉スラグ〕
溶鉱炉で銑鉄と同時に生成する溶融状態の高炉スラグを 7～10 倍の水量によって急冷し，ローラーミル等によって乾燥・粉砕したもの。またはこれに石膏を添加したもの。ブレーン方法による比表面積で示すと 2,750～30,000 cm²/g（平均粒径 15～1.5 μm）である（右上図参照）。使い方は日本建築学会刊の『高炉スラグ微粉末を使用するコンクリートの調合設計・施工指針・同解説』を参照するとよい（p.185 表上・下参照）。高炉スラグ微粉末の JIS は 1995 年 3 月に比表面積 4,000，6,000，8,000 が制定された。

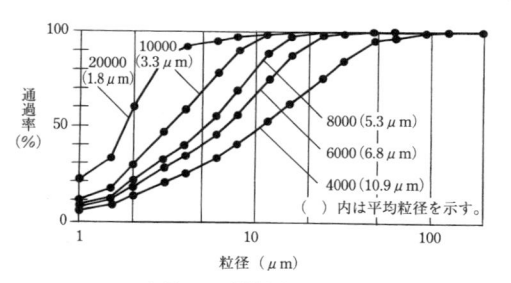

こうろスラグびふんまつのかがくてきせいしつ　高炉スラグ微粉末の化学的性質　chemical properties of ground granulated blast furnace slag

①高炉スラグ微粉末はなぜ硬まるか：ガラス質であり化学成分がセメントと似ているから。
②高炉スラグ微粉末とセメントの化学成分の違いは：主要化学成分は同じであるが含有量は異なっている。
③ガラス質でないと水和しないか：ほとんど水和しない。
④高炉スラグ微粉末の潜在水硬性とは：アルカリ性雰囲気で水和硬化する性質。
⑤潜在水硬性を顕在化させるアルカリ刺激材とは：ポルトランドセメントが望ましい。
⑥アルカリ刺激材にセメントが好ましい理由：セメントが生成する消石灰を高炉スラグ微粉末が消費するから。
⑦セメント以外のアルカリ刺激材は：消石灰あるいは苛性ソーダ等の強アルカリ性物質でもよい。
⑧アルカリ刺激材なしでも硬化するか：時間がかかるが硬化する。
⑨生成した消石灰を消費してもよいか：消石灰を消費すると各種の耐久性が向上する。
⑩消石灰の残存が耐酸性を低下させる理

高炉スラグ微粉末の粒度分布

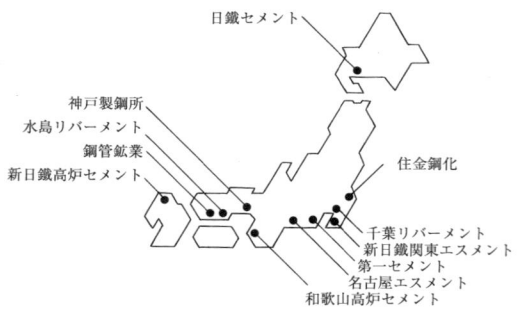

高炉スラグ微粉末の生産工場（2001年）

こうろすら

わが国の高炉スラグの生産量

年度	銑鉄(a)	粗鋼(b)	高炉スラグ生成量	高炉スラグ生産量				高炉スラグ利用量			
			原単位(kg)	徐冷(c)	急冷	計(d)	水砕化率 c/d (%)	徐冷	急冷(e)	計(f)	水砕化率 e/f (%)
1985	79,253	103,758	24,645	311	13,706	11,687	25,393	46.0	14,084	11,588	25,672	45.1
1990	80,835	111,710	25,160	311	10,514	15,234	25,748	59.2	11,603	15,014	26,617	56.4
1995	74,637	100,023	23,112	310	8,732	14,748	23,479	62.8	7,948	14,729	22,678	64.9
2000	80,701	106,901	23,073	286	6,625	16,874	23,498	71.8	6,933	16,741	23,674	70.7
2004	82,895	112,897	23,820	287	5,361	19,072	24,433	78.1	6,438	18,883	25,321	74.6

2005年度における高炉スラグの利用状況
単位：千t

				数量	構成比(%)
				82,937	
生産量		徐冷スラグ		4,928	19.9
		急冷スラグ		19,830	80.1
		計		24,758	100.0
利用量	外販量	道路用	徐冷	3,563	
			水砕	88	
			計	3,651	14.7
		セメント用	徐冷	602	
			水砕	16,129	
			計	16,731	67.3
		地盤改良材	徐冷	0	
			水砕	0	
			計	0	0.0
		土木用	徐冷	73	
			水砕	809	
			計	882	3.5
		コンクリート用	徐冷	379	
			水砕	2,779	
			計	3,158	12.7
		その他	徐冷	217	
			水砕	220	
			計	437	1.8
			徐冷	4,834	
			水砕	20,025	
			計	24,859	100.00

諸外国の高炉スラグの化学成分（%）

	SiO_2	Al_2O_3	CaO	MgO	FeO	MnO	T.S.
アメリカ	33〜42	10〜16	36〜45	3〜12	0.3〜2	0.2〜1.5	1〜3
ドイツ	33〜37	12〜17	35〜42	4〜13	0.2〜1.3	0.3〜0.45	0.7〜1.0
フランス	32.9	14.7	45.1	3.7	0.1	0.45	1.0
イギリス	28〜36	12〜22	36〜43	4〜11	0.3〜1.7	—	1〜2
ルクセンブルグ	33.3	15.8	44.2	3.6	1.3	0.65	0.65
ロシア	34〜40	6〜17	29〜49	2〜19	0.2〜1.0	0.1〜1.3	0.4〜2.9

わが国の高炉スラグの品質概要

種類		結晶性	水硬性	見掛密度(絶乾)(g/cm³)	化学成分（%）							
					CaO	Al_2O_3	MgO	SiO_2	MnO	TiO_2	FeO	SO_3	S
徐冷スラグ		メリライト質結晶	ない	2.2〜2.7	38〜44	13〜15	4.5〜7.0	32〜35	0.3〜0.7	1.1〜1.8	0.2〜1.6	0.02〜0.35	0.5〜1.7
急冷スラグ	硬質	ガラス質	刺激材料を添加すれば強い水硬性を有する。	2.5〜2.9	38〜44	13〜15	4.5〜7.0	32〜35	0.3〜0.7	1.1〜1.8	0.2〜1.6	0.02〜0.35	0.5〜1.7
	軟質	非結晶		1.4〜2.0	38〜44	13〜15	4.5〜7.0	32〜35	0.3〜0.7	1.1〜1.8	0.2〜1.6	0.02〜0.35	0.5〜1.7
膨張スラグ[*1]		半結晶	ない	1.8〜2.5	38〜44	13〜15	4.5〜7.0	32〜35	0.3〜0.7	1.1〜1.8	0.2〜1.6	0.02〜0.35	0.5〜1.7

[注][*1] わが国では製造していないので，アメリカ産のものを示した。

こうろすらぐ

高炉スラグの用途（太字のものはわが国で使用されているもの）

徐冷スラグ	急冷スラグ		膨張スラグ	その他
	水砕スラグ	水砕スラグ微粉末		
石材 　護岸捨石，ます石，とん石，サンドマスチック，ブロック，鋳造タイル **埋立材** 　埋立・埋土材，地盤安定処理材，路床改良材，路盤材，道床バラスト **骨材** 　コンクリート用粗骨材，アスファルト，ポゾパックタイプのミックス用，ルーフィング材，ろ過材 肥料 窯業原料	**地盤改良材** 　軟弱地盤改良（浅層・深層） 硬化性路盤材料 **骨材** 　細骨材，軽量骨材 **建材** 　スラグれんが，ブロック，軽量ブロック，かわら，ボード類，左官材料 埋土材 窯業材料 　セメント，タイル，ガラス，泡セラミックス，シタール 鋳物砂 農業用 　肥料，土壌改良材 フィラー へどろ固化材	**窯業材料** 　**高炉セメント**，高硫酸塩スラグセメント，耐酸セメント，膨張セメント，耐海水セメント，油井セメント，泡セラミックス，シタール，ガラス，陶磁器，タイル 珪酸カルシウム 　コンクリート用混和材（乾式および湿式粉砕） 安定処理材 　地盤安定材，へどろ処理，赤泥などの処理，原子力廃棄物処理，重金属類廃棄物処理 グラウト材 建材原料 　気泡コンクリート，コンクリート製品，ALC，人造石材，モルタル，コンクリート用防水材，フィラー 増量材 　石綿増量材 鉱物用バインダー 肥料 無機接着剤	人工軽量骨材 　粗骨材，細骨材 ブロック 　軽量ブロック，空洞ブロック 軽量埋土材	ロックウール 保温・保冷材，不燃建材，吸音材，結露防止材，増量材

由：消石灰が酸に溶けやすく組成をポーラスにするため。

⑪消石灰の残存が耐海水性および耐硫酸塩性を低下させる理由：消石灰と各種イオンが反応して組織を弱体化するから。

⑫ポルトランドセメントの耐海水性および耐硫酸塩性が小さい理由：カルシウムアルミネートが各種イオンと反応して組織を弱体化するから。

⑬石膏の併用が耐海水性および耐硫酸塩性を向上させる理由：セメント中のカルシウムアルミネートを消費するから。

⑭高炉スラグ微粉末中のアルミニウムが膨張破壊の原因にならない理由：ガラス相中に均等に分散しており成長圧は分散されてしまうから。

⑮消石灰の残存が耐火性を低下させる理由：熱により消石灰が生石灰になり，これが再水和する際の膨張破壊。

⑯消石灰の残存がアルカリ骨材反応の抑制効果を低下させる理由：消石灰が硬化体中のOH^-イオンを増大させるため。

高炉スラグ微粉末の比表面積と置換率の組合せがコンクリートの性質に及ぼす影響

	種類	高炉スラグ微粉末 4,000			高炉スラグ微粉末 6,000			高炉スラグ微粉末 8,000			高炉スラグ微粉末 11,000			高炉スラグ微粉末 15,000		
	比表面積 (cm²/g)	3,000以上 5,000未満			5,000以上 7,000未満			7,000以上 10,000未満			10,000以上 13,000未満			13,000以上 18,000未満		
	置換率 (%)	30	50	70	30	50	70	30	50	70	30	50	70	30	50	70
フレッシュコンクリートの性質	流動性	○	○	○	◎	◎	◎	◎	◎	◎	◎	◎	◎	◎	◎	◎
	ブリーディング	○	○	△	◎	○	○	◎	◎	○	◎	◎	○	◎	◎	◎
	凝結遅延効果*	◎	◎	◎	◎	◎	◎	◎	◎	◎	◎	◎	◎	◎	◎	◎
	断熱温度上昇	—	—	—	—	—	—	—	—	—	—	—	—	—	—	—
	発熱速度低減	○	○	○	○	○	○	○	○	○	○	○	○	○	○	○
強度性状	初期強度	○	△	△	○	○	△	○	○	△	○	○	△	○	○	△
	材齢28日強度	○	○	△	○	○	○	○	○	○	○	○	○	○	○	△
	長期強度	○	○	○	◎	◎	○	◎	◎	○	◎	◎	○	◎	◎	○
	高強度	○	○	△	○	○	○	◎	◎	○	◎	◎	○	◎	◎	○
耐久性状	乾燥収縮	○	○	○	○	○	○	○	○	○	○	○	○	○	○	○
	中性化	—	—	—	—	—	—	—	—	—	—	△	—	—	△	—
	耐凍害性	○	○	○	○	○	○	○	○	○	○	○	○	○	○	○
	水密性	○	○	○	◎	◎	○	◎	◎	◎	◎	◎	◎	◎	◎	◎
	塩分遮蔽性	○	○	○	◎	◎	○	◎	◎	◎	◎	◎	◎	◎	◎	◎
	耐海水性	○	○	○	◎	◎	○	◎	◎	◎	◎	◎	◎	◎	◎	◎
	耐酸性・耐硫酸塩性	○	○	○	◎	◎	○	◎	◎	◎	◎	◎	◎	◎	◎	◎
	耐熱性	○	○	○	○	○	○	○	○	○	○	○	○	○	○	○
	アルカリシリカ反応抑制	○	○	○	◎	◎	◎	◎	◎	◎	◎	◎	◎	◎	◎	◎
	耐摩耗性	○	○	○	○	○	○	○	○	○	○	○	○	○	○	○

凡例 ◎：無混入コンクリートに比べ良好な性質が得られる。
○：無混入コンクリートに比べて同程度または多少良好な性質が得られる。
△：無混入コンクリートに比べ使用に際し注意を要する。
—：条件により異なる。
[注] ここに示す置換率の中間的な値で高炉スラグ微粉末を使用した場合のコンクリートは，それぞれのほぼ中間的な性質を示す。
*：凝結遅延効果とは，コンクリートの凝結を遅らす効果を示す。

高炉スラグ微粉末の特長を生かしたコンクリートの用途

特長	比表面積 (cm²/g)	置換率 (%)	主な用途
流動性　大	6,000～15,000	30～70	高流動化コンクリート（コンクリートの品質向上，省力化）
凝結遅延効果　大	4,000～8,000	30～70	暑中コンクリート，大量・連続的に打ち込むコンクリート
発熱性　大	4,000～8,000	50～70	マスコンクリート（大型建築物の基礎等）
材齢28日強度　大	6,000～15,000	30～70	建築物の耐久性向上
長期強度　大	4,000～15,000	50～70	建築物の耐久性向上等
高強度　大	6,000～15,000	30～70	高層鉄筋コンクリート建築物，大深度地下構造物
水密性　大	4,000～15,000	50～70	地下構造物，海中，水中構造物，水槽構造物等
塩分遮蔽性　大	4,000～15,000	50～70	沿岸建築物，海上・海中構造物等
耐海水性　大	4,000～15,000	50～70	海上・海中構造物等
耐酸性・耐硫酸塩性　大	4,000～15,000	50～70	化学工場建築物，温泉地面建築物，酸性雨対策等
アルカリシリカ反応抑制効果　大	4,000～15,000	50～70	アルカリシリカ反応抑制対策用

⑰高炉スラグ微粉末の併用が塩化物イオンの浸透を抑制する理由：硬化体表面で塩化物イオンを化学的に固定するから。
⑱高炉スラグ微粉末の併用がコンクリートの流動性を向上させる理由：高炉スラグ微粉末は短時間ではゲル状物質を生成しないから。
⑲比表面積微粉末の大きい高炉スラグ微粉末を使用すると高強度が得られる理由：高炉スラグ微粉末の水和率が増大するから。
⑳石膏の併用が初期強度を増大させる理由：初期強度に寄与するエトリンガイトを生成するから。
㉑石膏の併用が水和発熱量を低減する理由：エトリンガイトの生成がその後の水和反応を抑制するから。
㉒コンクリートの強度と水和発熱量は比例するか：必ずしも比例関係にはない。
㉓高炉スラグ微粉末の併用で高強度低発熱を達成できるか：粉末度の大きい高炉スラグ微粉末を多用することによって可能である。
㉔高炉スラグ微粉末の少量置換が断熱温度上昇量を増大させる理由：高温下ではセメントと高炉スラグ微粉末の水和機構が異なるから。
㉕高炉スラグ微粉末の温度依存性が大きい理由：ポルトランドセメントと比較して大きいだけである。
㉖高炉スラグ微粉末を併用した硬化体内部が黒緑色になる理由：有色の硫化金属塩を生成するから。
㉗高炉スラグ微粉末は風化するか：セメントよりは遅いがやはり風化する。

(石川陽一：日本建築学会高炉スラグ微粉末調査研究小委員会報告（1993.9））より

こうろスラグびふんまつのかっせいどしすう　高炉スラグ微粉末の活性度指数
surface active index of ground granulated plast furnace slag

高炉スラグ微粉末の強度発現の程度を持つ強度によって評価するもので普通ポルトランドセメント＋高炉スラグ微粉末（置換率）：（豊浦標準）砂：水＝1（0.5＋0.5）：3：0.5のモルタル（$4 \times 4 \times 16$ cm）を機械練りし，翌日に脱型し，20℃の水中にて養生した圧縮強度を高炉スラグ微粉末を混入しない圧縮強度を（100）として表したもの。結果をp.187上表に示す。活性度指数が大きければ，圧縮強度が大きく，逆にこれが小さければ圧縮強度が小さいことを意味する。

こうろスラグふんまつ　高炉スラグ粉末
ground granulated blast-furnace slag
高炉スラグ微粉末のこと。

こうろセメント　高炉セメント　portland blast-furnace cement　〔→スラグセメント〕

急冷された高炉スラグ（高炉スラグ微粉末）を用いた混合セメント（JIS）。わが国では1910年より製造が開始された。高炉スラグの分量によってA種（5を超え30％以下），B種（30を超え60％以下），C種（60を超え70％）がある。うち99％強はB種が使用されている。製造の際のCO_2発生量が少ないので地球環境保全をはじめ省資源・省エネルギーに貢献する。性質と用途はp.187右下表の通り。詳細は日本建築学会刊の『高炉セメントを使用するコンクリートの調合設計・施工指針・同解説』を参照するとよい（p.188表，p.189表参照）。

こうろセメントコンクリートのないぶがあおくみえるわけ　高炉セメントコンクリートの内部が青く見えるわけ

高炉セメントが水和し硬化すると，内部が

暗緑色から緑青色に発色する。その色は，湿潤なほど，水セメント比が小さいほど，そして材齢が経過しているほど濃い。高炉セメントに混合されている「高炉急冷砕スラグ」が水和すると，HS^-あるいはH^{2-}を生じる。したがって，高炉セメントコンクリート硬化体中の雰囲気は還元性である。このような雰囲気中では，高炉急冷砕スラグ中に含まれている Fe や Mn は酸化数が低い状態，例えば Fe^{2+}，Mn^{2+} として単独に水和物を形成したり，他の水和物中に固溶するために，それらの含有量の多さによって暗緑色から緑青色に発色するのである。しかし，空気中のような酸化性雰囲気に暴露されると，FeやMnの酸化数が増加して，水和物におけるそれらの構成形態が変化するので次第に消色する。このことから，H_2O_2などの酸化剤の濃厚水溶液を塗布したり，噴霧したりすることによって，比較的短期間（3日程度）に脱色させることができる。p.190 中表は，オートクレーブ養生した高炉セメントB種モルタル硬化体の折った面にオキシドール（過酸化水素3％溶液）を噴霧した場合と，オキシドール中に浸漬した場合の圧縮強度試験結果である。いずれも強度が低下しないので脱色方法として用いられる一つである。

こうろセメントせいさんこうじょう　高炉セメント生産工場

[p.190 図参照]。

こうろセメントにかんするかっこくのきかく　高炉セメントに関する各国の規格

世界40カ国で規定されている。併せて，わが国の高炉セメント規格の変遷を表に掲げた。（p.191 表参照）

こうろセメントのすいわねつ　高炉セメントの水和熱　heat of hydration of portland-blast-furnace slag cement

p.190 下表に示す通りで，高炉スラグの分量が多いセメントほど水和熱は小さい。

こうろセメントのひんしつ　高炉セメントの品質

わが国の高炉セメントは1910年（明治43年）より製造されはじめ，常に普通ポルトランドセメントの陰にありながら，土木・建築界に果たしている役割は大きい。高炉セメントは高炉スラグの分量によってA種，B種，C種がある（JIS）。現在，わが国で使用されている高炉セメントのう

高炉スラグ微粉末の活性度指数

高炉スラグ微粉末 (cm²/g)		同左の粒径 (μm)	活性度指数 (SAI)					フロー値比
公称	実測値		1日	3日	7日	28日	91日	
基準セメント			100	100	100	100	100	100
4000	3950	10.9	36	54	54	100	100	103
6000	6090	6.8	38	54	65	114	102	102
8000	8030	5.3	51	60	80	125	106	99
10000	10300	3.3	67	94	110	125	109	92
20000	20800	1.8	142	182	161	152	109	73
26000	25800	1.6	167	201	165	154	109	67

高炉セメントの性質と用途

	性　質	主な用途
A種	普通セメントと同様の性質。	普通セメントと同様に用いられる。
B種	a. 初期強度はやや小さいが長期強度は大きい。 b. 水和熱が小さい。 c. 化学抵抗性が大きい。 d. アルカリ骨材反応を抑制する。	普通セメントと同様な工事。マスコンクリート・海水・硫酸塩・熱の作用を受けるコンクリート，土中，地下構造物
C種	a. 初期強度は小さいが長期強度は大きい。 b. 水和発熱速度はかなり遅い。 c. 耐海水性が大きい。 d. アルカリ骨材反応	マスコンクリート海水・土中・地下構造物コンクリート

こうろせめ

わが国の高炉セメントおよび全セメントの生産量

年	高炉セメント a	全セメント b	a/b ×100 (%)	年	高炉セメント a	全セメント b	a/b ×100 (%)	年	高炉セメント a	全セメント b	a/b ×100 (%)
1913年 大正2	1.2	643.6	0.2	1944	606.2	2,960.2	20.5	1975 昭和50	2,656.4	66,005.3	4.0
1914	4.9	623.6	0.8	1945 昭和20	131.6	1,175.9	11.2	1976	2,540.0	67,869.6	3.7
1915	8.9	678.2	1.3	1946	21.5	927.1	2.3	1977	3,291.4	76,341.8	4.3
1916	12.8	773.2	1.7	1947	12.5	1,287.9	1.0	1978	4,076.6	85,827.9	4.8
1917	9.9	946.3	1.0	1948	51.5	2,141.3	0.2	1979	4,695.0	87,940.3	5.3
1918	9.8	1,142.1	0.9	1949	78.3	3,473.6	2.3	1980 昭和55	5,361.7	85,882.5	6.2
1919	7.5	1,108.5	0.7	1950 昭和25	109.5	4,992.3	2.2	1981	6,131.9	83,605.0	7.3
1920 大正9	11.3	1,350.6	0.8	1951	202.4	6,807.5	3.0	1982	7,113.5	80,055.7	8.9
1921	12.7	1,551.1	0.8	1952	182.3	7,103.1	2.6	1983	7,952.2	79,402.0	10.0
1922	13.9	1,856.9	0.7	1953	196.1	9,377.0	2.1	1984	8,732.6	77,403.4	11.3
1923	14.1	2,239.1	0.6	1954	219.5	10,521.9	2.1	1985 昭和60	9,045.2	72,212.5	12.6
1924	11.7	2,195.4	0.5	1955 昭和30	317.2	11,040.7	2.9	1986	10,738.1	70,415.9	15.2
1925	13.8	2,504.1	0.6	1956	493.3	13,737.6	3.6	1987	12,448.4	74,244.3	16.8
1926 昭和元	20.4	2,967.1	0.7	1957	668.3	15,223.8	4.4	1988	13,714.7	77,262.1	17.7
1927	24.4	3,235.4	0.8	1958	986.8	14,950.1	6.6	1989 平成元	14,039.3	80,077.1	17.5
1928	64.9	3,490.1	1.9	1959	1,357.9	18,539.5	7.3	1990	14,877.3	86,849.2	17.1
1929	88.1	3,776.9	2.3	1960 昭和35	1,722.3	23,078.9	7.5	1991	15,483.0	88,813.0	17.4
1930 昭和5	77.0	3,277.4	2.4	1961	2,096.9	25,728.9	8.2	1992	16,740.0	90,645.0	18.9
1931	91.9	3,231.6	2.8	1962	2,284.7	28,565.3	8.0	1993 平成5	15,983.0	88,661.0	16.8
1932	99.4	3,425.4	2.9	1963	2,259.3	30,822.4	7.3	1994	16,930.0	94,641.0	17.3
1933	106.9	4,317.0	2.5	1964	2,189.9	32,475.8	6.7	1995	16,813.0	97,496.0	17.2
1934	115.2	4,482.5	2.6	1965 昭和40	2,041.3	33,006.5	6.2	1996	17,612.0	99,267.0	17.7
1935 昭和10	111.2	5,530.6	2.0	1966	2,262.2	38,567.2	5.9	1997	16,096.2	92,558.0	17.4
1936	163.3	5,672.2	2.9	1967	2,327.6	43,558.5	5.3	1998 平成10	16,299.0	82,569.0	19.7
1937	265.1	6,103.9	4.3	1968	2,324.8	47,792.2	4.9	1999	17,178.0	82,181.0	20.9
1938	281.1	5,924.8	4.7	1969	2,283.5	52,035.4	4.4	2000	17,631.0	82,373.0	21.4
1939	350.2	6,199.7	5.6	1970 昭和45	2,358.3	57,581.6	4.1	2001	17,791.0	79,119.0	22.5
1940 昭和15	603.7	6,074.5	9.9	1971	2,726.5	59,629.3	4.6	2002	16,760.0	75,479.0	22.2
1941	677.0	5,838.2	11.6	1972	3,130.7	69,527.0	4.5	2003	16,109.0	73,508.0	21.9
1942	627.8	4,356.0	14.4	1973	3,311.9	78,250.2	4.2	2004	14,914.0	71,682.0	20.8
1943	835.8	3,767.7	22.2	1974	2,616.5	69,955.7	3.7				

こうろせめ

わが国の高炉セメント規格の変遷

回次	規格名称・年次		高炉スラグの分量 (質量%)			塩基度[1]	単位包装	備考
			A種	B種	C種			
1	商工省告示第5号 (高炉セメント)	1925年8月公布	約70以下			—	—	—
2	商工省告示第10号 (高炉セメント)	1926年6月決定 1927年4月公布	約70以下			—	t 袋 50kg 樽 170kg	定義改正,比重に再試験の場合を規定,粉末度アップ,凝結に試験温度を規定,強さアップ,試験温度を10℃以上と規定。
3	商工省告示第42号 JES 29 (高炉セメント)	1936年12月決定 1938年7月告示	約60以下			—	同上	安定性および強さ試験の際の温度が15℃以上と規定。粉末度・強さを大きくした。
4	商工省告示第219号 jas 29号 (高炉セメント)	1936年12月決定 1938年7月告示	約79以下			—	同上	—
5	臨 JES 149号 (セメント)	1940年12月決定 1941年8月公表	約70以下			—	同上	強さに軟練モルタル試験方法を採用。標準砂変更。
6	臨 JES 149号 (セメント)	1943年8月決定	約70以下			—	同上	強さダウン。
7	JES 5101 (セメント)	1947年12月決定	約75以下			—	同上	本セメントに石灰使用を禁止豊浦標準砂採用。
8	JIS R 5211 (高炉セメント)	1950年3月制定 1950年4月公示	約75以下			1.0以上	t 袋 50kg 40kg	塩基度新設。試験を20±3℃,湿度80%以上と規定。強さアップ,樽廃止。
9	JIS R 5211 (高炉セメント)	1953年7月改正 1953年8月公表	約75以下			同上	同上	石膏を加えなければ高炉セメントと認められなくなった。強度を大きくした。
10	JIS R 5211 (高炉セメント)	1956年7月改正 1956年8月公示	約75以下			1.4以上	袋 50kg 40kg	塩基度改正。比表面積設定。
11	JIS R 5211 (高炉セメント)	1956年改正 1956年公示	約75以下			同上	同上	
12	JIS R 5211 (高炉セメント)	1960年11月改正 1960年11月公示	30以下	30超 60以下	60超 70以下	同上	同上	A種,B種,C種の区分。これに伴い,それぞれの品質を規定。C種高炉セメントに用いる高炉スラグは,本質的には塩基度の値が1.6以上で,さらに潜在水硬性を損じないような温度で完全に乾燥され,粉砕されていることを明記。
13	JIS R 5211 (高炉セメント)	1964年3月改正 1964年3月公示	30以下	30超 60以下	60超 70以下	同上	同上	B種およびC種の比重を改正。
14	JIS R 5211 (高炉セメント)	1969年11月改正 1969年11月公示	30以下	30超 60以下	60超 70以下	同上	同上	無水硫酸の規格を変更。
15	JIS R 5211 (高炉セメント)	1973年10月改正 1973年10月公示	30以下	30超 60以下	60超 70以下	同上	袋 40kg 50kg	セメントの製造方法において,セメントの1%以下の粉砕助剤の使用化。全セメントについて大幅に圧縮強さを改定。セメントの品質規定において,比重,88μ残分,曲げ強さの項目を削除。

こうろせめ

								非表面積，安定性，強熱減量，三酸化硫黄の項目について一部改定。
16	JIS R 5211（高炉セメント）	1977年3月改正 1977年3月公示	30 以下	30超 60 以下	60超 70 以下	同 上	同 上	従来単位とSI単位の併記。
17	JIS R 5211（高炉セメント）	1979年10月改正（1985年確認）	5超 30 以下	30超 60 以下	60超 70 以下	同 上	同 上	A種の分量変更とSI単位と従来単位の併記。
18	JIS R 5211（高炉セメント）	1992年7月改正	5超 30 以下	30超 60 以下	60超 70 以下	同 上	同 上	SI単位に全面切替。
19	JIS R 5211（高炉セメント）	1997年4月改正	5超 30 以下	30超 60 以下	60超 70 以下	同 上	袋25kg 40kg	1995年4月JIS R 5201の調合等が変更されたので圧縮強さ等を改正。

[注][1]：8〜9回の塩基度は $\dfrac{CaO\ (\%)}{SiO_2\ (\%)}$，それ以後は $\dfrac{CaO + MgO^* + Al_2O_3\ (\%)}{SiO_2\ (\%)}$ で示している。

オートクレーブ養生した高炉セメントB種モルタル硬化体の材齢28日における圧縮強度試験結果

オキシドールを施すまでの日数（日）	脱色方法	材齢28日* 圧縮強度 (N/mm²)	比
1	なし	42.7	100
	噴霧	46.1	108
	浸漬	43.6	102
5	なし	43.5	100
	噴霧	46.6	107
	浸漬	45.2	104
26	なし	44.0	100
	噴霧	47.9	109
	浸漬	46.1	105

[注] 供試体作製1日後に脱型し，オートクレーブ（10気圧・4時間）養生した直後の圧縮強度は41.7 N/mm²である。
＊：材齢28日まで20℃・80％R.H.室に放置した。

水和熱の測定例（JISによる）

種　類	高炉スラグの分量（質量％）	水 和 熱 (J/g)				
		3日	7日	28日	91日	182日
高炉セメントB種	37	192	260	316	335	363
高炉セメントC種	67	184	203	240	251	302
普通ポルトランドセメント	—	193	278	355	366	377

1. 日鐵セメント（室蘭工場）
2. 太平洋セメント（上磯工場）
3. 三菱マテリアル（岩手工場）
4. 太平洋セメント（大船渡工場）
5. 明星セメント（糸魚川工場）
6. 電気化学工業（青海工場）
7. 日立セメント（日立工場）
8. 住友大阪セメント（栃木工場）
9. 太平洋セメント（熊谷工場）
10. 三菱マテリアル（横瀬工場）
11. 太平洋セメント（埼玉工場）
12. 第一セメント（川崎工場）
13. 住友大阪セメント（伊吹工場）
14. 敦賀セメント（敦賀工場）
15. 三河小野田セメント（田原工場）
16. 住友大阪セメント（岐阜工場）
17. 住友大阪セメント（赤穂工場）
18. トクヤマ（南陽工場）
19. 東ソー（南陽工場）
20. 宇部興産（宇部工場）
21. 太平洋セメント（土佐工場）
22. 住友大阪セメント（高知工場）
23. 新日鐵高炉セメント（戸畑工場）
24. 三菱マテリアル（東谷工場）
25. 三菱マテリアル（黒崎工場）
26. 三菱マテリアル（九州工場）
27. 宇部興産（苅田工場）
28. 太平洋セメント（香春工場）
29. 麻生セメント（田川工場）
30. 太平洋セメント（津久見工場）
31. 太平洋セメント（佐伯工場）

わが国の高炉セメント生産工場

高炉セメントを規格化している国と規格名および年号

国名	規格名	年号
日本	JIS R 5211	1997
モロッコ	NM 10.01-0.04	1986
南アフリカ	SABS 831,626	1971
ジンバブエ	CAS A 46	1972
アルゼンチン	IRAM 1503, 1630, 1636	1972, 1990, 1986
ブラジル	NBR 5732, 5735, 5737	1990, 1986
カナダ	CAN／CSA-A 3, 62-M 88	1988
チリ	Nah 148	1968
メキシコ	DGN-C 595	1969, 1970
ペルー	ITINTEC 334,049	1985
アメリカ	ASTM C 595	1989
中国	GB 1344	1985
インド	IS：455, 6909	1989
韓国	KS L 5210	1986
台湾	CNS 3654, R 2078	1979
オーストラリア	Onorm B 3310	1990
ベルギー	NbN B 12-102,104,105,106,107	1969
ブルガリア	BDS 27	1987
旧 チェコスロバキア	CN 72, 2112, 2113	1973
フィンランド	SFS 3165	1983
フランス	FN P-15 301, 306, 319	1964
旧 西ドイツ	DIN1164 NA(HOZ)25 HS(HOZ)25	1990
ハンガリー	MSZ 4702/2-8, 4-8, 2-8, 5	1981, 1982, 1990
イタリア	Law N,Cabinet, C．D．20	1965, 1968, 1984
ルクセンブルグ	CT 2/75	1975
オランダ	NEN 3550	1979
ポーランド	PN-88/B-300	1998, 1988
ポルトガル	NP-2064	1990
ルーマニア	STAS 1500, 3011	1978, 1983
スペイン	UNE-80-301	1985
スウェーデン	SIA 215	1978
トルコ	TS 20	1983
イギリス	BS 146, BS 4246, BS 5224, BS 4248	1973, 1974, 1976
旧 ソ連	GOST 10178, 22266, 25328	1985, 1976, 1982
旧 ユーゴスラビア	JUS B．C．1.11	1982
オーストリア	AS 1317	1982

ち，B種が99％以上と圧倒的に多く，高炉スラグ分量は40〜45％程度である。わが国における高炉セメントは，ポルトランドセメントクリンカーに高炉スラグと石膏を加えたもので1954年以前は「同時混合粉砕方式」によって製造されていた。しかし，ポルトランドセメントクリンカーと石膏は軟らかいため早く微粉末化し，逆に高炉スラグは硬いため容易に微粉末化されないという性質上，コンクリートとして用いた場合，次に示すような不都合が生じていた。

①偽凝結が起こりやすい。
②水和熱が高い。
③長期材齢の強度が増進しない。
④乾燥による収縮が大きい。
⑤品質のばらつきが大きい。

1954年，森徹博士らの提案の「分離粉砕方式」による製造法が取り入れられ，大半の工場が切り換えられたので，高炉セメントの改良が一気に進み，安定した品質を持つ今日の高炉セメントになった。

こうんぱん　小運搬
近距離の運搬をいう。主として工事現場の運搬を指し，「場内運搬」ともいっていた。

コーキングざい　コーキング材　caulking compound
挙動のほとんどない目地に充塡される糊状の材料。油性コーキングが代表的なもの。

こくさいたんいけい　国際単位系　Systeme Internationale d'unités（仏）〔→SI単位〕
SIは，1960年・第11回国際度量衡総会で勧告された一貫した単位系である。国際標準化機構（ISO）は1969年にSIの採用を決定した。

こくさいひょうじゅんかきこう　国際標準化機構　International Organization for Standardization〔→ISO　アイ　エス　オー〕
1946年に設立され，各国の規格を調整統一し，国際規格として制定することや，加入団体や専門委員会の活動に関する情報交換をする機構。専門委員会（TC），その下に適宜分科委員会（SC）と作業グループ（WG）が設けられ，わが国は1952年に日本工業標準調査会JISC（工業技術院標準部が事務局）が会員として加入し，建築の領域では1961年にTC 59（建築構造）とTC 98（建築構造の静的計算法）などの委員会の委員となって活動している。国際的にはJISCの協力要請で日本建築学会にISO連絡委員会が置かれ，TCに関する種々の審議，意見具申，連絡などの活動が行われた。略して「ISO」ともいう。本部は 1, Rue de Varembe Casa Postale 56 1211 Geneve 20, Switzerland にある。

コークス　coke, Koks（独）
石炭の高温（1,200〜1,400℃）乾留によってつくられる炭素質の物質。鉄鉱石の溶鉱に用いる。

こぐち　小口　header, (butt end)
切り口。一般に材料の横断面。例えばタイルの小口（図参照）や木材の繊維方向に直角な横断面（木口）がある。

ごくなんこう　極軟鋼　extra mild steel
炭素量が0.08〜0.12％で用途は薄鉄板（亜鉛鉄板用），鉄線，釘がある。ちなみに軟鋼の炭素量は0.12〜0.26％で建築工事に使用される形鋼，鉄筋などがある。

こくないそうせいさん　国内総生産　gross domestic product〔→GDP〕
国内総生産は消費，投資，在庫など経済活動の全体を表す指標。

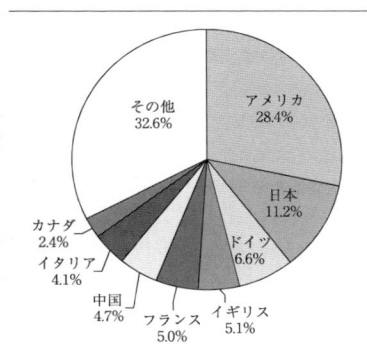

全世界に占める主要国のGDPの割合（%）
(全体30兆2,218億ドル)（内閣府「海外経済データ」）

- **こくぶまさたね　国分正胤**（1914～2004）
  コンクリート工学者（土木）。元 土木学会会長，コンクリート打継ぎの権威。

- **こくようせき　黒曜石　obsidian**
  火成岩に属する流紋岩の一つ。黒色の玻璃（はり）光沢を示す。硬質・緻密で，割ると貝殻状の断面を示す。高温のマグマが結晶化する前段階で急冷却して生じた岩石。焼成すると良質なパーライトとなる。

- **こけつこうほう　固結工法　consolidation process**〔→地盤改良工法〕
  地盤強化の目的で用いる注入工法の一つ。

- **ごさ　誤差　error**
  測定値から真の値を引いた差（JIS）。

- **こさかよしお　小阪義夫**（1926～1990）
  コンクリート工学者。コンクリート強度の研究者。元 名古屋大学教授。

- **ごさんかリン　五酸化リン**〔→P_2O_5〕
  セメントに入れるほど，始発・終結は早まる。強度は，短期では小さいが91日以降では同程度。

- **こっかいぎじどう　国会議事堂**
  the Diet Building（日本の）
  旧大蔵省営繕部の設計で，1920年に着工，1936年に完成した。明治政府の日比谷への官庁街集中計画が元となり，敷地には官庁街より約20m高い丘の上が選ばれた。約65mの高さは完成当時，三越本店を抑えて日本で一番高い建物だったといわれている。当時で2,600万円，延べ人工254万人。なお，現在の議事堂は4代目で，それ以前は木造建物で，1890年（明治23）11月が最初であった。初代，2代，3代とも焼失した。

- **こつざい　骨材　aggregate**
  セメント，水と練り合わせる，砂や砂利等の総称で，コンクリートをつくる主要な材料である。日本のコンクリート用骨材の変遷をp.194表に示す。なお，最近は，外国産細骨材が輸入されている。2000年がピークで合計980万t輸入された。その後は減少し，2004年で390万tである。内訳は中国が最も多く，次いで台湾産（沖縄県のみ使用），北朝鮮産である。また，骨材の保管は種類別に分類し，不純物が混ざらないように土の上に直置きしない。人工軽量骨材の場合は，散水設備により均一に散水（プレウェッチングやプレソーキング）して，所定の吸水状態を保つ。

- **こつざいあらいだしコンクリート　骨材洗出しコンクリート**
  コンクリート構造物の鉛直打継目地処理で，雨水や散水などで凝結遅延成分が流出しない特徴を持ったアルカリ可溶型凝結遅延シートを用いて表面の凝結を遅延させ，骨材洗出処理を容易にするコンクリート。

- **こつざいアルカリはんのう　骨材アルカリ反応　alkali-aggregate reaction**〔→アルカリ骨材反応〕
  骨材のアルカリシリカ反応のこと。アルカリとの反応性を持つ骨材が，セメント，その他のアルカリ分と長期（10年程度）にわたって反応し，膨張ひび割れ，ポップアウトを生じさせる現象。AARと略すこと

こつさいし

コンクリート用骨材に関する変遷

年　　代	内　　容
1824年（文政7年）	ポルトランドセメントの誕生（英人 Joseph Aspdin）
1868年（明治元年）	鉄筋コンクリートの誕生（仏人 Joseph Monier）
1875年（明治15年）	皇居造営用練り砂利（コンクリート）5種類の試し練り（林斜四郎）
1889年（明治22年）	アグリゲートを硬物と訳す（中村達太郎）
1890年（明治23年）	1890年～1890年，日本銀行のコンクリート打込（セメント：砂：砂利＝1：2.45：6.5）
1899年（明治32年）	『骨材』という用語がわが国で使用された。しかし，この骨材は鉄筋の意味
1905年（明治38年）	アメリカにおいてコンクリート住宅の建築（セメント：砂：砕石＝1：4：7）
1906年（明治39年）	サンフランシスコにおいて大震災発生（大森房吉，中村達太郎，佐野利器3博士の調査結果から，わが国では剛構造建築物が本格的に誕生した。1989年にも大震災が発生した）
1924年（大正13年）	日本建築学会コンクリート工事標準仕様書に砂利および砕石など「凝原体」と表した
1929年（昭和4年）	日本建築学会標準仕様書に「骨材」が定義され始めた（砂，砂利，砕石）
1931年（昭和6年）	土木学会標準示方書に「骨材」が定義されはじめた
1940年（昭和15年）	アルカリ骨材反応説（米人 T.E.Stanton）
1950年（昭和25年）	わが国における火山礫利用研究始まる
1953年（昭和28年）	わが国における砕石利用の本格的研究始まる
1955年（昭和30年）	構造用軽量コンクリート骨材のJIS化
1955年（昭和30年）	わが国における遮蔽用（重量）コンクリートの本格的研究始まる
1957年（昭和32年）	海砂 NaCl 分として 0.01％以下（JASS 5）
1959年（昭和34年）	わが国における構造用人工軽量骨材の研究始まる
1961年（昭和36年）	コンクリート用砕石のJIS化（旧 A 5005）
1964年（昭和39年）	人工軽量骨材のRC造構造規準（旧・建設省）
1973年（昭和48年）	人工軽量骨材コンクリートの使用規準（旧・建設省，1991年廃止）
1974年（昭和49年）	高強度人工軽量コンクリートの仕様要領（旧・建設省，1991年廃止）
1975年（昭和50年）	海砂 NaCl 分として 0.02％以下（JASS 5）
1977年（昭和52年）	コンクリート用高炉スラグ粗骨材のJIS化
1978年（昭和53年）	JIA A 5002 改正
1978年（昭和53年）	レディーミクストコンクリートのJIS骨材品質の規定
1979年（昭和54年）	海砂 NaCl 分として 0.04％以下（JASS 5）
1980年（昭和55年）	コンクリート用砕砂のJIS化
1981年（昭和56年）	コンクリート用高炉スラグ細骨材のJIS化
1982年（昭和57年）	わが国においてアルカリ骨材反応が多発
1986年（昭和61年）	塩化物総量規制，アルカリ骨材反応抑制暫定反応対策ー1991年（旧・建設省）
1988年（昭和63年）	レディーミクストコンクリートのJISの塩化物量，アルカリ骨材反応の抑制方法の規定
1989年（平成元年）	アルカリ骨材反応の抑制対策（旧・建設省）
1991年（平成3年）	人工軽量骨材コンクリートの使用規準・性能判定規準（旧・建設省）
1992年（平成4年）	コンクリート用スラグ骨材（高炉スラグ粗骨材，高炉スラグ細骨材，フェロニッケルスラグ細骨材）のJIS化と統合
1993年（平成5年）	コンクリート用砕石および砕砂のJIS統合
1994年（平成6年）	JIS A 5002（最新版）
1997年（平成9年）	コンクリート用スラグ骨材（第1部 高炉スラグ骨材JIS，第2部 フェロニッケルスラグJIS，第3部 銅スラグ骨材JIS）
2003年（平成15年）	コンクリート用電気炉酸化スラグ骨材の制定（JIS）

がある。防止策については「アルカリ骨材反応抑制対策」の項を参照（p.195 左図）。

こつざいしゅうせいけいすう　骨材修正係数
骨材中の空隙を表す係数（JIS）。空気量測定において，骨材の空隙による測定誤差を修正するのに用いる係数。

こつざいちゅうのねんどかいりょうしけん　骨材中の粘土塊量試験　test for clay lumps contained in aggregates
骨材中に含まれる粘土塊の量を求める試験（JIS）。

こつざいのあらいしけん　骨材の洗い試験

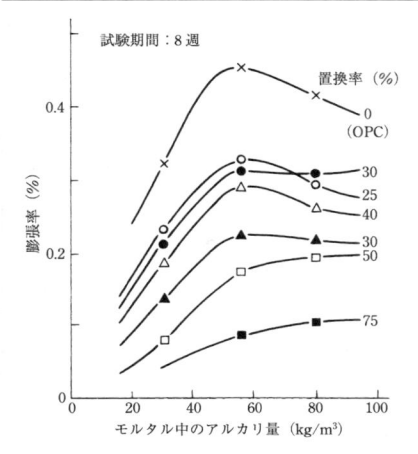

高炉スラグ微粉末コンクリート置換率と膨張率の関係(旧建設省土木研究所による)

骨材の含水状態

コンクリートの中性化深さ・含水率・吸水率

セメント	含水状態	1か月間			3か月間		
		中性化深さ(mm)	含水率(%)	吸水率(%)	中性化深さ(mm)	含水率(%)	吸水率(%)
普通	絶乾	22.6	2.1	5.8	45.5	1.4	5.4
	気乾	20.4	2.4	5.7	45.1	1.9	5.3
	表乾	19.6	2.4	5.7	43.0	1.9	4.8
	湿潤	15.4	2.5	5.5	27.0	2.0	4.5
高炉B種	絶乾	24.6	2.4	6.5	44.3	1.5	5.6
	気乾	22.5	2.7	6.2	43.2	1.6	5.5
	表乾	21.8	2.7	6.1	39.8	2.4	5.2
	湿潤	17.7	3.3	5.7	32.6	2.4	5.0

test for amount of material passing standard sieve 74μm in aggregate
骨材に含まれる微粉末の量を測定するための試験。ふるいの上で水を流し,前後の質量差を測定する(JIS)。

こつざいのあんていせい　骨材の安定性
soundness of aggregate
骨材の主に凍結融解に対する物理的安定性(JIS)。

こつざいのおおきさ　骨材の大きさ
size of aggregate 〔→骨材の最大寸法〕
細骨材は粗粒率(fineness modulus)で表示し,2.8を標準としている。粗骨材は最大寸法で表示し,10,15,20,25,30,40,50,60,80 mmがあって建築分野では軽量骨材は15 mm,砕石は20 mm,砂利は25 mmを用いることが多い。

こつざいのがんすいじょうたい　骨材の含水状態　water content condition of aggregate
絶乾,気乾,表乾,湿潤の四つの状態がある(図参照)。コンクリート練り混ぜ時の含水量が多いほど,コンクリートのブリーディング,圧縮強度,ヤング係数,中性化深さ等によい影響を与え,長さ・質量の変化率には大きな差異がない(表参照)。

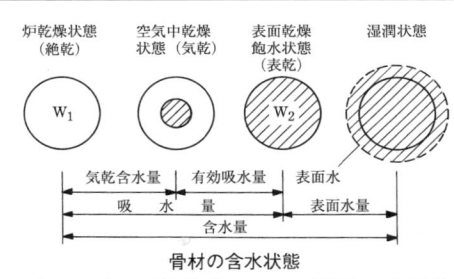

こつざいのがんすいりつ　骨材の含水率
percentage of water content aggregate
骨材の内部の空隙に含まれている水と表面水の和の全量の,絶対乾燥状態の骨材質量に対する質量百分率。

こつざいのかんそうじょうたい　骨材の乾燥状態　absolute dry-condition aggregate
100～110℃の温度で定質量となるまで乾燥し,骨材粒の内部に含まれている水が取り去られた状態。

こつざいのきゅうすいりつ　骨材の吸水率
percentage of water absorption aggregate
表面乾燥飽水状態の骨材に含まれている全水量の,絶対乾燥状態の骨材質量に対する

百分率。

こつざいのきょうど　骨材の強度　strength of aggregate
骨材の強度は表に示す通りで、強度が大きい方が、一般にコンクリート強度は大きくなる。

骨材別強度

種　類	密度 (g/cm³)	強度 (N/mm²) 圧縮	曲げ	引張り	ヤング係数 (kN/mm²)
花崗岩	2.65	150	14	5.5	52
安山岩	2.50	100	8.5	4.5	―
凝灰岩（軟）	1.50	9	3.5	0.8	―
砂岩（軟）	2.00	45	7	2.5	17
粘板岩	2.70	70	70	―	68
大理石	2.70	120	11	5.5	77
石灰岩	2.70	50	―	―	31
軽石（軟）	0.7	3	―	―	7

こつざいのけいじょうけいすう　骨材の形状係数
粒形を表す係数。フランス (FN) で用いられている。

こつざいのさいだいすんぽう　骨材の最大寸法　maximum size of aggregate〔→骨材の大きさ〕
粗骨材の最大寸法として表示している。

粗骨材の最大寸法 (JASS 5)

使用箇所	粗骨材の最大寸法 (mm) 砂利	砕石・高炉スラグ粗骨材
柱・梁・スラブ、壁	20, 25	20
基礎	20, 25, 40	20, 25, 40

こつざいのさいだいみつど　骨材の最大密度　maximum density of aggregate
粗骨材と細骨材とを組み合せた骨材で最も密度が大きいこと。結果的に品質の高いコンクリートができる。単位容積質量試験から求める。

こつざいのさいちょうりつ　骨材の細長率
コンクリート用骨材は細長はよくなく、品質の高いコンクリートをつくりにくい。最大密度が得られるよう充塡すること。

こつざいのさいりゅうりつ　骨材の細粒率
細かい粒の骨材の割合。

こつざいのサイロ　骨材のサイロ　silo of aggregate〔→骨材の貯蔵方法、骨材ホッパー、サイロ〕
骨材の種類、品種別に仕切りをし、大小の粒が分離しないものがふさわしい。

こつざいのしゅうしゅく　骨材の収縮
吸水率が小さい骨材ほど乾燥によるコンクリートの収縮は小さい。

こつざいのじゅきゅう　骨材の需給
わが国における推移を p.197 表に示す。

こつざいのしゅるい　骨材の種類　kinds of aggregate
以下によって分類する。先ず大きさによる分類では粗骨材 (5 mm ふるいに質量で 85％以上とどまるもの) と細骨材 (5 mm ふるいを質量で 85％以上通る骨材)、密度では重量骨材 (3.0〜5.0 g/cm³程度)、普通骨材 (2.5〜2.6 g/cm³程度)、軽量骨材 (2.0 g/cm³以下)、最後に天然 (河川、陸、海) と人工 (砕石、砕砂、人工軽量骨材) がある。

こつざいのしんみつど　骨材の真密度　true density (aggregate)
骨材自体の空隙を除いた密度。通常は粉末にして密度を測定するので見掛け密度より大きい。

こつざいのすりへりげんりょう　骨材のすりへり減量　percentage of wear, abrasion loss (coarse aggregate)
床スラブ、屋根スラブ、道路に用いる場合は不可欠な要因。摩り減り減量が小さいほど摩り減り抵抗が大きい (JIS)。

こつざいのせんてい　骨材の選定
要求されるコンクリートの品質に適合する

骨材需給の推移（全国）　　　　　　　　　　　　　　　　　　　　　　　　　（単位：数量/百万 t）

年度	種類 《需要》 合計	コンクリート用	道路用	《供給》 合計	砂利計	河川	山	陸	海	砕石計	その他計
昭和42年度	423	297	126	413	287	187	28	43	29	125	12
昭和44年度	516	349	167	516	331	159	56	54	62	168	17
昭和46年度	633	417	216	633	374	133	84	86	71	237	22
昭和48年度	799	539	260	799	433	110	140	113	70	341	25
昭和49年度	725	475	250	725	366	107	118	84	57	337	23
昭和50年度	669	446	223	669	353	107	106	80	60	297	19
昭和51年度	662	454	208	662	344	105	96	83	60	298	20
昭和52年度	735	504	231	735	385	115	94	94	82	328	22
昭和53年度	817	564	254	817	420	115	102	113	90	374	23
昭和54年度	848	581	267	848	430	103	114	123	90	395	23
昭和55年度	834	562	272	834	405	89	100	127	89	404	25
昭和56年度	799	538	261	799	382	80	102	118	82	395	22
昭和57年度	753	507	246	753	363	79	97	106	81	373	17
昭和58年度	733	488	245	733	327	69	91	94	73	390	16
昭和59年度	748	490	258	748	322	64	92	97	69	410	16
昭和60年度	727	472	255	727	311	57	87	96	71	398	18
昭和61年度	749	487	262	749	312	52	91	96	73	422	15
昭和62年度	787	515	272	787	327	47	95	102	83	445	15
昭和63年度	827	543	284	827	333	44	96	116	77	482	12
平成元年度	862	551	311	862	356	43	109	126	78	491	15
平成2年度	949	604	345	949	410	49	121	151	89	526	13
平成3年度	919	597	322	919	372	43	117	134	78	535	12
平成4年度	892	575	317	892	352	38	110	127	77	526	14
平成5年度	864	550	314	864	338	38	107	118	75	512	14
平成6年度	852	558	294	852	341	37	94	130	80	497	15
平成7年度	849	563	286	849	348	38	96	131	83	484	17
平成8年度	862	577	285	862	357	35	97	144	81	487	18
平成9年度	820	536	284	820	315	32	83	128	72	487	18
平成10年度	735	495	240	735	289	28	76	118	67	430	16
平成11年度	729	500	229	729	301	28	81	113	79	412	16
平成12年度	734	500	234	734	278	25	80	107	66	431	25
平成13年度	746	475	271	746	263	24	76	106	57	463	20
平成14年度	708	445	263	708	232	20	69	92	50	454	22
平成15年度	639	418	221	639	219	19	76	84	40	398	22

（経済産業省製造産業局住宅産業窯業建材課資料より）

骨材を選ぶこと。

こつざいのぜっかんみつど　骨材の絶乾密度 specific gravity in absolute drycondition 骨材の絶対乾燥状態の質量を同じ容積の水の質量で除した値。単位は g/cm³。

こつざいのぜったいかんそうじょうたい　骨材の絶対乾燥状態 absolute dry-condition aggregate 100～110℃の温度で定質量となるまで乾燥し，骨材粒の内部に含まれている水が取り去られた状態。

こつざいのぜったいようせき　骨材の絶対容積 フレッシュコンクリートにおいて骨材が占

こつさいの

める容積。

こつざいのせんざいはんのうせいしけんほうほう　骨材の潜在反応性試験方法
骨材のアルカリシリカ反応性試験(化学法：JIS，モルタルバー法：JIS，迅速法：JIS) のこと。

こつざいのそりゅうりつ　骨材の粗粒率
fineness modulus aggregate 〔→ f.m.〕80 mm，40 mm，20 mm，10 mm，5 mm，2.5 mm，1.2 mm，0.6 mm，0.3 mm および 0.15 mm 網ふるいの一組を用いてふるい分けを行った場合，各ふるいを通らない全部の試料の質量百分率の和を 100 で除した値。

こつざいのたいかせい　骨材の耐火性
建築基準法では3時間耐火を満足させることになっている。耐火性を必要とするコンクリートに用いる骨材は，熱伝導率および熱膨張率が小さく，耐熱度の大きいものが望ましい。

こつざいのたいきゅうせい　骨材の耐久性
鉄筋の防錆性をはじめ，耐硫酸塩性，耐凍害性，耐摩耗性，水密性などをいう。

こつざいのたいとうがいせい　骨材の耐凍害性
耐凍害性に優れた骨材。JIS に硫酸ナトリウムによる骨材の安定性試験方法がある。コンクリート示方書では，この試験の操作を5回繰り返したときの損失質量の限度を，細骨材で10 %，粗骨材で12 %としている。

普通骨材の単位容積質量

砂粗粒率 (f.m.)	標準容積計量 (kg/m³)	最大寸法 (mm)		標準容積計量 (kg/m³)
1.7	1,500	砂利	20	1,650
2.2	1,600		25	1,700
2.8	1,700	砕石	20	1,500
3.3	1,750		25	1,550

こつざいのたんいようせきしつりょう　骨材の単位容積質量 bulk density (aggregate)
所定の締固め条件で容器に満たした骨材の質量を，その容器の容積で除した価 (JIS)。

こつざいのたんいようせきしつりょうしけん　骨材の単位容積質量試験
test for unit weight aggregate
骨材の単位容積質量を測定するための試験 (JIS)。骨材は粒体であるから，次の原因で単位容積質量が変化する。
①見掛け比重：粒形および粒度が同じならば，単位容積質量に比例する。
②粒形：球形に近いほど重く，角や扁平なものほど軽い。これは砕石の粒形の判定に利用できる。
③粒度：粒度曲線の連続的なものでは，最大径が大きいほど重い。
④計量方法：容器の大きさ，形状，投入方法に関係する。
⑤含水量：粒が細かいほど影響をうける。粗骨材はほとんど影響がない。

こつざいのちょぞうほうほう　骨材の貯蔵方法 storage method of aggregates for concrete 〔→骨材のサイロ，骨材ホッパーサイロ〕
骨材の種類，品種別に仕切りをし，大小の粒が分離しないように貯蔵する。

こつざいのつうかしつりょうひゃくぶんりつ　骨材の通過質量百分率 percentage passing each sieve by weight of aggregates
骨材のふるいを通るものの質量百分率のことで試験は JIS による。

こつざいのでいぶんがんゆうりょう　骨材の泥分含有量
content of clay lumps (aggregate)
JASS 5 では粘土塊量として表示している。すなわち，砂利は 0.2 %以下，砂は 1.0 %以下としている。

こつざいのひょうかんみつど　骨材の表乾密度　density in saturated surface-dried condition (aggregate)

表面乾燥飽水状態の骨材の質量を，骨材の絶対容積で除した値（JIS）。単位はg/cm³。

表乾密度（p'）と絶乾密度（p）との間には，吸水率をμとすると次の関係がある。

$$p' = p \left[1 + \frac{\mu}{100} \right]$$

表乾密度も絶乾密度も，表面乾燥飽水状態の容積で割る。

こつざいのひょうじゅんあみふるい　骨材の標準網ふるい

ふるいは，JISに規定する呼び寸法が75μm，150μm，300μm，600μmおよび1.18mm，2.36mm，4.75mm，9.5mm，16mm，19mm，26.5mm，31.5mm，37.5mm，53mm，63mm，75mm，106mm（注）の網ふるいとする。他の寸法のふるいもJISから選ぶ。

（注）これらのふるいの寸法は，それぞれ0.075mm，0.15mm，0.3mm，0.6mmおよび1.2mm，2.5mm，5mm，10mm，15mm，20mm，25mm，30mm，40mm，50mm，60mm，80mm，100mmとすることができる。

こつざいのひょうじゅんけいりょう　骨材の標準計量

質量で骨材を計量する（JIS）。

こつざいのひょうめんかんそうほうすいじょうたい　骨材の表面乾燥飽水状態　saturated surface-dry condition (aggregate)

骨材の表面水がなく，骨材粒の内部の空隙が水で満たされている状態。

こつざいのひょうめんすい　骨材の表面水　surface moisture (aggregate)

骨材の表面についている水であって，骨材に含まれるすべての水から骨材粒の内部の水を差し引いたもの。

こつざいのひょうめんすいりつ　骨材の表面水率　percentage of surface moisture (aggregate)

骨材の表面についている水であって，骨材に含まれるすべての水から骨材粒の内部の水を差し引いたもの。表面乾燥状態の骨材質量に対する百分率で表す。

こつざいのびりゅうぶん　骨材の微粒分　content of materials finer than 75μm sieve (aggregate)

所要のワーカビリティが確保できれば，微粒分が入っている方がコンクリート硬化体の組織が密になり，高品質のコンクリートができる。

こつざいのびりゅうぶんりょうしけんほうほうでうしなわれるりょう　骨材の微量分量試験方法で失われる量　loss in washing test

失われる骨材が少ないほどよい。JISでは粗骨材は1.0％以下，細骨材は3.0％以下と規定されている。

こつざいのみかけみつど　骨材の見掛け密度　apparent density (aggregate)

骨材中の空隙も含めた場合の密度。絶乾密度（絶乾状態の粒の質量を粒の体積で除す）と表乾密度（粒内に十分吸水し，粒面は乾燥している状態の粒の質量（水とも）を粒の体積で除す）。真密度（絶乾状態の粒の質量を粒の体積から粒内の空隙を差し引いた値）より空隙分だけ小さい。

こつざいのみつど　骨材の密度　density (aggregate)

骨材の含水状態によって絶乾密度，気乾密度，表乾密度とがある。絶乾密度に比較すると含水量が多い状態ほど，密度は大きくなる。また，練混ぜ時の砂の含水量が大きいほど，コンクリートのブリーディング，

圧縮強度，ヤング係数，中性化深さによい影響を与え，長さ・質量の変化率には大きな差異がない。

こつざいのゆうこうきゅうすいりつ　骨材の有効吸水率

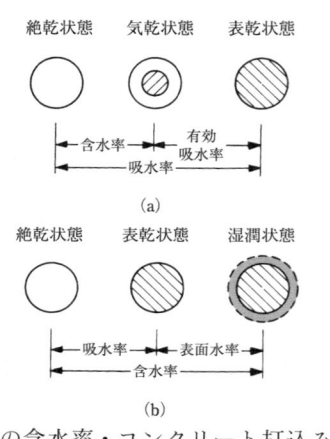

(a) 絶乾状態　気乾状態　表乾状態
　　　含水率｜有効吸水率
　　　吸水率

(b) 絶乾状態　表乾状態　湿潤状態
　　　吸水率｜表面水率
　　　含水率

骨材の含水率・コンクリート打込み完了までの吸水率・表面水率または有効吸水率の間には次のような関係がある。

骨材が絶乾状態の場合：
　　吸水率＝0，吸水率≒有効吸水率
骨材が気乾状態の場合：
　　含水率＝吸水率－有効吸水率（図a）
骨材が表面乾燥内部飽水状態の場合：
　　含水率＝吸水率，有効吸水率＝0，表面水率＝0
骨材が湿潤状態の場合：
　　含水率＝吸水率＋表面水率（図b）

こつざいのようせきひゃくぶんりつ　骨材の容積百分率
percentage volume (aggregate)
単位は％〔容積〕で表す。細骨材率は，容積百分率で表す。

こつざいのりゅうけい　骨材の粒形
骨材粒の形状をいう。丸味状は砂利・砂系。角張った状態は砕石・砕砂である。

こつざいのりゅうだい　骨材の粒大
maximum size (coarse aggregate)
骨材の最大寸法のことで，20，25，40 mmがある。特に粗骨材の場合に用いる。

こつざいのりゅうど　骨材の粒度
grading (aggregte)
骨材の大小の粒の分布の状態（JIS）。一般に骨材の大小粒の分布状態を示すために粒度という言葉が用いられる。各粒大の骨材の状態によっても，骨材の良否が定まる。

こつざいのりゅうどぶんぷきょくせん　骨材の粒度分布曲線
grading curve (aggregate)
縦軸が質量百分率，横軸がふるい目寸法で骨材の大きさの様子を表した分布曲線。

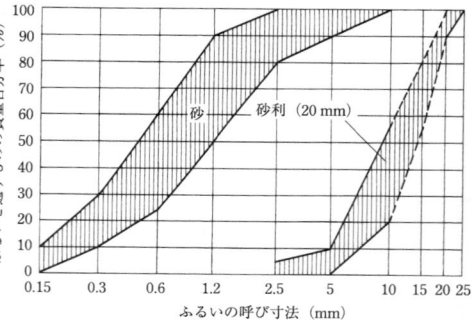

骨材の粒度分布曲線（JASS 5）

こつざいのるいかざんりゅうひゃくぶんりつ　骨材の累加残留百分率
100％から累加残留百分率を差し引くと，骨材の通過質量百分率となる。

こつざいはさいちしけんほうほう　骨材破砕値試験方法　determination of aggregate crushing value
骨材破砕値は，BS 812に定められているもので，漸増圧縮荷重のもとでの，骨材の抵抗性に関する当たりを与える。骨材破砕値が30以上の骨材については，結果が不

規則となり，そのような場合には，代りに10％破砕値を試験する。

こつざいホッパー　骨材ホッパー　aggregate hopper　〔→骨材のサイロ，サイロ，骨材の貯蔵方法〕
コンクリート用骨材を貯蔵する容器。

コッター　cotter
プレキャストコンクリート床板において，床板相互の一体化を図り，剪断力を伝達するために，床板の接合面に設置したキーまたは切り込み。

こて　鏝　trowel
コンクリートやモルタルの仕上げ用の道具。材質が金属製と木製のものとがある。木製の鏝で荒直ししてから金属の鏝で仕上げる。

こていかじゅう　固定荷重　fixeg load, dead load
建築基準法施行令84条参照（図参照）。

こてがたしんどうき　鏝形振動機
コンクリート内部をよく締め固めるために用いる鏝形をした振動機。

こてずり　鏝摺
金属系，木質系の鏝でなすること。鏝磨きともいう。

コニカルミキサー　conical mixer
練り混ぜる部分が円錐型のコンクリートミキサー。円錐の胴を傾けて，練り上がったコンクリートを排出する。円錐傾胴型ミキサーともいう。

こねば　捏ね場
左官材料を練り混ぜる場所。砂置場・セメント置場・ふるいミキサー・水槽などが必要である。

こまついし　小松石
①真鶴・根府川などに産する安山岩の総称。色は灰色。本小松石・新小松石・白丁場石の別がある。
②滋賀県旧小松村に産する中生代の角閃石黒雲母花崗岩。色は白から淡黄色。粗粒。

こゆうたいきゅうせいのう　固有耐久性能

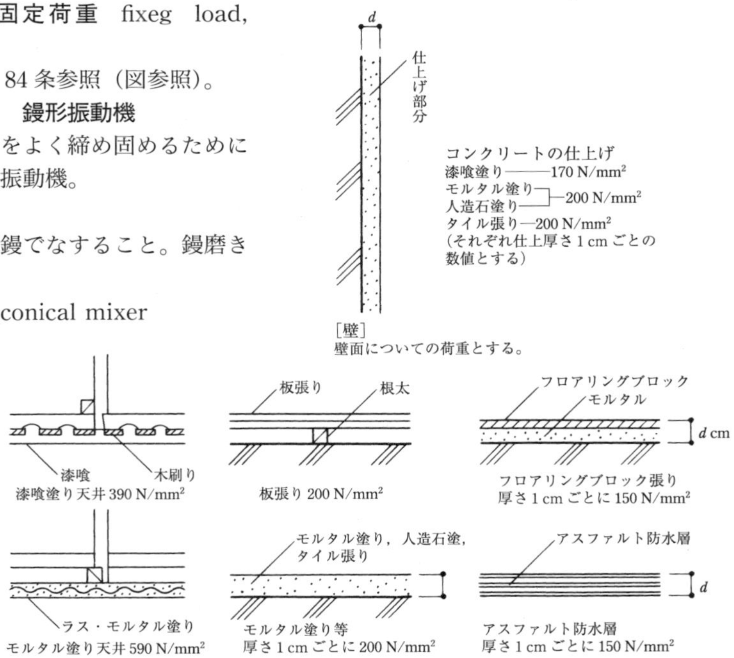

固定荷重

［壁］
壁面についての荷重とする。
コンクリートの仕上げ
漆喰塗り————170 N/mm²
モルタル塗り————200 N/mm²
人造石塗り
タイル張り————200 N/mm²
（それぞれ仕上厚さ1 cmごとの数値とする）

［天井］
吊木，受木その他の下地を含む。
天井面についての荷重とする。
漆喰塗り天井 390 N/mm²
モルタル塗り天井 590 N/mm²

［床］
コンクリート造床の仕上げ。床面についての荷重とする。
板張り 200 N/mm²
モルタル塗り等 厚さ1 cmごとに 200 N/mm²
フロアリングブロック張り 厚さ1 cmごとに 150 N/mm²
アスファルト防水層 厚さ1 cmごとに 150 N/mm²

initial performance over time
そのものが，本来持っている潜在的な耐久性能。

コルクリート colcrete
高速回転（2,000 rpm 以上）するミキサーによって，十分に流動性のあるモルタルをつくり，これを先詰めした砂利の間に注入してつくったコンクリート。

コールドジョイント cold joint 〔→コンクリートの継目〕
フレッシュコンクリートの打込みにおいて，先に打ち込んだコンクリートが凝結しはじめて，後から打ち込まれたコンクリートと一体化せずに出来た微細な打継ぎ目。美観性あるいは防水性および耐久性上の欠陥となる。山陽新幹線トンネルでは4,549か所も発見されたとのこと。防水上は0.04 mm，耐久上は0.15 mmを超えると不都合。コールドジョイントをなくすためにはコンクリートを常に連続的に打ち込むこと。

コロイドセメント colloid cement 〔→グラウト，止水用セメント〕
ポルトランドセメントの1/2〜1/4の粒径を持つ微粒子セメント（最大粒径40 μm，平均粒径8〜10 μm）およびこれよりさらに細かい超微粒子セメント（最大粒径10 μm，平均粒径3〜4 μm）からつくられる注入工事用セメント。比表面積10,000 m^2/g（粒径3.5 μm以下）高炉スラグ超微粉末を添加して使用するものもある。コンクリート構造物のひび割れ補修の注入用セメントとして用いられる。

コーンクラッシャー cone crusher 〔→クラッシャー，ジョークラッシャー〕
砕石機の一つ。ジャイレトリークラッシャーと同形式だが，偏心軸受の運動によりストロークが大きく，高速度であるため，第二次・第三次に使用され，細骨材の製造，ミルフィードの破砕などに適している。

コンクリート concrete béton（仏），Beton（独），calcestruzzo（伊），hormigon（西）
セメント，水，細骨材および粗骨材を（またはこれらに混和材料を加えて）練り混ぜたもの。鉄筋および鉄骨と組み合せ，鉄筋コンクリート構造や，鉄骨鉄筋コンクリート構造として用られる。耐震性，耐風性，耐火性，耐久性，遮音性が大きいうえに，造形性に富む。普通コンクリートの諸係数は次の通り。
①密度：2.3 g/cm^3前後
②比熱：0.20 $cal/g\cdot°C$前後
③熱伝導率：0.002 $cal/g\cdot°C$
④音の伝播速さ：3,900 m/sec 前後
⑤線膨張率：$10\times10^{-6}/°C$前後
⑥乾燥収縮率：0.08 ％前後
⑦湿潤膨張率：0.02 ％前後

コンクリートあっそう コンクリート圧送 concrete pumping 〔→コンクリートポンプ車〕
フレッシュコンクリートを送ること。現在はブーム付のポンプ車によって圧送している。

コンクリートうちこみりょう コンクリート打込量
ランドマークタワー（横浜市，高さ296 m）に使用されたレディーミクストコンクリート量は31万 m^3，新都庁（第一本庁舎243 m，第2本庁舎163 m）は22万 m^3である。

コンクリートえるがたおよびてっきんコンクリートえるがた コンクリートL形および鉄筋コンクリートL形
コンクリート製のL形および鉄筋コンクリート製のL形の，主として路面排水用

側溝として用いられるもの。品質等はJIS参照。

コンクリートえんかぶつりょう　コンクリート塩化物量
JASS 5では塩化物イオン量として0.30 kg/m³以下と定めている。この値を超えると塩化物イオンの作用によって，不動態被膜が破壊され，鉄筋は腐食しはじめる。

コンクリートかたわくようごうはん　コンクリート型枠用合板　form plywood for concrete
日本農林規格（JAS）によれば，合板はⅠ類（完全耐水性，メラミン樹脂またはこれと同等以上のもの），Ⅱ類（高度耐水性，尿素ホルムアルデヒド樹脂またはこれと同等以上のもの），Ⅲ類（普通耐水性，カゼイングルーまたはこれと同等以上のもの）に分けており，コンクリート型枠用合板としてはⅠ類およびⅡ類が使用される。

コンクリートカッター　concrete cutter
定置式（角柱状の供試体採取）と移動式（円柱状のコア採取）のものがある。いずれも刃は堅固なもので水を用いて高速回転で切断する。

コンクリートカート　concrete cart〔→一輪車，二輪手押し車〕
鉄製2輪手押車のことで「ねこ」ともいう。ゴム輪付，ボールベアリング受軸のものがよい。50〜100 l 前後の容量のものが普通である。（下図参照）

コンクリートからのコアのさいしゅほうほうおよびあっしゅくきょうどしけんほうほう　コンクリートからのコアの採取方法および圧縮強度試験方法　method of sampling and testing for compressive strength of drilled cores of concrete
コンクリートからのコアの採取方法とコア供試体の圧縮強度試験の方法について定められている（JIS）。

コンクリートぎし　コンクリート技士
日本コンクリート工学協会（JCI）で認定している資格。2005年現在で35,931名が登録されている。

コンクリートきょうかいブロック　コンクリート境界ブロック　concrete curbs
主として境界として用いられるコンクリー

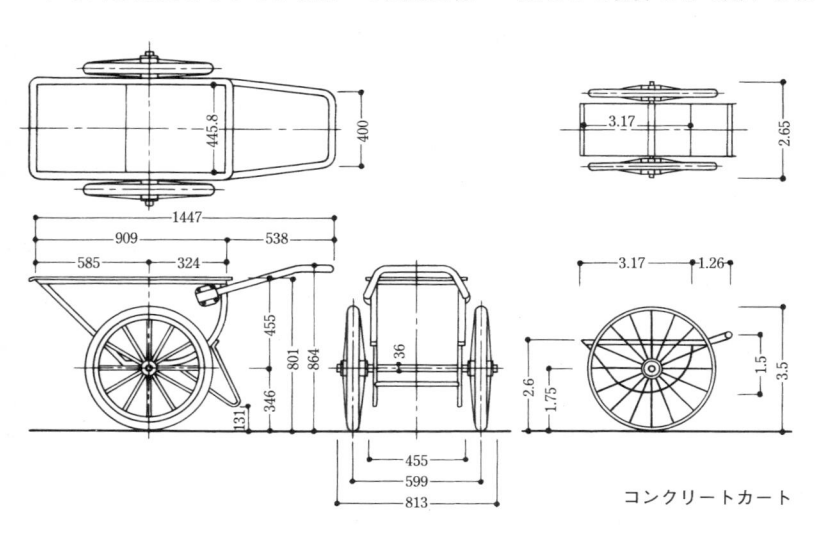

コンクリートカート

ト製の片面・両面の，歩車道境界ブロックおよび地先境界ブロック（JIS）。

コンクリートきょうど　コンクリート強度

コンクリートの強度には，圧縮，曲げ，引張，剪断などの強度の他，鉄筋との付着強度（表参照），疲労強度などがある。中でも，「圧縮強度は他の強度に比べて著しく大きく，RC 構造物に有効に利用される」「圧縮強度は他の強度ならびに硬化したコンクリートの性質を概略だが，推定できる」「圧縮強度試験方法は他の試験に比べ簡単である」などから，一般にコンクリート強度は圧縮強度で表される。また，コンクリートの圧縮強度試験における供試体の材齢は，一般に 7 日，28 日および 91 日を標準にしているが，特に材齢 28 日強度はコンクリート構造物化の設計に多用され，必要な強度になっている。なお，建築基準法施行令第 74 条に鉄筋コンクリート構造に使用する材齢 28 日のコンクリートの強度は，普通コンクリート 12 N/mm²，軽量コンクリートが 9 N/mm² と定められている。

圧縮強度を 100 とした場合の他の強度の比

圧縮強度	引張強度	曲げ強度	剪断強度	鉄筋との付着強度	
				丸鋼	異形鉄筋
100	10	20	15	10	20

コンクリートきょうどのばらつき　コンクリート強度のばらつき

標準偏差や変動（異）係数で表す。フレッシュコンクリートの標準偏差は 2 N/mm²（JASS 5 では 2.5 N/mm²）程度であるが，実構造物は 1～4 N/mm² とばらつく。特に経過年数が長いほど方位によって大きく異なる。

コンクリートくい　コンクリート杭

concrete pile

既製コンクリート杭（運搬上の点から最長 15 m）と現場打ちコンクリート杭とがある。前者に比較して後者は低騒音・低振動なので都心部に採用されている。コンクリートパイルともいう。

コンクリートコアさいしゅき　コンクリートコア採取器

コンクリートコア採取器

コンクリートこうかふりょう　コンクリート硬化不良　dusting of formed concrete surface

木製のせき板を使用すると，時として脱型後コンクリート打上がり面が変色してざらつく，あるいは甚だしい場合は表面数 mm がまったく硬化せず，触れると紛状に剝落することがある。この現象は木材成分中のある物質が，打ち込まれたコンクリートのアルカリに抽出されて，せき板に接触しているコンクリート中に混入し，セメントの水和反応に異常が起こることに起因する。事例を次に示す。

a．先天的に存在する木材成分のうち，アルカリによる抽出物量が著しく多量であるために起こると推定されるもの（例えばカキ・ケヤキ・キリ）。

b．他の要因によって後天的に木材成分が変化し，抽出物量が増大して起こると推定されるもの。

①せき板表面が長時間直射日光の照射を受けた場合

②せき板表面が長時間空気中に暴露されて

いた場合
③せき板表面が長時間加熱された場合
④せき板表面が腐朽菌の食害を受けた場合

コンクリートこうじ　コンクリート工事
concrete work
コンクリート材料の計量・調合・練混ぜ・運搬・打込み・養生までのコンクリートに関する作業。

コンクリートじぎょう　コンクリート地業
concrete foundation
基礎スラブをコンクリートで支えるもの。既製コンクリート杭地業と場所打コンクリート杭地業とがある。既製コンクリートには遠心力鉄筋コンクリート杭（RC杭），遠心力プレストレストコンクリート杭（PC杭），遠心力高強度プレストレストコンクリート杭（PHC杭）とがあり，PHC杭が最も一般的である。杭長さは15m以内，杭外径30～100cm程度。場所打コンクリート地業は，あらかじめ地盤を掘削し，削孔された孔内に鉄筋籠を挿入し，コンクリートを打ち込むことによって工事現場で造成する杭地業。都会では低騒音・低振動を強く要求されるでの最も採用されている。

コンクリートじゅうてんこうかんぞう　コンクリート充塡鋼管造
concrete filled steel tubular　〔→CFT〕
構造用鋼管内に普通コンクリート，高流動コンクリート，軽量コンクリートを充塡する。コンクリート充塡鋼管は，鋼管によって，コンクリートが拘束され，さらにコンクリートが鋼管の座屈を防止するため，耐力や塑性変形能力が大きく，軸圧縮力の大きい柱などに適用できる。施工例としては，コンクリート強度60 N/mm²の高流動コンクリートや超高圧ポンプで高さ160 m圧送した軽量コンクリートがある。

平成14年国土交通省告示第462号より改正されたコンクリート充塡鋼管の許容応力度は次の通り。
構造規定等（平成14年国土交通省告示第464号）
・コンクリートの設計基準強度
鋼管に充塡するコンクリートの設計基準強度は24 N/mm²以上とする。
・コンクリートの充塡
①一度に高さ8mを超えて充塡しない。ただし，密実にかつ，隙間なく充塡されることおよび充塡コンクリートが必要となることを確認した場合は，この限りではない。
②コンクリート打継ぎ部分は，柱と梁の仕口から30 cm以上の間隔をあけ，コンクリート打継ぎ部分の鋼管には，径10 mm以上20 mm以下の水抜き孔を設ける。ただし，高い流動性のコンクリートを用いるなど，打継ぎ部分に空隙等の構造耐力上支障となる欠陥が生じないための有効な措置を講ずる場合は，この限りではない。
・柱の構造
①構造耐力上必要な柱の小径に対する座屈長さの比は12以下としなければならない。ただし，許容応力度等計算等によって安全性が確かめられた場合は，この限りではない。
②鋼管は厚さ12 mm以上とし，円形断面で（鋼管の径/鋼材の厚さ）≦50，角形断面で（鋼管の幅/鋼材の厚さ）≦34とする。ただし，鋼管の実況を考慮し，コンクリートに対する鋼管の拘束効果を低減した許容応力度等計算等によって安全性が確かめられた場合は，この限りではない。
③径10 mm以上20 mm以下の蒸気抜き孔を柱頭および柱脚の部分に，かつ，同じ高さに柱の中心に対して均等に2か所設置

コンクリート充填鋼管の許容応力度

	コンクリートの鋼管への充填方法	長期許容応力度 (N/mm²)		短期許容応力度 (N/mm²)	
		圧縮	剪断	圧縮	剪断
(1)	充填されたコンクリート強度を鋼管への充填の状況を考慮した強度試験により確認する場合	$F/3$	$F/3$ または $0.49+F/100$ のうち小さい方	$2(F/a)/3$ または F_c のうち小さい方	長期の1.5倍
(2)	(1)によらず所定の落し込み充填工法または圧入工法によった場合	$F_c/3$	$F/3$ または $0.49+F/100$ のうち小さい方	$2F_c/3$	長期の1.5倍

し，また，垂直方向の距離で5m以下の間隔で設置すること。ただし，コンクリートの発熱を抑えるための措置または蒸気を抜くための有効な措置を講ずる場合は，この限りではない。

・柱と梁の仕口の構造

ダイアフラムを柱に用いる鋼管の内側に設ける場合その他コンクリートが密実に，かつ，隙間なく鋼管に充填されないおそれがある場合，次に定めるところによること。ただし，同等以上に密実，かつ，隙間なく充填させるための有効な措置を講ずる場合はこの限りではない。

①鋼管に充填するコンクリートは高い流動性を有するコンクリートを使用すること。
②ダイアフラムに鋼管内の空気を抜くための孔を設置すること。

コンクリートしゅにんぎし　コンクリート主任技士

他にコンクリート技士がある。日本コンクリート工学協会（JCI）において2005年現在，7,932名が登録されている。

コンクリートしんだんし　コンクリート診断士

日本コンクリート工学協会（JCI）が2001年秋に発足させた，コンクリート建造物の健全度を診断する制度。コンクリート建造物の調査を通じて劣化の原因を把握し，適切な補修方法を提案できる人材の育成が狙いで，今後，必要性が増すコンクリート建築物の維持補修にあたる。2005年現在，4,001名が登録されている。高度経済成長期に建設されたコンクリート製の橋などの耐久性が保証できる目安は50年とされている。

コンクリートしんどうき　コンクリート振動機　concrete vibrator　〔→締固め〕

コンクリートを締め固める機器で，棒形振動機（内部挿入用）と型枠振動機（外部に設置）の他に突き棒とがある。

・棒形振動機による締固め

①できるだけ垂直に挿入して加振し，挿入間隔は60cm以下とする。
②振動棒の先端は，鉄骨・鉄筋・埋込み配管・金物・型枠などに，なるべく接触させない。
③振動時間は，打ち込まれたコンクリート面がほぼ水平となり，コンクリート表面にセメントペーストが浮き上がるときをもって標準とする。なお加振時間は，1か所5～15秒後の範囲とするのが普通である。
④振動棒は鉛直に挿入，前の層のコンクリートに約10cm挿入する程度とする。
⑤先に打ち込んだコンクリートが硬化しは

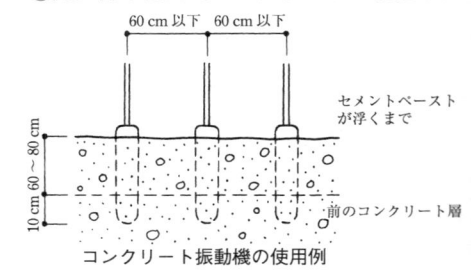

コンクリート振動機の使用例

じめている場合は，直接，振動機をかけてはならない。
・叩き締め
型枠内のコンクリートが上昇していく10cm程度下の側面を短時間叩く。

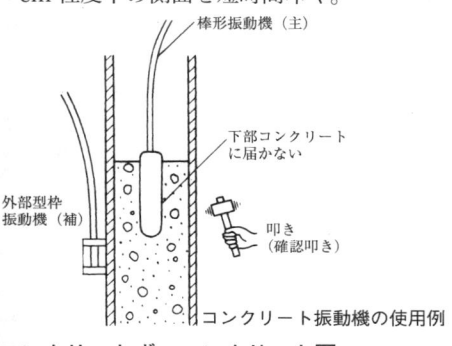

コンクリート振動機の使用例

コンクリートず　コンクリート図
concrete plan
コンクリート工事を遂行するために設計図に基づき各階について作製する梁伏および平面図，通り心・壁心・仕上がり厚さを除いたコンクリートの断面寸法，スラブの厚さと床面よりの高さおよび開口部，木煉瓦・インサート・アンカーボルト・貫通孔などの位置と寸法を記入する。

コンクリートせいえんとつ　コンクリート製煙突　concrete stack, concrete chimney
筒身を鉄筋コンクリートでつくった煙突。日本建築学会に『鉄筋コンクリート煙突の構造設計指針』が，㈶日本建築防災協会に『既存RC造煙突の耐久・耐震診断指針(案)』がある。

コンクリートせいひん　コンクリート製品
concrete manufacture
コンクリート製品とは，整備された工場または工事現場内の仮設工場において，継続的に生産される標準仕様のプレキャストコンクリート部材を一般に示すが，広義にはセメントを原料とした二次製品全般を総称するものでもある（表参照）。

・コンクリート製品の特徴
コンクリート製品は，現場施工のものに比して一般に次のような特徴がある。
①工場では十分な管理のもとに，作業員によって製造されるので，製品の品質が安定している。
②製造作業が天候に左右されることが少なく，正確な生産計画が立案できる。
③製品を用いた載荷試験ができ，適切な品質管理ができる。
④工事現場での作業が機械化しやすく，型枠や支保工などの仮設工事の一部を省略できる。
⑤作業員の配置が容易にでき，工期の変動が少なくなる。
⑥工期の短縮ができ，生産量が多ければ現場施工に比してコストダウンとなる。
⑦コンクリートの現場養生が不要となり，地下に埋設する製品は掘削量が少なくてす

コンクリート製品の分類

用途別	建築用製品，農業土木用製品，土木用製品（道路用製品，灌漑配水用製品，護岸用製品，土止め用製品，橋梁用製品，鉄道用製品，下水用製品，環境整備・緑化施設用製品，河海用製品）等
製造方法別	振動締固め製品，遠心力締固め製品，加圧締固め製品，即時脱型製品等
養生方法別	水中養生製品，蒸気養生製品，オートクレーブ養生製品，電気養生製品，加圧養生製品等
形状別	板状製品，管状製品，棒状製品，ブロック製品等
寸法別	大型製品，中型製品，小型製品等
鉄筋の有無別	無筋コンクリート製品，鉄筋コンクリート(RC)製品，プレストレストコンクリート(PC)製品等
質別	普通コンクリート製品，軽量コンクリート製品，重量コンクリート製品等
混和材料別	ガラス繊維補強セメント製品，鋼繊維補強コンクリート製品，シリケートコンクリート製品，気泡コンクリート製品，木毛セメント製品，木片セメント製品等

む。
⑧日本工業規格（JIS）によって標準化されているものが多く，入手しやすく使いやすい。

コンクリートせん　コンクリート船
concrete ship
補強用鋼材とコンクリートで造られた船。

コンクリートダクト　concrete duct
空気調和・換気において，建築物の構造によりコンクリート壁等で囲まれた空間を利用したダクト。

コンクリートたてもののコンクリートしょうりょう　コンクリート建物のコンクリート所要量
ラーメン式約 $0.7 m^3$/延 m^2，壁式約 $0.5 m^3$/延 m^2。

コンクリートタワー　concrete tower, tower elevator
バケット運搬機の一つで一般的にコンクリートの引き揚げに用いられる機械。4本，2本，1本脚の鉄製塔や枠を控え綱などで転倒しないよう自立させ，ガイドレールにそって，ウインチ巻のワイヤーロープ引きでバケットをその内部または側面を上昇させる。そして上部のタワーホッパーに自動的にコンクリートを流し込み，これを直接もしくは樋を通じて足場上のフロアホッパーに取り溜め，さらに手押車（コンクリートカート）に移し取り，打込み個所へカート道坂上を運ぶ方法を取るのが一般的。エレベーターの設備の概要とその高さの定め方は，下図に示す。コンクリートエレベーター用巻上げ機の所要馬力数の一例は p.209 表-1，エレベータータワー各部の寸法は，バケットの容量によって定まり，一例を p.209 表-2 に示す。

コンクリートちゅうのくうげき　コンクリート中の空隙　voids of concrete
コンクリート中の空隙は二つに分類される。一つはエントレインドエアおよびエントラップドエアの連行空気による空隙と，もう一つは，自由水の部分にあたるキャピラリー空隙と C-S-H 結晶の層間距離（2 nm）に対応する層間水部分のゲル空隙で

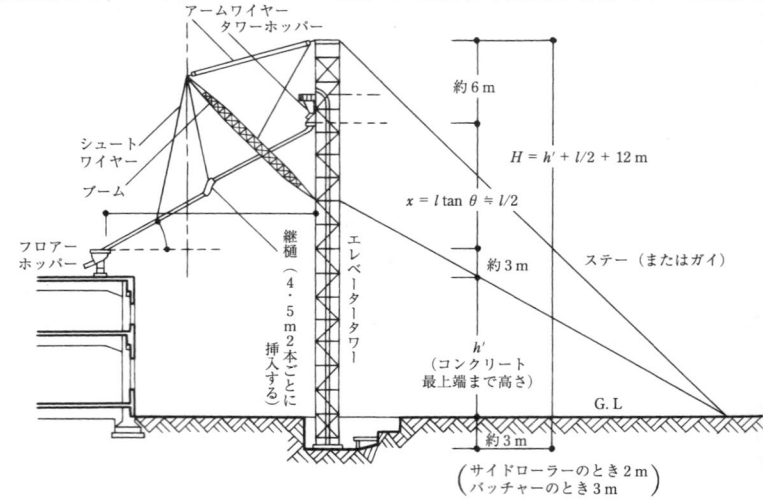

コンクリートエレベータータワーの高さを定める方法

表-1 巻上機の所要馬力

バケット容量 (l)	電動機馬力 (kW)
166～194	7.5
222～388	11.25
444～583	18.75

表-2 タワー各部の寸法

バケット容量 (l)	タワー寸法 (前後×左右：mm)	アングル大きさ (mm)
194	1,650×1,250	7.5
388	1,650×1,300～1,375	10
583	1,650×1,650	10
666	1,800×1,800	12～15

ある。コンクリート中の空隙はコンクリートの強度発現をはじめ、乾燥収縮や耐久性などにとって重要な役割を果たす。一般に初期養生が入念に施されると空隙径は小さ目になり、初期養生が施されないと逆となる。

コンクリートちゅうのくうげきのそくていほう　コンクリート中の空隙の測定法
JISに定められている空気量を求める方法以外に、気泡間隔係数や水銀圧入法によるポロシチーや骨材を測定する吸水率などがある。

コンクリートちゅうのこつざいのぶんり　コンクリート中の骨材の分離
セメントペーストと骨材の密度差が大きい場合や単位水量が多い場合、不適当な細骨材率の場合等に起きる。その結果、強度が低下するばかりか、コンクリートすべての性質が悪くなる。

コンクリートちゅうのしんどうのでんぱせい　コンクリート中の振動の伝播性
フレッシュコンクリートの凝結時間内（特に始発直後ほどよい）に伝播するのはよく締め固まるが、凝結時間直後だと鉄筋との付着強度を低下させるので注意を要する。

コンクリートちゅうのせんいたい　コンクリート中の遷移帯　transition zone
硬化したコンクリートやモルタル中の骨材とセメントペーストの間にあって、ペースト部分と不連続な CaO に富む、ポーラスな領域。厚さは 10～20 μm 程度。セメントから溶け出した Ca, Al イオンなどが骨材周囲の水膜中に移動し、析出することにより形成される。

コンクリートちゅうのたんいそこつざいりょうのさ　コンクリート中の単位粗骨材量の差
コンクリート中の単位粗骨材量の差（％）の計算は、JIS による。

コンクリートちゅうのてっきんのはっせい　コンクリート中の鉄筋の発錆
コンクリート中の鉄筋が錆びると構造耐力の低下をはじめとして、コンクリート表面にひび割れが発生して耐久性がさらに損われる。

コンクリートちゅうのペーハー　コンクリート中のpH
potential of hydrogen (concrete)
フレッシュコンクリートの pH は 12～13 程度である。したがって鉄筋表面に生じた赤錆は強アルカリによって消失する。しかし pH が 7 近くなると何らかの理由で生じた錆を消失させる能力がなくなる。

コンクリートづみブロック　コンクリート積みブロック　concrete blocks for retaining wall and revetment
擁壁などに用いられるコンクリート積みブロック。種類・品質等は JIS を参照。

コンクリートテストハンマー　concrete testing hammer
「シュミットハンマー」の項参照。

コンクリートテーブルがたしんどうき　コンクリートテーブル型振動機
フレッシュコンクリートを密実に充填する場合などに使用する振動機。

こんくりと

コンクリートとそう　コンクリート塗装
concrete painting
美観上美しくなるばかりでなく，耐久性が向上する。しかし塗料は寿命が短いので4〜5年ごとに塗り替えをすること。

コンクリートとそうのけっかん　コンクリート塗装の欠陥
作業的にはピンホールをつくらないことをはじめ，コンクリートをよく乾燥させてから塗布すること。アルカリ性のコンクリートと塗料の種類によって相性がある。合成樹脂系の塗料を使用するとよい。

コンクリートのあっしゅくきょうどしけん　コンクリートの圧縮強度試験　test for compressive strength of concrete
JISに定められている。供試体形状は，円柱形。試験を行う供試体の材齢は，1週，4週および13週，またはそのいずれかとする。また，コンクリートの強度は，供試体の乾燥状態や温度によって相当に変化する場合もあるので，養生を終わった直後の状態で試験を行う。

コンクリートのあらいぶんせきしけん　コンクリートの洗い分析試験　test for washing analysis of fresh concrete
フレッシュコンクリートをふるいを通して水洗いすることによって，各材料の配合比を求める試験（JIS）。

コンクリートのいろ　コンクリートの色
セメントメーカーによって若干異なる。長年月には変色し，一般に屋外の方が屋内より著しい。

コンクリートのうちこみ　コンクリートの打込み　placing of fresh concrete
コンクリートを型枠内または所定の場所へ流し込み，締め固めること。均質になるように打ち込むことと，打継ぎをつくらないよう連続的に打ち込むことが最大の目標である。

コンクリートのうちこみおんど　コンクリートの打込み温度
placing temperature of fresh concrete
恒久的なコンクリート構造物をつくるには長期間にわたって強度が増進することが望ましい。そのためには凍結しない範囲の温度で打ち込むとよい。

コンクリートのうちこみそくど　コンクリートの打込み速度
placing rate of fresh concrete
ポンプ工法によると1m×1m×3.5mの柱で5分間程度である。打込み速度が速いほどせき板にかかる圧力（側圧）が大きくなる。

コンクリートのうんぱんきき　コンクリートの運搬機器　handling machines〔→運搬用機械器具〕
コンクリートの運搬では，スランプ・空気量・温度・単位容積質量・分離などのフレッシュコンクリートの品質変化が問題となる。現場内のコンクリートの運搬には，鉛直運搬と水平運搬とがあり，コンクリートの種類と調合・構造物の種類と規模・敷地の条件・打込み箇所と打込み量などに応じて合理的な運搬機器を採用しなければならない。この場合，打込み時点で，所要の品質のコンクリートが得られるように機器を選定することが重要である（p.211表参照）。

コンクリートのえんかぶつイオン　コンクリートの塩化物イオン
chloride content（concrete）
フレッシュコンクリートに含まれている塩化物イオン（Cl^-）量。JASS 5では鉄筋コンクリート中の鉄筋が発錆するおそれから塩化物イオン量で規定している。その限度値は基本仕様コンクリートが0.30 kg/

コンクリートの運搬機器の概要（JASS 5）

運搬機器	運搬方向	可能な運搬距離(m)	標準運搬料	動力	主な用途	スランプの範囲(cm)	備考
コンクリートポンプ	水平 垂直	～500 ～200	20～70 (m³/h)	内燃機関 電動機	一般・長距離・高所	8～21	圧送負荷による機械選定 ディストリビューターあり
コンクリートバケット	水平 垂直	～100 ～30	15～20 (m³/h)	クレーン使用	一般高層RC・スリップフォーム工法	8～21	揚重時間計画重要
カート	水平	10～60	0.05～0.1 (m³/h)	人力	少量運搬水平専用	12～21	桟橋必要
ベルトコンベア	水平 やや勾配	5～100	5～20 (m³/h)	電動機	水平専用	5～15	分離傾向あり，ディストリビューターあり
シュート	鉛直 斜め	～20 ～5	10～50 (m³/h)	重力	高落差場所打ち杭	12～21	分離傾向あり，ディストリビューターあり

m³以下，特別の仕様のコンクリートが 0.20 kg/m³以下としている。なお試験方法は，JISによるとよい。

コンクリートのおんどおうりょく　コンクリートの温度応力

thermal stress（concrete）

コンクリート部材内部の温度分布が不均一な場合，および温度上昇・降下に伴って生じる体積変化が外的に拘束された場合に，コンクリートに発生する応力。

コンクリートのおんどじょうしょう　コンクリートの温度上昇

フレッシュコンクリートはセメントと水が化学反応し，熱エネルギーが発生する。このエネルギーによって温度の上昇の程度が異なる。温度上昇量が異常に高いとひび割れの発生をはじめ，コンクリートに悪影響を及ぼすので，使用する材料，調合に適した温度を上昇させれば良好なコンクリートがつくれる。

コンクリートのかんりようりょう　コンクリートの管理要領

良好なコンクリートをつくり上げるためには適当な管理が必要となる（JASS 5品質管理・検査参照）。

コンクリートのぎょうけつじかん　コンクリートの凝結時間

セメントの種類，調合，温湿度などによって異なる（下図）。

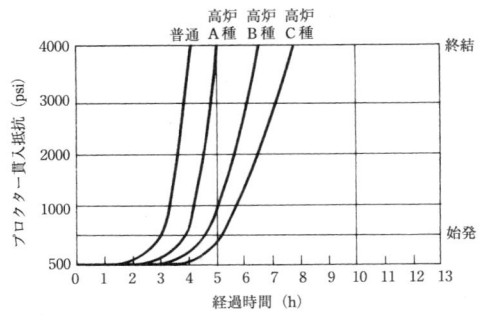

(a)　40℃・80％R.H.室の場合

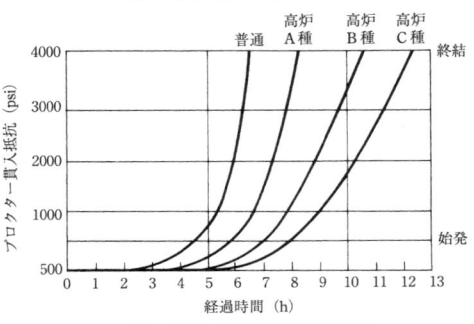

(b)　20℃・80％R.H.室の場合

コンクリートの凝結時間

こんくりと

コンクリート強度の補正値 T_{28} の標準値（JASS 5）

セメントの種類		コンクリートの打込みから28日までの期間の予想平均気温の範囲（℃）	
早強ポルトランドセメント	15以上	5以上15未満	2以上 5未満
普通ポルトランドセメント	16以上	8以上16未満	3以上 8未満
中庸熱ポルトランドセメント	17以上	13以上17未満	9以上13未満
フライアッシュセメントB種	16以上	10以上16未満	5以上10未満
高炉セメントB種	17以上	13以上17未満	10以上13未満
コンクリート強度の気温による補正値 T（N/mm²）	0	3	6

コンクリート強度の補正値 T_n の標準値（JASS 5）

セメントの種類	材齢 n(日)	コンクリートの打込みから28日までの期間の予想平均気温の範囲（℃）	
普通ポルトランドセメント	42 56 91	8以上 4以上 2以上	4以上 8未満 2以上 4未満 —	2以上 4未満 — —
中庸熱ポルトランドセメント	42 56 91	9以上 5以上 2以上	5以上 9未満 2以上 5未満 —	3以上 5未満 — —
フライアッシュセメントB種	42 56 91	8以上 4以上 2以上	5以上 8未満 2以上 4未満 —	3以上 5未満 — —
高炉セメントB種	42 56 91	14以上 10以上 2以上	10以上14未満 5以上10未満 —	6以上10未満 2以上 5未満 —
コンクリート強度の補正値 T_n(N/mm²)		0	3

コンクリートのきおんほせいきょうど　コンクリートの気温補正強度
　設計基準強度にコンクリートの打込みから構造体コンクリートの強度管理材齢までの期間の予想平均気温によるコンクリート強度の補正値を加えた値（上表）。

コンクリートのきょようおうりょくど　コンクリートの許容応力度　allowable stress
　建築基準法施行令91条, 97条によるコンクリートの許容応力度は p.213 上表の通り。

コンクリートのけっかん　コンクリートの欠陥
　右表に例示するようなものがある。

現場で確認できる欠陥の例
ジャンカ, コールドジョイント, 型枠目違い, 型枠はらみ, のろ流出, 錆汁・木汁汚れ, 砂肌, ひび割れ, 型枠割付ミス, ベニヤ色違い, アバタ, ピンホール, エフロレッセンス, 欠け, 色むら, 脱色, 締付け金物跡, 表層剥れ, 木くず等
工事中に発生するおそれのある欠陥
養生によるむれ, 養生テープ（ガムテープ）跡, 建築中の塗料, シーリング汚れ, 墨打ち跡, モルタルによる補修跡, 溶接焼け, 貫通穴による欠損, 開口回りの必要以上の斫り, 設計変更等

コンクリートの許容応力度

区　　分	長期許容応力度			短期許容応力度			材料強度		
	圧縮	引張り・剪断	付着	圧縮	引張り・剪断	付着	圧縮	引張り・剪断	付着
軽量骨材を使用しないもの	$F/3$	$F/30$	0.7	$F/1.5$	$F/15$	1.4	F	$F/10$	2.1
軽量骨材を使用するもの			0.6			1.2			1.8

コンクリートのしあがりのへいたんさのひょうじゅんち　コンクリートの仕上がりの平坦さの標準値　standard tolerances for evenness of finished concrete surface（下表参照）

コンクリートのしつりょうへんか　コンクリートの質量変化

コンクリートの質量変化は，環境条件や部材の大きさが異なると変わる。直径5cm・高さ10cm，直径7.5cm・高さ15cm，直径10cm・高さ20cm，直径15cm・高さ30cm，直径20cm・高さ40cmの円柱供試体を用い，20℃水中，20℃・60％R.H.室，20℃・80％R.H.室，温湿度の調整していない屋内およびごく普通の地域における屋外に放置したコンクリート供試体の24か月間にわたる質量変化について実験した。用いたセメントは高炉セメントB種，骨材は鬼怒川産（粗骨材の最大寸法25mm），化学混和剤はAE剤である。コンクリートの調合は，水セメント比55％，スランプ19cm，空気量3.9％，20℃水中養生した材齢28日圧縮強度は24N/mm²である。結果は以下の通り。

①環境条件別にみると，供試体の大きさにかかわらず20℃水中が最も増大し，その変化率は放置期間24か月で＋1.91～＋0.69（％）である。以下に20℃・80％R.H.室が＋0.08～－0.13（％），屋外が－0.85～－1.48（％），屋内が－1.61～－2.68（％），20℃・60％R.H.室が－2.55～－5.02（％）で，最も大きく減少する。このうち，屋外の変化率が比較的一定している他の四つの環境条件に比べて測定時期によっては大きく変化している（p.214 図-1～3）。これは降雨などの影響に起因していると思われる。

②供試体の大きさ別にみると，環境条件のうち20℃水中を除くと供試体直径20cmの変化率が最も小さく，以下直径15cm，直径10cm，直径7.5cmで，直径5cmが最も大きい。この傾向に環境条件を加え

コンクリートの仕上がりの平坦さの標準値（JASS 5）

コンクリートの内外装仕上げ	平坦さ(凹凸の差) (mm)	参　　考	
		柱・壁の場合	床の場合
仕上げ厚さが7mm以上の場合，または下地の影響を余り受けない場合	1mにつき10以下	塗壁 胴縁下地	塗壁 二重床
仕上げ厚さが7mm未満の場合，その他かなり良好な平坦さが必要な場合	3mにつき10以下	直吹付け タイル圧着	タイル直張り じゅうたん張り 直防水
コンクリートが見え掛かりとなる場合，または仕上げ厚さが極めて薄い場合，その他良好な表面状態が必要な場合	3mにつき7以下	打放しコンクリート 直塗装 布直張り	樹脂塗床 耐磨耗床 金鏝仕上げ床

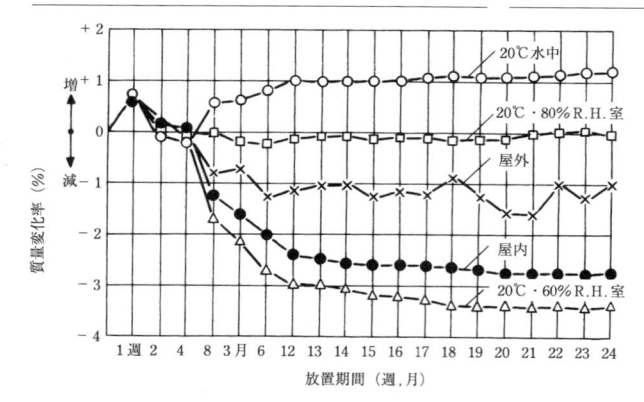

図-1　放置期間と質量変化率との関係〔環境条件別・10φ〕

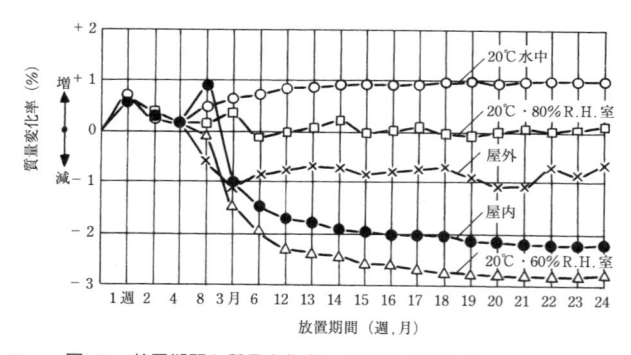

図-2　放置期間と質量変化率との関係〔環境条件別・15φ〕

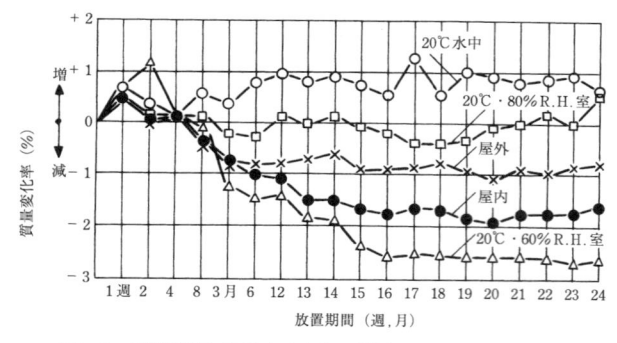

図-3　放置期間と質量変化率との関係〔環境条件別・20φ〕

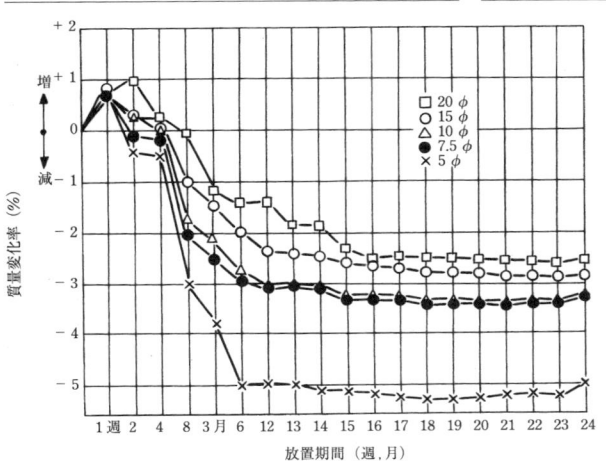

図-4 放置期間と質量変化率との関係
〔供試体の大きさ別・20℃・R.H.60%室〕

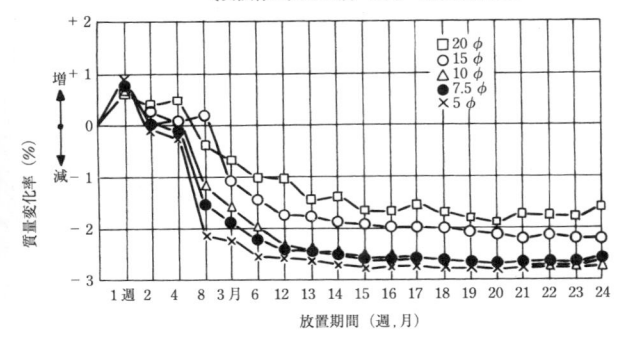

図-5 放置期間と質量変化率との関係
〔供試体の大きさ別・室内〕

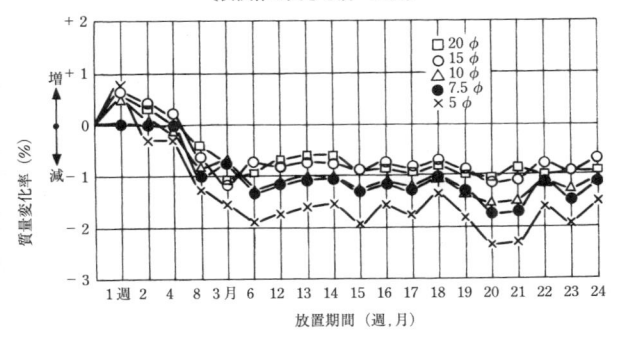

図-6 放置期間と質量変化率との関係
〔供試体の大きさ別・屋外〕

こんくりと

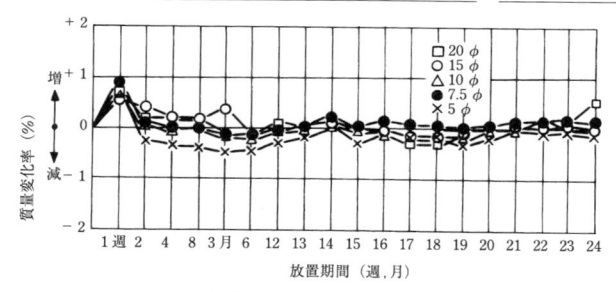

図-7 放置期間と質量変化率との関係
〔供試体の大きさ別・20℃・R.H.80%室〕

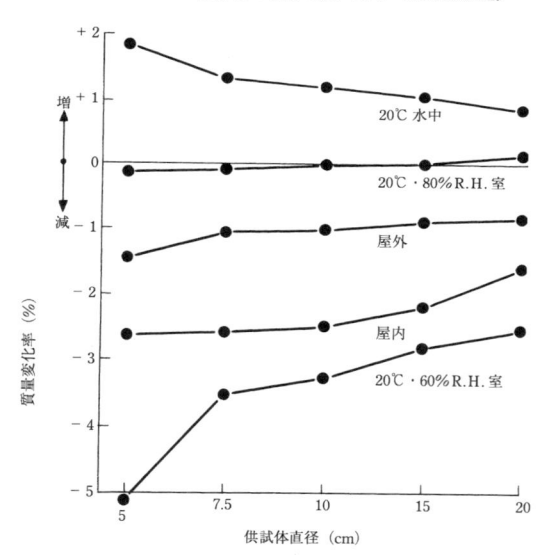

図-8 供試体の直径とコンクリートの質量変化率との関係〔24か月〕

てみると20℃・60％R.H.室が供試体別による変化率が最も大きく，以下屋内，屋外で，20℃・80％R.H.室が最も小さい（p.215～216図-4～7）。20℃水中では供試体直径5cmが最も大きく増大し，以下直径7.5cm，10cm，15cmで直径20cmの増加率が小さい。

③上述の①と②を総じれば，供試体直径が大きいものほど質量変化率が小さく安定している（図-8）。

コンクリートのしゅるい　コンクリートの種類　kinds of concrete

次のようなものがある。

・用途による区分（構造用，仕上げ用，断熱用）。

・構造用コンクリートの用途による区分（一般と特殊（高強度，マス，精密，海水の作用，遮蔽，プレパックド，プレストレスト，熱の作用，繊維補強，無菌））。

・構造用コンクリートの仕様による区分

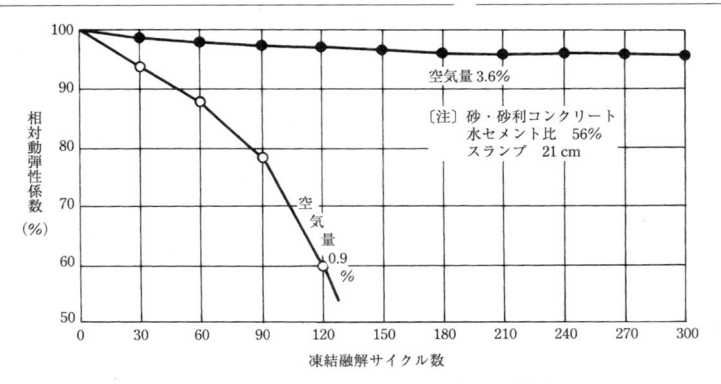

コンクリートの空気量と相対動弾性係数

(特別仕様，一般)。
- 構造用コンクリートの密度による区分(重量，普通(砂利，砕石，高炉スラグ砕石))，軽量(1種，2種，3種，4種，5種)。
- 構造用コンクリートの混和材料による区分(プレーン(nonAE)，AE，高性能AE，高流動，膨張，フライアッシュ，高炉スラグ微粉末，シリカフューム)。
- 構造用コンクリートの施工時の気温による区分(寒中，暑中)。
- 構造用コンクリートの練混ぜによる区分(レディーミクスト，工事現場練り)。
- 構造用コンクリートの養生による区分(現場養生，促進養生(蒸気，オートクレーブ))。

コンクリートのせっけいきじゅんきょうど　コンクリートの設計基準強度　specified design strength

構造計算において基準としたコンクリートの圧縮強度。通常は材齢28日の圧縮強度を用いる。18，21，24，27，30および36 N/mm²を標準とする。なお，建築基準法第74条によると材齢28圧縮強度の最低値は普通コンクリート 12 N/mm²，軽量コンクリート 9 N/mm²。

コンクリートのそくあつ　コンクリートの側圧　lateral pressure of concrete

フレッシュコンクリートを打ち込むとき，せき板にもたれかかる圧力をいう。打込み速度が早いと側圧は大きくなる。その他側圧が大きくなる要因としてはスランプが大きい場合，フレッシュコンクリートの温度および気温が低い場合，せき板表面が平滑な場合，等々である。

コンクリートのたいとうがいせい　コンクリートの耐凍害性　frost damage of concrete

凍結融解作用に対する抵抗性ともいう。一般にコンクリート中の空気量を増すと抵抗性は大きくなる。一般に耐凍害性は相対動弾性係数で表す(上図参照)。

コンクリートのたんいようせきしつりょう　コンクリートの単位容積質量　unit mass of fresh concrete

コンクリートの単位容積質量が小さいと自重が軽くなる。ちなみに粗骨材と細骨材との組合せによる単位容積質量は p.218 上表による。

コンクリートのたんいようせきしつりょうしけん　コンクリートの単位容積質量試験　test of unit mass of fresh concrete

骨材の組合せによる単位容積質量

骨　材　の　組　合　せ		単位容積質量 (t/m³)	備　考
粗　骨　材	細　骨　材		
砂利・砕石・高炉スラグ	砂利・砕石・高炉スラグ	2.2〜2.4	—
人工軽量粗骨材	同　上	1.7〜2.0	$F_c>200$ のときは 2.0 $F_c<200$ のときは 1.9
人工軽量細骨材	人工軽量細骨材またはこの一部を砂・砕石・スラグ砂で置き換えたもの	1.4〜1.7	$F_c>200$ のときは 1.7 $F_c<200$ のときは 1.6

JIS を参照。

コンクリートのつぎめ　コンクリートの継目　joint of concrete　〔→コールドジョイント〕

継目はコンクリートの欠陥となるので原則として継目をつくらないこと。やむを得ず継目をつくる場合，弱点とならないように施工する。打継ぎの位置は次の通り。
①梁，床スラブおよび屋根スラブの鉛直打継ぎ部は，スパンの中央付近に設ける。
②柱および壁の水平打継ぎ部は，床スラブ（屋根スラブ）・梁の下端，または床スラブ・梁・基礎梁の上端に設ける。

コンクリートのにじゅうはちにちあっしゅくきょうどのすいていしき　コンクリートの28日圧縮強度の推定式

材齢7日の圧縮強度から材齢28日コンクリートの圧縮強度を推定する場合は，次式による。

$$F_{28}=A\times F_7+B\ (\text{N/mm}^2)$$

ここに F_{28}：材齢28日の圧縮強度の推定値（N/mm²）

係数 A および B の値

早強ポルトランドセメント		普通ポルトランドセメント 高炉セメントA種 フライアッシュセメントA種 シリカセメントA種	
A	B	A	B
1.0(1.0)	8.0(5.0)	1.35(1.25)	3.0(0.0)

コンクリートのねりまぜからうちこみまでのじかんのげんど　コンクリートの練混ぜから打込みまでの時間の限度

外気温が25℃未満の場合は120分，25℃以上の場合は90分。

コンクリートのはい（ちょう）ごう　コンクリートの配（調）合

コンクリートの素材である水，セメント，細骨材，粗骨材，混和材料の量をいう。前提となる条件はスランプ，空気量，調合基準強度が一般的であるが，最近は単位水量および単位セメント量ならびに水セメント比の限界値や最終ブリーディング量，材齢6か月間の乾燥収縮率，300サイクル繰り返した耐久性指数を間接的な条件とする。

コンクリートのひはかいしけん　コンクリートの非破壊試験

〔p.219, 220 表参照。〕

コンクリートのひびわれちょうさほしゅうはば　コンクリートのひび割れ調査補修幅

既存鉄筋コンクリート系建築物のひび割れを補修することは必須。0.04 mm以上になると漏水の危険性が，0.2 mm以上になると鉄筋の発錆の危険性がそれぞれ生じる。

コンクリートのひんしつかんり　コンクリートの品質管理

JASS 5の場合をp.222の表に示す。

コンクリートのゆそう・うんぱんほうほう　コンクリートの輸送・運搬方法

コンクリートの非破壊試験方法の種類

(日本建築学会『建築材料用教材』より)

種類	分類	測定対象物	直接測定値	間接測定値	適用範囲	利点	欠点
簡易試験方法	釘またはボルトの引抜き コアの引抜き	一般コンクリート構造物	引抜力	圧縮強度 引張強度	品質管理のためのコンクリートの強度を推定する	強度推定精度がよい	あらかじめ装置しておく必要があり、局部的損傷を与える
表面硬度方法	落下式ハンマー 手動式ハンマー 回転式ハンマー ばね式ハンマー	一般コンクリート構造物	くぼみ直径		品質管理、強度発現等	手動式以外は強度推定精度が比較的よい	くぼみ直径を正確に多数測ることは面倒である
表面硬度方法	シュミットハンマー N P L M	一般コンクリート構造物 床、壁 軽量コンクリート マスコンクリート	反発硬度		品質管理、強度発現等	適用が簡単で測定値が多数得られ、強度測定精度も比較的よい	コンクリート内部品質が判定できない
音響学的方法（共振方法）	縦振動	円柱供試体 梁供試体	共振周波数	動弾性係数 E_D、ときには対数減衰率 δ	品質管理、ときには強度の判定	高試体に適用して結果は正確で、コンクリートの平均的性質を知りうる。ポアソン比がわからなくても E_D が求められる	梁、円柱供試体にのみ適用でき、供試体の寸法的制限を受ける
音響学的方法（共振方法）	たわみ振動	梁供試体 円柱供試体	共振周波数		耐薬品、凍害などの耐久性係数		
音響学的方法（共振方法）	ねじり振動	梁供試体 円柱供試体	共振周波数	動剪断性係数、ポアソン比は用いられないが、ポアソン比が必要なとき			
音響学的方法（音速方法）	超音波方法	すべての供試体、構造物の梁、柱、床はもちろん、ダムにも適用できる	超音波パルスの伝播時間、反射波の検出、透過波の減衰状況	縦波の速度、亀裂の位置あるいは床版厚さ	実験室的各種試験、現場コンクリートの強度推定、亀裂の有無、深さ、コンクリートの内部分離、空洞の測定	供試体のみならず、たいていのコンクリート構造物に適用できる。コンクリート内部の品質の変化がわかる	粗面コンクリートに適用し難く、特別に準備がいる。透過波高が小さいと測定精度は悪く測定結果の正確さはある程度観測者によって決まる
音響学的方法（音速方法）	機械的打撃方法	舗装コンクリート、床、壁など	コンクリートの表面を伝わる衝撃波の伝播時間	縦波、横波速度	現場コンクリートの品質判定	粗面コンクリートでもよい	広い面に限られ、比較的長い測定区間が必要である

(コンクリートの非破壊試験方法の種類　つづき)

種　類	分　類	測定対象物	直接測定値	間接測定値	適用範囲	利　点	欠　点
	連続表面波	舗装コンクリート版など	たわみ波および縦波の波長	版厚 レーリー波速度	表面層の動的性質の調査，コンクリート舗装版の厚さ	E_D，C_D も計算できる	同上
放射線方法	γ線 X線	ラジオグラフィー透過方法	梁，壁，床など	鉄筋の太さ，位置，グラウトの空隙，コンクリートの空隙	密度		コンクリートの内部欠陥を写真で直接知ることができる	人畜に対する遮蔽が必要である。測定に時間を要する
中性子	中性子散乱活性化法	同上	カウント数	湿分 セメント量	多少適用例があるのみ		あらかじめ活性化する必要あり
電気的方法	誘電 抵抗 マイクロ波	同上	マイクロ波の減衰	湿分 水分 版厚 湿分			
AE法		同上 供試体	AE割合 伝播時間	応力履歴 AE源	まだ実験室的である	構造的に適用できる	動的荷重には適用しにくい

transport method's of fresh-concrete トラックアジテーター（容量 0.5〜5 m³）を使用する。スランプ 2.5 cm の舗装コンクリートはダンプトラックで輸送する。JIS によるとトラックアジテーターは練混ぜから荷卸しまで 1.5 時間以内，ダンプトラックは 1 時間以内と規定されている。p.221 表参照。

コンクリートのようじょう　コンクリートの養生　curing of concrete

恒久的なコンクリートをつくるには養生が必須である。春，夏，秋は散水を，冬は保温をベースとした養生を入念に行う必要がある（p.223 の表参照）。早期に高強度を必要とするプレキャスト製品の製作には，蒸気養生やオートクレーブ養生が利用されている。

コンクリートのようせき　コンクリートの容積

コンクリート配（調）合の一つ。コンクリートは運搬中，春夏秋冬によって容積が多少異なるので，生コン工場を出るとき，下記の容積を上乗せしている。夏のようなときは，運搬中に容積が比較的大きく，0.05 m³ 程度，冬のようなときは，0.01 m³ 程度上乗せする。

コンクリートのりきがくてきせいじょう　コンクリートの力学的性状

強度，ヤング係数，ポアソン比などの性質。

コンクリートのりゅうどうか　コンクリートの流動化

コンクリートを締め固めるための一つの手法。

コンクリートパイル　concrete pile〔→コンクリート杭〕

鉄筋コンクリートでつくった既製杭（p.221 下表参照）。

こんくりと

コンクリートの輸送・運搬方法

分類	輸送・運搬機械	輸送運搬方法	輸送・運搬にかかる時間	輸送・運搬量 (m³)	動力	適用範囲	備考
主としてプラントから現場までの輸送	輸送運搬車	トラックミキサ トラックアジテータ ダンプトラック ホッパ積載トラック	水平	10〜90分	1.0〜5.0	機関	遠方	・一般の長距離運搬に適する。 ・やむを得ない場合の中距離
主として現場内の運搬	コンクリートバケット	水平垂直	10〜50	0.5〜1.0	クレーン	一般的	分離が少なく場内運搬に適する。
	コンクリートタワー	垂直	50〜120	0.2〜0.6	電動機	高所運搬	水平方向を手押し車・ポンプ・ベルトコンベヤなどの組合せ方式がある。
	手押し車	水平	10〜60	0.05〜0.2	人力	小規模工事 特殊工事	振動しないカート道が必要。
	コンクリートポンプ	水平垂直	500 90	30〜85/h	機関	高所 長距離	使用機種を選び、打設速度に注意すれば硬練りにも使用できる。
	ベルトコンベヤ	ほぼ水平	5〜100	10〜50/h	電動	硬練り用	やや分離が生ずる。
	シュート	斜め下垂直	5〜30	10〜50/h	重力	地下構造物補助手段	軟練りによいが分離を生じやすい。

コンクリートパネル concrete panel
  コンクリートでつくった既製パネル。

コンクリートひんしつのはんてい コンクリート品質の判定
  judgement of concrete quality
  フレッシュコンクリートのワーカビリティ、スランプ、空気量、ブリーディング量および硬化コンクリートの圧縮強度、単位水量、塩化物量、アルカリ量、乾燥収縮率、中性化深さ、凍結融解作用に対する抵抗性の他、軽量・重量コンクリートの単位容積質量などを判定することで、その基準は、次の通り。

・ワーカビリティ：コンクリートの打込み

コンクリート杭の種類

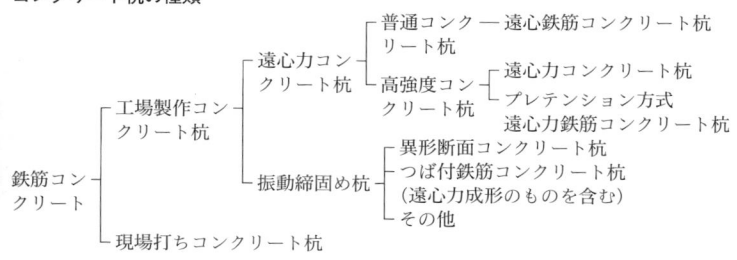

```
鉄筋コンクリート ─┬─ 工場製作コンクリート杭 ─┬─ 遠心力コンクリート杭 ─┬─ 普通コンクリート杭 ── 遠心力鉄筋コンクリート杭
                  │                              │                          └─ 高強度コンクリート杭 ─┬─ 遠心力コンクリート杭
                  │                              │                                                      ├─ プレテンション方式
                  │                              │                                                      └─ 遠心力鉄筋コンクリート杭
                  │                              └─ 振動締固め杭 ─┬─ 異形断面コンクリート杭
                  │                                                 ├─ つば付鉄筋コンクリート杭
                  │                                                 │  （遠心力成形のものを含む）
                  │                                                 └─ その他
                  └─ 現場打ちコンクリート杭
```

こんくりと

使用するコンクリートの品質管理・検査（受入検査） (JASS 5)

項目	試験方法	時期・回数	判定基準
試料採取	JIS	—	—
ワーカビリティおよびフレッシュコンクリートの状態	目視	打込み当初および打込み中随時	ワーカビリティがよいこと 品質が均一で安定していること
スランプ 空気量 軽量コンクリートの単位容積重量	JIS JIS JIS JIS JIS	(i)圧縮強度試験用供試体採取時 (ii)構造体コンクリートの強度検査用供試体採取時 (iii)打込み中，品質変化が認められたとき	(i)スランプ許容差 指定したスランプ(cm) ／ 許容誤差(cm) 8 未満 ／ ±1.5 8以上18以下 ／ ±2.5 18を超える ／ ±1.5 (ii)空気量の許容差±1.5 % (iii) 15.8の軽量コンクリートの単位容積重量による
圧縮強度	JIS。ただし養生は標準養生とし，材齢は28日とする	打込み工区ごと・打込み日ごと，かつ150 m³またはその端数ごとに1回，1検査ロットに3回（1回の試験には3個の供試体を用いる）	(i) JISによるレディーミクストコンクリートの場合，下記(イ)(ロ)による (イ) 1回の試験結果は，指定した呼び強度の85 %以上 (ロ) 3回の試験結果の平均値は，呼び強度以上 (ii) JIS A 5308によらないレディーミクストコンクリートおよび現場練りコンクリートの場合，判定規準は特記による。特記のない場合は，上記(i)に準ずる
単位水量	調合表およびコンクリートの製造管理記録による確認	(i)打込み当初 (i)打込み中，品質変化が認められた場合	規定した値以下であること
塩化物量	JASS 5 T-501（フレッシュコンクリート中の塩化物量試験方法）またはJASS 5 T-502（フレッシュコンクリート中の塩化物量の簡易試験方法）	(i)海砂などの塩化物を含むおそれのある骨材を用いる場合は打込み当初，および150 m²に1回以上 (ii)その他の場合，1日に1回以上	規定した値以下であること
アルカリ量	材料の試験成績表および調合表ならびにコンクリートの製造管理記録による確認	打込み工区ごと，打込み日ごとに1回以上	$R_t = R_2O/100 \times C + 0.9 \times Cl^- + R_m$ (1) で計算した場合 3.0 kg/m³ 以下 $R_t = R_2O/100 \times C$ ……………(2) で計算した場合 2.5 kg/m³ 以下

- 作業性がよいこと，品質が均一で安定していること。
- スランプ・空気量・圧縮強度：JISの規定値を満足すること。
- ブリーディング量：0.5 cm³/cm²以下のこと。
- 単位水量・塩化物量：規定値以下のこと。
- アルカリ量：3.0 kg/m³以下のこと。
- 乾燥収縮率：材齢6か月で8×10^{-4}以下のこと。
- 中性化深さ：予想耐用年数，かつ被り厚さ以下のこと。
- 凍結融解作用に対する抵抗性：相対動弾性係数が300サイクルで70 %以上のこと。
- 軽量・重量コンクリートの単位容積質量：規定値を満足すること。

コンクリートフィニッシャー concrete

コンクリートの養生

種類	構造物の区分	季節の区分	有害な作用	養生方法	養生日数および養生温度
JASS 5	一般	常時	・乾燥, 日光の直射, 寒気, 衝撃 ・24時間以内の表面の歩行 ・支柱盛替え時の衝撃	・噴霧・養生マット・膜養生剤	・養生期間は7日間以上（早強セメントの場合は5日以上）
		寒中	・凍害	・断熱保温養生または加熱保温養生	・5日間コンクリート温度を2℃以上とする ただし, 早強セメントの場合は3日間
		暑中	・急激な乾燥	・湿潤に保 ・シートなどで覆う ・膜養生剤の利用 ・打込み時のコンクリート温度は35℃以下	
コンクリート示方書	無筋および鉄筋	常時	・低温, 乾燥, 急激な温度変化, 振動, 衝撃, 荷重	・露出面をぬらした養生マット, 布等で覆う。または に散水, 灌水する ・乾燥するおそれのあるときはせき板に散水	・少なくとも5日間（早強セメントの場合は3日間）
		寒中	・凍結 ・給熱期の乾燥および局部的加熱 ・養生終了時の急冷	・風を防ぐ ・承認された方法で凍結を防ぐ ・コンクリートの打込み温度を, 5〜20℃とする	・所要の強度に達するまでの日数で承認をえた日数 ・コンクリート温度を5℃以上とする ・激しい気象作用を受けるコンクリートでは, 強度が標準値以上になるまでの期間, 5または10℃程度, さらにその後2日間0℃以上
		暑中	・表面の乾燥	・表面を湿潤に保つ ・打込み後ただちに養生 ・打込み温度を35℃以下とする	・打込み後24時間湿潤状態を保つ ・その後は湿潤養生か膜養生

[注] 他のコンクリートは, それぞれの仕様書または示方書を参照のこと

finisher 〔→コンクリート床仕上機械〕
コンクリート床スラブの打込みから仕上げまでを行う施工機械。ロボット操作で行われている（p.224の写真参照）。

コンクリートぶざいのいちおよびだんめんすんぽうのきょようさのひょうじゅんち　コンクリート部材の位置および断面寸法の許容差の標準値　standard tolerances for concrete member alignment and cross-sectional dimension
p.224 表参照

コンクリートブレーカー　concrete breaker
コンクリートを解体する機械の一つ。

コンクリートプレーサー　concrete placer
フレッシュコンクリートを圧縮空気によって, 輸送管を通して送り出す機械。

コンクリートブロック　concrete block
比較的小さなコンクリート既製品。例えば

こんくりと

コンクリートフィニッシャー

コンクリート部材の位置および断面寸法の許容差の標準値（JASS 5）

項目		許容差（mm） 計画供用期間の級	
		一般・標準	長期
位置	設計図に示された位置に対する各部材の位置	±20	±20
断面寸法	柱・梁・壁の断面寸法	−5 +20	−5 ±15
	床スラブ・屋根スラブの厚さ		0 +20
	基礎の断面寸法	−10 +50	

長さ390 mm×高さ190 mm×厚さ190 mm・150 mm・120 mm・100 mmがある。種類は空胴コンクリートブロック（JIS）、化粧コンクリートブロック（JIS）、型枠コンクリートブロックがある。また圧縮強さ別では、A種（圧縮強さ8 N/mm^2）、B種（12 N/mm^2）、C種（16 N/mm^2）等がある。年間の生産量は2億個程度である。なお、乾燥した場合には縦積みで保管する。

コンクリートブロックぞう　コンクリートブロック造
コンクリートブロックでつくった構造物。

コンクリートブロックちょうへきこうぞう　コンクリートブロック帳壁構造
コンクリートブロックでつくったカーテンウォール。

コンクリートブロックライニング
コンクリート構造物の仕上げのこと。

コンクリートペイント　concrete paint
合成樹脂エマルションペイント、塩化ビニル樹脂エナメル（ビニルペイント）がある。防食・保護・彩色・美粧するために用いる。

コンクリートヘッド　concrete head
コンクリートの打上がり高さ。打込み時におけるフレッシュコンクリートの最大側圧の位置。一般的なコンクリートでは下端より1 m程度のところ。

コンクリートぼうけいしんどうき　コンクリート棒形振動機　internal vibrators for concrete
コンクリートを入念に締固めるために使用する機械器具。

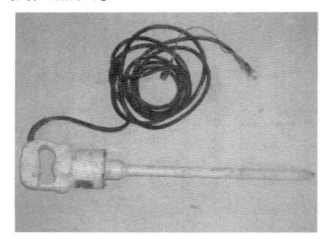

コンクリートぼうすいざい　コンクリート防水剤　concrete waterproof admixture
防水剤とはコンクリートの水密性を高めるもので、防水剤の主成分には珪酸ソーダ、塩化カルシウム、脂肪酸などがある。防水剤の効果は次の通りである。
①フレッシュコンクリート中に含まれる空隙の充塡およびその分散微細化。
②コンクリートのワーカビリティを良好にし、打込み時に出来る空隙を少なくする。
③セメント水和を促進させる。
④セメントの水和反応によって生ずる可溶性物質の溶失を防ぎ、さらに不溶性または発水性塩類を形成させる。

⑤コンクリート内部に不透水層または発水性膜を形成させる。

コンクリートほそう　コンクリート舗装　concrete pavement　〔→舗装コンクリート〕

コンクリートで舗装したスラブ。コンクリート舗装は新設舗装全体の4.7%。社会的要請である長寿命、あるいは長期供用の舗装という意味ではアスファルトよりコンクリートの方がよく、ライフサイクルから見た場合のコスト縮減にも有効な舗装方法である。欠点は騒音の問題、ガス、水道工事による掘削後に修復・補修が行いにくいこと。コンクリート舗装工法は次の通り。普通コンクリート舗装（CCP, JCP）、連続鉄筋コンクリート舗装（CRCP）、転圧コンクリート舗装（RCCP）、コンポジット舗装、透水性コンクリート舗装、骨材露出工法によるコンクリート舗装、スリップフォーム工法によるコンクリート舗装、半たわみ性舗装。

コンクリートほそうのしゅうしゅく　コンクリート舗装の収縮

コンクリートは乾燥によって収縮する（1 m当たり0.5 mm前後）ので、5 m前後に目地を入れる。

コンクリートポンプ　concrete pump　〔→コンクリート圧送〕

フレッシュコンクリートを機械的に押し出し、輸送管を通して連続的に送り出す機械。ピストン式とスクイズ式がある。前者の圧送距離は水平700 m、鉛直150 m程度の範囲で、大容量圧送に適している。後者は取扱いが簡単で、小規模現場に適している（写真）。なお、ちなみにポンプ車1台当たりの年間打込み量は4万 m³。

コンクリートポンプこうほう　コンクリートポンプ工法

定置式コンクリートポンプは1907年（明治40）に考案され、1913年（大正2）アメリカのCornell Keeが特許を取った。その後1928年（昭和3）ドイツでGeise-Hell方式の機械式ポンプが開発され実用化されて以来、欧米で用いられてきた。わが国では、1947年（昭和22）石川島重工が開発研究に着手し、1950年（昭和25）に1号機が製作されて土木建築工事用に使われてきた。1964年（昭和39）、定置式ポンプをトラックに載せた自走式のコンクリートポンプ車が誕生して、急速に普及しはじめた。ポンプの適用は、最初は土木分野に使われていたが、ポンプ車の出現によって、従来のタワー工法に代わって建築分野にも多く用いられるようになり、現在では省人化を図ることも含めてほとんどの工事現場でコンクリートポンプによる打込みが行われている。

コンクリートポンプこうほうようこんわざい　コンクリートポンプ工法用混和剤　admixture for concrete pump method

ポンプでコンクリートを打つ際、閉塞を防ぐために用いる混和剤。

コンクリートポンプしゃ　コンクリートポンプ車　mobile concrete pump

コンクリートポンプをトラックに搭載した

コンクリートポンプ車

車。省人化・省力化を図る目的から，現在，工事現場にて多用されている（写真参照）。

コンクリートミキサー concrete mixer
コンクリート練混ぜ機。生コンプラントにおいて使用されているミキサーの容量は $2.0 m^3$，$1.5 m^3$，$1.0 m^3$ で，試験室において試し練りに使用されるミキサーの容量は 50，100 l が多い。

コンクリートミキサーせん　コンクリートミキサー船 floating mixing plant barge, batcher plant barge
コンクリートの製造装置を備えた作業船。

コンクリート・モルタルのせいだんせいけいすう　コンクリート・モルタルの静弾性係数
約3年の間隔をおいて，密度 $2.60 g/cm^3$ 前後の骨材を用いたモルタルの静弾性係数と同一 W/C のコンクリートの静弾性係数とについて比較研究した。
その結果，下図に示す通り，同一圧縮強度におけるモルタルの静弾性係数は，コンクリートのそれより 30 % 程度小さい。理由はモルタルには粗骨材が入っていないからである。

コンクリートやねスラブのひびわれ　コンクリート屋根スラブのひび割れ crack of concrete roof slab
0.04 mm 以上のひび割れ幅だと漏水する。また 0.2 mm 以上のひび割れ幅だと鉄筋が腐食する。

コンクリートゆかしあげきかい　コンクリート床仕上機械 〔→コンクリートフィニッシャー〕
ロボット操作で行われる。省人化できる。

コンクリートゆそうきかい　コンクリート輸送機械
コンクリートを輸送する機械。トラックア

トラックアジテーター

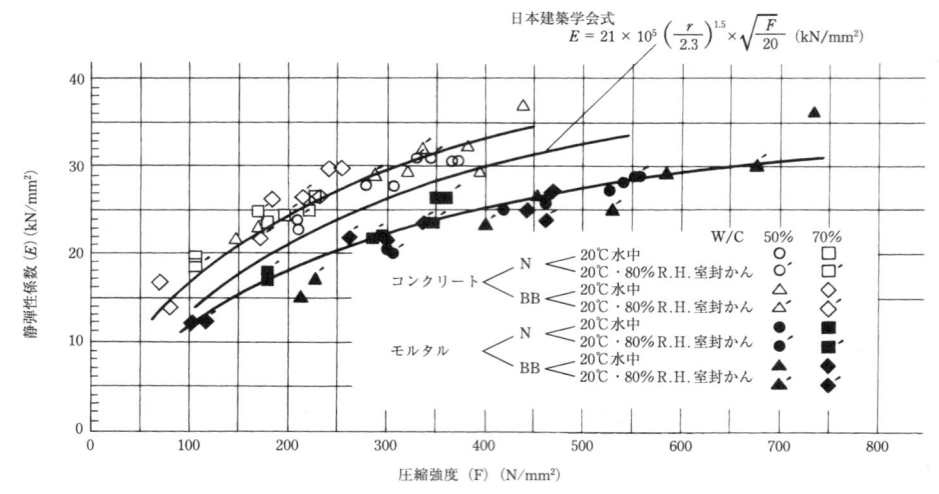

日本建築学会式
$$E = 21 \times 10^5 \left(\frac{r}{2.3}\right)^{1.5} \times \sqrt{\frac{F}{20}} \text{ (kN/mm}^2\text{)}$$

モルタル（黒印）およびコンクリート（白印）の圧縮強度と静弾性係数の関係

ジテーター（容量4～5 m³が一般的。写真参照）とダンプトラック（容量10 t, 15 tが一般的。低スランプ用）がある。

コンクリートようかがくこんわざい　コンクリート用化学混和剤
chemical admixture for concrete
〔→ AE 剤，AE 減水剤，高性能 AE 減水剤〕
JIS に性能などが定められている。コンクリート用化学混和剤は，1934 年頃，アメリカにおいて AE 剤・AE 減水剤などが発明され，わが国では 1950 年頃より使用され出した。現在では，AE 剤，AE 減水剤，高性能 AE 減水剤のうち，いずれかが用いられている（p.228 表参照）。

コンクリートようがんせき　コンクリート用岩石 rocks for concrete
コンクリート用骨材（砕石・砕砂）として用いる代表的な岩石の物性を p.229 表に示す。

コンクリートようご　コンクリート用語
JIS に定められている。

コンクリートようこんわざい　コンクリート用混和材 additive for concrete
比較的多量に用いられる混和材料で次のようなものがある。
フライアッシュ：フレッシュコンクリートのワーカビリティを良好にする。
高炉スラグ微粉末：コンクリートの水和発熱量の低減などに役立つ。最近，ブレーン 4,000 cm²/g（平均粒径 11.5 μm）〜 30,000 cm²/g（平均粒径 1.0 μm）程度の高炉スラグ微粉末が市販されはじめ，これを用いるとコンクリートの組織がかなり緻密にできる。
シリカ質混和材：コンクリート製品などを製造する際の促進養生に効果がある。最近，ブレーン 150,000（平均粒径 0.2 μm）〜250,000（平均粒径 0.15 μm）のシリカフュームが出現し，これを用いるとコンクリートの組織が緻密にできる。
炭酸カルシウム：若材齢強度を高くする。
膨張材：コンクリートの乾燥収縮量低減に役立つ。

コンクリートようざいりょうのけいりょうごさ　コンクリート用材料の計量誤差
JIS に規定されている計量誤差を表に示す。

計量誤差

材料の種類	1回計量分量の計量誤差
セメント	±1
骨材	±3
水	±1
混和材*	±2
混和剤	±3

［注］*：高炉スラグ微粉末の計量誤差は 1 回計量分量に対し ±1% とする。

コンクリートようじょうざい　コンクリート養生剤 concrete curing admixture
コンクリート表面の露出面からの水分の蒸発を防止するために被膜養生が行われる。種類としては，合成樹脂系あるいはアスファルト系の液体が主に用いられている。被膜養生は，表面の浮き水がなくなる時期に行うのが最も効果的である。膜養生剤は，縦方向，横方向からムラのないように散布するのがよいが，どうしても完全に水分の蒸発を防ぐのは困難で，実験室でも水中養生したものと比べると，80% 程度の強度となる。

コンクリートようふるい　コンクリート用ふるい test sieve
JIS に定められている網ふるい。ふるいの寸法は，それぞれ 0.075 mm, 0.15 mm, 0.3 mm, 0.6 mm および 1.2 mm, 2.5 mm, 5 mm, 10 mm, 15 mm, 20 mm, 25 mm, 30 mm, 40 mm, 50 mm, 60

こんくりと

各種混和剤の構成成分および特性と主な用途（JASS 5・同解説より）

種類	構成成分	使用量[1]	特性と用途
AE剤	・天然樹脂酸塩 ・変性ロジン酸塩 ・陰イオン系界面活性剤 ・非イオン系界面活性剤 ・陰イオン系と非イオン系界面活性剤の併用	0.03〜0.06 0.001〜0.01 0.003〜0.05 0.25〜0.35 0.005〜0.02	a．セメント質量の0.001〜0.35％を使用する b．独立した空気泡を連行して，コンクリートのワーカビリティと凍結融解に対する抵抗性を改善する c．フライアッシュコンクリートに使用した場合，未燃焼カーボンに吸着されて，AE剤使用量が著しく増大することがある
減水剤	・オキシカルボン酸塩 ・ポリオール複合体	0.2〜0.4 0.2〜1.5	a．セメント質量の0.2〜1.5％使用する b．コンクリートのフィニッシャビリティー，ポンパビリティー，肌面の改善に使用される c．遅延型は凝結させる目的で使用される
減水剤	・ナフタレンスルホン酸高縮合物 ・メラミンスルホン酸高縮合物 ・変形リグニンスルホン酸塩 ・ポリカルボン酸塩	0.2〜3.0 1.5〜4.0 0.6〜2.0 0.6〜2.0 0.3〜3.0	a．セメント質量の0.2〜4％使用する b．一般に高性能減水剤として，コンクリート製品や高強度コンクリートに使用される c．凝結遅延型，空気連行性が小さいので，流動化剤としても使用される
AE減水剤	・リグニンスルホン酸高縮合物 ・オキシカルボン酸塩 ・ポリオール複合体 ・有機酸系誘導体 ・ポリカルボン酸塩 ・リグニンスルホン酸塩とロダン化合物 ・高級多価アルコールのスルホン化物	0.3〜2.0 0.2〜2.0 0.2〜0.7 0.1〜0.5 0.2〜0.6 1.0〜1.5	a．セメント質量の0.1〜2％使用する b．15％程度までの減水性能と空気連行性能を持ち，標準型，遅延型，促進型を使い分けることにより，広範な用途に使用される
高性能AE減水剤	・ナフタレンスルホン酸高縮合物 ・メラミンスルホン酸高縮合物 ・ポリカルボン酸 ・アミノスルホン酸	1.0〜3.0 0.5〜3.5 0.25〜5.0 1.0〜2.5	a．セメント質量の0.25〜5％使用する b．18％以上の高減水性能と優れたスランプ保持性能，空気連行性を有する c．高耐久，高強度，高流動コンクリートならびにコンクリート製品に使用される
流動化物	・ナフタレンスルホン酸高縮合物 ・メラミンスルホン酸高縮合物 ・ポリカルボン酸 ・ポリエーテルカルボン酸 ・ナフタレンスルホン酸変性リグニン縮合物	0.05〜0.12[2] 0.08〜0.12[2] 0.045〜0.15[2] 0.06〜0.15[2] 0.06〜0.12[2]	a．スランプを1cm増大するための使用量は，セメント質量の0.045〜0.15％である b．空気連行性や凝結遅延性が少なく，高減水性能を有している c．流動化コンクリート用に主に工事現場で添加して，流動性を増大する目的に使用される

[注][1]：セメント質量に対する質量百分率（％）
[2]：スランプ1cm増大するための使用量（$C×$質量百分率（％））

コンクリート用岩石

分類		岩石名	密度 (g/cm³)	空隙率 (%)	吸水率 (%)	圧縮強度	引張強度	曲げ強度	剪断強度	静弾性係数 (kN/mm²)	ロサンゼルス摩耗率 (%)	備考
						(N/mm²)						
火成岩	深成岩	(酸性岩) 花崗岩	2.53〜2.87	7.34〜0.44	1.55〜0.07	60.9〜275.8	2.8〜5.4	9.5〜38.2	25.5〜33.0	30.4〜57.2	28.5〜17.2	御影石, 木島石, 宇治石, 庵治石, 万成石, 千種石, 三雲石, 大島石, 白川石
		(中性岩) 閃緑岩	2.62〜2.91	3.81〜0.38	1.08〜0.15	70.3〜175.8	—	—	—	—	11.0	鞍馬石, 塩山御影, 折壁御影
		(塩基性岩) 斑糲岩	2.72〜3.00	0.29〜0.00	0.23〜0.00	128.2〜182.0	—	—	—	95.6〜96.5	14.8	浮金石, 黒御影
	半深成岩	(酸性岩) 花崗斑岩	2.47〜2.50	10.28〜5.60	1.73〜1.68	52.6〜218.8	—	—	—	—	14.5〜13.8	長福寺御影
		(中性岩) 玲岩	2.63〜2.90	4.60〜1.01	3.58〜0.11	89.1〜225.5	—	—	—	79.2〜86.0	1.78〜1.84	短冊石
		(塩基性岩) 輝緑岩	2.82〜2.95	1.67〜0.17	0.38〜0.06	92.2〜275.8	—	—	—	69.3〜95.8	—	大蓋石, 保津石
	噴出岩	(酸性岩) 流紋岩	1.36〜2.50	44.72〜3.78	29.23〜1.67	10.4〜143.1	—	—	—	22.1〜26.7	4.05〜18.8	坑火石, 盤戸石, 柏尾石
		(中性岩) 安山岩	2.02〜2.86	20.40〜0.10	18.70〜0.05	46.8〜234.2	30〜80	—	—	26.7〜72.9	2.68〜8.2	江ノ浦石, 小松石, 白丁場鉄平石, 須賀川石, 白河石
		(塩基性岩) 玄武岩	2.21〜2.90	22.06〜0.10	9.97〜0.13	32.7〜219.6	—	—	—	65.4〜77.7	1.78〜5.3	六万石, 灘石, 長崎石, 長理石, 三原石

mm, 80 mm, 100 mm。

コンクリートようりゅうどうかざいひんしつきじゅん コンクリート用流動化剤品質基準
　p.230 表に示す通りのほか塩化物量（塩素イオン量）は 0.2 kg/m³ 以下，全アルカリ量は 0.03 kg/m³ 以下と定められている。

こんごうぐみ 金剛組
　創業1400余年の日本最古の建設請負業者で寺社建築が専門。2006年，高松建設に営業譲渡した。旧 金剛組は聖徳太子の命令で百済より呼ばれた工匠が創業したといわれている。

こんごうせっこうプラスター 混合石膏プラスター mixed plaster
　硬化の早さを調整するために混合材として，消石灰またはドロマイトプラスターを使用したもの。主に上塗りとして用いる。

こんごうセメント 混合セメント blended cement, mixed cement 〔→単味セメント〕
　ポルトランドセメントを主体とし，ポゾラン，急冷された高炉スラグなどのシリカ質，石灰質を主成分とする材料を混和したセメント。高炉セメント，フライアッシュセメント，シリカセメント，高硫酸塩スラグセメントなどがある。また，2種類以上のセメントを混合使用して工事上の性質を

こんさん

コンクリート用流動化剤の品質基準

項目		流動化の形	標準化	遅延形
試験条件	スランプ(cm)	ベースコンクリート	8±1	
		流動化コンクリート	18±1	
	空気量(%)	ベースコンクリート	4.5±0.5	
		流動化コンクリート	45±0.5	
ブリーディング量の差 (cm³/cm²)			0.1以下	0.2以下
凝結時間の差 (min)		始　発	−30〜+90	+60〜+210
		終　結	−30〜+90	+210以下
スランプの経時(15分間)低下量(cm)			4.0以下	4.0以下
空気量の経時(15分間)低下量(%)			1.0以下	1.0以下
圧縮強度比*(%)		材齢3日	90以上	90以上
		材齢7日	90以上	90以上
		材齢28日	90以上	90以上
長さ変化比*			120以上	120以上
凍結溶解に対する抵抗性* (相対動弾性係数比)			90以上	90以上

[注]*：この値は，通常の試験誤差を考慮して定めたものであって，流動化コンクリートがベースコンクリートと同等の品質を有すべきことを意味する。

改善するもの（例えば，マスコンクリート工事における水和熱の調整を行うものなど）も混合セメントとして扱われる。

こんさん　混酸　mixed acid
硝酸と硫酸との混合物。

コンシステンシー　consistency　〔→軟度〕
主として単位水量の多少による軟らかさの程度で示される，フレッシュコンクリートの性質。

コンダクションカロリーメーター　conduction calorimeter
伝導型熱測定装置のこと。一定温度に保たれたヒートシンクと周囲を断熱された試料容器の間に熱伝導体を兼ねた感熱体を挟んで，試料容器側あるいはヒートシンク側からの熱移動量を測定する装置。試料の発熱に伴う感熱体上下のわずかな温度差を検出して発熱速度を出力する。養生温度をほとんど一定に保ったまま連続的に熱変化を測定できるので，セメントあるいはその構成鉱物の水和過程の経時変化を測定できる。

コンタクトゲージほうほう　コンタクトゲージ方法　method of contact gauge
コンクリートおよびモルタル供試体の側面の長さを測定する方法の一つでJISに定められている。

コンチュニアスミキサー　continuance-mixer
強制連続練りタイプのミキサーで，主に土木分野で使用されている。連続練りミキサーともいう。

こんどうれんいち　近藤連一　(1920〜1979)
セメント化学の研究者。特に高炉セメントの改良に貢献した。

コンドル，ジョサイア　Conder, Josiah　(1852〜1920)
日本政府の招きで来日し，建築学教育を施したイギリス人。元工部大学校教授。工部大学校退職後，わが国初の民間設計事務所を開設。作品に鹿鳴館（1883），三井倶楽部（1913），旧古河邸（1917）等がある。

コンパクタビリティ　compactability
振動打ちコンクリートまたはスランプが比較的小さいコンクリートの作業性を締固め係数で表したもの。この試験方法はBS 1881に定められている。

締固め係数	スランプ(cm)	ワーカビリティ
0.75〜0.78	0〜2.5	悪い
0.83〜0.85	1.5〜5	中程度
0.90〜0.92	2.0〜10	良い

コンパレーターほうほう　コンパレーター方法
コンクリートおよびモルタル供試体の側面

こんわさい

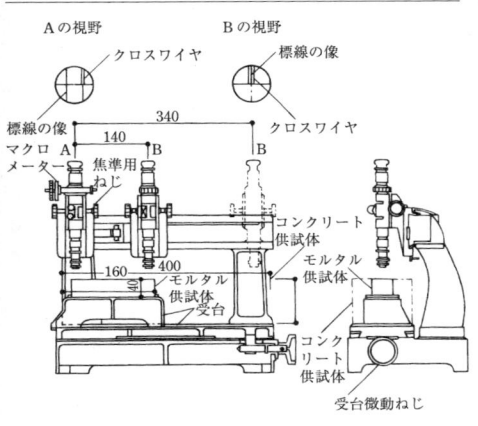

コンパレーター方法の一例（単位：mm）

の長さを測定する方法の一つでJISに定められている（上図）。

コンベヤー　conveyor
コンクリートを運搬するもので，特に硬練りコンクリートに適している。建築工事において，土工事には使用するが，コンクリート工事にはあまり使用されない。

こんれんじかん　混練時間　mixing time
コンクリートやモルタルの練混ぜ時間。ミキサーの種類，性能により均質なコンクリートを得るための練混ぜ時間は異なる。コンクリートの均質性はJISによりモルタルの差から求められる。強制練りミキサーが優れており，また可傾式ミキサーも練混ぜ時間が60秒を超えるとほぼ均質になり，かつミキサーの容量が大きいほど性能が高くなる。

練混ぜ時間について鉄筋コンクリート示方書では，材料の全部を投入した後，
可傾式ミキサー　90秒以上
強制練りミキサー　60秒以上
を標準としている。

練混ぜ時間と圧縮強度，スランプ，空気量との関係はミキサーの構造，性能により多少は異なるが，一般に練混ぜ時間が短いと十分に混合されないため均質なコンクリートとならない。このため圧縮強度は小さい値を示す。さらに練混ぜ時間を延長することにより圧縮強度は増すが，あまり長くなると混合，撹拌により粗骨材が破砕されるなどにより強度が低下してくる。スランプについてはある程度以上撹拌すると，所定のスランプが得られ，その後の撹拌によってはあまり変化しない。また空気量は適当な練混ぜ時間のときに最適な値が得られるが，さらに長時間の撹拌を行うと一般に減少する。

こんわざい　混和材　admixture　〔→混和剤〕
混和材料の中で，それ自体の容積が通常の場合コンクリートなどの練上り容積に算入されるもの。例えばフライアッシュ，高炉スラグ微粉末，シリカフュームなど。

こんわざい　混和剤　chemical admixture, additive　〔→混和材〕
使用量が極めて少ないがそれ自体の容積が，コンクリートなどの練上り容積に算入されるもの。例えば化学混和剤など（p.232表参照）。

こんわざいのかっせいどしすう　混和材の活性度指数　activity index（mineral admixture）　〔→SAI〕
普通ポルトランドセメントを用いて作製した，基準とするモルタルの圧縮強度に対して，混和材と普通ポルトランドセメントを用いて作製した試験モルタルの圧縮強度の比を百分率で表した値（JIS）。

こんわざいのちょぞうほうほう　混和剤の貯蔵方法
いずれの混和材料も，他の物と混合しないように十分に注意をして貯蔵する。原則として貯蔵期間は短いほどよい。

こんわさい

混和剤の歴史

年　代	内　　　容
1932年頃	アメリカにおいて AE 剤の開発研究開始
1932年頃	AE 減水剤の開発（E.W.Scripture［アメリカ人］）
1950年	わが国における本格使用
1958年	日本：高炉スラグ微粉末の製造開始
	日本：フライアッシュの品質を JIS 化（1999 改定）（JIS A 6201）
1965年	日本：膨脹剤の製造開始
1974年	日本：防錆剤の製造開始
1994年	日本：高炉スラグ微粉末の品質を JIS 化（1997 改定）（JIS A 6206）
2000年7月	日本：シリカフュームの品質を JIS 化（JIS A 6207）

こんわざいのフローちひ　混和材のフロー値比　percent flow (mineral admixture)
普通ポルトランドセメントを用いて作製した基準とするモルタルのフロー値に対して，混和材と普通ポルトランドセメントを用いて作製した試験モルタルのフロー値の比を百分率で表した値（JIS）。

こんわざいりょう　混和材料　admixture
コンクリートなどに特別の性質を与えるために，練混ぜの前，または練混ぜ中に加えられるセメント，水および骨材以外の材料。使用量の大小により，混和材と混和剤に分類される。

こんわざいりょうのこんごうりつ　混和材料の混合率
混和剤はセメント質量に対する割合のものを水量の一部とし，混和材はセメント質量に対する割合（一般に置換率という）のものをセメント量の一部とする。

[さ]

さい/きれ　切
　尺貫法の表示で1 m³は約36切（1立方尺）。したがって1切≒27.8 *l*。

さいうち　再打ち　retamping　〔→再打法〕
　フレッシュコンクリートの組織を密にするために再度締め固めることをいう。

さいかそくどのえいきょう　載荷速度の影響
　速度が早いと大きい値が，速度が遅いと小さな値が測定されるので，速度を一定にする必要がある。荷重を加える秒当たりの速度は，圧縮強度が$0.2～0.3 N/mm^2$，曲げ強度が$0.02±0.1 N/mm^2$，引張強度が$0.007～0.08 N/mm^2$。

さいこうけい　細孔径　pore size
　セメントペースト，モルタル，コンクリートの細孔半径は$0.00375～75 \mu m$（37.5～750,000Å）を測定することが多い。

さいこつざい　細骨材　fine aggregate
　10 mm網ふるいを全部通り，5 mm網ふるいを質量で85％以上通る骨材。コンクリート用細骨材としては清浄，強硬，耐久・耐火的で，ごみ，泥，有機不純物などの有害量を含まないこと。仕上げの改善が図れるためコンクリートに細骨材を用いる。

さいこつざいのえんかぶつりょう　細骨材の塩化物量
　chlorido content of time aggregate
　JASS 5ではNaClで0.04％以下と定めている。多いと鉄筋コンクリート中の鉄筋を腐食させるので鉄筋コンクリート部材の寿命が短くなる。

さいこつざいのひょうめんすいりつしけんほうほう　細骨材の表面水率試験方法　method of test for surface moisture in fine aggregate
　JISに定められている。表面水率は次の関係式がある。

$$表面水率 = \frac{表面水量}{表乾質量} \times 100 \, (\%)$$

$$表面水率 = (含水率 - 吸水率) \times \frac{1}{1+\frac{吸水率}{100}} \, (\%)$$

さいこつざいのひんしつ　細骨材の品質
　quality of fine aggregate
　以下に示す条件を満足するもの。
- ごみ，泥，有機不純物，塩化物を含まない。
- 所要の耐火性，耐久性を有する。
- 粒形はなるべく球状で密実なコンクリートがつくれるような粒度分布を有している。
- 粗粒率は$2.8±0.5$。
- 絶乾密度は大きく，吸水率は小さい。
- 粒形判定実積率は53％以上。
- 洗い試験によって失われる量は7.0％以下。
- アルカリシリカ反応はしない。

さいこつざいのみつどおよびきゅうすいりつしけんほうほう　細骨材の密度および吸水率試験方法　method of test for density and water absorption of fine aggregate
　JISに定められている。また構造用軽量細骨材もJISに定められている。

さいこつざいのゆうきふじゅんぶつ　細骨材の有機不純物　organic impurities in fine aggregate
　モルタルおよびコンクリートに用いる細骨材中に含まれる有機不純物（JIS）。

さいこつざいりつ　細骨材率

sand aggregates ratio 〔→砂率〕
細骨材および粗骨材の絶対容積の和に対する細骨材の絶対容積の百分率。記号はs/aで示されることもある。コンクリートの品質が得られる範囲内でできるだけ小さく定める。

さいさ　砕砂　crushed sand
玄武岩，安山岩，砂岩，石灰岩などの良質な岩石をクラッシャーなどで粉砕し，人工的につくった細骨材（JIS）。

さいさ（さいしゃ）　細砂　fine sand
〔⇔粗目砂〕
粒径が極めて小さい砂。細目砂ともいう。

さいじ　祭事
建築祭事は，神事によって執り行われる。建築工事に着手するとき，建築物が完成したときなど工事の節目ごとに行うが，時系列を追ってその種類を記していくと，次の通り。①地鎮祭（じちんさい，場合によっては「起工式（きこうしき）」という）②立柱式（りっちゅうしき）③鋲打式（びょううちしき）④上棟式（じょうとうしき）⑤定礎式（ていそしき）⑥清祓式（きよはらいしき，または，せいばつしき）⑦竣工式（しゅんこうしき）⑧火入式（ひいれしき）⑨除幕式（じょまくしき）

さいしょうきょようすんぽう　最小許容寸法　minimum limit of size
実寸法に対して許される最小の寸法で，構造設計より所要の耐久性を確保する点から定めるとよい。言い換えれば構造設計だと寸法が小さいからである。

さいしょうにじょうほう　最小二乗法　method of least squares
測定値 X_i の理論値が未知母数 θ_1, θ_2, …, θ_p の関数 $f_i(\theta_1, \theta_2, …, \theta_p)$ であるときに，θ_1, θ_2, …, θ_p の推定値を
$\Sigma[X_i - f_i(\theta_1, \theta_2, …, \theta_p)]^2$
が最小になるように定めること。
$f_i(\theta_1, \theta_2, …, \theta_p)$ が θ_1, θ_2, …, θ_n に関して線形の場合は推定量は簡単に求められる（JIS）。最小自乗法ともいう。

さいしんどうコンクリート　再振動コンクリート
コンクリートの打ち込み後，所要の時間をおいて再振動を加えたコンクリート。

さいしんどうしめかため　再振動締固め　compact of revibration
コンクリート組織がより密実になる。しかし，再振動する時間帯の設定が重要。

さいせいかのうエネルギー　再生可能エネルギー
世界の再生可能エネルギーは，その8割程度がバイオマス（生物資源）。太陽光，風力，海洋エネルギーといった新しい再生エネルギーは2002年で0.6％である。

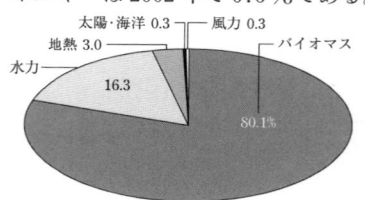

2002年の世界の再生可能エネルギーの内訳
IEA, Renewables Information (2004 Edition)

さいせいこつざい　再生骨材　recycled aggregate
コンクリート塊を骨材として再使用するもの。コンクリート塊の圧縮強度が著しくばらついているので，現在は路盤材として用いているが，将来は 40 N/mm² 以上の高強度コンクリート塊はコンクリート用骨材として使用されよう。コンクリート塊の年間発生量は，約3,000万tといわれ，建設廃棄物の中で最も多い。

（依田；セメント・コンクリート論文集 No 48, p.500）

2003年2月に改定されたJASS 5では再

生骨材の構造用コンクリートの骨材として設計基準強度 36 N/mm² まで適用されることになった。しかし，再生骨材を使用したコンクリートの採用にあたっては，建築基準法 37 条 2 号による国土交通大臣の認定（指定建築材料）の取得が必要となる。

再生骨材の品質基準

項　　目	再生粗骨材	再生細骨材
絶乾密度　(g/cm³)	2.2 以上	1.9 以上
吸水率　　(%)	7 以下	13 以下
洗い損失量(%)	1 以下	8 以下
実積率　　(%)	53 以上	
不純物量　(%)	2 以下	モルタル強度として70以上

さいせいコンクリート　再生コンクリート
recycled aggregate concrete

再生骨材を用いてつくったコンクリート。わが国で研究開発に着手したのは 1978 年建設業協会建設廃棄物処理再利用委員会である。JASS 5 では再生骨材は F_c 36 N/mm² まで適用できる。再生粗骨材は砂利，再生細骨材は砂の規定に合わせると共に，木片やプラスチックなどが混じりやすいため浮遊不純物の規定がされている。

さいせいぼうこう　再生棒鋼
rerolled steel bar

鉄屑等からつくられる棒鋼。JIS に再生丸鋼と再生異形棒鋼が規定されている。

さいせき　砕石
crushed stone

安山岩，硬砂岩，石灰岩，玄武岩などの岩石をクラッシャーなどで破砕し，人工的に

コンクリート用砕石の化学成分と膨張率（単位%）

No.	岩石名	ig.loss	SiO₂	Fe₂O₃	Al₂O₃	CaO	MgO	P	モルタルバー法による膨張率	
									3 か月	6 か月
⓪	鬼怒川	2.0	90.7	2.9	2.6	0.9	0.1	0.033	0.004	0.005
①	硬砂岩	2.0	91.5	2.6	2.0	0.6	0.6	0.105	0.005	0.005
②	石灰岩	45.1	1.6	0.2	0.2	39.9	12.6	0.035	0.004	0.005
③	玄武岩	3.2	66.6	14.4	5.3	3.0	4.4	0.001	0.004	0.005
④	石灰岩	42.5	3.3	0.4	0.5	44.7	8.1	0.001	0.004	0.004
⑤	〃	43.6	1.1	0.2	0.2	46.9	7.5	0.001	0.004	0.005
⑥	〃	46.3	0.1	0.0	0.0	35.1	17.8	0.024	0.005	0.005
⑦	硬砂岩	3.3	88.6	2.8	2.3	1.6	0.6	0.039	0.003	0.004
⑧	石灰岩	43.1	4.0	0.7	0.3	44.5	6.8	0.006	0.005	0.005
⑨	〃	43.6	2.5	0.6	0.2	46.3	6.1	0.026	0.004	0.005
⑩	〃	43.5	4.3	0.3	0.1	40.1	11.2	0.015	0.004	0.005
⑪	硬砂岩	2.3	91.7	2.0	1.6	1.1	0.5	0.004	0.004	0.005
⑫	石灰岩	45.9	0.4	0.1	0.1	36.3	16.7	0.026	0.004	0.005
⑬	〃	44.4	0.6	0.1	0.1	47.3	7.0	0.008	0.003	0.004
⑭	〃	46.0	1.0	0.1	0.1	36.3	16.0	0.015	0.005	0.006
⑮	〃	45.4	0.6	0.2	0.1	37.8	15.0	0.193	0.006	0.007
⑯	硬砂岩	1.6	91.4	1.8	1.2	1.6	0.2	0.031	0.004	0.005
⑰	〃	2.1	88.1	2.9	2.8	1.1	0.9	0.045	0.005	0.006
⑱	〃	2.7	90.7	2.3	1.8	1.3	0.4	0.030	0.004	0.005
⑲	石灰岩	34.9	20.1	0.8	0.4	42.4	0.8	0.020	0.005	0.006
⑳	硬砂岩	2.9	89.6	4.4	1.7	0.6	0.0	0.057	0.012	0.013

さいせきこ

コンクリート用砕石の物理的品質

No.	岩石名	絶乾密度 (g/cm³)	吸水率 (%)	洗い損失量 (%)	単位容積質量 (kg/l)	実積率 (%)	破砕値 (%)	すりへり減量 (%)	安定性 (%)	ふるいを通るものの質量百分率 (%) ふるい目 (mm)					最大寸法 (mm)
										25	20	15	10	5	
⓪	鬼怒川	2.54	2.11	0.38	1.58	62.6	15.4	15.9	0.5	100	90	80	42	0	20
①	硬砂岩	2.65	1.22	0.18	1.47	56.6	16.3	16.9	0.5	100	92	54	25	0	20
②	石灰岩	2.69	1.03	0.30	1.54	58.0	20.2	11.4	0.4	100	95	81	21	0	20
③	玄武岩	2.92	0.32	0.13	1.69	58.0	10.2	10.2	0.3	100	96	69	21	0	20
④	石灰岩	2.70	0.98	0.26	1.56	61.2	20.6	21.2	0.8	100	100	87	33	0	20
⑤	〃	2.72	0.59	0.25	1.57	57.4	19.8	15.5	0.5	100	93	57	0		20
⑥	〃	2.70	0.91	0.32	1.59	60.4	26.7	27.7	1.6	100	99	82	36	0	20
⑦	硬砂岩	2.65	1.19	0.42	1.54	58.9	10.5	9.7	0.3	100	94	81	27	0	20
⑧	石灰岩	2.69	0.86	0.32	1.58	56.9	19.1	16.3	0.6	100	97	76	29	0	20
⑨	〃	2.67	1.02	0.37	1.58	59.2	18.3	15.1	0.5	100	90	67	22	0	20
⑩	〃	2.72	0.54	0.19	1.59	57.7	18.0	17.1	0.6	100	97	59	27	0	20
⑪	硬砂岩	2.61	1.28	0.31	1.55	59.0	9.7	10.1	0.4	100	95	81	25	0	20
⑫	石灰岩	2.71	1.45	0.34	1.57	57.9	22.6	22.7	0.9	100	99	90	29	0	20
⑬	〃	2.68	1.02	0.32	1.56	58.2	19.4	18.6	0.7	100	99	81	26	0	20
⑭	〃	2.74	0.60	0.48	1.63	60.2	18.6	19.0	0.7	100	90	60	24	0	20
⑮	〃	2.69	1.46	0.30	1.58	59.1	22.0	21.5	0.8	100		62		0	20
⑯	硬砂岩	2.65	1.12	0.29	1.56	60.0	8.8	8.4	0.3	100	90	48	23	0	20
⑰	〃	2.64	1.20	0.34	1.56	58.7	12.1	13.2	0.5	100	95	76	20	0	20
⑱	〃	2.64	1.23	0.13	1.59	59.5	10.7	9.3	0.3	100	92	66	23	0	20
⑲	石灰岩	2.61	1.44	0.25	1.54	58.2	20.9	21.9	0.8	100	99	88	34	0	20
⑳	硬砂岩	2.50	2.85	0.97	1.52	60.0	27.1	28.7	1.6	100	100	90	41	0	20
規定値または目標値		2.5<	<3.0	<1.0	大きいほど望ましい	55<	小さいほど望ましい	<40	<12	100	90~100	—	20~55	0~10	—

つくった粗骨材（JIS）。栃木県内のコンクリート用砕石の品質をp.235, 236表に示す。全国的に使用されている砕石の石質は，安山岩が最も多くて30％，以下玄武岩，石灰岩，硬砂岩，砂岩，角閃岩，花崗岩，石英斑岩，粘板岩，流紋岩などである。

さいせきこ　砕石粉

乾式により製造されるコンクリート用砕石・砕砂の製造時に発生する微粉を原料とし，コンクリートの流動性や強度性状に悪影響を及ぼさないように75μmふるいを通過するように分級・粉砕したもの。砕石粉に要求される品質基準は

①湿分：1.0％以下。
②密度：2.50 mg/g以上。
③フロー値比：90％以上。
④活性度指数（材齢28日）：60％以上。
⑤75μmふるい残分：5％以下。
⑥メチレンブルー吸着量：10.0 mg/g。

さいせきコンクリート　砕石コンクリート
concrete with crushed stone

粗骨材として砕石を用いたコンクリート。一般に砕石の粒形は川砂利に比較して角張っているので，施工上，締固めを十分行う必要がある。砕石コンクリートは，同一水セメント比の砂利コンクリートより強度は大きくなる。

さいせきコンクリートのちょうごうほうほう　砕石コンクリートの調合方法

使用する砕石の実積率に応じて粗骨材量を定める方法によるとよい。

①単位粗骨材量は，原則として，単位粗骨材かさ容積[1]の標準値を基準として定める。

[注][1]：単位粗骨材かさ容積とは，打込み直後の1 m³のコンクリートに含まれる粗骨材の量を標準計量容積（m³/m³）で示したものである。標準計量容積は，JISによる。

②単位粗骨材および粗骨材の絶対容積は，下式により算出する。

単位粗骨材量（kg/m³）
　＝単位粗骨材かさ容積（m³/m³）
　　×粗骨材の単位容積質量（kg/m³）

粗骨材の絶対容積（l/m³）
　＝単位粗骨材かさ容積（m³/m³）
　　×粗骨材の実積率（％）×$\dfrac{1000}{100}$

　＝$\dfrac{単位粗骨材量（kg/m³）}{粗骨材の密度（mg/l）}$

さいせきのげんせき　砕石の原石

玄武岩，安山岩，硬質砂岩，硬質石灰岩またはこれに準ずる石質のものをいう（JIS）。

さいだいすんぽう　最大寸法 maximum size of coarse aggregate

粗骨材が質量で90％以上通るふるいのうち，ふるい目の開きが最小のものの呼び寸法で示される粗骨材の大きさ。建築では40，25，20，15 mm が，土木では80，40，25，20 mm が使用されている。一般に粒度が適当であれば，最大寸法が大きいほど，単位水量，単位セメント量を少なくすることができるので，水和熱や乾燥収縮の点からも有利である。

さいだいそくあつ　最大側圧 lateral pressure of fresh-concrete

フレッシュコンクリートが，せき板に作用する最大圧力（下表参照）。

さいだいひびわれはばもくひょうち　最大ひび割れ幅目標値 target value of maximum cracking width

プレストレス鉄筋コンクリート部材の設計において，設計上制御の目標値とする長期設計荷重時の最大ひび割れ幅の目標値。

さいだいみつどせつ　最大密度説 maximum density theory

コンクリート組織が密実になるには，同一空気量であれば，フレッシュコンクリート

型枠設計用コンクリートの側圧（t/m³）　　　　　　　　　　　　　　　　（JASS 5）

打込み速さ(m/h)		10 以下の場合		10 を超え 20 以下の場合		20 を超える場合
部位　H（m）		1.5 以下	1.5を超え4.0以下	2.0 以下	2.0を超え4.0以下	4.0 以下
柱		W_0H	$1.5\,W_0\times 0.6\,W_0\times(H-1.5)$	W_0H	$2.0\,W_0+0.8\,W_0\times(H-2.0)$	W_0H
壁	長さ3 m 以下の場合	W_0H	$1.5\,W_0\times 0.2\,W_0\times(H-1.5)$	W_0H	$2.0\,W_0+0.4\,W_0\times(H-2.0)$	W_0H
	長さ3 m を超える場合		$1.5\,W_0$		$2.0\,W_0$	

ここに　H：フレッシュコンクリートのヘッド（m）
　　　　（側圧を求める位置から上のコンクリートの打込み高さ）
　　W_0：フレッシュコンクリートの単位容積質量（t/m³）

の単位容積質量が最も大きい場合をいう。

さいだほう　再打法　retamping
〔→再打ち〕
ひび割れ防止方法。コンクリートの打込み後，ある程度の時間をおいてから表面を板類または角材で軽く叩き，発生している沈みひび割れを消失させる。

さいだんようじょう　採暖養生
warm curing
気温が低い冬季におけるコンクリート工事に行う養生方法。

さいてきさいこつざいりつ　最適細骨材率
コンクリートの諸性質が最も良好となる場合の細骨材率。

さいてきねりまぜじかん　最適練混ぜ時間
練混ぜ時間は，1〜5分ぐらいまではコンクリートの強度の向上に著しく影響するので，長いほどよい。しかし，その後10分ぐらいまでは少しの増強に役立つが，それ以降はあまり長く練っても影響がないから，長く練るのは無駄である。逆に練り過ぎるとスランプの変動を起こしたり扱いにくいコンクリートとなるので要注意。

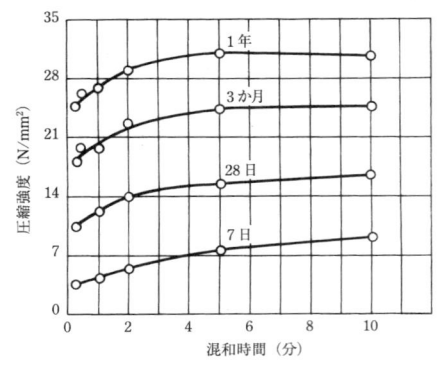

練混ぜ時間のコンクリート圧縮強度に及ぼす影響

サイトプレファブこうほう　サイトプレファブ工法　site prefabrication method
コンクリートプレファブ工法の一つ。工事現場でプレキャストコンクリート板を製造し，これらをクレーンなどで組み立てて建築する。現場の敷地が広く，板を製造し，またストックする余地のある場合に適用できる。

さいにゅうかけいふんまつじゅし　再乳化形粉末樹脂
redispersible polymer powder
ゴムラテックスおよび樹脂エマルジョンに安定剤などを加えたものを乾燥させて得られる微粉末の材料（JIS）。

ざいりょうきかく　材料規格
material standard
JIS（日本工業規格），JAS（日本農林規格）をはじめ，コンクリート材料の寸法，型，品質や試験方法に関する統一規格をいう。アメリカはASTM，イギリスにはBS，フランスにはFN，ドイツにはDIN，などがある。最近ではISOが中心。

ざいりょうきょうど　材料強度
strength of concrete
コンクリートの材料強度は，下表の数値によらなければならない。ただし，異形鉄筋を用いた付着について，国土交通大臣が異形鉄筋の種類および品質に応じて別に数値を定めた場合は，当該数値によることができる。建築基準法施行令第91条第2項の規定は，前項の設計基準強度について準用する。

材料強度

材料強度（N/mm²）			
圧縮	引張り	剪断	付着
F	$F/10$（F が21を超えるコンクリートについて，国土交通大臣がこれと異なる数値を定めた場合，その定めた数値）		2.1（軽量骨材を使用する場合にあっては，1.8）
F は設計強度（単位：N/mm²）を表すものとする			

（建築基準法施行令第91条）

ざいりょうちょぞう　材料貯蔵
material storage

コンクリートの製造に用いる材料，すなわちセメント，骨材，水，混和材料および鉄筋・溶接金網は，適切な方法により貯蔵され，かつ十分な管理のもとに置かなければならない。各材料の貯蔵方法を以下に示す。

セメント：バラセメントとして運搬される場合には，その種類ごとにセメントサイロに貯蔵する。20 kg 袋詰めセメントの場合には，その種類，入荷順序ごとに整理してセメント倉庫に貯蔵する。この場合，地上 30 cm 以上の床の上に積み重ね，積み重ねる袋数は 20 袋以下とする。セメントの入荷のたびごとに，その種類，入荷年月日，数量を必ず記録する。セメント貯蔵設備は，防湿的で，セメントの風化を防止できる構造，機能を有するものでなければならない。セメント貯蔵設備の容量は，1日平均使用量の 3 日分以上あることが望ましい。貯蔵中に少しでも固まったセメントは用いてはならない。また，長期間貯蔵したセメントは，変化していることがあるので用いる前に試験をしてその品質を確かめなければならない。

骨材：骨材の貯蔵設備は，種類，品質別に区切りをつけ，大小粒の分離が防止でき，かつ異物の混入が防止できる形式のもので，床は排水できる構造とし骨材中の過剰な水分を排除できるものでなければならない。また，冬季における氷雪の混入や凍結を防ぎ，夏季における乾燥や温度の上昇を防ぐための施設を設けなければならない。

軽量骨材用のものにはプレウェッチングのために散水できる設備が必要であり，高炉スラグ砕石用や高炉スラグ砂用，フェロニッケルスラグ砂用，銅スラグ砂用などのものにも，これに準じた設備を設けるのがよい。また，砕砂用には，微粉分の逸散を防止するため，上屋，囲いなどを設けるのがよい。骨材貯蔵設備の容量は，1 日最大使用量以上とし，貯蔵設備からバッチングプラントまでの運搬設備は，均等な骨材を供給できるようなものでなければならない。

混和材料：混和材あるいは混和剤には多数の種類がありそれぞれ使用目的および性能が異なるので，異物の混入を防げるような容器で必ず別々に，また，変質しないように貯蔵しなければならない。

スラッジ水の利用：生コンクリート工場でのミキサーや，トラックアジテーターなどの洗い水から骨材を回収した水，すなわちスラッジ水を公害防止の目的で練混ぜ水として利用する必要性が生じているが，日本コンクリート工学協会の調査研究によれば適切な処理と管理のもとに，セメント質量に対して固形分質量 3 ％以内のスラッジ水を練混ぜ水として用いても，コンクリートの品質に悪い影響は与えないとされている。

鉄筋および溶接金網：鉄筋および溶接金網は，種類別に整頓して貯蔵する。鉄筋は直接地上に置いてはならない。また，雨露・潮風などにさらされず，ごみ・土・油などが付着しないように貯蔵する。加工された，または組み立てられた鉄筋および溶接金網は，工事現場搬入後，その種類・径・使用箇所などの別を明示して順序を乱さないように貯蔵する。

ざいりょうとうにゅうじゅんじょ　材料投入順序

最初にセメントと水および混和材料を投入し，セメントペーストをつくり，次に細骨材を入れ，最後に粗骨材を投入する順序が理想的。しかし，現実には同時に投入していることが多い。

ざいりょうにかんするしよう　材料に関する

さいりよう

仕様
一般に基本仕様と特別仕様とが定められている。

ざいりょうのかねつほうほう　材料の加熱方法　heating method of materials
セメントおよび混和材料は絶対に加熱してはならない。水，骨材は40℃までとする。

ざいりょうのきょうおうりょくど　材料の許容応力度
建築基準法施行令第91条にコンクリートの許容応力度が定められている。長期応力の場合は，圧縮は $F_c/3$，引張り・剪断は $F_c/30$，付着は $0.7\,\mathrm{N/mm^2}$，短期応力は長期応力の2倍。

ざいりょうのすんぽう　材料の寸法
材料試験においては供試体の大きさによって結果が異なる。その構造物に適した大きさを定める必要がある（右図）。

ざいりょうのていすう　材料の定数
下表参照。

材料の定数

材料	ヤング係数（N/mm²）	ポアソン比	線膨張係数（1/℃）
鉄筋	2.05×10^5	—	1×10^{-5}
コンクリート	$3.35\times10^4\times(\gamma/24)^2\times(F_c/60)^{1/3}$	0.2	1×10^{-5}

〔注〕γ：コンクリートの気乾単位体積質量（kN/m³）
F_c：コンクリートの設計基準強度

ざいりょうぶんり　材料分離　segregation
運搬中，打込み中または打込み後において，フレッシュコンクリートの構成材料の分布が不均一になる現象。結果的にコンクリートの品質がばらつく。

ざいれい　材齢　age, Alter（独），eta（伊），edad（西）〔→年齢〕
モルタル・コンクリートを練り混ぜた日を起算日として経過した日数（週数，月数，年数）をいう。コンクリートの場合は4週（28日）を基準とすることが多い。

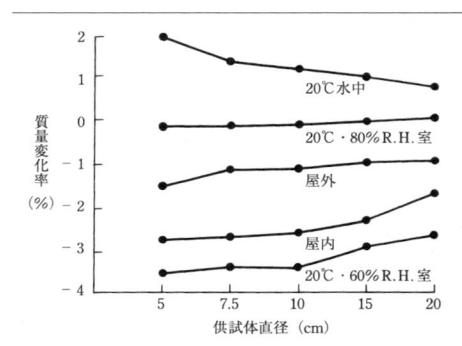

供試体の直径とコンクリートの質量変化率

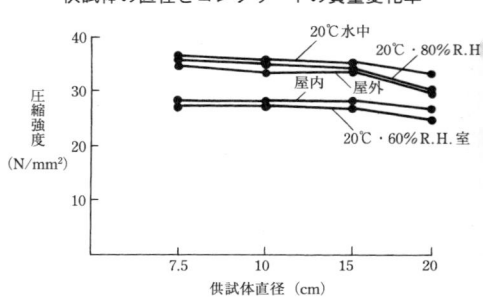

供試体の直径とコンクリートの圧縮強度

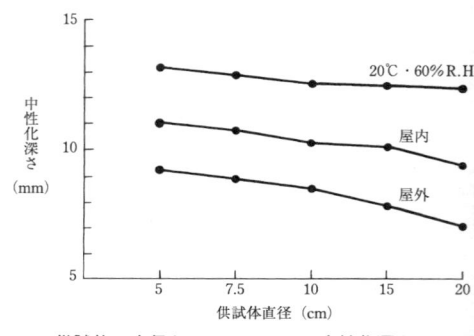

供試体の直径とコンクリートの中性化深さ

ざいれいにじゅうはちにちきょうど　材齢28日強度
セメント・モルタル・コンクリートの材齢強度は通常28日の値を示す。

サイロ　silo　〔→骨材の貯蔵方法，骨材のサイロ，骨材ホッパー〕

円筒形などの形をした縦長の槽で，セメントや混和材（例えば高炉スラグ微粉末，フライアッシュ，シリカフューム）の貯蔵用として使用する。容量100 t 程度まで一般に鋼板でつくる。密閉式で，上部には投入口および搬入用装置，下部には引出し口および排出用装置を設ける。

さかうちコンクリートこうほう　逆打ちコンクリート工法

地下構造物を支保工に利用し，地下1階，2階と逆に構築していく工法。逆打ち工法ともいう。この工法は一般住宅・商店の密集地に建つ事務所・住宅で，現場の作業スペースが狭く，工事計画に制約があるときに採用することがある。地下工事と地上の工事を並行して行うことも可能であり，工期短縮に有効な方法であるが，躯体の自重をいかに支持するか，また打ち込まれた上部と次に打ち込まれるその下部のコンクリートの打継ぎなどが問題となることがある。

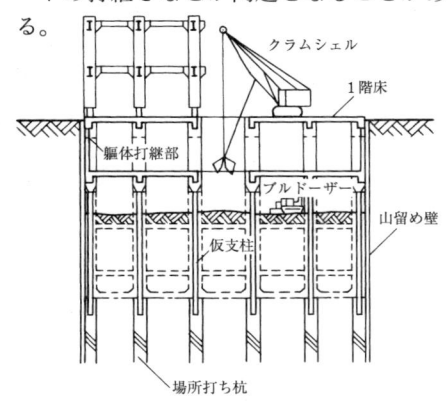

逆打ちコンクリート工法

さかうちコンクリートのうちつぎ　逆打ちコンクリートの打継ぎ

コンクリートが逆打ちになるので，打継ぎ部分に問題を生じやすいため一体性を確保するように施工する。

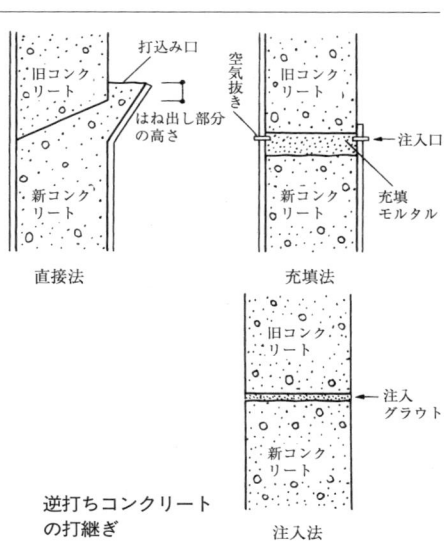

直接法　充填法

逆打ちコンクリートの打継ぎ　注入法

（コンクリート標準示方書（土木学会）より）

さかん　左官　plasterer

壁や床を塗る工事の総称。また，それらを行う職人を左官工という。

さがん　砂岩　sandstone

コンクリート用砕石としては硬砂岩が用いられる。水成岩の一種。吸水率2.1〜0.1％（平均0.7％），原石の圧縮強度164〜60 N/mm²（平均105 N/mm²），膨張係数1.01×10^{-5}/℃。

さかんこうじ　左官工事　plastering

建築物内外の床，壁などの仕上げおよびタイル張り，塗装などの下地づくりの工事（p.242 上表）。

さかんこうじのしたじ　左官工事の下地　foundation of plastering work

コンクリート下地，石膏ボード下地，ラス下地，木摺下地，小舞下地などがある。

①コンクリート下地
・主にセメントモルタル塗り，プラスター塗りなどの下地となる。

さかんさい

各種左官工事とその特徴

塗り	粘性	硬化速度	乾燥収縮	その他
セメントモルタル塗り	小	短	大	アルカリ性
石膏プラスター塗り	小	最短	小	中性〜弱酸性
ドロマイト・プラスター塗り	大	長	大	アルカリ性
漆喰塗り	大	最長	大	耐湿性小 軟らかい

- 付送り(最大厚25mm),左官工事の下塗りに先立ち,仕上げ厚を均等にするため,下地の不陸をモルタルなどで調整する。
- 合板型枠を用いたコンクリート下地・プレキャストコンクリート下地などで平滑過ぎるため,左官塗りとの有効な付着が得られにくい場合は,シーラー合成樹脂系混和材入りセメントペーストなどを塗り付け,追いかけて下塗りにかかる。

②その他の下地
- ラス下地…メタルラス,ワイヤラスなど
- 石膏ボード系下地…石膏ラスボード,石膏ボード
- セメント板下地…木毛セメント板,木片セメント板
- 木下地…木摺,小舞

ラス下地:壁の下地板(木摺下地より大きい)の上に,アスファルトルーフィングまたはアスファルトフェルトで防湿し,その上にラスと呼ばれる網をステープルでとめ,下地とするものである。ラスには,メタルラス,リブラス,ワイヤラスなどが一般的である。メタルラス下地の場合は,防水紙は継目を縦・横とも90mm以上重ねて張る。

石膏ラスボード下地:平頭釘その他の取り付け金物は,溶融亜鉛めっき,またはユニフロームめっきされたものを用いる。

木摺下地:木摺下地は,節のない杉の心去材で厚さ7mm,幅33〜40mmの木摺を用い,目透し7mm程度で間柱・野縁に2本ずつ釘打ちした下地である。

小舞下地:小舞下地は,適当な幅に割った竹か篠竹を組んで,交差部分を小舞縄で,千鳥に掻き上げて構成する下地である。

さかんざいりょう　左官材料
plastering material

下表を参照

コンクリート系の主な左官材料の構成

種別		塗層	構成材料
水硬性	セメントモルタル塗り	下・中・上	普通セメント＋水＋(混和材料)
	人造石塗り・テラゾ現場塗り	下	普通セメント＋水＋(混和材料)
		上	普通・白色またはカラーセメント＋種石

さかんようぐ　左官用具
trowel for plastering work

木鏝,金鏝,刷毛等がある。用具によって下図のように表面仕上げができる。

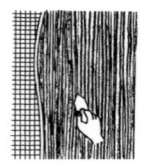

金鏝仕上げ　　木鏝仕上げ　　刷毛引き仕上げ

さきくみてっきん　先組み鉄筋〔⇔直組み鉄筋〕

柱や梁の鉄筋を工場や工事現場で籠状に先組みし,所定の位置まで移動し,建て込み,組み立てる工法。この工法が期待できるメリットは,施工精度の向上,システム化による工期の短縮,管理の容易化,労務の平準化など。しかし,すべての工事現場に活用できるものではなく,敷地条件,建物条件,設計上で基本的に留意すべき条件(例えばガス圧接は不向き)などを考慮す

さきづけこうほう　先付け工法〔⇔後付け工法〕
あらかじめタイルを打ち込んだプレキャストコンクリート板を躯体に緊結する工法。または型枠の内面にタイルを仮付けしておき，コンクリート打込みによって，タイルをコンクリート躯体と一体化する工法。

さぎょうしゅにんしゃ　作業主任者
事業者は労働災害を防止するため，一定の作業について有資格者の中から作業主任者を選任しなければならない（労働安全衛生法第14条，労働安全衛生法施行令第6条）。作業主任者の選任を必要とするコンクリート関係の作業を下表に示す。

さくさん　酢酸
acetic acid　〔→ CH_3COOH〕
有機酸の一種。

さくさんビニルじゅし　酢酸ビニル樹脂
polyvinyl acetate resin
無色透明，溶剤に可溶，接着力大（乾燥している場合）。用途は接着剤，エマルションペイント（壁塗料）。

さくビエマルション　酢ビエマルション
polyvinyle acetate emulsion
乳白色の水性接着剤で有機溶剤を含まないので作業上の安全性に優れるが，耐水・耐熱性に劣る。

さげお　下げ苧
漆喰やドロマイトプラスターの剝離を防ぐために，木摺下地に打ち付ける麻などの繊維束。

さげねこ　下げ猫
迫持ち型枠と支柱との間に用いる楔。

さげふり　下げ振り　plumb bob
金属製逆円錐形の質量 0.1〜1.0 kg の錘を付けた道具で鉛直を調べる。壁や柱などの鉛直を調べるのに用いる。
下げ振り

さしこみしんどうき　差込み振動機
internal vibrator
コンクリートの打ち込み時に，コンクリート内部に差し込んで振動締固めを行う棒状の振動機。

サスペンションプレヒーター　suspension preheater〔→ニューサスペンションプレヒーター〕
セメント焼成に用いるプレヒーター。サイクロン型またはボルテックスチェンバー型熱交換器を4段に組み合わせ，ロータリーキルンの排ガスと乾式原料の熱交換を，伝熱効率の高いこの熱交換器内の気流中で行う。このプレヒーターを備えたキルンをSPキルンと呼んでいる（1963年，旧西ドイツから導入された）。最上段サイクロンに向かう気流中に投入された原料は，気流と熱交換しながらサイクロンに入り，サイクロンで分離されて，次段のサイクロンに

作業主任者一覧

名　称	選任すべき作業
コンクリート破砕器作業主任者（技）	コンクリート破砕器を用いて行う破砕作業
型枠支保工の組立作業主任者（技）	型枠支保工の組立解体作業
足場の組立て等作業主任者（技）	吊足場，張出し足場または高さ5 m以上の構造の足場の組立解体作業
コンクリート造の工作物の解体作業主任者（技）	その高さが5 m以上のコンクリート造の工作物の解体または破壊の作業
特定化学物質等作業主任者（技）	石綿などの特定化学物質を取り扱う作業
コンクリート橋架設等作業主任者	橋梁の上部構造で，コンクリート造のものの高さが5 m以上または，スパンが30 m以上の部分の架設または変更の作業

向かう気流に入る。以下これを繰り返し、最終的には800℃程度まで予熱されてロータリーキルンに送られる。2005年現在、わが国ではサスペンションヒーター（SP）10基に対し、新サスペンションヒーター（NSP）48基を保有している。

さっかふしょく　擦過腐食
fretting corrosion
金属材料の表面が、他の金属または非金属材料と接し、摩擦により生ずる腐食。

さとうおよびとうじょうぶつ　砂糖および糖状物
コンクリートに混入すると硬化しない。

さのとしかた　佐野利器（1880～1956）
鉄筋コンクリート構造をわが国に導入した研究者の一人で、耐震建築構造学育ての親。元 東京大学教授、元 日本大学教授。元 日本建築学会会長。1915年の著書『耐震家屋構造論』は有名。

さびじる・もくじる・ようせつやけよごれ　錆汁・木汁・溶接焼け汚れ
外部に近い鋼材が腐食したときの錆・木材の汁、溶接花火の付着、スペーサーおよび結束線処理不良、セパレーター処理不良により発生する。防止法はビニールシートによる養生、防錆スペーサーの使用、結束線の内曲げ処理、適正なセパレーター穴処理を行う。

さびどめペイント　錆止めペイント　rust preventives paint
次のようなものがある。
・鉛丹錆止めペイント（光明丹）
・亜鉛化鉛錆止めペイント
・塩基性クロム酸鉛錆止めペイント
・シアナミド鉛錆止めペイント
・鉛丹ジンククロメート錆止めペイント
・ジンククロメート錆止めペイント
・鉛酸カルシウム錆止めペイント

さぶろく　三六
尺貫法による3尺×6尺の板状。「三六板」、「三六パネル」、「三六合板」などをいう。

サポート　support　〔→支柱，支保工〕
荷重を支える支柱。コンクリート打込みおよび養生時に梁・スラブ等を支える支柱。鋼製パイプを用いる。

サーモコン
現場打ち軽量発泡コンクリート。住宅用。

さんあらいしあげ　酸洗い仕上げ
硬化遅延剤を使用する骨材露出仕上げと同様、主にコンクリート製品工場で行われる方法で、コンクリート製プレキャスト部材の製造に適用される。

さんか　酸化　oxidation
鉄筋-鉄骨の場合、空気中その他の酸素と化合して錆の発生の原因となる。反対語は「還元」。

さんかアルミニウム　酸化アルミニウム
〔→ Al_2O_3〕
Al_2O_3はSiO_2に類似しておりCaOと水とによってゲル状の化合物をつくる。密度 $3.97 g/cm^3$。無色。

さんかカルシウム　酸化カルシウム
calcium oxide　〔→ CaO，→生石灰〕
p.245下表に示す通りセメント中に最も多く含有している。立方晶系、$NaCl$型構造、$a=0.48105 nm$、融点 2863 K。鉱物名は石灰（lime）。密度 $3.37 g/cm^3$で無色固体。

さんかだいにてつ　酸化第二鉄　iron (III) oxide, ferric oxide　〔→ Fe_2O_3〕
セメントの主成分の表（p.245下表）参照。密度 $5.1～5.2 g/cm^3$。赤褐色固体。

さんかマグネシウム　酸化マグネシウム
〔→ MgO〕　magnesium oxide
CaOと異なり、焼成過程において水硬

性ファクターと化合しないで，フリーマグネシアとして焼成物中に残る。水と反応して水酸化マグネシウム，空気中の水と二酸化炭素と反応して徐々に炭酸水酸化マグネシウム $3MgCO_3 \cdot Mg(OH)_2 \cdot 3H_2O$ に変化する。密度 $3.65 g/cm^3$。無色固体。セメントに含まれている MgO（％）は次の通り。分析は JIS によるとよい。

セメントに含まれる MgO

セメントの種類		酸化マグネシウム JIS A 規定値	酸化マグネシウム 実測値
ポルトランドセメント (JIS)	普通	5.0 以下	1.5
	早強	5.0 以下	1.4
	超早強	5.0 以下	—
	中庸熱	5.0 以下	1.1
	低熱	5.0 以下	1.1
	耐硫酸塩	5.0 以下	1.2
高炉セメント (JIS)	A 種	5.0 以下	2.9
	B 種	6.0 以下	3.7
	C 種	6.0 以下	4.5
シリカセメント (JIS)	A 種	5.0 以下	1.2
	B 種	5.0 以下	—
	C 種	5.0 以下	—
フライアッシュセメント (JIS)	A 種	5.0 以下	1.3
	B 種	5.0 以下	1.7
	C 種	5.0 以下	—

さんぎ　桟木　supporter
〔→補助桟〕
せき板を支持する材の一種。図参照。

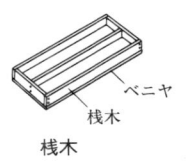

さんさんかいおう　三酸化硫黄　sulphur, sulfur 〔→ SO_3，→無水硫酸〕
セメント原料の一つで，石膏に含まれている成分は石膏中 37〜59％程度である。

さんすいようじょう　散水養生
spray curing
打込みコンクリート表面へ散水する養生のこと。湿潤養生に役立つと同時にコンクリート部材を冷却する効果もある。しかし，マスコンクリートにおいては，表面のみが冷却され，部材内外の温度差が多大にならないよう注意しなければならない。

さんせいう　酸性雨
acid rain, acid precipitation
数字が小さいほど酸性が強いことを示す水素イオン濃度指数（pH）が 5.6 以下（中性は pH 7）の雨。雨は自然の状態でも空気中の二酸化炭素が溶け込むため，弱い酸性になることがあるが，工場などから排出される硫黄酸化物と自動車の排ガスなどに含まれる窒素酸化物が大気中でそれぞれ硫酸，硝酸になり，これらが混ざってさらに強い酸性になる（p.246 図参照）。なお，黄砂は酸性雨の被害を低減させる可能性があるといわれている。

さんせいうたいさく　酸性雨対策
耐酸性の大きい表面仕上げ材（例えば御影石）を施すとよい。

さんせいがん　酸性岩　acid rock

セメントの主成分

原料＼化学成分	酸化カルシウム CaO（％）	二酸化珪素 SiO_2（％）	酸化アルミニウム Al_2O_3（％）	酸化第二鉄 Fe_2O_3（％）	三酸化硫黄 SO_3（％）
普通ポルトランドセメント	63〜65	20〜23	3.8〜5.8	2.5〜3.6	1.5〜2.3
早強ポルトランドセメント	64〜66	20〜23	4.0〜5.2	2.3〜3.3	2.5〜3.3
高炉セメント（B 種）	52〜58	24〜27	7.0〜9.5	1.6〜2.5	1.2〜2.6

セメントは，上記以外の化学成分として，少量の酸化マグネシウム（MgO），酸化ナトリウム（Na_2O），酸化カリウム（K_2O），一酸化マンガン（MnO），五酸化りん（P_2O_5），なども含んでいる。

（セメント協会資料より）

さんせいと

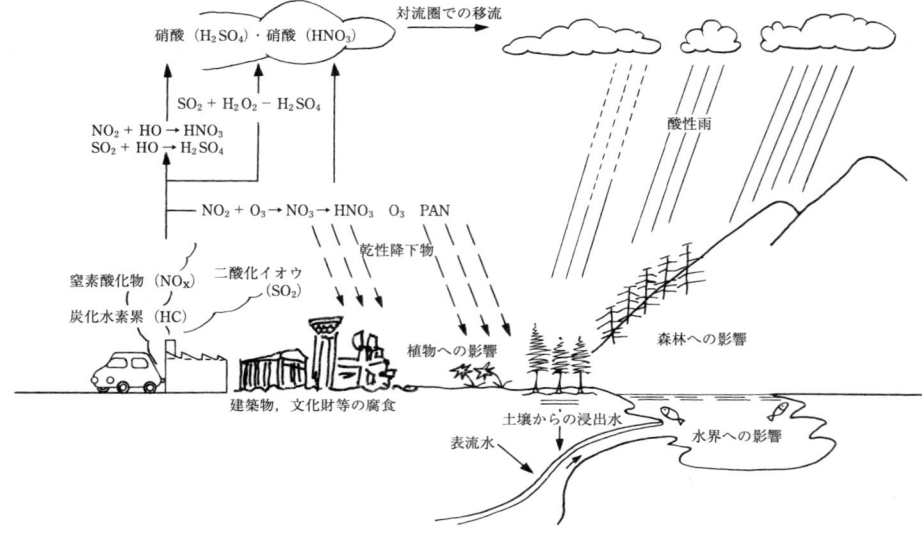

酸性雨の生成過程（建築業協会資料より）

珪酸分が多い岩石。

さんせいどじょう　酸性土壌　acid soil
高炉セメントC種またはB種および高硫酸塩スラグセメントを用い、水セメント比を小さくして密実なコンクリートにすると抵抗性が大きくなる。

さんてんまげきょうどしけん　3点曲げ強度試験　3-point bending strength test
単純支持された長さ L の梁の中央に集中荷重 W を負荷する試験法。最大引張応力は下面中央に生じ、その大きさは、梁の幅を b、高さを h とすると、曲げ強度 σb は次式で算出される。

$$\sigma b = 3\,WL/bh^2$$

サンドブラスト　sand blasting
圧縮空気や遠心力などで、砂または粒状の研磨材をコンクリートなどに吹き付ける表面加工方法。

サンドホッパー　sand hopper
ケーシングパイプ内に砂を投入するじょうご形をした容器。

さんぷず　散布図　scatter diagram
2変量間の相互関係を調べるために、対応する2変量の測定値をプロットした図。相関図ともいう。相関の程度は相関係数により評価する。

サンプル　sample
母集団から、その特性を調べる目的をもって取ったもの（JIS）。なお、試料という用語は、サンプルと同じ意味に使われることがある。

さんるいのさよう　酸類の作用　action of an acid
酸の中でも塩酸、硫酸はコンクリートを大きく浸食する。

[し]

シーアイビー　CIB　International Council for Building Research Studies and Documentaion
建築の調査研究および文献活動の国際委員会。

しあがり　仕上がり　concrete finish
躯体コンクリートにとって仕上がりが最重要である。コンクリートの仕上がりを規定する要素は大きく二つある。一つは表面の凹凸の状態を示す平坦さ，もう一つは表面の密実さ・色むら・気泡むらなど，コンクリート表面のテクスチュアとしての表面状態である。

しあがりのへいたんさ　仕上がりの平坦さ　evenness concrete finish
コンクリートの仕上がりの平坦さは，表を標準として所要の平坦さを定めて，工事監理者の承認を受けるとよい（下表）。

しあげ　仕上げ　finish　〔⇔躯体下地〕
建築物の外側および内側の表面を仕上げること。

しあげこうじ　仕上工事　finish work　〔⇔躯体工事〕
外装材・内装材を取り付ける工事。

しあげとざい　仕上塗材　wall coating
吹付け，ローラー塗り，鏝塗りなどによりコンクリートの壁や天井の美装と保護を目的として用いる材料。
薄付け仕上塗材，複層仕上塗材，厚付け仕上塗材および軽量骨材仕上塗材の4件のJISが建築用仕上塗材として一つのJISに集約された。

・複層仕上塗材：セメント，珪酸質，合成樹脂エマルション，エポキシ系樹脂，ウレタン系樹脂などの主結合材と珪砂，寒水石，軽量骨材などを主原料として，吹付け，ローラー塗り，鏝塗りなどの塗工法により凹凸模様に仕上げるもの。通称「吹付タイル」。
複層仕上塗材12品種のうち，合成樹脂エマルション系複層仕上塗材（複層塗材E）が生産量では67.9％で第1位を占め，第2位の防水型合成樹脂エマルション系複層仕上塗材（防水型複層塗材E）の21.9％との2品種合計で90％近い年間の生産量20万t程度。

・薄付け仕上塗材：セメント，珪酸質，合成樹脂エマルション，水溶性樹脂などの主結合材と，珪砂，寒水石，陶磁器質の砕

コンクリートの仕上がりの平坦さ（JASS 5）

コンクリートの内外装仕上	平坦さ（凹凸の差）(mm)	参　考	
		柱・壁の場合	床の場合
仕上げ厚さが7mm以上の場合，または下地の影響をあまり受けない場合	1mにつき10以下	塗壁 胴縁下地	塗床 二重床
仕上げ厚さが7mm未満の場合，または下地の影響をあまり受けない場合	3mにつき10以下	直吹付け タイル圧着	タイル直張り じゅうたん張り 直防水
コンクリートが見え掛かりとなる場合，また仕上げ厚さが極めて薄い場合，その他極めて良好な表面状態が必要な場合	3mにつき7以下	打放しコンクリート 直塗装 布直張り	樹脂塗床 耐摩耗床 金鏝床

粉，色砂などの骨材および繊維材料を主原料として，吹付け，ローラ塗りなどの塗工法により薄膜の凹凸模様に仕上げるもの。通称「リシン」「じゅらく」「スキン」など。薄付け仕上塗材 12 品種内，合成樹脂エマルション系薄塗材（アクリルリシン）が生産量では第 1 位を占め，戸建住宅の内・外装を中心に広く使用されている。年間の生産量 10 万 t 程度。

・厚付け仕上塗材：セメント・珪酸質，合成樹脂エマルションなどの主結合材と，珪砂，寒水石，陶磁器質砕粒，色砂などの骨材を主原料として，吹付け，ローラー塗り，鏝塗りなどの塗工法により 4～10 mm 程度の厚膜凹凸模様に仕上げるもの。主材に着色したものと上塗材を用いるものがある。通称「スタッコ」。年間の生産量 2.5 万 t 程度。

しあげのいじかんり　仕上げの維持管理
仕上げも定期点検および診断時期が必要である。下表に例示する。

じあしば　地足場　scaffold
建地足場もしくは支柱足場といい，支柱を所定の間隔に立て，これに水平材を架け渡して作業床を支えるもの。本足場，一側足場（片足場と抱足場），棚足場の三つに分類される。

本足場
・2 列の建地と 2 列の布を架け渡すことによって作業床を支えるもので，安全性が高く作業効率もよいので，左官，タイル，石工事などの外部足場に使用される。

一側足場
・片足場：建地を 1 列に建て，布を架け渡したもの。
・抱足場：建地の両側に布を架け渡したもの。

棚足場
・棚状に組立てられた支柱足場で，天井や壁の仕上げ作業のために仮設するもの。

しあつきょうど　支圧強度　bearing capacity
部分的に圧縮荷重を受けたとき耐えられるコンクリートの最大圧縮荷重をコンクリートの荷重作用面積で除した値。

しあつばん　支圧板　distribution plate
プレストレストコンクリートのポストテンション工法に用いる定着具の一つ。緊張材の力をコンクリートに伝えるための鋼製板である。

ジーアールシー　GRC　glass fibre reinforced cement　〔→ GFRC，→ガラス繊維補強コンクリート〕
セメントモルタルまたはセメントペースト

定期点検および診断時期

対象項目	定期点検時期	点検項目	診断時期	改修の目安
（塗装・吹付け）				
塗装（一般）	1 年	チョーキング，浮き	3 年	変褪色，チョーキングの散見
塗装（フッ素系）	3 年	チョーキング，浮き	7 年	変褪色，チョーキングの散見
リシン	1 年	チョーキング，浮き	3 年	変褪色，チョーキングの散見
スタッコ	1 年	チョーキング，浮き	5 年	変褪色，チョーキングの散見
吹付けタイル	1 年	チョーキング，浮き	5 年	変褪色，チョーキング散見
（タイル割り）				
先付け工法	3 年	割れ，浮き	10 年	張り面積の大半が浮き
	2 年	割れ，浮き	7 年	張り面積の大半が浮き
（石張り）				
石	3 年	浮き，剝離	10 年	浮き，割れ，欠けが著しい
目地	1 年	浮き，剝離	3 年	浮き，剝れが著しい

を耐アルカリガラス繊維で補強したガラス繊維補強セメント。セメント系の新しい複合材料の一つである。わが国では，イギリスで開発されたGRC用耐アルカリガラス繊維（Cem-FIL）が，1973年に技術導入されて以来，国内で開発された耐アルカリガラス繊維も含めて，その利用開発が進められ，出荷量の60％以上が建築物の内外装用材料（外壁が最も多く，以下床，天井・内壁）として使用されている。最近は，永久せき板・電柱をはじめ，電気管キャップなどの利用範囲が拡大されている。GRCの製造方法は，スプレー法およびプレミックス法がある。出荷量は1994年度38,000 t，1996年度38,640 t，1998年度31,870 t，2000年度29,840 tである。形状は平板・曲面板（リブ付を含む）で表面は平滑面と粗面とがある。厚さと品質を下表に示す。

厚さおよび厚さの許容差

厚さ (mm)	厚さの許容差 (mm)
3, 4, 5, 6, 7, 8, 9	+1 / −0
10, 11, 12, 14, 16, 18, 20, 22, 24, 26, 28	+2 / −0
30, 35, 40, 45, 50	+5 / −0

ガラス繊維含有率，気乾密度，曲げ強度

製造方法	ガラス繊維含有率 (％)	気乾密度 (g/cm³)	曲げ強度 (N/mm²)
スプレー法	5以上 8以下	1.8以上 2.3以下	20以上
	3以上 5未満	1.8以上 2.3以下	15以上
プレミックス法	2以上 4以下	1.8以上 2.3以下	10以上
	2以上 4以下	1.3以上 1.8未満	5以上

しいれとよかず　仕入豊和（1928〜2001）
コンクリート防水・ひび割れの研究者。東京工業大学および神奈川大教授を歴任。元日本コンクリート工学協会会長。

ジェイエーエス　JAS　日本農林規格
Japanese Agricultural Standard
農林水産省所管の各種物資に関する品質向上と安定のための規格。一般に「ジャス」ということが多い。

シーエスエー　CSA
calcium sulfo aluminate
$3CaO \cdot 3Al_2O_3 \cdot CaSO_4$ の化合物。水和してエトリンガイトを生成し，コンクリートまたはモルタルを膨張させる混和材（JIS）。

$$3CaO \cdot 3Al_2O_3 \cdot CaSO_4 + 6H_2O + 8CaSO_4 + 96H_2O$$
（カルシウムサルホアルミネート）
$$\rightarrow 3(3CaO \cdot Al_2O_3 \cdot 3CaSO_4 \cdot 32H_2O)$$
（エトリンガイト）

シーエスエッチ　C-S-H　〔→トバモライト〕
セメント中の$CaO \cdot SiO_2 \cdot H_2O$との間に生ずるコロイド状の化合物。セメントの水和物の大部分。C-S-Hゲルをトバモライトゲルという。下の写真は73年経過したRC造建物から採取したもの。

P：水酸化カルシウム（ポルトランダイト）
C-S-H：珪酸カルシウム水和物

ジーエッチキュー　GHQ
General Headquarters
連合国軍総司令部。1945年8月，アメリカ政府が統合参謀本部令で設置を決めた対日占領政策の実施，命令の機関。1952年の対日講和条約発効とともに廃止された。

ジェット　jet
圧縮空気あるいは圧縮水をノズルから噴射させることをいい，前者をエアジェット，後者をウォータージェットという。

シーエフアールシー　CFRC　carbon fiber reinforced concrete〔→GRC，ガラス繊維補強コンクリート〕
炭素繊維補強コンクリート。カーボンファイバー（炭素繊維）を混入したコンクリート。靱性が大きい。

シーエフアールシーカーテンウォール　CFRCカーテンウォール　carbonfiber reinforcing concrete curtain wall
カーボンファイバーを混入したコンクリート製のカーテンウォール。ファサードシステムの一つ。

シーエフティー　CFT
concrete filled steel tubu
充填型鋼管コンクリート。鋼管とコンクリートが互いに拘束し合うことによって耐力・塑性変形能力が向上する。充填コンクリートによって耐火性能が向上する。

シーエムほうしき　CM方式
construction management method
建築生産・管理システムの一つで，発注者の補助者・代行者であるコンストラクション・マネージャーが技術的な面から発注者をサポートし，設計・発注・施工の各段階において，設計の検討，工事の発注方式の検討，工程管理・品質管理・コスト管理などの各種マネジメント業務を行う新しい方式である。主な業務は以下の通り。

①設計段階
・設計，コンサルタント候補者の評価
・設計業者などの選定などに関するアドバイス
・設計の検討支援（施工面など）
・VEの提案など
②発注段階
・発注区分，発注方式の提案
・施工業者の評価，選定に関する助言
・工事費概算の算出，工事費積算の支援
・契約書類の作成および助言など
③施工段階
・施工業者間の調整
・工程計画の作成および工程管理
・施工業者が作製する施工図の確認
・施工業者が行う品質管理の確認
・請求書の整理・管理（支払い管理）
・工事費管理
・発注者に対する工事経過報告
・施工に関する文書管理
・施工業者からの技術的苦情処理など

しお　塩　salt
塩化ナトリウム（NaCl）。鉄筋コンクリートに悪影響を及ぼす。

しおかぜ　潮風　sea breeze
コンクリート中に塩化物イオンを侵入させる。それによってコンクリート中の鉄筋を発錆させる原因となる。

シーオーツーメーター　CO_2メーター
CO_2 meter
炭酸ガス（二酸化炭素）濃度の測定器。

シーオーディー　COD　chemical oxygen demand〔→生物化学的酸素要求量〕
化学的酸素要求量。5 mg/l以下が望ましい。

しがいちけんちくぶつほう　市街地建築物法
1920（大正9）年12月1日から施行された。明治以降の国のレベルの近代的建築法

COD 排出量ベスト5 （湖沼の水質：環境省調査による）

順位	地点名・都道府県	COD 平均値(mg/l)
1	倶多楽湖（北海道）	0.8
2	風屋ダム湖（奈良）	0.9
3	然別湖（北海道）	1.4
4	有峰ダム貯水池（富山）	1.7
5	猪名湖（長野）	1.8

COD 排出量ワースト5 （湖沼の水質：環境省調査による）

順位	地点名・都道府県	COD 平均値(mg/l)
1	手賀沼（千葉）	23
2	印旛沼（千葉）	11
3	佐鳴湖（静岡）	11
4	涸沼（茨城）	9.7
5	油ガ淵（愛知）	9.6

規として最初のもので，施行規則には建築物の構造強度上の安全性について規定が定められた。この規定は，1906年（明治39）から検討が始められ1913年（大正2）に成案を得た日本建築学会の東京市建築条例案，そして，さらに検討を加えた警視庁の建築取締規則案（1918年（大正7））の構造強度規定などがベースになった。この規定類は，佐野利器，内田祥三，笠原敏郎博士らが作成した。

じかぐみてっきん　直組み鉄筋〔⇔先組み鉄筋〕　柱や梁の鉄筋を所定の位置で直に組み立てる工法。また組み立てられた鉄筋。

じかしあげ　直仕上げ
monolithic surface finish
床のコンクリートを打ち込んだ後にそのコンクリート表面を平滑に鏝仕上を行い，表面仕上げ・防水下地・タイル下地とする工法。セメントペースト分の多いコンクリートが要求されるが，工費の節減，工期の短縮などの利点がある（モルタル仕上げの工程を省略するため）。また，柱・梁・壁などの型枠に精度のよい平滑なものを選び，脱型後，モルタル仕上を施さず，直ちに布張り仕上，塗装仕上なども施せる。

じかね　治金　ferrite
鉄鋼の一組織で化学的には亜鉄酸塩，鉱物的には橄欖石などから二次的に分解した赤褐色非晶質の鉄化合物。

しかようセメント　歯科用セメント
dental cement
体（口）内に入っても害のないセメント。燐酸セメント，珪酸セメント，カルボキシレートセメント，グラスアイオノマーセメント，レジンセメントなどがある。

しきいし　敷石　paving stone
床仕上げに用いた石材の総称。耐摩耗性・耐久性が大きい石。例えば花崗岩，安山岩などが使われる。なお，敷石の表面は，滑らないように加工する。

じきしつタイル　磁器質タイル
porcelain tile
良質陶土または長石粉を使ったタイル。白色で透明性があり，吸水性はほとんどなく，極めて堅硬。透明の釉薬を施したものが多い。打てば金属音を発する。焼成温度は1,250～1,435℃。

しきずな　敷砂　settingsand
歩道用コンクリート板を敷くときに使用するクッション用の砂。通常の砂を用いる。

じぎょう　地業　ground
主として地盤内部に設けた部分を地業という（p.252図参照）。

ジクスト　JICST　Japan Information Center for Science and Technology
わが国において科学技術データベースを提供している機関。日本語によって検索できるほぼ唯一のデータベースである。

しけん　試験　test
検査の目的で，材料・部材・部品・工場製品・工事などの物理的・化学的特性を調べ

しけんしつ

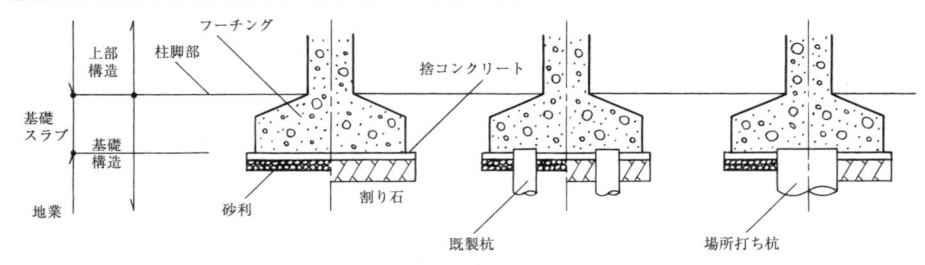

基礎と地業の関係

ることをいう（JASS 1）。

しけんしつしりょう　試験室試料
laboratory sample
試料調製の最終段階を終了して試験室へ送付された試料（JIS）。

しけんたいのかたわく　試験体の型枠
mold of test piece
材質は鋼製が一般的で，ときにはアルミニウム製，木製，紙製のものが用いられる。大きさは圧縮および引張強度は直径15 cm・高さ30 cm，直径12.5 cm・高さ25 cm，または直径10 cm・高さ20 cmの円柱。
曲げ強度と長さ変化ならびに凍結融解試験は10×10×40 cmの角柱。供試体の型枠ともいう。

しけんのにっすう　試験の日数
days of test
圧縮強度は材齢28日～91日が一般的。JISによるモルタルバー法による膨張率と長さ変化率は6か月間の値を示す。

しけんねり　試験練り　mixing of test
所要量の材料を用いて練り混ぜて，スランプ，空気量，（温度），（ブリーディング量），圧縮強度，ヤング係数，（単位容積質量），（長さ変化率），（相対動弾性係数）などを測定する。このうち（　）は必要がある場合のみに測定し，ワーカビリティをはじめ設計・施工上の要求条件を確認する。

しけんばしょのひょうじゅんじょうたい　試験場所の標準状態　standard atmospheric conditions for testing
JISでは，鉱工業における試験を実施する場所の温度，湿度および気圧に関する標準状態について規定している。その標準状態は，温度は，試験の目的に応じて20℃，23℃または25℃のいずれか，湿度は，相対湿度50％または65％のいずれか，気圧は，86 kPa以上106 kPa以下である。

しけんふるい　試験ふるい　test sieve
JISに規定されている。網ふるいと板ふるいの2種類がある。コンクリート用骨材の場合は，網ふるいが使用される。

しけんへん　試験片　test piece
特定の形状に仕上げた供試体（JIS）。

じこかくさんけいすう　自己拡散係数
self-diffusion coefficient
コンクリート・モルタルの自己拡散の大きさを示す指標。

じこかんそう　自己乾燥　self desiccation
水和により形成される空隙に外部より水が補給されない場合，硬化体は水分の逸散が生じない条件下で実質的に乾燥状態となる現象。

じこしゅうしゅく　自己収縮
autogenous shrinkage
セメント系材料において，セメントの水和により凝結始発以後に巨視的に生じる体積

減少で，自己収縮には物質の侵入や逸散，温度変化，外力や外部拘束に起因する体積変化は含まれない。また，自己収縮率は自己収縮を体積減少率として，自己収縮歪みは自己収縮歪みとして，それぞれ表す。

じこじゅうてんコンクリート　自己充填コンクリート self-compactable concrete 〔→高流動コンクリート〕
ハイパフォーマンスコンクリートの一種。特に，施工に起因する欠陥をなくすことを目的にした締固めをほとんど要しないコンクリート。

じこしゅうふくせいコンクリート　自己修復性コンクリート
エポキシ樹脂などの補修材を予めカプセルに入れてコンクリートに混入しておき，ひび割れに合わせて補修材を流出させ，自己収縮によるひび割れ補修などを可能にしたコンクリート。

じこたいせきへんか　自己体積変化 autogenous volume change
自己収縮と自己膨張の総称。

じこぼうちょう　自己膨張 autogenous expansion
セメント系材料においてセメントの水和により凝結開始以後に巨視的に生じる体積増加で，自己膨張には物質の侵入や逸散，温度変化，外力や外部拘束に起因する体積変化は含まれない。また，自己膨張率は自己膨張を体積膨張率として，自己膨張歪みは自己膨張を歪みとして，それぞれを表す。

じごほぜん　事後保全 corrective maintenance
対象物が故障などによって機能・性能が低下するか，または停止した後に行う保全。

しじ　指示 directions
工事の実施にあたり，工事監理者がその責任において実施すべき事項を定め，施工者に実施を指図すること（JASS 5）。

シーしゅブロック　C種ブロック〔→A種ブロック，B種ブロック〕
配筋のため空洞を持つ建築用コンクリートブロック。圧縮強さによる区分の記号は「16」，気乾かさ密度規定なし，全断面積に対する圧縮強さ8 N/mm²以上（JIS）。

ししん　指針 recommendation
規準や仕様書と同等に現在の学術・技術の成果により将来の学術・技術の発展を方向づけたもの。

ジス　JIS Japanese Industrial Standard
日本工業規格の略称。主に建設材料の形状や品質を規定している。

シース sheath
ポストテンション工法で緊張材を緊張する際にコンクリートと緊張材が付着しないように緊張材に被せる薄鉄板製の鞘。

しすいばん　止水板 water stop
伸縮継目に用いるもの。材質としては鋼板，ステンレス板，塩化ビニル樹脂，ゴム製などが用いられる。

しすいようセメント　止水用セメント water-stopping cement 〔→グラウト，コロイドセメント〕
建築物の漏水箇所の状況により注入止水や吹付止水を行うために使用されるセメント。コロイドセメントのセメントミルクと水ガラスを併用したセメント―水ガラス系材料などが用いられる。吹付コンクリート工法による吹付止水には急硬性のセメントが使用される。

ジスきかくがいひん　JIS規格外品
材料，品質，製造などの内容がJISの基準と異なるものをいう。例えばレディーミクストコンクリートでいえば流動化コンクリート，高強度コンクリート，高耐久性コンクリート，水中不分離性コンクリート，

しすきかく

高流動コンクリート，RCCP 用コンクリート，低強度の捨てコンクリート，モルタルなどをいう。

ジスきかくひん　JIS 規格品
該当する JIS に定められている材料，形状，品質，製造などの内容に合致するものをいう。

ジスこうじょうしんさじこう　JIS 工場審査事項
経済産業省工業技術院で定められている JIS 表示許可工場の審査条件。

システムかたわく　システム型枠
JASS 5 で定められている用語。あらかじめせき板とこれを補強する支保工が一つの部材用として一体に組み合わされている型枠。

ジスひょうじきょかこうじょう　JIS 表示許可工場
JIS に定められた規格品を製造する（審査に合致した）工場。

ジスマークひょうじにんていこうじょう　JIS マーク表示認定工場　JIS marking Factory
JIS マークを付すに値する工場。

しずみひびわれ　沈みひび割れ　crack due to settlement；settlement crack 〔→沈下ひび割れ〕

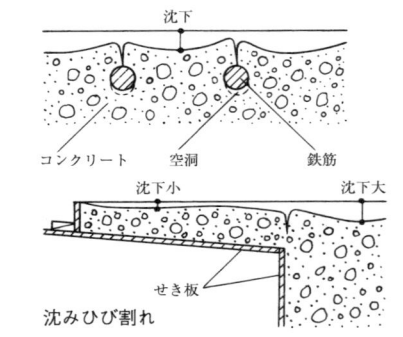

コンクリートの打込み後にブリーディングが生じ，コンクリート面が沈下する際に，鉄筋などの位置に沿ってコンクリートの表面に出るひび割れ。沈み亀裂を防止するには，適切な時間を見計らいタンパーなどを用い十分なタンピングを行うとよい。

シースリーエー　C_3A　〔→C_3S〕
アルミネート相という。$2CaO \cdot SiO_2$（珪酸二カルシウム）。含有量・性質は下表・p.255 表参照。

シースリーエス　C_3S　〔→C_3A〕
エーライトまたはアリットをいう。$3CaO \cdot Al_2O_3$（アルミン酸カルシウム）。含有量・性質は下表・p.255 表参照。

したごや　下小屋　construction shed
各職種の協力会社の作業所，道具置場，更衣室をはじめ，雨天または夏季に暑熱を避

表-1　ポルトランドセメントクリンカーの化学物組成とその特性

名称	分子式	略号	鉱物名称	特性				
				水和反応速度	強度	水和熱	吸収	化学抵抗性
珪酸三カルシウム	$3CaO \cdot SiO_2$	C_3S	アリット	かなり速い	材齢 28 日以内の早期強度を支配する	かなり高い	中	
珪酸二カルシウム	$2CaO \cdot SiO_2$	C_2S	ベリット	遅い	材齢 28 日以後の長期強度に寄与する	低い	中	
アルミン酸三カルシウム	$3CaO \cdot Al_2O_3$	C_3A	—	非常に速い	材齢 1 日以内の早期強度に寄与する	高い	大	低い
鉄アルミン酸四カルシウム	$4CaO \cdot Al_2O_3 \cdot Fe_2O_3$	C_4AF	セリット	比較的速い	強度にほとんど寄与しない	低い	小	—

表-2 ポルトランドセメントの化合物組成

セメントの種類	化合物組成（％）			
	珪酸三カルシウム C_3S	珪酸二カルシウム C_2S	アルミン酸三カルシウム C_3A	鉄アルミン酸四カルシウム C_4AF
普通ポルトランドセメント	51	25	9	9
早強ポルトランドセメント	64	11	9	8
超早強ポルトランドセメント	67	6	8	8
中庸熱ポルトランドセメント	43	35	5	12
低熱ポルトランドセメント	60	16	1	14
耐硫酸塩ポルトランドセメント	54	27	2	12

けて加工や工作する場所であり，時には雨を避ける加工機などのために設ける小屋。
①大工（造作）小屋：型枠下拵え用に主として使用し，その大きさは1単位当たり（1単位とはスパン8m×桁行6m）10人/日の作業場で，一部を床張りとして，階段，造作などの原寸図を描くのに用いられる。
②鉄筋下小屋：カッター，ベンダーなどを1単位当たり1～1.2t/日での作業量を，鉄筋の加工場として使用する。
③左官下小屋：防湿や通風に注意した倉庫をつくり，セメント，石灰，プラスター類を貯蔵する。

したじこうばい　下地勾配
防水処理をする部分の素地（下地）に設ける勾配。防水下地の勾配が緩過ぎると水が溜まりやすくなり，急過ぎると下地と防水層などとの間に滑りが生じやすくなる。

したじちょうせいとざい　下地調整塗材
1960年頃から建築用仕上塗材の多様化に伴い，これの良好な仕上げを確保し，耐久性・安全性の向上のために下地調整塗材が開発された。
仕上塗材に対する適用下地が多様化したため，下地調整塗材も多様化が求められるようになり，コンクリート下地の不陸の調整についても種々の塗厚が要求された。さらにその結合材の種類もセメント系のみならず，合成樹脂エマルション系などが多用されるようになったので，従来のJISを改正して1995年に新JISとし，その種類をセメント系下地調整塗材の他に，合成樹脂エマルション系下地調整塗材，セメント系下地調整壁厚塗材が加えられ3種類となった。

したぬり　下塗り
backing coat, undercoat
左官工事，塗装工事などに使用する用語。2回以上（中塗り，上塗り）に分けて塗り重ねるときに最も下側に塗る作業で，左官工事では下塗りするほど，ひび割れの発生を防ぐために強度を大きくする。塗装工事では，下塗り，中塗り，上塗りとも同系の塗料を用いるが塗装後に検査することがあるので，濃さを変えること。

したばきん　下端筋　〔⇔上端筋〕
基礎，梁，スラブ，階段の下側部分に配置する鉄筋。コンクリートは引張強度が小さいので，鉄筋コンクリート構造物にとって下端筋は構造物の引張応力に抵抗するので，特に重要である（p.256上図参照）。

シタール
高炉水砕スラグを主材料として製造した高強度のタイル。

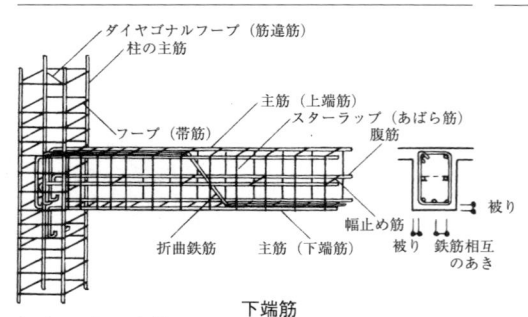

しちゅう

(図：柱梁接合部の配筋図)
- ダイヤゴナルフープ（筋違筋）
- 柱の主筋
- 主筋（上端筋）
- フープ（帯筋）
- スターラップ（あばら筋）
- 腹筋
- 被り
- 折曲鉄筋
- 主筋（下端筋）
- 幅止め筋
- 被り
- 鉄筋相互のあき
- 下端筋

しちゅう　支柱　strut, post, support
〔→サポート・支保工〕
荷重を支えるサポート（図参照）。

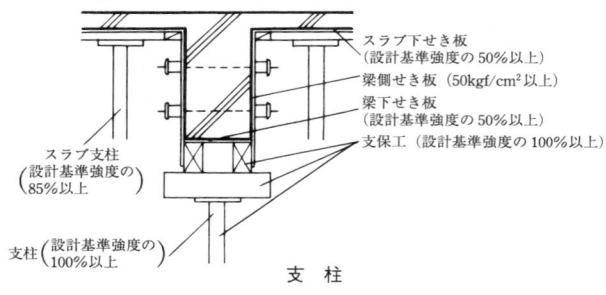

(図：支柱)
- スラブ下せき板（設計基準強度の50％以上）
- 梁側せき板（50kgf/cm² 以上）
- 梁下せき板（設計基準強度の50％以上）
- スラブ支柱（設計基準強度の85％以上）
- 支保工（設計基準強度の100％以上）
- 支柱（設計基準強度の100％以上）
- 支柱

しちゅうあしば　支柱足場
support scaffold
吊足場に対し，支柱を立てて構成した足場。

しちゅうのとりはずしきじゅん　支柱の取り外し基準
下表参照

区分	部位	旧・建設省告示110号(1971年)	JASS 5(2003)
支柱 (支保工)	スラブ下	設計基準強度の85％以上	設計基準強度の100％以上
	梁下	設計基準強度100％以上	支保工取り外し後

しちゅうのもりかえ　支柱の盛り替え
梁・スラブ下のせき板などを一度取り外し，再び支柱のみを立て直す作業。
注意事項は次の通り。
①大梁の支柱の盛り替えは行わない。
②直上階に著しく大きい積載荷重がある場合においては，支柱（大梁の支柱を除く）の盛り替えは，行わない。
③支柱の盛り替えは，養生中のコンクリートに有害な影響をもたらすおそれのある振動，または衝撃を与えないように行う。
④支柱の盛り替えは，逐次行うものとし，同時に多数の支柱について行わない。
⑤盛り替え後の支柱の頂部には，十分な厚さおよび大きさ，圧縮強度を有する受け板，角材その他，これらに類するものを配置する。

じちんさい　地鎮祭
地鎮祭は，古来正式には「とこしづめのまつり」というが，現在では，簡略に「地祭（じまつり）」ともいう。この祭儀は，工事着手に当たって，その敷地の守護神を祭り，その土地の永遠の安定と工事の安全を祈願することで，地鎮祭とは建設工事予定の敷地を祓い鎮め，苅初（かりそめ）の儀や穿初（うがちぞめ）の儀を執り行った後，鎮物（しずめもの）を埋納する儀式のこと。これら一連の儀式を，一般的には「地鎮の儀」というが，場合によっては「鍬入れの儀」ということもある。また，地鎮祭のことを「起工式」または「着工式」という場合もある。広大な敷地でいくつかの建築物を建築するケースでは，建築物着工の前に，起工式が挙行される場合もあるが，いずれの起工式でも，内容は地鎮祭と変わりない。

シーツーエス　C_2S　〔→C_3A〕
ビーライトまたはベリットをいう。$2CaO \cdot SiO_2$（珪酸二カルシウム）。含有量・性質は p.254 と p.255 の表-1〜2参

照。

しっきばこ 湿気箱 moist cabinet
セメントモルタルの強さ試験用供試体などを湿空養生するために，内部の湿度が90％以上に保たれ，高温で，空気の激しい流通がなく，供試体に水滴が落ちることのないようしつらえた養生箱。

じつきょうど 実強度
実際に建設された構造物の強度。供試体強度と異なることが多い。供試体の方が水和されるので一般に強度は大きい。

しっくい 漆喰 lime plaster
消石灰，貝灰，砂，苆，海藻糊，藁等を混ぜ合わせたもので，日本壁材の一種類。硬化の過程は気硬性。有害な化学物質を含まないうえ，部屋の湿気を吸収したり放出したりする性質がある。住宅内の湿度が一定に保たれ，ダニやカビの発生を抑える。

しっくうようじょう 湿空養生 moist curing
コンクリートが気温の変化に追随し，かつ，水分の逸散が少ない湿度80％程度の状態で行う養生。

シックハウスしょうこうぐん シックハウス症候群 sick house syndrome 〔→ホルムアルデヒド，新築病〕
建材などに含まれる化学物質で健康被害が起きる「シックハウス症候群」への対策を強化するため，国土交通省は2001年8月に新築の住宅でホルムアルデヒド，トルエン，キシレン，エチルベンゼン，スチレンの5種類の化学物質がどのくらい放散されているかの数値を住宅性能表示制度の項目に追加した。特にホルムアルデヒドは室内空気1 m³中0.08 ppm以下，トルエンが250 µg/m³以下としている。2003年7月に建築基準法が改正された。なお，具体的な対策例として内壁には「漆喰」を，塗料には「柿渋」を，接着剤には「米糊」「にかわ」を用いるとよい。

じっけんけいかく 実験計画 design of experiment
合理的に実験を割り付けて，経済的に精度よく結果が解析できるように実験の設計をすること（JIS）。

じっさいたいようねんすう 実際耐用年数（命数）
建築物またはその部分が，つくられてから滅失したときまでの年数。

しっさようじょう 湿砂養生 wet sand curing
コンクリート供試体が気温の変化に近く，かつ，水分の散逸がない湿砂中に養生すること。

しっしきキルン 湿式キルン wet kiln 〔→ロングキルン，⇔乾式キルン〕
セメント原料を湿った状態で調合してから焼成する方式。キルンの全長が300 mもあり，1954年頃より出現した。

しっしきこうほう 湿式工法 wet construction 〔⇔乾式工法〕
各種材料を工事現場で練り混ぜて施工するものをいう。例えば，漆喰塗りなどの左官工事や鉄骨造に耐火被覆する工事など。

しっしきつぎて 湿式継手 wet joint 〔⇔乾式継手〕
溶接やボルト継手のような乾式継手の対語。高強度モルタルスリーブ充填継手など。

しっしきふるいわけ 湿式ふるい分け wet sieving (screenig)
セメントなどの結合材の大きさを調べる場合に行うもので，乾式より試験時間を要するが，より正しくふるい分けができる。

しっしきふんさい 湿式粉砕 wet grinding

しつしきほ

水や有機溶媒中で行う粉砕。液体の存在による粉砕のエネルギー効率の向上と粉末の凝集・固結作用の低減により，乾式粉砕に比べて，より微粉砕が可能である。サブミクロン域の超微粉砕は湿式粉砕が一般的で，粉砕機としてはボードミル，振動ミルなどが広く使用されている。トリーフ方式による高炉スラグの湿式粉砕が有名。

しっしきほうほう　湿式方法〔⇔乾式方法〕
セメント原料を湿った状態で調合してから焼成する方法。

しつじゅんざい　湿潤剤　wetting agent
セメント粒子の表面を液体に濡れやすくするために添加するもので，AE減水剤の一つ（JIS）。現在，用語としては用いられておらず，AE減水剤と総称されている。

しつじゅんじょうたい　湿潤状態
wet condition
骨材の含水状態の一種。練混ぜ時の砂の含水量が大きい（湿潤）ほど，コンクリートのブリーディング，圧縮強度，ヤング係数，中性化深さ等によい影響を与え，一般にコンクリートの性質は良好となる。長さ・質量の変化率には大きな差異がない（下表参照）。

しつじゅんぼうちょう　湿潤膨張
wet expantion
湿潤によってコンクリートは膨張する。膨張の程度は水質，セメント種類，骨材種類，調合などによって異なる。

しつじゅんようじょう　湿潤養生
moist curing, wet curing
コンクリートの表面および内部を湿潤状態

湿潤養生の期間（JASS 5）

セメントの種類	計画供用期間の級 一般および標準	長期
早強ポルトランドセメント	3日以上	5日以上
普通ポルトランドセメント	7日以上	7日以上
その他のセメント	7日以上	10日以上

骨材の含水状態別による変化

セメントの種類	砂の含水状態	砂の含水率 (%)	W/C (%)	スランプ (cm)	空気量 (%)	細骨材率 (%)	全水量 (kg/m³) 単位水量	補正水量	練り上がり温度 (°C)	ワーカビリティ	最終ブリーディング量 (cm³/cm²)	材齢28日圧縮強度 (N/mm²)	乾燥期間26週の乾燥収縮率 (×10⁻⁴)	中性化深さ1か月間[3] (mm)
普通	絶乾	0.14[1]	62	19.5	4.2	48.1	173	21	18.0	良	0.79	18.9	7.2	22.6
	気乾	1.18	62	20.0	4.0	48.1	173	12	18.0	良	0.72	21.1	7.2	20.4
	表乾	2.25	62	21.0	4.2	48.1	173	0	18.0	良	0.49	22.1	7.3	19.6
	湿潤	8.83	62	20.5	4.3	48.1	173	−55	18.0	良	0.11	22.9	7.3	15.4
高炉B種	絶乾	0.14[1]	58	21.0	4.2	47.4	166	21	18.0	良	0.83	21.1	7.1	24.6
	気乾	1.18	58	20.0	4.1	47.4	166	12	18.0	良	0.73	21.3	7.1	22.5
	表乾	2.25	58	20.0	4.3	47.4	166	0	18.0	良	0.49	22.7	7.2	21.8
	湿潤	8.83	58	19.0	4.3	47.4	166	−55	18.0	良	0.14	24.2	7.2	17.7

[注]
(1) 105°Cの電気乾燥炉にて絶乾としたが，炉から実験室に取り出し，48時間後に使用したために，室内の湿気を吸水したためと考える。
(2) 砂の含水状態によって補正した水量
(3) CO_2濃度10%，温度40°C，湿度60%の雰囲気中に1か月間入れた。

に保持した養生。

じっすんぽう　実寸法
actual size, actual dimension
実際の大きさ・寸法。

じっせきりつ　実積率
ratio of absolute volume　〔⇔空隙率〕
骨材の品質，特に粒形の程度を表すもので，あるものに満たした骨材の絶対容積のその容器の容積に対する百分率。実積率（d）と空隙率（V）との間には $d+V=100$（％）になる関係がある。粒形の悪いもの，粒面に凹凸のあるものでは容積率は小さいから，実積率によってその粒形の良否の判定に用いられる。JISではこの値を55％以上をしている。実積率とコンクリートのスランプとの関係の一例を図に示す。

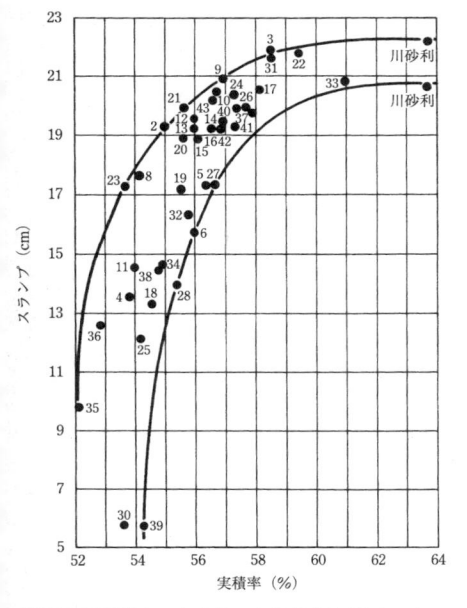

砕石の実積率とコンクリートのスランプ（浜田稔による）

じっせきりつによるくぶん　実積率による区分
軽量骨材の実積率：JIS，構造用軽量コンクリート骨材：JISに定められている。

骨材の実積による区分（JIS）

区分	モルタル中の細骨材の実積率（％）	粗骨材の実積率（％）
A	50.0以上	60.0以上
B	45.0以上　50.0未満	50.0以上　60.0未満

しつどかんそう　湿度乾燥
humidity drying
制御された湿度下での乾燥。含水コンクリートまたはモルタルの高温乾燥は早い乾燥を可能にするが，コンクリートまたはモルタル中の大きな水分分布によりひび割れが生じやすくなる。飽和水蒸気雰囲気中で加熱乾燥することでひび割れの発生を防ぐことができる。

しつどけい　湿度計
hygrometer
湿度を測定する計器。

しつないきこう　室内気候　indoor climate
空気の温度，湿度，気流，塵埃，壁の表面温度，熱輻射，日射などによってつくり出される室内の気候。

しつないぼうすい　室内防水
indoor waterproofing
室内の結露防止のために施す防水。

しつぶん　湿分　moisture content
単に含まれている水のことで，物質そのものは変化しないで，加熱によって脱水されるもの。例えばフライアッシュ（JIS），は，湿分1.0％以下，シリカフューム（JIS）は，湿分3.0％以下と定められている。

しつぶんいどう　湿分移動
コンクリートまたはモルタル中を水蒸気が吸着，脱着を繰り返しつつ移動する現象。

しつりょうけいりょう　質量計量
セメント，骨材および混和材の計量は，質

してつこう

量による。計量誤差は，下表による。

材料の計量誤差

材料の種類	1回計量分量の計量誤差%
セメント	±1
骨材	±3
混和材（注）	±2

[注] 高炉スラグ微粉末の計量誤差は1回計量分量に対し±1%とする。

じてっこう　磁鉄鉱　magnetite　〔→マグネタイト〕

重量コンクリート用骨材。化学成分は Fe_3O_4，骨材の密度は $4.5〜5.2 g/cm^3$。硬度 $5.5〜6.5$。

シート　canvas sheet

屋外作業の仮囲い。工事機材の養生，保管，防塵などの目的で用いる布織物。$2.7 m×3.6 m$，$3.6 m×5.4 m$ などの規格がある。この他1m内外の幅で50mの長尺反物もある。材質は木綿のほか，ビニロン，ナイロン，ポリプロピレンなどの合成繊維のもので防火処理したものがある。

じどうりゅうどぶんせきけい　自動粒度分析計　automatic particle size analyzer

セメントやフライアッシュ・高炉スラグ微粉末などの粒子径の分布を自動的に測定する装置。市販の主な装置は，測定原理によって沈降法，レーザー回析散乱法，細孔通過法がある。このうちレーザー回析散乱法による機種が最も多い。

シートパイルこうほう　シートパイル工法　sheet pile　〔→鋼矢板工法〕

鋼矢板のこと（図参照）。
- 鋼矢板工法は，止水性に優れているが，強度や剛性が不足して層の厚い軟弱地盤にあっては，地盤の回り込みの防止が困難となる。
- 透水性の大きい砂質地盤に適する。
- 打設時の振動・騒音，また，かみ合せ部の強度が問題となる。

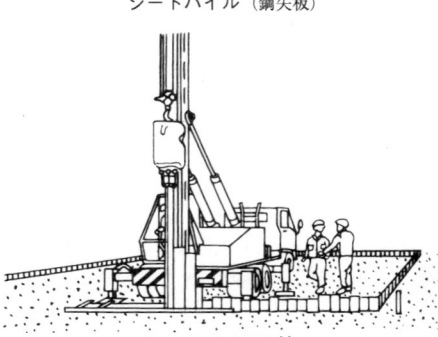

シートパイル（鋼矢板）

シートパイル工法

- 矢板の打設に際しては，定規を設置して通りよく建て込み，鉛直に設置する。

シートぼうすいこうほう　シート防水工法　sheet-applied membrame waterproofing

加硫ゴム系や塩化ビニル樹脂系の合成高分子ルーフィングを接着剤を用いて下地に張り付けた防水工事。工程数が少ない。合成高分子ルーフィング防水ともいう。

シートようじょう　シート養生　sheet curing

シートを用いて，上部から落下してくるものを受け止める水平養生と，上部からの落下物が隣家へ飛散するのを防止する垂直養生の機能を有する。用途は工事現場の境界線から水平距離5m以内，地盤面からの高さ7m以上の場所で工事を行う場合に用いる。

しにいし　死石　soft stone

普通骨材で，絶乾密度 $2.3 g/cm^3$ 以下のもの。死石を多量に含むコンクリートは強度・耐久性などが減ずる。

じねつせいセメント　地熱井セメント　geo thermal cement　〔→油性セメント〕

深度2,000m，温度230〜250℃の地熱井の掘削において高温高圧下で使用するセメ

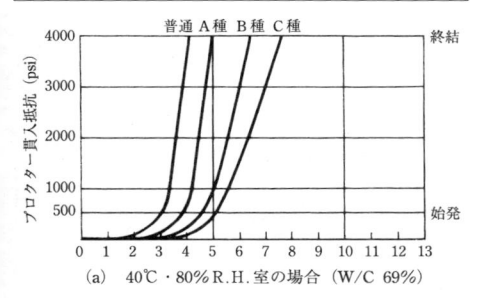

(a) 40℃・80%R.H.室の場合 (W/C 69%)

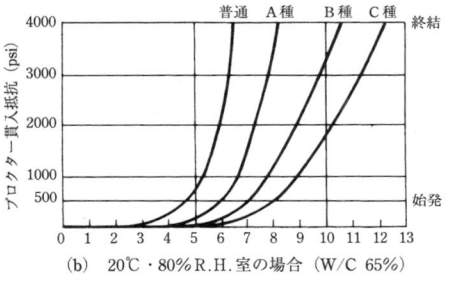

(b) 20℃・80%R.H.室の場合 (W/C 65%)

高炉セメントコンクリートの凝結時間

ント。このセメントはJISでは規定されていないため、わが国ではAPI（アメリカ石油協会）規格によって製造・使用されている。

じねつはつでん　地熱発電
volcanic steam power generation
地下から吹き出す高温・高圧の水蒸気を利用する発電。ちなみに地下へ100 m下がるごとに温度が3℃ずつ高くなる。

しはつ　始発
initial setting, initial set 〔⇔終結〕
凝結の始まる時をいう。セメント種類，調合，温度などによって異なる（左図参照）。

しはつようひょうじゅんはり　始発用標準針
JISで定められているセメントの凝結試験において標準軟度を定めるための針。コンクリートの場合は貫入針を使用する (JIS)。

ビーカー針による始発終結

セメントの種類		凝結		
		水量(%)	始発(h-min)	終結(h-min)
ポルトランドセメント	普通	28.1	2-21	3-11
	早強	30.5	2-05	2-52
	中庸熱	28.1	4-07	5-22
	低熱	26.6	3-28	5-05
高炉セメント	B種	29.5	2-54	3-51
フライアッシュセメント	B種	28.1	3-09	4-04

じばん　地盤　ground
建物などの礎となる土地。

じばんかいりょうこうほう　地盤改良工法
〔→固結工法〕
soil improvement method

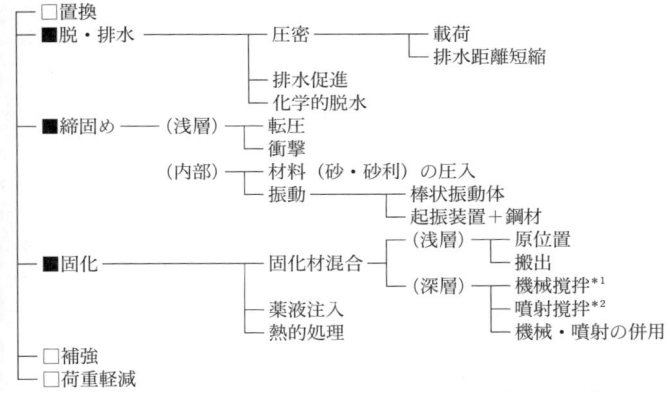

```
□置換
■脱・排水 ─── 圧密 ─── 載荷
│               └── 排水距離短縮
│           ─── 排水促進
│           ─── 化学的脱水
■締固め ─(浅層)─── 転圧
│           ─── 衝撃
│       (内部)─── 材料（砂・砂利）の圧入
│           ─── 振動 ─── 棒状振動体
│                   └── 起振装置＋鋼材
■固化 ─── 固化材混合 ─(浅層)─── 原位置
│                           ─── 搬出
│                   (深層)─── 機械撹拌*1
│                           ─── 噴射撹拌*2
│                           ─── 機械・噴射の併用
│       ─── 薬液注入
│       ─── 熱の処理
□補強
□荷重軽減
```

■建築の地業に関連の深いもの
*1 スラリー系
　　粉体系
*2 グラウト噴射系
　　エア・グラウト噴射系
　　水・エア・グラウト噴射系

地盤改良原理による分類と具体的方法

地盤改良地業とは，地盤の剪断強度を増大させたり地盤の圧縮性を減少させたりする目的で，土に締固め・固化などの処理を行った基礎地業をいう。一般に地盤改良を採用する場合，その目的は圧密沈下の促進，地下掘削時の安全確保，液状化防止および支持地盤の造成であり，多くの改良工法が適用されている。ここでは建築の地業という意味合いから実績を考慮して，締固めおよび固化を改良原理とする工法としている。地盤改良工法は，その改良原理によってp.261下表のように分類される。

じばんちょうさ　地盤調査
soil surveying of site
地盤を構成する地層や土層，地下水，各地層および土層の性状を明らかにし，計画される構築物の設計・工事計画に必要な資料を提供するために行う調査。探査棒，試掘，ボーリング，物理地下探査などの方法がある。

じばんちんか　地盤沈下
subsidence of ground
地殻運動あるいは海面上昇などの自然現象による地盤の相対的沈下。主として工業用水用としての地下水の過度の揚水や，天然ガスの過剰の引抜きなど，人為的な原因によって地盤それ自体が下がり，地割れ・陥没などの現象。

じばんのきょようおうりょくど　地盤の許容応力度
建築基準法施行令93条，昭和46年告示111号によると次の通り。

地盤の許容応力度（t/m^2）

地盤の種類	長期許容応力度	短期許容応力度
岩盤	100	200
固結した砂	50	100
土丹盤	30	60
密実な礫層	30	60
密実な砂質地盤	20	40
砂質地盤	5	10
堅い粘土質地盤	10	20
粘土質地盤	2	4
堅いローム層	10	20
ローム層	5	10

シーフォーエーエフ　C_4AF　〔→ C_3A〕
フェライト相またはセリットという。
$4CaO \cdot Al_2O_3 \cdot Fe_2O_3$（鉄アルミン酸四カルシウム）。

ジブクレーン　jib crane
ジブ（旋回可能な腕木部分）を有するクレーン。

ジブクレーン

しぶんほう　四分法　quartering
骨材の諸試験を行う際，代表的な試料を採取する方法の一つ。試料を円形に平らに広げ十字に四等分し，対頂角を取り全体の半分にする。通常は試料分取器で採取する（JIS）。

無筋および鉄筋コンクリートの示方配合の表し方（土木学会：コンクリート標準示方書）

粗骨材の最大寸法 (mm)	スランプの範囲 (cm)	水セメント比 W/C (％)	細骨材率 s/a (％)	単位量（kg/m^3）						
				水 W	セメント C	細骨材 $S^{1)}$	粗骨材 $G^{1)}$		混和材料	
							mm～mm	mm～mm	混和材	混和剤[2)]

[注] 1): 人工軽量骨材コンクリートの場合は，細・粗骨材とも絶対容積（ℓ）で表示する。
2): 混和剤の使用量はccまたはgで表し，薄めたり，溶かしたりしないものを示すものとする。
3): 細骨材は5mmふるいを全部通るもの，粗骨材は5mmふるいで全部とどまるものとし，細・粗骨材について，軽量，普通の区別を示す。

計画調合の表し方（JASS 5）

粗骨材の最大寸法 (mm)	スランプ (mm)	空気量 (%)	水セメント比 (%)	細骨材率 (%)	単位水量 (kg/m³)	絶対容積 (l/m³)				質量 (kg/m³)				混和剤の使用量 (ml/m³) または (C×%)
						セメント	細骨材	粗骨材	混和材	セメント	細骨材	粗骨材[1]	混和材[1]	

[注] [1]：絶乾状態か，表面乾燥飽水状態かを明記する。ただし軽量骨材は絶乾状態で表す。

しほうしょ 示方書 specification
土木用語で仕様書のことで，土木構造物の設計，施工についての一般的な基本原則の標準を示したもの。構造性能照射編と施工編とがある。

しほうはいごう 示方配合 specified mix, nominal mix
土木学会のコンクリート標準示方書によって定められている各材料の単位容積当たりの配分（p.262下表）。なお，同様の内容を日本建築学会では計画調合という（上表参照）。

しほこう 支保工
supports 〔→サポート・支柱〕
型枠の一部で，せき板を所定の位置に固定するための仮設構造物。サポートともいう。

しほこうのざいりょう 支保工の材料 materials of support
丸パイプ，角パイプ，軽量形鋼はJISに規定されているものを使用する。

しほこうのせっけい 支保工の設計 design of supports
コンクリート施工時の水平荷重による倒壊，浮き上がり，ねじれなどを生じないように横繋ぎ材・筋違材・控え網などにより補強する。なお，支保工の許容応力度は労働安全衛生規則第241条に定められた値を用いる。

しほこうのそんちきかん 支保工の存置期間 time for supports to remain in place
コンクリート打込みから型枠を外すまでの期間のことで，言い換えればスラブ下・梁下とも設計基準強度の100％以上のコンクリートの圧縮強度が得られたことが確認されるまでの期間（JASS 5）。

しほばり 支保梁 guide
梁端部の支持点の納まりが急所である。支柱がない場合，水平力に対して弱いので，筋違等で十分補強する必要がある。荷重によりたわみが生ずるので，剛性のある組立梁を用いる。矢板打込みの際，粗骨材の位置を保持するために用いる定規材。

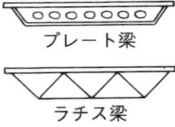

プレート梁
ラチス梁

シポレックス syporex
軽量気泡コンクリートの一種の商品名。

シマンフォンジュ Ciment Fondu
フランスのセメント製造会社。特にアルミナセメントを製造していることで有名。下表にアルミナセメントの一例を示す。

シームレスフロア seamless floor
継目のない床。

しめかたまりやすさ 締固まりやすさ
流動性に富んだコンクリートほど，締固まりやすい。例えば高流動コンクリートな

アルミナセメントの成分と物性の一例

化学成分（％）							密度	比表面積	凝結 (h-m)	
SiO₂	Al₂O₃	Fe₂O₃	CaO	MgO	SO₃	R₂O	(g/cm³)	(cm²/g)	始発	終結
4.3	42.0	12.1	36.3	0.3	—	0.21	3.17	3,670	3-25	3-55

しめかため

ど。

しめかため　締固め
compaction, tamping 〔→コンクリート振動機〕

打ち込んだコンクリートをバイブレーターなどによって振動させたり，叩いたり，突いたりして空隙を少なくし，型枠内の隅々まで密実にすること。

しめかためきかい　締固め機械
compacting equipment

コンクリートを密実につくるための機械で締固め方法別に示すと次の通り。

振動締固め：振動機を用いて，型枠やコンクリートに振動を与えて締固め成形する方法で，最も広く採用されている。棒状内部振動機，型枠振動機，振動台などが用いら

コンクリート標準示方書（土木学会）のスランプの範囲（cm）

	一般の場合	断面の大きい時
振動機を用いる場合	5〜12	2.5〜10

振動の影響範囲

分類	棒径(mm)	振動数(rpm)	振幅(mm)	普通コンクリート スランプ (cm)			人工軽量コンクリート スランプ (cm)		
				15	10	5	15	10	5
小形	38	8,000	2〜3	15	12	10	20	15	10
大形	60	8,000	1.8〜2.0	25	20	17	30	25	20
	60	12,000	0.2〜1.5	50	35	22	60以上	60	40

加圧と振動を与えながらの遠心力締固め方法

れる。振動台や型枠振動機は，振動数 3,000〜5,000 rpm，振間 0.5〜1.0 mm，加速度 5〜15 g 程度のもの，棒状振動機は逆に 8,000 rpm の高振動数で低振幅型のものが使用されている。

加圧棒固め：型枠にコンクリートを詰め 7〜10 kgf/cm² の圧力で加圧成型し，そのままの状態で促進養生を行う。加圧によって自由水が絞り出されるので，コンクリートは密実になって強度が増大する。

遠心力締固め：図に示すようにコンクリートに遠心力を与えて余分の水を搾り取ることにより，コンクリートを密実にし強度を高める方法である。遠心力は回転速度の二乗に比例し，回転数を上げれば遠心力が大きくなり締固め効率はあがるが，余り早くなると，①コンクリートの材料分離がひどくなる，②円滑な回転が難しくなり，型枠がおどるようになる，③遠心機の車輪や型枠のタイヤの損傷がひどくなるほどの悪い現象が出てくる。一般に遠心力が 30〜40 g 程度が適当である。

しめかためこうか　締固め効果

フレッシュコンクリートの凝結開始直前に締固めを行うと，コンクリートの組織は密実となり，性質は，一般に向上する。

しめかためようき　締固め容器
compactor

コンクリートの締固めは，構造物に要求される性能を満たすためコンクリートの空隙を少なくし，鉄筋，埋設物などとよく密着させ，型枠の隅々までコンクリートを均一かつ密実にするため十分に行う。一般に締固めの方法としては，突棒，木槌による方法，振動締固めがある。特殊な方法としては，真空マットによって道路や屋根スラグ

のコンクリートを密実にする方法もある。締固めには、コンクリート棒形振動機が最も効果が大きい。特に、これはスランプの小さい、硬練りコンクリートに対して充填性やコールドジョイントを防止する効果に優れている。しかし、コンクリート棒形振動機を使用することができない部位や構造体の形状、コンクリートの種類などに応じて、コンクリート型枠振動機、突棒、木槌などを適時併用する。

しめつけかなもの　締付け金物
型枠締付け用ボルトのフォームタイやせき板間の間隔、鉄筋とせき板または鉄筋間の間隔を保持するためのセパレーターなど（下図参照）をいう。

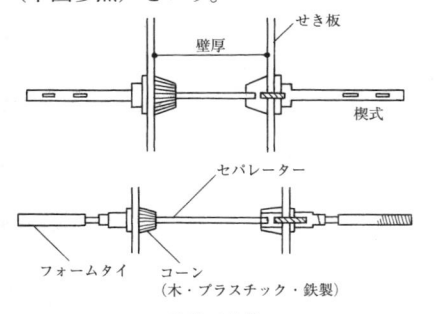

締付け金物

しめつけかなものあと　締付け金物跡
フォームタイ本体の締過ぎによりPコンを呼び込み、せき板が変形板状態でコンクリートを打ち込むと、Pコン回りのコンクリートが凸状に膨れ上がり仕上がってしまうことにより発生する。フォームタイの締過ぎは、打込み時のバイブレーターによる振動でゆるみを生じるおそれがあるために起きることから、横端太（外端太）とせき板の間にフォームタイパッキンなどを挿入し、締付け過ぎによるせき板の引込みを防止させる。

しゃおんこうぞう　遮音構造
長屋・共同住宅の下地のない界壁の遮音構造（建築基準法30条、施行令22条の2）は、遮音上、図に示すような構造とする。

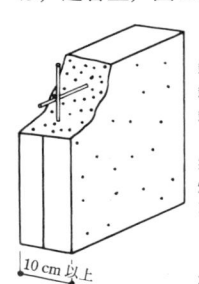

鉄筋コンクリート造
鉄骨鉄筋コンクリート造
鉄骨コンクリート造
コンクリートブロック造*
無筋コンクリート造*
煉瓦造*
石造*
[注*] 肉厚および材料の厚さの計とする。

遮音構造

しゃおんざいりょう　遮音材料
sound insulating material
空気中を伝わる音のエネルギーを吸収や反射によって遮断する効果の大きい材料。コンクリート、モルタルは遮音材料の一つである。遮音材料の測定法はJISで規定され、デシベル〔dB〕単位で示される。この値が大きいほど遮音性は優れていると考える。

しゃかいてきたいようねんすう　社会的耐用年数（命数）
建物の物理的要因ではなく、社会的要因により定まる耐用年数。

シャーカッター　shear cutter
剪断による鉄筋切断機（写真参照）。

ジャス　JAS
Japanese Agricultural Standard
日本農林規格の略称。建築関係では主に木材の品質などを規定している。

ジャス　JASS　Japanese Architectural Standard Specification
日本建築学会建築工事標準仕様書の略称。

主に標準仕様書の改訂と材料品質について1953年より本格的に制定している。JASSのうち，5が鉄筋コンクリート工事，10がプレキャストコンクリート工事である。

ジャスご　ジャス5　JASS 5
日本建築学会建築工事標準仕様書　第5章鉄筋コンクリート工事の略称で，現場施工の鉄筋コンクリート工事（鉄骨鉄筋コンクリート造などの鉄筋コンクリート工事を含む），および無筋コンクリート工事に適用する。

しゃせんこうていひょう　斜線工程表
縦軸に数量や出来高（各工事細目の全体に対する構成比率）を，横軸に工期を取り，工事量（工事の出来高）と工期が明確に表示されるように工夫された工程表。工事の遅れに対して速やかに対処できる利点があり，横線工程表に組み込まれることが多い。

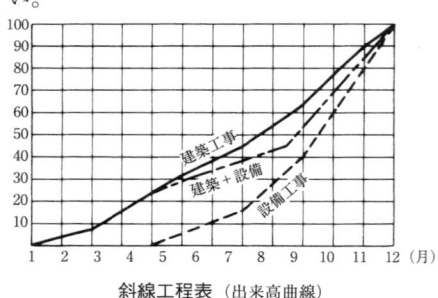

斜線工程表　（出来高曲線）

ジャッキこうほう　ジャッキ工法
lift-slab construction
幅広い用法がある。コンクリートでは一度セットした型枠を上部へ上げていく工法。最近では軟弱地盤の建物が沈下することを防ぐために利用している。

しゃないきかく　社内規格
企業ごとに品質を管理するために，企業が独自に設けた規格。

しゃぶコン
レディーミクストコンクリートを組み立てられた型枠中へ打ち込む際に作業を早くするため，所定量以上の水を加えて軟らかくしたコンクリート。

しゃふつほう　煮沸法　boiling method
煮沸することによってセメントペースト，モルタル，コンクリートの急激な膨張によるひび割れの発生または崩壊の有無を調べる。一例としてJISに，セメントの安定性を調べる方法として定められている。

しゃへいようコンクリート　遮蔽用コンクリート　shielding concrete
主として生体防護のためにγ線・X線および中性子線を遮蔽する目的で用いられるコンクリート。JASS 5の遮蔽用コンクリートの主な規定事項は，次の通り。
①セメントは普通，中庸熱，耐流酸塩の各ポルトランドセメントおよび高炉・シリカ・フライアッシュ各セメントのA種・B種とする。
②スランプは15 cm以下とする。
③水セメント比は60％以下とする。
なお，ナトリウムコンクリートの直接接触による水素爆発が起きる危険性があるので注意する。

しゃへいようコンクリートにようきゅうされるせいのう　遮蔽用コンクリートに要求される性能

骨材の種類とコンクリートの気乾単位容積質量

骨材の種類	細骨材	砂	褐鉄鉱	砂	砂	バライト	磁鉄鉱	燐鉄	磁鉄鉱	燐鉄
	粗骨材	砂利・砕石	褐鉄鉱	バライト	磁鉄鉱	バライト	磁鉄鉱	燐鉄	鉄	鉄
コンクリートの気乾単位容積質量　(t/m³)		2.2〜2.4	2.5〜3.5	3.0〜3.3	3.0〜3.5	3.5〜3.8	3.5〜4.0	4.5〜5.0	4.5〜5.5	5.0〜6.0

所要の単位容積質量（重い），化学成分（ホウ素を含んでいる），強度を有し，ひび割れの発生が少なく，高温になっても変化が少なく安定していること（p.266 下表）。

しゃへいようコンクリートのおんどへんかによるしょうがい　遮蔽用コンクリートの温度変化による障害
高温による強度・剛性・容積・含有水などの変化が少ないことを障害という。

しゃへいようコンクリートのきかく　遮蔽用コンクリートの規格
ASTM C 637 (Standard Specification for Aggregates for Radiation-Shielding Concrete) がある。

しゃへいようコンクリートのせこう　遮蔽用コンクリートの施工
打継ぎ部をつくらない。やむを得ずつくる場合でも放射線の漏洩を完全に防ぐこと。

しゃへいようコンクリートのだんめんせき　遮蔽用コンクリートの断面積
できるだけ大きくとること。

しゃへいようコンクリートのちょうごう　遮蔽用コンクリートの調合
スランプは 15 cm 以下，水セメント比は 60％以下として，ひび割れがほとんど発生しないような調合とする。

シャモット　chamotte
高アルミナ質粘土の焼成粉末で，耐火煉瓦の原料として用いられている。

シャモットコンクリート　chamotte concrete
シャモットを骨材としたコンクリート，耐熱性が大きい。

シャモットれんが　シャモット煉瓦　chamotte brick
耐火粘土とシャモットを原料として作製した煉瓦。耐火用煉瓦の一種。

じゃもんがん　蛇紋岩　serpentine
主成分は $Mg_3Si_2O_5(OH)_4$，密度 $2.4～2.7$ g/cm^3，吸水率 $0.6～3.1$ %，原石の圧縮強度 $123～63.2$ N/mm^2，弾性係数 84.8 kN/mm^2。わが国では全国的に産出されている。黒緑色から緑色。未変質の橄欖石や斜方輝石が一部残存している。400 °C まで結晶水が失われないため遮蔽用コンクリートの骨材として使用されることもある。

じゃり　砂利　gravel, ballast, gravier (仏), Kies (独), ghiaia (伊), grava (西)
自然作用によって岩石から出来た粗骨材。コンクリート構造物に必要な礫。川砂利，山砂利，陸砂利，海砂利などがある。砕石に比較して丸味を帯びている。

じゃりおよびすなのひょうじゅんりゅうど　砂利および砂の標準粒度
standard grain size of gravel and sand
下表の通り。他の骨材は関連する JIS を参照するとよい。

砂利および砂の標準粒度

骨材の種類			ふるいを通るものの質量百分率（%）									
			ふるいの呼び寸法（mm）									
		50	40	30	25	20	15	10	5	2.5	1.2	0.6	0.3	0.15
砂利	最大寸法 mm	40	100	95～100	—	—	35～70	—	10～30	0～5	—	—	—	—	—
		25	—	—	100	95～100	—	30～70	—	0～10	0～5	—	—	—	—
		20	—	—	—	100	90～100	—	20～55	0～10	0～5	—	—	—	—
砂			—	—	—	—	—	—	100	90～100	80～100	50～90	25～65	10～35	2～10

しゃりこん

じゃりコンクリート　砂利コンクリート
砂利を粗骨材としたコンクリート。従来は多用されていた。最近は砂利の埋蔵量が少なくなってきたので砕石を用いたコンクリートに変わりつつある。

じゃりじぎょう　砂利地業
gravel foundation
砂利地業は，軟弱地盤上に比較的大きな地耐力を期待するために，いわば一種の置換による地盤改良である。一般に，45 mm内外のものを用い，敷込み作業には床付け面が埋まらないように排水しておき，割栗や玉石は隙間に切込み砂利を目つぶしに充填して突き固める。突固めによる突沈み量は一般に 6～9 cm を見込む。

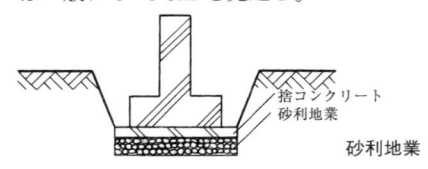

砂利地業

ジャンカ　rock pocket, honeycomb　〔→豆板，鬆(す)，あばた，ボイド〕
分離したコンクリートや締固めが不十分などの場合，下写真に示すように空隙になった不良部分で，コンクリートの劣化を早める。ホースやコンクリート打設シュートを用い，材料分離の生じないように，打込み部に近づけたり，型枠に直接当たらないようにあて板を使用する。また，バイブレーターの掛け忘れがないように，順序よく打ち込む（下図参照）。

ジャンピング　jambping
モルタルやコンクリート部材に小さな孔をあけるための道具。

しゅうきょくきょうど　終局強度
ultimate strength
構造物や構造部材が，崩壊あるいは破壊するときの強さ。

じゅうきんぞく　重金属
heavy metal

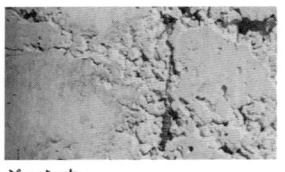

ジャンカ

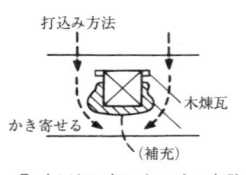

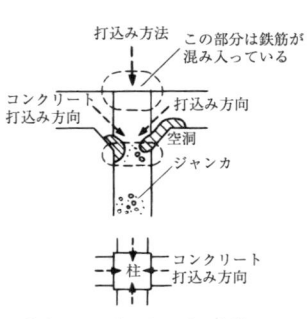

㋑ 柱回りに起こりやすい欠陥

㋺ 窓回りに起こりやすい欠陥

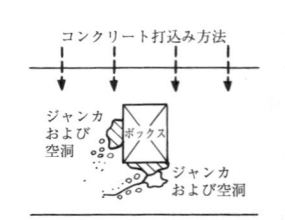

㋩ 障害物回りに起こりやすい欠陥

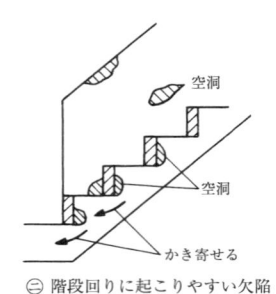

㋥ 階段回りに起こりやすい欠陥

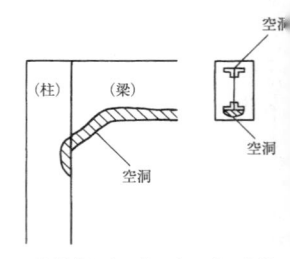

㋭ 鉄骨回りに起こりやすい欠陥

各部位に起こりやすいジャンカ

密度 5 g/cm³ 以上の金属の総称。鉛（密度 11.3 g/cm³），亜鉛（密度 7.1 g/cm³），鉄（密度 7.9 g/cm³），クロム（密度 7.2 g/cm³），マンガン（密度 7.2〜7.4 g/cm³），水銀（密度 13.6 g/cm³），カドミウム（密度 8.6 g/cm³），ニッケル（密度 8.8 g/cm³）などの金属。

重金属の回収設備

しゅうけつ　終結
final setting, final set
〔⇔始発〕
セメントペーストやコンクリートの凝結の終了時。

しゅうさん　蓚酸　(COOH)₂
水やアルコールに溶ける無色で柱形の結晶を成す物質。密度 1.901 g/cm³。無色の液体。コンクリートやモルタルのセメントをしだいに溶かす。

じゆうしゅうしゅく　自由収縮
free shrinkage, unrestricted shrinkage
鉄筋とか鉄骨が入っていない，つまり拘束のない状態のコンクリートやモルタルの収縮をいう。

しゅうしゅくきれつ　収縮亀裂
shrinkage crack　〔→収縮ひび割れ〕
コンクリートやモルタルが温度変化，乾燥，または化学変化などで体積収縮を起こ

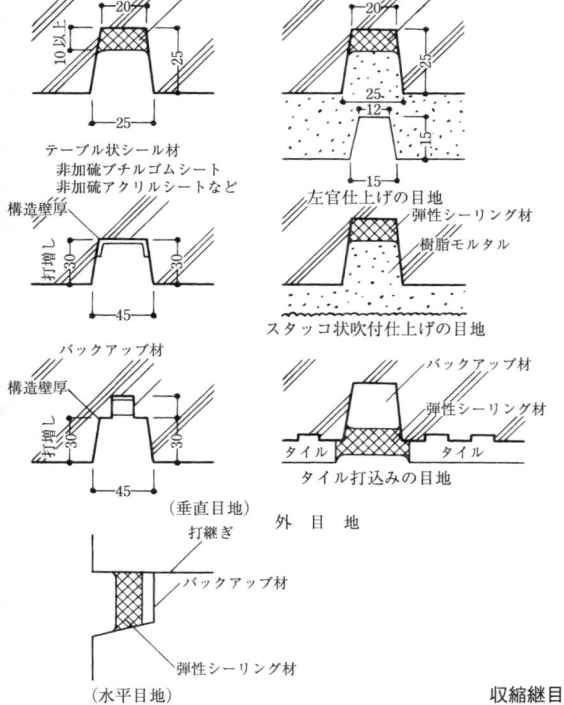

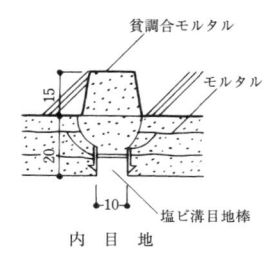

収縮継目および打継部の目地の例 (山根による)

しゆうしゆ

し，その際に発生した引張応力によって，亀裂を発生する現象。

しゅうしゅくしけんほうほう　収縮試験方法

コンクリートおよびモルタルの長さ（収縮・膨張）の測定方法は JIS に定められている。

しゅうしゅくつぎめ　収縮継目

コンクリートの場合，3 m 以内ごとに継目を入れることが望ましい。収縮目地ともいう。(p.269 図参照)

普通コンクリートの収縮歪み($\times 10^{-6}$)(鉄筋比 1 %)

環境条件	コンクリートの材齢*				
	3日以内	4～7日	28日	3か月	1年
屋　外	340	290	180	160	120
屋　内	620	520	310	210	120

*設計で収縮を考慮するときの乾燥開始材齢

しゅうしゅくひずみ　収縮歪み

しゅうしゅくひびわれ　収縮ひび割れ

shrinkage crack, contraction　〔→収縮亀裂〕

「収縮亀裂」の項参照。

しゅうしゅくほしゅう　収縮補修

shrinkage-compensating

コンクリートの収縮亀裂を抑制する目的から，膨張材などを使った無収縮コンクリート。この無収縮のことを収縮補修という。

しゅうしゅくめじ　収縮目地

contraction joint

収縮に伴い生じる引張応力に対処するためのコンクリートの継目。収縮継目ともいう。継目は短い距離ほど望ましいが，施工上難しい。

しゅうしゅくりつ　収縮率

coefficient of contraction

セメント・モルタル・コンクリートの収縮は乾燥によって生じる。乾燥収縮率が大きいと，ひび割れが発生する。セメントペースト量が多いほど，また水セメント比が大きいほど乾燥収縮率は大きくなる。収縮率は通常の場合，材齢 7 日を基長として計算している。物体のもとの長さ (l) に対する収縮量 ($\varDelta l$) を百分率で表す。

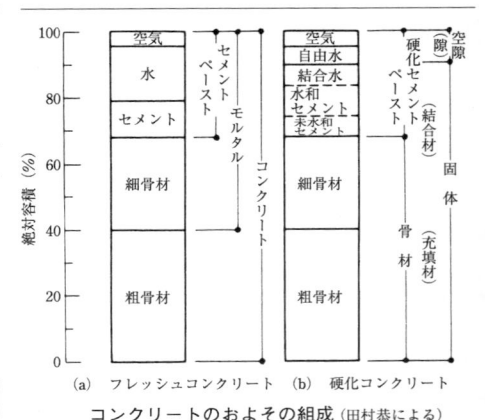

(a) フレッシュコンクリート　(b) 硬化コンクリート
コンクリートのおよその組成 (田村恭による)

じゅうしょうせき　重晶石〔→バライト〕

主成分は $BaSO_4$，密度は 4.2～4.7 g/cm³。材質はやや軟らかく純粋なものほど割れて微粉になりやすい。硬度 2.5～3.3。粒形は斜方晶系の劈開性が著しい。軟質なので角が摩耗しやすく，粒形はだいたい良好。放射線遮蔽用コンクリートの骨材に用いられる。産地はわが国では北海道，秋田県，京都府などに少量産する。北朝鮮，中国，インドなどより輸入されるものもある。

じゅうすい　自由水　free water　〔→結合水〕

セメント硬化体の結合に要しない水。言い換えると遊離状態で含まれている水。自由水は吸着水 (adsorption water) と毛細管水 (capillary water) の合量 (上図)。

じゅうすい　重水

heavy water　〔→ D_2O〕

重水素と酸素が結合した水。密度は 1.105 g/cm³。

しゅうぜん　修繕　repair
　劣化した部材，部品あるいは機器などの性能または，機能を現状あるいは実用上支障のない状態まで回復させること。ただし，保守の範囲に含まれる定期的な小部品の取替えなどは除く。

しゅうそ　臭素　〔→ Br〕
　ハロゲン元素の一つで揮発しやすく，刺激性の臭いを有する。密度 $3.14\,\mathrm{g/cm^3}$。液体。有毒。

じゅうたくひんしつかくほそくしんほう　住宅品質確保促進法
　2000 年 4 月施行。省エネなど 9 分野で 2～5 段階にわたって性能評価機関がランク付けする。省エネルギーについては 4 段階で表示する（下表参照）。マンションなど新築住宅の売買契約で，完成引渡し後 10 年間に，建築物に欠陥が発見された場合，売り主に過失がなくても償う瑕疵担保責任を売り主が負う。「品確法」と略称している。

じゅうたくやねようけしょうスレート　住宅屋根用化粧スレート　decorated cement shingles for dwelling roofs
　主として住宅用屋根に用いる。野地板下地の上に葺く屋根で材料で，セメント，珪酸質原料などを主原料とし，その他の繊維などで強化成型し，オートクレーブ養生または常圧養生した化粧板。品質等は JIS を参照。

じゅうてん　充填　packing

住宅品質確保促進法の概要

	性能表示事項	表示事項の説明	新築住宅	既存住宅
1	構造の安定に関すること	地震や風などで力が加わったときの建物の強さ（壊れにくさ）に関連すること	○	○
2	火災時の安全に関すること	火災が発生した場合の避難のしやすさや建築物の燃えやすさなどに関連すること	○	○
3	劣化の軽減に関すること	建物の構造躯体等の劣化（木材の腐食，鉄の錆など）のしにくさに関連すること	○	○
4	維持管理への配慮に関すること	配管などの日常における維持管理（点検，清掃，修理）のしやすさに関連すること	○	
5	温熱環境に関すること	防暑，防寒など，室内の温度や暖冷房時の省エネルギーなどに関連すること	○	
6	空気環境に関すること	化学物質などの影響の抑制など室内の空気の清浄さに関連すること	○	○
7	光・視環境に関すること	採光などの視環境に関連すること	○	○
8	音環境に関すること	騒音の防止などの聴覚に関連すること		○ 必須事項
9	高齢者等への配慮に関すること	加齢等に伴う身体機能の低下に配慮した移動のしやすさや転落，転倒などの事故防止などに関すること		○ 選択事項

省エネルギー対策等級：一戸建住宅または共同住宅等について適用

等級 4	エネルギーの大きな削減の対策（エネルギーの使用の合理化に関する法律の規定による建築主の判断の基準に相当する程度）が講じられている。
等級 3	エネルギーの一定程度の削減のため対策が講じられている。
等級 2	エネルギーの小さな削減のための対策が講じられている。
等級 1	その他

しゅうてん

コンクリートやモルタルを型枠の中へ打ち込む（詰める）こと。また、骨材を容器に詰めることもいう。

じゅうてんがたこうかんコンクリート　充填型鋼管コンクリート
concrete filled steel tube

鋼管にコンクリートを充填した構造で，鋼管構造から見ると次のような利点がある。
①鋼管の局部座屈がコンクリートによって抑制される。
②コンクリートの剛性が付加される。
③コンクリートの軸圧縮耐力および熱容量によって耐火性能が向上する。
④鋼材の一部をコンクリートに置き換えることによってコストが低減される鉄筋コンクリート（RC）構造。
鉄骨鉄筋コンクリート（SRC）構造から見ると次のような利点がある。
①コンクリートが鋼管によって拘束されるため、耐力・塑性変形能力が高い。
②鉄筋・型枠が不要であるため、現場における施工性がよい。
③大スパン・高階高・超高層などの大規模構造への適用性が高く、柱断面も小さくすることができる。

じゅうてんコンクリート　充填コンクリート
infilled concrete

補強コンクリートブロック、型枠コンクリートブロックの中空部や鋼管の中に充填したコンクリート。モルタルを充填した場合は充填モルタルという。

じゅうゆ　重油　heavy oil

原油を蒸留して得る沸点の高い重製油。黒褐色で密度が大きい。密度 0.9〜0.95 g/cm³。粘度により A（硫黄分 1％），B，C（硫黄分 0.3％〜3％）重油に大別される。アスファルト製造用。

じゅうりょうこつざい　重量骨材　heavyweight aggregate

遮蔽用コンクリートなどに用いられる、普通の岩石よりも密度が大きい骨材。

じゅうりょうコンクリート　重量コンクリート　heavyweight concrete, high density concrete

重量骨材を用いて、質量を大きくしたコンクリート。遮蔽用コンクリートに用いる。重量コンクリートは、均等性や密実性など要求性能が高いので、高品質になるような、コンクリートの施工（締固め）が重要である。建築分野では、遮蔽コンクリートとして、土木分野ではダムコンクリート、海、河川の消波コンクリートとして用いられる。密度は 3.75〜2.8 g/cm³ である。

じゅうりょうブロック　重量ブロック
heavy concrete block

密度 2.0 g/cm³ 以上のコンクリートブロック製品。

じゅうりょくしきミキサー　重力式ミキサー
gravity type mixer

内側に練混ぜ用羽根の付いた混合胴の回転によってコンクリートをすくいあげ、自重で落下させて練り混ぜる方式のミキサー。

しゅきん　主筋　main reinforcement
〔→主鉄筋〕

構造計画の対象となる鉄筋で、あばら筋（スターラップ）や帯筋（フープ筋）など

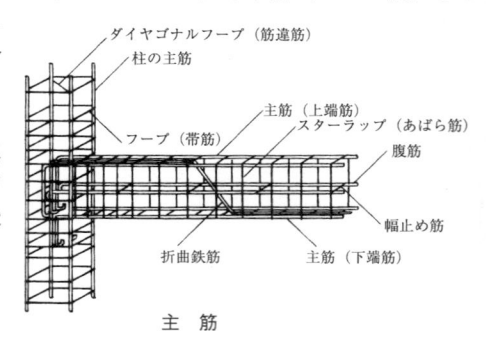

（図：柱の主筋配筋図　ダイヤゴナルフープ（筋違筋）、柱の主筋、主筋（上端筋）、フープ（帯筋）、スターラップ（あばら筋）、腹筋、幅止め筋、折曲鉄筋、主筋（下端筋）　主筋）

も入る。

しゅざい　主剤　principal agent
二液性の熱硬化性接着剤で，その接着剤の主要な成分が含まれている液体で基剤ともいう。これに対し，硬化されるものを硬化剤という。

じゅしモルタル　樹脂モルタル
resin mortar
結合材にレジン（合成樹脂）だけを用いて細骨材と練り混ぜたモルタル。

しゅせきさん　酒石酸
無色のプリズム形の結晶。

しゅっかりつ　出火率　fire breakout ratio
人口1万人当たりの年間出火件数をいう（消防用語）。

しゅっせんどい　出銑樋　hot-iron runner
高炉出銑口（iron notch）から出銑された熔銑を，高炉スラグと比重分離させつつ混銑車や熔銑鍋に導くための樋。

じゅっパーセントさいりゅうちしけんほうほう　10％細粒値試験方法　determination of the ten percent fineness value
10％破砕荷重は，BS 812に定められているもので，骨材の破砕に対する抵抗性についての基準値となるもので，強弱すべての骨材について適用される。

しゅてっきん　主鉄筋
main reinforcement　〔→主筋〕
鉄筋コンクリート部材で軸方向力または曲げモーメントを負担する鉄筋。柱では軸方向鉄筋，梁では上端・下端軸方向鉄筋，床スラブでは短辺方向の引張鉄筋。

シュート　chute, shoot
フレッシュコンクリートを運搬する器具の一種で，堅シュートと斜めシュートがある。前者は
①高所からコンクリートを降ろす場合，バケットを直接用いることができないときに用いる。
②通常漏斗管などを継ぎ合わせてつくり，継目部がコンクリートの打込み中に外れることのないように十分な強度を持つものとする。最近ではフレキシブルなホースも利用されている。
③あまり高いところから降ろしたり，軟練りコンクリートの場合，分離が大きくなるので，受け桝などで一度受けて練り直して使用する。
④最近では，p.274図-1に示すスネークシュートのような特殊なシュートも使用されている。このシュートは上部の送込み装置と下部のフレキシブルなホースからなり，ホース内に空気を混入せずにコンクリートを一定に塊にして間欠的に送り込む。ホースは気密構造で大気圧によって偏平に押されているためコンクリートはこのホースを押し広げながら流下する。摩擦抵抗力のために自由落下しないので材料分離が少なく，下部での飛散衝撃，騒音が緩和されて施工環境が改善される。この方法によって地下約400 m地点へコンクリートを垂直流下させた記録がある。後者は
①コンクリートの材料分離を起こしやすいのでできるだけ使用しない。
②止むを得ず使用する場合は，次の点に注意する。鉄製または鉄板張りで，全長にわたって一様な傾きとする。傾斜角度は，30℃以上が適当である（p.274図-2）。また，できるだけ運搬距離を短くする。シュートの吐出し口は，p.274図-3に示すようなバッフルプレートと漏斗管を設けて材料の分離を防ぐ。シュートの下端とコンクリート打込み面との距離を1.5 m以下とし，漏斗管の下端が打込み面に近くなるようにする。コンクリートの材料が分離する場合は，吐出し口に受け台を設け，練り直

しゆみつと

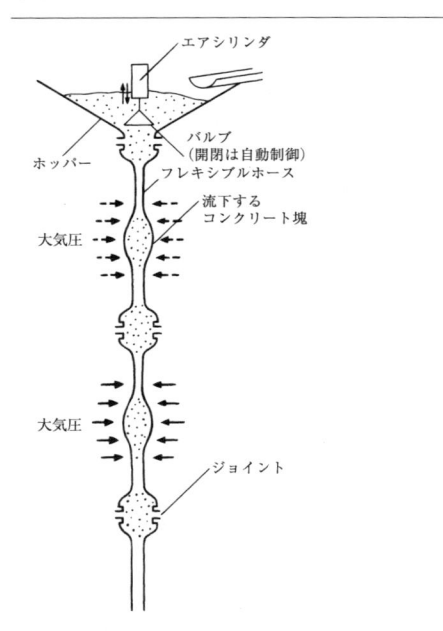

図-1　スネークシュート

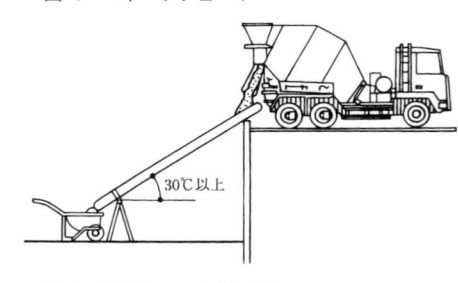

図-2　斜めシュートの角度

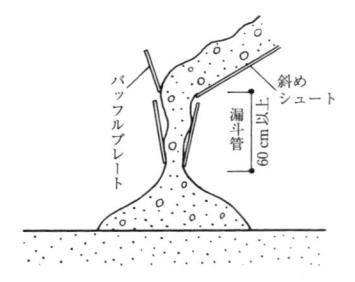

図-3　バッフルプレートと漏斗管

してから用いる。
シュミットハンマー
Schmidt test hammer

コンクリート表面を打撃し、反発の程度、測定硬さによりコンクリート強度を非破壊的に推定するのに用いる測定器具。測定装置が小型、軽量で操作が容易なため、実用されている。現在市販されているシュミットハンマーの種類には、N型（普通コンクリート用）、L型（軽量コンクリート用）、P型（低強度コンクリート用）、M型（マスコンクリート用）、ならびにこれらに記録装置の付いたNR型、LR型などがある。最も広く実用されているN型シュミットハンマーの機構、強度推定方法などを以下に示す。

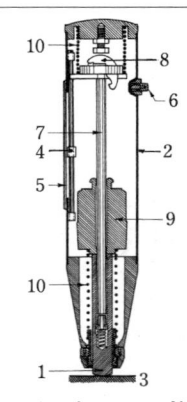

シュミットハンマーN型

内部機構：N型シュミットハンマーの内部機構を上図に示す。図はプランジャー（打撃棒）1がケース2の内部に収まった状態を示しているが、測定直前にはプランジャー1はケースから突き出し、ハンマー9は歯止め8にクランプされている。測定の際はプランジャーをコンクリート面3に垂直に当てて徐々に力を加えながら押し付ける。プランジャーがケース内の所定位置まで押し込まれると、ハンマー9はインパクトスプリング10の作用によって、プランジャーを介してコンクリート面を打撃し、コンクリート硬さに応じて一定の位置まではね返る。このはね返りの距離を指針4と目盛り板5によって読み取る。

適用方法：N型シュミットハンマーを用

いて下記の要領で強度の判定ができるのは，川砂・川砂利・砕石などを用いた普通コンクリートに限られる。

測定箇所の選定：
①厚さ10 cm以下の板材，1辺が15 cm以下の断面の柱・梁など，小寸法の部材で支間の長いものは避ける。
②測定面としては均質で，平滑な平面部を選ぶ。

硬さ測定方法：
①仕上層や上塗のある場合はこれらを除去してコンクリート面を露出させる。コンクリート面は，砥石で平滑に磨いて，粉末その他の付着物を拭き取ってから測定する。
②打撃は測定面に直角に行い，徐々に力を加えて打撃を起こさせる。
③1か所の測定につき，出隅から3 cm以上入ったところで，互いに3 cm以上の間隔を持った20点以上の測点を選んで測定を行い，全測定値の算術平均をその箇所の測定硬さ R とする。
④特に，反響やくぼみから判断して明らかに異常と認められる箇所の値，またはその誤差が平均値の約20％以上になる値は，それを捨ててこれに代わるものを補って平均値を求める。

強度の推定：強度の推定は，次式などによって行う。
①建築後10年程度までの場合
$$F = 1.0\, R_0 - 11.0^*\, (N/mm^2)$$
②建築後10～25年程度の場合
$$F = 1.0\, R_0 - 12.0^*\, (N/mm^2)$$
③建築後25～50年程度の場合
$$F = 1.0\, R_0 - 13.0^*\, (N/mm^2)$$
④建築後50年程度以降の場合
$$F = 1.0\, R_0 - 14.0^*\, (N/mm^2)$$
ここに，
F：躯体コンクリートの圧縮強度（N/mm²）
R_0：シュミットハンマー試験による基準硬度

注)＊ 躯体コンクリートの表面は経年するほど，中性化現象によって硬くなるので，真の圧縮強度を求めるために経過年数が多いほど定数を小さくする。

じゅみょう　寿命　age
建築物の使用に耐える期間。

じゅんかんがたしゃかい　循環型社会
モノを使い捨てる社会からリサイクルを進めて資源を大切にする社会のこと。1990年代のドイツの循環経済・廃棄物法が語源。一例として循環型社会に寄与するセメント業界における産廃物・副産物使用量をp.276 表に示す。

じゅんかんがたしゃかいきほんほう　循環型社会基本法
循環型社会構築に関する基本的枠組みの法律で，2000年6月2日施行。廃棄物・リサイクル対策に関する施策の総合的・計画的な推進基盤を確立する基本的な枠組み法として位置付け，これまで個別に進められてきた廃棄物・リサイクル関連法の「上位法」として，それらを統括する基本理念を定める。国の施策として廃棄物発生抑制措置，排出者責任徹底の措置，公害などの発生原因事業者への原状回復費用の負担措置などを明示する。

じゅんかんがたしゃかいけいせいすいしんきほんほう　循環型社会形成推進基本法
生産者に物質循環の確保，天然資源消費の抑制，環境負荷の低減などの責任を課す。循環型社会構築の枠組みとなる基本法。2001年1月に完全施行。

しゅんけつ　瞬結
flash setting, quick setting
セメント，混和材料が水和反応によって凝結硬化する場合，その反応速度が極めて速

しゅんこう

セメント産業における産業廃棄物・副産物使用量　　　　　　（単位：千t）

種類	主な用途	1995	2000	2005年度
高炉スラグ	原料，混合材	12,486	12,162	9,214
石炭灰	原料，混合材	3,103	5,145	7,185
副産石膏	原料（添加材）	2,502	2,643	2,707
汚泥・スラッジ	原料	905	1,906	2,526
建設発生土	—	—	—	2,097
非鉄鉱滓	原料	1,396	1,500	1,318
製鋼スラグ	原料	1,181	795	467
燃え殻（石炭灰は除く）・ばいじん・ダスト	原料，熱エネルギー	487	734	1,189
ボタ	原料，熱エネルギー	1,666	675	280
鋳物砂	原料	399	477	601
廃タイヤ	原料，熱エネルギー	266	323	194
再生油	熱エネルギー	126	239	228
廃油	熱エネルギー	107	120	219
廃白土	原料，熱エネルギー	94	106	173
廃プラスチック	熱エネルギー		102	302
その他		379	433	893
合計	—	25,097	27,359	29,593

（セメント協会資料より）

く，モルタルやコンクリートが短時間で凝結が進行する現象。

しゅんこうしき　竣工式
completion ceremony　〔→地鎮祭〕
建物が完成し，使用を開始する前に，建物が無事竣工したことを神々に報告して，感謝の念を捧げるものであり，建物が永遠に安全堅固であることを祈願する儀式。「完工式」ともいう。

じゅんこうせき　準硬石　semi-hard stone
JIS に定義されている $10 \times 10 \times 20$ cm 角柱型の供試体を用いた圧縮強度が 10 以上 50 N/mm^2 未満のものをいう。例として福島産日出石（砂岩）や群馬産多胡石（砂岩）がある。

じゅんたいかせいのう　準耐火性能
法第2条第七号の二の政令で定める技術的な基準は，次に掲げるものとする。
① 次の表に掲げる建築物の部分にあっては，当該部分に通常の火災による加熱が加えられた場合に，加熱開始後それぞれ次の表に掲げる時間構造耐力上支障のある変形，溶融，破壊その他の損傷を生じないものであること。

壁	間仕切壁（耐力壁に限る）	45分間
	外壁	45分間
柱		45分間
床		45分間
梁		45分間
屋根（軒裏を除く）		30分間
階段		30分間

② 壁，床および軒裏（外壁によって小屋裏または天井裏と防火上有効に遮られているものを除き，延焼のおそれのある部分に限る。第 115 条の 2 の第 1 項および第 129 条の 2 の 3 第 1 項において同じ。）にあっては，これらに通常の火災による加熱が加えられた場合に，加熱開始後 45 分間（非

耐力壁である外壁の延焼のおそれのある部分以外の部分および軒裏（外壁によって小屋裏または天井裏と防火上有効に遮られているものを除く。延焼のおそれのある部分以外の部分に限る。）にあっては，30分間当該加熱面以外の面（屋内に面するものに限る。）の温度が可燃物燃焼温度以上に上昇しないものであること。
③ 外壁および屋根にあっては，これらに屋内において発生する通常の火災による加熱が加えられた場合に，加熱開始後45分間（非耐力壁である外壁の延焼のおそれのある部分以外の部分および屋根にあっては，30分間）屋外に火炎を出す原因となる亀裂その他の損傷を生じないものであること。 (建築基準法施行令107条より)

じゅんふねんざいりょう　準不燃材料
semi-non-combustible material
〔→不燃材料，難燃材料〕
10分間以上20分間未満燃焼せず，防火上有害な損傷を生じない上に，避難上有害な煙またはガスも発生しない材料。例えば，①厚さが9 mm以上の石膏ボード（ボード用原紙の厚さが0.6 mm以下のものに限る）。
②厚さが15 mm以上の木毛セメント板。
③厚さは9 mm以上の硬質木片セメント板（かさ比重が0.9以上のものに限る）。
④厚さが30 mm以上の木片セメント板（かさ比重が0.5以上のものに限る）。
⑤厚さが6 mm以上のパルプセメント板。

ショアかたさ　ショア硬さ
Shore hardness
硬さを表す指標の一つ。葛生産玄武岩は90～100（平均95）と硬い。

ジョイントコンクリート　joint concrete
プレキャストコンクリート部材と接合させるために，接合部に充填するコンクリート。調合と打込みは次の通り。
①充填コンクリートの調合：設計基準強度は，部材の設計基準強度かつ21 N/mm²以上とし，その値は特記による。単位水量は185 kg/m³以下，水セメント比は55％以下，スランプは20 cm以下，単位セメント量の最小値は330 kg/m³とする。
②接合部のコンクリート打込み：接合部のコンクリート打設空間が小さく，コンクリートの打設量も少ないので入念な打設を行わないと，構造上の強度低下，および防水，遮音などの使用品質の低下に結びつくおそれがある。接合部の単位長さも小さく，1か所あたりコンクリートの打設量が小さい割りには延べ長さおよび総箇所数が多いので，打設時間を十分考慮し，練混ぜ開始時間から打終わりまでの時間を限度以内に納まるよう計画する。

しよう　仕様　specification
材料・製品・工具・設備などについて，要求する特定の形状・寸法・成分・構造・性能・製造方法・試験方法・精度などを定めたもので，文書化したものを仕様書という。

じょうあつじょうきようじょう　常圧蒸気養生（常圧加熱養生）　low pressure steam curing
大気圧下において行う蒸気養生。主としてコンクリートあるいはセメント製品の製造において行う。

じょうおんかこう　常温（冷温）加工
最近は冷間加工といっている。鉄筋の切断をシャーカッターまたは電動鋸などによって行うこと。

じょうおんせんぼうちょうけいすう　常温線膨張係数
常温時における線膨張係数。コンクリートや鉄筋は1℃当たり1×10^{-6}としているが，

実際は $0.68 〜 1.27 \times 10^{-6}$。

しょうか　消化　slaking, digestion
〔→スレーキング，ふかす〕
生石灰に水を反応させると発熱して消石灰となる。
$$CaO + H_2O = Ca(OH)_2$$
消石灰は空気中の炭酸ガス CO_2 と化合して炭酸カルシウム $CaCO_3$ になる。漆喰，モルタルはこの理を応用したもの。

しょうかい　焼塊　clinker
セメント原料の石灰石，粘土，珪石，酸化鉄を適切な割合に調合し，焼成したもの。クリンカーともいう。

しようきてい　仕様規定〔⇔性能規定〕
コンクリート等の規定を定める場合に，必要な仕様の基準を明示して，その規準に適合するものを認定する形式の規定。言い換えれば建築物の材料や寸法を細かく定めた従来の規定。

じょうぎならししあげ　定規均し仕上　screeding finish
床コンクリートを打ち込んだ後，あらかじめ設けておいたガイドレールに沿って直線定規を移動させ，余分のコンクリートを削り取りながら平坦に仕上げること。

じょうきようじょう　蒸気養生　steam curing
高温度の水蒸気を用いたコンクリートの促進養生の一種。前置 3〜4 時間，昇降温勾配 15℃/hr，65℃が最高温度。

しょうげき　衝撃　impact
コンクリートに急に加えられる力。

しょうごうでんきょく　照合電極（基準電極）　reference electrode
電極電位の一定した電極。

しょうさん　硝酸　nitric acid
湿気のある空中で煙が出る無色激臭の窒素酸化物。液体。

しょうさんアンモニウム　硝酸アンモニウム　nitric acid ammonium
硝酸をアンモニアで中和してつくる白色・針状の結晶。

しょうさんえん　硝酸塩　nitrate
金属およびその酸化物などを硝酸に溶かしてつくる化合物の総称。

しょうさんカリウム　硝酸カリウム　nitrate of potash
無色の結晶体。ガラス製造・肥料用。硝石。

しょうさんぎん　硝酸銀　caustic silver, nitrate of silver
銀を硝酸に溶かした無色透明の結晶。

しようしょ　仕様書　specification
性能に対応する具体的な設定に基づき，建築物の内容を技術的な表現で記述したもので，標準仕様書，共通仕様書，特記仕様書など。

しょうせい　焼成
セメントの原料を窯（キルン）で 1,400℃ 程度の高い温度で焼き，化学反応をさせ，セメントの中間製品であるクリンカーをつくること。

しょうせいようねんりょうげんたんい　焼成用燃料原単位
セメントの焼成用燃料原単位の推計は p.279 上図の通り。

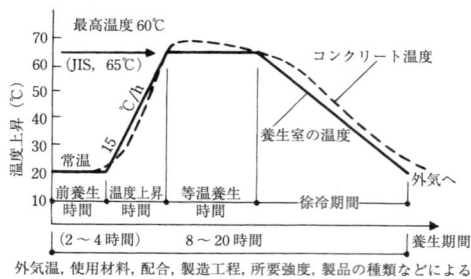

蒸気養生における温度変化の例

外気温，使用材料，配合，製造工程，所要強度，製品の種類などによる

(KJ/kg-セメント)

焼成用燃料原単位の推移　　　　（セメント新聞より）

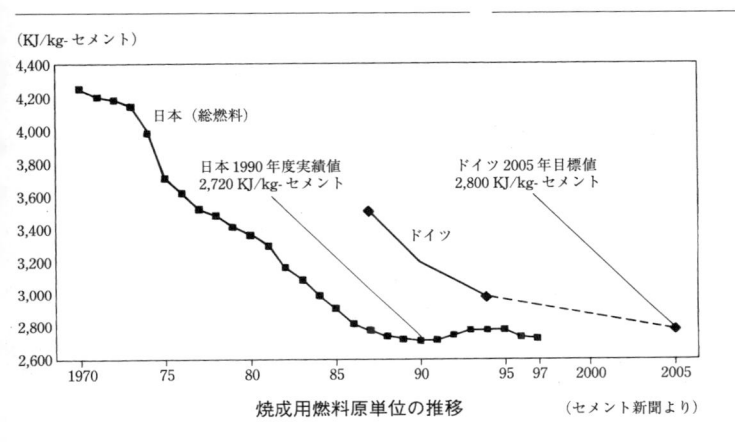

日本 1990 年度実績値 2,720 KJ/kg-セメント
ドイツ 2005 年目標値 2,800 KJ/kg-セメント
日本（総燃料）
ドイツ

しょうせっかい　消石灰　slaked lime
〔→水酸化カルシウム，水酸化石灰〕
水酸化カルシウム（$Ca(OH)_2$）のこと。無色の固体で，密度が $2.24\,g/cm^3$。マグネシア質，ドロマイト質の場合には $Mg(OH)_2$ を含み，また不純物として，SiO_2，Al_2O_3，Fe_2O_3 などを含む。

しょうだく　承諾　consent, assent, acceptance, agreement, compliance
工事の実施にあたり，施工者がその責任において立案した事項について監理者が了承すること。承認ともいう。

じょうとう　上棟
completion of the frame work
建築工事の着工と完成の中間にあって，建築物の形態がほぼ整った時点を指す。コンクリート建築の場合は，コンクリート打ち完了時をいう。

じょうとうしき　上棟式　ceremony of the completion of the framework of a house
古くは「棟上げ(むねあげ)」ともいわれた上棟式は，木造建築では最も重要な神事であり，工匠の道の祖神を祀り，その神恩に感謝し，落成に至るまでの守護を祈願する。建築構造様式が多様化した現代では，上棟式もいろいろな形で行われているが，一般的には次のような時期に行われる。
①木造建築：
棟上げ（建前）を行うとき。
②鉄筋コンクリート造（RC 造）：
コンクリート打設を最上階まで終えたとき。
③鉄骨造（S 造）：
鉄骨建方を終えたとき。
④鉄骨鉄筋コンクリート造（SRC 造）：
②，③のいずれかの時期を選んで行う。
このように，工事中間時における儀式として行われているが，そのやり方も実施時期と同様，構造様式によっても様々に違う。鉄骨造や鉄骨鉄筋コンクリート造の場合は，最終節の鉄骨建方の際に鋲打ち締めを行い上棟式と称するケースがある。鉄筋コンクリート造の場合は，棟木を上げることができないので，式次第中の「上棟の儀」を省略して，上棟式と称している場合もある。鋲打ち締めを行い，上棟式と称する場合の内容は鋲打式と同様なので「鋲打式」の項を参照のこと。

じょうとうすい　上澄水
sladge water　〔→回収水，スラッジ水〕

しょうにゆ

スラッジ水から，スラッジ固形分を沈降または，その他の方法で取り除いた水。

しょうにゅうせき　鍾乳石　stalactite
一般的には鍾乳洞の中に出来た炭酸カルシウムの沈澱物。白色または黄色の石灰岩。コンクリート中の石灰質が溶出し沈殿して垂れ下がる（下写真参照）。

$$Ca^{2+}+2HCO_3^- \to CaCO_3+H_2O+CO_2$$

鍾乳石

しょうひょうかいコンクリート　小氷塊コンクリート
単位水量の低減を目的とし，練混ぜ水の代りに小氷塊を使用することで，少ない水量で所定の品質が得られることから，低温効果による温度ひび割れを低減できるコンクリート。

しょうぼうほうのもくてき　消防法の目的
「火災を予防，警戒，鎮圧し，国民の生命，身体および財産を保護するとともに，火災または地震等の災害による被害を軽減し，もって安寧秩序を保持し，社会公共の福祉の増進に資すること」を目的としている。

じょうよう　常用　common use
日常，いつも使用すること。通常時に使用すること。

じょうりゅうすい　蒸留水　distilled water
普通の水を蒸留して，混合物を取り除いた純粋に近い水。

しょききょうど　初期強度
early-age strength　〔→早期強度〕
材齢3日または7日程度に発生している強度。早期強度ともいう。初期強度が大きいと一般に長期強度は小さい。

しょきせいのう　初期性能
initial level of performance
劣化を受ける以前のものの性能の水準。

しょきとうがい　初期凍害
frost damage at early age
凝結硬化の初期に受けるコンクリートの凍害。

しょきひびわれ　初期ひび割れ
early cracking, initial crack
コンクリートまたはモルタルにおいて，その凝結の初期に発生するひび割れのこと。主なものは
①異常な温・湿度条件によるひび割れ。
②沈みひび割れ。
③セメントの異常発熱に伴うひび割れ。
④異常凝結によるひび割れ。
⑤長時間練り混ぜに伴うひび割れなど。

じょきょ　除去　elimination
建築物またはその部分を取り除くこと。除却ともいう。

しょきようじょう　初期養生
early-age curing
コンクリート打込み直後に行う養生。春，夏，秋は散水を施し，冬は保温することが多い。

しょくえん　食塩
table salt, common salt　〔→NaCl〕
食用にする塩。無色・固体で密度2.16g/cm³。塩化ナトリウムともいう。

しょくせいコンクリート　植生コンクリート
法面の浸食を防ぐ機能と緑化の機能を持ち，植物の成育を助けるもので，コンクリート中の隙間が多く，空隙率は30％以上，圧縮強度は10 N/mm²以上のポーラスコンクリート。（コンクリート工業新聞　第1434号より）

ジョークラッシャー　jaw crusher

〔→クラッシャー，コーンクラッシャー〕
岩石などを砕く機械の一種。

しょちゅうコンクリート　暑中コンクリート
hot-weather concreting
気温が高く，コンクリートのスランプの低下や水分の急激な蒸発などのおそれのある場合に施工されるコンクリート。次のような注意を要する。
①骨材および水は，低い温度のものを用いる。
② AE 減水剤遅延形を用いる。
③荷卸し時のコンクリートの温度は 35℃以下とする。
④コンクリート打込み後に水を噴霧する。
⑤湿潤養生期間は 5 日以上とする。
JASS 5 の暑中コンクリートの主な規定事項は，次の通り。
ⅰ．化学混和剤は特記による。特記のない場合 AE 減水剤遅延形，減水剤遅延形，高性能 AE 減水剤または流動化剤を用いる。
ⅱ．荷下ろし時のコンクリート温度は 35℃以下とする。

ショットクリート　shotcrete
〔→吹付コンクリート〕
コンクリートまたはモルタルを圧縮空気により管路を輸送し，先端のノズルから高速で吹き付ける工法。セメントと骨材に水を加えて練り混ぜて用いる湿式工法と，空練りのままノズルで水を加えて吹き付ける乾式工法がある。シェル構造の施工や法面被覆，損傷した建物の補修などに用いる。「吹付けモルタル工法」「吹付けコンクリート工法」「セメントガン工法」ともいう。

ショベル　shovel
掘削機械の一種の通称（例えばパワーショベル）。

じょまくしき　除幕式
ceremony of unveiling
銅像，記念碑などが完成した時に行うもの。式の冒頭で「除幕の儀」を執り行う場合と修祓の儀の後に除幕の儀を執行する場合とがある。また，故人の銅像などの場合は，慰霊祭を意味した行事として執り行う必要がある。

しょようくうきりょう　所要空気量
required air content
打込み時に要求されるコンクリートの空気量。一般に 4.5 ％が標準。

しょようスランプ　所要スランプ
required slump
打込み時に要求されるコンクリートのスランプ。

しょようのワーカビリティ　所要のワーカビリティ　required workability
打込み時に要求されるコンクリートの作業の難易さの程度。

じょれいこうろスラグ　徐冷高炉スラグ
〔⇔急冷高炉スラグ〕
1,400〜1,500℃に溶融された高炉スラグやフェロニッケルスラグを徐々に（7〜14 日間程度）冷却したもの。結晶質のものが出来る。

じょれいこうろスラグのこうぶつ　徐冷高炉スラグの鉱物
徐冷スラグの主要鉱物は，ゲーレナイト（$2CaO・Al_2O_3・SiO_2$）とオケルマナイト（$2CaO・MgO・2SiO_2$）の固溶体であるメリライトおよび $β$ーダイカルシウムシリケート（$β-2CaO・SiO_2$）である。

じょれん　鋤簾
砂利やコンクリートなどを掻き寄せたり，敷き均したりする長柄の道具（図参照）。

鋤簾

ジョンソン，チャールス Johnson, Isaac Charles（1810～1911）
イギリス人でアスプディンのポルトランドセメントの製造法を本格的に改良した人。

しらかわいし　白川石
京都市左京区白川，修学院付近に産する黒雲母花崗岩。また同産の砂のことを白川砂という。

しらかわいし　白河石
福島県白河市で採石される灰白色の新第三紀の輝石安山岩。

しらす　白砂
鹿児島湾沿岸地域を中心に南九州一帯に分布する灰白色の凝灰岩質の風化土。軽石堆積物等。

シラスこつざいコンクリート　シラス骨材コンクリート
資源有効利用性を図るために，火山起源白色砂質堆積物であるシラスを骨材として用いたコンクリート。

シリカ silica〔→ SiO_2〕
二酸化珪素のことで珪酸ともいう。

シリカゲル silica gel
密度 $2.0～2.5\,g/cm^3$，嵩密度約 $0.7\,g/cm^3$ のガラス状の透明または半透明の粒子。非結晶性・多孔性である。

シリカセメント silica cement
フライアッシュ以外のポゾランを用いた混合セメント（JIS）。混合するシリカ質混合材の量により，A種（5%を超え10%以下），B種（10%を超え20%以下），C種（20%を超え30%以下）がある。シリカ質混合材は，二酸化珪素（SiO_2）を60%以上含むポゾラン反応性のある物質を指す。これはポルトランドセメントの水和によって生成する $Ca(HO)_2$ と反応して珪酸カルシウム水和物の多い緻密で耐久性が大きい組織をつくるためである。左官工事の他，オートクレーブ養生すると効果を発揮するので，コンクリート製品に使用するとよい。性質は次の通り。
①オートクレーブ養生に最適。
②水密性が大きい。
③化学的抵抗性が大きい。
④保水性が大きい。

シリカフューム silica fume
アーク式電気炉によって金属シリコンやフェロシリコン合金等の珪素合金を精錬する際の排気ガス中に含まれる副産物であり，集塵装置により回収されるもので，SiO_2 が95%以上で，粒径が煙草の煙より小さい。ブレーンで示すと $200,000\,cm^2/g$ 以上。これを混和材としてセメント重量の5～15%程度置換して用いると流動性はよく，強度は著しく大きく高強度化に適している。しかし，初期養生を十分行う必要がある。わが国ではシリカフュームを用いた初の $100\,N/mm^2$ のコンクリート構造物が1998年夏に完成した。その際に用いた鉄筋は $625\,N/mm^2$ である（JIS）。

シリカリチート Syricalcite
軽量気泡コンクリート（ALC）の一種（商品名）。旧ソ連製。1965～1975年代に日本に輸入された。建築部材としての実例がある。

シーリングこうじ　シーリング工事 sealing work
・目地の形状・寸法：目地は，適正な形状・寸法になっている必要がある。
・目地の構造：ムーブメントの大きさにより，目地をワーキングジョイントとノンワーキングジョイントに大別する。
・ワーキングジョイント：ムーブメントが比較的大きい目地のことをいい，カーテンウォールの目地に代表される。
・ノンワーキングジョイント：ムーブメン

トが小さいか，またはほとんどムーブメントを生じない目地のことで，コンクリートの打継ぎ目地などである。

目地は，充填したシーリング材に局部的に応力または歪みを生じさせない構造となっていることが重要であり，ワーキングジョイントでは，シーリング材と構成部材との接着は，部材相互の2面で接着し，目地底に接着させない（3面接着の防止）ようにする。一般にバックアップ材は，目地構造がシーリング材の充填深さより深すぎる場合に用い，ボンドブレーカーは目地が構造上充填深さと同程度の深さしかなく，バックアップ材の装填が困難な場合に用いる。

シーリングざい　シーリング材
sealing compound　〔→シール材〕
建築の接合部の挙動が予想される目地部分にガンなどによって充填される糊状の材料。シール材ともいう。

シール　seal
空気や雨水などを防ぐもの。

シールざい　シール材　〔→シーリング材〕
ガラスパテ，シーリング材などの総称で，建築構成部材の取付け部分，接合目地部分，窓枠取付け周辺，ガラス嵌込み部などの隙間または，ひび割れの気密性，水密性を保持するために充填する糊状の材料。シーリング材ともいう。

シルト　silt
粒径が5μm〜75μmの堆積岩質の土粒子。

しろあり　白蟻　termite, white ant
白蟻科に属する昆虫の通称で，湿潤状態の木材を食害する。

しろセメント　白セメント
white portland cement
白色ポルトランドセメント。顔料を混入することによって種々のコンクリートができる。

しんくうコンクリート　真空コンクリート
vacuum (processed) concrete
コンクリートを打ち込んだ後，表面に真空マットなどを設置して内部の圧力を下げ，余剰水を吸い取ると共に大気圧によって圧力が加わるようにしてつくるコンクリート。アメリカのK. P. Billerによって考案され，1936年に特許を取得している。主な用途は，工場，倉庫，駐車場や道路の耐摩耗性を必要とする床，乾燥収縮低減およびひび割れを防止する部材，寒冷期における床打設，二次製品（カーテンウォール，間仕切り壁）など。

しんくうしょりコンクリート　真空処理コンクリート
フレッシュコンクリートのときに真空処理により脱水・脱気し，単位水量および空隙を減少させたコンクリート。または，打込み直後のコンクリート表面を真空状態にし，コンクリートの硬化に不必要な余剰水分を取り除くと共に大気圧により加圧したコンクリート。屋根スラブに用いる。

シングルはいきん　シングル配筋
single layer reinforcement
スラブ，壁などに鉄配筋を1段に配筋すること。

じんこうかいすい　人工海水
artificial sea water
人工的に調整した塩水。ASTM D 1141に定められている人工海水の成分はp.284表の通り。

じんこうけいりょうこつざい　人工軽量骨材
artificial lightweight aggregate
〔→ ALA，→改良軽量骨材〕
膨張性頁岩，膨張性粘土，フライアッシュなどを1,050〜1,200℃で焼成し，表面は緻密なガラス質の殻を形成し，内部は多数

しんこうこ

人工海水の成分

成　分	成分構成比率（g/kg）
NaCl	23.476
MgCl$_2$	4.981
Na$_2$SO$_4$	3.917
CaCl$_2$	1.102
KCl	0.664
NaHCO$_3$	0.192
KBr	0.096
H$_3$BO$_3$	0.026
SrCl$_2$	0.024
NaF	0.003
合　　計	34.481
H$_2$O	965.519

の微細気泡がある密度1.2～3.0 g/cm^{3}程度の人造骨材。製造方式により，造粒型と非造粒型とがある。前者は粉末状粘土，フライアッシュを焼成したもので，後者は頁岩を焼成したものである。耐火，断熱，吸音を目的とした非構造用骨材には，密度0.1～0.8 g/cm^{3}の超軽量のバーミキュライト（JIS），パーライト（JIS）などがある。JASS 5の人工軽量骨材は，JISの規定に適合し，かつJASS 5 T-203「人工軽量骨材の性能判定基準」により，その品質が確認されたもの。ただし，設計基準強度が27 N/mm^{2}を超える軽量コンクリートに用いる人工軽量骨材は，上記基準における調合記号Aのコンクリートとして材齢28日圧縮強度（標準水中養生）が42 N/mm^{2}以上となる品質を有することが確認されたもの。

じんこうこつざい　人工骨材
artificial aggregate　〔⇔天然骨材〕
人工的な加工や改良を加えて製造した骨材。砕石，砕砂，人工軽量骨材，スラグ骨材など。

しんこまついし　新小松石
神奈川県足柄下郡の吉浜町・岩村町・真鶴町に産する輝石安山岩。本小松石に比較して組成が粗く，やや青みを帯び，斑状節理も粗い。

しんじゅがん　真珠岩
pearlite　〔→パーライト〕
焼成すると白色の軽量骨材となる。左官材料として用いる。

しんしゅくめじ　伸縮目地
expansion joint
構造物の部材または部位に膨張，収縮が生じても，それらによる変形が他の部材や部位に拘束されないように設けられているコンクリートの目地。

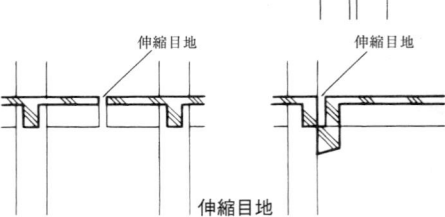

しんしょくど　浸食度　corrosion rate
単位時間当たりの腐食により減少した材料の厚さ。金属材料の場合，通常，mm/yearを用いる。

じんせい　靱性　toughness　〔⇔脆性〕
粘り強い性質のこと。破壊するまでに大きな変形ができる。例えば鋼材は，粘り強い。

しんせいがん　深成岩　plutonic rock
火成岩の一種。深成岩に属する岩石は，多くの粒状の結晶鉱物からなり，圧縮強度が大きく，緻密で重い。磨けば光沢が出るから装飾的な壁張りに用いられるものが多い。500～600°Cの火炎にあうと亀裂が生じて強度がなくなり破壊しやすくなる（p.285上表）。

じんぞうせき　人造石　artificial stone
人工的につくった石材。代表的な人造石は

火成岩の分類

凝固位置	岩　種	岩石名(例)	石材名(例)
深成岩 (地中深くで固まったもの)	酸性岩 中性岩 塩基性岩	花崗岩 石英閃緑岩 斑糲（はんれい）岩	稲田石 北木島石 鞍馬石 竜山石
半深成岩	酸性岩 中性岩 塩基性岩	石英はん岩 ひん岩 輝緑岩	
火山岩 (地表近くで固まったもの)	酸性岩 中性岩 塩基性岩	石英粗面岩 安山岩 玄武岩	抗火石 磐戸石 小松石 白丁場石 灘石

[注] SiO_2の分量は酸性岩が66％以上，中性岩が66〜52％，塩基性岩は52％未満である。

テラゾ，擬石など。洗い出し，叩きなどの表面仕上げを施すと美麗となる。

シンダーコンクリート　cinder concrete
〔→アッシュコンクリート，炭殻コンクリート〕
骨材として石炭殻を用いた軽量コンクリート。現在は石炭殻を用いず，天然軽量骨材が用いられる。

シンタリングゾーン　sintering zone
ポルトランドセメントのクリンカーを焼成する回転窯内の最高温度（被焼成物の温度が1,400℃以上）の区域。焼成帯ともいう。C_3A，C_4AFが溶融し，原料の粉末は塊状のクリンカーになり，C_3S量が急増する。

しんちく　新築　new construction
更地に新しく建築物を建てること。同一敷地に別棟として新しく建てる場合は，棟単位には新築であるが，敷地単位としてみれば増築となる。

しんちくびょう　新築病
sich house syndrome 〔→シックハウス症候群，ホルムアルデヒド〕
単板（ベニヤ）を積層して合板（プライウッド）にするときに使用する，ホルマリン接着剤から発する「ホルムアルデヒド」が原因と考えられている。多いときは0.13 ppmも発する。この値は諸外国の基準値の100倍程度といわれている。そのために屋内に長時間居住すると「頭痛や吐き気，のどの痛み，疲労感，不眠症，めまい，アレルギー，アトピーになる」など，身体に害を与える。時折，換気をするとよい。普通合板は，JAS（普通合板）に合格するものとし，接着の程度はⅠ類，ホルムアルデヒドの放散量はF_{C_0}（F1）とする。構造用合板は，JAS（構造用合板）による。内部に使用するものはⅠ類，外部に使用するものは特類とし，ホルムアルデヒドの硼酸量はF_{C_0}（F1）とする。

ホルムアルデヒドの放散量

表示の区分	平均値	最大値
F_{C_0}	0.5 mg/ℓ	0.7 mg/ℓ
F_{C_1}	1.5 mg/ℓ	2.1 mg/ℓ
F_{C_2}	5.0 mg/ℓ	7.0 mg/ℓ

しんど　震度　seismic coefficient
震度における強さを表す数値で，10段階ある（p.286上表参照）。

しんどうき　振動機
vibrator 〔→バイブレーター〕
フレッシュコンクリートに振動を与えて締め固めるための機械。コンクリート棒形振動機（JIS），コンクリート型枠振動機（JIS）がある。振動機が日本に輸入されたのは1934年で，フランスからは空気式バイブレーター，アメリカからは電気式バイブレーターであった。

しんどうきせいきじゅん　振動規制基準
敷地境界線で測定し，75 dB（デシベル）を超えてはならない。また，振動規制法にいう特定建設作業は，次の通りである。ただし1日で終わる作業は除外されている。

しんとうき

震度階ごとの人間の状態（気象庁資料から）

計測震度	震度階級	人間
0.5	0	人は揺れを感じない
1.5	1	屋内にいる人の一部が，わずかな揺れを感じる
2.5	2	屋内にいる人のほとんどが，揺れを感じる。眠っている人の一部が，目を覚ます
3.5	3	屋内にいる人の多くが，揺れを感じる。恐怖感を覚える人もいる
4.5	4	かなりの恐怖感があり，一般の人は，身の安全を図ろうとする。眠っている人のほとんどが，目を覚ます
5.0	5弱	多くの人が身の安全を図ろうとする。一部の人は，行動に支障を感じる
5.5	5強	非常な恐怖を感じる。多くの人が，行動に支障を感じる
6.0	6弱	立っていることが困難になる
6.5	6強	立っていることができず，はわないと動くことができない
	7	揺れにほんろうされ，自分の意思で行動できない

①杭打ち機（モンケンおよび圧入式を除く），杭抜き機（油圧式を除く），杭打ち杭抜き機（圧入式を除く）を使用する作業。②鋼球を使用して建築物その他の工作物を破壊する作業。③舗装版破砕機を使用する作業（作業地点が移動する場合，1日の作業が2地点間50mを超えない作業に限る）。④ブレーカー（手持ち式の物を除く）を使用する作業（作業地点が移動する場合，1日の作業が2地点間，50mを超えない作業に限る）。

特定建設作業の振動規制に関する規制値を表に示す。

1. 振動の大きさは，特定建設作業の場所の敷地の境界線における値とする。
2. dBとは，計量単位規制（昭和29年通商産業省令第45号）に定める振動レベルの計量単位とする。
3. 振動の測定は，JISに定める振動レベル計，またはこれと同程度以上の性能を有する測定器を用いて行うものとする。
4. 振動レベルの決定は，次の通りとする。
①測定器の指示値が変動せず，または変動が少ない場合は，その指示値とする。
②測定器の指示値が周期的または間欠的に変動する場合は，原則としてその変動ごとの最大指示値の平均値とする。
③測定器の指示値が不規則かつ大幅に変動する場合は5秒間隔，100個またはこれに準ずる間隔，個数の測定値の80％レンジの上端の数値とする。
5. 地域は用途地域により第1号，第2号に区別される（1号：主に工業地域以外，2号：主に工業地域）。
6. この規準は，75dBを超える大きさの振動を発生する特定建設作業について改善勧告または命令を行うに当たり，1日における作業時間を②欄に定める時間未満4時間以上の間において短縮させることができる。

しんどうきせいほうのもくてき　振動規制法の目的

この法律は「工場および事業場における事業活動並びに建設工事に伴って発生する相

特定建設作業の振動規制に関する規制値

振動レベル	①作業ができない時間		②1日当たりの作業時間		③最大作業日数	④日曜休日における作業
	第1号区域	第2号区域	第1号区域	第2号区域		
75dBを超えないこと	午後7時〜午前7時	午後10時〜午前6時	10時間を超えないこと	14時間を超えないこと	連続6日を超えないこと	禁止

当範囲にわたる振動について必要な規制を行うとともに，道路交通振動に係る要請の措置を定めること等により，生活環境を保全し，国民の健康の保護に資すること」を目的とする。

しんどうふるい　振動篩　vibrating screen
ふるい網に直線振動や閉曲線振動を与えて，ふるい分けを行う機械。

しんどうボールミル　振動ボールミル　vibrating ball mill
ボールミルの粉砕効率を高めるため，ミルの円筒ポット自体に振動を与え，ボールの運動エネルギーを大きくするようにした粉砕機。振動型ボールミルともいう。セメント，高炉スラグ微粉末などは，湿式粉砕することもある。

じんはい　塵肺
炭坑や鉱山，トンネル工事現場などで粉塵を長期間にわたって多量に吸い込んだため，肺の細胞が変質，壊死し，呼吸機能が低下する進行性疾患。

ジンポール　gin pole derrick
虎綱でマストを自立させ，滑車とウィンチで揚重する（図参照）。

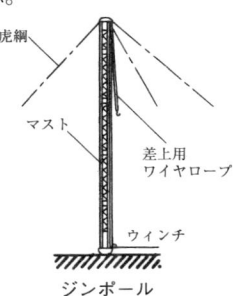

しんみつど　真密度　true density
内部に空隙を有しない状態の骨材などの密度。

しんらいげんかい　信頼限界　confidence limits
母数 θ に対して，測定から求められる限界
$T_L(X_1, X_2 \cdots\cdots, X_n)$, $T_U(X_1, X_2 \cdots\cdots, X_n)$
であって，これらが真の値 θ を挟む確率をあらかじめ定めた値。例えば95％以上であることを保証するもの。

備考　上記の確率を信頼率または信頼係数 (confidence coefficient) という。

[す]

す　酢　vinegar
約3〜5％の酢酸を含んでいる液。pHが2.2程度なのでコンクリートは，早期に劣化する。

す　鬆　rock pocket, honeycomb　〔➡ジャンカ，豆板，あばた，ボイド〕
水平筋の下端に出来る小さな隙間。ジャンカより小さい。コンクリートと鉄筋との付着強度を低下させるばかりでなく，鉄筋の発錆も招く。

すいぎんあつにゅうほう　水銀圧入法
method of mercury penetration
セメントペースト，モルタル，コンクリート硬化体の細孔半径を測定する方法の一種。通常 $0.00375〜75\mu m$（$37.5〜750,000Å$）の半径を測定することができる。

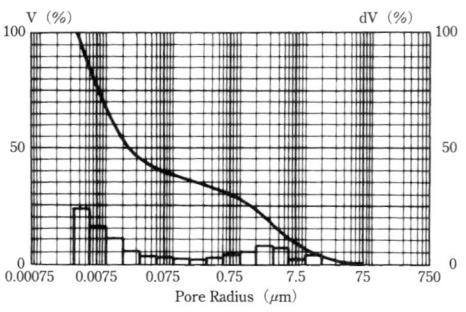

高炉スラグ微粉末4000（70％置換），水結合材比55％，材齢28日

すいこうせいかごうぶつ　水硬性化合物
cement compounds
C-S-H，珪酸カルシウム水和物を水酸化カルシウムの他，アルミン酸カルシウム水和物，アルミン酸硫酸カルシウム水和物など，水中で硬まる性質を持つものをいう。

すいこうせいセメント　水硬性セメント
hydraulic lime　〔⇔気硬性セメント〕
空気中をはじめ，水中においても硬まるセメント。ポルトランドセメント，高炉セメント，シリカセメント，フライアッシュセメント等。

すいこうりつ　水硬率
hydraulic modulus　〔→H.M.〕
ポルトランドセメントの化学組成を示す比率の一つで，セメントの品質を決めるうえで最も重要である。H.M.＝$CaO/(SiO_2+Al_2O_3+Fe_2O_3)$。塩基成分（CaO），塩成分（$SiO_2$，$Al_2O_3$，$Fe_2O_3$）の比で，珪酸率，鉄率と共によく用いられる。水硬率が高くなると，C_3Sが増えC_2が減るため，セメントの強さ（特に初期強さが大きくなる）やセメントの焼成に供する調合原料の易焼成は小さく（焼けにくく）なる。ちなみに早強ポルトランドセメントが2.20〜2.30，普通ポルトランドセメントが2.05〜2.15，中庸熱ポルトランドセメントが1.90〜2.00。

すいさいスラグ　水砕（水滓）スラグ
granulated slag　〔➡高炉水砕スラグ〕
1,400〜1,500℃に溶融された高炉スラグやフェロニッケルスラグを7〜10倍程度の水をかけて急激に冷却したもの。非結晶質（ガラス質）のものが出来る。

すいさんかカルシウム　水酸化カルシウム
calcium hydroxide　〔→$Ca(OH)_2$，➡消石灰，水酸化石灰〕
密度 $2.24 g/cm^3$。鉱物名ポルトランダイト。六方晶系。

すいさんかせっかい　水酸化石灰　calcium hydroxide　〔➡消石灰，水酸化カルシウム〕
消石灰のこと。

すいさんかナトリウム　水酸化ナトリウム〔→ NaOH〕
アルカリ性，密度は10％濃度で，1.12, 20％濃度で1.23, 30％濃度で1.33。

すいさんかマグネシウム　水酸化マグネシウム　magnesium hydroxide〔→ Mg(OH)〕
鉱物名はブルース石（水滑石），無色，六方晶系。

すいしつきじゅん　水質基準　quality requirement of water for concrete
水道法第4条に定められている。コンクリート用の練混ぜ水は下表参照。

水道法第4条「水質基準」（抜粋）　　　　（JASS 5）

試験項目	許容量
色度	5度以下
濁度	2度以下
水素イオン濃度（pH）	5.8～8.6
蒸発残留物	500 ppm 以下
塩化物イオン量	200 ppm 以下
過マンガン酸カリウム消費量	10 ppm 以下

すいしつのさよう　水質の作用　action of quality of water
水質は，コンクリートの品質に大きく影響する。

すいせいがん　水成岩　aqueous rock, sedimentary rock〔→火成岩，変成岩〕
水の底に固まって出来た岩石。堆積岩（下表参照）。

すいせいとりょう　水性塗料　water paint
水に溶かして使う塗料。

すいそイオンのうど　水素イオン濃度　hydrogen ion concentlation〔→ pH〕
酸性・アルカリ性の強さを pH で表す。

	1.2 胃液
	2.2 酢
	2.3 レモン
	2.7 リンゴ
	3.0 オレンジ
	3.4 トマト・桃
	3.7 酒
	4.2 醬油
	4.6 ビール
	5.0 味噌
酸性	5.6 酸性雨
↑	6.0 水道水
中性	6.6 牛乳・唾液
↓	7.0 純粋な水
アルカリ性	7.5 尿・血液・鉱水
	8.1 海水
	8.9 膵液
	9.9 洗濯石鹼
	12.5 セメントペースト

すいそぜいか　水素脆化　hydrogen embrittlement
腐食，酸洗い，電解，電気腐食，溶接などによって発生した水素が金属中に吸い込まれ，材質が脆くなること。

水成岩の種類と用途・特徴

岩石名	用途				被害		特徴
	外装	内装	舗装	構造	凍害	火害	
砂岩	△	○	△	○	▲		・色調は，淡褐，淡紅から濃緑とあるが，黄色を帯びたものが多い。 ・耐火性，吸水性，摩擦性は大で白華を生じやすい。 ・装飾用材として使用する。 ・板石，角石，割石
擬灰岩	○	○	△	○	▲		・火山灰の凝固したもので，わが国では各地に産する。 ・一般に，軽量，軟質で耐火性も大きく，加工が容易である。 ・強度は小さく，吸水性が大で風化が早く耐久性は低い。 ・軽量建築の基礎，石垣，塀等に利用する。 ・板材——小材，角材
粘板岩		○	○				・JIS　天然スレート ・角材・うろこ形——薄板

［注］　○：適，△：やや適，▲：被害を受ける

すいちゅうコンクリート　水中コンクリート
underwater concrete
場所打ち杭および連続地中壁など，トレミー管などを用いて水中に打ち込むコンクリート。JASS 5 の「水中コンクリート」の主な規定事項は，次の通り。
　a．調合強度を定める場合，気温による強度の補正はしない。
　b．スランプは 21 cm 以下とし，単位水量は 200 kg/m³ 以下とする。
　c．水セメント比は場所打ち杭 60 % 以下，地中壁 55 % 以下とする。
　d．単位セメント量は場所打ち杭 330 kg/m³ 以上，地中壁 360 kg/m³ 以上とする。
　e．トレミー管の先端はコンクリート打ち込み中，原則として 2 m 以上入れておく。

すいちゅうコンクリートのうちこみ　水中コンクリートの打込み
　a．打込みに先立ち，スライムの除去を行い，杭体または地中壁体に対して有害なスライムがないことを確認する。
　b．打込み区画は，1 回に連続して打ち込むことができる大きさとする。
　c．コンクリートは静水中に打ち込むものとする。
　d．トレミー管の先端は，コンクリート打込み中，コンクリート中に原則として 2 m 以上入れておくこととする。
（JASS 5 による）

すいちゅうふぶんりせいコンクリート　水中不分離性コンクリート
水中コンクリートは，水中での締固め作業が極めて困難であることから，自重による締固めおよび充填性が要求される。そこで水中においても分離せず，締固め充填できる水中不分離性混和剤（主成分はセルロース系高分子化合物およびアクリル系高分子化合物）を用いたコンクリート。

すいちゅうふぶんりせいこんわざい　水中不分離性混和剤　antiwashout admixture
セルロース系またはアクリル系の水溶性高分子を主成分とするコンクリート用混和剤。コンクリートの練り混ぜの際にこれを混和し，練混ぜ水の粘性を高めることによって，水による洗い作用に対して大きい抵抗性を付与する。土木学会にコンクリート用水中不分離性混和剤品質基準がある。

すいちゅうようじょう　水中養生
water curing
コンクリート供試体を水中に浸漬させた養生。

すいてい　推定　estimation
サンプル（$x_1, x_2, \cdots, x_n$）を用いて，母数の値を指定したり，その値の範囲を指定したりすること。前者を点推定といい，後者を区間推定という（JIS）。

すいどうすい　水道水
上水道水，中水道水（雑用水道水），下水道水とがある。コンクリートやモルタルを練り混ぜる水は上水道水を使用する。

すいへいかんさんきょり　水平換算距離
コンクリートポンプの配管が，垂直管，ベント管，テーパー管，フレキシブルホースなどを含む場合に，これらをすべて水平換算長さによって水平管に換算し，配管中の水平管部分と合計した全体の距離（土木学会）。

すいへいかんさんながさ　水平換算長さ
コンクリートのポンプ圧送に用いる垂直管，ベント管，フレキシブルホースなどを同等の管内圧力損失に見合う水平管に換算したときの相当長さ。

すいへいてっきんのふちゃくきょうど　水平鉄筋の付着強度　bond strength of horizontal reinforce bar
コンクリート打込み面に対して配筋が水平

になされているので，スランプの大きいコンクリートほど，一般に水平筋の下に「鬆す」が出来やすい。したがって垂直鉄筋の付着強度より1/2程度小さい。

すいみつコンクリート　水密コンクリート
watertight concrete
特に水密性の高いコンクリート。JASS 5の水密コンクリートの主な規定事項は次の通り。
　a．セメントは特記による。
　b．粗骨材の実積率は，JASS 5参照。
　c．化学混和剤を用いる。空気量は4.5％以下とする。
　d．スランプは18 cm以下とする。
　e．水セメント比は50％以下とする。
・材料：いずれの材料も粒径が連続性であることが要求される。特に粗骨材の実積率は大きいものほどよい。例えば最大寸法25 mmの場合砂利が63％以上，砕石が59％以上。
・調合：単位水量および単位セメント量は小さくし，単位粗骨材量は大きくする。スランプは18 cm以下，空気量は4％以下，水セメント比は55％以下とする。
・型枠：水漏が発生しないように組み立てる。
・打込み：打継ぎは，なるべくつくらない。
・養生：9日間以上とする（JASS 5）。

すいみつせい　水密性　water-tightness
コンクリートやモルタル内部への水の浸入または透過に対する抵抗性。

すいようせいメラミンじゅし　水溶性メラミン樹脂
エリア系に比べて耐水性，耐熱性とも良好。II類合板などに用いる。

すいりょうけい　水量計　water meter
水の量をを測る計量器。

すいわねつ　水和熱　heat of hydration
セメントや半水石膏などと水との反応に伴って発生する熱（JIS）。

各種セメントの水和熱測定（単位：J/g）

セメントの種類	材齢 7日	28日	91日
普通ポルトランドセメント	293〜335	335〜377	377〜419
早強ポルトランドセメント	314〜356	377〜419	398〜440
中庸熱ポルトランドセメント	230〜272	293〜335	214〜356
低熱ポルトランドセメント	154〜222	200〜284	263〜342
高炉セメントB種	230〜293	314〜356	335〜377
フライアッシュセメントB種	230〜272	293〜335	314〜356

（セメント協会資料による）

すいわねつそくていほうほう　水和熱測定方法
JISに溶解熱方法が定められている。

すいわねつよくせいコンクリート　水和熱抑制コンクリート
混和剤として高減水型水和熱抑制剤を使用することによって，コンクリートの温度上昇量を低下させたコンクリート。

すいわねつよくせいざい　水和熱抑制剤
石膏（$CaSO_4 \cdot 2H_2O$）で，最も水和が速い$3CaO \cdot Al_2O_3$の水和を抑制する。

すいわはんのう　水和反応　hydration
セメントや半水石膏などを水で練ると化学反応すること。ポルトランドセメントの水和で生成する水和物は，微細な$Ca(OH)_2$，カルシウムシリケート水和物（C-S-H），カルシウムスルホアルミネート水和物（AF_t，AF_m）などである。水和反応の速さはセメントの粉末度および硬性鉱物によって異なり，粒径が小さく，C_3A，エーライト含有量の高いものほど早い。水和は水と練った後，数時間は反応が遅く，その後急激に反応して硬化する。

すいわぶつ　水和物　hydrate
水がセメントなどの化合物とさらに化合して生じる硬化体の分子化合物。水和の程度は，温度や水の蒸気圧によって異なる。

すいわぼうちょう　水和膨張　expansion due to hydration
セメント中のカルシウムスルホアルミネートや酸化カルシウムなどは水との接触によって膨張する。

すきまふしょく　隙間腐食　crevice corrosion
金属または金属と他の材料との間に隙間が存在する場合，隙間の内周部と外周部において濃淡電池が構成されて生ずる腐食。

スクラッチ　scracth
意匠性を表す模様で柱や壁に施す。材料としては，スクラッチタイル，スクラッチ煉瓦がある（図参照）。

スクラッチ

スクリーニング　screening
コンクリート打込みの際の欠陥（右上図参照）。調合がよくても生じることがある。鉄筋の被りが小さいため，鉄筋とせき板の間に粗骨材がせき止められて鉄筋が露出し，空洞やじゃんかが出来ることをいう。特に鉄筋の組立てが悪く，位置がずれた場合に生じやすい。

スケーリング　scaling
コンクリートが分離する要因の一つで，横方向鉄筋の被り厚さが小さいため，鉄筋と型枠との間に粗骨材がせき止められて鉄筋が露出し，空隙や豆板をつくる。

スケール　scale
大別して二つの意味がある。一つは長さを測定する道具。もう一つは金属の酸化物などの腐食生成物。

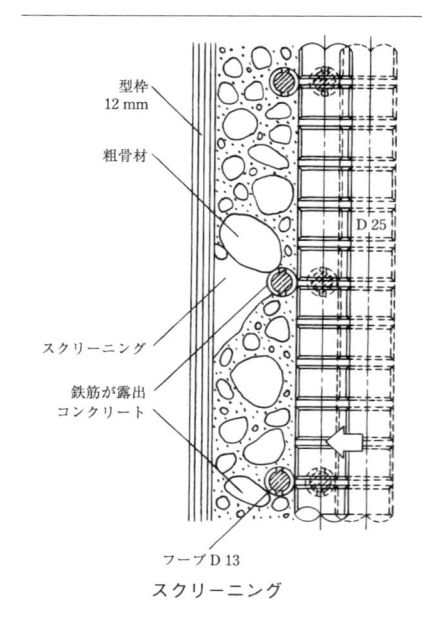

型枠 12 mm
粗骨材
D 25
スクリーニング
鉄筋が露出
コンクリート
フープ D 13
スクリーニング

スケルトン　skeleton
堅固で丈夫な建物の骨組み（躯体）のこと。例えば，用途を住宅からオフィスに変更する場合，前者は耐久性を，後者は可変性を求めて設計された建物のこと。

スコップ　scoop　〔→練スコ〕
コンクリートやモルタルなどの練混ぜ用のものを「練スコ」という。略して「スコ」ともいい，「シャベル」「ショベル」ともいう。

すさ　苆　fibre for plastering
塗壁の補強，ひび割れを分散させる目的のために入れる繊維材料の総称。

すじかい　筋違　diagonal bracing, brace　〔→鉄筋筋違〕
構造物の斜めの力に対応する補強材，耐力材のこと。

スターラップ　stirrup　〔→肋筋〕
梁の剪断補強筋として剪断力に抵抗する。

スチームハンマー　steam hammer

蒸気圧でピストンを上下させて杭頭に打撃を加えて杭を打つ機械。

スチロールじゅし　スチロール樹脂
styrol resin
光り天井に用いたり，発泡ポリスチレンとして断熱材や防音材として使用される。

ステイン　stain
木材の生地に着色する塗料。

すてコンクリート　捨てコンクリート
concrete sub slab, levelling concrete
一般に砂・砂利・割栗・玉石地業を施工した上に行うが，地盤が硬質である場合には，根切り面（床付け面）に直接施工する。図に示すように，捨てコンクリートは，設計基準強度が 15 N/mm² 以上のものを用い，厚さ 50～100 mm と比較的薄いが，この上に基礎や柱の位置の墨出しを直接行い，型枠や鉄筋を組み立てる。したがって，構造上の強度や精度を特別に必要としないからといって，粗雑にならないようにしなければならない。地盤によっては強固なマットコンクリートとすることもある。
なお，捨てコンクリートを山留め壁の水平移動の防止に用いたり，ヒービング防止のために用いる場合には，コンクリートの厚さ，強度などについて監理者と打ち合わせる。地下室の防水において，捨てコンクリートを外防水層の下地として利用する場合の捨てコンクリートの表面は，下地としての利用の仕方や防水層の種類などを考慮し

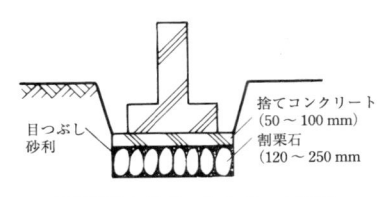

て，適した粗面度（平滑度）に仕上げる。

ステープル　staple
木工事に用いる緊結金具の一種（図参照）。

ステンレスこう　ステンレス鋼
stainless steel
クロム，ニッケルと鋼の合金で，特にクロムが 12 ％を超えると耐酸性・耐食性が大きく，極めて錆びにくい。サッシ，防水シート等にも使用されるようになっている。

ストレートアスファルト　straight asphalt
石油の原油から軽油，重油，潤滑油を蒸発させたあとに残ったもの。

すな　砂　sand, sable（仏），Sand（独），sabbia（伊），arena（西）
自然作用によって岩石から出来た細骨材。種類は河川砂，陸砂，山砂，海砂，浜砂があり，コンクリートには河川砂が一般的に使用される。陸砂・山砂は泥分を，海砂・浜砂は NaCl を，それぞれ除去することが必要である。

すな・さいせき・エーイーコンクリート　砂・砕石・AE コンクリート
sand crushed-stone and AE concrete
砂・砕石コンクリートに良好なワーカビリティを得るために化学混和剤として AE 剤を使用したコンクリート。

すな・さいせきコンクリート　砂・砕石コンクリート
sand and crushed-stone concrete
細骨材として砂，粗骨材として砕石を使用したコンクリート。一般に砕石の粒形が角張っているので良好なワーカビリティが得にくいので砕石の実積率を考慮して砕石量を定めるとよい。

すなじぎょう　砂地業　sand foundation
砂地業は軟弱地盤上に比較的大きな地耐力

割栗地業と捨てコンクリート地業

を期待するために，いわば一種の置換による地盤改良で，図のように示すことができる．作業は床付け面に砂を敷き，所定の厚さにし，30 cm（厚）以内ごとに十分締め固める．締固めは水締め，突固め，振動詰めまたはこれらの併用により密実に行う．

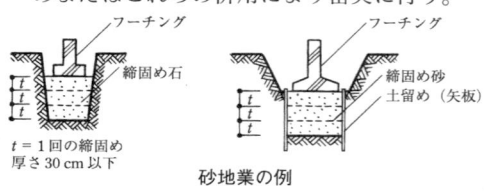

砂地業の例

すなじま　砂じま
ブリーディングの多いコンクリート（例えば水セメント比・スランプが大きい場合）に発生しやすい．防止法としては，ブリーディングの少ないコンクリートを使用する．

すな・じゃりじぎょう　砂・砂利地業
sand and gravel foundation
直接基礎，杭基礎のスラブ，地中梁および土間コンクリートの施工に際しては，砂・砂利．地肌地業を行う必要がある．工事の目的を以下に述べる．
①土工事で発生した地盤の緩みの影響を緩和する．
②捨てコンクリートの下地をつくること．
③直接基礎の場合を除いて，打ち込んだコンクリートが固まるまでの自重を支持する，などである．

上記の目的で行う工事についての仕様を定めるもので，砂・砂利地業での層圧が小さい（50 cm 以下）場合について適用される．割栗・玉石地業に代えて，砂・砂利地業を効果的に用いることが望ましい．コンクリートを割った，いわゆる「コンクリート塊」を用いている場合が見受けられるが，コンクリート塊は，破砕する過程でひび割れが入り，塊としての強さは小さく，割栗地業としては好ましくない．ただし，十分に塊を破砕して使用することは可能である．

すな・じゃりプレーンコンクリート　砂・砂利プレーンコンクリート
sand-gravel plain concrete
1960年以前に使用されたコンクリートで，細骨材として砂，粗骨材として砂利を組合せ，化学混和剤を混入しないコンクリートのこと．

すなつきルーフィング　砂付きルーフィング
sanded roofing
砂を付けたルーフィングで絶縁工法の一種（A-MS）．この場合，下地コンクリートからの水蒸気圧によって防水層に膨れが生じやすい．この防水対策として脱気装置を取り付ける場合がある．

すなのえんかぶつのしけん　砂の塩化物の試験　test for chloride content sand
細骨材中の塩素イオンをクロム酸カリウムを指示薬として，硝酸銀標準液で滴定するもので，その化学反応は次の通りである．
$$NaCl + AgNO_3 = AgCl（白色沈殿）+ NaNO_3$$
$$K_2CrO_4 + 2AgNO_3 = Ag_2CrO_4（赤色沈殿）+ 2KNO_3$$

すなのゆうきふじゅんぶつしけん　砂の有機不純物試験
organic impurities test sand
モルタルおよびコンクリートに用いる砂中に含まれる有機不純物の有害量の概略を決める試験（JIS）．

すなふるいき　砂ふるい機
砂を粒の大きさ（10，5，2.5，1.2，0.6，0.3，0.15 mm）ごとにふるう振動型機械．

すなりつ　砂率　sand - total aggregate

ratio 〔→細骨材率〕
細骨材および粗骨材の絶対容積の和に対する細骨材の絶対容積の百分率。一般に砂率は所定のコンクリートの品質の範囲内で，できるだけ小さく定める。

スパイラルきん　スパイラル筋　spiral reinforcing bar
柱の剪断補強としての有用性が認められている（図参照）。

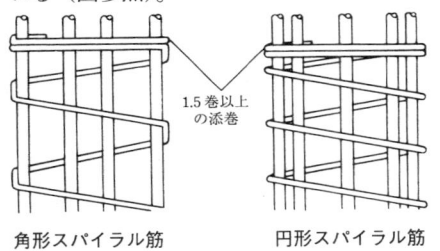

角形スパイラル筋　　　円形スパイラル筋
1.5巻以上の添巻

スパンクリート　Spancrete
プレキャスト化したプレキャストコンクリート床版の商品名。

スプレーぬり　スプレー塗　splay coating
吹付け塗りのこと。広い面積の塗装工事に適する。

スペーサー　spacer
所定の被りや鉄筋間隔などを確保するために，要所にスペーサーやバーサポートなどを配置する飼い物。スペーサーは側面の型枠に対して鉄筋の被り厚さ寸法を保持し，バーサポートは水平の鉄筋の位置を保持するものである。スペーサーの種類は用途に応じていろいろな形がある（p.296図・表参照）。

スペシャルセメント　special cement
白色ポルトランドセメント，アルミナセメント，超速硬セメント，コロイドセメント，油井セメント，地熱井セメント，膨張セメントなどをいう。

すべりかたわくこうほう　滑り型枠工法

sliding form 〔→スライディングフォーム工法，スリップフォーム工法〕
型枠の滑動工法（スライディングフォーム工法）。

すみだし　墨出　marking
型枠を外した後に仕上工事のために柱・壁・床などの心中仕上げ位置を印す。寸法線を入れること。また部材に位置・寸法を印すこと。墨打ちともいう。

スミートン，ジョン　Smeaton, John (1724〜1792)
ポートランド島産の石灰石を焼成して水硬性石灰ができることを発見した（1756年，宝暦6）イギリス人。

スライディングフォームこうほう　スライディングフォーム工法　sliding form construction method 〔→滑り型枠工法，スリップフォーム〕
一定の速度（30〜50 cm/h）でせき板を滑動させながら，打継ぎ目なしに連続的にコンクリートを打つ方法。主な用途は，サイロ，超高煙突などの塔状構造物や橋脚。

スライム　slime
コンクリートの洗い水など。スラッジ水ともいう。

スラグ　slag
鉱石から金属を製造したときに出る残滓のことで骨材に利用される。高炉スラグ（生産量2,400万t/年），転炉スラグ（1,000万t/年），電気炉スラグ（330万t/年），フェロニッケルスラグ（200万t/年），銅スラグ（190万t/年）などがある。他に都市ごみや下水汚泥を1,200℃以上の高温で溶融固化した溶融スラグ（20万t/年）がある。スラッグともいう。

スラグウール
　slag wool 〔→ロックウール〕
流動高炉スラグの細孔を通して吹き飛ばし

すらくこつ

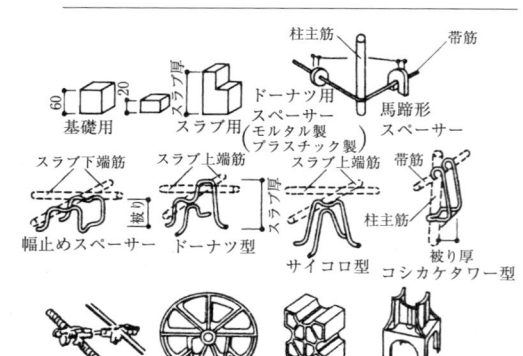

各種スペーサー，バーサポート

て綿状の繊維としたもので，断熱材として使用する。ビルディングなど，大規模工事に使われることが多い。

スラグこつざい　スラグ骨材
slag aggregate for concrete

JISには高炉スラグ骨材，フェロニッケルスラグ骨材，銅スラグ骨材，電気炉酸化スラグ骨材の品質が定められている。このほかに溶融スラグ骨材が2006年7月にJIS化された。

スラグこつざいコンクリートのしゅるい　スラグ骨材コンクリートの種類

高炉スラグ砕石コンクリート，高炉スラグ細骨材コンクリート，フェロニッケルスラグ粗骨材コンクリート，フェロニッケルスラグ細骨材コンクリート，銅スラグ細骨材コンクリート，電気炉酸化スラグ細骨材コンクリート，溶融スラグ骨材コンクリートなどがある。

スラグこつざいのひんしつ　スラグ骨材の品質

わが国の平均的な値をp.298表に示す。

スラグさいさ　スラグ砕砂〔→高炉スラグ細骨材〕

JISに規定されている高炉スラグ細骨材（ガラス質）。徐冷した細骨材は，原則とし

バーサポートおよびスペーサなどの種類・数量・配置の標準（JASS 5）

部位	スラブ	梁	柱
種類	鋼製・コンクリート製	鋼製・コンクリート製	鋼製・コンクリート製
数量または配置	上端筋・下端筋それぞれ1.3個/m²程度	間隔は1.5m程度 端部は1.5m以内	上段は梁下より0.5m程度 中段は柱脚と上段の中間 柱幅方向に1.0mまで2個 1.0m以上3個
備考		側以外の梁は上または下に設置。側梁は側面にも設置	
部位	基礎	基礎梁	壁・地下外壁
種類	鋼製・コンクリート製	鋼製・コンクリート製	鋼製・コンクリート製
数量または配置	面積4m²程度8個 16m²程度20個	間隔は1.5m程度 端部は1.5m以内	上段は梁下より0.5m 中段は上段より1.5m間隔程度 横間隔は1.5m程度 端部は1.5m以上
備考		上または下と側面に設置	

[注]（1）表の数量または配置は5～6階程度までのRC造を対象としている。
（2）梁・柱・基礎梁・壁および地下外壁のスペーサーは側面に限りプラスチックでもよい。なお，鉄筋コンクリート製品用プラスチックスペーサーの品質等はJISを参照。
（3）断熱材打込időのスペーサーは支持重量に対して，めり込まない程度の接触面積を持ったものとする。

て通常のコンクリート用細骨材としては使用しない。

スラグせっこうばん　スラグ石膏板
slag gypsum board

スラグ石膏板は，高炉スラグ微粉末と石膏を主原料とし，有機・無機の繊維で補強した不燃材料で，断熱性に優れた建築材料として内壁，天井，軒天井，間仕切壁等に，また，厚さ12mm以上はサイディングとしても使用される。寸法は4mm～12 mm×910 mm×1,820 mm 他。JIS，国土交通大臣認定不燃第1030号（基板）および第1038号（化粧板）国土交通省防火構造認定防火第1306号。

スラグセメント　slag cement　〔→高炉セメント〕
高炉セメント（portland blast-furnace slag cement）の旧呼称。

スラグのえんきど　スラグの塩基度
basicity of slag
高炉スラグの塩基度（記号 b）

$$= \frac{CaO + MgO + Al_2O_3}{SiO_2}$$

をいう。JIS では1.4以上，または1.6以上と規定されているが，わが国の塩基度は1.73〜1.99（平均1.86）程度である。なお，各成分の定量方法は JIS による。ただし，試料は，比表面積が4,000 cm²/g 程度に粉砕したものを用いる。

スラグれんが　スラグ煉瓦　slag brick
高炉水砕スラグに10〜15％の石灰を加えた煉瓦で，1910〜1940年頃までは鉱さい煉瓦ともいっていた。現在は製造されていない。

スラッジ　sludge
コンクリートミキサー内を洗った残分（固形物と水）。

スラッジこけいぶん　スラッジ固形分
スラッジ中のセメントや砂のこと。

スラッジこんにゅうコンクリート　スラッジ混入コンクリート
生コン工場において，トラックアジテーター車の洗浄や，残りのコンクリート処理などの際に発生するスラッジを脱水・乾燥させ，微粉砕した乾燥スラッジを微粒分として用いたコンクリート。実験例に示す通りスラッジ水は固形分率が増すに従いブリーディング量は小，圧縮強度は同程度，乾燥収縮率は多少大，相対動弾性係数と平均中性化深さは同程度。（p.298 表参照）

スラッジすい　スラッジ水
sludge water　〔→回収水，上澄水〕
スラッジ中の水（大部分が水和生成物で，一部細骨材微粒子）。

スラブ　slab
面荷重を受ける版状の構造体。一般的には鉄筋コンクリートの床版。床スラブと屋根スラブとがある。

スラブきん　スラブ筋
床スラブまたは屋根スラブに配置された鉄筋。比較的細い鉄筋が使用される。

スラブスペーサー　slab spacer　〔→スペーサー〕
鉄筋に対するコンクリートの所要の被り厚さを保持するために使うもの。材質はモルタル製，プラスチック製。

スラブはしようプレストレストコンクリートはしげた　スラブ橋用プレストレストコンクリート橋桁　prestressed concrete beams for slab bridges
スラブ橋形式の道路橋に用いるプレテンション方式によるプレストレストコンクリート橋桁。品質等は JIS を参照。

スラリー　slurry
水と結合材（例えばセメント，高炉スラグ微粉末）とを組み合せたもので，一般に水量の方が多い。

スラリータンク　slurry tank
セメントの製造工程においてスラリーの原料の粘土（石灰石の粉末を水で練り混ぜた泥状物のもの）を貯蔵しておくタンク。

スランプ　slump　〔→施工軟度，ワーカビリティ〕
フレッシュコンクリートの軟らかさの程度を示す指標。スランプコーンを引き上げた直後に測った頂部からの下がりで，0.5

すらんふつ

cm 単位で表す（JIS）。値が大きいほど軟らかいコンクリートで、乾燥による収縮率は大きい。ひび割れ発生の危険性が大きい。最近、高流動コンクリートは、スランプフローで表示することがある（p.299 上図・写真）。

スランプつきぼう　スランプ突棒　tamping rod
直径 16 mm，長さ 500〜600 cm の丸鋼で、先端は半球状のもの（JIS）。

スランプていか　スランプ低下　slump loss
〔→スランプロス〕

スラグ骨材の品質

	SiO₂	Al₂O₃	CaO	MgO	Cu	Pb	Zn	FeO	T.F	MnO	P₂O₆	TiO₂	T.S	S	SO₃	Na₂O	K₂O
高炉スラグ	33.1	13.8	42.4	6.1	—	—	—	0.29	—	0.40	0.008	0.96	1.09	0.66	1.96	0.23	0.31
フェロニッケルスラグ	53.3	—	0.5	35.1	—	—	—	5.9	0.20	—	—	—	0.04	—	—	—	—
銅スラグ	34.1	4.9	6.0	1.2	0.7	0.1	0.6	—	36.2	—	—	—	0.35	—	—	—	—

	密度 (g/cm³) 絶乾	密度 (g/cm³) 表乾	吸水率 (%)	単位容積質量 (kg/l)	実積率 (%)	粘土塊量	洗い損失量 (&)	有機不純物	安定性 (%)	すりへり減量 (%)	40トン破砕値 (%)	Cl⁻ (%)
高炉スラグ砕石	2.50	2.56	2.40	1.55	61.3	0	1.2	うすい	—	36.1	27.4	0.004
高炉スラグ細骨材	2.70	2.75	1.70	1.65	61.1	0	1.0	うすい	—	—	—	0.004
フェロニッケル粗骨材	2.84	2.91	2.40	1.66	58.4	—	—	うすい	—	42.0	23.5	0.005
フェロニッケル細骨材	2.92	2.95	1.09	1.78	60.5	0	0.7	うすい	—	—	—	0.005
銅スラグ細骨材	3.52	3.54	0.34	1.94	55.1	0.06	0.5	うすい	1.9	—	—	0.004

スラッジ混入コンクリートの実験結果

練混ぜ水	スランプ (cm)	空気量 (%)	コンクリート温度 (℃)	pH	ワーカビリティ	ブリーディング量 (cm³/cm²)	圧縮強度 (N/mm²) 材齢(日) 7	28	91	乾燥収縮率 (×10⁻⁴) 乾燥期間(週) 13	26	52	相対動弾性係数 (%) 繰返し回数 170	300	中性化深さ (mm) 材齢(年) 2	コア強度 (N/m²) 材齢(年) 2
地下水	18.0	3.1	13.0	11.2	良好	0.13(6hr)	26.4	35.8	43.6	5.4	6.7	7.1	97	94	1.1	42.3
上澄水	18.0	4.8	13.0	11.3	良好	0.14(6hr)	23.3	31.7	39.6	5.3	6.6	7.4	98	94	—	—
固形分率 3%	17.5	5.4	13.5	11.5	良好	0.10(5hr)	23.0	30.8	36.2	5.9	7.0	7.7	98	95	1.3	35.9
固形分率 5%	19.0	4.1	13.5	11.5	良好	0.12(5hr)	21.6	30.6	36.6	5.8	7.3	8.4	98	95	—	—
固形分率 10%	18.0	5.6	14.0	11.5	良好	0.07(4hr)	20.8	28.9	34.2	6.4	8.2	9.3	97	94	1.3	32.9

〔注〕水セメント比とは、58.5〜62.0%である。

スランプ・スランプフロー試験

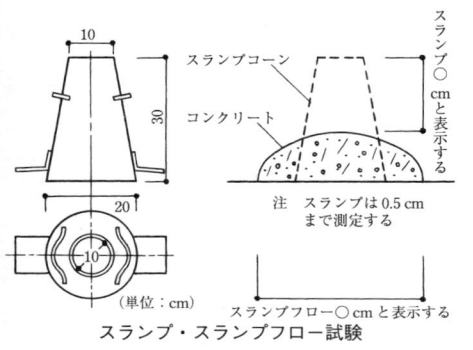

スランプコーン

気温が高いほど，時間が長いほど，フレッシュコンクリートのスランプは低下する（右図）。

- **スランプのさいだいち　スランプの最大値**
  18 cm 以下（p.300 表参照）。
- **スランプのさだめかた　スランプの定め方**
  高品質のコンクリートを得るには施工範囲内で，できるだけ小さい値とするとよい。
- **スランプのひょうじゅんち　スランプの標準値**

スランプの標準値

部位	振動打ちでない場合	振動打ちの場合
基礎・床・梁	15〜18 cm	5〜10 cm
柱・壁	18 cm 以下	10〜15 cm

- **スランプフロー　slump flow**
  スランプしたときのフレッシュコンクリートの広がり。高流動コンクリートでは大きな指標。
- **スランプフローのもくひょうち　スランプフローの目標値**

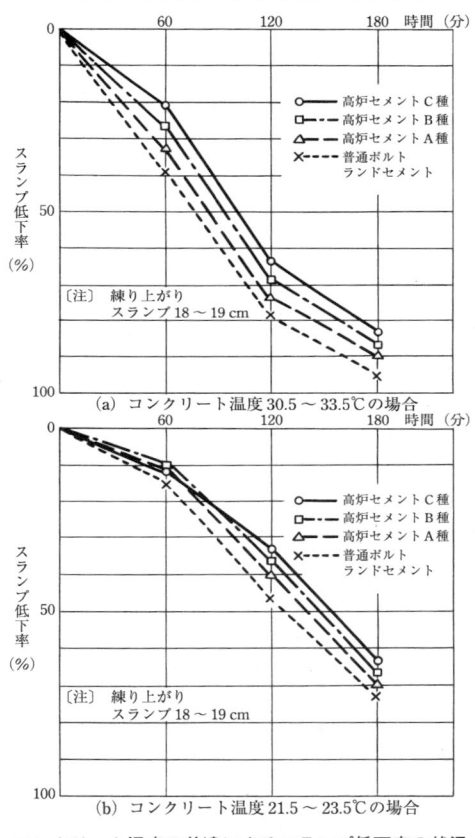

(a) コンクリート温度 30.5〜33.5℃の場合

(b) コンクリート温度 21.5〜23.5℃の場合

コンクリート温度の差違によるスランプ低下率の状況

高流動コンクリートの目標値は，55，60または 65 cm とする。

- **スランプロス　slump loss〔→スランプ低下〕**
  スランプ低下のこと。気温が高いほど低下率は大きい。
- **スランプロスていげんがたりゅうどうかコンクリート　スランプロス低減型流動化コンクリート**
  流動化剤を工事現場添加する場合の，トラックアジテーター（ミキサー）車高速回転による，騒音およびドラム損耗などの問題

すりからす

スランプの最大値（JASS 5）

コンクリートの種類		スランプ（cm）	
基本仕様		21以下 （品質基準強度33N/mm²以上） 18以下 （品質基準強度33N/mm²未満）	
軽量 コンクリート		21以下	
流動化 コンクリート		ベース	流動化
	普通	15以下	21以下
	軽量	18以下	21以下
高流動化 コンクリート		スランプフロー ：50, 60, 65	
高強度 コンクリート		21以下 （品質基準強度36〜50 N/mm²以上） 23以下 （品質基準強度59〜60 N/mm²未満）	
プレストレスト コンクリート		12以下 （プレテンション） 15以下 （ポストテンション）	
マス コンクリート		15以下	
水中 コンクリート		21以下	

を解決するために，スランプロスの少ない流動化剤を生コン工場で添加して製造する流動化コンクリート．

すりガラス　摺ガラス
　ground glass, frosted glass
　一般建築用をはじめ，最も広く使用されている板ガラスのうち，透明なものを透視を適度に遮るように表面加工をしたもの．一名「ケシ」ともいう．

スリップフォーム　slipform〔→スライディングフォーム工法，滑り型枠工法〕
　型枠を解体することなく，連続的にジャッキで上昇滑動させながら，コンクリートを打ち込んでいく上昇式型枠工法．1999年度の施工実績は，延長が3,612,000 m，施工面積が520,000 m²．最近は土木分野が多い．「SF」と略すこともある（図）．

すりへり　摩減り　abrasion〔→摩耗〕
　コンクリートの摩減り量は，硬い骨材を用いるほど少ないが，一般には圧縮強度に比例する．すなわち，圧縮強度が大きいほどコンクリートの摩減り量は少ない．なお，試験方法としては，ASTM C 779 (Standard Test Method for Abrasion Resistance of Horizontal Concrete Surfaces)が普及している．

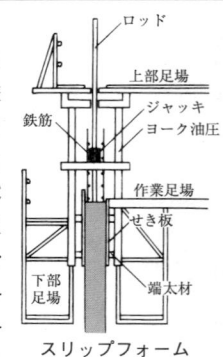

スリップフォーム

スルホアルミネート　sulfoaluminate〔→ C_4AS 〕
　水と反応してエトリンガイトを生成する．膨張セメントまたは膨張用混和材の主成分．カルシウムスルホアルミネートともいう．

スレーキング　slaking〔→消化，ふかす〕
　水や空気にさらされることによって物質が崩壊する現象をいう．生石灰と水が反応して消石灰ができる反応．

スレート　slate
　屋根材，天井材，内外装材として用いられる天然石質薄板や無石綿セメント板などの人工製品など石質薄板．天然石質薄板は，板状に加工された粘板岩や頁岩などで，人工製品のセメント板は，抄造機により抄造圧搾した板状．

スレート・もくもうセメントせきそうばん　スレート・木毛セメント積層板　wood-wool cement boards laminated with flexible cement boards, slate-cemented excelsior board
　主に建築物の屋根下地または壁に用いる材料で，木毛セメント板の両面または片面に，JISに規定するスレートボードのフレキシブル板を接着した積層板．品質等は

JIS を参照。

すんぽうあんていせい　寸法安定性
dimensional stability
コンクリート部材の寸法が変化しないこと。または変化しても小さいものをいう。水中養生，蒸気養生，オートクレーブ養生によって寸法安定性が異なる。最も小さいのはオートクレーブ養生で，以下，蒸気養生，水中養生の順である。

すんぽうきょようごさ　寸法許容誤差
各種材料（例えば，鉄筋）の加工寸法の許容差のこと。

[せ]

せい　成，背，丈　height, depth, length
部材等の横方向の長さ，幅に対し高さのこと（ただし柱は高さ，板は重さといい，成は用いない）。

せいかくさ　正確さ　accuracy
真の値からの偏りの程度。偏りが小さい方が，より正確さがよいという（JIS）。
備考：JISでは，推定した偏りの限界で表した値を正確度，その真の値に対する比を正確率という。

せいきせい　正規性　normality
分布が正規分布であるということ（JIS）。

せいきぶんぷ　正規分布　normal distribution
規則正しく分布していること（JIS）。

せいけい　成形　forming
コンクリートやモルタルの供試体をつくること。作製ともいう。

せいこうスラグ　製鋼スラグ　steel slag
〔→高炉スラグ〕
製鋼スラグには転炉スラグと電気炉スラグがある。わが国の年間発生量は前者が1,000万t程度，後者が330万t，合計で1,330万t程度である。製鋼スラグの化学組成はCaO（26〜44％），SiO_2（26〜44％），T-Fe（18〜21％）のAl_2O_3，MgO，MnOなどを含有している。製鋼スラグには膨張崩壊するものがある。この原因はスラグ中の遊離CaOで，このCaOが水と反応して消石灰（$Ca(OH)_2$）に変わるとき体積膨張する。乾燥状態にあっても，5年以上経過して膨張することがあるので注意を要する。用途は土木用（34.8％），再利用（20.2％），道路用（18.5％），埋立用（7.0％），セメント用（6.5％）など。鉱物相の割合は，次の通り。

製鋼スラグ　　　　　　　　　　　　　（単位：％）

鉱物相	転炉スラグ	電気炉スラグ
ダイ・カルシウムシリケート $\beta \cdot Ca_2(SiO_4, PO_4)$	30〜60	40〜60
トリ・カルシウムシリケート $(Mg, Ca, Mn, Fe)_3SiO_5$	0〜30	—
ウスタイト $(Fe, Mg, Mn, Fe)O$	10〜40	20〜40
ライム $(Ca, Mg, Mn, Fe)O$	0〜10	—
ダイ・カルシウムフェライトチタネート SS $Ca_2(Al, Fe)_2O_5$-$Ca_3Ti_2O_7$	5〜20	—
カルシウムアルミネート $12CaO \cdot 7Al_2O_3$	—	5〜20

（鐵鋼スラグ協会による）

せいざい　製材　sawing lumber, lumbering
天然の丸太または大型の木材より所要の寸法の木材に切断加工すること。

せいさんしゃ　生産者　producer
建築材料の製造者をいう。コンクリートの場合はセメント生産者，骨材生産者，鉄筋生産者，混和材料生産者，レディーミクストコンクリート生産者などをいう。

せいさんしゃきけん　生産者危険　producer's risk
合格としたい，ある特定のよい品質（例えばPo）の検査ロットが，抜取検査で不合格となる確率。PRと略すこともある。通常，これをαで表す（JIS）。

せいしつ　性質　property
ものが元来持っている固有の本性で，これによって他のものと区別できる。

ぜいせい　脆性　brittleness, fragility
〔⇔靱性〕
外力の作用により，破損に至るまでの変形

能力の乏しい（脆い）材料の性質。例えばコンクリート，ガラスなどがこの性質を持つ。

せいせっかい　生石灰　quick lime
〔→ CaO, ⇨生石灰（きせっかい）〕

せいぞう　製造　product
もの（物）をつくること。コンクリートはレディーミクストコンクリート工場または工事現場練りのいずれかによるが，現在は前者のみである。

せいぞうせつび　製造設備　plant
ものをつくる設備。セメント製造設備や，レディーミクストコンクリート製造設備をいう。

せいだんせいけいすうしけん　静弾性係数試験　static elasticity modulus
通常の建築部材の断面算定に用いる値。コンクリートの場合，最大荷重の 1/3 または 1/2 の地点における割線ヤング係数で示す。圧縮強度が大きくなるに従って静弾性係数も若干だが大きくなる。下表参照。なお，表には動弾性係数も併記した。静ヤング係数ともいう。

せいちようきかい　整地用機械　machine leveling of ground
ブルドーザーが一般的であり，短距離の削土運搬に適する。ブルドーザーは，クローラー型（キャタピラ型）とホイール型（タイヤ型），ストレートドーザー（排土板が進行方向に対して直角に取り付けられている）などに分類される。モーターグレーダーが，土木工事に用いられることが多く，道路の路面などの鋤取り，整地などに使用されている。

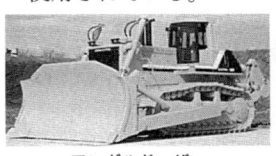

アングルドーザー

トラクターショベル

ホイールローダー

モーターグレーダー

せいちょうせき　正長石　orthoclase
珪長石質深成岩や変成岩中に生成する。窯業原料として重要。

せいてきはさいざい　静的破砕剤　non-explosive demolition agent, chemical splitting agent
石灰系無機化合物。主成分である生石灰 CaO の水和反応に伴う膨張力を利用して静的に脆性物体を破砕する。被破砕体の各所に穿孔し，水で練り混ぜたスラリーを孔中に充填すると，生石灰の水和反応によって生ずる。膨張圧が徐々に発現し，1日で約 $30 N/mm^2$ 以上となってひび割れを生ずる。施工時の気温に強く影響されるため，春秋，夏，冬季用に使い分ける。

せいど　精度　precision

セメントの弾性係数

セメントの種類	W/C (%)	屋内・屋外の別	圧縮強度（N/mm^2）			静弾性係数（kN/mm^2）			動弾性係数（kN/mm^2）		
			28 日	2.7 年	10 年	28 日	2.7 年	10 年	28 日	2.7 年	10 年
普通ポルトランドセメント	65	屋内	25.4	26.6	28.1	25	26	26	27	28	29
		屋外	25.4	32.6	36.2	25	26	27	27	31	32
高炉セメント B 種	60	屋内	25.2	31.5	33.9	24	25	26	29	31	31
		屋外	25.2	33.7	37.4	24	26	29	29	33	33

せいとけい

測定値のばらつきの程度。ばらつきが小さい方がより精度がよい，または高いという（JIS）。
備考：JISでは，ばらつきの小さい程度を精密さといい，正確さと精密さとを含めた総合的な良さを精度という。

ぜいどけいすう　脆度係数　coefficient of bremsstrahlung, static plasticity
材料の圧縮強度と引張強度の比。脆度係数が大きいほど脆性が大きい。すなわち脆い。

せいねつぜいせい　青熱脆性　blue shortness
200～300℃付近で鋼材の引張強さや硬さが常温の場合より増し，逆に伸び・絞りが減り，脆くなる性質。

せいのう　性能　performance
目的または要求に応じてものが発揮する能力。例えば歩行性，耐久性，耐火性，耐水性。

せいのうきてい　性能規定　〔⇔仕様規定〕
法令で防火・防音・衛生等の規定を定める場合に，仕様を明示せずに，必要な性能の基準を明示して，その基準に適合するものを認定する形式の規定。言い換えれば，必要な性能や強度を確保すれば，材質や工法などをかなり自由に選べる規定。1997年よりコンクリートについても性能規定が建築基準法に採用された。

せいばつしき　清祓式　〔→きよはらいしき〕
建築物が完成し，使いはじめる前に，建築物全体をお清めし，お祓いする儀式であり，ごく内輪の儀式。この清祓式を終え，外構を整えると，竣工式を行うことになる。また，工事中に不祥事が発生した場合にも，祓い清める意味で，この清祓式を執り行う。ただし，不祥事が発生した場合の清祓式は，工事が錯綜していることでもあり，現場の状況を考えて設営する。

せいひずみけい　静歪み計　static strain meter
静的歪みを測定するために用いる静歪みゲージの指示計。

せいぶつかがくてきさんそようきゅうりょう　生物化学的酸素要求量　biochemical oxygen demand　〔→ BOD，→ COD：化学的酸素要求量〕
水質汚濁の指標の一つ。水中で好気性微生物が有機物を分解するのに消費する酸素量。

河川の環境基準達成度
ベスト

順位	地点名・都道府県	BOD 年平均値(mg/l)
1	余市川下流　（北海道）	0.5 未満
1	音更川上流　（　〃　）	〃
1	永下川　　　（青森）	〃
1	小荒川上流　（　〃　）	〃
1	三根川　　　（長崎）	〃
1	川辺川下流　（熊本）	〃

ワースト

順位	地点名・都道府県	BOD 年平均値(mg/l)
1	近木川下流　（大阪）	21
2	関山川　　　（茨城）	20
3	弁天川　　　（香川）	19

せいぶつてきれっかよういん　生物的劣化要因　biological deterioration factor
バクテリア・菌類などの生物により劣化する要因。

せいぶつれっか　生物劣化　biological deterioration
木材その他の有機材料のバクテリア・菌類・虫などによる劣化。

せいぶんちょうせいてっきん　成分調整鉄筋　ingredients controlled reinforcing steel bar
使用目的に合うように，必要な成分になるよう調整した鉄筋。

ゼオライト　zeolite
含水アルミノ珪酸塩の一種である沸石群（①～⑥）の総称。一般式は $A_m B_x O_{2x}$・

304

sH_2O。
① 方沸石（analcite, analcime）群
② 方ソーダ沸石（sodalite）群
③ リョウ沸石（chabazite）群
④ ソーダ沸石（natrolite）群
⑤ 十字沸石（phillipsite）群
⑥ モルデン沸石（mordenite）

天然ゼオライトの化学成分を下表に示す。この天然ゼオライトを粉末状にするとアルカリ骨材反応の抑制効果（5,000～7,000 cm²/g で置換率が 30 %，9,000 cm²/g で 20 %，10,000 cm²/g で 15 %）がある。ゼオライトパネルは，建物で絵画などの美術品の収納・保管に適しており，木材の 3 倍程度の吸・放湿性能が可能である。

せかいのこうすいりょう・みずしげんりょう 世界の降水量・水資源量

主な国のデータを表に示す。

世界の降水量・水資源量

国名	年降水量	水資源量	1人当たり水資源量
カナダ	522	2,740.0	87,970
アメリカ	760	2,460.0	8,838
フィリピン	2,360	479.0	6,305
日本	1,718	423.5	3,337
フランス	750	180.0	3,047
世界	973	42,655.0	7,045

［注］降水量はミリメートル/年，水資源量は立方キロメートル/年，1年当たり資源量は立方メートル/年。
国土交通省：日本の水資源による

ゼガーミキサー　seger's concrete mixer

骨材・セメント・水などを所定の配（調）合通りに練り混ぜて均質なコンクリートをつくるミキサー。徳利形の胴が 15～25 度傾く。

セカントモジュラス　secant modulus

割線弾性係数。応力と歪みが比例しない材料の性質を表す係数の一つ。

せきいた　せき板

sheathing, lagging, sheeting
型枠の一部で，フレッシュコンクリートに直接接する木，金属，プラスチックなどの板類。

せき板に用いる木材や合板の保管は，通風をよくして乾燥させる。屋外で保管する場合は，直射日光が当たるのを避け，濡らさないようにする。せき板は，直射日光に当てたり濡らしたりすると，木材中の糖分やタンニン質がせき板表面に抽出されて，コンクリートの表面硬化不良の原因となる。

せきいたのそんちきかん　せき板の存置期間

JASS 5 の規定を次に示す。
① 基礎梁・梁側・柱および壁のせき板の存置期間はコンクリートの圧縮強度 5 N/mm² 以上に達したことが確認されるまでとする。
② 床スラグ下・屋根スラグ下および柱下のせき板は，原則として支保工を取り外した後に取り出す。ただし，せき板存置期間の平均気温が 10℃ 以上より高い場合は，コンクリートの材齢が表に示す日数以上経過すれば圧縮強度試験を必要とすることがなく取り外すことができる。
③ 支保工の存置期間は，スラブ下・柱下とも設計基準強度の 100 % 以上のコンクリートの圧縮強度が得られたことが確認されるまでとする。
④ 支保工除去後，その部材に加わる荷重が

天然ゼオライトの化学成分　［単位%］

	SiO_2	Al_2O_3	Fe_2O_3	MgO	CaO	Na_2O	K_2O	TiO_2	P_2O_5	MnO_2	FeO
中国産	67・71	11・22	1・12	1・10	2・64	1・55	2・65	0・11	0・08	0・04	0・17
大谷石（日本）	70・17	11・81	1・61	0・52	2・54	2・73	1・91	—	—	—	—

せきえい

構造計算書におけるその部材の設計荷重を上回る場合は，上述の存置期間にかかわらず，計算によって十分安全であることを確かめた後に取り外す。

⑤上記③より速く支保工を取り外す場合は，対象とする部材が取り外し直後，その部材に加わる荷重を安全に支持できるだけの強度を適切な計算方法から求め，その圧縮強度を実際のコンクリートの圧縮強度が上回ることを確認しなければならない。ただし，取外し可能な圧縮強度は，この計算結果にかかわらず最低 $12\,N/mm^2$ 以上としなければならない。

⑥片持梁または庇の支保工の存置期間は，上記③，④に準ずる。

  a．基礎・梁側・柱および壁のせき板はコンクリートの圧縮強度が $5\,N/mm^2$ 以上に達したとき。

  b．床スラブ下，屋根スラグ下および梁下のせき板は支保工を取り外した後。

基礎・梁側・柱および壁のせき板の存置期間を定めるためのコンクリート材齢

セメントの種類 平均気温	早強ポルトランドセメント	普通ポルトランドセメント 高炉セメントA種 シリカセメントA種 フライアッシュセメントA種	高炉セメントB種 シリカセメントB種 フライアッシュセメントB種
20°C以上	2	4	5
20°C未満 10°C以上	3	6	8

せきえい　石英　quartz
主成分は SiO_2。モース硬度7，密度 $2.65\sim2.53\,g/cm^3$，火成岩に含まれるものが通常で透明ないし半透明である。低温型（α-石英）と高温型（β-石英）がある。低温型から高温型には573°Cで転移（化）する。

せきえいガラス　石英ガラス
quartz glass, silica glass
耐熱ガラスの一種。主成分はシリカ（SiO_2），軟化点は1,500°C程度で実用的には1,100°Cまでの耐熱ガラスとして使用される。密度 $2.20\,g/cm^3$，屈折率1.46。

せきえいそめんがん　石英粗面岩
liparite, rhyolite　〔→流紋岩〕
半晶質細粒の火山岩で白色，灰白色のものが多い。多孔質なものに抗火石がある。表乾密度 $2.75\sim1.94\,g/cm^3$（平均 $2.44\,g/cm^3$），吸水率 $0.1\sim9.1\%$（平均 2.6%），原石の圧縮強度 $240\sim22\,N/mm^2$（平均 $122\,N/mm^2$）。なお，線膨張係数は $1.1\times10^{-5}/°C$。

せきがいせんようじょう　赤外線養生
infrared radiation curing
打ち込んだコンクリート構造物の近くに赤外線ランプを吊り，その発熱によってコンクリートの保温を行う養生方法。

せきざい　石材　stones
天然石材と人工石材とがある。前者についてはJISに規定されている。
岩石の種類による分類：石材は，その岩石の種類によって次の通り区分する。
①花崗岩類
②安山岩類
③砂岩類
④粘板岩類
⑤凝灰岩類
⑥大理石類および蛇紋岩類
形状による分類：石材はその形状によって次の通り分類する。
①角石
②板石
③間知石
④割石

物理的性質による分類：石材はその圧縮強さによって表の通り硬石，準硬石および軟石に区分する。

圧縮強さによる区分

種類	圧縮強さ (N/cm²)	参考値	
		吸水率(%)	見掛け密度 (g/cm³)
硬石	4,903 以上	5 未満	約 2.7〜2.5
準硬石	4,903〜981	5 以上 15 未満	約 2.5〜2
軟石	981 未満	15 以上	約 2 未満

せきさいかじゅう　積載荷重

柱または基礎の垂直荷重による圧縮力を計算する場合においては，表（ろ）欄の数値は，その支える床の数に応じて，これに次の表の数値を乗じた数値まで減らすことができる。ただし表(5)に掲げる室の床の積載荷重については，この限りでない。

倉庫業を営む倉庫における床の積載荷重は表の規定によって実況に応じて計算した数値が 1 m² につき 3,900 N 未満の場合においても 3,900 N としなければならない。

せきさん　積算
estimating, quantity surveying
〔→見積り〕
設計図書などから工事費を予測する作業。狭義には数量算出を意味し，見積りは金額算出のこと。

せきさんおんど　積算温度
maturity factor 〔→°DD 方式〕
気温（°D）と日数（D）との積。M と略することもある。寒中コンクリートに用いる。積算温度 M（°D・D）は次式による。

積載荷重（建築基準法施行令第 85 条）

構造計算の対象 室の種類		（い） 床の構造計算をする場合	（ろ） 大ばり，柱または基礎の構造計算をする場合	（は） 地震力を計算する場合
(1)	住宅の居室，住宅以外の建築物における寝室または病室	1,800	1,300	600
(2)	事務室	2,900	1,800	800
(3)	教室	2,300	2,100	1,100
(4)	百貨店または店舗の売場	2,900	2,400	1,300
(5)	劇場，映画館，演芸場，観覧場，公会堂，集会場，その他これらに類する用途に供する建築物の客席または集会室　固定席の場合	2,900	2,600	1,600
	その他の場合	3,500	3,200	2,100
(6)	自動車車庫および自動車通路	5,400	3,900	2,000
(7)	廊下，玄関または階段	(3)から(5)までに掲げる室に連絡するものにあっては，(5)の「その他の場合」の数値による。		
(8)	屋上広場またはバルコニー	(1)の数値による。ただし，学校または百貨店の用途に供する建築物にあっては，(4)の数値による。		

支える床の数	2	3	4	5	6	7	8	9 以上
積載荷重を減らすために乗ずべき数値	0.95	0.9	0.85	0.8	0.75	0.7	0.65	0.6

$$M = \sum_{z-1}^{n}(\theta_z + 10)$$

ここに，M：積算温度（°D・D）
　　　　z：材齢（日）
　　　　θ_z：材齢 z 日における日平均気温
　　　　　　または日平均コンクリート温
　　　　　　度（°C）

JASS 5 では，上式によって求めた積算温度 M が 370°D・D 以下となる期間に行う鉄筋コンクリート工事に適用するものとしている。

せきたん　石炭　coal 〔→原料炭，強粘石炭〕

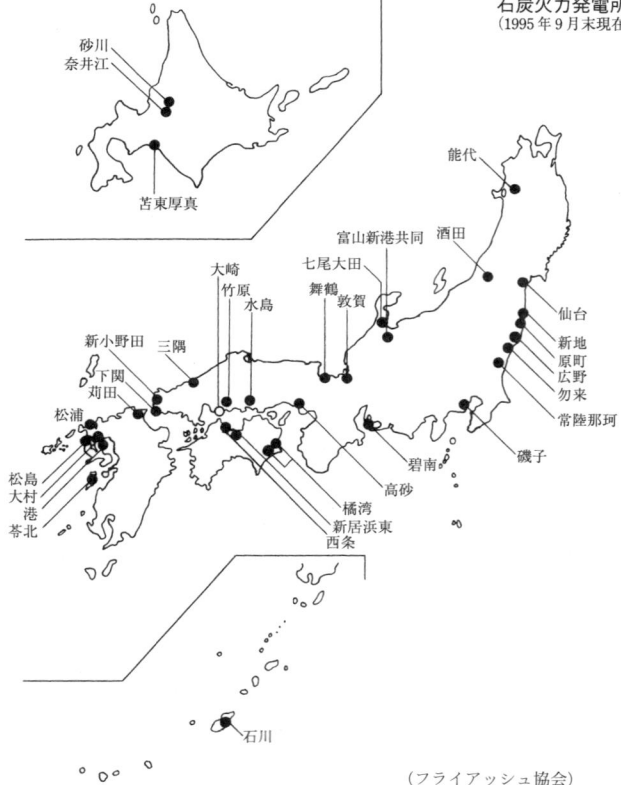

太古の植物が地下に埋もれて，地熱と地圧のために炭化して黒くなったもの。石炭火力は石油火力と比較して温暖化ガスの排出量が多い（資源エネルギー庁によると石炭の排出量を100とすると石油は二酸化炭素が80，窒素・硫黄酸化物が70）。日本の石炭使用量は，年間 1 億 5,000 万 t でその用途は電力 5,600 万 t，鉄鋼 6,500 万 t，セメント 800 万 t，化学 600 万 t，紙パルプ 500 万 t など。

せきたんかりょくはつでんしょ　石炭火力発電所　power plant coal fired

石炭を燃焼する火力発電所。コンクリート用混和材「フライアッシュ」が発生する（図）。

石炭火力発電所
（1995年9月末現在）

せきたんさん　石炭酸　phenol

無色・針状の結晶体。特有の臭気がある。防腐・消毒用。フェノールともいう。

せきたんさんぎょう　石炭産業

わが国の石炭産業の歩みは p.309 表の通り。

せきたんさんじゅしせっちゃくざい　石炭酸樹脂接着剤　phenol resin adhesive agent 〔→フェノール樹脂〕

耐水性・耐熱性・耐候性に優れ JAS で規定する特類合板や構造用合板などの接着剤として使用されている。

せきたんばい　石炭灰　coal ash 〔→フライアッシュ〕

石炭を燃焼すると Si, Al, Fe などの炭酸化物を

（フライアッシュ協会）

わが国の石炭産業の歩み

年代	事　項
1836年	佐賀藩が高島炭鉱の採掘販売契約，わが国初の様式竪坑完成
1873年	明治政府が炭鉱を国有化
1881年	岩崎弥太郎が高島炭鉱を買収
1897年	筑豊炭の全国シェアが50％に
1916年	長崎・端島（軍艦島）にわが国初の高層鉄筋アパートの建設
1936年	軍需で黒ダイヤ景気
1940年	全国の出炭量が5,631万tの最高記録
1955年	石炭工業合理化法
1959年	炭鉱離職者雇用安定法
1960年	三井三池争議
1961年	全国の出炭量が戦後最大の5,540万tに産炭地域振興法
1962年	原油の輸入自由化
1963年	三井炭鉱ガス大爆発
1973年	第一次石油危機 三菱夕張炭鉱（北海道夕張市）閉山
1979年	石油代替エネルギー法
1982年	夕張新炭鉱（北海道夕張市）閉山
1986年	高嶋炭鉱（長崎県高島町）閉山
1987年	三井砂川炭鉱（北海道上砂川町）閉山
1989年	幌内炭鉱（北海道三笠市）閉山
1991年	産炭地域臨時措置法改正
1994年	赤平炭鉱（北海道赤平市）閉山
1995年	空知炭鉱（北海道歌志内市）閉山
1997年	三池炭鉱（福岡県大牟田市など）閉山
2001年	池島炭鉱（長崎県外海町）閉山
2002年	太平洋炭鉱（北海道釧路市）閉山 石炭六法失効

主体とした石炭灰が発生する。その量は用いた石炭の5～30％に及ぶ。石炭灰の性質は瀝青炭，褐炭のように炭種によって異なる他に，ストーカー式燃焼，微粉炭燃焼，湿式燃焼，流動燃焼などによっても異なる。わが国の石炭灰の発生量と有効利用については下表を参照。

石炭灰の発生量と有効利用量（電気事業からの灰）

単位：（千t）

年　度	2000	2001	2002	2003
灰発生量	8,429	8,810	9,236	9,866
有効利用量	6,931	7,173	7,724	8,380
埋　立	1,498	1,636	1,512	1,486

せきたんばいのせいしつ　石炭灰の性質
properties of coal ash

色と形状：石炭灰の色は，大部分が灰白色であるが，灰中の未燃炭素が増えるに従って黒みを帯びる。また，鉄分が多いとわずかに赤みも帯びる。さらに，それぞれの発生過程によって，形状の違いが生じる。クリンカーアッシュは，微粉炭が火炉内で高温燃焼の際に溶融し，炉底の湛水したホッパーに落下固形化したものをクラッシャーで粉砕し，25 mm 以下の粒状としたもので，その形状は砂状で多孔質のものが多い。シンダーアッシュは，火炉内で発生した高温燃焼ガス中に含まれた灰で，節炭器および空気余熱器などの各ホッパーで捕集されたものである。フライアッシュは，集塵装置で捕集されたものをいい，その粒径により粗粉と細粉に分級される。シンダーアッシュ，フライアッシュの粒子は，球状でガラス質のものが大部分を占める。

密度：クリンカーアッシュ，フライアッシュ共に$1.9～2.3 g/cm^3$の範囲であるが，かさ密度は$0.8～1.0 g/cm^3$である。CaO，Fe_2O_3といった原子量の高い元素の成分含有量が多いほど比重は高くなり，一方で石炭灰中に残存する多孔質の未燃カーボン含有量が多いほど比重は小さくなる傾向にある。

粒度分布：微粉炭ボイラーのクリンカーアッシュの大部分の粒径は，1～10 mm のもので，粒度分布はかなり広く，0.1～1 mm が50％，1 mm 以上が50％である。シンダーアッシュの粒径は，0.1～1 mm，フライアッシュは0.1 mm 以下の粒径である。

粉末度：石炭灰の粉末度は，石炭灰の飛散やフライアッシュをコンクリート混和材などに利用する際の製品強度を支配する一つの重要な因子となっている。粉末度を表す指標として，ブレーンによる比表面積があり，一般的には，平均粒径が細かいほど比表面積は高くなる。しかし，粒度の粗い石炭灰においても，比表面積が高くなる傾向

が見られる。これは，未燃カーボンを多量に含んでいる石炭灰の場合に，未燃カーボンが持つ多孔性により比表面積が上昇するためであり，ブレーンによる比表面積だけで粒度管理を行うのは注意が必要である。また，AE剤の吸着作用と比較的相関が高いとされるBETによる比表面積も，粉末度を表現する重要な因子。BETによる比表面積は，不均一表面へのガス吸着量を測定するものであり，フライアッシュ中に未燃カーボンが多いほど大きな値となる。

強熱減量：有機物の比率の指標を示す値で，灰中に残留した未燃カーボン含有量と関連があり，次に述べるメチレンブルー吸着量とも密接な関連がある。強熱減量の大部分を占めるのは，未燃カーボン分であり，単に石炭微粉が混合されているわけでなく，表面が多孔質化された活性炭となっている点に留意すべきである。活性炭は，工業的には，ガスまたは液体の不純物除去に汎用的に使用されるもので，水を含めあらゆる微粒子を吸着する。中でも，セメント・コンクリート混合材として使用する場合には，コンクリート製造時に添加する混和剤，中でもAE剤を吸着して，その性能を著しく低下させる。

メチレンブルー吸着量（MB吸着量）：「青色色素の吸着量が，AE剤の吸着量と相関がある」という報告によっている測定項目であり，この測定法には電源開発法とセメント協会法の2種類があり，併用的に用いられている。セメント協会法では，採取資料1.0 gの測定では0.62 mg/gで吸着量が飽和するのに対し，電源開発法では1.01 mg/gで飽和に達する。MB色素とAE剤の吸着特性が同一であれば，AE剤添加量推定の指標となるが，吸着特性が異なる場合においては，相関はなくなる。そ

のため，AE剤の吸着特性は，BETによる比表面積と併せて検討する必要がある。

比熱：フライアッシュの比熱は，断熱材として利用する場合の断熱効果と関連がある。一例とし，温度2℃において0.1819（cal/g℃），60℃において0.1976（cal/g℃），100℃において0.2044（cal/g℃）と温度上昇とともに増大する。

鉱物組成：石炭灰は，各化学成分が単独で介在するものではなく，溶解によって化合物となって存在する。大部分が非結晶質のガラス分であるが，結晶質鉱物としては，石英（SiO_2），ムライト（$2SiO_2・3Al_2O_3$），マグネタイト（Fe_2O_3）などが存在する。

化学成分：石炭灰の化学成分組成は，炭種の違いにより多少の差異は認められるが，主な化学組成は，SiO_2，Al_2O_3，Fe_2O_3が全体の70～80％を占め，その他の成分は，微量のCaO，SO_3，Na_2O，K_2Oなどの酸化物となっている。化学組成的に未燃カーボン量が高く，その変動幅も大きいことが挙げられるが，加えて無機成分中でもCaO，Na_2Oといったアルカリ・アルカリ土類金属成分の変動幅が，他の成分に比べて高い。これは，原炭の性質による。

微量成分組成：石炭中の灰分は，根源植物中の無機質と石炭生成時の混入した粘土や岩石からなっているため，産炭地によって異なるが，全水銀，カドミウム，鉛，砒素などの金属が微量に含まれることがある。

溶出特性：石炭灰が環境中に搬出された場合の問題を考えるには，石炭灰と土壌との組成の比較，石炭灰からの各種成分の溶出性などを注意する必要がある。

わが国では，産業廃棄物の有害性について廃棄物処理法で一定条件での溶出試験によ

って産業廃棄物としての有害性の可否を判定するように定められているが，石炭灰中の重金属などの濃度は，一般に土壌中の濃度と同程度であり，全ての有害物質が検出限界以下または判定基準値を下まわっており，灰捨場周辺などへの有害物質による影響はない。(太平洋セメント社　狩野・加藤による)

せきたんばいのりよう　石炭灰の利用
utilization of coal ash

石炭火力発電の灰は，粒径 0.1 mm 以下の球状のフライアッシュが 80% 以上である（下表）。

せきてっこう　赤鉄鉱　hematite
〔→ Fe_2O_3〕〔➔ヘマタイト〕

重量骨材として使用される。密度 4〜5.3 g/cm³，モース硬度 6。

せきふんこんにゅうコンクリート　石粉混入コンクリート

砕石生産時に多量に産出する砕石粉（産業廃棄物）について，有効利用の観点から微粉分として利用したコンクリートで，単位セメント量が少ないコンクリートに対して適切な流動化効果も得られる。

せきめん　石綿　asbest〔➔アスベスト，いしわた〕

カナダ産や中国産の蛇紋岩質石中に含まれている耐熱性や耐摩耗性，耐薬品性，防音性などに優れた珪酸塩を主体とした繊維鉱物で，髪の毛の 1/5,000 ほどの細い繊維である。白石綿が一般的で，2004 年まで使

石炭灰の有効利用の分野（2003 年度）　　　　　　　　　　　　　　　　　　　　　　　　　　　　　　　　（単位：千 t）

分野	内容	電気事業 利用量	構成比(%)	一般産業 利用量	構成比(%)	合計 利用量	構成比(%)
セメント	セメント原材料	4,354	71.32	1,522	66.90	5,876	70.12
	セメント混合材	149	2.44	159	6.99	308	3.68
	コンクリート混合材	95	1.56	48	2.11	143	1.71
	計	4,598	75.32	1,729	76.00	6,327	75.50
土木	地盤改良材	138	2.26	104	4.57	242	2.89
	土木工事用	103	1.69	25	1.10	128	1.53
	電力工事用	79	1.29	0	0.00	79	0.94
	道路路盤材	50	0.82	110	4.84	160	1.91
	アスファルト・フィラー材	9	0.15	0	0.00	9	0.11
	炭坑充填材	204	3.34	0	0.00	204	2.43
	計	583	9.55	239	10.51	822	9.81
建築	建材ボード	213	3.49	164	7.21	377	4.50
	人口軽量骨材	0	0.00	0	0.00	0	0.00
	コンクリート 2 次製品	18	0.29	1	0.04	19	0.23
	計	231	3.78	165	7.25	396	4.73
農林・水産	肥料(含：融雪剤,魚礁)	53	0.87	26	1.14	79	0.94
	土壌改良剤	11	0.18	82	3.60	93	1.11
	計	64	1.05	108	4.75	172	2.05
その他	下水汚水処理剤	4	0.07	1	0.04	5	0.06
	製鉄用	13	0.21	8	0.35	21	0.25
	その他	612	10.02	25	1.10	637	7.60
	計	629	10.30	34	1.49	663	7.91
	有効利用合計	6,105	100.00	2,275	100.00	8,380	100.00

（石炭エネルギーセンター資料より）

せきめんす

用されていた。毒性が強い青石綿・茶石綿も1995年まで使用されていた。2008年までに全面禁止される（厚生労働省）。しかし，1975年より，鉄骨造の耐火被覆材として，吹付けには使用していない。理由はその粉塵を大量に吸い込むと，肺中皮を起こす確率が高いからである。癌発症までの潜伏期間は10～50年。1975年から問題になり，アメリカでは1980年代に規制強化をし，使用量が減った。わが国では抄造成形後オートクレーブ養生より珪酸カルシウム水和物結晶を生成し硬化させた板材（石綿スレート，石綿珪酸カルシウム板，石綿セメント珪酸カルシウム板）として使用されていた。耐水性，耐久性，遮音性，断熱性に優れた材料。
厚生労働省は，2005年7月1日施行の労働安全衛生法の「石綿障害予防規則」に基づき，解体工事業者への指導・監督を強化する。
同規則は①建物の事前調査②飛散防止対策などの計画策定③工事前の労基署への届け出④作業員の特別教育⑤作業主任者の選任⑥防塵マスクなどの保護具の着用⑦建材の湿潤化⑧解体現場の隔離や立入禁止――などを義務づけている。

せきめんスレート　石綿スレート
asbestos cement slate

セメント石綿を表に示す質量調合で混合し，圧縮成形，オートクレーブ養生したもの。
①性質
・防音性が高い。
・耐水性が大きい。ただし，軟質板は吸水および伸縮性が若干大きい。
・フレキシブル板，軟質板は加工が容易である。
・急激な過熱を受けるとひび割れや爆裂を起こす。衝撃に弱い。
・所要の曲げ破壊荷重，たわみ，吸水率，耐衝撃性，耐透水性を有する。
②石綿スレートは不燃材料である
③保管
・枕木を用いて平積みとする。積み上げ高さは1m以内。

石綿スレートの質量調合と厚さ

種類		セメント(%)	石綿(%)	厚さ(mm)
ボード	フレキシブル板(F)	65	35	3, 4, 5, 6
	平板(S)	85	15	5, 6, 8
	軟質板(N)	85	15	4, 5
波板		85	15	6.3

せきゆ　石油　earth oil

太古の微生物の成分が地中で，液体の炭化水素となったもの。世界の主な原油生産国は次の通り。

世界の原油生産量（2004）
（千バレル/日）

	国名	生産量
1	サウジアラビア	10,584
2	ロシア	9,285
3	アメリカ	7,241
4	イラン	4,081
5	メキシコ	3,824

せきゆアスファルト　石油アスファルト
petroleum asphalt

アスファルトには天然と石油があるが，通

石油アスファルト
- ストレートアスファルト：石油の原油から軽油，重油潤滑油をも蒸発させた後に残ったもの。
- ブローンアスファルト：ストレートアスファルトになる以前の状態のものに250℃以上の熱風を吹き込み，水分や蒸発分が残らないように精製したもの。
- アスファルトコンパウンド：ブローンアスファルトに耐候性改善，軟化点上昇などの目的で，動植物性油脂や鉱物質粉末を混入したもの。屋根防水工事に用いる。

常，アスファルトといえば，石油アスファルトをいう。道路舗装や防水材として用いられる（表参照）。

せこうきゅうべつ　施工級別　levels of control
コンクリート工事における施工管理の程度に応じた圧縮強度のバラツキのグレード。

せこうけいかくしょ　施工計画書
施工者が工事を実際に施工するための工期，使用機材，使用材料，工事の具体的方法などを図面化・文書化したもので，施工者が作成する。

せこうしゃ　施工者　builder
工事請負契約書に請負者として記名捺印した者およびその代理人をいう（JASS 1）。また，建設業法による建設業の許可は次の場合必要としている。
①建築一式工事で1件の請負金額が合計1500万円を超える工事
②延べ面積150 m²を超える木造住宅工事
③上記以外の工事で1件の請負金額が合計500万円を超える場合
建設業の許可には，国土交通大臣の許可と，都道府県知事の許可とがある（許可は3年ごとに更新する）。
①二つ以上の県に営業所を置く建設業→国土交通大臣の許可
②一つの県のみに営業所を置く建設業→都道府県知事の許可
建設業許可業者数は2005年3月末日現在，562,661社（内，大臣許可は10,607社）である。日本で最も古い建設会社は，寺社建築の金剛組（1578年）で，次が松井建設（1585年），以下，竹中工務店（1610年），清水建設（1804年），鹿島建設（1840年）といわれている。

せこうなんど　施工軟度　workability
〔→ワーカビリティ，スランプ〕

フレッシュコンクリートの材料の分離を生じることなく，打込み・締固め・仕上げなどの作業が容易にできる程度を示す。

せこうにかんするしよう　施工に関する仕様
昭和50年（1975年）版 JASS 5 に定めたコンクリート施工上のグレード（甲種，乙種，丙種）。現在は，用いられていない。

せこうふりょう　施工不良
コンクリートの施工不良は，コンクリートの中性化を早め，鉄筋腐食の引き金となる。耐久性に富むコンクリート構造物をつくるには，水セメント比を小さくして入念な施工（打込み・締固め・養生）を行う。施工不良だと色むら，ジャンカ，コールドジョイント，気泡，ひび割れ，エフロレッセンス，のろ漏，型枠目違い，型枠はらみ，型枠割付ミス，錆汁，木汁，溶接焼け汚れ，締付金物跡，欠け，砂じま，あばた等のような欠陥が生じるので注意する。

せこうめじ　施工目地　construction joint
コンクリートの打込み時に，計画的に打継ぎ箇所を設ける目地。

せしゅ　施主　client, owner
工事の注文主，発注者，建主，依頼者のこと。

ぜつえんこうほう　絶縁工法　〔⇔密着工法〕
アスファルト防水工事には，密着工法と絶縁工法とがある。絶縁工法は下地と防水層を部分接着する工法で，第1層目の穴あきルーフィングにより点張りする。下地コンクリートのひび割れが防水層の破断につながりにくい。

せっかい　石灰　lime
生石灰（CaO）・消石灰（Ca(OH)$_2$）の総称。一般には後者を指すことが多い。密度は，前者が 3.37 cm³/g，後者が 2.24 cm³/g。

せっかいがん　石灰岩　limestone　〔→石

灰石〕
炭酸石灰（CaCO₃）からなる水成岩。表乾密度 $2.74〜2.71$ g/cm³（平均 2.72 g/cm³），吸水率 $0.1〜0.4$ %（平均 0.2 %），原石の圧縮強度 $135〜40$ N/mm²（平均 88 N/mm²），膨張係数 $0.2〜0.65×10^{-5}$/℃。石灰岩は地質用語。石灰岩の $CaCO_3$ の分解は 750 ℃。

せっかいしつさがん　石灰質砂岩
calcareous sandstone

石灰岩が $10〜50$ %混ざっている砂岩。砂岩と石灰岩が混在する場合，炭酸塩の含有率が 90 %以上のものを石灰岩，$50〜90$ %のものを砂質石灰岩，$10〜50$ %のものを石灰質砂岩，10 %以下のものを砂岩という。

せっかいせき　石灰石
limestone 〔→石灰岩〕

炭酸カルシウム（$CaCO_3$）を主成分とし，炭酸マグネシウムを含む堆積岩で，石灰石は，セメントや石炭製造の主原料をはじめ，製鉄用原料，ガラス原料，コンクリート用骨材，炭カル原料など用途が広い。石灰石は鉱業用語。なお，建築用・美術工芸用などに用いられるものが大理石。1997年4月現在の石灰石の可採粗鉱量は 94.4 億 t。年間約 1.7 億 t が採掘されている。石灰岩となっている不純な炭酸カルシウム。

せっかいせきびふんまつ　石灰石微粉末

1989年から石灰石微粉末がコンクリート用材料として使用されはじめている。石灰石は主としてセメント原料用，骨材，土質安定材などの建設用，鉄鋼用，化学工業用などに利用されている。この他，石灰石を微粉砕したものが，タンカル（炭酸カルシウムの通称）と称され，道路用，排脱用，肥料，飼料，中和材，ガラス，製紙，塗料等様々な用途に利用されている。

せっかいせきフィラーセメント　石灰石フィラーセメント

石灰石微粉末を混合した石灰石フィラーセメントの「標準情報（テクニカルレポート）」の原案は欧州セメント品質規格（EN 197-1）を採用したのが特徴で，強度クラスによって4種類に分類している。石灰石の品質は，$CaCO_3=90$ %以上，$MgO=5$ %以下，$SO_3=0.5$ %以下，$Al_2O_3=1.0$ %以下（p.315表参照）。

せっかいほうわど　石灰飽和度
lime saturation degree

ポルトランドセメントクリンカー中に実質的にどのような化合物が生成しているかを

2001暦年の石灰石生産上位20鉱山

順位	鉱山	生産量（千 t）
1	鳥形山	12,106
2	戸高	11,901
3	東谷	9,911
4	伊佐	8,510
5	願寺	8,222
6	鱶朗	8,178
7	秋芳	7,800
8	八戸石灰	5,182
9	藤原	4,750
10	尻屋	4,145
11	津久見	3,786
12	土佐山	3,576
13	武甲	3,548
14	田海	3,312
15	青海	3,200
16	大船渡	2,902
17	津久見	2,888
18	叶山	2,795
19	大分	2,678
20	宇根	2,580

（石灰石鉱業協会調べ）

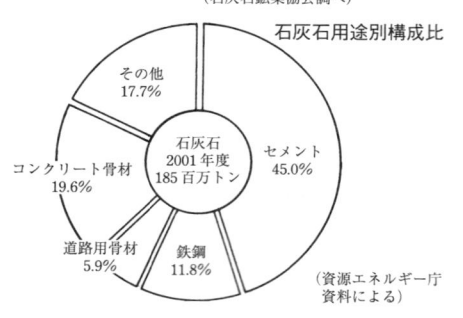

石灰石用途別構成比

石灰石 2001年度 185百万トン
- セメント 45.0%
- 鉄鋼 11.8%
- 道路用骨材 5.9%
- コンクリート骨材 19.6%
- その他 17.7%

（資源エネルギー庁資料による）

石灰石フィラーセメントの種類（圧縮強さ）
（単位：N/mm²）

種類＼材齢	32.5 N	32.5 R	42.5 N	42.5 R
2 d	—	10.0以上	10.0以上	20.0以上
7 d	16.0以上	—	—	—
28 d	32.5以上 52.5以下	32.5以上 52.5以下	42.5以上 62.5以下	42.5以上 62.5以下

石灰石フィラーセメントの品質

品質		既定値
密度 (g/cm³)		—
比表面積 (cm²/g)		2500以上
凝結	水量 (%)	—
	始発 (mm)	60以上
	終結 (h)	10以下
安定性[1]	パット法	良
	ルシャテリエ工法	10以下
酸化マグネシウム (%)		5.0以下
三酸化硫黄 (%)		3.0以下
全アルカリ (%)		0.75以下
塩化物イオン (%)		0.02以下
石灰石の含有率[2]		—

［注］[1]パット法またはルシャテリエ法のいずれかの試験結果を報告する。
[2]石灰石と少量添加成分の含有が20質量％以下のときは「A」，20質量％を超えるときは「B」と記載する。

知る比率。略は L.S.D.。

$$\frac{CaO - 0.7 \times SO_3}{2.8 \times SiO_2 + 1.2 \times Al_2O_3 + 0.65 \times Fe_2O_3}$$

せっかいモルタル　石灰モルタル
lime mortar

消石灰または生石灰と砂に水を加え，建築工事に適する軟らかさのモルタルとして石材の目地などに用いられていた。現在はセメントを加えている。

ぜっかんしつりょう　絶乾質量

コンクリート，モルタル，骨材が絶乾状態である時の質量。実際には，骨材などを換気の良好な乾燥器の中で，温度100〜105℃で乾燥し，恒量に達したときの質量をいう。

ぜっかんじょうたい　絶乾状態
〔→表乾状態〕

骨材の表面も内部も完全に乾燥している状態をいう。絶対乾燥状態の略。

ぜっかんみつど　絶乾密度
specific density under ovendry

一般に普通骨材について規定されている。絶乾比重と表乾比重との間には次のような関係がある。

$$表乾密度 = 絶乾密度 \left(1 + \frac{吸水率}{100}\right)$$

なお，骨材の絶乾密度と吸水率を例示する。（p.316 上表参照）

せっきしつタイル　せっ器質タイル
stoneware tile

素地の色は有色。吸水率は5％以下，素地は硬く，吸水性がない（あってもごく少ない）。焼成温度は1,200〜1,350℃である。外装壁タイル，床用クリンカータイルとして用いる。

セックコンクリート　SEC コンクリート
SEC concrete

細骨材の周囲に，その他の部分よりも水セメント比が小さいセメントペーストを良好に付着させるもので，細骨材の処理と練混ぜ方法の工夫から成り立っている。細骨材の処理は，細骨材が表面に巻き込みやすい空気法を除去することを意味しており，現在，サンドコントローラーが実用化されている。練混ぜ方法の一例は下図に示す方法であり，コンクリートが良好に練り上がるように配慮されている。1次水のセメント重量に対する比は，20〜30％程度の範

```
           1次調整水
              ↓
砂・砂利 → セメント → 2次水 → 排出
 mixing    mixing    mixing
```

1次水：骨材の表面水量と1次調整水の和
2次水：有効水と1次水の差
混和材：目的に応じ，1次水または2次水に添加
　SEC コンクリートの練混ぜ方法

せつけいか

骨材の絶乾密度と吸水率の一例

No	岩石名	絶乾密度 (g/cm³)	吸水率 (%)
0	鬼怒川	2.25	2.11
1	硬砂岩	2.65	1.22
2	石灰岩	2.69	1.03
3	玄武岩	2.92	0.32
4	石灰岩	2.70	0.98
5	石灰岩	2.72	0.59
6	石灰岩	2.70	0.91
7	硬砂岩	2.65	1.19
8	石灰岩	2.69	0.86
9	石灰岩	2.67	1.02
10	石灰岩	2.72	0.54
11	硬砂岩	2.61	1.28
12	石灰岩	2.71	1.45
13	石灰岩	2.68	1.02
14	石灰岩	2.74	0.60
15	石灰岩	2.69	1.46
16	硬砂岩	2.65	1.12
17	石灰岩	2.64	1.20
18	石灰岩	2.64	1.23
19	石灰岩	2.61	1.44
20	硬砂岩	2.50	2.85

囲で,細骨材の品質に応じて変化する。主な用途は,一般コンクリート工事,トンネル覆工。

せっけいかぶりあつさおよびさいしょうかぶりあつさ　設計被り厚さおよび最小被り厚さ　design cover and minimum cover 下表参照。

せっけいきじゅんきょうど　設計基準強度　specified concrete design strengh 構造計算において基準としたコンクリートの圧縮強度。一般には材齢28日の値をいう。記号は土木が$f'ck$,建築がFc。ちなみに現在のJASS 5では18, 21, 24, 27, 30, 33, 36 N/mm²としている。話題性のある建築構造物の設計基準強度は1911年竣工の三井物産は12.6 N/mm²,1927年竣工の日比谷大ビル1号館13.5 N/mm²,1948年に竣工の戦後初のRC造

基本の被り厚さの値(mm)
（土木学会：コンクリート標準示方書）

部材 環境条件	スラブ	梁	柱
一般の環境	25	30	35
腐食性環境	40	50	60
特に厳しい腐食性環境	50	60	70

設計被り厚さおよび最小被り厚さの規定（JASS 5）

部位			設計被り厚さ (mm)		最小被り厚さ (mm)		建築基準法施行令による被り厚さの規定
			仕上げあり[1]	仕上げなし[2]	仕上げあり[1]	仕上げなし[2]	
土に接しない部分	屋根スラブ 床スラブ 非耐力壁	屋内	30 以上	30 以上	20 以上	20 以上	2 cm 以上
		屋外	30 以上	40 以上	20 以上	30 以上	
	柱 梁 耐力壁	屋内	40 以上	40 以上	30 以上	30 以上	3 cm 以上
		屋外	40 以上	50 以上	30 以上	40 以上	
	擁壁		—	50 以上[3]	40 以上[3]	40 以上[3]	—
土に接する部分	柱・梁・床スラブ		—	50 以上[4]	40 以上[4]	40 以上[4]	4 cm 以上
	基礎・擁壁		—	70 以上[4]	60 以上[4]	60 以上[4]	6 cm 以上

[注] [1]：耐久性上有効な仕上げあり。
[2]：耐久性上有効な仕上げなし。
[3]：品質・施工法に応じ,工事監理者の承認で10 mm 減の値とする。
[4]：軽量コンクリートの場合は10 mm 増しの値。

合住宅である都営高輪アパートは 13.5 N/mm^2 である。

せっけいとしょ　設計図書
drawing and specification
設計図および仕様書（現場説明書および質問回答書を含む）をいう（JASS 1)。設計図書の優先順位は下記の順序による。①見積要領書（現場説明書および質問回答書）②特記仕様書③設計図④標準仕様書

せっけん　石鹸　soap
脂肪に苛性ソーダなどを加えてつくった洗浄剤。

せつごう　接合　joining
プレキャストコンクリート部材の接合で，ウエットジョイントなどがある。ウエットジョイントは，接合部材から出ている接合用鉄筋相互を溶接またはループ状に重ね定着した後にコンクリートかモルタルを充填して接合する方法であり，充填コンクリートもしくはモルタルそのものによって応力伝達を図るように設計された接合部をいう。代表的な接合部の形式としては，鉛直接合部のようにプレキャスト部材の接合部に凹凸をつけて，充填コンクリートまたはモルタルとかみ合うようにして，主として剪断力の伝達を図ったもの（かみ合っている部分を，シャーコッターまたは，シャーキーと称している），水平接合部のように部材間をモルタルなどで埋めて鉛直荷重を支え，摩擦力によって壁面内剪断力を伝達するものがある。

せっこうコンクリート　石膏コンクリート
gypsum concrete
石膏プラスターモルタルともいう。焼石膏に木材チップ，鉱物質骨材および水とで練混ぜ，流し込み作製したもの。床スラブ・内壁などに使用する。セメントコンクリートに比較して軽量性，断熱性に優れ，無収縮などの長所を有する。石膏を一般の建築構造部材や南極昭和基地建物などに利用する目的で，α型半水石膏，β型半水石膏，改質II型無水石膏を単独もしくは組み合わせて用い，比熱を増大させ，低温下での水和を期待したコンクリート。

せっこうスラグセメント　石膏スラグセメント　gypsum slag cement
〔→高硫酸塩スラグセメント〕

せっこうプラスター　石膏プラスター
gypsum plaster
初期は水と反応し，水和物が結晶し硬化する水硬性であるが，その後は結晶中の水分が蒸発，乾燥することによって硬化して気硬性となる。可使時間は下・中塗りが2時間，上塗りが1時間30分。

せっこうボード　石膏ボード
plaster board, gypsum wall board
半水石膏および混和材料に適量の水を加え

石膏ボードの種類

種類	備考	記号
石膏ボード	二次加工しない基本の平板	GB-R
石膏ラスボード	左官下地用で型押しラスボードと平ラスボード	GB-L
化粧石膏ボード	着色，薄板張り付けなど表面加工したもの	GB-D
シージング石膏ボード	防水処理を施したもの	GB-S
吸音性穴あき石膏ボード	吸音性を要求される箇所に用いられる内装材	GB-P
強化石膏ボード	芯の石膏に無機質繊維材を混入し，防水性能を高めたもの	GB-F

特性
・遮音性がある。
・施工が容易で，表面仕上げの方法も豊富である。
・断熱性がある。
・腐食しにくい。虫害も受けない。
・吸水率が大きいうえに，吸水することにより強度が著しく低下する欠点がある。
・防火性がある。
・石膏には約21％の結晶水があり，加熱時には脱水反応が起こる。そのため，結晶水の放出が終わるまで温度を防ぐことができる。

せつたいよ

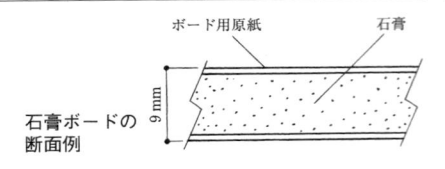

て，よく練り混ぜたものを芯とし，その両面と長手方向の側面を，石膏ボード用原紙で被覆，成形し，硬化後含水率3%以下まで乾燥させたもの（表・図参照）．

ぜったいようせきちょうごう　絶対容積調合
mix proportion by absolute volume
フレッシュコンクリートにおいてセメント，水，粗骨材，細骨材，混和材料の各材料が占める容積．単位は l/m^3．

せっちゃくざい　接着剤
adhesive agent, adhesives
建築材料を張り付ける糊．種類を大別すると天然高分子系（澱粉，アスファルトなど），半合成高分子系（酢酸セルロースなど），合成高分子系（エポキシ，塩化ビニルなど）の三つになる．コンクリート系下地に関係する接着剤と性能は左下表の通り．寒冷期に接着剤を用いる場合で，室温が5℃以下の場合は，採暖して室温を10℃以上に保つようにする．
酢酸ビニール樹脂系溶剤型接着剤の性質は次の通り．
・耐水・耐熱性が小さい．
・水掛りまたは高温箇所には適さない．
・寒冷地でも施工できる．
・速乾性のものは垂直面の張付けに適している．

セパレーター　separator
せき板間の間隔，鉄筋とせき板または鉄筋間の間隔を保持するための部品．

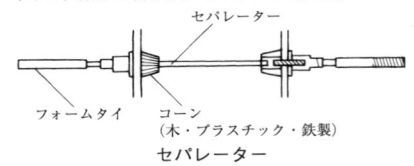

セミハードボード　semi-hard board
繊維板の一種．表参照．

繊維板の種類と成分

種　類	成　　分
軟質繊維板（インシュレーションボード）	十分に繊維化した植物繊維を打ちほぐして成板する．密度0.4 g/cm³未満
中質繊維板（セミハードボード）	植物繊維を十分繊維化し，成形，熱圧して成板する．密度0.4 g/cm³以上，0.8 g/cm³未満
硬質繊維板（ハードボード）	植物繊維を十分繊維化し，成形，熱圧して成板する．密度0.8 g/cm³以上
パーティクルボード	植物質の小片を乾燥し，有機質の接着剤を添加して熱圧成板する

セム　SEM
scanning electron micro scope
走査型電子顕微鏡のことで，セメントの水和物を観察するために用いる．

セメント
cement, ciment（仏）, Zement（独）, cemento（伊・西）
ものとものとを結び付ける役割をする．硬化上の区別は「気硬性」と「水硬性」にな

接着剤と性能

接着剤の種類	下地／仕上げ	コンクリート系			作業性	接着力	耐水性	耐アルカリ性	耐熱性	耐候性	経済性
		コンクリート	木材	金属	プラスチック						
アスファルト系		×	×	×	◎	◎	△	△	△	×	◎
エポキシ樹脂系		◎	◎	◎	◎	△	◎	◎	◎	◎	×
酢酸ビニール樹脂系	エマルション型	◎	◎	×	△	◎	◎	×	×	△	◎
	溶剤型	△	◎	◎	◎	◎	◎	×	△	△	◎
合成ゴム系	ラテックス型	△	◎	◎	◎	◎	◎	△	△	△	◎
	溶剤型	△	◎	◎	◎	◎	◎	△	△	△	◎

［注］　◎：最適　○：適　△：やや適　×：不適
なお，その他のものとして
・石膏系接着剤…石膏ボードのコンクリート下地直張り用．

セメントの歴史

年代	内容
約 B.C.2500	焼石膏と石灰の混合・エジプトのピラミッド建設
約 B.C.2000	気硬性石灰の利用
1756 年（宝暦 6 年）	水硬性石灰セメントの発明（John Smeaton［イギリス人］）
1796 年（寛政 8 年）	ローマンセメントの発明（James Sarker［イギリス人］）
1824 年（文政 7 年）	ポルトランドセメントの発明と製造法の特許（Joseph Aspdin［イギリス人］）
1844 年（弘化元年）	ポルトランドセメントの製造法の改良（Isaac Charles Johnson［イギリス人］）
1848 年（嘉永元年）	フランス：ポルトランドセメントの製造開始
1850 年（嘉永 3 年）	ドイツ：ポルトランドセメントの製造開始
1862 年（文久 2 年）	高炉セメントの発明（Emil Langen［ドイツ人］）
1867 年（慶応 3 年）	鉄筋コンクリートの誕生（Joseph Monier［フランス人］）
1868 年（明治元年）	鉄筋コンクリートの誕生（Joseph Monier［フランス人］）
1871 年（明治 4 年）	アメリカ：ポルトランドセメントの製造開始
1872 年（明治 5 年）	東京深川に日本政府のポルトランドセメント製造所開始
1875 年（明治 8 年）	わが国の官営セメント製造所創設（日本：ポルトランドセメントの製造開始） 1884 年日本セメント社へ
1877 年（明治 10 年）	ドイツにおいて世界最初のセメント規格を制定
1881 年（明治 14 年）	旧・小野田セメント社小野田工場建設
1882 年（明治 15 年）	皇居造営用練砂利（コンクリート）5 種の試し練り（林糾四郎）
1886 年（明治 19 年）	回転窯による焼成開始
1890 年（明治 23 年）	石膏の凝結調整用としての発明
1905 年（明治 38 年）	日本における最初のポルトランドセメント試験方法の制定
1906 年（明治 39 年）	サンフランシスコに大地震発生（日本での剛構造建築物の誕生のきっかけとなった。なお，1989 年にも大地震が発生した）
1908 年（明治 41 年）	アルミナセメントの発明（J. Bied［フランス人］）
1910 年（明治 43 年）	日本：高炉セメントの製造開始
1910 年～1911 年	三井物産横浜支店竣工
1913 年（大正 2 年）	早強ポルトランドセメントの発明（M. Spinde［オーストリア人］）
1916 年（大正 5 年）	日本：白色ポルトランドセメントの製造開始
1926 年（昭和元年）	日本：早強ポルトランドセメントの製造開始
1934 年（昭和 9 年）	日本：中庸熱ポルトランドセメントの製造開始
1940 年（昭和 15 年）	フライアッシュのコンクリート用混和材としての最初の使用（Hungry Horse Dam［アメリカ人］）
1950 年（昭和 25 年）	日本における熱経済形予熱機付き回転窯の操業
1952 年（昭和 27 年）	日本における最初の建築物への使用（鉄道会館）
1957 年（昭和 32 年）	日本：エアブレンディング装置の開発
1963 年（昭和 38 年）	日本にサスペンションプレヒーター付きキルンの導入
1997 年（平成 9 年）	日本：低熱ポルトランドセメントの品質を JIS 化
2003 年（平成 15 年）	日本：エコセメントの JIS 化

る。前者は空気中の CO_2 によって硬化する。後者は水，湿分等によって硬化し，構造用として使用される。これらのセメントは JIS に規定されている。水と反応して硬化する鉱物質の粉末。また，セメントの語源はラテン語の caedere（切石，大理石砕石の意）に発し caedimentum から cementum と転じて，今日の cement となった（表参照）。

セメントあみふるい　セメント網ふるい
sieve
JIS の規定に適合するもの。網ふるい目は $75\mu m$。セメントの細かさを知るために使用する。

セメントおんど　セメント温度
cement temperature
練り混ぜるときのセメントは，いかなる場合でも加熱しない。セメントは一様な加熱が困難であり，加熱したセメントを用いると部分的に凝結が促進されるおそれがあ

る。通常は水を加熱する。それでもセメントを投入するときのミキサー内の他の材料の温度の上限は40℃とする。

セメントかみぶくろ　セメント紙袋　cement paper sack

流通上での梱包の一つで，JISに定められているクラフト紙により出来ている袋。正味1袋は25 kgf，40 kgfと50 kgfがある。

セメントがわら　セメント瓦　cement roof tile

セメントと水および細骨材を用いて練り混ぜたもの。現在では厚形スレートを示す。保管は小端立てとする。

セメント瓦の保管

セメントがわらのけいじょう・すんぽう　セメント瓦の形状・寸法

セメント瓦の形状・寸法

種類	呼び方	寸法			働き寸法		3.3 m²当りの葺き枚数
		厚さ	幅	長さ	幅	長さ	
和形セメント瓦	和形 2種a	12	295	295	250	250	56枚
	2種b	12	310	288	265	220	53枚
	2種c	12	288	297	240	220	56枚
	3種a	12	300	302	255	220	52枚
	3種b	12	303	318	250	250	49枚
	4種a	12	238	290	225	240	60枚
洋形セメント瓦	洋形 1種	12	240	390	190	355	50枚
	2種	12	257	409	220	390	40枚
平形セメント瓦	平形 1種	12	305	330	250	265	42枚

セメントがわらのせいぞう　セメント瓦の製造

使用するセメントは，普通・早強ポルトランドセメント，高炉セメントおよびシリカセメントのA種・B種のいずれかと細骨材（＝25％：75％程度）を用いて練り混ぜ製造する。

セメントがわらのひんしつ　セメント瓦の品質

JISに定められている。反り，亀裂，ねじれ，傷があってはならない。曲げ破壊荷重100 kgf以上。吸水率12％以下。

セメントきかく　セメント規格

ポルトランドセメント，高炉セメント，シリカセメント，フライアッシュセメントは共にJISに定められている。試験方法に関するものはセメントの物理試験方法，ポルトランドセメントの化学分析方法，セメントの水和熱測定方法がある。

セメントぎょうかい　セメント業界

日本のセメント業界の再編の流れは，p.321図の通り。

セメントキルン　cement kiln

セメント製造の焼成は，当初の竪窯から回転窯（ロータリーキルン）へ，湿式から乾式へ，そしてSP（サスペンションプレヒーター），N（ニュー）SP付きキルンへと発展した。現在のキルンがすべて最も効率が高いSP，NSPキルンとなっている。燃料原単位（セメント1t当たりの燃料使用量＝石炭換算）を見ると，戦後しばらく300～400 kgで推移していたが徐々に低下，1960年には200 kg強となった。さらに原単位は急速に低減され80年代半ばに110 kgに下がった（p.322図-1）。最近は104 kgとなっている。戦後55年余の間に1/4に低下した。この間，戦前・戦後の石炭から60年前後に重油に転換，さらに80年代前半に石炭に再転換しているが，最近はさらに，石油コークス，廃タイヤ，廃油，廃プラスチック，肉骨粉などの利用が増えている。電力原単位については，戦後120 kWh/セメントtで推移したが，70年代半ばから低下してきて現在は100 kWh/

日本のセメント業界再編の流れ

三菱マテリアル 東北開発	→ 三菱マテリアル（91年10月発足）	
宇部興産 琉球セメント		→ 宇部三菱セメント （販売部門の統合）（98年7月発足）
日本セメント 明星セメント デイ・シイ		→ 太平洋セメント（98年10月発足）
小野田セメント 三河小野田セメント 東ソー 三井鉱山 秩父セメント 敦賀セメント	→ 秩父小野田（94年10月発足）	
住友セメント 八戸セメント 日鐵セメント 大阪セメント	→ 住友大阪セメント（94年10月発足）	
トクヤマ		
麻生セメント 苅田セメント		
日立セメント		
電気化学工業		
新日鐵高炉セメント		

（注）同じ枠内は資本系列または販売提携関係のメーカー

となっている（p.322 図-2）。

セメントくうげきひせつ　セメント空隙比説　cement-void ratio theory
コンクリートの圧縮強度は，コンクリート中の空隙に対するセメント容積の比で定まるという説で，A. N. タルボット（Talbot）の提唱。

セメントクリンカー　cement clinker
セメントの原料をキルン（窯）で焼成したもの。この状態で最終工程のみを行う工場に輸送されることもある。「焼塊」ともいう。

セメントゲル　cement gel
セメント水和物を一括して表現する用語。単に C-S-H のことをセメントゲルという場合もある。セメントゲルは未水和セメントの約2倍の体積を持ち，比表面積が大きいので硬化体の強度の発現に大きく寄与する。

セメントこうせいかごうぶつ　セメント構成化合物　cement-constituent compound
ポルトランドセメントは $CaO\text{-}Al_2O_3\text{-}Fe_2O_3\text{-}SiO_2$ の4成分系セメントで，主要構成化合物は C_3S，C_2S，C_3A，C_4AF である。

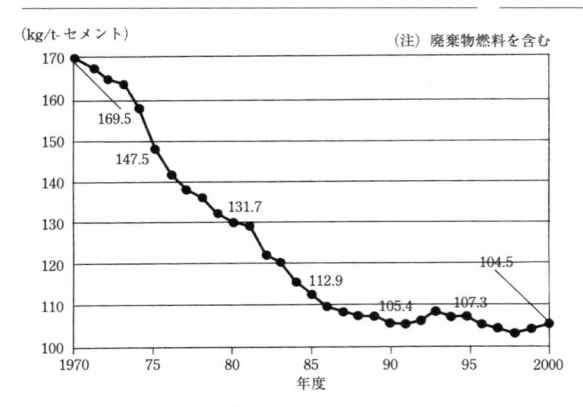

図-1 燃料原単位の推移〔石炭（6,200 kcal/kg）換算値〕

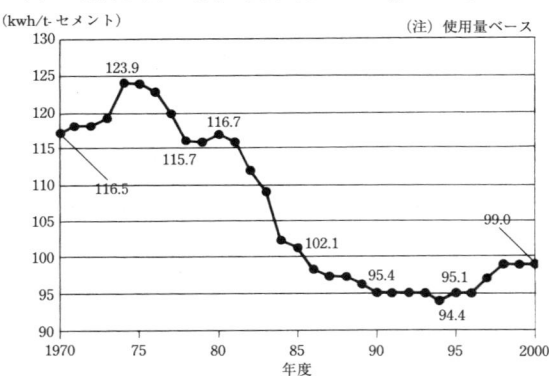

図-2 電力原単位の推移

$CaO-Al_2O_3-SiO_2$ の3成分系にはアルミナセメントとその構成相である $C_{12}A_7$, CA, CA_2 が生成する。C_2AS 結晶は水和しないが, その周辺組成のガラスは, アルカリや石膏, 水酸化カルシウムなどの刺激により水和し, 混和材として利用される。$CaO-Al_2O_3-SiO_2-SO_3$ 系には膨張セメントの基本成分である C_4A_3S が生ずる。$CaO-Al_2O_3-SiO_2-CaF_2$ 系では $C_{12}A_7$ 誘導体の $C_{11}A_7・CaF_2$ が生成し, C_3S とともに超速硬化セメントを形成する。

セメント・コンクリート cement concrete
水硬性のセメントを用いたコンクリート。

セメント・コンクリートせいひん セメント・コンクリート製品
product of cement and concrete
セメントを主要材料として成形された製品の総称。セメントに砂・砂利・木片・木毛などの骨材を1種または2種以上配合し, 練り混ぜて用途に適した形状に型詰め成形し, 硬化させる。基本的には遠心力鉄筋コンクリート製品（管, ポール, パイル）, 空胴コンクリートブロック, 護岸用コンクリート製品, 道路用コンクリート製品, プ

レストレストコンクリート製品，木毛セメント板，気泡コンクリート製品，コンクリート系プレファブ建築用パネル。

セメントこんわようポリマー　セメント混和用ポリマー
polymer admixture for cement
モルタルおよびコンクリートに，硬化速度，引張強さ，乾燥収縮，耐薬品性などを改善する目的で混和するポリマー。また，これを混合したものを，ポリマーセメントモルタル，あるいはポリマーコンクリートという。

セメントサイロ　cement silo　〔→サイロ〕
工場から運ばれてきたセメントを貯蔵し，コンクリートプラントへ供給する設備。材質はコンクリート製や鋼製で，容量は30〜50 t が一般的。

セメントさんぎょうにおけるさんぎょうはいきぶつ・ふくさんぶつしようりょう　セメント産業における産業廃棄物・副産物使用量
下表参照。

セメントしけんこうおんしつ　セメント試験恒温室　constant temperature room for sement test
セメントの凝結，安定性，強さの試験を行うとき，供試体の作製から浸水までを行う室で，気温20℃，湿度90％以上に保たれている。

セメントしょうひとせいさん　セメント消費と生産
世界のランキングは p.324 表参照。

セメントせいぞうほうしき　セメント製造方式
わが国のセメントの製造方式が変わりはじめたのは，1954年頃からで，「湿式キル

セメント産業における産業廃棄物・副産物使用量　　　　（単位：千 t）

種類	主な用途	1995	2000	2005年度
高炉スラグ	原料，混合材	12,486	12,162	9,214
石炭灰	原料，混合材	3,103	5,145	7,185
副産石膏	原料（添加材）	2,502	2,643	2,707
汚泥・スラッジ	原料	905	1,906	2,526
建設発生土	―	―	―	2,097
非鉄鉱滓	原料	1,396	1,500	1,318
製鋼スラグ	原料	1,181	795	467
燃え殻（石炭灰は除く）・ばいじん・ダスト	原料，熱エネルギー	487	734	1,189
ボタ	原料，熱エネルギー	1,666	675	280
鋳物砂	原料	399	477	601
廃タイヤ	原料，熱エネルギー	266	323	194
再生油	熱エネルギー	126	239	228
廃油	熱エネルギー	107	120	219
廃白土	原料，熱エネルギー	94	106	173
廃プラスチック	熱エネルギー		102	302
その他	―	379	433	893
合計	―	25,097	27,359	29,593

（セメント協会資料より）

せめんとそ

世界のセメント需給ランキング　　　（単位：百万 t）

ランク	生産		消費	
1	中国	933.7	中国	930.0
2	インド	127.6	インド	123.1
3	アメリカ	95.0	アメリカ	119.9
4	日本	72.4	日本	58.0
5	韓国	55.8	韓国	54.9

2004年セメント協会資料より

ン」では全長300 m にも及ぶロングキルンが，また，「乾式キルン」では「レポールキルン」などが出現した。特に乾式では1957年に「エアーブレンディング装置」が開発され，以後の焼成方式の付帯設備の主流となった。また，1963年にはエネルギー消費量が少なく，量産効果の高い予熱装置を備えた「サスペンションプレヒーター付キルン（SP キルン）」が旧西ドイツから導入され，セメントの生産量は年間3,000万 t に達した。本格的な SP キルン時代に入ったのは1970年頃からであるが，その後の景気拡大に支えられ，1973年のセメント生産量は7,800万 t にも拡大した。1971年には，この SP キルンをさらに改良した「ニューサスペンションプレヒーター付キルン（NSP キルン）」が，開発された。これは，熱効率を著しく向上させた，省エネルギー時代にふさわしい方式であると同時に，窒素酸化物（NO_x）発生の抑制に顕著な効果を発揮するので，公害対策からも急速に普及した。2005年度における保有基数は，SP キルンが10基，NSP が48基である。

セメントそうこ　セメント倉庫
storehouse
工事中セメントを入れる仮設倉庫。現在は，左官用セメントを入れる場合が多い。

セメントぞうりょうざい　セメント増量材
cement extender
モルタル・コンクリートの性質改善，経済性向上の目的で使用される混和材料。セメント使用料を減少することによってコンクリート単価を低減するため，セメントの一部に代替使用する。ポゾラン，フライアッシュ，珪藻土，珪酸白土など。良質のポゾランはモルタル・コンクリートの浮き水を減じ，骨材の分離もなくワーカビリティを改善する。単に「増量材」ともいう。

セメントだいようど　セメント代用土
cement substitute
花崗岩，凝灰岩，玄武岩，安山岩などの風化土に消石灰を加えた粉末。代用セメントともいう。

セメントタイル　cement tile
セメントモルタルを型枠に充填して，加圧成形あるいは振動を与えながら成形してつくった板。厚さは1〜5 cm で，大きさは一定していない。表面に着色したり凹凸模様を付けたものなどがある。床，テラス，歩道，屋上などの舗装に用いられる。

セメントダスト　flue dust　〔→ダスト〕
セメント原料の焼成時に排出される煙から集塵装置により集められた微粉。

セメントちゃくしょくざい　セメント着色剤
coloring material of cement
セメント顔料。

セメントちゅうのぜんアルカリりょう　セメント中の全アルカリ量
JIS では，セメント中の全アルカリ量を化学分析の試験結果から次式によって算出している。

$$R_2O = Na_2O + 0.658 K_2O$$

ここに，
R_2O：セメント中の全アルカリ量（％）
Na_2O：セメント中の酸化ナトリウム量（％）
K_2O：セメント中の酸化カリウム量（％）
したがって，セメント製造会社はこの規格

を満足する低アルカリ型ポルトランドセメントについては，その規格上限である全アルカリ量が 0.6 % を超えることがないよう製造管理している．

セメントのあっしゅくきょうどしけん　セメントの圧縮強度試験

JIS に定められている．供試体は 4×4×16 cm 角柱．調合はセメント：標準砂：

セメント強さ試験方法の改正の経緯

① 明治 38 年 2 月 10 日公布　農商務省告示第 35 号　日本「ポルトランドセメント」
　　試験方法
　　　標準砂　：東京標準砂（愛知県西加茂郡産，破砕）0.850～0.533 mm,
　　　　　　　　　　　　　　　　　　　　　　　　　　0.533～0.467 mm
　　　モルタル：1：3：約 0.28
　　　供試体　：7.07 cm 立方体（手練り──機械詰め，手詰め）
② 昭和 2 年 4 月 14 日公布　商工省告示第 9 号　日本標準規格第 28 号（JES 28）
　　ポルトランドセメント
　　　標準砂　：相馬標準砂（福島県相馬郡産，天文石英砂）0.85～0.54 mm
　　　モルタル：1：3：約 2.8
　　　供試体　：7.07 cm 立方体（機械練り──機械詰め）
③ 昭和 16 年 8 月 13 日公表　臨時日本標準規格 149 号（臨 JES 149）
　　セメント
　　　モルタル：1：2：0.65
　　　供試体　：4×4×16 cm（手練り──手詰め）
④ 昭和 22 年 12 月 16 日決定　日本窯業規格（JES 5101）
　　セメント
　　　標準砂　：豊浦標準砂（山口県豊浦郡黒井村産，天然珪砂）0.30～0.11 mm
　　　モルタル：1：2：0.65
　　　供試体　：4×4×16 cm（手練り──手詰め）
⑤ 昭和 52 年 2 月 1 日改正　日本工業規格　JIS R 5201
　　セメントの物理試験方法
　　　標準砂　：豊浦標準砂（山口県豊浦郡黒井村産，天然珪砂）0.297～0.105 mm
　　　モルタル：1：2：0.65
　　　供試体　：4×4×16 cm（機械練り──手詰め，手練り──手詰め）
⑥ 昭和 62 年 3 月 1 日改正　日本工業規格　JIS R 5201
　　セメントの物理試験方法
　　　標準砂　：豊浦標準砂（山口県豊浦郡黒井村産，天然珪砂）0.300～0.106 mm
　　　モルタル：1：2：0.65
　　　供試体　：4×4×16 cm（機械練り──手詰め，手練り──手詰め）
⑦ 平成 4 年 7 月 1 日改正　日本工業規格　JIS R 5201
　　セメントの物理試験方法
　　　標準砂　：標準砂（産地指定なし，天然珪砂）0.300, 0.212, 0.106 mm
　　　モルタル：1：2：0.65
　　　供試体　：4×4×16 cm（機械練り──手詰め，手練り──手詰め）
⑧ 平成 9 年 4 月 1 日改正　日本工業規格　JIS R 5201
　　セメントの物理試験方法
　　　標準砂　：標準砂（オーストリア産，天然珪砂）2.0～0.08 mm と粒度範囲を広げ，粗くしたものを使用
　　　モルタル：1：3：0.5
　　　供試体　：4×4×16 cm（機械練り──手詰め）

水＝1：3：0.55（質量比），養生は20℃±3℃水中と定められている．なお，セメント強さ試験方法の改正の経緯をp.325表に示す．

セメントのあっしゅくつよさ　セメントの圧縮強さ compressive strength（cement）
供試体が耐えられる最大圧縮荷重を，圧縮力に垂直な供試体の断面積で除した値（JIS）．

セメントのあんていせい　セメントの安定性 soundness（cement）
セメントが異常な体積変化を起こさずに，安定して水和する性質（JIS）．

セメントのあんていせいしけん　セメントの安定性試験〔→膨張性ひび割れ〕
JISに定められている．

セメントのいじょうぎょうけつ　セメントの異常凝結
JASS 5 T-101（1975年版 JASS 5）に定められていた．

セメントのいろ　セメントの色
セメントの色に影響を与える要因は，セメントの主要化学成分（Al_2O_3，Fe_2O_3，MgO），微量成分（K_2O，Na_2O，マンガン酸化物，Cr_2O_3，P_2O_5，TiO_2，SO_3），製造条件，粉末度である．

セメントのかんづめ　セメントの缶詰 canned cement
セメントコンクリートの試験研究のための試験用セメントは，紙袋に入れるか，写真に示すような缶詰にする方法などがある．依田が写真のように缶詰にして23年間，14年間，7年間，6年間，3年間，1年間，それぞれ長期保存した高炉セメントは，予想していたより風化の程度が小さい．またこの傾向は当然だが保存期間が短いほど小さい．詳細はセメント技術年報39のp.245を参照されたい．

セメントのぎょうけつ　セメントの凝結 set（cement）
セメントに水を加えて練り混ぜてから，ある時間を経た後，水和反応によって流動性を失いしだいに硬くなること（JIS）．

セメントのしゅるい　セメントの種類 classification of cements〔→セメントの選定〕
単味（普通・早強・超早強・中庸熱・低熱・耐硫酸塩ポルトランドセメント）と混合（高炉・シリカ・フライアッシュセメント）に分けられる．それぞれに特徴があるので，工事内容によって最適なセメントを選ぶとよい（p.327表参照）．
日本の2002年におけるセメント品種別生産量は，ポルトランドセメントが75.4％（うち，普通ポルトランドセメントが69.8％）に対して混合セメントが24.6％（うち，高炉セメントが23.9％）．

セメントのすいわかてい　セメントの水和過程 process of cement hydration
セメントと水が化学的に反応する状況．注水直後の急激な反応の後，反応が見掛け上ほとんど休止してしまう誘導期がある．その後再び反応が加速度的に進行して反応速度が最大になる加速期があり，反応が遅くなる期間の減速期とがある．

セメントのすいわはんのう　セメントの水和反応 hydration of cements
セメントと水が化学的に反応して凝結硬化すること．反応が大きいほど強さは増進する．

セメントのすいわぶつ　セメントの水和物

セメントの種類と性質・主な用途

セメントの種類	規格	性質		主な用途
普通ポルトランドセメント (Ordinary Portland Cement)	JIS R 5210	一般的なセメント		一般のコンクリート工事
早強ポルトランドセメント (High-Early Strength Cement)	JIS R 5210	a．普通セメントより強度発現が早い。 b．低温でも強度を発揮する。		緊急工事・冬期工事・コンクリート製品
超早強ポルトランドセメント (Ultra-High-Early Strengrh Cement)	JIS R 5210	a．早強セメントより強度発現が早い。 b．低熱でも強度を発揮する。		緊急工事・冬期工事
中庸熱ポルトランドセメント (Moderate-Heat Portland Cement)	JIS R 5210	a．水和熱が低い。 b．乾燥収縮が少ない。		マスコンクリート・遮蔽用コンクリート
低熱ポルトランドセメント (Low-Heat Portland Cement)	JIS R 5210	a．初期強度は小さいが長期強度が大きい。 b．水和熱が小さい。 c．乾燥収縮が小さい。		マスコンクリート 高流動コンクリート 高強度コンクリート
耐硫酸塩ポルトランドセメント (Sulfate-Resisting Portland Cement)	JIS R 5210	硫酸塩を含む海水・土壌・地下水・下水などに対する抵抗性が大きい。		硫酸塩の浸食作用を受けるコンクリート
高炉セメント (Portland Blast-Furnace Slag Cement)	JIS R 5211 高炉スラグの分量（wt%）により3種ある。 A種：5を超え30以下 B種：30を超え60以下 C種：60を超え70以下	A種	普通セメントと同様の性質	普通セメントと同様に用いられる。
		B種	a．初期強度はやや小さいが長期強度は大きい。 b．水和熱が小さい。 c．化学抵抗性が大きい。 d．アルカリ骨材反応を抑制する。	普通セメントと同様な工事。 マスコンクリート・海水・耐硫酸塩・熱の作用を受けるコンクリート、土中・地中構造物コンクリート
		C種	a．初期強度は小さいが長期強度は大きい。 b．水和発熱速度はかなり遅い。 c．耐海水性が大きい。 d．アルカリ骨材反応を抑制する。	マスコンクリート 海水・土中・地下構造物コンクリート
シリカセメント (Portland Pozzolan Cement)	JIS R 5212 シリカ質混合材の分量（wt%）により3種ある。 A種：5を超え10以下 B種：10を超え20以下 C種：20を超え30以下	A種	a．オートクレーブ養生に最適。 b．水密性が大きい。 c．化学抵抗性が大きい。 d．保水性が大きい。	コンクリート製品、左官工事
フライアッシュセメント(1) (Portland Fly-Ash cement)	JIS R 5213 フライアッシュの分量（wt%）により3種ある。 A種：5を超え10以下 B種：10を超え20以下 C種：20を超え30以下		a．ワーカビリティがよい。 b．長期強度が大きい。 c．乾燥収縮が小さい。 d．水和熱が小さい。 e．アルカリ骨材反応を抑制する。	普通セメントと同様な工事マスコンクリート・水中コンクリート

せめんとの

セメント硬化体中に生成する水和物はポルトランドセメントの主要成分であるエーライトとビーライトの水和によって生じる水酸化カルシウムとカルシウムシリケート水和物(C-S-H)、間隙質と石膏の水和によって生じるエトリンガイトおよびモノサルフェート水和物の4種類である。

セメントのせんてい　セメントの選定〔→セメントの種類〕

「セメントの種類」の項（表）参照。

セメントのたんじょう　セメントの誕生
history of cements

ルーツは約9000年前の新石器時代に遡る。現在のポルトランドセメントは、1824年10月に特許を取得したジョセフ・アスプジン（イギリス人・煉瓦積み職人）の発明がベースとなっている。ポルトランドセメントの製造開始は、イギリス1825年、フランス1848年、ドイツ1850年、アメリカ1871年、日本1875年。

セメントのちょぞう　セメントの貯蔵

セメントは貯蔵の不完全により、強度低下をきたすと共にスランプの減少、異常凝結の発生などをも伴うので、できるだけ完全な貯蔵所を用意し、防湿と通風防止を図らなければならない。セメント貯蔵所の床は木造の場合は地上30cm以上にあげ、また建物の周囲には排水用の溝を設けるのがよい。出入口などの開口も必要最小限にとどめなければならない。長期の貯蔵の場合には床、その他にアスファルト防水紙、ポリエチレンのシートなどを敷くなどの考慮が必要である。袋入りセメントは、積重ね10袋以下とする。

セメントのつよさ　セメントの強さ

JISによるセメントの圧縮強さ(N/mm^2)をいう。

セメントのひんしつしけん　セメントの品質試験　test of quality

セメントの物理的および化学的性質の試験。JISにそれぞれ試験の項目と方法が規定されている。

セメントのぶつりしけん　セメントの物理試験〔→セメントの粉末度試験〕

JISに方法が定められている。規定されている試験項目は、次による。
(1) 密度試験
(2) 粉末度試験
　(a) 比表面積試験
　(b) 網ふるい試験
(3) 凝結試験
(4) 安定性試験
(5) 強さ試験
　(a) 圧縮強さ
　(b) 曲げ強さ
(6) フロー試験

セメントのぶつりてきしょせいしつ　セメントの物理的諸性質

最近のセメントの品質はp.329上表の通り。

セメントのふんまつどしけん　セメントの粉末度試験　test of specific surface area (cement)〔→セメントの物理試験〕

セメントの粉末度は比表面積で表すもので、その試験方法はJISに定められている。

セメントのマグネシヤがんゆうりょう　セメントのマグネシヤ含有量

市販されているセメントのMgO含有量はポルトランドセメント、シリカセメント、フライアッシュセメントが1.1～1.5%、高炉セメントが3.1～4.0%程度である。

セメントのみつど　セメントの密度
density (cement)

普通ポルトランドセメントが3.15～3.16 g/cm^3、早強ポルトランドセメントが

せめんとへ

セメントの品質

セメントの種類		密度 (g/cm³)	粉末度		凝結			圧縮強さ (N/mm²)					水和熱 (J/g)	
			比表面積 (cm²/g)	90μm残分 (%)	水量 (%)	始発 (h-min)	終結	1日	3日	7日	28日	91日	7日	28日
ポルトランドセメント	普通	3.15	3,380	0.5	28.1	2-21	3-11	—	28.7	43.5	60.8	68.6	—	—
	早強	3.13	4,580	0.1	30.5	2-05	2-52	26.8	45.1	54.3	64.3	—	—	—
	中庸熱	3.22	3,200	0.5	28.1	4-07	5-22	—	20.0	28.9	50.6	65.8	257	313
	低熱	3.22	3,248	—	26.6	3-28	5-05	—	11.6	17.0	40.5	71.8	196	258
高炉セメント	B種	3.04	3,990	0.3	29.5	2-54	3-51	—	19.8	32.5	57.1	74.1	—	—
フライアッシュセメント	B種	2.97	3,430	1.0	28.1	3-09	4-04	—	23.5	36.4	53.1	69.9	—	—

3.14～3.15 g/cm³，中庸熱ポルトランドセメントが3.19～3.21 g/cm³，耐硫酸塩ポルトランドセメントが3.19～3.21 g/cm³，高炉セメントはA種が3.08～3.10 g/cm³，B種が3.03～3.05 g/cm³，C種が2.98～2.99 g/cm³，シリカセメントA種が3.12 g/cm³，フライアッシュセメントはA種が3.07 g/cm³，B種が2.98 g/cm³，C種が2.86 g/cm³である。

セメントのり　セメント糊　cement paste
「セメントペースト」の項参照。

セメントのりゅうどぶんぷ　セメントの粒度分布
セメントは，0.3～90μm（0.0003～0.09 mm）程度の粒子で，その分布は，コンクリートやモルタルの品質に大きく影響する。

セメントバチルス　cement bacillus　〔→エトリンガイト〕
鉱物学的にいえば Ettringite ともいわれる結晶体。($3CaO \cdot Al_2O_3 \cdot 3CaSO_4 \cdot 32H_2O$)。石膏が消費するまで反応は継続する。エトリンガイトは生成時に膨張する性質から，硬化コンクリートに硫酸塩が浸透した場合，エトリンガイトの生成による膨張圧がひび割れの原因となる。

セメントぶくろようし　セメント袋用紙　cement sack paper
クラフト紙（JIS）を使用している。2001年度のセメント出荷に占める袋物の比率は4.7％（16億3663万袋）であるが，年々減少し，最近はp.330上表に示す糊ばり袋の使用が増えている。

セメントペースト　cement paste
セメント等の結合材および水を（またはこれらに混和材料を加えて）練り混ぜたもの。モルタルやコンクリートにおける糊の役目をする。セメント糊ともいう。

セメントペーストのかんそうしゅうしゅくりつ　セメントペーストの乾燥収縮率
水セメント比によって異なるが，セメントペーストの乾燥収縮率はモルタルの1.5～2倍程度，コンクリートの3～4倍程度も大きいうえに，湿気中以外は，ひび割れが生じる。

セメントペーストのきょうどはつげん　セメントペーストの強度発現
標準養生（20±2℃水中）したセメントペースト供試体の材齢28日圧縮強さは表の

セメントペーストの強度発現

W/C (%)	28日圧縮強さ (N/mm²)
25	74.9
35	72.6
45	39.1

せめんとほ

糊ばり袋の寸法および寸法許容差 (JIS)　　　　　　　　　　（単位：mm）

種類		長さ	袋の幅（胴幅）	端部の幅（底幅）	パルプの幅	印刷位置	
						長さ方向	幅方向
		a	b	c	v	—	—
4種	A	440	420	90, 92 または95	—	—	—
	B	452					
	C	465					
	D	478					
	E	490					
寸法許容差		±0	±5	±5	±5, 0	±20	±15

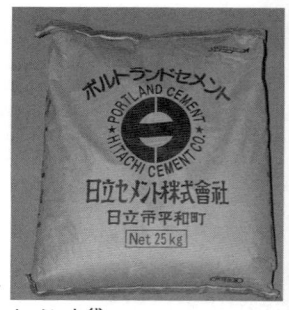

セメント袋

通り。

セメントぼうちょうざい　セメント膨張材
expansive additive for cement mixture
〔→ CSA〕
水和反応によってエトリンガイトや水酸化カルシウムなどを生成し，モルタルまたはコンクリートを膨張させる混和材。JISではコンクリート用膨張材という。

セメントポンプ　cement pump
セメント粉末を圧縮空気の力で輸送するポンプ。

セメントみずひ　セメント水比
cement water ratio 〔→水セメント比〕
コンクリートまたはモルタル中に含まれるペースト中の練混ぜ直後のセメント量と水量との質量比。セメント水比と圧縮強度との間に直線式が成り立つ。1932年 Inge Lyse が唱えた。(p.331 図参照)

セメントモルタル　cement mortar
ポルトランドセメントのような水硬性のセメントと，水・細骨材を組み合せたもの。不燃材料で防火構造材料（建築基準法施行令108条）として使用される。

セメントモルタルぬり　セメントモルタル塗り　cement mortar coating
右表参照。

セメントようき　セメント容器
セメント容器は，1927年に1袋50kg入

壁の防火構造

間柱および下地不燃材料の場合	1. 鉄網モルタル塗りで塗厚1.5cm以上 2. 木毛セメント板張りまたは石膏板張りの上に厚さ1cm以上モルタルまたは漆喰を塗ったもの 3. 木毛セメント板の上にモルタルまたは漆喰を塗りその上に金属板を張ったもの
間柱または下地を木造とした場合	1. 鉄網モルタル塗りまたは木摺り漆喰塗り，塗り厚2cm以上 2. 木網セメント板張りまたは石膏板張りの上に厚さ1.5cm以上モルタルまたは漆喰を塗ったもの 3. モルタル塗りの上にタイルを張ったもの。厚さ合計2.5cm以上 4. セメント板張りまたは瓦張りの上にモルタルを塗ったもの。厚さ合計2.5cm以上

床の防火構造

根太および下地不燃材料	1. 鉄網モルタル塗りで塗厚1.5cm以上 2. 木網セメント板張りまたは漆喰板張りの上に厚さ1cm以上モルタルまたは漆喰を塗ったもの 3. 木網セメント板の上にモルタルまたは漆喰を塗りその上に金属板を張ったもの
根太または下地木造で造った場合（軒裏の構造も床に同じ）	1. 鉄網モルタル塗りまたは木摺り漆喰塗り，塗り厚2cm以上 2. 木網セメント板張りまたは石膏板張りの上に厚さ1.5cm以上モルタルまたは漆喰塗り 3. モルタル塗りの上にタイルを張ったもので厚さ合計2.5cm以上 4. セメント板張りまたは瓦張りの上にモルタルを塗り厚合計2.5cm以上

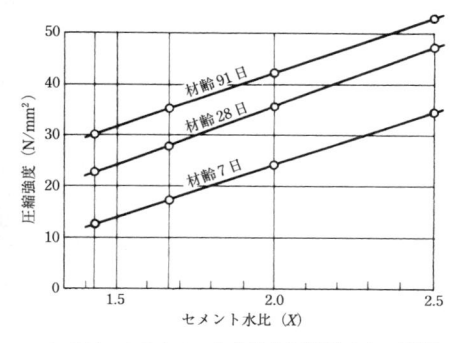

コンクリートのセメント水比と圧縮強度との関係

りの紙袋に日本標準規格（JES）で統一され，これが戦後もJIS規格として続いた。1965年代に入ると，重量物荷役の人手不足から袋品の軽量化を図る必要が生じ，紙袋JIS規格の改定に合わせて，1971年10月より，紙袋の容器は50kgから40kgに変わり，さらに1996年4月に25kgに変更された。セメント容器を歴史的に述べると，1875年にわが国でセメントが製造されたときは，木樽135kg入りと180kg入りであった。その後1925年より正味170kgと半樽85kgが実施された。大正時代中期に木樽の次に麻袋（60kg→50kg）が使用されたが，欠点が多く伸び悩んだ。昭和初頭に出現したのが紙袋である。しかし紙袋の使用量は，全セメント出荷の4.7％（2001年度）である（p.330写真）。

セメントようせっこう　セメント用石膏
gypsum for cement
ポルトランドセメント，混合セメントの瞬結の防止を主目的に，SO_3含有率として1～3％加えられる石膏。天然二水石膏や化学工業で副産する化学石膏，非煙脱硫から得られる非脱石膏が用いられる。

セメントようねんど　セメント用粘土
clay for cement raw material
ポルトランドセメントに必須のSiO_2，Al_2O_3，Fe_2O_3成分を有する粘土。

セメントりゅうどうしょうせいほう　セメント流動焼成法
fluidized bed burning of cement
流動床によってセメントクリンカーを焼成する方法。

セメント・レディーミクストコンクリートのせいぞうきねんび　セメント・レディーミクストコンクリートの製造記念日
日本のセメント記念日は，5月19日である。これは1875年（明治8）5月19日にわが国で初めてセメント製造が行われたのを記念したものである。またレディーミクストコンクリートの日は，11月15日で，これは1949年（昭和24）11月15日にわが国で初めてレディーミクストコンクリートが製造された日である。

せゆう　施釉　glazing enameling
タイルや瓦の表面に釉薬を施すこと。美観，耐久性が向上する。

ゼラチン　gelatine
牛の皮・骨などからつくった角質の単純蛋白。

セラミックかコンクリート　セラミック化コンクリート
セメント硬化体は，一般に500℃で強度を失う耐熱性に乏しい材料といわれている。そこで，セメントの一部をあらかじめフリット釉などを混入することにより，800℃以上の加熱でも強度低下がほとんどない耐熱性・耐久性に優れたコンクリート。

セラミックがんしんコンクリート　セラミック含浸コンクリート
コンクリートの耐久性を向上させるために有害なガス，水，塩分など，表面からの進入を阻害する目的で，無機系高分子（金属アルコキシド，アルキルアルコキシシラン

モノマー，同オリゴマー）をコンクリートの細孔内に含浸させたコンクリート。

セリット　celit　〔→フェライト相〕
アリット，ベリットとともに A. E. Törnebohm により名付けられたセメント鉱物で C_4AF に相当する。

セルしけん　セル試験　cell test
三軸圧縮試験のうち側圧を増大させていき，これに応ずる上下圧を測定する試験方法である。一つの試料で多くの応力範囲の試験ができる。

セルフフォーミング
あえて型枠を用いないで壁や柱自体を型枠として接合部にコンクリートやモルタルを填充する方式。例えば，プレキャストコンクリートの壁と壁，あるいは壁と柱を繋ぐとき，接合部を中空にして鉄筋を露出させ，そこにコンクリートやモルタルを填充することをいう。

セルフライフ　self-life
接着剤の貯蔵期間。缶などに入っているままの状態での寿命のこと。

セルフレベリングざい　セルフレベリング材　self-leveling material
流動性を持ち，自己水平性を示す建築用床仕上げ材。床面に流し込み，鏝押えなしに平滑面が仕上げられ，モルタル塗仕上げやコンクリート直仕上げに比べて施工能率がよく，薄仕上げが可能で，仕上がり精度が良好などの長所がある。

ゼロ・エミッション　zero emission
排出抑制，再生資源の活用などゼロ・エミッション（埋め立て廃棄物ゼロまたは廃棄物完全再利用）への取組みが本格化している。深刻化する廃棄物対策には，製品の省資源・長寿命化や生産工程における副産物の発生を抑える排出抑制（リデュース），部品の再使用（リユース），再生利用（リサイクル）などを通じて廃棄物減量化を進める考え方。

せんいきょうかセメントばん　繊維強化セメント板
主に建築物に用いる材料で，セメント，石灰質原料，パーライト，珪酸質原料，スラグおよび石膏を主原料とし，繊維などで強化成形し，オートクレーブ養生または常圧養生した板。品質等は JIS を参照。

せんいきょうかプラスチック　繊維強化プラスチック　fiber reinforced plastics
繊維強化プラスチック（略して，FRD）は，特に土木分野において，従来の鋼材やコンクリートに代わる構造用材料として注目されている。軽量，耐食性が要求される場合に魅力的な材料であり，そのケーブル材料はコンクリート用の緊張材やグラウンドアンカーなどに適用され普及しつつある。最近ではガラス繊維による FRP を鉄やコンクリートなどと同様に一般部の構造材料として，また型枠材料に利用する試みも行われている。

せんいきょうかモルタル　繊維強化モルタル　fiber reinforced mortar
靭性を高めるためにカーボン系，金属系，合成樹脂系の短繊維を入れたモルタル。

せんいほきょうコンクリート　繊維補強コンクリート　fiber reinforced concrete
靭性を高めるためにカーボン系，金属系，合成樹脂系の短繊維を入れたコンクリート。一般にコンクリート中に直径 0.2～0.6 mm 程度の短繊維をミキサーにより混合，分散して製造される。
次の七つに分類できる。FRP，SFRC，GRC，VFRC，連続繊維，CFRC，AFRC。用途は，道路，滑走路，トンネル覆工（吹付け），間仕切壁，階段，カーテンウォール，仕上げ兼用永久型枠，曲げ・剪断耐力

各種繊維の機械的特性

	無機系			
	スチール	ガラス	炭素繊維（ピッチ系）	炭素繊維（PAN系）
密度（g/cm³）	7.80	2.50	1.65	1.80
直径（μ）	500	12	18	7
引張強度（kg/mm²）	40～130	130～250	60	350
ヤング率（kg/mm²）	21,000	7,000～8,000	3,000	24,000
破断伸び（%）	2～20	3～4	1.4	1.4

	有機系				
	ポリエチレン	ポリプロピレン	ビニロン	アラミド（ケブラー49）	アラミド（テクノーラ）
密度（g/cm³）	0.96	0.9	1.30	1.45	1.39
直径（μ）	800～1,000	100～1,000	14	12	12
引張強度（kg/mm²）	20	31	150	280	310
ヤング率（kg/mm²）	250	360	3,700	13,300	7,700
破断伸び（%）	15	25	8	2.1	4.4

（内田清彦；アラミド繊維とコンクリート，cement & concrete エンサイクロペディア，セメント協会，1988.6 より）

の増大，ひび割れ防止を目的とするコンクリート。上表に示すような各種繊維質材料で補強したコンクリート。これらのコンクリートの使用目的は，①高強度化・軽量化 ②ひび割れ防止などである。

せんいほきょう・ポリマーセメントコンクリート　繊維補強・ポリマーセメントコンクリート

繊維補強コンクリートの結合材にポリマーを添加することにより，引張・曲げ強度，靭性，収縮ひび割れ低減性の向上を図ったコンクリート。

せんこうようでんどうドリル　穿孔用電動ドリル

ダイヤビットを圧縮空気によって空冷しながら高速回転させて，穿孔部を研磨しながら孔を明けていくドリル。高速回転数は，8,000，10,000，12,000 r.p.m.。

せんざいくうき　潜在空気　entrapped air

吸水性の小さい骨材を用いると潜在空気が若干であるが多くなる傾向がある。普通骨材で1%前後。高炉スラグ，フェロニッケルスラグ，銅スラグで1.5～2.5（%）程度。

せんざいすいこうせい　潜在水硬性　potential hydraulicity

それ自身では水和・硬化しないが，水の存在下で少量のアルカリ性物質などの刺激を受け，水硬性を発揮する性質。高炉水砕スラグが代表的なもの。

せんしんど　浅深度　〔⇔大深度〕

深さ40m未満までの地下の利用のこと。

ぜんすうけんさ　全数検査　100% inspection

検査ロット中のすべての検査単位について行う検査。個々の検査単位を良品と不良品とに分類する場合には，全数選別（screening inspection）ともいう（JIS）。

せんたくふしょく　選択腐食　selective corrosion

合金成分に選択的に生ずる腐食，または金属組織の不均一性によって，ある部分に選択的に生ずる腐食。

せんだんきょうど　剪断強度
shear strength
剪断面に沿った最大荷重を剪断面積で除した値。水セメント比50～65％のコンクリートの剪断強度は小さく，圧縮強度の15％程度である。

せんだんだんせいけいすう　剪断弾性係数
modulus of shearing elasticity shear modulus
コンクリートの剪断応力（τ）と剪断歪み（γ）との間の比例定数を剪断弾性係数（G）という。コンクリートの場合，次式のように算出される。

$$G = mE/2(1+m) = E/2(1+\nu)$$

記号　E：コンクリートのヤング係数
　　　m：定数（1.0）
　　　ν：ポアソン比（0.2）

せんだんひびわれ　剪断ひび割れ　shear crack, diagonal tension crack
コンクリート部材が曲げと剪断を受けるとき，斜張力により生ずる斜め方向のひび割れ。

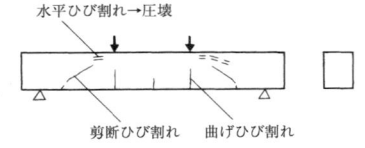

せんだんへんけい　剪断変形
shearing deformation
剪断力を受ける部材に生ずる変形。剪断歪みともいう。

せんだんほきょう　剪断補強
鉄筋コンクリート部材の斜め引張応力に対する鉄筋による補強で，鉄筋コンクリート造でいえば柱材がフープ，梁材がスターラップ・折曲げ筋，壁材が縦・横筋が代表的な剪断補強策である。

せんてつ　銑鉄　pig iron
高炉において高炉スラグを製造するときに同時に生成されるもので，鋼・鋳鉄の原料になる。銑鉄1t当たり，鉄鉱石1.5～1.6t，コークス0.4～0.5t，石灰石0.2～0.3tの3主要材料を高炉に装入して熱風を吹き込み，コークスを燃焼させると発生する熱と還元ガスによって還元・溶融し，鉄分は銑鉄となり，また，鉄鉱石中の脈石およびコークスの灰分などは石灰石とともに高炉スラグとなり，両者は密度差により分離される。図に銑鉄の生成過程の概要を示す。

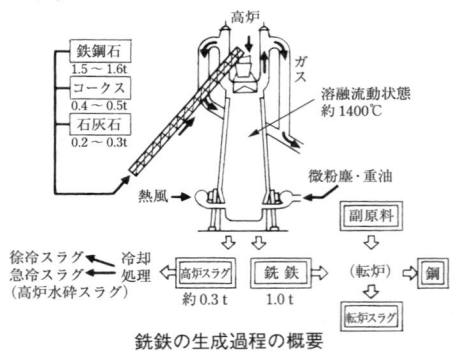

銑鉄の生成過程の概要

ぜんてんこうがたかせつシステム　全天候型仮設システム
①建設現場の作業環境・イメージの向上を図る
②隣接する変電所との区画を明確にし，重機作業のニアミスをなくす
③雨の日でも作業ができ，大型重機が稼働可能な大空間を確保し，工程の遅れをなくすことが目標。

セントラルミキシングプラント
central mixing plant
コンクリートなどを大量に供給するため，定置した場所に設けられる作業所。現場へのコンクリートの運搬には，ミキサートラック，アジテータートラックなどを用い

る。

センビュウロウ　CEMBUREAU
ヨーロッパセメント協会（The European Cement Association）のこと。世界のセメント品質規格について調査している。

せんべつかたぬきとりけんさ　選別型抜取検査　sampling inspection with screening, rectifying inspection
サンプルを試験した結果，不合格と判定したロットは全数選別する抜取検査（JIS）。

せんぼうちょうけいすう　線膨張係数
coefficient of linear expansion
〔→熱膨張係数〕
鉄筋とコンクリートの線膨張係数は，次の通り。

鉄筋とコンクリートの線膨張係数

材料	線膨張係数（1/℃）
鉄筋	1×10^{-5}
コンクリート	1×10^{-5}

せんもんこうじぎょうしゃ　専門工事業者
施工者との契約に基づいて工事の一部を担当する者（JASS 1）。例えば鉄筋工事業，左官工事業。

せんりょくがん　閃緑岩　diorite
深成岩の一種。斜長石を主体とした無色鉱物約70％と，有色鉱物約30％からなる完晶質岩石。表乾密度2.82〜2.48 g/cm³（平均2.68 g/cm³），吸水率0.02〜0.95％（平均0.42％），原石の圧縮強度152〜60 N/mm²（平均128 N/mm²）。

[そ]

ソイルセメント　soil cement
セメント系固化材。道路の路盤など，土の安定処理の目的で現場の土，砕石，砂利，砂などと適量のセメントを所要量の水とで混合し，ローラーで締め固めて硬化させるセメントで，ポルトランドセメントや混合セメントなどが使用されている。

そうおんきせいきじゅん　騒音規制基準
この規制の基準は，環境大臣が定めるものであり，騒音量（85 dB）と振動量（75 dB）は，いずれも敷地境界線上を基準点として測定することになっている。規制を受ける作業は，騒音規制法，振動規制法に基づく特定建設作業実施届書を着工7日までに，都道府県知事に提出しなければならない。ただし1日で終わる作業，緊急を要する特定建設作業は除外される。

そうかんけいすう　相関係数
coefficient of correlation
2つの確率変数 X，Y の相関の度合を表す無次元量。-1 と 1 の間の値をとり，± 1 に近いほど比例的な相関の度合が高い。

そうきかんり　早期管理
比較的短かい期間の管理をいう。

そうききょうど　早期強度
high-early strength　〔→初期強度〕
材齢7日程度までのコンクリートやモルタルの圧縮強度。初期強度ともいう。

そうききれつ　早期亀裂
材齢14日程度までに発生するコンクリートやモルタルのひび割れ。

そうきしゅうしゅく　早期収縮
premature shrinkage
材齢14日程度までのコンクリートやモルタルの収縮。

そうきだっけい　早期脱型
材齢7日程度までに型枠を取り外すこと。ひび割れを生じやすいので注意を要する。

そうきだっけいコンクリート　早期脱型コンクリート
コンクリート製品の製造時に無水石膏系を用いて，合理化や騒音の低下などを図り，さらに蒸気養生と組み合せることによってエトリンガイトの生成を抑制し，初期強度の発現に優れたコンクリート。あるいは，プレキャスト部材の製造において，コンクリートの初期強度確保のために，従来の蒸気養生に代えて炭素繊維を和紙に漉き込んだ面状発熱体を型枠に用いて養生を行うコンクリート。

そうきょうポルトランドセメント　早強ポルトランドセメント
high-early-strength portland cement
特に強度の発現が早くなるように，普通ポルトランドセメントに比べて石灰を多くしてエーライト（$3\text{CaO} \cdot \text{SiO}_2$ 固溶相）の多いクリンカーを製造し，石膏を加えて微粉砕したポルトランドセメント（JIS）。早強ポルトランドセメントは，1913年オーストリア人のスピンデル（M. Spindel）によって開発された。性質，用途は次の通り。

早強ポルトランドセメントの性質・用途

性　　質	主な用途
a. 普通セメントより強度発現が早い b. 低温でも強度を発揮する	緊急工事・冬期工事・コンクリート製品

そうごうこうじぎょうしゃ　総合工事業者
general contractor（英），main contractor
建築一式工事（または土木一式工事）を請け負う建築総合工事業者の総称。ゼネコン

と略称する。

そうこうど　総硬度
水中に含まれるカルシウムおよびマグネシウムの全量によって示される値。水道協会上水判定基準では，飲用水としては総硬度17度を超えてはならないと規定している。

そうさいこうりょう　総細孔量
水銀圧入装置によって測定する37.5〜750,000Åまでのトータルポアーボリウム（T.P.V.）（下図-1, -2参照）。

そうたいしつど　相対湿度
relative humidity
単位体積内に含まれる水蒸気量と，そのときの温度に対する飽和水蒸気量との比を百分率（％）で表す。以前は，百葉箱内に取り付けた通風乾湿計の値から計算していたが，1971年からは隔測温湿度計による気温と露点温度から求めるように改正された。

そうたいどすう　相対度数
relative frequency
測定値のある値（またはある区間に属する値）の出現度数を測定値の総数で割った値（JIS）。

そうりょうきせい　総量規制　regulation of total emission〔→濃度規制〕
コンクリートの場合は，塩化物イオン量を$0.30 kg/m^3$以下としている。

ぞうりょうざい　増量剤　extender
接着剤のコストを低下させたいためとか，塗布性を改善するために添加する物質。多少の粘着性を有している。

そくあつ　側圧　lateral pressure
フレッシュコンクリートが基礎，柱，梁，壁などのせき板に及ぼす圧力のことで，打込み速さ，気温をはじめ，数多くの要因の影響を受ける（p.338 表・図，p.339 上表参照）。

そくあつおうりょく　側圧応力
lateral pressure stress
側圧により生ずる応力。

そくじせいぞうコンクリート　即時製造コンクリート
舗装用コンクリートブロックを製造するために，超硬練りコンクリートを振動台で成形し，型枠と振動台との締固め効果を利用することによって，直ちに型枠を取り外し

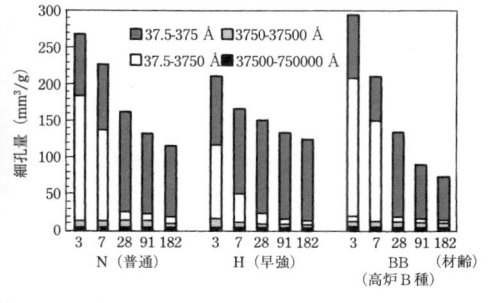

図-1　各種セメントペースト硬化体の細孔径分布

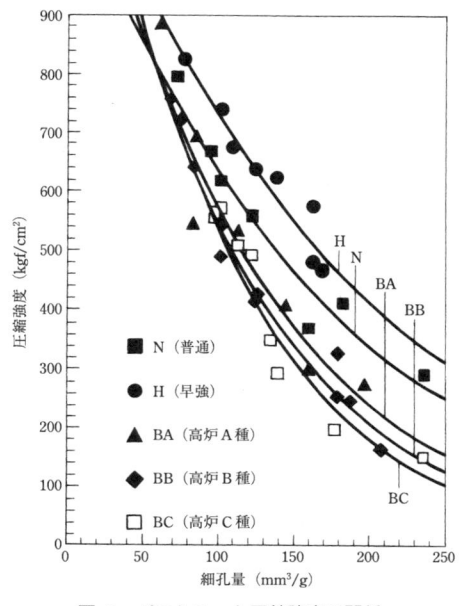

図-2　ポロシチーと圧縮強度の関係

そくせい

側圧に及ぼす要因

項目	側圧への影響	理由
打込み速さ	速度が速いほど側圧も大きい	⇐コンシステンシーが軟らかければ，コンクリートの内部摩擦角が小さくなり，液体圧に近づいて側圧は大きくなる。
コンシステンシー	軟らかいほど側圧も大きい	
コンクリートの密度	大きいほど側圧も大きい	
コンクリートの温度，気温	高いほど小さくなる	⇐温度が高ければ凝結時間が短くなり，側圧が小さくなる。
せき板の平滑さ	表面が平滑なほど側圧は大きい	
せき板の透水性	漏水性が大きいほど側圧は小さい	
せき板の水平断面	断面が大きいほど側圧は大きい	⇐柱や壁の水平断面が大きくなると，側圧は大きくなる。
バイブレーターの使用	使用して突き固めるほど側圧は大きい	⇐バイブレーターを使用すれば，コンクリートの内部摩擦角が小さくなり，液体圧に近づき側圧は大きくなる。
打込み方法	高所より落下させるほど側圧は大きい	
セメント	早強なほど側圧は小さい	⇐凝結時間が早いセメントを使用すると，側圧が小さくなる。
型枠の剛性	大きいほど側圧は大きい	
鉄筋または鉄骨量	多いほど側圧は小さい	

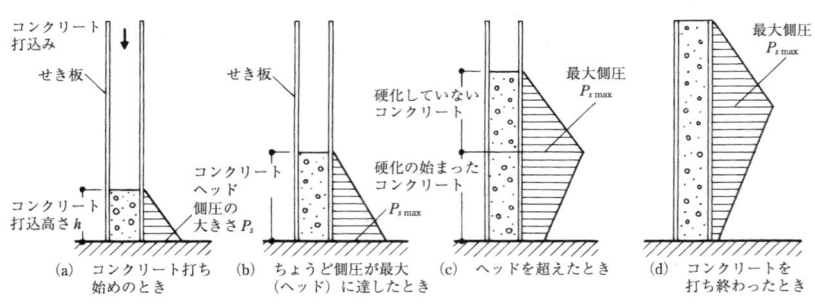

硬練りコンクリートをゆっくり打ち込む場合の側圧

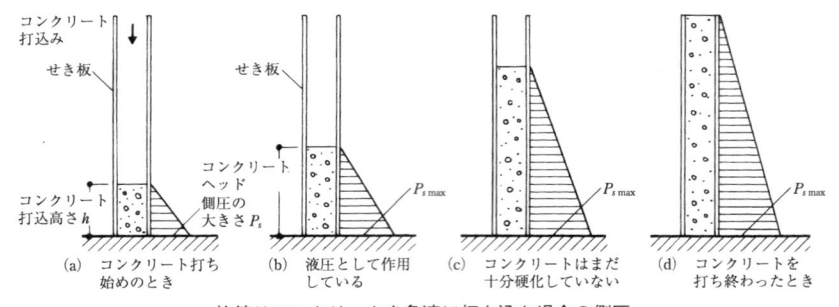

軟練りコンクリートを急速に打ち込む場合の側圧

型枠設計用コンクリートの側圧

部位	打込み早さ [m/h] H [m]	10以下の場合 1.5以下	10以下の場合 1.5を超え4.0以下	10を超え20以下の場合 2.0以下	10を超え20以下の場合 2.0を超え4.0以下	20を超える場合 4.0以下
柱		$W_0 H$	$1.5 W_0 + 0.6 W_0 \times (H-1.5)$	$W_0 H$	$1.5 W_0 + 0.8 W_0 \times (H-2.0)$	$W_0 H$
壁	長さ3m以下の場合	$W_0 H$	$1.5 W_0 + 0.2 W_0 \times (H-1.5)$	$W_0 H$	$2.0 W_0 + 0.4 W_0 \times (H-2.0)$	$W_0 H$
壁	長さ3mを超える場合		$1.5 W_0$		$2.0 W_0$	

ここに, H：フレッシュコンクリートのヘッド [m]（側圧を求める上のコンクリートの打込み高さ）
W_0：フレッシュコンクリートの単位容積質量 [t/m³] に重力加速度を乗じたもの（kN/m³）

たコンクリート。

そくじだっけい　即時脱型
　超硬練りコンクリートに強力な振動締固め，または圧力などを加えて成形した後，ただちに型枠の一部または全部を取り外すこと。

そくじつだっけい　即日脱型
　フレッシュコンクリートを打ち込んだ日に型枠を取り外すことをいう。

そくしょく　測色
　colorimetry　〔→色度図〕
　コンクリートやモルタルの色を客観的に表現するために，国際照明委員会（CIE）が定めた三刺激値（X, Y, Z）や，これを比率化した色度座標（x, y, z）により吸収スペクトルを三値，例えば（x, y, Y）のように表現すること。

そくしんざい　促進剤　accelerator
　触媒の効果を促進させてコンクリートの圧縮強度の発現を高める混和材料。

そくしんたいこうしけん　促進耐候試験
　accelerated coat testing
　気象の作用を促進するような条件で行う耐候性試験。

そくしんようじょう　促進養生
　accelerated curing
　温度を高めたり，圧力を加えたりしてコンクリートの硬化や強度の発現を早める養生。蒸気，オートクレーブ，温水養生，電気養生，赤外線養生，高周波養生等がある。

そくしんれっかしけん　促進劣化試験
　accelerated aging test
　劣化を促進するような条件で行う劣化試験，促進暴露試験。p.340 上表参照。

そくしんろうかしけん　促進老化試験
　accelerated ag(e)ing test
　ウェザリングを促進するような条件で行う耐候性試験。

そくてい　測定　measurement
　ある量を基準として用いる量と比較し，数値または符号を用いて表すこと（JIS）。

そくていごさ　測定誤差
　measurement error
　サンプルによって求められる値と真の値との差のうち，測定によって生じる部分（JIS）。

ソケットつきスパンパイプ　ソケット付スパンパイプ　reinforced spun-concrete pipes with socket
　主として下水道用，灌漑排水用に用いられる鉄筋コンクリート製のソケット付スパンパイプ。

そこう　粗鋼　crude steel
　鋼塊（転炉または電気炉で精錬した溶鋼を鋳型に注入して凝固させたもの），鋳片（連続鋳造で製造されたもの），および鋳鋼の総称。わが国で生産されている粗鋼量

そこつさい

同一期間のコンクリートの平均中性化深さに及ぼす環境条件の程度

自然曝露の場合	一般の屋外(CO_2濃度0.03%)を1とした場合	一般の屋内(CO_2濃度0.1%)は1.5～3倍		
CO_2促進の場合	—	温度 20℃ 湿度 80℃ CO_2濃度 10%	温度 20℃ 湿度 80℃ CO_2濃度 10%	温度 20℃ 湿度 80℃ CO_2濃度 10%
	屋内自然暴露(CO_2濃度0.1%)を1とした場合	25倍	90倍	50倍
	屋外自然暴露(CO_2濃度0.03%)を1とした場合	40倍	145倍	80倍

[注] 例えば温度20℃, 湿度80%, CO_2濃度：10%の組合せで1年間促進すると, 屋外自然暴露の40年に相当することになる。

は，2003年の場合11,051万tで，22,012万tの中国に次いで世界第2位である。なお，3位以下はアメリカ9,368万t，ロシア6,272万t，韓国4,631万t，ドイツ4,481万tで世界全体で，96,800万tである。

ちなみに世界の鉄鋼メーカーの粗鋼生産量(2005年)は次の通り。

1　アルセロール・ミタル（ルクセンブルグ・オランダ）　110
2　新日本製鉄（日本）　32
3　ポスコ（韓国）　31
4　JFEスチール（日本）　30
5　上海宝鋼集団（中国）　24
6　タタ製鉄（インド）・コーラス（インド・イギリス・オランダ）　19
7　USスチール（アメリカ）　19
8　ニューコア（アメリカ）　18
9　コーラス（イギリス・オランダ）　18
10　リーバ（イタリア）　18

[注] 単位は百万t

そこつさい　粗骨材　coarse aggregate
5mm網ふるいに質量で85%以上留まる骨材。砂利や砕石などが使用される。使用する箇所により，粗骨材の最大寸法が選定される（JASS 5）。

そこつざいのさいだいすんぽう　粗骨材の最大寸法　maximum size coarse aggregate
質量で90%以上が通るふるいのうち，最大寸法のふるいの寸法で示される粗骨材の寸法。鉄筋のあきの4/5以下，かつ最小被り厚さ以下となるように定める。
使用箇所による粗骨材の最大寸法は表を参照（JASS 5）。

使用箇所による粗骨材の最大寸法（JASS 5）

使用箇所	粗骨材の最大寸法 (mm)		
	砂利	砕石・高炉スラグ砕石材	再生骨材
柱・梁・スラブ・壁	20, 25	20	20, 25
基礎	20, 25, 40	20, 25, 40	20, 25

そこつざいのさいだいすんぽうにたいするゆそうかんのよびすんぽう　粗骨材の最大寸法に対する輸送管の呼び寸法　maximum size of coarse aggregate and minimum nominal diameter of pipes

粗骨材の最大寸法に対する輸送管の呼び寸法

粗骨材の最大寸法 (mm)	輸送管の呼び寸法 (mm)
20	100 A 以上
25	
40	125 A 以上

(JASS 5)

そこつざいのじっせきりつ　粗骨材の実積率　percentage of solid volume of coarse aggregate
実積率は，一定容積容器内に粒度を一定に調節した骨材を一定の方法で詰めたとき，実際に骨材が占める容積の割合で表され，粒形の悪いもの，粒面に凹凸のあるものでは容積率は小さいから，実積率によっての粒形の良否の判定に用いられる。JISで

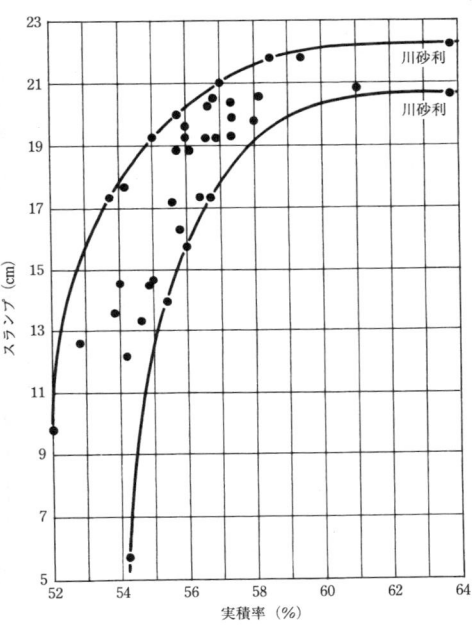

粗骨材の実積率とコンクリートのスランプ (浜田 稔)

はこの値を 55 % 以上としている。実積率とコンクリートのスランプとの関係の一例を上図に示す。

そこつざいのすりへりげんりょう　粗骨材の摩減り減量　percentage of wear, abrasion loss (coarse aggregate)
回転するドラム中で骨材に摩擦を与えた場合の所定の回転数における骨材の摩減り損失量，骨材の耐摩耗性を判定する (JIS)。

そこつざいのなんせきりょう　粗骨材の軟石量　content of soft particles, (coarse aggregate)
黄銅棒で引っ掻き，軟石と判定される骨材粒の質量の和の全骨材質量に対する割合 (JIS)。

そせい　組成　composition
ポルトランドセメントクリンカーの化合物組成。「シースリーエー」の項 (表) 参照。

そせい　塑性　plasticity 〔⇔弾性〕
物体に外力を加えて変形を生じさせた後，外力を完全に取り除いたときも元に戻らず残留変形を生ずるような材料の力学的性質。コンクリートなどでは極めて低応力の状態で弾塑性の性質を表す。

そせきこうじ　組積工事　masonry work
補強コンクリートブロック，煉瓦，石などを積む工事をいう。目地に用いるセメントモルタルの強度発現の関係から 1 日の積み上げ高さは 1.6 m 以下と制限されている。

ソーダせっかいがらす　ソーダ（曹達）石灰ガラス　soda glass
建築用板ガラスとして最も広く使用されている。一般に，酸よりアルカリに弱い。また CaO や Al_2O_3 は耐酸・耐水性を向上させ，MgO は熱膨張を小さくする。化学成分例を示す (単位 %)。SiO_2 70.4 %, CaO 13.3 %, Fe_2O_3 0.2 %, Na_2O 15.8 %, Al_2O_3 0.3 %, MgO 0.1 %。製造工程を p.342 上図に示す。

ソーダばい　ソーダ灰　soda ash
〔→ Na_2CO_3〕
ソーダ石灰ガラスの主原料の他，鉄鋼，化学薬品，石鹸の製造などに利用される。

そとだんねつこうほう　外断熱工法
断熱材で建物の外側をすっぽりくるむ工法。昼夜の温度差が小さく，躯体コンクリートのひび割れ発生が少なく，建物を長持ちさせる効果がある。日本では 1977 年より用いられるようになった。しかし①内断熱では電気配線，断熱材の継目などから湿

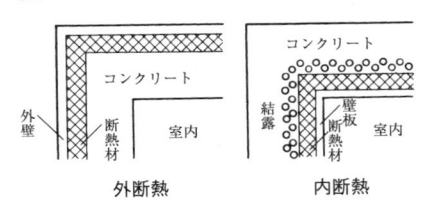

そとほうす

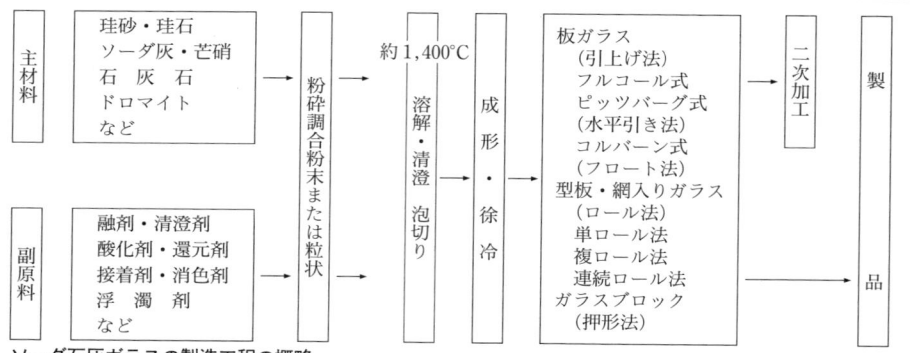

主材料	珪砂・珪石 ソーダ灰・芒硝 石灰石 ドロマイト など	→	粉砕調合粉末または粒状	→	約1,400℃ 溶解・清澄・泡切り	成形・徐冷	板ガラス （引上げ法） フルコール式 ピッツバーグ式 （水平引き法） コルバーン式 （フロート法） 型板・網入りガラス （ロール法） 単ロール法 複ロール法 連続ロール法 ガラスブロック （押形法）	→	二次加工	製品
副原料	融剤・清澄剤 酸化剤・還元剤 接着剤・消色剤 浮濁剤 など	→								

ソーダ石灰ガラスの製造工程の概略

気が入り込み，結露を起こすことがある，②外断熱は建物の温度変化が小さく，耐久性が大きくなる。だが断続的な暖房には向かない，③外断熱は日本では防火対策，地震対策で割高になるなどの短所もある。昼・夜の温度差が小さくなるので躯体コンクリートのひび割れの発生が少ない。

そとぼうすい　外防水　wall water proofing on outside

地下部分の外周壁の外側に防水層を設けること。内防水に比して確実であるが，敷地に余裕がないときはむずかしく，最近は施工例が少ない。

そねたつぞう　曽弥達蔵（1852〜1937）

近代建築物の初期の設計者。同時にコンクリート造建物にも関心を持ち，アメリカの状況を紹介した。

ゾノライト　zonolite

珪酸カルシウム水和物の一種。複鎖構造の繊維状結晶で，組成は $Ca_6(Si_6O_{17})(OH)_2$ である。保温・断熱材，耐火被覆材などに使用される。

そばんこうほう　素板工法

桟木を用いず，パネルとしない単一枚ものせき板の型枠工法。

そめんしあげ　粗面仕上げ　rough grind

石材の表面研磨仕上げの一種。鋸かけ，砂鉄またはカーボンランダムで磨いたもの。左官工事で掻落しや掃付仕上げなど表面を粗面に仕上げること。

そり　反り　warpage

モルタルやコンクリートの曲り，捩れ，または歪み。

ソリジチットセメント　soliditit cement

混合セメントの一種。ポルトランドセメントクリンカーに花崗岩や閃緑岩などの岩石を焼いて微粉砕したものを加えてつくったセメントで，緻密な硬化組織をつくる。イタリアで発明された。現在は，ほとんど製造されていない。

そりゅうりつ　粗粒率　fineness modulus

コンクリート用骨材の粒度を示す指標の一種。ふるいの呼び寸法が0.15，0.3，0.6，1.2，2.5，5，10，20，40 mmのふるいで骨材をふるい分けた場合，各ふるいに留る試料の全部の試料に対する質量百分率の和を100で除した値。砂利は6以上，砂は2.8（2.3〜3.3）を標準としている。

ゾル　sol　〔⇔ゲル〕

コロイド分散系が流動性を持っている状態，またはその状態を示す物質（JIS）。

ソーレルセメント　sorel cement

マグネシアセメントのことで，発明者の名に由来した呼び名。

そんしょう　損傷　damage
建築物の材料や部材などが破損したり，傷ついたりすること。

そんもう　損耗　failure
建築物の材料や部材などが損傷したり，摩耗したりすること。

[た]

たいあつしけん　耐圧試験
compression test
コンクリート関係の耐圧試験は，静荷重により，供試体の圧縮強さ，圧縮弾性率，降伏点，圧縮による変形およびその速度の関係を測定する試験で，セメント，コンクリート共にJISに，圧縮強さに関する試験方法が制定されている。

たいアルカリしけん　耐アルカリ試験
alkaliproof test
アルカリの作用に対する材料の抵抗力，すなわちアルカリによる変質，変形，腐食などに耐える程度を調べる試験。

たいアルカリせい　耐アルカリ性
alkali resistance
耐薬品強度の一つで，アルカリへの強さを示す。

たいアルカリとりょう　耐アルカリ塗料
alkaliproof paint
アルカリ性材料，例えばコンクリート，モルタル，ドロマイトプラスターに適する塗料（下表参照）。

だいいた　台板　base plywood
オーバーレイ，プリント，塗装などの二次加工をするための合板をいう。

たいえんすいせい　耐塩水性
salt water resistance
食塩水の作用に対して変化しにくいコンクリートやモルタルの性質。

たいえんてっきん　耐塩鉄筋
塩分に対して耐腐食力が大きい鉄筋。

たいえんそせい　耐塩素性
chlorine resistance
塩素に対するコンクリートやモルタルの耐久性。

耐アルカリ塗料

		塗料の一般名称	主体樹脂	塗膜の性能				適応樹脂				
				耐候性	耐水性	耐酸性	耐アルカリ性	木部	金属			コンクリート・モルタル
									鋼材	亜鉛めっき	アルミ	
ペイント	合成樹脂系エナメル系	アクリル樹脂エナメル	アクリル酸樹脂ワニス	○	○	○	○	●	●	●	◉	●
		塩化ビニール樹脂エナメル（ビニールペイント）	塩化ビニール樹脂ワニス	○	○	○	○	●	●	●	●	◉
		ポリウレタン樹脂エナメル	ポリウレタン樹脂ワニス	○	○	○	○	●	●	●	●	
		エポキシ樹脂エナメル	エポキシ樹脂ワニス	○	○	○	○	●	●	●	●	
		塩化ゴム樹脂エナメル	塩化ゴム樹脂＋フタル酸樹脂ワニス	○	○	○	△		●	●	●	●
		ふっ素酸樹脂エナメル	ふっ素（テフロン）樹脂ワニス	○	○	○	○		●	●	●	●
	多彩模様塗料		—	△	△	○	○	●	●	●	●	●
	マスチック塗材		合成樹脂エマルション，充填剤，骨材	○	○	○	○					●

[注]　塗装性能：優←○　△　×→劣
　　適応素材：●＝適用可　◉＝下塗りを選択する

ダイオキシン　dioxin

猛毒で，産業廃棄物中間処理場の焼却灰から1g当たり29,740pg（ピコグラム：10^{-12}g＝1兆分の1g）も発生する。ダイオキシンには，発癌性，催奇形性に加えて，最近は内分泌撹乱化学物質（環境ホルモン）として生殖器官に影響を与えることが判ってきた。ダイオキシンは，体の中に入ると脂肪に溶けて細胞の中に入り込み，Ah受容体（芳香族炭化水素受容体）と呼ばれるタンパク質に着く。国内で年間に排出されるダイオキシンは約5,000g。このうち9割がごみ焼却施設，残りが産業用生産施設から排出されているとされる。経済産業省によると，電気炉からは年間約190gが排出されているとされている。厚生労働省の排出基準は80ナノグラム（1997年1月）で2002年12月からは1〜10ナノグラム（既存施設）と0.1〜5ナノグラム（新設施設）に定められた。ダイオキシン類を毎日取り続けても健康に影響が出ない目安になる「耐容一日摂取量（TDI）」は次表の通り。

主要国・機関のダイオキシン類TDI

日本（1999年）	4(pg/kg)
ドイツ（1985年）	1(目標値)—10(pg/kg)
オランダ（1991年）	10(pg/kg)
スウェーデン（1988年）	0〜5(pg/kg)
デンマーク（1988年）	0〜5(pg/kg)
イギリス（1992年）	10(pg/kg)
アメリカ（1994年）	0.01(pg/kg)
WHO（1998年）	1〜4(pg/kg)

［注］カッコ内数値は基準設定年。右欄数値は，体重1kg当りpg（ピコグラム＝10^{-12}g）。アメリカは基準づくりの手法が異なる。

なお，2001年4月13日に，炉に超低温の液体窒素を吹き付け，凍った状態で壊すとダイオキシンが気化せず飛散を約1/10に抑えられることや，あるいは同年5月9日には，ダイオキシンを1,000度以上の高温で消却して炭酸ガス，水，塩化カルシウムなどに分解し，無害化するとのことなどが報道されている。

たいかいすいせい　耐海水性
sea water resistance

鉄筋・鉄骨コンクリートなどの耐海水腐食抵抗性。海水の腐食作用には鉄筋，鉄骨に対するものとコンクリートに対するものとがあり，また，物理的作用と化学的作用がある。物理的作用には，波打ち際の波あるいは砂などによる摩耗，乾湿による作用などがあり，化学的作用としては，海水中に含まれる塩化物イオン，硫酸イオン，マグネシウムイオンによる作用がある。塩化物イオンの作用は，コンクリート自体の劣化は少ないが，補強鉄筋，鉄骨の発錆に関係する。硫酸イオンやマグネシウムイオンなどはセメント水和物と反応し，コンクリート組織に変化を与える。この場合，セメント中のアルミネート相の量が問題となる。水セメント比が小さく，高炉スラグ分量の多いコンクリートほど耐海水性が大きい。すなわち，コンクリート中への塩分の浸透量は小さく，海水に対して膨張は小さく，圧縮強度の低下は小さい。

たいかがくやくひんせい　耐化学薬品性
chemical resistance　〔→耐薬品性〕

化学薬品性（一般には塩酸，硫酸，硫酸ナトリウム）に対する抵抗が大きいことをいう。水セメント比は小さく，高炉スラグ系セメント混和材料を用いたコンクリートは耐化学薬品性が大きい。

たいかけんちくぶつ　耐火建築物
fireproof building

火災時に主要構造部を破壊することなく，一部の修繕によって再使用することを目的とする建築物。主要構造部を耐火構造とし

たいかこう

たものをいう（建築基準法第2条9号の2）。

たいかこうぞう　耐火構造
fireproof construction　〔→耐火時間〕

建築基準法で用いられる用語。建築物の壁、柱、床、梁、屋根および階段などの主要構造部分が、通常の火災時の加熱に対し長時間耐える性能を有する構造で、性能などについては、建築基準法施行令第107条で定められている（下表参照）。

たいかこつざい　耐火骨材
fireproof aggregate

高温に耐えられる骨材。例えばシリマナイト（sillimanite, 珪線石, Al_2SiO_5）、コランダム（corundum）。

たいかコンクリート　耐火コンクリート
fire-concrete, refractory concrete

高温に耐えられる骨材を用いて耐火性を高めたコンクリート。例えばアルミナセメントコンクリート。（p.347 上図参照）

たいかざいりょう　耐火材料
fireproofing materials

高温に耐えられる材料。例えばコンクリート、安山岩のような石材、ALC、石綿スレート。

たいかじかん　耐火時間
fire resistance hour　〔→耐火構造〕

耐火構造の性能規準となるべき、通常の火災時の加熱に耐えられるべき時間数（図参照）。最上階から数えた階数に応じて部位別に、3時間・2時間・1時間・30分の耐火時間が定められている（建築基準法施行令第107条）。

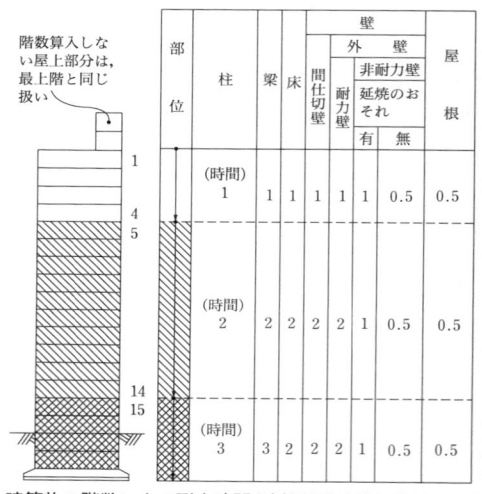

部位	柱	梁	床	間仕切壁	外壁耐力壁	非耐力壁 延焼のおそれ 有	非耐力壁 延焼のおそれ 無	屋根
（時間）1	1	1	1	1	1	1	0.5	0.5
（時間）2	2	2	2	2	2	1	0.5	0.5
（時間）3	3	3	2	2	2	1	0.5	0.5

建築物の階数による耐火時間（建築基準法施行令第107条）

建築基準法施行令第107条に定められる耐火性能

建築物の部分			最上階および最上階から数えた階数が2以上で4以内の階	最上階から数えた階数が5以上で14以内の階	最上階から数えた階数が15以上の階
壁	間仕切壁		1時間	2時間	2時間
	外壁	耐力壁	1時間	2時間	2時間
		非耐力壁 延焼のおそれのある部分	1時間	1時間	1時間
		延焼のおそれのある部分以外の部分	30分	30分	30分
柱			1時間	2時間	3時間
床			1時間	2時間	2時間
梁			1時間	2時間	3時間
屋根・階段			30分		

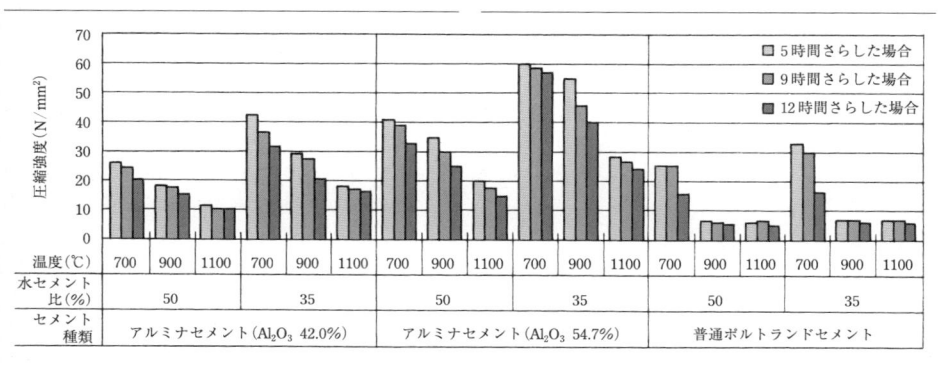

高温にさらしたモルタルの圧縮強度

たいかせい　耐火性
fireproofness, fireresisting property
500℃以上の高温に耐えられる性質。建築基準法は，柱・梁は500℃以上，床・屋根・壁は550℃以上を指す。鉄筋コンクリート構造物は，火災の発生と共に大変形を起こすことはなく，ある程度の耐火性を有している。しかし，コンクリートが高温の環境に長時間さらされた場合には，セメントペースト部分が収縮，骨材部分は膨張することなどにより，コンクリートに内部応力が発生する。これにより，コンクリートが破壊するので短時間に500℃程度の高温に達した場合には爆裂する危険性もある。

たいかせいのう　耐火性能
fire resistive performance
建築基準法第2条7号の政令で定める技術的基準は，次に掲げるものとする。
一　p.346の表に掲げる建築物の部分にあっては，当該部分に通常の火災による火熱がそれぞれ表に掲げる時間加えられた場合に，構造耐力上支障のある変形，溶融，破壊その他の損傷を生じないものであること。
二　壁および床にあっては，これらに通常の火災による火熱が1時間（非耐力壁である外壁の延焼のおそれのある部分以外の部分にあっては，30分間）加えられた場合に，当該火熱面以外の面（屋内に面するものに限る。）の温度が当該面に接する可燃物が燃焼するおそれのある温度として国土交通大臣が定める温度（以下「可燃物燃焼温度」という。）以上に上昇しないものであること。
三　外壁および屋根にあっては，これらに屋外において発生する通常の火災による火熱が1時間（非耐力壁である外壁の延焼のおそれのある部分以外の部分および屋根にあっては，30分間）加えられた場合に，屋外に火災を出す原因となるき裂その他の損傷を生じないものであること（建築基準法施行令第107条より）。

たいかセメント　耐火セメント
fireproofing cement
高温に耐えられるセメント。例えばアルミナセメント。

たいかだんねつざい　耐火断熱材
insulating refractories
耐火断熱煉瓦，軽量キャスタブル耐火物，セラミックファイバーのように耐火性と断熱性を有した材料。つまり耐火度の高い原料を多孔質，繊維質にし，空気を混入して

熱伝導率を小さくしたもの。

たいかど　耐火度　refractoriness
耐火物が軟化変形を起こす加熱の割合を示すもので，同一の加熱条件によって同一程度の変形を示す標準ゼーゲルコーンの番号を表示する。

たいかとそう　耐火塗装　fireproof painting
鉄骨を火災時の高温から守る耐火被覆材料の一つ。火災時に発泡して数10mmの断熱層を形成する塗装。

たいかねんど　耐火粘土　fire clay
主としてカオリン質鉱物および遊離石英ならびに他の微量の成分から構成される高温に耐える粘土。

たいかひふく　耐火被覆　fireproof covering
鉄筋や鉄骨は火に対して弱いので，一時的な高温（時間はp.346の「耐火性能」の表参照）に対して強いコンクリートなどで被覆すること。その耐火被覆材料にはコンクリート，モルタル，ALC，石綿スレートなどがある。

たいかモルタル　耐火モルタル　fire mortar, refractory mortar〔➡耐火セメント〕
耐火モルタルは，耐火煉瓦積の目地材料として使用される。次のような性質を有していることが必要である。
①化学成分が使用する煉瓦と同質である。
②必要な耐火度を有する。
③乾燥・焼成による収縮・膨張が小さい。
④煉瓦積み時に適当な粘り，伸び，接着時間を持ち，要求される目地厚が容易に得られる。
⑤操業温度において十分な接着力を持ち，高炉スラグ，ガスなどの侵食・摩耗に耐えられる気密な壁面をつくる。

耐火モルタルは硬化の状態から熱硬性モルタル（heat-setting refractory mortar），気硬性モルタル（air-setting refractory mortar），水硬性モルタル（hydraulic refractory mortar）の三つに分類される。

たいかれんが　耐火煉瓦　fire brock, refractory brocks
高温に耐えられる煉瓦。施工時に，普通煉瓦は，吸水率に応じて適度の水浸しを行うが，耐火煉瓦は，水蒸気圧化によって組積造が壊れるので，水浸しは行わない。

たいかんコンクリート　耐寒コンクリート　freezing resistance concrete
寒中コンクリートの凍結温度を下げて初期凍害を防止し，低温時の水和を促進するために，混和剤として無塩化・無アルカリの耐寒剤（ポリグリコールエステル誘導体，含窒素化合物，またはメラニン系高縮合物）を用いたコンクリート。

たいきおせん　大気汚染　air pollution
二酸化硫黄，一酸化炭素，浮遊粒子状物質，二酸化窒素および光化学オキシダント，ダイオキシンなどの有害物質によって大気が汚染されること。

たいきゅうけいかく　耐久計画　service life planning, plan for service life
コンクリート系建築物またはその部分の性能をある水準以上の状態で継続して維持させるための計画。

たいきゅうせい　耐久性　durability
気象作用，化学的侵食作用，機械的摩耗作用，その他の劣化作用に対して長期間にわたって耐えられるコンクリートの性能。

たいきゅうせいしすう　耐久性指数　durability factor　〔➡DF〕
コンクリートの耐久性を表す指数（略してDF）。凍結融解作用に対する抵抗性を示す（p.349図参照）。

たいきゅう

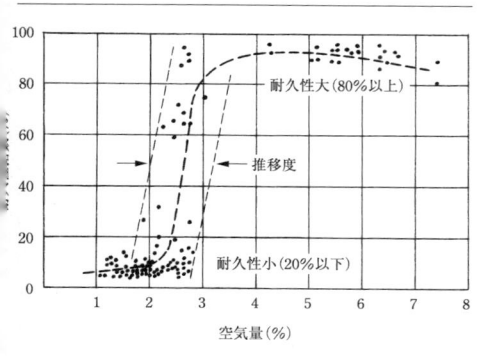

コンクリートの凍害と空気量の関係
[Cordon and Merrill]
(種々の骨材・セメント量・水セメント比・空気量による結果)

たいきゅうせいしんだん　耐久性診断
durability diagnosis
鉄筋コンクリート造構造物の耐久性診断のフローチャートと診断録を p.350〜352 に例示する。

たいきゅうせっけい　耐久設計　service life designing, designing service life

コンクリート系建築物またはその部分の性能をある水準以上の状態で継続して維持させるための設計。以下に，著者の鉄筋コンクリート造躯体の耐久設計（design for service life of RC buildings）の私案を示す。

① 躯体コンクリートの屋外側，および屋内側水回り部分（浴室，厨房，洗面所など）の大半が，鉄筋表面の位置まで中性化した時点を，耐用年数とする。

② セメント種類を変えた鉄筋コンクリート造躯体の推定耐用年数（t）は，鉄筋の防錆処理を行わない通常の建物の場合，下表によって求める。

③ 下表の普通ポルトランドセメントコンクリート・屋外の転換式を以下に示す。

$$X = (100W/C - 43.3) \cdot \sqrt{\frac{t}{60.9 \cdot \alpha \cdot \beta \cdot \gamma}} \text{ (mm)} \quad \cdots\cdots(1)$$

鉄筋コンクリート造躯体の耐用年数の推定

セメント種類	屋内	屋外
普通ポルトランドセメント	$t = \alpha \cdot \beta \cdot \gamma \cdot \dfrac{88.8}{(100\,W/C - 34.6)^2} \cdot X^2$	$t = \alpha \cdot \beta \cdot \gamma \cdot \dfrac{60.9}{(100\,W/C - 34.6)^2} \cdot X^2$
高炉セメントA種	$t = \alpha \cdot \beta \cdot \gamma \cdot \dfrac{95.4}{(100\,W/C - 30.2)^2} \cdot X^2$	$t = \alpha \cdot \beta \cdot \gamma \cdot \dfrac{72.4}{(100\,W/C - 37.7)^2} \cdot X^2$
高炉セメントB種	$t = \alpha \cdot \beta \cdot \gamma \cdot \dfrac{67.3}{(100\,W/C - 32.9)^2} \cdot X^2$	$t = \alpha \cdot \beta \cdot \gamma \cdot \dfrac{58.7}{(100\,W/C - 38.4)^2} \cdot X^2$
高炉セメントC種	$t = \alpha \cdot \beta \cdot \gamma \cdot \dfrac{78.1}{(100\,W/C - 25.5)^2} \cdot X^2$	$t = \alpha \cdot \beta \cdot \gamma \cdot \dfrac{70.0}{(100\,W/C - 33.3)^2} \cdot X^2$

[注] t：推定耐用年数（年）
　　X：平均中性化深さ（鉄筋に対するコンクリートの被り厚さ）（mm）
　　W/C：水セメント比（質量比）　　β：仕上材の中性化抑制効果係数（表ⓑ参照）
　　α：コンクリートの締固め係数（表ⓐ参照）　　γ：環境条件による係数（表ⓒ参照）

ⓐ コンクリートの締固め係数（α）

最も良好*	1.0
普通	0.25
悪い	0.1

[注] *コンクリート製の電柱を示す

ⓑ 仕上材の中性化抑制効果係数（β）

仕上材なし	ペイント	モルタル厚		タイル GRC
		10mm未満	15mm以上	
1.0	2.5	3	6	10

ⓒ 環境条件による係数（γ）

一般地域	1.0
寒冷地域	0.9
海岸近接地域	0.8

たいきゅう

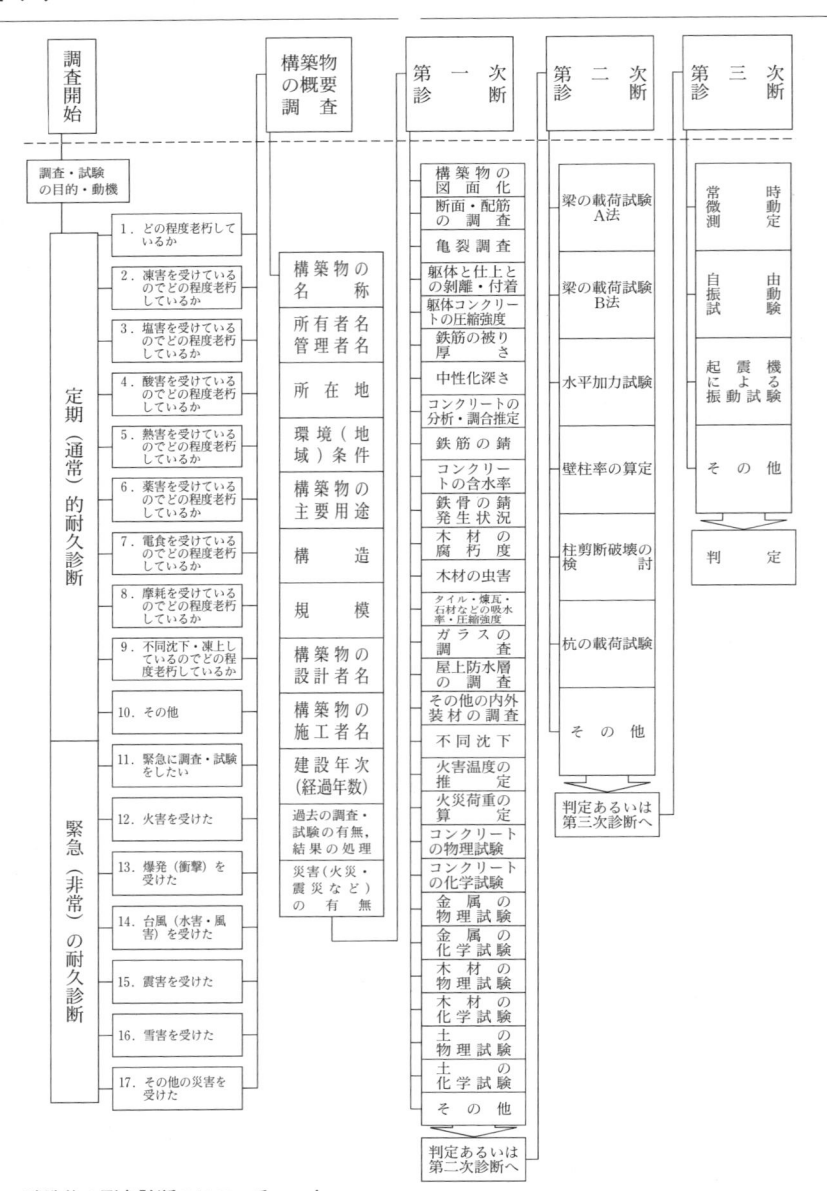

建造物の耐久診断のフローチャート

調査開始

調査・試験の目的・動機

- 定期（通常）的耐久診断
  1. どの程度老朽しているか
  2. 凍害を受けているのでどの程度老朽しているか
  3. 塩害を受けているのでどの程度老朽しているか
  4. 酸害を受けているのでどの程度老朽しているか
  5. 熱害を受けているのでどの程度老朽しているか
  6. 薬害を受けているのでどの程度老朽しているか
  7. 電食を受けているのでどの程度老朽しているか
  8. 摩耗を受けているのでどの程度老朽しているか
  9. 不同沈下・凍上しているのでどの程度老朽しているか
  10. その他

- 緊急（非常）の耐久診断
  11. 緊急に調査・試験をしたい
  12. 火害を受けた
  13. 爆発（衝撃）を受けた
  14. 台風（水害・風害）を受けた
  15. 震害を受けた
  16. 雪害を受けた
  17. その他の災害を受けた

構築物の概要調査

- 構築物の名称
- 所有者名・管理者名
- 所在地
- 環境（地域）条件
- 構築物の主要用途
- 構造
- 規模
- 構築物の設計者名
- 構築物の施工者名
- 建設年次（経過年数）
- 過去の調査・試験の有無、結果の処理
- 災害（火災・震災など）の有無

第一次診断

- 構築物の図面化
- 断面・配筋の調査
- 亀裂調査
- 躯体と仕上との剥離・付着
- 躯体コンクリートの圧縮強度
- 鉄筋の被り厚
- 中性化深さ
- コンクリートの分析・調合推定
- 鉄筋の錆
- コンクリートの含水率
- 鉄骨の錆発生状況
- 木材の腐朽度
- 木材の虫害
- タイル・煉瓦・石材などの吸水率・圧縮強度
- ガラスの調査
- 屋上防水層の調査
- その他の内外装材の調査
- 不同沈下
- 火害温度の推定
- 火災荷重の算定
- コンクリートの物理試験
- コンクリートの化学試験
- 金属の物理試験
- 金属の化学試験
- 木材の物理試験
- 木材の化学試験
- 土の物理試験
- 土の化学試験
- その他

→ 判定あるいは第二次診断へ

第二次診断

- 梁の載荷試験A法
- 梁の載荷試験B法
- 水平加力試験
- 壁柱率の算定
- 柱剪断破壊の検討
- 杭の載荷試験
- その他

→ 判定あるいは第三次診断へ

第三次診断

- 常時微動測定
- 自由振動試験
- 起震機による振動試験
- その他

→ 判定

350

たいきゅう

耐久性診断録

構築物耐久診断録（全数　　　頁のうち　　　頁）
診断用紙（A－1様式の表）

構築物の名称		所　有　者　名	
		管　理　者　名	
所　在　地		環境(地域)条件	1．一般地域 2．寒冷地域 3．海岸近接地域 4．化学工業地域 5．空気汚染地域 6．その他（　　　）
			CO_2（　）ppm，SO_2（　）ppm
調査・試験依頼者名		調査・試験期間	年　　月　　日～ 　年　　月　　日
		過去の調査・試験の有無および結果の処置	1．有　　年　月， 2．無
構築物の主要用途		構築物の設計者名	
構　　　造		構築物の施工者名	
面　　　積			
建　設　年　次		災害（火災・震災とか）の有無	
経　過　年　数			
今後の希望耐用年数		そ　の　他	
設計図書の有無および種別		結果の判定に必要な建築関係の法規・基準などの変遷	
参　考　文　献			
判　定　対　策	1．異常ない。 2．現在は異常ないが，（　）年後に再び調査，試験することをすすめる。 3．一部に補修の必要あり，具体的には（　）頁の処方・補修・処置欄参照。 4．全体に補修の必要あり，具体的には（　）頁の処方・補修・処置欄参照。 5．第二次診断の必要あり。その結果（　　　　　　　　　） 6．第三次診断の必要あり。その結果（　　　　　　　　　） 7．構造的，機能的，経済的見地から限界に来ているので，直ちに解体することをすすめる。		
調査・試験担当者名		判　定　者　名	

注）該当番号および箇所を○で囲むこと。（　）には，必要があれば書き入れる。

たいきゅう

耐久性診断録

構築物耐久診断録（全数　　　頁のうち　　　頁）
診断用紙（A—1様式の裏）

調査・試験の目的・動機	定期（通常）的耐久診断										緊急（非常）の耐久診断						
	1 どの程度老朽しているか	2 凍害老朽しているかどの程	3 塩害老朽しているかどの程	4 酸害老朽しているかどの程	5 熱害老朽しているかどの程	6 薬害（　　害）を受けているの	7 電食老朽しているかどの程	8 摩耗老朽しているかどの程	9 どの程度老朽不同沈下・凍上しているので	10 その他（　　）	11 急に調査・試験をしてもらい	12 火害を受けた	13 爆発（衝撃）を受けた	14 台風（水害・風害）を受けた	15 震害を受けた	16 雪害を受けた	17 けたその他の災害（　　）を受

	調査・試験の項目		
調査・試験の項目 1〜30： 第一次診断 31〜40： 第二次診断 41〜50： 第三次診断 〔注〕 （現）：現場で調査・試験を行うことを示す。 （実）：実験室で調査・試験を行うことを示す。	1．構築物の図面化（現，実） 2．断面調査・配筋調査（現，実） 3．躯体コンクリート・仕上材の亀裂調査（現，実） 4．躯体コンクリートと仕上材との剥離，付着強度（現，実） 5．躯体コンクリートの圧縮強度（シュミット，コア採取，現，実） 6．鉄筋の被り厚さ（現，実） 7．躯体コンクリート・仕上材の中性化深さ（現，実） 8．コンクリートの分析，調合推定（現，実） 9．鉄筋径と鉄筋の錆の状況ならびに鉄筋の強度弾性（現，実） 10．躯体コンクリート・仕上材の含水率（現，実） 11．鉄骨の錆発生状況（現，実） 12．木材の腐朽度（現，実） 13．木材の虫害 14．タイル・煉瓦・石材などの吸水率，圧縮強度（現，実） 15．ガラスの調査（現，実） 16．屋上防水層の調査（現，実） 17．その他の内・外装材の調査（現，実） 18．不同沈下（現，実） 19．火害温度の推定（現，実） 20．火災荷重の算定（現，実）	21．コンクリートの物理試験（実） 22．コンクリートの化学試験（実） 23．金属の物理試験（実） 24．金属の化学試験（実） 25．木材の物理試験（実） 26．木材の化学試験（実） 27．土の物理試験（実） 28．土の化学試験（実） 29．その他（　　） 30．その他（　　） 31．梁の載荷試験A法（現，実） 32．梁の載荷試験B法（現，実） 33．水平加力試験（現，実） 34．壁柱率の算定（現，実） 35．柱剪断破壊の検討（現，実） 36．杭の載荷試験（現，実） 37．その他（　　） 38．その他（　　） 39．その他（　　） 40．その他（　　） 41．常時微動測定（現，実） 42．自由振動試験（現，実） 43．起振機による振動試験（現，実） 44．その他（　　） 45．その他（　　）

注）該当する番号・箇所を○で囲むこと。ただし、同項目中実施しないものは削除する。
　　（　）内には、必要があれば書き入れる。

$$W/C = \frac{X}{100} \cdot \sqrt{60.9 \frac{\alpha \cdot \beta \cdot \gamma}{t}} + 0.433 \cdots\cdots(2)$$

$$\beta = \frac{(100 W/C - 43.4)^2}{60.9 \cdot \alpha \cdot \gamma \cdot X^2} \cdot t \cdots\cdots\cdots(3)$$

たいきゅうせっけいきじゅんきょうど　耐久設計基準強度

JASS 5 で定められている用語。構造物および部材の供用期間に応ずる耐久性を確保するために必要とする圧縮強度。

計画供用期間の級	耐久設計基準強度（N/mm²）
一　般	18
標　準	24
長　期	30

たいこうせい　耐光性　light stability

紫外線，可視光線，赤外線などの光線による劣化に対するコンクリート・モルタルの抵抗性。

たいこうせい　耐候性　weatherproof

終年中の気候に耐えられる性質。試験としては，コンクリート・モルタル供試体を屋外の自然条件下に暴露して性質の変化，例えば圧縮強度，中性化深さ，質量などを調べる。

たいこうせいしけんほうほう　耐候性試験方法　outdoor exposure test method

耐候性試験方法には，次のような方法がある。
①凍結融解（ASTM C 290-57 T）。
②水中における急速凍結融解に対するコンクリート供試体の抵抗試験方法（ASTM C 291-57 T）。
③空気中における急速凍結および水中における急速融解に対するコンクリート供試体の抵抗試験方法（ASTM C 292-57 T）。
④水中またはブライン中における緩速凍結融解に対するコンクリート供試体の抵抗試験方法（ASTM C 310-57 T）。
⑤空気中における緩速凍結融解および水中における緩速凍結融解に対するコンクリート供試体の抵抗試験方法（ASTM C 418-58 T）。
⑥コンクリートのすり減り抵抗試験方法
その他，食塩水による方法（塩水噴霧試験機），ウエザーメーター，CO_2 ガスによる中性化促進試験方法，屋外自然暴露試験，損食試験方法（アメリカ開拓局の試験方法）。

たいさ　堆砂

河川水系のダムに溜まった砂。国土交通省が調査した 2000 年度の堆砂率の高いダムを表に示す。

堆砂率の高いダム

	ダム名	道県名・水系，管理者	堆砂率	完成年
1	千　頭	静岡・大井川，中部電	97.7%	(1935)
2	小屋平	富山・黒部川，関電	95.0	(1936)
3	梵字川	山形・赤川，東北電	94.5	(1933)
4	黒　又	新潟・信濃川，東北電	89.3	(1927)
5	春　別	北海道・静内川，北電	89.2	(1963)
6	大　間	静岡・大井川，中部電	88.8	(1938)
7	雲　川	福井・九頭竜川，福井県	88.7	(1956)
8	西　山	山梨・富士川，山梨県	88.6	(1957)
9	平　岡	長野・天竜川，中部電	84.5	(1952)
10	黒　部	栃木・利根川，東電	81.7	(1912)

たいさんアスファルトモルタル　耐酸アスファルトモルタル

acidproof asphalt mortar

耐酸性，耐アルカリ性，耐塩性を必要とする電池室等に使用される。材料は一例としてアスファルトコンパウンド（針入度 20～30，軟化点 100℃以上）・ブローンアスファルト（JIS 石油アスファルト―針入度 20～30，軟化点 80℃以上）・蠟石粉・珪石粉・珪砂・川砂など。蠟石粉・珪石粉・珪砂・川砂は加熱乾燥したものを，溶融アスファルトを加えて混合し，130℃以上の温度に保ちながら焼鏝で塗り付ける。下地はアスファルトプライマー 0.3 l/m^2 を塗り，

たいさんこ

耐酸性セメント

種　類	化学成分（％）								密　度 (g/cm^3)	ブレーン (cm^2/g)	凝結（h-m）	
	ig.loss	insol	SiO_2	Al_2O_3	Fe_2O_3	MaO	CaO	MgO	SO_3			始　発	終　結
普通ポルトランドセメント	0.6	0.2	22.5	5.0	3.0	—	64.9	1.2	2.0	3.15	3,100	2-24	3-40
高炉セメントC種	0.9	—	27.4	13.6	1.6	0.9	49.2	3.4	1.9	2.99	3,900	4-26	6-16
耐酸性セメント	2.1	0.2	26.0	11.0	1.2	0.8	49.0	3.2	5.7	2.95	4,100	8-15	10-05

乾燥させる。

たいさんコンクリート　耐酸コンクリート
acid-resisting concrete, acid proof concrete
酸に耐えられるコンクリート。例えば高炉スラグ微粉末系セメントを用いたコンクリート。

たいさんせいセメント　耐酸性セメント
acid proof cement
酸に耐えられるセメント。高炉セメントC種に近いセメント（上表参照）。

たいさんモルタル　耐酸モルタル
acid proof mortar, acidproofing mortar
酸に耐えられるモルタル。例えば高炉スラグ微粉末系セメントを用いたモルタル。

たいしがいせんせい　耐紫外線性　resistance to UV rays; ultraviolet resisitance
紫外線に照射されたときの、材料の性能低下に対する抵抗性。

たいしつせい　耐湿性　moisture proof
高湿度に耐えて使用できる性能。

たいしょうげきせい　耐衝撃性
impact resistance
何らかの衝撃などで生じる衝撃力に対し、コンクリートやモルタルが全体的または部分的な破壊、損傷、摩耗などを起こすことなく耐える性能。

たいしょくいしばり　耐食石張り
薬品性による腐食作用に耐えられる石張り。例えば花崗岩、玄武岩など。大理石の耐食性は小さい。

たいしょくコンクリート　耐食コンクリート
concrete of corrosion resistance
腐食に対して抵抗性が大きいコンクリート。$Ca(OH)_2$生成量の少ないセメントを用い、水セメント比は小さくすればするほど抵抗性は大きい。

たいしょくせい　耐食性
corrosion resistance
腐食に対するコンクリート・モルタルの抵抗性。一般に水セメント比が小さくて単位セメント量が多い方が抵抗性は大きい。

たいしんかいしゅうそくしんほう　耐震改修促進法
病院や学校、賃貸マンションなど多数の人が利用する建物で、現行耐震基準を満たしていないものを「特定建築物」とし、耐震診断や耐震補強の実施を求めている法律。1995年12月に施行。

たいしんきじゅん　耐震基準
quakeproof standard
宮城県沖地震の教訓から1981年に制定された地震に対する建物の耐力基準。震度5程度ではほとんど被害はなく、震度6～7級の大地震でも倒壊はしないというのが現行の考えになっている。

たいしんせい　耐震性　earthquakeproof
地震力に耐えられる性能。建築基準法などは、震度6～7級の大地震でも人命が危険にさらされないことを求めている。

だいしんど　大深度　〔⇔浅深度〕
深さ40mを超える地下（の利用）のこと。

たいねつせ

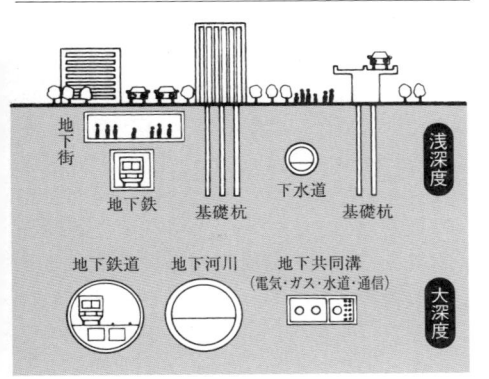

大深度地下活用のイメージ図

40m未満を浅深度という。40m以下の地下空間の利用を図る法律を「大震度地下利用法」という。この法律は，首都圏，中部圏，近畿圏の三大都市圏が対象で，土地所有者への補償や用地買収が原則的には不要なので事業が進めやすい。第1号の適用が，東京外郭環状道路（練馬↔世田谷間の約10km）（上図参照）。

たいすいざいりょう　耐水材料
waterproof materials
煉瓦，石，人造石，コンクリート，アスファルト，陶磁器，ガラス，その他これらに類する耐水性に優れた建築材料をいう（令1条4）。

たいすいせい　耐水性　water resistance
コンクリートやモルタルのように長時間，水中に浸して含水したり吸水したりしてもその材質が大きく変化しない性質。

たいせきがん　堆積岩　sedimentary rock
水成岩ともいい，岩石の砕片。水に溶けた植物・鉱物・動物の遺骸などが沈澱し積み重なって固まった物で層状を成している（表）。

たいとうがいせい　耐凍害性
コンクリート・モルタルの水分が凍結して

堆積岩の性質と用途

砂岩	耐火性あり，吸水性大で耐久性小，加工容易，光沢なし	多胡石
粘板岩	剝離性大，吸水性なし	天然スレート
凝灰岩	多孔質，軽量，吸水性大で耐久性小，耐火性大，軟質加工容易	大谷石
石灰岩	強度大，耐火性小	セメント原料

起こす凍害作用に対して耐えられる性質。

だいなおし　台直し
柱筋が正しい位置からずれている場合に，コンクリートを斫って緩やかに鉄筋を曲げて正しい位置に直すこと。直した後は，帯筋を太くするか，間隔を狭くするなどの処置をする。

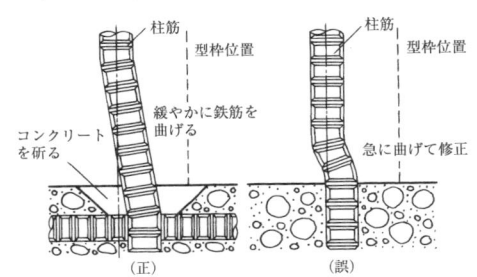

鉄筋の折り曲げ（台直し）　鉄筋の折り曲げ（台直し）

たいねつコンクリート　耐熱コンクリート
heat resistance concrete
1年以上の長期間にわたって受ける100～300℃の高い熱に対して抵抗性が大きいコンクリート。熱を受けるとセメントは収縮し，骨材は膨張するので，骨材は粗密で，膨張率の小さいものを選ぶとよい。圧縮強度よりヤング係数の低下の方が大きい。従って温度の昇降速度をなるべく，緩やかにするとよい。

たいねつせい　耐熱性　heat resistance
コンクリートやモルタルが長期間にわたって受ける熱に対して抵抗性が大きい性質を有していること。

たいねつセメント　耐熱セメント
heat resistance cement

長期間にわたって受ける熱に対して抵抗性が大きいセメント。本来，セメント硬化体は長期間にわたって熱を受けると種々変化する（硬化体組織を弱めたり，終局的には崩壊する）。セメント硬化体は105℃程度でキャピラリー水もゲル水も消失する。この脱水によって強度は低下しても，その程度は小さい。むしろヤング係数の低下の方が大きい。しかし，さらに温度を上げると化学的に結合している水が逃げる。約250～350℃においてAl_2O_3やFe_2O_3を含む水和生成物が脱水する。400～700℃になるとカルシウムシリケート水和物の保有水分の大部分が失われる。

たいひろうせい　耐疲労性
コンクリートが繰り返しの荷重に耐えられる性質。

たいまさつせい　耐摩擦性
コンクリートがすり減らない性質。

たいまもうコンクリート　耐摩耗コンクリート
コンクリートの水セメント比を，より小さくすると効果がある。

たいまもうせい　耐摩耗性
土間コンクリートなどに使用しても，すり減りにくい性質。一般にコンクリート強度を高めるほどよい。

たいやくひんせい　耐薬品性
chemical resistance　〔→耐化学薬品性〕

酸，アルカリ，塩類，油脂類などによる劣化に対するコンクリートの抵抗性。㈶建材試験センターでまとめたJIS原案では，セメントペーストおよびコンクリートについて塩酸溶液，硫酸溶液，硫酸ナトリウム溶液，硫酸マグネシウム溶液などの濃度が規定されている。測定項目としては，質量，外観，曲げ，圧縮強さ，細孔径分布など。

ダイヤモンド　diamond
炭素の同位体。黒鉛が高温高圧で変化したもの。硬度10と物質中最も硬い。純度の高いものは透明で，光の屈折率が非常に高い。密度は$3.516〜3.525 \, g/cm^3$。金剛光沢または，脂光沢を持つ等軸晶系の結晶体。適当なカッティングを施し，よく研磨すると薄暗がりでも輝く。1955年以降につくられるようになった人工ダイヤは，工業用に広く用いられる。

ダイヤモンドドリル　diamond drill
工業用ダイヤモンド。主としてブラジル産のダイヤモンドを数多く植え付けた穿孔用の錐。コンクリートから試験用の試料を採取したりするときに使用する。

ダイヤルゲージ　dial gauge
〔→ダイヤルゲージ法〕

歪みを測定したい箇所に写真に示すような軸棒の先端をタッチさせ，材料の変形に伴う軸棒の変位を軸棒と連動している文字板上の針の移動量で読み取る計器。測定に際しては，軸棒がタッチする試験体表面は平滑で，しかも軸棒と直角になるようにセットする。もし，この準備が不十分であると試験体の変形に伴い測定点にずれが生じ，大きな誤差を伴うことになるので十分注意する必要がある。特長は，歪みが直読できるうえ，取付けも簡単である。この理由から，ダイヤルゲージは広く用いられているが，歪み計としては精度が低いので，比較的変形量の大きい材料の測定や，試験体の移動量などの測定に向いている。

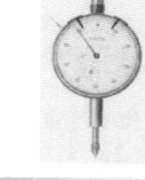

ダイヤルゲージほう　ダイヤルゲージ法
〔→ダイヤルゲージ〕
コンクリートやモルタルの長さを測定する方法の一種（JIS）。

タイヤローラー　tire roller
前後の車軸に多数のタイヤを装備した土（地盤）を締め固める機械。

たいようけいかく　耐用計画
コンクリート系建築物またはその部分の機能をある水準以上の状態で，予定された期間を継続して維持させるための計画。

たいようしんだん　耐用診断
コンクリート系建築物またはその部材の耐用性の程度を判断すること。

たいようせい　耐用性　serviceability
コンクリート系建築物またはその部分が機能を持続して維持する能力。

たいようでんち　太陽電池　solar cell
太陽光から発電できる建築材料で，屋根材型の太陽電池標準装備の建売住宅として出現しはじめた（1999以降）。

たいようねんすう　耐用年数
service life, life time 〔→法定耐用年数〕
コンクリート系建築物またはその部分が使用に耐えなくなるまでの年数。例えば建築物は65年，橋は50年，港湾岸壁は40年が一つの目安。命数ともいう。

だいりせき　大理石　marble
変成岩の一種で，花崗石と共に代表的な天然石材。強度は228〜90 N/mm^{2}と大きく，光沢があって色彩や模様の美しいものもあり，磨けば美しくなる。しかし酸に弱く，耐火性も小さい。日本では屋内に用いられている。表乾密度2.83〜2.49 g/cm^3，吸水率0.1〜0.8％，熱伝導率0.0056，線膨張率0.000005〜16/℃。産地，模様等により各種の名称が付けられている。

たいりゅうさんえんポルトランドセメント　耐硫酸塩ポルトランドセメント
sulfate-resistant portland cement
特に硫酸塩の浸食作用に対する抵抗性が大きくなるように，アルミン酸三カルシウムを少なく調整されたポルトランドセメント（JIS）。海水に接するコンクリート構造物や硫酸塩類の処理場，下水などの工事に使用するとよい。

たいりょうれんぞくうちこみコンクリート　大量連続打込コンクリート
マスコンクリート，遮蔽用コンクリート，海水の作用を受けるコンクリートをはじめ，コンクリートは打ち継がない一体がよい。

たいりょくスラブ　耐力スラブ
bearing slab

鉄筋コンクリート造の耐力スラブ
（建築基準法施行令77条の2）

厚　さ	8 cm以上，かつ，短辺方向の有効梁間長さの1/40
配　筋	短辺方向　20 cm以上 長辺方向　30 cm以下，かつ床版厚さの3倍以下

たいりょくはしら　耐力柱
bearing column
下表参照。

鉄筋コンクリート造の耐力柱
（建築基準法施行令77条）

柱の小径		構造耐力上主要な支点間の1/15以上
主筋	本数	4本以上
	断面積	コンクリート断面積の0.8％以上
帯筋フープ	緊結	帯筋は主筋に緊結する
	径	6 mm以上
	間隔	端部10 cm以下（小径の2倍以上） 中央部15 mm以下 最も細い主筋の15倍以上
	帯筋比	0.2％以上

帯筋比とは，柱の軸を含む断面における一組の帯筋について，コンクリートの断面と帯筋の断面との比による。（1981年告示1106号）

たいりょくはり　耐力梁　bearing beam

たいりよく

鉄筋コンクリート造の梁（建築基準法施行令78条）。

たいりょくへき　耐力壁　bearing wall
構造上，鉛直荷重または水平力に抵抗するのに必要な厚さ・剛性のある壁。地震力のみに抵抗させるものを耐震壁という。

鉄筋コンクリート造の耐力壁
（建築基準法施行令第78条の2）

厚　　　さ	12 cm 以上	
長　　　さ	45 cm 以上（壁式構造の場合のみ）	
配筋	壁筋		シングル	ダブル
		平家建	9φ@35cm以下	9φ@50cm以下
		その他	9φ@30cm以下	9φ@45cm以下
	いずれも，縦・横共とする		
	補強筋	開口部周辺　　12φ以上 端部・隅角部　12φ以上（壁式構造）	
存在応力伝達	柱・梁（壁式にあっては壁梁，布基礎等）	

タイル　tile
建築物の外装材，内装材として用いる。主原料は，蛙目粘土，木節粘土，カオリン，長石，陶石，蠟石，珪石など。原料・形状・使用目的により多種のものがある。なお，タイルと躯体との接着力は，後張りで0.4N/mm²以上，先張りで0.6N/mm²以上と定められている。

タイルかたわくさきつけこうほう　タイル型枠先付工法
型枠にあらかじめタイルを仮止めして，コンクリート打ちによってタイルとコンクリート躯体とを一体にさせる施工法。

タイルしあげ　タイル仕上げ
仕上げの表面材にタイルを用いたもの。美観を高めるばかりでなく，躯体コンクリートの耐久性も高める。欠点はタイルの剝離なので，設計・施工上十分注意する。

タイルのしゅるい　タイルの種類
kind of tile
下表参照。

タイルばりのちゅういてん　タイル張りの注意点
壁タイル張りのときの1回のモルタルの塗り付け面積を2〜3m²程度とし，作業終了時には水洗いし清掃する。またタイル張り施工中および塗り付けモルタルの硬化中にタイル張り面に振動や衝撃などを与えないよう十分注意する。

タイルばりのようじょう　タイル張りの養生
屋外施工の場合，強い直射日光，風雨などにより損傷を受けるおそれのある場合はシートで覆い養生する。やむを得ず，寒冷期に作業を行う場合は板囲い・シート覆いなどを行うほか，必要に応じて採暖する。

だおんけんさ　打音検査　sonic inspection
鉄筋・鉄骨の接合部分のタイルと躯体コンクリートの金槌，木などを用いて，その該当場所を叩き，はね返ってくる音の高さに応じて剝離状況などを判断する。

タイルの種類

素地種類	素地状態	吸水率(%)	説　明	用　途
磁器質	ほとんど吸水しない	1.0以下	素地は緻密なので，吸水性は極めて小さく，打音すると清音を発する。 焼成温度1,200〜1,350℃程度	外装タイル 内装タイル 床タイル モザイクタイル
せっ器質	若干吸水する	5.0以下	素地は固く，吸水性は磁器系より少なく，有色系は多い 焼成温度1,100〜1,300℃程度	外装タイル 内装タイル クリンカータイル 舗装タイル
陶器質	かなり吸水する	22.0以下	素地は多孔質なので吸水性が大きく，打音しても清音を発しない。釉薬が掛かっている。 焼成温度1,050〜1,200℃	内装タイル

ダクタイルちゅうてつかんモルタルライニング　ダクタイル鋳鉄管モルタルライニング　mortar lining for ductile iron pipes
JISに規定されているダクタイル鋳鉄管の内面に，錆止めのために施すモルタルライニング。品質等はJISを参照。

だくど　濁度
濁りの程度。コンクリート練混ぜ用水は，2度以下のものを用いる。

だくどけい　濁度計　turbidimeter
濁りの程度を測定する計器。

たけだじんいち　竹田仁一（1919～1993）
コンクリート爆裂の研究者。元 防衛大学校教授。

たこうたい　多孔体　porous material
空隙，細孔を含むコンクリート・モルタル。断熱，吸音などの特性が利用される。

たじくおうりょく　多軸応力
multiaxial stress
コンクリートの強度は，通常一軸応力状態で測定されるが，実際のコンクリート内の任意の点には三つの垂直応力と六つの剪断応力が働く。強度やひび割れの進展に対する多軸応力の効果が検討される。

ダスト　dust　〔→セメントダスト〕
砕石・砕砂などをつくる際に出来る石粉。

たせいぶんけいこんごうセメント　多成分系混合セメント　multilateral composite cement; multicomponent composite cement
コンクリートの水和熱や強度，化学的抵抗性などを改良する目的で調整した三成分系以上の材料からなる混合セメント。混合セメント（ポルトランドセメントに他の物質を混合して用いる）の中で，特に水和熱を低くするためには，高炉スラグ微粉末やフライアッシュなどを加える。JIS規格外のセメント。

だせつけいかく　打設計画
コンクリートの打込み計画ともいい，型枠の設計，構造計算，加工および組立て，コンクリートの打込み方法などを指す。

だせつのうりつ　打設能率
打込み能率ともいう。

たたき　叩き　tapping
フレッシュコンクリートが凝結する前にタンピングするとコンクリート組織は，緻密になる。

たちあい　立会　presence
施工者がその責任において行う施工，試験・検査等の行為に監理者が同席し，その行為の過程および結果を見届けることをいう（JASS 1）。

だっき　脱気
コンクリート・モルタルから空気を取り除くこと。真空コンクリート。

だっけい　脱型　stripping form removal
型枠を取り外すこと。急激な温度差・湿度差に十分注意しないと，強度の順調な伸びの停滞およびひび割れの発生を招く。
取外し期間は次の通り。
まずコンクリートの強度試験用供試体の場合，コンクリートを詰め終わった後，その硬化を待って型枠を取り外す。型枠の取外し時期は，原則として詰め終わってから24時間以上48時間以内とする。この間，供試体上面に板ガラスなどを置き，水分の蒸発を防がなければならない（JIS）。
次に，コンクリート構造物の場合の例を示す。
  a．基礎・梁側・柱および壁のせき板の存置期間は，コンクリートの圧縮強度[注]が5 N/mm²以上に達したことが確認されるまでとする。ただし，せき板存置期間中の平均気温が10℃以上の場合は，コンクリートの材齢が表に示す日数以上経

たつすい

基礎・梁側・柱およびせき板の存置期間を定めるためのコンクリートの材齢（JASS 5）

平均温度 \ セメントの種類	早強ポルトランドセメント	普通ポルトランドセメント 高炉セメントA種 シリカセメントA種 フライアッシュセメントA種	高炉セメントB種 シリカセメントB種 フライアッシュセメントB種
20℃以上	2	4	5
20℃未満 10℃以上	3	6	8

過すれば，圧縮強度試験を必要とすることなく取り外すことができる（上表）。

b．床スラブ下・屋根スラブ下および梁下のせき板は，原則として支保工を外した後に取り外す。

c．支保工の存置期間は，スラブ下・梁下ともに設計基準強度の100％以上のコンクリートの圧縮強度[注]が得られたことが確認されるまでとする。

d．支保工除去後，その部材に加わる荷重が構造計算書におけるその部材の設計荷重を上回る場合には，上述の存置期間にかかわらず，計算によって十分安全であることを確かめた後に取り外す。

e．上記c項より早く支保工を取り外す場合は，対象とする部材が取り外し直後，その部材に加わる荷重を安全に指示できるだけの強度を適切な計算方法から求め，その圧縮強度[注]を実際のコンクリートの圧縮強度が上回ることを確認しなければならない。ただし，取外し可能な圧縮強度は，この計算結果にかかわらず最低$12 N/mm^2$以上としなければならない。

f．片持ち梁または庇の支保工の存置期間は，上記c，dに準ずる。

注）JASS 5 T-603（構造体コンクリートの強度推定のための圧縮強度試験方法）による。

だっすい　脱水　dehydration
コンクリート・モルタルから含まれている水分を取り除くこと。

たつのきんご　辰野金吾（1854〜1919）
近代日本建築界の指導者。イギリス留学より帰国後，工部大学校教授，日本建築学会会長などを歴任。日本銀行本店，旧国技館，中央停車場（現東京駅）など，官・民を問わず明治・大正初期を代表する重要建築物を数多く設計した。片山東熊，妻木頼黄と並び明治建築界三巨頭の一人。伊東忠太が学生当時の主任教授で，他に小島憲之，中村達太郎らが教授だった。

たっぱ　建端　height
高さを表す建築現場用語。

タッピング　tapping　〔→タンパー〕
床・屋根スラブや，梁上端筋の両側のコンクリートの沈降によって生ずる沈みひび割れを防ぐために，コンクリート打込み後，均してから1〜2時間して，タンパーで叩く（タッピング）こと。

タッピングみつど　タッピング密度　tapping density
セメント，高炉スラグ微粉末，フライアッシュ，石灰石微粉末などの粉体を円筒容器

に入れて振動させたり，タップしたりしたときに示す粉体の単位体積当たりの質量。この値と粉体の真密度から空隙率が求められる。

たてかえマンションのひょうかきじゅん　建替えマンションの評価基準
　国土交通省は，老朽化などで危険・有害な状況になったマンションについて，市町村が各住戸を立ち入り検査し，①耐震性②劣化・破損の程度③防火・避難の構造の三区分の基準（表参照）に沿って評価し，各区分ごとの評点（最高評点が限度）の合計が，100 点を超えた住戸が 50 戸以上でしかも全体の 8 割以上あった場合，勧告ができる。市町村長の勧告権は，マンション建替え円滑化法で認められた。国土交通省はこの基準を省令で定めて 2002 年 12 月 18 日に施行された。

勧告対象マンション評価基準

評定区分	評定項目	評定内容	評点	最高評点
地震に対する安全性	柱，梁，耐力壁など	安全性が不足している	30	55
		安全性が著しく不足している	55	
構造の劣化，破損の程度	床	たわみや変形が大きい，鉄筋が露出している，コンクリートの剥落が多い	25	80
	基礎，柱，梁，耐力壁など	変形や沈下が大きい，鉄筋が露出し腐食している，コンクリートの剥落が多い	40	
		変形などが著しい	80	
	外壁	仕上材料の剥落が多い	25	
	屋根	たわみや変形が大きい，鉄筋が露出している	25	
	漏水，雨漏り	原因を特定できない漏水，雨漏りが著しい	25	
防火，避難の構造	外壁，開口部など	設備が著しく不備で防火上危険がある	30	60
	防火区画界壁など	著しく不備で防火上危険がある	30	
	廊下，階段など	避難に必要な設備が著しく不備で避難上危険がある	30	

たてかじゅう　縦荷重　longitudinal load
縦方向にかかる荷重。

たてかた　建方　erection
現場において構成材を組み立てること (JIS)。

たてがたシュート　竪型シュート　vertical chute
コンクリートを垂直に落とす場合，あるいは水中コンクリートを打つ場合に，落下するコンクリートが分離しないように用いられるシュートで，径 15〜45 cm の鉄管か短い円錐形の鉄板製の筒を次々に引っかけて吊り下げたもの（フレキシブルシュート，俗称「ちょうちん」）が用いられる。直径 15 cm くらいのゴム管を竪型シュートとして用いる場合もある。

たてがたふんさいき　縦型粉砕機　vertical mill　〔➡縦型ミル〕
ローラーミルともいわれる粉砕機の一種 (p.362 図)。

たてがたミル　縦型ミル　vertical mill　〔➡縦型粉砕機〕
主にセメントなど，鉱物粉末の微粉砕に使用されるミル。

たてきん　縦筋　vertical reinforcement　〔⇔横筋〕
鉄筋コンクリートの壁体に対し，垂直に配置した鉄筋で剪断力に抵抗する。補強コンクリートブロック造の場合，縦筋は途中で継ぐことはできない。縦鉄筋ともいう。

たてしゅうしゅくめじ　縦収縮目地　longitudinal contraction joint
コンクリート・モルタルは乾燥によって収縮する。それによる亀裂を防ぐために 3 m 程度の縦間隔で入れる目地。縦目地（longitudinal joint）ともいう。

たてひひわ

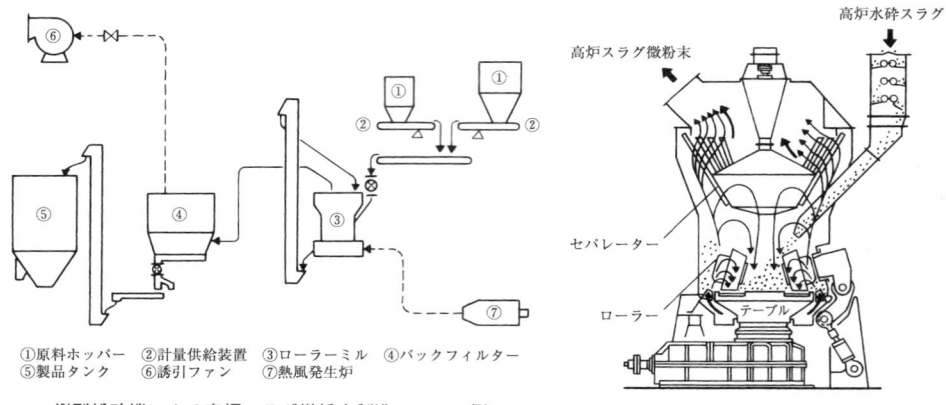

①原料ホッパー　②計量供給装置　③ローラーミル　④バックフィルター
⑤製品タンク　⑥誘引ファン　⑦熱風発生炉

縦型粉砕機による高炉スラグ微粉末製造フローの例

縦型粉砕機の構造の例

建物火災の主な出火原因と経過(2003年)

たてひびわれ　縦ひび割れ　longitudinal crack
コンクリートまたはモルタル面の縦に発生したひび割れ。

たてものかさい　建物火災　building fire
建築物が焼損する火災。消防白書によると，最近の10年間，わが国における建物火災の出火件数は，多少の増減はあるもの

の，おおむね32,534件（2003年）である。建築物火災は，15分に1件程度の割合で発生している（p.362図）。

たなかたろう　田中太郎
セメント化学の研究者。

たばねてっきん　束ね鉄筋　bundled bar
複数の鉄筋を束ねて1本とし，鉄筋コンクリートの主筋に使用したもの。コンクリートの填充性向上，部材幅の減少，加工・運搬の容易さなどのメリットがある。

ダブルはいきん　ダブル配筋
double reinforcement
スラブ，壁などに鉄筋を2段に配筋すること。

ターボミキサー　turbo mixer
〔⇒パンミキサー〕

たまいし　玉石　cobble stone, boulder
直径10～30 mm程度の丸形の石。

たまいし　球石
grinding ball, flint pebble
ボールミル，振動ミル，撹拌型ミルなどに用いられる粉砕媒体。材質は鉄，セラミックスなどがある。

たまいしじぎょう　玉石地業
boulder foundation
敷込み作業には床付け面が埋まらないように排水しておき，玉石は1層張りとして図のように小端立てに敷き並べ，小端の隙間に切込み砂利を目つぶしに充填して突き固める。突固めによる突沈み量は，一般には6～9 cmを見込む。

たまじゃり　玉砂利　gravel

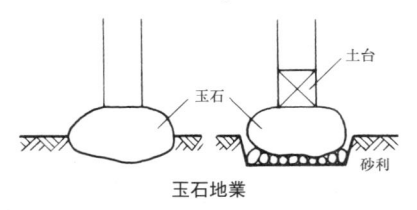

粒形が丸味を帯びている砂利。

ダミーめじ　ダミー目地　dummy joint
収縮目地の1種類で，コンクリート表面に溝をつくり，溝に目地材を注入した目地。

ダム
発電・水利・砂防などのために川や谷の水流を止める堰。ダムの定義は，堤の高さが15 m以上の貯水池と定められている。わが国のダム総数は2,734。農業専用ダムが半分以上。寿命として100年。

ダムこのりようしゃ　ダム湖の利用者
国土交通省は同省直轄または水資源開発公団が管理する全国91のダムについて，2000年度にダム湖とその周辺を行楽などで利用した人数を推計した。利用者総数は約1,320万人。最多は御所ダム（岩手県）の89万2,000人だった。都市部に比較的近く，スポーツ施設などレジャー施設が周囲に整備されているダムが上位を占めた。

ダム湖の利用者数ベスト10

	ダム名	利用者数
1	御所（岩手県）	892
2	日吉（京都府）	870
3	金山（北海道）	740
4	草木（群馬県）	585
5	釜房（宮城県）	455
6	下久保（群馬県・埼玉県）	398
7	三春（福島県）	358
8	天ヶ瀬（京都府）	346
9	土師（広島県）	313
10	弥栄（広島県・山口県）	307

（2000年度，単位：千人，国土交通省調べ）

ダムコンクリート
一般に大断面なので，セメントの水和熱の上昇を考慮したコンクリート。

ダムようセメント　ダム用セメント
dam cement　〔→水和熱〕
水和熱が低いセメント。例えば低熱型ポルトランド，中庸熱ポルトランド，高炉セメントB種およびC種。最近，高炉スラグ微粉末を粗目（比表面積3,000 cm²/g 未

満）のまま使用するコンクリートも誕生している。

だめコンクリート　駄目コンクリート
コンクリート工事の未完成，または補修を要するコンクリート。

ためしねり　試練り　trial mixing
計画した調合（配合）で所定のコンクリートが得られるかどうかを調べるために行う練混ぜ。試練りは，下記の項目について原則として JIS によって行う（日本建築学会の場合）。
①ワーカビリティー：良好
②スランプ：±1.0 cm
③空気量：±1.0％
④単位容積質量（軽量コンクリートの場合）：練上り時の所定の単位容積質量の値±の 2.0％
⑤圧縮強度：所定の材齢において必要とされる圧縮強度の 0.95 倍以上であること。
⑥温度：規定値
なお，ワーカビリティーの良否は，スランプ試験におけるコンクリートの状態などから判定する。

タール　tar
石炭や木材などを乾留するときにできる黒色の粘性の高い液体。塗料など用途が広い。

タールコンクリート　tar concrete
タールと砂・砂利・砕石などを混合したもの。加熱混合して床上に敷き，焼鏝あるいはローラなどで転圧して用いる。

タールドロマイトれんが　タールドロマイト煉瓦
原料のドロマイト（$CaMg(CO_3)_2$）には石灰分を多量に含んでいるが，煉瓦を構成している粒子をタールで被覆することにより，消化反応を遅くしたドロマイト煉瓦。

タルボット　Talbot, Arthur N.
1923 年（大正 12 年）にセメント空隙比説（cement space ratio theory, void theory）を提唱した。アメリカ人。

ダレックス　darex
商品名で，初期に開発された AE 減水剤の一種。アメリカ産。

タワークレーン　tower crane
主として高層・超高層建築に用いる高揚程クレーン。定置式と移動式がある（図参照）。

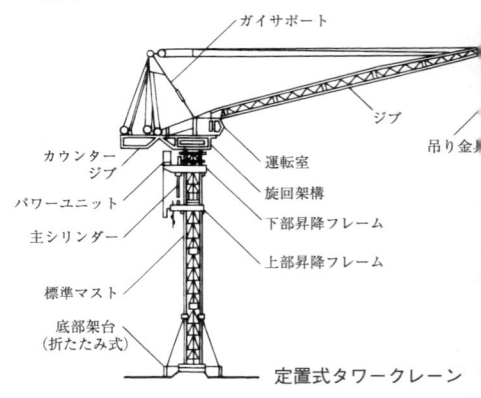

定置式タワークレーン

タワーバケット　tower bucket
タワーの内部を昇降する鉄質系の容器。エレベーターバケットともいう。

タワーピット　tower pit
コンクリートタワーの基礎部分のために掘った穴。

タワーブーム　tower boom
コンクリートタワーなどを支柱として，その中間外側に旋回部を取り付け，この部分のブームの根元がピンで連結されているものでタワーデリックともいう。

タワーホッパー　tower hopper
コンクリートタワーの側面に取り付け，バケットの転倒によって排出されたコンクリートを受け，シュートまたはグランドホッパーに流し入れる漏斗状の装置。

たんいさいこつざいりょう　単位細骨材量
unit fine-aggregate content
　フレッシュコンクリート 1 m³ 中に含まれる細骨材質量。800 kg/m³ が一つの目安。

たんいすいりょう　単位水量
unit water content
　フレッシュコンクリート 1 m³ 中に含まれる水量。ただし，骨材中の水量は含まない。JASS 5 では，コンクリートの単位水量を 185 kg/m³ 以下と定めている。p.366 の図-1〜図-6 は栃木県生コンクリート工業組合と共同実験した夏季と冬季にレディーミクストコンクリートプラントにおいて練り混ぜたコンクリートのブリーディング量，26 週の乾燥収縮率，耐久性指数の試験結果を示す。いずれも単位水量が多いコンクリートほど不利である。

たんいすいりょうをげんばでそくていするほうほう　単位水量を現場で測定する方法
　下表参照。

たんいセメントりょう　単位セメント量
unit cement content
　フレッシュコンクリート 1 m³ 中に含まれるセメントの重量。所要の性能が得られる範囲で一般に少なくする。しかし，海水中や，化学的作用を受ける溶液中では多い方がよい。

たんいセメントりょうのさいしょうち　単位セメント量の最小値
minimum of unit cement content
　JASS 5 では基本仕様が 270 kg/m³ 以上と定めている。（表参照）

単位セメント量の最小値（kg/m³）　　（JASS 5 より）

コンクリートの種類	単位セメント量の最小値
普通コンクリート	270
軽量コンクリート	320（$F_c 27 \leq$ N/mm²）
	320（$F_c 27 \leq$ N/mm²）
高強度コンクリート	320
水中コンクリート	330（場所打ち杭）
	360（地中連続壁）

単位水量を現場で測定する主な方法　　　　　　　　　　　　　　　　　（佐藤健による）

測定原理	測定方法	所要時間	測定対象	特長	主な提唱者
コンクリート中の水分量を直接測定する方法	加熱乾燥法（乾燥炉・電子レンジ・ガスコンロ）	15〜30分	コンクリート	試料を十分に乾燥させ減量から水分量を測定	電子レンジは関西の建築現場で提唱実施
	減圧乾燥法	約20分	モルタル	50℃以下の温度で乾燥するためゲル水の分離を防止できる	旧建設省北陸地建が提唱
コンクリートの単位容積質量から単位水量を推定する方法	大気中質量と水中質量の差による方法	約20分	コンクリート	材料の密度や配合が正確に把握されていないと推定精度が低くなる	—
	エアメーターによる方法	約20分	コンクリート	同上，作業は簡便	旧建設省土木研究所が提唱
水分量を反映する特種な物理量を測定する方法	RI法	5〜10分	コンクリート	測定作業は簡便であるが特殊な装置が必要。ポンプ車の配管に装置をセットし連続測定が可能	—
	静電容量方法	約10分	モルタル	計測作業は簡便であるが特殊な装置が必要	旧建設省東北地建が提唱
コンクリートに試薬を混入し，濃度を測定する方法	塩分濃度法	約20分	コンクリート	係数を求めるために予備実験が必要	—
	アルコール濃度法	約20分	コンクリート	同上	—

（提唱者名は提唱当時の名称）

たんいせめ

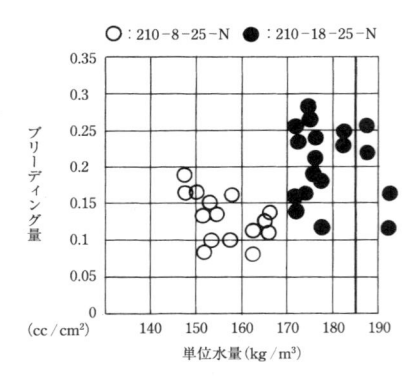

図-1　夏季のブリーディング量

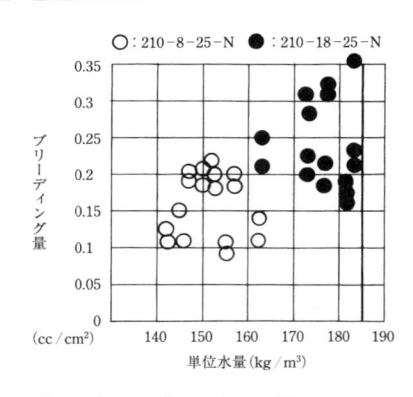

図-2　冬季のブリーディング量

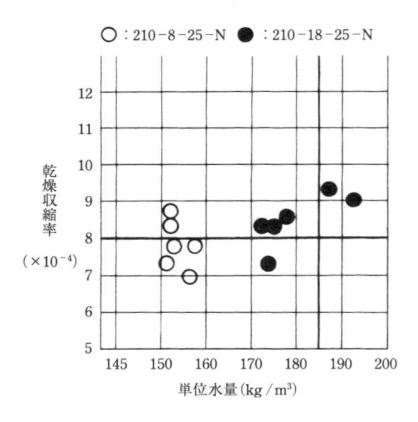

図-3　夏季26週の乾燥収縮率

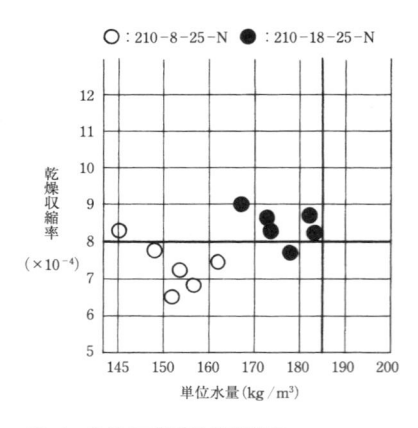

図-4　冬季26週の乾燥収縮率

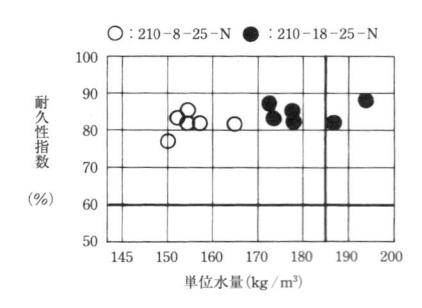

図-5　夏季の耐久性指数

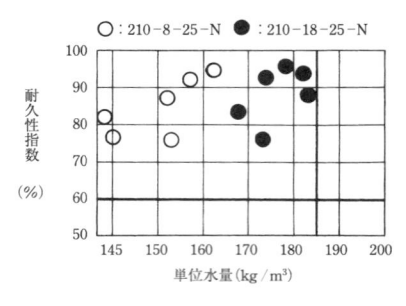

図-6　冬季の耐久性指数

たんいセメントりょうのさいだいち　単位セメント量の最大値
maximum of unit cement content
JASS 5，示方書では最大値を定めていないが，なるべく多くない方がよい。多いと乾燥収縮率が大きくなる他に，万一火災が生じたときの爆裂が懸念される。

たんいそこつざいかさようせき　単位粗骨材嵩容積 volume of dry-rodded coarse aggregate per unit volume of concrete
コンクリート1m³をつくるときに用いる粗骨材のかさの容積。単位粗骨材量をその粗骨材の単位容積質量で除した値。

たんいそこつざいようせき　単位粗骨材容積 absolute voliume of unit coarse aggregate content
フレッシュコンクリート1m³中に含まれる粗骨材の容積。一般に水セメント比やスランプが小さいほど単位粗骨材容積は大きくなる。

たんいそこつざいりょう　単位粗骨材量
unit weight coarse-aggregate content
フレッシュコンクリート1m³中に含まれる粗骨材の質量。

たんいようせきしつりょう　単位容積質量
weight per unit volume, unit weight
フレッシュコンクリートの単位容積当たりの質量（JIS）。骨材はJISによる（表参照）。

普通骨材の単位容積質量

粗粒率 (f. m.)	標準容積質量 (kg/m³)	普通の現場容積質量 (kg/m³)
砂 1.7	1,500	1,500×0.74=1,110
2.3	1,600	1,600×0.76=1,220
2.8	1,700	1,700×0.78=1,330
3.3	1,750	1,750×0.80=1,400

最大寸法	標準容積質量 (kg/m³)	普通の現場容積質量 (kg/m³)
砂利 20mm	1,650	1,650×0.95=1,570
25mm	1,700	1,700×0.95=1,620
砕石 20mm	1,500	1,500×0.95=1,430
25mm	1,550	1,550×0.95=1,470

たんいりょう　単位量 quantity of material per unit volume of concrete
コンクリート1m³をつくるときに用いる材料の使用量。水，セメント，細骨材，粗骨材，混和材料を質量単位で示すこと。

たんがら　炭殻 cinder, coal ash
石炭を燃やしたときに出来る残留物。石炭殻ともいう。

たんがらコンクリート　炭殻コンクリート cinder concrete 〔→アッシュコンクリート，シンダーコンクリート〕
炭殻を骨材とした軽量コンクリート。アスファルト屋根防水押えなどに用いる。

たんかんあしば　単管足場
tube and coupler
図参照。

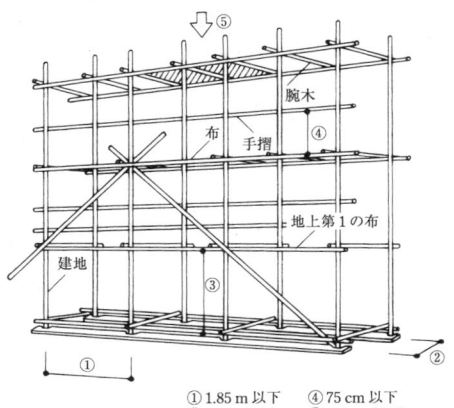

①1.85 m以下　④75 cm以下
②1.5 m以下　⑤400 kg以下
③2 m以下

単管足場の例

たんきかじゅう　短期荷重
short-time loading 〔⇔長期荷重〕
短期応力ともいう。積雪時，暴風時，地震時の荷重で一般の場合と多雪区域の場合とがある。

たんききょうど　短期強度

short term strength 〔⇔**長期強度**〕
材齢7日までのコンクリート圧縮強度をいう。

たんききょようおうりょくど　短期許容応力度 allowable unit stress for temporary loading
建築基準法施行令第91条によると長期に対する値の2倍。

だんごう　談合 negotiation
入札において，複数の応札者が入札価格や落札価格をあらかじめ話し合って決めること。禁止されている。

たんさん　炭酸 carbonit acid
炭酸ガス（CO_2）が水に溶けると出来る弱い酸。

たんさんか　炭酸化 carbonation
〔→中性化〕
屋外の炭酸ガス濃度は300 ppm程度，屋内のそれは1,000 ppm程度である。この炭酸ガス（CO_2）は長い期間にわたってコンクリート表面から浸入していき，鉄筋の位置のコンクリートが炭酸化するとその付近の鉄筋は腐食しやすいと考えられている。

$$Ca(OH)_2 + CO_2 \rightarrow CaCO_3 + H_2O$$

この炭酸化のことを中性化ともいう。屋内側は鉄筋の位置までのコンクリートが炭酸化しても水気がないので，さほど懸念しないが，屋外側は降雨，降雪などのため懸念せざるを得ない。

たんさんガス　炭酸ガス carbon dioxide
二酸化炭素（CO_2）ともいい，空気中に1万分の3（300 ppm）程度存在する（将来は，増えていく）。石灰石に塩酸を注いで発生させる。

$$CaCO_3 + 2HCl \rightarrow CO_2 + H_2O + CaCl_2$$

石灰岩を強熱して石灰と共に得るか，石炭を燃やしたときに出るガスを炭酸水素塩溶液に吸収させて炭酸水素塩をつくり，これを熱して得る。燃焼性・可燃性はなく，無味無臭の気体。空気を1とした場合，密度1.529 g/cm³。水溶液は弱い酸性を示す。なお，炭酸ガスを固化したものがドライアイスである。「二酸化炭素」「無水炭酸」ともいう。2000年度における日本CO_2排出量は119,000万tで，日本人1人当たりのCO_2排出量は，年間9,400tである。

たんさんガスきょうりょう　炭酸ガス許容量 permissible carbon dioxide content, tolerable carbon dioxide content, maximum allowable carbon dioxide content
衛生学的に見た空気中に含まれるCO_2量の許容限度で，容積百分率で示す。通常の居室で0.1％，寝室で0.07％，戸外の空気中では0.03〜0.04％程度とするが，0.5％ぐらいまでは全く無害で，実際に危険なのは4〜5％以上である。

たんさんガスのさよう　炭酸ガスの作用
鉄筋コンクリートにとって炭酸ガスは長短所の作用を及ぼす。利点は後述する「炭酸ガス養生」の項のように組織が密になるので圧縮強度が大きくなること。欠点は長さ変化率が大きいこと。

たんさんガスようじょう　炭酸ガス養生 artificial carbonation curing
コンクリート・モルタル・セメントペースト硬化体の組織が密になるので圧縮強度は大きくなる。例えばコンクリート未中性化部分のポロシチーが0.0210 cm³/gの場合，中性化部分のポロシチーは0.0185 cm³/gと密になる。

たんさんカリウム　炭酸カリウム potassium carbonate 〔→K_2CO_3〕
炭酸ソーダ同様，アルカリ性の強い炭酸塩でアルミナセメントや普通ポルトランドセメントのアルミン酸石灰を溶質するので有

害。コンクリートは，炭酸カリウム溶液には多少侵食される。しかし，炭酸カリウムが乾燥状態ならほとんど害を受けない。単に炭酸カリともいう。無色，固体，密度 $2.68\,g/cm^3$。

たんさんカルシウム　炭酸カルシウム
〔→ $CaCO_3$〕
水に溶けにくく，無色固体，密度 $2.93\,g/cm^3$。一例として方解石，炭酸石灰ともいう。

たんさんすい　炭酸水　carbonate water
炭酸ガスが溶け込んでいる水。主として飲料水に使われる。炭酸水の中においては
$$CO_2 + H_2O \leftrightarrow H_2CO_3$$
なる弱い酸性を示す。

たんさんせっかい　炭酸石灰
calcium carbonate 〔→ $CaCO_3$〕
炭酸カルシウム。天然に種々の鉱石として産出され，消石灰，生石灰の原料。方解石・大理石・石灰石など。

たんさんソーダ　炭酸ソーダ
sodium carbonate 〔→ $Na_2CO_3 \cdot 10\,H_2O$, →炭酸ナトリウム〕
ナトリウムの炭酸塩。無色の結晶体で水に溶けアルカリ性である。陶器，ガラスなどの原料。加水分解して強いアルカリ性反応を呈す。セメントの凝結を遅らせる。乾燥した炭酸ソーダはほとんど害を及ぼさないが，溶液はコンクリートを多少侵す。

たんさんナトリウム　炭酸ナトリウム
sodium carbonate 〔→ $Na_2CO_3 \cdot 10\,H_2O$〕
無色，固体，密度 $1.44\,g/cm^3$，水に溶けやすい。炭酸ソーダともいう。

たんさんマグネシウム　炭酸マグネシウム
magnesium carbonate 〔→ $MgCO_3$〕
天然に，マグネサイト（菱苦土鉱）として，また，炭酸カルシウムと共にドロマイト（白雲石）として産出する。ドロマイトを 900～1,200℃で煆焼し，消化したものがドロマイトプラスターで，白色だが，ひび割れは生じやすい。

タンジェントモデュラス　tangent modulus
$E_t = \tan\alpha_a$
ここに，α_a は任意点の接線と歪み軸のなす角。他にイニシャルタンジェントモデュラス
$E_i = \tan\alpha_i$
ここに，α_i は原点における接線と歪み軸のなす角。
セカントモデュラス
$E_s = \sigma_a/\varepsilon_a$ などがある。
一般にコンクリートはセカントモデュラスで表すことが多い。

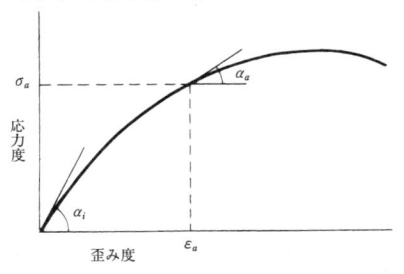

タンジェントモデュラス

たんすいようじょう　淡水養生　ponding
塩分を含まない真水での養生。

だんせい　弾性　elasticity　〔⇔塑性〕
外力がなくなると，元に返ろうとする（コンクリート・モルタルの）性質。

だんせいけいすう　弾性係数
elastic modulus, modulus of elasticity
コンクリートに圧縮力が作用すると，コンクリートには歪み（縮み）が生じる。このときの圧縮力と歪みとの関係をグラフにすると図のようになる。応力度を歪み度で割ったものが弾性係数である。
$$E = \sigma/\varepsilon$$

たんそこう

$$\sigma = \frac{P}{A}$$

$$\varepsilon = \frac{\Delta l}{l}$$

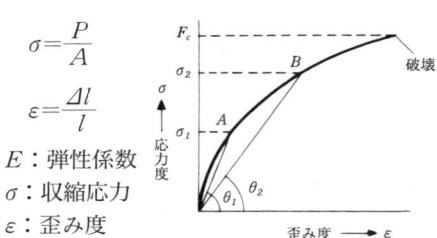

E：弾性係数
σ：収縮応力
ε：歪み度
A：断面積
P：圧縮力
l：元の長さ
Δl：縮んだ長さ

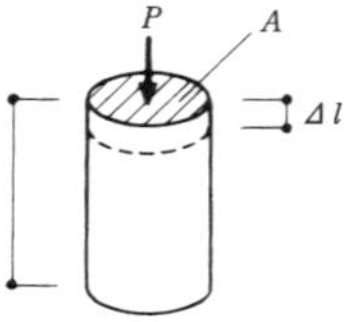

応力―歪み度曲線

弾性係数（E）には，静弾性係数と動弾性係数とがあって後者の方の値が大きい（下表参照）。コンクリート構造物の部材断面を計算する場合には静弾性係数を用いることになっており，日本建築学会の「鉄筋コンクリート構造計算規準」には次式が採用されている。

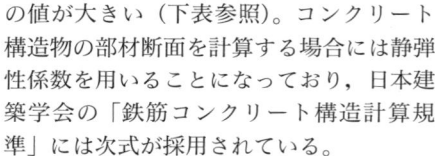

$$E = 21 \times 10^5 \times \left(\frac{\gamma}{2.3}\right)^{1.5} \sqrt{\frac{F_c}{20}} \ (\mathrm{kN/mm^2})$$

ここに，
E：コンクリートの静弾性係数 $\mathrm{kN/mm^2}$
γ：コンクリートの気乾単位容積質量 $\mathrm{t/m^3}$

（普通コンクリートは通常2.3，軽量コンクリートは1種が1.7～2.0，2種が1.4～1.7）
F_c：コンクリートの設計基準強度 $\mathrm{N/mm^2}$

たんそこう　炭素鋼　carbon steel
鋼のうち，炭素0.8％以下，マンガン0.9％以下，シリコン0.4％以下，燐0.05％以下，硫黄0.05％以下を含むもの。建築用鋼材 SN 400 A，SN 400 B，SN 400 C，SN 490 B，SN 490 C など。

たんそせんいきょうかコンクリート　炭素繊維強化コンクリート
carbon-fiber-reinforced concrete
セメントモルタル中に，容積比で1～4％程度の炭素繊維を均一に混入したコンクリート。炭素繊維は引張強さ，耐熱性，耐アルカリ性，寸法安定性に優れている。「CFRC」と略称する。

たんそせんいきょうかプラスチック　炭素繊維強化プラスチック
carbon-fiber-reinforced plastic
炭素繊維が強化相でプラスチックが母相（マトリックス）の複合材料。

たんそとうりょう　炭素当量
carbon equivalent
炭素以外の元素の影響度合いを炭素量に換算したもの。

川砂・川砂利コンクリートの静弾性係数と動弾性係数の一例

セメントの種類	W/C（％）	屋内・屋外の別	圧縮強度($\mathrm{N/mm^2}$)			静弾性係数($\mathrm{kN/mm^2}$)			動弾性係数($\mathrm{kN/mm^2}$)		
			28日	2.7年	10年	28日	2.7年	10年	28日	2.7年	10年
普通ポルトランドセメント	70	屋内	25.4	26.6	28.1	25	26	26	27	28	29
		屋外	25.4	32.6	36.2	25	26	27	27	31	32
高炉セメントA種	70	屋内	23.0	30.1	31.5	23	24	25	28	29	30
		屋外	23.0	31.2	34.5	23	24	27	28	32	33
高炉セメントB種	65	屋内	25.2	31.5	33.9	24	25	26	29	31	31
		屋外	25.2	33.7	37.4	24	26	29	29	33	33
高炉セメントC種	65	屋内	22.7	33.9	37.3	22	25	26	29	30	30
		屋外	22.7	37.0	39.0	22	28	29	29	32	32

［注］表のコンクリートのスランプは19～19.5 cm，空気量は0.8～1.4％である。
　　　また，供試体はいずれも15ϕ×30 cm である。

たんてつ　鍛鉄　wrought iron
　炭素含有量が少なく（0.02～0.2％程度），また不純物として入っている他の元素の量も少なく，鍛錬性に富み，発錆性が小さい鉄のこと。鎖・坩堝などに用いる。「錬鉄」ともいう。

だんねつがたねつりょうけい　断熱型熱量計　adiabatic caloriemeter
　セメント，モルタルまたはコンクリートの凝結や，硬化中の温度変化を断熱的に測定する装置。断熱カロリーメーター，熱量計ともいう。

だんねつカロリーメーターほう　断熱カロリーメーター法　adiabatic caloriemeter method
　真空断熱した容器中にセメントを吊し，セメントに巻かれたヒーターなどから熱を加え，セメントに付けられた温度計で温度上昇を測定することによって比熱を求める方法。

だんねつコンクリート　断熱コンクリート　heat-insulating concrete　〔→断熱モルタル〕
　保温，保冷あるいは遮熱に有利なコンクリート。軽量気泡コンクリート（ALC）や軽量コンクリートブロックなど。断熱性に影響する主要因は熱伝導率（表参照）で，比熱容量，密度も影響する。また，耐結露性が大きいことも必要である。一般に，普通コンクリートは熱容量が大きいので，屋外および屋内側に断熱層を設ける。

種　類	熱伝導率　[W/m・k]
普通コンクリート	1.5～1.6
軽量コンクリートブロック	0.45
ALC	0.15

だんねつざい　断熱材　heat insulating material
　一般に熱伝導率の低い熱遮断材。有機質断熱材として発泡スチレン，発泡ウレタン，無機質としてガラス繊維，スラグウール，セラミック繊維，珪酸カルシウム保温材，耐火断熱煉瓦など。

だんねつモルタル　断熱モルタル　heat-insulating mortar　〔→断熱コンクリート〕
　建築物の耐火性能および保温・保冷性能を有した多孔質のモルタル。細骨材としてパーライト，バーミキュライトなどの軽量骨材が用いられる。

タンパー　tamper　〔→タッピング〕
　床板のコンクリートを，タンピング（叩く）する用具。これによってコンクリート打込み後の沈みひび割れを防止できる（下図参照）。

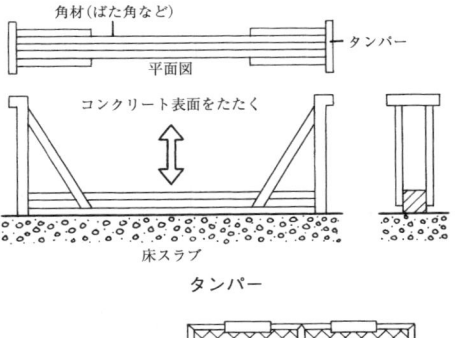

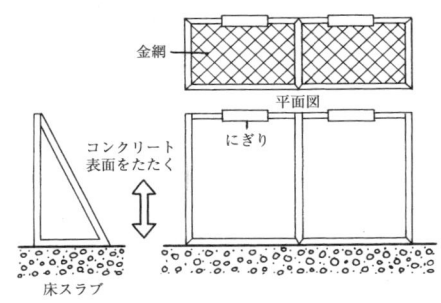

タンパー

ジッターバーグ

ターンバックル　turnbackle
　ねじによる引張材の緊張金物。

たんばん　単板　veneer

たんひんく

2～3mm厚さ程度にスライスした板。これらを奇数枚重ね合せたものが合板である。

タンピング　tamping
床・屋根スラブまたは舗装用コンクリートに対し，打ち込んでから硬化するまでの間に，その表面を叩いて均質にし，密実にすること。軟練りコンクリートでは，打込み後の沈下ひび割れ防止に有効。使用する工具は，タンパー，ジッターバーグ。

ダンプトラック　dump truck
運搬用機械の一種。容量は5～20t程度。

たんみセメント　単味セメント　single component cement, non blended cement〔⇔混合セメント〕
もともとの意味は，石灰石と高珪酸質粘土とを焼成したポルトランドセメントのこと。しかし，最近の日本のポルトランドセメントは粘土分の不足および省資源・省エネルギー化のために鉄鋼スラグなどを併用している。原料調合物を焼成したものだけを微粉砕してつくったセメントの総称。

だんめんすんぽう　断面寸法
構造計算して所定の大きさを定めることは理論的によるが，耐火性，耐久性など予期しないことが生ずることを考慮すれば，理論的大きさより，断面寸法を多少大きめにとる方がよい。

[ち]

ちいきのとうがいきけんど　地域の凍害危険度

コンクリート構造物は，凍結融解に対する繰り返しが多い地域ほど劣化しやすい。JASS 5では凍害危険度を①～⑤の地域に分けている（図参照）。JASS 5の26節が適用の参考となる。凍害危険度①の地域では－5℃を下回る凍結・融解の繰返しが年間20回程度あるので，凍害に対する配慮が必要である。

チェルノブイリげんぱつじこ　チェルノブイリ原発事故

旧ソ連ウクライナ共和国チェルノブイリで，1986年4月26日，旧ソ連が独自開発した黒鉛減速軽水冷却沸騰水型（RBMK，100万kW）のチェルノブイリ原発四号機が爆発し，構造物を破壊して約5,000万キュリーもの放射能が拡散した。

ちえんかた　遅延型　〔→遅延剤〕

1．図中の○内の数値は凍害危険度

凍害危険度	凍害の予想程度
⑤	極めて大きい
④	大きい
③	やや大きい
②	軽微
①	ごく軽微

2．凍害重み係数 $t_{(A)}$：良質骨材，またはAE剤を使用したコンクリートの場合。

3．コンクリートの品質がよくない場合には，---ないの地域でも凍害が発生する。

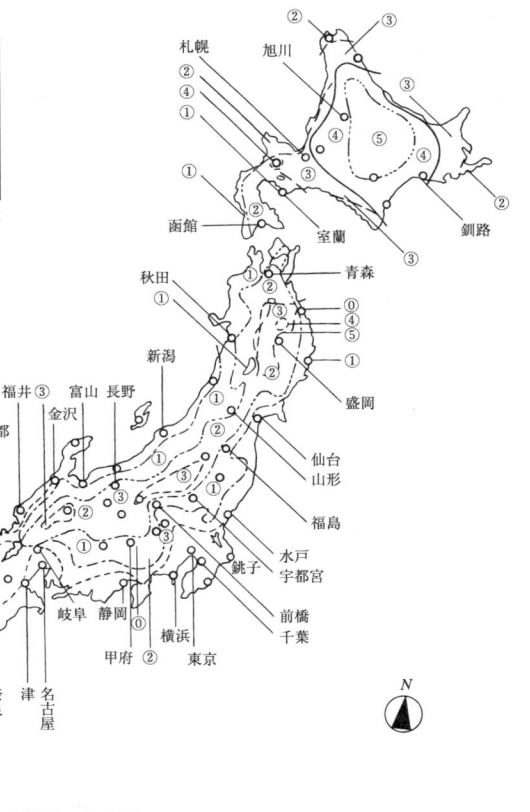

凍害危険度の分布図（長谷川寿夫による）

コンクリート用化学混和剤の中に，AE 減水剤があり，標準形（春季・秋季使用）に対して遅延形（夏季使用），促進形（冬季使用）がある。遅延形を従来より，「遅延剤」とも呼んでる。

ちえんざい　遅延剤 retarding admixture; retarder 〔→遅延形〕
フレッシュコンクリートの凝結を遅延させるための化学混和剤。高気温下でのコンクリートのコンシステンシー低下の抑制，輸送時間の延長，コンクリート打込み時のコールドジョイント発生の抑制などの目的に用いられる。

チオコールけいコーキングざい　チオコール系コーキング材
チオコールケミカル社で開発した，常温加硫型のポリサルファイドのチオコールをベースとして製造された，合成ゴム系のコーキング材。

ちかこうぞうぶつ　地下構造物
under ground construction
地下に建築される構造物。使用されるコンクリートは，一般に防水性が大きい普通コンクリートを用いる。防水に対して不利な軽量コンクリートは使用しない。今後，大深度工法も活発化されていく。現在，わが国の最も深い建築構造物は，国立国会図書館新館の地下書庫で，地下8階（約40m）。半蔵門線の深さと同程度である。

ちかすい　地下水
ground water, under ground water
地下水は淡水が一般的であるが，酸性水，塩基性水の場合はコンクリートの劣化が早いので，対策を考える。地下水の環境基準（1998年3月）は上表の通り。

ちかんりつ　置換率 replacement ratio
ポルトランドセメントに混和材（例えば高炉スラグ微粉末，シリカフューム，フライ

地下水の環境基準

物　質	環境基準
カドミウム	0.01 mg/l 以下
全シアン	検出されないこと
鉛	0.01 mg/l 以下
六価クロム	0.05 mg/l 以下
ひ素	0.01 mg/l 以下
総水銀	0.0005 mg/l 以下
アルキル水銀	検出されないこと
PCB	検出されないこと
ジクロロメタン	0.02 mg/l 以下
四塩化炭素	0.002 mg/l 以下
1.2-ジクロロエタン	0.004 mg/l 以下
1.1-ジクロロエチレン	0.02 mg/l 以下
シス-1.2-ジクロロエチレン	0.04 mg/l 以下
1.1.1-トリクロロエタン	1 mg/l 以下
1.1.2-トリクロロエタン	0.006 mg/l 以下
トリクロロエチレン	0.03 mg/l 以下
テトラクロロエチレン	0.01 mg/l 以下
1.3-ジクロロプロペン	0.002 mg/l 以下
チウラム	0.006 mg/l 以下
シマジン	0.003 mg/l 以下
チオベンカルブ	0.02 mg/l 以下
ベンゼン	0.01 mg/l 以下
セレン	0.01 mg/l 以下

（基準値は年間平均値。全シアンについては最高値）

アッシュなど）を内割で加える割合のこと。

ちきゅうおんだんか　地球温暖化
大気中の二酸化炭素（CO_2）の濃度が年々0.5％の割合で増加すると，100年後の地球の平均気温は約1.2℃上昇，平均降水量は1日当たり0.1 mm増加，海面水位は約10 cm上昇する。地球を温暖化させる二酸化炭素やメタンなど6種類の温暖化ガス排出量は，11億9,000万t（CO_2換算，日本2000年度）で，1人当たり9.4 t程度になる。

ちくきん　竹筋
reinforcing bamboo splint 〔→竹筋コン

クリート〕
鉄筋の代わりに用いる竹。1940年前後に鉄鋼が不足していたので、小規模な橋とか建築物に竹筋コンクリート（bamboo reinforced concrete）として使用されたことがあった。

ちくきんコンクリート　竹筋コンクリート
bamboo reinforced concrete 〔→竹筋〕
1937年に日華事変が勃発し、鉄資源節約の理由から鉄筋に代えて竹材を用いる「竹筋コンクリート」が研究され、一部の構造物に用いられた。竹材は湿度によって寿命が大きく影響を受け、また乾燥の際の収縮がコンクリートより非常に大きいという欠点があり、さらにフレッシュコンクリートの湿分を吸収して膨張し、この乾燥につれて竹材が大きく収縮してコンクリートの結合が弱くなるが、小さな応力を受ける部分には使用できると考えられた。

ちくでんちしつのコンクリートのふしょく　蓄電池室のコンクリートの腐食
電食によりコンクリートが劣化すること。

ちくろようたいねつコンクリート　築炉用耐熱コンクリート
セメントは高炉セメント、骨材は玄武岩質砕石や高炉スラグ砕石を用い、水セメント比はできるだけ小さくする。

ちこうせいこかざい　遅硬性固化材
retarding soil stabilizer
初期強度発現を抑制した、遅硬性の地盤改良用セメント系固化剤。

ちしつちゅうじょうず　地質柱状図
hystogram
一般に地盤の性質や地層の状態は地表から直接観察できないので、ボーリングなどの方法によって調査し、その結果を各地層の深さ、層厚、色調、水位、土質記号、標準貫入試験のN値などを記入した図。

ちたいりょく　地耐力
bearing force of the soil
地盤の荷重に対する耐力。支持力と沈下量から求める。言い換えれば支持力に対して沈下量が許容し得る沈下量を超えないように併せて考慮する。「じたいりょく」ともいう。

チタンスラグ
酸化チタンを原鉱石から精製する際に生じる褐色で土のようなスラグ。トリウムなどを含むが、放射能濃度が原子炉等規制法で定める基準値（固体で1グラム当たり370ベクレル）以下。

ちぢみ　縮み　shrinkage
収縮のこと（またそれによって生じた表面のしわのこと）。力学的には引張力が働く。

ちっそきゅうちゃくほう　窒素吸着法
nitrogen adsorption method
シリカフューム、高炉スラグ微粉末などの粉体や多孔質体の比表面積を測定する方法。最も一般的な気体吸着法（BET法）である。ケルビンの式を用いると、細孔直径が1～70 nmの範囲で細孔径分布を求めることができる。

ちっそさんかぶつ　窒素酸化物
nitorogen oxides 〔→ NO_x〕
窒素と酸素の化合物の総称。特に大気汚染物質としては一酸化窒素と二酸化窒素があり、一般にはこの二つの化合物をNO_xと呼ぶ。外気中の二酸化窒素（NO_x）は0.04～0.06 ppm。窒素酸化物は酸性雨や光化学大気汚染の原因物質となる。

ちてきざいさん　知的財産
研究や発明など人間の頭脳活動から生まれた成果のこと。工業所有権を保護する主な権利の総称。
①特許権…産業利用可能な発明を保護
②実用新案権…物品の形状や構造を保護

③意匠権…独創的なデザインを保護
④商標権…商品やサービスのマークを保護

ちねつせいセメント 〔⇨じねつせいセメント〕

ちねつはつでん　地熱発電 〔⇨じねつはつでん〕

ちゃくしょくセメント　着色セメント　colored cement 〔→顔料〕
一般には白色ポルトランドセメントに種々の顔料を加えている。市販されているものはない。

チャート　chert
コンクリート用骨材の一種。固い緻密なシリカ質で、水成岩（堆積岩）の一種。表乾密度 $2.68〜2.48\,g/cm^3$、吸水率 $0.25〜1.69\%$、原石の圧縮強度 $164〜61\,N/mm^2$。弾性係数 $58.4〜40.1\,kN/mm^2$。

ちゅうおうち　中央値　median
データを大きさの順に1列に並べたときの中央の値。データの総数が偶数のときは中央の2個の値の平均。「メディアン」ともいう。

ちゅうかい　鋳塊　ingot
溶融された鋼を流し出し、柱状の塊として固めたもの。再加熱され圧延などによって鋼板などの鋼製品に加工される。「鋼塊」「インゴット」ともいう。

ちゅうがい　虫害　insect damage
コンクリートが虫（特に白蟻）によって害を受けること。

ちゅうかたねりコンクリート　中硬（堅）練りコンクリート　concrete of medium consistency 〔→中練り〕
硬練り（スランプ $12.5\,cm$ 以下、5インチ以下）と軟練り（$17.5\,cm$ 以上、7インチ以上）の間をいう。つまり $12.5〜17.5\,cm$ の硬さに練ること。

ちゅうかんたい　柱間帯　middle strip
フラットスラブの設計の際に想定する帯状部分で、スラブ中央部を含むもの。「柱列帯」ともいう。

ちゅうきゃく　柱脚　column base, base, base of column
柱の根元部分をいう。

ちゅうこう　鋳鋼　cast steel
炭素量が $0.1〜0.5\%$ の普通炭素鋼で鋳造されたもの。一般の鋳物と鋼との中間的な性質で、構造用材料として用いられる。

ちゅうこうそうアパート　中高層アパート
鉄骨造、もしくは鉄筋コンクリート造の数階建て以上のアパート。わが国では慣行的に、4〜6階（13〜20m）程度のものを中層アパート、7〜13階（20〜31m）以上のものを高層アパート、13階（31m以上）を超えるものを超高層アパートと呼んでいる。これに対して3階（13mまで）程度のものを低層アパートという。

ちゅうごくけんちくがっかい　中国建築学会
The Architectural Society of China 〔→ASC〕
中華人民共和国の建築学会。

ちゅうじょうきんべえ　中条金兵衛
セメントの収縮に関する化学研究者。

ちゅうしんせん　中心線　central line
管理図において、打点した統計量の平均値を示すために引いた直線（JIS）。

ちゅうせいえん　中性炎　neutral flame
酸素アセチレン炎で、酸化作用も還元作用も持たない中性のガス炎。多くの金属の溶接に使用される。

ちゅうせいか　中性化　neutralization 〔→炭酸化〕
もともとpH12程度の硬化したコンクリートが、空気中の炭酸ガス（屋内、1,000ppm程度、屋外300ppm程度）の作用を受けて次第にアルカリ性を失っていく現

同一期間のコンクリートの平均中性化深さに及ぼす環境条件の程度

自然暴露の場合	一般の屋外（CO_2濃度 0.03％）を1とした場合	一般の屋内（CO_2濃度 0.1％）は 1.5〜3 倍		
CO_2促進の場合	—	温 度 20℃ 湿 度 80％ CO_2濃度 10％	温 度 20℃ 湿 度 80％ CO_2濃度 10％	温 度 20℃ 湿 度 80％ CO_2濃度 10％
	屋内自然暴露（CO_2濃度 0.1％）を1とした場合	25 倍	90 倍	50 倍
	屋内自然暴露（CO_2濃度 0.3％）を1とした場合	40 倍*	145 倍	80 倍

［注］＊本表の使い方：例えば温度20℃，湿度80％，CO_2濃度10％の組合せで1年間促進すると，屋外自然暴露の40年に相当することになる。

象。鉄筋があるところのコンクリートが中性化すると鉄筋の防錆力がなくなるが，他の性質は次のように変わる。
①質量は増加する。
②収縮は増大する。
③圧縮強度は増加する。
④静弾性係数は増加する。
⑤ポロシチー（空隙）は減少する。

ちゅうせいかしけん　中性化試験
neutralization test

モルタルやコンクリートの中性化の度合いを測る試験。中性化深さを測定する面は，埃を取り，乾燥させた上にフェノールフタレインアルコール溶液（1％）を噴霧する。紫赤色になった部分がアルカリ性，紫赤色にならなかった部分が中性化したものとしてその部分の深さ（最大，平均，最小）を測定する。

ちゅうせいかそくど　中性化速度
speed of neutralization

コンクリートが中性化されていく速さ。「中性化進行速度」ともいう。一般に
①水セメント比が大きい場合。
②コンクリートの締固めが雑な場合。
③仕上げ材が施されていない場合。
④環境条件が苛酷な場合（例えば高CO_2濃度，高温・低温）などは，中性化する速度が速い。上表に自然暴露とCO_2促進との関係を示す。

ちゅうせいかにたいするていこうせい　中性化に対する抵抗性（防止策）

対策として，コンクリートの水セメント比を小さくする，鉄筋に対する被り厚さを大きくとる，打込み時にコンクリートを密実に締め固める，仕上げ材を施す等々。

ちゅうせいかふかさのそくてい　中性化深さの測定　〔→中性化試験〕

コンクリート，モルタル，セメントペースト硬化体の中性化深さは，薬局でも市販されているフェノールフタレインの1％アルコール溶液を用いて測定する。フェノールフタレインアルコール溶液を硬化体に噴霧すると，アルカリ性の部分は赤紫色となり，まだ中性化していないことを意味し，赤紫色とならなかった部分を中性化したものと判定する。

ちゅうてつ　鋳鉄　cast iron

製法は鼠銑鉄に屑鉄などを加え，石灰石とともに溶融してつくる。遊離炭素の多いものは鼠鋳鉄となり，少ないものは白鋳鉄となる。建築には前者がよく使われ，その組成は C が 3.3〜3.6％，Si が 2.0〜2.5％，P が 0.6〜1.2％，S が 0.12％ 以下である。性質は鋼よりも脆く，引張強さは小さいが耐食性はだいたい同じで，海水中などではかえって大きい。400℃までは常温と

ちゅうにゅう

同じ強さを持つが，それ以上では急に弱くなる。用途は鉄管，ラジエーター，手摺，柵，窓格子など大きな強度を必要としないところに用いる。「鋳物」とも呼ばれている。パリの「エッフェル塔」は，鋳物である。

ちゅうにゅうコンクリート　注入コンクリート　prepacked concrete〔→プレパックドコンクリート〕

一般に「プレパックドコンクリート」という。つまり，施工箇所に先詰めした粗骨材間の隙間に特殊なモルタルを注入してつくるコンクリート。遮蔽用コンクリート工事，逆打ちコンクリート工事などに用いられる。

ちゅうにゅうモルタルのひんしつ　注入モルタルの品質

プレパックドコンクリートに注入するモルタルの品質のことで，流下時間は 16～20 秒，膨張率は 5～10％，ブリーディング率は 3％以下とする。（表参照）

JASS 5T-701　プレパックドコンクリート用注入モルタルの試験方法（JASS 5-1975）

a．注入モルタルのコンシステンシー試験方法
1．適用範囲
　この試験方法は，プレパックドコンクリート用注入モルタルのコンシステンシーの試験に適用する。
2．試験用器具
　2.1　試験に用いる器具は，漏斗，漏斗を支えるスタンド，水準器，ストップウォッチおよび試料容器とする。
　2.2　漏斗は図に示す断面寸法を持つもので，金属製都市，ステンレス性の流出潅，試料モルタルの量を表すためのポイントゲーシを備えたものとする。
　2.3　スタンドは漏斗を水平に支持し，流下試験を行うのに適した形状・寸法を持つものとする。
　2.4　水準器は，長さ 200 mm 程度のものを用いる。
3．試料
　試料は，練り混ぜた注入モルタルから約 2,000 cc 採取し，ただちに試験する。
4．試験

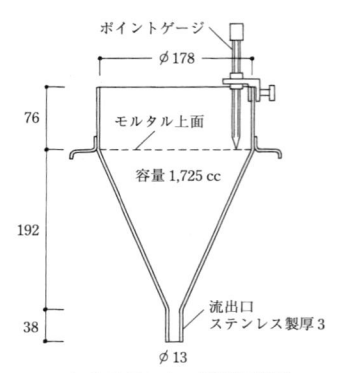

コンシステンシー試験用漏斗

4.1　スタンドに漏斗を載せ，水準器を用いてその頂部が水平となるように設置する。
4.2　試験に先立ち，正確に計量した 1,725 cc の水を用いて，ポイントゲージの先端と水面とが一致するようにポイントゲージの位置を調整する。
4.3　試験開始約 1 分前に，漏斗の内面を水で濡らす。
4.4　流出口を指で押さえ，試料のモルタルをポイントゲージの先端より多少上になるまで満たす。次に，流出口を抑えた指を緩め，モルタルを少しずつ流出させ，モルタル面をポイントゲージの先端と一致させる。
4.5　ストップウォッチを準備し，流出口を抑えた指を離したときから試料が自由に流れ，その流出が初めて途切れるときまでの時間を 0.1 秒まで計測する。
5．結果の表し方
　試験は 2 回行い，結果はその平均値を秒単位で求め，これを流下時間何秒として表す。
b．注入モルタルの膨張率・ブリーディング率試験法
1．適用範囲
　この試験方法は，プレパックドコンクリート用注入モルタルの膨張率・ブリーディング率試験に適用する。
2．試験用器具
　試験に用いる器具は，目盛付き 1,000 cc メスシリンダーとする。
3．試料
　試料は，錬混ぜた注入モルタルから約 800 cc を採取し，ただちに試験する。
4．試験
　4.1　試料は，メスシリンダーに約 800 cc 入れる。その際，空気が混入しないようにする。
　4.2　そのときのモルタル上面の読み V cc を記録する。
　4.3　試験は経過時間 3 時間まで行い，その間 30

分ごとにモルタル上面の読み V'cc およびブリーディング水面の読み Wcc を記録する．
5．結果の計算
各経過時間ごとの膨張およびブリーディング率を下式によって計算する．

$$膨張率 = \frac{W-V}{V} \times 100 (\%) \cdots\cdots\cdots\cdots (1)$$

$$ブリーディング率 = \frac{W-V'}{V} \times 100 (\%) \cdots (2)$$

ちゅうにゅうようセメント　注入用セメント　grouting cement
グラウティング（ひび割れや空洞などの間隙に注入または充填すること）に用いるセメント．グラウト用セメントともいう．

ちゅうねり　中練り　medium consistency
〔→中硬（堅）練りコンクリート〕
硬練り（スランプ 12.5 cm 以下，5 インチ以下）と軟練り（17.5 cm 以上，7 インチ以上）の間をいう．つまり 12.5～17.5 cm の軟らかさに練ること．

ちゅうようねつポルトランドセメント　中庸熱ポルトランドセメント　moderate-heat portland cement
特に水和熱が小さくなるように調整されたポルトランドセメント（JIS）．普通ポルトランドセメントに比較して，初期の水和熱の大きいエーライト（$3 CaO \cdot SiO_2$）と $3 CaO \cdot Al_2O_3$ を少なくし（それぞれ 50 % 以下，8 % 以下），水和熱は材齢 7 日 290 J/g 以下，28 日 340 J/g 以下と定められている．性質・用途は次表の通り．

性　質	主な用途
a．水和熱が低い	マスコンクリート・遮蔽用コンクリート
b．乾燥収縮が少ない	

ちゅうりゅうどうコンクリート　中流動コンクリート
高流動コンクリートは，品質・施工管理のむずかしさや材料コストの増加が問題となるので，締固め作業の省力化や打込み不具合の低減を目的とした，高流動ほどの自己充填性はないがスランプフロー 45 cm 程度の流動性を持つコンクリート．準流動コンクリートともいう．

ちゅうわ　中和　neutralization
酸と塩基が反応し中性となること．

ちゅうわざい　中和剤　neutralizing agent
中和反応のために用いられる化学薬品や薬剤．酸性水の中和処理には消石灰が多く用いられアルカリ性水の中和処理には硫酸が用いられる．

ちゅうわてきてい　中和滴定　neutralization titration
酸の標準液による塩基性試料の滴定を酸滴定，塩基の標準液による酸性試料の滴定を塩基滴定という．

チューブミル　tube mill　〔→ボールミル，ローラーミル〕
ボールミルの一種．高炉スラグ微粉末などの粉体の大量で連続の微粉砕に適する（p.380 上図参照）．鋼板製の円筒の中に直径 17～90 mm の鋼球が入っており，円筒の回転による鋼球の落下衝撃力と転がり摩擦力粉砕される．鋼球の径は入側で大きく出側で小さくなっているため，出側になるほど高炉水砕粉末の粒子形状が整い粉末度が高くなる．粉砕された高炉スラグ粉末はサイクロンセパレーター等の分級機により分級され，所定の粒径以下の部分が回収されて高炉スラグ微粉末（製品）となる．大きい粒径のものはミルに戻され，再度粉砕される．特に粉末度を高める粉砕の際には，凝集を抑制し粉砕効率を上げるために，ジエチレングリコール系粉砕助剤を添加する場合がある．

ちょうおんぱたんしょうき　超音波探傷器　ultrasonic inspection meter
超音波を用い，材料の内部の傷や欠陥を検

ちょうかた

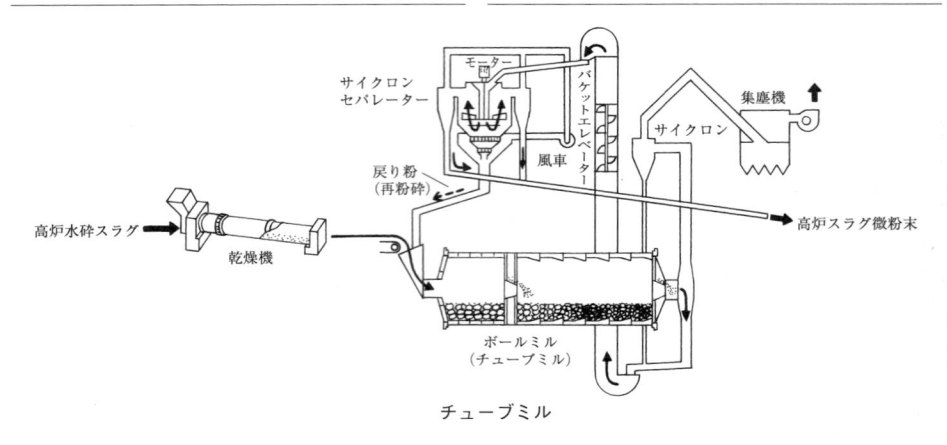

査する非破壊検査装置。

ちょうかたねりコンクリート　超硬練りコンクリート　extremely dry concrete, extremely stiff-consistency concrete
単位水量が120 kg/m³前後で，スランプ0 cm（ぱさぱさ状態）のコンクリート。RCDコンクリートなどがある。

ちょうきかじゅう　長期荷重
permanent load　〔⇔**短期荷重**〕
建築構造設計で対象とする荷重のうち，構造物の存在中，ほぼ永久的に，かつ荷重量の変動が比較的少なく加わるような荷重。短期荷重に対するもの。長期荷重としてとるべきものには次のものがある。
①固定荷重 G：構造部材，仕上げ材，間仕切材などの重量，すなわち建物の自重。
②載荷荷重 P：その建物が収容すべき人，家具，収納あるいは貯蔵物件などを総合したものの重量。
③雪国における積雪荷重 S：根雪となって冬間屋根に加わる。その他，特殊のモルタルの用途を次に示す。
・土圧，水圧（建物地下室の外壁，土留め用擁壁に水平力として加わる）。
・工場などで常時運転されているクレーン荷重，機械による振動荷重。
・温度応力，不同沈下応力などを生じさせる原因となる温度変化，不同沈下。
以上より，通常の設計では長期荷重として次の式をとる。
　　一般の地方……$G+P$
　　多雪地方……$G+P+S$

ちょうききょうど　長期強度
long term strength　〔⇔**短期強度**〕
特に明確な定義はないが，長期材齢における強度をいい，通常，91日以降の材齢における強度をいう。長期強度は，コンクリートの耐久性の見地よりすれば，大きいことが必要であるが，これはセメントの種類によって異なる他，骨材の品質や養生，温・湿度などによって影響される。一般に混合系のセメント，例えばフライアッシュセメントや高炉セメントなどが長期強度において優れ，また，ポルトランドセメントでは中庸熱セメントの方が普通セメントより長期強度が大きい。混合系セメントが長期強度が大きいのは，フライアッシュや高炉スラグが，それ自身では硬化しないが，これに石灰・石膏・ポルトランドセメントなどを加えると，硬化して相当高い強度を

出す。いわゆる，潜在水硬性を持つためで，普通ポルトランドセメントに比べて28日強度は小さいが，91日では逆に大きくなり，さらに材齢が進んだ長期強度ではその差が大きくなる。

ちょうききょようおうりょくど　長期許容応力度 allowable stress for permanent loading

固定荷重（建築基準法施行令第84条）や積載荷重（建築基準法施行令第85条）のように長期間持続する荷重によって生じる応力を長期応力と呼び，部材を十分安全に使用できるようにした応力度の限界値を許容応力度と呼ぶ。

ちょうけいりょうコンクリート　超軽量コンクリート

気乾単位容積質量が$1.4\,\mathrm{t/m^3}$未満のコンクリート。今後，さらに開発が進む。主な用途は，高層建築物（躯体，二次部材や二次製品および不燃性低層都市住宅，外断熱用下地コンクリート，耐火被覆，アスファルト屋根防水の押さえ，裏込め，中込め，かさ上げ）。

ちょうごう　調合 mix proportion　〔→配合〕

コンクリートのそれぞれの使用材料量を定めることをいう。従来は施工時期，設計基準強度，粗骨材の最大寸法，スランプ，空気量を前提として定めていた。今後は構造物の耐用年数，コンクリートの品質（ブリーディング量，乾燥収縮率，凍結融解作用に対する抵抗性など）も含めるようになる。

ちょうごうきょうど　調合強度

proportioning strength

コンクリートの調合を決める場合に目標とする圧縮強度で，標準養生による供試体強度で表したもの。通常，調合強度は，材齢28日における圧縮強度で表すものとしているが，寒中コンクリート，高強度コンクリート，マスコンクリートの場合には，基準とする材齢を28日を超え91日以内で変えることができる。JASS 5（1997年版）では次の通り。

①構造体コンクリートの強度管理の材齢が28日の場合，調合強度は，JASS 5の(5.1)式およびJASS 5の(5.2)式によって算定される値のうち，大きい方の値とする。

$F = F_q + T + 1.73\sigma$ (N/mm²)　(5.1)
$F = 0.85(F_q + T) + 3\sigma$ (N/mm²)　(5.2)

②構造体コンクリートの強度管理の材齢が28日を超え，91日以内のn日の場合，調合強度は，(5.3)式および(5.4)式によって算定される値のうち，大きい方の値とする。

$F = F_q + T_n + 1.73\sigma$ (N/mm²)　(5.3)
$F = 0.85(F_q + T_n) + 3\sigma$ (N/mm²)　(5.4)

ここに，

F：コンクリートの調合強度（N/mm²）

F_q：コンクリートの品質基準強度[1]（N/mm²）

T：構造体コンクリートの強度管理の材齢を28日とした場合の，コンクリートの打込みから28日までの予想平均気温によるコンクリート強度の補正値（N/mm²）

T_n：構造体コンクリートの強度管理の材齢を28日を超え91日以内のn日とした場合の，コンクリートの打込みからn日までの予想平均気温によるコンクリート強度の補正値（N/mm²）

σ：使用するコンクリートの強度の標準偏差（N/mm²）

［注］(1)コンクリートの品質基準強度は，JASS

5(3.1)式および JASS 5(3.2)式によって算定される値のうち，大きい方の値とする。

$F_q = F_c + F$ (N/mm²) (3.1)
$F_q = F_d + F$ (N/mm²) (3.2)

ここに，
F_q：コンクリートの品質基準強度（N/mm²）
F_c：コンクリートの設計基準強度（N/mm²）
F_d：コンクリートの耐久設計基準強度（N/mm²）
F：構造体コンクリートの強度と供試体の強度との差を考慮した割増しで，3 N/mm²とする。

ちょうこうきょうどコンクリート　超高強度コンクリート

圧縮強度 60 N/mm²以上のコンクリートをいう。現在の材料を用いて実験室では 180 N/mm²程度，工事現場では 150 N/mm²程度のものがつくれる。強度発現は短期材齢ほど著しく，長期材齢になると強度増進の割合はかなり緩慢になる。超高強度コンクリートの組織は密実になるので，長さ・質量の変化率は小さく，その上，中性化早さ，凍結融解作用に対する抵抗性，耐薬品性などの性質が向上する。一方，火災時にコンクリートが爆裂し，表層が剥離・飛散することがある。そこで爆裂しないコンクリートが最近開発された。これはポリプロピレンなどの合成繊維を混入することで，コンクリート表層の剥離・飛散を防止する。混入された合成繊維は火災時の熱で溶融・消失して，コンクリートに微細な空洞をつくり，この空洞が表層の熱膨張力や内部で膨張した気体の圧力を緩和する役割を果たし，コンクリート表層の剥離・飛散を防止する。合成繊維の直径は 0.012～0.2 mm，長さは 5～20 mm で，強度 80～120 N/mm²のコンクリートに対する混入率が 0.10～0.35 vol％程度である。例えば 1997 年 7 月 30 日に圧縮強度 100 N/mm²が山形上山マンション（41 階建）の 1 階の隅の柱と基礎部分に耐震性能の強化を狙い，約 70 m³打ち込まれた。なお，超高強度鉄筋（685 N/mm²）も利用された。2002 年 2 月の情報によるとわが国で初めて F_c150 N/mm²の超高強コンクリートの国土交通大臣認定を取得している。（表参照）ちなみに，土木構造物（橋）には 200 N/mm²の実例がある。

超高強度コンクリートの打設量推移

年度	60, 70N	80, 90N	100N 以上	合計
1992年度以前	4,268	—	110	4,378
1993年度	26,620	—	—	26,620
1994年度	35,610	27,110	—	62,720
1995年度	61,228	2,120	160	63,508
1996年度	13,065	—	—	13,065
1997年度	76,244	1,675	70	77,989
1998年度	44,741	—	1,065	45,806
1999年度	55,241	200	—	55,441
2000年度	61,294	6,317	1,260	68,871
2001年度	79,785	8,170	5,000	92,955
2002年度	61,890	3,200	450	65,540

［注］強度ランクは設計基準強度（F_c）で，N は N/mm²のこと。01 年度見込みならびに 02 年度計画は 2001 年 9 月 1 日時点で判明している量。プレキャスト部材が中心の PC 建設会社の使用量は省いた。　　　　　　　　　　（「セメント新聞」より）

ちょうごうきょうどかんりざいれい　調合強度管理材齢

調合強度が発現していることを荷卸し時に採取したコンクリートで作製し，標準養生した供試体の試験によって判定する材齢。一般に受入検査の材齢と同じとする。

ちょうごうけいかくのあらわしかた　調合計画の表し方

method of expressing designed mix proportions

p.383 表参照

ちょうこうせいのうコンクリート　超高性能コンクリート

設計基準強度が 50 N/mm²以上の高強度で，施工欠陥を生じさせない良好な充填性を持つコンクリート（自己充填コンクリー

調合計画の表し方 (JASS 5)

調合強度 (N/mm²)	スランプ (cm)	空気量 (%)	水セメント比 (%)	粗骨材の最大寸法 (mm)	細骨材率 (%)	単位水量 (kg/m³)	絶対容積 (l/m³)			質量 (kg/m³)				化学混和剤の使用量 (ml/m³ または C×%)
							粗骨材	細骨材	混和材	セメント	*細骨材	*粗骨材	混和材	

[注] * 絶乾状態か,表面乾燥飽和水状態かを明記する。ただし,軽量骨材は絶乾状態で表す。混和骨材を用いる場合,必要に応じ混和前の各々の骨材の種類および混和割合を記す。

ト)と高強度鉄筋などを使用し,必要に応じて鋼繊維補強も行ったもの。自然災害に強く,耐久性,耐震性に優れ,供用期間も格段に長くなるため,ライフサイクルコストも極めて安い。

ちょうごうせっけい　調合設計
mix design
所要の品質のコンクリートが得られるように,使用するコンクリート材料の調合を定めること。

ちょうこうそうけんちくぶつ　超高層建築物
ultra-high-rise building 〔→高層〕
・第1号：霞が関ビル（147 m,地下3階,1968年4月10日オープン）
・最も高い建物：ランドマークタワー（296 m,地下4階,地上70階,エレベーター速度750 m/分）
・マンション第1位：エルザタワー55（185 m,地上55階）
世界では1997年に完成したマレーシア・クアラルンプールのRC造「ペトロス・ツインタワー」が452 m,88階で2番目,コンクリートの圧縮強度80 N/mm²。2002年に完成したタイペイ101は509 m,101階で最も高い。

ちょうごうひ　調合比　mixing ratio
セメントを1として容積比,または質量比

で表す。

ちょうしゅうきじしんどう　長周期地震動
数秒〜10数秒の周期でゆっくりと揺れる地震動。巨大地震の際に起こる。特に超高層ビルの揺れが大きいので,防止対策が必要。一例として,鋼材ダンパーで変形を小さくする。

ちょうせき　長石　feldspar
膨張係数は$0.09〜1.62×10^{-5}$/℃。K,Na,Caなどのアルカリ金属,アルカリ土類金属とアルミニウムのテクト珪酸塩の造岩鉱物。

ちょうそうきょうコンクリート　超早強コンクリート
ultra high-early-strength concrete
超早強コンクリートの主な特徴は,練り上がり後の作業時間が1時間以上確保でき,材齢1日（環境温度：20℃の場合）で30 N/mm²以上の圧縮強度と4.5 N/mm²以上の曲げ強度を発現することである。さらに長期強度の増進も大きく（材齢28日の圧縮強度：60 N/mm²以上,環境温度：20℃の場合）,耐久性も大きい。これまでの施工実績には,コンクーラー転圧コンクリート舗装,橋梁床版の補修工事,空港舗装補修工事,工場の機械基礎補修工事やクレーンの基礎補修工事および建築の土間コンクリート工事などがある。

ちょうそうきょうポルトランドセメント　超早強ポルトランドセメント ultra high-early-strength portland cement
強度の発現が早強ポルトランドセメントよりも,さらに早くなるように調整されたポ

ちょうそく

ルトランドセメント（JIS）。現在は，製造されていない。性質・用途は表の通り。

超早強ポルトランドセメントの性質・用途

性質	主な用途
a．早強セメントより強度発現が早い	緊急工事
b．低温でも強度を発揮する	冬季工事

ちょうそくこうセメント　超速硬セメント
extra quick hardening cement 〔➡急硬セメント〕

旧JISの調合（C：S：W＝1：2：0.65）で練り混ぜ後3時間で$20\,\mathrm{N/mm^2}$以上，24時間ではポルトランドセメントが材齢28日で達する，$40\,\mathrm{N/mm^2}$以上の圧縮強さを発現するセメント。このように硬化が早く，短時間の強度発現が大きいことを利用して緊急工事や補修工事などに用いられている。補修工事において，3時間程度で所定の強度を得るために，$C_{11}A_7 \cdot CaF_2$および非結晶カルシウムアルミネートなどを主成分とした超速硬性を持つセメントを用いたコンクリート。

ちょうたろう　長太郎
型枠用サポートの俗称。

ちょうちえんざいコンクリート　超遅延剤コンクリート　super retarder concrete, super setting retarder concrete

通常のフレッシュコンクリートに超遅延剤を添加することにより，硬化コンクリートの強度やその他の諸物性を損なうことなく，フレッシュコンクリートに長時間，凝結遅延させるコンクリート。主な用途は，コールドジョイントの防止，長距離輸送コンクリートの凝結遅延，マスコンクリートの水和熱の低減によるひび割れ低減，コンクリート表面の洗い出し。

ちょうへきコンクリート　帳壁コンクリート
curtain wall concrete

非構造部材をコンクリートでつくったもの。カーテンウォールともいう。

ちょうりゅうどうコンクリート　超流動コンクリート

施工性や躯体の品質に関する要求を満たし，コンクリート構造物の信頼性を高めるために良好な流動性を持ち，分離抵抗性が高く，充填性に優れた高性能なコンクリート。

チョーキング　chalking 〔➡白亜化〕

白化（白亜化）ともいい，塗装において塗料の乾燥過程で塗装面が白く曇る現象。コンクリートの含水量が多いと起こりやすい。

ちょぞうあんていせい　貯蔵安定性
storage stability

高炉急冷スラグは，潜在水硬性（ゲーレナイト）を有する物質であり，アルカリ刺激などを受けると凝固，硬化する性質があるが，高炉スラグ細骨材を気温の高いとき，長期間貯蔵しておくと，特にアルカリ刺激などを賦与しなくても粒子同士が固結する場合がある。固結のしやすさ，貯蔵の安定性は製造工場ごとにかなりの違いがあり，この原因については未解明の点もあるが，高炉スラグ細骨材自身の溶解性の違いによるものと考えられている。

ちょぞうきかん　貯蔵期間　storaging time

コンクリート用材料は原則として短い方がよい。一例として各材料の貯蔵期間を示す。

・セメント：製造後2か月間
・化学混和剤：製造後1か月間
・膨張材：製造後1か月間
・フライアッシュ，高炉スラグ微粉末，シリカフューム：製造後3か月間

ちんか　沈下　subsidence

セメント系材料がブリーディングや水和収縮などにより，凝結始発以前に鉛直方向に

長さ変化を起こす現象。フレッシュコンクリートにおいては硬化体の骨格がまだ形成されていないため，水和収縮に伴いセメント粒子が重力により再配列し，鉛直方向に巨視的な収縮が生じる。したがって，沈下は水との比重差により固体粒子が分離して沈降するためばかりでなく，水和収縮によっても生じる。等沈下と不同沈下とに分類される。わが国の地盤は軟弱なところが多いことから，大規模な建築物を建築する際は，沈下対策を考慮しなければならない。

ちんかひびわれ　沈下ひび割れ　〔→沈みひび割れ〕

硬化直前のコンクリートは，使用材料の密度の相違のために水が分離上昇しやすく，この結果，コンクリートが沈下する。この沈下が大きい場合，表面近傍に鉄筋が配置されているとその部分は沈下できないため，鉄筋に粗骨材に沿ってひび割れが発生することがある。また，打込み高さが異なる部分では，打込み高さの大きい部分の沈下が大きくなるため，ひび割れを生じる。

ちんぷか　陳腐化

obsolescence, out of fashion

社会的・技術的情勢の変化により，コンクリート機能・性能などの相対的価値が低下すること。

[つ]

つうじょうのコンクリート　通常のコンクリート　normal concrete
　水セメント比65〜40％，スランプ15〜21 cm，空気量3〜5％，設計基準強度は普通コンクリートが36 N/mm²以下，軽量コンクリートが1種で36 N/mm²以下，2種で27 N/mm²以下のもの。

つうでんようじょう　通電養生　electric curing
　コンクリートの加熱養生の一種。コンクリートに直接通電する方法と，内部または外部に電熱線を配して加熱する方法（電気養生）がある。

つきかため　突固め　rod tamping, compacting
　盛土またはコンクリート打ちなどで，隙間が出来ないように，また密に埋まるようにするため，重量物で突いたり叩いたりする作業。

つぎとろ　注ぎとろ
　空隙などにセメントモルタルまたはセメントペーストを注入するモルタルまたはペーストのこと。一般的には石裏に注入する。

つきへいきんきおん　月平均気温　monthly mean temperature
　日平均気温の1か月間の平均値。

つきへいきんさいこうきおん　月平均最高気温　monthly mean maximum temperature
　日最高気温の1か月間の平均値。

つきへいきんさいていきおん　月平均最低気温　monthly mean minimum temperature
　日最低気温の1か月間の平均値。

つきぼう　突棒　tamping rod
　コンクリートの打込みに際して，コンクリートが型枠に隙間なく均等に回り込むよう突き固め，締め固めるために用いる3〜5 mほどの棒。竹，木，鉄棒などが用いられる。JISのスランプ試験に用いる突棒は，直径16 mm，長さ500〜600 mmの鋼または金属製丸鋼で，その先端を半球状のものとする。

[て]

ディーアイエヌ　DIN（ディン）〔→ドイツ工業規格〕
Deutsche Industrie Normen
/Deutsches Institut für Normung
ドイツ規格協会（DNA）が制定するドイツ工業規格。

ていアルカリがたセメント　低アルカリ型セメント　low-alkali cement
全アルカリ（R_2O）が0.6％以下のポルトランドセメント。アルカリ骨材反応対策の一方法として使用される。普通，早強，超早強，中庸熱，低熱および耐硫酸塩ポルトランドセメントの6種類に低アルカリ形のポルトランドセメントがJISに規定されている。

ディーエフ　DF　durability factor〔→耐久性指数〕
凍結・融解試験により求められる。コンクリートの耐久性を示す指数。次式で計算される。
$$DF = \frac{PN}{M}$$
ここに
　DF：供試体の耐久性指数
　P：N サイクルにおける相対動弾性係数（％）
　N：P が達した所定の試験を中断すべき最小サイクル数，または暴露を終止すべき所定サイクル数，この両者のうち小なるもの
　M：暴露を終止すべき所定サイクル数

でいかいがん　泥灰岩　mudstone
主体が粘土と炭酸塩からなる堆積岩で3種

沈泥岩（siltstone）	沈泥 $\frac{1}{16} \sim \frac{1}{256}$ mm のものを主とするもの
粘土岩（claystone）	粘土 $\frac{1}{256}$ mm 以下のものを主とするもの
頁岩（shale）	泥岩中層理面に沿って薄く剝がれるもの

類ある。

でいかいしつせっかいがん　泥灰質石灰岩　marly limestone
粘土が5～15％混入されている石灰岩。

ていこくホテルきゅうかん　帝国ホテル旧館

帝国ホテル旧館（写真）はフランク・ロイド・ライトが設計し，1922年に建築された。東京都千代田区に所在し，地下1階，地上3階建（一部4～6階），建築面積7,900 m^2，延べ床面積30,900 m^2 である。竣工した翌年に関東大震災を受け（火災なし），1945年，第二次大戦で一部分火災を受けた。1968年1月に解体された（経過年数45年）。なお，正面部分のみは，愛知県犬山市の「博物館明治村」へ移築・保存されている。N型シュミットハンマーから得られた推定圧縮強度は24.1～37.4 N/mm^2（測定箇所10），躯体コンクリートか

ていしゃく

ら実際に採取した 15 cm 立方体の圧縮強度は 19.6〜25.7 N/mm² (試験個数 3) であった。これを円柱体の圧縮強度に換算すると 14.5〜19.6 N/mm² となる。躯体コンクリートの中性化深さは 10〜110 mm (測定箇所 26), 仕上げ材の有無・種別などによってかなり差異がある。仕上げ材の内部分の中性化深さは, 従来の諸データと比較するとかなり大きい。これは躯体コンクリートが密実でなく, 通気性が大であったことなどに起因すると思われる。また躯体コンクリート中の鉄筋の発錆は中性化現象に関係なく, ひび割れやジャンカ部分に比較的多く認められた。p.389 表に示したように躯体コンクリートの付着強度を高めるために, 種々の表面形状の鉄筋を用いた。その機械的性質は, 現在の日本の鉄筋と大差がない。

ていじゃくパネル　定尺パネル
standard size of panel

1917 年に清水建設が建築コンクリート工事に使用しはじめた。長さ 1,800 mm × 幅 600 mm × 厚さ 75 mm の木製パネル (図参照)。最近では長さ 1,800 mm × 幅 900 mm。

定尺パネル

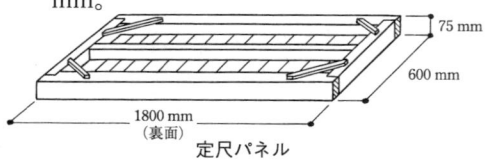

でいしょう　泥漿　slurry, slip

セメントの製造で, 原料の粘土と石灰石の粉末を水で一様に練り混ぜた泥状のもの。

ディスペンサー　dispenser

液体などを一定量ずつ繰り返し供給するための計量器。例えばコンクリート AE 剤, AE 減水剤などの供給時に用いる。

ていせいのうコンクリート　低性能コンクリート　low performance concrete

強度, 耐久性などの性能が低いコンクリート。将来は高性能なコンクリートと低性能なコンクリートに二極化するものと予想される。
(セメント新聞　第 2281 号より)

ディーゼルパイルハンマー　diesel pile hammer　〔→ディーゼルハンマー〕

燃料の爆発力で錘を上げ, 杭を打つ機械 (図参照)。

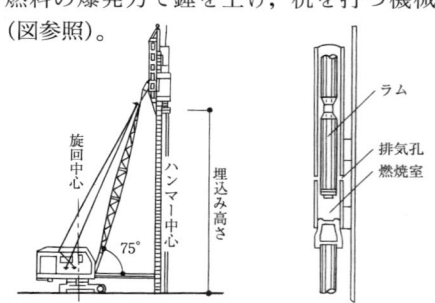

ディーゼルパイルハンマー

ディーゼルハンマー　diesel hammer
〔→ディーゼルパイルハンマー〕杭打ち機の一種。打撃力や作業能率が優れているが, 騒音・振動が大きいので市街地では使用しにくい。ディーゼルエンジンを応用し, ピストンの落下力とシリンダーの爆発力を利用したもの。

ていそしき　定礎式
corner stone laying ceremony

木造建築から, 鉄筋コンクリートあるいは鉄骨コンクリートなどに構造様式が変化したのに伴い, 一般的に行われるようになったもので, 式としては, 木造建築の上棟式に当たるもの。「定礎」とあるように, 礎を定める意があるように読めるので, 基礎工事段階での祭事に思えるが, 実際には, 躯体工事が終わり, 仕上げ工事に移ろうという段階で行われるのが普通。また, 工事中に定礎式を挙行せず, 竣工式のときに定礎の儀も併せて行う場合もある。式の内容

帝国ホテル旧館の鉄筋の機械的性質

試料記号	形状寸法（mm） 断面	形状寸法（mm） 側面	使用箇所	試験本数	単位質量 (kgf/m)	降伏点 (N/mm²)	引張強度 (N/mm²)	伸び率 (%)	ヤング係数 (kN/m²)
P-1	○ 5.5	—	スラブ（スターラップも）	3	0.192	362	432	—	—
P-2	○ 9.3	—	スラブ	3	0.529	275	410	27.8	—
P-3	○ 15.5	—	梁	3	1.470	340	538	26.6	—
P-4	○ 18.7	—	梁	3	2.131	273	434	25.5	20.5
D-1	12.0 / 11.7 / 2.0	2.5 32.0 / 12.0 15.0	ジョイストスラブ	3	0.925	367	604	20.2	—
D-2	17.0 / 15.0 / 2.0	3.5 / 6.0 23.0	梁庇	3	1,518	305	480	22.7	—
D-3	3.0	39 / 7.3 / 3.0 6.0 27	梁	3	3,310	391	596	22.7	—
D-4	23 / 3.0	39 / 7.0 / 3.0 6.0 27	大梁	3	3,732	297	433	28.1	21.3
R-1	16.0 / 16.5 3.5 / 38		一般客室部ジョイストスラブ	2	1,942	268	465	—	—
R-2	23.5 16 / 4.5 / 21 / 55		客室部以外ジョイストスラブ	2	3,710	270	427	—	20.9
R-3	35 / 47 / 22		厨房梁	1	14,400	342	530	—	—

としては，発注者・設計者・施工者の名を記念して，それらを刻み込んだ銅，または真鍮製の定礎銘板を，正面近くの壁（本来は，建築物の東南隅の壁）に埋め込み，礎石を据える儀式．

ていちゃく　定着　anchoring

鉄筋を固定（緊結）すること（図参照）．アンカーともいう．

ていちゃく

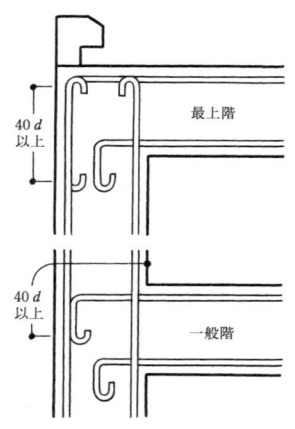

引張り鉄筋の定着（施行令73条）

ていちゃくぐ　定着具　anchorage
プレストレストコンクリートのポストテンション工法において緊張材の端部でコンクリートに緊張力を伝えるのに使用される器具。アンカレッジともいう。

ディーティーエー　DTA
differential thermal analysis
示差熱分析のこと。アルミナのように，加熱によって異常熱変化を起こさないものを基準物質として，試料と共に電気炉中で一定速度で加熱しながら両者の間に生じる温度差から，試料の熱的特性を解析する方法。

ディーディーほうしき　D°D 方式
D°D（day-degree）method〔→積算温度〕
寒冷地におけるコンクリートの養生期間を定める場合に，材齢の代りに下式によって算出する積算温度（M）を使用する方式。

$$M = \sum_{z=1}^{z} (\theta Z + 10)$$

ディードライ　D-ドライ〔D-乾燥〕
D-dry
$-78.5°C$（ドライアイスの昇華点）における水の飽和蒸気圧下（$6.67 \times 10^{-2}\text{Pa}$）で

セメントを加熱することなく乾燥すること，またはその方法。セメントの水和試料の乾燥法として利用される。

ていねつポルトランドセメント　低熱ポルトランドセメント　low-heat portland cement〔→高ビーライトポルトランドセメント〕
低熱ポルトランドセメントは珪酸カルシウムを増やしたので，中庸熱ポルトランドセメントと比較して硬化時の水和熱が10％程度低く，ひび割れも防止する。ポルトランドセメントの一種で，マスコンクリート用。初期材齢強度は低いが，長期材齢強度は大きい。
性質・用途は表の通り。

低熱ポルトランドセメントの性質・用途

性　質	主な用途
a. 初期強度は小さいが長期強度が大きい。	マスコンクリート
b. 水和熱が小さい。	高流動コンクリート
c. 乾燥収縮が小さい。	高強度コンクリート

ていはつねつコンクリート　低発熱コンクリート
マスコンクリートにおける温度ひび割れの抑制を目的として，低発熱特性を持つセメント，およびフライアッシュや高炉スラグなどの混和材を用いて水和熱を低減したコンクリート。高炉スラグの場合，多少従来の比表面積より粗く，置換率も多めにすることもある。

ディービーブイ　DBV
Deutscher Beton-Verein e.V.
ドイツコンクリート協会。所在地：Postfach 2126, 6200 Wiesbaden 1 Germany

ていひんいたん　低品位炭
low-grade coal, lignite
石炭の分類で燃料比（固定炭素と揮発分の比）が1以下で，水分，硫黄分，灰分の多いもの。

ティルトアップこうほう　ティルトアップ工法　tilt-up constrcution method
外壁となるコンクリートパネルを工事現場にて平打ちし、これらをクレーンによって順次建て起して構築する一種のサイトプレファブ工法。腹起し工法ともいう。

テクスチュア　texture
要素の基本概念の一つで、質感・材質感のこと。触覚的・視覚的な特性をいう。

ですみぶぶんのてっきん　出隅部分の鉄筋
図参照。

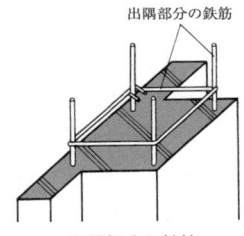

出隅部分の鉄筋

てすりようじょう　手摺養生　ledger curing
手摺・囲いは床開口部等からの墜落・落下物の防止のために設けられる。用途は荷揚開口部、作業床の端部に設ける。

てつ　鉄　iron, acier（仏）, acciaio（伊）, acero（西）〔→Fe〕
現在、最も多く使用されている金属材料。密度 $7.85\,\text{g/cm}^3$、融点 $1,530°\text{C}$、線膨張係数 $11.5\times10^{-6}/°\text{C}$（$20\sim100°\text{C}$）、熱伝導率 $39\,\text{kcal/m·h·°C}$。炭素合金（鋼）にすることによって、強度・硬度・靭性・延展性などの性質を調整することができる。

てつアルミンさんしせっかい　鉄アルミン酸四石灰　tetracalciun aluminoferrite〔→A_4AF, →CA_2FeAlO_5 ➡セリット〕
鉄アルミン酸カルシウム。セメントクリンカーの中の鉄アルミン酸石灰相を通常この組成（C_4AF）で代表させている。クリンカーからの分離物には MgO, SiO_2 が多量に含まれている。

てっきん　鉄筋　reinforcing bar, rebar〔➡棒鋼〕
コンクリートに埋め込んで、コンクリートの弱点である引張力に対して補強するために用いる棒状の鋼材（JIS）。鉄筋には、丸鋼および異形棒鋼があるが、その他に再生丸鋼、再生異形棒鋼、溶接金網などがある（表参照）。JIS 規格における種類の記号は、次のような意味を示している。

SR：丸鋼（Steel Round Bar）
SNR：棒鋼（Steel New Round Bar）
SD：異形棒鋼（Steel Deformed Bar）
SRR：再生丸鋼（Steel Round Bar, Rerolled）
SDR：再生異形棒鋼（Steel Deformed Bar, Rerolled）
235：$235\,\text{N/mm}^2$ 以上保証されている降伏点または 0.2% 耐力。

異形棒鋼は鉄筋とコンクリートの付着力を増大させるために工夫された鉄筋で、丸鋼

鉄筋の種類

規格番号	区分	種類の記号
JIS G 3112	丸鋼	SR 235 SR 295
JIS G 3138	棒鋼 （丸鋼） （角鋼） バーインコイル	SNR 400 A SNR 400 B SNR 490 B
JIS G 3112	異形棒鋼	SD 295 A SD 295 B SD 345 SD 390 SD 490
JIS G 3117	再生丸鋼	SRR 235 SRR 295
	再生異形棒鋼	SDR 235 SDR 295 SDR 345
JIS G 3551	溶接金網	

てつきんあ

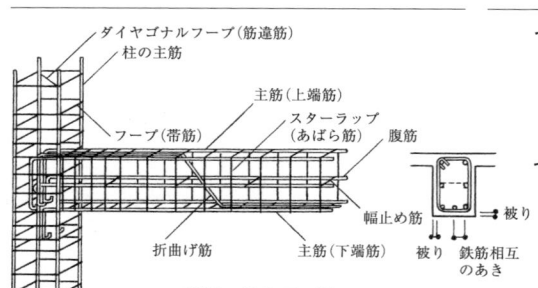

鉄筋の組立ての例

の表面に節とリブを付けたものである。異形棒鋼は丸鋼に比較して、次のような利点がある。
① 丸鋼に比べ、許容付着応力度が約67％大きい。
② 付着力が大きいので、継手の重ね長さ・定着長さを短くしたり、場所によっては末端にフックを除くことができるので、鉄筋量が節約できる。
③ フックを除くことができる場所での施工性がよい。
④ 所要鉄筋量が減少するため、鉄筋量・加工費・組立工費が節減できる。
⑤ 付着力が増大し、しかも均一に分布するので、鉄筋とコンクリートが一体となって働き、粘りのある構造となる。
⑥ 鉄筋量を減少できるため、コンクリートの充塡性もよくなり、構造物の耐力によい影響を与える。工事現場における鉄筋の保管は図の通り。
種別、長さ別に整理する。角材または丸太などにより、地面から10 cm以上離しておく。また、必要に応じてシート掛け養生をする（JASS 5）。

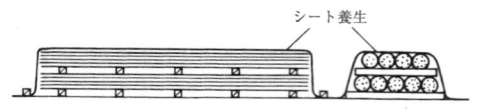

鉄筋のシート掛け養生による保管例

てっきんあしば　鉄筋足場
鉄筋を組み立てるための足場。主として柱筋や梁筋を組み立てるときに、その位置を保持するために設置する。

てっきんおりまげき　鉄筋折曲げ機
鉄筋を折曲げるための機械。

鉄筋折曲げ機

てっきんかこうすんぽうのきょようさ　鉄筋加工寸法の許容差　dimensional tolerances in fabrication of reinforcement（下図・p.393 表参照）

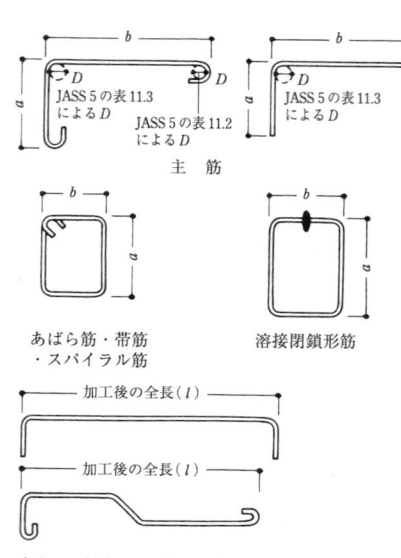

各加工寸法および加工後の全長の測り方の例

加工寸法の許容差

項　目		符号	許容差(mm)
各加工寸法	あばら筋・帯筋・スパイラル筋	a, b	±5
	上記以外の鉄筋 径28 mm 以下の丸鋼・D 25 以下の異形鉄筋	a, b	±15
	上記以外の鉄筋 径32 mm の丸鋼・D 29 以上 D 38 以下の異形鉄筋	a, b	±20
加工後の全長		0	±20

てっきんこう　鉄筋工
reinforcing bar placer, rod buster
鉄筋を用いる作業（加工・組立て・配筋・結束など）を行う職人。

てっきんこうじ　鉄筋工事
reinforcement work
鉄筋を用いる作業（加工・組立て・配筋・結束など）を行う工事の総称。

てっきんコンクリート　鉄筋コンクリート
reinforced concrete 〔⇔無筋コンクリート〕
鉄筋で補強したコンクリート。鉄筋とコンクリートの膨張係数が常温下では，ほぼ同じである材料の特性を生かし，コンクリートが圧縮力に，鉄筋が引張力に抵抗するように設計される。フランスの植木職人ジョセフ・モニエ（Joseph Monier）が鉄鋼を中心に入れたモルタルで1867年に植木鉢をつくったのが最初といわれている。しかし，フランスのランボー（J. L. Lambot）は1850年に36 mm厚の鉄鋼入り小舟をつくり，1855年に開かれたパリ博覧会に出品している。わが国は1903年頃から土木・建築分野において検討されはじめ，土間コンクリートとして使用したり，床スラブ・橋に使用するなど，部分的に使用するようになった。鉄筋コンクリート造建築物としてスタートしたのは，1906年サンフランシスコ市に発生した大震災以後で，本格的になったのは1923年（大正12）の関東大震災以後である。
わが国における耐震設計基準の変遷を以下に示す。

1923年　関東大震災
1924年　震度k=0.1の採用（市街地建築物法）
1950年　震度k=0.2の採用（建築基準法制定）
1964年　新潟地震
1968年　十勝沖地震
1971年　靱性の概念の導入（建築基準法施行令改正）
1977年　既存建物の対策（耐震診断基準・改修指針）
1978年　宮城県沖地震
1981年　終局強度，靱性考慮（建築基準法施行令改正）
1995年　阪神・淡路大震災
1998年　性能設計法の採用（建築基準法改正）
2004年　新潟県中越地震
2005年　耐震改修促進法改正

てっきんコンクリートエルがたようへき　鉄筋コンクリートL形擁壁 Reinforced Concrete L-shape Retaining Walls
L字形状をした鉄筋コンクリート製擁壁。構造計算の原則は次の通り。

土圧，水圧，自重により擁壁が ─ 破壊しないこと
　　　　　　　　　　　　　　　├ 転倒しないこと
　　　　　　　　　　　　　　　├ 基礎が滑らないこと
　　　　　　　　　　　　　　　└ 沈下しないこと

てっきんコンクリートかん　鉄筋コンクリート管 reinforced concrete pipes 〔⇔無筋コンクリート管〕
振動機またはこれらと同等以上の効果が得られるような方法で締め固めて製造した鉄筋コンクリート製の管（JIS）。

てっきんコンクリートくみたてどどめ　鉄筋コンクリート組立土留　reinforced concrete built-up retaining walls
輪荷重の影響がなく，土圧の比較的小さい場所の土留壁，用排水路および小河川の護岸などに用いられる鉄筋コンクリート製の組立土留（JIS）。

てっきんコンクリートケーブルトラフ　鉄筋コンクリートケーブルトラフ　reinforced concrete cable troughs
地中，地表などに敷設する各種ケーブルを防護するために用いられる，鉄筋コンクリート製のトラフの本体および蓋（JIS）。

てっきんコンクリートけんちくこうせいぶざい　鉄筋コンクリート建築構成部材
基礎，柱，梁，壁，床スラブ，屋根スラブ，段階の部位をいう。

てっきんコンクリートこうかんこうぞう　鉄筋コンクリート鋼管構造　reinforced concrete column formed in steel tube〔→ RCFT〕
鋼管で囲んだ高強度鉄筋コンクリート柱と鉄骨造梁とで架構を構成する構法。RCFTと略す。鉄筋コンクリート造と鉄骨造のそれぞれの特徴を生かしたハイブリッド構造で，耐震性能・耐火性能に優れ，コンクリート充填鋼管構造（CFT構造）や鉄骨造と比較して低コストでできる。軸方向筋と横筋で補強した鉄筋コンクリート柱を鋼管で囲んだ構造で，コンクリートを高強度の鉄筋と鋼管とで拘束・補強することで，軸方向力と地震時水平力に対する耐力を増強している。コンクリートは，$F_c 80 \sim 100$ N/mm^{2}の超高強度コンクリートから，F_c 36 を超え〜60 N/mm^{2}の高強度コンクリートを建物の下層部から上層部へ段階的に使い分け，剛性が高く経済性に優れる高強度コンクリートの適用領域を拡大している。当然のことであるが，下層部ほど強度を高くする。

てっきんコンクリートこうじ　鉄筋コンクリート工事　reinforced concrete work
鉄筋コンクリート構造物を建築するための型枠工事，鉄筋工事，コンクリート工事の総称。

てっきんコンクリートこうぞう　鉄筋コンクリート構造　reinforced concrete construction
RC造と略すこともある。「鉄筋コンクリート」の項参照。

てっきんコンクリートスラブ　鉄筋コンクリートスラブ　reinforced concrete slab
鉄筋コンクリートでつくった床スラブ・屋根スラブ。

てっきんコンクリートせいかくのうようき　鉄筋コンクリート製格納容器　reinforced concrete containment vessel〔→ RCCV〕
銅製で内張りした鉄筋コンクリート製の原子炉格納容器。RCCVと略すこともある。

てっきんコンクリートせいひん　鉄筋コンクリート製品
鉄筋コンクリート製の品で，工場でつくるものをいう。例えばプレキャストコンクリート部材，ヒューム管，U字溝，溝板などをいう。

てっきんコンクリートたいしんへき　鉄筋コンクリート耐震壁　reinforced concrete bearing wall
地震力に抵抗する，鉄筋コンクリート製の壁。

てっきんコンクリートのたんいたいせきしつりょう　鉄筋コンクリートの単位体積質量
日本建築学会構造計算規準では，鉄筋コンクリートの単位体積質量は，実状によることを原則としているが調査しない場合は，

鉄筋コンクリートの単位体積質量

コンクリートの種類	設計基準強度の範囲 (N/mm²)	鉄筋コンクリートの単位容積質量 (kN/m³)
普通コンクリート	$F_c \leq 36$ $36 < F_c \leq 48$ $48 < F_c \leq 60$	24 24.5 25
軽量コンクリート1種	$F_c \leq 27$ $27 < F_c \leq 36$	20 22
軽量コンクリート2種	$F_c \leq 27$	18

表による。

てっきんコンクリートはしらのこうぞう　鉄筋コンクリート柱の構造
①主筋は4本以上とし，帯筋と緊結すること。
②帯筋の径は6mm以上とし，その間隔は，15cm以下（柱に接着する壁，梁その他の横架材から上方または下方に柱の小径の2倍以内の距離にある部分においては10cm）で，かつ，最も細い主筋の径の15倍以下とすること。
③帯筋比（柱の軸を含むコンクリートの断面の面積に対する帯筋の断面積の和の割合として国土交通大臣が定める方法により算出した数値をいう）は，0.2％以上とすること。
④柱の小径は，その構造体上主要な支点間の距離の1/15以上とすること。
⑤主筋の断面積の和は，コンクリートの断面積の0.8％以上とすること（建築基準法施行令第77条より）。

てっきんコンクリートはりのこうぞう　鉄筋コンクリート梁の構造
構造体力上主要な部分である梁は，複筋梁とし，これにあばら筋を梁の丈の3/4（臥梁にあっては，30cm）以下の間隔で配置しなければならない。ただし，プレキャスト鉄筋コンクリートでつくられた梁で，2以上の部材を組み合せるものの接合部については，国土交通大臣が定める基準に従った構造計算になって構造耐力上安全であることが確かめられた場合においては，この限りでない。　（建築基準法施行令第78条より）

てっきんコンクリートベンチフリューム　鉄筋コンクリートベンチフリューム
reinforced concrete bench flumes
主として水路として用いられる（JIS）。

てっきんコンクリートユウがた　鉄筋コンクリートU形　reinforced concrete gutters
主として道路の側溝として用いられる鉄筋コンクリート製のU形の樋（JIS）。

てっきんコンクリートユウがたようふた　鉄筋コンクリートU形用蓋
covers for reinforced concrete gutters
JISに規定する鉄筋コンクリートU形に用いる蓋。

てっきんコンクリートゆかばんのこうぞう　鉄筋コンクリート床版の構造
①厚さは，8cm以上とし，かつ，短辺方向における有効張り間長さの1/40以上とすること。
②最大曲げモーメントを受ける部分における引張鉄筋の間隔は，短辺方向において20cm以下，長辺方向において30cm以下で，かつ，床版の厚さの3倍以下とすること。
③前項の床版のうちプレキャスト鉄筋コンクリートでつくられた床版は，同項の規定による他，次に定める工法としなければならない。ただし，国土交通大臣が定める基準に従った構造計算によって，構造耐力上安全であることが確かめられた場合においては，この限りではない。
④周囲の梁等との接合部は，その部分の存在応力を伝えることができるものとする。
⑤2以上の部材を組み合せるものにあっては，これらの部材相互を緊結すること。

てつきんこ

てっきんコンクリートようさいせいぼうこう　鉄筋コンクリート用再生棒鋼　（建築基準法施行令第77条より）
再生鋼材でつくられた鋼棒。種類としては再生丸鋼（SRR 235, SRR 295）と再生異形棒鋼（SDR 235, SDR 295, SDR 345）とがある。JISに規定されている。

てっきんコンクリートようさいせいぼうこうのすんぽう　鉄筋コンクリート用再生棒鋼の寸法
径は6, 9, 13 mmとD 6, D 8, D 13, D 16。長さは丸鋼・再生棒鋼とも3.5, 4.0, 4.5, 5.0, 5.5, 6.0, 6.5, 7.0, 7.5, 8.0 m。

てっきんコンクリートようさいせいぼうこうのきかいてきせいしつ　鉄筋コンクリート用再生棒鋼の機械的性質

鉄筋コンクリート用再生棒鋼の機械的性質

区分	種類の記号	降伏点または耐力[1] (N/mm^2)	引張強さ (N/mm^2)	伸び (%)	曲げ性
再生丸鋼	SRR 235	235以上	380〜590	20以上	鋼材の外側にひび割れを生じない。
	SRR 295	295以上	440〜620	18以上	
再生異形棒鋼	SDR 235	235以上	380〜590		
	SDR 295	295以上	440〜620		
	SDR 345	345以上	490〜690	16以上	

［注］[1]：耐力は、永久歪み0.2％で測定する。

てっきんコンクリートようぼうこう　鉄筋コンクリート用棒鋼　reinforcing bar
鉄筋コンクリート用に用いられる棒状の鋼材。(p.397 表参照)

てっきんコンクリートようぼうこうのきょようおうりょくど　鉄筋コンクリート用棒鋼の許容応力度
建築基準法施行令第90条に定められている鉄筋コンクリート用棒鋼の許容応力度はp.398 下表の通り。

てっきんコンクリートようぼうこうのすんぽう　鉄筋コンクリート用棒鋼の寸法
径は6, 9, 13, 16, 19, 22, 25 mmとD 6, D 10, D 13, D 16, D 19, D 22, D 25, D 29, D 32, D 35, D 38, D 41, D 51。長さは丸鋼・棒鋼とも3.5, 4.0, 4.5, 5.0, 5.5, 6.0, 6.5, 7.0, 8.0, 9.0, 10.0, 11.0, 12.0 m。

てっきんコンクリートようぼうせいざい　鉄筋コンクリート用防錆剤
コンクリート中の鉄筋が、使用材料中に含まれる塩化物によって腐食することを抑制するために用いる混和材料。

てっきんすじかい　鉄筋筋違
diagonal hoop　〔→筋違〕
鉄筋コンクリート柱の軸鉄筋を固定するために必要な補助筋。

てっきんたんちき　鉄筋探知機
躯体コンクリート中の鉄筋の位置・方向・直径・被り厚さを外部から測定する計測機。

てっきんとのふちゃくきょうど　鉄筋との付着強度　bond strength of reinforcement
コンクリートの圧縮強度を100とした場合の鉄筋との付着強度は丸鋼が10程度、異形棒鋼が20程度である。圧縮強度が高くなるにつれ、この割合は小さくなる。

てっきんのあきとかんかく　鉄筋のあきと間隔
p.398 上表参照。

てっきんのおうりょくど・ひずみどかんけい　鉄筋の応力度・歪度関係
a. 引張試験方法はJISによる。鉄筋を引張ると、応力〔度〕(σ)―歪み〔度〕(ε) 曲線はp.397図のようになる。
b. 鉄筋に引張力を加えると鉄筋は伸びる。しかし引張力を減ずると、元の

鉄筋コンクリート用に用いられる棒状の鋼材（JIS）

種類	記号	機械的性質					化学成分						
		降伏点または耐力 $(N/mm^2)^{1)}$	引張強さ (N/mm^2)	伸び（試験片） $(\%)^{2)}$	曲げ角度	内側半径	C	Si	Mn	P	S	$C=\dfrac{Mn}{6}$
丸鋼	SR 235 (24)	235 以上	380〜520	20以上(2号) 24以上(3号)	180°	公称を径の1.5倍				0.050以下	0.050以下	—
	SR 295 (30)	295 以上	440〜600	18以上(3号) 20以上(3号)	180°	径16以下，1.5倍 径16超える，2倍				0.050以下	0.050以下	—
異形棒鋼	SD 295 (39) A	295 以上	440〜660	16以上(2号) 18以上(3号)	180°	径16以下，1.5倍 径16超える，2倍 径16以下，1.5倍				0.050以下	0.050以下	—
	SD 295 (30) B	295〜390	440 以上	16以上(2号) 18以上(3号)	180°	径16超える，2倍 径16，1.5倍	0.27以下	0.55以下	1.50以下	0.040以下	0.040以下	0.50以下
	SD 345 (35)	345〜440	490 以上	18以上(2号) 20以上(3号)	180°	径16〜41，2倍 径16〜41，2倍	0.27以下	0.55以下	1.60以下	0.040以下	0.040以下	0.50以下
	SD 390 (40)	390〜510	560 以上	16以上(2号) 18以上(3号)	180°	公称直径の2.5倍	0.29以下	0.55以下	1.80以下	0.040以下	0.040以下	0.55以下
	SD 490 (50)	490〜620	620 以上	12以上(2号) 14以下(3号)	90°	径25以下，2.5倍 径25超える，3倍	0.3以下	0.55以下	1.80以下	0.040以下	0.040以下	0.60以下

[注][1]：耐力は永久ひずみ0.02％で測定する。

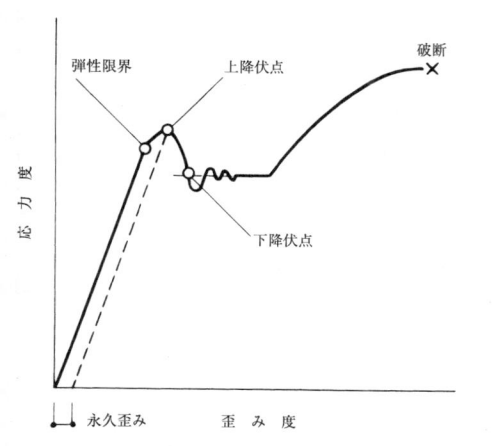

鋼材の応力度・歪み度（例示）

長さに戻るこの範囲を弾性範囲という。鉄筋の弾性（ヤング）係数は引張強度とは関係ないようで，一般に $205 kN/mm^2$ 程度である。

 c．さらに引張力を加えていくと鉄筋は弾性限界を超え，引張力を減じても完全に元の長さに戻らなくなる。このときに生じた復元しない歪みを「永久歪み」という。さらに引張力を加えると，応力度は低下する。この現象を「降伏」といい，鉄筋の引張りを受けている中央部近くは伸びきって細くなりはじめる。鉄筋が降伏しはじめる以前の最大荷重を引張試験する前の断面積で除した値を上降伏点という。

 d．鉄筋によっては上降伏点が明らかに現れない場合もあるので，こういう場合には永久歪みが0.2％に到達したときの最大荷重を引張試験する前の断面積で除した値を耐力といい，上降伏点とする。

 e．下降伏点を通過すると，再び応力度，歪み度は両方とも増え，やがて破断する。破断時の引張荷重を引張

てつきんの

鉄筋相互のあきと間隔（JASS 5・同解説より）

		あ き		間　隔	
異形鉄筋		●呼び名の数値の1.5倍 ●粗骨材最大寸法の1.25倍 ●25 mm 　のうち大きいほうの数値		●呼び名に用いた数値の1.5倍＋最外径 ●粗骨材最大寸法の1.25倍＋最外径 ●25 mm＋最外径 　のうち大きいほうの数値	
丸　鋼		●鉄筋径の1.5倍 ●粗骨材最大寸法の1.25倍 ●25 mm 　のうち大きいほうの数値		●鉄筋径の2.5倍 ●粗骨材最大寸法の1.25倍＋鉄筋径 ●25 mm＋鉄筋径 　のうち大きいほうの数値	

［注］ D：鉄筋の最外径, d：鉄筋径

鉄筋コンクリート用棒鋼の許容応力度

種類	許容応力度	長期に生ずる力に対する許容応力度（N/mm²）			短期に生ずる力に対する許容応力度（N/mm²）		
		圧　縮	引　張　り		圧　縮	引　張　り	
			剪断補強以外に用いる場合	剪断補強に用いる場合		補強以外に用いる場合	剪断補強に用いる場合
丸　鋼		$F/1.5$（当該数値が215を超える場合には、215）	$F/1.5$（当該数値が215を超える場合には、215）	$F/1.5$（当該数値が195を超える場合には、195）	F	F	F（当該数値が295を超える場合には、295）
異形鉄筋	径28mm以下のもの	$F/1.5$（当該数値が215を超える場合には、215）	$F/1.5$（当該数値が215を超える場合には、215）	$F/1.5$（当該数値が195を超える場合には、195）	F	F	F（当該数値が390を超える場合には、390）
	径28mmを超えるもの	$F/1.5$（当該数値が195を超える場合には、195）	$F/1.5$（当該数値が195を超える場合には、195）	$F/1.5$（当該数値が195を超える場合には、195）	F	F	F（当該数値が390を超える場合には、390）
鉄線の径が4mm以上の溶接金鋼		－	$F/1.5$	$F/1.5$	－	F（ただし、床片に用いる場合に限る）	F

この表において、F は、基準強度を表すものとする。

試験する前の断面積で除した値を引張強さという。

てつきんのおりまげけいじょう・すんぽう
鉄筋の折曲げ形状・寸法 bend shapes and dimensions of reinforcement
p.399 表-1～2 参照

てつきんのかこう　鉄筋の加工　〔→鉄筋折曲げ機〕
鉄筋は、施工図に従い、所定の寸法に切断する。切断は、シャーカッターまたは電動鋸などによって行う。折曲げは冷間加工とし、曲げ加工機を用いる。

鉄筋切断機　　　鉄筋折曲げ機

表-1　柱・梁・基礎の主筋の折曲げ形状・寸法（JASS 5）

折曲げ角度	図	鉄筋の種類	鉄筋の径による区分	鉄筋の折曲げ内法直径（D）
180° 135° 90°	d 余長 $4d$ 以上 D 余長 $6d$ 以上 D 余長 $10d$ 以上	SD 295 A SD 295 B SD 345	D 16 以下	最小 $3d$ 以上 （標準 $5d$ 以上）
			D 19〜D 38	最小 $4d$ 以上 （標準 $6d$ 以上）
			D 41	最小 $5d$ 以上 （標準 $7d$ 以上）
		SD 390	D 41 以下	最小 $5d$ 以上 （標準 $7d$ 以上）

［注］（1）d は、異形鉄筋の呼び名に用いた数値とする。
　　　（2）仕口部（部材の交差部）に折曲げ定着する鉄筋の折曲げ内法直径は、以下の①〜③のいずれかに該当する場合は上表の最小値以上とし、そうでない場合は標準値以上とする。
　　　　①　直交梁の取り付く柱梁接合部内に折曲げ定着する場合
　　　　②　鉄筋の折曲げ起点から 45°の範囲内に当該鉄筋と同径以上の直交筋を折曲げ内側に接して配置する場合
　　　　③　鉄筋の折曲げ直径の範囲内に 2 本以上の横補強筋（帯筋等）を付加して配置する場合

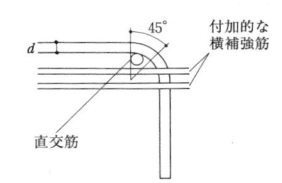

表-2　その他の鉄筋の折曲げ形状・寸法（JASS 5）

折曲げ角度	図	鉄筋の使用箇所による呼称	鉄筋の種類	鉄筋の径による区分	鉄筋の折曲げ内法直径（D）
180° 135° 90°	d 余長 $4d$ 以上 D 余長 $6d$ 以上 D 余長 $10d$ 以上	帯　　筋 あばら筋 スパイラル筋 スラブ筋 壁　　筋	SR 235 SR 295 SD 295 A SD 295 B SD 345	16 ϕ 以下 D 16 以下	$3d$ 以上
				19 ϕ D 19〜D 38	$4d$ 以上
				D 41	$5d$ 以上
			SD 390	D 41 以下	$5d$ 以上

［注］（1）d は、丸鋼では径、異形鉄筋では呼び名に用いた数値とする。
　　　（2）キャップタイや副あばら筋、副帯筋に 90°フックを用いる場合は、余長は $8d$ 以上でよい。
　　　（3）スパイラル筋の重ね継手部に 90°フックを用いる場合は、余長は $12d$ 以上とする。
　　　（4）片持スラブの上端筋の先端、壁筋の自由端側の先端で 90°フックまたは 135°フックを用いる場合は、余長は $4d$ 以上でよい。

てつきんの

①鉄筋末端部のフック
- 丸鋼の末端部には，すべてフックが必要である。
- 異形鉄筋では，付着力が大きいので，一般にフックを必要としないが，下記の箇所には設ける。
  - ⅰ）あばら筋および帯筋
  - ⅱ）柱・梁（基礎梁は除く）の出隅の鉄筋
  - ⅲ）煙突の鉄筋
  - ⅳ）片持梁・片持スラブ先端の上端筋

②フックの形状と寸法（p.401 上表）

てっきんのかこうすんぽうのきょようさ　鉄筋の加工寸法の許容差

鉄筋の加工寸法の許容差　　　　　　　　（mm）

項　目		符号	計画供用期間の級	
			一般・標準	長期
各加工寸法[1)]	主筋 D 25 以下	a, b	±15	±10
	D 29 以上 D 41 以下	a, b	±20	±15
	あばら筋・帯筋・スパイラル筋	a, b	± 5	± 5
加工後の全長		l	±20	±15

［注］（1）各加工寸法および加工後の全長の測り方の例を下図に示す。

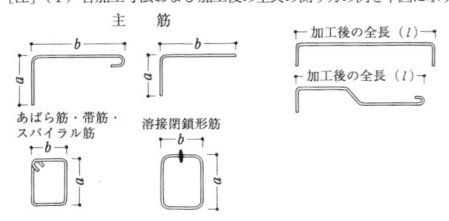

てっきんのかさねつぎてのながさ　鉄筋の重ね継手の長さ

lap splice length for reinforcement
p.401 表参照

てっきんのかぶり　鉄筋の被り

鉄筋は火に弱く，腐食しやすい。そのために無機質材料（コンクリートなど）で鉄筋を被覆する。JASS 5 では「被り厚さ」と「最小被り厚さ」について以下のように定義している。

被り厚さ：鉄筋表面とこれを覆うコンクリート表面までの最短距離

最小被り厚さ：鉄筋コンクリート部材の各面，またはそのうちの特定の箇所において，最も外側にある鉄筋の最小限度の被り厚さ（杭基礎の場合は，杭頭からの最短距離となる。）

てっきんのかぶりあつさ　鉄筋の被り厚さ

p.401 図，p.401 表-1，表-2 参照。

てっきんのきょようおうりょくど　鉄筋の許容応力度

日本建築学会構造計算規準では，鉄筋の許容応力度を p.401 表のように定めている。

てっきんのくみたて　鉄筋の組立て

placement of reinforcing bar
組立ての順序は p.402 写真，右上図参照。組立ての注意事項は以下の通り。

①鉄筋組立てに先立ち，浮き錆・油類・ゴミ・土などコンクリートの付着を防げるおそれのあるものは除去する。

②鉄筋は，構造部材の引張力を受ける部分に正しく配筋するためにコンクリートの打設圧力などで移動しないように十分堅固に組立てる。

③鉄筋の交点や重ね部分は，径 0.8〜0.85 mm 程度のなまし鉄線（結束線）で結束する。

④結束線の端部は，危険防止と被り厚さを確保するために，内側に折り曲げる（p.402 右下図）。

てっきんのしけん　鉄筋の試験

引張強度試験と曲げ試験による鉄筋表面のひび割れの有無を確かめる。

てっきんのしゅるい　鉄筋の種類

丸鋼と異形棒鋼とがある。現在，付着強度を高めるために 95 ％以上，後者の鉄筋が使用されている。

てっきんのつぎて　鉄筋の継手

鉄筋の継手は，原則として，引張応力の小

筋の重ね継手の長さ（JASS 5）

種類	コンクリートの設計基準強度 (N/mm²)	一般 (L_1)	図
	18	45 d 直線または 35 d フック付き	直線
295 A	21～27	40 d 直線または 30 d フック付き	
295 B 345	30～45	35 d 直線または 25 d フック付き	90°フック付き
	48～60	30 d 直線または 20 d フック付き	
	21～27	45 d 直線または 35 d フック付き	135°フック付き
390	30～45	40 d 直線または 30 d フック付き	
	48～60	35 d 直線または 25 d フック付き	180°フック付き

（1）重ね継手の長さは鉄筋の折曲げ起点間の距離とし、末端のフックは継手の長さに含まない。
（2）d は、異形鉄筋の呼び名に用いた数値とする。
（3）直径の異なる重ね継手の長さは、細い方の d による。

鉄筋の許容応力度（N/mm²）

種類	長期 引張りおよび圧縮	長期 剪断補強	短期 引張りおよび圧縮	短期 剪断補強
SR 235	160	160	235	235
SR 295	160	200	295	295
SD 295 A および B	200	200	295	295
SD 345	220（*200）	200	345	345
SD 390	220（*200）	200	390	390
溶接金鋼	200	200	—	200

［注］*D 29 以上の太さの鉄筋に対しては（ ）内の数値とする。

さいところに、1か所に集中することなく、相互にずらして設ける。一般には、重ね継手とガス圧接継手がある。他に、機械的継手と溶接継手とがある。

継手 ─┬─ 重ね継手（D 29 以上には使用しない）
　　　└─ ガス圧接継手

なお、鉄筋径が9, 13, 16 mm までは重ね継手とすることが多く、19, 22, 25

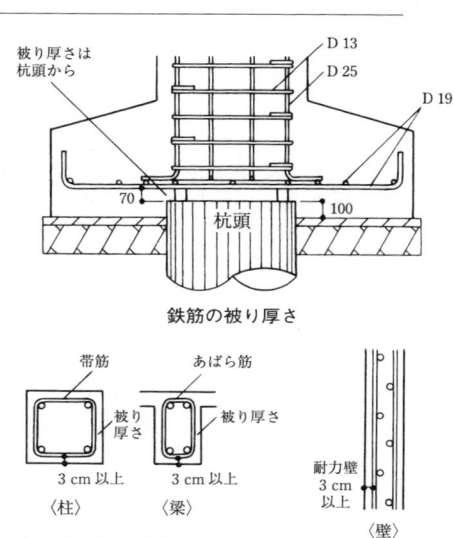

てつきんの

鉄筋の被り厚さ

〈柱〉 3 cm 以上　〈梁〉 3 cm 以上　〈壁〉耐力壁 3 cm 以上
〈床〉床版 2 cm 以上

鉄筋の被り厚さ

表-1　建築基準法施行令第 79 条の規定・被り厚さ（cm）

部　位	被り厚さ
耐力壁以外の壁（非耐力壁・床スラブ）	2
耐力壁・柱・梁	3
直接土に接する壁・床・梁・布基礎の立上り部分	4
基礎（布基礎の立上り部分を除く）の捨てコンクリートの部分を除いた部分	6

表-2　日本建築学会規準・被り厚さ（JASS 5 による）(mm)

部　位		被り厚さ	最小被り厚さ
土に接しない部分	屋根スラブ 床スラブ 非耐力壁	屋内 30 屋外 40	20（屋外で仕上げなし 30）
	柱 梁 耐力壁	屋内 40 屋外 50	30（屋外で仕上げなし 40）
	擁壁	50	40
土に接する部分	柱・梁・床スラブ・耐力壁	50	40（軽量コンクリート 50）
	基礎・擁壁	70	60（軽量コンクリート 70）

てつきんの

鉄筋の組立て例（ベース配筋）

鉄筋の組立て例（柱配筋）

鉄筋の組立て例（地中梁配筋）

```
一般階 ─┬─ 柱筋 の組立て
        ├─ 壁
        ├─ 梁
        ├─ 小梁配筋
        └─ 床 （スラブ）配筋

基礎部 ─┬─ 基礎
        ├─ 柱           ┬─ y 方向
        └─ 基礎（地中梁）└─ x 方向
```

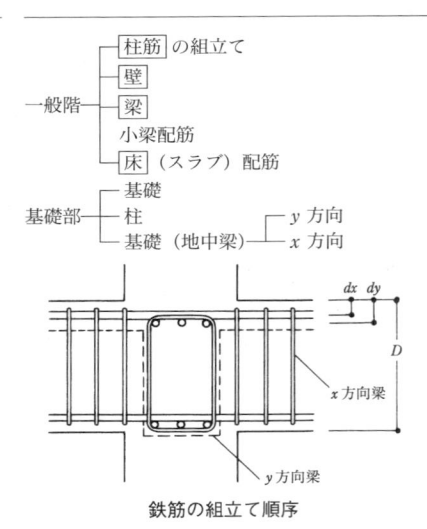

鉄筋の組立て順序

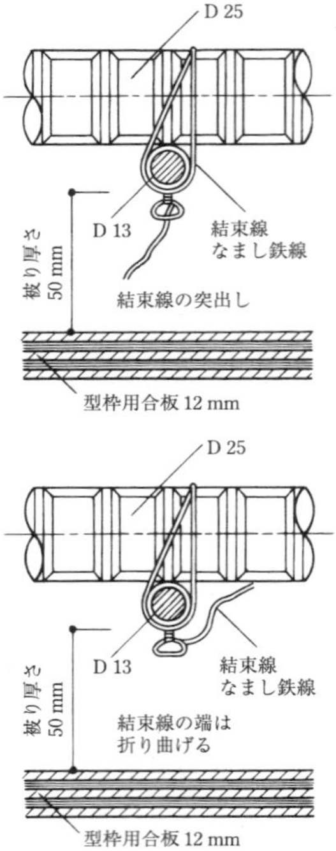

結束線の末端の処理

（図中ラベル）D 25、D 13、結束線 なまし鉄線、結束線の突出し、被り厚さ 50 mm、型枠用合板 12 mm、結束線の端は折り曲げる

鉄筋の定着長さ（JASS 5）

種類	コンクリートの設計基準強度 (N/mm^2)	定着の長さ 一般 (L_2)	下端筋 (L_3) 小梁	下端筋 (L_3) 床・屋根・スラブ
SD 295 A SD 295 B SD 345	18	$40d$ 直線または $30d$ フック付き		
	21〜27	$35d$ 直線または $25d$ フック付き		
	30〜45	$30d$ 直線または $20d$ フック付き	$25d$ 直線または $15d$ フック付き	$10d$ かつ $150mm$ 以上
	48〜60	$25d$ 直線または $15d$ フック付き		
SD 390	21〜27	$40d$ 直線または $30d$ フック付き		
	30〜45	$35d$ 直線または $25d$ フック付き		
	48〜60	$30d$ 直線または $20d$ フック付き		

一般定着の直線またはフック付きの L_2 の図

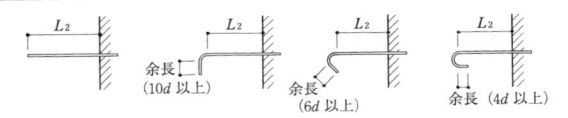

直線定着　90°フック付き定着　135°フック付き定着　180°フック付き定着

余長（$10d$ 以上）　余長（$6d$ 以上）　余長（$4d$ 以上）

[注]（1）フック付きの L_2 は仕口面から鉄筋の折曲げ起点までとし、末端のフックは定着長さに含めない。
（2）d は、異形鉄筋の呼び名に用いた数値とする。
（3）耐圧スラブの下端筋の定着長さは、一般定着（L_2）とする。
（4）柱梁接合部内に折曲げ定着する梁主筋を柱せいの3/4倍以上のみ込ませてもフック付き定着長さ（L_2）が確保できない場合は、柱せいの3/4倍ののみ込みを保ちながら、上表の L_2（フック付き）の2/3倍を下回らない範囲内で定着長さを短くし、短くした長さを余長に加えてよい。

mmになるとガス圧接継手の方が多く用いられる。

てっきんのていちゃくながさ　鉄筋の定着長さ

鉄筋がコンクリートから引き抜けないように一定の長さだけコンクリートに埋め込むことをいい、建築基準法および日本建築学会によって定められている。
①建築基準法施行令第73条第3項
梁の引張り鉄筋は柱に $40d$ 以上（普通コンクリート）、$50d$ 以上（軽量コンクリート）定着する。なお、フックは、定着長さに含まない。

一般層の梁筋の外柱への定着の折曲げ起点は、柱中心線を越えることを原則とする。
② JASS 5
コンクリートの強度、鉄筋の種類、その部位およびフックの有無に応じて細かく規定している（左表参照）。

てっきんののび　鉄筋の伸び（延性）

炭素の含有量の増加と共に伸びは減少し、脆くなる。ちなみに建築工事に使用する鉄筋の炭素量は0.12〜0.20％程度。

てっきんのふしょく　鉄筋の腐食

空気中の酸素、炭酸ガス、水分などによって酸化、溶解する。

てっきんのふちゃくきょうどしけんほうほう　鉄筋の付着強度試験方法

ASTM C 234-62 (Standard Method of Test for Comparing Concretes on the Basis of the Bond Developed with Reinforcing Steel) によることが多い。

てっきんのヤングけいすう　鉄筋のヤング係数

他の材料と違って鉄筋のヤング係数（E）は、$20.5 kN/mm^2$とほぼ一定である。

てっこう　鉄鋼　steel

炭素鋼と合金鋼（特殊鋼）とがある。

てっこうスラグ　鉄鋼スラグ　steel slag

高炉スラグと製鋼スラグの総称（p.404上

鉄鋼スラグの種類:
- 高炉スラグ
  - 高炉徐冷スラグ
  - 高炉水砕スラグ
- 製鋼スラグ
  - 転炉スラグ
  - 電気炉スラグ
    - 電気炉酸化スラグ
    - 電気炉還元スラグ

鉄鋼スラグの種類

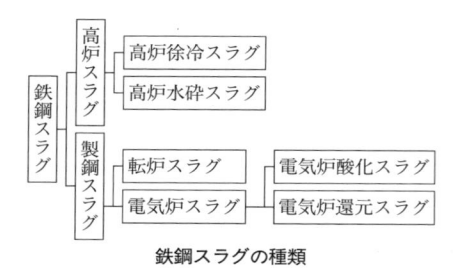

高炉スラグの利用状況　　　（単位：千t）

	2004年度		
	急冷	徐冷	合計
道路用	102	4,063	4,165
地盤改良材	0	493	493
土木用	1,268	523	1,791
セメント用	14,916	643	15,559
コンクリート用　粗骨材	0	349	349
細骨材	2,372	25	2,397
肥料・土壌改良材	173	51	224
建築用	38	291	329
その他	13	1	14
利用量合計(出荷量)	18,882	6,439	25,321

製鋼スラグの利用状況　　　（単位：千t）

	2004年度		
	転炉	電炉	合計
所内再利用	1,973	92	2,065
道路用	2,318	1,308	3,626
地盤改良材	343	186	529
土木用	4,355	1,080	5,435
セメント用	272	106	378
その他利用	547	436	983
利用量合計	9,945	3,463	13,408

図参照）。わが国の2004年度の製鋼スラグの利用状況を上表に示す。

てっこうせき　鉄鉱石　iron ore
鉄化合物を多量に含む鉱石で赤鉄鉱・磁鉄鉱・褐鉄鉱・菱鉄鉱などをいう。これらを溶融することにより銑鉄を得る。

てっこうセメント　鉄鉱セメント　iron ore cement　〔→鉄セメント〕
ポルトランドセメントの主要成分のうちAl_2O_3を極端に少なくし、Fe_2O_3で補ったセメント。鉄率は0.64以下。C_3Aは生成しない。原料として鉄鉱石、銅スラグなどを用いる。化学抵抗性が大きいが、強度はポルトランドセメントより小さい。

てっこつてっきんコンクリート　鉄骨鉄筋コンクリート　steel framed reinforced concrete
鉄骨と鉄筋とを組み合せたコンクリート。建築物の場合、高さ20～31m程度に適用することが多い。

てっこつのかぶりあつさ　鉄骨の被り厚さ　covering depth
鉄骨部材を耐火性・耐久性・構造耐力などから決められている無機系材料の厚さ。

てっせいあしば　鉄製足場　iron scaffold
鉄材で構成される足場の総称。

てっせいかたわく　鉄製型枠　steel form
鋼板でつくったコンクリート用型枠。剛性が大きく、脱型が容易で表面の仕上がりが平滑になる。再利用可能。

てつセメント　鉄セメント　iron cement, Eisenzement（独）　〔→鉄鉱セメント〕
セメントのアルミナを普通ポルトランドセメントの約50％にし、これを鉄分で補ったような化学成分を持ったセメント。鉄分として銅からみなどが用いられる。強度は普通ポルトランドセメントよりやや低いが、化学抵抗性が優れている。

てつばんどひ　鉄礬土比　iron-oxide alumina ratio
ポルトランドセメントの化学組成を示す比率の一つ。Fe_2O_3/Al_2O_3。鉄率の逆数。

てっぷんセメント　鉄粉セメント　iron-powder cement
細かく加工した鉄粉を混合したセメント。

モルタルまたはコンクリートとして使う。乾燥収縮が小さく，耐摩耗性が大きい。

てっぺいせき　鉄平石
輝石安山岩。産出する場所により，赤味，青味などがある。

てつポルトランドセメント　鉄ポルトランドセメント　Eisenportlandzement（独）
高炉スラグの分量が35％以下のドイツの高炉セメント。

てつりつ　鉄率　iron modulus
ポルトランドセメントの化学組織を示す比率の一つ。I. M. と略すこともある。Al_2O_3/Fe_2O_3。水硬率，珪酸率と共によく用いられる。鉄率が高くなるとC_3Aが多くなるため，セメントの凝結時間が短く，初期強さと水和熱が大きく，耐硫酸塩性は小さくなる。

テトラポッド　tetrapod
写真に示したコンクリートブロック。河川や海の護岸のために推積する。0.5 t型～80 t型まで18種類ある。

てなおし　手直し　patch work
工事が一応完成した後，引き渡し前の点検で，施工上，設計図や仕様書と異なった不十分な箇所があった場合，部分的にやり直し，修正すること。

デニール　denier
繊維などの太さを表す単位。1デニールは，長さ450 mで重さ0.05 gをいう。

てねりコンクリート　手練りコンクリート　hand-mixed concrete　〔⇔機械練りコンクリート〕
ミキサーを用いずに，人間の手で練り混ぜたコンクリート。現実には極小規模な場合以外実施されていない。

デューロックス
以前，日本で市販されていた軽量気泡コンクリートの一種。

テーラー　Taylor, Harry F. W.
コンクリート強度は密度の関数であるとする説を発表（1917年）した。

テラコッタ　terra-cotta
粘土でつくった装飾用の素焼陶器・建築仕上材。

テラゾ　terrazzo
大理石，蛇紋岩，花崗岩などの砕石粒と顔料，白色セメントを練り混ぜたモルタルを塗り，硬化後に研磨，艶出しをして仕上げた人造石の一種。または補強用モルタル層の上に大理石，花崗岩などの砕石粒，顔料，セメントなどを練り込んだコンクリートを打ち重ね，硬化した後，表面を研磨，艶出しして仕上げたブロックおよびタイル（precast terrazzo）のことで，300形と400形とがある。用途については表を，品質等はJISを参照。

用途および補強鉄線の有無による区分

種類	用途	補強鉄筋の有無
テラゾブロック	主として階段,壁,間仕切	有
テラゾタイル	主として床	無

テラゾのせいぞうほうほう　テラゾの製造方法
①セメントは，砕石の割合は質量で，表面層で約25％：75％，裏面層で約20％：80％。
②養生は型枠のまま湿潤養生を4日間以上行う。
③養生後研削・研磨を施し，目つぶしを行う。
④出荷の際は，できるだけ乾燥させる。

テラゾのひんしつ　テラゾの品質
欠け・ひび割れ・あんこ・異物の混入（あってはいけない），傷，凹凸・あばた・剥離・光沢・色調の不揃い（目立ってはいけない）など。曲げ強度はテラゾブロックが $5\,N/mm^2$ 以上。テラゾタイルが $6\,N/mm^2$ 以上。

テラゾブロックのげんりょう　テラゾブロックの原料
大理石，蛇紋岩，花崗岩を砕いたもので最大寸法は 20，15，10 mm。

テラゾブロックのしゅっせきりつ　テラゾブロックの出石率
表面に長さ 200 mm の直線 5 本を分散してとり，それぞれの直線について図に示すように，その直線が砕石上を通る部分の寸法を 0.5 mm 単位で読み，式によって計算し，その平均値で示す。その値は 50 % 以上とする（JIS）。

$$出石率(\%) = \frac{a+b+c+d+e+\cdots}{200} \times 100$$

ここに，a, b, c, d, e, …：図の個々の砕石上を通過する線のそれぞれの長さ

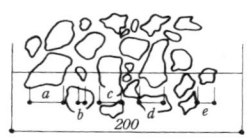

テラゾブロックの出石率(単位 mm)

テラゾブロックのしゅるい　テラゾブロックの種類
大理石テラゾブロック，蛇紋石テラゾブロック，御影石テラゾブロックなど。

テラゾブロックのはりかた　テラゾブロックの張り方
①雨掛かりの箇所には使用しない。
②目地の幅は 0～3 mm（右上図参照）とし，施工後すみやかに養生する。
③清掃には乾燥した清浄な布を用いて空拭きする。酸洗いは絶対にしない。

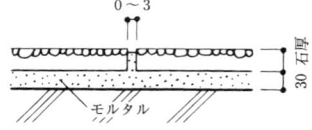

テラゾブロックの張り方

てんあつほそうコンクリート　転圧舗装コンクリート
rolling-compacted pavement concrete
超硬練りコンクリートをフィニッシャーによって敷き均し，振動ローラーによる転圧締固めによって舗設するコンクリートの施工法。RCCP 用コンクリートともいう。

でんいさてきていほう　電位差滴定法
p.407 上図表参照。

でんきかがくてきほしゅうこうほう　電気化学的補修工法
塩害や中性化で劣化が進行したコンクリート構造物の補修方法。コンクリート中の鋼材に電流を流すことで，鋼材の腐食を防ぐ電気化学的補修工法で電気防食工法，脱塩工法，再アルカリ化工法，電着工法などがある。このうち電気防食工法は，コンクリートの表面に特殊な材料であるアノード材を取り付け，外側の鉄筋をプラスに，内側の鉄筋をマイナスにして電位差を与えるもので，鉄筋側が表面側に比べて電位が低くなる。通常の鉄筋は酸化することで腐食が進行するが，電位が低くなれば鉄は酸化しない。このような原理で鉄筋の腐食を防ぐ。脱塩工法は，電気の加え方は電気防食工法と同じだが，$1\,m^2$ 当たり 1 A 程度の高い電流を数週間加えることで，コンクリートの中のマイナスイオンである塩化物を強制的にコンクリート表面の方向に移動させて鉄筋の腐食を防ぐ方法である。再アルカリ化工法は，電気的には表面と内部の鉄筋の間を電気的に短絡させておき，鉄筋をマイナス側，表面をプラス側にしてアルカ

てんきろ

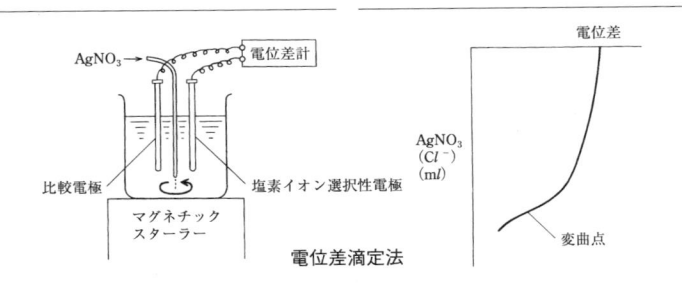

電位差滴定法の図（AgNO₃、電位差計、比較電極、塩素イオン選択性電極、マグネチックスターラー）

滴定曲線：縦軸 電位差、横軸 AgNO₃ (Cl^-)（ml）、変曲点

電位差滴定法

原理	塩化物イオン選択性電極を指示電極とし、カロメル電極を比較電極として、硝酸銀溶液で沈殿滴定する。「滴定量－電極」の滴定曲線を作図し、変曲点を求め、塩化物イオン Cl^- 濃度を算出する。 $Cl^- + Ag^+ \rightarrow AgCl$ 溶解度積 $[Ag^+][Cl^-] = 1.56 \times 10^{-10}$（25℃）
特徴	○混濁液、着色液も分析可能。 ○個人誤差が小さくなる。 ○滴定速度が精度に大きく影響する。 ○希薄溶液で C_2、CO_3 の影響を受けやすい。 ○妨害イオン、モール法と同じ。

リ分をコンクリート中に電気的に浸透させる方法である。電流量としては、1 m² 当たり1 A 程度とし、1 週間ぐらい通電すると、中性化したコンクリートのpHが上昇して再アルカリ化し、鉄筋はその高いアルカリ分で防食されるという特徴を持つ。大阪城の天守閣補修工事などに使用されている。電着工法は、海岸のコンクリート構造物などに使われる補修工法で、鉄筋をマイナスにし、海水中にアノード材を設置して、その間に1 m² 当たり0.5 A 程度の電流を流す方式である。この工法は海水中のカルシウム、マグネシウムがコンクリート表面あるいはひび割れがあればその中に移動して、水酸化マグネシウムや炭酸カルシウムを形成し、保護する。

でんきしゅにんぎじゅつしゃ　電気主任技術者

電気事業法第72条に定める自家用電気工事工作物の工事、維持および運用に関する保全の監督に当たる。

でんきぼうしょく　電気防食

electric protection
金属構造物を電気的に防食する方法。カソード防食法とアノード防食法がある。前者が一般的。

でんきりょうきん　電気料金

わが国の電気代は基本料金別で16.1〜22.3 円/kWh である（2006年時点）。

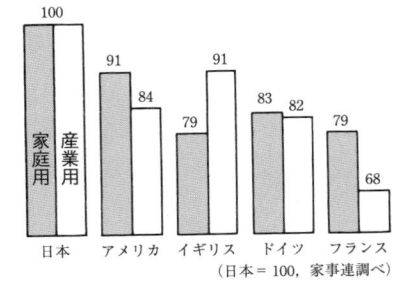

電気料金の国際比較（日本=100、家事連調べ）
- 日本：家庭用100、産業用100
- アメリカ：91、84
- イギリス：79、91
- ドイツ：83、82
- フランス：79、68

（注）モデル企業は日本が東京電力、アメリカがコンソリデーテッド・エジソン、イギリスがロンドンエレクトリシティ、ドイツがRWE社、フランスがEDF社など。

でんきろ　電気炉　electric furnace

主原料である鉄スクラップや副原料である

てんきろこ

電気炉スラグの平均的な化学成分（％）

種類	SiO₂	CaO	Al₂O₃	MgO	MnO	Fe			S	P₂O₅	塩基度 CaO/SiO₂
						FeO	Fe₂O₃	metal			
酸化スラグ	19.2	35.7	6.1	6.0	6.4	15.7	3.9	1.9	0.19	0.40	1.86
還元スラグ	25.8	45.7	12.2	9.0	0.9	1.2	0.6	0.1	0.44	0.015	1.77
新しい技術の電気炉スラグ（風砕酸化スラグ）	12.9	19.5	8.4	4.6	5.7	19.7	24.1	—	0.03	0.33	1.51
転炉スラグ（参考）	12.5	46.6	1.5	6.3	4.8	13.2	9.0	1.8	0.09	2.1	3.73

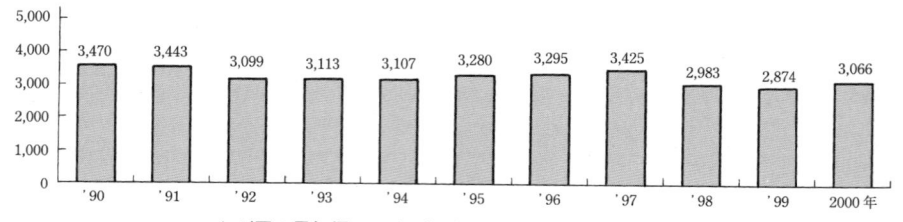

わが国の電気炉スラグの推移（'90: 3,470、'91: 3,443、'92: 3,099、'93: 3,113、'94: 3,107、'95: 3,280、'96: 3,295、'97: 3,425、'98: 2,983、'99: 2,874、2000年: 3,066）（経済産業省「鉄鋼統計月報」より）

生石灰（CaO）・炭素源を交流または直流のアークによる高熱によって溶解し，スクラップ中に含まれる不純物（P, Zn等）を除去する溶解炉である。溶解時間の短縮，不純物除去を効率よく行うために酸素吹精するが，この時期を酸化昇熱期といい，発生するスラグを酸化スラグという。還元精錬では，酸化昇熱期に過剰に生成された酸化生成物を炭素・珪素・マンガン等の脱酸材により還元し，鉄分，有価元素を回収するとともに所定の成分に調整する。このとき発生するスラグを還元スラグという。

でんきろこう　電気炉鋼

電気炉でつくった鋼製品。代表的な製品は現在，建築工事に多用されている鉄筋。

でんきろじょれいさいさ　電気炉徐冷砕砂

フェロニッケルスラグ細骨材のうち，溶融スラグを大気中で徐冷し，粒度調整して製造した細骨材。電炉徐冷砕砂ともいう。

でんきろすいさいずな　電気炉水砕砂

フェロニッケル細骨材のうち，溶融スラグを水で急冷し，粒度調整して製造した細骨材。電炉水砕砂ともいう。

でんきろすらぐ　電気炉スラグ　electric furnace slag

電気炉から副生するスラグ。わが国では年間330万t程度。CaOを多量に含んでおり，道路用の骨材として使用されていることが多い。なお，2003年コンクリート用骨材として電気炉酸化スラグ骨材の全製造工程において還元スラグが混入しない対策が講じられた工場で製造されたものに限定し，JISが制定された（上表・図参照）。

電気炉酸化スラグ骨材

わが国の電気炉スラグの品質は次の通り。

①絶乾密度：細骨材 3.76 g/cm³，粗骨材 3.59 g/cm³。

②吸水率：細骨材平均 0.7％，粗骨材

0.80 %。
　③粒形判定実積率：平均54.4 %。
　④アルカリ骨材反応：生じない。

でんきろふうさいずな　電気炉風砕砂
　フェロニッケル細骨材のうち，溶融スラグを空気で急冷し，粒度調整し製造した細骨材。電炉風砕砂ともいう。

てんけん　点検　inspection
　対象物が機能を果たす状態および対象物の減耗の程度などを調べること。

てんしょく　点食　pitting　〔→孔食〕
　金属腐食の一現象。点状となって進行する腐食。

でんしょく　電食　electric corrosion
　電場に置かれた金属，あるいは異種金属間，または同一金属でも局部的にイオン化傾向に差がある場合，電気分解によって化学変化し徐々に腐食されること。

でんちゃく　電着　electrodeposition
　海中に設置した正負の電極に微弱の直流電流を長期間にわたって供給すると，陰極上に$CaCO_3$や$Mg(OH)_2$などの硬くて安定した複合物が成長する。これを利用した電着工法が海中の鉄筋コンクリート部材や鉄骨部材の防食・防錆法として試みられている。

てんねんけいりょうこつざい　天然軽量骨材　natural light-weight aggregate
　火山作用などによって天然産で，火山礫，軽石，シラスなどの多孔質の軽量骨材（JIS）。

てんねんこつざい　天然骨材　natural aggregate　〔⇔人工骨材〕
　川砂利・川砂（河床，河川敷内より採取），陸砂利・陸砂（旧河川敷で田畑などの表土をはがして採取），山砂利・山砂（段丘や山腹に堆積するもの），海砂利・海砂（海中および満潮時に海水に浸る可能性のある海岸より採取），浜砂利・浜砂（海岸に隣接し，直接海水に浸らないもの）の普通骨材の他，軽量骨材として駒岳，樽前，大島，榛名，浅間，桜島の火山礫がある。

てんねんセメント　天然セメント　natural cement　〔→天然ポルトランドセメント〕
　粘土質の石灰石を成分調整しないで，そのまま焼成したセメント。

てんねんポゾラン　天然ポゾラン　natural pozzolan
　火山灰や珪酸白土，火山岩の風化物，珪藻土などで，粉末としただけでコンクリート用混和材のポルトランドやシリカセメントの原料になる。

てんねんポルトランドセメント　天然ポルトランドセメント　natural portland cenent　〔→天然セメント〕
　成分が，現在のポルトランドセメントに近い天然セメント。「大阪土」ともいう。

てんのうじつち　天王寺土
　上塗り用壁土。砂粒を含み，色は赤みを帯びた褐色。大阪の天王寺付近のものが上等とされこの名がある。

てんば　天端
　物（部材・部品）の頭頂部の面。

でんぱきゅうしゅうパネル　電波吸収パネル
　フェライトを組み込み，テレビ電波を吸収

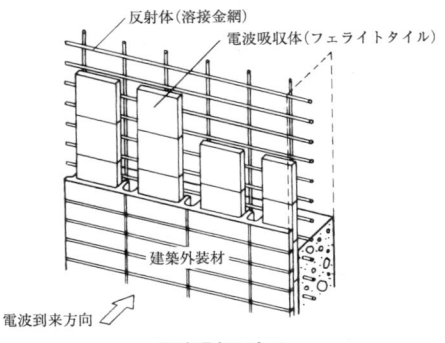

電波吸収パネル

するパネル。フェライトは，電波を吸収して熱エネルギーに変える機能を持つ磁性材料で，酸化金属磁気材料の別名を持ち，酸化鉄を主成分としている。

てんぴかんそう　天日乾燥　drying in sun
瓦などの陶器で，成形後ある時間，屋内で乾燥した後，屋外に出して日に当てて乾燥を十分に行うこと。

てんろ　転炉　converter, basic oxygen furnace〔→トーマス転炉，ベッセマー転炉〕
金属の精錬炉で，とっくり形（鉄鋼用）または横置きドラム形（銅用）の簡単な形状の炉体を傾倒させることにより，上部の原料装入口より溶融金属を排出する構造の炉。「BOF」ともいう。ベッセマー転炉，トーマス転炉，LD転炉，純酸素底吹き転炉などがある。

でんろじょれいさいさ　電炉徐冷砕砂
⇒電気炉徐冷砕砂

でんろすいさいずな　電炉水砕砂
⇒電気炉水砕砂

てんろスラグ　転炉スラグ　converter slag
転炉から副生するスラグ。わが国の生成量は111 kg/t，年間当たり1,000万t程度。CaOが40〜50％と多量に含んでいる。セメントの鉄原料や，道路の骨材として使用している。構成鉱物はダイカルシウムシリケート，ウスタイト，カルシウムフェライトなど。

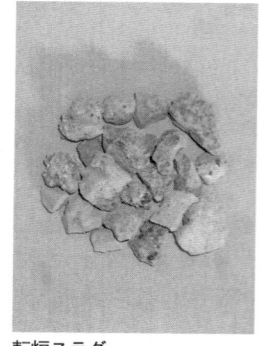

転炉スラグ

でんろふうさいずな　電炉風砕砂
⇒電気炉風砕砂

[と]

といし　砥石　grindstone
シュミットハンマーを用いて反発硬度を測定する際，コンクリート面またはモルタル面を真っ平らにするために用いるもの。刃物を研ぐ石。

ドイツこうぎょうきかく　ドイツ工業規格
Deutsche Industrie Normen　〔→ DIN〕
ドイツの国家規格。「ディン」ともいう。

どう　銅　copper　〔→ Cu〕
非鉄金属の一つ。主として黄銅鉱から精錬され，伸展性，熱および電気の伝導性などが非常に優れている。したがって屋根葺材として薄板にしたり，電線・針金・釘など，建築材料に多く利用される。ただし，アルカリには弱く腐食され，硫酸・塩酸には溶融する。

どういげんそ　同位元素　isotope
原子番号が同じで，原子量が違っている元素。

どういたぶき　銅板葺
sheet copper roofing
金属板葺として銅板を用いること。葺き方には瓦棒葺，平板葺などがある。「どうばんぶき」ともいう。

どういつうちこみこうく　同一打込み工区
コンクリートの打込み場所が同一のこと。この場合，使用材料の種類や品質などが異なるとトラブルが生じることがあるので，同じ品質の材料を使用するとよい。

とうがい　凍害　frost damage, damage by the action of freezing and thawing
凍結融解作用によってコンクリートにひび割れ，表面層の剝離，ポップアウトなどの損傷がもたらされること。

とうかいじしん　東海地震
静岡県中部から駿河湾，遠州灘にかけての南北約100～120 km，東西約50 kmを震源域としM8クラスと想定される巨大地震。フィリピン海プレートが日本列島の大陸プレートの下に沈み込むとき，大陸プレートの先端に溜った歪みエネルギーが限界に達し，プレートが破壊されて起きる海洋型地震とされる。
東海から四国沖にかけての太平洋では，100～150年周期で巨大地震が繰り返し起きた。しかし，駿河湾周辺だけは江戸時代の安政東海地震以来，140年以上地震がない「空白域」。歪みエネルギーが溜り続けており，東海地震を予測する根拠となっている。

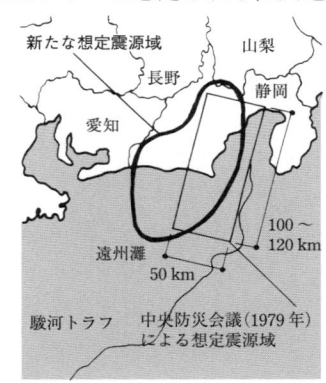

とうかせい　透過性　permeability
コンクリート，モルタル，セメントペーストが一定の圧力のもとに気体を通過させる性質。透過性は連続的な孔，ひび割れ目などに起因する。

どうからみ　銅からみ　copper slag
銅鉱物である黄銅鉱に石灰・珪酸を加え精練し，銅を取り出したガラス質で，銅製練の際に排出され，わが国では年間200万t程度といわれている。従来はポルトランドセメントの鉄原料として使用されていたが，最近は，コンクリート用細骨材として

JISに定められている。絶乾密度は3.38～3.62 g/cm³，吸水率は0.21～0.83 ％で，河川砂などと混合して使用する。銅スラグともいう。

とうきこうじ　冬季工事
冬季におけるコンクリート工事を指す。フレッシュコンクリートが凍害を受けないよう注意する必要がある。

とうきしつタイル　陶器質タイル
ceramic tile
陶土を原料として焼成されたタイル。堅硬であるが吸水率は大きい（22.0 ％以下）ので，内装として用いる。

どうぐしあげ　道具仕上げ
コンクリートに道具を用いて仕上げをすることで，骨材の幅広い変化を引き出すことができる。びしゃん叩きや斫り，サンドブラストでは，骨材を露出させる深さにより，様々な表情をコンクリートに付与する。

とうけいりょう　統計量　statistic
サンプル（x_1, x_2, ……, x_n）の関数。サンプルの平均値 x，分散 V などやメディアン x，範囲 R なども統計量である（JIS）。

とうけつしんど　凍結深度
frost penetration depth
地盤面より地下凍結線までの深さ（0.5～1.5 m 程度）。

とうけつぼうしざい　凍結防止剤
antifreezing admixture
道路に塩化ナトリウムや塩化カルシウムなどを散布すると路面の水が凍らず（凝固点降下），スリップ事故防止に役立つ。スパイクタイヤの代わりに普及したスタッドレスタイヤも，路面の雪氷をツルツルに磨く「ミラーバーン」現象を起こすため，散布が増えている。しかし，塩混じりの泥やしぶきが車に付くと塩の塩化イオンが金属と反応し，急激に錆を発生させる。特に気温が上昇する春から夏にかけて，錆が深部まで進行する。

とうけつゆうかいさようをうけるコンクリート　凍結融解作用を受けるコンクリート
竣工後の構造物が凍害を受けるおそれのある地域において，凍害に対する耐久性を必要とする箇所に用いるコンクリートを対象としたものであり，地域の最低気温，日射量，部材の重要度によって定めた凍結融解作用係数を用いて，適用する性能が区分される。コンクリートの性能を確保するためには，特に骨材の吸水率，空気量，コンクリートの充填性・表面の緻密性などについての管理が重要である。JASS 5 の凍結融解作用を受けるコンクリートの主な規定事項は，次の通り。
①コンクリートの性能区分は JASS 5。
②性能区分に応じた骨材の品質および調合は JASS 5 。なお，JASS 5 では 300 サイクルにて 70 ％以上を目標としている（ASTM　C 666 参照）。p.413 表-1～2 に栃木県生コンクリート工業組合と共同実験した，レディーミクストコンクリートプラントで練り混ぜたコンクリートの耐久性指数を示す。

とうけつゆうかいしけん　凍結融解試験
freezing and thawing test
コンクリートに人工的に凍結融解の繰り返し作用を与え，それに対する抵抗性を調べる試験（ASTM C 666）。これは 10×10×40 cm の角柱供試体を用い，A 法では水で完全に取り囲まれるようにし，B 法では凍結時は完全に空気に取り囲まれ，また，融解時は，水に取り囲まれるようにして，材齢 14 日から 40°F（4.4℃）～0°F（－17.8℃）までを強制的に繰り返して相対動

表-1 夏季の試験結果

プラント別	W/C (%)	スランプ (cm)	空気量 (%)	圧縮強度(N/mm²) 材齢(日)			耐久性指数(%) サイクル数	
				7	28	91	100	300
1	60.3	11.0	5.9	15.4	22.9	26.9	95	81
	60.3	19.5	4.7	16.5	25.3	30.1	95	75
2	61.5	8.0	4.7	20.7	27.7	36.0	98	0
	61.5	20.0	4.8	20.1	26.7	32.6	97	0
4	61.8	11.0	6.0	17.0	23.7	28.9	96	83
	61.8	22.0	3.7	17.0	22.9	28.5	97	84
5	62.0	13.0	6.1	16.8	23.0	27.7	92	83
	62.0	21.0	4.5	19.3	26.9	31.8	99	89
7	58.5	10.0	5.6	18.3	28.7	34.4	99	86
	58.5	19.0	5.6	17.8	27.9	33.8	96	87
8	59.5	8.0	4.3	17.6	25.3	29.6	92	79
	59.5	19.0	4.5	17.4	24.9	29.6	100	86
目標値	—	8±2.5 / 18±2.5	—		21以上			70以上

表-2 冬季の試験結果

プラント別	W/C (%)	スランプ (cm)	空気量 (%)	圧縮強度(N/mm²) 材齢(日)			耐久性指数(%) サイクル数	
				7	28	91	100	300
1	60.3	11.5	4.9	16.3	25.2	29.7	99	89
	60.3	19.0	4.0	16.8	25.5	30.5	100	91
2	61.5	7.0	5.9	22.0	30.8	36.4	100	91
	61.5	20.5	4.4	20.3	30.8	36.7		91
4	61.8	7.0	4.6	18.5	27.9	34.1	99	92
	61.8	22.0	3.7	17.4	27.5	32.6		92
5	62.0	9.0	4.5	17.4	24.4	29.3	99	90
	62.0	19.5	4.6	17.3	26.9	31.8		89
7	58.5	9.0	4.5	18.8	28.7	33.8	99	91
	58.5	19.0	4.9	18.6	28.4	33.3	98	77
8	61.5	8.5	4.5	19.3	28.7	35.0	98	84
	61.5	19.5	4.9	19.7	29.5	35.7	97	82
目標値	—	8±2.5 / 18±2.5	—		21以上			70以上

弾性率係数を求める。JISにも定めている。

$$\text{相対動弾性係数 (\%)} = \frac{f_1^2}{f_0^2} \times 100$$

ここに
- f_0：凍結融解0サイクルにおけるたわみ一次共鳴振動数
- f_1：凍結融解Cサイクル後のたわみ一次共鳴振動数

とうこうコンクリート　透光コンクリート

ガラスを粗骨材として用い，光を通すコンクリート。通常は空き瓶等を割った廃ガラスを用いる。

どうじゅんかいアパート　同潤会アパート

同潤会は，1923年に起きた関東大震災の義援金を元に1924年に設立された国内初の公的住宅供給機関。関東大震災（1923年）の復興住宅として青山，大塚，上野下，江戸川，清砂など16か所で108棟（約2,800戸）がRC造で建築された（1927年）。2000年代に入って建替えのた

同潤会青山アパート（建替え前）

め解体されたものが多い。写真の青山アパートは2006年に復元された。

とうじょう　凍上　frost heave

凍結作用により氷晶が成長するために，地上の構造物などを持ち上げる現象。

とうすいかたわく　透水型枠

せき板に細かい孔などを明けて高い通気性と透水性を与え，しかも，セメント粒子を通さない特殊な織布を張り付けた布張り型枠。コンクリートを打ち込んだ直後よりコンクリート中の気泡や余剰水を排出する

と，水セメント比を下げることになるためコンクリート表面表層部が緻密になる（図参照）。

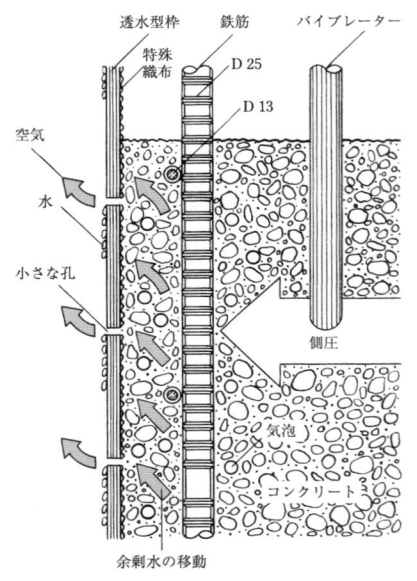

透水型枠

図中ラベル：透水型枠／鉄筋／バイブレーター／特殊織布／D 25／D 13／空気／水／小さな孔／側圧／気泡／コンクリート／余剰水の移動／透水型枠

とうすいしけん　透水試験

water permeability test

コンクリートやモルタルは多孔質で水などが浸透拡散しやすいため，それらの水密性を評価するのに用いる試験方法。透水試験法を以下に示す。

アウトプット法：供試体に水圧を作用させ流出する水量を測り，透水係数を求めるもので，試験部分の試料圧が小さいモルタルなどの試験に用いられる。

インプット法：水圧を作用させた場合の水のコンクリート中への拡散面積を割裂によって測定し，拡散係数を求めるもので，水密性の大きなコンクリートに適用される。

とうすいせい　透水性　permeability

コンクリートの内部を圧力差によって水が移動する場合の移動のしやすさ。

どうスラグ　銅スラグ　copper slag　〔→銅からみ〕

銅の精錬の際に副産される。発生量は年間200万t。用途はセメントの原料，ショットブラスト用骨材，埋立て用資材等で最近はコンクリートの細骨材への利用を図るために多面的な研究を実施している。

①アルカリシリカ反応性

銅スラグは，化学法による判定では，全銘柄の溶解シリカ量(Sc)は2〜40 mmol/lと低い値を示し，アルカリ濃度減少量(Rc)も同様に10〜40 mmol/lと低い値を示している。この条件下では，Sc/Rcの数値で反応性の判定を行うことが困難となる場合が生じる。モルタルバー法による反応性試験では，材齢6か月の膨張量は，0.007 %〜0.024 %（規定値0.1 %以下）と非常に低い範囲にあり無害である。

②化学成分

銅スラグの化学成分は，表に示すように鉄分（FeO）の含有量が41〜51 %と高い値を示す。この鉄分の大部分は，銅スラグの主要構成物である鉱物相およびガラス状相の中に安定した状態で存在している（結晶鉱物として磁鉄鉱（Fe_3O_4），ヘマタイト（Fe_2O_3）やファイアライト（Fe_2SiO_3）などの形態で微小な粒子として少量存在している）。これらの鉄分や硫黄分をはじめとする諸成分は，外部への溶出やセメントペーストとの反応はこれまで何ら認められていない。

銅スラグの化学成分

記号	化学成分量
FeO	41〜51（%）
SiO_2	28〜38
CaO	1〜7
Al_2O_3	1〜8
MgO	0.5〜4.8
Cu	0.4〜0.9
T.S	0.2〜1.7

③物理的性質

密度，吸水率：銅スラグ細骨材の密度は3.38〜3.62（g/cm³）で，一般の骨材の

2.6（g/cm³）程度に比べ重く，かつ吸水率は0.21～0.83％なので，かなり小さい。
粒度，単位容積質量：銅スラグの水砕状態のままのものの粒度は，フェロニッケルスラグ5～0.3のうち，やや粗目のものに相当（微粒分が若干不足している）し，粗粒率は3.5程度である。銅スラグは，使用目的および混合される相手の普通砂の粒度などに応じた粒度分布のものを用いることを要する。

どうスラグコンクリート　銅スラグコンクリート

2000年2月，小名浜港の防波堤上部工に使用されたのが実用化の第1号である。性質は次の通り。
単位水量：銅スラグ混合率50％以下では，単位水量の増減に伴うスランプの増減はごく一般の川砂コンクリートとほぼ同程度。
空気量：エントラップトエアが増加する傾向。
ブリーディング量：銅スラグ混合率が高くなると増加。混合率の減少，減水性の良好な混和剤の使用あるいは微粒分の増加により低減可能。
圧縮強度：銅スラグ混合率を高くすると上昇する。また，微粒分を多くすると上昇する。初期強度はやや小さいが，材齢28日では同程度。長期材齢では大きな値。
ヤング係数：川砂コンクリートと比較して，銅スラグ単独使用で2割程度大きくなる傾向。
クリープ：川砂コンクリートより小さい。
乾燥収縮率：川砂コンクリートより小さい。
中性化速度：川砂コンクリートより小さい。

どうスラグさいこつざい　銅スラグ細骨材　copper slag fine aggregate

炉で銅と同時に生成する溶融されたスラグを水によって急冷し，粒度調整したもの（JIS）。銅スラグ細骨材の品質は次の通り。
化学的品質：FeO 45～51％，SiO₂ 31～34％，CaO 1～6％でアルカリ骨材反応やポップアウトは起こさない。
物理的品質：ガラス質で密実堅硬。絶乾密度は3.5 g/cm³程度。吸水率は1％以下程度と少ない。

とうせき　陶石　pottery stone

石英粗面岩，流紋岩などが熱水変化を受けて生成した岩石。

どうだんせいけいすう　動弾性係数　dynamic elastic modulus

動弾性係数は，静弾性係数より大きい。「弾性係数」の項（表）参照。

とうぶん　糖分

糖分がコンクリートに与える影響は大きい。すなわちセメント質量に対して0.03％を超えると強度が低下し，0.1％で凝結が若干遅れ0.15％になると凝結しなくなる。これ以上多くなると瞬結する。

とうへんやまがたこう　等辺山形鋼　equal size section steel〔⇔不等辺山形鋼〕

図のような形をした鋼で主として鉄骨造に用いる。

どうろようコンクリートせいひん　道路用コンクリート製品

歩道および車道に用いるコンクリート製品。次のようなものがある。
・インターロッキングブロック
・コンクリート平板
・カラー平板
・石塊（天然石）
・透水性コンクリート製品

- コンクリート境界ブロック
- コンクリートL形および鉄筋コンクリートL形
- 組合せ暗渠ブロック
- 鉄筋コンクリートU形
- 鉄筋コンクリートU形用蓋
- 道路用鉄筋コンクリート側溝
- 道路用鉄筋コンクリート側溝蓋

どうろようてっきんコンクリートそっこう　道路用鉄筋コンクリート側溝 reinforced concrete gutters for roadside
歩道および車道に平行して用いる鉄筋コンクリート製の側溝（JIS）。

どうろようてっきんコンクリートそっこうふた　道路用鉄筋コンクリート側溝蓋 reinforced concrete gutter covers for roadside
JISに規定する道路用鉄筋コンクリート側溝に用いる鉄筋コンクリート製の側溝用蓋。

とえいたかなわアパート　都営高輪アパート
戦後初の公営RC造集合住宅（1号館～9号館）で，戦災復興院の総裁だった阿部美樹志らによって高輪に建築された。調査した1号館および2号館（1948年建築，1990年解体）に使用された材料は，残されている資料によると，セメントは打設が冬季だったこともあって早強ポルトランドセメント（3～9号館は普通ポルトランドセメント），骨材は粗粒率2.3の相模川砂と最大寸法25 mmの多摩川砂利である。調合はW/Cが60％と70％，コンクリート材料の容積比はC：S：G=1：2.2：2.7と1：2.6：3.4で，材齢28日圧縮強度は1号館が13.9 N/mm²，2号館が15.0 N/mm²である。なお，両棟とも設計基準強度（F_c）が13.5 N/mm²，スランプは基礎が17～19 cm，軸部が19～21 cmである。

①躯体コンクリートの壁厚
採取したコンクリートコアをノギス等で測定したところ，1号館は13.0～21.2 cm（平均17.5 cm，標準偏差0.06～0.37 cm），2号館は14.3～22.0 cm（平均17.0 cm），また，床スラブは三つの建物とも13.0～15.6 cmであった。

②躯体コンクリートの圧縮強度はJISによって採取したコンクリートコアの結果から，次のようなことがいえる。

(a) 1号館は直径10 cmの総平均が19.5 N/mm²，直径7 cmの総平均が20.3 N/mm²で，設計基準強度の13.5 N/mm²を上回っているが，直径10 cmは87本のうち14本（16.1％），直径7 cmは30本のうち2本（6.7％）がそれぞれ下回っていた。また，これらの結果は，ばらついており，標準偏差で示すと直径10 cmが2.8 N/mm²，直径7 cmが3.2 N/mm²，変動係数で示すと直径10 cmが14.4％，直径7 cmが15.6％である。

(b) 2号館は直径10 cmの総平均が24.7 N/mm²で設計基準強度の13.5 N/mm²を上回っているが，33本の直径10 cmコアすべてが上回っている。しかし，結果はかなりばらついており，標準偏差は7.7 N/mm²，変動係数は31.3％である。

(c) 建物の解体前に，現場にてシュミットハンマーを用いて反発硬度（R 0）を測定した。その結果は1号館が36～44，2号館が34～48であった。

③上記②で測定したコアについてコンプレッソメーターを用いて圧縮強度試験時に歪みを測定し，ヤング係数を算出した。その結果を総平均で示すと1号館，直径10 cmが19.5 kN/mm²，直径7 cmが21.2 kN/mm²，2号館，直径10 cmが

22.5 kN/mm²で圧縮強度と同じようなばらつきの傾向が認められた。
④躯体コンクリートの地上部分の中性化深さ
　1号館は屋内側が 19.2〜151.5 mm（平均 35.0 mm），2号館は屋内側が 19.1〜126.3 mm（平均 60.7 mm），屋外側が 12.4〜100.0 mm（平均 38.3 mm）であった。また，地下部分（基礎）の中性化深さは二つの建物で 0.0〜11.9（平均 1.2 mm）であった。
⑤鉄筋に対するコンクリートの被り厚さ
　1号館が 12〜226 mm（平均 53 mm），2号館が 13〜294 mm（平均 52 mm）であった。
⑥鉄筋の錆の発生
　躯体コンクリートの施工が現在の施工程度と比較するとかなり粗雑であったために，上記④の中性化深さは大きく鉄筋の位置までコンクリートが中性化しているものが多かった。そのために鉄筋の錆の発生がかなり認められた。二つの建物の結果を総合して示すと「わずか」が全体67件のうち6件（9.0％），「少ない」が28件（41.8％），「多い」が16件（23.9％）であった。

どかん　土管
clay pipe, earthenware pipe
　土器質の管。素焼きのものと釉薬を施したものがある。簡単な排水管や煙道などに用いる。陶管ともいう。

とぎだし　研出し
　テラゾなど人造石をつくるとき，硬化したモルタルを仕上げるために研磨すること。

とくしゅこうはん　特殊鋼板
special steel plate
　建築用材として広く使用されているステンレス鋼板はこの一種である。

とくしゅコンクリートこうぞう　特殊コンクリート構造
special concrete construction
　通常の鉄筋コンクリート構造，鉄骨鉄筋コンクリート構造以外のもので，不燃構造または耐火構造として用いられるコンクリート系構造の総称。補強コンクリートブロック構造，型枠コンクリートブロック構造，組立鉄筋コンクリート構造などがある。

とくしゅセメント　特殊セメント
special cement
　特別な用途に用いられるセメントで，膨張セメント・高硫酸塩スラグセメント・着色セメント・白色セメント・メーソンリーセメントなどがある。

とくしゅなコンクリート　特殊なコンクリート
　次のようなコンクリートをいう。
・高強度コンクリート
・高流動コンクリート
・マスコンクリート
・水密コンクリート
・海水の作用を受けるコンクリート
・耐酸性・耐硫酸塩性コンクリート
・遮蔽用コンクリート
・プレパックドコンクリート
・プレストレストコンクリート
・無筋コンクリート

とくしゅれっかがいりょくのれっかよういんとたいきゅうせっけい・せこうにさいしてこうりょすべきじこう　特殊劣化外力の劣化要因と耐久設計・施工に際して考慮すべき事項
　JASS 5 解説表2.1 に示されているものを示す（p.418 表参照）。

とくちゅうひん　特注品
　特別注文品の略。反対語は「既製品」。

とくべつかんりさんぎょうはいきぶつ　特別管理産業廃棄物

とくべつし

特殊劣化外力の劣化要因と耐久設計・施工に際して考慮すべき事項　　　　　　　　　　（JASS 5）

	劣化外力	劣化要因	劣化現象	対象地域・建築物・部材	耐久設計・施工で考慮すべき事項
地域的要因	土壌成分	酸性土壌，硫酸塩土壌，岩塩	コンクリート・鉄筋の腐食	温泉地帯	耐食仕上げ，被り増加，耐硫酸塩セメント使用，低水セメント比
	地下水	pH値，硫酸イオン，塩素イオン	コンクリート・鉄筋の腐食	温泉地帯，海岸地帯	
	腐食性ガス	亜硫酸ガス，硫化水素	コンクリート・鉄筋の腐食	温泉地帯，工業地帯	
	高温	日射熱	ひび割れ，表面劣化	熱帯	仕上げ，ひび割れ対策
部位別要因	疲労	車両・クレーン等歩行荷重の繰返し	ひび割れ，コンクリートの剥離	工場の梁，床版，駐車場	鉄筋補強，断面増加，衝撃の防止
	高熱作用（300℃以上）	高温暴露，加熱冷却繰返し	ひび割れ，耐力低下，劣化	工業炉，煙突	断熱設計，耐火・耐熱コンクリート
	高熱作用（300℃未満）	長期高温暴露，熱応力	ひび割れ，たわみ，耐力低下	発電所，電解工場，煙突，床暖房スラブ	断熱設計，鉄筋補強，ひび割れ対策
	極低温	急激な温度降下・温度変化繰返し	ひび割れ，部材耐力低下	低温倉庫，定温加工工場	断熱設計，鉄筋補強
	磨り減り作用	車両の歩行，歩行	表面の磨り減り	駐車場，工場，歩行路	耐摩耗仕上げ，硬質骨材の使用
	有機酸・無機酸	硫酸・硝酸・塩酸・亜硫酸，フタル酸ほか	コンクリート，鉄筋の腐食	化学工場，実験施設ほか	耐食仕上げ
	塩類	硫酸塩・亜硫酸塩・硝酸塩・塩化物	コンクリート，鉄筋の腐食	化学工場，実験施設ほか	耐食仕上げ，耐硫酸塩性セメント
	油脂類	ヤシ油，菜種油，亜麻仁油，魚油	コンクリートの表面劣化	化学工場，食品工場	耐食仕上げ
	腐食性ガス	亜硫酸・炭酸ガス，硫化水素	コンクリート，鉄筋の腐食	煙突・化学工場，し尿下水施設	耐食仕上げ
	電食作用	迷走電流	鉄筋腐食，部材のひび割れ，耐力低下	電解工場，鉄道施設（鉄道沿線の建物）	絶縁，コンクリートの乾燥，塩分量
	微生物の作用	バクテリア（硫酸）菌類（酸）	コンクリートの腐食	し尿・下水処理施設，畜産施設	仕上げ，被り，耐硫酸塩性セメント

遮断型処分で処理する特別な廃棄物。石綿建材（アスベスト），重金属，有機酸，廃PCB等。

とくべつしよう　特別仕様
　特記仕様のこと。反対語は「標準仕様」。

とくめい（こうじ）　特命（工事）
　special appointment work
　競争によらないで特定の建設業者と契約（して工事）すること。

どくりつきほう　独立気泡

コンクリート中の独立した空気泡（300 μm まで）。これが所要量（3～5％）あると凍結融解作用に対する抵抗性が向上する。「独立空隙」ともいう。

どくりつくうげき　独立空隙
　independent voids
　〔⇒独立気泡〕。

としけいかくほうのもくてき　都市計画法の目的
　この法律は，「都市計画の内容およびその

決定手続，都市計画制限，都市計画事業その他都市計画に関し必要な事項を定めることにより，都市の健全な発展と秩序ある整備を図り，もって国土の均衡ある発展と公共の福祉の増進に寄与すること」を目的とする。

どじょう　土壌　soil, earth
アルカリ性，塩基性，酸性の土壌がある。特に酸性土壌は，酸性雨，酸性雪に注意する必要がある。

どじょうおせんたいさくほう　土壌汚染対策法
鉛や砒素など有害物質を扱う事業所の跡地に住宅や公園などを造成する際，土地所有者に土壌調査を義務づける。汚染が見つかれば，都道府県はその内容を公表し，汚染した事業者に土の入れ替えやアスファルトで覆うなどの対応を命じる。土地所有者が汚染したり汚染事業者が不明な場合は土地所有者が対応する（2003年2月施行）。

どすうぶんぷ　度数分布　frequency distribution
①測定値の中に，同じ値が繰り返し現れる場合，各値の出現度数を並べたもの。
②測定値の存在する範囲をいくつかの区間に分けた場合，各区間に属する測定値の出現度数を並べたもの。度数分布は，度数表，棒グラフ，ヒストグラムなどで表す（JIS）。

とそう　塗装　coating
塗料をコンクリートやモルタルなどに塗り付けて塗膜をつくる作業。塗装方法には，刷毛塗り・吹付け塗り・静電塗装り・浸漬塗り・流し塗り・ローラー塗りなどがある。

トタンいたようとりょう　トタン板用塗料　galvanized iron paint
トタン板（亜鉛鉄板）は塗膜の付着が悪いので，直接塗っても耐久力および付着力が強いようにつくられた塗料。トタンペイントともいう。

どちゅうコンクリート　土中コンクリート
土中は，アルカリ性，塩基性，後者ほど酸性などの土壌に加えて湿気があるので，コンクリートが劣化されやすい。しかし，高炉スラグ微粉末を多量に混合したコンクリートは，これらに対して抵抗性が大きい。

とっき　特記
特別（記）仕様のこと。

トッピング　topping
コンクリート基礎およびプレキャストコンクリート板などの上に打ち込んで床表面とすること。

トバモライト　tobermorite　〔→ C-H-S〕
組織は $C_5S_6H_5$ $(5\,CaO \cdot 6\,SiO_2 \cdot 5\,H_2O)$ で示され，Ca/Si 比は 0.83。100℃以下の温度では，シリケートイオンの溶解度は極めて低いのでドバモライトは生成しないが，100℃以上ではシリケートイオンの溶解度が高くなり，骨材中の石英からもシリケートイオンが溶出し，Ca/Si 比の低い珪酸カルシウム水和物が析出する。100〜200℃の範囲では，容易にトバモライト（1.1 nm）を生成し，同等の温度で生成する他の水和物と比較して安定した結晶であるため，その割合が多い場合に収縮が小さく，かつ高強度のコンクリートが得られる。

トベルモライト　tobermorite
珪酸カルシウム水和物の一種。$5\,CaO \cdot 6\,SiO_2 \cdot 5\,H_2O$。オートクレーブ処理した珪酸カルシウム系材料の代表的な構成鉱物。

どぼくがっかい　土木学会　Japan Society of Civil Engineers
土木技術に関する学問の総本山。本部は東京都新宿区四谷1丁目無番地。1914年11月設立。

とほくかつ

どぼくがっかいひょうじゅんしほうしょ　土木学会標準示方書
土木学会で制定した示方書で，土木技術の設計・施工方法について記述されている。

どぼくせこうかんりぎし　土木施工管理技士
建設業法に基づく土木施工管理技術検定制度により，土木工事における施工技術の向上を目的に定められた資格。1級と2級とがある。

とまくのえんそイオンとうかせいのう　塗膜の塩素イオン透過性能
下表参照。

とまくぼうすい　塗膜防水
液状のポリクロロプレン，ポリウレタンなどの合成ゴム形，酢酸ビニル，アクリル酸エステル，エポキシなどの合成樹脂系の防水材料を，下地に刷毛またはスプレーで塗布し，皮膜を形成してから防水する方法。

どまコンクリート　土間コンクリート　dirt concrete, earthen concrete

塗膜の塩素イオン透過性能試験結果　　　　　　　　　　　　　　　　　　　　（JASS 5）

塗装系No	塗装系	分類	膜厚 μ	塩化物イオン透過量 (mg/cm²日)	塩化物イオン透過の評価
01	アクリル系溶剤型	総合膜 単膜	95 50	0 0.28～0.39	○ ×
02	エポキシ系エマルション型	総合膜 単膜	1,000 340	0.39～0.66 0.65～0.97<	× ×
03	エポキシ系溶剤型	総合膜 単膜	200 80	$0\sim0.48\times10^{-3}$ 0	○ ○
04	エポキシ系無溶剤型	総合膜 単膜	500 130	0 $0\sim0.48\times10^{-3}$	○ ○
05	エポキシ系湿面用	総合膜 単膜	900 600	0 $0\sim0.48\times10^{-3}$	○ ○
06	弾性系ポリブタジエン無溶剤型	総合膜 単膜	1,000 600	$0\sim0.48\times10^{-3}$ $0\sim0.48\times10^{-3}$	○ ○
07	弾性系アクリルエマルション型	総合膜 単膜	750 300	0.97< $0.65\times10^{-2}\sim0.97<$	× ×
08	弾性系ウレタン溶剤型	総合膜 単膜	200 70	0 0.018～0.052	○ ×
09	ガラスフレール系エポキシ1	総合膜 単膜	1,000 500	0 $0\sim0.87\times10^{-3}$	○ ○
10	ガラスフレール系ビニルエステル1	総合膜 単膜	1,500 500	0 0	○ ○
11	ガラスフレール系エポキシ2	総合膜 単膜	1,500 800	0 $0\sim0.87\times10^{-3}\sim0.2\times10^{-2}$	○ △
12	ガラスフレール系ビニルエステル2	総合膜 単膜	1,200 600	$0\sim0.48\times10^{-3}$ $0\sim0.82\times10^{-3}$	○ ○
13	タールエポキシ系タールエポキシ	総合膜 単膜	200 70	0 0～0.97<	○ ×
14	エポキシ系ガラスロービング補強用	総合膜 単膜1 単膜2	2,000 800 250	$0\sim0.48\times10^{-3}\sim0.082$ $\sim0.48\times10^{-3}$ $\sim0.87\times10^{-3}$	○ ○ ○
15	ポリブタジエンガラス繊維補強用	総合膜	1,000	$0\sim0.82\times10^{-3}$	○

［注］○：塩化物イオンを透過しにくい　×：塩化物を透過する。

フォークリフト等が走行する場合もあるので，かなり緻密なコンクリートを施工する必要がある。コンクリートの品質は特記によるが，特記のない場合の設計基準強度は 18 N/mm² （180 kgf/cm²）以上とする。土間コンクリートのように平面上に広がったコンクリートは，硬化後，乾湿の繰返しや温度変化によって伸縮しやすい。そこで無差別にひび割れが発生しないように，必要に応じて収縮目地あるいは膨張目地を設けるのがよい。目地幅・深さおよび間隔は，幅 2〜3 cm，深さ 3〜5 cm 程度の間隔で縦横に配置する。目地にはブローンアスファルトなど弾性質の充填材を注入し，さらに必要なら，その上をシーリング材でシールする。また，膨張目地は，全断面に目地が入るようにし，アスファルト製の目地板などを挟み込む。土間コンクリートは，一般に耐久性・水密性・耐摩耗性などを考慮する必要がある。したがって，コンクリートの単位水量を少なくし，スランプを小さくして打込み時に十分締め固める。表面は水平，かつ平坦に仕上げ，ひび割れ発生を避けるため急激な乾燥を防ぐよう養生する。土間コンクリートが破壊し，補修を要するときの原因は，地盤沈下によるものがほとんどであり，地業の良否により土間コンクリートの耐久性が支配されるため，床付け地盤の形状には入念な作業が必要である。床スラブの上反り原因を以下に示す。
① 気温によるコンクリートの乾燥収縮。
② 下部不透水地盤による過剰水の影響。
③ 1 枚ごとの床版の大きさ。
④ 水セメント比の影響。
⑤ 土間床スラブの上下部における収縮差。

トーマスてんろ　トーマス転炉
Thomas converter 〔→転炉〕

塩基性耐火物で内張りし，炉底部の多数の穴から高圧空気を高燐の熔銑に吹き込み，石灰を使って脱燐精錬する転炉。

とようらひょうじゅんすな　豊浦標準砂
Toyoura standard sand
旧 JIS R 5201 に定められている，強さ試験に用いられていた石英質の砂。

ドライヴィット　drive-it
コンクリート中に釘を打ち込む工具。普通の釘はコンクリート表面で曲がってしまうので，棚などを取り付ける場合に使用する。「鋲打銃」ともいう。

ドライコンクリート
使用目的や要求機能に合わせ，水以外の乾燥した材料をあらかじめ工場で混合し，袋・サイロなどで密封したコンクリート。運搬・供給して工事現場で加水して練り混ぜる。

ドライジョイント　dry joint method
乾燥することでモルタルやコンクリートな

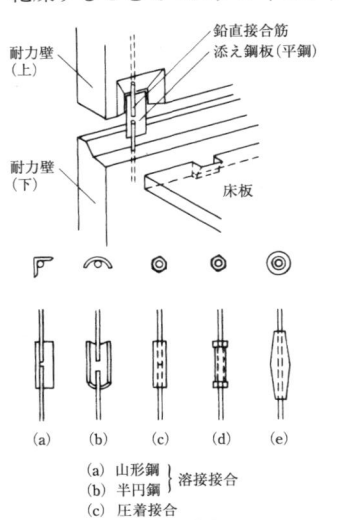

ドライジョイントの一例

とらいみつ

どを結合させる材料を使わないジョイントの総称。ジョイントする際にプレキャストコンクリートパネル等の結合を溶接やボルト締め等で行う。

ドライミックスざいりょう　ドライミックス材料
あらかじめ配合されている乾燥した材料。

トラスセメント　〔→ポゾラン〕
ポゾランセメントのドイツでの名称。

トラッククレーン
truck crane
移動式クレーン（低・中層建物用）で，トラックに360°旋回式のクレーン本体を搭載したもの（図参照）。

トラックミキサー
transit-mixer truck, truck mixer　〔→アジテータートラック〕
レディーミクストコンクリートを運ぶ車種（生コン車）。容量は0.5〜5.5 m³。

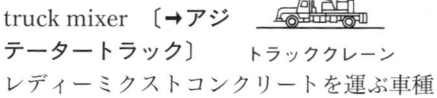

トラバーチン　travertine
大理石の一種。色は淡褐色もしくは茶褐色。あたかも虫に侵食されたかのような小さな孔状の傷を有するが，その多孔質に趣があるため装飾用として用いられる。イタリアチボリ産が有名。密度2.28 g/cm³と小さく，吸水率は1.24％と大きく，圧縮強度は485 kgf/cm²である。「石灰華」ともいう。

トラフ　trough
コンクリート製の蓋付きU字溝。

ドラフトチャンバー　draft chamber
有害ガスなどの発生する実験に使用される排気装置の付いた装置。

ドラムミキサー　drum mixer
円筒形混合胴の回転によってコンクリートを練り混ぜ，混合胴を傾けずに排出する方式のミキサー。重力式ミキサーの1種類。

トランシット　transit
水平面や鉛直角などを測定する精度の高い測量器具。

ドリゾール　Durisol
軽量で断熱性に優れた建築板。吸音材の一種（商品名）。

トリーフセメント
ベルギー人のトリーフが考案したもので，急冷した高炉スラグを，そのまま工事現場へ輸送して湿式粉砕し，セメントの一部として使用するもの。

トロウエル　trowel
床モルタルや床コンクリートの表面を仕上げる鏝の総称。

トロッコ　truck
軽便軌道の上を手押しで土砂などを運搬する車。トロともいう。「トラック」のなまり。

ドロマイト　dolomite　〔→苦灰石，白雲石〕
炭酸石灰（$CaCO_3$）と炭酸苦土（$MgCO_3$）とが結合した鉱物。栃木県葛生・鍋山の他，大分・岐阜・福井・高知の各県などに産出する。白色。1997年4月現在の確定埋蔵鋼量は455,803,700 t。

ドロマイトクリンカー
ドロマイト耐火物の主原料。

ドロマイトプラスター　dolomite plaster
ドロマイト（白雲石）を900〜1,200℃で焼成し，水和熟成したもの。低温焼成したものの方が高品質。壁塗りされると空気中の炭酸ガス（約300 ppm）によってドロマイトに戻り硬化する。すなわち
$Ca(OH)_2 \cdot Mg(OH)_2 + 2CO_2 = CaCO_3 \cdot MgCO_3 + 2H_2O$
糊を必要とせず，硬化物は消石灰（漆喰）より硬い。収縮率が大きく，強度も高いの

トラッククレーン（27 m, 21 m, 15 m, 11 m, 75°）

で，大きいひび割れが集中しやすい欠点がある。その防止には，焼石膏を10〜20％混入するのがよい。「マグネシア石灰」「ドロマイト石灰」「ドロプラ」ともいう。白色（JIS）。施工することをドロマイトプラスター塗り（dolomiteplaster finish）という。

トンネル tunnel
鉄道・道路・水路などのために山腹・地下などに掘りあけた通路。隧道ともいう。

[な]

ないしんがたコンクリートしんどうき　内振型コンクリート振動機
型枠の内部へ挿入しコンクリートを振動させ，組織を密実にする機器。

ないそうこうじ　内装工事
interior finish work 〔⇔外装工事〕
屋内の床，柱、壁，階段，天井等の各仕上げ工事。

ないそうこうじのてきおうせっちゃくざい　内装工事の適応接着剤
adhesive agent of inner work
新鮮な接着剤ほど効果がある。右表に示す通り。

ないそうせいげん　内装制限
室内の壁・天井の仕上を不燃性または難燃性として建築物からの安全避難を守るための制限で特殊建築物，一定規模以上の建築物，火気を使用する室を持つ建築物，無窓の居室を持つ建築物などがこの制限を受ける（建築基準法施行令第128条の4，129条）。

ないそうタイル　内装タイル
屋内に使用するタイル。比較的吸水率が大きいタイルで，陶器質，石器質のもの。

ないそうようごうはん　内装用合板
JAS（農林規格）でいうIII類。使用する接着剤は，主にカゼイングルーまたは小麦粉などを多く含む尿素系樹脂接着剤を使用する。普通の状態の乾湿に耐える接着性を有するが，耐水性は劣る。

ないぶあしば　内部足場　inside scaffold
工事中の建築物内部で使用する足場。移動足場（ローリングタワー）や脚立足場，馬

内装工事の適応接着剤

用　途	被着材	接　着　剤
内装下地工事（コンクリート面，モルタル面など）	木煉瓦，胴縁，野縁，根太，吊木受などの取付け	・酢酸ビニル樹脂溶液 ・エポキシ樹脂（高粘度物） ・合成ゴム
床仕上工事（コンクリート面，モルタル面など）	アスファルトタイル	・アスファルト系
	ビニルタイル・ビニルシート，ゴムタイル	・酢酸ビニル樹脂エマルション ・酢酸ビニル樹脂溶液（充填剤入り） ・合成ゴム ・エポキシ樹脂
	木質材料（モザイクパーケット，ハードボード，フローリングボードなど）	・酢酸ビニル樹脂エマルション ・酢酸ビニル樹脂溶液（充填剤入り） ・合成ゴム ・エポキシ樹脂
壁仕上工事（コンクリート面，モルタル面など）	紙張り布張り	・酢酸ビニル樹脂エマルションと澱粉
	化粧合板，繊維板，石膏ボードなどの張付け	・酢酸ビニル樹脂エマルション ・酢酸ビニル樹脂溶液（充填剤入り） ・合成ゴム ・エポキシ樹脂
	テラゾ，石材，タイル	・ポリマーセメントモルタル ・エポキシ樹脂 ・合成ゴム
ノンスリップ（モルタル面）	金属製ノンスリップ，セラミックタイル製ノンスリップ	・エポキシ樹脂 ・酢酸ビニル樹脂溶液（充填剤入り） ・合成ゴム
	プラスチック製ノンスリップ	・合成ゴム ・ポリウレタン樹脂

移動足場（例）

手摺／幅木／隙間のない作業床／はしご道／車輪（ブレーキ付）

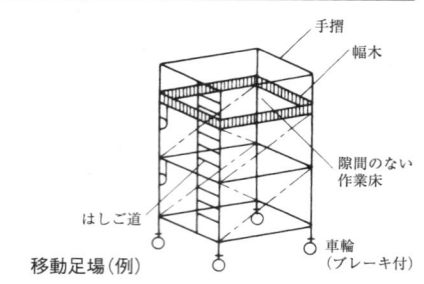

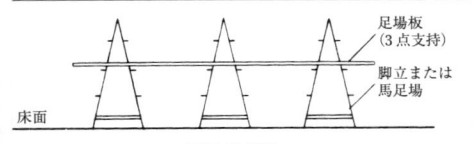

馬足場(例)

足場をいう（図参照）。

ないぶしんどうき　内部（棒形）振動機　vibrator
型枠の内部へ挿入し、フレッシュコンクリートを振動させて、コンクリートの組織を密実にする機器。棒状や箱状の物が多い。

ナイロン　nylon
繊維形成能を持っている合成高分子ポリアミドの商品名。繊維状、塊状、粉末状であるが、繊維が一般的。

ながいしょういちろう　永井彰一郎（１８９４〜1970）
セメント化学の研究者。元東京大学教授、元日本大学教授。

ながいひさお　永井久雄（1903〜1976）
建築施工技術の向上に貢献した。元 大林組技師長。

ながさへんかのそくていほうほう　長さ変化の測定方法
コンクリートおよびモルタルの長さを測定

長さ変化率：夏季の試験結果

プラント別	W/C (%)	スランプ (cm)	空気量 (%)	圧縮強度 (N/mm^2) 材齢（日）			長さ変化率 (×10^{-4}) 乾燥期間（週）		
				7	28	91	4	13	26
1	60.3	11.0	5.9	15.4	22.9	26.9	2.3	6.4	7.7
	60.3	19.5	4.7	16.5	25.3	30.1	3.6	7.7	8.3
2	61.5	8.0	4.7	20.7	27.7	36.0	2.1	6.5	7.0
	61.5	20.0	4.8	20.1	26.7	32.6	3.0	7.3	8.4
4	61.8	11.0	6.0	17.0	23.7	28.9	3.6	7.5	9.0
	61.8	22.0	3.7	17.0	22.9	28.5	3.9	8.4	9.1
5	62.0	13.0	6.1	16.8	23.0	27.7	3.0	5.8	7.7
	62.0	21.0	4.5	19.3	26.9	31.8	5.0	7.0	9.0
7	58.5	10.0	5.6	18.3	28.7	34.4	3.2	7.6	8.7
	58.5	19.0	5.6	17.8	27.9	33.8	3.2	8.2	9.3
8	59.5	8.0	4.3	17.6	25.3	29.6	1.7	6.3	7.4
	59.5	19.0	4.5	17.4	24.9	29.6	3.0	6.3	7.4
目標値	—	8±2.5	—	21以上			—	—	8以下
		18±2.5							

長さ変化率：冬季の試験結果

プラント別	W/C (%)	スランプ (cm)	空気量 (%)	圧縮強度 (N/mm^2) 材齢（日）			長さ変化率 (×10^{-4}) 乾燥期間（週）		
				7	28	91	4	13	26
1	60.3	11.5	4.9	16.3	25.2	29.7	4.2	6.2	6.6
	60.3	19.0	4.0	16.8	25.5	30.5	5.9	8.2	8.4
2	61.5	7.0	5.9	22.0	30.8	36.4	3.4	6.6	6.9
	61.5	20.5	4.4	20.3	30.8	36.7	4.3	7.5	7.8
4	61.8	7.0	4.6	18.5	27.9	34.1	3.8	6.0	7.3
	61.8	22.5	3.7	17.4	27.5	32.6	4.0	6.8	8.3
5	62.0	9.0	4.5	17.4	24.4	29.3	4.5	6.0	7.4
	62.0	19.5	4.6	17.3	24.9	29.9	5.4	7.7	8.8
7	58.5	9.0	4.5	18.8	28.7	33.8	5.2	7.5	8.5
	58.5	19.0	4.9	18.6	28.4	33.3	5.9	7.9	9.0
8	61.5	9.5	4.0	19.3	28.7	35.0	2.7	7.2	7.7
	61.5	19.5	4.9	19.7	29.5	35.7	2.4	7.6	7.9
目標値	—	8±2.5	—	21以上			—	—	8以下
		18±2.5							

する方法には，側面を測定するコンパレーター，コンタクトレインゲージと中心軸を測定するダイヤルゲージとがある（JIS）。

ながさへんかりつ　長さ変化率
コンクリートまたはモルタルの長さに対する比（％）（$\times 10^{-4}$）で示す。JASS 5 では 8×10^{-4}（26週間）以下を目標としている（JIS）。栃木県生コンクリート工業組合と共同実験したレディーミクストコンクリートプラントで夏季と冬季に練り混ぜたコンクリートの長さ変化率を p.425 表に示す。

ながしばり　流し張り
防水工事におけるルーフィングの張付けは流し張りを原則とし，重ね部からはみ出す程度のアスファルトを均等に流しながらルーフィングを平均に押し広げ密着させる。

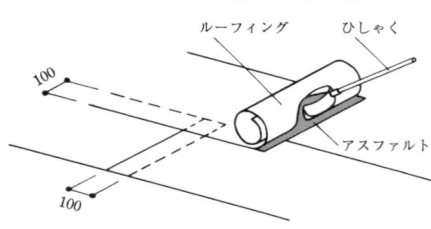

ルーフィング類の流し張り

なかはらまんじろう　中原万次郎（1899～1977）
セメント化学の研究者。元　日本大学教授。

なちぐろ　那智黒〔→那智砂利〕
建築では洗出し仕上げに使用され，造園では搬石，試金石，また碁石等に使用する黒色で緻密な粘板岩。

なちじゃり　那智砂利〔→那智黒〕
和歌山県東牟婁郡那智川産の黒色の砂利。

なつようコーキングざい　夏用コーキング材
夏季のような高温時に用いるコーキング材で，作業性をよくするために硬目にし，充填後，だれないようにしたもの。

ななめシュート　斜めシュート〔→シュート〕
コンクリート打設時に用いる樋または管状の運搬器具。コンクリートを分離させないよう，勾配は 30～40°程度とし，できるだけ短くする。

斜めシュート

ななめてっきん　斜め鉄筋
diagonal reinforcement
斜めひび割れ，ひび割れを有効に抑える。「斜め筋」「斜め補強筋」ともいう。

ナノメートル　nano meter〔→nm，→ミクロンメートル，ミリミクロン〕
長さの単位。1 mm の百万分の 1。

ナフサ　naphtha
石油の成分中，ガソリンと灯油の中間にある成分。都市ガスの原料，塗料用溶剤として用いられる。「ナフタ」ともいう。

なべトロ　鍋トロ
V 形鉄製鍋（容量 0.5 m³ 前後）が鉄製台車上に架装されている運搬車（トロッコ）の略称。砂利やコンクリートなどの運搬に用いる。

なまこいたべい　生子板塀
亜鉛鉄板で張った塀。

なまこてっぱん　生子鉄板
生子板（亜鉛鉄板，トタン板）のこと。「波形鉄板」ともいう。

なまゴム　生ゴム
crude rubber, raw rubber
配合および加硫をする前の原料ゴム。

なまコン　生コン　freshly mixed concrete,

readymixed concrete 〔→硬化コンクリート，フレッシュコンクリート，レディーミクストコンクリート〕
混練りして固まる前のコンクリート。コンクリート製造工場で製造されるフレッシュコンクリート。わが国では1949年（昭和24）11月1日設立された，当時のいわき社（現 住友大阪セメント社）業平橋工場（日産能力150 m³のプラント）が最初の製造プラントである。全国における2000年の生コン生産量は1.2億m³である。

なまコンかいしゅうすい　生コン回収水〔→スラッジ水〕
スラッジ水は，スラッジ固形分のセメント質量に対する添加量が3％以下となるように濃度調整して使用する。

なまコンクリート　生コンクリート
freshly mixed concrete
「生コン」のこと。JISでは「レディーミクストコンクリート」といっている。

なまコンクリートうんぱんぎのうし　生コンクリート運搬技能士
都城地区生コンクリート協同組合は2002年10月から全国初の取組みである「生コンクリート運搬技能士」の資格制度をスタートした。組合員の従業員として生コン運搬に携わるすべての者を対象に資格認定を行う。資格の格付けは，経験年数ならびに講習会の内容，受講回数等により初級，中級，上級の3段階とし，有効期限は認定日から1年間。

なましてっせん　鈍し鉄線
anneal steel wire
鉄筋の結束線。径は通常0.8〜0.85 mm。太い鉄筋の場合は2〜3 mm。なお，結束方法は鉄筋とコンクリートの付着力を妨げないように十字結びより片方結びにする。

なまり　鉛　lead〔→Pb〕
柔らかい，白色の金属。密度11.34 g/cm³，融点327.4℃。

なまりいた　鉛板　lead plate
診療所や病院の放射線を取扱う室内の床，壁，天井，扉などに放射線が漏れないように張る。

なみいた　波板　corrugated sheet
波状としたスレートやプラスチック板，鉄板など。壁や屋根に使用する。「波形板」ともいう。

なみがたあみいりガラス　波形網入り（線入り）板ガラス　corrugated wired glass
板ガラスの中に網または線を封入した板ガラス（厚さ6, 7 mm）で，主として防火ガラスとして使用されている。しかし，ガラス周囲のエッジ強度が小さいのでエッジからの熱割れが生じやすい。

なみがたガラス　波形ガラス　wave glass
波形状の板ガラス。

なみがたスレート　波形スレート
corrugated slate
下図に示すような波形状のスレート。

なみじゃり　並砂利　blend gravel
わずかな砂が混合された砂利。

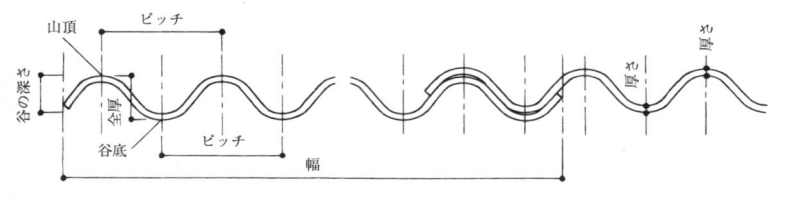

波形スレート

なみはまずさ　並浜苆
　浜苆の内で漂白度が低いもの。塗壁の補強材で，ひび割れの分散などの目的のために入れる。

ならしじょうぎ　均し定規
　screed, strike off
　打ち込んだコンクリートの天端（てんば）を平面にするために用いる木製または金属製の直定規。

なんか　軟化　softening
　軟らかになること。

なんかいじしん・ひがしなんかいじしん　南海地震・東南海地震
　南海トラフ（四国から浜名湖沖合の海洋プレート（岩盤））付近で起きるといわれている地震。海のプレートが沈み込む際，陸のプレートが引きずり込まれて沈下し，圧力が蓄積され，限界に達すると陸のプレートが跳ね上がって，一気にエネルギーを放出し，地震が発生する。

なんかてん　軟化点　softening point
　アスファルトの軟化する温度を表すもので，試料を規定条件のもとで加熱したとき，規定距離に垂れ下がるときの温度をいう。通常，3種（温暖地用）が100℃以上，4種（寒冷地用）が95℃以上と定められている。

なんきんずさ　南京苆　hemp fibre
　塗壁の補強材。ひび割れの分散などの目的のために入れる。

なんけいせき　軟珪石
　loose sand, ganister
　チャートや砂岩などが熱変化や風化によって軟組織化した珪石の総称。

なんこう　軟鋼　mild steel　〔⇔硬鋼〕
　炭素量が0.12～0.20％で建築構造用の鋼。鉄筋として広く使用されている。

なんしつガラス　軟質ガラス　soft glass
　軟化点温度の低いガラスで，普通の食器ガラス，ビンガラス，電球ガラスに用いられる。反意語は「硬質ガラス」。

なんしつせんいばん　軟質繊維板
　fibre insulation board, low-density fibre board, soft board
　十分に繊維化した植物繊維を打ちほぐして成板したもの。断熱，吸音用に用いられる。密度 $0.4\,g/cm^3$ 未満。

なんすい　軟水　soft water　〔⇔硬水〕
　カルシウム，マグネシウムなどの塩類を比較的含まない水。

なんせき　軟石　soft stone　〔⇔硬石〕
　JISの軟石は，圧縮強度が $981\,N/cm^2$ 未満と定義している（供試体寸法 $10\times10\times20\,cm$ の角柱状）。大谷石など。

なんせきりょう　軟石量
　content of soft particles
　黄銅棒でひっかき，軟石と判定される粗骨材粒の質量の和の全粗骨材質量に対する割合（JIS）。

なんど　軟度　consistency
　主として水量によって左右されるフレッシュコンクリートの変形または流動に対する抵抗性。「コンシステンシー」ともいう。

なんねりコンクリート　軟練りコンクリート
　plastic concrete　〔⇔硬練りコンクリート〕
　スランプ18cm以上のコンクリート。一般に建築用。

なんねんごうはん　難燃合板
　incombustible plywood
　難燃処理加工した合板。

なんねんざいりょう　難燃材料　incombustible material, fire retarding material　〔→不燃材料，準不燃材料〕
　5分間以上10分間未満燃焼せず，防火上有害な損傷または，避難上有害な煙やガス

を発生しない材料。難燃合板で厚さが 5.5 mm 以上，石膏ボードで厚さが 7 mm 以上のもの（ボード用原紙の厚さが 0.5 mm 以下のものに限る）。

[に]

におろしじのスランプ　荷卸し時のスランプ
生コン車がレディーミクストコンクリートを卸す時点（下図参照）でのスランプ。

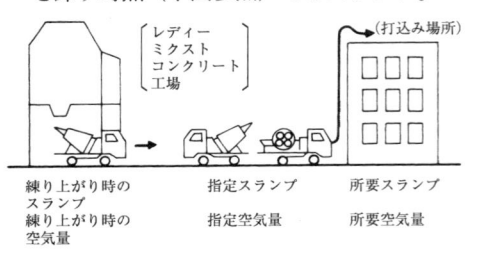

[注] 運搬によってスランプ，空気量とも減ずるので所要スランプ・所要空気量を定めたら，指定スランプ・指定空気量を若干多めにするとよい。

練上がり時・荷卸し時・打込み時の関係

にがり　苦汁　bittern
海水から食塩をつくった残りの汁で，塩化マグネシウムなどを含む。マグネシアコンクリートをつくるのに用いる。

にかわ　膠　glue
獣類の皮，骨，腱，腸などを煮て，乾かした硬質ゼラチン。接着などに用いる。

にくこっぷんのさいりよう　肉骨粉の再利用
狂牛病の感染源とされる肉骨粉は，約1,400℃の高温で焼き，残ったカルシウム分をオートクレーブ再生セメントの原料とすることが考えられている。高温で処理するため，狂牛病の病原体といわれているプリオンは完全に分解される。セメント工場における肉骨粉処理が本格化し，実施工場が徐々に増えた。

にけん　二間
12尺（約3.63 m）。長さを示す。

にけんもの　二間物
長さが約3.63 mの材料。

にこうかくりつし　二項確率紙　binomial probability paper
横軸も縦軸も平方根目盛としたグラフ用紙（JIS）。

にこうぶんぷ　二項分布　binomial distribution
$x=0, 1, 2, \cdots\cdots, n$ のそれぞれの値の出現する確率が
$$P_r(X=x)\binom{n}{x}P^x(1-p)^{n-x}$$
$$(x=0, 1, 2, \cdots\cdots, n)$$
で与えられる分布。ここに n は正の整数，P は0と1との間の実数。

備考：二項分布は n と P によって定まる不良率 P の母集団からの大きさ。n のサンプル中の不良品の個数は二項分布に従う（JIS）。

にさんかいおう　二酸化硫黄　sulfur dioxide　〔→ SO_2, ➡有害ガス〕
気体状を亜硫酸ガスといい，無色で刺激臭がある。密度 0.0029 g/cm³，外気中には0.01〜0.15 ppm 含まれている。環境基準値は 0.1 ppm。2000年6月26日に伊豆諸島・三宅島の火山活動が活性化した際の SO_2 の放出量は p.431 上図の通り。

にさんかけいそ　二酸化珪素　silica　〔→ SiO_2〕
セメント原料の一つ。粘土に含まれている成分で，粘土中 45〜78% 程度である。密度 2.26 g/cm³，無色。

にさんかたんそ　二酸化炭素　carbon dioxide　〔→ CO_2, ➡炭酸ガス，有害ガス〕
有害ガスの一種。CO_2 は無色無臭の気体で，水溶液はリトマス試験紙を赤変する。密度 0.0020 g/cm³。建築物内は 1,000 ppm（0.1%）程度，外気では 300〜320 ppm（0.03〜0.032%）程度で，化石燃料の燃焼とエルニーニョ現象の影響のために次第に増えるといわれている。コンクリー

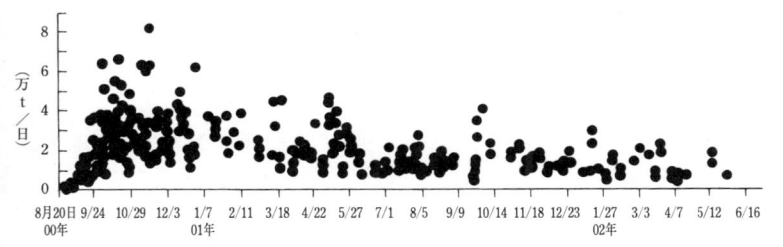

三宅島の火山ガス（SO₂）放出量

トは二酸化炭素によって表面から中性化され，鉄筋がある位置のコンクリートが中性化されると鉄筋に対する防錆性が失われる。排出量等については「京都議定書」の項参照。

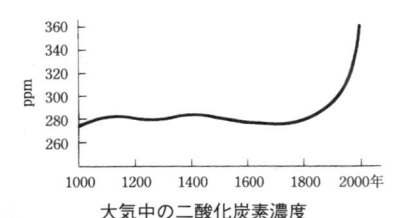

大気中の二酸化炭素濃度
（注）国連気候変動政府間パネル報告書を基に作成

にさんかちっそ　二酸化窒素
nitrogen dioxide 〔→ NO_2，→有害ガス〕
有害ガスの一種。
①呼吸器障害や酸性雨の原因となる
②一般外気中では0.04〜0.06 ppm ある。
③ワースト5の測定地点
④工場や自動車（特にディーゼルエンジン車）の排ガスに含まれる二酸化窒素（NO_2）による大気汚染が大都市部で依然として深刻な状況にある。
⑤密度は3.3 kg/m³。

にしただお　西　忠雄（1912〜1998）
軽量コンクリートの研究者。北海道大学・東京大学・東洋大学教授を歴任。元 東洋大学学長。

にじみ　滲み　bleeding
フレッシュコンクリートにおいて内部の水が上方に移動する現象。

ニス　varnish
セラックニスが一般的で，淡黄色の濁った液体。10〜20分で乾燥する。塗膜は黄褐色。「ワニス」ともいう。

にすいせっこう　二水石膏
dihydrate gypsum 〔→ $CaSO_4・2H_2O$〕
密度2.32 g/cm³，硬度2。天然石膏の他に，化学石膏，古型石膏などがある。二水石膏は，ポルトランドセメントの凝結遅緩剤として欠くことのできないもので，また建築用，各種型材用などの焼石膏の原料として重要である。

にせんさんねんもんだい　2003年問題
東京都内では2002年後半から2003年にかけて大型都市開発計画が集中し，都心の汐留，品川，六本木などで大型物件が一斉に完成。大型新築オフィスビルが大量供給され，オフィスビル総面積は3割増加したが，反して，景気低迷もあって入居需要が減少，空室率が大幅上昇し賃貸料金が急激下落した。

にちさいこうきおん　日最高気温
daily maximum temperature
1日の間の最高の気温。

にちさいていきおん　日最低気温
daily minimum temperature
1日の間の最低の気温。

にちさいていしつど　日最低湿度
daily minimum humidity
1日の間の最低の湿度。

にちないへんどう　日内変動

にちへいき

1日間のコンクリートの性質の変動（例えば圧縮強度のバラツキ）。

にちへいきんきおん　日平均気温
daily mean temperature
1日の間の気温の平均値。

にちへいきんしつど　日平均湿度
daily mean humidity
1日の間の関係湿度の平均値。

ニッケルごうきん　ニッケル合金
nickel alloy
ニッケル（Ni）を主体とした合金の総称。ニッケル銅合金，ニッケル鉄合金，ニッケルクロム合金，ニッケル鉄クロムモリブデン合金，ニッケルマンガン合金がある。

にっしゃきゅうしゅうりつ　日射吸収率
absorption factor of solar radiation
コンクリートの直達日射に対する吸収率。

にっしゃのつよさ　日射の強さ
intensity of solar radiation
日射を受けるコンクリート面の単位時間，単位面積当たりの太陽放射量を熱量単位で表したもの。

にっしゃのにちりょう　日射の日量
amount of daily solar radiation
1日に受ける日射量の総和。

にっしゃりょう　日射量
value of solar radiation
直達日射あるいはこれに天空放射を加えた日射によって単位面積当たり単位時間に受ける熱量。

にっしょうじかん　日照時間
duration of sunshine
太陽が地上を照らす1日当たりの時間。

ニートセメント　neat cement
セメントと水，すなわちセメントペーストのこと。

ニッパー　nipper
結束線を切断する機器。

にほんぎじゅつしゃきょういくにんていこう　日本技術者教育認定機構
Japan Accreditation Board for Engineering Education
1999年11月19日設立された技術系学協会と密接に連携しながら技術者教育プログラムの審査・認定を行う非政府団体で，大学など高等教育機関で実施されている技術者教育プログラムが，社会の要求水準を満たしているかどうかを外部機関が公平に評価し，要求水準を満たしている教育プログラムを認定する専門認定制度。設立当時，建築学科は，認定されていなかったが，2001年度が3コース，2002年度は32コース，2003年度，2004年度は各4コースが認定された。通称を「JABEE（ジャビー）」という。

にほんけんちくがっかい　日本建築学会
Architectural Institute of Japan
前身は造家学会として1886年6月に創立された。1897年に建築学会，1947年に日本建築学会と改称し，現在に至っている。建築に関する学術・技術・芸術の進歩，発達を図ることを目的としている。わが国建築界における唯一の学術団体。略称「AIJ」。

にほんけんちくがっかいけんちくこうじひょうじゅんしようしょ　日本建築学会建築工事標準仕様書　Japanese Architectural Standard Specification
標準仕様書は建築物の質の向上を図るために施工標準を決める。通称「JASS$_{ジャス}$」。

にほんこうぎょうきかく　日本工業規格
Japanese Industrial Standard
わが国の工業品に関する標準化のための国家規格。通称「JIS$_{ジス}$」。経済産業省工業技術院の管轄。

にほんコンクリートこうがくきょうかい　日

本コンクリート工学協会
Japan Concrete Institute
コンクリートに関する学術，技術の進歩と発展を図ることを目的とする学術団体。1960年7月日本コンクリート会議として設立。1969年5月日本コンクリート工学協会と改称され現在に至る。略称「JCI」。

にほんのいちじエネルギーきょうきゅうげん
日本の一次エネルギー供給源

総合資源エネルギー調査会が調べた供給源は，図に示す通り。

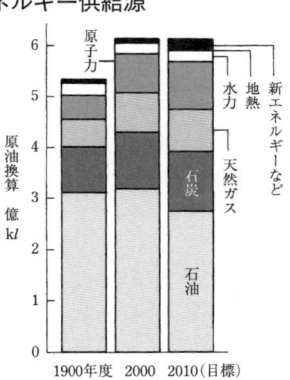

にほんのうりんきかく　日本農林規格
Japanese Agricultural Standard
製材品，合板，集成材などに関する国家規格。通称「JAS（ジャス）」。

ニューアベイラブルコンクリート
new available concrete
ニューアベイラブルコンクリートとは，日

調合と結果（水結合材比 58％）

月度	平均比表面積 (cm²/g)	スランプ (cm)	空気量 (％)	温度 (℃)	ワーカビリティ	28日圧縮強度 (N/mm²)
4	7930	19.5	4.7	12.9	良	30.4
5	5320	20.0	4.6	17.7	良	30.6
6	4450	20.5	4.2	21.9	良	30.8
7	4050	20.0	5.5	25.1	良	30.6
8	4050	20.0	5.1	27.3	良	30.3
9	5320	20.0	4.7	21.5	良	30.9
10	5320	20.0	5.2	18.5	良	30.8
11	6190	20.0	4.7	12.5	良	31.0
12	8760	19.5	5.2	6.3	良	30.8
1	9560	20.5	5.2	3.5	良	31.0
2	9560	19.0	5.4	4.3	良	30.9
3	8760	20.0	5.2	7.8	良	30.4

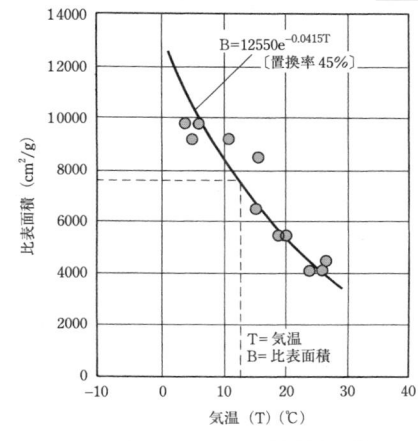

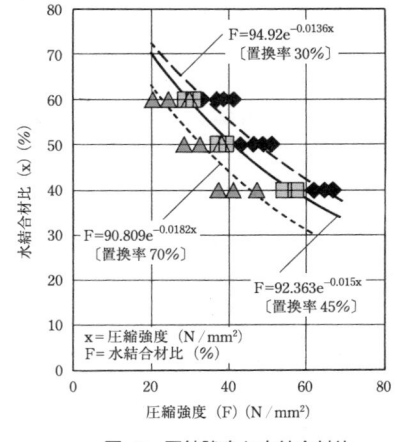

図-1　気温と高炉スラグ微粉末の比表面積

図-2　圧縮強度と水結合材比

ニューアベイラブルコンクリートの調合設計

本建築学会のJASS 5ではコンクリート打込み時の気温による強度の補正値を定めており，季節による調合が調整されているが，p.433表・図に示すような高炉スラグ微粉末の比表面積を選ぶことによって，年間を通じて同一調合のコンクリート製造が可能となり，バラツキが小さい安定した強度で安全かつ高品質な構造物の施工ができる。併せて高炉スラグ微粉末を用いることによって省資源・省エネルギー化，CO_2発生量の削減化ができる。表・図に示す調合でワーカビリティ，スランプ，空気量，ブリーディング量，凝結，圧縮強度，引張強度，曲げ強度，鉄筋とコンクリートとの付着強度，長さ・質量変化率，相対動弾性係数，中性化深さについて究明した結果，ニューアベイラブルコンクリートは1年中同じような値が得られることが分かった（特許番号2938006号）。

にゅうさつにかんするだいさんしゃきかん　入札に関する第三者機関
入札の透明化を図り，不正行為を防止するため2001年4月に施行された入札契約適正化法の指針に基づく機関。入札に不正や改善点があったときは，首長らに意見を提出し，首長は対策をとる。

にゅうさん　乳酸
牛乳などの腐敗，糖類の発酵などによってできる有機酸。

にゅうはくガラス　乳白ガラス
opa glass, opalescent glass, opaline
ガラス中に屈折率の違う乳白剤の微細な粒子を無数に分散させ，光の散乱によって外観上不透明乳白色に見えるガラス。JISに示すコンパレーター方法に用いる。

にゅうばち　乳鉢　mortar
固形物を摩り潰したり，2種類以上の固形物を均一に混合するために使用する鉢の形をした器具。乳棒と共に使用する。一般に，磁製やガラス製のものが用いられるが，硬い固形物の粉砕，混合には，瑪瑙（めのう）アルミナ製などの乳鉢が使用される。鉄製のものもある。

にょうそコンクリート　尿素コンクリート
urea concrete
セメントの水和熱による温度応力に起因するひび割れ防止のため，水和熱低減用混和材料である尿素を添加することにより，水和熱を低減させるコンクリート。

にょうそじゅし　尿素樹脂
urea formaldehyde, urea resin
耐水性はあるが耐老化性・耐防火性は小さい。無色，着色自由。用途は接着剤，塗料。

ニューサスペンションプレヒーター　〔→ロータリーキルン，サスペンションプレヒーター〕
従来のSPキルンを1971年に改良したもので，現在最も進んだタイプ。これは，熱効率を著しく向上させた省エネルギー時代にマッチした方式であると同時に，窒素酸化物（NO_x）発生の抑制に顕著な効果を発揮するので，公害対策上からも急激に普及した。

にりんておしぐるま　二輪手押車　two wheel handcar　〔→一輪車，コンクリートカート，猫車〕
主として場内運搬に使用される小型の二輪車。コンクリートを運ぶ船底形のねこ車や，箱形の骨材カートなどがある。

にるいごうはん　二類合板
type-two plywood

JASでは尿素ホルムアルデヒド樹脂またはこれと同等以上の接着剤を使用したもので高度耐水性を持つ。

にわいし　庭石　garden stone

外構を構成する景石。舗石等に用いる石材の総称。表に例示する。

庭石名	岩石名	産地名	特長・性質	用途	備考
本御影	黒雲母花崗岩	兵庫県御影地方	硬度色彩共によい	灯籠，沓脱石，石臼	
小豆島	〃	香川県小豆島	粗質のため錆が付きやすい	灯籠，飛石，水鉢，景石	加工品は少ない
三州御影	両雲母と花崗岩が主	愛知県岡崎	材質が緻密なため錆が付きにくい	灯籠，塔，水鉢，井筒，短冊石	加工品は多い
鞍馬石	黒雲母花崗岩	京都市上京区鞍馬	全表面が鉄錆色となる	沓脱石，水鉢，飛石	庭石として最高
甲州鞍馬	〃	山梨県大月市笹子	石理の石，皮が厚くはげる	景石，沓脱石，飛石，灯籠	鞍馬石の代用
貴船石	輝緑凝灰岩	京都市貴船村	石色は青系，紫系，白色系	水鉢，飾り石，景石	
白川石	黒雲母花崗岩	京都市白川修学院付近	風化が早く錆が出る	灯籠，水鉢	
丹波石	安山岩	京都府亀岡市付近	淡褐色	主として張石用	張石として最高級
筑波石	黒雲母花崗岩	茨城県筑波山	石形は角を有し黒色系で山錆よし	庭石，景石として石組配石用	
生駒石	黒雲母花崗岩	奈良県生駒山	筑波石によく似て，やや青みを帯びる	庭石，景石として石組配石用	
小松石	安山岩	伊豆真鶴，根府川辺り	材質は緻密	門柱，碑石用，敷石	
新小松石	輝石安山岩	神奈川県湯河原町付近	真鶴産の青紫色の物は割石で石積用	庭石，飛石，沓脱石，敷踏石	
伊豆石	安山岩，輝石安山岩	静岡県韮崎町・大仁町	産地により磯石，山石がある	野面の景石物	
根府川石	両輝石安山岩	神奈川県根府川	板状石質の硬い安山岩	景石，沓踏石，飛石，敷石	
鉄平石	輝石安山岩	長野県諏訪，佐久地方	産地により，石色に赤味，青味がある	張り石，厚い物は飛石	
六方石	玄武岩	静岡県大仁町神山	自然のままで四，五，六角形である	乱杭，石標用	
伊予青石	緑泥角閃片岩	愛知県三崎町，保内町	石色は青磁色	滝の鏡石，沓脱石，飛び石	青石中，最も良質
秩父青石	緑泥片岩系蛇紋岩	埼玉県秩父川流域	青色，赤色，白色系あり	景石，鏡石，沓脱石，碑石	
紀州青石	緑泥片岩，集塊岩	和歌山県	伊予石より軟質で白色系は細かい	景石，組石，配石，飛石	
大谷石	凝灰岩系	栃木県宇都宮市大谷	軟質で加工しやすい，所々に空洞がある	門柱，柵，縁石，池縁，笠石	建築材として有名
赤玉石	角閃石	新潟県佐渡	色は赤黒く，朱色，朱黄，暗赤紫色	主に飾り石	採掘禁止
黒ぼく石	玄武岩系溶岩塊	静岡県，神奈川県，山梨県，その他	水分を保ちやすい，軽量	石組，ロックガーデン，屋上庭園	
仙台石	泥板岩，粘板岩	宮城県稲井村	黒色系板岩で根府川石に似る	碑石，板石，橋石	
抗火石	玻璃質石英粗面石	伊豆天城山，新島	加工容易，軽量，耐火，保温，保水大	屋上庭園用景石	
奥多摩石	けい板岩	多摩川上流御岳付近	青梅石，多摩川石の別名あり	景石，石組用	
加茂赤石	角岩	京都府加茂川	暗赤褐色の石	飾り石，景石用	
寒水石	石灰岩	茨城県多賀町		灯籠用，細粒は砂，寒水石など	
稲田御影	黒雲母花崗岩	茨城県西山門村		敷石，板石，門柱，階段用	建築材として有名

[ぬ]

ぬきとりけんさ　抜取検査
sampling inspection
検査ロットから，あらかじめ定められた抜取検査方式に従って，サンプルを抜き取って試験し，その結果をロット判定基準と比較して，そのロットの合格・不合格を判定する検査（JIS）。

ぬのぎそ　布基礎　continuous footing
直接基礎の一つで，壁下などに用いる連続した同断面の基礎。

ぬのぶせ　布伏せ
左官工事で亀裂の生じやすいところに寒冷紗などを塗込むこと。

ぬのほり　布掘り　trench excavation
布基礎を設けるために壁下を長さ方向に連続して掘ること。

ぬりあつ　塗厚　thickness of coating
左官工事や塗装工事で，塗り付けた層の厚さ。

ぬりしたづみ　塗り下積み
塗り下地とする場合の煉瓦やコンクリートブロックの積み方。

ぬりてんじょう　塗り天井
plastered ceiling
漆喰・プラスター・モルタルなどで塗る天井仕上げ。

［ね］

ねいし　根石　plinth stone
基礎に用いる石の総称。

ねこぐるま　猫車　cart〔→一輪車，コンクリートカート，二輪手押車〕
フレッシュコンクリートや，骨材などを運ぶ手押しの二輪車または一輪車。容量は $50\,l \sim 200\,l$ 程度。単に「ねこ」ともいう。

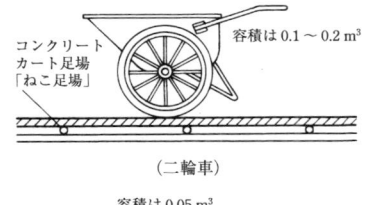

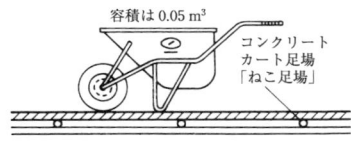

容積は $0.1 \sim 0.2\,m^3$
コンクリートカート足場「ねこ足場」
（二輪車）

容積は $0.05\,m^3$
コンクリートカート足場「ねこ足場」
猫車（一輪車）

ねじりつよさ　捩り強さ　torsional strength
円柱，供試体に捩り荷重を与えると，中心がゼロ，表面が最大となる剪断応力分布となる。このような捩り試験において，供試体が耐え得る最大剪断応力の限界値をい

う。

ねつおうりょく　熱応力　thermal stress
温度差あるいは温度変化に伴い，熱膨張が原因となって生じる応力。コンクリートを固定拘束して温度変化させたり，局部的に加熱あるいは冷却して内部に温度差を生じさせたりすると熱応力が生じる。コンクリートのヤング係数 E，線熱膨張係数 α_l，温度差 ΔT とすれば，熱応力 σ は $\sigma = \alpha_l \cdot \Delta T \cdot E$ となる。

ねつかくさんりつ　熱拡散率　diffusivity of heat
土木学会では，$0.003\,m^2/h$ を提案している。

ねつしょうげき　熱衝撃　thermal shock
強熱急冷などの急激な熱変化。

ねつてきせいしつ　熱的性質
A. M. Neville の各種コンクリートの熱的性質を下表に示す。
また，土木学会の提案値を右表に示す。

コンクリートの熱的特性

熱伝導率	9.2kJ/mh°C
比　熱	1.05kJ/kg°C
熱拡散率	0.003 m²h

（土木学会提案値）

ねつでんどうりつ　熱伝導率　thermal conductivity
熱の伝わりやすさの比例定数。土木学会では $9.2\,kJ/mh°C$ としている。また，軽量骨材コンクリートでは p.438 上表のように提案している。

各種コンクリートの熱的性質

コンクリート	骨材		密度 ρ (kg/m³)	熱膨張係数 α (1/°C)	熱伝導率 k (W/m·K)	比熱 c (kJ/kg·K)	熱拡散係数 h^2 (m²/h)	適用範囲
	細骨材	粗骨材						
普通コンクリート	—	珪岩	2,430	12〜15	3.6〜3.7	0.88〜0.97	0.0056〜0.0062	
	—	石灰岩	2,450	5.8〜7.7	3.2〜3.4	0.92〜1.01	0.0048〜0.0052	
	—	白雲石	2,500	—	3.4〜3.9	0.97〜1.01	0.0048〜0.0051	10〜30°C
	—	花崗岩	2,420	8.1〜9.7	2.6	0.92〜0.97	0.0040〜0.0043	
	—	流紋岩	2,340	—	2.2	0.92〜0.97	0.0033〜0.0034	
	—	玄武岩	2,510	7.6〜10.4	2.2	0.97	0.0031〜0.0032	
	川砂	川砂利	2,300	—	1.6	0.92	0.0026	
軽量コンクリート	川砂	軽石類	1,600〜1,900	—	0.65〜0.76	—	0.0014〜0.0018	
	軽砂	軽石類	900〜1,600	7〜12	0.52	—	0.0013	

ねつひろう

軽量骨材コンクリートの熱伝導率（kJ/mh℃）

単位質量（kg/m³）	気乾状態	湿潤状態
1,500	2.1	—
1,600	2.3	4.6
1,700	2.5	4.8
1,800	2.9	5.0
1,900	3.3	5.9

ねつひろう　熱疲労　thermal fatigue
熱応力によるコンクリートの疲労劣化現象。

ねっぷうかんそう　熱風乾燥
hot gas drying
水分の蒸発に必要な熱量を熱風による対流伝熱でコンクリートに与える乾燥方式。

ねつぼうちょうきょくせん　熱膨張曲線
thermal expansion curve, dilatometric curve
コンクリート用各材料の熱膨張の温度依存性を示す曲線。横軸は温度，縦軸が伸びである熱膨張率。

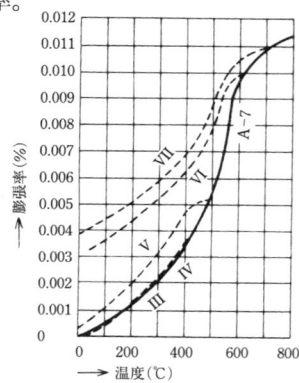

熱膨張曲線　　（原田 旬による）

ねつぼうちょうけい　熱膨張計
dilatometer
熱膨張を測定する装置。単に膨張計ともいう。

ねつぼうちょうけいすう　熱膨張係数
〔→線膨脹係数〕

coefficient of thermal expansion
熱に対する物体の体積の変化を示す値。膨張係数，熱間線膨張係数，熱膨張率線膨張係数ともいう。
①常温下での熱膨張係数は次の通り
　コンクリート　1×10^{-5}（1/℃）
　骨　　　材　$0.5\sim1.5\times10^{-5}$（1/℃）
　鉄　　　筋　1×10^{-5}（1/℃）
②100℃以上の鉄筋の熱膨張係数は下表の通り。

温度(℃)	膨張率（dL/L）(%)	膨張係数(α)$\times10^{-5}$
100.0	0.0611	1.0181
200.0	0.1817	1.1358
300.0	0.3223	1.2398
400.0	0.4746	1.3185
500.0	0.6407	1.3929
600.0	0.8044	1.4365
700.0	0.9825	1.4888
800.0	1.0670	1.4039

（太田福男による）

ねつようりょう　熱容量　heat capacity
セメントペースト，モルタル，コンクリートの温度を単位温度だけ上昇させるのに要する熱量のこと。

ねつりょう　熱量　heat quantity
熱エネルギーの大きさを量的に表したもの。1gの水の温度を1℃だけ上昇させるのに必要な熱量を1 calという。SI単位系ではジュール（1 cal＝4.184 J）が用いられる。

ねつりれき　熱履歴　thermal history
セメントペースト，モルタル，コンクリートが受ける温度履歴のこと。

ねまきいし　根巻石
鳥居の柱などにおいて柱の下端保護のために包み込まれた石。

ねまきモルタル　根巻きモルタル
型枠の組立てに先立ち，型枠の足元を決めるため，墨に沿ってモルタルを盛り上げて

つくる型枠建込み用定規。単に「根巻き」ともいう。

ねりいた　練板　concrete mixing vessel
コンクリートまたはモルタルをショベルで練るときに用いる平たい鉄板。

ねりかえし　練返し　retempering
コンクリートまたはモルタルが固まり始めたと思われるときに再び練り混ぜる作業。「練直し」ともいう。

ねりスコ　練スコ　〔→スコップ〕
コンクリートやモルタルの練混ぜ用のスコップ。

ねりづみ　練積み
　wet masonry　〔⇔空積み〕
石や煉瓦をモルタルで積むこと。石垣の場合は，積石の合端にモルタル，漆喰などのとろを，時にはさらにその背後の控え尻までコンクリートなどを入れているもの。

ねりなおし　練直し　remixing
コンクリートまたはモルタルがまだ固まりはじめないが，練混ぜ後，ある程度時間が経過した場合，材料が分離した場合などに再び練り混ぜる作業。「練返し」ともいう。

ねりまぜ　練混ぜ　mixing
コンクリート材料を均一になるように混ぜ合わせること。均質なコンクリートを練るには，手練りを避けて機械練りとし，練混ぜ時間を1～3分程度はとる。混練ともいう。

ねんど　粘土　clay
カオリナイト，セリサイト，イライト，モントモリロナイトなどの層状構造を持つ含水アルミノ珪酸塩鉱物よりなる凝集物。燃焼してタイル・陶製品などをつくる。

ねんどかいりょう　粘土塊量
　content of clay lumps
骨材中に含まれる粘土塊の量（JIS）。

ねんばんがん　粘板岩　clayslate
スライスして天然スレートとして使用されている水成岩の一種。千枚岩を含めることがある。原石の圧縮強度213～56 N/mm²（平均173 N/mm²），表乾密度2.77～2.74 g/cm³，吸水率は0.2～2.6％（平均0.85％）。

ねんれい　年齢　age　〔→材齢〕
材料をつくってからの経過日数。コンクリートの性質は材齢の経過と共に変化する。性質によってピークの材齢は異なる。コンクリートにおいては，一般的に材齢4～13週の諸性質を基準として考える。

[の]

のうたんでんち　濃淡電池　concentration cell
金属表面に接触する水溶液中のイオンや溶存酸素の濃度が，局部的に異なるために生じる電池。

のうどきせい　濃度規制　〔→総量規制〕
排出基準を排気ガス中の濃度で表した規制。単位は通常，容量比（％，ppm）で表す。

のこくずコンクリート　鋸屑コンクリート　saw-dust concrete
骨材の一部に鋸屑を使用したコンクリート。多くの場合，床に用いられる。

ノースランプコンクリート　no-slump concrete
スランプが2.5cm程度以下の超硬練りコンクリート。

ノニオンかいめんかっせいざい　ノニオン界面活性剤　non-ionic surface active

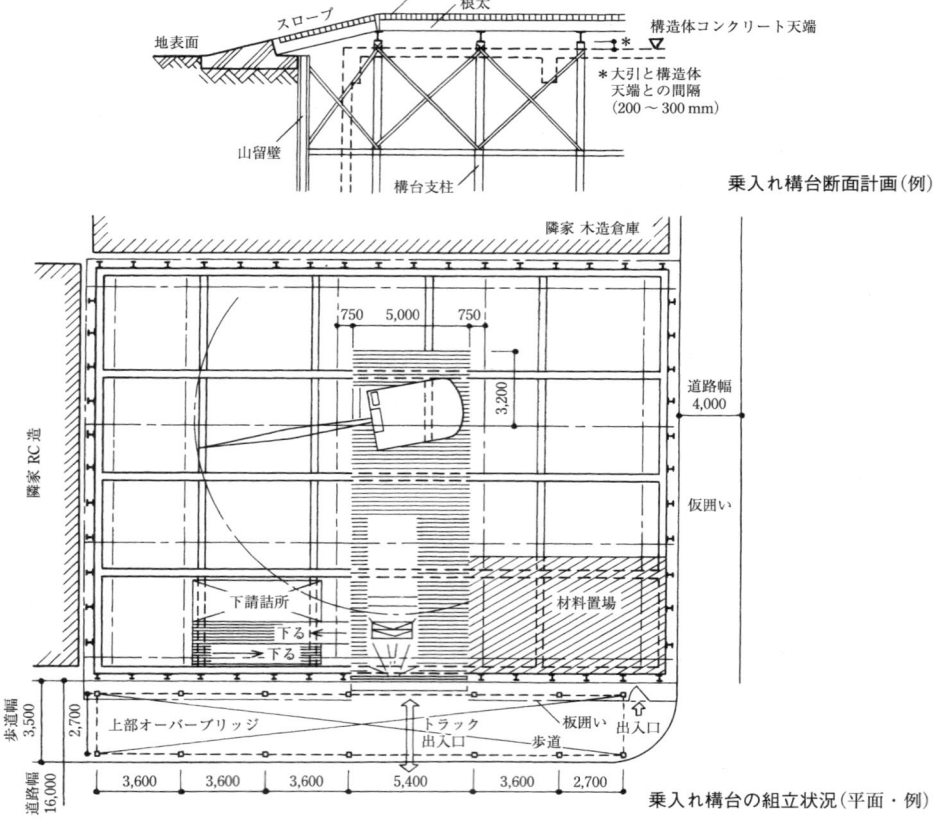

乗入れ構台断面計画（例）

乗入れ構台の組立状況（平面・例）

agent
水中においてイオン解離しないで，界面活性を持つ表面活性剤。

のび　伸び　elongation
温度変化中，引張力に対して固体物質が変形する（伸びる）ときの変形量（長さの増加量）。

のりいれこうだい　乗入れ構台
生コン車，クレーン，クラムシェルなどの乗入れ用仮設（p.440 図参照）。

のりめん　法面　face of slope
傾斜面を持った，切土または盛土の面。「法」は長さの意味で「内法」などと使う。「のりづら」ともいう。

のろもれ　のろ漏れ
せき板の接合部の不備から砂を含んだセメントペーストが流れ出し，接合部に砂づらが発生する。防止法は接合部の加工・組立てには注意して行う。さらに解体後には小口部分を清掃する。

ノンシュリンク　non shrink
収縮しないこと。

[は]

はい　灰　ash
一般に，有機物を燃焼させた後の残分をいう。コンクリート用としては，石炭や粉殻を燃やしたもので，前者はフライアッシュとして，後者は粉殻灰として使用される。いずれも高品質のものを用いる。

はいえんだつりゅう　排煙脱硫
flue gas desulfurization
燃焼排ガス中の硫黄酸化物を除去する操作。

バイオマス（せいぶつしげん）はつでん　バイオマス（生物資源）発電
biomass generation of electric power
生ごみや下水汚泥，廃木材など動・植物をもとにエネルギー源を活用した発電。廃棄・焼却処分になるものから燃料となるガスを取り出せるため，化石燃料の利用を減らし二酸化炭素の排出量を抑える効果が期待できる。微生物の投与や，高温で熱して取り出したガスを発電利用するのが一般的である。2006年10月，日本政策投資銀行は，日本のエネルギーの約2％を賄えるといっている。

はいきぶつ　廃棄物
by-products and waste

政府の廃棄物の減量目標（百万 t/年）

	一般廃棄物		産業廃棄物	
	2003年度実績	2010	2003年度実績	2010
〈排出量〉	52	50	412	480
再生利用量	9.2	12	201	232
中間処理による減量	38	32	180	216
最終処分量	8.5	6.5	30	31

産業廃棄物（by-products）と一般廃棄物（waste）とがある（表）。種類別の統計値は，「セメント産業における産業廃棄物・副産物使用量」の項参照。

はいきぶつこんにゅうコンクリート　廃棄物混入コンクリート
連続繊維シート破砕材やFRP廃材など，主にコンクリート廃材以外の廃棄物を用いたコンクリート。

はいきん　配筋　bar arrangement
鉄筋コンクリート工事で鉄筋を配置すること。配筋の仕方で構造耐力がかなり異なるので注意する。

はいきんのけんさ　配筋の検査
inspection of bar arrangement
配筋の検査はJASS 5に示されているように，鉄筋の種類・本数・間隔および曲げ角度とその全長を確認する。鉄筋の寸法・間隔・定着および継手が設計図に示されている寸法に納まり，コンクリートの打込み作業などで鉄筋が移動することのないようにバーサポートおよびスペーサーによって間隔が保持され，堅固に支持・結束されているかなどについて，鉄筋組立ての各工程において工事監理者の検査を受ける（p.443上表）。

はいごう　配合　proportion, mixing
〔→調合〕
コンクリートをつくるときのセメント，水，混和材料，細骨材，粗骨材の使用割合または使用量。コンクリートの配合は，強度，施工性，耐久性に大きく影響する。

はいごうきょうど（ちょうごうきょうど）　配合強度（調合強度）
proportioning strength
コンクリートの配合（調合）を決める場合に目標とする強度。記号は$f'cr$（土木），F（建築）と表す。

鉄筋工事の主な管理確認項目（JASS 5）

設計終了	加工時	組立時
1．共通仕様書・特記仕様書および構造設計図の再確認 ○定着長さ・継手の長さ・余長・折曲げ寸法 ○鉄筋のあき・被り ○2段筋・補強筋・バーサポート・スペーサーの位置・数量 ○加工組立ての順序 2．設備配管などの確認 3．ガス圧接，その他の継手方法の検討	1．係員との打合わせ 2．加工組立ての要領書の内容検討 3．施工図の検討 1．鉄筋の受入れ検査 2．バーサポート・スペーサーの選定と受入れ検査 3．資格者の確認（ガス圧接・溶接，その他） 4．加工場の能力 5．切断加工の方法とその寸法の確認方法	1．種別・径・本数 2．折曲げ寸法 3．鉄筋のあき・被厚さ 4．バーサポート・スペーサーの配置・数量 5．定着位置・長さ 6．継手の抜取試験 7．関連業者との連係

はいすい　排水　drainage, drain
コンクリート練りや運搬によって生じる汚水，雑排水などをいう。

はいたたみ　廃畳
家庭や旅館が破棄した畳。これらを集めてセメント工場に運び，セメントの製造に必要な熱源の燃料として使う。廃畳は，1年間に350万枚程度出る。

はいだつせっこう　排脱石膏
flue gas gypsum, desulphogypsum
排煙脱硫石膏の略称。硫黄を含む燃料を用いる工場からの排ガス中に含まれる。SO_2，SO_3を除去することによって生成する石膏で，化学石膏の一種でほとんどの場合二水石膏である。

ハイドロクリート
特殊な高分子系混和剤を添加することによって，水中落下や水中流動によってもセメントの流失がほとんどなく，骨材の分離も極めて少ないという性質を有するコンクリート。主な用途は水中構造物，海中構造物，水中構造物の空隙充填固結。

はいねつはつでん　排熱発電
waste heatgeneration
セメントの焼成プラントにおいて，サスペンションプレヒーターから排出される400℃前後のプレヒーター廃ガス，およびエアクエンチングクーラー内でクリンカーを冷却した後，排出される250℃前後のクーラー排ガスを利用して発電すること。

ハイパーコンクリート　hyperconcrete
各種短繊維を高強度モルタルマトリックスに混入することにより，超高強度化に対応し，高靱性化を図った高強度・高靱性コンクリート。

ハイパフォーマンスコンクリート
highperformance concrete
圧縮強度や乾燥収縮，耐久性に優れ，長期間にわたり構造物として使用できるコンクリート。流動性および充填性が大きいコンクリートを示す。

はいピーシービー　廃PCB
「特別管理産業廃棄物」の項参照。

パイプクーリング　cooling by circulating cold water or air through tubing placed in concrete, pipe cooling
マスコンクリートなどの施工において，凝結，硬化初期時に出る水和熱を小さくするためにあらかじめコンクリート中に埋め込んだパイプに，冷水または冷気を流して，コンクリートを冷やすこと。

パイプサポート　pipe support

はいふれた

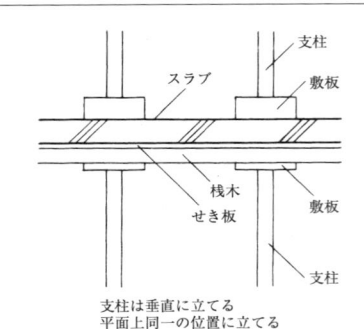

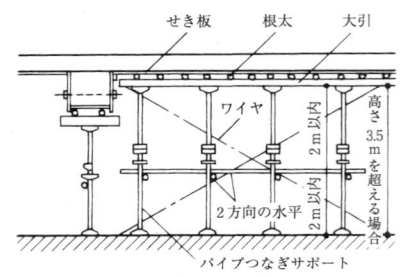

型枠と支柱の関係（図：支柱は垂直に立てる、平面上同一の位置に立てる。スラブ、敷板、桟木、せき板、支柱）

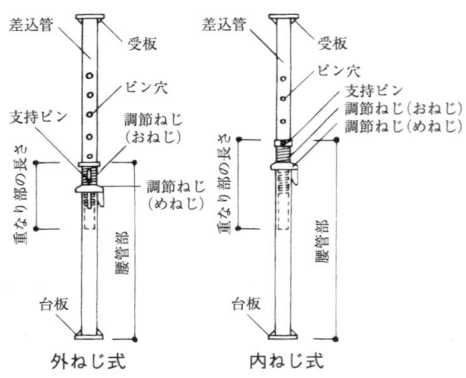

パイプサポート支柱（図：せき板、根太、大引、ワイヤ、2方向の水平、2m以内、高さ3.5mを超える場合、パイプつなぎサポート）

外ねじ式／内ねじ式（図：差込管、受板、ピン穴、支持ピン、調節ねじ（おねじ）、調節ねじ（めねじ）、重なり部の長さ、腰管部、台板）

コンクリート打込み時に型枠を支えるために使用する支柱（上図参照）。外ねじ式と内ねじ式がある。

バイブレーター vibrator 〔→振動機〕
打込んだフレッシュコンクリートを締固める機具をいう（図参照）（JIS）。

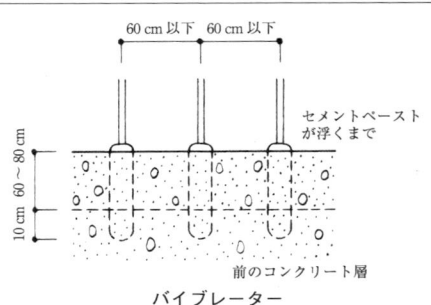

バイブレーター（図：60cm以下、60cm以下、セメントペーストが浮くまで、60～80cm、10cm以下、前のコンクリート層）

棒形振動機による締固め
①できるだけ垂直に挿入して加振する。挿入間隔は，60cm以下とする。
②振動棒の先端を，鉄骨・鉄筋・埋込み配管・金物・型枠などになるべく接触させない。
③振動時間は，打ち込まれたコンクリート面がほぼ水平となり，コンクリート表面にセメントペーストが浮き上がるときをもって標準とする。なお，加振時間は，1か所5～15秒の範囲とするのが普通である。
④振動棒は鉛直に挿入し，前の層のコンクリートに約10cm挿入する程度とする。
⑤先に打ち込んだコンクリートが硬化しはじめている場合は直接，振動機をかけてはならない。
⑥バイブレーターを長時間かけ過ぎると，砂利が下に沈み，上に水が浮かんできて，材料の分離が生じる。

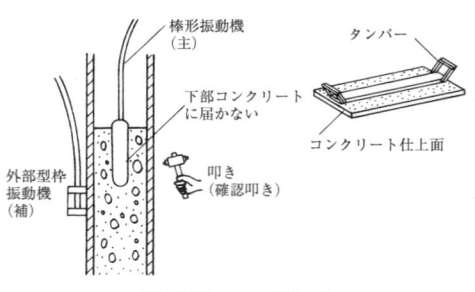

叩き締め・タンピング（図：棒形振動機（主）、下部コンクリートに届かない、外部型枠振動機（補）、叩き（確認叩き）、タンパー、コンクリート仕上面）

叩き締め
型枠内のコンクリートが上昇していく10 cm程度下の側面を短時間叩く。

タンピング
スラブや梁上端筋の両側のコンクリートの沈降によって生ずる沈み，ひび割れを防ぐには，コンクリート打込み後，均してから1～2時間して，タンパーで再打（タンピング）するとよい。

バーインコイル bain coil
形は螺旋（spiral）状で，例えば鉄筋。これは運搬しやすいために使用するときに直線器にかける。この際，鉄筋に損傷を与えないように注意する。

バーカッター bar cutter
鉄筋を加工する機械。梃子の力を利用して，鉄筋を所定の長さに切断する機械。「鉄筋切断器」ともいう。

はくあか　白亜化 chalking 〔→チョーキング〕
塗膜の劣化の一種で，塗膜表面が粉末状になる現象。

はくうんせき　白雲石 dolomite 〔→苦灰石，ドロマイト〕
鉱物名の場合，ドロマイト（苦灰石）Ca-Mg$(CO_3)_2$。原料名の場合，苦灰石を主成分とする岩石を苦灰岩の別名で，白雲岩。

はくか　白華 efflorescence 〔→エフロレッセンス，擬花〕
セメントの遊離石灰などがコンクリートの表面に出て，化学変化を起こし，白い粉末状を成したものをいう。庇やバルコニーの下に多く発生する。

はくしょくコンクリート　白色コンクリート
白色セメントを用いたコンクリート。実施例はまだ少ないが，今後は増えていくと予想される。コンクリートの性質は，普通ポルトランドセメントコンクリートと同程度。しかし，外気中における汚れは目立つ。

はくしょくポルトランドセメント　白色ポルトランドセメント
white portland cement
セメントペーストの色が硬化後も白色になるように鉄分（Fe_2O_3 0.4％以下）を少なくしたポルトランドセメント。性質は普通ポルトランドセメントと同じで色は白色。テラゾ，鏝塗り，吹付けなど用途に応じて，無機質および有機質混和剤，砂などを適当に混合する。

はくど　白土 white clay
白色した粘土。カオリン鉱物を主とする場合が多いが，酸性白土は，モンモリロナイトを主成分とする。

はくり　剝離 delamination
躯体コンクリートとモルタル，タイルなどの仕上げ材が接着部分で，破壊または分離すること。

はくりきょうど　剝離強度 peel strength
剝離応力に耐える強さ。タイルの接着力については，「タイル」の項参照。

はくりざい　剝離材 separating material, separating compound
プレキャストコンクリート部材を積層方式で製造する場合に，ベッドとその上の部材や各段のコンクリート部材が付着しないように，部材間に敷く材料。ボール紙，アスファルトルーフィング，プラスチックフィルム，合板など。

はくりざい　剝離剤 form oil 〔→離型剤〕
コンクリートせき板の脱型を容易にするために，あらかじめ内側に塗るもの。動・植物性油とそれらのソーダ石鹼，重油，鉱油，パラフィン，合成樹脂など。

ばくれつ　爆裂 explosion
密実に締め固められたセメントペースト，モルタル，コンクリートが急激な火熱を受

けると硬化体中の水分の気化・膨張による圧力や表面と内部での膨張差による熱応力の差のために爆裂することがある。言い換えると，一般に高強度コンクリートほどこの現象が多いが，最近ではポリプロピレンなどの有機繊維を入れると，熱で溶融・気化する有機繊維が細かいポアーを多くつくることによって硬化体中の水分を逃し，膨張圧力を低下させ爆裂を防ぐ策が考えられている。

ばくろ　暴露　exposure
コンクリートやモルタルなどを屋外などにさらすこと。

バケット　bucket
コンクリートなどを入れて運搬する鉄製の容器の総称。水平あるいは上下に運び，その排出方法には，転倒バケット方式と開底バケット方式がある。「鍋」ともいう。

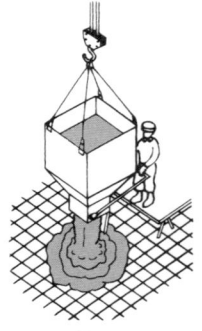

バケット

はさい　破砕　breaking
鉱山から採掘された鉱石を用途，目的に応じた大きさに砕くこと。また，粗砕，中砕，微粉砕の順に行われるが，この工程をいう。

はさいきょうど　破砕強度　crushing strength
コンクリート用骨材の圧縮強度の目安としている。
一例を次に示すように，同じ石材でも，産地によって違う。そのために範囲が広い。

　花崗岩　　20～130 N/mm²
　安山岩　　70～180 N/mm²
　石灰岩　　100～180 N/mm²
　玄武岩　　120～240 N/mm²

はさいち　破砕値
BS 812 によるコンクリート用骨材の強弱を知る値。値が小さいほど骨材強度が大きいことを意味する。p.447 上表に一例を示す。

バーサポート　bar support
床スラブ用鉄筋などの水平鉄筋の位置や，鉄筋に対するコンクリートの被り厚さを保つ役割をする台。

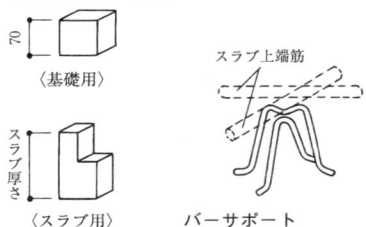

〈基礎用〉　　〈スラブ用〉　　スラブ上端筋　　バーサポート

バーサポートおよびスペーサー　bar supports and spacers
p.447 下表参照。

ばしょうちコンクリートぐい　場所打ちコンクリートぐい　cast-in-place concrete pile
建築物が密集している都会では，施工時の振動・騒音が規制されているので，この種の杭が多用されている。場所打ちコンクリート杭とはあらかじめ地盤中に削孔された孔内に配筋し，コンクリートを打ち込む杭のことである。なお，杭に使用するコンクリートの調合基準を以下に示す。

①設計基準強度は，18～21 N/mm² とする。
②気温による強度の補正は，原則として行わない。
③所要スランプは，21 cm 以下とする。
④水セメント比は，60 % 以下とする。
⑤単位セメント量は，清水あるいは泥水中で打ち込む場合は 330 kg/m³ 以上，空気中で打ち込む場合は 270 kg/m³ 以上とする。

はしようち

コンクリート用骨材の物理的品質

No	岩石名	絶乾密度 (g/cm³)	吸水率 (%)	洗い損失量 (%)	単位容積質量 (kg/l)	実積率 (%)	破砕値 (%)	すりへり減量 (%)	安定性 (%)	質量百分率 (%) ふるい目 (mm)					最大寸法 (mm)
										25	20	15	10	5	
0	鬼怒川	2.54	2.11	0.38	1.58	62.6	15.4	15.9	0.5	100	90	80	42	0	20
①	硬砂岩	2.65	1.22	0.18	1.47	56.6	16.3	16.9	0.5	100	92	54	25	0	20
②	石灰岩	2.69	1.03	0.30	1.54	58.0	20.2	11.4	0.4	100	95	81	21	0	20
③	玄武岩	2.92	0.32	0.13	1.69	58.0	10.2	10.2	0.3	100	96	69	21	0	20
④	石灰岩	2.70	0.98	0.26	1.56	61.2	20.6	21.2	0.8	100	100	87	33	0	20
⑤	〃	2.72	0.59	0.25	1.57	57.4	19.8	15.5	0.5	100	93	57	20	0	20
⑥	〃	2.70	0.91	0.32	1.59	60.4	26.7	27.7	1.6	100	99	82	36	0	20
⑦	硬砂岩	2.65	1.19	0.42	1.54	58.9	10.5	9.7	0.3	100	94	81	27	0	20
⑧	石灰岩	2.69	0.86	0.32	1.58	56.9	19.1	16.3	0.6	100	97	76	29	0	20
⑨	〃	2.67	1.02	0.37	1.58	59.2	18.3	15.1	0.5	100	100	67	22	0	20
⑩	〃	2.72	0.54	0.19	1.59	57.7	18.0	17.1	0.6	100	97	59	27	0	20
⑪	硬砂岩	2.61	1.28	0.31	1.55	59.0	9.7	10.1	0.4	100	95	81	25	0	20
⑫	石灰岩	2.71	1.45	0.34	1.57	57.9	22.6	22.7	0.9	100	99	90	29	0	20
⑬	〃	2.68	1.02	0.32	1.56	58.2	19.4	18.6	0.7	100	99	81	26	0	20
⑭	〃	2.74	0.60	0.48	1.63	60.2	18.6	19.0	0.7	100	90	60	24	0	20
⑮	〃	2.69	1.46	0.30	1.58	59.1	22.0	21.5	0.8	100	100	87	20	0	20
⑯	硬砂岩	2.65	1.12	0.29	1.56	60.0	8.8	8.4	0.3	100	90	48	23	0	20
⑰	〃	2.64	1.20	0.34	1.56	58.7	12.1	13.2	0.5	100	95	76	20	0	20
⑱	〃	2.64	1.23	0.13	1.59	59.5	10.7	9.3	0.3	100	92	66	23	0	20
⑲	石灰岩	2.61	1.44	0.25	1.54	58.2	20.9	21.9	0.8	100	99	882	34	0	20
⑳	硬砂岩	2.50	2.85	0.97	1.52	60.0	27.1	28.7	1.6	100	100	390	41	0	20
規定値または目標値		2.5<	<3.0	<1.0	大きいほど望ましい	55<	小さいほど望ましい	<40	<12	100	90～100	—	20～55	0～10	—

(依田・横室；コンクリート工学年次論文報告集, Vol.14, No.1, 1992, pp.217～222)

バーサポートおよびスペーサーなどの種類および数量・配置の標準 (JASS 5)

部 位	スラブ	梁	柱
種 類	鋼製・コンクリート製	鋼製・コンクリート製	鋼製・コンクリート製
数量または配置	上端筋, 下端筋それぞれ1.3個/m²程度	間隔は1.5m程度 端部は1.5m以内	上段は梁下より0.5m程度 中段は柱脚と上段の中間 柱幅方向は1.0mまで2個 1.0m以上3個
備 考		側梁以外の梁は上または下に設置, 側梁は側面にも設置	

部 位	スラブ	梁	柱
種 類	鋼製・コンクリート製	鋼製・コンクリート製	鋼製・コンクリート製
数量または配置	面積 　4m²程度8個 　16m²程度20個	間隔は1.5m程度 端部は1.5m以内	上段は梁下より0.5m程度 中段上段より1.5m間隔程度 横間隔は1.5m程度 端部は1.5m以内
備 考		上または下と側面に設置	

[注] 1 表の数値または配置は5～6階程度のRC造を対象としている。
　　 2 梁・柱・基礎梁・壁および地下外壁のスペーサーは側面に限りプラスチック製でもよい。
　　 3 断熱材打込み時のスペーサーは支持重量に対して、めりこまない程度の接触面積を持ったものとする。

⑥所要空気量は4.5％とする。

また，場所打ちコンクリート杭は，底部を拡大する場合，杭の側面勾配が鉛直面となす角度は30度以下とする。水中でコンクリートを打ち込むときは，泥水中の浮遊物やスライム，レイタンスなどの巻込みによるコンクリートの断層をつくらないように，また，トレミー管内のコンクリートの逆流や泥水の浸入を防止するためコンクリートは底部より押し上げるように打ち込む。なお，コンクリート打込み開始時には，プランジャーを使用する。打設が進むにつれてトレミー管は引き上げていくが，トレミー管の先端は常にコンクリートの中に2m以上埋まっているように保持する（下表・p.449図1～3）。

ばしょうちてっきんコンクリートかべこうほう　場所打ち鉄筋コンクリート壁工法

形状により柱列工法，壁工法の二つに分けられる。

・柱列工法は，場所打ち鉄筋コンクリート杭の連続施工により，一連の山留め壁を造成するもので，補強材として鉄筋を用いるものと形鋼などを用いるものがある。

・壁工法は細長い壁状の孔を掘削し，この中に鉄筋かごを吊り込み，コンクリートを打ち込んで地中に鉄筋コンクリート壁を連続して造成するものである。特長はたわみ量が少ないため周辺地盤への影響が小さく，40m以上の大深度の施工が可能である。

はしらきん　柱筋　column reinforcement

柱に使用する鉄筋。コンクリート全断面積に対する主筋全断面積の割合は，0.8％以上とする。

バースペーサー　bar spacer

側面の型枠に対して，鉄筋に対するコンクリートの被り厚さを保つ役割をするもの。

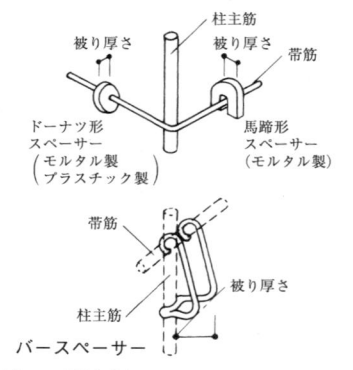

ばたざい　端太材　batter

型枠工事で型枠を支えるための部材で，パイプまたは角材などが使われる（p.450図参照）。

ハッカー

鉄筋を番線で結束するときに用いる工具（p.450図参照）。

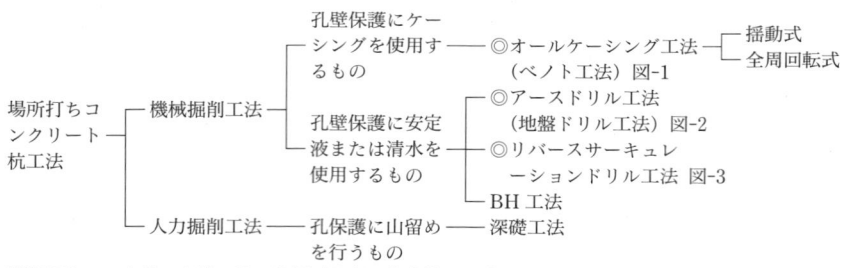

場所打ちコンクリート杭工法の分類（◎印：代表的な工法）　　　　　（P499図-1～3参照）

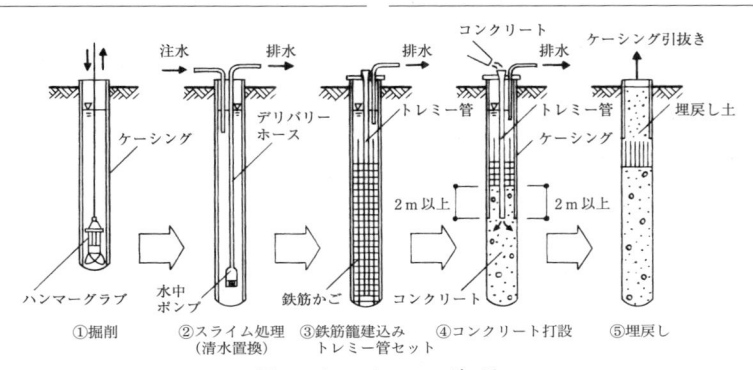

図-1 オールケーシング工法

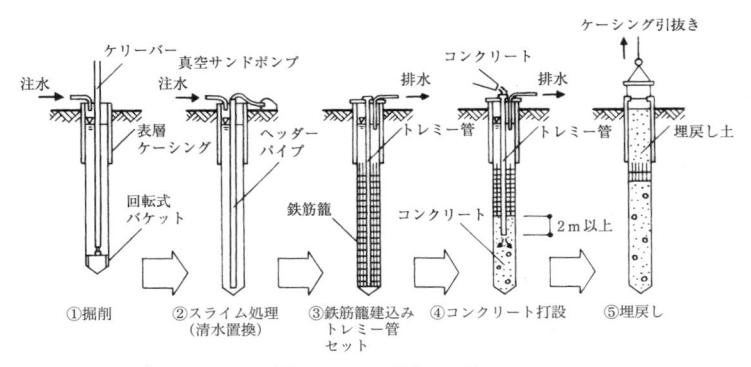

図-2 アースドリル工法

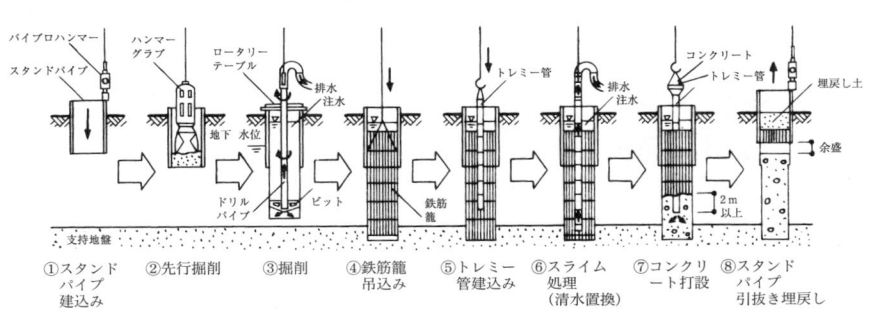

図-3 リバースサーキュレーション工法

パッカー　packer
　粉粒体製品の袋詰機。

はっすいせい　撥水性
　water repellent property

ペイントのようにコンクリート表面の水をはじき飛ばす性能。最近ではコンクリート表面からの水の浸透を防ぎ，3年程度の長寿命化が図れる微量の酸化チタンを含有し

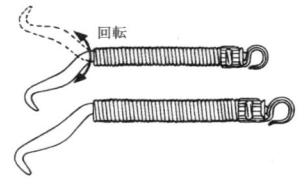

はっせい

回転

ハッカー

たもの，およびシリコン系のものが出現している。

はっせい　発錆　rusting, corroding
鉄鋼部材に錆が生じること。鉄筋コンクリート構造物中の半分以上の鉄筋が発錆する時点を，一般に耐用年数（寿命）に到達したと考えている。鉄筋が発錆すると膨張力によってコンクリート構造物にひび割れが生じ，構造耐力が低下する。したがって，発錆させないためには，鉄筋に対するコンクリートの所要被り厚さの確保や水セメント比を小さくし，水密性の大きい外装材を施したりするとよい。また，鉄筋が位置している屋外側コンクリートや厨房・洗面所・浴室がある屋内側コンクリートが中性化すると鉄筋の防錆性が失われる。

バッチ　batch
1回に練り混ぜるコンクリート，モルタルあるいはセメントペーストの量。

バッチミキサー　batch mixer
1練り分ずつコンクリート材料を練り混ぜるミキサー。

バッチャープラント　batcher plant
レディーミクストコンクリート工場においてセメント，水，骨材，混和材などを計量し，ミキサーに投入して練り混ぜ，コンクリートを製造する装置。

はつでんりょう　発電量
主要先進国の電源別発電量の構成を下図・表に示す。

**はっぽうコンクリート　発泡コンクリート
cellular concrete, aerated concrete　〔→気泡コンクリート，気孔コンクリート〕**
熱や化学反応によって気泡を発生させた多孔質のコンクリート。

**はっぽうざい　発泡剤
gas generating agent**
気泡コンクリートの製造時に用いられる，安定な泡をつくるための界面活性剤。代表

主要国の電源別発電構成 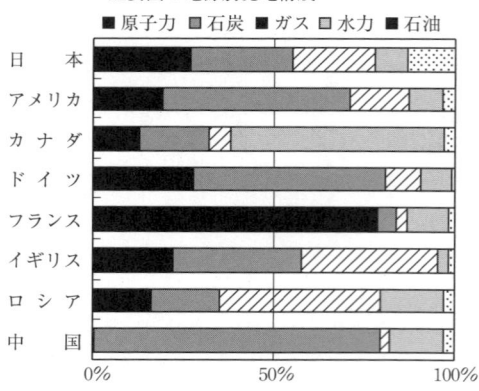
■原子力　□石炭　■ガス　▨水力　⬚石油

日本				
アメリカ				
カナダ				
ドイツ				
フランス				
イギリス				
ロシア				
中国				

原子力発電の基数

	運転中	建設中	計画中	合計
	53	4	8	65
	103	0	0	103
	14	0	0	14
	19	0	0	19
	59	0	0	59
	31	0	0	31
	30	3	0	33
	6	5	0	11

（発電量の構成は OECD 資料より，原発基数は日本原子力産業会議の資料 2002 年より）
発電量のエネルギー別構成比と原発の稼働状況

的なものに，松脂のアルカリ塩，アルキルスルホン酸などの陰イオン系界面活性剤，加水分解した蛋白質などがある。発泡性能，経済性から実用化されているものは，金属アルミニウム粉末である。アルミニウム粉末は，セメントの水和によって生じる水酸化カルシウムや反応促進剤として添加されるアルカリ物質（例：苛性ソーダ）と反応して水素ガスを発生する。

はつりしあげ　斫り仕上げ
chipping finish
のみを先端に装着したチッパーが用いられ，コンクリート表面に浅い肌合いが求められるときは浅いへこみ，深い肌合いが求められるときは深いへこみがつくり出される。いずれも，表面のペースト部分を叩き割って取り除く。

はつりひ　斫り費　chipping expenses
コンクリート工事科目の一細目で，斫りの工事に要する費用。大半が斫り工の労務費である。

バテライト　vaterite
炭酸カルシウムの多形の一種。六方晶系に属する。

ハードセメント　hard cement
鏝塗りにより仕上げるフィニッシングセメントの一種。ポルトランドセメントなどに補強繊維，無機質粉材などを混合したものである。ハードセッティングセメントともいう。

バーナー　burner
気体，液体燃料または微粉炭を燃焼室内に送り込む装置。

ハーフピーシーエーゆかいた　ハーフPCa床板
鉄筋コンクリート造の床スラブの内部に，計画的に中空部を配置した断面性能の高いスラブのこと。

バーベンダー　bar bender
鉄筋を折曲げる機械。

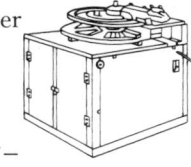

バーベンダー

はまだみのる　浜田稔（1902～1974）
防災工学，コンクリート工学の研究者。東京大学，東京理科大教授を歴任した。

バーミキュライト　vermiculite　〔→蛭石〕
断熱材，軽量骨材として用いられる。

はやしきゅうしろう　林糾四郎
皇居御造営事務局勤務。1882年ジョサイア・コンドルの指導を得てコンクリート（練り砂利）の圧縮強度試験をした。

バライト　barite　〔→ $BaSO_4$，→重晶石〕
密度 $4.0～4.7 g/cm^3$。わが国では北海道，秋田県，京都府などで少量産出するが，多くは北朝鮮，中国，インドなどから輸入される。遮蔽用コンクリートの骨材として用いられる。

パーライト　pearliate　〔→真珠岩〕
流紋岩質のガラス質火山岩。H_2O の含有量は，松脂岩と黒曜石の中間の2～5％である。約1,000℃に急激に加熱すると膨張し，多孔性になるので断熱材，軽量骨材などに使用される。

バライトコンクリート　barite concrete
重晶石を骨材として練り混ぜたコンクリート。主として遮蔽用コンクリートとして使用する。バライトモルタル（遮蔽用の壁仕上げ用）もある。

バラスト　ballast
砂利，砕石などの粗骨材。バラスともいう。

バラセメント　bulk cement
紙袋などに入れないで，バラ積みで出荷，輸送，供給されるセメント。

はらだたもつ　原田　有（1907～1987）

耐火コンクリートの研究者。元 熊本大学教授，元 東京工業大学教授，元 神奈川大学教授。

ばらつき　dispersion
測定値の大きさが揃っていないこと，または不揃いの程度。ばらつきの大きさを表すには，例えば標準偏差を用いる（JIS）。

はらむ　孕む　swell
コンクリート打ちの際に，フレッシュコンクリートの側圧によって型枠が押し出されて膨れること。

はり　玻璃　glass
アルカリ珪酸塩を含む種々の固溶体，または岩漿に含まれる非結晶質（ガラス質）の物質でコンクリートのアル骨現象を引き起すことがある。

パリアンセメント　parian cement
〔→キーンスセメント〕
石膏プラスターの一つ。石膏を赤熱し冷却後，硼砂溶液に浸し，再び高温で焼成する。キーンスセメントと同種類。

はりきん　梁筋　beam reinforcement
梁に使用する鉄筋。

バール　crowbar
大工道具の一つ。金梃子など。重い物を，梃子の原理を利用して，上げたり，動かしたり，また釘抜きなどにも用いる。長さ30 cmくらいのものから1 mくらいのものまである。「かじや」ともいう。

パルプセメントばん　パルプセメント板　pulp cement board
セメント，パルプ，無機質繊維材料，パーライトおよび無機質混合材を主原料として抄造成形した内装材（JIS）。用途は軒天井，壁，天井などで，防火性および凍害性は大である。寸法は5，6，8 mm×910 mm×1,820 mmなど。

パレートず　パレート図　pareto diagram
品質管理に使われるもので，項目別に層別して，出現度数の大きさの順に並べるとともに，累積和を示した図。例えば，不良品を不良の内容別に分類し，不良個数の順に並べてパレート図をつくると，不良の重点順位が分かる（JIS）。

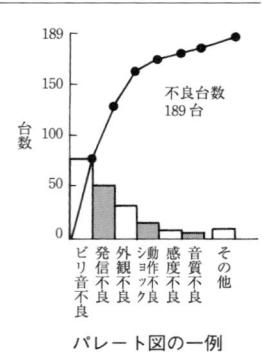

パレート図の一例

ハロイサイト　halloysite
カオリン鉱物の一種。

はんい　範囲（レンジ）　range
測定値の最大値と最小値との差。Rで表す（JIS）。

はんかんしきキルン　半乾式キルン　semidry process kiln
セメント焼成用キルンで，乾燥原料に若干の水を加えてペレットにして移動床（レポールプレヒーター）上で熱交換し，キルンに供給するもの（JIS）。

パンけいたんそせんい　PAN系炭素繊維　PAN-based carbon fiber
PAN（ポリアクリロニトリル）を原料とする炭素繊維。原料品質は安定しており，200～300℃の酸化性雰囲気中で耐炎化処理し，次に強い延伸をかけて炭素化するので，炭素六角網面が繊維軸方向に整い，高強度なものが容易に製造できる。コンクリート補強などとしても使われる。

ばんしずお　坂　静雄（1896～1995）
鉄筋コンクリート工学の体系化に貢献した元 京都大学教授。

はんしん・あわじだいしんさい　阪神・淡路大震災

1995年1月17日5時46分頃，淡路島北部を震源とする激地震が発生した。この地震は，震源が都市の直下であったことから，その被害は大きく，特に住宅の倒壊やライフラインの寸断，交通システムの麻痺など，戦後最大の被害をもたらす典型的な都市型災害となった。この地震の影響は，東北地方南部から九州にかけての広い範囲で有感地震が観測され，その被害は2府15県に及び，人的被害は，死者6,434人，行方不明者3人，負傷者43,792人，住家被害は，全壊104,906棟，半壊44,274棟，避難者は最大で31万人を超えるものとなった。また，地震により285件の火災が発生し，全半焼7,071棟となった（消防白書より）。地震名は「兵庫県南部地震」。

地震の概要（気象庁）

発生年月日	平成7年(1995年)1月17日(火)5時46分
地震名	平成7年(1995年)兵庫県南部地震
震央地名	淡路島(北緯34度36分，東経135度02分)
震源の深さ	16 km
規模	マグニチュード（M）7.3
津波	なし
各地の震度	（旧震度階による）
6	神戸，洲本
5	京都，彦根，豊岡
4	岐阜，四日市，上野，福井，敦賀，津，和歌山，姫路，舞鶴，大阪，高松，岡山，徳島，津山，多度津，鳥取，福山，高知，堺，呉，奈良
3	山口，萩，尾鷲，伊良湖，富山，飯田，諏訪，金沢，潮岬，松江，米子，室戸岬，松山，広島，西郷，輪島，名古屋，大分
2	佐賀，三島，浜松，高山，伏木，河口湖，宇和島，宿毛，松本，御前崎，静岡，甲府，長野，横浜，熊本，日田，都城，軽井沢，高田，下関，宮崎，人吉
1	福岡，熊谷，東京，水戸，網代，浜田，新潟，足摺，宇都宮，前橋，小名浜，延岡，平戸，鹿児島，館山，千葉，秩父，阿蘇山，柿岡

[注] 気象庁が地震機動観測班を派遣し現地調査を実施した結果，以下の地域は震度7であった。神戸市須磨区鷹取・長田区大橋・兵庫区大開・中央区三宮・灘区六甲道・東灘区住吉関南・西宮市芦屋関付近，宝塚市の一部，淡路島北部の北淡町，一宮町，津名町の一部。
ちなみに，当時の気象は，神戸海洋気象台の記録によれば，1月17日6時現在，気圧：1,014 hPa，気温：3.4℃，相対湿度：54%，北東の風，風速：4.6 m/sであった。

はんすいせっこう　半水石膏
hemiky drate gypsum　〔→焼石膏〕
$CaSO_4 \cdot 1/2 H_2O$。六方晶。焼石膏の主成分。

ばんないとうぞう　坂内冬蔵
わが国初期（1880年頃）のセメント化学者，建築雑誌第78号（1894年6月号）よりセメントについて解説している。

はんのうせいこつざい　反応性骨材
アルカリシリカ反応を起こす骨材は，その中に含まれるシリカ質反応性物質の種類と量とによって定まる。シリカ（SiO_2）は，大気条件下では極めて安定な物質であるが，pHの大きな強アルカリ性条件下では，ある種の結晶形や相の形態を持つシリカは，アルカリ金属と反応してアルカリシリケートゲルを生成する。この反応がコンクリート中で起こる場合に「アルカリシリカ反応」と呼ばれる。この反応によって生じたアルカリシリカゲルは周囲から水を吸収し，コンクリートを膨張させ劣化をもたらす。従来より反応性を持つ岩石としてあげられているものは，オパール，フリント，黒曜石，安山岩・玄武岩・流紋岩系の火山岩，変成岩の珪質片岩，堆積岩質の砂岩，チャート，頁岩，粘板岩，千枚岩などである。

ハンマークラッシャー　hammer crusher
衝撃式粉砕機の一種。硬質で脆い物質の粉砕に適する。

パンミキサー　pan mixer　〔→ターボミキサー〕
強制練りミキサーの一つ。撹拌翼が垂直軸の周りを回転する構造になっている。

はんれいがん　斑糲岩　gabbro
　膨張係数は 0.54×10^{-5}/℃。表乾密度 3.10 〜2.50 g/cm³（平均 2.60 g/cm³），吸水率 0.27〜2.0 %（平均 0.6 %），原石の圧縮強度 175〜75 N/mm²（平均 108 N/mm²）。

[ひ]

ひいれしき　火入式
工場などが完成し，操業を開始するとき（火を使う，使わないにかかわらず，操業を開始するとき，または，冷暖房の設備や溶鉱炉が完成したとき）に行う儀式。昔はボイラーに火を点けたりして，具体的に着火の行事をしていたが，現在では，発注者代表が祭壇前に仮設するスイッチを押すだけになった。「火入の儀」は，地鎮祭でいう「地鎮の儀」。

ビーエーティーほう　BET法
BET adsorption method
セメントや混和材などの粉体の大きさを表示する一つの方法。

ビーエス　BS　British Standard
イギリスの国家規格。British Standards Institutionの略称。総合目録としてBSI Catalogueが毎年発刊されている。所在地：2 Park Street, London WIA 2BS, U.K.

ピーエッチ　pH　power of Hydrogen concentration, potential of hydrogen
水素イオン濃度の略。溶液の酸性・アルカリ性の強さを表す。「ペーハー」ともいう。一例を右表に示す。

ビーオーディー　BOD
biochemical oxygen demand
生物化学的酸素要求量。バクテリアによって有機物分解を行う際に必要とする酸素量。単位はppmまたはmg/l。2001年の調査結果は次表の通りで，年々きれいになっている。これは下水道の整備など，汚濁負荷の削減により水質改善は着実に進んでいることを表している。

2001年度の一級河川の水質（環境省調査）

水質ベスト5	BOD（mmg/l）
①苫小牧幌内川上流（北海道）	0.5未満
②苫小牧川上流（北海道）	〃
③小荒川上流（青森）	〃
④安芸川（高知県）	0.5
⑤舟志川（長崎県）	〃
水質ワースト5	BOD
①春木川（千葉県）	18
②弁天川（香川県）	17
③樫井川下流（大阪府）	15
④国分川（千葉県）	14
④見出川（大阪府）	〃
④西除川（大阪府）	〃

河川/1l当たりBODmg

$$CH_4 + 2O_2 \rightarrow CO_2 + 2H_2O$$

ビカーしんそうち　ビカー針装置
Vicat needle apparatus
セメントなどの凝結時間を測定する装置。JISに定められている。

ひきや　曳き屋（家）　house moving
建築物を解体しないで，そのまま水平に移動させること。東京・調布市において2002～2003年にかけて，重さ18,000tの6階建てRC造ビルを105mも移動させた例がある。また，栃木県庁舎の一部が2004年に移動されている。

ひきょうど　比強度
コンクリートまたはモルタルの圧縮強度を

pH（水素イオン濃度）の一例

pH	溶液	pH	溶液
1.2	胃液	5.6	酸性雨
2.2	酢	6.0	水道水
2.3	レモン	6.6	牛乳・唾液
2.7	リンゴ	7.0	純粋な水
3.0	オレンジ	7.5	尿・血液・鉱水
3.4	トマト・モモ	8.1	海水
3.7	酒	8.9	膵液
4.2	醬油	9.9	洗濯石鹸
4.6	ビール	12.5	セメントペースト
5.0	味噌		

ひくのめた

その材料の比重または密度で除した値。

ピクノメーター　pyknometer
骨材の密度を測定する機器。

びさいそしき　微細組織　microstructure
粒子，粒界，気孔などの結晶の配列構造からの内部構成状況をいい，コンクリートまたはモルタルの場合，硬化体の性質を大きく左右する。

ピサのしゃとう　ピサの斜塔
bell tower Pisa
この斜塔（8階建て，高さ55m）は，建築家ピサーノにより1173年，北イタリアの都市ピサに着工されたが，地盤沈下などで工事が難航。1350年の完成後も塔は傾き続け，ついに1990年に立入りが禁止になった。その後，様々なプロジェクトが功を奏して傾きが修正され，2001年12月から再公開され，さらに酸性雨などの影響でくすんだ白大理石の表面やモルタル部分の補修直しも2002年10月より行われた。

ピーシーアイ　PCI
Prestressed Concrete Institute
アメリカのプレストレストコンクリート協会。

ピーシーエイ　PCA
Portland Cement Association
アメリカのポルトランドセメント協会。

ピーシーカーテンウォール　PCカーテンウォール　PC curtain wall
高層・超高層ビルなどの外壁に使われるプレキャストコンクリート（PC）製のカーテンウォール。新しいファサードシステムの一つ。

ピーシーこうざい　PC鋼材
prestressing tendon
プレストレストコンクリートに用いられるプレストレスを与えるための高強度鋼材の総称で，PC鋼線・PC鋼撚り線・PC鋼棒が使用されている。PC鋼材の必要な性質は，高強度で，降伏点が高いこと，靭性に富むこと，リラクゼーション（relaxation of prestressing steel）の少ないことである。

ピーシーパイル　PCパイル
prestressed concrete pile
プレストレストを導入してつくられた既製コンクリート杭。遠心力でフレッシュコンクリートを締固め成形し，中空円筒状につくられる。1本の長さは15m程度まである。基礎杭，プレファブ建築用柱材。「PC杭」ともいう。

びしゃんたたき　びしゃん叩き
bush hammered finish
石材やコンクリートの加工工程の一つ。まず，のみ切りをした石材をびしゃんで叩いて平滑に仕上げる。次にコンクリートは，凹凸のついた玄能で表面を叩き，3〜6mm程度の凹凸に仕上げる方法。デザインや品質に従って，機械びしゃんや小叩き（びしゃん仕上げ後に小叩き用の刃で仕上げる）などがある。びしゃん叩きした仕上げをびしゃん仕上げという。

ひじゅう　比重　specific gravity
骨材と水との単位体積当たりの質量の比。比重瓶を用いる方法やルシャトリエ比重瓶法，液中秤量法，固体比重天秤法などの測定法があり，その詳細はJISに規定されている。1998年4月より密度（g/cm^3）density に変わった。セメント，骨材などの重さと同体積の水の重さとの比。例えばポルトランドセメント3.15（g/cm^3），河川系骨材2.6（g/cm^3），高炉スラグ微粉末2.9（g/cm^3）前後。

ビーしゅブロック　B種ブロック
配筋のための空胴を持つ建築用コンクリートブロック。圧縮強度による区分の記号は

「12」，気乾かさ密度 $1.9\,\mathrm{g/cm^3}$ 未満，全断面積に対する圧縮強さ $6\,\mathrm{N/mm^2}$ 以上 (JIS)。

ひしょくぶんせき　比色分析
chrometric analysis
溶液の色の濃度や色調によって物質を定量する分析方法。普通は光吸収の測定によって行い，可視部ばかりでなく，紫外部・赤外部も可能である。一般に操作が簡単で，感度も高い。

ヒストグラム　histogram
測定値の存在する範囲をいくつかの区間に分けた場合，各区間を底辺とし，その区間に属する測定値の出現度数に比例する面積を持つ柱（長方形）を並べた図。区間の幅が一定ならば，柱の高さは各区間に属する値の出現度数に比例するから，高さに対して度数の目盛を与えることができる (JIS)。

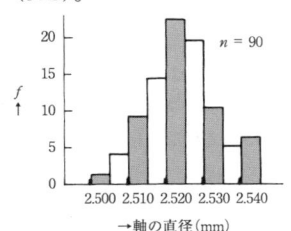

ヒストグラムの一例

ひずみ　歪　strain
コンクリートやモルタルに外力を与えたときに生じる形や寸法の変化（変形）を単位長さ当たりの長さの変化量で表した量。歪計 (strain meter) によって測る。

ひっかきかたさ　引掻き硬さ
scratching hardness
種々の硬さを持った材料を擦り合わせ，損傷の状態（溝幅・深さ）からその硬度を求める。

ビッカースかたさ　ビッカース硬さ
Vickers hardness
静的な押込み硬さを表す指標で，荷重を永久くぼみの表面積で除した値。

ひっぱりきょうど　引張強度
tensile strength, spliting tensile strength
供試体が耐えられる最大引張荷重を，引張力に垂直な供試体の断面積で除した値。ただし，コンクリートの場合は間接的方法を用い，JIS によって求めた値。コンクリートの引張強度は圧縮強度の 10％程度だが，圧縮強度が大きくなると引張強度の割合は小さくなる。

ヒートアイランドげんしょう　ヒートアイランド現象　heat island phenomena
地表がコンクリートやアスファルトに覆われた都市部で発生する高温化現象。水分の蒸発が起こりにくいため，地表面の温度が上昇，さらに空調など人工的な排熱も増加し，夜間になっても気温が下がらない状態になる。夏場の冷房用消費電力が増大するだけでなく，記録的な雨量を伴う夕立など異常現象への影響もある。東京や名古屋では，過去 20 年で，30℃を超す年間延べ時間が倍増している。

なお，この温暖化防止に苔が役立ち，ビルの屋上や壁面に苔を植え付け，緑化すると緩和効果があるといわれている。

ひねつ　比熱　specific heat
セメント，コンクリートなど 1 g の温度を 1℃だけ高めるのに要する熱量と水 1 g の温度を 1℃だけ高めるのに必要な熱量との比。例えばコンクリート $0.11\,\mathrm{kcal/kg℃}$。土木学会では，$1.05\,\mathrm{kJ/kg℃}$ としている。

ひはかいしけん　非破壊試験
non-destructive test
被検査体を破壊することなくコンクリートの諸性質を判定する試験。試験法としては

超音波検査，放射線透過検査，磁気検査等がある。

ピーピーエム　ppm　parts per million
百万分の一。例えば，空気中のCO_2濃度 300 ppm＝0.03 ％。

ひびやだいビルいちごうかん　日比谷大ビル1号館
日比谷大ビル1号館（写真）は渡辺節が設計。1918年早稲田大学建築学科を卒業した村野藤吾が設計監理をして，1927年に建築された。東京都千代田区に所在し，地下1階地上8階建の本格的な鉄筋コンクリート造事務所で，建築面積1,300 m²，延べ面積11,000 m²である。災害は特に受けなかったようである。

1987年に超高層建物をつくるために解体された（経過年数60年）際に調査する機会を得た。この建物のコアシステムは，わが国において最初期のもので，外装は2階までは白丁場石張り，3階以上はこげ茶のスクラッチタイル張りで，近世ロマネスク風を加味したものといえる。また，施工は基礎工事は超大手のU社，その他の工事は超大手のR社である。この建物は，60年経過しているにもかかわらず，躯体コンクリートの損傷の程度は極めて小さかった（p.459 表参照）。今日，鉄筋コンクリート造建物の寿命が短いといわれているのは設計・施工に不具合があるからで，正しい設計・施工を行えば，このような良好な結果が得られる。1号館に隣接して2号館もあった。この建物も60年経過後に解体されたが，1号館と同様の知見が得られた。

日比谷大ビル1号館

ひひょうめんせき　比表面積
specific surface area
セメントやフライアッシュ・高炉スラグ微粉末・シリカフュームなどの単位質量，あるいは単位体積当たりの総表面積。一般には〔cm²/g〕や〔m²/m³〕で表現する。比表面積の測定には，気体吸着法，浸漬熱法および流体透過法などがある。多孔質体や粒子内部の開口気孔の表面積（内部表面積）は，気体吸着法や水銀圧入式ポロシメトリー法などによって測定する。数値が大きいものほど細かい。

ひびわれ　ひび割れ　crack（英），fente（仏），Riβ（独），fessura（伊），grieta（西）
〔→亀裂，クラック〕
コンクリートのひび割れの原因，その発生箇所，ひび割れの形状などは次の通り。

　　a．曲げひび割れ（p.460(a)図参照）
　・特徴
　　柱，梁の材軸に対して直角方向に入る。
　・原因
　　柱，梁に作用する曲げ応力によって，引張側のコンクリートにひび割れが入る。
　　b．剪断ひび割れ（p.460(b)図参照）
　・特徴
　　斜め方向にひび割れが入る。
　・原因

ひひわれ

日比谷大ビル1号館調査結果（コア供試体 10φ×20 cm）

記号	部位	コア内外の別	仕上材の状況	反発硬度	圧縮強度 非破壊法 R_0推定値 (N/mm²)	圧縮強度 試験値 (N/mm²)	ヤング係数 (kN/mm²)	被り厚さ (mm)	鉄筋の発錆状況	中性化深さ(mm) 最大	中性化深さ(mm) 平均	中性化深さ(mm) 最小
B-S-1	地下柱	外	モルタル30mm	40	27.0	26.5	25.2	30	錆なし	0	0	0
		内	モルタル30mm	43	30.0	35.0	28.8	—	—	0	0	0
1-N-1	1階壁	外	石張り（白丁場）モルタル	41	28.0	28.3	25.4	—	—	0	0	0
		内	プラスター3mm モルタル23mm	42	29.0	28.6	26.1	35	錆なし	8.2	6.2	3.0
1-N-2	1階壁	外	プラスター3mm モルタル23mm	41	28.0	27.9	25.8	40	錆なし	—	—	—
		内	プラスター3mm モルタル23mm	41	28.0	27.7	25.7	—	—	3.2	1.1	0
1-N-3	1階壁	外	石張り（白丁場）モルタル	41	28.0	27.0	25.4	—	—	—	—	—
		内	プラスター3mm モルタル23mm	42	28.0	28.9	26.2	—	—	7.8	3.9	0
1-N-4	1階壁	外	石張り（白丁場）モルタル	38	27.0	27.0	25.4	—	—	—	—	—
		内	プラスター3mm モルタル17mm	40	29.0	28.6	25.1	34	錆なし	7.2	4.8	3.3
1-N-6	1階壁	外	石張り（白丁場）モルタル	—	—	21.3	22.7	—	—	—	—	—
		内	プラスター3mm モルタル15mm	—	—	27.1	25.4	—	—	3.2	2.4	1.2
3-S-1	3階柱	外	タイル張り モルタル	—	—	28.0 / 32.9	25.9 / 27.9	—	—	—	—	—
		内	プラスター3mm モルタル27mm	—	—	31.6	27.4	32	錆なし	24.3	15.9	11.0
3-S-2	3階壁	外	タイル張り47mm モルタル103mm	47	34.0	33.8	28.3	—	—	—	—	—
		内	プラスター3mm モルタル7mm	46	33.0	32.7	27.9	39	錆無し	0	0	0
3-S-3	3階壁	外	タイル張り モルタル	—	—	—	—	—	—	—	—	—
		内	プラスター3mm モルタル12mm	41	28.0	29.6	26.6	29	錆なし	2.4	1.0	0
8-S-1	8階壁	外	タイル張り45mm モルタル65mm	—	—	—	—	—	—	—	—	—
		内	プラスター3mm モルタル25mm	32	19.0	18.2	21.0	26	錆なし	2.9	1.4	0.2

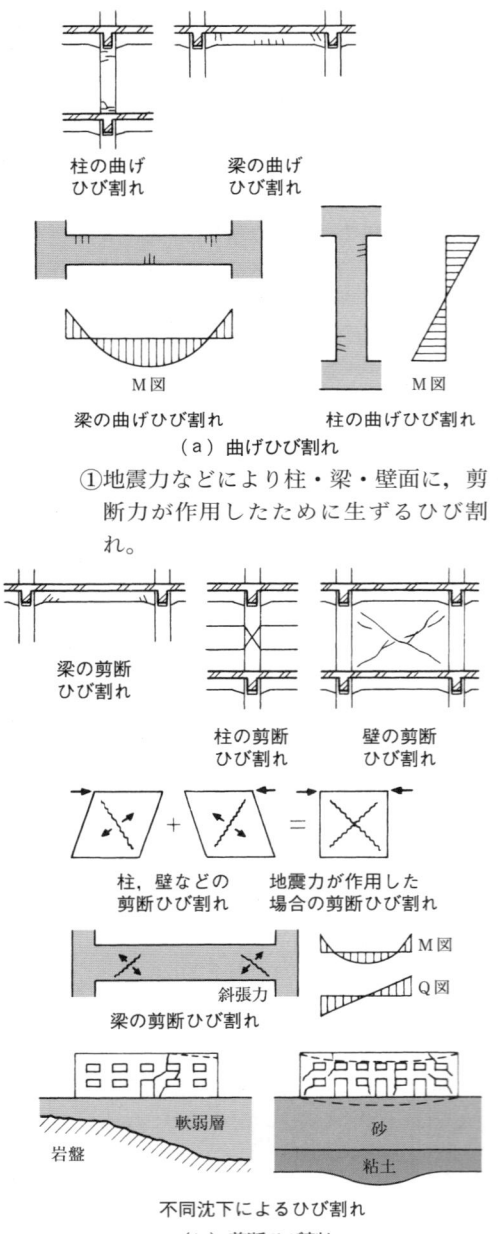

ひびわれ

(a) 曲げひび割れ

柱の曲げひび割れ　梁の曲げひび割れ

梁の曲げひび割れ　M図　柱の曲げひび割れ　M図

① 地震力などにより柱・梁・壁面に，剪断力が作用したために生ずるひび割れ。

梁の剪断ひび割れ　柱の剪断ひび割れ　壁の剪断ひび割れ

柱，壁などの剪断ひび割れ　＋　＝　地震力が作用した場合の剪断ひび割れ

斜張力　M図　Q図
梁の剪断ひび割れ

軟弱層　岩盤　砂　粘土

不同沈下によるひび割れ
(b) 剪断ひび割れ

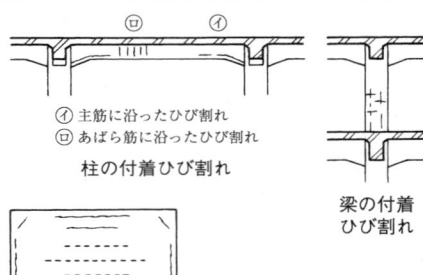

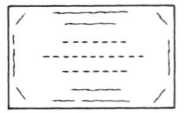

イ 主筋に沿ったひび割れ
ロ あばら筋に沿ったひび割れ

柱の付着ひび割れ　梁の付着ひび割れ

スラブ下面の付着ひび割れ　(c) 付着ひび割れ

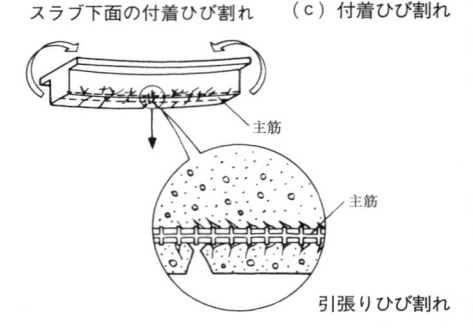

主筋

引張りひび割れ

② 不同沈下による剪断ひび割れ（左図）
軟弱地盤に長い建物が建っている場合，中央部に不同沈下を生じやすい。また，軟弱地盤の厚さが異なる場合，圧密差を生じ不同沈下が起きる。

c．付着ひび割れ（(c)図）
・特徴
　主筋や，帯筋・あばら筋に沿ってひび割れが生じる。
・原因
　鉄筋に対するコンクリートの被り厚さの不足は，付着耐力不足による。

d．水和熱（セメントが水と反応して硬化する際に発する熱）によるひび割れ（p.461(d)図）
・特徴
　地中梁など，断面の大きな部材（マスコンクリートなど）は，表面に縦横に

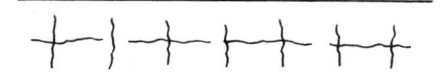

(d) 水和熱による大断面の地中梁のひび割れ
ひび割れが生じる。
- 原因
コンクリートは，硬化時に水和熱を発し，部材内部，外周部に温度差が生じる。部材内の高温度部の伸び歪み（すなわち体積膨張）を温度の低い外周部コンクリートが拘束し，表面部は材軸方向にも，また，それと直交方向にも引張応力を生ずるので，部材表面に多くの場合，縦横方向のひび割れを生ずる。

e．乾燥収縮ひび割れ（e図）
- 特徴
例えば，壁面の場合，隅角部にハの字型にひび割れが入る。

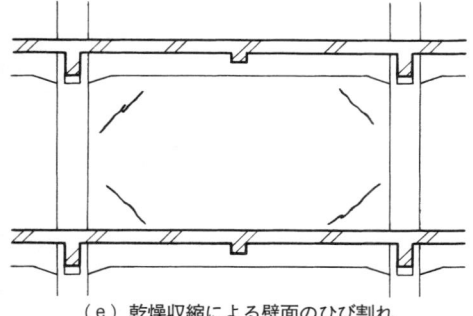

(e) 乾燥収縮による壁面のひび割れ

- 原因
コンクリートの急激な乾燥収縮によって生じる。

f．沈みひび割れ（f図）
- 特徴
スラブや，梁の上端部に沿って生じるひび割れである。
- 原因
コンクリートの打込み後，初期におけるブリーディング進行中に，コンクリートの沈下によって生じる。

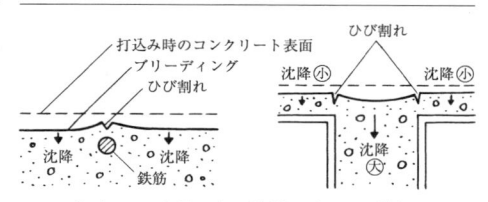

(f) コンクリートの沈降によるひび割れ

ひびわれのぼうしさく　ひび割れの防止策
乾燥収縮によるコンクリートのひび割れを防止する策を以下に示す。
①単位水量や単位セメント量を少なくする。
②砂・砂利は，可能な限り大きめのものを使用する。
③砂・砂利は，可能な限り粒形の丸いものを使用する。
④実積率の大きい骨材を使用する。
⑤細骨材率を小さくする。
⑥減水効果の大きい化学混和剤を使用する。
⑦混和材料の不均一な分散は避ける。
⑧骨材の泥分を少なくする。

ひびわれはば　ひび割れ幅　width of crack
図に示すように 0.2 mm 幅以上になるとコンクリート中の鉄筋が発錆する（p.462 図）。

ひびわれゆうはつめじ　ひび割れ誘発目地　crack-inducing joint
乾燥収縮，温度応力，その他の原因によって生じるコンクリート部材のひび割れをあらかじめ定めた位置に生じさせる目的で，所定の位置に断面欠損を設けてつくる目地。位置は，各階の打継ぎ箇所や柱型・開口部寸法に応じた構造上の要所とし，縦・横とも 3～4 m ごとに設け，目地に囲まれた面積は 10 m² 以内を標準とする。

ひゃくねん

[グラフ: 縦軸「外壁面のひび割れ発生箇所のコンクリートの最大中性化深さ(mm)」0～100、横軸「コンクリート外壁のひび割れ幅(mm)」0～1.0。被り厚さは30～50 mm。打継ぎ部の錆発生の限界値、一般壁の錆発生の限界値を示す。]

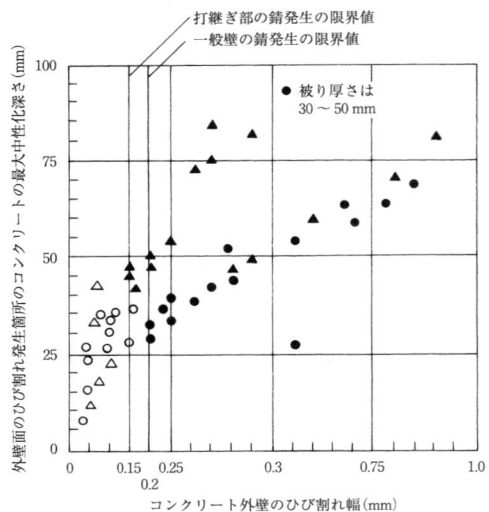

[凡例]

記号		説明
打継部	▲	鉄筋の錆が認められた
	△	鉄筋の錆が認められなかった
一般壁	●	鉄筋の錆が認められた
	○	鉄筋の錆が認められなかった

[注] ①ひび割れ幅の測定にはクラックスケールを用いた。
②最大中性化深さが非常に大きいのは,ひび割れに沿って中性化した部分を測定した。

ひゃくねんじゅうたく　百年住宅

旧建設省は,「百年以上長持ちするマンションを全国に」と,柱や床などの躯体構造部分の強度が高く,内装や設備の変更・補修が簡単にできるマンションを「百年住宅」に指定し,建設費の一部を補助する方針。21世紀に合った住宅のモデルの実現を目指す。「百年住宅」の対象として,
①総戸数50戸以上。
②構造部分に同省が設ける基準にかなった鉄骨を使う。
③間取り変更や配管の交換が簡単にできる。

などが条件。これを満たす民間マンションについては,国や地方自治体が建設費の30%を補助し,公営住宅については国の補助を積み増しする。現在,日本の住宅の平均寿命は30年足らずで,欧米の場合,フランスが85年,アメリカが95年,ドイツが130年,イギリスが140年といわれている。

ひゃくようばこ　百葉箱　instrument screen

気温や湿度を観測するために温度計や湿度計などを入れ,地上1.5mのところに置いた箱。

ひやめし　冷飯

コンクリートやモルタルなどを練置きして凝結が始まっているもの。

びょううちしき　鋲打式

建築物の骨組みが強固であることを祈念する行事で,鉄骨に最後の鋲を打つときに行われる。金鋲式ともいわれ,使われる鋲とナットには,金または銀のメッキを施す(稀に本物の金,または銀が使われる)。

ひょうかんじょうたい　表乾状態

〔→絶乾状態〕 saturated surface-dried condition (aggregate)

骨材の含水状態を表す用語で,骨材の表面は乾燥しているが,内部は湿潤である状態をいう。正確には,表面乾燥内部飽水状態という。

ひょうじゅんか　標準化　standardization

標準を設定し,これを活用する組織的行為(JIS)。

ひょうじゅんかさいおんどきょくせん　標準火災温度曲線

standard fire time temperature curve

耐火構造・防火構造および防火戸などの性能試験において,試験体に加える温度一時間の関係を示した曲線。耐火構造・防火構

甲種防火戸の性能試験（室内火災）

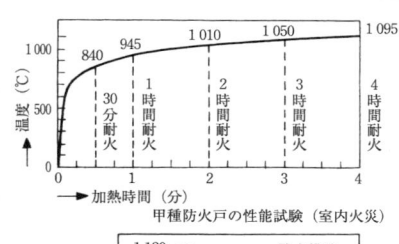

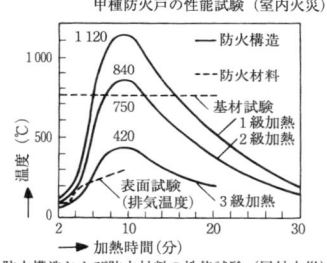

防火構造および防火材料の性能試験（屋外火災）

標準加熱温度曲線

造・防火戸および防火材料の性能試験のためのものがある。

ひょうじゅんごさ　標準誤差
standard error
誤差の標準偏差。

ひょうじゅんさ　標準砂　standard sand
セメントの強さ試験用モルタルに用いる天然珪砂（JIS）。標準砂の粒度分布は網ふるい2mm残分0％，1.6mm残分7±5％，1.0mm残分33±5％，0.5mm残分67±5％，0.16mm残分87±5％，0.08mm残分99±1％。セメント協会で購入することができる。日本の標準砂は，1901年から東京産を，1927年から相馬産を，1941年から九味浦産を，1947年から豊浦産を使用し，1997年4月より現在の標準砂となった。

ひょうじゅんちょうごう　標準調合
suggested trial proportion
1m³のコンクリートに使用する材料を絶対容積，質量，現場計量容積のうちいずれかで表した標準的な調合。

ひょうじゅんなんど　標準軟度
normal consistency
セメントなどに水を加えて練り混ぜた直後の軟度が，規定されている状態の軟らかさ。標準軟度を示す状態とその測定方法は，セメントはJISに規定されている。

ひょうじゅんふるい　標準ふるい
standard sieve　〔→試験ふるい〕
JISに規定する網ふるい。セメントや骨材の粒度試験などに用いる。

ひょうじゅんへんさ　標準偏差
standard deviation
分散の正の平方根（JIS）。データのばらつきの大きさを示す尺度。

ひょうじゅんようじょう　標準養生
standard curing
モルタルやコンクリート供試体を20℃前後の水中または，湿度100％に近い空気中に保持した後，材齢1日で脱型後20℃±2℃の水中に入れて養生すること。

ひょうめんかっせいざい　表面活性剤
surface active agent　〔→化学混和剤〕
表面活性作用によってコンクリートなどの性質を変化させる混和剤。現在のコンクリートには必ず用いられている。化学混和剤として使われる。

ひょうめんしんどうき　表面振動機
surface vibrator
コンクリート振動機の一つ。コンクリートの表面から振動を与えて表面を平らに仕上げたり，締め固めたりする機械。平板に鋼鉄製長さ100〜200mmの振動針を取り付けたものである。工場の床などのコンクリート打設に適する。

ひょうめんせきりろん　表面積理論
theory of surface area
コンクリートの強度は，骨材の全表面積に対するセメントの質量によって決まるとい

ひょうめんわれ　表面割れ　surface crack
せき板の乾燥によって表面に生ずる繊維に沿った割れ。「肌割れ」ともいう。

ビーライト　belite　〔→ 2 CaO・SiO$_2$, → 珪酸二石灰，ベリット〕
水和反応速度は遅く，水和熱は低く，収縮は中くらい。マスコンクリートや高流動コンクリートに使用する。

ビーライトけいセメントコンクリート　ビーライト系セメントコンクリート
マスコンクリートにおける温度ひび割れの抑制を目的として，クリンカー鉱物のうち水和熱の小さいビーライトの含有割合を増やしたコンクリート。

ひらがけんいち　平賀謙一（1910～1975）
天然軽量コンクリートならびにプレキャスト鉄筋コンクリートの施工法の研究者。旧建設省建築研究所3代目所長。

びりゅうし　微粒子　corpuscle
焼畑や砂漠，化石燃料の燃焼などによって大気中に放出される微細な粒子。例えば工業地帯からの炭素粒子・硫酸塩粒子や焼畑による土壌粒子などをいう。

ひるいし　蛭石　vermiculite
黒雲母の変成物。焼成すると大きく膨張する。焼成した蛭石の見掛け密度は0.7g/cm^{3}程度で，耐火性をはじめ，吸音・断熱性も優れている。このため左官用軽量骨材として多く使用される。

ひろいいさみ　廣井 勇（1862～1928）
土木分野における鉄筋コンクリート工学の権威者の一人。

ひんかくほう　品確法
「住宅品質確保促進法」の項参照。

ひんがん　玢岩　porphyrite
半深成岩でコンクリート用砕石の一種。表乾密度2.90～2.63g/cm^3，吸水率0.1～3.6%，原石の圧縮強度230～91N/mm^2。

ひんしつ　品質　quality
コンクリート，またはモンタルが使用目的を満たしているかどうか決定するための評価の対象となる固有の性質（JIS）。

ひんしつかんり　品質管理　quality control of concrete
購入者の要求にあった品質の品物またはサービスを経済的につくり出すための手段体系（JIS）。
生コン工場で用いられている管理図の代表的なものとしては，x－R管理図やx－R$_s$管理図がある。x－R管理図は，あらかじめ20～25個程度の試験結果から得られた平均値を中心とし，これから試験結果の標準偏差を3倍した上下の位置に管理限界線を引いたもので，これに試料数3～5の試験結果の平均値を順次プロットし，管理限界線の内側にあるか外側にあるかによって，製造工程が良い状態にあるか否かの判断をする。x－R$_s$管理図は，x－R管理図と一回に実施する試験数が異なり，材料のロットまたは工程のある周期的間隔ごとに，試料が一つしか採取されない場合に用いられる。この方法では，一つのデータで管理図を書くことができるという長所があるが，サンプリングや試験操作の影響を受けやすいなど，工程の母平均の変化に対しては検出力が低下する。例えば1組の試験数が3個のx－R管理では，母平均が3σ変化した場合の検出率が99.7%程度であるのに対し，x－R$_s$では50%程度まで低下する。

ひんしつきかく　品質規格　quality standard
コンクリートやモルタルの材料，すなわちセメント，骨材，水，混和材料の品質に関する規格。

ひんしつきじゅんきょうど　品質基準強度
　JASS 5 に定められている用語。構造物および部材の要求性能を得るために必要とされるコンクリートの圧縮強度で，通常，設計基準強度と耐久設計基準強度を確保するために，コンクリートの品質の基準として定める圧縮強度。

ひんしつすいじゅん　品質水準
　quality level
　コンクリート品質のよさの程度（JIS）。

ひんちょうごう　貧調合　lean mix
　単位セメント量が少ないこと。セメント量が少ないとパサパサしたり，耐久性の小さいコンクリートになりがちなので，打込み，締固め，養生に注意する。

ピンホール　pin hole
　針孔のような小さな孔。長い間にコンクリートを劣化させる。

[ふ]

ファイブアールイー　5RE
資源循環型社会における破棄物処理関連用語。Refine（分別・分解），Reduce（減容・減量），Recycle（再資源化），Reuse（再使用），Reconvert to Energy（固形燃料化＝RDF，ごみ発電など）。

ブイエフアールシー　VFRC
vinil fiver reinforced concrete
ビニロン繊維補強コンクリート。

ブイがたミキサー　V型ミキサー
V-type mixer
二つの円筒をV字形に接合し，V字の中ほどに水平回転軸を取り付けた固体混合用ミキサー。構造は簡単で，供給，排出が便利であり，$0.5 m^3$程度まで練り混ぜられ，混合時間も短い。

ブイがためじ　V形目地　V-shaped joint
コンクリート打放し・煉瓦・石工事における化粧目地の一つ。断面をV形に仕上げたもの。U形目地もある。

フィニッシャビリティー　finishability
コンクリートの打上がり面を要求された平滑さに仕上げようとする場合，その作業性の難易を示すコンクリートの性質。

ブイビーち　VB値　VB value　〔→沈下〕
VBコンシステンシー試験により得られる値。内径24 cm円筒容器内にスランプコーンを置き，スランプ試験を実施した後，透明プラスチック板を載せ，3,000〜3,500 rpm，振幅1〜5 mm振動台を振動させ，コンクリートが容器内で平らになるまでの時間を秒で示す。

フィラー　filler
補強，性質改善，着色などの目的で調（配）合する粉末。「充填材」ともいう。

ふうか　風化　weathering
コンクリートやモルタルが空気中において物理的化学的変化によって変質する現象。物理的風化は膨張，収縮，間隙水の凍結などによる劣化現象，化学的風化は酸化や炭酸化，加水作用などによる劣化現象。また，セメントが風化すると，空気中の水分やCO_2と反応して，粒子表面にできた$Ca(OH)_2$が炭酸化して$CaCO_3$の皮膜を生じ，密度が小さく，凝結時間が長くなる。

ふうかん　風乾　air-dry
コンクリートやモルタルを大気中に放置して乾燥させること。

ふうかんざい　封緘剤　sealing compound, membrance-forming compound
油脂類または天然や合成の樹脂を溶剤に溶いたものを主成分として，これに白色・灰色などの顔料を添加した材料で，コンクリートの養生剤として使われる。

ふうかんようじょう　封緘養生
sealed curing
コンクリート温度が気温の変化に追随し，かつコンクリートからの水分の散逸がない状態で行うコンクリートの養生。

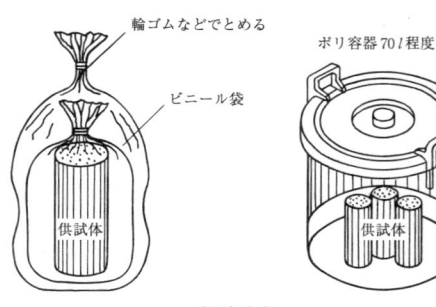

封緘養生

ふうりょくはつでん　風力発電
風力発電は，CO_2を排出しないので地球温

暖化防止対策として優れている。今後，世界で強化される。主要国は，ドイツ，アメリカ，デンマーク，スペイン，オランダ，日本である。

フェノールじゅし　フェノール樹脂
phenol-formaldehyde, phenolic resin
〔→石炭酸樹脂接着剤〕
石炭酸などフェノール類とホルムアルデヒドの縮合反応により得られる熱硬化性プラスチック。接着剤や塗料などに用いられる。「石炭酸樹脂」ともいう。

フェノールじゅしとりょう　フェノール樹脂塗料　phenolic resin paint
フェノール樹脂を用いてワニスをつくり，これを顔料に練り合わせた塗料。

フェノールフタレイン　phenolphthalein
コンクリートの中性化深さを知るときに使用する指示薬。無色の結晶粉末で，水にはごくわずかしか溶けないがアルコールによく溶ける。フェノールフタレインの1％溶液（フェノールフタレイン1gを無水アルコール65ccに溶かし，水を加えて100ccとする）を，コンクリートなど，中性化していない（pH＝8.3〜10.0）部分に塗ると赤紫色となる。

フェライトそう　フェライト相　ferrite
〔→ C_4AF，→セリット〕
鉄アルミン酸四カルシウムともいい，鉱物名称はフェライト相（セリット）。$4CaO$，Al_2O，Fe_2O_3で，アルミネート相（C_3A）と共に間隙相物質。普通ポルトランドセメント中には9％程度含まれている。他の化合物に比べて強度への影響は小さい。1,000℃程度から生成し，1,300℃以下で溶ける。

フェラリーセメント　ferrari cement
高酸化鉄形の一種のポルトランドセメントで，$3CaO \cdot Al_2O_3$を含まず$4CaO \cdot Al_2O_3 \cdot Fe_2O_3$の含有量を高めた組成を持ち，焼成温度が低く，練り混ぜの水量が少なくて済み，硫酸塩抵抗性が優れている。1920年頃イタリアのF. Ferrariによって製造された。

フェリット　felite　〔→ C_3A，→アルミネート相〕
セメントクリンカーを構成する結晶物質の一つ。1897年，A. E. Tornebohmが名付けた。現在のセメントクリンカー中には含まれない。

フェロセメント　ferrocement
セメントモルタルに補強材として金網を組み合わせた複合材料で，薄い版状の製品。セメント系複合材料ともいう。1847年，ランボー（フランス人）がフェロセメントで船をつくったのが初めといわれている。1960年代から欧米でフェロセメントの研究が活発に行われて，ヨット，漁船の他に海洋構造物，陸上構造物，サイロ，タンクなどの搭状構造物，カーテンウォール，階段が製造されるようになった。

フェロニッケルスラグ　ferronickel slag
〔→ FNS〕
ステンレス鋼・ニッケル合金などの原料であるフェロニッケルを生産する際に副産されるもの。フェロニッケルのニッケル純分1tの生産に対して約30tの割合で発生する。年間の発生量は約200万tで，現在はコンクリート用細骨材（JIS）として使用されている。

フェロニッケルスラグさいこつざい　フェロニッケルスラグ細骨材
ferronickel slag fine aggregate
炉でフェロニッケルと同時に生成する溶融スラグを徐冷し，または水，空気などによって急冷し，粒度調整したもの（JIS参照）。フェロニッケルおよびフェロニッケ

ふおくよう

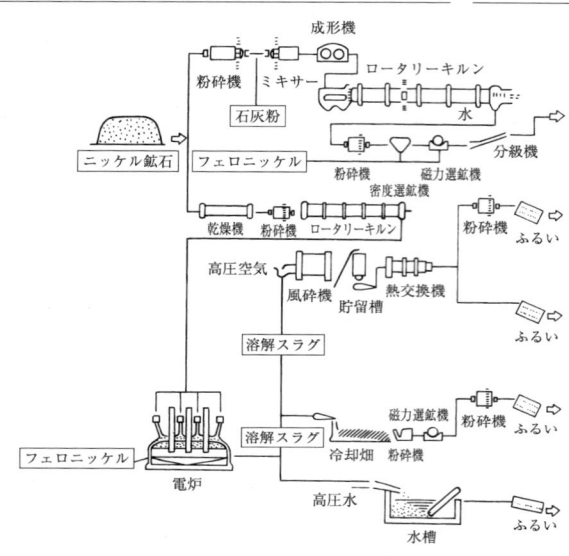

フェロニッケルスラグ細骨材の製造工程概要図

種類	習性	
キルン水砕砂 A	FNS 1.2 密　度 吸水率 最大粒径 粗粒率	3.03 g/cm³ 0.32 1.2 mm 1.72
電炉風砕砂 B	FNS 5 密　度 吸水率 最大粒径 粗粒率	2.86 g/cm³ 1.19 5 mm 2.65
電炉風砕砂 B′	FNS 5〜0.3 密　度 吸水率 最大粒径 粗粒率	2.85 g/cm³ 1.19 5 mm 4.08
電炉徐冷砂 C	FNS 5 密　度 吸水率 最大粒径 粗粒率	3.01 g/cm³ 1.30 5 mm 2.34
電炉水砕砂 D	FNS 5〜0.3 密　度 吸水率 最大粒径 粗粒率	2.86 g/cm³ 0.45 5 mm 4.01

フェロニッケルスラグ細骨材を用いたコンクリートの特性

化学的性質		FeO＝6〜10 %，MgO＝33〜36 %，SiO₂＝51〜55 % アルカリ骨材反応性を示す骨材が一種類あるが，通常の抑制対策の方法で適用できる。
物理的性質		ガラス質であり密実堅硬。絶乾密度は2.9〜3.1 g/cm³程度。吸水率は2％以下程度である。
スラグ細骨材を用いたコンクリートの特徴	単位水量	種類，混合率によって異なる。単位水量は球状粒子を多く含む骨材では川砂と同等または以下。角張った粒子の多い骨材では川砂より増加。
	空気量	スラグ混合率50％以下では，普通コンクリートと同様。フェロニッケルスラグ混合率50％を超えると最大1％程度増加。
	ブリーディング	混合率が高くなると増加。混合率の減少，減水性の良好な混和剤の使用あるいは微粒分の増加により低減可能。
	圧縮強度	スラグ混合率を高くすると上昇しやすい。
	ヤング係数	川砂コンクリートと同程度か，やや大きい。
	クリープ	川砂コンクリートと同程度。
	乾燥収縮率	川砂コンクリートとほぼ同程度か，若干小さい。
	中性化深さ	川砂コンクリートと同程度。

ルスラグ細骨材の製造工程の概要を上図に示す。

フォグようじょう　フォグ養生　fog cure
　霧養生のことで標準養生の一つ。

フォームタイ　formtie
　型枠締付け用ボルト（右図参照）。

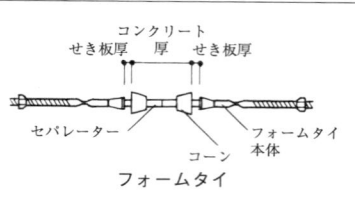

表-1 歩掛り（その1）

	単　位	事　務　所 (鉄骨鉄筋コンクリート造, 高層)	事務所・学校・病院 (鉄筋コンクリート造, 3～4階)	アパート (鉄筋コンクリート造, 3～4階)
コンクリート	建物延 m²当たり	0.54～0.8 m²	0.54～0.82 m²	0.48～0.54 m²
(構造用) 型　枠	建物延 m²当たり	3.2～5.0 m²	3.6～6.5 m²	4.3～5.5 m²
	コンクリートm³当たり	4.8～7.6 m²	5.6～9.6 m²	8.5～10.0 m²

表-2 歩掛り（その2）

事務所 SRC造 (高層)	事務所 RC造 (高層)	事務所 RC造 (2～3階)	共同住宅 RC造 4階(並)	住　宅 木造平家 (並)
19 %	23 %	28 %	31 %	6 %

ぶがかり　歩掛り　yardstick

コンクリート，および型枠工事の歩掛りを表-1，コンクリート材料（1 m³当り）を表-2，建築物のコンクリート工事の調合を表-3，に示す。なお，セメント1袋は25 kg入りである。40 kg，50 kgの時代もあった。

ふかす　slaking〔→消化, スレーキング〕

生石灰に水を反応させると発熱して消石灰となる。これを「消化」または「ふかす」という。

$$CaO+H_2O=Ca(OH)_2$$

消石灰は空気中の炭酸ガス（CO_2）と化合して炭酸カルシウム（$CaCO_3$）になる。

ふきつけコンクリート　吹付けコンクリート
shotcrete, neumatically applied concrete, shotcrete concrete

圧縮空気を利用して，ホース内を圧送したコンクリート。またはその材料をホース先端のノズルから所定の場所に吹き付けて形成させるコンクリート。1950年頃，トンネル掘削時に使用されはじめた。一般に高強度で，一例としてポルトランドセメントに比表面積 10,000 cm²/g, 18,000 cm²/g, 30,000 cm²/g の高炉スラグ微粉末を混入したもの，あるいはポルトランドセメントに粉体シリカフューム・石灰石微粉末を混入したものがある。

表-3 歩掛り コンクリートの調合例

水セメント比 (%)	スランプ (cm)	細骨材率 (%)	単位水量 (kg/m³)	絶対容積 (l/m^3) セメント	砂	砂利	質量 (kg/m³) セメント	砂	砂利
43	8	33.9	143	106	241	470	334	627	1,222
	12	32.2	152	114	223	471	358	580	1,225
	15	30.6	160	120	208	472	378	541	1,227
	18	33.8	169	126	225	440	397	585	1,144
	21	36.0	183	137	224	416	432	582	1,082
47	8	35.1	142	95	254	469	299	660	1,219
	12	33.8	149	101	240	470	317	624	1,222
	15	32.7	156	104	229	471	328	595	1,225
	18	35.9	165	111	246	438	350	640	1,139
	21	38.4	178	120	254	408	378	660	1,061
52	8	36.0	141	86	264	469	271	686	1,219
	12	35.0	148	90	253	469	284	658	1,219
	15	34.1	153	94	243	470	296	632	1,222
	18	37.3	162	99	261	438	312	679	1,139
	21	40.0	175	107	271	407	337	705	1,058
57	12	35.9	147	82	262	470	259	681	1,219
	15	35.0	152	86	253	469	271	658	1,219
	18	38.4	161	90	272	437	284	707	1,136
	21	41.1	173	97	284	406	306	738	1,056

〔注〕空気量は4%，ここに示されていない場合は補完するとよい。

ふきつけロックウール　吹付けロックウール
sprayed rock wool

建築物に耐火性，断熱性や吸音性を保持させるために，ロックウールにセメントと無機質バインダーを混ぜ，鉄骨面などに吹付け機によって吹き付けること。

ふきゅう　腐朽　decay, rot

木材その他の有機材料のバクテリア菌類などによる劣化。

ふくさんせっこう　副産石膏
byproduct gypsum

ふくそうし

各種化学工業などから副産物としてできる石膏をいい、化学石膏の一種。主なものに、排脱石膏、燐酸石膏、チタン石膏、フッ酸石膏、芒硝石膏、製錬石膏、硫安石膏などがあり、フッ酸石膏だけが無水石膏で、他は二水石膏である。粉末状で産出し、SO_3含有量が高いが、生産過程が複雑なので不純物の種類、混入量や結晶形状に差がある。わが国ではセメント用や建材の原料石膏として重要である。

ふくそうしあげとざい　複層仕上塗材
multilayer wall coating for glossy textured finish

セメント、合成樹脂などの結合材および骨材を主原料とし、下塗材、主材、上塗材の3層で構成し、凹凸模様に仕上げる仕上塗材。標準耐用年数は10年。

ふくりんめじ　覆輪目地　convex tooled joint, concave tooled joint

軽量コンクリートブロックなどの化粧目地の形の一つ。断面は円形、目地鏝は「丸めじ」を使用する。明治・大正時代に流行した目地である。「ふくわ目地」ともいう。

ふくろづめコンクリートこうほう　袋詰めコンクリート工法
sacked concrete process

フレッシュコンクリートを袋に詰め、水底や橋脚の根固めなどに敷き並べる工法、または積み重ねる工法。

ふごうかく　不合格　rejection

サンプルの試験結果が、ロット判定基準を満足しないと判定した状態。

備考：合格・不合格という用語はロットの合否に対して用い、良品・不良品という用語は検査単位の良・不良に対して用いる。(JIS)

ぶざいさいしょうすんぽう・かぶりあつさとたいかせいのう　部材最小寸法・被り厚さと耐火性能

建設省告示1675号に示されている(下表参照)。

ぶざいのようきゅうたいかせいのう　部材の要求耐火性能
〔→耐火構造〕

建築基準法施行令第107条に定められてい

部材最小寸法・被り厚さと耐久性能（建設省告示第1675号，昭39.7.10）　（単位：cm）

部材	構造種別	寸法 耐火性能	小径・厚さ				被り厚さ			
			30分	1時間	2時間	3時間	30分	1時間	2時間	3時間
壁	鉄筋コンクリート造 鉄骨鉄筋コンクリート造		—	7	10	—	—	3	3	—
	鉄筋コンクリート造		—	7	10	—	N	3	—	—
柱	鉄筋コンクリート造 鉄骨鉄筋コンクリート造		—	N	25	40	—	3	3	3
	鉄筋コンクリート造		—	N	25	40	—	3	5	6
床	鉄筋コンクリート造 鉄骨鉄筋コンクリート造		—	7	10	—	—	2	2	—
梁	鉄筋コンクリート造 鉄骨鉄筋コンクリート造		—	N	N	—	—	3	3 5	3 6
	鉄筋コンクリート造		—	N	N	N	—	3	—	—
屋根	鉄筋コンクリート造 鉄骨鉄筋コンクリート造		N	—	—	—	N	—	—	—

[注] Nは、寸法の制限がないことを示す。　—は、規定の対象がないことを示す。
非耐力壁では、被り厚さは、2cm以上。

ふしょく　腐食　corrosion
主として材料の化学的要因による劣化。例えば金属は酸化による錆，金属間のイオン化傾向の差による電食等で腐食する。

ふしょくしろ　腐食代
corrosion allowance
腐食によって失われることをあらかじめ想定し，その分だけ増しておく厚さ。例えば，鋼杭の場合，一般的な土質で1mm程度を見込む。

ふしょくづかれ　腐食疲れ
corrosion fatigue
腐食と繰返し応力との相乗作用によって，金属材料に生ずる強度低下。

ふしょくでんい　腐食電位
corrosion potential
腐食している金属の照合電極に対する電位。

ふしょくど　腐食度　corrosion rate
単位表面積，単位時間当たりの腐食により減少した材料の質量。通常，金属材料の場合，単位として $mg/dm^2/day$ (mdd) を用いる。

ふちゃくきょうど　付着強度
bond strength
鉄筋とコンクリート，モルタル（タイル）とコンクリートなどの二つの材料の接合面に生じる力を接合面の面積で除した値。「タイル」の項参照。

ふちょうごう　富調合　rich mix　〔→富配合，⇔貧調合〕
単位セメント量（$350 kg/m^3$ 以上）が多いこと。乾燥収縮が大きくなって，ひび割れの発生が懸念される。

ふつうこつざいコンクリート　普通骨材コンクリート
normal concrete, ordinary concrete
自然作用によって岩石から出来た砂・砂利・砕石を用いてつくられたコンクリート。$2.2～2.4 t/m^3$ が標準。

ふつうコンクリート　普通コンクリート
normal concrete
普通骨材（表参照）を用いるコンクリート。気乾単位容積質量は $2.2～2.4 t/m^3$。

粗骨材	細骨材
砂利，砕石または高炉スラグ粗骨材	砂，砕砂，高炉スラグ細骨材またはフェロニッケルスラグ細骨材

ふつうコンクリートのきょうおうりょくど　普通コンクリートの許容応力度　〔→許容応力度〕
建築基準法施行令第74条では，4週圧縮強度は $12 N/mm^2$ 以上なので，許容応力度は $4 N/mm^2$ 以上となる。

ふつうコンクリートのクリープ　普通コンクリートのクリープ
持続荷重が作用すると，時間の経過と共にコンクリート部材の歪みが増大する。この現象をクリープといい，軽量コンクリートより若干小さい（有利）。

ふつうコンクリートのたんいすいりょう　普通コンクリートの単位水量
unit water content
コンクリートの性質に単位水量は大きく影響するので，施工できる範囲で，最小限にする。日本建築学会では $185 kg/m^3$ 以下としている。

ふつうコンクリートようそこつざいのさいだいすんぽう　普通コンクリート用粗骨材の最大寸法
p.472 表参照。

ふつうポルトランドセメント　普通ポルトランドセメント　ordinary portland cement, normal portland cement　〔→ポルトランドセメント〕
一般の用途に用いるポルトランドセメント

ふつく

使用箇所による粗骨材の最大寸法（JASS 5）

使用箇所	粗骨材の最大寸法（mm）	
	砂利	砕石・高炉スラグ砕石
柱・梁・スラブ・壁	20, 25	20
基礎	20, 25, 40	20, 25, 40

（JIS）。国内で生産・販売される全セメント量の70％以上を占め、建築工事等に最も広く使用されているセメント。普通、早強、超早強、中庸熱、低熱、耐硫酸塩ポルトランドセメントなど。普通ポルトランドセメントの製造ではクリンカーと適量の石膏以外に高炉スラグ、シリカ質混合材、フライアッシュあるいは石灰石（$CaCO_3$成分95％以上）を単独または適宜組み合せたものを総量で5％以下加えてよいことになっている。普通ポルトランドセメントクリンカーの平均的化合物組成は、C_3S 50％、C_2S 26％、C_3A 9％、C_4AF 9％である。

フック
　鉄筋がコンクリート中より抜け出さないように、鉄筋をかぎ状に折り曲げた、引掛りの付いたもの。

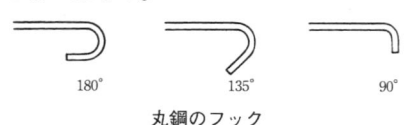

180°　135°　90°
丸鋼のフック

ぶつりてきたいようねんすう　物理的耐用年数（命数）
　劣化により定まる寿命（耐用年数）。単に耐用年数ともいう。

ぶつりてきれっかよういん　物理的劣化要因
　physical deterioration factor
　コンクリート部材を劣化させる膨張、応力、摩耗などの物理的な要因。

ふどうさんかんてい　不動産鑑定
　国家試験に合格した不動産鑑定士が、顧客の依頼を受けて不動産の価格などを調べること。通常は所定の様式に従った鑑定書を作成する。価格は、土地のみと、土地と建物の合計のどちらでも算定できる。鑑定の手法は、
①建築費や土地の購入費に基づく原価法
②周辺不動産の実際の売買価格に基づく取引事例比較法
③賃料収入など収益に基づく収益還元法
の三つがある。戸建て住宅なら①と②、オフィスビルなら③と、不動産の種類によって重視する手法を使い分けるのが一般。不動産鑑定は3年に1度の固定資産税評価替えの年に急増する。地方自治体の鑑定依頼が増えるためである。鑑定士の有資格者は

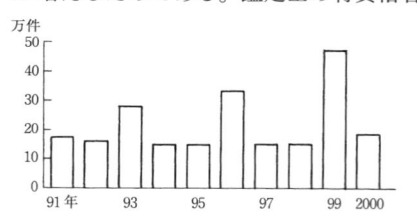

不動産鑑定件数
（公示・基準地価格除く、国土交通省調べ）

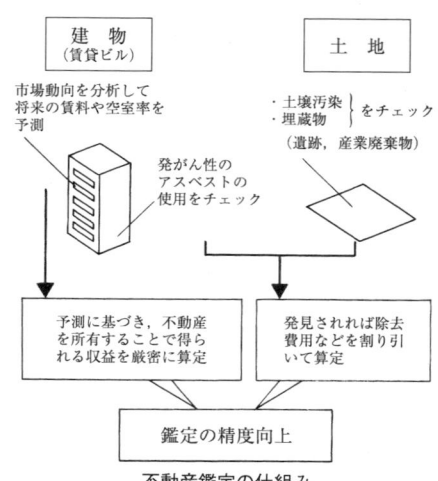

不動産鑑定の仕組み

国内に約6,500人おり，鑑定事務所は3,000強ある。国土交通省は2003年1月から不動産鑑定士が土地や建物の価格を鑑定する際の基準を改めた。

ふどうたい　不動態　passive state
標準電位列で卑な金属であるにもかかわらず，電気的に貴な金属であるような挙動を示す状態 (JIS)。

ふとうへんやまがたこう　不等辺山形鋼　un-equal size section steel　〔⇔等辺山形鋼〕
二辺の長さが異なる山形鋼で，主として鉄骨造に用いる。

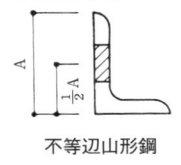

不等辺山形鋼

ふねんざいりょう　不燃材料　non-combustible material　〔➡準不燃材料，難燃材料〕
20分間以上燃焼しない，防火上有害な損傷を生じない，避難上有害な煙またはガスを発生しない材料（コンクリート，煉瓦，瓦，陶磁器質タイル，石綿スレート，繊維強化セメント板，厚さが3 mm以上のガラス繊維混入セメント板，厚さが5 mm以上の繊維混入珪酸カルシウム板，鉄鋼，アルミニウム，金属板，ガラス，モルタル，漆喰，石，厚さが12 mm以上の石膏ボード〔ボード用原紙の厚さが0.6 mm以下のものに限る〕，ロックウール，グラスウール板）。（建築基準法施行令第108条の2）

ふはいごう　富配合　rich mix　〔⇒富調合〕

フープ　hoop　〔➡帯筋〕
帯筋ともいう（右図参照）。柱に用いられる鉄筋で，次のような役割を行う。 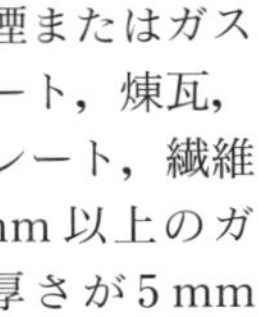
①コンクリートと共に，剪断力に抵抗する。
②コンクリートを拘束することによって強度・靱性を増す。
③縦筋の座屈を防止する。

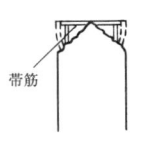

帯筋

ふゆうじんあいりょう　浮遊塵埃量　amount of dust in suspension
空気中に含まれる塵埃の量。

ふゆうりゅうしじょうぶっしつ　浮遊粒子状物質　〔→ SPM〕
肺や気管支などに沈着し，肺癌や喘息を引き起こすとされる。

SPM（1 m³当たりの質量, mg）

幹線道路沿い	
①松原橋（大田区）	0.183
②川口市神根（埼玉県）	0.179
③中山道大和（板橋区）	0.173
④さいたま市三橋自排（埼玉県）	0.168
⑤厚木市金田（神奈川県）	0.164
オフィス・住宅街	
①川口市新郷（埼玉県）	0.160
②千草台小学校（千葉市）	0.156
③宝小学校（名古屋市）	0.152
④総和町役場（茨城県）	0.151
⑤鳩ヶ谷（埼玉県鳩ヶ谷市）	0.150

〔注〕年間を通じた1日当たりの平均値　　（日本経済新聞による）

ふようざんぶん　不溶残分　insoluble residue　〔➡インソール〕
JISでは，試料1 gを塩酸 (1+1) 10 mlに溶かし，未溶解部分をさらに炭酸ナトリウム溶液 (5 %) 50 mlで溶解したとき，溶解せずに残ったものを「不溶残分」と規定している。この不溶残分は，セメントに

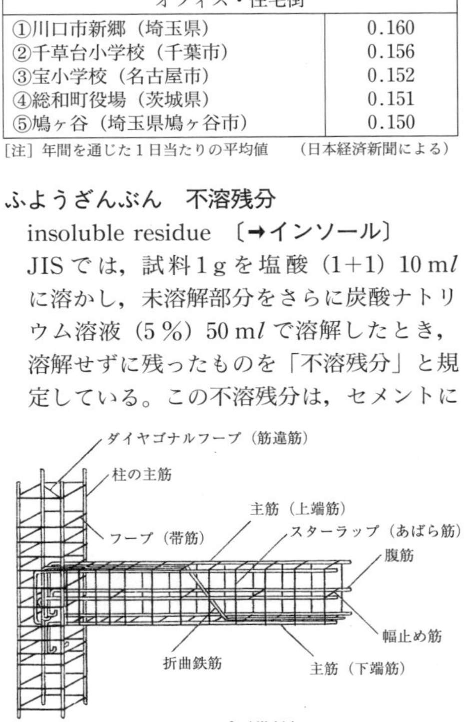

ダイヤゴナルフープ（筋違筋）
柱の主筋
フープ（帯筋）
主筋（上端筋）
スターラップ（あばら筋）
腹筋
幅止め筋
折曲鉄筋
主筋（下端筋）

フープ（帯筋）

添加されている石膏，各種混合材などに含まれていた不溶性の成分。

フライアッシュ　fly ash　〔→石炭灰〕

ポラゾンの一種類で，微粉炭燃焼ボイラーの煙道ガスから集機で採取される微粉末状の材料（JIS）。コンクリートの混和材として用いることにより，
① 単位水量の減少とワーカビリティの改善
② 水和熱の減少
③ 水密性の向上
④ 耐久性の向上

が見られる。一般には，フライアッシュの比表面積は $3,200～6,300 \text{ cm}^2/\text{g}$，真密度は $2.0～2.3 \text{ g/cm}^3$ である。フライアッシュは石炭中の粘土鉱物，石英，長石，方解石などが溶融，急冷されたガラスと結晶物との混合物である。フライアッシュの化学成分は $SiO_2 \text{ } 50～60\%$，$Al_2O_3 \text{ } 25～30\%$，$Fe_2O_3 \text{ } 4～8\%$，ガラス比率 65% 前後のものが多い。主成分はガラス相からなっているが，石英，ムライトの他に少量の磁鉄鉱，赤鉄鋼，未燃カーボンなども含まれている。ちなみにアメリカは 1940 年頃より，日本は 1955 年頃より本格的に開発された。

フライアッシュセメント

portland fly-ash cement

フライアッシュを用いた混合セメント（JIS）。フライアッシュの分量により A 種（5 を超え 10% 以下），B 種（10 を超え 20% 以下）および C 種（20 を超え 30% 以下）。性質は① ワーカビリティがよい。② 長期強度が大きい。③ 乾燥収縮が小さい。④ 水和熱が小さい。⑤ アルカリ骨材反応を抑制する。用途は普通セメントと同様な工事の他，マスコンクリート・水中コンクリート。

フライアッシュファイバー　fly-ash fibre

石炭灰を高温溶融させ，遠心力や圧縮空気により繊維化した人工系無機繊維材料。アメリカ，中国で保温材として利用されている。繊維径は $3～40 \mu\text{m}$。真密度 1.5 g/cm^3。

プライマー　primer

下地材とのなじみを密着させる目的で下地材面に最初に塗布する液状の材料。プライマーの乾燥時間は 8 時間以上。

フーラーきょくせん　フーラー曲線

Fuller's maximum density curve

Fuller および Thompson により提案された粒度曲線。粗細の混合骨材が最大密度となる図のような粒度曲線を実験的に求め，このような粒度を持つ骨材が最も密実なコンクリートをつくるのによいとした。

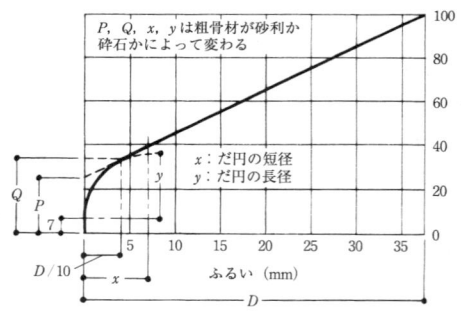

P, Q, x, y は粗骨材が砂利か砕石かによって変わる
x：だ円の短径
y：だ円の長径
通過率 [%wt]
ふるい (mm)

プラスチックコンクリート

plastics concrete

一般のセメントコンクリートに，天然または合成ポリマーを混入して用いるときに，ポリマーセメントコンクリート（polymer-cement concrete, polymer-modified concrete），ラテックスセメントコンクリート（latex-cement concrete, latex-modified concrete）と呼ばれ，セメントを使用しないでポリマーのみを用いる場合をレジンコンクリート（resinification concrete），樹脂コンクリート（resin concrete），プラスチックコンクリート（plastics concrete)（狭義）という。このコンクリートは引張りや曲げに強く，ひび割れが発生しにくく，また酸その他の化学薬品に対する抵抗性が優れる。

プラスチックしゅうしゅくひびわれ　プラスチック収縮ひび割れ
コンクリートまたはモルタルの微細（0.04 mm 以下）なひび割れ。

プラスティシティ　plasticity
容易に型枠に詰めることができ，型枠を取り去るとゆっくり形を変えるが，崩れたり，材料が分離することのないような，フレッシュコンクリートの性質をいう。

フラッシュオーバー　flash over
次第に燃え広がっていくのではなく，ある段階で爆発的な燃焼に変わることを示す火災用語。屋外での枯芝等の燃焼は，同心円的に拡大する（実際には風があるため，風下方向へ燃え広がる）。しかし，屋内空間は閉じられた空間であるため，このようにはならない。屋内で火災が発生すると，天井または屋根に遮られて熱気や煙が屋内にこもるからである。すなわち，屋内の火災で空気が熱せられると300℃で2倍，600℃で3倍というように膨張する。これは比重が1/2，1/3と軽くなるため，急激に温度が上昇する。それが天井等でせき止められ，天井下面に熱気が停滞（蓄積）する。そのため，天井下面や壁の上部は激しく熱せられて，可燃性ガスを放出する（通常，木材は炎を近づけると260℃で着火する。これが，450℃になると炎はなくても自然着火する）。このようにして熱気の堆積により可燃性ガスの放出が急激になると，ある瞬間それに着火して室内が激しい燃焼状態に陥ることとなる。

プラニメーター　planimeter
図面上で面積を測る器具。中性化深さの測定に用いられている。

プランク　plank
米材規格で厚さ2～4 in，幅4 in（約10 cm）以上の板。

ブリーディング　bleeding
フレッシュコンクリートまたはフレッシュモルタルにおいて，固体材料の沈降または分離によって，練混ぜ水の一部が遊離して上昇する現象。この現象により，コンクリートの打設初期に，コンクリートの沈降が生じる。JASS 5（1975年版）では0.5 cm^3/cm^2 以下を目標としている。p.476 表に，栃木県生コンクリート工業組合と共同実験したレディーミクストコンクリート9プラントで夏季と冬季に練り混ぜた最終ブリーディング量を示す。

フリーマグネシア　free magnesia
ポルトランドセメントクリンカーをはじめ，製鋼スラグなどに含まれている未反応の MgO。時間の経過と共に水和反応を起こし，やがてはコンクリートの膨張などを引き起こすことがある。

ブリネルこうど　ブリネル硬度　Brinell hardness
金属材料の硬さの測定に用いられ，コンクリートのような脆性なものには適さない。

ふりゅうりつ　浮粒率　percentage of floating particles
絶乾状態の軽量粗骨材を水中に入れた場合に浮遊する粒の全粗骨材量に対する質量百分率。JASS 5 T-203（軽量粗骨材の浮粒率の試験方法）によって定める。

ふりょうりつ　不良率　fraction defective
品物の全数に対する不良品の数の比率。百分率で表した不良率を不良百分率（percent defective）という。

フリーライム　free lime　〔→遊離石灰〕
セメントの化学成分や焼成が不十分な場

最終ブリーディング量　夏季の試験結果

プラント	気温(°C)	湿度(%)	粗粒率 細骨材	粗粒率 粗骨材	使用骨材(%) 細骨材	使用骨材(%) 粗骨材	W/C (%)	スランプ (cm)	空気量 (%)	温度 (°C)	最終ブリーディング量 (cm³/cm²) 8月	最終ブリーディング量 (cm³/cm²) 9月
1	25	90	2.93	6.88	砂 80 砕砂20	砂利60 砕石40	60.3	11.0	5.9	25.0	0.10	0.16
1	24	89					60.3	19.5	4.7	24.0	0.16	0.24
2	21	85	2.80	6.85	砂 70 砕砂30	砂利100	61.5	8.0	4.7	25.0	0.09	0.11
2							61.5	20.0	4.7		1.12	0.19
3	28.5	65	2.80	6.90	砂 100	砂利100	58.0	12.0	5.3	28.5	0.14	0.15
3	24	70					58.0	22.0	4.7	16.0	0.29	0.27
4	24	62	2.93	6.82	砂 60 砕砂40	砂利50 砕石50	61.8	11.0	6.0	28.0	0.12	0.14
4							61.8	22.0	3.7		0.25	0.21
5	25.5	63	2.90	6.92	砂 70 砕砂30	砂利40 砕石60	62.0	13.0	6.1	27.0	0.12	0.11
5							62.0	21.0	4.5	26.0	0.15	0.12
6	26	72	2.72	6.90	砂 60 砕砂40	砂利50 砕石50	61.5	8.0	3.7	26.0	0.14	0.10
6							61.5	20.5	4.1	27.0	0.25	0.23
7	29	78	2.73	6.94	砂 100	砂利100	58.5	10.0	5.6	28.0	0.09	0.09
7	30						58.5	19.0	5.6	31.0	0.15	0.14
8	25	77	2.89	6.83	砂 70 砕砂30	砂利80 砕砂20	59.5	8.0	4.3	24.0	0.16	0.15
8							59.5	19.0	4.5		0.20	0.21
9	23.5	58	2.81	6.96	砂 100	砂利100	58.5	9.5	4.4	25.0	0.18	0.19
9		60					58.5	20.5	4.3	20.5	0.23	0.25
目標値	—	—	—	—	—	—	—	3〜6	—	—	0.5 以下	

最終ブリーディング量　冬季の試験結果

プラント	気温(°C)	湿度(%)	粗粒率 細骨材	粗粒率 粗骨材	使用骨材(%) 細骨材	使用骨材(%) 粗骨材	W/C (%)	スランプ (cm)	空気量 (%)	温度 (°C)	最終ブリーディング量 (cm³/cm²) 8月	最終ブリーディング量 (cm³/cm²) 9月
1	1.5	62	2.93	6.88	砂 80 砕砂20	砂利60 砕石40	60.3	11.5	4.9	7.0	0.20	0.22
1	2.5	63					60.3	19.0	4.0	8.0	0.19	0.20
2	5.0	54	2.82	6.87	砂 70 砕砂30	砂利100	61.5	7.0	5.9	10.0	0.20	0.18
2							61.5	20.5	4.4		0.32	0.33
3	8.0	69	2.77	6.88	砂 100	砂利100	58.0	8.5	4.2	10.0	0.18	0.21
3	5.0	67					58.0	19.5	4.9	9.0	0.31	0.30
4	−1.5	69	2.89	6.90	砂 60 砕砂40	砂利50 砕石50	61.8	7.0	4.6	7.5	0.12	0.15
4							61.8	22.0	3.7		0.24	0.21
5	9.0	56	2.86	6.98	砂 70 砕砂30	砂利60 砕石40	62.0	9.0	4.5	8.0	0.12	0.11
5							62.0	19.5	4.6	9.0	0.20	0.18
6	13.0	60	2.69	6.63	砂 60 砕砂40	砂利50 砕石50	61.5	9.0		10.0	0.20	0.23
6	13.0						61.5	20.5	6.4		0.37	0.18
7	12	67	2.66	6.99	砂 100	砂利100	58.5	9.0	4.5	11.0	0.12	0.15
7							58.5	19.0	4.9	13.0	0.18	0.19
8	12.6	70	2.77	6.91	砂 70 砕砂30	砂利80 砕砂20	61.5	8.5	4.0	10.0	0.20	0.18
8	12.0						61.5	19.5	4.9			0.23
9	10.0	58	2.83	6.96	砂 100	砂利100	58.5	9.5	4.9	9.5	0.12	0.13
9	9.0	60					58.5	20.5	4.7	11.0	0.21	0.25
目標値	—	—	—	—	—	—	—	3〜6	—	—	0.5 以下	

合，遊離した状態でセメント中に存在する石灰。レイタンス中によく見かける。ポルトランドセメントに含まれる少量の未反応CaO。クリンカー焼成管理において，焼成反応の完結の程度を見る指標として重要であり，適正値は，原料，焼成条件により異なり，0.2～1.0％の幅を持つ。焼成が不十分であると，フリーライムが多くなり，コンクリートに膨張性のひび割れを生じる原因となる。また，セメントが風化する場合，まずセメント中のフリーライムが空気中の水分と反応して水酸化カルシウムを生成する。

ふるいわけ　ふるい分け　sieving
骨材などの粒状のものを粒度の大小により分けること（JIS）。

ふるいわけきょくせん　ふるい分け曲線　sieve analysis curve　〔→粒度分布曲線〕
ふるい分け試験を行った場合の結果を縦軸に各ふるいの通過率（質量％），横軸にふるい目寸法をとった曲線。コンクリートの骨材・土などの粒状材料の粒度を図示するのに用いられる。

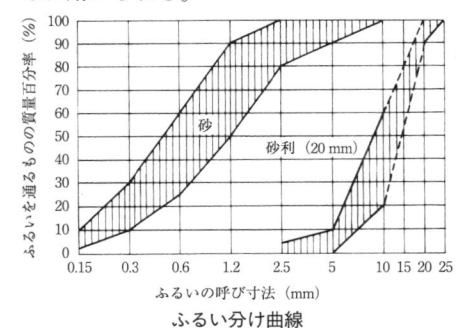

ふるい分け曲線

ふるいわけしけん　ふるい分け試験　sieve analysis
骨材の粒度分布を求めるため，一組の標準ふるいを用いてふるい分け，各ふるいを通るものまたは各ふるいに留まるものの質量百分率を求める試験（JIS）。

ふるたたみ　古畳　〔→廃畳〕
旅館や戸建て住宅やマンションの改築の際に出る使用済みの畳を回収し，燃料やセメント原料として再利用する。年間350万枚程度の畳が回収されている。

プレウェッティング　prewetting, presoaking, presaturating　〔→プレソーキング〕
軽量骨材や高炉スラグ粗骨材を使用する際に，あらかじめ散水または浸水させて十分に吸水させコンクリートのコンシステンシーが変化するのを防ぐ。

フレキシビリティ　flexibility
建築物などの改良・模様替えなどが容易に行える程度。柔軟性。

プレキャストコンクリートかたわくこうほう　プレキャストコンクリート型枠工法
梁型枠にハーフPCを使用する場合，梁下の支柱が必要である（p.478 図参照）。

プレキャストコンクリートばん　プレキャストコンクリート板　precast concrete panel　〔→PCa板，→蒸気養生〕
工場や現場構内で製造した鉄筋コンクリート板。蒸気養生を行うことが多い。保管方法は次の通り。枕木を2本使用し，積重ね枚数は6枚以下とする。重量物であるので枕木を3本以上使用すると，かえって部材を折損することがある。PCa板ともいう。

プレキャストコンクリートぶざい　プレキャストコンクリート部材　precast concrete-panel　〔⇔現場打ちコンクリート〕
工場や作業現場内で製作し，部材として使えるようにしたコンクリート。普通コンクリート，軽量骨材コンクリートなどでつくられる。種類としては，柱，梁，壁板，床板，屋根板などがあり，これらを現場で組み立てて構造体をつくる。「PCa」ともいう。

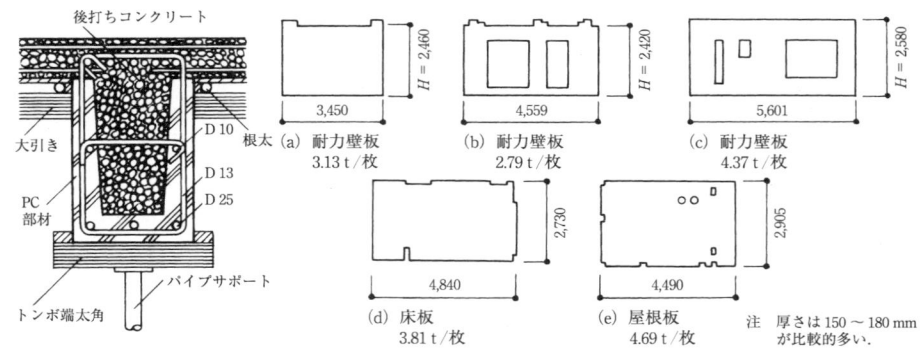

ふれきやす

プレキャストコンクリート型枠工法

プレキャストコンクリート部材の大きさの一例
(a) 耐力壁板 3.13 t/枚
(b) 耐力壁板 2.79 t/枚
(c) 耐力壁板 4.37 t/枚
(d) 床板 3.81 t/枚
(e) 屋根板 4.69 t/枚
注 厚さは150～180 mmが比較的多い。

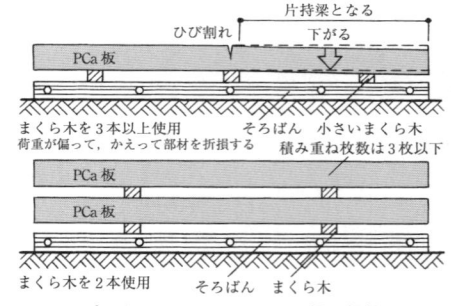

プレキャストふくごうコンクリート　プレキャスト複合コンクリート

構造体または断面の一部にプレキャスト部材を用い，これと現場打ちコンクリートを一体化して構造体または部材として形成されたコンクリート。

プレキャストふくごうコンクリートのひんしつ　プレキャスト複合コンクリートの品質
〔→鉄筋の被り厚さ〕

JASS 5では次のように定めている。

a．プレキャスト複合コンクリートの設計基準強度は，60 N/mm²以下とし，特記による。

b．プレキャスト複合コンクリートのプレキャストコンクリート部材は，所要の寸法精度および仕上がり状態を満足するもの。

c．プレキャストコンクリート部材のコンクリートの種類，品質は特記による。特記のない場合は，プレキャスト複合コンクリートとしての性能を満足するように定め，工事監理者の承認を受ける。

d．プレキャストコンクリート部材のコンクリートの設計基準強度は，プレキャスト複合コンクリートの設計基準強度以上とし，特記による。特記のない場合は，プレキャスト複合コンクリートの設計基準強度

プレキャストコンクリート板の保管

以上の値として定め，工事監理者の承認を受ける。

e．現場打ちコンクリートの種類，品質は特記による。特記のない場合は，プレキャスト複合コンクリートとしての所要の性能を満足するように定め，工事監理者の承認を受ける。

f．現場打ちコンクリートの設計基準強度は，プレキャスト複合コンクリートの設計基準強度以上とし，特記による。特記のない場合は，プレキャスト複合コンクリートの設計基準強度以上の値として定め，工事監理者の承認を受ける。

g．現場打ちコンクリートのスランプ，ま

たはスランプフローは特記による。特記のない場合は，プレキャストコンクリート部材間，あるいはプレキャストコンクリート部材と型枠で囲まれた空間内の隅々まで密実に打ち込むことができるような値として定め，工事監理者の承認を受ける。

h．プレキャスト複合コンクリート部材の被り厚さは，「鉄筋の被り厚さ」の項に示す最小被り厚さ以上とする。

プレクーリング　precooling
コンクリートの練上がり温度を低くするため，コンクリートの構成材料をあらかじめ冷やすこと，または練混ぜ中にコンクリートを冷やすこと。

プレーサビリティ　placeability
フレッシュコンクリートやモルタルを，所定の場所または型枠の中に打ち込むことの難易さを表した語。ワーカビリティの一つの性質。

プレスコンクリート　pressed concrete
フレッシュコンクリートに直接圧力を加えて余分な水および気泡を絞り出し，その圧力を保持したまま養生を行って硬化させる方法を圧力養生といい，出来上がったコンクリートをプレスコンクリートという。

コンクリートの初期強度を高めるために，一般には蒸気養生が行われているが，コンクリートを練り混ぜてから蒸気養生を開始するまでの時間，養生温度の上昇勾配，最高温度などの影響を受けてコンクリートの品質は非常に大きく変化する。また，養生を終了した後のコンクリートの強度の増加は一般に少ない。その主な原因は，自由水の蒸発により，凝結，硬化中のセメントの組織が乱されることによると考えられている。これらの欠点は圧力養生により補うことができる。圧力を加えることにより，硬化に必要な水分をセメント粒子内に圧入

水セメント比の低下

水セメント比		加圧力	加圧時間
加圧前	加圧後	(kg/cm²)	(分)
31(35)	22(26)	100(20)	8(8)

加圧力 100 kgf/cm² の場合の養生方法の差と圧縮強度の関係　　　　　　　　　　　　　（単位：kgf/cm²）

材齢 養生方式	6時間	1日	3日	7日	28日	6月	1年
標準養生	—	700	—	830	1,040	1,130	1,130
3時間沸騰養生後標準養生	700	—	740	—	1,040	1,060	1,060

（吉田徳次郎による）

し，余分な水および気泡を排除し，圧力を加えた状態で養生することにより飽和蒸気圧が高くなり，水分の蒸発が抑制され，蒸気養生の影響が改善される。

プレストレストコンクリート　prestressed concrete〔→鋼弦コンクリート〕
PC 鋼材によってプレストレスが与えられているコンクリート。JASS 5 の主な規定事項は次の通り。

a．設計基準強度はプレテンション方式 35 N/mm² 以上，ポストテンション方式 24 N/mm² 以上とし，特記による。

b．セメントはポルトランドセメント，高炉，シリカ，フライアッシュの各セメントとする。

c．スランプはプレストレストコンクリート部材製造 12 cm 以下，現場打込みのポストテンション方式 15 cm 以下，流動化コンクリート 18 cm 以下とする。

d．塩化物量は塩化物イオン量としてプレテンション部材 0.20 kg/m³ 以下，ポストテンション部材 0.30 kg/m³ 以下とする。グラウト 0.20 kg/m³ 以下とする。

プレストレストコンクリートダブルティースラブ　プレストレストコンクリートダブル T スラブ　prestressed concrete slab

ふれすとれ

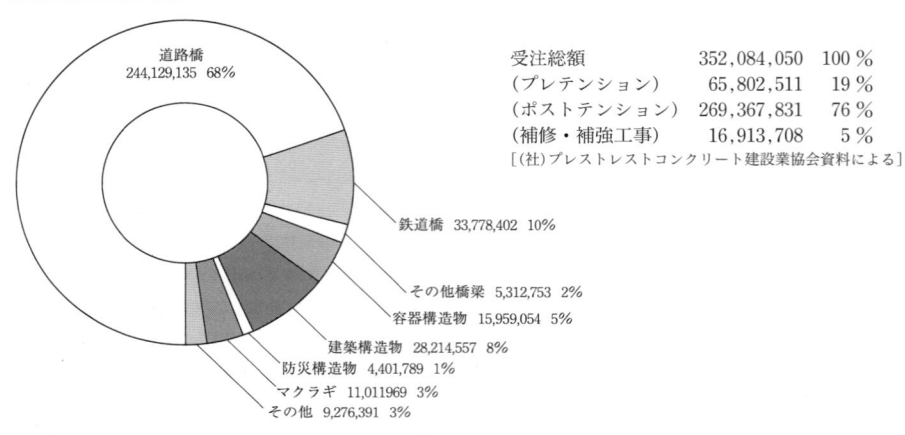

```
道路橋         244,129,135  68%
鉄道橋          33,778,402  10%
その他橋梁       5,312,753   2%
容器構造物      15,959,054   5%
建築構造物      28,214,557   8%
防災構造物       4,401,789   1%
マクラギ        11,011,969   3%
その他          9,276,391   3%
```

受注総額	352,084,050	100%
（プレテンション）	65,802,511	19%
（ポストテンション）	269,367,831	76%
（補修・補強工事）	16,913,708	5%

〔(社)プレストレストコンクリート建設業協会資料による〕

プレストレストコンクリートの用途別受注実績（単位：百万円）

(double-T type)
プレテンション方式によるプレストレストコンクリートを用いたダブルT形の床板。品質等はJISを参照。

プレストレストコンクリートやいた　プレストレスコンクリート矢板　prestressed concrete sheet piles
プレテンション方式によって製造するプレストレストコンクリート製の矢板。品質等はJISを参照。なお、プレストレストコンクリートの受注は上図参照。

プレソーキング　presoaking　〔→プレウェッティング〕
多孔質骨材を使用する際に、熱間吸水、散水あるいは水中浸漬などの方法によりあらかじめ十分に吸水させておくこと。

フレッシュコンクリート　fresh concrete　〔→硬化コンクリート，生コン，レディーミクストコンクリート〕
まだ固まらないコンクリート。その性質には、コンシステンシー、ワーカビリティ、プラスティシティ、フィニッシャビリティ、空気量、ブリーディング量、凝結、湿度上昇などがある。

プレテンションこうほう　プレテンション工法　pre-tensionning construction　〔⇔ポストテンション工法〕
コンクリートにプレストレスを与える方法の一つ。PC鋼材を緊張した状態でコンクリートを打ち込み、コンクリート硬化後にPC鋼材とコンクリートとの付着によりコンクリートにプレストレスを与える方法。

プレートコンクリートこうぞう　プレートコンクリート構造　concrete reinforced by steel plates　〔→PLRC〕
鉄筋コンクリート構造の曲げ主筋と剪断補強筋の代わりに、スパイラル筋で囲まれた鋼板プレートを用いた構造で、プレートで補強したコンクリート。

プレパックドコンクリート　prepacked-aggregate concrete, prepacked concrete　〔→注入コンクリート〕
あらかじめ型枠内に特定の粒度を持つ粗骨材を詰めておき、その間隙にモルタルを注入してつくるコンクリート。1935年頃開発された。プレパックドコンクリートは商標。

プレーンコンクリート　plain concrete
化学混和剤を用いないコンクリート。鉄筋が入っていないコンクリートを意味することもある。

ブレーンしけん　ブレーン試験　blaine test
粉体の粉末度試験の一つ。粉末度は比表面積（単位質量当たりの表面積）で表す。一定のポロシチー（空隙率）に詰めた粉体試料層を，一定の平均圧力量の空気を透過させ，それに要する時間から粉体の比表面積を算出して粉末度を求める（JIS）。

フロー　flow
フレッシュコンクリート，フレッシュモルタル，フレッシュペーストなどの軟らかさを示す指標の一つ。所定のコーンを用いた試料の直径の広がりをいう。高流動コンクリートではスランプフローともいう。また，ロート状容器からの試料の自由流下時間を測定して表示することもいう。

フローアビリティ　flowability
フレッシュなコンクリートやモルタルが均質で流動しやすさの程度。コンシステンシーの一つの性質。

ふろく　不陸　unevenness
平坦でないこと。「ふりく」ともいう。

フローち　フロー値　flow value
フレッシュモルタルの軟らかさ，あるいは流動性を示す指標の一つ。所定のコーンを用いて試料の直径の広がりを測定して表示する（JIS）。

フローテーブル　flow table
フロー試験を行う装置。JIS では，直径 300 mm±1 mm，落差 10 mm±0.5 mm の落下衝撃を与えることができる鋳鉄製円形テーブルと規定している。モルタルの軟らかさを測定する器具の一種。

ブロック　block
JIS の建築用コンクリートブロックや束石あるいは境界石として使用できるような大きさのもの。

フロン　flon
大気中のフロンから分離して出来た物質が化学反応を起こして大量の塩素ガスを放出する。太陽光が差し込む状態となる春先に，こうした塩素ガスが壊れて塩素原子に変わり，上空のオゾン層を破壊し，地球温暖化につながる（図参照）。

フロン分解装置により副生されるスラッジの主な成分と湿分（％）

CaF_2	$CaCO_3$	$CaCl_2$	湿分	密度[1] (g/cm^3)
50.0	2.5	5.0	42.5	2.18

［注］(1)真密度は $2.63\,g/cm^3$ である。

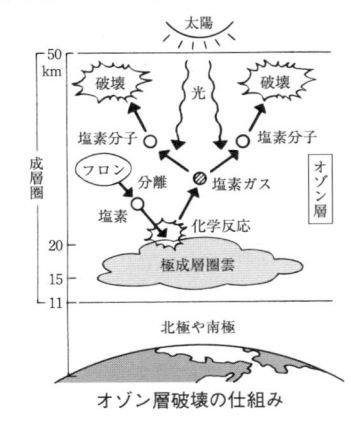

オゾン層破壊の仕組み

フロンスラッジ　flon sludge
地球のオゾン層を破壊するフロンは，最近開発されたフロン分解装置により大気中に放出されることなく処理できる。その際，副生される大量のフロンスラッジの利用を図るため，インターロッキングブロックなどに使用されている。耐硫酸性は大きい。

ふんさいき　粉砕機（ミル）　mill
セメントの原料や高炉スラグ・石炭灰などを粉状に粉砕する機械。形式別に①チューブミル（ボールミル）②竪型ミル（ローラ

ーミル）③ロールプレス（主として予備粉砕用）などがある。機種によって粉末の細かさの程度が異なる。

ふんさいじょざい　粉砕助剤
grinding aids
セメント製造時に粉砕をよりよくするために用いるもので，ソープレスソープ，トリエタノールアミンなどの表面活性剤または微量の水分をいう。

ぶんさん　分散　variance
サンプル $(x_1, x_2, ……, x_a)$ については，平均値 x からの偏差の2乗の和を自由度で割ったものであって，
$$V = \frac{1}{n-1}\sum_{i=1}^{n}(x_1-x)^2$$
として求める。不偏分散ともいう。
母集団については，母平均 μ からの差の2乗の期待値であって，
$$V(x) = E[(x-\mu)^2]$$
として求める。母分散ともいい σ^2 で表わす（JIS）。

ぶんさんざい　分散剤　dispersing agent
セメント粒子を液中に分散させるもので AE 減水剤の一つ（JIS）。現在，用語としては用いられておらず，「AE 減水剤」と総称されている。

ぶんさんぶんせき　分散分析
analysis of variance
測定値全体の分散を，いくつかの要因効果に対応する分散と，その残りの誤差分散とに分けて検定や推定を行うこと。これは，

分散分析表の例（一元配置の場合）

要因	平方和 (S)	自由度 (ϕ)	分散 (V)	分散比 (F_0)	分散の期待値 $[E(V)]$
A間	S_A	$a-1$	V_A	V_A/V_e	$\sigma_e^2 + n\sigma_A^2$
誤差	S_e	$a(n-1)$	V_e		σ_e^2
計	S_T	$an-1$			

ここに σ_e^2 は誤差分散，σ_A^2 は A 間の分散成分（variance component）を表す。

普通，分散分析表と呼ばれる表をつくって行う（JIS）。

ふんそうのしょり　紛争の処理
建設工事の請負契約に関する紛争の解決を図るため建設工事紛争審査会が設置される。（建設業法25条）
①中央建設工事紛争審査会（国土交通省に設置，大臣許可業者などに係る紛争処理）
②都道府県建設工事紛争審査会（各都道府県に設置，当該知事許可業者などに係る紛争処理）
紛争処理の種類
①斡旋……対立する双方に話し合いをさせ，双方の主張を確かめて解決を図る。
②調停……当事者の意見を聞き，調停案を作成するなどして，双方の合意により解決を図る。
③仲裁……当事者の意見を聞き，合意成立の場合は和解調書を作成し，または合意に達しない場合，仲裁人判断により解決を図る。この場合の仲裁判断は確定判決と同一の効力を有する。
2001年6月に建築関係訴訟委員会が制定公布され，東京地方裁判所をはじめ，地方裁判所民事部門でも紛争の処理にあたっている。

ふんたいのひひょうめんせき　粉体の比表面積　specific surface area (powder)
セメントや混和材などの粉体の細かさを示す指標で，一般にはブレーン空気透過装置で測定された値（JIS）。

ふんたいのみつど　粉体の密度
density (powder)
セメントや混和材などの粉体の質量を粉体の絶対容積で除した値（JIS）。

ふんまつど　粉末度　fineness
セメント，フライアッシュ，高炉スラグ微粉末シリカフュームなどの粒子の細かさを

示す指標。一定の密度にした前述した材料の通気性を測定することにより求めるブレーン比表面積法が使われている。単位は〔cm^2/g〕で表される。

ふんまつどしけん　粉末度試験
fineness test
セメント，フライアッシュ，高炉スラグ微粉末などの粒子の細かさを調べる試験(JIS)。

ぶんり　分離　segregation
まだ固まらないコンクリートが，運搬中，打込み中または打込み後において，諸材料の分布が不均等になる現象。

[へ]

ヘアクラック　hair crack
コンクリートやモルタル表面のひび割れ。髪の毛数本のような幅の狭いもの。

へいきんち　平均値　mean, average
測定値の集団，または分布の中心的位置を表す値（JIS）。

へいきんへんさ　平均偏差　mean deviation
平均からの差の絶対値の平均値。
サンプル（$x_1, x_2, \cdots\cdots, x_a$）については，
$$\frac{1}{n}\sum_{i=1}^{n}|x_1-\bar{x}|$$
として求める。ここに，$\bar{x}$ はサンプルの平均値である。
確立密度関数 $f(x)$ の母集団については，
$$\int_{-\infty}^{\infty}\mu|x-\mu|f(x)dx$$
として求める。ここに，μ は母平均である（JIS）。

へいきんりゅうけい　平均粒径　mean particle diameter, average diameter of particles
大きさが異なるセメント，フライアッシュ，高炉スラグ微粉末，シリカフュームなどの粒子群の粒径の平均値。算術平均径，平均表面積径，平均体積径，長さ平均径など目的に応じて使い分ける。平均径を例示する。普通ポルトランドセメントが 15 μm，フライアッシュ 20 μm，高炉スラグ微粉末が 9.6 μm，シリカフュームが 0.1 μm。

へいろ　平炉　open hearth furnace
熔銑を熔鋼に変える製鋼炉。従来，製鋼炉の主流であったが，LD 転炉の出現により，わが国では全廃された。

へきかい　へき開　cleavage
結晶硬化体のある特定の面のみが機械的な衝撃によってひび割れたり，剝離する現象。

ペシマムこうか　ペシマム効果　pessimum effect
アルカリ骨材反応において，モルタルの膨張が最も大きくなることをペシマムといい，その量のことをペシマム量という。反応性骨材の最終的溶解シリカ量が最大となる SiO_2/Na_2O モル比が存在し，ペシマム量を超えて反応性骨材が存在すると，細孔溶液中の pH を低下させ，かえって膨張量が低下する。

ベースかなぐ　ベース金具
足場の滑動または沈下を防止するために用いる金具。足場の脚部にはベース金具を用い，かつ，敷板，敷角などを用い，根がらみを設けるなどの措置を講ずること。

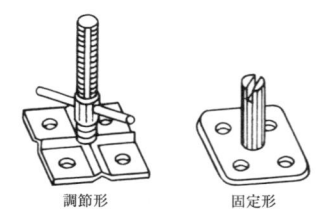

調節形　　固定形
ベース金具

ベースコンクリート　base concrete
流動化コンクリートを製造するために練り混ぜられた流動化前のコンクリート。

べたぎそ　べた基礎　mat foundation
鉄筋コンクリート基礎の一種。地盤の悪い場合あるいは上部構造の質量の大きい場合に，建築物の平面全体にわたり板状の基礎スラブを置き，下部からの接地圧によって構造物を支持させる。柱脚と柱脚の間には

ベーターせきえい　β-石英
β-quartz　〔→石英〕
高温型石英。常圧では低温型（α-石英）から573℃で転移し，867℃までの安定領域を持つ。

ベックマンおんどけい　ベックマン温度計
Beckmann's thermometer
0.01℃の桁まで目盛られた，極めて精密に温度の測定ができる特殊な水銀温度計で，E. O. Beckmannの考案になるもの。したがって10^{-3}℃まで目測で読み取ることができる。通常0～6℃の範囲しか目盛られていない。セメントの水和熱測定用に用いられる。

ベッセマーてんろ　ベッセマー転炉
Bessemer converter　〔→転炉〕
H. Bessemerの発明になる世界最初（1885年）の製鋼炉。欠点は，燐の除去ができない。

ベットひひょうめんせき　BET比表面積
BET spacific surface area
不活性気体分子の物理吸着現象をもとに，多分子層吸着式（BET式）の中の単分子吸着量（v_m，モル数で表す）と吸着させた気体分子の吸着占有面積 σ，アボガドロ数 N から，次式で求めた試料単位量当りの表面積 S_w をBET比表面積という。
$$S_w = \sigma N v_m$$

ペデスタルぐい　pedestal pile
場所打ちコンクリート杭の一つ。いろいろな工法があるが，通常は外管と内管とからなる二重管を所定の深さまで打ち込んだ後，コンクリートを投入して内管の平らな底面で突き固めながら外管を引き上げ，先端部に球根，すなわちペデスタルを形成させた後，内外管の間に鉄筋かごを挿入し，硬練りコンクリートを投入して内管で突き固めながら徐々に外管を引き抜く。この操作を繰り返しながら形成したコンクリート杭。シェル付きもある。

ベニヤ　veneer
木材の薄板，特に木目の美しいものを指すことが多い。ロータリー単板・挽板・突板の種類がある。ベニヤを張り合せたものを俗に「ベニヤ板」ともいうが，正しくは「合板」である。

ベノトこうほう　ベノト工法
Benoto method
ベノト機を用いた大口径場所打ちコンクリート杭の工法。ケーシングに機械自重と揺動作用を与えることによって，地盤に圧入させながらハンマーグラブと呼ばれる掘削機を孔内に落下させる。そして掘削排土し，コンクリート打ち込み後，揺動作用でケーシングを引き抜き杭体を造成する。掘削能力は40m程度，1954年フランスより導入された。

ペーハー　pH　power of Hydrogen ion concentration　〔→水素イオン濃度〕
溶液中の水素イオン（H^+）の濃度をいう。pH 7を中性点とし，0～7を酸性側，7～14を塩基性側（アルカリ性）とし，溶液の有する酸性の強さを表す。ちなみに，酸性雨のpHは5.6以下の雨。

ヘーベル
市販されている軽量気泡コンクリートの一種で，商品名。

ヘマタイト　hematite　〔→赤鉄鉱〕
ヘマタイトは赤く，ポロシチーが多く，鉄65％以上のものが用いられる。最大品位は鉄が70％である。

ベリット　belit　〔→C_2S, →ビーライト〕
$2CaO \cdot SiO_2$（C_2S）で，エーライト（アリット）と共に珪酸カルシウム化合物。普

変成岩

岩石名	用途			被害		特徴
	特徴	外装	内装	凍害	火害	
大理石	○	○	○		●	○石灰岩の変形したもので非結晶質・層状・結晶質のものがある。外観色調はさまざまである。 ○強度は大で，光沢がある。化粧材とする。 ○テラゾの種石として使用。 ○酸に弱く，耐火性は小。 ○寒水石も大理石の一種。
蛇紋岩	△	○		▲		○斑糲岩，橄欖石の変成したもので黒と青色のものを蛇紋石，白の斑点のあるものが蛇灰石である。 ○石目がなく美しいので，装飾用に使用するが，耐久性は小さい。 ○テラゾの種石，人造研出しの原料。 ○酸に弱く，外装では光沢を失う。　○熱分解する。　○板石

[注] ○：適　△：やや適　●：被害大　▲：被害を受ける

通ポルトランドセメント中には25％程度含まれている。長期強さおよび化学抵抗性が大きい。

ベルトコンベヤー
belt conveyor, band conveyor
循環するベルトにコンクリート材料などを載せて運ぶ装置。建築工事では，主として各種の骨材，レディーミクストコンクリートなどの運搬に使用するポータブルベルトコンベヤーをいう。

ペレー　Perret, August (1874〜1954)
打放しコンクリート建築物の設計者でフランス人。フランスにあるル・ランシーのノートルダム教会堂 (1923年) が有名。

へんさ　偏差　deviation
測定値からその期待値を引いた差 (JIS)。

へんせいがん　変成岩
metamorphic rock
〔→火成岩，水成岩〕
火成岩・水成岩のどちらかが，天然の圧力と熱により変質したもので，層状に縞模様をしており，上表のようなものがある。変成作用による成分の変化は，H_2O や CO_2 以外は小さい。

へんたいてん　変態点
transformation point
物質が一つの状態から，不連な物理的変化を起こす点。融点，凝固点もその一つ。「転移点」ともいう。

へんどうけいすう　変動係数
coefficient of variation
標準偏差を平均値で割った量。通常，百分率で表す。変動係数はばらつきを相対的に表すもので，通常変量の取る値が決して負にならない場合に用いる (JIS)。「変異係数」ともいう。

ベントナイト　bentonite
凝灰石や石英粗面岩などの火山岩物質の風化分解したもので，白土よりさらに微粉末状である。シリカを主成分とし，水に接すると膨潤し，粘性が大きい。エフロレッセンス防止や防水混和材として用いられることがあるが，モルタル，コンクリートの収縮を大とし，ひび割れ発生を多くするおそれがある。

[ほ]

ポアソンすう　ポアソン数
Poisson's number 〔→ポアソン比〕
逆数はポアソン比（Poisson's ratio）という。コンクリート供試体を縦に圧縮すればその方向に縦歪み ε_c が生ずると共に，これと直角な方向に引張りの横歪み ε_t が生ずる。この歪み ε_c と ε_t との比は弾性範囲内では一定値を示し，$m=\varepsilon_c/\varepsilon_t$ をポアソン数という。ポアソン数およびポアソン比は表の通り。

コンクリートのポアソン数とポアソン比

圧縮強度（N/mm²）	ポアソン数	ポアソン比
15	6±0.2	0.16±0.1
30	5±0.2	0.20±0.2
45	4±0.2	0.25±0.3

ポアソンひ　ポアソン比　Poisson's ratio 〔→ポアソン数〕
圧縮軸方向歪みと，直角方向の歪みとの比を絶対値で表した値。コンクリートのポアソン比は0.16～0.25。圧縮強度が大きいほど，ポアソン比は大きい。日本建築学会の規準では高強度コンクリートまで含めて0.20の値を，計算上採用している。土木学会は弾性範囲内では一般に0.2。ただし，引張りを受け，ひび割れを許容する場合は0とする。土木学会は，鋼材のポアソン比を0.3としている。

ボイド　void 〔→鬆，ジャンカ，豆板，あばた〕
打放しコンクリートの1m²当たりの気泡数は，右上表の通り。

ほうかいせき　方解石
calcite 〔→カルサイト〕

1m²当りの気泡数

躯体の視界からの距離	気泡のサイズ	最適	適	不適
5m以内	1～3mm	50個未満	50個以上100個未満	100個以上
	3～5mm	10個未満	10個以上20個未満	20個以上
	5～10mm	0	1個以上2個未満	2個以上
5mを越える場合	1～3mm	100個未満	100個以上150個未満	150個以上
	3～5mm	20個未満	20個以上30個未満	30個以上
	5～10mm	2個未満	2個以上5個未満	5個以上

$CaCO_3$。セメントや石灰の原料として用いられる。

ぼうかこうぞう　防火構造
fire-preventive construction
建築基準法上，耐火構造に次ぐ防火上有効として定められた鉄鋼モルタル塗，漆喰塗などの構造，木造下地のラスモルタルまたは木摺漆喰2cm以上塗・土塗真壁裏返し塗など。準防火地域内の木造建築物の外壁などに用いられる（建築基準法第2条8号，建築基準法施行令第108条）。

ぼうかせい　防火性　fireproof
火災・延焼をくい止める性質。

ほうきめしあげ　箒目仕上　broom finish
コンクリート表面を粗面にするため，フレッシュコンクリートの表面を箒目・ワイヤーブラシなどでこすって筋を付ける表面仕上法の一つ。

ほうきん　砲金　gun metal
青銅の一つ。銅を主成分とし，錫・亜鉛を加えた合金。鋳造性がよく，建築用金物，装飾金物，機械部品などに使用される。

ぼうけいしんどうき　棒形振動機
internal vibrator
棒状の振動体を有し，これをフレッシュコンクリート中に差し込んで振動を与え，コ

ほうこう

ンクリートを締め固める振動機（JIS）。

ほうこう　棒鋼 steel bars for concrete reinforcement 〔→鉄筋〕
鉄筋コンクリート造を建築物に使用するもので，その品質はJISに規定されている（表参照）。

ほうこく　報告
施工者が調査・立案または実施した内容を，監理者に通知・説明すること。

ほうしつこうじ　防湿工事 vapourproofing work, dampproofing work
防湿層を設ける工事。

ほうしゃせん　放射線 radiation

棒鋼の種類および記号（JIS）

区分	種類の記号	
	SI 単位	従来単位（参考）
丸鋼	SR 235 SR 295	SR 24 SR 30
異形棒鋼	SD 295 A SD 295 B SD 345 SD 390 SD 490	SD 30 A SD 30 B SD 35 SD 40 SD 50

棒鋼の種類および記号（JIS）

区分	種類の記号	
	SI 単位	従来単位（参考）
再生丸鋼	SRR 235 SRR 295	SRR 24 SRR 30
再生異形棒鋼	SDR 235 SDR 295 SDR 345	SDR 24 SDR 30 SDR 35

棒鋼の機械的性質（JIS）

区分	記号の種類	降伏点または 0.2% 耐力 (N/mm²)	引張強さ (N/mm²)	引張試験片	伸び (%)
丸鋼	SR 235	235 以上	380〜520	2号 3号	20 以上 24 以上
	SR 295	295 以上	440〜600	2号 3号	16 以上 20 以上
異形形鋼	SD 295 A	295 以上	440〜600	2号に準じるもの 3号に準じるもの	16 以上 18 以上
	SD 295 B	295〜390	440 以上	2号に準じるもの 3号に準じるもの	16 以上 18 以上
	SD 345	345〜440	490 以上	2号に準じるもの 3号に準じるもの	18 以上 20 以上
	SD 390	390〜510	560 以上	2号に準じるもの 3号に準じるもの	16 以上 18 以上
	SD 490	490〜620	620 以上	2号に準じるもの 3号に準じるもの	12 以上 14 以上

棒鋼の機械的性質（JIS）

区分	記号の種類	降伏点または 0.2% 耐力 (N/mm²)	引張強さ (N/mm²)	引張試験片	伸び (%)
再生丸鋼	SRR 235	235 以上	380〜590	2号	20 以上
	SRR 295	295 以上	440〜600		18 以上
再生異形棒鋼	SDR 235	235 以上	380〜590	2号に準じるもの	
	SDR 295	295 以上	440〜620		16 以上
	SDR 345	345 以上	490〜690		

構造用コンクリートの放射線遮蔽体を設計する際に考慮すべき放射線には、一般にガンマ線と中性子線の2種類がある。X線はその線源に違いはあるが、基本的にはガンマ線と同じものである。ガンマ線用の遮蔽体は、プロトンやアルファ線、ベータ線に対しても有効である。このため一般的な遮蔽の問題は、ガンマ線と中性子線を遮蔽することが必要である。また、中性子線を遮蔽（吸収）する過程でガンマ線が発生するため、通常、遮蔽体は、ガンマ線のみを遮蔽するものと中性子線とガンマ線の両方を遮蔽するものの二つに分けられる。ガンマ線の遮蔽性能は、遮蔽体の密度と厚さの積にほぼ比例する。厚さが一定であれば、密度が大きくなるほどその遮蔽性能は大きい。中性子線を遮蔽するためには、高速中性子を減速させる原子番号の大きい元素または中程度の大きさの元素を含んでおり、中速中性子を熱中性子に変える水素のような軽い元素もあり、なおかつ熱中性子を吸収できる材料を含んでいることが必要である。

ぼうじゅん　膨潤　swelling
コンクリートやモルタルが水を吸収して体積が増加する現象。

ぼうしょう　芒硝　mirabilite
〔→ $Na_2SO_4・10H_2O$〕
密度 $2.67 g/cm^3$、モース硬さ $1.5～2$。無色透明な結晶で水に溶けやすい。芒硝溶液中では、コンクリートは侵されやすい。高炉スラグ系、特に比表面積の大きいものと混合したセメントを用いると抵抗性は、かなり大きい。「硫酸ナトリウム」ともいう。

ぼうしょくでんい　防食電位　protective potential
電気防食において、腐食を停止させるために必要な最低限の電位。

ぼうすいコンクリート　防水コンクリート　waterproofed concrete
水漏れのしないコンクリート。つくり方としては、①水密コンクリートとする。そのためには透水性がなるべく小さくなるよう、密実に施工する。
②コンクリートの打継ぎ部やサッシュ、ドレーンなどの取付け部などより、漏水させないよう、シーリング材などを適切に使用する。

ぼうすいざい　防水剤　waterproof agent
コンクリートの水密性を高めるために用いられる混和材料。実際のコンクリート建築物の漏水の原因は、コンクリートに生ずるひび割れや豆板・鬆（す）などが占めることが大きいが、これらの防止あるいは軽減を目的としたものは防水剤には含まれない。コンクリートの透水および吸水は、その内部に水路となる空隙が出来るためである。したがって、透水・吸水（特に透水の阻止を目的とする混和材料）は、コンクリート中に空隙の出来ることを防止するか、空隙を極めて微細なものに分散させるものでなければならない。コンクリート中に空隙が生成する原因は非常に複雑であって、防水剤はそのうち下記の項目の一つあるいは一つ以上を狙って効果を得ようとしている。
①フレッシュコンクリート中に含まれる空隙の充填およびその分散微細化する。
②コンクリートのワーカビリティを高め、打込み時に出来る空隙を少なくする。かつ硬化乾燥後に空隙となる練混ぜ水を少なくする。
③セメントの水和を促進させる。
④セメントの水和反応によって生ずる可溶性物質の溶失を防ぎ、さらに不溶性または発水性塩類を形成させる。
⑤コンクリート内部に不透水層または発水

ほうすいし

性膜を形成させる。

ぼうすいしたじ　防水下地
substratum for waterproofing
防水層を施工する下地。例えばセメントモルタル，コンクリート，ALC版，木片セメント板などを用いた下地。

ぼうすいそうおさえ　防水層押え
屋上防水層を保護するためのコンクリート，モルタル，ブロック，砂利などの層の総称。通常は防水層の上に施工する。

ぼうすいとりょう　防水塗料
waterproof paint
ビニル系合成樹脂塗料が用いられることが多いが，素地に穴やひび割れがあると連続皮膜を形成しにくく，その部分が欠点となる場合があるので，素地の影響を比較的受けないセメントウォーターペイントやシリコーン撥水剤が用いられることもある。最近では，合成ゴム系塗料やウレタン系塗料が陸屋根防水に用いられている。

ぼうすいブロック　防水ブロック
waterproof block
防水性を持った空胴コンクリートブロックで規定されている透水試験に合格したもの（JIS）。

ぼうすいモルタル　防水モルタル
waterproof mortar
防水性能を有しているモルタルのこと。

ぼうせいざい　防錆剤　corrosion inhibitor
コンクリート中の鋼材が塩化物によって腐食する（錆びる）のを抑制するために用いる混和剤（JIS）。防錆効果のある薬品として，塩化錫，重クロム酸塩，亜硝酸塩などの無機物があるが，一般には亜硝酸塩が用いられる。

ぼうせいとりょう　防錆塗料
rustproof paint
鉄鋼材料の錆を防ぐ目的で用いる塗料。錆止め顔料を含む。ビヒクルとしてボイル油，合成樹脂ワニスなどのものがある。

ほうそこつざい　硼素骨材
boron-aggregate
硼素を含有している骨材で遮蔽用コンクリートとして使用されることがある（下表参照）。

ぼうちょう　膨張　expansion
コンクリート，モルタルなどが吸湿によって体積が増大すること。コンクリートなどのゲル構造を含む材料は，大きな膨張を起こす（収縮）。

代表的な硼素（ボロン）含有骨材（JASS 5）

骨材種類	密度 (g/cm^3)	化学成分	B_2O_3含有率(%) 理論値	B_2O_3含有率(%) 測定値	産地
灰ほう石（Colemanite）	2.42	$2CaO/3B_2O_3 \cdot 5H_2O$	50.8	46〜33	アメリカ・トルコ・旧ソ連
ボロカルサイト（Borocalcite）[1]	2.4	$4CaO \cdot 5B_{23} \cdot 7H_2O$	49.8	40	トルコ
ダンブリ（Danbusite）	2.97	$CaO \cdot B_2O_3 \cdot 2SiO_2$	28.4	25	宮崎県
オノ石（Axinite）	3.3	$H(FeMn) \cdot 2CaO \cdot Al_2O_3 \cdot B_2O_3 \cdot 4SiO_2$	約5	16[2]	宮崎県
ページャイト（Paigeite）	3.3〜3.6	$(Fe^{++}Mg)Fe^{+++}BO_5$	—	3〜6	岩手県
ボロンフリットガラス（Boron-Frit Glasses）（硼素を含んだガラス粒 合成品）	2.75	—	—	28	アメリカ

[注]（1）：UexiteまたはColemaniteまたは両者の混合物であろうといわれている。
　　（2）：ダンブリ石と混在しているものの測定値。

ぼうちょうけいすう　膨張係数
expansion coefficient
一定圧力のもとで物体が膨張するとき，その膨張の比率とそのときの温度変化との割合をいう。

ぼうちょうけつがん　膨張頁岩
expanded shale
人工軽量骨材の一種である。膨張に適した良質の頁岩を，粗骨材・細骨材用に粉砕し，焼成する方法と，原石を微粉砕し造粒し焼成する方法とがある。主として回転窯（rotary kiln）で約1,000℃程度で焼成された軽量骨材で，その性質を利用して，構造用，一般用および高強度コンクリート材として広く使用される。わが国では，メサライト，アサノライトなどがあり，その一般的な品質は下表の通りである。
なお，JASS 5 の軽量コンクリートについて次のように規定されている。
○人工軽量骨材は，JIS の規定に適合し，かつ建設省住宅局建築指導課長通達「人工軽量骨材を用いる軽量コンクリートの使用規準及び性能判定規準について」別添2「人工軽量骨材の性能判定規準」（住指発第32号，平成3年1月）により，その品質が確認されたものとする。ただし，設計基準強度が $27 N/mm^2$ を超える軽量コンクリートに用いる人工軽量骨材は，上記通達に認められた調合記号 A のコンクリートとして，材齢28日圧縮強度（標準水中養生）が $42 N/mm^2$ 以上となる品質を有することが確認されたものとする。

○人工軽量骨材の最大寸法は，特記による。特記のない場合は 15 mm とする。

ぼうちょうコンクリート　膨張コンクリート
expansive concrete
膨張剤を混入，または膨張セメントを用いたコンクリート。アルミニウム粉末，CSA 系膨張材，カルシウムサルフォアルミネート系膨張材，石灰系膨張材を主成分とした膨張材（剤）などの使用量により，収縮低減効果に役立ち，ケミカルプレストレス導入により力学的特性を改善することができる。建築工事（屋根スラブ，床スラブ）や土木工事（水槽，道路舗装）の他にコンクリート2次製品への膨張コンクリートの応用例としては，次のようなものがある。
①遠心力鉄筋コンクリート管（外圧管・CP 管）
②ボックスカルバート・セグメント
③高強度鉄筋コンクリート矢板（CP 矢板）
④鋼管・鋳鉄管ライニング
⑤鋼管コンクリート合成杭
⑥その他

ぼうちょうざい　膨張材
expansive additive
セメントおよび水と共に練り混ぜた場合，水和反応によってエトリンガイト，水酸化カルシウムなどを生成し，モルタルやコンクリートなどを膨張させる混和材（JIS）。わが国では，カルシウムスルホアルミネート系（CSA 系）と石灰系の膨張

市販人工軽量骨材の代表的品質（JASS 5）

人工軽量骨材の種類		絶乾密度 (g/cm^3)	吸水率（%） 24時間	吸水率（%） 出荷品	単位容積質量 (kg/l)	実積率 (%)	浮粒率 (%)
細骨材	M	1.65	7〜13	15.0±2.5	—	52〜55	—
	A	1.68	9〜11	15.0±2.5	—	52〜54	—
粗骨材	M	1.29	7〜13	28.0±2.5	0.86〜0.96	60〜55	10以下
	A	1.25	9〜11	28.0±2.5	0.77〜0.82	63〜65	3以下

材が市販されている。また，密度はそれぞれ異なるが，3.00～3.14 g/cm³の範囲であり，普通セメントよりやや小さい。一方，粉末度は2,500～3,900 cm³/gである。

ぼうちょうしけん　膨張試験
expansion test
コンクリート自体が膨張したり，局部的な膨張によって破損するような膨張の大きさ，速さ，破損の程度など，膨張の性状・挙動，それに伴う種々の変化を見る試験。ポルトランドセメントのオートクレーブ膨張試験（ASTM C 151-54）はその例である。

ぼうちょうスラグ　膨張スラグ
expansive slag
高炉銑鉄の製錬過程において溶融高炉スラグを徐冷・急冷の中間の状態で冷却膨張させたもの。危険なのでわが国では，生産されていない。

ぼうちょうせいひびわれ　膨張性ひび割れ
expansion crack 〔→セメントの安定性試験〕
一般には安定性が不良で，硬化後に膨張するようなセメントを使用したために，硬化後のコンクリートに発生したひび割れをいうが，狭義の膨張性ひび割れは，JISによるセメントの安定性試験においてパットに発生した膨張によるひび割れのことである。JISのセメントの安定性試験の際に，パットの全面に網状のひび割れが生じたり，周辺に放射状のひび割れが生ずることがあるが，これが膨張性のひび割れ。パットの周辺に沿って円弧状に生じたひび割れは，パットが浸水または煮沸される前に乾燥し過ぎたために生じたひび割れであって，膨張性ひび割れではないから見誤らないように注意しなければならない。

ぼうちょうセメント　膨張セメント
expansive cement 〔→無収縮モルタル〕
コンクリートおよびモルタルの乾燥によるひび割れを防ぎ，また化学的にプレストレストを導入するのを目的とする硬化の際に膨張する傾向を持つセメントである。膨張セメントは，石灰石，ボーキサイトおよび石膏を1,300℃近い温度に加熱し，サルホアルミナスセメントクリンカーをつくり，ポルトランドセメントクリンカーと必要があれば高炉水砕スラグと共に微粉砕してつくられる。サルホアルミナスセメントクリンカーの構成成分は $Ca_8Al_{12}O_{24}(SO_4)$，$CaSO_4$，CaO などで水と反応し，結合水の多いエトリンガイト $3CaO・Al_2O_3・3CaSO_4 30～32・H_2O$ を生じ膨張する。膨張の大きさはサルホアルミナスセメントクリンカーの混合量によって調節される。膨張力が比較的小さくひび割れ防止を目的とするものを「無収縮セメント」ともいい，高炉セメントに多量の無水石膏を混合したセメントである。

ぼうちょうめじ　膨張目地
expansion joint
膨張による圧縮応力に備えるためのコンクリートの継目。

ぼうつき　棒突き　rodding
コンクリート打設時に突き棒などでコンクリートを突き固めること。

ぼうつきしけん　棒突き試験　rodding test
骨材の単位容積重量の測定の際に，容器へ骨材を詰めるときの棒突きによる試験。容器に3層に分けて骨材を詰め，各層を所定の棒付きで25回ずつ突いて詰めて行う（JIS）。

ほうていたいようねんすう　法定耐用年数（命数）〔→耐用年数〕
legal durable years

建物および附属設備の法定耐用年数（年）

用途・細目		鉄骨鉄筋コンクリート造・鉄筋コンクリート造	煉瓦造石造ブロック造	金属造 肉厚>4mm	金属造 4≧肉厚>3mm	金属造 肉厚≦3mm	木造（除簡易木造・合成樹脂造）
事務所・美術館および下記以外のもの		50	41	38	30	22	24
店舗・住宅・寄宿舎・宿泊所・学校・体育館・病院		34	38	34	27	19	22
飲食店，貸席，劇場，演奏場，映画館，舞踏場	木造内装部分の面積の割合が延べ面積の3割を超えるもの	34	38	31	25	19	20
	その他	41					
旅館，ホテル	木造内装部分の面積の割合が延べ面積の3割を超えるもの	31	36	29	24	17	17
	その他	39					
病院		39					
変電所・発電所・送受信所・停車場・車庫・格納庫・荷扱い所・映画制作ステージ・屋内スケート・魚市・と畜場		38	34	31	25	19	17
公衆浴場		31	30	27	19	15	12
工場（作業場を含む）倉庫	塩気・塩酸・硫酸・硝酸その他の著しい腐食性を有する液体または気体の影響を直接全面的に受けるものおよび冷蔵庫	24	22	20	15	12	9
	塩・チリ硝石，その他の著しい潮解性を有する気体を常時蔵置するためのもの，著しい蒸気の影響を直接全面的に受けるもの	31	28	25	19	14	11
その他	倉庫事業 倉庫，冷蔵倉庫	21	20	19	24	17	15
	その他	31	30	26			
		23	38	34	31		

建物減価償却資産としての法定耐用年数（旧 大蔵省令耐用年数）

固定資産の減価償却費を算出するために旧大蔵省令で定められた耐用年数（上表）。

ぼうもうようじょう　防網養生　net curing
作業者の万一の墜落を受け止める機能を果たす。用途は高さが2m以上の箇所で作業する場合，作業床の設置が困難なとき，防網を張る。また，作業床に手摺の設置が困難なときもこれを張る。図に防網の名称を示す。

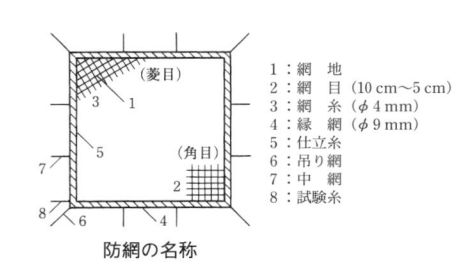

1：網　地
2：網　目（10cm〜5cm）
3：網　糸（φ4mm）
4：縁　網（φ9mm）
5：仕立糸
6：吊り網
7：中　網
8：試験糸

防網の名称

ほうろ　防露
moisture condensation proof
結露を防止すること（性能）。

ほうろうコンクリート　琺瑯コンクリート
porcelain enamel concrete
セメントコンクリート表面に琺瑯仕上げを施したもので耐候性・耐久性に優れた美しい表面仕上げに加え，従来の陶磁器タイルではできなかった大型パネルが製造できる。七宝工芸品に代表されるように，琺瑯の特徴はその美飾性にあるが，建材から見た利点は次の通り。
①不燃材料である。
②水蒸気およびガスの不通気性素材である。
③塵埃の付着性が小さく，かつ清掃性に優れている。
④高温および低温時の力学的性質に優れている。
⑤耐摩耗性，耐候性，耐食性，耐薬品性に優れている。
⑥工場大量生産が可能であり，スケールメリットを追究できる。

ほおんざい　保温材　heat insulating material, heat insulator, heat reserving material
保温を目的として用いる材料。無機質系のものとして，気泡コンクリートなど。熱伝導率の小さい材料であることが最大の条件であり，主として多孔質のものがこれに適する。

ほおんようじょう　保温養生
保温して養生を行うこと。コンクリート構造部材内の温度差を小さくし，また，部材表面部の急激な冷却防止対策を目的とする。保温養生の一例として，保温性の良い型枠の使用，部材表面部を，断熱材，シート，水などによって覆う。打設時期によってはヒーターなどにより給（加）熱して行う熱養生のこと。

ボーキサイト　bauxite
鉄礬（ばん）石ともいう。化学組成はほとんどが $Al_2O_3 \cdot 2H_2O$ で，単一の鉱物ではなく，アルミナ質鉱物や褐鉄鉱などの集合体で，アルミナセメントをはじめ，アルミニウム，耐火材料などの原料。

ほきょう　補強　reinforcing
構造物の強度的なばらつきをなくすために，強度的な弱点（例えば，開口部の周辺など）応力集中のある部分を他の部材で補うこと。

ほきょうきん　補強筋　〔→用心鉄筋〕
reinforcing bar
コンクリートに用いる鉄筋。特に部分的な補強（例えば開口部周囲の曲げ補強筋，隅角部補強筋，打継面の剪断補強筋など），用心鉄筋など，構造上の安全性を増やすために付加して用いられる鉄筋をいう。またコンクリートブロック造では，「壁鉄筋」を補強筋という。

ほきょうコンクリートブロック　補強コンクリートブロック　reinforced concrete block　〔→建築用コンクリートブロック〕
空胴コンクリートブロックを用法によって分けたブロックの一つ。空胴部に適当な間隔に縦横に鉄筋を配し，モルタルやコンクリートを充填・補強して，耐力壁をつくるのに用いられる。JISで規定されたブロックのうち 15 cm 以上の厚さのもの。

ほきょうざい　補強材
reinforcing material
コンクリートに要求される特性を発現させるために使用される材料。例えば炭素繊維，アラミド繊維，ガラス繊維など。
補強材の長所として
①錆びず，耐薬品性に優れるために，苛酷

ほしゅう

な条件下で使用されるコンクリート構造物の耐久性向上に適す。
②高強度（鋼以上）・軽量（鋼の約1/5）であるため施工性が非常によい。
③非磁性であるため非磁性の要求される構造物に適す。
欠点としては
①鉄筋に比べてコストが高い。
②繊維の結合材として樹脂を用いるケースが多いので耐熱性に劣る。
③鉄筋に比べて破断伸びが小さい。

ほしゅ　保守　maintenance

対象物の初期の性能および機能を維持する目的で周期的または継続的に行う注油や小部品の取替えなどの軽微な作業。

ほしゅう　補修　amendment

部分的に劣化した部位などの性能，機能を実用上支障のない状態にまで回復させること。補修工法のことを method of repair という。言い換えるとコンクリート打放し面のひび割れ・あばた・目違い・色違い・ピンホールなどを補修すること（下表・p.496 図参照）。法律では「修補」という。

不具合とその補修方法の例

不具合の種類・程度			補修方法								
			斫り取って打直し	レジンモルタル・エポキシ樹脂モルタルなど	エポキシ樹脂注入	セメント系注入材注入	ポリマーセメントモルタル塗付け	フィラー塗布・流し込み・擦込みまたはポリマーセメントペースト	Vカット・UカットしてポリマーセメントモルタルVカット充填	Vカット・Uカットして弾性シーラント材充填	凸部サンダー掛け・研磨
豆板・空洞	被り厚さより深い場合	1) 鉄筋間隔より大	●								
		2) 鉄筋間隔より小	●	○	○	◎					
	被り厚さより浅い場合	3) 鉄筋間隔より大				○	◎	◎			
		4) 鉄筋間隔より小				○	◎				
コールドジョイント		1) 内部鉄筋が見える場合	●	○					◎	○	
		2) 内部鉄筋が見えない場合			○	◎					
砂じま・表層剥離・表面硬化不良							◎				
表面気泡							◎				
型枠目違い・凹凸							◎	◎			◎
ひび割れ	1) 沈みひび割れ					○					
	2) 初期乾燥ひび割れ					○					
	3) 乾燥収縮ひび割れ					○			◎	○	
	4) 温度ひび割れ					○			◎	○	

[凡例] ●：型枠取外し後，できるだけ早期
　　　○：型枠取外し後，仕上げ材施工前までできるだけ長期間おいて実施
　　　◎：補修材の養生期間など仕上施工に関して悪影響を及ぼさない時期に実施

補修工法の種類（茂田隆重による）

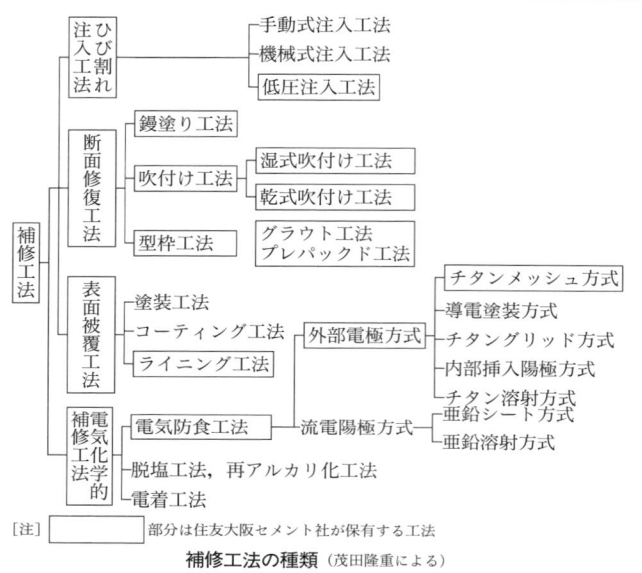

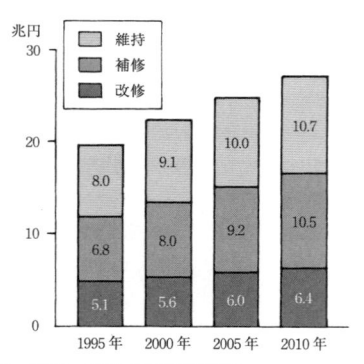

```
補修工法
├─ 注入工法 ひび割れ
│   ├─ 手動式注入工法
│   ├─ 機械式注入工法
│   └─ 低圧注入工法
├─ 断面修復工法
│   ├─ 鏝塗り工法
│   ├─ 吹付け工法
│   │   ├─ 湿式吹付け工法
│   │   └─ 乾式吹付け工法
│   └─ 型枠工法
│       ├─ グラウト工法
│       └─ プレパックド工法
├─ 表面被覆工法
│   ├─ 塗装工法
│   ├─ コーティング工法
│   └─ ライニング工法
└─ 補修電気化学的工法
    ├─ 電気防食工法
    │   ├─ 外部電極方式
    │   │   ├─ チタンメッシュ方式
    │   │   ├─ 導電塗装方式
    │   │   ├─ チタングリッド方式
    │   │   └─ 内部挿入陽極方式
    │   └─ 流電陽極方式
    │       ├─ チタン溶射方式
    │       ├─ 亜鉛シート方式
    │       └─ 亜鉛溶射方式
    ├─ 脱塩工法, 再アルカリ化工法
    └─ 電着工法
```

［注］　　　部分は住友大阪セメント社が保有する工法

維持・補修・改修の工事量推移（旧 建設省報告より）

年	改修	補修	維持
1995年	5.1	6.8	8.0
2000年	5.6	8.0	9.1
2005年	6.0	9.2	10.0
2010年	6.4	10.5	10.7

（単位：兆円）

ほしゅうこうほう　補修工法
method of repair
補修・補強が急がれるコンクリート構造物が年々増えてきている。

ほしゅうぬり　補修塗り　touch up
左官工事や塗装工事で不具合を部分的に塗り修理すること。

ほじょいた　補助板
型枠パネルで割り付けた場合に，満たされない箇所に使うパネル以外の型枠板。

ほじょざん　補助桟　〔→桟木〕
コンクリート型枠の補強用材。一般に断面30 mm×60 mm程度の大きさの木材を用いる。

ポストテンションこうほう　ポストテンション工法
post-tensioning construction 〔⇔プレテンション工法〕
コンクリートにプレストレスを与える方法の一つ。シース内にPC鋼材を配置してコンクリートを打設し，コンクリート硬化後にPC鋼材を緊張し，定着具を用いて材端部に定着することにより引張応力を導入する方法。

ポストテンションほう　ポストテンション法
post-tensioning system
ポストテンショニングによって，プレストレスコンクリートをつくる工法。大規模な梁・柱に用いられる。プレテンション法は主として工場生産であるのに対し，この工法は現場施工である。「ポストテンション工法」ともいう。

ポストパックドコンクリート
コンクリートの打込み工法の一つ。あらかじめ充填したモルタルに，粗骨材を後から詰め込むコンクリート。

ほぜん　保全
maintenance and modernization
建築物（設備を含む）および諸施設，外構，植栽などの対象物の，全体または部分の機能・性能を，使用目的に適合するよう

維持または改良する諸行為。維持保全と改良保全とに分けられる。

ほそいじゅんぞう　細井潤三
わが国最初のセメント化学研究者。

ほそうコンクリート　舗装コンクリート　concrete for pavement〔→コンクリート舗装〕
通常のコンクリートよりも，凍結融解抵抗性，摩減り抵抗性，繰返し応力による疲労抵抗性を高め，舗装に適した性能を付与したコンクリート。

ほそうようコンクリートひらいた　舗装用コンクリート平板　concrete flags
主として歩道の舗装に用いられるコンクリート製の平板。平板は，舗装用コンクリート普通平板，（据え付けたとき露出する面が着色した）舗装用コンクリートカラー平板，露出する面を洗出した舗装用コンクリート洗出し平板および露出する面を叩いて仕上げた舗装用コンクリート擬石平板とに区分される（JIS）。

ポゾラン　pozzolan〔→トラスセメント〕
それ自体に水硬性がほとんどないが，水の存在のもとで水酸化カルシウムと常温で徐々に反応して不溶性の化合物をつくって硬化するような微粉末状のシリカ質材料。フライアッシュ（比表面積2,400〜7,000 cm²/g），珪酸白土（比表面積2,400〜3,000 cm²/g），シリカフューム（比表面積150,000〜20,000 cm²/g）等。また，ポゾランセメントとしてJISにシリカセメント，フライアッシュセメントの規格がある。それぞれ混合量により，A種（5を超え10％以下），B種（10を超え20％以下），C種（20を超え30％以下）の3種がある。

ポゾランポルトランドセメント　pozzolan portland cement
ポゾランを成分として含んでいるポルトランドセメント。フライアッシュセメント。シリカセメントなどをいう。

ホットコンクリート
寒中施工では加熱養生が一般的であるが，環境問題の見地から練混ぜ時のコンクリートの熱容量を利用したコンクリート初期凍害の防止対策として有効。

ポットミル　pot mill
ボールミルの一種で，円筒容器がセラミックスで出来ている小型ミル。微粉砕する際に用いる。

ポップアウト　pop out
骨材が凍結，アルカリ骨材反応または高温高圧養生などによって膨張してコンクリートを割って飛び出ること。例えば $MgO + H_2O \rightarrow Mg(OH)_2$ による。

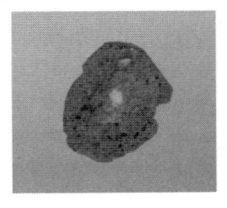

ポップアウト試験　pop out test
依田私案であるが，オートクレーブや高温水中に入れると骨材によってはポップアウトが発生する。

ボーメひじゅうけい　ボーメ比重計　Baume's hydrometer
フランス人のボーメによって考案されたボーメ目盛りを持つ液体の比重を測定する比重計の一つ。ボーメ指示による比重計は，水より重い液体を測定するものと，水より軽いものを測定するものとの2種類がある。

ポーラスコンクリート　porous concrete〔→緑化コンクリート〕
河川護岸を緑化するために用いるコンクリート。ポーラスコンクリートは，隙間に植物が根を張ることができるので水辺の植生を保つ。2001年9月現在の施工例約200

ポリアクリロニトリルけいたんさんせんい　ポリアクリロニトリル系炭酸繊維

アクリル繊維を焼結させてつくる，軽くて強い素材。橋脚の耐震補強や橋のケーブル，トンネル工事の補強材，圧力容器などの土木・建築向け。建物のコンクリート製の支柱に，シート状にした炭素繊維を巻き付け，耐震補強を施す。こうした用途が広がっている。

ポリビニルアルコールせんいほきょうスレート　ポリビニルアルコール繊維補強スレート

PVA（ポリビニルアルコール）繊維は「ビニロン」として，1950年頃国産合成繊維第1号として登場し，2000年頃より，セメント補強用途で，発癌性のアスベストの代替として繊維補強スレート分野で，PVA繊維の需要は多い。ヨーロッパでは先進国から順次アスベストが使用禁止となり，2005年にはEUが全面使用禁止になった。このPVA繊維補強スレートはヨーロッパで現在までの20年の耐用実績がある。高靱性セメント複合材料の研究は，ミシガン大学のLi教授によるマイクロメカニクス理論により大きく進歩し，超高強度のポリエチレン繊維を使うことで実現したが，繊維価格が高くて実用性が問題と考えられ，この用途に最適化されたPVA繊維を使うことで実用化された。その材料はフレッシュモルタルのキャスティングにより成形されるが，この成形法は薄い板を製造するには生産性の点で問題があった。前述したPVA繊維補強スレートの製造方法はボードの生産性に優れ，適切なPVA繊維の開発と能率的な製造方法で表に示すような高靱性セメントボードが開発された。高靱性セメントボードの利用として建材，遮音板，衝撃材，土木擁壁等への用途開発が進んでいる。コンクリート埋設型枠工法の永久型枠材料として有望。

性能＼試料	高靱性セメントボード（パワロンボード）
曲げ強度（N/mm²）	33
曲げ強度（kN/mm²）	1.4
引張強度（N/mm²）	15
引張破断伸び（％）	約2
圧縮強度（MPa）	89

ポリマーがんしんコンクリート　ポリマー含浸コンクリート

硬化したコンクリートを乾燥または脱気した後，コンクリートの組織中にマタクリル酸メチル（MMA）などの低粒度モノマーを浸透させ，加重重合することにより表層部を緻密にして耐久性を向上させたコンクリート。プレキャスト製品をはじめ，既設コンクリートの水密性，ケミカルレジスタンス，耐摩耗性を向上させる部位，部材，表面硬化を目的とする部材。

ポリマーセメントコンクリート

polymer cement concrete

ポリマーセメントモルタルに粗骨材を加えたコンクリート。「レジンコンクリート」，「ポリマーセメントコンクリート」および「ポリマー含浸コンクリート」を統合する名称で，結合材に水溶性ポリマーディスパージョン，水溶性ポリマーおよび液状ポリマー（エポキシ樹脂や不飽和ポリエステル樹脂）を添加したコンクリート。水密性，気密性の向上やケミカルレジスタンス向上および塩化物イオンの浸透を抑制する。

ポリマーセメントモルタル

polymer modified cement mortar

セメント，ポリマー，細骨材，および水からなるモルタル。ポリマーとしては，スチ

レンブタジエンゴムやアクリル酸エステルなどのポリマーディスパージョン，エチレン酢酸ビニルなどの再乳化樹脂が使われる。ポリマーの使用量は，セメントに対し5～30％。ポリマーを使わないセメントモルタルに比べ，フレッシュ時の流動性，接着性，硬化体の強度，水密性，耐薬品性などが優れる。主な用途は，コンクリート構造物の補修・改修用材料や表面仕上塗材である。

ポルトランダイト　portlandite
〔→ $Ca(OH)_2$〕
セメント中のカルシウムシリケートの水和により生成する水酸化カルシウムを主成分とする天然の鉱物。六方晶系，板状，無色，硬度2，密度$2.23 g/cm^3$。

ポルトランドセメント　portland cement
水硬性のカルシウムシリケートを主成分とするクリンカーに適量の石膏を加え，微粉砕して製造されるセメント（JIS）。1924年にアスプディン（イギリス人）によって現在のポルトランドセメントが発明され，その後I.C.ジョンソン（イギリス人）によって改良され，世界的に普及されるに至った。なお，ポルトランドセメントの製造開始は，イギリス1825年，フランス1848年，ドイツ1850年，アメリカ1871年，日本1875年である。

ボールミル　ball mill〔→チューブミル，ローラーミル〕
円筒形の胴の内部に粉砕物と粉砕媒体としての多数の鋼球，セラミックスボール，珪石ボールなどを装入し，適度の速度で回転させ，ボールの落下による衝撃粉砕力と同時に転動により摩砕作用を利用した粉砕機。

ホルムアルデヒド　formaldehyde
〔→ $(CH_2O)_n\cdot H_2O$，→シックハウス症候群，新築病〕
建材や家具，壁紙などの接着剤，塗料や化石燃料から出る。動物実験で発癌性が確認され，目，鼻，のどの痛み，吐き気，呼吸困難などを引き起こす。高濃度だと死に至る危険もある。国立医薬品食品衛生研究所が集計した中間報告書によると，民家のベランダなどで測定した戸外の汚染濃度は，全国平均で8 ppbだったのに対し，室内は約7.8倍の62 ppbだった。最高値は480 ppbだった。室内の汚染濃度が高いほど，生活する人が浴びる暴露濃度も高くなり，個人の平均の暴露濃度は52 ppbだった。住人が浴びた濃度は，新築住宅では中古の1.55倍，鉄筋・鉄骨住宅は木造の1.19倍だった。鉛を溶かすこともある。厚生労働省は1997年6月ホルムアルデヒドの室内濃度指針値を「30分平均値0.08 ppm」と定めた。

短期間暴露後のホルムアルデヒドの影響

影響	ホルムアルデヒド濃度（ppm）	
	推定中央値	報告値
臭い検知閾値	0.08	0.05～1
目への刺激閾値	0.4	0.08～1.6
のどの炎症閾値	0.5	0.08～2.6
鼻・目への刺激	2.6	2～3
催涙（30分間なら耐えられる）	4.6	4～5
強度の催涙（1時間続く）	15	10～21
生命の危険，浮腫，炎症，肺炎	31	31～50
死亡	104	50～104

ホルンフェルス
コンクリート用砕石の一種。表乾密度：$2.75～2.70 g/cm^3$（平均$2.72 g/cm^3$），吸水率：0.3～1.2％（平均0.5％），原石の圧縮強度：$235～40 N/mm^2$（平均$122 N/mm^2$）。

ボロカルサイト　borocalcite
二酸化硼素（B_2O_2）を約40％含有する鉱

物。中性子遮断用含硼素骨材として，原子炉などの遮断用コンクリートに用いられる。密度：2.4 g/cm³。

ホロータイル　hollow tile
空胴を持つタイル。装飾用に使う。

ほんこまついし　本小松石
神奈川県足柄下郡湯河原町吉浜，真鶴町で産する輝石安山岩。灰色・緻密で硬い。新小松石に比して原石が小さいが，品質がよく倍価。角材40〜50 cm切，長材3 m。骨材や積石などに用いられる。

ポンパビリティ　pumpability
フレッシュコンクリートのポンプ圧送のしやすさの程度。フレッシュコンクリートの性質や圧送条件に影響される。

ポンプあっそうせい　ポンプ圧送性
pumpability
コンクリートポンプによって，フレッシュコンクリートおよびフレッシュモルタルを圧送するときの圧送難易性。なお，ポンプ車1台当たりの年間打込み量は4万m³。

ほんみがき　本磨き　polishing
石材の表面研磨仕上げのうちで，最も上等な仕上げ。水磨きの後，さらに最も微粒のカーボランダムを用い渦巻で仕上げる。艶出しの場合には，酸化錫などの微粉末を用いた艶粉を用い，フェルトに蓚酸を付けてさらに磨き込む。このような仕上げを「艶出し磨き」「鏡磨き」という。

[ま]

マイクロクラック　microcrack
　幅が極めて狭いひび割れ。例えば，幅 0.04 mm 程度。

まえかわくにお　前川國男（1905～1985）
　打放しコンクリート建築物（旧 日本相互銀行）の設計者。ル・コルビュジエの弟子。日本建築学会大賞第 1 回（1968 年）受賞者。

まえようじょう　前養生　presteaming
　コンクリートを打ち込んでから蒸気養生を開始するまでの間の養生。この間の時間を前置時間といい，コンクリートの凝結が進行し，硬化しはじめる。最適前置時間は，5 時間程度といわれているが，蒸気養生による膨張を拘束すれば 2～3 時間である（図参照）。

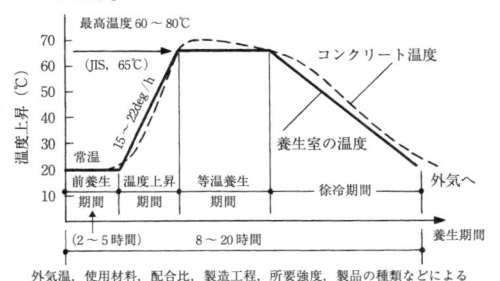

プレキャストコンクリートパネルの
蒸気養生における温度操作例

まききんばしら　巻筋柱　spirally reinforced column
　鉄筋コンクリート柱の主筋に螺旋状に巻き付けた帯筋（螺旋筋）を持つ柱。

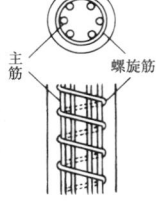

巻筋柱

まくあつけい　膜厚計　thickness gauge
　厚膜，薄膜，塗装膜などの形成膜の厚みを測定するための計測器。

マグニチュード　magnitude
　地震の規模を表す尺度で，値が 1 増えると地震エネルギーは約 30 倍になる。1935 年に南カリフォルニアの地震で使われたのが最初で，その後，様々な改良が加えられている。気象庁が発表する値は，横揺れと縦揺れの最大幅と震央距離，震源の深さから求められており，算出が容易なため，速報性に優れている。ただ，巨大地震では値が頭打ちとなる欠点があり，同庁はモーメントマグニチュードとの併用を目指している。

マグネシア　magnesium oxide　〔→ MgO〕
　ポルトランドセメント中には，通常少量のマグネシアが含まれている。その一部はアリットおよびセリット晶中に固溶液となって存在し，残余は液相中にガラスとなって含まれる。もし上記の形で含有しうる限界以上に多量のマグネシアが存在する場合は，余剰のマグネシアは遊離の状態で存在し，これはコンクリートに膨張性ひび割れを生ずる原因となる。ポルトランドセメントの安全なマグネシア含有量の限度は，JIS 規格で 5％以下に規定している。ただし高炉セメント B 種および C 種については 6％まで許容しているが，これは混合する高炉スラグ中には化合した無害のマグネシアがやや多量に存在するものと考えられるからである。

マグネシアセメント　magnesia cement
　マグネシアセメントは，オキシクロライドセメントの一種で，反応性の高い軽焼マグネシアを塩化マグネシウムの水溶液（にがり）と反応させることにより水酸化マグネシウムとオキシクロライドが生成して硬化

する。オキシクロライドの組成は，反応の初期に $Mg(OH)_{10}Cl_2 \cdot 7H_2O$，後期には $Mg(OH)_3Cl_2 \cdot 4H_2O$ になる。マグネシアは，マグネサイトまたは海水マグネシアをシャフトキルンなどで焼成して得られ，焼成温度は800〜900℃が適当である。にがりは固形のものを溶解しボーメ20℃，密度1.164（g/cm³）内外。実用的な最適配合は，モル比に直すと $12MgO \cdot MgCl_2 \cdot 15H_2O$ 付近となる。マグネシアセメントの使用には砂・石粉・コルク粒・鋸屑などが混合される。主な用途は建築物，船舶，車両などの床，壁の塗装，人造石やタイルの製造などで，原子炉のシールドコンクリートにも利用される。硬化は早く，強度と硬度が大きく，硬化体は光沢があり半透明で着色もしやすい。木粉を混合したものは加工しやすく弾力性があり，軽量で断熱効果も備えている。施工にあたり，木材やモルタル上に塗るときはあらかじめ，にがりの薄い液を滲ませるとよく，鉄材や鉄筋コンクリート上に塗るときには鉄の腐食を防ぐためアスファルトやエポキシ樹脂などでコーティングする必要がある。欠点は吸水性が大きいので水に侵されやすく，鉄を錆させ，硬化後の乾燥収縮が大きく，ひび割れが発生しやすく，湿気によって表面に汗をかき，粉を吹くなどである。

マグネシアリンさんセメント　マグネシアリン酸セメント
magnesium phosphate cement
マグネシアなどをリン酸で練り混ぜる特殊な耐火物用セメント。

マグネシウムオキシクロライドセメント
magnesium oxychloride cement
軽焼マグネシア，塩化マグネシウム溶液を，施工時に繊維質材，骨材，充填材を加える自硬性接合材。床，壁などに使用される。

マグネタイト　magnetite〔→Fe_3O_4，→磁鉄鉱〕
鉄鉱石の一種。鉄黒で重くて硬い。鉄分70％程度。製鉄の原料。

マクロでんち　マクロ電池
陰極部と陽極部とがはっきりと区別できる程度に大きい電池。（金属の腐食に際して電池が形成される場合）濃淡電池，異種金属濃淡電池などがこれに属する。

まくようじょう　膜養生
membrane curing
コンクリート打設の後，表面に被膜をつくり，水分の蒸発を防ぐようにした養生。

まげきょうど　曲げ強度
flexural strength, modulus of rupture
供試体が耐えられる最大曲げモーメントを供試体の断面積で除した値。コンクリートの曲げ強度は圧縮強度の20％程度だが，圧縮強度が大きくなると曲げ強度の割合は小さくなる。

まさい　摩砕　grinding
粉砕方式（作用）の一つで，他に圧縮作用，剪断作用，衝撃作用がある。粉砕媒体同士あるいは媒体とミル壁との摩擦作用を利用して粉砕する。

マスコンクリート　mass concrete
部材断面の最小寸法が大きく（目安としては最小断面寸法が壁状部材で80cm以上，マット状部材・柱状部材で100cm以上），かつセメントの水和熱による温度上昇で，有害なひび割れが入るおそれがある部分のコンクリート。JASS 5のマスコンクリートの主な規定事項は，次の通り。

a．セメントは特記による。ない場合は水和熱や発熱速度を考慮して定める。

b．化学混和剤は特記による。ない場合はAE減水剤遅延形また減水剤遅延形を用い

る。
c．スランプは 15 cm 以下とする。
d．荷卸し時のコンクリート温度は 35°C 以下とする。

マスコンクリートのちょうごうきょうど　マスコンクリートの調合強度
JASS 5 では次のように定めている。
①構造体コンクリート強度管理材齢は，特記による。特記がない場合は，28 日以上 91 日以内の範囲で定め，工事監理者の承認を受ける。
②構造体コンクリート強度の強度管理のための供試体の養生方法は，標準養生とする。
③調合強度は，構造体コンクリート強度管理材齢における標準養生した供試体の圧縮強度で表すものとする。
④構造体コンクリート強度管理材齢が材齢 28 日の場合，調合強度は下式を満足するように定める。

$$F \geqq F_q + TM + 1.73\sigma$$
$$F \geqq 0.85(F_q + TM) + 3\sigma$$

ここに，
F：材齢 28 日のコンクリートの調合強度（N/mm²）
F_q：コンクリートの品質基準強度（N/mm²）
TM：材齢 28 日における予想平均養生温度によるコンクリート強度の補正値。材齢 28 日における標準養生した供試体の圧縮強度と予想平均養生温度で養生した供試体の圧縮強度の差（N/mm²）
σ：使用するコンクリートの強度の標準偏差（N/mm²）

⑤構造体コンクリート強度管理材齢が材齢 28 日を超える材齢 n 日の場合，調合強度は下式を満足するように定める。

$$_nF \geqq F_q + TM_n + 1.73\sigma \quad (JASS\ 5)$$
$$_nF \geqq 0.85(F_q + TM_n) + 3\sigma \quad (JASS\ 5)$$

ここに，
$_nF$：材齢 n 日のコンクリートの調合強度（N/mm²）
F_q：コンクリートの品質基準強度（N/mm²）
TM_n：材齢 n 日における予想平均養生温度によるコンクリート強度の補正値。材齢 n 日における標準養生した供試体の圧縮強度と予想平均養生温度で養生した供試体の圧縮強度の差（N/mm²）
σs：使用するコンクリートの強度の標準偏差（N/mm²）

マスコンクリートのひんしつかんり・けんさ　マスコンクリートの品質管理・検査
構造体コンクリート強度の検査は，JASS 5 による。ただし，供試体の養生は標準養生とし，構造体コンクリート強度管理材齢に応じて，圧縮強度試験の結果が次の①または②を満たせば合格と判定する。
①構造体コンクリート強度管理材齢が材齢 28 日の場合

$$X \geqq F_q + TM$$

②構造体コンクリート強度管理材齢が材齢 28 日を超える材齢 n 日の場合

$$X_n \geqq F_q + TM_n$$

ここに，
X：材齢 28 日における圧縮強度の平均値（N/mm²）
X_n：材齢 n 日における圧縮強度の平均値（N/mm²）
F_q：コンクリートの品質基準強度（N/mm²）
TM：JASS 5 で定めた材齢 28 日における予想平均養生温度によるコンクリート強度の補正値（N/mm²）
TM_n：JASS 5 で定めた材齢 n 日における予想平均養生温度によるコンクリート

まそん

強度の補正値（N/mm²）

まそん　摩損　abrasion
主として金属が接触により摩耗すること。

マチュリティ　maturity
セメントモルタルやコンクリートの水和硬化の過程においての養生の温度と時間の積（℃・h）。

マックスセメント　Mack's cement
過焼無水石膏に凝結促進剤として0.4％前後の K_2SO_4（硫酸カリウム）を混合した硬仕上プラスター。

まぶしコンクリート　nonfine concrete, popcorn concrete
粒径の比較的小さい粗骨材だけを用い、骨材が一体となる程度の量のセメントペーストで塗りつぶしたような硬練りコンクリート。

まめいた　豆板　rock pocket, honeycomb〔→あばた，鬆，ボイド〕
硬化したコンクリートの一部に粗骨材だけが集まって出来た空隙の多い不均質な部分。「ジャンカ」ともいい、見栄えが悪いうえにコンクリートを劣化させる。

まめじゃり　豆砂利　pea gravel
大豆粒くらいの粒径（約10 mm以下）の砂利。

まもう　摩耗　wear, abrasion〔→摩減り〕
コンクリートやモルタル部材などが摩り減ること。摩耗硬度，摩耗痕，摩耗率，摩耗量がある（写真参照）。

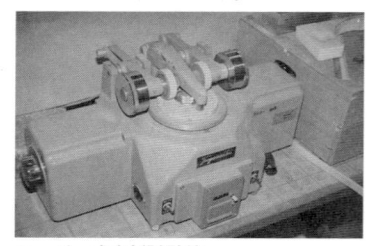

テーパー式摩耗試験機

まるがたしんどうふるい　丸型振動篩　round vibrating screen
工業用振動ふるいで、角形振動ふるいより効率がよい。

まるこう　丸鋼　round bar
断面が円形の鉄筋（JIS）。コンクリートとの付着強度が小さいので、使用量は5％前後。

まるたあしば　丸太足場　log scaffold(ing)
杉丸太を使って構成された足場。近年は、パイプ足場が用いられており、これは使用されることが少ない。

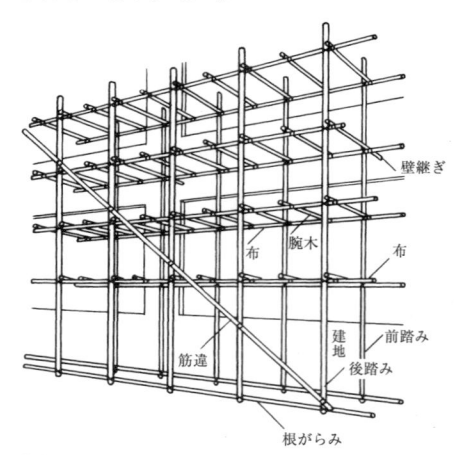

丸太足場

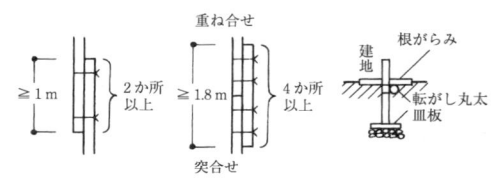

建地の間隔は2.5 m以下とし、地上第一の布は3 m以下の位置に設ける。筋違で補強する。

建地の継手　　建地の沈下・滑動防止

丸太足場の壁継ぎの設備
水平方向……7.5 mごと
垂直方向……5.5 mごと

まるてきマーク　㊜マーク

生コンJIS表示認定工場数は，4,000を超えている。全国生コンクリート工業組合連合会では，産・官・学の体制からなる全国統一品質管理監査制度を発展させ，全国品質管理監査会議の策定した統一監査基準に基づいて，地区品質管理監査会議が工場立入監査を行っている。この制度は，レディーミクストコンクリートの品質管理の透明性，公正性を高め，信頼性の高いコンクリートを供給することを目的とするもので，土木学会は2000年1月よりレディーミクストコンクリート工場の選定にあたっては，この監査に合格し，㊜マークを取得した工場から選定するとした。また，日本建築学会ではJISのチェックポイントが30項目であるのに対し，全国統一品質管理監査制度は200項目のチェックポイントがあり，厳密な審査を経て㊜マークを与えているので，生コン工場を選定の際の参考にすると良いと2003年2月のJASS 5改定に盛り込まれた。ちなみに2005年度の㊜マーク使用承認工場数は約3,200である。

マルテンスかがみしきひずみけい　マルテンス鏡式歪み計

Martens' mirror extensometer

コンクリートの歪み計の代表的なもの。標点には菱形エッジを介して鏡が取り付けられており，標点間の相対変異を鏡の回転角として読み取る（右図・写真参照）。

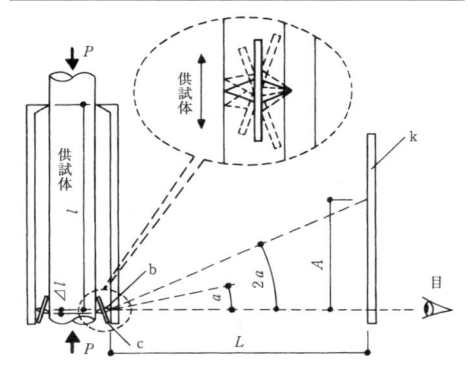

マルテンス鏡式歪み計

bは菱形のナイフエッジ，これに鏡cが取り付けられている。荷重Pによって生じた歪みがナイフエッジの微小な鏡の回転角となって拡大され，スケールkの上にAとして鏡の上に現れ，望遠鏡によって読み取られる。歪み Δl は次式によって計算される。

$$\Delta l = \frac{Ah}{2L}$$

マルテンス鏡式歪み計

まるなげ　丸投げ

請け負った建設工事を施主の了解を得ないで，一括して他人に請け負わせること。建設業法第22条は，公共工事で，中間搾取や工事の質の低下などを防ぐために，禁止している。

マンションかんりし　マンション管理士

マンションの修繕など管理をめぐるトラブルの解決を目指す「マンション管理適正化推進法」が2001年8月1日に施行され，マンション管理業者は国土交通省に登録することになった。契約通りに管理しない悪質な業者の締出しが狙い。「マンション管理士」は住民からの相談受け皿として国家資格である。2001年12月に初の資格試験が実施された。

マンションかんれん3ぽう　マンション関連3法

マンション関連3法は，次の通り
【区分所有法】2003年施行
p.506表参照。
【マンション建替え円滑化法】2002年施行
・建替えに合意した区分所有者で，法人格

まんなりい

	改正前	改正後
・大規模修繕	4分の3の賛成	2分の1の賛成
・建替え	4/5の賛成と維持に「過分の費用」を要するとき	4/5の賛成のみ
・団地の一括建替え	規定なし	全体の4/5, 各棟の2/3の賛成
・管理組合法人の人数要件	30人以上	規定を撤廃
・議事録や決議	書面に限る	電磁的方法も認める

を持つ組合を設立できる。
- 組合による区分所有権などの一括変換や，登記の一括処理を可能にする。
- 建替えに参加しない所有者から組合が権利を買い取れるようにする。
- 防災や居住環境などで問題のあるマンションに対し，市町村長が建替えを勧告できる。

【マンション管理適正化推進法】2001年施行

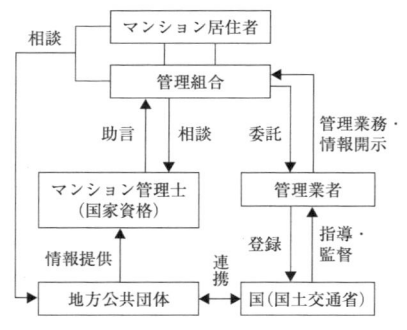

マンション管理適正化の仕組み

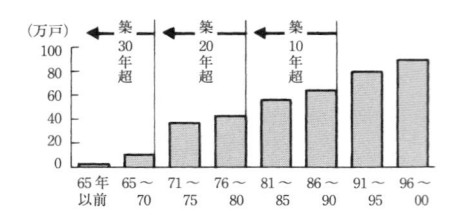

分譲マンションの建設時期別戸数 (国土交通省調べ)

- 管理組合を支援するマンション管理士制度を設ける。
- マンション管理業者に国への登録を義務づける。

分譲マンションの建設年次の戸数は左下図の通り。

まんなりいし　万成石

岡山市万成に産する中生代の角閃石・黒雲母花崗石。結晶粒が粗く，淡紅色長石を含む。

[み]

みかけみつど　見掛け密度
apparent specific gravity
骨材等の物質中の空気泡の容積を除外して求められた密度。真密度より小さい。

ミキサー　mixer
モルタルミキサーとコンクリートミキサーとがある。後者にはバッチミキサー，連続練りミキサー，重力式ミキサー，可傾式ミキサー，ドラムミキサー，強制練りミキサーなどがある。容量は10 l〜3,000 l まである。

ミキサー（じどう）しゃ　ミキサー（自動）車　truck mixer agitator
セメント・骨材（砂・砂利）・水をドラム内で練り混ぜて（ミキシングして）生コンクリートとする特別装備（自動）車。そのまま撹拌しながら輸送することもできる。生コンクリートを撹拌しながら輸送するものはアジテーターという（JIS）。

ミキシングプラント　mixing plant
セメント・骨材・水・混和材料などのコンクリート材料の貯蔵・計量・練混ぜ・積込みを一貫して行うコンクリートのセメント造装置。

ミクロわれ　ミクロ割れ　microcrack
溶接金属内部に発生し，外部まで発達しない毛状の微細な割れ。

ミクロンメートル　micron metre〔→ミリミクロン，ナノメートル〕
長さの単位。1/1,000 mmで，記号はμm。マイクロメートルまたは，単にミクロンという。

みず　水　water
コンクリート用練混ぜ水の品質は，フレッシュコンクリートの諸性質，硬化後のコンクリートの強度や耐久性および鉄筋の発錆などに影響する。特に，鉄筋の発錆に大きな影響を及ぼす塩化物イオン量は，総量規制の対象となるので注意する。コンクリート用練混ぜ水は，一般に地下水・工業用水・上水道水・河川水・湖沼水などが用いられる。飲料に供されている水は，コンクリート用練混ぜ水として理想的なものである。地下水には特別の成分が溶解していたり，河川水には工場排水，家庭排水，あるいは河口付近では海水が混入していることもあるので，十分注意する。そこで，上水道水以外の水を使用する場合は，JISにより試験を行いJASS 5解説表4.11「上水道水以外の品質」の規定に適合するものを使用する。

上水道水以外の品質

項　目	品　質
懸濁物質の量	2 g/l 以下
溶解性蒸発残留物の量	1 g/l 以下
塩化物イオン（C$^-$）量	200 ppm 以下
セメントの凝結時間の差	始発は30分以内，終結は60分以内
モルタルの圧縮強さの比	材齢7日および材齢28日で90％以上

〔注〕JIS

レディーミクストコンクリート工場では，ミキサー・ホッパーや運搬車の付着コンクリートを洗浄した水およびその中に含まれるスラッジのリサイクルが行われており，練混ぜ水にもこれらが用いられている。回収水のうち上澄水は，練混ぜ水として使用してよいが，スラッジ水を使用する場合は，スラッジ固形分率がレディーミクストコンクリートの調合における単位セメント量の3％を超えない範囲であれば，普通コンクリートのフレッシュコンクリートや硬

化したコンクリートの品質に，悪影響がないことが確かめられており，計画供用期間「一般」および「標準」のコンクリートでは，工事監理者の承認を得れば使用できる。

みずガラス　水ガラス　water glass
アルカリー珪酸塩の濃厚な水溶液。

みずガラスコンクリート　水ガラスコンクリート　water glass concrete
安価で耐火性，耐酸性などに優れる水ガラスを結合材とし，変性剤に工業用フルフリルアルコール（FA），充填剤にガラス製造用高純度シリカを用いて製造したコンクリート。なお，不飽和ポリエステル樹脂を添加することによって，水ガラスの弱点である耐水性を向上させた「ポリマー改善水ガラスコンクリート」もある。

みずきり　水切り　throating, water drip
コンクリートの庇など，壁から突き出して雨にさらされる部分の下面で，その先端近くに付ける小さい溝（水切り溝），あるいはL字形の部分。雨水などが下面を伝わって壁面に達し，浸水や汚れの原因となるのを防ぐ。

みずけつごうざいひ　水結合材比
water-binder ratio
使用する結合材の質量に対する水の質量の比を百分率で表す。記号は W を水，C を普通ポルトランドセメント，BF を高炉スラグ微粉末として，$W/(C+BF)$ で表す。なお，シリカフュームは SF で表すので $W/(C+SF)$ とする。

みずしげん　水資源　water resources
世界の降水量・水資源は表の通り。
地球温暖化や異常気象による水資源危機，洪水被害が世界各国に広がっている。

みずしめし　水湿し
ひび割れを起こさないためにモルタルやコンクリート面に水を掛け，適度な湿りを与えること。打設後24時間程度より行う。

みずしょりようせっかい　水処理用石灰
lime for water treatment
上水処理用と下水処理用とがある。消石灰を用いて石灰乳として使用する場合が一般に多い。

みずせっこうひ　水石膏比
water gypsum ratio
焼石膏などの水和硬化性の石膏製品と練混ぜ水の水と石膏との質量比をいう。

みずセメントひ　水セメント比　〔→セメント水比〕
water-cement ratio
コンクリートやモルタル中に含まれるペースト中の練り混ぜ直後の水量とセメント量との質量比または質量百分率。「セメントペーストの濃さ」を表し，この比の大小で強度など硬化したコンクリートの諸性質が変化することが多い。

みずセメントひせつ　水セメント比説
water-cement ratio theory
「同一の材料，試験条件で骨材とセメントペーストとが分離しないで空隙が多くできないようなコンクリートであれば，その場合の圧縮強度は調合の良否にかかわらず，水セメント比だけで定まる。」という1919年，D. A. Abrams が唱えた説。その水セメント比説は①式で示されている。

世界の降水量・水資源

国名	年降水量	水資源量	水資源量/人
カナダ	522	2,740.0	87,970
アメリカ	760	2,460.0	8,838
フィリピン	2,360	479.0	6,305
日本	1,718	423.5	3,337
フランス	750	180.0	3,047
世界	973	42,655.0	7,045

〔注〕年降水量は mm/年，水資源量は km³/年，1人当り水資源量は m³/年。（国土交通省『日本の水資源』より）

$$F=\frac{A}{B^x} \cdots\cdots ①$$

ここに，
F：コンクリートの圧縮強度（N/mm²）
x：水セメント比（％）
A, B：セメントの品質，試験方法などによって定まる定数

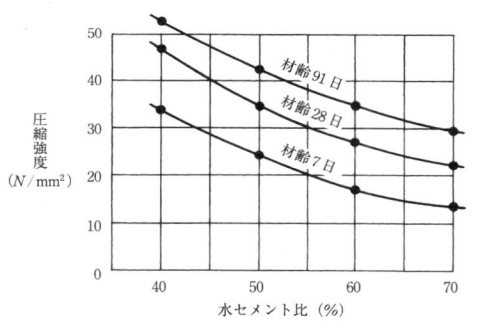

図-1 水セメント比と圧縮強度との関係

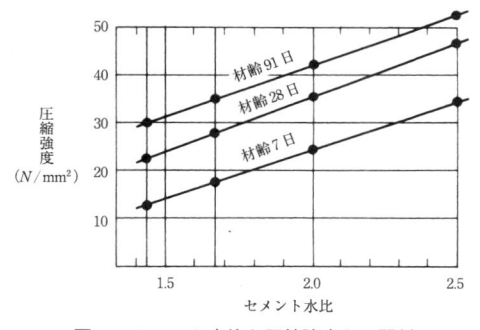

図-2 セメント水比と圧縮強度との関係

水セメント比と圧縮強度との関係は図-1のように曲線で示されている。また水セメント比の逆数であるセメント水比と圧縮強度との関係は図-2のように直線で示されている。この関係については1972年 Inge Lyse によって唱えられたもので②式で示されている。

$$F=aX+b \cdots\cdots ②$$

ここに，

F：コンクリートの圧縮強度（kg/cm²）
X：セメント水比
a, b：セメントの品質，試験方法などによって求める定数

みずセメントひのさいだいち　水セメント比の最大値　maximum values of water-cement ratio

JASS 5 では，下表のように定められている。

セメントの種類	水セメント比の最大値　（％）
ポルトランドセメント[1]	65
高炉セメントA種	
フライアッシュセメントA種	
高炉セメントB種	60
シリカセメントB種	

[注] (1)：低熱ポルトランドセメントを除く。

みずばり　水張り

屋上アスファルト防水層などの施工後の欠陥を探すため，ドレンを塞いで水を溜めること。

みずみがき　水磨き　rubbing

石材の表面研磨仕上げの一つ。粗磨きの後，#180のカーボランダムを用い，渦巻機に掛けて仕上げたもの。外装または，一般内装の仕上げとして用いる。

みぞがたこう　溝形鋼　channel section steel

図のような形をした鋼で主として鉄骨溝造物の骨組みとして用いる。

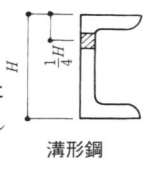

溝形鋼

みついぶっさんよこはましてん　三井物産横浜支店

神奈川県横浜市内に現存する三井物産㈱横浜支店は，わが国における本格的鉄筋コンクリート造事務所建築物の第1号である。この建物は，日本大通りと武蔵町通りの角地に位置しており，1910年（明治43）8月起工，1911年（明治44）8月完工され

みついぶつ

鉄筋の機械的性質（三井物産横浜支店）

竣工年次別	形状寸法	試験本数	降伏点(N/mm²)	引張強度(N/mm²)	伸び率(%)	ヤング係数(kN/mm²)
1911年	○3/8in(9mm)	4	280	420	31	19.3
	□1/2in(1mm)	3	270	380	32	17.8
1927年	○1/1in(13mm)	5	270	430	43	—
	□1/8in(22mm)	4	270	310	31	18.8

たので，すでに95余年を経過している。その間，関東大震災（1923年）に遭遇したが何ら支障がなかった。設計は，様式上ではアール・ヌーボーとセセッションを他に先がけて採用した遠藤於菟（1865～1943年），施工はS社，規模は地下1階・地上4階建，軒高16.4m，ペントハウスまでの高さは25.5mである。仕上げは，外部が，腰回りは花崗岩および薬掛化粧煉瓦の張付け，その上部はタイルを張り，軒先は鉄製持送りの安全蛇腹を付し，屋根はアスファルト防水である。板ガラスは国産化に成功した頃のものである。内部が床はベイマツを張り，壁・天井は躯体コンクリートに直に漆喰塗りをしている。ニューヨークのオーチスエレベーター社のエレベーター（モーター3,375HP）1基がわが国初として設置され，完成当時大きな話題を呼んだ。維持管理は，施工後55年経過時に測定した外装タイルと躯体コンクリートとの付着強度が0.4N/mm²を下回った箇所が30%だったので，透明なエポキシ樹脂をタイル全面に塗布した。その後，75年経過時にもチェックし，タイルが浮いている部分を修復した。躯体コンクリートについて依田は55年・75年・85年・95年経過時に材質的見地から耐久性調査する機会を得たので，ごく一部を述べる。
セメントは，O社の普通ポルトランドセメントを約2,000樽（270t），骨材は多摩川産のものを水洗いして用いた。鉄筋は約100tで，形状は丸鋼と角鋼が用いられ，

55年経過時のタイルの付着試験結果（三井物産横浜支店）

竣工年次別	記号	外装タイル	
		タイルと躯体コンクリートとの付着強度(N/mm²)	付着試験時の破断箇所
1991年	M-1	0.25	モルタルとコンクリートの間
	M-2	1.31	タイルとモルタルの間
	M-3	1.22	タイルとモルタルの間
	M-4	0.43	モルタルとコンクリートの間
	M-5	0.15	モルタルとコンクリートの間

三井物産横浜支店

コンクリートは手練りによって練り混ぜられた。85年経過したときに測定した直径10cmのコア強度は平均で21.4N/mm²で，設計基準強度の1,800psi（12.4N/mm²）を上回っている。ヤング係数は「日本建築学会鉄筋コンクリート構造計算規準・同解説」に示されている式に合致し，ポアソン比は0.16～0.18であった。平均中性化深さは外部が5.2mm，内部が30.3mmで，依田の中性化速度式にあてはめると内部が46.8mmとなるので，コンクリートの締固めがかなりよかったものと推察している。そのためか鉄筋の錆の発生は，中性化が鉄筋の位置まで到達していなかったために，認められたものは，ごく

わずかであった。鉄筋の機械的性質とタイルの付着試験結果は p.510 右下表参照。この建物は今後も適切なメンテナンスを行うことで，十二分にその機能を果たしていく。

みっちゃくこうほう　密着工法　〔⇔絶縁工法〕
防水工事の工法でアスファルトルーフィングを下地に全面接着する。

みっつのアール　三つの R
リデュース（省資源），リユース（再利用），リサイクル（再資源化）で，環境経営の確立に重要とされている。

みつど　密度　density
セメント，混和材の単位体積当たりの質量 g/cm^3。記号は ρ。

各種セメントの密度

種類		密度 (g/cm^3)
ポルトランドセメント	普通	3.15
	早強	3.13
	中庸熱	3.22
	低熱	3.22
高炉セメント	A 種	3.09
	B 種	3.04
	C 種	2.99
フライアッシュセメント	B 種	2.97
高炉スラグ微粉末		2.91
フライアッシュ		2.25
シリカフューム		2.20

みつもり　見積り　estimation, estimate〔→積算〕
概算または詳細な数量積算により，工事費などの予測を行う作業。積算と同義にも使われるが，狭義には積算は数量算出を，見積りは金額の算出をいう。また受注者が注文者に金額を提示することもある。

ミハエリスがたまげしけんき　ミハエリス型曲げ試験機　Mihaelis bending test machine
セメントの曲げ強さ試験のために，W.ミハエリスが考案した試験装置。供試体は 4 cm×4 cm×16 cm（写真）。

ミリミクロン　millimicron〔→ナノメートル・ミクロンメートル〕
1 mm の百万分の 1。記号 $m\mu$。現在では，ナノメートル（SI 単位）が用いられている。

ミル　mill
ミルは微粉砕するための器械。ボールミル，ローラミルなどがある。

ミルスケール　mill scale
高温空気中で加熱された鉄鋼表面に生成する酸化物の層。黒皮ともいう。

みんかんれんごうきょうていこうじうけおいけいやくやっかん　民間連合協定工事請負契約約款〔→旧四会連合協定工事請負契約約款〕
1923 年，日本建築学会，日本建築協会，日本建築家協会，全国建設業協会が連合して約款を制定し，その後 1981 年にさらに建築業協会，日本建築士会連合会，日本建築士事務所協会連合会も参加した。民間建築請負に広く活用されている。1997 年 5 月より，四会連合協定工事請負契約約款を民間連合協定工事請負契約約款と呼ぶようになった。35 条より構成されている。

みんじちょうていほう　民事調停法
民事に関する紛争について，当事者の互譲により，条理に適い実情に即した解決を図ることを目的とした法律（昭和 49 年 10 月 1 日）。

みんぽう　民法　civil law

みんぽう

私権の通則を規定したものとして基本となる法律。建築関係の私権としては，隣地使用権，距離保存権，排水権，観望に関する制限等が定められている（1996年法律第89号）。

[む]

むかいたけし　向井　毅（1933～1989）
　軽量コンクリートの研究者。元 明大教授。

むきんコンクリート　無筋コンクリート
plain concrete, unreinforced concrete
〔⇔鉄筋コンクリート〕
　土間・捨コンクリートなどに用いるもので，鉄筋で補強されていないコンクリート。ただし収縮ひび割れのためだけに用いたものも含む。JASS 5「無筋コンクリート」の主な規定事項は，次の通り。
　特記のない場合，コンクリートの種類は，普通，品質基準強度は $18\,N/mm^2$ とする。

むきんコンクリートかん　無筋コンクリート管　concrete pipes with socket　〔⇔鉄筋コンクリート管〕
　無筋コンクリートでつくられた管。主として下水道用，灌漑排水用に用いられる（JIS）。

むこんにゅうコンクリート　無混入コンクリート　plain concrete
　結合材として普通ポルトランドセメントのみを用いたコンクリート。

むしゅうしゅくモルタル　無収縮モルタル
〔→膨張モルタル〕
non-shrinking mortar
　鉄粉セメントなどの無収縮セメントを結合材とした，乾燥による収縮やブリーディング量の少ないモルタル。主に，PCa材のジョイント部の充填，機械基礎の台座やアンカーボルトのグラウトなどに使用される。

むすいせっこう　無水石膏
anhydrous gypsum, anhydrite

硫酸カルシウム無水和物（$CaSO_4$）でありⅠ，Ⅱ，Ⅲ（α，β）の3種の変態がある。これらは従来 α，β，γ 型無水石膏と呼ばれていた。半水石膏の加熱脱水によってⅢ（六方晶）→Ⅱ（斜方晶）→Ⅰ（立方晶）型に転移する。Ⅰ型は高温型ともいう。天然に産出する無水石膏は安定なⅡ型だけで，「硬石膏」という。Ⅲ型無水石膏は空気中の湿分で速やかに半水石膏になるため，「可溶性無水石膏」ともいう。密度は $2.92\,g/cm^3$，粒径は $5.3\,\mu m$ 前後。

むすいりゅうさん　無水硫酸
sulfuric anhydride　〔→三酸化硫黄〕
　セメントに含まれている無水硫酸（SO_3）は次表の通り。なお，分析はJISによるとよい。

セメントの種類		三酸化硫黄%	
		JIS規定値	実測値
ポルトランドセメント (JIS)	普通	3.0以下	2.0
	早強	3.5以下	3.0
	超早強	4.5以下	
	中庸熱	3.0以下	1.9
	低熱	3.5以下	2.2
	耐硫酸塩	3.0以下	1.9
高炉セメント (JIS)	A種	3.5以下	2.0
	B種	4.0以下	1.9
	C種	4.5以下	2.0
シリカセメント (JIS)	A種	3.0以下	1.9
	B種	3.0以下	—
	C種	3.0以下	—
フライアッシュセメント (JIS)	A種	3.0以下	1.7
	B種	3.0以下	1.9
	C種		

むとうきよし　武藤　清（1903～1989）
　建築耐震構造学者。東京大学教授や日本建築学会会長等を歴任。わが国初の超高層建築物「霞が関ビル」の構造設計をした。佐野利器の女婿。

むとそうてっきょう　無塗装鉄橋
　ペイントを塗らない鉄橋のことで，わが国でも徐々に増えてきた。従来，鉄橋では10年に1度ほど塗り替えが必要だったが，

「耐候性鋼」と呼ばれる鋼を使えば，塗装をしなくても錆が止まる。

むらかみけいぞう　村上恵三
石膏化学者。元 東北大学教授。

むらなおし　むら直し　dubbing out
左官工事において塗り厚が大きいときや，下塗りのむらが著しい場合に下塗りの上に塗り付けること。

むらのとうご　村野藤吾（1891〜1984）
建築家。佐賀県生まれ。早稲田大学建築学科卒業後，渡辺節事務所を経て，1929年，村野藤吾建築事務所を設立。日本モダニズム建築の先駆けとなり，1930年代には森五商店，大阪パンション，十合百貨店，大丸神戸支店，宇部市民館などの作品を発表するが大戦中は途切れる。戦後は広島世界平和記念館，読売会館，大阪新歌舞伎座，都ホテル佳水園など，モダニズムを基調としながらも様式的意匠や装飾の細部を大胆に採用した作品を発表。70歳代（1960年代）には，日本ルーテル神学大，箱根樹木園，80歳代からは赤坂迎賓館，箱根プリンスホテル，八ヶ岳美術館，新高輪プリンスホテルなどの作品を発表した。

むりょうばんこうぞう　無梁版構造
flat slab construction
下図のように梁のない構造をいう。1911年に竣工し，現存している三井物産横浜支店ビルはこの構造を採用している。

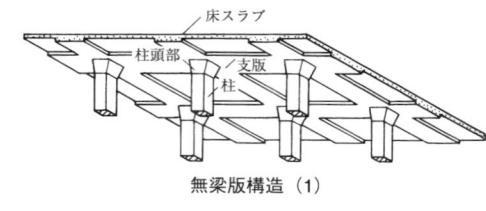

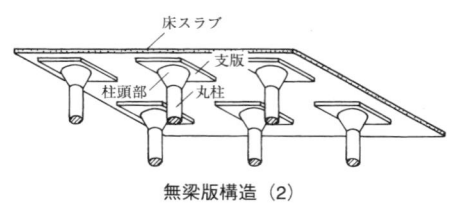

無梁版構造（1）

無梁版構造（2）

[め]

めいそうでんりゅう　迷走電流
stray currrent corrosion
正規の回路以外のところを流れる電流。これによって生じる腐食。電食ともいう（JIS）。

めいど　明度　value　〔→色相〕
色の心理的三属性の一つで、色の明るさをいう。理想的な黒を0，理想的な白を10として10分割されている（JIS）。

めじ　目地　joint
建築部材の接合部に生じる線状の継目部分をいう。コンクリートやモルタル部材のひび割れを計画的に発生されるための誘発目地（伸縮目地）や，見栄えからの目地などがある。大規模な外壁や開口のない壁では，柱心から1.5m程度に誘発目地を設け，さらに2～3m程度の間隔で誘発目地を設けて壁を分割するのがよい。柱心から1.5m程度離れて誘発目地を設けると，斜めひび割れの防止に有効である。小さい壁では，面積5～6m²ごとに目地をとるとよい。

めじくそ　目地糞
煉瓦積・コンクリートブロック積などにおいて，目地にはみ出たとろ，すなわちモルタルをいう。

めじごしらえ　目地拵え
jointing, pointing
化粧目地を施工すること。

めじしあげ　目地仕上げ
jointing, joint finishing
軽量コンクリートブロック積などで化粧としての目地をつくること。

めじモルタル　目地モルタル　joint mortar
組積壁における接合部や石張り，タイル張りなどの継目に充填したモルタル。

メーソンリーセメント　mesonry cement
組積用ブロックで構造物用モルタルに使うセメント。組成はポルトランドセメントを主体とし，これにモルタルの作業性を向上させるため，石灰石，消石灰，フライアッシュ，珪酸質混合材，化学混和剤などを添加したもの。

メタルフォーム　metal form
鋼製の型枠。精度が高く，転用回数も多く，組立・解体が容易である。

めっしつ　滅失
建築物またはその部分が老朽化，災害，除却などによってなくなること。

めつぶしじゃり　目つぶし砂利
filling grarel
隙間埋め（目つぶし）に用いる砂利。

メディアン（中央値）　median
①測定値を大きさの順に並べたとき，ちょうどその中央に当たる一つの値（測定値の数が奇数個の場合），または中央の二つの値の算術平均（測定値の数が偶数個の場合）をxで表す。
②累積分布関数F(x)の値が1/2になるxの値（JIS）。

めんしん・せいしんこうほう　免震・制震工法　seismically isolated (seismic control) structure
柱に埋めたゴムや粘りのある壁で地震による建物の揺れを吸収・抑制する工法。建物の倒壊を防ぐことにより，内部の設備・機器類が壊れにくくなる揺れを抑える。

[も]

もうさいかんくうげき　毛細管空隙
capillary carity
セメントの水和による凝結・硬化過程において，セメントゲルを主体とする水和生成物が，初めに水で満たされていた細孔空間を次第に埋めていった残りの空隙のこと。硬化体の強度，透過性，乾燥収縮などに関係する。

もくししけん　目視試験　visual test
コンクリート構造物や供試体の表面性状（ひび割れ欠陥の有無など）を，直接または拡大鏡を用いて肉眼で調べる試験。

もくしつけいセメントいた　木質系セメント板
従来の木片セメント板または，木毛セメント板のこと。JISに定められている。保管は次の通り。
①できるだけ平滑なコンクリート床の上に置く。
②地面に置く場合は必ず3本の枕木を用いて地面から離す。
③積み上げ高さは3m以下とする。

もくへんコンクリート　木片コンクリート
建設副産木材（解体時，その他新築時の切端材など）の再利用を図るため，木片充填体の空隙にセメントペーストを注入したコンクリート。

もくへんセメントばん　木片セメント板
cement bonded particle boards
薬品処理した木材の削片（長さ5～20mm）と，セメントを約3：7の割合で混練りの上，加圧成形したもの。廃品を粉砕したものを混入することもできるので有利であり，強度も増す。気乾密度0.5 g/cm³以上で厚さ30 mm以上，および1.2以上で12 mm以上のものは準不燃材料となる。品質等はJISを参照。2001年度から施行された「グリーン購入法」において「木片セメント板」が含まれる「木質系セメント板」が環境負荷低減効果が認められ指定資材になった。1998年11月20日付で，従来のJIS「木片セメント板」と「木毛セメント板」が新たにJIS「木質系セメント板」に統廃合された。

もくもうセメントばん　木毛セメント板
wood-wool cement board
JISに規定されているもので，長さ20 cm以上の木材を削った木毛とセメントを用いて圧縮生成したセメント系板材。木毛とセメントの比率や加圧力，あるいは木毛の形状によって外観や性能が大きく変わる。断熱材として使用されることが多い。
1997年11月20日付で，従来のJIS「木片セメント板」と「木毛セメント板」が新たにJIS「木質系セメント板」に統廃合された。

もくれんが　木煉瓦
wood brick, wooden block
コンクリート面に木材などを後から取り付けるために，あらかじめ型枠内面に取り付けておく木片。普通，檜材を台形断面とし防腐剤を塗る。現在は，コンクリートやブロック面に直接，接着剤で張付ける工法が多くなった。

もくれんがゆか　木煉瓦床
wooden brick floor
木煉瓦を敷設し

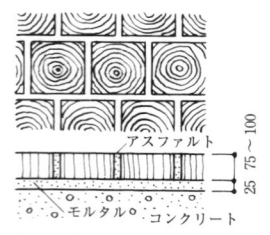

木煉瓦敷き（上：平面，下：断面）

た床。下地はコンクリート打ちの上に砂を35 mm 程度置く。これを均して木煉瓦を敷き，目地にはアスファルトなどを詰める。

モースかたさ　モース硬さ
Mohs hardness
1822 年にドイツの鉱物学者モースが提案した，鉱物の相対的な硬さの決め方。第1物体によって第2物体をひっかき，傷が付けば前者は後者より硬いと判定する比較試験である。その際の基準鉱物としては，滑石からダイヤモンドまでの10段階の鉱物が決められている。

1度	滑石	6度	正長石
2度	石膏	7度	石英（水晶）
3度	方解石	8度	トパーズ（黄玉）
4度	蛍石	9度	コランダム
5度	燐灰石	10度	ダイヤモンド

もとおうりょく　元応力　initial stress
構造物または構造部材として使用される以前から，何らかの原因によって既に内部に生じている応力。一種の潜在応力で，部材の製作・加工・接合・寸法あるいは施工の誤差などによって生じる。一例として，PS コンクリート部材にあらかじめ与えられた圧縮力など。

もとず　元図　original drawing
原図のベースとなる図。

モニエ，ジョセフ　Monnier, Joseph (1823〜1906)
鉄筋コンクリートの発明者でフランス人。鉄網を芯にした丈夫で経済的な RC 製植木針の特許を取得し（1867 年），その後，長方形断面梁およびスラブ，T 形梁，アーチ，壁など，今日の鉄筋コンクリートの構造法を案出した。

モニュメント　monument
記念的な構築物。記念碑・記念像・記念門・記念館あるいは記念塔など。

モノサルフェート　monosulfate
古くからモノサルホアルミン酸カルシウム水和物（$C_3A \cdot CaSO_4 \cdot 12 H_2O$）と呼ばれてきた結晶相と同じ結晶構造を持ちながら様々なイオン置換をした物質である。ポルトランドセメント中のアルミネート相の水和反応は，まずエトリンガイトを生成し，

$C_3A + 3(CaSO_4 \cdot 2 H_2O) + 26 H_2O$
$\rightarrow C_3A \cdot 3 CaSO_4 \cdot 32 H_2O \cdots\cdots(1)$

続いて，石膏が消費しつくされるとモノサルフェート相となる。

$C_3A + C_3A \cdot 3 CaSO_4 \cdot 32 H_2O + 4 H_2O$
$\rightarrow 3(C_3A \cdot CaSO_4 \cdot 12 H_2O) \cdots\cdots(2)$

したがって，適量の石膏存在下における C_3A の全反応は次のようになる。

$2 C_3A + CaSO_4 \cdot 2 H_2O + 10 H_2O$
$\rightarrow C_3A \cdot CaSO_4 \cdot 12 H_2O \cdots\cdots(3)$

モノサルフェートすいわぶつ　モノサルフェート水和物　tricalcium aluminate monosulfate hydrate; monosulfate hydrate
トリカルシウムアルミネートモノサルフェート水和物の略称。セメント中では，$Ca_3Al_2O_6$（C_3A と略記）が石膏と反応して生成したエトリンガイトと未反応の C_3A が反応して生成する。

モノリシック　monolithic
打放し床を対象とする。じゅうたん敷き，カーペット張りなどのコンクリート直打ち。

もみがらはいコンクリート　籾殻灰コンクリート
2 段階焼却法により焼却した籾殻の焼却灰（RHA）は，稲が土中から吸収する珪酸集積度が高いため約 90 % の SiO_2 を含んでおり，シリカフュームの含有量にも匹敵す

る。これを混和材として使用したコンクリート。杉田修一の報告によるとRHAのSiO_2は92.1〜77.0％，密度は2.22 g/cm^3。

モーメント　moment
作用する力と回転中心からの距離の積。力×距離。単位 t・m，kg・m などで，単に曲げモーメントを指す場合もある。

もようがえ　模様替え〔→リフォーム〕
rearrangement, alteration, conversion
用途変更や陳腐化などにより，主要構造部を著しく変更しない範囲で，建築物の仕上げや間仕切壁などを変更すること。

もりとおる　森 徹（1902〜1985）
資源の乏しい日本を考え，早くから産業副産物の建設材料への利用研究を進めた。2種高炉セメント（現在の高炉セメントC種相当）の開発者。元日本大学教授，元名城大学教授。

モルタル　mortar
セメント，水および細骨材を（またはこれらに混和材料を加えて）練り混ぜたもの。

モルタルしあげ　モルタル仕上げ
mortar finish
セメントモルタルを仕上げ材とした仕上げ方法。刷毛引き，木鏝，金鏝，掻落とし粗面などの仕上がある。モルタル塗りは躯体コンクリートとの収縮が異なるので，経年すると浮いたり，剝離することがある。

モルタルバーしけん　モルタルバー試験
mortar bar test
水＋NaOH水溶液が300 ml，セメント600 g，砂（表乾）1,350 gのモルタルで4×4×16 cmの供試体3本を作製し，温存40±2℃，相対湿度95％の条件下で養生を続け，材齢2, 4, 8, 13, 26週における長さを測定する。材齢13週で0.05％，材齢26週で0.1％を下まわる膨張率であれば使用した砂はアルカリ反応性を有していないと判定する。

モールド　mould, mold
一定の形に成形するための型枠。材質は，木型，石膏型，金型，樹脂型などがある。コンクリート，モルタル，セメントペーストの供試体をつくるときの型枠。一般に鋳鋼品が多い。成形法別には手起し用，鋳込み用，加圧成形用，押出し成形用，射出成形用などがある。

モールほうのていりょうほう　モール法の定量法
下表参照。

原理	pH 6.8〜10.5の範囲で，クロム酸カリウムK_2CrO_4を指示薬とし，塩化物イオンCl^-を硝酸銀ANO_3溶液で適定する。終点を過ぎ，過剰となったAg^+が，赤褐色のクロム酸銀Ag_2CrO_4を生成する。 $Cl^-+Ag^+\to AgCl$（白色沈殿） $Ag^++CrO_4\to Ag_2CrO_4$
特徴	・操作が簡便。 ・pHが低いと$AgCrO_4$の溶解度が大となり，終点が見にくくなる。 ・pHが高過ぎるとAg_2O，Ag_2CO_3を生成し滴定誤差を生じる。 ・妨害イオンBr^-，SCN^-，CN^-，S^{2-}，還元性物質

もろさけいすう　脆さ係数
degree of brittleness
延性に欠ける度合を表す数値。脆度係数ともいう。一般には，脆さ＝圧縮強さ/衝撃強さで表すが，セメントモルタルやコンクリートでは，脆さ＝圧縮強さ/引張り強さとして表示する。

モンモリロナイト　montmorillonite
スメクタイト属の粘土鉱物。ベントナイトや酸性白土の主成分であり，堆積岩や土壌中にも広く産出する。膨潤性，吸着性，イオン交換性などを利用して多方面に用いられる。逆にアルカリ反応性を有するのでコンクリート用骨材としては使用の可否につ

いて注意を要する。

[や]

やいた　矢板　plank
支保に使用する板材の総称。

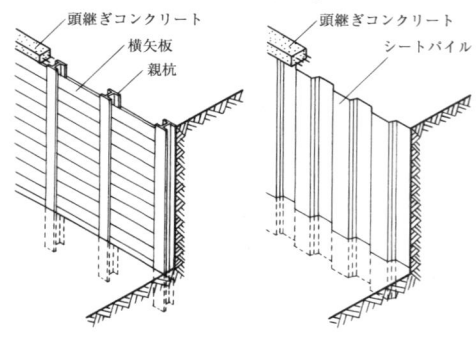

親杭横矢板　　　　鋼製矢板（シートパイル）

やきせっこう　焼石膏　plaster of Paris, calcined gypsum, plaster, stucco〔→半水石膏〕
仮焼石膏または単にプラスター，スタッコなどともいう。二水石膏を仮焼脱水した低水和石膏で，主として半水石膏からなり，これに微量の二水石膏，Ⅲ型無水石膏，Ⅱ型無水石膏が残存含有している。建築用では石膏ボードなどとして使用される。

やくえきちゅうにゅうこうほう　薬液注入工法　chemical feeding method
地盤改良工法の一つ。注入剤に珪酸塩系・リグニン系・アクリルアマイド系などの化学薬品を主成分に用いる。セメントミルクを用いる場合より固結強度は小さいが，細粒土層への注入が可能であり，また固結時間も調節できる。

やまがたこう　山形鋼　angles
断面形状が山形の形鋼。二辺の長さおよび厚さが各々等しいか，または異なるかによって等辺山形鋼，不等辺山形鋼という（JIS G 0203）。

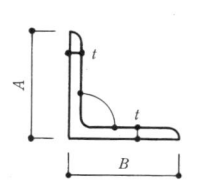

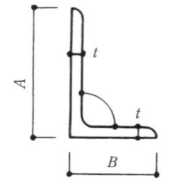

等辺山形鋼
$A \times B \times t = 20 \times 20 \times 3 \sim 250 \times 250 \times 35$

不等辺山形鋼
$A \times B \times t = 40 \times 20 \times 3 \sim 200 \times 100 \times 15$

やまじゃり　山砂利　pit gravel
山から採取される砂利で，泥分さえ除けば川砂利の性質と同じ。

やまずな　山砂　pit sand
古い河床・海底などにあった砂の層が，地殻の変動で丘陵地になり，そこから産する砂。一般に粒度が細かく，微粒分および泥分が多く，吸水率が大きい。しかし，泥分を除けば川砂と同じ性質。土工事の埋戻し土には多くの砂のなかで，山砂が最も適している。

ヤングけいすう　ヤング係数　Young's modulus〔→略語：E（建築），E_c（土木）〕
静的載荷により得られた応力～歪み曲線に

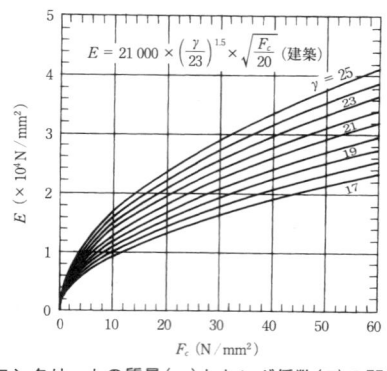

$$E = 21\,000 \times \left(\frac{\gamma}{23}\right)^{1.5} \times \sqrt{\frac{F_c}{20}} \text{（建築）}$$

コンクリートの質量（γ）とヤング係数（E）の関係

コンクリートのヤング係数（土木）

	f'_{ck} (N/mm²)	18	24	30	40	50	60	70	80
E_c(kN/mm²)	普通コンクリート	22	25	28	31	33	35	37	38
	軽量骨材コンクリート*	13	15	16	19	—	—	—	—

＊骨材を全部軽量骨材とした場合

おける，原点と任意の点とを結ぶ直線の勾配で表した値。通常は割線ヤング係数を用いる。コンクリートの質量（γ）によってヤング係数（E）は異なる（p.520 図参照）。

F_c は設計基準強度。鋼材のヤング係数は，日本建築学会が 205 N/mm² としている。

[ゆ]

ゆうい　有意　significant
測定値から計算した差異が，帰無仮説を捨てるに足るだけ大きいこと（JIS）。
参　考：統計的に有意な差があるかどうかということと，その差が技術的・経済的に問題にする値打ちがあるかどうかということとは必ずしも一致しない。

ゆうがいガス　有害ガス　〔→炭酸ガス，二酸化硫黄，二酸化窒素〕　harmful gas
コンクリートにとって有害なガス。CO_2（炭酸ガス：外気中では 300～320 ppm），NO_2（二酸化窒素：外気中では 0.04～0.06 ppm），SO_2（亜硫酸ガス：外気中では 0.01～0.015 ppm）などがある。

ゆうがいこうぶつ　有害鉱物
noxious mineral
コンクリート用骨材中に，化学的あるいは物理的に不安定な鉱物が含まれていると，アルカリ骨材反応以外の原因でも鉱物自身の変質でコンクリートが劣化し，膨張，ひび割れ，剝離，ポップアウトなどの現象が生ずる場合がある。鉱物名とその反応形態を右表に示す。

ゆうきふじゅんぶつ　有機不純物
organic impurities
コンクリートやモルタルに用いる細骨材中に含まれる有機質の不純物（JIS）。これが多いとセメントの水和を妨げ，コンクリートやモルタルの強度や耐久性を劣化させる。

ゆうせつコンクリート　融雪コンクリート
積雪寒冷地におけるコンクリート床板の融雪や凍結防止を目的として，コンクリート内部に発熱体，温水循環パイプ，面状発熱体および温風ダクト・ヒートパイプなどを埋設したコンクリート。

ゆうりけいさん　遊離珪酸　free silicic acid
反応しないで物質中に存在する珪酸。

ゆうりすい　遊離水　free water
セメント硬化体，モルタル，コンクリートの物質中の空隙中に遊離状態で存在する，移動の比較的容易な水。簡単な乾燥条件で容易に物質外に出る。コンクリートなどでは，遊離水以外に吸着水と結合水がある。

ゆうりせっかい　遊離石灰　free lime　〔→フリーライム〕
ポルトランドセメントをはじめ，製鋼スラグに少量含まれる未反応な CaO。

鉱物名とその反応形態

分　類	鉱物名	反応形態
変質蛇紋石鉱物	含鉄ブルーサイト コーリンガイト	含鉄ブルーサイト酸化・炭酸化による膨張を伴う新鉱物の形成
沸　石	ローモンタイト レオンハルダイ	乾燥の繰り返しによる粉状化
長石*	正長石 曹長石	セメント中に放出した K，Na と共存，シリカ鉱物との膨張反応
粘土鉱物	モンモリロナイト サボナイト 加水雲母 イライト 絹雲母 膨潤性緑泥岩	吸水膨張乾燥収縮
硫化物	黄鉄鉱 白鉄鉱 磁硫鉄鉱 黄銅鉱	酸化して石膏を生成した後，さらにエトリンガイトを生成し膨張
硫酸塩	石膏 硬石膏 みょうばん	セメント中の CaA と反応して，エトリンガイトを生成し膨張
酸化物	ライム（CaO） ペリクレス（MgO） ウスタイト（FeO）	水和膨張

*アルカリ骨材反応の遠因になると考えられている。
（セメント協会：アルカリ骨材反応に関する文献調査，セメント化学専門委員会 C-2，'84 より）

ゆかじかしあげ　床直仕上げ
ベースとなるコンクリートを打設し乾燥させた後に，例えばエポキシ系樹脂を塗布した仕上げ．

ゆかタイル　床タイル　floor tile
建築用陶磁器タイルで，床に用いられるタイル．摩耗，汚れ，滑りに対する抵抗性や化学的抵抗性などが要求される．

ユージノールセメント　eugenol cement
酸化亜鉛とユージノールを主成分としたZOEセメント（zinc oxide eugenol cement）．歯科用．

ゆせいセメント　油井セメント
oil well cement　〔→地熱井セメント〕
石油の堀搾孔を補強するセメント．地下数km，温度150℃，圧力20 N/mm²以上の大深度下において十分な凝結時間を持ち，かつ強度発現が安定した状態で進むように，ポルトランドセメントにフライアッシュ，ベントナイト，膨張材，その他の混和材と凝結遅延剤などを加えたものや，耐硫酸塩ポルトランドセメントに超遅延剤を加えたものが使用されている．「オイルウェルセメント」ともいう．

ゆにゅうすな　輸入砂
中国・広州産の川砂で，既に和歌山港の専用置場に19,000 tを揚げた実績があるが，今後，継続して生コンで輸入砂が使用されることになれば，定期的に月12万t程度を輸入する．近畿地区における生コン向けの砂は，瀬戸内海産の海砂が主体であるが，広島県の海砂全面採取禁止に続いて，岡山県は2003年に海砂供給禁止，また香川県は2005年，海砂全面採取禁止が決定されており，砂の確保問題が深刻化している．2001年の細骨材輸入量は442万t程度で，うち中国産が最も多く78％，次いで韓国産が12％．一方，粗骨材輸入量は27万t程度である．なお，中国では2006年5月より輸出を禁止すると公告した．

ユービーシー　UBC
Uniform Building Code
ICBOの発行する統一基準「アメリカ統一建築基準」の略称で，世界各国で広く採用されている建築基準コード．B5判のコードブック（ルーズリーフ版もある）として3年ごとに刊行される．人命の安全，構造上の安全に関する建築設計・建造規準を規定している．「model building code」として日本でも有名．

[よ]

ようイオン　陽イオン　cation

イオン名	記号	色
水素イオン	H^+	無
ナトリウムイオン	Ha^+	無
カリウムイオン	K^+	無
銅イオン	Cu^{2+}	青
銀イオン	Ag^+	無
マグネシウムイオン	Mg^{2+}	無
カルシウムイオン	Ca^{2+}	無
亜鉛イオン	Zn^{2+}	無
バリウムイオン	Ba^{2+}	無
アルミニウムイオン	Al^{3+}	無
鉛イオン	Pb^{2+}	無
アンモニウムイオン	NH_4^+	無
第一鉄イオン	Fe^{2+}	淡緑
第二鉄イオン	Fe^{3+}	褐
コバルトイオン	Co^{2+}	赤
ニッケルイオン	Ni^{2+}	緑

ようきゅうせいのう　要求性能　performance criteria
建築などの設計に際して，確保することが要求される性能。

ようぎょうけいサイディング　窯業系サイディング　fiber reinforced cement sidings
主原料としてセメント質原料および繊維質原料を用いて板状に成形し，主に建築物の外装に用いる窯業系サイディング（JIS）。

ようきょくぼうしょくほう　陽極防食法　anodic protection　〔⇔陰極防食法〕
防食する金属体を陽極として通電し，腐食を防止する方法。

ようこうろ　溶鉱炉　blast furnace　〔→高炉〕
直立円筒（鉄，鉛の場合）または角筒（銅の場合）状の炉で，上部から鉱石，石灰石，コークス（加熱還元剤）を投入し，下部羽口から熱風や空気を吹き込んで，鉱石を還元・溶融し，密度差で銑鉄と高炉スラグに分離・排出する。わが国では1901年2月官営製鉄所（東田第一高炉）が操業を開始した。

ようじょう　養生　curing
コンクリートやモルタルの硬化作用を十分に発揮させるために，適当な温度と湿度を確保し，外力を与えないように保護する。現場的には，湿潤状態に保てるよう水を含ませた養生マット等で覆う（p.525表参照）。また，水和反応を促進させて早期に強度を発現させる目的の養生方法として，「蒸気養生」「オートクレーブ養生」などの方法がある。コンクリート供試体を養生する方法には「標準養生」と「現場水中養生」と「現場封緘養生」の3通りがある。
標準養生：20℃±2℃の水中または飽和湿気中において行うコンクリート供試体の養生。安定した状態で行う。

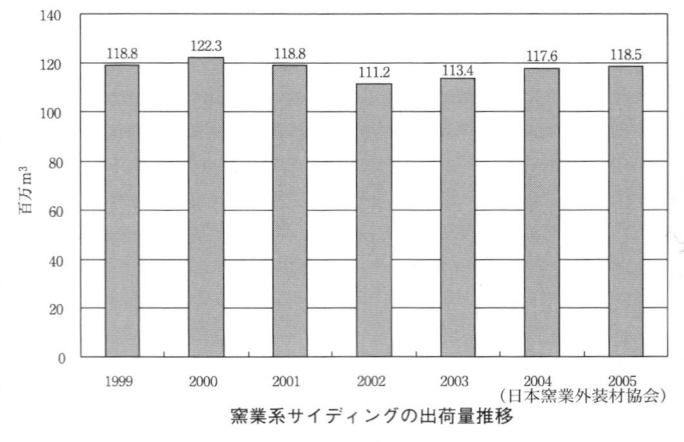

窯業系サイディングの出荷量推移（百万m³）

1999	2000	2001	2002	2003	2004	2005
118.8	122.3	118.8	111.2	113.4	117.6	118.5

（日本窯業外装材協会）

養生の規定

仕様書，示方書の別	構造物の区分	季節の区分	有害な作用	養生方法	養生日数および養生温度
日本建築学会 JASS 5	一般	常時	○乾燥，日光の直射，寒気，衝撃 ○24時間以内の表面の歩行 ○支柱盛り替え時の衝撃	○噴霧・養生マット・膜養生剤 ○養生期間は7日間以上，ただし早強セメントの場合は5日間以上	○5日間コンクリート温度を2℃以上とする ○ただし，早強セメントの場合は3日間
		寒中	○凍害	○断熱保温養生または加熱保温養生	○初期養生は圧縮強度が5 N/mm²に達するまで ○その後の養生は所要強度が得られたことを確認するまで
		暑中	○急激な乾燥	○湿潤に保つ ○シートなどで覆う ○膜養生剤の利用 ○打込み時のコンクリート温度は35℃以下	—
土木学会 RC示方書	無筋・鉄筋	常時	○低温，乾燥，急激な温度変化，振動，衝撃，荷重	○露出面を濡らした養生マット，布等で覆う ○または散水，湛水する ○乾燥するおそれのあるときはせき板に散水する	○少なくとも5日間（早強セメントの場合は3日間）
		寒中	○凍結 ○給熱期の乾燥および局部的加熱 ○養生終了時の急冷	○風を防ぐ ○承認された方法で凍結を防ぐ ○コンクリートの打込み温度を5～20℃とする（推奨値あり）	○所要の強度に達するまでの日数で承認を得た日数 ○コンクリート温度を5℃以上とする ○激しい気象作用を受けるコンクリートでは，強度が標準時以上になるまでの期間，5または10℃程度，さらにその後2日間0℃以上
		暑中	○表面の乾燥	○表面を湿潤に保つ ○打込み後直ちに養生する ○打込み温度を35℃以下とする	○打込み後24時間湿潤状態を保つ ○その後は湿潤養生か膜養生

現場水中養生：工事現場において，水温が気温の変化に追随する水中で行うコンクリート供試体養生。現場の環境に近い状態にする。

現場封緘養生：工事現場において，コンクリート温度が気温の変化に追随し，かつコンクリートからの水分の分散がない状態で行うコンクリート供試体の養生。現場の環境に近い状態にする。

標準養生　　現場水中養生　　封緘養生

ようじょうあしば　養生足場
protective scaffold

工事現場において作業する際，通行人や隣家に危害を及ぼさないように組まれる足場。一般には一側足場が多く，飛散防止のために養生シートや養生金網が

ようしよう

張られる。

ようじょうおんど　養生温度
curing temperature
コンクリートの養生に必要な温度。コンクリートは一般に養生温度が高いほど強度の発現が早い。初期材齢において0℃以下になると水分が凍結し，強度の伸びが阻害されるが，初期凍害を受けない限り，低温で養生すると，初期の強度は小さいが強度の伸びは大きくなる。

ようじょうかたわく　養生型枠
protective cover
工事中，仕切り部分の角の破損を防ぐために出入口の枠，階段の踏面・手摺・石積み箇所などに用いる仮設の板の覆い。

ようじょうかなあみ　養生金網
protective screen
工事現場から外部へ，また上階から下階への落下物を防ぐために張った金網。

ようじょうタンク　養生タンク
curing tank
コンクリート・モルタル供試体を一定の温度・湿度で養生するのに用いるタンク。

ようじんてっきん　用心鉄筋
additional bar 〔→補強筋〕
通常，鉄筋コンクリートの温度や収縮によるひび割れ防止のため，あるいは構造上の安全性を増すため，計算外に付加して用いられる鉄筋。

ようせきちょうごう　容積調合
mix proportion by volume
コンクリートの練混ぜの際に使用される各材料量を容積で示した調合。JASS 5では，各材料をコンクリート練上げ$1m^3$当たりの絶対容積（l）で表した絶対容積調合で示す。

ようせきほうほう　容積方法
volume method

コンクリート中の空気量の測定方法の一つ。試験容器にコンクリートを充填し，激しく振動したりローリングしたりして空気を追い出し，水と置換して空気量を容積によって測定する方法（JIS）。

ようせつかなあみ　溶接金網
welded steel wire fabrics
コンクリートに埋め込んで，コンクリートを補強するために用いる金網で，格子状に配列した線径2.6 mm以上で16.0 mm以下の鉄線の交点を電気抵抗溶接し製造したもの（JIS）。

ようせつつぎて　溶接継手　welded joint
主として主筋をその材軸方向に溶接する場合に適用される方法。溶接継手を用いる場合は，工事監理者の承認を得なければならない。継手は1か所に集中することなく，相互にずらして設ける。以下に注意事項を述べる。
①製造過程において，熱処理加工あるいは冷間加工を行った鉄筋は溶接しない。
②現場溶接は，溶接有資格者の手による。
③溶接継手に用いる鉄筋は，なるべく炭素当量の低いものを使用する。
④横方向筋（帯筋・あばら筋）に行う溶接箇所は，折り曲げられた部分以外で行う。溶接長さは，両面$5d$以上，片面$10d$以上とする（dは丸鋼にあっては径，異形鉄筋にあっては呼び名）。
⑤溶接部は折り曲げ部外端より$5d$以上離し，さらに溶接長さの前後$2d$の余裕をとる。作業能率からは両面溶接より，片面溶接$10d$以上とした法がよい（p.527左図参照）。
⑥溶接部分は，溶接直後に衝撃を与えたり，急冷しない。
⑦鉄筋の点付け溶接は，冷えている鉄筋が，急熱・急冷されるので焼入れを行った

ことと同じになる。また，熱影響部が著しく硬化し，鉄筋が脆くなるので点付け溶接をしない。特に SR 295, SD 295 を超える強度になると，この部分を少し曲げてもひび割れが入る場合があるので，やむを得ず点付け溶接を行う場合は，予熱を行う。

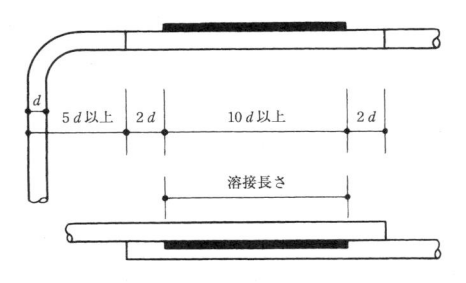

溶接箇所のとり方

ようせんなべ　溶銑鍋　hot-metal ladle
高炉（溶鉱炉）から出た溶銑を混銑炉まで運搬する傾注式取鍋。

混銑炉（hot-metal mixer）：高炉からの溶銑をいったん貯蔵し，溶銑成分と温度の均一化を図り，製鋼炉に装入するための炉。

混銑車（torpedo car）：高炉からの溶銑を製鋼炉まで運搬し，貯蔵するため，魚雷形の混銑炉とその傾動装置を貨車に積載したもので，炉体中央部に受銑，出銑用の炉口がある。

ようへき　擁壁　retaining wall
鉄筋コンクリート造と組積造に大別される。鉄筋コンクリート擁壁は，図に示した種々の形状のものがあるが，このうち，反T形・L形・控え壁付きおよび支え壁付き形は，材の耐力で土圧を支えるものであり，壁や基礎部材に発生するモーメントからの引張応力に耐えるため鉄筋コンクリート造となる。一方，重力，反重力形のものは土圧を擁壁の自重で支えるため，無筋または少ない量の鉄筋を配したコンクリート造となり，比較的大型で土木構造物として用いられることが多い。組積造は，コンクリートブロックや石を積み上げて擁壁にするものであるが，組積時にモルタルやコンクリートを充塡する「練積み」と，充塡しない「空積み」の擁壁に分類される。ただし，空積みで擁壁を設けることは法令で認められていないので，一般には築造することはできない。

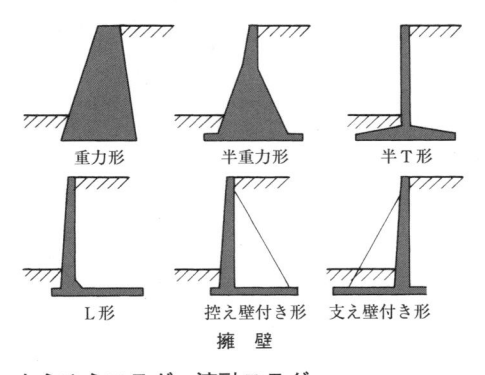

擁　壁

ようゆうスラグ　溶融スラグ
molten slag　〔→下水汚泥〕

ごみまたは下水汚泥にコークスや石灰石を炉へ装入して，1,200℃前後の高温で加熱して有機分を熱分解，燃焼させると同時に無機分を融解スラグ化し，冷却して固形化したもの（密度 $1.5 \sim 2.0\,g/cm^3$）。排出量はごみが 5,000 万 t 程度（1994 年度），最終処分量は 1,400 万 t 程度で横ばい。一方，下水汚泥は 110 万 t（1995 年度）で，今後さらに増える。$Al_2O_3 - SiO_2 - CaO$ を主成分とし，この 3 成分で 80％前後を占める。SiO_2 は最高 48.6％，最低 24.7％，平均 36.4％である。Al_2O_3 は最高 27.3％，最低 12.4％，平均 19.4％である。CaO は最高 38.5％，最低 16.4％，平均 25.3％である。その他 Fe_2O_3,

MgO，Na_2O が 0.4〜19.0％含まれ溶融スラグが構成されている。Fe の含有量は原料の前処理方法により変化し，主灰を磁選，ふるい分け，鉄屑除去等を行ったスラグは相対的に低くなる。また，SO_3 換算の S および Cl は数％以下であるが，特異的に SO_3 を多く含むスラグ（21％含有：このスラグを除いた平均含有量は 1％）と Cl^- を多く含むスラグ（8％含有：このスラグを除いた平均含有量は 0.8％）が見られる。副成分として種々の金属類が含まれており，金属類の含有量は，Zn が 14〜4,670 mg/kg，Cr は 133〜3,410 mg/kg，Cu は 98〜3,870 mg/kg，Pb は 〜654 mg/kg，Cd は 〜7 mg/kg，As は 28 試料において 2 mg/kg 以下であったが 3〜6 mg/kg 含むスラグも認められた。Se は 2 mg/kg 以下，Hg は 0.005 mg/kg 以下。用途は道路用骨材，アスファルト合材，路盤材，土質改良材など。コンクリート骨材としては 2000 年 7 月 20 日，TR A 0016 として公表され，2006 年 7 月に JIS 化された。同骨材を用いるコンクリートとしては鉄筋コンクリート構造物での試験施工が少ないことなどから，設計基準強度 35 N/mm² 以下のプレキャスト無筋・鉄筋コンクリート製品および呼び強度 33 以下の生コンクリートを対象。W/C は耐久性確保から 55％以下。

ようゆうセメント　溶融セメント
fused cement　〔→アルミナセメント〕
アルミナセメントの別名。かなり以前に使用されていた。

よこきん　横筋　horizontal reinforcement
〔⇔縦筋〕
鉄筋コンクリートの壁体において水平方向に配置する鉄筋。「横鉄筋」ともいう。

よしざかたかさま　吉阪隆正（1917〜1981）
ル・コルビュジエの弟子。コンクリートの造形性を強調したデザイナー。元 早稲田大学教授。元 日本建築学会会長。

よしだとくじろう　吉田徳次郎（1889〜1960）
コンクリート工学の権威者の一人。九州大学・東京大学の土木工学科教授を歴任した。

よねつそうち　余熱装置　pre-heater
セメントの原料を回転窯（キルン）に入れて焼成する前に，あらかじめキルン排熱や仮焼炉によって熱を上げておく装置。

よびきょうど　呼び強度
nominal strength
JIS に規定するコンクリートの強度の区分表。なお，日本建築学会では，次のような関係を示している。
（p.529 表参照）

よぼうほぜん　予防保全
preventive maintenance
計画的に対象物の点検，試験，再調整，修繕などを行い，使用中の故障を未然に防止するために行う保全。

よもりコンクリート　余盛りコンクリート
場所打ちコンクリート杭地業工事に使用する用語。厚さ 0.5〜1.0 m 程度もあるコンクリートでマスコンクリートの一種。

表-1 レディーミクストコンクリートの種類

コンクリートの種類	粗骨材の最大寸法(mm)	スランプまたはスランプフロー*	呼び強度													
			18	21	24	27	30	33	36	40	42	45	50	55	60	曲げ4.5
普通コンクリート	20, 25	8, 10, 12, 15, 18	○	○	○	○	○	○	○	○	○	○	—	—	—	—
		21	—	○	○	○	○	○	○	○	○	○	—	—	—	—
	40	5, 8, 10, 12, 15	○	○	○	○	○	○	—	—	—	—	—	—	—	—
軽量コンクリート	15	8, 10, 12, 15, 18, 21	○	○	○	○	○	○	○	○	—	—	—	—	—	—
舗装コンクリート	20, 25, 40	2, 5, 6, 5	—	—	—	—	—	—	—	—	—	—	—	—	—	○
高強度コンクリート	20, 25	10, 15, 18	—	—	—	—	—	—	—	—	—	—	○	—	—	—
		50, 60	—	—	—	—	—	—	—	—	—	—	○	○	○	—

[注]*荷卸し地点の値であり, 50 cm および 60 cm がスランプフロー値である.

表-2 コンクリートの設計基準強度およびレディーミクストコンクリートの呼び強度の範囲

設計基準強度 (N/mm²)	鉄筋コンクリート構造計算規準			JASS 5				JIS A 5308		呼び強度
	普通コンクリート	軽量コンクリート		普通コンクリート		軽量コンクリート		普通コンクリート	軽量コンクリート	
		1 種	2 種	基本仕様	高強度	1 種	2 種			
18	18 ↑	18 ↑	18 ↑	18 ↑		18 ↑	18 ↑	○	○	18
21								○	○	21
24								○	○	24
27			↓ 27				↓ 27	○	○	27
30								○	○	30
33								○	○	33
36		↓ 36		↓ 36	36 ↑	↓ 36		○		36
39								○		40
42										
45										
48										
51										
54										
57										
60	↓ 69				↓ 60					

[注] 本表は日本建築学会の早見表である.

[ら]

ライニング lining
コンクリート壁や床の内側に設けた内張り。例えば煉瓦，ステンレス鋼板など。主にコンクリートの防食のために煙突や炉の内部に耐食性の物質を比較的厚く被覆すること。「内張り」ともいう。

ライフサイクル life cycle
建築物またはその部分の企画・設計から，それを建設し運用した後，除去するに至るまでの期間。

ラスかたわく・デッキプレートこうほう ラス型枠・デッキプレート工法 lath form-steel deck construction method
解体が不要な工法。次のような工法がある。
ラス型枠工法：せき板の代りにリブラスを使用し，アングルで固定してコンクリートを打設する工法。解体・搬出が不要である。
デッキプレート工法：解体・支保工が不要である。

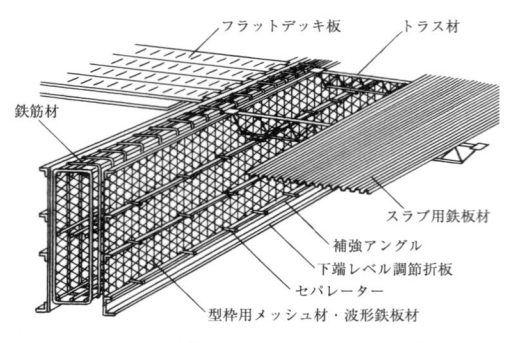

ラス型枠工法・デッキプレート工法

ラスモルタル mortar finishing on metal lath
ワイヤラスやメタルラス下地のモルタル仕上げ。安価ではあるが，ひび割れを生じやすい。

らせんてっきん 螺旋鉄筋 spiral reinforcement
鉄筋コンクリート柱の主筋の周囲に螺旋状に巻かれた巻筋。柱の膨らみを防ぎ，その圧縮耐力を大きくする。最小径は6 mm，ピッチは8 cm以下。「螺旋筋」ともいう。

らっきょ
鉄筋をコの字形に加工したあばら筋のこと。四角形では組立てができない場合や補強筋として用いるときに使用する。

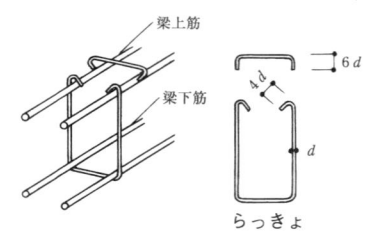

らっきょ

ランダムぬきとりほうほう ランダム抜取り方法 random sampling
母集団を構成している単位体・単位量などがいずれも同じような確率でサンプル中に入るようにサンプリングすること。ランダムサンプリングともいう（JIS）。

ランボー，ジョセフ Lambot, Joseph L. (1814〜1887)
1850年に鉄網にモルタルを塗り厚さ36 mmほどの側壁の小さい3 mの鉄筋コンクリート船をつくり，これを1855年パリで開催された世界博覧会に出品したフランス人。また，鉄とコンクリートの組合せの特許を最初に取得した人でもある。

[り]

リグニン lignin
　木材細胞膜の主要成分の一つ。針葉樹で約30％，広葉樹で20％含まれる。酸化剤で分解し，アルカリで溶融する。

リグノイド lignoid
　商品名。マグネシアセメント塗床の材料。マグネシアに鋸屑・石綿・コルク粒などを充填材として混ぜ，塩化マグネシウム溶液（苦汁）で練る。吸音性は大きいがひび割れが生じやすい。

りけいざい　離型剤 mould releasing agent, surface lubricant 〔→剝離剤〕
　コンクリートが型枠に粘着するのを防止して容易に離すことができるようにし，かつ，その表面を美しく仕上げるために，型または金属鏡面板に塗布する珪素樹脂・ステアリン酸塩などの薬剤（JIS）。

りこうほしょう　履行保証
　正式には「公共工事履行補償制度」という。国や自治体が公共工事を建設会社に発注する際，倒産などで工事ができなくなる場合に備えて，受注会社の主力取引銀行や損害保険会社などに工事の保証を求める措置。工事の途中で建設会社が倒産した場合，銀行などが請負額の3割を発注者に支払うか，代りの業者を見つけて工事を完成させる（図参照）。

リサイクリング recycling
　廃棄物を回収して適切な処理を施し，原料資源として再利用すること。

リサイクルほう　リサイクル法 recycling law
　再生資源の利用促進に関する法律で2000年5月31日に改正された。従来のリサイクルの強化に加え，新たにリユース，リデュースを事業者に義務づけることが主な内容。2001年1月から，自動車やパソコンなど14種類の製品について，使用済み部品を新製品に組み込んで再使用することや，余分な部品を使わない省資源化設計の採用をメーカーに義務づける。

リシンしあげ　リシン仕上げ scraped finish, scratching finish of stucco
　着色したモルタルまたは骨材に大理石の砕砂を用いたモルタルを塗り，硬まらないうちに表面を櫛状の金具で引っ掻き，粗面にした仕上げ。

リース，インゲ Lyse, Inge
　セメント水比と圧縮強度との関係式を直線式で示したコンクリート工学の権威者。

りっちゅうしき　立柱式
　柱を立てて，柱の根本を固める儀式。現在では，一般的に鉄骨造の場合に，鉄骨の第1節を建てはじめるときに行う。式の内容は，あらかじめ用意した鉄骨柱の一部に，ボルトを差し，ナットを締めた後，締めたボルトを検査すること。式の性格から，この神事は，発注者と工事関係者だけというごく内輪で行われるケースが多い。立

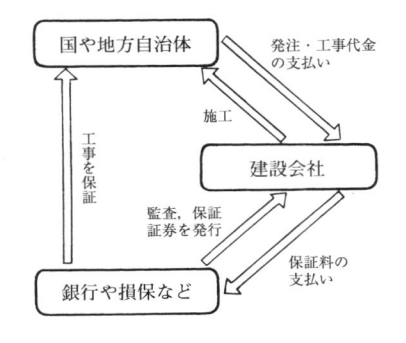

履行保証の仕組み

柱式の式次第は，地鎮祭の式次第の「地鎮の儀」が「立柱の儀」に変わるだけ。ボルト締めだけ行うケースと，鋲打ちまで行うケースとがある。

りっぽうたいきょうど　立方体強度
cubic strength
コンクリート，モルタル，石材の圧縮供試体を立法体に選んだときの圧縮強度。通常，円柱形供試体より30～50％位強度が大きい。

リバースサーキュレーション
reverse circulation (drill method)
1962年，旧西ドイツより導入された現場打ち杭。回転ビットにより地盤を破砕掘削する工法。掘削能力は70m程度。詳細は「現場打ちコンクリート杭」の項参照。

リフォーム　alteration, reform
〔→模様替〕
建築後，年数を経て陳腐化した建築物の内装，外装，設備，デザインなどを改良すること。日本の場合，リフォーム（増改築）事業が拡充されつつある。

りゅうかいふしょく　粒界腐食
intergranular corrosion
金属または合金の結晶粒界に選択的に生ずる腐食。

りゅうかすいそ　硫化水素
hydrogen sulfide　〔→ H_2S〕
コンクリートに害を与えるガス。密度 $1.539 kg/m^3$。

りゅうかぶつ　硫化物　sulfide
一般に空気中で熱すると酸化されて硫酸塩または硫酸化物となって硫酸化水素（H_2S）を発生する。

りゅうけい　粒径　size of aggregate
現在は，例えば40，25，20mmというように，粗骨材のみ最大寸法を用いている。細骨材は粗粒率（f.m.）を使用している。f.m.3.3が粒径5mm，2.8が2.5mm，2.2が1.2mmに相当する。

項目	粒　形	実積率
砕石	稜角あり，扁平，細長の不良品あり，優秀品もあり，粒形良否の幅が広い	砂利より小，実積率50～63％
砂利	優　秀	砕石より大，実積率60～68％

りゅうけいかせききょくせん　粒径加積曲線
grain size accumulation curve
粒度試験から，粒径を横軸に対数目盛にとり，粒子の質量百分率を縦軸にとって各粒子の質量百分率の和を細かい方から加えてプロットして示した曲線。

りゅうさんカルシウム　硫酸カルシウム
calcium sulfate
$CaSO_4$の総称。水和形式では $CaSO_4 \cdot H_2O$（二水石膏），$CaSO_4 \cdot 1/2 H_2O$（半水石膏），$CaSO_4$（無水石膏）の3種類がある。

りゅうさんナトリウム　硫酸ナトリウム
sodium sulfate　〔→ Na_2SO_4〕
無水または，芒硝ともいう。無色の斜方晶形の結晶であるが，222℃で単斜晶系，276℃で六方晶系に転移する。コンクリートは侵されやすい。

りゅうさんバリウム　硫酸バリウム
barium sulfate　〔→ $BaSO_4$〕
天然には重晶石として産出する。無色の斜方晶形の結晶である。

りゅうつぼ　立坪
立方体の単位の一つで，約 $10.97 m^3$。

りゅうど　粒度
コンクリート骨材や土などの粒状材料の大・小粒の混合割合のこと。コンクリート品質の良否に大きく影響する（p.533下表）。

りゅうどうかコンクリート　流動化コンクリート

flowing concrete plasticized concrete
単位水量を増やさずに，高性能減水剤等を添加して流動性を高めたコンクリート。JASS 5 の流動化コンクリートの主な規定事項は，次の通り。
　a．流動化剤は JASS 5 T-402 に規定するものを用いる。
　b．スランプは JASS 5 の表 17.1 による。
　c．ベースコンクリートの単位水量は 185 kg/m³ 以下とする。

りゅうどうかコンクリートのスランプ　流動化コンクリートのスランプ
JASS 5 では，表のように定めている。

流動化コンクリートのスランプ

コンクリートの種類	ベースコンクリート	流動化コンクリート
普通コンクリート	15 以下注	21 以下注
軽量コンクリート	18 以下	21 以下

[注] 品質規準強度が 33 N/mm² 以上の場合，ベースコンクリートを 18 cm 以下，流動化コンクリートを 23 cm 以下とする。

りゅうどうかざい　流動化剤
plasticizer, superplasticizing agent
あらかじめ練り混ぜられたコンクリートに添加し，コンクリートの流動性を増大させるために用いる混和剤。

りゅうどうしょうセメントしょうせいぎじゅつ　流動床セメント焼成技術
NO_x（窒素酸化物）を 40〜60 %，CO_2 を 10〜12 % 削減できる技術（1998.8.18 開発）。

りゅうどうせい　流動性　fluidity
自重または外力によりフレッシュコンクリート，フレッシュモルタル，およびフレッシュペーストが流れる性能。

りゅうどぶんぷ　粒度分布
particle size distribution
粉体や骨材を構成する粒子の大きさの分布。砂利・砂の標準粒度を下表に示す。

りゅうもんがん　流紋岩
rhyolite　〔→石英粗面岩〕
火成岩（噴出岩）の一種。SiO_2 の含有量が 70〜77 %，表乾密度 2.50〜1.36 g/cm³，吸水率 1.7〜29.2 %，原石の圧縮強度 146〜11 N/mm²，弾性係数 27.2〜22.5 kN/mm²。

りょくでいせき　緑泥石　chlorite
粘土鉱物の一つ。

りょっかコンクリート　緑化コンクリート
〔→ポーラスコンクリート〕
護岸全面を緑化するために使用するコンクリート。空隙率は 25 % 程度，強度は 18〜

砂利および砂の標準粒度（JASS 5）

種類	最大寸法(mm)	ふるいを通るものの質量百分率（%）											
		50	40	30	25	20	15	10	5	2.5	1.2	0.6	0.3	0.15
砂利	40	100	95〜100	—	—	35〜70	—	10〜30	0〜5	—	—	—	—	—
	25	—	—	100	90〜100	—	30〜70	—	0〜10	0〜5	—	—	—	—
	20	—	—	—	100	90〜100	—	20〜55	0〜10	0〜5	—	—	—	—
砂		—	—	—	—	—	—	100	90〜100	80〜100	50〜90	25〜65	10〜35	2〜10⁽¹⁾

[注] (1)：砕砂またはスラグ砂を混合して使用する場合の混合した細骨材は 15 % とする

りらくせし

21 N/mm^2。使用セメントは，高炉セメントB種が多い。また石炭灰を用いることもある。

リラクセーション relaxation
材料に力を加えて，ある一定の歪みを保った場合に，時間と共にその応力が減少していく現象。

リレム（またはライレム） RILEM International Union of Testing and Research Laboratories for Materials and Structures
国際材料構造試験研究機関連合の略称。本部の住所は 12Rue Brancion 75737, Paris, Cedex 15, France (JIS)。

りんけいせき　鱗珪石
cristobalite 〔→クリストバライト〕
アルカリシリカ反応を引き起こすといわれている。

りんさんセメント　燐酸セメント
phosphate cement
歯科治療用セメントの一つ。

[る]

るいかへいきん　累加平均
cumulative mean

次々と測定値（x_1, x_2……）が得られるとき，

$$x_1, \frac{(x_1+x_2)}{2}, \frac{(x_1+x_2+x_3)}{3}, \cdots\cdots$$

をそれぞれ第1，第2，第3，……番目の累加平均という。

るいせきどすう　累積度数
cumulative frequency

ある値以下の測定値の出現度数。すなわち，度数表における測定値の小さい方からの度数の累計（JIS）。

るいせきぶんぷかんすう　累積分布関数
cumulative distribution function

x以下の測定値の出現する確率をxの関数とみたもので，普通$F(x)$で表す。
離散分布に対しては，
$F(x)=$（x以下の値に対する確率の和）
確率密度関数$f(x)$を持つ連続分布では

$$F(x)=\int_{-x}^{x} f(u)du\ \text{である（JIS）。}$$

ル・コルビュジエ　Le Corbusier（1887〜1965）

スイス生まれのフランスの建築家。打放しコンクリート建築物を多く手掛けた設計者。パリのスイス学生会館（1932年），マルセイユのユニテ・ダビタシオン（1952），ロンシャンの教会（1954），東京の国立西洋美術館（1959）などが有名。前川國男，坂倉準三，吉阪隆正は薫陶を受けた。

ルシャトリエひじゅうびん　ルシャトリエ比重びん　Le Chatelier's specific gravity bottle

JISに定められている密度を測定する瓶。

ルビー　ruby
鋼玉石の一種。

[れ]

れいかんあっしゅくきょうど　冷間圧縮強度
cold crushing strength
常温下で，コンクリートやモルタルなどに圧縮力をかけ，破壊されるまでの最大圧縮応力。

レイタンス　laitance　〔→エフロレッセンス〕
コンクリートの打込み後，ブリーディングに伴い，内部の微細な粒子が浮遊水とともに浮上し，コンクリート表面に形成する白くて粉っぽい，脆弱な薄皮。打継ぎや床張りする場合は，このレイタンスを除去しなければならない。

れきがん　礫岩　conglomerate
粒径4mm以上の丸い粒子（砂利，玉石）から構成されている堆積岩。

レジンコンクリート
resinification concrete
合成樹脂に無機充填剤を加えたものをバインダーとして，砂・砂利を加えて練り混ぜたもの。樹脂に加える硬化剤の使用量によってコンクリートの硬化速度を調節でき，短期材齢でも曲げ・引張強度で高強度が得られ，さらに耐衝撃性・耐摩耗性も大きいが，熱安定性・クリープなどが不利。主な用途は，プレキャスト製品，高い水密性やケミカルレジスタンスを必要とする部位，部材など。

れっか　劣化　deterioration
物理的・化学的・生物的要因により，ものの性能が低下すること。コンクリートの劣化を分類すると次の通り。
中性化：空気中のCO_2により炭酸化されpHが小さくなる現象で，鉄筋までの中性化期間が劣化の指標。
鉄筋腐食：中性化されると鉄筋の腐食が始まり，数倍程度の体積に膨張し，躯体を破壊する。鉄筋の腐食面積，腐食深さが指標。
ひび割れ：ひび割れ幅，深さ，単位面積当たりの長さ（cm/m^2）が指標。
漏水：ひび割れ，打継ぎ，水密性不足などによる漏水で，漏水量，漏水面積が指標。
強度・ヤング係数低下：凍結融解，セメント成分の溶出による強度低下で，設計基準強度に対するコア強度，および設計上のヤング係数が指標。
大たわみ：床スラブ中央のたわみ量。車両などの移動時の中央上下振動などが指標。
表面劣化：コンクリートの表面が，使用環境，熱作用，化学作用などによって損傷し，ポップアウトや剥離・剥落などを起こす。剥離，剥落が指標。
凍害：剥離，剥落，漏水による汚れ，錆汁，肌あれ，エフロレッセンス（白華），ほこり，黴の発生などがあり，耐力に影響のあるものは剥離，剥落が指標。

れっかいんし　劣化因子
deterioration factor
ものの劣化に影響を及ぼす主な諸因子。

れっかがいりょく　劣化外力
environmental deterioration factor
外部から作用する劣化要因，またはその強さ。

れっかしけん　劣化試験　aging test
材料，部材などの劣化のしやすさを調べる試験。

れっかよういん　劣化要因
deterioration factor
ものの劣化に影響を及ぼす主な諸因子。

レディーミクストコンクリート　ready

mixed concrete（英），Transport Beton（独）〔→硬化コンクリート，生コン，フレッシュコンクリート〕

整備されたコンクリート製造設備を持つ工場から，随時に購入することができるフレッシュコンクリート（JIS）。誕生はドイツ（1903年），次いで1913年にアメリカだが，トラックミキサーはアメリカが1926年に開発した。わが国では，1949年11月15日より製造開始された。現在では，いずれの工事現場もレディーミクストコンクリートが使用されている。ちなみに世界の生産状況を下表に示す。

主要国のレディーミクストコンクリート生産

国　別	生コン生産量 (万 m^3)	工場数
日本	7,393	4,163
ドイツ	4,050	1,934
イタリア	7,740	2,555
スペイン	8,760	2,351
フランス	3,950	1,689
ロシア	4,000	800
トルコ	4,630	568
イギリス	2,520	1,250
オーストリア	1,100	240
アメリカ	34,500	7,000

レポールキルン　lepol kiln
粉末状の原料に水を噴霧して造粒し，キルンの排熱で仮焼する装置を持った回転窯。

レーモンド，アントニン
Raymond, Antonin（1888〜1976）
コンクリート打放し建築物の設計者。霊南坂の家（1924），リーダーズダイジェスト東京支社（1951年）が有名。特にスランプ 10 cm 程度のコンクリート施工を推奨した（旧 大谷体育館で実施）。

れんが　煉瓦　brick
粘土を主原料とし，砂などを混合したもの。年間の生産量は 7,000 万個。普通煉瓦の形状は長さ 210 ± 5 mm，幅 100 ± 3 mm，厚さ 60 ± 2.5 mm。その他，吸水率・圧縮強度などの品質は，JIS R 1250 に規定されている。その他に耐火煉瓦と汚泥煉瓦があり，耐火煉瓦は施工直前に浸水してはいけない。汚泥煉瓦は下水汚泥焼却灰を利用したもので舗装に用いられている。

れんせつきどう　連接軌道
tightly connected precast concrete track
鉄筋コンクリート版を隙間なく敷き並べ，PC 鋼棒を用いて，レール長手方向に一体化し，これにレールを敷設した構造の軌道。主として踏切に用いる（JIS）。

れんぞくせんい　連続繊維
カーボンやアラミド，ガラス，ビニロンなどの高機能繊維を樹脂で束ね，メッシュ状や格子状に加工したもので，鉄筋や PC 鋼材の代替（主に構造材）として使用する。

れんぞくねりミキサー　連続練りミキサー
continuous mixer
コンクリート用材料の計量，供給および練混ぜを行う各機械を一体化して，フレッシュコンクリートを連続して製造し，排出する装置。

れんぞくようじょう　連続養生
continuous storange curing
コンクリートやモルタルの養生を，一定条件以外の条件で，水中養生，湿空養生，蒸気養生などを連続して行う養生。

[ろ]

ろうか　老化　aging
ものが時間の経過に伴って徐々に劣化すること。

ろうかしけん　老化試験　aging test
材料，部材などの老化のしやすさを調べる試験。

ろうきゅうか　老朽化　degradation
長期間のうちに，各種の人為的，または自然的原因によって，建築物やその部分の性能や機能が低下すること。鉄筋コンクリート造の場合，鉄筋がある部分のコンクリートが中性化域に達したときをいう。

ろうきゅうマンション　老朽マンション
国土交通省によると，全国の分譲マンションは385万戸。うち築後30年以上は12万戸で，10年後には93万戸に達する。

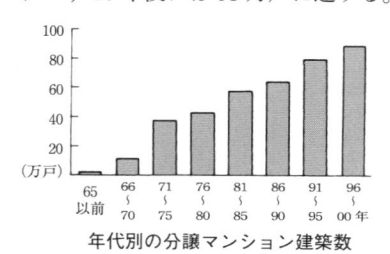

年代別の分譲マンション建築数

ろうどうあんぜんえいせいほう　労働安全衛生法　Industrial Safety and Health Law
労働災害を防止するため，職場における労働者の安全と健康を確保し，さらに快適な作業環境の形成を促進するために1972年に公布された法律。

ろくしょう　緑青　verdigris, patina
銅または銅合金上に生ずる緑色の腐食生成物で，オキシ酢酸銅（II），オキシ硫酸銅（II），ヒドロキシン炭酸銅（II），オキシ塩化銅（II）よりなる。

ロサンゼルスしけんき　ロサンゼルス試験機　Los Angeles machine
コンクリート粗骨材の摩滅の試験に用いる試験機。内径710 mm，内側長さ510 mmの両端の閉じた鉄製円筒に粗骨材と鋼球を入れて30～33 rpmで回転させ，規定時間後に粗骨材の質量を測定して，その差を試験前の質量の百分率で表す（JIS）。

ロス　loss
レディーミクストコンクリートのこぼれや鉄筋の切り端などをいう。

ロータップシェーカー　mechanical shaker, ro-tap shaker
ふるい分け機械の一つ。水平かつ回転運動により骨材のふるい分けに用いる。

ロータリーキルン　rotary kiln　〔→回転窯，ニューサスペンションプレヒーター付キルン〕
回転窯のこと。セメント焼成に多く用いられる。NSPキルン，SPキルン，レポールキルン，ロングキルンなどがある。

ロックウール　rock wool　〔→スラグウール〕
玄武岩などの天然岩石を溶解し，耐熱合金製のドラムに硫化しながら遠心力で数μmの径に繊維化したガラス質短繊維。耐熱，断熱，吸音材として用いられる。高炉スラグを主原料としたスラグウールもこの一種とされている。

ロット　lod, batch
等しい条件下で生産され，または生産されたと思われるコンクリート（JIS）。

ロットのおおきさ　ロットの大きさ　lot size
ロットに含まれる単位体の数，または集合体の量（JIS）。

ロットのしょち　ロットの処置　disposal of lot
合格または不合格になった検査ロットに対して，あらかじめ定めた方法に従って行う処置。例えば，合格ロットはそのまま受け入れ，不合格ロットは返却するなど，また選別型抜取検査では，不合格ロットは全数選別して，不良品は全部良品と取り替える（JIS）。

ロットひんしつ　ロット品質　lot quality
ロットの集団としての良好さの程度。ロット品質は，平均値，標準偏差，不良率，単位当たりの欠点数などで表す（JIS）。

ロードセル　load cell
材料試験機などの荷重検出器として開発され，鋼の棒または板に歪ゲージを張った構造をしており，歪みの変化が抵抗変化として出力される。荷重検出用のほか，圧力を検出するもの（圧力ゲージ），変位を測定するもの（開口変位計）などがある。

ロートのりゅうかじかん　ロートの流下時間　efflux time
フレッシュモルタル，フレッシュペーストの軟らかさ，あるいは流動性を示す指標の一つ。ロート状容器からの試料の自由流下時間を測定して表示する。

ローマンセメント　Roman cement
1796年，イギリスで開発された天然セメント。石灰とポゾランよりつくられたローマ時代のセメントに似た褐色をしているのでこの名が生まれた。ポルトランドセメントが出現するまで，主として西ヨーロッパで使用された。発熱が大きく急結性。

ローラーミル　roller mill　〔→チューブミル，ボールミル〕
径が数10 cm～2 mの複数のローラーまたはボールを，ディスク上や壁面上で転動させて粉砕を行う粉砕機。リングローラーミル，ボールベアリングミル，遠心ローラーミルなどがある。ミル内では，テーブルの回転に伴い材料が外側に移動し，テーブルと3～4個配置された圧下ローラーとの間で，圧縮力と摩擦剪断力等により粉砕される。またローラーミル内では，テーブルの下部から200°C程度の熱風が上方に向けて吹き出されており，ミル内は100°C程度の雰囲気温度となるため，高炉水砕スラグの乾燥と粉砕物の上方への吹上げが同時に行われる。吹き上げられた粉砕物はミル上部のセパレーターにより分級され，所定の粒径以下のものがバッグフィルターにより回収されて高炉スラグ微粉末（製品）となる。粗い粒子はテーブル上に落下し，再度粉砕される。

ロングキルン　long rotary kiln　〔→湿式キルン〕
セメント製造用ロータリーキルンの一つ。湿式ロングキルンともいう。水分35％のスラリー状原料を供給し，キルン内で乾燥と予熱を行うため，プレヒーター付きのキルンに比べてキルンの長さが長く，300 m程度のものまである。

[わ]

ワイヤーソー wire saw
フレッシュな軽量気泡コンクリート（ALC）や，石材の切断に使用する硬質の金属の細い線。また，それを用いた機械をいう。

ワーカビリティ workability
〔→スランプ，施工軟度〕
コンシステンシーによる作業の難易の程度と，均等質のコンクリートができるために必要な材料の分離に抵抗する程度で示されるフレッシュコンクリートの性質。

わくぐみあしば　枠組足場
framing scaffold
主として大規模工事に用いられる。注意点を以下に条件を述べる。

・高さ20 mを超えるときは，使用する主枠は高さ2 m以下とし，かつ，主枠の間隔は，1.85 m以下とする。
・壁継ぎの間隔は，垂直方向9 m以下，水平方向8 m以下とする。
・建て枠の脚管1本当りの垂直荷重の限度は，2,500 kgとする。
・枠組足場の高さは，原則として45 mを超えてはならない。

わりぐりいし　割栗石 broken stone
玉石と砂利の中間の大きさの石。基礎底部などに用いる。

われ　割れ crack（英），fente（仏），Riß（独），fessura（伊），grieta（西）
コンクリート，モルタル，セメントペーストの硬化物にひびが入ること。美観上をはじめ，耐久性，気密性などを損ねる。「亀裂」「ひび割れ」「ひび」などともいう。

枠組足場の例
⑦ 1.85 m以下　④ 1.2 m内外　⑨ 2 m以下

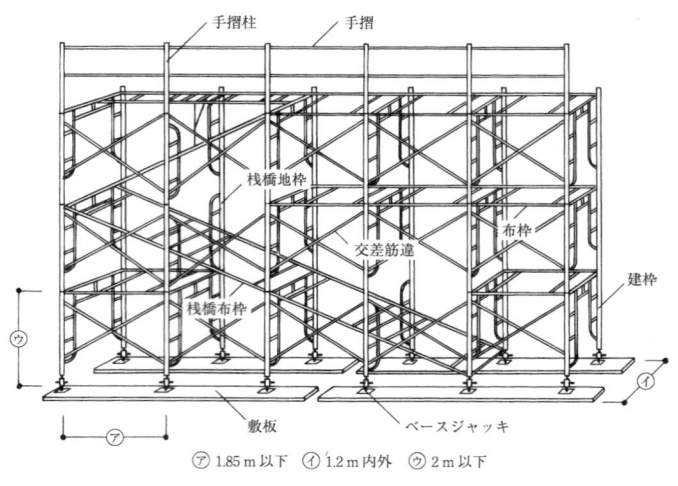

[欧文索引]

欧文索引

a

abnormal setting　異常凝結／26
Abrams　エブラムス／46
abrasion　摩減り／300
abrasion　摩損／504
abrasion　摩耗／504
abrasion loss　粗骨材の摩減り減量／341
abrasion loss (coarse aggregate)　骨材のすりへり減量／196
absolute dry-condition aggregate　骨材の乾燥状態／195
absolute dry-condition aggregate　骨材の絶対乾燥状態／197
absolute voliume of unit coarse aggregate content　単位粗骨材容積／367
absorbent　吸湿剤／109
absorption factor of solar radiation　日射吸収率／432
accelerated ag(e)ing test　促進老化試験／339
accelerated aging test　促進劣化試験／339
accelerated coat testing　促進耐候試験／339
accelerated curing　促進養生／339
accelerating admixture　凝結促進剤／111
accelerating agent　硬化促進剤／154
accelerator　急結剤／108
accelerator　促進剤／339
acceptability constant　合格判定係数／154
acceptance　合格／154
acceptance　承諾／279
acceptance coefficient　合格判定係数／154
acciaio (伊)　鉄／391
accuracy　正確さ／302
acero (西)　鉄／391
acetic acid　酢酸／243
acetone　アセトン／7
acid precipitation　酸性雨／245
acidproof asphalt mortar　耐酸アスファルトモルタル／353
acid proof cement　耐酸性セメント／354
acid proof concrete　耐酸コンクリート／354
acidproofing mortar　耐酸モルタル／354
acid proof mortar　耐酸モルタル／354
acid rain　酸性雨／245
acid-resisting concrete　耐酸コンクリート／354
acid rock　酸性岩／245
acid soil　酸性土壌／246
acier (仏)　鉄／391
acoustic emission method　アコースティクエミッション法／4
AC pile　AC杭／41
action of an acid　酸類の作用／246
action of quality of water　水質の作用／289
action of sulfur dioxide　亜硫酸ガス〔→ SO_2〕の作用／16
activity index　活動係数／86
activity index (mineral admixture)　混和材の活性度指数／231
actual dimension　実寸法／259
actual size　実寸法／259
additional bar　用心鉄筋／526
additive　混和剤／231
additive for concrete　コンクリート用混和材／227
adhesive agent　接着剤／318
adhesive agent of inner work　内装工事の適応接着剤／424
adhesives　接着剤／317
adhesives for plywood　合板用接着剤／173
adiabatic caloriemeter　断熱型熱量計／371
adiabatic caloriemeter method　断熱カロリーメーター法／371
admixture　混和材／231
admixture　混和材料／232
admixture for concrete pump method　コンクリートポンプ工法用混和剤／225
admixture for high-strength concrete　高強度用混和材料／160
adsorbed water　吸着水／109
AE (air-entrained) concrete　AEコンクリート／38
AE (air-entraining) dispersing agent　AE減水剤／38
AE (air-entraining) dispersing agent　AE剤／38
aerated concrete　気孔コンクリート／102
aerated concrete　発泡コンクリート／450
aerated concrete for structural concrete　構造用気泡コンクリート／169
aerobic　好気性／156
age　材齢／240
age　寿命／275
age　年齢／439
aggregate　骨材／193
aggregate hopper　骨材ホッパー／201
aging　エージング／42
aging　老化／538
aging test　劣化試験／536
aging test　老化試験／538
agitator　アジテーター／4

542

欧文索引

agitator track 回転胴型アジテーター／70
agitator truck アジテータートラック／4
agreement 承諾／279
air 空気／120
air analysis 風ふるい／80
air compressor エアコンプレッサー／38
air contamination 空気汚染／120
air content 空気量／120
air dried condition 気乾状態／101
air-dry 風乾／466
air entraining agent 空気連行剤／121
air hardening cement 気硬性セメント／102
air meter エアメーター／38
air pollution 大気汚染／348
air quenchingcooler エアクエンチングクーラー／38
air separator エアセパレーター／38
air temperature 気温／100
alite アリット／15
alite エーライト／47
alkali-aggregate reaction アルカリ骨材反応／16
alkali-aggregate reaction 骨材アルカリ反応／193
alkaliproof paint 耐アルカリ塗料／344
alkaliproof test 耐アルカリ試験／344
alkali resistance 耐アルカリ性／344
alkali silica reaction アルカリシリカ反応／19
alkali soil アルカリ土／20
allowable stress コンクリートの許容応力度／212
allowable stress for permanent loading 長期許容応力度／381
allowable unit stress 許容応力度／117
allowable unit stress for temporary loading 短期許容応力度／368
alteration リフォーム／532
alteration 模様替え／518
alter（独） 材齢／240
alumina アルミナ／21
aluminates アルミネート相／22
aluminium アルミニウム／22
aluminium chloride 塩化アルミニウム／48
aluminium paint アルミニウムペイント／22
aluminium powder アルミニウム粉末／22
Ameican National Standards Institute ANSI／39
amendment 補修／495
American Concrete Institute ACI／41
American Society for Testing and Materials アメリカ材料試験協会／15
American Society for Testing Materials ASTM／39
American Society of Civil Engineers ASCE／39
amino resin アミノ樹脂／14
ammonia アンモニア／23
ammonialess concrete アンモニアレスコンクリート／23
ammonium chloride 塩化アンモニウム／48
amorphous アモルファス／15
amount of daily solar radiation 日射の日量／432
amount of dust in suspension 浮遊塵埃量／473
amount of fallen dust 降下煤塵量／155
amount of precipitation 降雨量／151
amount of seawater salt spray 海塩粒子量／64
amphibolite 角閃岩／75
Amsler type testing machine アムスラー型試験機／14
analysis of covariance 共分散分析／116
analysis of variance 分散分析／482
anchorage 定着具／390
anchor bolt アンカーボルト／22
anchoring 定着／389
andesite 安山岩／22
angle measurement 角測量／75
angles 山形鋼／520
anhydraulicity 気硬性／102
anhydrite 硬石膏／167
anhydrite 無水石膏／513
anhydrous gypsum 無水石膏／513
anisotropy 異方性／29
anneal steel wire 鈍し鉄線／427
anodic protection 陽極防食法／524
antifreezing admixture 凍結防止剤／412
antiwashout admixture 水中不分離性混和剤／290
apparent density (aggregate) 骨材の見掛け密度／199
apparent specific gravity 見掛け密度／507
aqueous rock 水成岩／289
aragonite アラゴナイト／15
aramid fiber アラミド繊維／15
architectural concrete finish 打放しコンクリート／35
Architectural Institute of Japan 日本建築学会／432
Architectural Society of China ASC／39
arc welding アーク溶接／4
arena（西） 砂／293
artificial aggregate 人工骨材／284
artificial carbonation curing 炭酸ガス養生／369
artificial lightweight aggregate ALA／39
artificial lightweight aggregate 人工軽量骨材／283

543

欧文索引

artificial lightweight aggregates for structural 構造用人工軽量骨材／170
artificial sea water 人工海水／283
artificial stone 人造石／284
asbest 石綿／311
asbestos アスベスト／7
asbestos 石綿／26
asbestos cement slate 石綿スレート／312
ash 灰／442
ash concrete アッシュコンクリート／13
asphalt アスファルト／6
asphalt cement アスファルトセメント／6
asphalt coating アスファルトコーティング／6
asphalt concrete アスファルトコンクリート／6
asphalt mortar アスファルトモルタル／6
asphalt mortar finish アスファルトモルタル塗り／6
asphalt primer アスファルトプライマー／6
asphalt products アスファルト製品／6
asphalt saturated roofing felt アスファルトルーフィング／7
assent 承諾／279
Association française de normalisation AFNOR／39
atomic pile 原子炉／137
auger pile オーガーパイル／56
autoclave オートクレーブ／58
autoclave concrete オートクレーブコンクリート／58
autoclave curing オートクレーブ養生／58
autoclaved lightweight aerated concrete panels 軽量気泡コンクリートパネル／130
autoclaved light-weight concrete ALC／39
autogenous expansion 自己膨張／253
autogenous shrinkage 自己収縮／252
autogenous volume change 自己体積変化／253
automatic particle size analyzer 自動粒度分析計／260
average 平均値／484
average diameter of particles 平均粒径／484

─────── b ───────

backing coat 下塗り／255
bain coil バーインコイル／445
ballast バラスト／451
ballast 砂利／267
ball mill ボールミル／499
bamboo reinforced concrete 竹筋コンクリート／375
band conveyor ベルトコンベヤー／486
bar arrangement 配筋／442
bar bender バーベンダー／451
bar cutter バーカッター／445
barite バライト／451
barite concrete バライトコンクリート／451
barium sulfate 硫酸バリウム／532
barrel bolt 上げ落し／4
bar spacer バースペーサー／448
bar support バーサポート／446
bar supports and spacers バーサポートおよびスペーサー／446
basalt 玄武岩／149
base 柱脚／376
base concrete ベースコンクリート／484
base of column 柱脚／376
base plywood 台板／344
basicity 塩基度／49
basicity of slag スラグの塩基度／297
basic oxygen furnace 転炉／410
batch ロット／538
batcher plant バッチャープラント／450
batcher plant barge コンクリートミキサー船／226
batch mixer バッチミキサー／450
batck バッチ／450
batter 端太材／448
Baume's hydrometer ボーメ比重計／497
bauxite ボーキサイト／494
beach sand 海砂／36
beam reinforcement 梁筋／452
bearing beam 耐力梁／357
bearing capacity 支圧強度／248
bearing column 耐力柱／357
bearing force of the soil 地耐力／375
bearing slab 耐力スラブ／357
bearing wall 耐力壁／358
Beckmann's thermometer ベックマン温度計／485
belit ベリット／485
belite ビーライト／464
belite-rich portland cement 高ビーライトポルトランドセメント／174
bell tower Pisa ピサの斜塔／456
belt conveyor ベルトコンベヤー／486
bend shapes and dimensions of reinforcement at intermediate portions 鉄筋中間部の折曲げ形状・寸法／397
bend shapes and dimensions of seinforcement 鉄

欧文索引

筋の折曲げ形状・寸法／400
bend-up bar 折曲げ筋／59
Benoto method ベノト工法／485
bentonite ベントナイト／486
Bessemer converter ベッセマー転炉／485
BET adsorption method BET 法／455
Beton（独） コンクリート／202
BET spacific surface area BET 比表面積／485
binder 結合材（料）／135
binding 結束／136
binding wire 結束線／136
binomial distribution 二項分布／430
binomial probability paper 二項確率紙／430
biochemical oxygen demand BOD／455
biochemical oxygen demand 生物化学的酸素要求量／304
biological deterioration 生物劣化／304
biological deterioration factor 生物的劣化要因／304
biomass generation of electric power バイオマス（生物資源）発電／442
bittern 苦汁／430
blaine test ブレーン試験／481
blast-furnace 高炉／178
blast furnace 溶鉱炉／524
blast-furnace slag 高炉スラグ／180
blast furnace slag coarse aggregate 高炉スラグ粗骨材／181
blast furnace slag crushed stone 高炉スラグ砕石／181
blast furnace slag fine aggregate 高炉スラグ細骨材／181
bleeding ブリーディング／475
bleeding 滲み／431
blended cement 混合セメント／229
blend gravel 並砂利／427
block ブロック／481
blue shortness 青熱脆性／304
blurs 色むら／29
boiling method 煮沸法／266
bolt 上げ落し／4
bond strength 付着強度／471
bond strength of horizontal reinforce bar 水平鉄筋の付着強度／290
bond strength of reinforcement 鉄筋との付着強度／397
borocalcite ボロカルサイト／499
boron-aggregate 硼素骨材／490

bottom dump bucket 開底バケット／70
boulder 玉石／363
boulder foundation 玉石地業／363
brace 筋違／292
breaking 破砕／446
brick 煉瓦／537
Brinell hardness ブリネル硬度／475
British Standard BS／455
brittleness 脆性／302
broken stone 割栗石／540
broom finish 箒目仕上／487
bubble concrete 泡コンクリート／22
bucket バケット／446
builder 建設業者／138
builder 施工者／313
building 建築物／146
building fire 建物火災／362
building investment 建築投資額／146
building material trader 建材業者／137
building production 建築生産／146
building work 建築工事／145
bulk cement バラセメント／451
bulk density 嵩密度／76
bulk density (aggregate) 骨材の単位容積質量／198
bundled bar 束ね鉄筋／363
burner バーナー／451
bush hammered finish びしゃん叩き／456
byproduct gypsum 副産石膏／469
by-products and waste 廃棄物／442

――――― C ―――――

calcareous sandstone 石灰質砂岩／314
calcestruzzo（伊） コンクリート／202
calcicrete カルシクリート／91
calcined gypsum 焼石膏／520
calcite カルサイト／91
calcite 方解石／487
calcium-aluminate cement アルミナセメント／21
calcium carbonate 炭酸石灰／369
calcium chloride 塩化カルシウム／48
calcium hydroxide 水酸化カルシウム／288
calcium hydroxide 水酸化石灰／288
calcium oxide 酸化カルシウム／244
calcium silicate 珪酸カルシウム／128
calcium-silicate brick 珪灰煉瓦／129
calcium silicate hydrates カルシウムシリケート水和物／91
calcium sulfate 硫酸カルシウム／532

欧文索引

calcium sulfo aluminate　CSA／249
calcium sulphoaluminate　カルシウムスルホアルミネート／91
calorimeter　カロリーメーター／92
canned cement　セメントの缶詰／326
canvas sheet　シート／260
capillary carity　毛細管空隙／516
capping　キャッピング／107
carbonate water　炭酸水／369
carbonation　炭酸化／368
carbon dioxide　炭酸ガス／368
carbon dioxide　二酸化炭素／430
carbon equivalent　炭素当量／370
carbon-fiber-reinforced concrete　炭素繊維強化コンクリート／371
carbon fiber reinforced concrete　CFRC／370
carbon-fiber-reinforced plastic　炭素繊維強化プラスチック／370
carbonfiber reinforcing concrete curtain wall　CFRCカーテンウォール／250
carbonit acid　炭酸／368
carbon steel　炭素鋼／370
Carlson type strain gauge　カールソンゲージ／91
cart　カート／87
cart　猫車／437
cart way　カート足場／87
cart way panel　カート道板／87
CASS test　キャス試験／106
castable refractories　キャスタブル耐火物／106
cast-in-place concrete pile　場所打ちコンクリートぐい／446
cast iron　鋳鉄／377
cast steel　鋳鋼／376
cathodic protection method　陰極防食法／29
cation　陽イオン／524
caulking compound　コーキング材／192
caustic silver　硝酸銀／278
cavitation damage　キャビテーション損傷／108
celit　セリット／332
cell test　セル試験／332
cellular concrete　発泡コンクリート／450
cement　セメント／318
cement bacillus　セメントバチルス／329
cement bonded particle boards　木片セメント板／516
cement clinker　セメントクリンカー／321
cement compounds　水硬性化合物／288
cement concrete　セメント・コンクリート／322

cement-constituent compound　セメント構成化合物／321
cement extender　セメント増量材／324
cement gel　セメントゲル／321
cement kiln　セメントキルン／320
cement mortar　セメントモルタル／330
cement mortar coating　セメントモルタル塗り／330
cemento（伊・西）　セメント／318
cement paper sack　セメント紙袋／320
cement paste　セメントペースト／329
cement paste　セメント糊／329
cement pump　セメントポンプ／330
cement roof tile　セメント瓦／320
cement sack paper　セメント袋用紙／329
cement silo　セメントサイロ／323
cement substitute　セメント代用土／324
cement temperature　セメント温度／319
cement tile　セメントタイル／324
cement-void ratio theory　セメント空隙比説／321
cement water ratio　セメント水比／330
central line　中心線／376
central mixing plant　セントラルミキシングプラント／334
centrifugal reinforced concrete pipe　遠心力鉄筋コンクリート管／49
ceramic tile　陶器質タイル／412
ceremony of the completion of the framework of a house　上棟式／279
ceremony of unveiling　除幕式／281
chalcedony　玉髄／116
chalking　チョーキング／384
chalking　白亜化／445
chamotte　シャモット／267
chamotte brick　シャモット煉瓦／267
chamotte concrete　シャモットコンクリート／267
channel section steel　溝形鋼／509
chemical adhesion　化学的接着／73
chemical admixture　化学混和剤／71
chemical admixture　混和剤／231
chemical admixture for concrete　コンクリート用化学混和剤／227
chemical deterioration factor　化学的劣化要因／73
chemical feeding method　薬液注入工法／520
chemical oxygen demand　COD／250
chemical oxygen demand　化学的酸素要求量／73
chemical prestress　ケミカルプレストレス／136
chemical properties of ground granulated blast furnace slag　高炉スラグ微粉末の化学的性質／182

欧文索引

chemical resistance　化学作用に対する耐久性／72
chemical resistance　耐化学薬品性／345
chemical resistance　耐薬品性／356
chemical splitting agent　静的破砕剤／303
chert　チャート／376
chimney　煙突／52
chipping expenses　斫り費／451
chipping finish　斫り仕上げ／451
chloride content (concrete)　コンクリートの塩化物イオン／210
chlorido content of fine aggregate　細骨材の塩化物量／233
chlorine　塩素／51
chlorine ion　塩素イオン／51
chlorine resistance　耐塩素性／344
chlorite　緑泥石／533
chrometric analysis　比色分析／457
chute　シュート／273
Ciment Fondu　シマンフォンジュ／263
ciment (仏)　セメント／318
cinder　炭殻／367
cinder concrete　シンダーコンクリート／285
cinder concrete　炭殻コンクリート／367
civil law　民法／511
Cl⁻　塩素浸透量／51
clamp　クランプ／125
clam shell bucket　クラムシェル／125
classification of cements　セメントの種類／326
clay　クレー／126
clay　粘土／439
clay for cement raw material　セメント用粘土／331
clay pipe　土管／417
clay silicate　珪酸白土／128
clayslate　粘板岩／439
clearance　空き／4
clearance　鋼材の空き／161
clear lacquer　クリアラッカー／125
cleavage　へき開／484
client　クライアント／124
client　建築主／146
client　施主／313
climate　気候／102
climate division　気候区分／102
climate element　気候要素／102
climate factor　気候因子／102
clinker　クリンカー／125
clinker　焼塊／278
coal　石炭／308

coal ash　石炭灰／308
coal ash　炭殻／367
coarse aggregate　粗骨材／340
coarse aggregate　粗骨材の軟石量／341
coarse aggregate　粗骨材の摩減り減量／341
coarse sand　粗目砂／15
coastal gravel　海砂利／36
coating　塗装／419
cobble　栗石／125
cobble stone　玉石／363
code of practice　規準／103
coefficient of bremsstrahlung　脆度係数／304
coefficient of contraction　収縮率／270
coefficient of correlation　相関係数／336
coefficient of linear expansion　線膨張係数／335
coefficient of thermal expansion　熱膨張係数／438
coefficient of variation　変動係数／486
coke　コークス／192
colcrete　コルクリート／202
cold crushing strength　冷間圧縮強度／536
cold joint　コールドジョイント／202
collar joint　カラージョイント／89
colloid cement　コロイドセメント／202
colored cement　着色セメント／376
colorimetry　測色／339
coloring material of cement　セメント着色剤／324
column base　柱脚／376
column reinforcement　柱筋／448
combined water　結合水／135
combustible material　可燃材料／88
common salt　食塩／280
common use　常用／280
compactability　コンパクタビリティ／230
compacting　突固め／386
compacting equipment　締固め機械／264
compaction　締固め／264
compact of revibration　再振動締固め／234
compactor　締固め容器／264
completion ceremony　竣工式／276
completion of the frame work　上棟／279
compliance　承諾／279
composition　組成／341
compressed reinforceing bar　圧縮鉄筋／13
compression test　耐圧試験／344
compressive strength　圧縮強度／8
compressive strength and admixture　圧縮強度と混和材料／9
compressive strength and age　圧縮強度と材齢／10

547

欧文索引

compressive strength and air-content　圧縮強度と空気量／8
compressive strength and cement-water ratio　圧縮強度とセメント水比／10
compressive strength and curing　圧縮強度と養生／11
compressive strength and elastic modulus　圧縮強度と弾性係数／10
compressive strength and mixing　圧縮強度と練混ぜ／11
compressive strength and mix proportion　圧縮強度と調(配)合／11
compressive strength and placing method　圧縮強度と打込み方法／8
compressive strength and quality of aggregate　圧縮強度と骨材の品質／9
compressive strength and water quality　圧縮強度と水／11
compressive strength (cement)　セメントの圧縮強さ／326
concave tooled joint　覆輪目地／470
concentration cell　濃淡電池／440
concrete béton (仏)　コンクリート／202
concrete block　コンクリートブロック／223
concrete blocks for buildings　建築用コンクリートブロック／147
concrete blocks for buildings　建築用ブロック／147
concrete blocks for retaining wall and revetment　コンクリート積みブロック／209
concrete breaker　コンクリートブレーカー／223
concrete cart　コンクリートカート／203
concrete chimney　コンクリート製煙突／207
concrete curbs　コンクリート境界ブロック／203
concrete curing admixture　コンクリート養生剤／227
concrete cutter　コンクリートカッター／203
concrete duct　コンクリートダクト／208
concrete exposed to seawater　海水の作用を受けるコンクリート／69
concrete filled steel tube　充填型鋼管コンクリート／272
concrete filled steel tubu　CFT／250
concrete filled steel tubular　コンクリート充填鋼管造／205
concrete finish　仕上がり／247
concrete finisher　コンクリートフィニッシャー／222
concrete flags　舗装用コンクリート平板／497
concrete for buildings　建築コンクリート／147
concrete for pavement　舗装コンクリート／497
concrete foundation　コンクリート地業／205
concrete head　コンクリートヘッド／224
concrete manufacture　コンクリート製品／207
concrete mixer　コンクリートミキサー／226
concrete mixing vessel　練板／439
concrete of corrosion resistance　耐食コンクリート／354
concrete of dry (stiff) consistency　硬練りコンクリート／81
concrete of medium consistency　中硬(堅)練りコンクリート／376
concrete paint　コンクリートペイント／224
concrete painting　コンクリート塗装／210
concrete panel　コンクリートパネル／221
concrete pavement　コンクリート舗装／225
concrete pile　コンクリートパイル／220
concrete pile　コンクリート杭／204
concrete pipes with socket　無筋コンクリート管／513
concrete placer　コンクリートプレーサー／223
concrete placing of field　現場打ちコンクリート／147
concrete plan　コンクリート図／207
concrete pump　コンクリートポンプ／225
concrete pumping　コンクリート圧送／202
concrete pumping　圧送コンクリート／13
concrete reinforced by steel plates　プレートコンクリート構造／479
concrete ship　コンクリート船／208
concrete stack　コンクリート製煙突／207
concrete sub slab　捨てコンクリート／293
concrete testing hammer　コンクリートテストハンマー／209
concrete tower　コンクリートタワー／208
concrete vibrator　コンクリート振動機／206
concrete waterproof admixture　コンクリート防水剤／224
concrete with crushed stone　砕石コンクリート／236
concrete work　コンクリート工事／205
condensation　結露／136
conduction calorimeter　コンダクションカロリーメーター／230
cone crusher　コーンクラッシャー／202
conference　協議／110
confidence limits　信頼限界／287
conglomerate　礫岩／536

conical mixer　コニカルミキサー／201
consent　承諾／279
consistency　コンシステンシー／230
consistency　軟度／428
consolidation process　固結工法／193
constant temperature room　恒温室／152
constant temperature room for sement test　セメント試験恒温室／323
constant temperature water tank　恒温水槽／152
construction investment　建設投資額／139
construction joint　施工目地／313
construction joint　打継目／35
construction management　工事管理／163
construction management method　CM方式／250
construction method　工法／176
construction method of roller compacted concrete dam　RCD工法／21
construction shed　下小屋／254
construction supervision　工事監理／162
consultation　協議／110
content of clay lumps　粘土塊量／439
content of clay lumps (aggregate)　骨材の泥分含有量／198
content of materials finer than 75 μm sieve (aggregate)　骨材の微粒分／199
content of soft particles　粗骨材の軟石量／341
content of soft particles　軟石量／428
continuance-mixer　コンチュニアスミキサー／230
continuous footing　布基礎／436
continuous mixer　連続練りミキサー／537
continuous storange curing　連続養生／537
contraction　収縮ひび割れ／270
contraction joint　収縮目地／270
contractor　建設業者／138
conversion　模様替え／518
converter　転炉／410
converter slag　転炉スラグ／410
convex tooled joint　覆輪目地／470
conveyor　コンベヤー／231
cooling by circulating cold water or air through tubing placed in concrete　パイプクーリング／443
coping stone　笠石／75
copper　銅／411
copper slag　銅からみ／411
copper slag　銅スラグ／414
copper slag fine aggregate　銅スラグ細骨材／415
core　コア／150
core boring　コアボーリング／151

core test　コア試験／150
core type prestressed concrete pipes　コア式プレストレストコンクリート管／150
corner stone laying ceremony　定礎式／388
corpuscle　微粒子／464
corrective maintenance　事後保全／253
corroding　発錆／450
corrosion　腐食／471
corrosion allowance　腐食代／471
corrosion fatigue　腐食疲れ／471
corrosion inhibitor　防錆剤／490
corrosion potential　腐食電位／471
corrosion rate　浸食度／284
corrosion rate　腐食度／471
corrosion resistance　耐食性／354
corrugated sheet　波板／427
corrugated slate　波形スレート／427
corrugated wired glass　波形網入り（線入り）板ガラス／427
cotter　コッター／201
coupler　カップラー／86
cover　被り厚さ／88
covering depth　鉄骨の被り厚さ／404
covering from weather　雨養生／14
cover (reinforcement)　鋼材の被り・被り厚さ／161
covers for reinforced concrete gutters　鉄筋コンクリートU形用蓋／396
CO_2 meter　CO_2メーター／250
crack　クラック／124
crack　亀裂／118
crack due to settlement；settlement crack　沈みひび割れ／254
crack-inducing joint　ひび割れ誘発目地／461
crack of concrete roof slab　コンクリート屋根スラブのひび割れ／226
crack（英）　割れ／540
crack（英）　ひび割れ／458
crawler crane　クローラークレーン／126
creep　クリープ／125
creep of lightweight concrete　軽量コンクリートのクリープ／133
creosote　クレオソート／126
crevice corrosion　隙間腐食／292
cristobalite　クリストバライト／125
cristobalite　鱗珪石／534
crowbar　バール／452
crude rubber　生ゴム／426
crude steel　粗鋼／339

549

欧文索引

crushed sand　砕砂／234
crushed stone　砕石／235
crusher　クラッシャー／124
crushing strength　破砕強度／446
crystalline schist　結晶片岩／136
cubic sterngth　立方体強度／532
cumulative distribution function　累積分布関数／535
cumulative frequency　累積度数／535
cumulative mean　累加平均／535
cupola　キューポラ／110
curing　養生／524
curing after accelerated hardening　後養生／13
curing in water on site　現場水中養生／148
curing of concrete　コンクリートの養生／220
curing tank　養生タンク／526
curing temperature　養生温度／526
curtain wall　カーテンウォール／86
curtain wall concrete　帳壁コンクリート／384
cylindrical specimen　円柱供試体／51
cylindrical test piece　円柱供試体／51

──── d ────

daily maximum temperature　日最高気温／431
daily mean humidity　日平均湿度／432
daily mean temperature　日平均気温／432
daily minimum humidity　日最低湿度／431
daily minimum temperature　日最低気温／431
damage　損傷／343
damage by the action of freezing and thawing　凍害／411
dam cement　ダム用セメント／363
dampproofing work　防湿工事／488
darex　ダレックス／364
days of test　試験の日数／252
DD (day-degree) method　DD方式／390
D-dry　D-ドライ／390
dead load　固定荷重／201
decay　腐朽／469
decorated cement shingles for dwelling roofs　住宅屋根用化粧スレート／271
defect　瑕疵／77
deformed reinforcing bar　異形棒鋼／25
deformed steel wire for prestressed concrete　異形PC鋼線／25
degradation　老朽化／538
degree of brittleness　脆さ係数／518
dehydration　脱水／360

delamination　剝離／445
deliberation　協議／110
demolition work　解体工事／69
denier　デニール／405
density　密度／511
density (aggregate)　骨材の密度／199
density (cement)　セメントの密度／328
density in saturated surface-dried condition (aggregate)　骨材の表乾密度／199
density (powder)　粉体の密度／482
dental cement　歯科用セメント／251
depth　成，背，丈／302
desiccating agent　乾燥剤／97
design cover and minimum cover　設計被り厚さおよび最小被り厚さ／316
designing service life　耐久設計／349
designing service life of RC buildings　RC造建築物の耐久設計／21
design of experiment　実験計画／257
design of supports　支保工の設計／263
desulphogypsum　排脱石膏／443
deterioration　劣化／536
deterioration factor　劣化因子／536
deterioration factor　劣化要因／536
determination of aggregate crushing value　骨材破砕値試験方法／200
determination of the ten percent fineness value　10％細粒値試験方法／273
Deutsche Industrie Normen　ドイツ工業規格／411
Deutsche Industrie Normen/Deutsches Institüt für Normung　DIN（デイン）／387
deutscher beton-verein e.V.　DBV／390
deviation　偏差／486
diabase　輝緑岩／118
diagonal bracing　筋違／292
diagonal hoop　鉄筋筋違／397
diagonal reinforcement　斜め鉄筋／426
diagonal tension crack　剪断ひび割れ／334
dial gauge　ダイヤルゲージ／356
diamond　ダイヤモンド／356
diamond drill　ダイヤモンドドリル／356
diatomaceous earth　珪藻土／129
diatom-earth　珪藻土／129
di-calcium silicate　珪酸二石灰／128
diesel hammer　ディーゼルハンマー／388
diesel pile hammer　ディーゼルパイルハンマー／388
differential thermal analysis　DTA／390
diffusivity of heat　温度伝導率／61

diffusivity of heat　熱拡散率／437
digestion　消化／278
dihydrate gypsum　二水石膏／431
dilatometer　熱膨張計／438
dilatometric curve　熱膨張曲線／438
dilution　希釈／103
dimensional stability　寸法安定性／301
dimensional tolerances in fabrication of reinforcement　鉄筋加工寸法の許容差／392
diorite　閃緑岩／335
dioxin　ダイオキシン／345
directions　指示／253
dirt concrete　土間コンクリート／420
discussion　協議／110
dispenser　ディスペンサー／388
dispersing agent　分散剤／482
dispersion　ばらつき／452
disposal of lot　ロットの処置／539
distilled water　蒸留水／280
distribution plate　支圧板／248
dolomite　ドロマイト／422
dolomite　苦灰石／122
dolomite　白雲石／445
dolomite plaster　ドロマイトプラスター／422
dosage of AE (air-entraining)　AE剤の使用量／38
double reinforcement　ダブル配筋／363
draft chamber　ドラフトチャンバー／422
drain　排水／443
drainage　排水／443
drawing and specification　設計図書／317
drive-it　ドライヴィット／421
driven pile　打込み杭／32
drum mixer　ドラムミキサー／422
dry construction　乾式工法／94
dry corrosion　乾食／94
drying in sun　天日乾燥／410
drying shrinkage　乾燥収縮／97
dry joint method　ドライジョイント／421
dry kiln　乾式キルン／94
dry masonry　空積み／90
dry mixing　空練り／90
dubbing out　むら直し／514
ducitility　延性／51
dummy joint　ダミー目地／363
dump truck　ダンプトラック／372
durability　耐久性／348
durability diagnosis　耐久性診断／349
durability factor　DF／387
durability factor　耐久性指数／348
duration of sunshine　日照時間／432
Durisol　ドリゾール／422
dust　ダスト／359
dusting of formed concrete surface　コンクリート硬化不良／204
dynamic elastic modulus　動弾性係数／415

──────── e ────────

early-age curing　初期養生／280
early-age strength　初期強度／280
early cracking　初期ひび割れ／280
earth　土壌／419
earth drill　アースドリル／5
earthen concrete　土間コンクリート／420
earthenware pipe　土管／417
earth oil　石油／312
earthquake　大地震／55
earthquakeproof　耐震性／354
eco-cement　エコセメント／41
edad（西）　材齢／240
efflorescence　エフロレッセンス／46
efflorescence　擬花／100
efflorescence　白華／445
efflux time　ロートの流下時間／539
Eisenportlandzement（独）　鉄ポルトランドセメント／404
Eisenzement（独）　鉄セメント／405
elasticity　弾性／369
elastic modulus　弾性係数／369
electric corrosion　電食／409
electric curing　通電養生／386
electric furnace　電気炉／407
electric furnace slag　電気炉スラグ／408
electric protection　電気防食／407
electrodeposition　電着／409
elimination　除去／280
elongation　伸び／441
Embeco　エムベコ／47
embrasure curing　朝顔養生／4
emulsion paint　エマルションペイント／46
enamel paint　エナメルペイント／45
endocrine disrupters　環境ホルモン／93
enstatite　頑火輝石／92
entrained air　エントレインドエア／52
entrapped air　エントラップドエア／52
entrapped air　潜在空気／333
environment　環境／93

551

欧文索引

environmental deterioration factor　劣化外力／536
environment condition　環境条件／93
environment factor　環境因子／93
environment tax　環境税／93
epoxide resin adhesives　エポキシ樹脂系接着剤／46
epoxide resin paint　エポキシ樹脂塗料／46
equal size section steel　等辺山形鋼／415
erection　建方／361
error　誤差／193
estimate　見積り／511
estimating（米）　積算／307
estimation　見積り／511
estimation　推定／290
eta（伊）　材齢／240
ettringite　エトリンガイト／44
eugenol cement　ユージノールセメント／523
evenness concrete finish　仕上がりの平坦さ／247
excavator　エキスカベーター／39
excavator　掘削機／123
expanded shale　膨張頁岩／491
expansion　膨張／490
expansion coefficient　膨張係数／491
expansion crack　膨張性ひび割れ／492
expansion due to hydration　水和膨張／292
expansion joint　エキスパンションジョイント／39
expansion joint　伸縮目地／284
expansion joint　膨張目地／492
expansion test　膨張試験／492
expansive additive　膨張材／491
expansive additive for cement mixture　セメント膨張材／330
expansive cement　エキスパンシブセメント／39
expansive cement　膨張セメント／492
expansive concrete　膨張コンクリート／491
expansive slag　膨張スラグ／492
explosion　爆裂／445
exposed-aggregate finish by washing　洗出し仕上げ／15
exposure　暴露／446
extender　増量剤／337
exterior finish　外装工事／69
external vibrator　外部振動機／70
extra mild steel　極軟鋼／192
extra quick hardening cement　超速硬セメント／384
extremely dry concrete　超硬練りコンクリート／380
extremely stiff-consistency concrete　超硬練りコンクリート／379

——— f ———

face of slope　法面／441
factory production　工場生産／165
failure　損耗／343
fair-faced concrete　打放しコンクリート／35
false set　偽凝結／101
feldspar　長石／383
felite　フェリット／467
fente（仏）　割れ／540
fente（仏）　ひび割れ／458
ferrari cement　フェラリーセメント／467
ferric chloride　塩化第二鉄／49
ferric oxide　酸化第二鉄／244
ferrite　フェライト相／467
ferrite　冶金／251
ferrocement　フェロセメント／467
ferro-nickel slag　フェロニッケルスラグ／467
ferronickel slag fine aggregate　フェロニッケルスラグ細骨材／467
fessura（伊）　割れ／540
fessura（伊）　ひび割れ／458
fiber reinforced cement sidings　窯業系サイディング／524
Fiber Reinforced Concrete　FRC／45
fiber reinforced concrete　繊維補強コンクリート／332
fiber reinforced mortar　繊維強化モルタル／332
Fiber Reinforced Plastic　FRP／45
fiber reinforced plastics　繊維強化プラスチック／332
fibre for plastering　苆／292
fibre insulation board　軟質繊維板／428
field measuring　現場計量／147
field mix　現場調合／148
field mix　現場配合／148
fieldmixing of concrete　現場練りコンクリート／148
field test　現地試験／147
field works　現場日誌／148
figured glass　型板ガラス／80
filiform corrosion　糸状腐食／28
filler　フィラー／466
filling grarel　目つぶし砂利／515
final set　終結／269
final setting　終結／269
fine aggregate　細骨材／233
fineness　粉末度／482
fineness modulus　F.M.または f.m.／46
fineness modulus　粗粒率／342

欧文索引

fineness modulus aggregate　骨材の粗粒率／198
fineness test　粉末度試験／483
fine sand　細砂／234
finish　仕上げ／247
finishability　フィニッシャビリティー／466
finished concrete block　化粧コンクリートブロック／134
finish work　仕上工事／247
fire　火災／75
fire breakout ratio　出火率／273
fire brock　耐火煉瓦／348
fire clay　耐火粘土／348
fire-concrete　耐火コンクリート／346
fire mortar　耐火モルタル／348
fire-preventive construction　防火構造／487
fireproof　防火性／487
fireproof aggregate　耐火骨材／346
fireproof building　耐火建築物／345
fireproof construction　耐火構造／346
fireproof covering　耐火被覆／348
fireproofing cement　耐火セメント／347
fireproofing materials　耐火材料／346
fireproofness　耐火性／347
fireproof painting　耐火塗装／348
fire resistance hour　耐火時間／346
fireresisting property　耐火性／347
fire resistive performance　耐火性能／347
fire retarding material　難燃材料／428
fiting-up bolt　仮締めボルト／90
fixeg load　固定荷重／201
flashing　雨仕舞／14
flash over　フラッシュオーバー／475
flash setting　瞬結／275
flat slab construction　無梁版構造／514
flexibility　フレキシビリティ／477
flexural strength　曲げ強度／502
flint pebble　球石／363
floating mixing plant barge　コンクリートミキサー船／226
flon　フロン／481
flon sludge　フロンスラッジ／481
floor tile　床タイル／523
flow　フロー／481
flowability　フローアビリティ／481
flowing concrete plasticized concrete　流動化コンクリート／532
flow table　フローテーブル／481
flow value　フロー値／481

flue dust　セメントダスト／324
flue gas desulfurization　排煙脱硫／442
flue gas gypsum　排脱石膏／443
fluidity　流動性／533
fluidized bed burning of cement　セメント流動焼成法／331
flush bolt　上げ落し／4
fly ash　フライアッシュ／474
fly-ash fibre　フライアッシュファイバー／474
foamed concrete　気泡コンクリート／105
foaming agent　起泡剤／106
fog cure　フォグ養生／468
fog room curing　霧室養生／117
footing　基礎／104
forced drying　強制乾燥／113
forced mixing type mixer　強制練りミキサー／113
form　型枠／82
formaldehyde　ホルムアルデヒド／499
forming　成形／302
form oil　剝離剤／445
form plywood for concrete　コンクリート型枠用合板／203
formtie　フォームタイ／468
form vibrator　型枠振動機／83
forsterite　苦土橄欖石／124
fossil　化石／80
foundation bar　基礎筋／104
foundation of plastering work　左官工事の下地／241
foundation pile　基礎杭／104
fraction defective　不良率／475
fragility　脆性／302
framing scaffold　枠組足場／540
free lime　フリーライム／475
free lime　遊離石灰／522
free magnesia　フリーマグネシア／475
free shrinkage　自由収縮／269
free silicic acid　遊離珪酸／522
free water　自由水／270
free water　遊離水／522
freezing and thawing test　凍結融解試験／412
freezing resistance concrete　耐寒コンクリート／348
frequency distribution　度数分布／419
fresh concrete　フレッシュコンクリート／480
freshly mixed concrete　生コン／426
freshly mixed concrete　生コンクリート／427
fretting corrosion　擦過腐食／244

欧文索引

frost damage 凍害／411
frost damage at early age 初期凍害／280
frost damage of concrete コンクリートの耐凍害性／217
frosted glass 摺ガラス／300
frost heave 凍上／413
frost penetration depth 凍結深度／412
Fuller's maximum density curve フーラー曲線／474
function 機能／105
fused cement 溶融セメント／528

—— g ——

gabbro 斑糲岩／454
galvanic corrosion 異種金属接触腐食／26
galvanized iron paint トタン板用塗料／419
galvanized steel rod 亜鉛めっき鉄筋／3
gamma rays γ線／97
ganister 軟珪石／428
garden stone 庭石／435
gas cutting ガス切断／79
gas generating agent 発泡剤／450
gasket ガスケット／79
gas pressure welding ガス圧接／77
gel ゲル／136
gelatine ゼラチン／331
general bid 一般競争入札／27
general contractor（英） 総合工事業者／336
General Headquarters GHQ／250
geo thermal cement 地熱井セメント／260
ghiaia（伊） 砂利／267
Gillmore's method ギルモア法／118
gin pole derrick ジンポール／287
glass 硝子／89
glass 玻璃／452
glass content ガラス化率／89
glass fiber reinforced concrete ガラス繊維補強コンクリート／90
glass fibre reinforced cement GRC／248
glass wool ガラスウール／89
glass wool グラスウール／124
glass wool 硝子綿／90
glazing enameling 施釉／331
glue 膠／430
glued adhesion 膠着接合／170
grading (aggregte) 骨材の粒度／200
grading curve (aggregate) 骨材の粒度分布曲線／200
grain size accumulation curve 粒径加積曲線／532

granite 花崗岩／75
granolithic flooring グラノリシック仕上／125
granulated blast-furnace slag 高炉スラグ微粉末／182
granulated slag 水砕（水滓）スラグ／288
granulater グラニュレーター／124
grava（西） 砂利／267
gravel 玉砂利／363
gravel 砂利／267
gravel foundation 砂利地業／268
gravier（仏） 砂利／267
gravity type mixer 重力式ミキサー／272
grease グリース／125
green concrete グリーンコンクリート／126
green tuff 青石／3
grieta（西） 割れ／540
grieta（西） ひび割れ／458
grinder 研磨機／149
grinding 摩砕／502
grinding aids 粉砕助剤／482
grinding ball 球石／363
grindstone 砥石／411
gross domestic product 国内総生産／192
ground 地業／251
ground 地盤／261
ground-breaking ceremony 起工式／102
ground glass 摺ガラス／300
ground granulated blast-furnace slag 高炉スラグ粉末／186
ground water 地下水／374
grout グラウト／124
grouting グラウティング／124
grouting cement 注入用セメント／379
guard fence ガードレール／87
guard rail ガードレール／87
guide 支保梁／263
gully grating 雨水桝蓋／14
gunite ガナイト／87
gun metal 砲金／487
guy derrick ガイデリック／70
gypsum concrete 石膏コンクリート／317
gypsum for cement セメント用石膏／331
gypsum plaster 石膏プラスター／317
gypsum slag cement 石膏スラグセメント／317
gypsum wall board 石膏ボード／317

—— h ——

hair crack ヘアクラック／484

halloysite　ハロイサイト／452
hammer crusher　ハンマークラッシャー／454
handling machines　コンクリートの運搬機器／210
hand-mixed concrete　手練りコンクリート／405
hard board　硬質繊維板／165
hard board form　硬質繊維板せき板／165
hard cement　ハードセメント／451
hard cemented excelsior board　硬質木毛セメント板／165
hardend concrete　固まったコンクリート／82
hardend concrete　硬化コンクリート／154
hardening　硬化／153
hardening accelerator　硬化促進剤／154
hard fiber board　硬質繊維板／165
hardness　硬さ／81
hardness test　硬さ試験／81
hard steel　硬鋼／161
hard stone　堅石／80
hard stone　硬石／167
hard water　硬水／165
harmful gas　有害ガス／522
header, (butt end)　小口／192
heat capacity　熱容量／438
heat curing　加熱養生／88
heating loss　加熱減量／88
heating method of materials　材料の加熱方法／240
heating temperature inclination pitch　加熱温度昇降勾配／87
heat-insulating concrete　断熱コンクリート／371
heat insulating material　断熱材／371
heat insulating material　保温材／494
heat-insulating mortar　断熱モルタル／371
heat insulator　保温材／494
heat island phenomena　ヒートアイランド現象／457
heat of hydration　水和熱／291
heat of hydration of portlandblast-furnace slag cement　高炉セメントの水和熱／187
heat quantity　熱量／438
heat reserving material　保温材／494
heat resistance　耐熱性／355
heat resistance cement　耐熱セメント／356
heat resistance concrete　耐熱コンクリート／355
heavy concrete block　重量ブロック／272
heavy metal　重金属／268
heavy oil　重油／272
heavy water　重水／270
heavyweight aggregate　重量骨材／272

heavyweight concrete　重量コンクリート／272
height　建端／360
height　成，背，丈／302
hematite　ヘマタイト／485
hematite　赤鉄鉱／311
hemiky drate gypsum　半水石膏／453
hemp fibre　南京苆／428
high alumina cement　アルミナセメント／21
high-belite portland cement　高ビーライトポルトランドセメント／174
high-calcium lime　高石灰質石灰／167
high density concrete　重量コンクリート／272
high-early strength　早期強度／336
high-early-strength portland cement　早強ポルトランドセメント／336
highly sulfated slag cement　高硫酸塩スラグセメント／177
high molecular substance　高分子物質／176
highperformance concrete　ハイパフォーマンスコンクリート／443
high-performance concrete　高性能化／166
high polimer　高分子物質／176
high pressure steam curing　高圧蒸気養生／151
high-rise　高層／167
high-rise apartment house　高層マンション／169
high-strength carbon fiber　高強度炭素繊維／160
high strength concrete　高強度コンクリート／157
high strength deformed bar　高張力異形鉄筋／170
high temperature　高温／152
high temperature curing　高温養生／153
histogram　ヒストグラム／457
history of cements　セメントの誕生／328
Hochofen（独）　高炉／178
hollow concrete block　空胴コンクリートブロック／121
hollow tile　ホロータイル／500
honeycomb　あばた／14
honeycomb　ジャンカ／268
honeycomb　豆板／504
hoop　フープ／473
hoop　帯筋／58
horizontal angle brace　仮設梁／80
horizontal reinforcement　横筋／528
hormigon（西）　コンクリート／202
horse　馬／36
hotair curing　温風養生／63
hot gas drying　熱風乾燥／438
hot-iron runner　出銑樋／273

欧文索引

hot-metal ladle 溶銑鍋／527
hot spring 温泉／60
hot water curing 温水養生／59
hot-weather concreting 暑中コンクリート／281
house moving 曳き屋（家）／455
humidity drying 湿度乾燥／259
hydrate 水和物／292
hydration 水和反応／291
hydration of cements セメントの水和反応／326
hydraulic lime 水硬性セメント／288
hydraulic modulus 水硬率／288
hydrogen chloride 塩化ゴム塗料／48
hydrogen embrittlement 水素脆化／289
hydrogen ion concentlation 水素イオン濃度／289
hydrogen sulfide 硫化水素／532
hygrometer 湿度計／259
hyperconcrete ハイパーコンクリート／443
hystogram 地質柱状図／375

────── i ──────

ig.loss イグロス／25
igneous rock 火成岩／79
ignition loss 強熱減量／116
ignition loss test 強熱減量試験／116
imitation stone 擬石／104
impact 衝撃／278
impact resistance 耐衝撃性／354
impeller breaker インペラーブレーカー／30
improvement 改修／65
improvement 改良保全／71
incombustible material 難燃材料／428
incombustible plywood 難燃合板／428
independent voids 独立空隙／418
indoor climate 室内気候／259
indoor exposure test 屋内暴露試験／57
indoor waterproofing 室内防水／259
industrial liquid water 工業廃水／160
Industrial Safety and Health Law 労働安全衛生法／538
industrial water 工業用水／160
infilled concrete 充填コンクリート／272
infrared radiation curing 赤外線養生／306
ingot インゴット／29
ingot 鋳塊／376
ingredients controlled reinforcing steel bar 成分調整鉄筋／304
initial crack 初期ひび割れ／280
initial level of performance 初期性能／280
initial performance over time 固有耐久性能／201
initial set 始発／261
initial setting 始発／261
initial stress 元応力／517
initial tangent modulus イニシアルタンジェントモデュラス／29
insect damage 虫害／376
insert インサート／30
inside scaffold 内部足場／424
inside waterproof 内防水／36
insol. インソール／30
insoluble residue 不溶残分／473
inspection 検査／136
inspection 点検／409
inspection of bar arrangement 配筋の検査／442
inspector 工事監理者／163
instant mortar インスタントモルタル／30
instrument screen 百葉箱／462
insulating refractories 耐火断熱材／347
intelligent concrete インテリジェントコンクリート／30
intensity of solar radiation 日射の強さ／432
intergranular corrosion 粒界腐食／532
interior finish work 内装工事／424
internal vibrator 差込み振動機／243
internal vibrator 棒形振動機／487
internal vibrators for concrete コンクリート棒形振動機／224
International Association for Bridge and Structural Engineering IABSE／24
International Council for Building Research Studies and Documentaion CIB／247
International Organization for Standardization ISO／3
International Organization for Standardization 国際標準化機構／192
International Union of Testing and Research Laboratories for Materials and Structures RILEM／534
interrocking block インターロッキングブロック／30
inundator イナンデーター／29
ion イオン／24
iron 鉄／391
iron cement 鉄セメント／404
iron modulus 鉄率／405
iron ore 鉄鉱石／404
iron ore cement 鉄鉱セメント／404
iron-oxide alumina ratio 鉄礬土比／404

欧文索引

iron-powder cement　鉄粉セメント／404
iron scaffold　鉄製足場／404
iron (III) oxide　酸化第二鉄／244
I section steel　I形鋼／3
isotope　同位元素／411

─────── j ───────

jambping　ジャンピング／268
Japan Accreditation Board for Engineering Education　日本技術者教育認定機構／432
Japan Concrete Institute　日本コンクリート工学協会／433
Japanese Agricultural Standard　JAS／265
Japanese Agricultural Standard　JAS　日本農林規格／249
Japanese Agricultural Standard　日本農林規格／433
Japanese Architectural Standard Specification　JASS／265
Japanese Architectural Standard Specification　日本建築学会建築工事標準仕様書／432
Japanese Industrial Standard　JIS／253
Japanese Industrial Standard　日本工業規格／432
Japan Information Center for Science and Technology　JICST／251
Japan Society of Civil Engineers　土木学会／419
jaw crusher　ジョークラッシャー／280
jet　ジェット／250
jib crane　ジブクレーン／262
JIS marking Factory　JISマーク表示認定工場／254
job mix　現場調合／148
job mix　現場配合／148
job-site curing　現場養生／149
joining　接合／317
joint　目地／515
joint concrete　ジョイントコンクリート／277
joint finishing　目地仕上げ／515
jointing　目地仕上げ／515
jointing　目地拵え／515
joint mortar　目地モルタル／515
joint of concrete　コンクリートの継目／218
joint venture　共同請負／114
Joseph Aspdin　アスプディン／7
judgement of concrete quality　コンクリート品質の判定／221

─────── k ───────

Kanto Earthquake　関東大震災／97
kaoline　カオリン／71

Keene's cement　キーンスセメント／119
Kent paper　ケント紙／147
Kies（独）　砂利／267
kilo calorie　キロカロリー／119
kind of tile　タイルの種類／358
kinds of aggregate　骨材の種類／196
kinds of concrete　コンクリートの種類／216
（独）Koks　コークス／192
kraft paper　クラフト紙／125
Kühl cement　キュールセメント／110

─────── l ───────

laboratory sample　試験室試料／252
lagging　せき板／305
laitance　レイタンス／536
lapilli　火山礫／77
lap splice length for reinforcement　鉄筋の重ね継手の長さ／400
lateral pressure　側圧／337
lateral pressure of concrete　コンクリートの側圧／217
lateral pressure of concrete for formwork design　型枠設計用コンクリートの側圧／83
lateral pressure of fresh-concrete　最大側圧／237
lateral pressure stress　側圧応力／337
lath form-steel deck construction method　ラス型枠・デッキプレート工法／530
lead　鉛／427
lead alloy pipe　合金鉛管／161
lead plate　鉛板／427
lean mix　貧調合／465
Le Chatelier's specific gravity bottle　ルシャトリエ比重びん／535
ledger curing　手摺養生／391
legal durable years　法定耐用年数（命数）／492
length　成，背，丈／302
lepol kiln　レポールキルン／537
levelling concrete　捨てコンクリート／293
levels of control　施工級別／313
life cycle　ライフサイクル／530
life cycle cost　LCC／48
life time　耐用年数／357
lift-slab construction　ジャッキ工法／266
light gauge steel for general structure　軽量形鋼／129
light stability　耐光性／353
lightweight aggregate　軽量骨材／130
lightweight aggregate concrete　軽量骨材コンクリ

557

欧文索引

―ト／131
lightweight aggregates for structural concrete　構造用軽量コンクリートに用いる骨材／169
lightweight concrete　軽量コンクリート／131
lignin　リグニン／531
lignite　低品位炭／390
lignoid　リグノイド／531
lime　石灰／313
lime for water treatment　水処理用石灰／508
lime mortar　石灰モルタル／315
lime plaster　漆喰／257
lime saturation degree　石灰飽和度／314
limestone　石灰岩／313
limestone　石灰石／314
limonite　褐鉄鉱／86
lining　ライニング／530
liparite　石英粗面岩／306
liquefied natural gas　LNG／47
load cell　ロードセル／539
loading speed　加力速度／90
lod　ロット／538
log scaffold(ing)　丸太足場／504
longitudinal contraction joint　縦収縮目地／361
longitudinal crack　縦ひび割れ／362
longitudinal load　縦荷重／361
long rotary kiln　ロングキルン／539
long term strength　長期強度／380
loose sand　軟珪石／428
Los Angeles machine　ロスアンゼルス試験機／538
loss　ロス／538
loss in washing test　骨材の微量分量試験方法で失われる量／199
lot quality　ロット品質／539
lot size　ロットの大きさ／538
Lot Tolerance Percent Defective　LTPD／48
low-alkali cement　低アルカリ型セメント／387
low-density fibre board　軟質繊維板／428
low-grade coal　低品位炭／390
low-heat portland cement　低熱ポルトランドセメント／390
low performance concrete　低性能コンクリート／388
low pressure concrete　減圧コンクリート／136
low pressure steam curing　常圧蒸気養生（常圧加熱養生）／277
lumbering　製材／302

――― m ―――

machine leveling of ground　整地用機械／303
machine mixing concrete　機械練りコンクリート／101
Mack's cement　マックスセメント／504
macro-molecule　高分子／176
magnesia cement　マグネシアセメント／501
magnesium carbonate　炭酸マグネシウム／369
magnesium chloride　塩化マグネシウム／49
magnesium hydroxide　水酸化マグネシウム／289
magnesium oxide　マグネシア／501
magnesium oxide　酸化マグネシウム／244
magnesium oxychloride cement　マグネシウムオキシクロライドセメント／502
magnesium phosphate cement　マグネシアリン酸セメント／502
magnetite　マグネタイト／502
magnetite　磁鉄鉱／260
magnitude　マグニチュード／501
main contractor　総合工事業者／336
main reinforcement　主筋／272
main reinforcement　主鉄筋／273
maintenance　維持保全／26
maintenance　保守／495
maintenance and management　維持管理／25
maintenance and modernization　保全／496
management of works progress　工程管理／170
manhole covers for sewerage　下水道用マンホール蓋／135
marble　大理石／357
marking　墨出／295
marly limestone　泥灰質石灰岩／387
Martens' mirror extensometer　マルテンス鏡式歪み計／505
masonry work　組積工事／341
mass concrete　マスコンクリート／502
materials of support　支保工の材料／263
material standard　材料規格／238
material storage　材料貯蔵／238
mat foundation　べた基礎／484
maturity　マチュリティ／504
maturity factor　積算温度／307
maximum allowable carbon dioxide content　炭酸ガス許容量／368
maximum density of aggregate　骨材の最大密度／196
maximum density theory　最大密度説／237
maximum of unit cement content　単位セメント量

の最大値／367
maximum size coarse aggregate　粗骨材の最大寸法／340
maximum size (coarse aggregate)　骨材の粒大／200
maximum size of aggregate　骨材の最大寸法／196
maximum size of coarse aggregate　最大寸法／237
maximum size of coarse aggregate and minimum nominal diameter of pipes　粗骨材の最大寸法に対する輸送管の呼び寸法／340
maximum values of water-cement ratio　水セメント比の最大値／509
MDF (Macro-Defect-Free) cement　MDFセメント／47
mean　平均値／484
mean deviation　平均偏差／484
mean particle diameter　平均粒径／484
measurement　測定／339
measurement error　測定誤差／339
mechanical shaker　ロータップシェーカー／538
median　メディアン（中央値）／515
median　中央値／376
medium consistency　中練り／379
melting temperature of asphalt　アスファルトの溶融温度／6
membrance-forming compound　封緘剤／466
membrane curing　膜養生／502
memorial day　記念日／105
mesonry cement　メーソンリーセメント／515
metal form　メタルフォーム／515
metal mould panel　金属製型枠パネル／119
metamorphic rock　変成岩／486
meteorological conditions　気象条件／103
meteorological element　気象要素／103
meteorological factor　気象因子／103
meteorology　気象／103
method of contact gauge　コンタクトゲージ方法／230
method of determination of air content　空気量の測定方法／121
method of determination of percentage of voids　空隙の測定方法／121
method of expressing designed mix proportion　計画調合の表し方／127
method of expressing designed mix proportions　調合計画の表し方／382
method of least squares　最小二乗法／234
method of mercury penetration　水銀圧入法／288

method of repair　補修工法／496
method of sampling and testing for compressive strength of drilled cores of concrete　コア採取によるコンクリート強度の試験方法／150
method of sampling and testing for compressive strength of drilled cores of concrete　コンクリートからのコアの採取方法および圧縮強度試験方法／203
method of test for density and water absorption of fine aggregate　細骨材の密度および吸水率試験方法／233
method of test for surface moisture in fine aggregate　細骨材の表面水率試験方法／233
microcrack　マイクロクラック／501
microcrack　ミクロ割れ／507
micron metre　ミクロンメートル／507
microstructure　微細組織／456
middle strip　柱間帯／376
Mihaelis bending test machine　ミハエリス型曲げ試験機／511
mild steel　軟鋼／428
mill　ミル／511
mill　粉砕機（ミル）／481
millimicron　ミリミクロン／511
mill scale　ミルスケール／511
mineral fibre board　鉱物質繊維板／175
mineral formation　鉱物組成／176
mineral resources　鉱物資源／175
minimum limit of size　最小許容寸法／234
minimum of unit cement content　単位セメント量の最小値／365
mirabilite　芒硝／489
mix design　調合設計／383
mixed acid　混酸／230
mixed cement　混合セメント／229
mixed plaster　混合石膏プラスター／229
mixer　ミキサー／507
mixing　配合／442
mixing　練混ぜ／439
mixing of test　試験練り／252
mixing plant　ミキシングプラント／507
mixing ratio　調合比／383
mixing time　混練時間／231
mix proportion　調合／381
mix proportion by absolute volume　絶対容積調合／318
mix proportion by loose volume　現場計量容積調合／147

欧文索引

mix proportion by volume　容積調合／526
mobile concrete pump　コンクリートポンプ車／225
moderate-heat portland cement　中庸熱ポルトランドセメント／379
modernization　改良保全／71
modulus of elastictiy　弾性係数／369
modulus of rupture　曲げ強度／502
modulus of shearing elasticity shear modulus　剪断弾性係数／334
Mohs hardness　モース硬さ／517
moist cabinet　湿気箱／257
moist curing　湿空養生／257
moist curing　湿潤養生／258
moisture condensation proof　防露／494
moisture condition (aggregate)　含水状態（骨材の）／94
moisture content　湿分／259
moisture proof　耐湿性／354
mold　モールド／518
mold of test piece　試験体の型枠／252
molten slag　溶融スラグ／527
MO (magnesium oxichloride) cement　MOセメント／46
moment　モーメント／518
monolithic　モノリシック／517
monolithic bearing wall　一体式壁体／27
monolithic construction　一体式構造／27
monolithic surface finish　直仕上／251
monosulfate　モノサルフェート／517
monosulfate hydrate　モノサルフェート水和物／517
monthly mean maximum temperature　月平均最高気温／386
monthly mean minimum temperature　月平均最低気温／386
monthly mean temperature　月平均気温／386
montmorillonite　モンモリロナイト／518
monument　モニュメント／517
mortar　モルタル／518
mortar　乳鉢／434
mortar bar test　モルタルバー試験／518
mortar finish　モルタル仕上げ／518
mortar finishing on metal lath　ラスモルタル／530
mortar lining for ductile iron pipes　ダクタイル鋳鉄管モルタルライニング／359
mould　モールド／518
mould　黴／88
mould releasing agent　離型剤／531

mudstone　泥灰岩／387
multiaxial stress　多軸応力／359
multicomponent composite cement　多成分系混合セメント／359
multilateral composite cement　多成分系混合セメント／359
multi-layer wall coating for glossy textured finish　複層仕上塗材／470

────── n ──────

nail　釘／122
nailing concrete　釘打ちコンクリート／122
nano meter　ナノメートル／426
naphtha　ナフサ／426
National Bureau of Standards　NBS／45
National Stone Association　NSA／45
natural aggregate　天然骨材／409
natural cement　天然セメント／409
natural curing　空中養生／121
natural light-weight aggregate　天然軽量骨材／408
natural portland cenent　天然ポルトランドセメント／409
natural pozzolan　天然ポゾラン／409
neat cement　ニートセメント／432
negotiation　談合／368
net curing　防網養生／493
neumatically applied concrete　吹付けコンクリート／469
neutral flame　中性炎／376
neutralization　中性化／376
neutralization　中和／379
neutralization test　中性化試験／377
neutralization titration　中和滴定／379
neutralizing agent　中和剤／379
new available concrete　ニューアベイラブルコンクリート／433
new construction　新築／285
nickel alloy　ニッケル合金／432
nipper　ニッパー／432
nitorogen oxides　窒素酸化物／375
nitrate　硝酸塩／278
nitrate of potash　硝酸カリウム／278
nitrate of silver　硝酸銀／278
nitric acid　硝酸／278
nitric acid ammonium　硝酸アンモニウム／278
nitrogen adsorption method　窒素吸着法／375
nitrogen dioxide　二酸化窒素／431
nominal mix　示方配合，計画調合／263

nominal strength　呼び強度／528
non blended cement　単味セメント／372
non-combustible material　不燃材料／473
non-destructive test　非破壊試験／457
non-explosive demolition agent　静的破砕剤／303
non-fine concrete　まぶしコンクリート／504
non-hydraulic cement　気硬性セメント／102
non-ionic surface active agent　ノニオン界面活性剤／440
non shrink　ノンシュリンク／441
non-shrinking mortar　無収縮モルタル／513
normal concrete　通常のコンクリート／386
normal concrete　普通コンクリート／471
normal concrete　普通骨材コンクリート／471
normal consistency　標準軟度／463
normal distribution　正規分布／302
normality　正規性／302
normal portland cement　普通ポルトランドセメント／471
Normes Française　NF／45
no-slump concrete　ノースランプコンクリート／440
noxious insect　害虫／70
noxious mineral　有害鉱物／522
Nylon　ナイロン／425

──────── o ────────

obsidian　黒曜石／193
obsolescence　陳腐化／385
oil varnish　油ワニス／14
oil well cement　オイルウェルセメント／54
oil well cement　油井セメント／523
old general conditions of construction contract　旧四会連合協定工事請負契約約款／109
olivine　橄欖石／98
omni mixer　オムニミキサー／59
one week age compressive strength　1週圧縮強度／27
on site orientation　現場説明／148
opa glass　乳白ガラス／434
opalescent glass　乳白ガラス／434
opaline　乳白ガラス／434
open hearth furnace　平炉／484
operation　運転／36
ordinary concrete　普通骨材コンクリート／471
ordinary portland cement　普通ポルトランドセメント／471
organic impurities　有機不純物／522
organic impurities in fine aggregate　細骨材の有機不純物／233
organic impurities test sand　砂の有機不純物試験／294
original drawing　元図／517
orthoclase　正長石／303
Ottawa standard sand　オタワ標準砂／58
outdoor exposure test　屋外暴露試験／56
outdoor exposure test method　耐候性試験方法／353
outlet　アウトレット建材／3
out of fashion　陳腐化／385
out-side body concrete　外部コンクリート／70
overlap　オーバーラップ／58
overlay　オーバーレイ／58
owner　建築主／146
owner　施主／313
oxidant　オキシダント／56
oxidation　酸化／244
Oya tuff stone　大谷石／56
ozone　オゾン／58

──────── p ────────

packer　パッカー／449
packing　充填／271
PAN-based carbon fiber　PAN系炭素繊維／452
pan mixer　パンミキサー／454
paper sheathing board　紙製せき板／89
pareto diagram　パレート図／452
parian cement　パリアンセメント／452
particle size distribution　粒度分布／533
parts per million　ppm／458
passive state　不動態／473
patch work　手直し／405
patina　緑青／538
paving stone　敷石／251
PC curtain wall　PCカーテンウォール／456
pea gravel　豆砂利／504
pearliate　パーライト／451
pearlite　真珠岩／284
pedestal pile　ペデスタルぐい／485
peel strength　剥離強度／445
penetration of asphalt　アスファルトの針入度／6
penetration test　貫入試験／97
percentage of absorption　吸水率／109
percentage of floating particles　浮粒率／475
percentage of solid volume of coarse aggregate　粗骨材の実積率／340
percentage of surface moisture (aggregate)　骨材の

欧文索引

表面水率／199
percentage of total moisture content　含水率／95
percentage of void　空隙率／121
percentage of water absorption aggregate　骨材の吸水率／195
percentage of water content aggregate　骨材の含水率／195
percentage of wear　骨材のすりへり減量／196
percentage of wear　粗骨材の摩減り減量／341
percentage passing each sieve by weight of aggregates　骨材の通過質量百分率／198
percentage volume (aggregate)　骨材の容積百分率／200
percent flow (mineral admixture)　混和材のフロー値比／232
percent of water reducing　減水率／138
performance　性能／304
performance criteria　要求性能／524
permanent load　長期荷重／380
permeability　透過性／411
permeability　透水性／414
permissible carbon dioxide content　炭酸ガス許容量／368
permission　許可／116
pessimum effect　ペシマム効果／484
petroleum asphalt　石油アスファルト／312
phenol　石炭酸／308
phenol-formaldehyde　フェノール樹脂／467
phenolic resin　フェノール樹脂／467
phenolic resin paint　フェノール樹脂塗料／467
phenolphthalein　フェノールフタレイン／467
phenol resin adhesive agent　石炭酸樹脂接着剤／308
phosphate cement　燐酸セメント／534
physical deterioration factor　物理的劣化要因／472
piano wire concrete　鋼弦コンクリート／161
pig iron　銑鉄／334
pigment　顔料／98
pile　杭／120
pile driving foundation　杭打地業／120
pile support　鋼製支柱／166
pin hole　ピンホール／465
pipe cooling　パイプクーリング／443
pipe support　パイプサポート／443
pit gravel　山砂利／520
pit sand　山砂／520
pitting　孔食／165
pitting　点食／409

placeability　プレーサビリティ／479
placement of reinforcing bar　鉄筋の組立て／400
placing　打込み／32
placing joint　打継ぎ／35
placing of fresh concrete　コンクリートの打込み／210
placing on consolidated fresh concrete　打重ね／32
placing rate of fresh concrete　コンクリートの打込み速度／210
placing speed　打込み速度／33
placing temperature of fresh concrete　コンクリートの打込み温度／210
plain concrete　プレーンコンクリート／481
plain concrete　無筋コンクリート／513
plain concrete　無混入コンクリート／513
plane asbestos cement sheet　大平板／56
plan for service life　耐久計画／348
planimeter　プラニメーター／475
plank　プランク／475
plank　矢板／520
plant　製造設備／303
plaster　焼石膏／520
plaster board　石膏ボード／317
plastered ceiling　塗り天井／436
plasterer　左官／241
plastering　左官工事／241
plastering material　左官材料／242
plaster of Paris　焼石膏／520
plastic concrete　軟練りコンクリート／428
plasticity　プラスティシティ／475
plasticity　塑性／341
plasticizer　流動化剤／533
plastics concrete　プラスチックコンクリート／474
plinth stone　根石／437
plumb bob　下げ振り／243
plutonic rock　深成岩／284
plywood　合板／173
plywood mould　合板パネル／173
plywood sheathing　合板せき板／173
pointed joint　化粧目地／135
pointing　目地拵え／515
Poisson's number　ポアソン数／487
Poisson's ratio　ポアソン比／487
polisher　研磨機／149
polish finishing　研磨仕上／149
polishing　本磨き／500
polymer admixture for cement　セメント混和用ポリマー／323

polymer cement concrete　ポリマーセメントコンクリート／498
polymer modified cement mortar　ポリマーセメントモルタル／498
polyvinyl acetate resin　酢酸ビニル樹脂／243
polyvinyle acetate emulsion　酢ビエマルション／243
ponding　淡水養生／369
popcorn concrete　まぶしコンクリート／504
pop out　ポップアウト／497
pop out test　ポップアウト試験／497
porcelain enamel concrete　琺瑯コンクリート／494
porcelain tile　磁器質タイル／251
pore　気孔／102
pore size　細孔径／233
porosity　間隙率／93
porous concrete　ポーラスコンクリート／497
porous material　多孔体／359
porphyrite　蛭岩／464
portland blast-furnace cement　高炉セメント／186
portland cement　ポルトランドセメント／499
Portland Cement Association　PCA／456
portland fly-ash cement　フライアッシュセメント／474
portlandite　ポルトランダイト／499
post　支柱／256
post-tensioning construction　ポストテンション工法／496
post-tensioning system　ポストテンション法／496
potassium carbonate　炭酸カリウム／368
potential hydraulicity　潜在水硬性／333
potential of hydrogen (concrete)　コンクリート中のpH／209
potentral of hydrogen　pH／455
pot mill　ポットミル／497
pottery stone　陶石／415
power of Hydrogen concentration　pH／455
power of Hydrogen ion concentration　pH／485
power plant coal fired　石炭火力発電所／308
pozzolan　ポゾラン／497
pozzolan portland cement　ポゾランポルトランドセメント／497
precast concretepanel　プレキャストコンクリート部材／477
precast concrete panel　プレキャストコンクリート板／477
precast concrete pile　既製コンクリート杭／103
precast concrete wall construction　壁式プレキャスト鉄筋コンクリート造／89
precast reinforced concrete structure　組立鉄筋コンクリート造／124
precipitation　降水量／165
precision　精度／303
precooling　プレクーリング／479
prefablicated concrete pile　既製コンクリート杭／103
prefablicated pile　既製杭／103
pre-heater　余熱装置／528
premature shrinkage　早期収縮／336
prepacked-aggregate concrete　プレパックドコンクリート／480
prepacked concrete　プレパックドコンクリート／480
prepacked concrete　注入コンクリート／378
presaturating　プレウェッティング／477
presence　立会／359
presoaking　プレウェッティング／477
presoaking　プレソーキング／480
pressed cement slate　厚形スレート／8
pressed concrete　プレスコンクリート／479
pressed concrete sheet piles　加圧コンクリート矢板／64
pre-steaming　前養生／501
prestressed concrete　プレストレストコンクリート／479
Prestressed Concrete Beams for Light Load Slab Bridges　軽荷重スラブ橋用プレストレストコンクリート橋桁／127
prestressed concrete beams for slab bridges　スラブ橋用プレストレストコンクリート橋桁／297
prestressed concrete hollow cored panels　空胴プレストレストコンクリートパネル／122
Prestressed Concrete Institute　PCI／456
prestressed concrete pile　PCパイル／456
prestressed concrete sheet piles　プレストレスコンクリート矢板／480
prestressed concrete slab (double-T type)　プレストレストコンクリートダブルTスラブ／479
prestressing tendon　PC鋼材／456
pre-tensionning construction　プレテンション工法／480
preventive maintenance　予防保全／528
prewetting　プレウェッティング／477
primer　プライマー／474
principal agent　主剤／273
process of cement hydration　セメントの水和過程／

欧文索引

326
producer　生産者／302
producer's risk　生産者危険／302
product　製造／303
product of cement and concrete　セメント・コンクリート製品／322
progress schedule　工程表／171
properties of coal ash　石炭灰の性質／309
property　性質／302
proportion　配合／442
proportioning strength　調合強度／381
proportioning strength　調合強度（配合強度）／442,381
protective concrete layer　押えコンクリート／57
protective cover　養生型枠／526
protective mortar layer　押えモルタル／57
protective potential　防食電位／489
protective scaffold　養生足場／525
protective screen　養生金網／526
pulp cement board　パルプセメント板／452
pumice　軽石／91
pumice　抗火石／154
pumice concrete　軽石コンクリート／91
pumice gravel　軽砂利／91
pumice sand　軽砂／91
pumpability　ポンパビリティ／500
pumpability　ポンプ圧送性／500
purchaser　購入者／173
pyknometer　ピクノメーター／456
pyroxene　輝石／104
pyroxene andesite　輝石安山岩／104

――――――― q ―――――――

quakeproof standard　耐震基準／354
quality　品質／464
quality control of concrete　品質管理／464
quality level　品質水準／465
quality of fine aggregate　細骨材の品質／233
quality requirement of water for concrete　水質基準／289
quality standard　品質規格／464
quantity of material per unit volume of concrete　単位量／367
quantity surveying　積算／307
quartering　四分法／262
quartz　石英／306
quartz glass　石英ガラス／306
quartzite　珪岩／127

quick hardening cement　急硬セメント／109
quicklime　生石灰／104
quick lime　生石灰／303
quick setting　瞬結／275
quick setting cement　急結性セメント／108

――――――― r ―――――――

radiation　放射線／488
rainfall duration　降雨時間／151
random sampling　ランダム抜取り方法／530
range　範囲（レンジ）／452
rate of loading　荷重速度／77
ratio of absolute volume　実積率／259
raw rubber　生ゴム／426
raw stone　原石／138
RC (reinforced concrete) curtain wall　RCカーテンウォール／20
readymixed concrete　生コン／426
ready mixed concrete（英）　レディーミクストコンクリート／536
rearrangement　模様替え／518
rebar　鉄筋／391
rebuilding　改築／70
recommendation　指針／253
reconstruction　改築／70
record　記録／119
rectifying inspection　選別型抜取検査／335
recycled aggregate　再生骨材／234
recycled aggregate concrete　再生コンクリート／235
recycling　リサイクリング／531
recycling law　リサイクル法／531
red brick　赤煉瓦／4
redispersible polymer powder　再乳化形粉末樹脂／238
red rust　赤錆／3
reference electrode　照合電極（基準電極）／278
reference length　基長／105
refinishing　改装／69
reform　リフォーム／532
refractoriness　耐火度／348
refractory brocks　耐火煉瓦／348
refractory concrete　耐火コンクリート／346
refractory mortar　耐火モルタル／348
refuse derived fuel　RDF発電／21
regression analysis　回帰分析／65
regulation of total emission　総量規制／337
reinforced concrete　RC／20

564

欧文索引

reinforced concrete 鉄筋コンクリート／392
reinforced concrete bearing wall 鉄筋コンクリート耐震壁／395
reinforced concrete bench flumes 鉄筋コンクリートベンチフリューム／395
reinforced concrete block 補強コンクリートブロック／494
reinforced concrete built-up culvert blocks 組合せ暗渠ブロック／124
reinforced concrete built-up retaining walls 鉄筋コンクリート組立土留／394
reinforced concrete cable troughs 鉄筋コンクリートケーブルトラフ／394
reinforced concrete column formed in steel tube 鉄筋コンクリート鋼管構造／394
reinforced concrete construction 鉄筋コンクリート構造／394
reinforced concrete containment vessel 鉄筋コンクリート製格納容器／395
reinforced concrete gutter covers for roadside 道路用鉄筋コンクリート側溝蓋／416
reinforced concrete gutters 鉄筋コンクリートU形／395
reinforced concrete gutters for roadside 道路用鉄筋コンクリート側溝／416
Reinforced Concrete L-shape Retaining Walls 鉄筋コンクリートL形擁壁／393
reinforced concrete manhole blocks for sewerage work 下水道用マンホール側塊／135
reinforced concrete pile RC杭／21
reinforced concrete pipes 鉄筋コンクリート管／393
reinforced concrete slab 鉄筋コンクリートスラブ／395
reinforced concrete wall construction 壁式鉄筋コンクリート構造／89
reinforced concrete work 鉄筋コンクリート工事／394
reinforced masonry RM構造／16
reinforced spun concrete piles 遠心力鉄筋コンクリート杭／51
reinforced spun-concrete pipes with socket ソケット付スパンパイプ／339
reinforcement work 鉄筋工事／392
reinforcing 補強／494
reinforcing bamboo splint 竹筋／374
reinforcing bar 鉄筋／391
reinforcing bar 鉄筋コンクリート用棒鋼／396
reinforcing bar 補強筋／494

reinforcing bar placer 鉄筋工／392
reinforcing fiber 強化用繊維／110
reinforcing material 補強材／494
rejection 不合格／470
relative frequency 相対数／337
relative humidity 相対湿度／337
relaxation リラクセーション／534
remixing 練直し／439
renewal 更新／165
renovation 改造／69
repair 修繕／271
replacement 交換／156
replacement of blast-furnace slag 高炉スラグの分量／182
replacement ratio 置換率／374
required air content 所要空気量／281
required slump 所要スランプ／281
required workability 所要のワーカビリティ／281
rerolled steel bar 再生棒鋼／235
resinification concrete レジンコンクリート／536
resin mortar 樹脂モルタル／273
resistance of hardend cement to heat 硬化セメントの耐熱性／154
resistance to UV rays 耐紫外線性／354
resonance method 共振方法／113
restricted crack 拘束亀裂／170
restricted shrinkage 拘束収縮／170
retaining wall 擁壁／527
retamping 再打ち／233
retamping 再打法／238
retarder 遅延剤／374
retarding admixture 遅延剤／374
retarding soil stabilizer 遅硬性固化材／375
retempering 練返し／439
reverse circulation (drill method) リバースサーキュレーション／532
rhyolite 石英粗面岩／306
rhyolite 流紋岩／533
rich mix 富調合／471
rich mix 富配合／473
rigid wall 剛壁／176
river gravel 川砂利／92
river sand 川砂／92
Riβ（独） ひび割れ／458
Riß（独） 割れ／540
rock pock あばた／14
rock pocket ジャンカ／268
rock pocket 気泡／105

565

欧文索引

rock pocket　豆板／504
rocks for concrete　コンクリート用岩石／227
rock wool　ロックウール／538
rock wool　岩綿／98
rod buster　鉄筋工／392
rodding　棒突き／492
rodding test　棒突き試験／492
rod tamping　突固め／386
rolled steel for general structure　一般構造用圧延鋼材／27
roller mill　ローラーミル／539
rolling-compacted pavement concrete　転圧舗装コンクリート／406
rolling tower　移動式足場／28
Roman cement　ローマンセメント／539
roof waterproof　屋上防水／57
rot　腐朽／469
ro-tap shaker　ロータップシェーカー／538
rotary kiln　ロータリーキルン／538
rotary kiln　回転窯／70
rotary trowel　回転トロウエル／70
rough grind　粗面仕上げ／342
round bar　丸鋼／504
round vibrating screen　丸型振動篩／504
rubbing　水磨き／509
ruby　ルビー／535
rusting　発錆／450
rust-inhibitor of class anode　アノード抑制型防錆剤／14
rust preventives paint　錆止めペイント／244
rustproof paint　防錆塗料／490

―――― S ――――

sabbia（伊）　砂／293
sable（仏）　砂／293
sacked concrete process　袋詰めコンクリート工法／470
salt　塩／250
salt pollution　塩害／48
salt spray test　塩水噴霧試験／51
salt water resistance　耐塩水性／344
sample　サンプル／246
sampling inspection　抜取検査／436
sampling inspection with screening　選別型抜取検査／335
sand　砂／293
sand aggregates ratio　細骨材率／233
sand and crushed-stone concrete　砂・砕石コンクリート／293
sand and gravel foundation　砂・砂利地業／294
sand blasting　サンドブラスト／246
sand crushed-stone and AE concrete　砂・砕石・AEコンクリート／293
sanded roofing　砂付きルーフィング／294
sander　研磨機／149
sand foundation　砂地業／293
sand-gravel plain concrete　砂・砂利プレーンコンクリート／294
sand hopper　サンドホッパー／246
sand-lime brick　珪灰煉瓦／129
sandstone　砂岩／241
sand-total aggregate ratio　砂率／294
Sand（独）　砂／293
sanitary sewage　汚水／57
saturated surface-dried condition (aggregate)　表乾状態／462
saturated surface-dry condition (aggregate)　骨材の表面乾燥飽水状態／199
sawdust concrete　鋸屑モルタル／56
saw-dust concrete　鋸屑コンクリート／440
sawdust curing　鋸屑養生／56
sawing lumber　製材／302
scaffold　足場／4
scaffold　地足場／248
scale　スケール／292
scaling　スケーリング／292
scanning electron micro scope　SEM／318
scarcement　犬走り／29
scatter diagram　散布図／246
Schmidt test hammer　シュミットハンマー／274
scoop　スコップ／292
scracth　スクラッチ／292
scraped finish　リシン仕上げ／531
scratching finish　櫛目仕上／122
scratching finish of stucco　リシン仕上げ／531
scratching hardness　引掻き硬さ／457
screed　均し定規／428
screeding finish　定規均し仕上／278
screening　スクリーニング／292
sea breeze　潮風／250
seal　シール／283
sealed curing　封緘養生／466
sealed curing on site　現場封緘養生／148
sealing compound　シーリング材／283
sealing compound　封緘剤／466
sealing work　シーリング工事／282

seamless floor　シームレスフロア／263
sea sand　海砂／36
sea water　海水／67
sea water resestace of light-weight concrete　軽量コンクリートの耐海水性／134
sea water resistance　耐海水性／345
secant modulus　セカントモジュラス／305
secant modulus　割線弾性係数／84
SEC concrete　SEC コンクリート／315
sedimentary rock　水成岩／289
sedimentary rock　堆積岩／355
seger's concrete mixer　ゼガーミキサー／305
segregation　材料分離／240
segregation　分離／483
seismically isolated (seismic control) structure　免震・制震工法／515
seismic coefficient　震度／285
selective corrosion　選択腐食／333
self-compactable concrete　自己充填コンクリート／253
self desiccation　自己乾燥／252
self-diffusion coefficient　自己拡散係数／252
self-leveling material　セルフレベリング材／332
self-life　セルフライフ／332
semidry process kiln　半乾式キルン／452
semi-hard board　セミハードボード／318
semi-hard stone　準硬石／276
semi-non-combustible material　準不燃材料／277
separating compound　剥離材／445
separating material　剥離材／445
separator　セパレーター／318
serpentine　蛇紋岩／267
serviceability　耐用性／357
service life　耐用年数／357
service life designing　耐久設計／349
service life of thermoelectric steam-power plant　火力発電所のコンクリートの耐用年数／91
service life planning　耐久計画／348
set accelerating agent　急結剤／108
set (cement)　セメントの凝結／326
setting　凝結／110
setting accelerator　凝結促進剤／111
settingsand　敷砂／251
shale　頁岩／135
shape steel　形鋼／80
shear crack　剪断ひび割れ／334
shear cutter　シャーカッター／265
shearing deformation　剪断変形／334

shear strength　剪断強度／334
sheath　シース／253
sheathing　せき板／305
sheet-applied membrane waterproofing　シート防水工法／260
sheet copper roofing　銅板葺／411
sheet curing　シート養生／260
sheet glass　板ガラス／26
sheeting　せき板／305
sheet pile　シートパイル工法／260
shell lime　貝灰／70
shell structure　殻構造／89
shielding concrete　遮蔽用コンクリート／266
shoot　シュート／273
Shore hardness　ショア硬さ／277
shore strut　切張り（切梁）／117
short term strength　短期強度／367
short-time loading　短期荷重／367
shotcrete　ショットクリート／281
shotcrete　吹付けコンクリート／469
shotcrete concrete　吹付けコンクリート／469
shovel　ショベル／281
shovel　掘削機／123
shrinkage　縮み／375
shrinkage-compensating　収縮補修／270
shrinkage crack　収縮亀裂／269
shrinkage crack　収縮ひび割れ／270
shuttering　仮枠／91
shuttering　型枠／82
sich house syndrome　新築病／285
sick house syndrome　シックハウス症候群／257
side scafford　側足場／92
sieve　セメント網ふるい／319
sieve analysis　ふるい分け試験／477
sieve analysis curve　ふるい分け曲線／477
sieving　ふるい分け／477
significant　有意／522
silica　シリカ／282
silica　二酸化珪素／430
silica cement　シリカセメント／282
silica fume　シリカフューム／282
silica gel　シリカゲル／282
silica glass　石英ガラス／306
silica modulus　珪酸白土／128
silica modulus　珪酸率／129
silica sand　珪砂／128,129
siliceous stone　珪石／129
silicic acid cement　珪酸セメント／128

欧文索引

silicic calcium hydration　珪酸カルシウム水和物／128
silo　サイロ／240
silo of aggregate　骨材のサイロ／196
silt　シルト／283
single component cement　単味セメント／372
single layer reinforcement　シングル配筋／283
sintering zone　シンタリングゾーン／285
site operation　現場施工／148
site prefabrication method　サイトプレファブ工法／238
site work　現場施工／148
size of aggregate　骨材の大きさ／195
size of aggregate　粒径／532
size of deformed reinforcing bar　異形棒鋼の寸法／25
skeleton　スケルトン／292
skeleton work　躯体工事／123
slab　スラブ／297
slab spacer　スラブスペーサー／297
sladge water　上澄水／279
slag　スラグ／295
slag　鉱滓／161
slag-activity index　活性度指数／84
slag aggregate for concrete　スラグ骨材／296
slag brick　スラグ煉瓦／297
slag brick　鉱滓煉瓦／162
slag cement　スラグセメント／297
slag gypsum board　スラグ石膏板／296
slag wool　スラグウール／295
slag wool　鉱滓綿／162
slaked lime　消石灰／279
slaking　ふかす／469
slaking　スレーキング／300
slaking　消化／278
slate　スレート／300
slate-cemented excelsior board　スレート・木毛セメント積層板／300
sliding form　滑り型枠工法／295
sliding form　滑動型枠／86
sliding form construction method　スライディングフォーム工法／295
slime　スライム／295
slip　泥漿／388
slipform　スリップフォーム／300
slip form　滑動型枠／86
slow hardening cement　緩結性セメント／94
slow setting cement　緩結性セメント／94

sludge　スラッジ／297
sludge water　スラッジ水／297
sludge water　回収水／65
slump　スランプ／297
slump flow　スランプフロー／299
slump loss　スランプロス／299
slump loss　スランプ低下／298
slurry　スラリー／297
slurry　泥漿／388
slurry tank　スラリータンク／297
soap　石鹸／317
soda ash　ソーダ灰／341
soda glass　ソーダ（曹達）石灰ガラス／341
sodium carbonate　炭酸ソーダ／369
sodium carbonate　炭酸ナトリウム／369
sodium nitrite　亜硝酸ソーダ／5
sodium silicate　珪酸ソーダ／128
sodium sulfate　硫酸ナトリウム／532
soft board　軟質繊維板／428
softening　軟化／428
softening point　軟化点／428
softening point of asphalt　アスファルトの軟化点／6
soft glass　軟質ガラス／428
soft stone　死石／260
soft stone　軟石／428
soft water　軟水／428
soil　土壌／419
soil cement　ソイルセメント／336
soil improvement method　地盤改良工法／261
soil surveying of site　地盤調査／262
sol　ゾル／342
solar cell　太陽電池／357
soliditit cement　ソリジチットセメント／342
soluble alumina　可溶性アルミナ／89
soluble silica　可溶性シリカ／89
sonic inspection　打音検査／358
sonic test　共振方法／113
sorel cement　ソーレルセメント／342
sound insulating material　遮音材料／265
soundness (cement)　セメントの安定性／326
soundness of aggregate　骨材の安定性／195
soundness test　安定性試験／23
spa　温泉／60
spacer　スペーサー／295
Spancrete　スパンクリート／295
special appointment work　特命（工事）／418
special cement　スペシャルセメント／295

欧文索引

special cement　特殊セメント／417
special concrete construction　特殊コンクリート構造／417
special steel plate　特殊鋼板／417
specification　仕様／277
specification　仕様書／278
specification　示方書／263
specific density under ovendry　絶乾密度／315
specific gravity　比重／456
specific gravity in absolute drycondition　骨材の絶乾密度／197
specific heat　比熱／457
specific surface area　比表面積／458
specific surface area (powder)　粉体の比表面積／482
specified concrete design strength　設計基準強度／316
specified design strength　コンクリートの設計基準強度／217
specified mix　示方配合／263
specimen　供試体／111
speed of neutralization　中性化速度／377
spirally reinforced column　巻筋柱／501
spiral reinforcement　螺旋鉄筋／530
spiral reinforcing bar　スパイラル筋／295
splay coating　スプレー塗／295
spliting tensile strength　引張強度／457
split tensile strength　割裂引張強度／86
spray curing　散水養生／245
sprayed rock wool　吹付けロックウール／469
square bar　角鋼／73
square steel　角鋼／73
square stone　角石／73
stain　ステイン／293
stainless steel　ステンレス鋼／293
stalactite　鍾乳石／280
standard　基準／103
standard atmospheric conditions for testing　試験場所の標準状態／252
standard curing　標準養生／463
standard cylindrical specimen　円筒形標準試験体／52
standard deviation　標準偏差／463
standard error　標準誤差／463
standard fire time temperature curve　標準火災温度曲線／462
standard grain size of gravel and sand　砂利および砂の標準粒度／267

standardization　標準化／462
standard method of measurement of building works SMM／43
standard sand　標準砂／463
standard sieve　標準篩／463
standard size of panel　定尺パネル／388
standard test method of compressive strength　圧縮強度標準試験方法／12
standard tolerances for concrete member alignment and cross-sectional dimension　コンクリート部材の位置および断面寸法の許容差の標準値／223
standard tolerances for evenness of finished concrete surface　コンクリートの仕上がりの平坦さの標準値／213
staple　ステープル／293
state of the arts　啓蒙書／129
state of the art report　研究展望報告書／136
static elasticity modulus　静弾性係数試験／303
static plasticity　脆度係数／304
static strain meter　静歪み計／304
statistic　統計量／412
steady temperature and humidity room　恒温恒湿室／152
steam curing　蒸気養生／278
steam hammer　スチームハンマー／292
steel　鋼／151
steel　鋼材／161
steel　鉄鋼／403
steel bars for concrete reinforcement　棒鋼／488
steel deformed bar　SD／43
steel fiber　鋼繊維／167
steel fiber reinforced concrete　鋼繊維補強コンクリート／167
steel form　鋼製型枠／166
steel form　鉄製型枠／404
steel framed reinforced concrete　鉄骨鉄筋コンクリート／404
steel pile　鋼杭／161
steel pipe　鋼管／156
steel pipe butter　鋼管端太／156
steel pipe-concrete column　鋼管コンクリート柱／156
steel pipe reinforced concrete structure　鋼管コンクリート構造／156
steel pipe support　鋼管支柱／156
steel plate　鋼板／173
steel recycle deformed bar　SDR／43
Steel Reinforced Concrete structures　SRC造／42

569

欧文索引

Steel Round bar　SR／42
Steel Round Recycle bar　SRR／42
steel slag　製鋼スラグ／302
steel slag　鉄鋼スラグ／403
steel support　鋼製支柱／166
steel timbering　鋼製支柱／166
steel wire　鋼線／167
stirrup　スターラップ／292
stirrup　肋筋／14
stones　石材／306
stoneware tile　せっ器質タイル／315
storage method of aggregates for concrete　骨材の貯蔵方法／198
storage stability　貯蔵安定性／384
storaging time　貯蔵期間／384
storehouse　セメント倉庫／324
straight asphalt　ストレートアスファルト／293
straight joint　芋目地／29
strain　歪／457
stray currrent corrosion　迷走電流／515
strength　強度／113
strength for proportioning of high-strength concrete　高強度コンクリートの調合強度／158
strength of aggregate　骨材の強度／196
strength of concrete　材料強度／238
stress corrosion　応力腐食／54
stress corrosion cracking　応力腐食割れ／54
stress-strain curve　応力歪曲線／54
strike off　均し定規／428
string wire concrete　鋼弦コンクリート／161
stripping form removal　脱型／359
stripping time of concrete form　型枠の存置期間／83
structural concrete　構造体コンクリート／168
structural design　構造設計／168
structural light-weight concrete　構造用軽量コンクリート／169
structural planning　構造計画／168
strut　支柱／256
stucco　焼石膏／520
styrol resin　スチロール樹脂／293
subsidence　沈下／384
subsidence of ground　地盤沈下／262
substratum for waterproofing　防水下地／490
suggested trial proportion　標準調合／463
sulfar dioxide　二酸化硫黄／430
sulfate-resistant portland cement　耐硫酸塩ポルトランドセメント／357

sulfide　硫化物／532
sulfoaluminate　スルホアルミネート／300
sulfur　三酸化硫黄／245
sulfur capping　硫黄によるキャッピング／24
sulfur cement　硫黄セメント／24
sulfur concrete　硫黄コンクリート／24
sulfuric anhydride　無水硫酸／513
sulfur (米)　硫黄／24
sulphur　SO_3／43
sulphur　三酸化硫黄／245
sulphur (英)　硫黄／24
superplasticizing agent　流動化剤／533
super retarder concrete　超遅延剤コンクリート／384
super setting retarder concrete　超遅延剤コンクリート／384
super sulfated slag cement　高硫酸塩スラグセメント／177
supervisor　監理者／98
supervisor　工事監理者／163
support　サポート／244
support　支柱／256
supporter　桟木／245
supports　支保工／263
support scaffold　支柱足場／256
surface active agent　界面活性剤／71
surface active agent　表面活性剤／463
surface active index of ground granulated blast furnace slag　高炉スラグ微粉末の活性度指数／186
surface crack　表面割れ／464
surface lubricant　離型剤／531
surface moisture (aggregate)　骨材の表面水／199
surface vibrator　表面振動機／463
suspension preheater　サスペンションプレヒータ／243
swell　孕む／452
swelling　膨潤／489
syporex　シポレックス／263
Syricalcite　シリカリチート／282
Systeme Internationale d'unités (仏)　SI 単位／42
Systeme Internationale d'unités (仏)　国際単位系／192

────── t ──────
table salt　食塩／280
talc　滑石／84
tamper　タンパー／371

欧文索引

tamping　タンピング／372
tamping　締固め／264
tamping rod　スランプ突棒／298
tamping rod　突棒／386
tangent modulus　タンジェントモデュラス／369
tapping　タッピング／360
tapping　叩き／359
tapping density　タッピング密度／360
tar　タール／364
tar concrete　タールコンクリート／364
target value of maximum cracking width　最大ひび割れ幅目標値／237
temperature compensated specified strength　気温によるコンクリート強度の補正値／100
temperature cracking　温度ひび割れ／61
tempered glass　強化ガラス／110
temporary access road　仮設道路／80
temporary enclosure　仮囲い／90
temporary material　仮設材料／80
temporary tightening　仮締め／90
tensile strength　引張強度／457
termite　白蟻／283
terra-cotta　テラコッタ／405
terrazzo　テラゾ／405
test　試験／251
test cylinder　供試体円柱体／111
test for amount of material passing standard sieve 74μm in aggregate　骨材の洗い試験／194
test for chloride content sand　砂の塩化物の試験／294
test for clay lumps contained in aggregates　骨材中の粘土塊量試験／194
test for compressive strength of concrete　コンクリートの圧縮強度試験／210
test for unit weight aggregate　骨材の単位容積質量試験／198
test for washing analysis　洗い分析試験／15
test for washing analysis of fresh concrete　コンクリートの洗い分析試験／210
test of quality　セメントの品質試験／328
test of specific surface area (cement)　セメントの粉末度試験／328
test of unit mass of fresh concrete　コンクリートの単位容積質量試験／217
test piece　供試体／111
test piece　試験片／252
test sieve　コンクリート用ふるい／227
test sieve　試験ふるい／252

test sieves of metal wire cloth　網ふるい／14
tetracalciun aluminoferrite　鉄アルミン酸四石灰／391
tetrapod　テトラポッド／405
texture　テクスチュア／391
The Architectural Society of China　中国建築学会／376
the Diet Building（日本の）　国会議事堂／193
theory of surface area　表面積理論／463
thermal conductivity　熱伝導率／437
thermal expansion curve　熱膨張曲線／438
thermal fatigue　熱疲労／438
thermal history　熱履歴／438
thermal shock　熱衝撃／437
thermal stress　熱応力／437
thermal stress (concrete)　コンクリートの温度応力／211
thickness gauge　膜厚計／501
thickness of coating　塗厚／436
Thomas converter　トーマス転炉／421
throating　水切り／508
tie-hoop　帯筋／58
tightly connected precast concrete track　連接軌道／537
tightness　気密性／106
tile　タイル／358
tilting mixer　可傾式ミキサー／75
tilting mixer　傾胴（式）ミキサー／129
tilt-up constrcution method　ティルトアップ工法／391
time for supports to remain in place　支保工の存置期間／263
tire roller　タイヤローラー／357
tobermorite　トバモライト／419
tobermorite　トベルモライト／419
tolerable carbon dioxide content　炭酸ガス許容量／368
tolerance　公差／161
tooled joint　化粧目地／135
topping　トッピング／419
top reinforcement　上端筋／36
torsional strength　捩り強さ／437
total alkali content　アルカリ総量／20
total moisture content (aggregate)　含水率／95
touch up　補修塗り／496
toughness　靱性／284
tower boom　タワーブーム／364
tower bucket　タワーバケット／364

欧文索引

tower crane　タワークレーン／364
tower elevator　コンクリートタワー／208
tower hopper　タワーホッパー／364
tower pit　タワーピット／364
Toyoura standard sand　豊浦標準砂／421
traced drawing　原図／138
transformation point　変態点／486
transit　トランシット／422
transition zone　コンクリート中の遷移帯／209
transit-mixer truck　トラックミキサー／422
transportation　運搬／36
Transport Beton（独）　レディーミクストコンクリート／536
transport method's of fresh-concrete　コンクリートの輸送・運搬方法／218
travertine　トラバーチン／422
trench excavation　布掘り／436
trestle horse　馬／36
trestle scaffolding　脚立足場／106
trial mixing　試練り／364
tricalcium aluminate　アルミン酸三石灰／22
tricalcium aluminate monosulfate hydrate　モノサルフェート水和物／517
tricalcium silicate　珪酸三石灰／128
trough　トラフ／422
trowel　トロウエル／422
trowel　金鏝／87
trowel　鏝／201
trowel for plastering work　左官用具／242
truck　トロッコ／422
truck crane　トラッククレーン／422
truck mixer　トラックミキサー／422
truck mixer agitator　ミキサー（自動）車／507
true density　真密度／287
true density (aggregate)　骨材の真密度／196
tube and coupler　単管足場／367
tube mill　チューブミル／379
tubular steel scaffolds　鋼管足場／156
tuff　凝灰岩／110
tunnel　トンネル／423
turbidimeter　濁度計／359
turbo mixer　ターボミキサー／363
turnbackle　ターンバックル／371
two wheel handcar　二輪手押車／434
type-two plywood　二類合板／434

──────── u ────────

ultimate strength　終局強度／268

ultra high-early-strength concrete　超早強コンクリート／383
ultra high-early-strength portland cement　超早強ポルトランドセメント／383
ultra-high-rise building　超高層建築物／383
ultrasonic inspection meter　超音波深傷器／379
ultraviolet resisitance　耐紫外線性／354
unconfined compression test　一軸圧縮試験／26
undercoat　下塗り／255
under ground construction　地下構造物／374
under ground water　地下水／374
underwater concrete　水中コンクリート／290
un-equal size section steel　不等辺山形鋼／473
unevenness　不陸／481
Uniform Building Code　UBC／523
unit cement content　単位セメント量／365
unit fine-aggregate content　単位細骨材量／365
unit mass of fresh concrete　コンクリートの単位容積質量／217
unit water content　単位水量／365
unit water content　普通コンクリートの単位水量／471
unit weight　単位容積質量／367
unit weight coarse-aggregate content　単位粗骨材量／367
unreinforced concrete　無筋コンクリート／513
unrestricted shrinkage　自由収縮／269
unscreened gravel　切込み砂利／117
urea concrete　尿素コンクリート／434
urea formaldehyde　尿素樹脂／434
urea resin　尿素樹脂／434
utilization of coal ash　石炭灰の利用／311

──────── v ────────

vacuum (processed) concrete　真空コンクリート／283
value　明度／515
value of solar radiation　日射量／432
vapourproofing work　防湿工事／488
variance　分散／482
varnish　ニス／431
vaterite　バテライト／451
VB value　VB値／466
veneer　ベニヤ／485
veneer　単板／371
verdigris　緑青／538
vermiculite　バーミキュライト／451
vermiculite　蛭石／464

欧文索引

vertical chute　竪型シュート／361
vertical mill　縦型ミル／361
vertical mill　縦型粉砕機／361
vertical reinforcement　縦筋／361
vertical work joint　鉛直打継目／51
vibrating ball mill　振動ボールミル／287
vibrating screen　振動篩／287
vibrator　バイブレーター／444
vibrator　振動機／285
vibrator　内部（棒形）振動機／425
Vicat needle apparatus　ビカー針装置／455
Vickers hardness　ビッカース硬さ／457
vinegar　酢／288
vinil fiver reinforced concrete　VFRC／466
Vinsol　ヴィンソール／31
vinyl chloride pipe　塩化ビニルパイプ／49
vinyl chloride resin coating　塩化ビニル樹脂塗料／49
visual test　目視試験／516
void　ボイド／487
voids of concrete　コンクリート中の空隙／208
volcanic ash　火山灰／77
volcanic gravel　火山砂利／76
volcanic rock　火山岩／76
volcanic steam power generation　地熱発電／261
volume method　容積方法／526
volume of dry-rodded coarse aggregate per unit volume of concrete　単位粗骨材嵩容積／367
V-shaped joint　V形目地／466
V-type mixer　V型ミキサー／466

―――― W ――――

wa-ce-cretor　ウォセクリーター／31
waling strip　仮設梁／80
wall coating　仕上塗材／247
wall effect　壁効果／88
wall quantity　壁量／89
wall water proofing on outside　外防水／342
warm curing　採暖養生／238
warpage　反り／342
washed gravel　洗い砂利／15
washer　ウォッシャー／32
waste heatgeneration　排熱発電／443
water　水／507
water-binder ratio　水結合材比／508
water-cement ratio　水セメント比／508
water-cement ratio theory　水セメント比説／508
Water-Cement Ratio Theory of Duff. A. Abrams　エブラムスの水セメント比説／46
water content condition of aggregate　骨材の含水状態／195
water curing　水中養生／290
water drip　水切り／508
water glass　水ガラス／508
water glass concrete　水ガラスコンクリート／508
water gypsum ratio　水石膏比／508
water meter　水量計／291
water of crystalization　結晶水／136
water of hydration　化合水／75
water paint　水性塗料／289
water permeability test　透水試験／414
waterproof agent　防水剤／489
waterproof block　防水ブロック／490
waterproofed concrete　防水コンクリート／489
waterproofing material for buildings　建築用防水材料／147
waterproof materials　耐水材料／355
waterproof mortar　防水モルタル／490
waterproof paint　防水塗料／490
water reducing agent　減水剤／138
water repellent property　撥水性／449
water resistance　耐水性／355
water resources　水資源／508
water stop　止水板／253
water-stopping cement　止水用セメント／253
watertight concrete　水密コンクリート／291
water-tightness　水密性／291
wave glass　波形ガラス／427
wear　摩耗／504
weathering　ウェザリング／31
weathering　雨仕舞／14
weathering　風化／466
weather meter　ウェザーメーター／31
weatherproof　耐候性／353
weather protection　雨養生／14
wedge block　間知ブロック／147
weight per unit volume　単位容積質量／367
welded joint　溶接継手／526
welded steel wire fabrics　溶接金網／526
well water　井戸水／28
wet condition　湿潤状態／258
wet construction　湿式工法／257
wet curing　湿潤養生／258
wet expantion　湿潤膨張／258
wet grinding　湿式粉砕／257
wet joint　湿式継手／257

欧文索引

wet-joint method　ウェットジョイント工法／31
wet kiln　湿式キルン／257
wet masonry　練積み／439
wet sand curing　湿砂養生／257
wet screening　ウェットスクリーニング／31
wet sieving (screenig)　湿式ふるい分け／257
wetting agent　湿潤剤／258
wheel barrow　一輪車／26
white ant　白蟻／283
white clay　白土／445
white marble　寒水石／95
white portland cement　白セメント／283
white portland cement　白色ポルトランドセメント／445
wide-flange shape　H形鋼／39
width of crack　ひび割れ幅／461
wing support　ウィングサポート／31
winter concreting　寒中コンクリート／97
wire netting curing　金網養生／87
wire netting sheathing board　金網せき板／87
wire saw　ワイヤーソー／540
wood brick　木煉瓦／516
wooden block　木煉瓦／516
wooden brick floor　木煉瓦床／516
wood float　木鏝／102
wood-wool cement board　木毛セメント板／516
wood-wool cement boards laminated with flexible cement boards　スレート・木毛セメント積層板／300

workability　ワーカビリティ／540
workability　施工軟度／313
wrought iron　鍛鉄／371

──────── x ────────
X-ray　X線／43
X-ray diffractometer　X線回折計／44
x̄-R control chart　x̄-R管理図／44
X-Y recorder　X-Yレコーダー／44

──────── y ────────
yardstick　歩掛り／469
yield point　降伏点／174
Young's modulus　ヤング係数／520
ytong　イトン／28

──────── z ────────
Zement (独)　セメント／318
zeolite　ゼオライト／304
zero emission　ゼロ・エミッション／332
zinc chloride　塩化亜鉛／48
zonolite　ゾノライト／342

α solid solution　アルファ固溶体／21
β-quartz　β-石英／485
100%inspection　全数検査／333
3-point bending strength test　3点曲げ強度試験／246

図表出典

日本建築学会編：建築工事標準仕様書・同解説 5 鉄筋コンクリート工事，日本建築学会，2003年（第12版）　p.4　32図1，図2　34上図　35　37表　72　228　398上

コンクリート委員会編：2002年制定コンクリート工事標準仕方書 施工編，土木学会，2000年　p.262下　316中

日本建築学会編：建築材料用教材，日本建築学会　p.219

日本コンクリート工学協会編：コンクリート技術の要点'94，日本コンクリート工学協会　p.61　62

セメント協会編：C&Cエンサイクロペディア，セメント協会　p.48

著者略歴
依田彰彦（よだ あきひこ）
1936 年　東京都に生まれる
1956 年　建設省建築研究所第二研究部に入省
1960 年　日本大学理工学部建築学科卒業
1961 年　鹿島建設株式会社技術研究所に入社
1963 年　一級建築士
1965 年〜2006 年　日本大学理工学部建築学科非常勤講師
1972 年　工学博士
1973 年　足利工業大学工学部建築学科助教授
1973 年〜2002 年　芝浦工業大学工学部建築学科非常勤講師
1976 年　足利工業大学工学部建築学科教授
　　　　現在に至る
　　　　日本建築学会賞論文賞受賞　1985 年
　　　　日本建築仕上学会論文賞受賞　1992 年
　　　　セメント協会論文賞受賞　1993 年
著　書　建築施工教科書（共著）、彰国社、1991 年
　　　　建築材料教科書（共著）、彰国社、1994 年

コンクリート技術用語辞典
2007年3月10日　第1版 発 行

著　者　依　田　彰　彦
発行者　後　藤　　　武
発行所　株式会社　彰　国　社

160-0002　東京都新宿区坂町25
電話 03-3359-3231（大代表）
振替口座　　00160-2-173401

著作権者との協定により検印省略

自然科学書協会会員
工学書協会会員

Printed in Japan
Ⓒ依田彰彦　2007 年

印刷：壮光舎印刷　製本：関山製本社

ISBN 978-4-395-10041-5 C 3552　　http://www.shokokusha.co.jp

本書の内容の一部あるいは全部を、無断で複写（コピー）、複製、および磁気または光記録媒体等への入力を禁止します。許諾については小社あてご照会ください。